Paul Müller • Christoph Kolmer • Christian Kemper

Christiani - basics
Mechatronik

2. Auflage 2021

Dr.-Ing. Paul Christiani GmbH & Co. KG

Hinweise auf DIN-Normen in diesem Werk entsprechen dem Stande der Normung bei Abschluss des Manuskriptes. Die Normen sind wiedergegeben mit Erlaubnis des DIN Deutsches Institut für Normung e.V. Maßgebend für das Anwenden der Norm ist deren Fassung mit dem neuesten Ausgabedatum, die bei der Beuth Verlag GmbH, Burggrafenstr. 6, 10787 Berlin erhältlich ist.

Umschlaggestaltung: Dr.-Ing. Paul Christiani GmbH & Co. KG, Konstanz

Umschlagfoto: © LEO / fotolia.com

Best.-Nr. **94822**
ISBN 978-3-95863-312-4

---

2. Auflage 2021

Dieses Buch ist anders!

Das primäre Ziel der Ausbildung, den erfolgreichen Abschluss der Prüfung, steht im Vordergrund. Dies gilt für Theorie und Praxis, sofern diese beiden Teile bei den aktuellen Prüfungen überhaupt noch voneinander zu trennen sind.

Erkennbar ist dies vor allem an der Vielzahl von prüfungsrelevanten Aufgabenstellungen, deren Lösungen unter www.christiani-berufskolleg.de zu finden sind.

Kein technisches Verständnis ohne Quantifizierung. Viele ausführliche Beispiele vermitteln ein Gefühl für Größenordnungen, ein häufig erkennbares Defizit, vor allem in den situativen Gesprächsphasen.

Konsequente Einbindung des Tabellenbuches von Anfang an. Besonders wichtig, weil das Tabellenbuch in Prüfungen als Informationsquelle uneingeschränkt zur Verfügung steht.
Die Erarbeitung technischer Inhalte ohne Tabellenbuch ist daher ineffektiv.
Vorbereitung auf die situativen Gesprächsphasen der Prüfung. Die eindeutige Verknüpfung von Theorie und Praxis. Hier kann der Prüfungsbewerber den Prüfern Fachkompetenz vermitteln, wodurch das Prüfungsergebnis sicherlich ganz wesentlich beeinflusst wird.

Dieses Buch ist anders! Neben der anschaulichen Vermittlung der unumgänglichen „basics“ als Rüstzeug für konkrete technische Anwendungen steht immer der Anwendungsbezug (man kann auch sagen die Prüfungsrelevanz) im Vordergrund. Ein Lehrbuch also, bei dem immer erkennbar ist, warum man sich den Lehrstoff erschließen muss.

Bedeutung der Piktogramme

	Projekt: Konkreter Arbeitsauftrag, für den die Imformationen relevant sind.
	Information: Kurze zumeist strukturierte Übersicht.
	Praxis: Praxisrelevante Inhalte.
TB	**Tabellenbuch:** An dieser Stelle sollte bzw. muss unbedingt auf das Tabellenbuch zurückgegriffen werden.
z.B.	**Beispiel:** Dient im Wesentlichen der Quantifizierung und Vertiefung.
	Englisch: Wichtige Fachbegriffe werden übersetzt.

Unser besonderer Dank gilt den folgenden Firmen für die Bereitstellung von Informationen, technischen Daten sowie Bildmaterial.

3-K Elekrik GmbH, Mühlacker

ABB Stotz-Kontakt GmbH, Heidelberg

ABL Sursum Bayrische Elektrozubehör GmbH & Co. KG, Lauf

AIRTEC Pneumatik GmbH, Kronberg

Albright Deutschland GmbH, Bremen

Altmann GmbH, Herford

Aplisens GmbH, Heusenstamm

AVENTICS GnmH, Laatzen

BARTEC Top Holding GmbH, Bad Mergentheim

Baumer Holding AG, Frauenfeld

Binsack Reedtechnik GmbH, Mülheim

Walter Blombach GmbH, Remscheid

Wilhelm Böllhoff GmbH, Bielefeld

Bosch Rexroth AG, Lohr

Bürklin OHG, Oberhaching

Busch-Jaeger Elektro-GmbH, Lüdenscheid

CeramTec Gmbh, Plochingen

DICK GmbH, Deizisau

DMG MORI SEIKI Europe AG, Bielefeld

DYNAMIS Battereien GmbH, Konstanz

EAS Gmbh, Rheinberg

ESSKA.de GmbH, Hamburg

Eaton Industries GmbH, Bonn

ESKA Erich Schweizer GmbH, Kassel

Festo AG & Co. KG, Esslingen

FLOTT GmbH, Remscheid

Fluke Deutschland GmbH, Clottertal

Fritzlen GmbH u. Co. KG, Murr

Friedrich Gloor AG/INC, Lengnau, CH

Hahn GmbH & Co. KG, Hungen

Hans Turck GmbH & Co. KG, Mülheim

Heinrich Kopp GmbH, Kahl

Hoppecke Batterien GmbH & Co. KG, Brilon

K. A. Schmelsal Holding GmbH & Co. KG, Wuppertal

Heinrich Kipp Werk KG, Sulz-Holzhausen

Hirschvogel Holdung GmbH, Denklingen

Hoffmann GmbH, München

KAESER SE, Coburg

KNUTH Werkzeugmaschinen GmbH, Wasbeck

KOMET GROUP GmbH, Besingheim

Krohne Messtechnik GmbH, Duisburg

Liebherr GmbH, Kempten

Merten GmbH, Wiehl

Metrix, Annecy Le Vieux

MISUMI Europa GmbH

Osram GmbH, München

Phoenix Contact Gmbh & Co. KG, Blomberg

RAFI GmbH & Co. KG, Berg

Robert Bosch GmbH, Gerlingen

Sandvik Tooling Deutschland GmbH, Düsseldorf

Schmitz-Cargobull AG, Vreden

SCHUNK GmbH 6 Co. KG,Lauffen

Schott AG, Mainz

SEW-EURODRIVE GmbH & Co. KG, Bruchsal

Siemens AG, München

SMC-Pneumatik GmbH, Engelsbach

THOR-Fräswerkzeuge, Neuhausen

VARTA, Microbattery GmbH, Ellwangen

WAGO Kontakttechnik GmbH & Co. KG, Minden

WEG Germany GmbH, Frechen

WEILER Werkzeugmaschinen GmbH, Emskirchen

Adolf Würth GmbH & Co. KG, Künzelsau

1 Das Projekt

Die Firma Senner AG stellt Elektromotoren her. Nach einer Anzahl von Kundenreklamationen wird eine **Projektgruppe** gebildet. Sie soll *Qualitätssicherungsmaßnahmen* zunächst für die Motoren-Baureihe „MOT_763_004“ erarbeiten.

Dies soll zunächst der Mitarbeiter übernehmen, der die Motoren für den Versand vorbereitet.

Außerdem kann dieser Mitarbeiter dann mangelhafte Motoren sofort aussortieren.

Herr Vural analysiert die Situation:

- Wicklungswiderstände der Motoren werden automatisiert gemessen.

Bild 1 *Projektgruppe*

Frau Meier erläutert die Ausgangssituation:

Die Elektromotoren der angesprochenen Baureihe werden über drei gleichartige Transportbänder von der Produktion zum Versand transportiert.

Ist-Zustand:
Es wird eine Stichprobenprüfung der Motoren von Hand durchgeführt. In relativ regelmäßigen Abständen nimmt ein Mitarbeiter einen Motor vom Band und überprüft ihn von Hand. Diese Stichprobenprüfung ist relativ aufwendig und erweist sich als nicht ausreichend.

Soll-Zustand:
Jeder Motor soll automatisiert überprüft werden. Dabei soll der Materialfluss von der Produktion zum Versand so gering wie möglich behindert werden. Geprüft werden sollen die Wicklungswiderstände der Motoren.

- Die Messeinrichtung ist zu konstruieren.
- Der Transportfluss soll möglichst nicht behindert werden.
- Mangelhafte Motoren sollen von einem Mitarbeiter aussortiert werden (optische und/oder akustische Meldung).
- Am Ende eines Arbeitstages protokolliert dieser Mitarbeiter die Anzahl der mangelhaften Motoren.

Vereinbart wird eine Ortsbesichtigung.

Frau Meier schlägt vor:

Während des Messvorgangs (6 Adapter kontaktieren die Anschlüsse des Motors) wird Band 3 angehalten (Zeitdauer der Messung ca. 2 Sekunden).

Herr Müller schlägt vor, die Überprüfung an Band 3 vorzunehmen. → Bild 2, Seite 12

Die Motoren können wegen der 100 %-Prüfung noch nicht vollständig verpackt werden. Die Klemmkastenabdeckung kann erst nach erfolgter Überprüfung montiert werden.

Herr Müller widerspricht:

Er legt Wert darauf, dass das Transportband ununterbrochen in Betrieb bleibt. *Den Antriebsmotor des Bandes ständig ein- und auszuschalten könne er nur „im äußersten Notfall“ akzeptieren.*

■ **Projekt**
Ein Projekt ist ein Vorhaben, das im Wesentlichen durch die Einmaligkeit der Bedingungen gekennzeichnet ist. Bei einem festgelegten Kostenrahmen sind Anfang und Ende festgelegt. Verantwortlich ist ein Projektleiter.

Projekte erfordern im Allgemeinen ein Projektteam. Das Team unterstützt den Projektleiter. Jedes Teammitglied bringt seine fachliche Qualifikation ein.

■ **Projektmanagement**
Zielorientierte Vorbereitung, Planung, Durchführung, Steuerung, Dokumentation und Qualitätssicherung von Projekten.

■ **Wicklungswiderstände**
Sind die Wicklungswiderstände der Motoren annähernd gleich groß, gilt der Motor als in Ordnung.

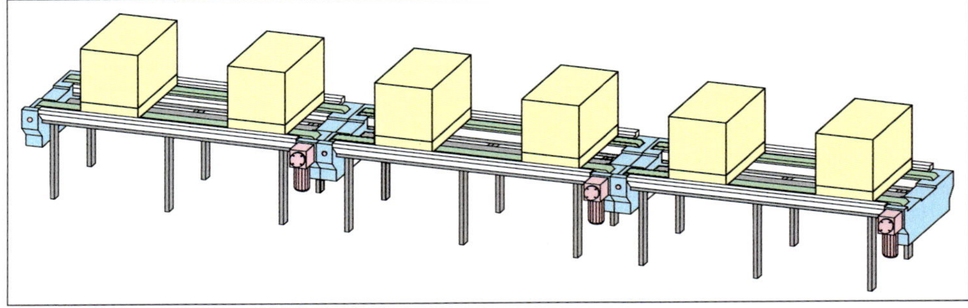

Bild 2 Transportbänder mit verpackten Motoren

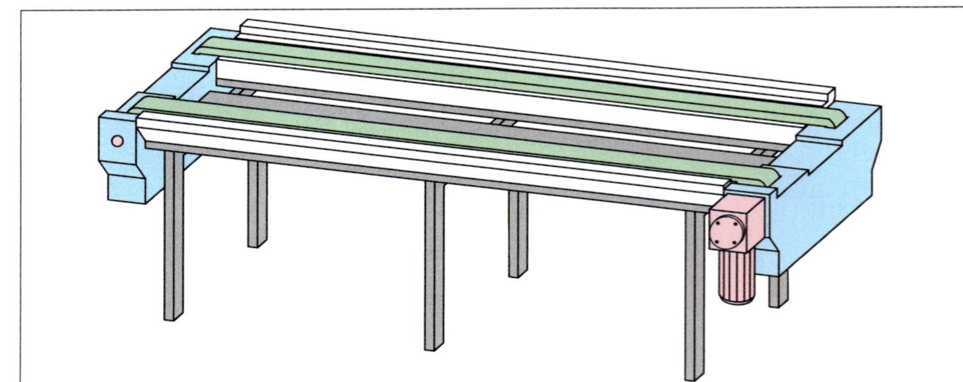

Bild 3 Transportband 3 mit Gurtförderer

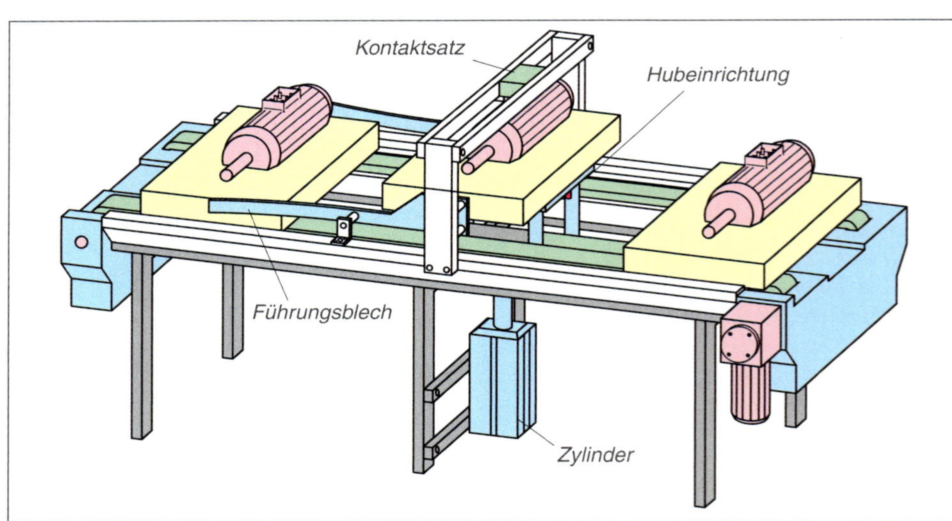

Bild 4 Technologieschema der geplanten Anlage

- **Meilensteine**
  Meilensteine (milestones) sind eindeutig definierte Eckpunkte. Sie ermöglichen, dass alle Projektaktivitäten zielgerichtet im geplanten Zeitrahmen abgearbeitet werden. Meilensteine sind somit ein Kontrollinstrument für den Projektablauf.

- **Qualität**
  Qualität ist die Summe einzelner für den Wettbewerb maßgebender Qualitätselemente: Entwurfsqualität, Fertigungsqualität, Versandqualität, Servicequalität, die in den verschieden Bereichen der Produktherstellung zu erreichen sind.

- **Qualitätsmanagement**
  QM ist eine Führungsmethode innerhalb eines Unternehmens und umfasst alle Maßnahmen zur Erreichung von Qualität.
  QM berührt die meisten betrieblichen Funktionsbereiche: Von der Beschaffung über die Produktion bis hin zur Finanzierung und Organisation. Insofern ist QM produktübergreifend.

Vorschlag von Herrn Wolfahrt:

Für die Dauer des Messvorgangs fährt die Messeinrichtung mit dem Prüfobjekt Motor mit gleicher Geschwindigkeit mit. Nach dem Messvorgang kehrt die Messeinrichtung in ihre Ruhelage zurück. Das Transportsystem kann dann kontinuierlich durchlaufen.

Bedenken von Herrn Vural:

Grundsätzlich eine Möglichkeit. Allerdings ist auf Dauer eine gleichbleibende Geschwindigkeit von Band und Messeinrichtung notwendig. Dies sei ein Schwachpunkt dieser Lösung. Auf Dauer kann ein Mitarbeiter nicht ständig die Geschwindigkeit justieren.

Vorschlag von Herrn Müller:

Worauf kommt es wirklich an?

Automatische Messung bei laufendem Band. Messeinrichtung ortsfest montieren und Prüfling anheben, damit seine Anschlussklemmen kurzzeitig gegen den Messadapter gedrückt werden.

Damit ist die Messeinrichtung weitgehend unabhängig von der Bandgeschwindigkeit, was eine Verringerung der Serviceanfälligkeit bedeutet.

Vorschlag von Frau Meier:

Da es sich um einen Gurtförderer handelt, kann der Prüfling durch eine Mechanik angehoben werden, die durch das Band greift (also von unten). Hierzu kann ein Pneumatikzylinder dienen.

Forderungen an das System:

- Ein Prüfling muss erkannt werden.
- Der Prüfling wird zur Kontaktierung mit dem Messadapter angehoben (Zylinder).
- Dabei läuft das Band kontinuierlich weiter.
- Danach wird der Prüfling wieder abgesenkt (Zylinder). Der Bandtransport wird fortgesetzt.
- Der nächste Prüfling wird erwartet.

Das Team einigt sich auf diese Arbeitsvariante. Es wird vereinbart, dass Frau Meier in Zusammenarbeit mit Herrn Vural für die nächste Zusammenkunft einen Lösungsvorschlag erarbeitet.

Lösungsvorschlag Meier/Vural:

- Ein federnder Kontaktsatz wird oberhalb des Transportbandes ortsfest montiert.
- Der Kontaktsatz ist nicht als Normteil zu erwerben und muss deshalb gefertigt werden. Hier ist Rücksprache mit der Metallabteilung notwendig.

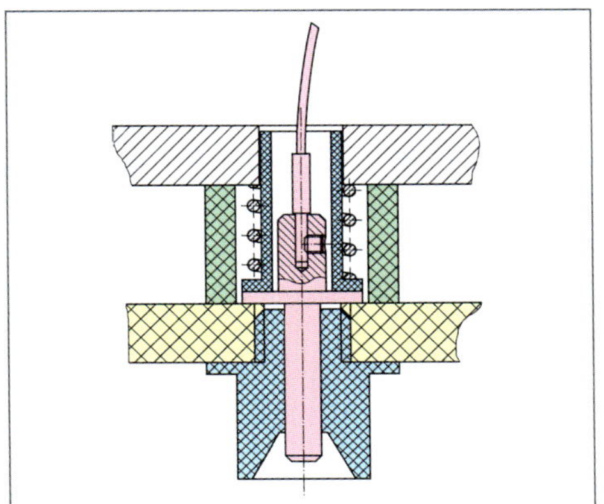

Bild 5 *Prinzipskizze Kontakt*

- Eine Hubvorrichtung für den Prüfling in Teilverpackung ist zu fertigen (Metallabteilung). Sie darf den Bandtransport nicht behindern.
- Die Hubvorrichtung wird durch einen doppelt wirkenden Pneumatikzylinder angehoben und wieder abgesenkt.

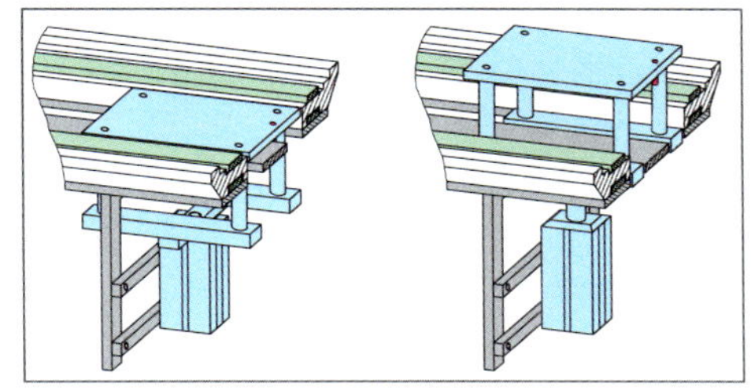

Bild 6 *Prinzipskizze Hubeinrichtung*

- Gesteuert wird der Pneumatikzylinder über ein 5/2-Wegeventil.
- Obgleich die Kontaktierungen zum Ausgleich von Lageabweichungen federnd ausgeführt werden, muss der Prüfling dennoch so genau wie möglich unter der Messeinrichtung positioniert werden. Hierfür sind zwei Führungsbleche (Fertigteile) am Band zu montieren (Bild 7).

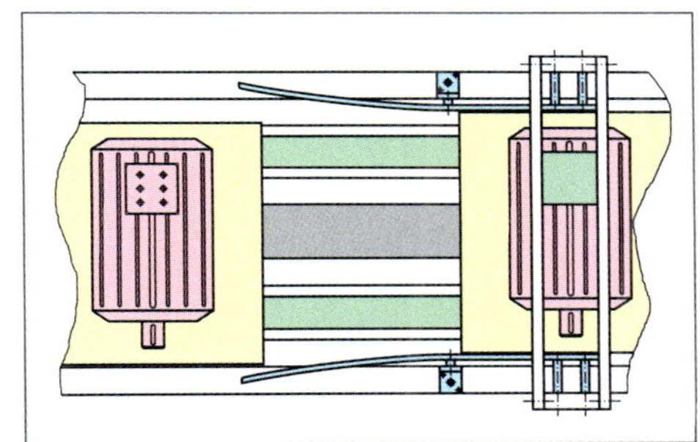

Bild 7 *Führungsbleche zur Positionierung*

Die *Auswertung* der Messergebnisse ist (noch) nicht Bestandteil des Projektes.

■ Lastenheft

Der **Auftraggeber** beschreibt, welches Ziel oder welche Ziele mit dem Projekt erreicht werden sollen.

Das Lastenheft enthält die Gesamtheit aller Forderungen an die Lieferungen und Leistungen eines Auftragnehmers.

Es kann zur Einholung von Angeboten dienen.

■ Pflichtenheft

Der **Auftragnehmer** beschreibt, wie er das Projekt verwirklichen will.

Es ist ein Leistungsverzeichnis, in dem das Projektergebnis beschrieben wird und somit ein wichtiges Element des Projektvertrages.

Pflichtenheft
product brief, specifications

Lastenheft
product brief

Qualität
quality

Qualitätssicherung
quality assurance

Qualitätskontrolle
quality control

- **Projekt** hat einen vorgegebenen Umfang. Es wird zwischen einem Anfangs- und Endzeitpunkt verwirklicht. Die Projektdauer kann sehr unterschiedlich sein. Ein Projekt kann durchaus mehrere Jahre dauern.
- **Projekt** ist eine neuartige Aufgabenstellung (keine Routinearbeit). Es besteht somit das Risiko des Scheiterns.
- **Projekt** muss mit begrenzten Mitteln (Personal- und Sachkosten) verwirklicht werden (Projektbudget).
- **Projektarbeit** ist Teamarbeit, da Aufgaben fachübergreifend gelöst werden müssen.
- **Projekte** sollen messbare Zielvorgaben haben.
- **Projektleiter** sind von großer Bedeutung. Ihre wesentlichen Aufgaben sind:
  - Zusammenstellung und Leitung des Projektteams
  - Projektplanung
  - Aufgaben- und Arbeitsverteilung
  - Kontrolle des Projektfortschrittes
  - Abstimmung mit anderen beteiligten Stellen
  - Information der Vorgesetzten
- **Projektphasen**
  Phase 1: *Projektantrag* (Zielsetzung, Aufgabenstellung, Lastenheft, Pflichtenheft)
  Phase 2: *Projektplanung* (Aufgabenplanung, Personalplanung, Terminplanung, Kostenplanung, Materialplanung)
  Phase 3: *Projektdurchführung* (Kontrolle der Arbeitsabläufe, Fortschrittsbesprechungen, Konfliktlösung, Systemeinführung)
  Phase 4: *Projektabschluss* (Zielerreichung, Ist-/Soll-Vergleich, Dokumentation, Abschlussbericht, Qualitätssicherung)
- **Qualitätsregelkreise** verdeutlichen die Qualitätsmerkmale. *Messbare* und *zählbare* Qualitätsmerkmale bezeichnet man als *quantitativ* (z. B. Bohrungsdurchmesser), *bewertbare* Qualitätsmerkmale als *qualitativ* (z. B. Serviceanfälligkeit).

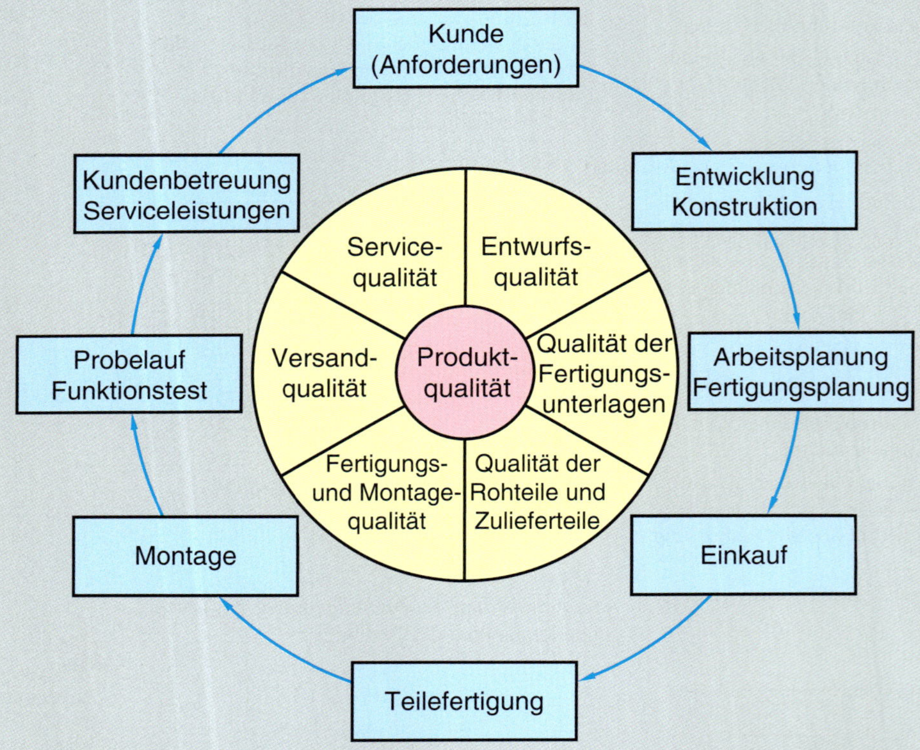

- **Qualitätssicherungsmaßnahmen** sind Qualitätsplanung, Qualitätslenkung, Qualitätsprüfung und Qualitätsförderung.
- **Qualitätsplanung** ist die Umsetzung der Produktanforderungen in Qualitätsmerkmale. Zum Beispiel Festlegung der erforderlichen Toleranzen für die Merkmalswerte, Aufstellen von Prüfplänen mit genauen Prüfanweisungen.
- **Qualitätslenkung** ist das Veranlassen und Überwachen der von der Qualitätsplanung festgelegten Maßnahmen und Anforderungen. Einleitung korrigierender und steuernder Maßnahmen, wenn die Qualitätsanforderungen nicht eingehalten werden.
- **Qualitätsprüfung** ist die Durchführung der in der Qualitätsplanung festgelegten Prüfungen und Auswertung der Prüfungsergebnisse.
- **Qualitätsförderung** erfolgt durch Schulung und Motivation der Mitarbeiter, durch Erstellung von Qualitätsberichten und durch Schaffung qualitätsverbessernder Arbeitsbedingungen.

Herr Vural übergibt der Auszubildenden die vorhandene Dokumentation der Transportbandanlage. Er fordert sie auf, sich in die Schaltungsunterlagen einzuarbeiten.

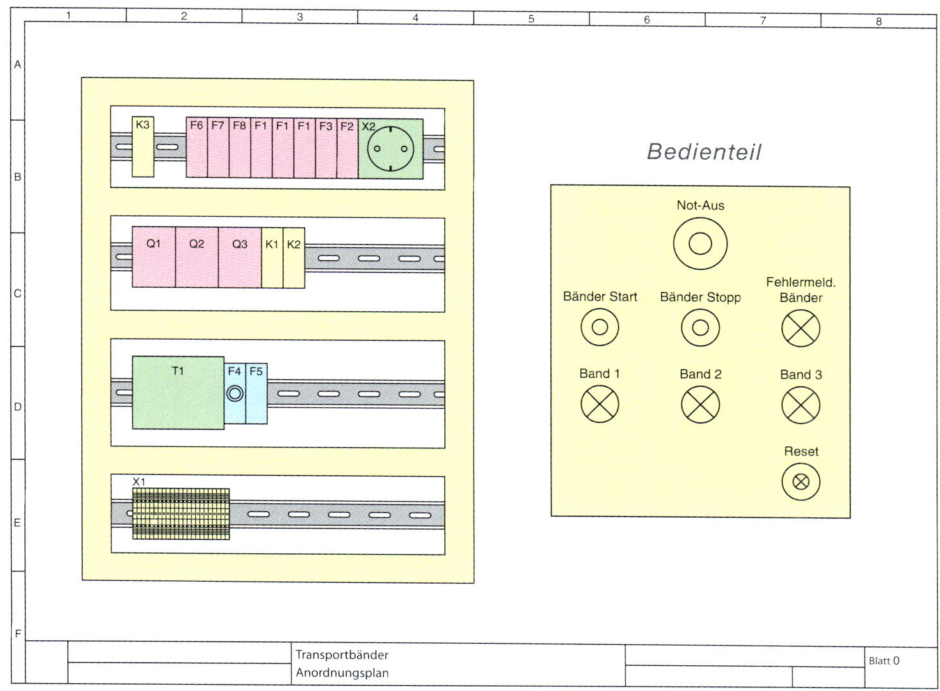

Bild 8 *Anordnungsplan und Bedienteil der Steuerung*

Stückliste des Bedienteils (siehe Bild 8)

Anzahl	Bezeichnung	Daten
1	Einbautaster	1 NO, schwarz
1	Einbautaster	1 NC, schwarz
3	Meldelampe mit Leuchtmittel	24 V, grün
1	Meldelampe mit Leuchtmittel	24 V, rot
1	Leuchtdrucktaster mit Leuchtmittel	24 V, 2 NO, blau
1	Not-Aus	1 NC

Anordnungsplan

Informiert über den Installationsort der einzelnen Betriebsmittel (z. B. im Schaltschrank).

Die Darstellung ist nicht maßstäblich. Maßangaben sind nicht notwendig.

Zusätzliche Kennzeichnungen der Betriebsmittel sind zulässig.

Elektrische Betriebsmittel

Dienen zur Umwandlung, Übertragung, Verteilung und Anwendung der elektrischen Energie.

Symbole und Betriebsmittelbezeichnungen

Schmelzsicherung (F...)

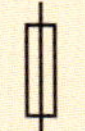

Leitungsschutzschalter (F...)

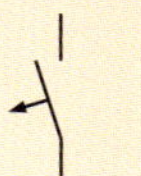

RCD (F...)

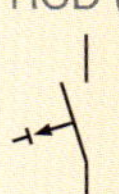

Weitere Informationen

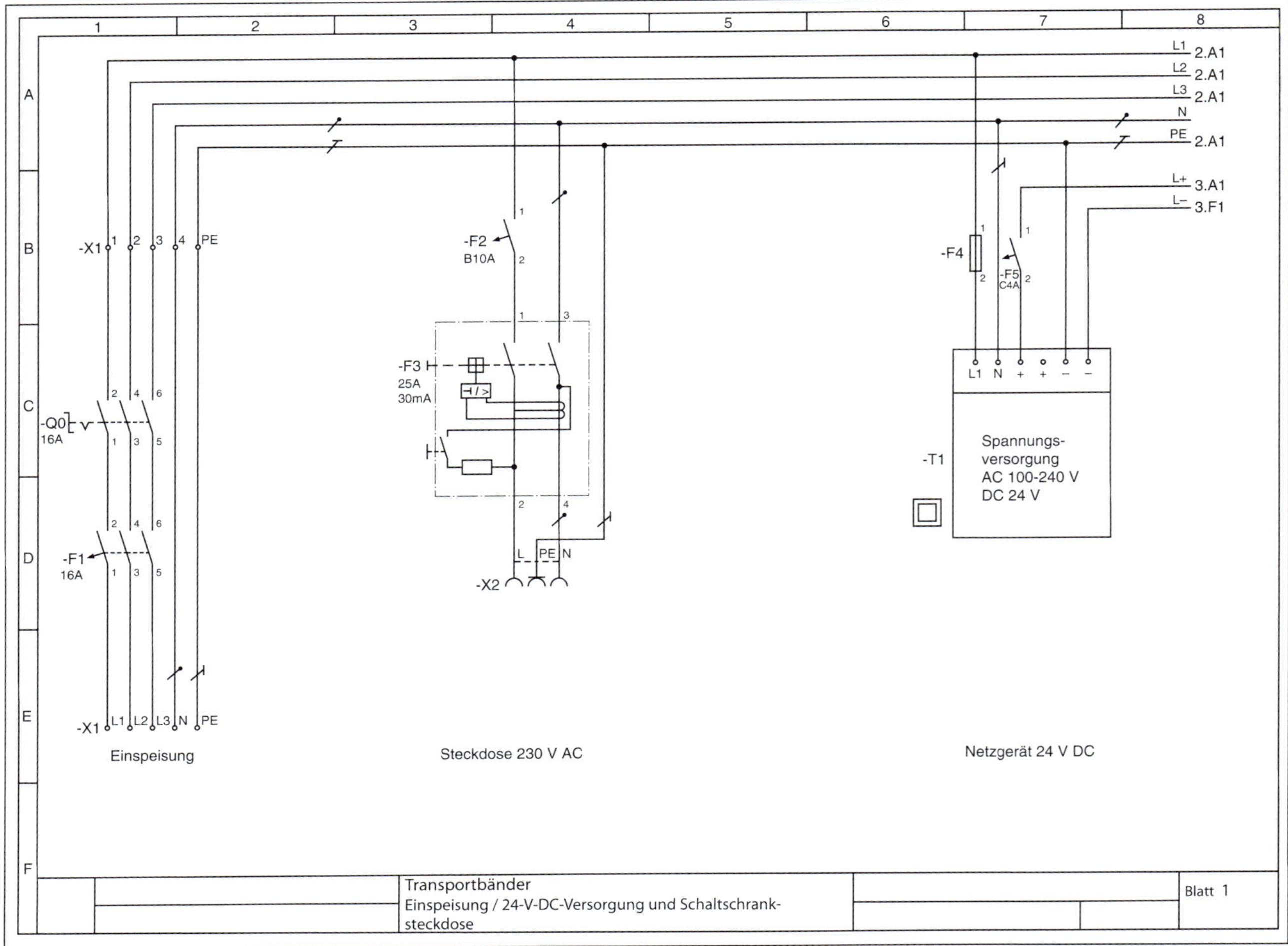

***Bild 9** Einspeisung, 24-V-Gleichstromversorgung, Schaltschranksteckdose*

Stückliste der Montageplatte

Anzahl	Bezeichnung	Daten
1	Schaltkasten	B/HIT 500/700/250
1	Not-Aus-Schaltgerät	PSR-ESM4
1	Hauptschalter	400 V, 2 Schaltstellungen, rot-gelb, 4-polig
1	Netzgerät	230V AC/24 V DC/5 A
1	Schmelzsicherung	Neozed, 6 A, einpolig
1	LS-Schalter	C4A, DC
1	RCD	25 A/30 mA, 2-polig
1	Steckdose	230 V/16 A, Hutschienenmontage
1	LS-Schalter	B10A
3	Hauptschütz	24 V DC, Kennzahl 11
2	Zeitrelais	1 Wechsler, einschaltverzögert
3	LS-Schalter	B16A
3	Motorschutzschalter	2,5 bis 4 A, 25 A, 1 NO, 1 NC
	Leitungskanal	geschlitzt, H = 45 mm, B = 30 mm

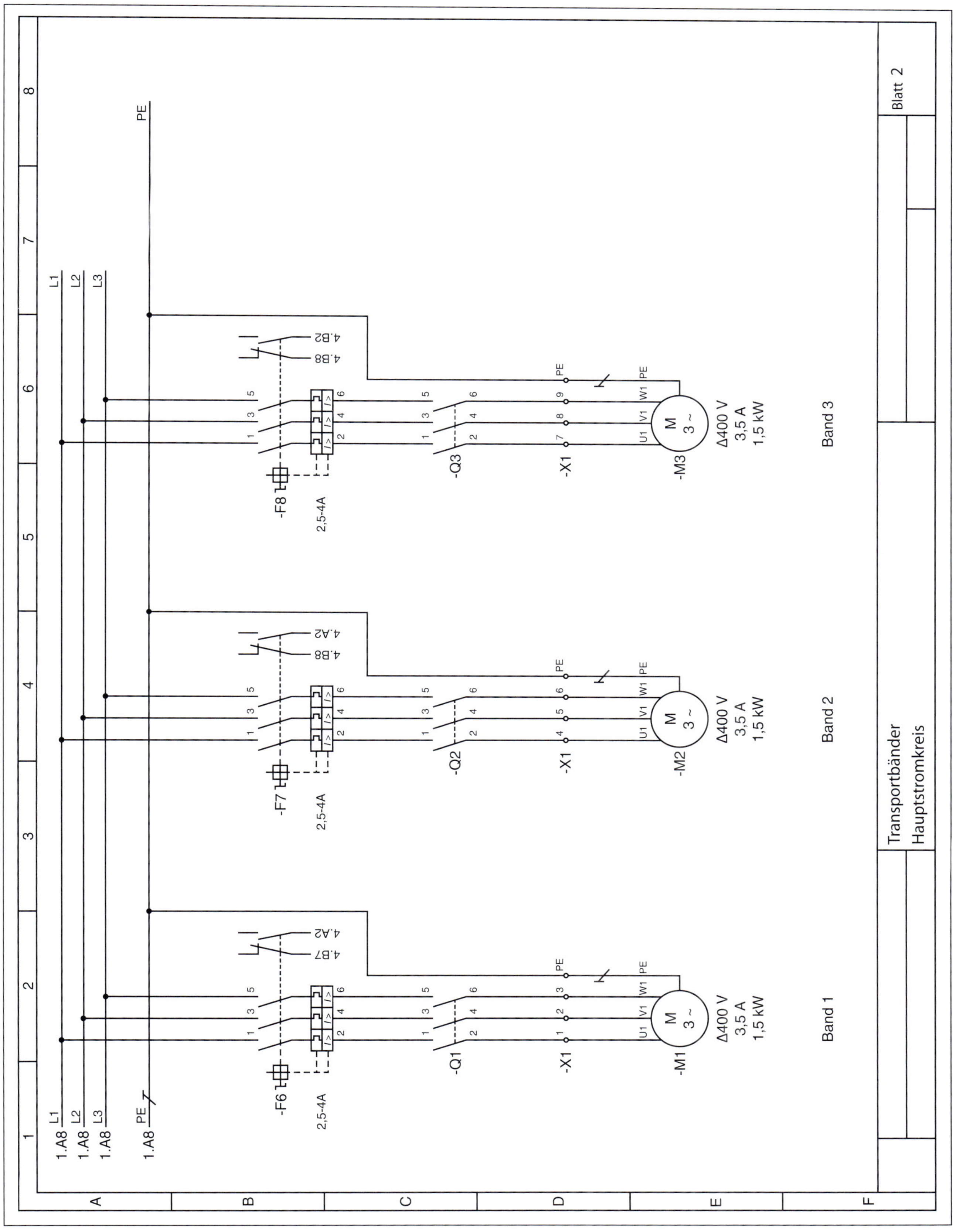

Bild 10 *Hauptstromkreise der Transportbänder*

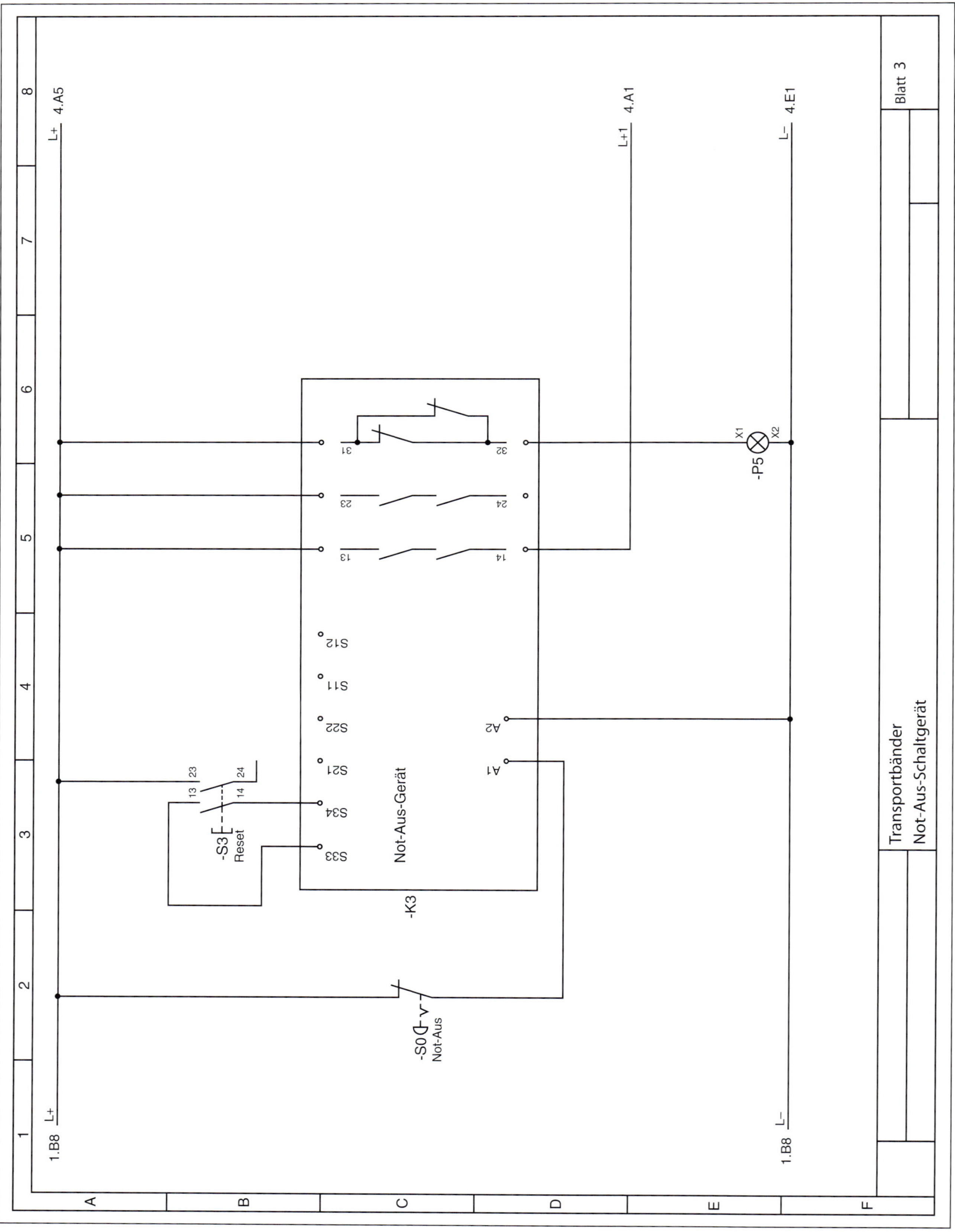

Bild 11 *Not-Aus-Schaltgerät*

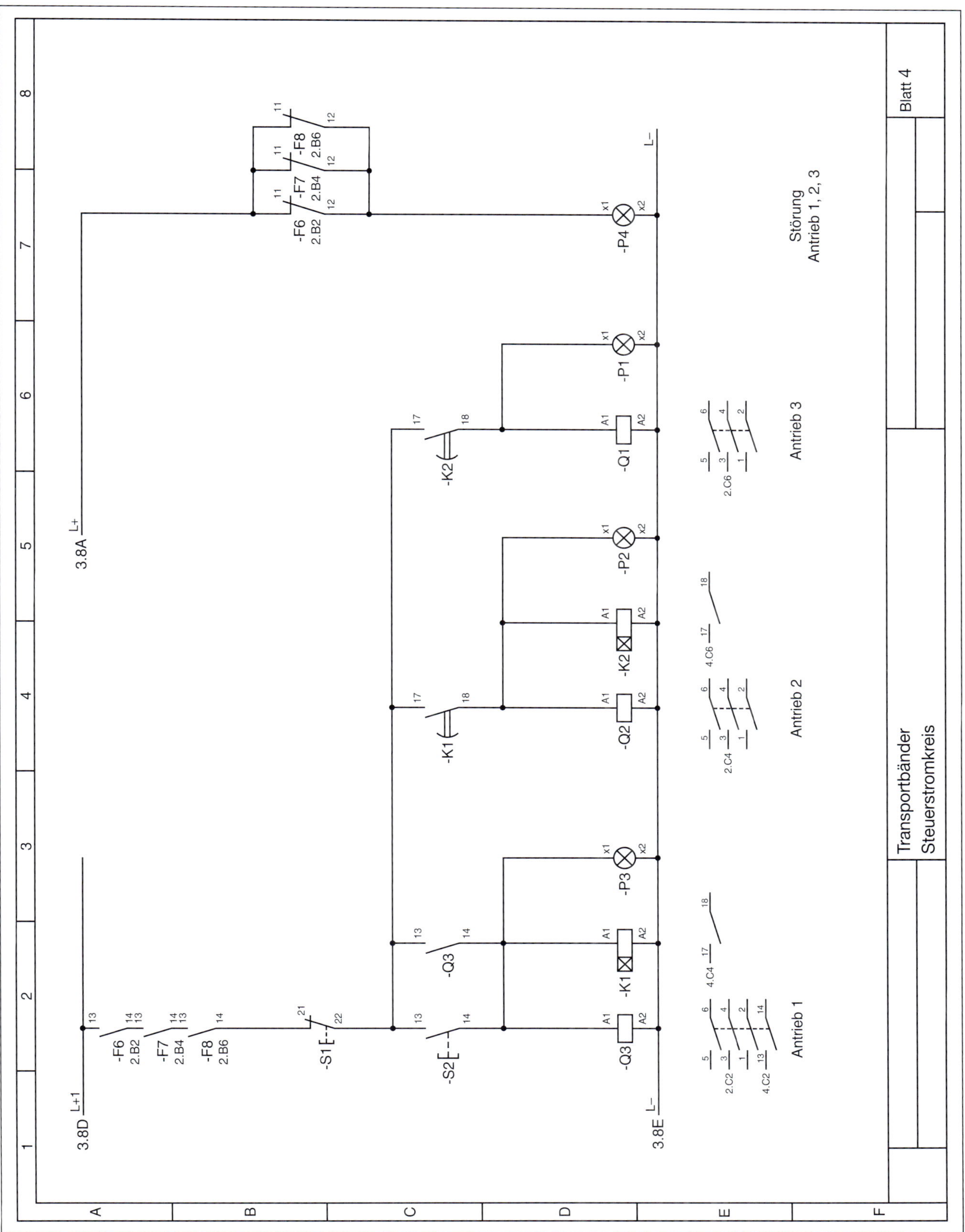

Bild 12 *Steuerstromkreis Bandantrieb*

Analyse des Istzustandes

- Die drei Bandantriebsmotoren M1, M2 und M3 werden durch die Hauptschütze Q1, Q2 und Q3 geschaltet.
- Den Motorschutz und Leitungsschutz übernehmen die Motorschutzschalter F6, F7 und F8.
- Die technischen Daten der drei Motoren stimmen überein.
- Die drei Bänder werden zeitlich verzögert durch den Taster S2 eingeschaltet. Dies erfolgt durch die Zeitrelais K1 und K2 (einschaltverzögert).
- Die Einschaltfolge der Bänder ist vorgegeben (Band 3 → Band 2 → Band 1).
- Die drei Bänder werden gemeinsam mit dem Taster S1 ausgeschaltet.
- Der Betriebszustand eines Bandantriebs wird durch ein Meldelampe signalisiert. Wenn zum Beispiel das Band 1 über das Schütz Q1 eingeschaltet ist, leuchtet die Meldelampe P1.
- Wenn der Motorschutz eines Bandantriebs anspricht, werden alle Bänder ausgeschaltet.
- Der Steuerstromkreis arbeitet mit einer Betriebsspannung von 24 V DC.
- Bei Betätigung des Not-Aus wird die 24-V-Steuerspannung abgeschaltet. Die Schütze für die Bänder fallen dann ab.

Erweiterungsauftrag

- Das Bedienteil soll um einen Schalter zum Ein- und Ausschalten der Prüfstation und um eine Meldelampe „Fehlermeldung Prüfstation" erweitert werden.
- Die Beschaltung des Not-Aus-Relais soll angepasst werden.
- Der Pneumatikplan für die Hubeinrichtung ist zu entwickeln.
- Der Steuerstromkreis für die Hubeinrichtung ist zu entwickeln.
- Die komplette Steuerung soll mit SPS realisiert werden.
- Für die Hubeinrichtung sind Adapterplatte, Strebe, Hubplatte und Führungsbleche zu fertigen und zu montieren.

Erweiterung des Bedienteils

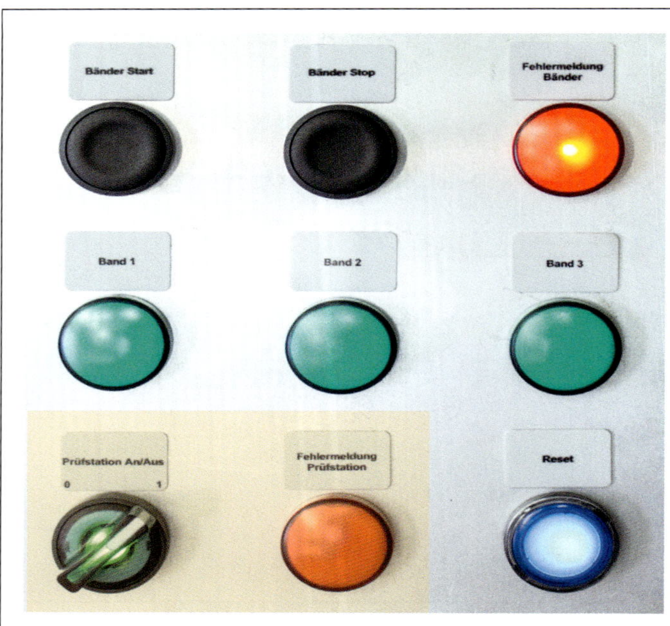

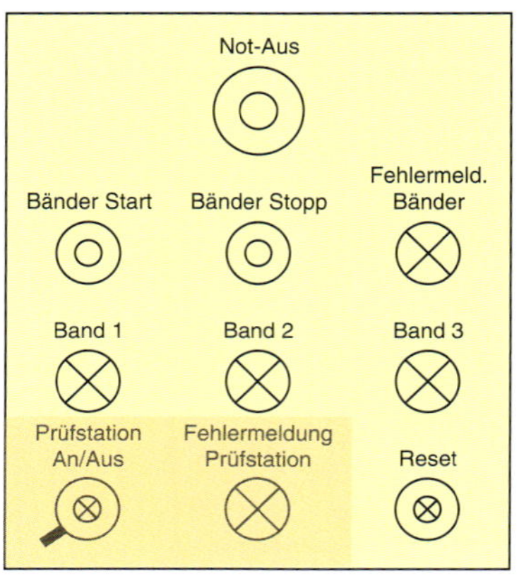

Erweitertes Bedienteil
Stückliste siehe Seite 21

Bild 13 *Erweitertes Bedienteil*

Stückliste des erweiterten Bedienteils

Anzahl	Bezeichnung	Daten
1	Einbautaster	1 NO, schwarz
1	Einbautaster	1 NC, schwarz
3	Meldelampe mit Leuchtmittel	24 V, grün
2	Meldelampe mit Leuchtmittel	24 V, rot
1	Leuchtdrucktaster mit Leuchtmittel	24 V, 2 NO, blau
1	Einbauschalter mit Leuchtmittel	24 V, 1 NO, grün
1	Not-Aus	1 NC

Erweiterter Anordnungsplan

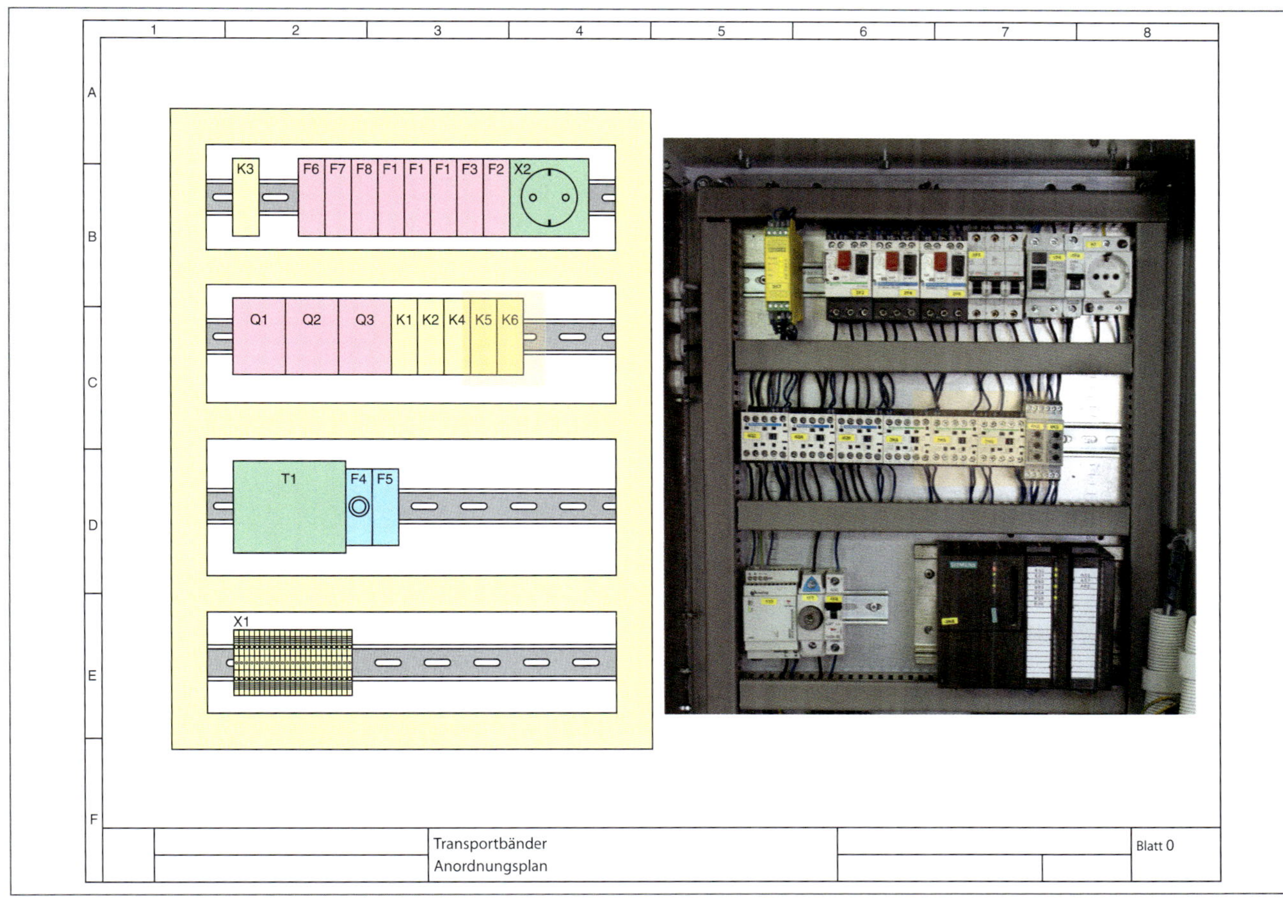

Bild 14 *Erweiterung des Schaltschrankes*

Erweiterung des Stückliste der Montageplatte (siehe Seite 16)

Anzahl	Bezeichnung	Daten
3	Hilfsschütz	24 V DC. 2NO, 2 NC

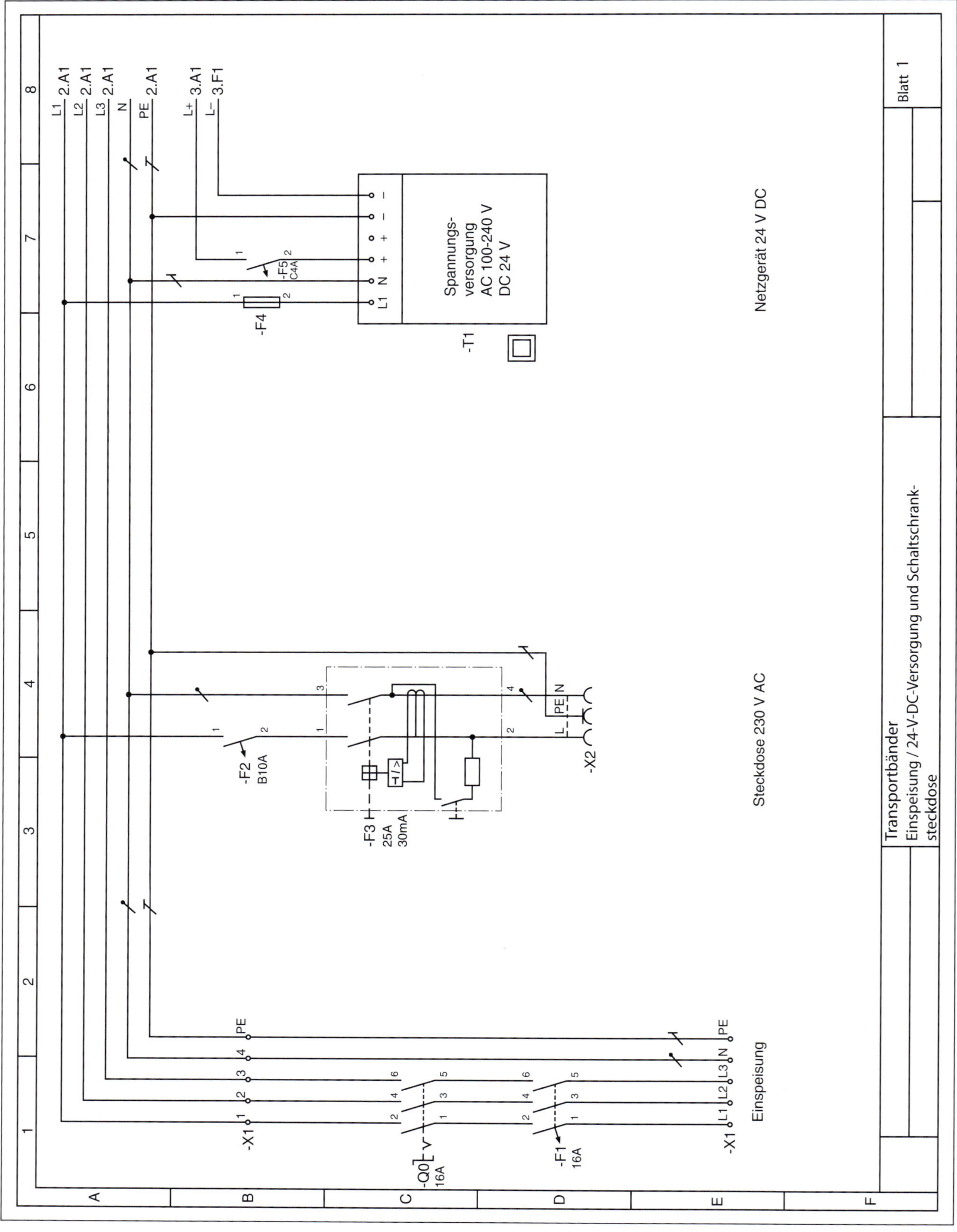

__Bild 15__ Einspeisung, 24-V-Gleichstromversorgung, Schaltschranksteckdose

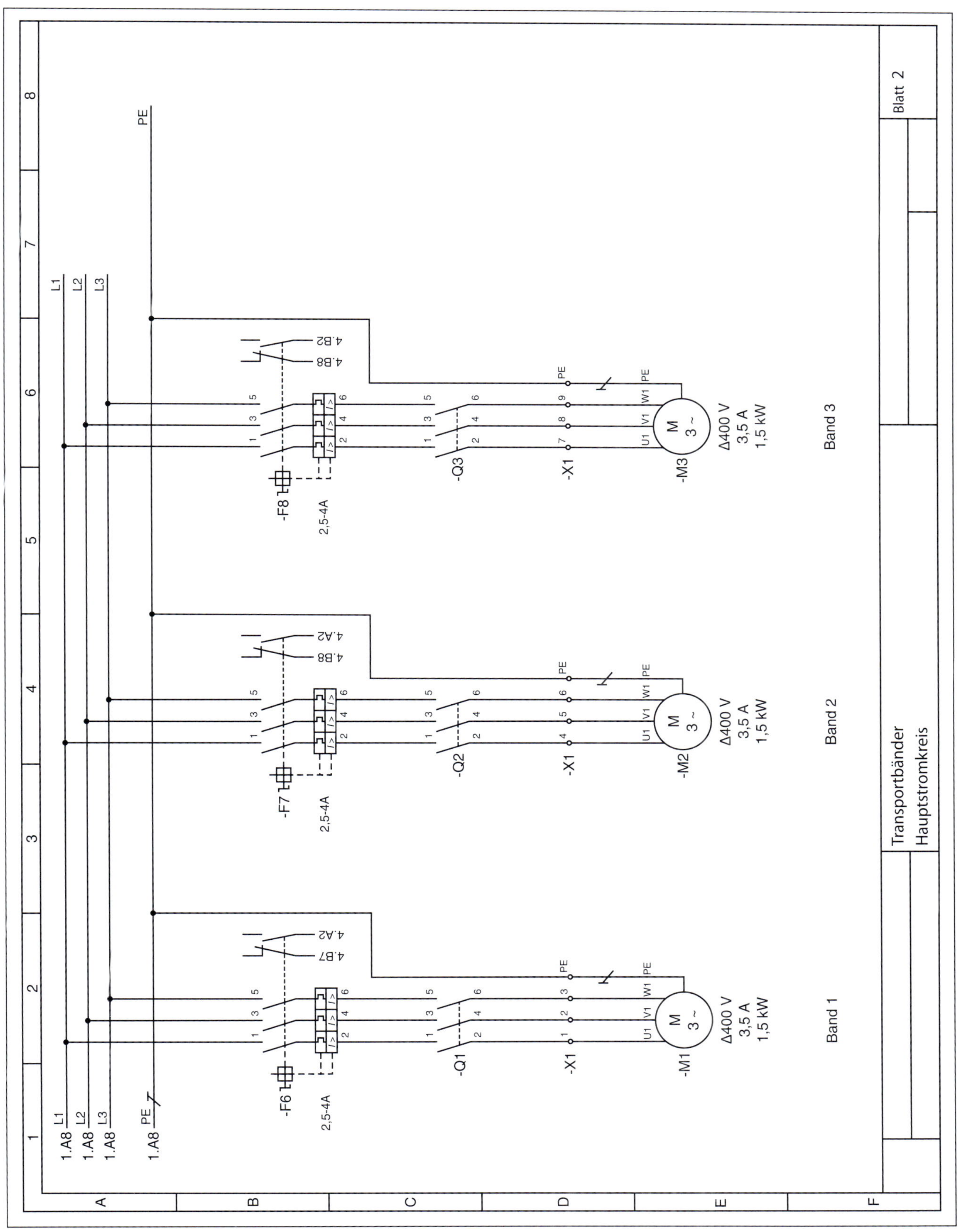

Bild 16 *Hauptstromkreise der Transportbänder*

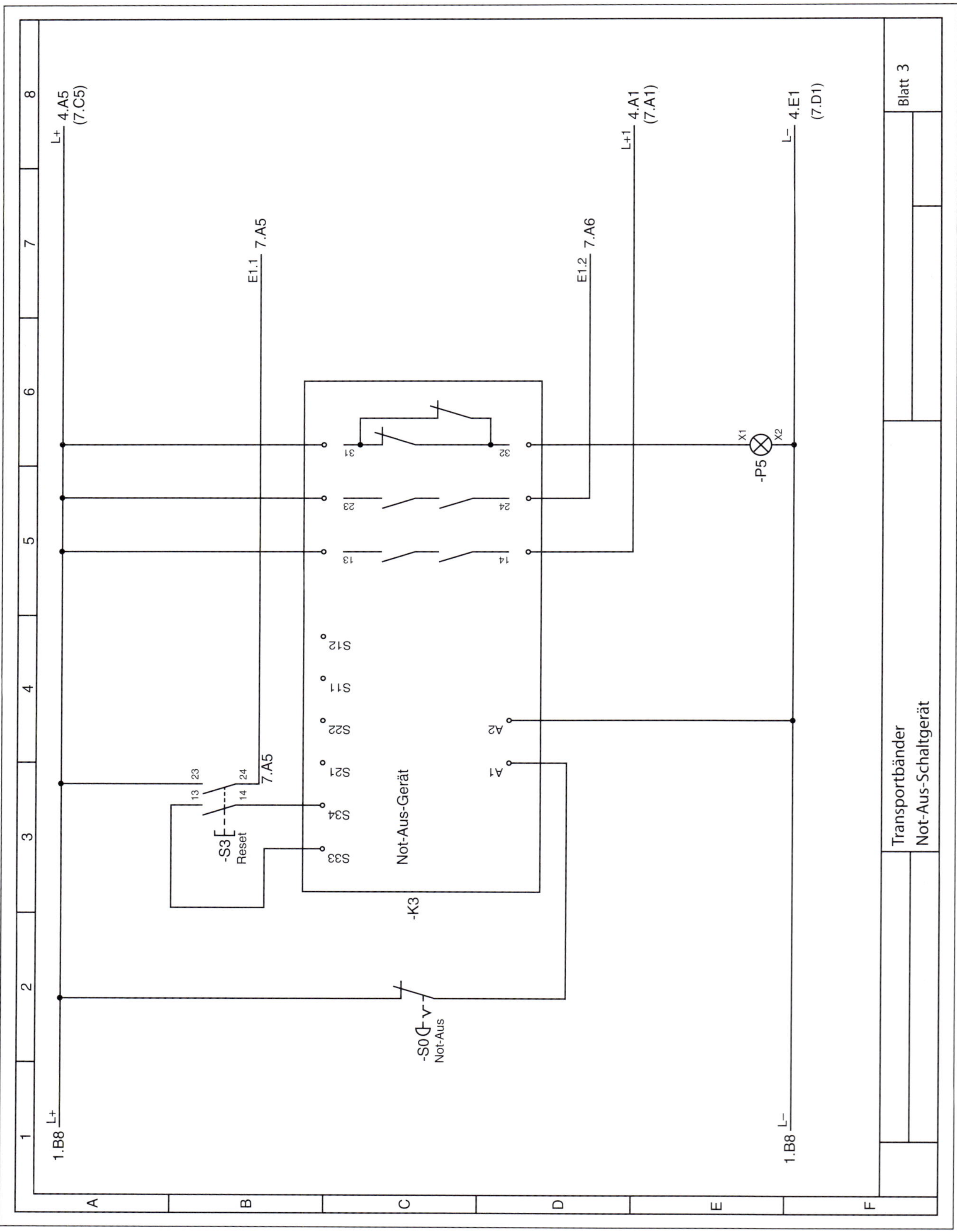

Bild 17 *Not-Aus-Schaltgerät (Erweiterung)*

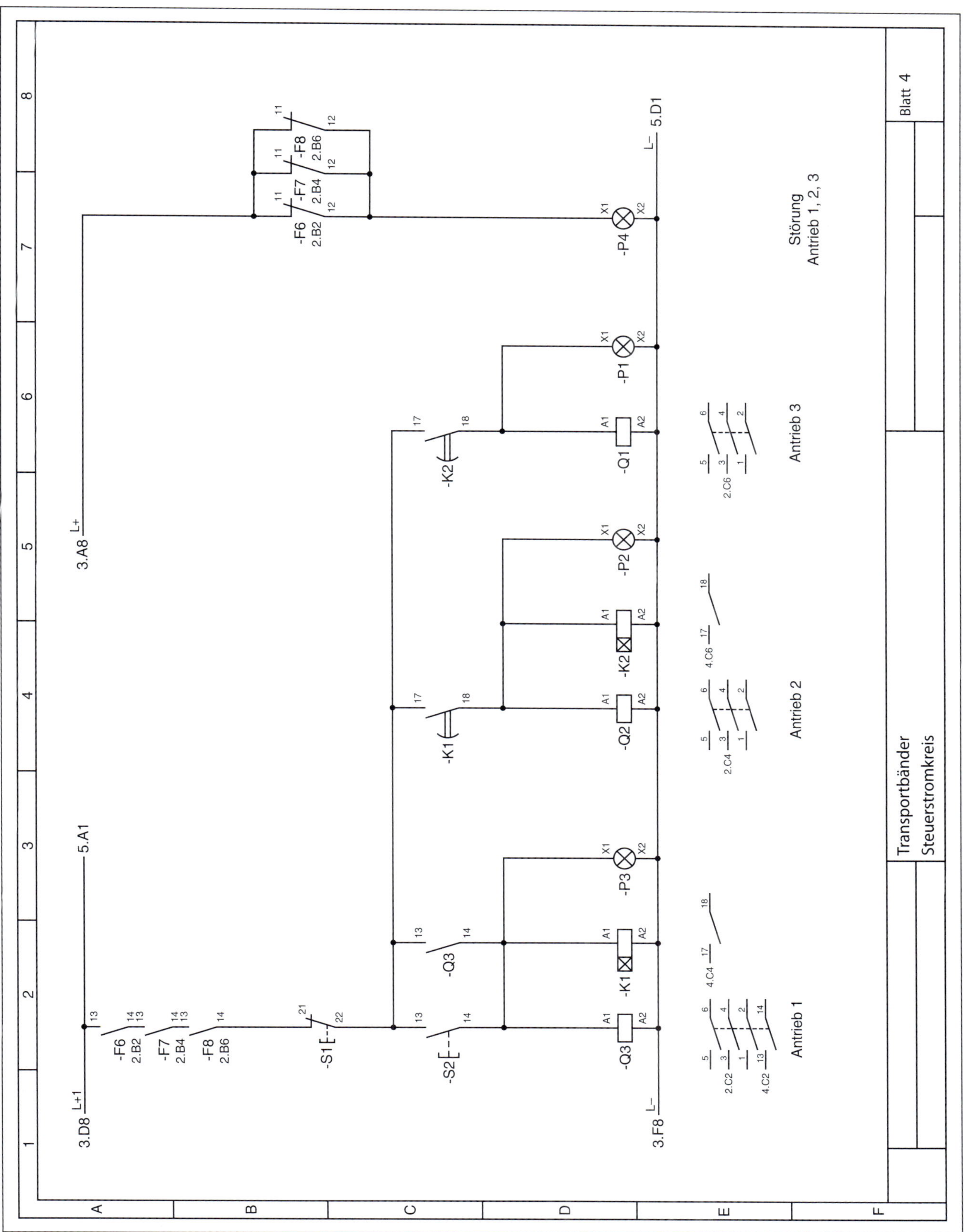

Bild 18 Bandantrieb

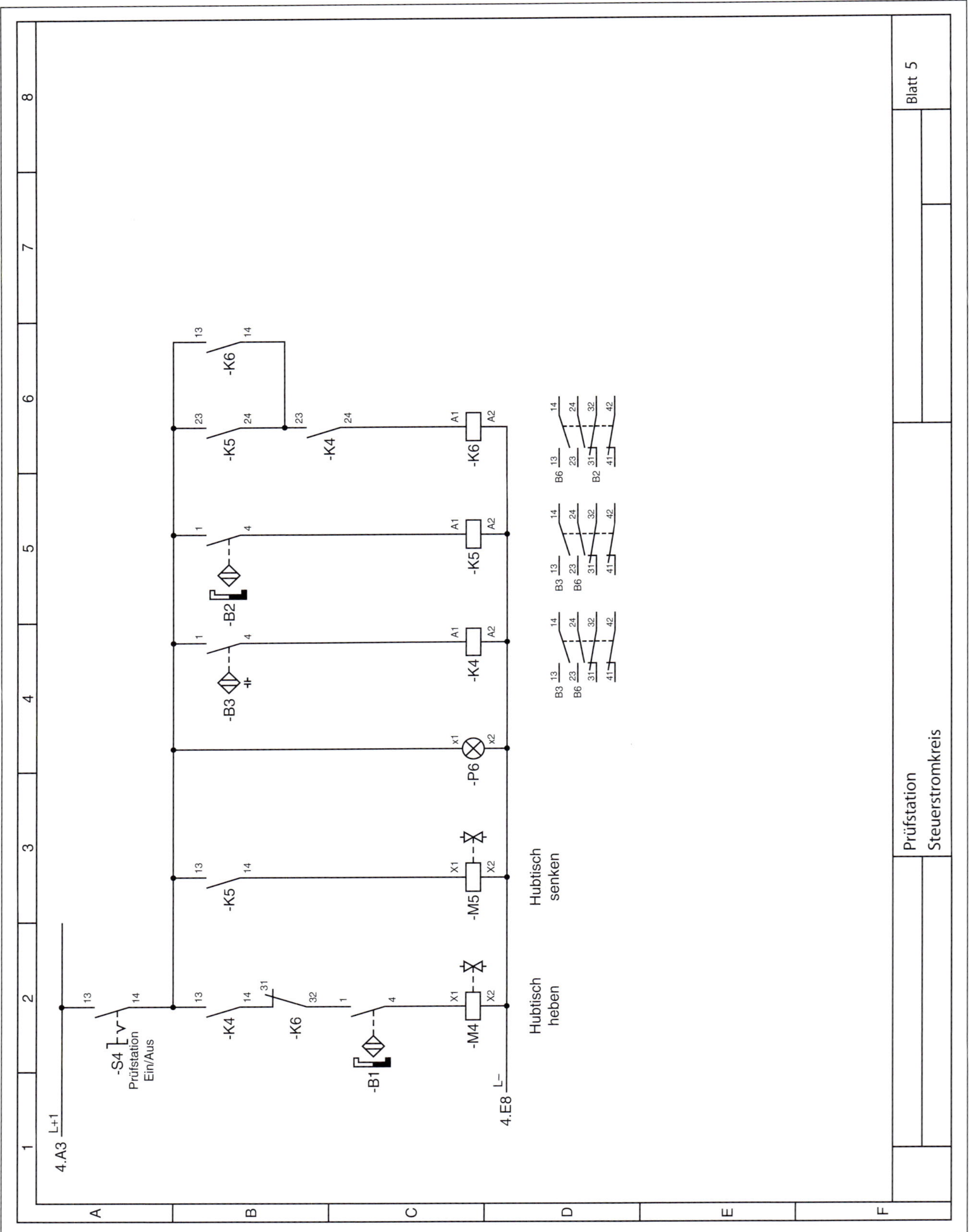

***Bild 19** Prüfstation (Hubeinrichtung), Steuerstromkreis*

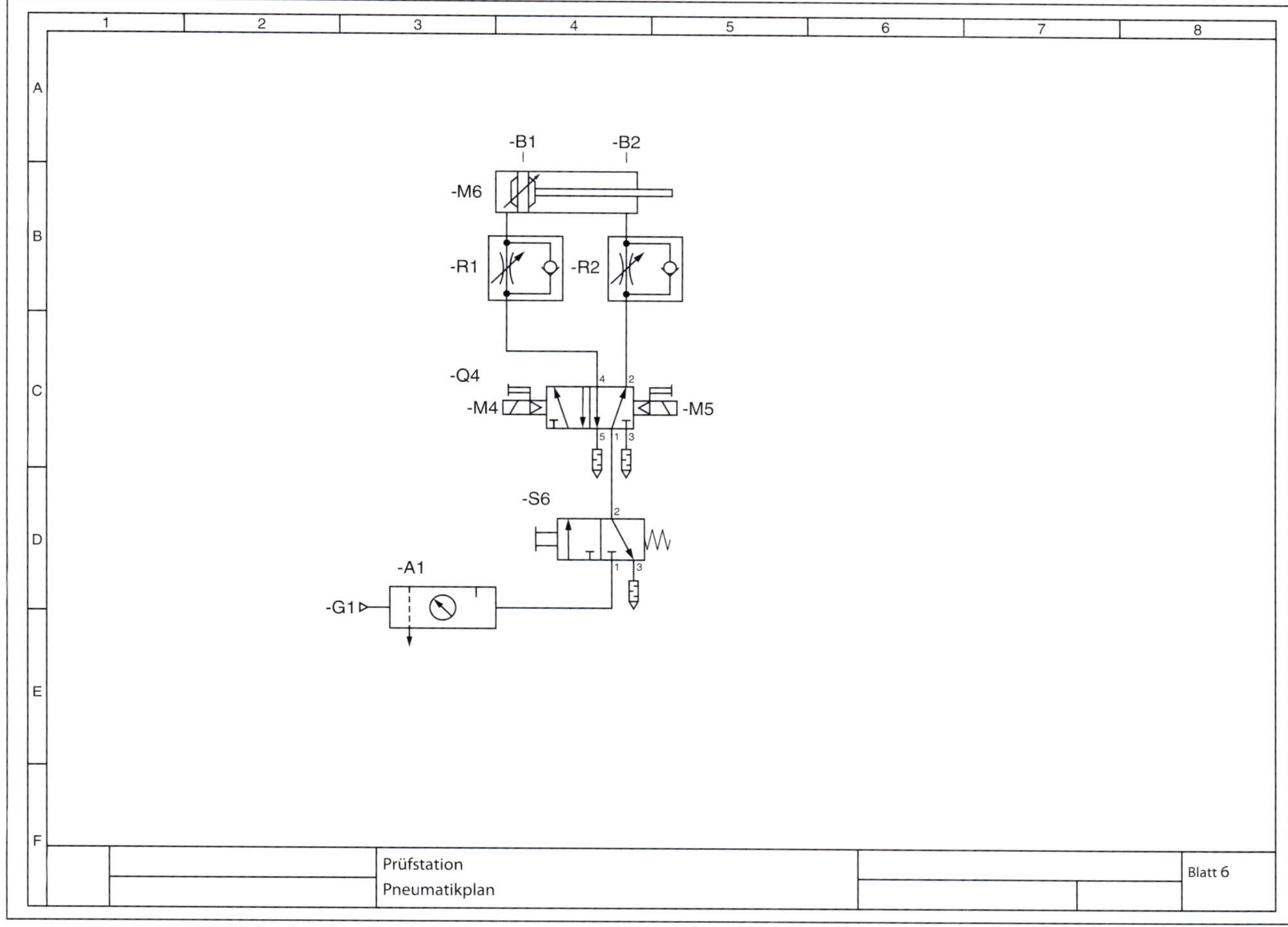

Bild 20 *Prüfstation (Hubeinrichtung), Pneumatikplan*

Stückliste Pneumatik

Anzahl	Bezeichnung	Daten
1	Pneumatikzylinder	doppelt wirkend, beidseitig einstellbare Endlagendämpfung
1	Wartungseinheit	Öler, 0 bis 10 bar; Wasserabscheider
1	5/2-Wegeventil	Magnetventil
1	3/2-Wegeventil	Tasthebel
2	Drossel-Rückschlagventil	Zylindermontage
3	Schalldämpfer	
1	Kapazitiver Näherungssensor	PSM-40C, NO
2	Positionsschalter	Reed, 10 bis 30 V, NO

■ **Referenzkennzeichnung in Schaltplänen der Fluidtechnik**

→ 399, 417

Zuordnungsliste zum SPS-Programm (siehe Anschlussplan Seite 29)

Betriebsmittel	Ein-/Ausgang SPS	Kommentar
S1	E0.0	Stopptaster, Öffner
S2	E0.1	Starttaster Bänder, Schließer
S4	E0.2	Schalter Prüfstation, Schließer
F6	E0.3	Motorschutz, Band 1, NO
F7	E0.4	Motorschutz, Band 2, NO
F8	E0.5	Motorschutz, Band 3, NO
B1	E0.6	Reed-Kontakt, Hubtisch unten, NO
B2	E0.7	Reed-Kontakt, Hubtisch oben, NO
B3	E1.0	Motor auf Hubtisch, kap. Sensor, NO
S3	E1.1	Quittierung Not-Aus
K3	E1.2	Not-Aus-Schaltgerät
Q1	A4.0	Motor Band 1
Q2	A4.1	Motor Band 2
Q3	A4,2	Motor Band 3
M4	A4.3	Magnetspule, heben
M5	A4.4	Magnetspule, senken
P1	A4.5	Meldung Band 1
P2	A4.6	Meldung Band 2
P3	A4.7	Meldung Band 3
P4	A5.0	Meldung Störung Bandantrieb
P6	A5.1	Meldung Prüfstation eingeschaltet
P7	A5.2	Meldung Störung Prüfstation

Symboltabelle zum SPS-Programm

Symbol	Adresse	Datentyp	Kommentar
stopp_taster	E0.0	BOOL	Stopptaster, Öffner
start_baender	E0.1	BOOL	Starttaster Bänder, Schließer
pruef_station	E0.2	BOOL	Schalter Prüfstation, Schließer
mot_sch_bd_1	E0.3	BOOL	Motorschutz, Band 1, NO
mot_sch_bd_2	E0.4	BOOL	Motorschutz, Band 2, NO
mot_sch_bd_3	E0.5	BOOL	Motorschutz, Band 3, NO
tisch_unten	E0.6	BOOL	Reed-Kontakt, Hubtisch unten, NO
tisch_oben	E0.7	BOOL	Reed-Kontakt, Hubtisch oben, NO
motor	E1.0	BOOL	Motor auf Hubtisch, kap. Sensor, NO
not_aus_quitt	E1.1	BOOL	Quittierung Not-Aus
not_aus_sps	E1.2	BOOL	Not-Aus-Schaltgerät
BAND_1	A4.0	BOOL	Motor Band 1
BAND_2	A4.1	BOOL	Motor Band 2
BAND_3	A4,2	BOOL	Motor Band 3
TISCH_HEBEN	A4.3	BOOL	Motor anheben
TISCH_SENKEN	A4.4	BOOL	Motor absenken
MELD_BD_1	A4.5	BOOL	Meldung Band 1
MELD_BD_2	A4.6	BOOL	Meldung Band 2
MELD_BD_3	A4.7	BOOL	Meldung Band 3
BAND_STOER	A5.0	BOOL	Störung Bandantrieb
PRUEF_STATION	A5.1	BOOL	Prüfstation eingeschaltet
STOER_PRUEF	A5.2	BOOL	Störung Prüfstation

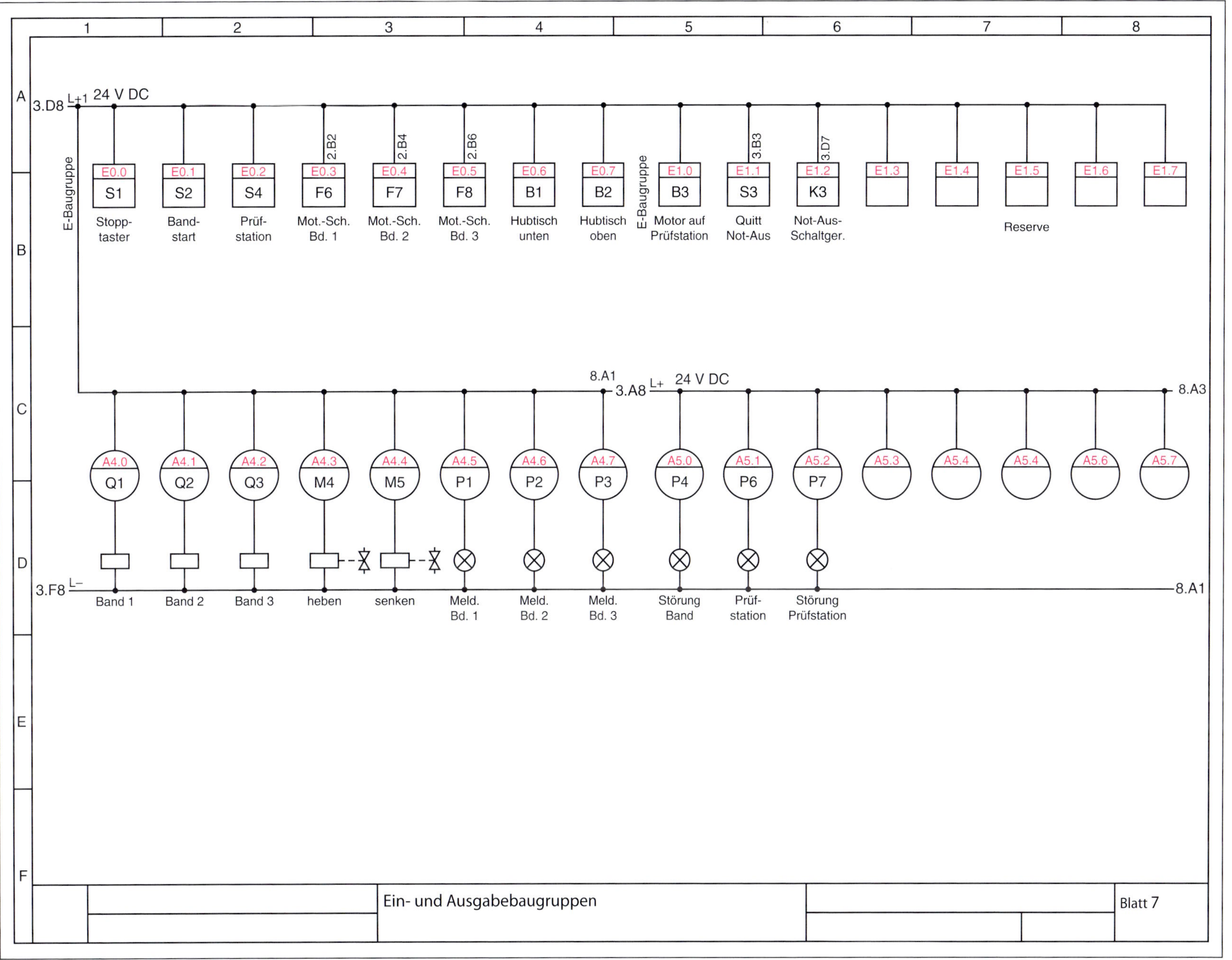

Bild 21 *Anschluss (Belegung) der SPS*

Bild 22 *Spannungsversorgung der SPS*

Steuerungsprogramm in Funktionsplandarstellung

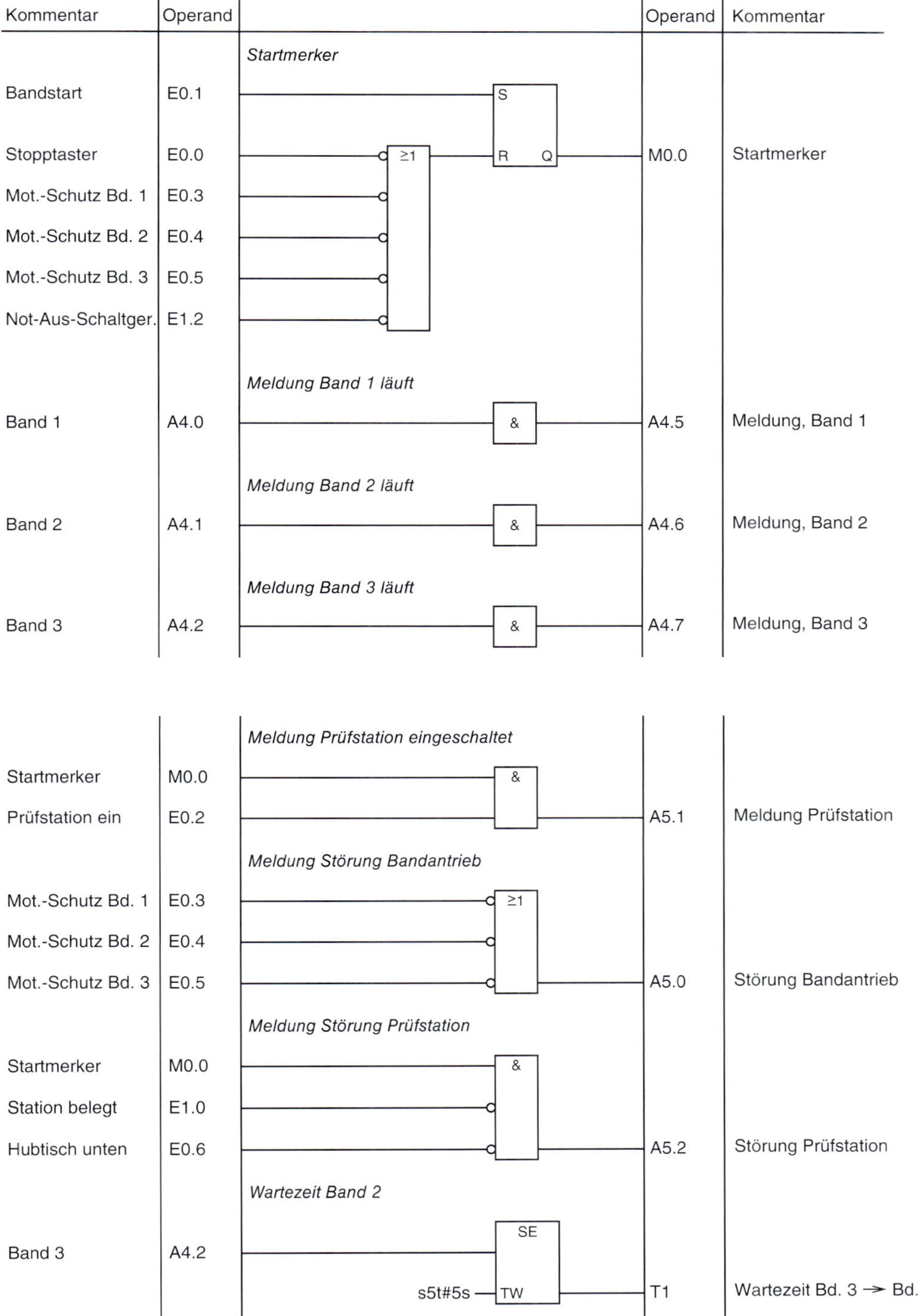

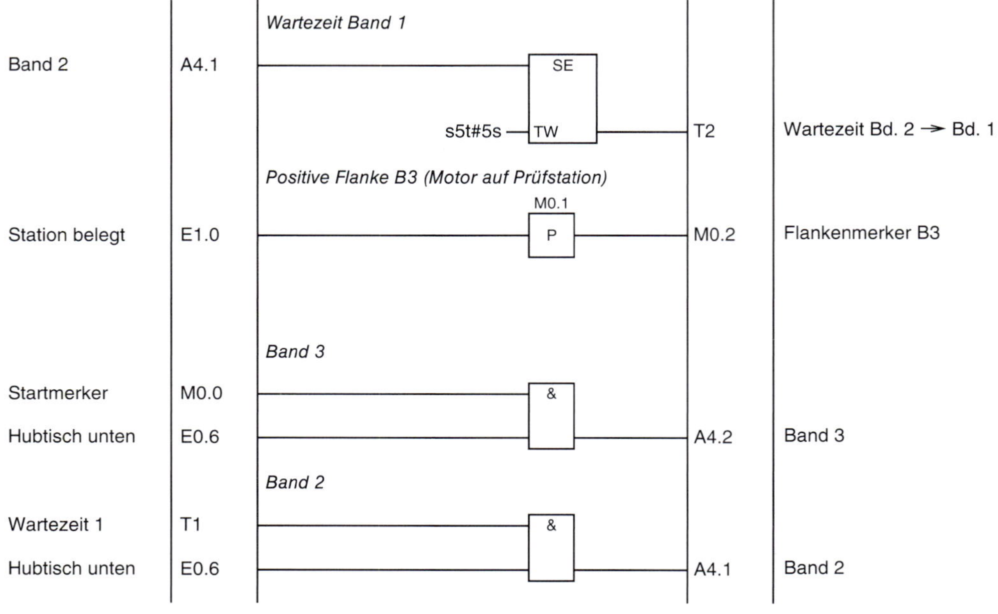
Wartezeit Band 1
Band 2
A4.1
SE
s5t#5s
TW
T2
Wartezeit Bd. 2 → Bd. 1
Positive Flanke B3 (Motor auf Prüfstation)
M0.1
Station belegt
E1.0
P
M0.2
Flankenmerker B3
Band 3
Startmerker
M0.0
&
Hubtisch unten
E0.6
A4.2
Band 3
Band 2
Wartezeit 1
T1
&
Hubtisch unten
E0.6
A4.1
Band 2

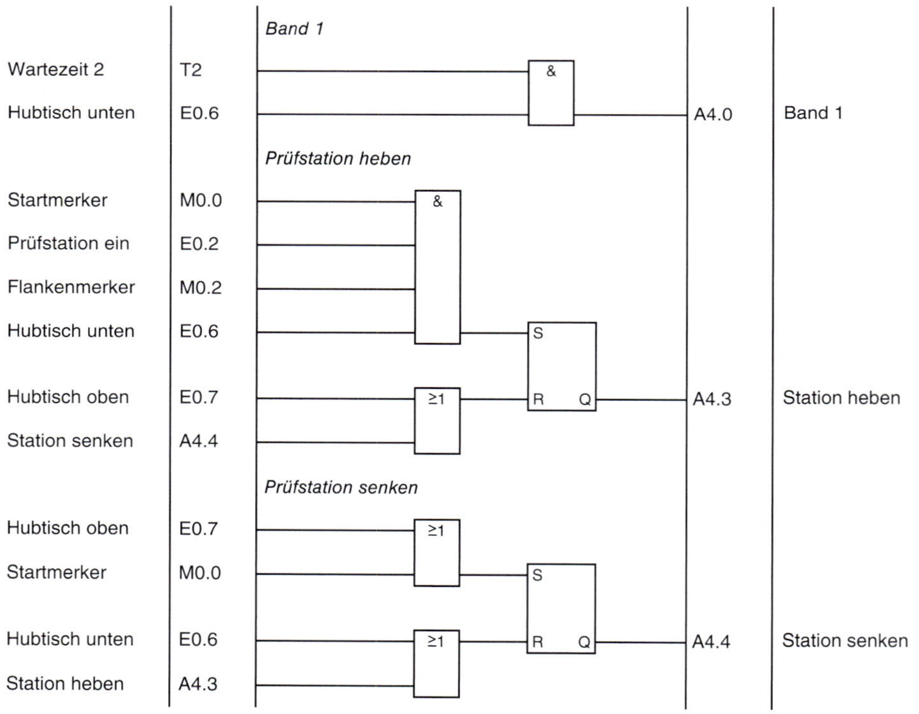
Band 1
Wartezeit 2
T2
&
Hubtisch unten
E0.6
A4.0
Band 1
Prüfstation heben
Startmerker
M0.0
&
Prüfstation ein
E0.2
Flankenmerker
M0.2
Hubtisch unten
E0.6
S
Hubtisch oben
E0.7
≥1
R Q
A4.3
Station heben
Station senken
A4.4
Prüfstation senken
Hubtisch oben
E0.7
≥1
Startmerker
M0.0
S
Hubtisch unten
E0.6
≥1
R Q
A4.4
Station senken
Station heben
A4.3

1.1 Herstellung der metalltechnischen Komponenten

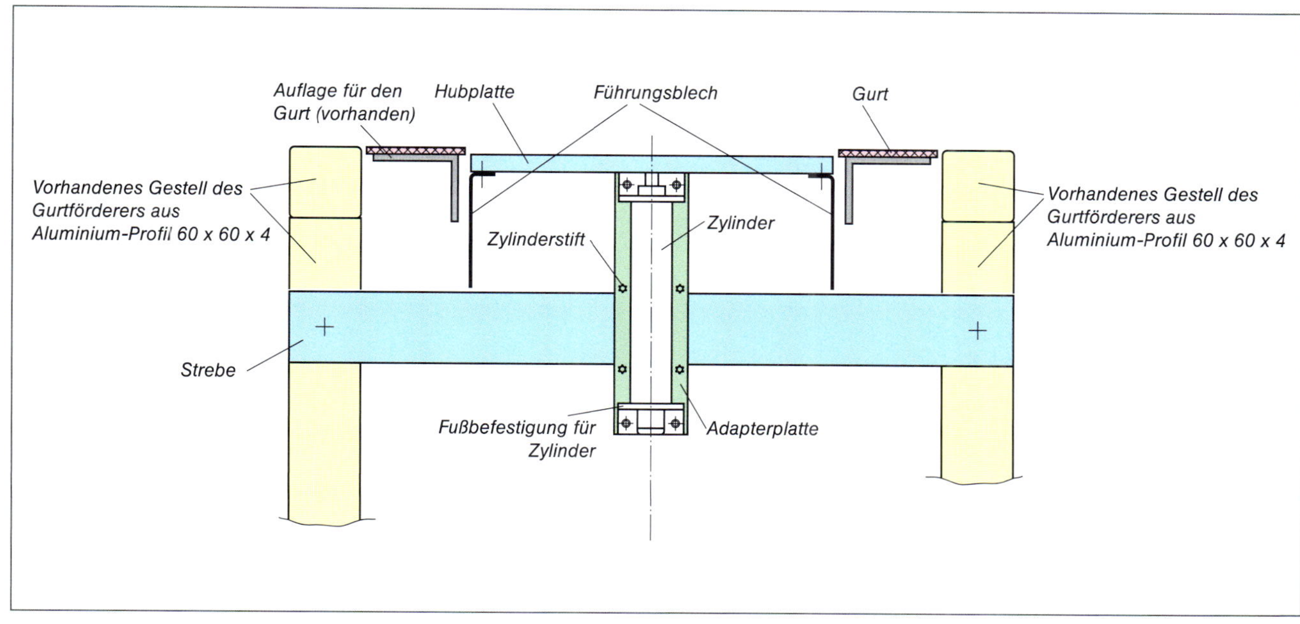

Bild 23 *Bandförderer mit Hubeinheit, siehe Technologieschema Seite 12*

Adapterplatte

S235JR G1 + C, Materialstärke 10 mm

4 Bohrungen 6H7 zum Einpressen der Passstifte (Passstifte als Verdrehsicherung)

Gewindebohrung M8 zur Befestigung an der Strebe

4 Gewindebohrungen M6 zur Befestigung der beiden Haltewinkel für den Pneumatikzylinder

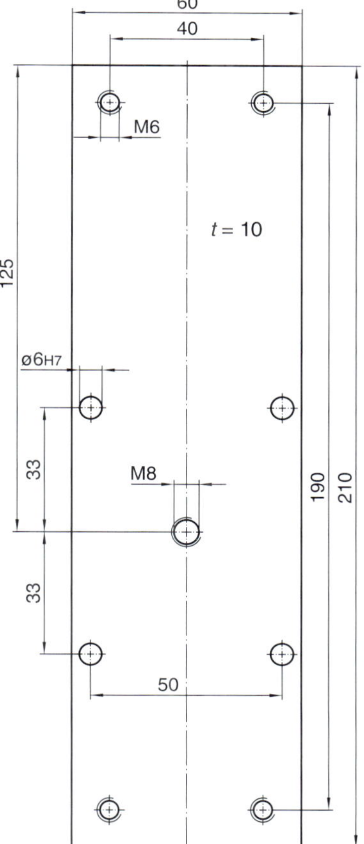

Arbeitsplan	Werkstück: Adapterplatte	Werkstoff: S235JR	
Lfd. Nr.	Arbeitsschritt	Bereitstellung Werkzeuge, Betriebsmittel und Hilfsmittel	Technische Daten
1	Profil 60 mm × 10 mm auf Länge 210 mm absägen	Maschinensäge	Drehzahl: 30 1/min
2	Schnittkanten engraten	Flachfeile Hieb 3	
3	Anreißen aller Bohrungen	Höhenanreißer, Anreißplatte, Prisma	
4	Schnittpunkte der Anrissstriche ankörnen	Hammer und Körner	
5	Kernloch für Gewinde M6 bohren	HSS-Bohrer Durchmesser 5,2 mm, Kühlschmiermittel	Drehzahl: 1500 1/min
6	Kernloch für Gewinde M8 bohren	HSS-Bohrer Durchmesser 6,8 mm, Kühlschmiermittel	Drehzahl: 1100 1/min
7	Bohrung für das Passmaß 6H7 vorbohren	HSS-Bohrer Durchmesser 5,7 mm, Kühlschmiermittel	Drehzahl: 1500 1/min
8	Bohrungen entgraten	Kegelsenker 90° Durchmesser: 10,4 mm	Drehzahl: max. 100 1/min
9	Gewinde M6 schneiden	Gewindebohrer M6, Windeisen, Schneidöl	
10	Gewinde M8 schneiden	Gewindebohrer M8, Windeisen, Schneidöl	
11	Bohrung 6 H7 reiben	Maschinen-Reibahle 6H7, Schneidöl	Drehzahl: max. 100 1/min
12	Überprüfen aller Längenmaße und Winkel	Stahllineal Länge 300 mm und Anschlag-winkel	
Qualitätskontrolle, Prüfmittel: Stahllineal Länge: 300 mm, Messschieber und Anschlagwinkel			

Arbeitsplan	Werkstück: Strebe	Werkstoff: AlMg3	
Lfd. Nr.	Arbeitsschritt	Bereitstellung Werkzeuge, Betriebsmittel und Hilfsmittel	Technische Daten
1	Schnittkante anreißen, Länge 600 mm	Stahllineal Länge 1000 mm, Anschlagwinkel	
2	Werkstück nach Anriss absägen	Handsäge	
3	Schnittkanten entgraten	Flachfeile Hieb 3	
4	Anreißen aller Bohrungen	Höhenanreißer, Stahllineal Länge 1000 mm, Reißnadel	
5	Schnittpunkte der Anrissstriche ankörnen	Hammer und Körner	
6	Durchgangsbohrungen Durchmesser 6,5 bohren	HSS-Bohrer Durchmesser 6,5 mm, Kühlschmiermittel	Drehzahl: 2200 1/min
7	Durchgangsbohrungen Durchmesser 8,5 bohren	HSS-Bohrer Durchmesser 8,5 mm, Kühlschmiermittel	Drehzahl: 1500 1/min
8	Bohrungen entgraten	Kegelsenker 90° Durchmesser: 10,4 mm	Drehzahl: max. 100 1/min
9	Überprüfen aller Längenmaße und Winkel	Stahllineal Länge 300 mm und Anschlagwinkel	
Qualitätskontrolle Prüfmittel: Stahllineal Länge: 1000 mm, Messschieber und Anschlagwinkel			

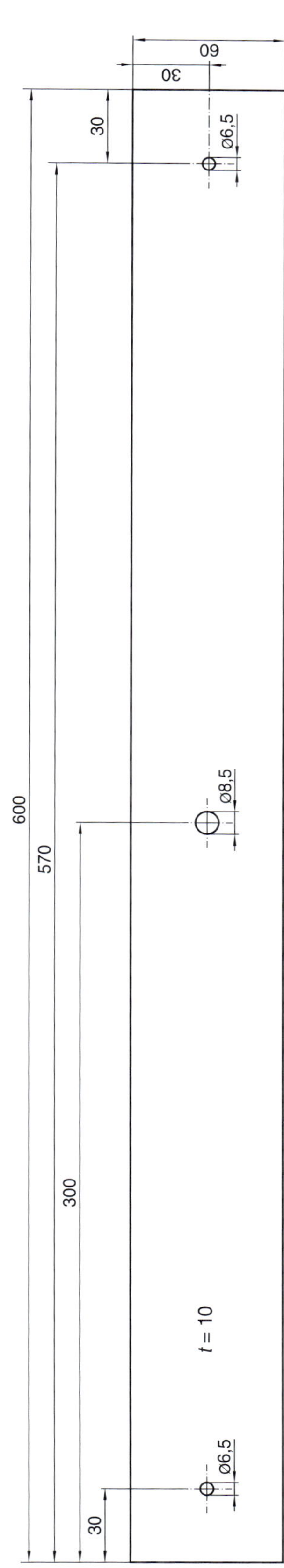

Strebe

Aluminium AlMg3, Materialstärke 10 mm

2 Bohrungen 6,5 mm zur Montage am Gestell des Gurtförderers, Verbindung durch Innensechskantschrauben und Nutenstein

Durchgangsbohrung 8,5 mm zur Befestigung der Adapterplatte

Hubplatte

Aluminium AlMg3, Materialstärke 15 mm

6 Gewindebohrungen M4 zur Befestigung der beiden Führungsbleche

Gewindebohrung M10x1,15 zur Befestigung der Zylinderstange

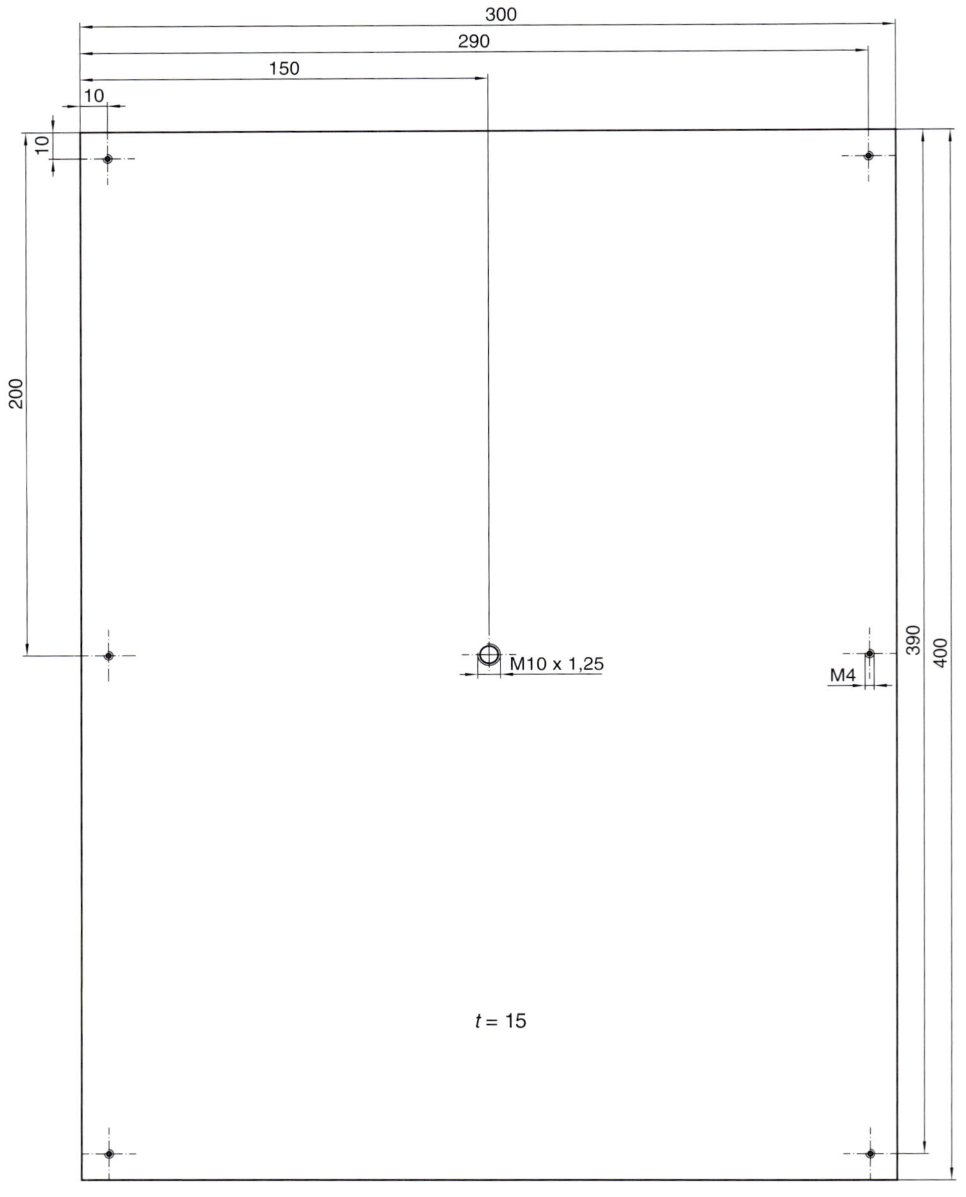

Arbeitsplan	Werkstück: Hubplatte	Werkstoff: AlMg3	
Lfd. Nr.	**Arbeitsschritt**	**Bereitstellung Werkzeuge, Betriebsmittel und Hilfsmittel**	**Technische Daten**
1	Profil 300 mm × 15 mm auf Länge 400 mm absägen	Maschinensäge	
2	Schnittkanten engraten	Flachfeile Hieb 3	
3	Anreißen aller Bohrungen	Höhenanreißer, Prisma und Anreißplatte	
4	Schnittpunkte der Anrissstriche ankörnen	Hammer und Körner	
5	Kernloch für Gewinde M4 bohren	HSS-Bohrer Durchmesser 3,2 mm, Kühlschmiermittel	Drehzahl: 4400 1/min
6	Kernloch für Gewinde M10 × 1,25 bohren	HSS-Bohrer Durchmesser 8,8 mm, Kühlschmiermittel	Drehzahl: 1600 1/min
7	Bohrungen entgraten	Kegelsenker 90°, Durchmesser: 10,4 mm	max. 100 1/min
8	Gewinde M4 schneiden	Gewindebohrer M4, Windeisen, Schneidöl	
9	Gewinde M10 × 1,25 schneiden	Gewindebohrer M10 × 1,25, Windeisen, Schneidöl	
10	Überprüfen aller Längenmaße und Winkel	Stahllineal Länge 500 mm und Anschlagwinkel	
Qualitätskontrolle Prüfmittel: Stahllineal Länge: 500 mm, Messschieber und Anschlagwinkel			

Arbeitsplan	Werkstück: Führungsblech	Werkstoff: X5CrNi18 – 10	
Lfd. Nr.	**Arbeitsschritt**	**Bereitstellung Werkzeuge, Betriebsmittel und Hilfsmittel**	**Technische Daten**
1	Blech zuschneiden 400 mm × 107 mm × 1,5 mm	Tafelschere	
2	Schnittkanten entgraten	Flachfeile Hieb 3	
3	Anreißen aller Bohrungen und der Biegekante	Höhenanreißer, Anreißplatte, Prisma	
4	Schnittpunkte der Anrissstriche ankörnen	Hammer und Körner	
5	Durchgangsbohrungen Durchmesser 4,5 bohren	HSS-Bohrer Durchmesser 4,5 mm, Kühlschmiermittel	Drehzahl: 1400 1/min
6	Bohrungen entgraten	Kegelsenker 90° Durchmesser: 10,4 mm	Drehzahl: 100 1/min
7	Blechzuschnitt im 90° Winkel kanten	Schwenkbiegemaschine	
8	Überprüfen aller Längenmaße und Winkel	Stahllineal Länge 500 mm und Anschlagwinkel	
Qualitätskontrolle Prüfmittel: Stahllineal Länge: 500 mm, Messschieber und Anschlagwinkel			

2 Führungsbleche

Edelstahl 1.4301, Blechstärke 1,5 mm

Im 90°-Winkel gekantet

Durchgangsbohrungen 4,5 mm zur Befestigung

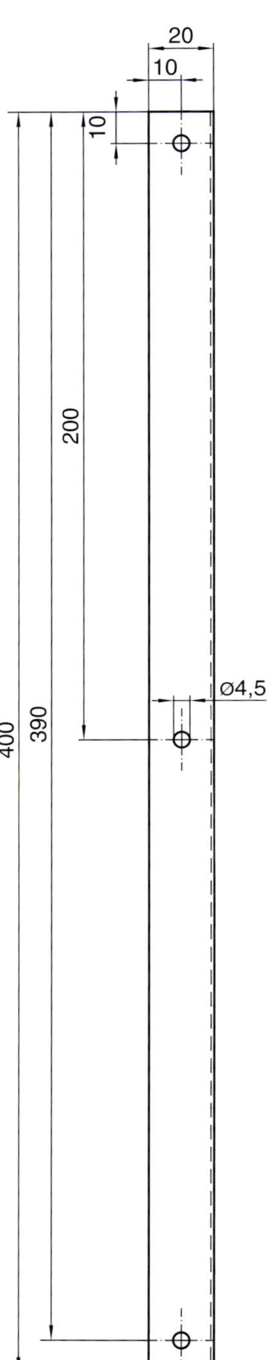

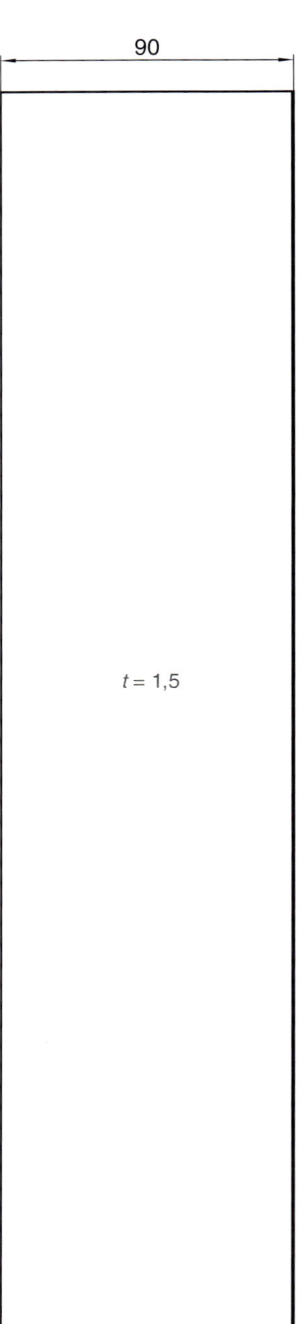

Stückliste **Baugruppe Gurtfördererweiterung**

Pos.	Stück	Einheit	Benennung	Normblatt	Bemerkungen
1	1	Stück	Strebe		AlMg3
2	1	Stück	Adapterplatte		S235JRG1+C
3	1	Stück	Hubplatte		AlMg3
4	2	Stück	Führungsblech		X5CrNi18-10
5	1	Stück	Pneumatikzylinder		C85N 25 - 100
6	2	Stück	Fußbefestigung		C85L 25 AB
7	2	Stück	Sechskantmutter	ISO 4035 - A M22 × 1,5	10
8	2	Stück	Nutenstein M6		St, verzinkt
9	4	Stück	Zylinderstift	ISO 8734 - B 6 × 20	St
10	4	Stück	Zylinderschraube mit Innensechskant	ISO 4762 - M6 × 16	6.8
11	2	Stück	Zylinderschraube mit Innensechskant	ISO 4762 - M6 × 20	6.8
12	1	Stück	Zylinderschraube mit Innensechskant	ISO 4762 - M8 × 25	6.8
13	1	Stück	Scheibe	ISO 7090 - 8	200 HV
14	1	Stück	Federring M8	DIN 128 - 8	Fst
15	1	Stück	Sechskantmutter	ISO 4035 - A M10 × 1,25	10
16	1	Stück	Scheibe	ISO 7090 - 10	200 HV
17	6	Stück	Zylinderschraube mit Innensechskant	ISO 4762 - M4 × 12	6.8
18	6	Stück	Scheibe	ISO 7090 - 4	200 HV
19	2	Stück	Scheibe	ISO 7090 - 6	200 HV

Montageplan

Lfd. Nr.	Arbeitsschritt	Bereitstellung Werkzeuge, Betriebsmittel und Hilfsmittel	Position in der Stückliste
1	Einpressen der Zylinderstifte in die Adapterplatte	Hammer, feste Unterlage	2, 9
2	Pneumatikzylinder auf Adapterplatte montieren	Innensechskantschlüssel SW 5, Gabelschlüssel SW 32	2, 5, 6, 7, 10
3	Hubplatte an Zylinderstange befestigen und sichern	Gabelschlüssel SW 17	3, 5, 15, 16
4	Führungsbleche an Hubplatte montieren	Innensechskantschlüssel SW 3	2, 4, 17, 18
5	Strebe an Bandförderergestell befestigen	Innensechskantschlüssel SW 5, Anschlagwinkel, Stahllineal, Wasserwaage	1, 8, 11, 19
6	Adapterplatte an Strebe befestigen	Innensechskantschlüssel SW 6	1, 2, 12, 13, 14

Bei den Arbeitsschritten 2, 3, 4 und 6 werden in der Auflistung der Positionen die vorherigen Schritte nicht berücksichtigt.
Die vormontierten Bauteile werden nicht aufgeführt.

1.2 Das technische System

Mechatronische Systeme bestehen aus verschiedenen **Komponenten** und **Teilsystemen**.

- *Mechanische Komponenten* (Aufständerung, Hubeinrichtung, Führungsbleche)
- *Elektrische und elektronische Komponenten* (Antriebsmotor, Sensorik, Aktorik)
- *Pneumatische und hydraulische Komponenten* (Hubzylinder)
- *Softwarekomponenten* (SPS-Programm)

Aus dem *geplanten Zusammenwirken* der einzelnen Komponenten resultiert die **Funktion** *des gesamten Systems*.

Ein technisches System besteht aus seinen Elementen.

Das geordnete Zusammenwirken dieser Elemente bewirkt die gewünschte technische Realisierung der Aufgabenstellung.

Kennzeichen technischer Systeme

- *Systemgrenzen*
- *Systemfunktion*
- *Systemstruktur*
- *Teilsysteme, Subsysteme*
- *Eingänge*
- *Ausgänge*

Beachten Sie:

- Die *Funktion* beschreibt den *Einsatz* des Systems.
- Die *Systemgrenze* wird durch den *Betrachter* festgelegt.
- *Teilsysteme* erfüllen *Teilfunktionen*, die Teilfunktionen ergeben die *Gesamtfunktion* des Systems.

Beispiel z.B.

System Transportband

Aufgabe (Funktion) des Systems ist es, Gegenstände (hier Elektromotoren) von Ort 1 nach Ort 2 zu bewegen.

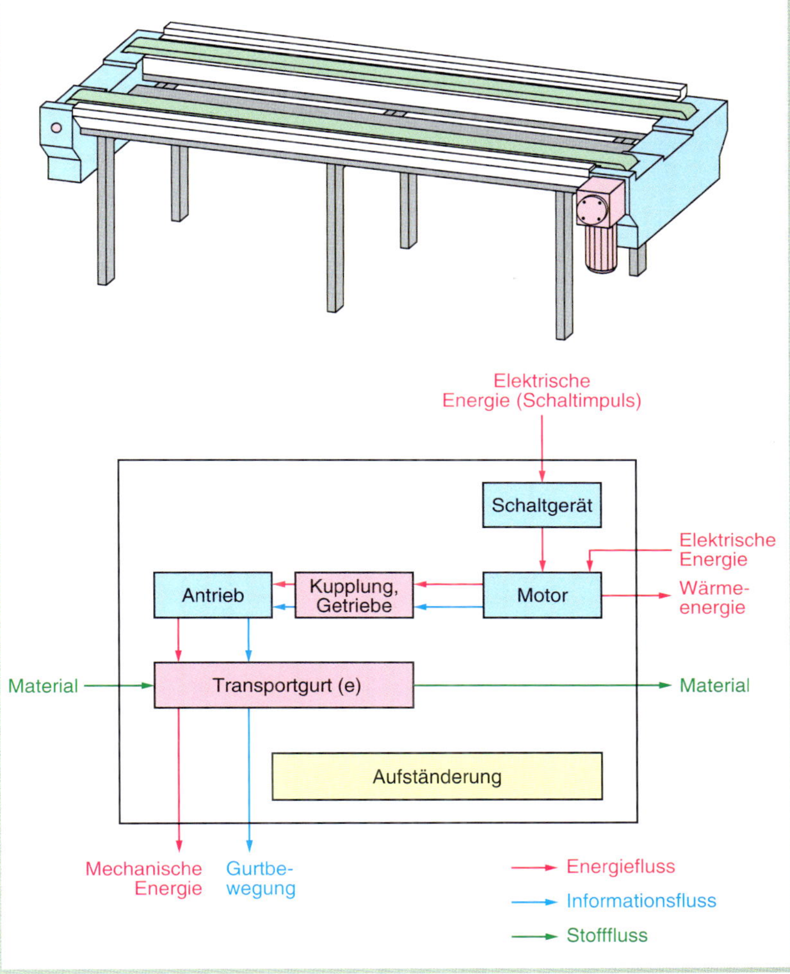

Darstellung

Die Systemdarstellung erfolgt in einem **Blockschaltbild**.

Symbol	Bedeutung
	Systemgrenze
	Benennung des Systems
	Eingänge; i. Allg. von rechts oder von oben
	Ausgänge, i. Allg. nach links oder nach unten

Funktionseinheiten

Ein System besteht aus Komponenten, denen bestimmte **Teilfunktionen** zugeordnet sind.

Diese Komponenten nennt man **Funktionseinheiten**.

Ist die Unterteilung hinreichend genau, erhält man die **Grundfunktionen**.

Beispiele für *Grundfunktionen*

- *Wandeln*
  Beispielsweise wird elektrische Energie durch Elektromotoren in mechanische Energie umgewandelt.

■ **System**

Wesentliche Merkmale sind:

- Umgebung
- Funktion
- Struktur

System
system

Funktion
function

Energiefluss
energy flow

Stofffluss
stock flow

Informationsfluss
flow of information

Struktur
structure

Umgebung
surrounding

Merkmale
features

Systemgrenze
system boundary

Förderband
conveyor belt

Werkstück
workpiece

Blockschaltbild
block diagram

- *Verändern*
  Drehzahlen oder Drehmomente können durch Getriebe vergrößert oder verkleinert werden.
- *Führen*
  Zum Beispiel Wellen in Lagern, Werkzeugschlitten auf Führungsbahnen oder Fluide in Rohrleitungen.
- *Verbinden*
  Bauteile können beispielsweise mithilfe von Schrauben verbunden werden.
- *Spannen*
  Zum Beispiel Spannen von Werkstücken in Schraubstöcken oder Werkzeugen in Spannfuttern.
- *Koppeln/Unterbrechen*
  Schaltgeräte unterbrechen die elektrische Energiezufuhr, Kupplungen Drehmomente.

Funktionseinheiten von Maschinen

- **Stütz- und Trageeinheiten**
  Funktionseinheiten zusammenhalten und führen, Kräfte aufnehmen und weiterleiten (z. B. Maschinengestelle, Führungen, Lager).
- **Antriebseinheiten**
  Mechanische Energie in geeigneter Form und benötigter Menge zur Verfügung stellen (z. B. Elektromotor, Pneumatikzylinder, Hydraulikzylinder).
- **Energieübertragungseinheiten**
  Energie zwischen Funktionseinheiten weiterleiten, Drehrichtung oder Drehmoment umformen (z. B. Wellen, Getriebe).
- **Arbeitseinheiten**
  Aufgabe des technischen Systems realisieren (z. B. Werkstück- und Werkzeugaufnahme).
- **Steuerungs- und Regelungseinheiten**
  Informations- und Signalumsetzung zur Beeinflussung und Überwachung von Energie- und Stoffumsetzungen (z. B. Taster, Schalter, SPS, Sensorik).
- **Versorgungs- und Entsorgungseinheiten**
  Versorgung der Funktionseinheiten mit Energie und Stoff. Hilfsstoffe und Abfallprodukte gezielt weiterleiten (z. B. Leitungen).

Technisches System (allgemein)

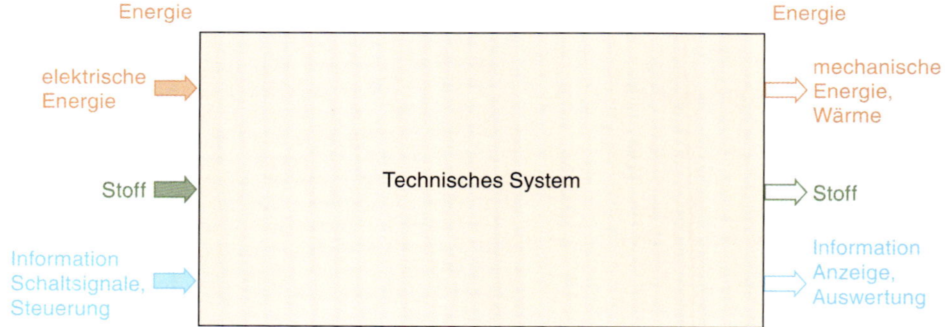

System Förderband

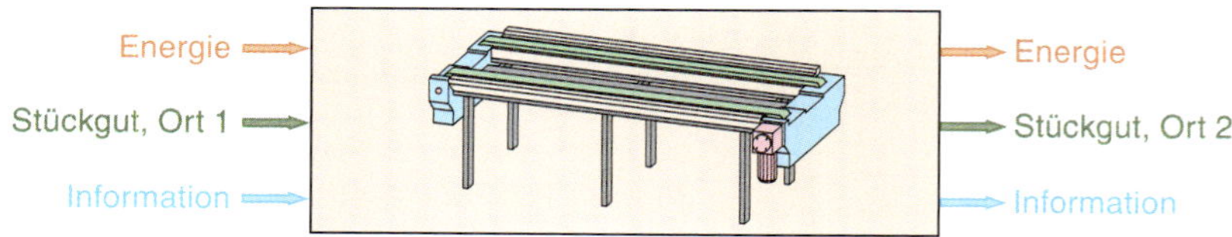

■ **Blackbox**
Zunächst wird ein technisches System als Blackbox angesehen. Dies verschafft einen guten Überblick. Ohne den inneren Aufbau zu berücksichtigen, sind hier nur die Ein- und Ausgangsgrößen von Interesse.

Aufteilung:
- Energie
- Stoff
- Information

1.3 Physikalische Berechnungen

Kraft F

Die **Kraft** ist das Produkt der **Masse** m eines Körpers und der **Beschleunigung** a, die diese Krafteinwirkung dem Körper erteilt.

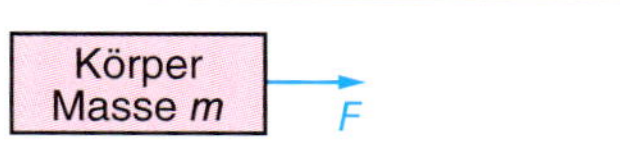

Bild 24 Kraftwirkung auf einen Körper

Kraft = Masse · Beschleunigung

$F = m \cdot a$

F Kraft in N

m Masse in kg

a Beschleunigung in $\frac{\text{m}}{\text{s}^2}$

Gewichtskraft F_G

Bedingt durch die *Erdanziehung* wird auf eine Masse m eine **Gewichtskraft** F_G in Richtung zum Erdmittelpunkt ausgeübt.

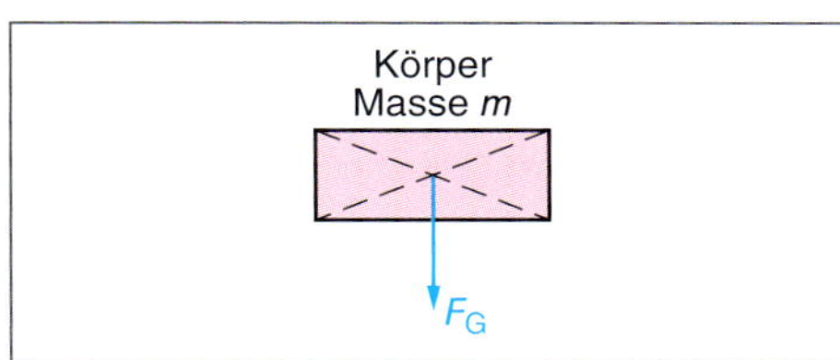

Bild 25 Gewichtskraft auf einen Körper

Gewichtskraft =
Masse · Erdbeschleunigung

$F_G = m \cdot g$

F_G Gewichtskraft in N

m Masse in kg

g Erdbeschleunigung in $\frac{\text{m}}{\text{s}^2}$

$\left(g = 9{,}81 \frac{\text{m}}{\text{s}^2}\right)$

Kraftdarstellung

Eine Kraft F wird durch (Bild 26):

- *Angriffspunkt*
- *Betrag*
- *Richtung*

eindeutig bestimmt.

Die Masse $m = 1$ kg wird unter Krafteinfluss mit $a = 1\,\frac{\text{m}}{\text{s}^2}$ beschleunigt. Wie groß ist die einwirkende Kraft F?

$1\,\frac{\text{kg}}{\text{m} \cdot \text{s}^2} = 1\,\text{N}$ (Newton)

Die Kraft 1 N erteilt einem Körper die Beschleunigung $1\,\frac{\text{m}}{\text{s}^2}$

$F = m \cdot a$

$F = 1\,\text{kg} \cdot 1\,\frac{\text{m}}{\text{s}^2} = 1\,\frac{\text{kg} \cdot \text{m}}{\text{s}^2}$

$F = 1\,\text{N}$

Wie groß ist die Gewichtskraft eines Werkstücks mit $m = 1$ t?

1 Tonne (t) = 1000 kg

$1\,\text{N} = 1\,\frac{\text{kg} \cdot \text{m}}{\text{s}^2}$

$F_G = m \cdot g$

$F_G = 1000\,\text{kg} \cdot 9{,}81\,\frac{\text{m}}{\text{s}^2}$

$F_G = 9810\,\text{N}$

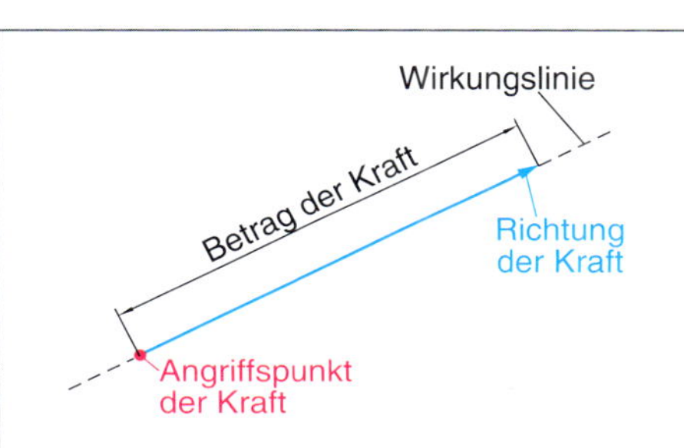

Bild 26 Darstellung einer Kraft

Dargestellt wird die Kraft durch eine Kraftpfeil (Vektor).

Die **Kraft** (Bild 26) kann entlang ihrer **Wirkungslinie** verschoben werden. An der Kraftwirkung ändert sich dadurch nichts.

Zur Kraftdarstellung kann ein **Kräftemaßstab** festgelegt werden, z. B. 1 cm ≙ 10 N.

Dargestellt ist die Kraft $F = 50$ N (Bild 27).

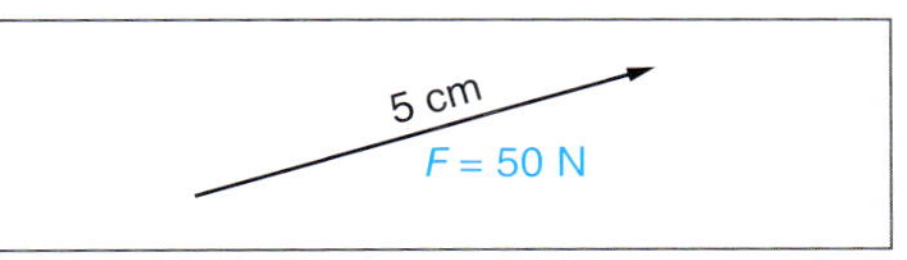

Bild 27 Kraftdarstellung $F = 50$ N

Kräfte auf einer Wirkungslinie

Die Kräfte

$F_1 = 30$ N, $F_2 = 40$ N

liegen auf *einer Wirkungslinie* in *gleicher* Richtung.

■ **Newton (N)**

$1\,\text{N} = 1\,\frac{\text{kg} \cdot \text{m}}{\text{s}^2}$

■ **Kraftpfeil**

Die Kraft ist ein Vektor.
Ein Vektor ist durch *Angriffspunkt*, *Richtung* und *Betrag* festgelegt.

■ **Wirkungslinie**

Linie, über die der Kraftpfeil verschoben werden kann, ohne dass sich dadurch die Kraftwirkung ändert.

■ **Resultierende**
result: Ergebnis

Eine Resultierende hat die gleiche Wirkung wie die Einzelkräfte.

Energie
energy, power

Stoff
substance, material

Antrieb
drive

Arbeit
work, energy

Eingangsgrößen
input parameters

Ausgangsgrößen
output parameters

Grundfunktion
basic function

wandeln
convert

speichern
store

stützen, tragen
support, bear

führen
guide

verbinden
join

leiten, transportieren
transmit, convey

■ **Kräfteparallelogramm**
Wirken Kräfte auf verschiedenen Wirkungslinien, lassen sie sich durch ein Kräfteparallelogramm zu einer Resultierenden zusammenfassen.

Die beiden Kräfte *addieren* sich zur **resultierenden Kraft** (Bild 28).

$F_R = F_1 + F_2 = 30\text{ N} + 40\text{ N} = 70\text{ N}.$

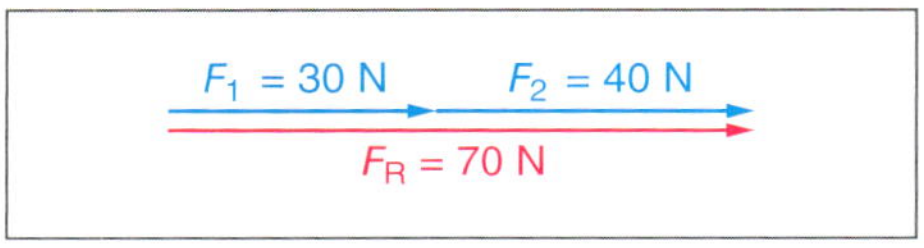

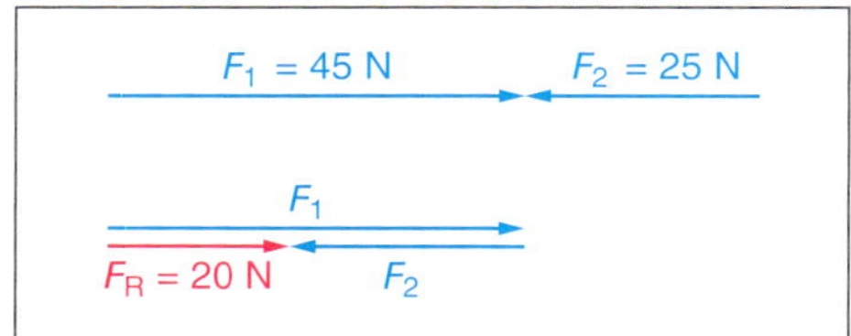

Bild 28 *Kräfte auf einer Wirkungslinie*

Die Kräfte

$F_1 = 45\text{ N}, F_2 = 25\text{ N}$

liegen auf *einer Wirkungslinie* und wirken in *entgegengesetzten* Richtungen.

Die beiden Kräfte subtrahieren sich zur **resultierenden Kraft** (Bild 29).

$F_R = F_1 - F_2 = 45\text{ N} - 25\text{ N} = 20\text{ N}$

Bild 29 *Kräfte auf einer Wirkungslinie*

Gleichgewichtsbedingung

Sind die auf *einer Wirkungslinie* liegenden Kräfte *entgegengerichtet* und *gleich groß*, befinden sie sich im **Gleichgewicht**.

Die Summe der Kräfte ist *null* (Bild 30).

$F_G + (-F) = 0$

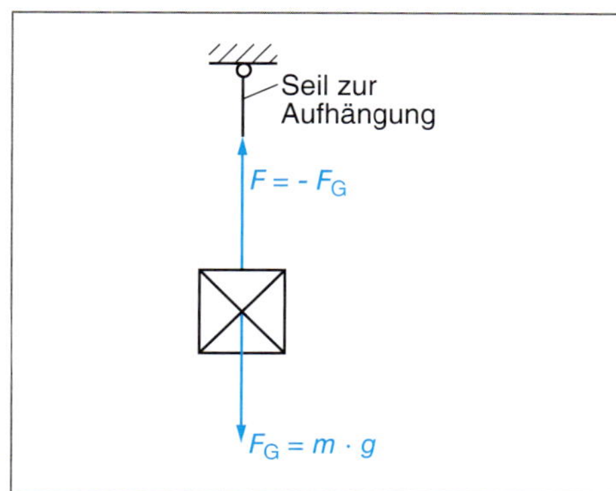

Bild 30 *Gleichgewichtsbedingungen*

Kräfte unterschiedlicher Wirkungslinien

Auch hier ergibt sich eine *resultierende* Kraft F_R, die durch ein **Kräfteparallelogramm** zeichnerisch ermittelt werden kann (Bild 31).

Die zeichnerische Lösung muss *maßstäblich* ausgeführt werden.

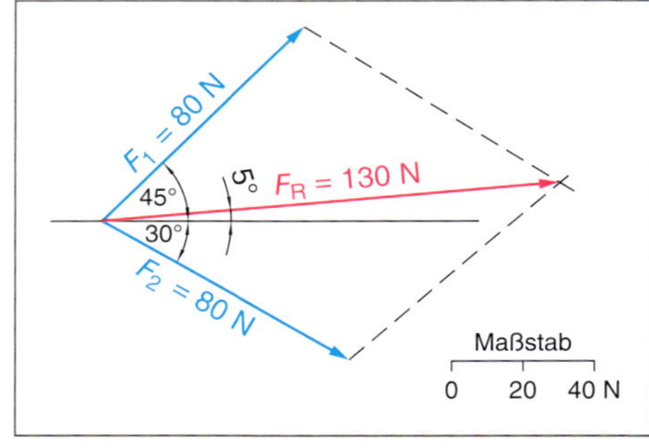

Bild 31 *Kräfteparallelogramm*

Zerlegung von Kräften

Die unter dem Winkel α angreifende Kraft F kann in die y-Komponente F_y und die x-Komponente F_x zerlegt werden (Bild 32).

Auch hier ist eine *zeichnerische* Lösung möglich.

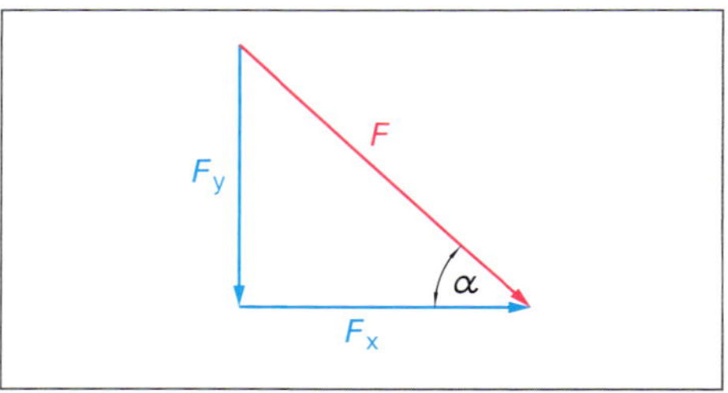

Bild 32 *Zerlegung einer Kraft*

Drehmoment

Wenn die Kraft F im Abstand r angreift, entsteht ein Drehmoment M.

Das hier dargestellte Drehmoment wirkt *im Uhrzeigersinn*, es ist rechtsdrehend.

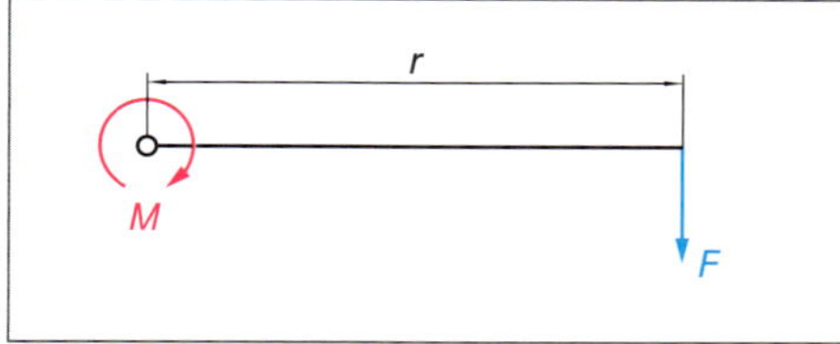

Bild 33 *Drehmoment, rechtsdrehend*

$M = F \cdot r$

M	Drehmoment in Nm
F	Kraft in N
r	Abstand in m

Die Kraft $F = 120$ N greift im Abstand $r = 1{,}6$ m an.
Wie groß ist das Drehmoment?

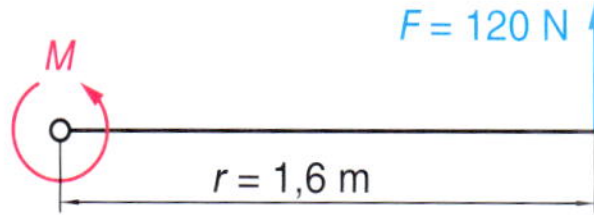

In diesem Fall entsteht ein linksdrehendes Moment.

$M = F \cdot r$

$M = 120\ \text{N} \cdot 1{,}6\ \text{m} = 192\ \text{Nm}$

■ **Berechnungen**

Ein Motor in Teilverpackung legt in 30 Sekunden den Weg 12 m zurück.
Mit welcher Geschwindigkeit läuft das Transportband?

In jeder Sekunde legt der Motor einen Weg von 0,4 m zurück.

$v = \frac{s}{t}$

$v = \frac{12\ \text{m}}{30\ \text{s}} = 0{,}4\ \frac{\text{m}}{\text{s}}$

An einem Arbeitstag (8 Stunden) werden auf den Transportbändern 1160 Motoren mit einer Masse von 18,5 kg transportiert.
Wie groß ist der Massestrom?

Die Zeit muss in Sekunden in die Gleichung eingesetzt werden.

8 Stunden = 8 · 3600 s = 28800 s

1 Stunde = 3600 s

$\dot{m} = \frac{m}{t}$

$\dot{m} = \frac{18{,}5\ \text{kg} \cdot 1160}{28800\ \text{s}}$

$\dot{m} = 0{,}745\ \frac{\text{kg}}{\text{s}}$

■ **Massestrom**

Bei Fördermitteln, die Schüttgüter befördern.

Unstetige Fördermittel

$$\text{Geschwindigkeit} = \frac{\text{Weg}}{\text{Zeit}}$$

$$v = \frac{s}{t}$$

v Geschwindigkeit in $\frac{\text{m}}{\text{s}}$

s zurückgelegter Weg in m

t benötigte Zeit in s

Volumenstrom

$$\text{Volumenstrom} = \frac{\text{bewegtes Volumen}}{\text{Zeit}}$$

$$Q = \frac{V}{t}$$

Q Volumenstrom in $\frac{\text{m}^3}{\text{s}}$

V Volumen in m^3

t Zeit in s

■ **Volumenstrom**

Beim Transport von flüssigen Stoffen.

Stetige Fördermittel

$$\text{Massestrom} = \frac{\text{bewegte Masse}}{\text{Zeit}}$$

$$\dot{m} = \frac{m}{t}$$

$\dot{m}$ Massestrom in $\frac{\text{kg}}{\text{s}}$

m bewegte Masse in kg

t Zeit in s

Energie

Energie ist die *Fähigkeit*, **Arbeit** zu verrichten.

Energie kann weder gewonnen werden, noch verloren gehen.

Energie kann nur in eine andere Energieform **umgewandelt** werden.

Man unterscheidet zwischen **potenzieller Energie** (Energie der Lage) und **kinetischer Energie** (Energie der Bewegung).

Berechnungen

Kraft *force*
fest *hard, solid*
flüssig *liquid*
gasförmig *gasous*
Geschwindigkeit *speed*
Massenstrom *mass flow*
Volumenstrom *volume flow*
Strömungsgeschwindigkeit *flow velocity*
Wärme *heat*

z.B.

In 6 Stunden werden 15 m³ Wasser in einen Tank gepumpt. Wie groß ist der Volumenstrom?

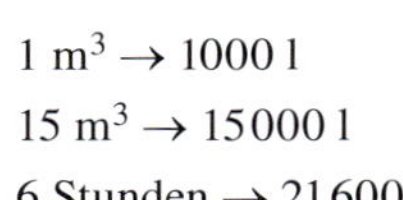

$1\ \text{m}^3 \rightarrow 1000\ \text{l}$

$15\ \text{m}^3 \rightarrow 15000\ \text{l}$

$6\ \text{Stunden} \rightarrow 21600\ \text{s}$

$$Q = \frac{V}{t}$$

$$Q = \frac{15000\ \text{l}}{21600\ \text{s}} = 0{,}694\ \frac{\text{l}}{\text{s}}$$

z.B.

Eine Masse mit der Gewichtskraft $F_G = 5000$ N wird um 12,5 m angehoben. Welche potenzielle Energie ist dann in der Masse gespeichert?

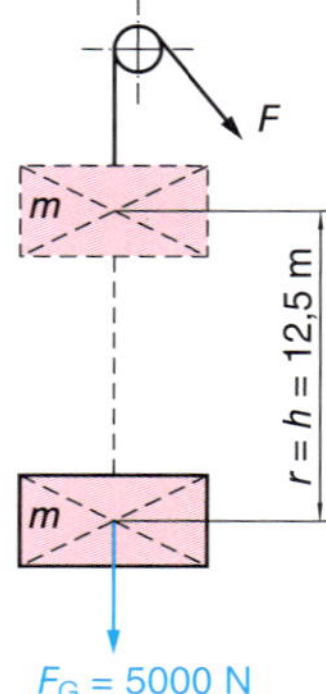

Zum Anheben der Masse m ist die Arbeit 62500 Nm zu verrichten. Diese Arbeit ist als potenzielle Energie in der angehobenen Masse gespeichert. Beim Herabsenken wäre die Masse in der Lage, Arbeit zu verrichten.

$$W_p = F_G \cdot s = F_G \cdot h$$

$$W_p = 5000\ \text{N} \cdot 12{,}5\ \text{m} = 62500\ \text{Nm}$$

Newtonmeter (Nm)

Die Arbeit 1 Nm wird verrichtet, wenn eine Kraft von 1 N einen Körper um die Strecke 1 m verschiebt.

1 Nm = 1 J = 1 Ws

J: Joule

z.B.

Die Masse $m = 1500$ kg bewegt sich mit der Geschwindigkeit $v = 12\ \frac{\text{m}}{\text{s}}$. Wie groß ist die kinetische Energie?

$$\frac{\text{kg} \cdot \text{m}^2}{\text{s}^2} = \frac{\text{kg} \cdot \text{m}}{\text{s}^2} \cdot \text{m} = \text{Nm}$$

1 Nm = 1 Ws = 1 J

$$W_K = \frac{1}{2} \cdot m \cdot v^2$$

$$W_K = \frac{1}{2} \cdot 1500\ \text{kg} \cdot \left(12\ \frac{\text{m}}{\text{s}}\right)^2$$

$$W_K = 108000\ \text{Nm}$$

Potenzielle Energie
(Lageenergie, Federenergie, Druckenergie)

$$W_p = F \cdot s$$

W_p potenzielle Energie in Nm
F aufgewendete Kraft in N
s zurückgelegter Weg in m

Kinetische Energie
(Bewegungsenergie)

$$W_K = \frac{1}{2} m \cdot v^2$$

W_K kinetische Energie in Nm
m bewegte Masse in kg
v Geschwindigkeit der Masse in $\frac{\text{m}}{\text{s}}$

1 m³ Wasser wird um 40 K erwärmt.
Welche Wärmeenergie wird dabei dem Wasser zugeführt?

$1\ \text{m}^3 = 1000\ \text{l} \rightarrow 1000\ \text{kg}$

Wasser: $c = 4187\ \frac{\text{J}}{\text{kg} \cdot \text{K}}$

$1{,}67 \cdot 10^8\ \text{J} = 1{,}67 \cdot 10^8\ \text{Ws} = 4{,}64 \cdot 10^4\ \text{Wh} = 46{,}4\ \text{kWh}$
$(1\ \text{h} = 3600\ \text{s})$

$Q = m \cdot c \cdot \Delta\vartheta$

$Q = 1000\ \text{kg} \cdot 4187\ \frac{\text{J}}{\text{kg} \cdot \text{K}} \cdot 40\ \text{K}$

$Q = 1{,}67 \cdot 10^8\ \text{J}$

Eine Masse wird mit der Kraft $F = 120$ N um 12 m bewegt.
Welche Arbeit wird dabei verrichtet?

$1\ \text{Nm} = 1\ \text{J} = 1\ \text{Ws} = 1\ \frac{\text{kg} \cdot \text{m}^2}{\text{s}^2}$

$W = F \cdot s$

$W = 120\ \text{N} \cdot 12\ \text{m} = 1440\ \text{Nm}$

Die Masse $m = 1000$ kg wird um 2,5 m angehoben.
Welche Arbeit wird dabei verrichtet?

$g = 9{,}81\ \frac{\text{m}}{\text{s}^2}$

Diese Arbeit ist als potenzielle Energie in der angehobenen Masse gespeichert.

$F_G = m \cdot g$

$F_G = 1000\ \text{kg} \cdot 9{,}81\ \frac{\text{m}}{\text{s}^2} = 9810\ \text{N}$

$W = F_G \cdot h$

$W = 9810\ \text{N} \cdot 2{,}5\ \text{m} = 24525\ \text{Nm}$

Die Arbeit $W = 24525$ Nm wird in 1 Minute verrichtet.
Wie groß ist die Leistung?

$1\ \frac{\text{Nm}}{\text{s}} = \frac{1\ \text{Ws}}{\text{s}} = 1\ \text{W}$

$P = \frac{W}{t}$

$P = \frac{24525\ \text{Nm}}{60\ \text{s}} = 408{,}75\ \text{W}$

Wärmeenergie

$Q = m \cdot c \cdot \Delta\vartheta$

Q	Wärmeenergie in J
m	zu erwärmende Masse in kg
c	spezifische Wärmekapazität in $\frac{\text{J}}{\text{kg} \cdot \text{K}}$
$\Delta\vartheta$	Temperaturänderung in K

Arbeit

Arbeit = Kraft · Weg

$W = F \cdot s$

W	Arbeit in J (Ws, Nm)
F	Kraft in N
s	Weg in m

Hubarbeit

$W = F_G \cdot h$

W	Hubarbeit in Nm
F_G	Gewichtskraft in N
h	Hubhöhe in m

■ **Spezifische Wärmekapazität**

Normalkraft
normal force

Gewicht
weight

Erdbeschleunigung
acceleration of gravity

Beschleunigungskraft
accelerating force

Drehmoment
speed torque

Wirkungsgrad
efficiency

Geschwindigkeit
speed

Arbeit und *Energie* haben die *gleiche* Einheit.

Zu beachten ist aber, dass die mechanische *Energie* einen *Zustand* und die mechanische *Arbeit* einen *Vorgang* beschreibt.

■ **Leistung**
gibt an, in welcher Zeit Arbeit verrichtet wird.

$1\ \text{W} = 1\ \frac{\text{J}}{\text{s}} = 1\ \frac{\text{Nm}}{\text{s}}$

Leistung

Leistung ist die Fähigkeit, Arbeit in einer bestimmten Zeit zu verrichten.

$$\text{Leistung} = \frac{\text{Arbeit}}{\text{Zeit}}$$

Leistung

$$P = \frac{W}{t}$$

P	Leistung in W
W	Arbeit in Ws (Nm, J)
t	Zeit in s

Leistung bei Verschiebevorgängen

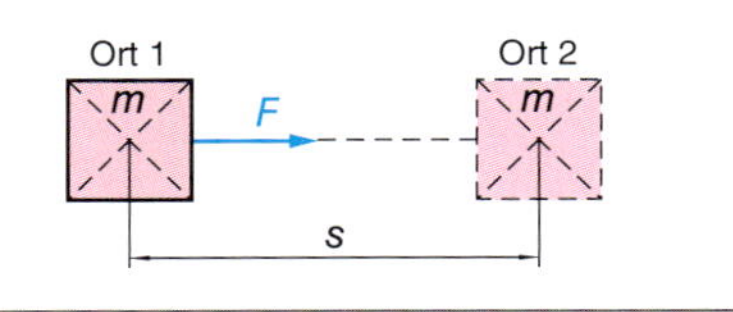

Bild 34 Verschiebevorgang

Verschiebevorgang

$$P = \frac{F \cdot s}{t} = F \cdot v$$

P	Leistung in W
F	Kraft in N
s	Weg in m
t	Zeit in s
v	Geschwindigkeit in $\frac{\text{m}}{\text{s}}$

Leistung bei Hubvermögen

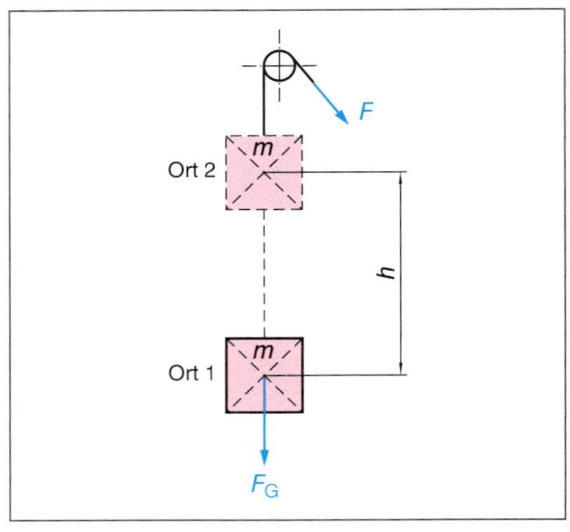

Bild 35 Hubvorgang

Hubvorgang

$$P = \frac{F_G \cdot h}{t} \qquad F_G = m \cdot g$$

P	Hubleistung in W
F_G	Gewichtskraft in N
h	Hubweg in m
t	Zeit in s
m	Masse in kg
g	Erdbeschleunigung in $\frac{\text{m}}{\text{s}^2}$

■ **Berechnungen**

Die Masse m wird mit der Kraft $F = 150$ N um 6 m von Ort 1 nach Ort 2 bewegt. Dafür wird eine Zeit von 0,5 min benötigt.
Wie groß ist die Leistung?

$1\ \text{W} = 1\ \frac{\text{Nm}}{\text{s}}$

Wenn die für die verrichtete Arbeit benötigte Zeit abnimmt, steigt die Leistung.

$$P = \frac{F \cdot s}{t}$$

$$P = \frac{150\ \text{N} \cdot 6\ \text{m}}{30\ \text{s}} = 30\ \text{W}$$

z.B.

Die Masse $m = 500$ kg wird in 26 Sekunden um 1,5 m angehoben.
Bestimmen Sie die Hubleistung.

$g = 9{,}81\ \frac{\text{m}}{\text{s}^2}$ (Erdbeschleunigung)

$$F_G = m \cdot g$$

$$F_G = 500\ \text{kg} \cdot 9{,}81\ \frac{\text{m}}{\text{s}^2} = 4905\ \text{N}$$

$$P = \frac{F_G \cdot h}{t}$$

$$P = \frac{4905\ \text{N} \cdot 1{,}5\ \text{m}}{26\ \text{s}} = 283\ \text{W}$$

Leistung bei Drehbewegung

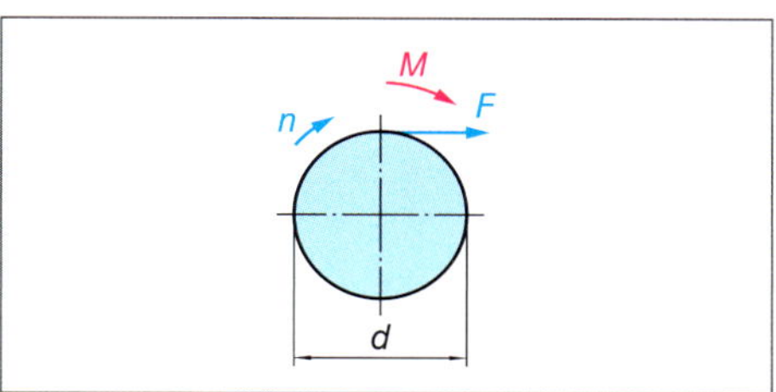

Bild 36 *Drehbewegung*

Drehbewegung

$P = F \cdot d \cdot \pi \cdot n$

P	Leistung in W
F	Kraft in N
d	Durchmesser in m
n	Drehfrequenz in $\frac{1}{s}$

Mit $d = 2 \cdot r$ und $M = F \cdot r$ ergibt sich:

$P = 2\,\pi \cdot M \cdot n$

M ist das **Drehmoment** in Nm.

Wirkungsgrad

Verbrauchsmittel wandeln Energie in eine andere **Energieform** um.

Energie kann weder erzeugt werden, noch verloren gehen. Energie ist nur in eine andere Form umwandelbar.

Dabei ist die **Summe** der Energien stets **konstant** (Energieerhaltungssatz).

Wird in der Technik dennoch von **Verlusten** gesprochen, so ist dies stets auf die jeweilige **Nutzanwendung** bezogen.

Die Aufgabe eines *Elektromotors* ist es beispielsweise, *elektrische* Energie in *mechanische* Energie umzuwandeln.

Die dabei unvermeidliche Energieform **Wärme** ist in *Hinblick auf die technische Nutzanwendung* als **Verlust** anzusehen.

Das Beispiel Elektromotor zeigt, dass 80 % der eingesetzten elektrischen Energie in mechanische Energie (Nutzenergie) umgewandelt werden (Bild 37).

z.B.

Eine Riemenscheibe mit dem Durchmesser d = 150 mm wird mit der Antriebsleistung P = 4,5 kW angetrieben. Die Zugkraft am Riemen beträgt F = 800 N.

Wie groß ist die Drehfrequenz n der Riemenscheibe?

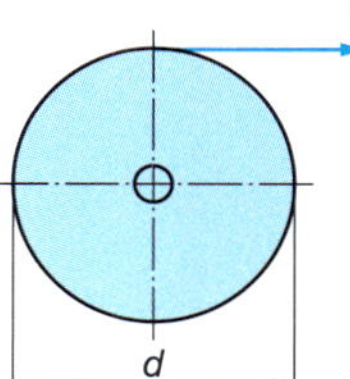

Beachten Sie, dass die Leistung in Watt (W) einzusetzen ist und die Drehfrequenz die Einheit $\frac{1}{s}$ hat.

$$P = F \cdot d \cdot \pi \cdot n$$

$$n = \frac{P}{F \cdot d \cdot \pi}$$

$$n = \frac{4500\ \text{W}}{800\ \text{N} \cdot 0{,}15\ \text{m} \cdot 3{,}14}$$

$$n = 11{,}94\ \frac{1}{s}$$

Eine Welle rotiert mit der Drehzahl n = 1440 1/min. Die Wellenleistung beträgt 1,1 kW.

Welches Drehmoment wird an der Welle abgegeben?

Die Leistung wird in Watt (W) eingesetzt: 1,1 kW = 1100 W.

Die Drehfrequenz wird in 1/s eingesetzt: $1440\ \frac{1}{\text{min}} = 24\ \frac{1}{s}$.

$$P = 2\pi \cdot n \cdot M$$

$$M = \frac{P}{2\pi \cdot n}$$

$$M = \frac{1100\ \text{W}}{2\pi \cdot 24\ \frac{1}{s}}$$

$$M = 7{,}3\ \text{Nm}$$

Im Sinne der Nutzanwendung treten also 20 % Verluste auf. Dieser Motor hat einen **Wirkungsgrad** von 80 %.

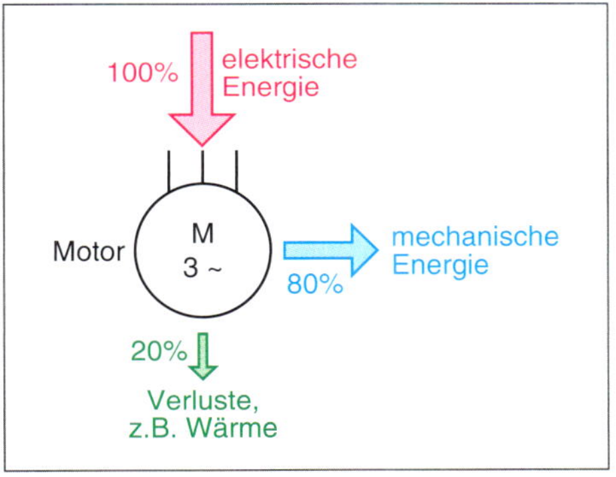

Bild 37 *Wirkungsgrad eines Motors*

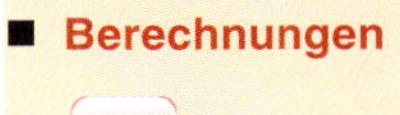

TB

Berechnungen

z.B.

Ein Elektromotor gibt an der Welle die Leistung 11 kW ab. Die aufgenommene elektrische Leistung beträgt 12,5 kW.
Wie groß ist der Wirkungsgrad?

Aufgenommene Leistung: $P_{zu} = 12{,}5\ \text{kW}$

Abgegene Leistung: $P_{ab} = 11\ \text{kW}$

Der Verlust beträgt hier 12 %.

$$\eta = \frac{P_{ab}}{P_{zu}} = \frac{11\ \text{kW}}{12{,}5\ \text{kW}} = 0{,}88$$

$$\eta = \frac{P_{ab}}{P_{zu}} \cdot 100\ \% = \frac{11\ \text{kW}}{12{,}5\ \text{kW}} \cdot 100\ \% = 88\ \%$$

Wirkungsgrad Motor: $\eta_M = 0{,}82$, Wirkungsgrad Getriebe: $\eta_G = 0{,}65$.
Wie groß ist der Gesamtwirkungsgrad?

Der Gesamtwirkungsgrad ist das Produkt der beiden Teilwirkungsgrade von Motor und Getriebe.

$$\eta_g = \eta_M \cdot \eta_G$$

$$\eta_g = 0{,}82 \cdot 0{,}65 = 0{,}533$$

Wirkungsgrad

Maß für die Wirtschaftlichkeit einer Energieumwandlung.

Wirkungsgrad

$$\text{Wirkungsgrad} = \frac{\text{abgegebene Energie}}{\text{zugeführte Energie}}$$

$$\eta = \frac{W_{ab}}{W_{zu}}$$

Prozentuale Angabe

$$\eta = \frac{W_{ab}}{W_{zu}} \cdot 100\ \%$$

Zur Bestimmung des Wirkungsgrades, also des Verhältnisses von Nutzen zu Aufwand, können auch die Leistungen herangezogen werden.

$$\eta = \frac{P_{ab}}{P_{zu}} \quad \text{bzw.} \quad \eta = \frac{P_{ab}}{P_{zu}} \cdot 100\ \%$$

Aufgabenlösung

@ Interessante Links

- christiani.berufskolleg.de

Jedes **Teilsystem** hat einen Wirkungsgrad.

Ein technisches System hat einen **Gesamtwirkungsgrad**.

Der Gesamtwirkungsgrad η_g ist das Produkt der einzelnen Wirkungsgrade.

$$\eta_g = \eta_1 \cdot \eta_2 \cdot \cdots$$

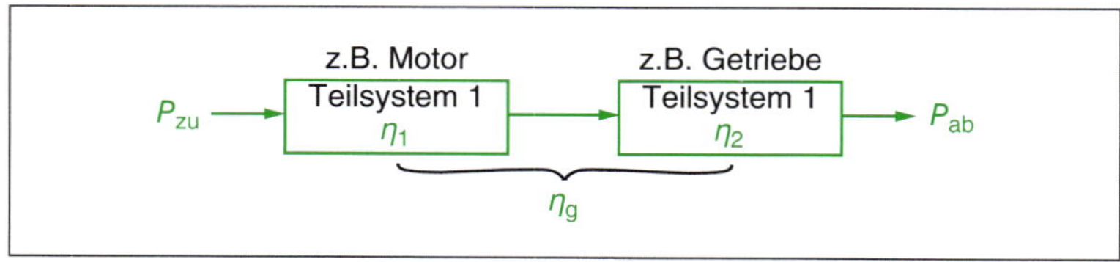

***Bild 38** Gesamtwirkungsgrad*

Prüfung

1. Ein Rohr hat den Innendurchmesser 10 mm. In jeder Sekunde wird ein Volumen von 1,2 l gefördert.

Wie groß ist die Strömungsgeschwindigkeit in $\frac{m}{s}$?

2. In einem Behälter sind 2600 m^3 Wasser.

Welche potenzielle Energie ist im Wasser gespeichert, wenn der mittlere Wasserstand 6,4 m über der Auslaufstelle liegt.

3. Eine Pumpe fördert 16 Stunden 2,6 m^3 Wasser in einen 6 m höher gelegenen Behälter.

Welche Arbeit wird dabei verrichtet?

4. Ein Metallblock mit der Gewichtskraft $F_G = 65$ kN wird durch einen Kran um 2,4 m angehoben.

Welche Arbeit wird dabei verrichtet?

5. Auf einen Winkelhebel wirken die Kräfte $F_1 = 500$ N und $F_2 = 400$ N.

Mit welcher Kraft wird das Lager des Hebels beansprucht?

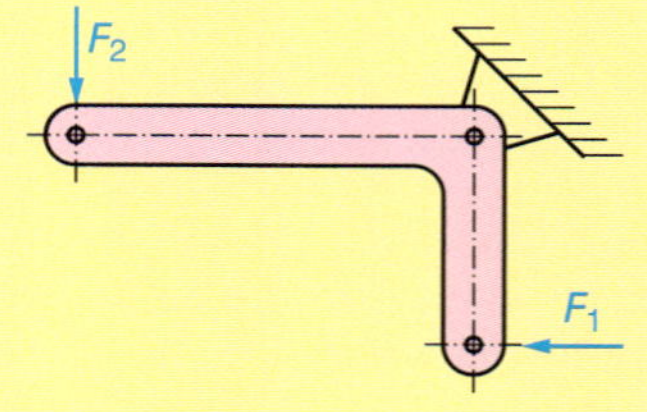

Prüfung

6. Auf die Schneide eines Drehmeißels werden die folgenden Kräfte ausgeübt: $F_1 = 5000$ N, $F_2 = 2500$ N.

Zu ermitteln ist die resultierende Kraft.

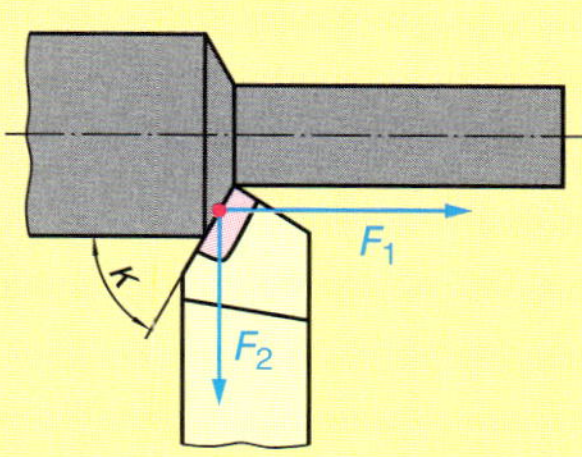

7. Eine Masse *m* wird mit der Kraft $F = 350$ N hochgezogen. Der Winkel α beträgt 35°.

a) Wie groß ist die Gewichtskraft F_G?
b) Wie groß ist die Masse *m*?

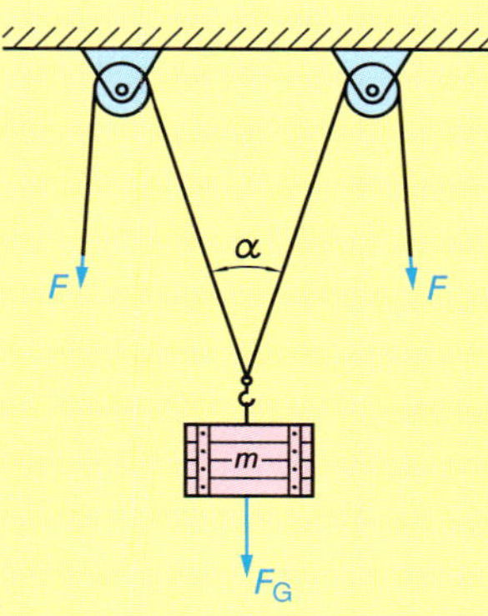

8. Eine Feder wird um 40 mm zusammengedrückt. Dazu ist die Arbeit $W = 500$ J notwendig.

Ermitteln Sie die durchschnittlich wirkende Kraft.

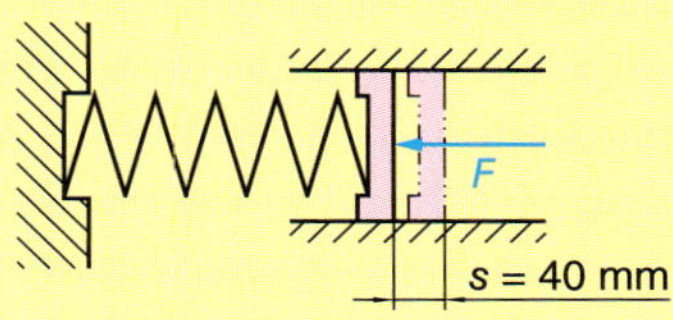

9. Am Umfang eines Kreissägeblattes mit dem Durchmesser 500 mm wirkt die Schnittkraft 4000 N. Die Drehzahl beträgt 1200 $\frac{1}{\text{min}}$.

a) Bestimmen Sie die Leistung der Kreissäge.
b) Der Wirkungsgrad beträgt $\eta = 0{,}72$. Wie groß ist die zugeführte Leistung?

10. Der Tisch einer Fräsmaschine wird mit $v = 1800 \frac{\text{mm}}{\text{min}}$ bewegt.

Die Leistung des Vorschubmotors beträgt 450 W, der Wirkungsgrad des Vorschubes $\eta = 0{,}62$.

Bestimmen Sie die Vorschubkraft *F*.

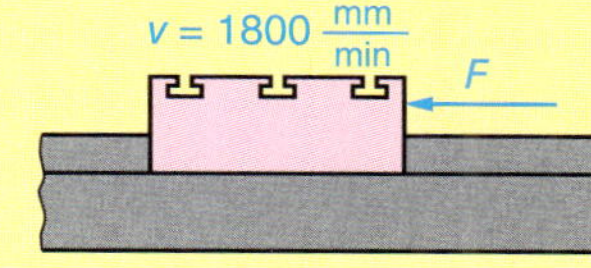

11. An der Riemenscheibe eines Elektromotors wirkt das Drehmoment $M = 750$ Nm. Der Durchmesser der Riemenscheibe beträgt 250 mm.

Wie groß ist die Umfangskraft?

12. Wie groß ist das Drehmoment?

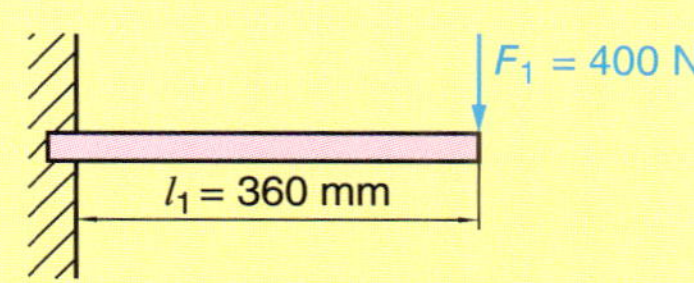

13. Wie groß ist das Drehmoment?

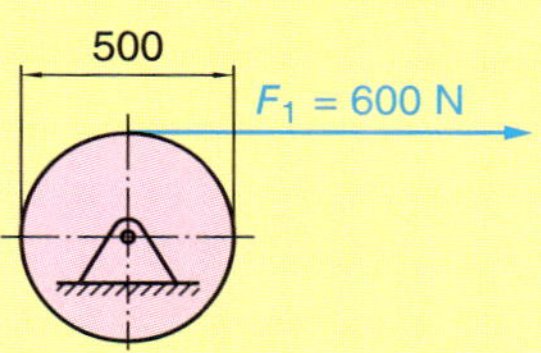

14. Wie groß ist das Drehmoment?

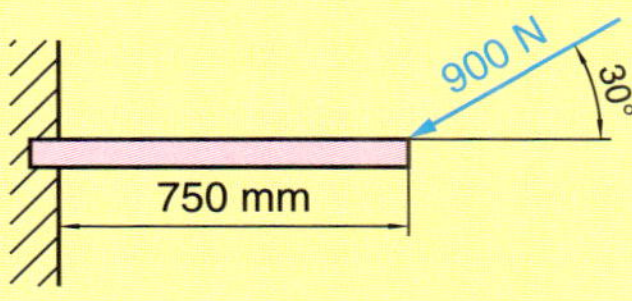

15. $l_1 = 800$ mm, $l_2 = 300$ mm, $F_1 = 400$ N.

Wie groß ist F_2 bei Gleichgewicht?

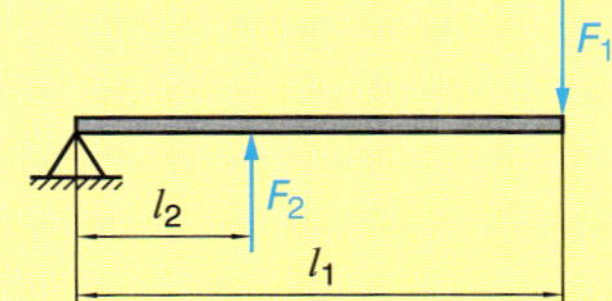

■ **Aufgabenlösung**

@ Interessante Links

- christiani-berufskolleg.de

2 Herstellen mechanischer Teilsysteme

2.1 Werkstofftechnik

Zur Erweiterung des *Bandförderers* (→ 33) müssen unterschiedliche Konstruktionsteile gefertigt werden:

- *Strebe*
- *Adapterplatte*
- *Hubplatte*
- *Führungsblech*

Dabei kommen verschiedene *Werkstoffe* zum Einsatz.

Das *Gestell* des Gurtförderers wird aus *Aluminiumprofilen* hergestellt.

Durch die Anbringung einer *Strebe* aus dem gleichen Material kann *Kontaktkorrosion* verhindert werden.

■ **Werkstofftechnik**

In der Werkstofftechnik werden Stoffe hinsichtlich ihrer Eigenschaften und ihres inneren Aufbaus untersucht. Auch die Herstellungsverfahren der Werkstoffe werden geprüft.

Außerdem ist die Umweltverträglichkeit von großer Bedeutung.

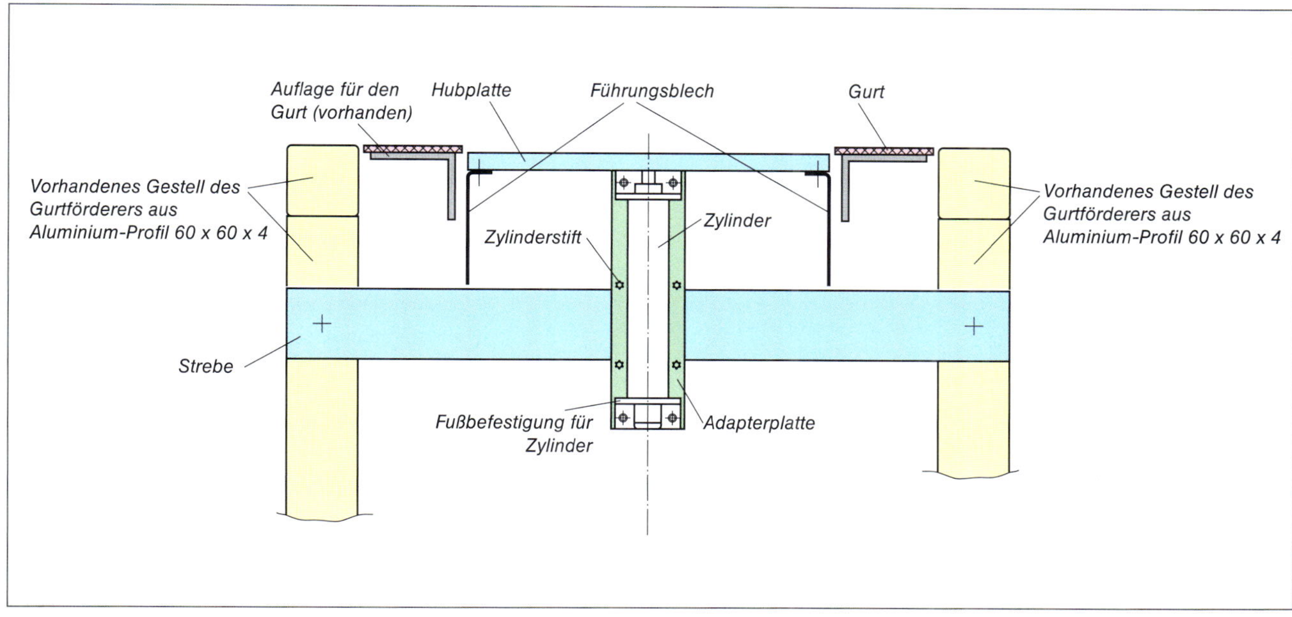

Bild 1 *Bandförderer mit Hubeinheit, siehe Technologieschema Seite 12*

So soll z. B. die *Strebe* aus **Aluminium** gefertigt werden. Nach Stahl ist Aluminium der im technischen Bereich am meisten verwendete Werkstoff.

Die an die Strebe gestellten Anforderungen werden vom Werkstoff Aluminium optimal erfüllt.

Aluminium (Al) ist

- *leicht zerspanbar*
  Dies erleichtert das Sägen und Bohren.
- *korrosionsbeständig*
  Keine Nachbehandlung wie Lackieren oder Beschichten notwendig.
- *ungiftig*
  Keine besonderen Schutzeinrichtungen bei der Bearbeitung notwendig.
- *leicht*
  Dichte $2{,}7\ \frac{\text{kg}}{\text{dm}^3}$

Bild 2 *Aluminiumprofile*

■ **Dichte von Werkstoffen**

Werkstoffe
materials

Werkstoffuntersuchung
material test

Werkzeug
tool

Werkzeugsatz
set of tools

Montage
mounting, assembling

Plan
schedule

Zeichnung
drawing

Analyse
analysis

herstellen
manufacture, produce

Baugruppen
assembly groups

Stückliste
parts list

Fertigteil
ready-made component

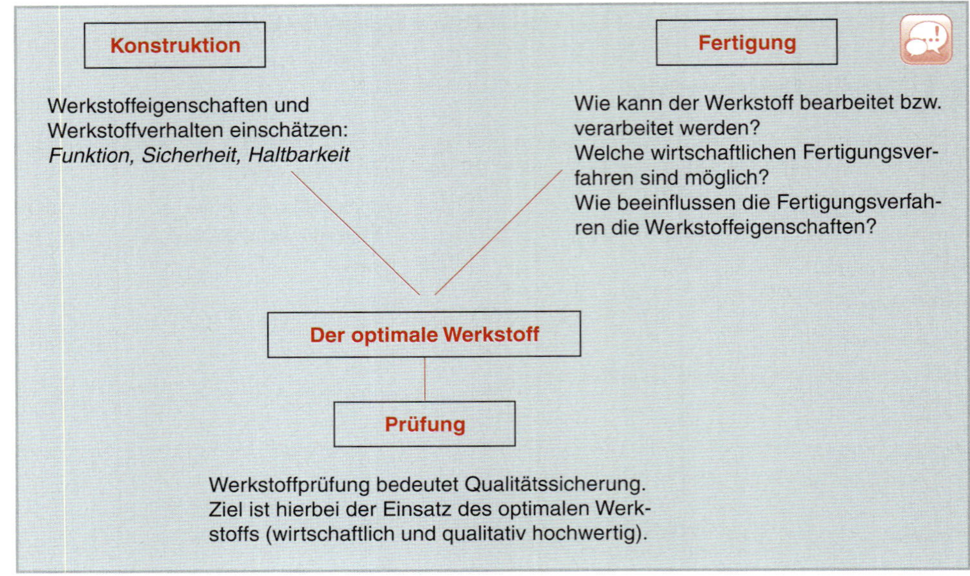

Die Wahl des *optional* für die Anwendung geeigneten **Werkstoffs** ist in der Technik von großer Bedeutung. Ein *technisches System* ist nur so gut, wie die hier eingesetzten Werkstoffe.

Werkstoffauswahl, *Werkstoffqualität* und *Werkstoffverarbeitung* sind für die Eigenschaften (aber auch für die Umweltverträglichkeit) von technischen Systemen und Produkten von Bedeutung.

In der Werkstofftechnik werden Stoffe hinsichtlich ihrer Eigenschaften und ihres inneren Aufbaus untersucht.

Ebenso sind die Herstellungsverfahren der Werkstoffe Gegenstand der Werkstofftechnik.

Aber auch Umweltverträglichkeit und Wiederverwertbarkeit, das Denken in Stoffkreisläufen, ist sehr wichtig.

Aluminium (Al)
- korrosionsbeständig
- gute Festigkeit
- gute Formbarkeit
- gute Zerspanbarkeit

Weitere Eigenschaften von Aluminium
(für die Herstellung der Strebe zweitrangig):

- *leicht umformbar*
- *gute Leiter für Strom und Wärme*
- *bedingt warmfest (Festigkeitsverluste erst ab 150 °C)*
- *gut schweiß- löt- und klebbar*
- *eine 0,0002 mm dünne Oxidschicht bietet Schutz vor Umwelteinflüssen; diese Schicht lässt sich um ein Hundertfaches vergrößern*
- *Schmelztemperatur ca. 600 °C; Oxidschicht ca. 2000 °C*

Elektrisch eloxiertes Aluminium nennt man **Eloxal**. Die farblose Eloxal-Schicht kann eingefärbt werden.

Aluminium, Aluminiumlegierungen

Aluminiumlegierungen

Obgleich umgangssprachlich von *Aluminium* gesprochen wird, so wird doch nie der reine Werkstoff verarbeitet, sondern eine

- Aluminium-Knetlegierung oder eine
- Aluminium-Gusslegierung.

Reines Aluminium hat nicht die *Festigkeit*, die an einen *Konstruktionswerkstoff* gestellt werden.

Um *Festigkeit*, *Schweißbarkeit* und *Zerspanbarkeit* zu steigern, wird Aluminium *legiert*, *kaltumgeformt* oder *ausgehärtet*.

Beim **Legieren** werden dem Aluminium im flüssigen Zustand andere Metalle als Legierungsbestandteile beigemengt: *Messing*, *Kupfer*, *Zink*, *Mangan* und *Silizium*.

Im Metallbau werden i. Allg. **Aluminiumknetlegierungen** eingesetzt. Sie erreichen eine *Zugfestigkeit* von ca. 540 $\frac{\text{N}}{\text{mm}^2}$.

Auch der ausgewählte Werkstoff für die *Strebe* AlMg3 ist eine *Aluminiumknetlegierung*.

Das Profil AlMg3 hat eine Zugfestigkeit von mindestens 180 $\frac{\text{N}}{\text{mm}^2}$ und folgende Legierungsbestandteile:

Silizium	0,4 %
Eisen	0,4 %
Kupfer	0,1 %
Mangan	0,5 %
Magnesium	2,6 bis 3,6 %
Chrom	0,3 %
Zink	0,2 %
Titan	0,1 %

Aluminiumherstellung

Aluminium wird aus **Bauxit** gewonnen. Bauxit ist ein Gemenge aus Aluminiumoxid mit Wasser, Siliziumoxid, Eisenoxid und Titanoxid. In einer Natriumlauge werden die Metalloxide gelöst und das gebundene Wasser wird herausgebrannt. Dabei entsteht **Aluminiumoxid**.

Die **Reduktion** des Aluminiumoxids erfolgt in der **Schmelzflusselektrolyse**. Das Aluminiumoxid wird von Grafitelektroden im Lichtbogen aufgeschmolzen (energieintensiv). Dabei wird durch den Lichtbogen der Sauerstoff von Aluminium getrennt. Das schwerere Aluminium mit einem Reinheitsgrad von 99 % wird vom Boden abgesaugt.

Aluminium (Al), Dichte $2{,}7\ \frac{\text{kg}}{\text{dm}^3}$

Reines Aluminium: Gut umformbar, gießbar, schweißbar, korrosionsbeständig.

Aluminiumlegierungen

- *Aluminiumknetlegierungen*: Hohe Festigkeit, für leichte Konstruktionsteile geeignet.
- *Aluminiumgusslegierungen*: Hohe Festigkeit, geeignet für leichte, hochfeste Gusswerkstücke

Aluminiumlegierungen
Legierungselemente sind i. Allg. Silizium, Magnesium, Kupfer, Zink und Mangan.

Knetlegierungen: Gute plastisch verformbare Aluminiumlegierungen. Die Legierungsbestandteile erhöhen die Festigkeit und Härte erheblich, die Plastizität für die Umformung sinkt aber nur wenig. Knetlegierungen werden für Konstruktionsteile im Maschinenbau, Fahrzeugbau und Flugzeugbau verwendet.

Gusslegierungen: Sind gut in Formen gießbar. Gusslegierungen bestehen aus Aluminium, Silizium und Magnesium. Silizium setzt den Schmelzpunkt des Aluminiums herab, die Legierungen sind dünnflüssig bei geringer Schwindung und hoher Festigkeit. Gusslegierungen sind schweißbar und korrosionsbeständig. *Einsatzbeispiele*: Gussteile für Motorengehäuse, Pumpengehäuse und Getriebe.

AlMg3 ist eine *nichtaushärtbare Knetlegierung* und wird als *Walzfabrikat* in den Bereichen Metallbau, Fahrzeugbau, Schiffsbau, Apparatebau und in der Nahrungsmittelindustrie eingesetzt.

Das **Aushärten** von Al-Knetlegierungen erreicht man durch *Losglühen* und anschließendem *Auslagern* oder *Abschrecken* in Öl bzw. Wasser.

Aluminium-Gusslegierungen werden eingesetzt, wenn komplizierte Formen hergestellt werden sollen.

Aluminium gehört zur Gruppe der **Nichteisenmetalle**, die in **Leichtmetalle** und **Schwermetalle** unterteilt sind.

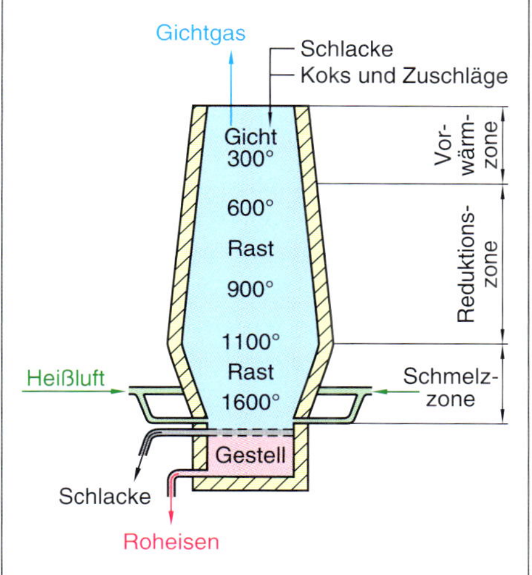

Bild 3 Hochofen

Eisenmetalle

Rohstoff ist **Eisenerz**. Eisenerz kommt *nicht rein* in der Erdrinde vor, es ist chemisch mit anderen Stoffen verbunden.

Durch Beseitigung der Verunreinigungen und durch Reduktion des Eisenerzes entsteht **Roheisen**.

Vor der *technischen Verwendung* muss *Roheisen* noch weiter *aufbereitet* werden.

Im **Hochofen** oder durch **Direktreduktion** wird aus Eisenerz Roheisen gewonnen.

Hochofen

Es werden schichtweise **Eisenerze** mit Zuschlägen und **Koks** eingegeben.

Wichtigster Zuschlagstoff ist **Kalk** zur Bindung der Verunreinigungen.

Koks liefert die Wärme zum Schmelzen des Eisenerzes.

- **Bauxit**
  Wichtiger Rohstoff für die Aluminiumherstellung. Benannt nach dem ersten Fundort *Les Baux* in Frankreich.
- **Zn**
  zinkum, Zink
- **Sn**
  stannum, Zinn
- **Pb**
  plumbum, Blei
- **Ni**
  Nickel
- **Mg**
  Magnesium
- **Ti**
  Titan
- **Cu**
  cuprum, Kupfer
- **Al**
  Aluminium

Aluminium
aluminium

Dichte
density

Korrosionsbeständigkeit
corrosion resistance

Wärmeleitfähigkeit
heat conduction

Kupfer
copper

Kupferlegierungen
copper alloys

Messing
brass

Zink
zinc

Zinn
tin

Blei
lead

Magnesium
magnesium

Titan
titanium

Kunststoffe
plastics

Keramische Werkstoffe
ceramic materials

Vom Rohstoff zum Werkstoff

Naturstoffe werden abgebaut und dadurch zu **Rohstoffen**. Rohstoffe sind beispielsweise *Eisenerz, Erdöl, Kohle, Holz, Wolle*. Durch Verarbeitung (Veredelung) werden diese Rohstoffe zu Werkstoffen.

Rohstoffe müssen verschiedene **Verarbeitungsstufen** durchlaufen, bevor sie als Werkstoffe verwendet werden können. Eisen entsteht aus Eisenerz z. B. durch **Reduktion**, dem Eisenerz wird Sauerstoff entzogen.
Nach der Aufbereitung können die Stoffe in Formen gebracht werden. In *Formen* gebrachte Stoffe heißen Werkstoffe.

Aus diesen Werkstoffen werden dann Werkstücke, Werkzeuge, Maschinen usw. hergestellt. Entweder werden die Werkstoffe *bearbeitet* oder es wird ihnen eine *andere Form* gegeben. Nur *Gusswerkstücke* werden *direkt* nach ihrer Aufbereitung in ihre *endgültige* Form gebracht.

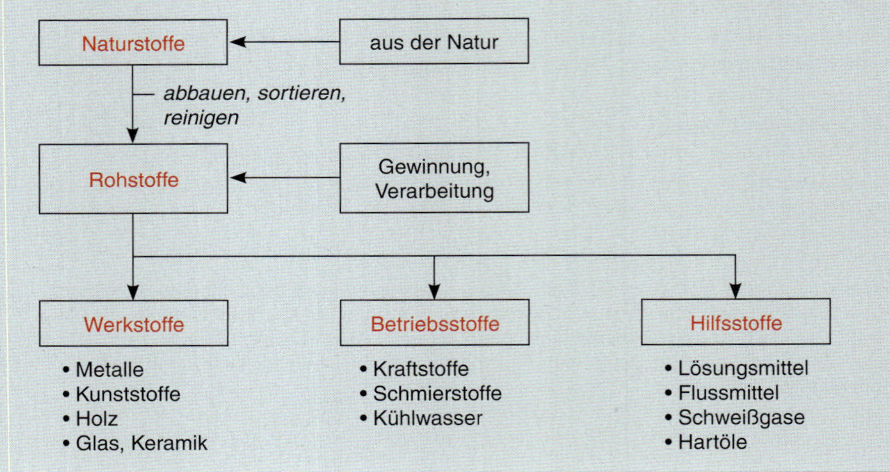

Der Kohlenstoff des Kokses verbindet sich mit dem entstehenden Eisen und senkt deren Schmelztemperatur ab (1400 °C bis 1500 °C).

Das flüssige Eisen kann vom Kohlenstoff reduziert werden. Der Kohlenstoff entzieht dem Eisen den Sauerstoff und es entsteht **Roheisen**.

In der Schlacke, die auf dem Roheisen schwimmt, sind alle Verunreinigungen gebunden.

In bestimmten Zeitabständen wird das Roheisen durch einen **Abstich** abgelassen.

Die Zusammensetzung des Roheisens bestimmt, ob es in den Roheisenmischer oder zur Masselgießanlage gelangt.

■ **Reduktion**
Sauerstoffentzug aus einer chemischen Verbindung.

■ **Roheisen**
Eisen, das durch erste Reduktion und Reinigung gewonnen wird.

■ **Abstich**
Öffnung eines Loches am Hochofen zum Ablassen des Roheisens.

Der *Hochofenprozess* erzeugt zwei **Roheisensorten**:

1. Weißes Roheisen
mit einem hohen Mangangehalt, eine helle strahlenförmige Bruchfläche und Verwendung zur *Stahlherstellung*.

2. Graues Roheisen
mit einem hohen Siliziumgehalt und eine graue Bruchfläche und Verwendung zur *Gusseisenherstellung*.

Direktreduktion

Das Eisenerz wird im festen Zustand *direkt* zu Eisen reduziert.

Dazu muss das Eisenerz vorbereitet werden: Brechen, Mahlen und mit Kalk und Koks zu **Kugeln** (Pellets) pressen.

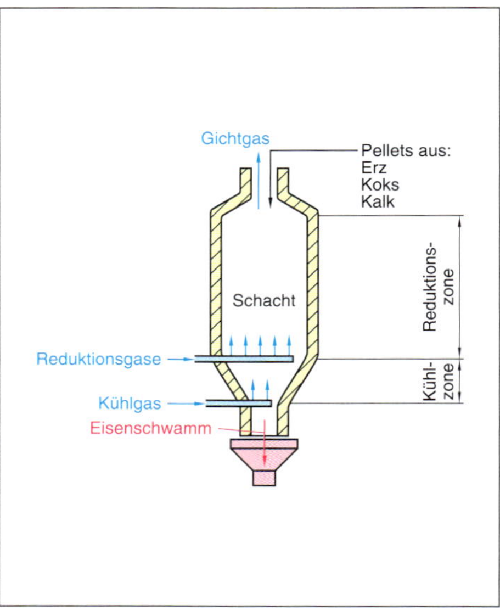

Bild 4 *Schachtofen*

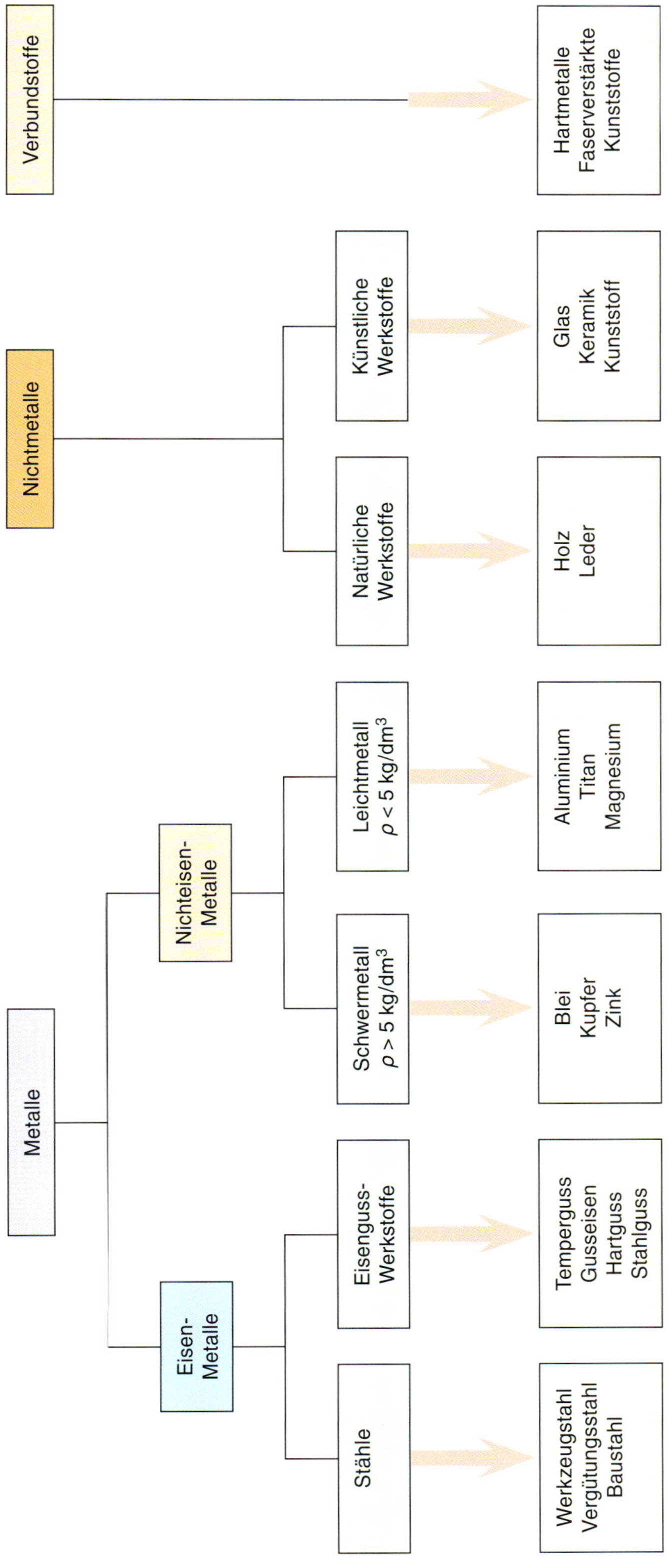

- Metalle
  - Eisen-Metalle
    - Stähle → Werkzeugstahl, Vergütungsstahl, Baustahl
    - Eisenguss-Werkstoffe → Temperguss, Gusseisen, Hartguss, Stahlguss
  - Nichteisen-Metalle
    - Schwermetall $\rho > 5$ kg/dm^3 → Blei, Kupfer, Zink
    - Leichtmetall $\rho < 5$ kg/dm^3 → Aluminium, Titan, Magnesium
- Nichtmetalle
  - Natürliche Werkstoffe → Holz, Leder
  - Künstliche Werkstoffe → Glas, Keramik, Kunststoff
- Verbundstoffe → Hartmetalle, Faserverstärkte Kunststoffe

An die jeweils eingesetzten Werkstoffe werden ganz unterschiedliche Anforderungen in Bezug auf die Werkstoffeigenschaften (z. B. Härte, Elastizität, Gewicht) gestellt.

Umweltverträglichkeit

- Sparsamer Umgang mit Ressourcen, Recycling
- Vermeidung unnötiger Abfälle
- Einhaltung von Grenzwerten bei Schadstoffen

Werk- und Hilfsstoffe

Metall
metal

Nichtmetall
nonmetal

Verbundstoffe
compact materials

Hilfsstoffe
supplies

Eisenwerkstoffe
ferrous materials

Stahl
steel

Gusseisen
cast iron

Die Pellets werden in Schachtöfen oder Drehrohröfen gefüllt und durch Reduktionsgase (i. Allg. Kohlenstoffmonoxid und Wasserstoff) bei ca. 1100 °C zu Roheisen reduziert. Dadurch entsteht sogenannter *Eisenschwamm*, der zu **Stahl** umgewandelt wird.

Stahlherstellung

Weißes Roheisen und **Eisenschwamm** enthalten ca. 3 % bis 5 % Kohlenstoff und einige unerwünschte Elemente wie Mangan, Silizium, Schwefel und Phosphor.

Bei der Umwandlung in Stahl muss der Kohlenstoffgehalt unter 2,06 % gesenkt und die unerwünschten Elemente müssen praktisch vollständig beseitigt werden. Man nennt das **Frischen** und verwendet dazu zwei Verfahren:

Sauerstoffblasverfahren

LD-Verfahren, wurde benannt nach den österreichischen Städten **L**inz und **D**onawitz.

Reiner Sauerstoff wird durch ein Rohr (Lanze genannt) auf die Roheisen-Schrott-Füllung eines Konverters geblasen.

Nach kurzer Zeit beginnt ein heftiger Frischvorgang. Der Sauerstoff reagiert mit den Eisenbegleitern, die Schmelze beginnt zu kochen.

Dabei dient der Schrott zur Kühlung, damit die Temperatur der Schmelze nicht zu hoch wird.

Der Schmelze beigegebener Kalk bindet die verbrannten Eisenbegleiter als Schlacke.

Am Ende des Frischevorgangs werden der Schmelze die erforderlichen Legierungsbestandteile zugegeben.

Die Schlacke wird durch die Konverteröffnung abgegossen.

Der Stahl wird durch ein Abgussloch in eine Gießpfanne gefüllt.

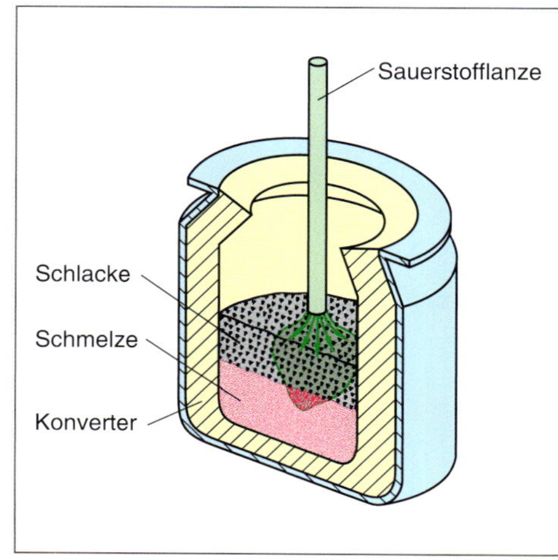

Bild 5 *Sauerstoffblasverfahren*

Elektroverfahren

Elektrische Energie erzeugt die notwendige *Wärme* zum *Schmelzen*. Die Wärme für den *Frischvorgang* entsteht durch einen elektrischen Lichtbogen oder durch Induktion.

Der **Lichtbogen** wird von oben mit Stahlschrott, Eisenschwamm und in geringen Mengen mit Roheisen und Zuschlägen (Kalk und Reduktionsmittel) gefüllt.

Der **Frischvorgang** wird eingeleitet, nachdem die Kohleelektroden auf die Füllung abgesenkt und gezündet werden.

Der Lichtbogen zwischen Elektrode und Schmelzgut erreicht Temperaturen von bis zu 3800 °C.

Durch diese hohen Temperaturen werden die Eisenbegleiter völlig beseitigt. Außerdem können schwer schmelzbare Legierungselemente wie Wolfram (3407 °C), Molybdän (2617 °C) oder Tantal (3014 °C) eingeschmolzen werden.

Der Lichtbogenofen stellt besonders **reine** und **hochlegierte Stähle** her.

Nach Beendigung des Frischvorgangs und dem Legieren wird durch Schwenken des Ofens die Schlacke abgegossen. Aus der Gießpfanne vergießt man den **Stahl** zu Blöcken oder im Strangguss.

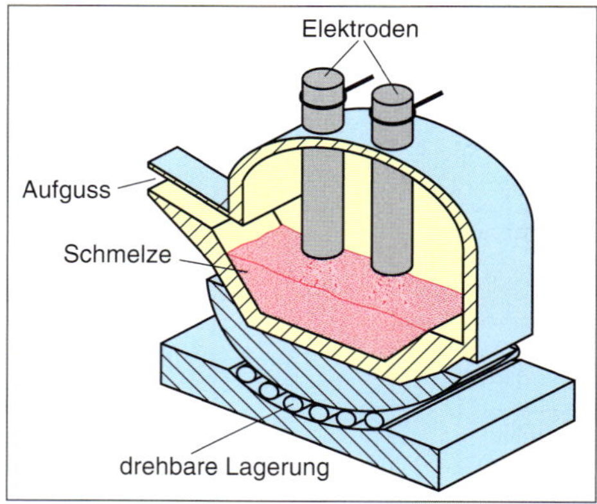

Bild 6 *Elektrobogenofen*

In **Induktionsöfen** entsprechen die Vorgänge dem Lichtbogenofen.

Wärmequelle ist hier eine *Induktionsspule*, die außen um die Ofenwand gewickelt ist.

Ein *hochfrequentes Magnetfeld* erzeugt **Wirbelströme** im Schmelzgut.

Die Wirbelströme bringen das Schmelzgut zum Kochen und versetzen es in starke Bewegung.

In Induktionsöfen werden **hochlegierte Stähle** erzeugt.

Stahlguss
cast steel

Stähle, unlegierte
unalloyed steel

Stähle, legierte
alloyed steel

Edelstähle
stainless steel

Qualitätsstähle
quality steel

■ **Legieren**
Metallherstellung aus mehreren im flüssigen Zustand gemischten Werkstoffen.

■ **Frischen**
Vorgang zur Stahlherstellung, bei dem der Kohlenstofffgehalt vermindert und die unerwünschten Eisenbegleiter nahezu vollständig beseitigt werden.

■ **Konverter**
Tonnenförmiger Kippofen zur Stahlherstellung.

Gusseisenherstellung

Im *Gießereischachtofen* wird Gusseisen aus Masseln des grauen Roheisens, Gussbruch und Kreislaufmaterial gewonnen.

Silizium- oder manganhaltige Zuschläge steuern die Grafitbildung.

Koks dient zum Schmelzen aller Stoffe, Kalk zur Schlackebildung.

Der Kohlenstoffgehalt von Gusseisen beträgt 2 bis 5 % bei einem Siliziumgehalt von bis zu 3 %. Wegen des grauen Aussehens der Bruchfläche nennt man Gusseisen auch **Grauguss**.

Je nach Kohlenstoffablagerung (Grafit) im Grauguss unterscheidet man:

- Grauguss mit Lamellengrafit (siliziumhaltig)
- Grauguss mit Kugelgrafit (manganhaltig)

Dem Gießereischachtofen entnommen wird der Grauguss zu **Formwerkstücken** vergossen.

Nichteisenmetalle

Hierzu zählen alle Metalle (mit Ausnahme des Eisens) und *Legierungen*, bei denen Eisen *nicht* der Hauptbestandteil ist.

Die *Nichteisenmetalle* werden nach ihrer Dichte in *Leichtmetalle* und *Schwermetalle* unterteilt.

Leichtmetalle haben eine Dichte von weniger als 5 $\frac{kg}{dm^3}$.

Schwermetalle haben eine Dichte von mehr als 5 $\frac{kg}{dm^3}$.

Leichtmetalle	
Aluminium (Al)	2,7 kg/dm^3
Magnesium (Mg)	1,74 kg/dm^3
Titan	4,5 kg/dm^3
Schwermetalle	
Kupfer (Cu)	8,96 kg/dm^3
Nickel (Ni)	8,9 kg/dm^3
Chrom	7,2 kg/dm^3
Molybdän (Mo)	10,2 kg/dm^3
Wolfram (W)	19,3 kg/dm^3
Vanadium (V)	6,1 kg/dm^3
Kobalt (Co)	8,9 kg/dm^3
Zinn (Sn)	7,28 kg/dm^3
Zink (Zn)	7,13 kg/dm^3

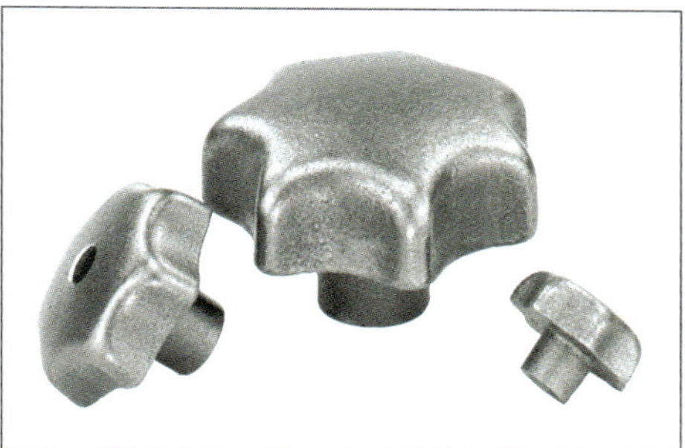

Bild 7 *Erzeugnisse aus Gusseisen*

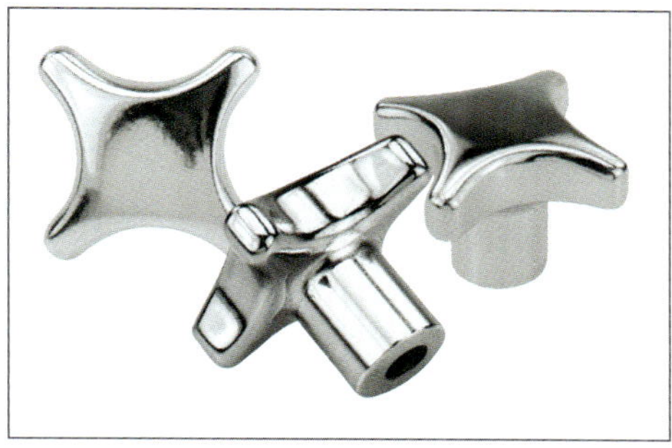

Bild 8 *Erzeugnisse aus Stahlguss*

Stahlguss

Stahl ist eine *Eisen-Kohlenstoff-Legierung* mit 0,05 % bis 2,06 % Kohlenstoff.
Der Kohlenstoff ist mit dem Eisen chemisch zu Fe_3C verbunden.

Das **Gefüge** des Stahls ist vom *Kohlenstoffgehalt* abhängig. Folglich werden die *mechanischen* und *technologischen Eigenschaften* des Stahls beeinflusst.

Mit *zunehmendem Kohlenstoffgehalt* erhöhen sich *Härte*, *Sprödigkeit* und *Verschleißfestigkeit* des Stahls.

Im Gegenzug verringern sich mit *steigendem Kohlenstoffgehalt* die *Zähigkeit*, *Umformbarkeit* und *Schweißbarkeit*.

Die *Zähigkeit*, *Festigkeit* und *Härte* lässt sich durch **Wärmebehandlung** (Vergüten, Härten) oder durch **Legieren** verbessern.

Typische **Legierungselemente** sind: Vanadium, Wolfram, Molybdän, Chrom und Nickel.

Gusseisen

Hier spielt der *Kohlenstoffgehalt* eine entscheidende Rolle. Im *Stahl* kommt Kohlenstoff (C) als Fe_3C vor. Im *Gusseisen* liegt C als *Grafit* oder *Eisenkarbit* vor.

- **Gefüge**
  Anordnung mehrerer Körner, Kristalle eines Metalls, Metallgefüge
  → 66

- **Härte**
  Widerstand, den ein Werkstoff an seiner Oberfläche dem Eindringen eines anderen Körpers entgegensetzt.

- **Festigkeit**
  Mechanische Beanspruchung, die ein Werkstoff bis zum Bruch aufnehmen kann.

- **Sprödigkeit**
  Werkstoffeigenschaft, unter einer Belastung zu brechen, ohne sich nennenswert zu verformen.

■ **Verbundwerkstoffe**

■ **Oxide**
Verbindungen mit Sauerstoff

■ **Karbide**
Verbindungen mit Kohlenstoff

■ **Nitride**
Verbindungen mit Stickstoff

■ **Cermets**
ceramic and **met**al**s**

Oxidkeramische Werkstoffe mit keramischen Bindemitteln.

Wenn der Schmelze *Phosphor* zugeführt wird, dann wird die Grafitbildung gefördert und die Schmelze wird dünnflüssig.

Das ist vorteilhaft beim **Gießvorgang**, allerdings ist das Erzeugnis nach der Abkühlung *spröde*.

Man unterscheidet zwischen

- *Gusseisen mit Lamellengrafit*

und

- *Gusseisen mit Kugelgrafit*

Unterscheidungsmerkmal ist hier die *Form* (Kugel- oder Lamellenform) in der das *Grafit* im Gusseisen vorkommt.

Weißer und **schwarzer Temperguss** sowie **Hartguss** erstarren grafitfrei. Hier wird Kohlenstoff als *Eisenkarbid* gebunden.

Verbundwerkstoffe

Werkstoffe, die aus mehreren pulverförmigen und/oder flüssigen Einzelwerkstoffen bestehen und zu einem *neuen Werkstoff* verbunden werden. Dabei ergeben sich einige *Vorteile*:

- Die *positiven* Eigenschaften der Einzelwerkstoffe sind *vereinigt* und die *negativen* Eigenschaften sind *überdeckt.*
- Werkstoffe von höchster Reinheit mit gleichmäßigem inneren Aufbau.

Wichtige Verbundwerkstoffe sind **Sinterwerkstoffe** und **verstärkte Verbundwerkstoffe**.

Sinterwerkstoffe
Verbindung von pulverförmigen metallischen und/oder nicht metallischen Werkstoffen durch Einwirkung von **Druck** und teilweise auch von **Wärme**. Höchste Festigkeit, Wärmebeständigkeit und Verschleißfestigkeit.

- **Sintermetalle**
  Sintermetalle bestehen oftmals aus Eisen, Gusseisen, Stahl, zu denen noch Legierungsbestandteile wie Kupfer oder Aluminium hinzukommen können. In festem bis teigigem Zustand eingepresst, ergeben sich maßgenaue Werkstücke, die keine Nachbearbeitung erfordern.

- **Hartmetalle**
  Ausgangsstoffe sind hochfeste, verschleißfeste Metallkarbide oder Metalloxide. Sie werden in ein weiches, elastisches Bindemittel eingebettet. Es ergibt sich eine ernorm hohe Festigkeit, Härte und Wärmebeständigkeit, die Schmelztemperatur liegt über 2000 °C. Bindemittel sind Kobalt und Nickel.

- **Keramische Werkstoffe**
  Keramische Werkstoffe sind Verbundwerkstoffe aus einer keramischen Masse als Bindemittel mit sehr harten und extrem verschleißfesten Oxiden, Karbiden oder Nitriden.

- **Oxidkeramische Schneidstoffe**
  aus Aluminiumoxiden haben neben der Verschleißfestigkeit auch eine hohe Warmfestigkeit. Sie werden bei der Zerspanung eingesetzt.
  Zinkoxid in keramischem Bindemittel ist ein verschleißfester thermischer Isolator und kann in der Umformtechnik eingesetzt werden.

Lager und Dichtungen, die auch bei Schmierstoffausfall kaum verschleißen, bestehen aus *Siliziumkarbiden* und *Siliziumnitriden* in oxidkeramischen Werkstoffen.

Bei **Cermets** dienen Metalle wie Kobalt, Molybdän und Nickel als Bindemittel.

Kupferherstellung

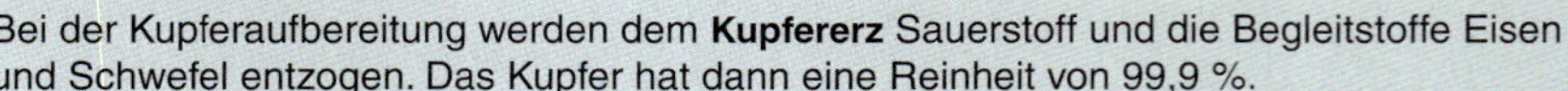

Bei der Kupferaufbereitung werden dem **Kupfererz** Sauerstoff und die Begleitstoffe Eisen und Schwefel entzogen. Das Kupfer hat dann eine Reinheit von 99,9 %.

Reines Kupfer

Ist sehr weich, sehr gut umformbar und korrosionsbeständig. Es hat eine gute elektrische Leitfähigkeit und Wärmeleitfähigkeit.

Kupferlegierungen

Legierungselemente sind Zink, Zinn, Nickel und Aluminium.

- **Messing** (Cu-Zn)
  Kupfer mit Zink legiert; Knetlegierungen bis 38 % Zink, Gusslegierungen über 38 % Zink.
- **Bronze**
  Aluminiumbronze (Cu-Al), Bleibronze (Cu-Pb), Zinnbronze (Cu-Sn).
- **Rotguss** (Cu-Zn-Sn)
  Kupfer mit Zink und Zinn legiert.
- **Neusilber** (Cu-Ni-Zn)
  Kupfer mit Zink und Nickel legiert.

Verstärkte Verbundwerkstoffe

Die positiven Eigenschaften von zwei Stoffen werden vereint.

Ein Stoff bewirkt dabei eine Verstärkung, wodurch i. Allg. die Festigkeit erhöht wird. Der andere Stoff liefert die Grundmasse oder **Matrix**.

Oftmals ist die Matrix weich und zäh und gibt dem Werkstoff die gewünschte Elastizität.

Der verstärkende Stoff kann auf unterschiedliche Weise in den Grundwerkstoff eingebracht werden:

- **Teilchenverstärkte Verbundwerkstoffe**
  Matrix ist eine duroplastische Kunststoffmasse. Feinverteilte Füllstoffteilchen werden zur Verstärkung eingebettet. Füllstoffe: Gesteinsmehl, Wollfasern, Holzmehl. Ergebnis ist eine höhere Festigkeit als bei reinen Kunststoffen.
- **Faserverstärkte Verbundwerkstoffe**
  Glasfasern werden durch Sprühen, Wickeln oder Schleudern in die Kunststoffmatrix eingebracht. Glasfasern haben eine hohe Zugfestigkeit.
- **Schichtverstärkte Verbundstoffe**
  Stahlbleche werden kunststoffbeschichtet und durch rost- und säurebeständige Werkstoffe plattiert. Der Grundstoff bestimmt die Festigkeit und der Schichtwerkstoff den Korrosionsschutz.
  Kunststoffe können durch Glasfasermatten oder Glasfasergewebe verstärkt werden.

Kunststoffe

Künstlich hergestellte Stoffe. Ihre wesentlichen **Eigenschaften** sind:

- leicht (geringe Dichte)
- nicht elektrisch leitfähig (Isolatoren)
- gute Wärmeisolation
- korrosionsbeständig
- geringe Temperaturbeständigkeit
- große Wärmedehnung
- teilweise unbeständig gegen Lösungsmittel

Unterschieden werden

- Thermoplaste
- Duroplaste
- Elastomere

Ausgangsstoffe für Kunststoffe sind Erdöl, Kohle, Erdgas, Kalk, Luft und Wasser.

Chemische Prozesse lösen aus den Stoffen einzelne *Moleküle* oder *Molekülgruppen* (Monomere) heraus, die zu **Makromolekülen** (Polymere) aneinander gereiht werden.

Thermoplaste (Plastomere)

Lange, fadenförmige **Makromoleküle** liegen im Gefüge *unverbunden verknäult* vor. Sie berühren sich zwar, haben aber keine Verbindung.

Deshalb sind Thermoplaste *sehr weich* und *kaum wärmebeständig*. Durch Erwärmung lassen sie sich schmelzen, schweißen und umformen.

Duroplaste (Duromere)

Die fadenförmigen **Makromoleküle** *verknüpfen* sich an vielen Berührungsstellen miteinander.

Dadurch erhält dieser Kunststoff eine höhere Festigkeit, Härte und Formbeständigkeit. Nicht schmelz- oder schweißbar, jedoch gut spanend zu bearbeiten.

Bei Erwärmung erweichen diese Werkstoffe kaum, sondern beginnen sich bei einer bestimmten Temperatur zu zersetzen.

Elastomere (Elaste)

Diese Kunststoffe sind eine Zwischengruppe zwischen den Thermoplasten und Duroplasten.

Sie sind *weitmaschiger vernetzt* und somit dehnbarer. Sie können sich unter Belastung strecken, dehnen und nach Entlastung wieder die Ausgangslage annehmen.

Durch unterschiedliche Vernetzung ist ein Verhalten von weichelastisch bis hartelastisch möglich.

Elastomere sind nicht durch Erwärmung umformbar und nicht schweißbar.

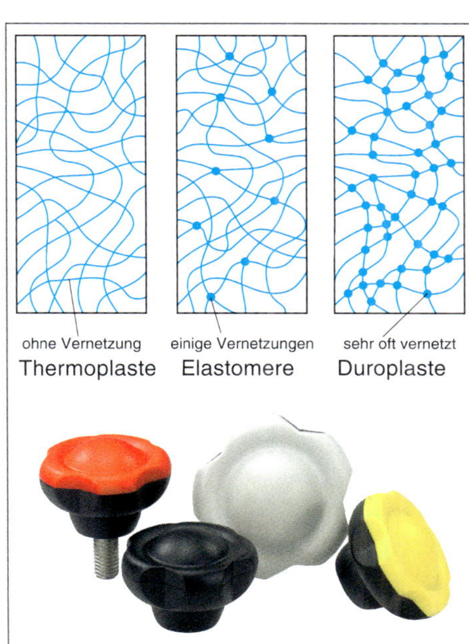

Bild 9 Erzeugnisse aus Kunststoff

Duroplaste *thermosetting plastics*

Thermoplaste *thermoplastics*

Elastomere *elastomers*

hart *hard*

weich *soft*

zäh *tough*

spröde *brittle*

■ Kunststoffe

Werkstoffeigenschaften

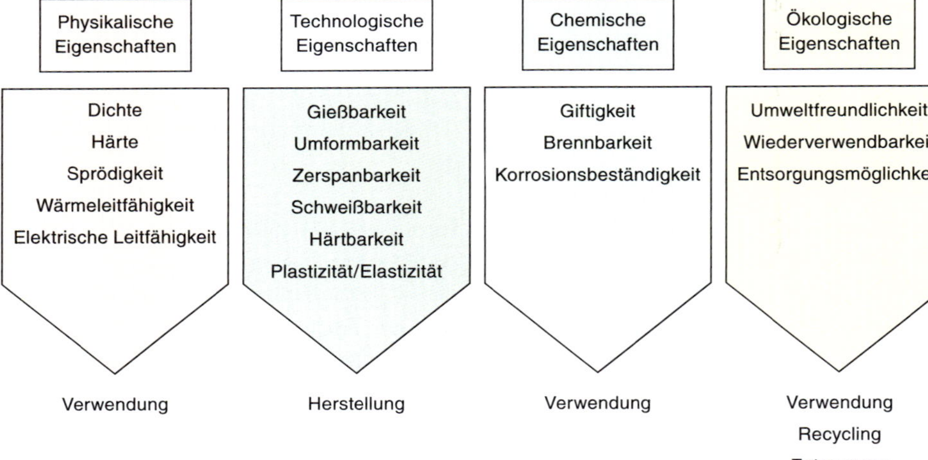

Technologische Eigenschaften
technological features

Physikalische Eigenschaften
physical features

Chemische Eigenschaften
chemical features

Fertigungstechnische Eigenschaften
machining features

Physikalische Eigenschaften

Beschreiben den *Zustand* oder die *Zustandsänderung* eines Werkstoffes. Exakte Messwerte charakterisieren den Werkstoff.

Dichte

Um das *Gewicht des Werkstücks* in die Planung einfließen zu lassen, muss die **Dichte** des Werkstoffes bekannt sein.

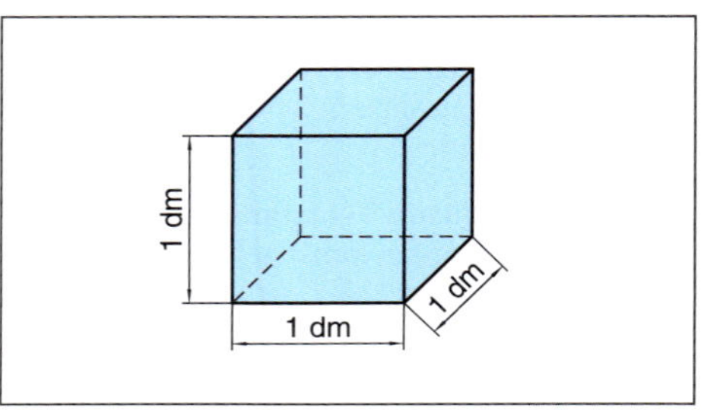

Bild 10 *Würfel mit dem Volumen 1 dm³*

■ **Dichte von Werkstoffen**

$$\text{Dichte} = \frac{\text{Masse}}{\text{Volumen}} \qquad \rho = \frac{m}{V}$$

ρ Dichte in $\frac{\text{kg}}{\text{dm}^3}$

m Masse in kg

V Volumen in dm^3

Härte

Der Widerstand, den ein eindringender Körper in ein Werkstück überwinden muss, nennt man **Härte**.

Dies kann eine **Reißnadel** oder ein **Prüfkörper** (Härteprüfverfahren) sein.

Besonders *harte Werkstoffe* sind z. B. Titan, Hartmetall oder Edelstahl.

Das Gewicht der geplanten Strebe ist zu berechnen.
Maße der Strebe:
Profilbreite 60 mm, Profildicke 10 mm, Länge des Zuschnitts 600 mm.

Umrechnung der Einheiten:

60 mm = 0,6 dm
10 mm = 0,1 dm
600 mm = 6 dm

Dichte von Aluminium:

$\rho = 2{,}7\,\frac{\text{kg}}{\text{dm}^3}$

Strebe hat ein Gewicht von 0,972 kg.

Volumen

$V = b \cdot d \cdot l$

$V = 0{,}6\text{ dm} \cdot 0{,}1\text{ dm} \cdot 6\text{ dm} = 0{,}36\text{ dm}^3$

Masse

$m = \rho \cdot V$

$m = 2{,}7\frac{\text{kg}}{\text{dm}^3} \cdot 0{,}36\text{ dm}^3 = 0{,}972\text{ kg}$

Zu den *weichen Werkstoffen* zählen Aluminium, Kunststoffe und Kupfer.

Werkstoffe mit großer Härte benötigt man bei der Herstellung von *Werkzeugen* zur Spanabnahme (Fräser, Bohrer, Drehmeißel) oder bei der *Klingenherstellung*.

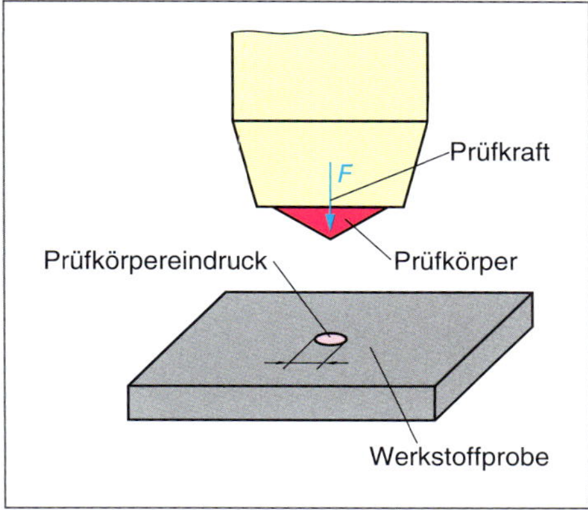

Bild 11 *Werkstoffprobe (Härte)*

Sprödigkeit

Ein Werkstück gilt als **spröde**, wenn es sich *nicht verformen* lässt und wenn es bei *unsachgemäßer Anwendung* brechen oder zerspringen kann.
Dies gilt z. B. für die Werkstoffe *Keramik*, *Glas*, *verschiedene Gusseisensorten*.

Auch *gehärtete Werkstücke* können *spröde* sein oder eine *glasharte* Oberfläche haben.

Bei der Herstellung einer *Messerklinge* ist es wichtig, dass nur der Bereich der Schneide *gehärtet* wird.

Der *Kern* muss „weich" bleiben, sonst würde die Klinge bei einer schlagartigen Beanspruchung brechen.

Härtbarkeit

Härtbare Werkstoffe können durch eine *gezielte Wärmebehandlung* eine höhere Härte erlangen. Durch das so genannte **Vergüten** lässt sich auch die *Festigkeit* erhöhen.

Die *meisten Stähle* sind ebenso härtbar wie *einige Eisen-Gusswerkstoffe*.

Wärmeleitfähigkeit

Zwischen *elektrischer Leitfähigkeit* und *Wärmeleitfähigkeit* besteht Proportionalität.

Stoffe mit hoher *elektrischer Leitfähigkeit* haben auch eine hohe *Wärmeleitfähigkeit*.

Hohe Wärmeleitfähigkeit:
Silber, Kupfer, Aluminium, Stahl

Niedrige Wärmeleitfähigkeit:
Glas, Kunststoffe, Dämmstoffe (Glaswolle) oder Luft

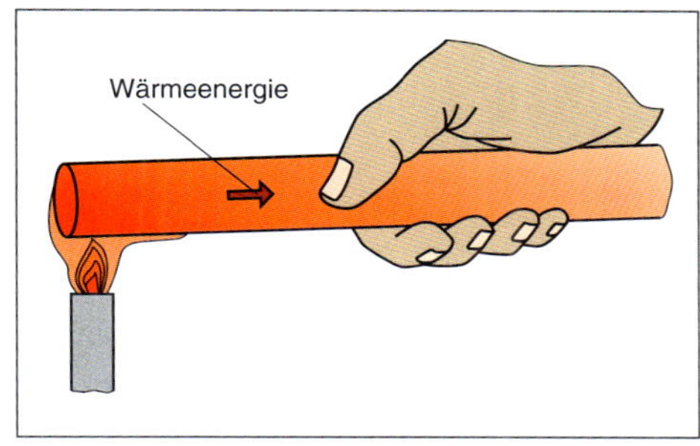

Bild 12 *Wärmeleitfähigkeit*

Elektrische Leitfähigkeit

Silber, Kupfer und Aluminium sind gute *elektrische Leiterwerkstoffe*.

Stähle leiten zwar ebenfalls den elektrischen Strom, aber nicht so gut, wie die zuvor genannten Werkstoffe.

Werkstoffe, die den Strom nicht leiten, benutzt man als **Isolierwerkstoffe**. Hierfür werden bevorzugt Kunststoffe, Glas oder Keramik eingesetzt.

Technologische Eigenschaften

Gießbarkeit

Bildet ein Werkstoff beim *Einschmelzen* eine *dünnflüssige Schmelze*, kann man davon ausgehen, dass es möglich ist, mit dieser Schmelze eine Form auszugießen.

Wenn sich außerdem nach dem Abkühlen keine **Lunker** (Hohlräume) in dem gegossenen Werkstück befinden, ist dieser Werkstoff gut gießbar.

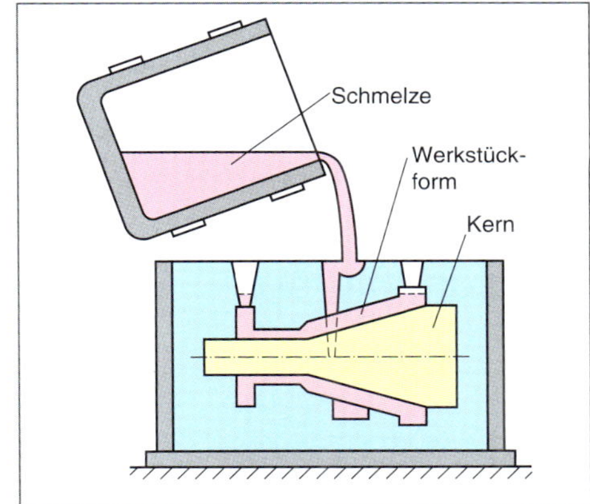

Bild 13 *Gussvorgang*

■ **Werkstoffprüfung**

→ 75

■ **Sprödigkeit**

Werkstoffeigenschaft, unter einer Belastung zu brechen, ohne sich nennenswert zu verformen.

Zerspanbarkeit
grindability

Verformbarkeit
deformability

Schmiedbarkeit
malleability

Schweißbarkeit
weldability

Giesbarkeit
castability

Umweltverträglichkeit
environmental compatibility

■ **Umformen**
Die Form eines Körpers wird durch plastische Formänderung bleibend verändert.

■ **Urformen**
Aus formlosem Werkstoff entsteht ein Körper bestimmter Form.

Hierfür sind Aluminium-Gusslegierungen, Kupfer-, Zink- und Zinkgusslegierungen sowie verschiedene Gusseisensorten geeignet.

Schwierig vergießbar sind unlegiertes Aluminium und Kupfer.

Umformbarkeit

Lässt sich ein Werkstoff durch Krafteinwirkung *plastisch verformen*, spricht man von **Umformbarkeit**.

Kaltumformen:
Umformen bei Raumtemperatur

Warmumformen:
Umformen eines erhitzten Werkstücks

Typische Warmumformverfahren:
Schmieden, Warmwalzen

Kaltumformen wird angewendet beim Abkanten, Biegen, Tiefziehen und Kaltwalzen.

Bei der **Umformbarkeit von Stählen** ist der *Kohlenstoffgehalt* entscheidend. Stähle mit *hohem* Kohlenstoffgehalt lassen sich *schwerer* umformen als Stähle mit einen *niedrigen* Kohlenstoffgehalt.

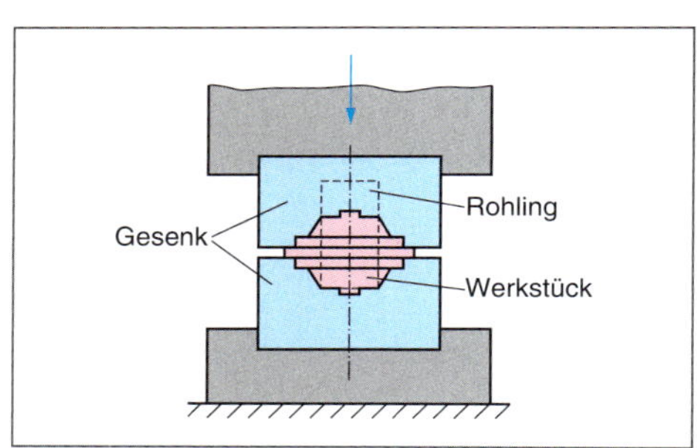

Bild 14 *Umformvorgang*

■ **Spanen**
Die Form eines festen Körpers wird durch Abtragen von Werkstoffteilchen auf mechanischem Wege geändert.

■ **Standzeit**
Zeitspanne vom Einsatzbeginn eines Werkzeugs bis zum notwendigen Nachschärfen.

Zerspanbarkeit

Wenn ein Werkstück durch ein *spanendes Verfahren* bearbeitet werden soll, muss eine gute **Zerspanbarkeit** gegeben sein.

Die **Standzeit** des Werkzeugs und die mögliche **Oberflächengüte** des Werkstücks dienen hier der *Einteilung der Werkstoffe*.

Aluminium und *Aluminiumlegierungen* sowie *unlegierte* und *niedriglegierte* Stähle lassen sich in der Regel gut zerspanen.

Harte und zähe Werkstoffe wie *Titan*, *nichtrostender Stahl* und *Kupfer* lassen sich nur schwer zerspanen.

■ **Oberflächengüte**

Gehärteter Stahl lässt sich meist nur durch *Schleifen* bearbeiten.

Wellen mit einer *hohen Oberflächengüte* und *sehr eng tolerierten Maßen* werden häufig auf einer *Drehmaschine vorgedreht*, im nächsten Arbeitsschritt *oberflächengehärtet* und anschließend auf einer *Rundschleifmaschine* auf Maß *geschliffen*.

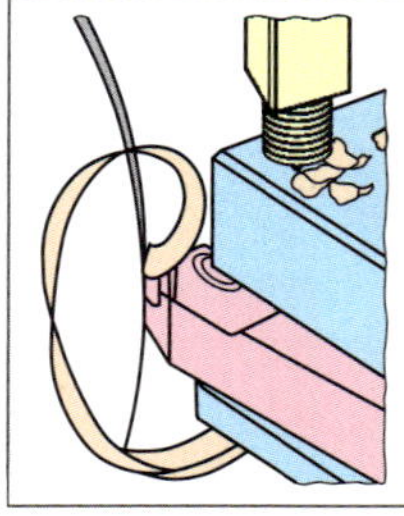

Bild 15 *Zerspanen*

Schweißbarkeit

Im Maschinen- und Anlagenbau sowie im Metallbau wird aus wirtschaftlichen Gründen das Fügeverfahren **Schweißen** angewendet.

Dabei ist die Werkstoffauswahl bei den zu verschweißenden Werkstücken und (bei Bedarf) des Zusatzwerkstoffes von großer Bedeutung.

Aluminium-Knetlegierungen oder Baustähle lassen sich ebenso gut schweißen wie unlegierte oder niedriglegierte Stähle mit einem geringen Kohlenstoffgehalt.

Mit Spezialverfahren lassen sich auch hochlegierte Stähle und Kunststoffe schweißen.

Prüfung

1. Wodurch unterscheiden sich Leichtmetalle und Schwermetalle?

2. Nennen Sie Beispiele für Leichtmetalle und Schwermetalle?

3. Nennen Sie die wesentlichen Vorteile von Kunststoffen; welche Nachteile haben Kunststoffe?

Welche Einsatzmöglichkeiten haben Thermoplaste, Duroplaste und Elaste (Elastomere)?

5. Warum sind nur Thermoplaste umformbar und schweißbar?

6. Was passiert, wenn Kunststoffe über eine bestimte Grenztemperatur hinaus erwärmt werden.

Prüfung

1. Worauf achten Sie bei der Auswahl eines Werkstoffs?

2. Unterscheiden Sie die Begriffe Härte und Festigkeit eines Werkstoffs.

3. Unter welcher Voraussetzung bezeichnet man einen Werkstoff als spröde?

4. Worin besteht der wesentliche Unterschied zwischen Stahl und Gusseisen?

5. Wie lässt sich die Korrosionsbeständigkeit von Stahl verbessern?

6. Welche Eigenschaften haben Verbundwerkstoffe?

7. Welche Eigenschaft hat ein Werkstoff hoher Elastizität?

8. Erklären Sie den Begriff elektrochemische Korrosion.

9. Worin besteht der Unterschied zwischen Kaltumformen und Warmumformen?

10. Ein Werkstoff hat eine hohe Reibfestigkeit.
Was bedeutet das?

Chemische Eigenschaften

Korrosionsbeständigkeit

Korrosion ist ein chemischer Prozess, bei dem Sauerstoff, Wasser oder eine wässrige Lösung auf Metalle oder Kunststoffe einwirken. Der Zersetzungsprozess geht von der Werkstückoberfläche aus.

Der *Korrosionsvorgang* läuft je nach Werkstoff und Einwirken unterschiedlich ab, das Ergebnis ist jedoch stets eine *Stoffumwandlung*.

Der Faktor Zeit spielt hierbei eine wesentliche Rolle. Oftmals dauert der Vorgang sehr lange.

In einer Umgebung mit hoher salzhalter Luftfeuchtigkeit (z. B. am Meer) kann der Korrosionsvorgang wesentlich beschleunigt werden.

Die Korrosion beginnt immer an der *Werkstückoberfläche.*

Trockene Korrosion

Bei einer *Luftfeuchtigkeit* unter 65 % spricht man von einer *trockenen Korrosion.*

In dieser Umgebung bilden auch Metalle wie Aluminium, Zink oder Blei eine dünne Oxidschicht, die den Korrosionsvorgang eindämmen soll.

Chemische Korrosion

Reaktionsfreudige Gase greifen die Metalle an und verbinden sich an der Oberfläche mit ihnen.

Dies gilt besonders für **Eisenwerkstoffe**. Beim Eisen verbindet sich der Sauerstoff der Luft unter Einwirkung von Feuchtigkeit an der Eisenoberfläche zu **Rost** (Eisenhydroxid).

Der sich bildende Rost ist rissig, porös und blättert ab. Dadurch wird die Metalloberfläche immer wieder freigelegt, sodass die Korrosion bis zur **Werkstoffzerstörung** fortschreiten kann.

Bei **Kupfer** und **Aluminium** bildet der Sauerstoff mit dem Grundmetall eine feste und harte Oxidschicht. Dadurch wird eine weitere Zersetzung verhindert. Solche Werkstoffe sind **korrosionsbeständiger** als Eisen.

Gute Werkstoffe sind die Voraussetzung einer guten Fertigung.

- Urformen
  Der Werkstoff wird in eine **feste Form** gebracht. Zum Beispiel durch Gießen oder Sintern.
- Umformen
  Bei **spanlosen** Umformverfahren bleibt die Stoffmenge erhalten. Nur die Werkstoffstruktur ändert sich. Beispiele: Walzen, Biegen, Schmieden.
- Spanen
  Durch **spanende** Verfahren wird die Stoffmenge des Werkstoffs verändert. Außerdem kann die innere Werkstoffstruktur beeinflusst werden.
  Beispiele: Bohren, Drehen, Fräsen.
- Thermische Behandlung
  Festigkeit und Härte des Werkstoffes werden beeinflusst. Härten, Anlassen, Glühverfahren.
- Beschichtung
  Verbesserung der Korrosionsbeständigkeit.
- Fügeverfahren
  Stoffschlüssige Fügeverfahren beeinflussen die Werkstoffstruktur erheblich.
  Zum Beispiel: Löten, Schweißen.

Aufgabenlösungen

@ Interessante Links

- christiani-berufskolleg.de

Korrosion
Zersetzung der Oberfläche eines Werkstoffs.

Fertigungsverfahren

■ **Kristallgitter**
Regelmäßige Anordnung der Metallatome.

■ **Korn**
Kleinstes Teil im Gefüge mit gleichem Kristallgitteraufbau.

■ **Ion**
Positiv oder negativ geladener Ladungsträger.

Korngefüge
grain structure

Korngrenze
grain boundary

Festigkeit
strenght

Kristall
crystal

Legierung
alloy

Aufbau metallischer Werkstoffe

Der *innere Aufbau* bestimmt die *Eigenschaften* metallischer Werkstoffe.

Metallionen sind kleinste Bausteine der Metalle. Sie werden umgeben von zusammenhängenden **Elektronenwolken**. Dadurch werden die Metallteilchen zusammengehalten und erhalten ihre **Festigkeit**.

Wegen der *freien Beweglichkeit* der Elektronenwolken haben metallische Werkstoffe eine *gute elektrische Leitfähigkeit.*

Kristallgitter

Flüssiger Zustand der Metalle: Metallionen sind frei beweglich.

Abkühlung der Metalle: Metallionen nehmen feste Plätze ein, es kommt zur **Kristallbildung**. Die Kristalle wachsen bis zur völligen *Erstarrung*.

Die Kristalle werden auch **Körner** genannt. Kristalle stoßen an den **Korngrenzen** zusammen.

Kristallgittertypen

Drei Kristallgittertypen sind zu unterscheiden.

1. Kubisch-raumzentriertes Kristallgitter

Die Mittelpunkte der Metallionen bilden einen **Würfel**, wobei sich in Würfelmitte noch ein zweites Ion befindet.

Beispiele: Chrom, Vanadium, Wolfram, Eisen unterhalb von 911 °C

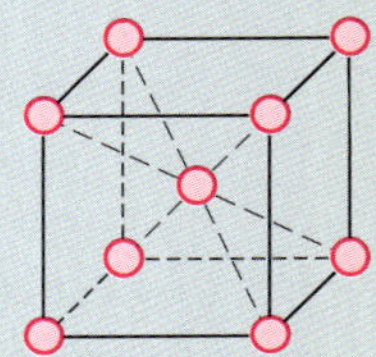

2. Kubisch-flächenzentriertes Kristallgitter

Der Grundkörper ist auch hier ein **Würfel**. Im Mittelpunkt der seitlichen Begrenzungsflächen befinden sich weitere Ionen.

Beispiele: Aluminium, Kupfer, Nickel, Eisen oberhalb von 911 °C

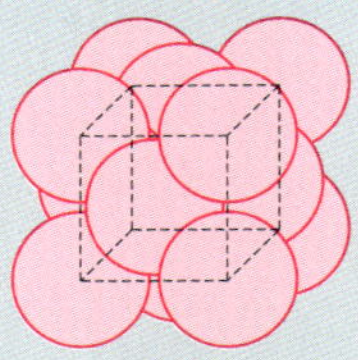

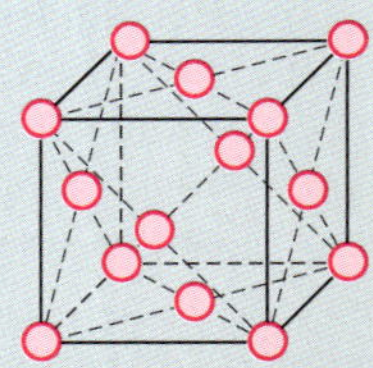

3. Hexagonales Kristallgitter

Die Metallionen sind an den Eckpunkten eines sechseckigen **Prismas** angeordnet.

Beispiele: Titan, Zink, Magnesium

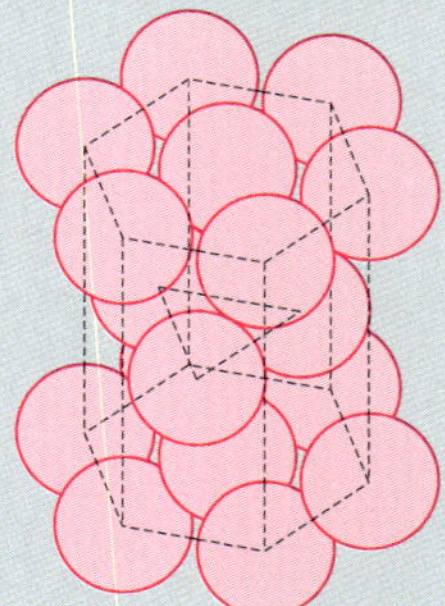

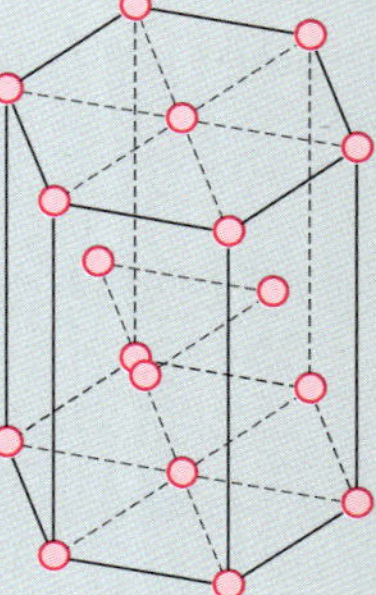

Metalllegierungen

Wenn *unterschiedliche metallische Werkstoffe* aus *einer* gemeinsamen **Schmelze** erstarrt sind, liegt eine **Legierung** vor. Dabei kann die **Kristallbildung** unterschiedlich sein.

Kristallgemisch

Die Legierungsbestandteile bilden *unterschiedliche* Kristallarten.

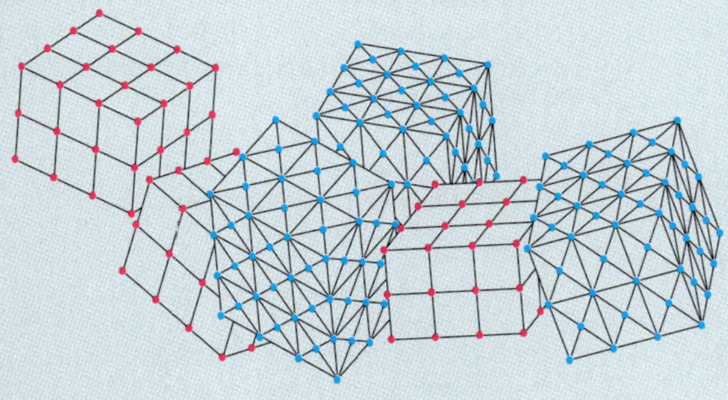

Mischkristall

Der legierte Stoff ist in den *Grundkristall* eingebaut.

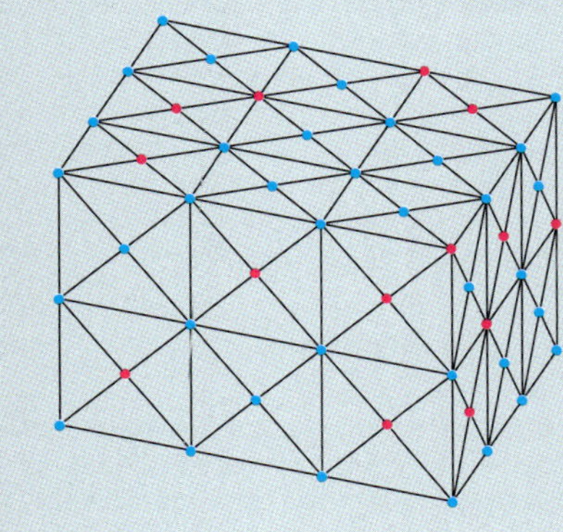

■ **Kristallgemischbildung**
Legierungsbestandteile sind im flüssigen Zustand völlig gemischt, im festen Zustand jedoch entmischt.

■ **Mischkristallbildung**
Die Teilchen der Legierungselemente sind im flüssigen wie auch im festen Zustand vollkommen gemischt.

Prüfung

1. Die Werkstoffeigenschaften der Metalle werden durch ihren inneren Aufbau bestimmt. Beschreiben Sie den atomaren Aufbau der Metalle.

2. Nennen und beschreiben Sie die wichtigsten Kristallgitterformen der Metalle.

3. Welchen Einfluss hat die Kristallgitterform auf die Eigenschaften der Metalle?

4. Beschreiben Sie die Entstehung eines Kristallgitters bei Metallen.

5. Erläutern Sie den Begriff Gefüge.

6. Worin besteht der Unterschied zwischen einem Mischkristall und einem Kristallgemisch?

7. Welche wesentlichen Punkte berücksichtigen Sie bei der Auswahl eines Werkstücks für ein Konstruktionsteil?

8. Welche Vorteile hat die Verwendung des Werkstoffes Aluminium für die Strebe?

■ **Aufgabenlösung**

@ Interessante Links

- christiani-berufskolleg.de

Korrosion und Korrosionsschutz

Der Korrosionsprozess wird durch ein **Elektrolyt** unterstützt. Die chemische Zersetzung erfolgt durch den elektrischen Strom.

Wenn bei zusammengefügten *unterschiedlichen* Metallen eine elektrisch leitende Flüssigkeit zutritt, dann kann sich das unedle Metall zersetzen. Man spricht dann von **Kontaktkorrosion**.

Korrosionsschutz

Korrosion muss *verhindert* werden.

Durch Korrosion wird die Lebensdauer von Bauteilen maßgeblich beeinflusst.

Sämtliche **Korrosionsschutzmaßnahmen** sollen die ablaufenden Vorgänge verhindern.

Solche *Maßnahmen* sind zum Beispiel:

- *Einölen und Einfetten*
- *Chemische Behandlung der Oberflächen*
- *Anstriche zum Korrosionsschutz*
- *Überzug aus Kunststoff*

Weitere *Maßnahmen* sind:

- Fachgerechte Werkstoffauswahl
- Fachgerechte Lagerung
- Fachgerechte Montage

Korrosionsschutzmittel

Zur Vermeidung der Korrosion sind Maßnahmen zu treffen, die entweder

- den Werkstoff gegenüber dem Elektrolyten beständiger machen (legieren, passivieren),
- den Elektrolyten vom Werkstoff trennen (Fette, Öle, Farbanstriche, Überzüge),
- die Wirkung des Elektrolyten verringern; z. B. dadurch, den Werkstoff zur Katode eines galvanischen Elementes zu machen (Katodenschutz).

Korrosionsschutzöle für Bauteile, die keinen besonderen Belastungen ausgesetzt sind. Auch anwendbar für Bauteile, die transportiert oder kurzzeitig gelagert werden sollen.

Korrosionsschutzfarben in mehreren Schichten aufgetragen. Bei fachgerechten Trocknungszeiten schützen sie blanke Metalloberflächen. **Aluminiumpasten** können zum Schutz blanker Metalloberflächen eingesetzt werden, da Aluminium mit dem Luftsauerstoff eine Schutzschicht bildet. Auftrag mit Schwamm oder Tuch bzw. Spraydose an schlecht zugänglichen Stellen.

Kupferpasten beruhen darauf, dass das edle Metall Kupfer praktisch nicht mit der Umgebung reagiert.

Kunststoffe können zur Beschichtung von Metallen eingesetzt werden. Sie sind gegenüber Umwelteinflüssen und vielen Chemikalien korrosionsbeständig. *Lösungsmittel* bringen den Kunststoff in eine flüssige oder pastenartige Form. Bei Verdunstung des Lösungsmittels härtet der Kunststoff aus.

Verfahren zum Korrosionsschutz

Anodisieren

Auf metallischen Werkstückoberflächen (vorzugsweise aus Aluminium, Mg, Zn) werden elektrochemisch mehrere Oxidschichten (etwa 20 µm) aufgebracht.
Eine Einfärbung der Oxidschicht ist möglich.

Galvanisieren

Mithilfe einer katodischen Metallabscheidung (Werkstück = Katode) wird in einem elektrochemischen Verfahren eine dünne Metallschicht auf die Werkstückoberfläche aufgetragen. Es lassen sich dadurch sehr gleichmäßige Überzüge erreichen. Überzugsmetalle sind zum Beispiel Chrom, Zink, Kupfer, Messing und Gold.

Kunststoffbeschichten

– *Wirbelsintern*

Metallische Werkstücke werden erwärmt und in ein Kunststoff-Pulverbad getaucht. Die Kunststoffpartikel werden aufgeschmolzen und bilden einen haftenden festen Schutzüberzug.

– *Flammspritzen*

Mit einer Spritzpistole wird die Beschichtung auf die Werkstückoberfläche aufgetragen. Es bildet sich ein gut haftender Schutzüberzug.

Weitere Verfahren

Bitumen/Teer, Farbe/Lacke, Phosphatieren, Brünieren, Chromatieren, Aufspritzen, Diffundieren, Tauchen

Weitere Informationen zum Korrosionsschutz sowie Oberflächenvorbereitung

Prüfung

1. Was versteht man unter Korrosion?
2. Warum muss Korrosion unbedingt vermieden werden?

Korrosionsarten

Flächenkorrosion

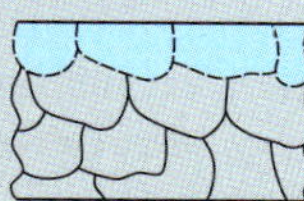

Die Werkstückoberfläche wird durch Umwelteinflüsse (Verwitterung, Verschmutzung) geschädigt und abgetragen.
Dadurch verringert sich der Materialquerschnitt und verursacht so eine Schwächung tragender Bauteile.

Transkristallinie Korrosion

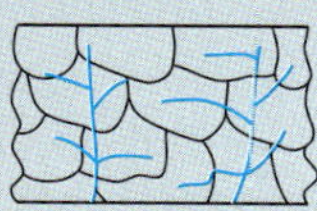

Bei wechselbeanspruchten Bauteilen treten häufig quer zur Spannungsrichtung Risse auf. Diese verlaufen über die Korngrenzen hinweg durch die Körner. Es entsteht eine gefährliche Bauteilschwächung, die mit bloßem Auge nicht erkennbar ist.

Interkristallinie Korrosion

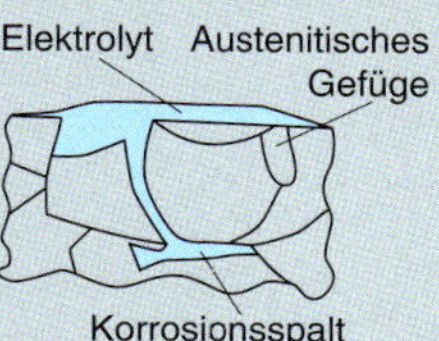

Elektrochemische Korrosion, die bei Legierungen mit Konzentrationsunterschieden an Korngrenzen und bei Anwesenheit eines Elektrolyten auftritt. Es können Bauteilschwächungen auftreten, die äußerlich nicht erkennbar sind.

Lochkorrosion (Lochfraß)

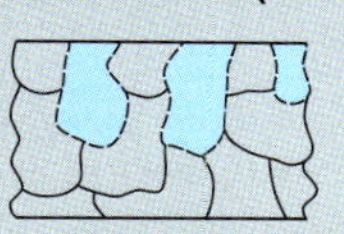

Tiefere Werkstoffzerstörungen durch starke, örtliche Korrosionswirkung. Erhebliche Bauteilschwächung, mit bloßem Auge oft nur schwer erkennbar.

Kontaktkorrosion

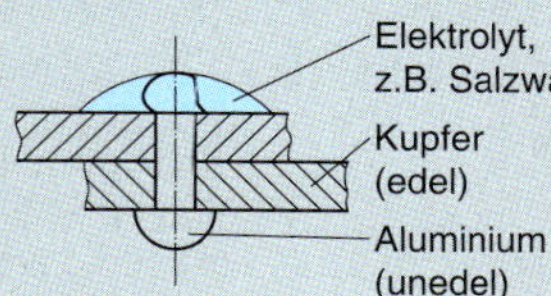

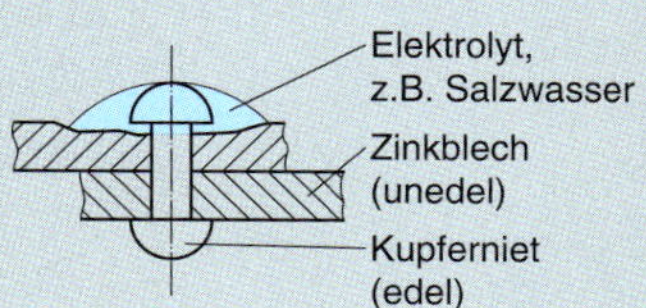

Elektrochemische Korrosion beim Fügen verschiedener Metalle und bei Anwesenheit eines Elektrolyten.
Das unedle Metall wird aufgelöst und verbindet sich mit dem Elektrolyten. Die Folgen dieser Korrosionsart sind mit bloßem Auge gut erkennbar.

Prüfung

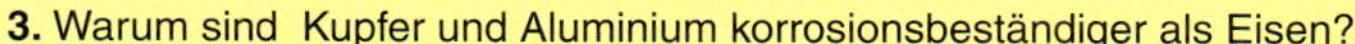

3. Warum sind Kupfer und Aluminium korrosionsbeständiger als Eisen?

4. Beschreiben Sie die Vorgänge bei der elektrochemischen Korrosion.

5. Warum ist Korrosionsschutz wichtig?

6. Nennen Sie Maßnahmen zum Korrosionsschutz.

7. Was versteht man unter Galvanisieren?

8. Welche Rolle spielt die Spannungsreihe bei der elektrochemischen Korrosion?

9. Welche Wirkung hat eine Opferanode beim Korrosionsschutz?

10. Wie kann schon bei der Montage auf Korrosionsschutz geachtet werden?

Korrosionsbeständigkeit
corrosion resistance

Korrosionsschutz
corrosion protection

■ **Aufgabenlösung**

@ Interessante Links

- christiani-berufskolleg.de

■ **Entsorgung, Umweltschutz**

■ **Elastizität**
Fähigkeit eines Werkstoffs, nach Verformung seine Ausgangsform wieder anzunehmen, wenn die Belastung aufgehoben wird.

■ **Plastizität**
Fähigkeit eines Werkstoffs unter einer Belastung seine Form bleibend zu verändern.

Plastische und elastische Verformung

Eine von außen einwirkende Kraft *verformt* ein Werkstück. Die *Art der Verformung* ist werkstoffabhängig. Eventuell auch von der erfolgten *Wärmebehandlung* (Härten).

Sägeblatt für Bügelsäge
(gehärteter Werkzeugstahl, Bild 16)

Hier liegt eine *elastische Verformung* vor. Nach Biegung federt es in die Ausgangslage zurück. Eine rein elastische Verformung liegt bei Sägeblättern oder Federn vor.

Bleirundstab (Bild 16)
Das Werkstück *verbleibt* nach der Verformung *in der neuen Form*.
Auch beim *Schmieden* liegt eine rein plastische Verformung vor.

Rein elastische oder plastische Verformungen sind allerdings eher die Ausnahme.

Im Allgemeinen kommt es zunächst zu einer *elastischen* Verformung, bevor eine *plastische* Verformung eintritt.

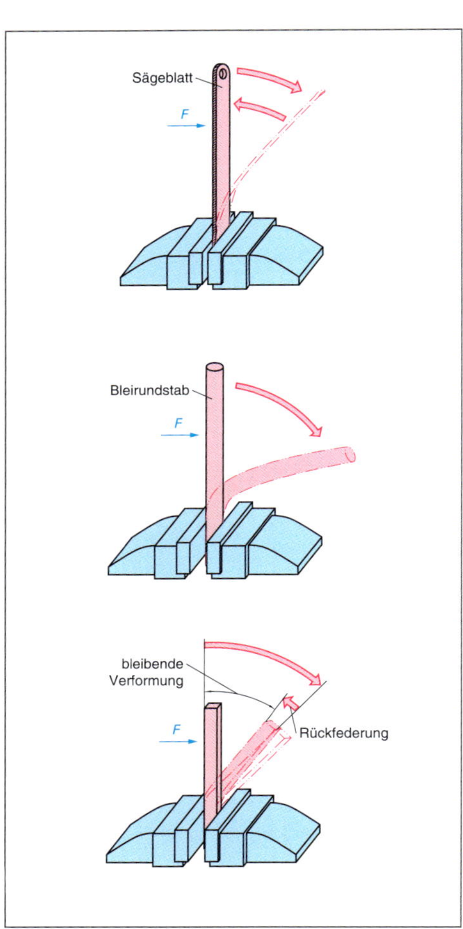

Bild 16 *Verformung*

Vierkantstab aus Baustahl (Bild 16)
Der Vierkantstab federt nach *leichtem Biegen* wieder in seine ursprüngliche Ausgangsform zurück (rein elastisches Verhalten).

Wird der Vierkantstab jedoch *stark gebogen*, federt er nur noch gering zurück und behält seine neue Form weitgehend bei. Man spricht von *elastisch-plastischem Verhalten*.

Ökologische Eigenschaften

Bei den ökologischen Eigenschaften darf nicht ausschließlich der *Recyclingvorgang* oder die *Entsorgung* berücksichtigt werden, auch der *Energieverbrauch* und die *Umweltbelastung* bei der Herstellung sind hierbei für die Auswahl ausschlaggebend.

Die *Wahl der Werkstoffe* findet oftmals aus *wirtschaftlichen Aspekten* statt.

Hier einige Beispiele für die *Auswahl* und die *Verwendung*:

Ein *funktionelles* und *technisches* Aussehen haben beispielsweise *Profile* oder *Werkstücke aus Baustahl*.

Werkstücke aus *Aluminium* oder *nicht rostendem Stahl* wirken sehr *edel*, *hochwertig* und *teuer*.

Hier kann auch auf eine Oberflächenbehandlung nach der Fertigung verzichtet werden.

Diese beiden Werkstoffe sind teuer, noch teurer dagegen ist Kupfer.

Ein *günstiger* Werkstoff ist *unlegierter Baustahl*.

Stähle, Aluminium und Kupfer sind *recyclingfähig*, *Kunststoffe* hingegen sind *nur zum Teil recyclingfähig*.

Zu dem Begriff **Recycling** findet man in § 3 Abs. 25 „Kreislaufwirtschaftsgesetz" folgende Erklärung:

„Jedes Verwertungsverfahren, durch das Abfälle zu Erzeugnissen, Materialien oder Stoffen entweder für den ursprünglichen Zweck oder für andere Zwecke aufbereitet werden.

Es schließt die Aufbereitung organischer Materialien ein, aber nicht die energetische Verwertung und die Aufbereitung zu Materialien, die für die Verwendung als Brennstoff oder zur Verfüllung bestimmt sind".

Brennbarkeit

Eine Verbrennung kann nur dann stattfinden, wenn ein Werkstoff brennbar ist.

Brennbar ist ein Werkstoff, wenn er unter Zuführung von Wärmeenergie mit Sauerstoff reagiert (sich entflammen lässt).

Alle Materialien sind in so genannte **Brandklassen** eingeteilt.
Bei folgenden Metallen gelten *besondere Vorschriften* hinsichtlich des **Löschens**:
Aluminium, Magnesium, Kalium, Lithium, Natrium und deren Legierungen.

Im Brandfall darf *kein Wasser als Löschmittel* eingesetzt werden, sondern *Sand* oder *Metallbrandpulver*.

■ Brandklassen

Giftigkeit

Zu den giftigen Werkstoffen zählen *Blei* und *Cadmium*. Sollte der Einsatz dieser Werkstoffe nötig sein, sind *besondere Vorsichtsmaßnahmen* einzuhalten.

Der *Arbeitgeber* muss vor dem Ver- oder Bearbeiten eines Werkstoffs, einer Zubereitung oder eines Erzeugnisses prüfen, ob es sich um einen **Gefahrstoff** handelt.

Darüber hinaus muss er die eingesetzten und gelagerten Gefahrstoffe in einem Verzeichnis *dokumentieren*.

Der *Hersteller, Händler* oder *Importeur* eines Gefahrstoffs muss von dem Stoff ausgehende Gefahren für Menschen und Umwelt sowie nötige Schutzmaßnahmen aufzeigen und mitteilen. Dies geschieht durch eine **Gefahrstoffanweisung**.

Das **Datenblatt** bzw. Sicherheitsdatenblatt muss dem Verwender bei der ersten Lieferung ausgehändigt werden.

Gefahrstoffe sind kennzeichnungspflichtig.

Eine *Kennzeichnung* bedeutet stets, dass Gefahr von dem Stoff ausgeht.

Ist *keine Kennzeichnung* vorhanden, heißt das jedoch *nicht*, dass der Werkstoff *ungefährlich* ist.

Stahlbezeichnung nach Verwendung und Eigenschaft

Hauptsymbol

– ***Buchstabe*** *für Stahlgruppe (Verwendung)*

– ***Zahl*** *für die Eigenschaft*

Unter Umständen werden für die Eigenschaften *zusätzlich* ein *Buchstabe* und *Zahlen* angegeben.

Zusatzsymbole aus Buchstaben und Zahlen können an das Hauptsymbol angehangen werden.

Beispiel

S235JR

Hauptsymbol: S235
Zusatzsymbol: JR

S Stahlgruppe, Stähle für Stahlbau

235 Angabe der Eigenschaft, Streckgrenze $R_{eH} = 235 \frac{N}{mm^2}$

JR Angabe der Kerbschlagarbeit, KV = 27 J bei 20 °C

■ Stahlsorten

Die **Mindeststreckgrenze** ist die Zugspannung, die ein Stahl aufnehmen kann, ohne dass eine plastische Verformung eintritt.

Die Einheit ist $\frac{N}{mm^2}$.

Beispiel

E335

E Maschinenbaustähle

335 Eigenschaft, Streckgrenze $R_{eH} = 335 \frac{N}{mm^2}$

2.2 Werkstoffbezeichnungen

Bezeichnung für Stähle

Unterschieden wird nach *unlegierten* und *legierten Stählen*.

- *Unlegierte Stähle* werden nach **Verwendungszweck** und **chemischer Zusammensetzung** bezeichnet.
- *Legierte Stähle* werden ausschließlich nach ihrer **chemischen Zusammensetzung** bezeichnet.

Die Bezeichnung setzt sich aus einem **Hauptsymbol** und einem **Zusatzsymbol** zusammen.

Stahlbezeichnung nach chemischer Zusammenstzung

Das ***Hauptsymbol*** setzt sich zusammen aus der

– *Angabe des Kohlenstoffgehaltes*

– *Angabe der Legierungselemente*

- *Unlegierte Stähle*

Kohlenstoffstähle mit geringen Legierungsbestandteilen, mittlerer Mangangehalt kleiner als 1 %.

■ Werkstoffbezeichnungen

■ **Stahlsorten**

■ **Unlegierter Stahl**
bis 2,06 % Kohlenstoff

0,8 % Mangan

0,5 % Silizium

0,25 % Kupfer

0,1 % Aluminium/Titan

Beispiel

C35C

C Kohlenstoff (chemisches Zeichen)

35 Kohlenstoffgehalt (Kennzahl); hier Kohlenstoffgehalt 0,35 %

C Kaltumformbarkeit

Der mittlere Kohlenstoffgehalt des Werkstoffs wird im Beispiel durch die Zahl 35 ausgedrückt.

Die Zahl 35 wird durch 100 geteilt:

$\frac{35}{100} = 0{,}35$

• *Legierte Stähle*

Legieren ist die *Vermischung* verschiedener Metalle im flüssigen Zustand.
Die *Legierungselemente* werden durch den **Verwendungszweck** bestimmt.

Zum Beispiel:

- **Siliziumzusatz** (Si) erhöht die Elastizität
- **Chromzusatz** (Cr) erhöht Festigkeit und Korrosionsbeständigkeit
- **Nickelzusatz** (Ni) erhöht die Korrosionsbeständigkeit
- **Vanadiumzusatz** (V) steigert die Härte

Niedrig legierte Stähle:
Bis zu 5 % Legierungsbestandteile.

Hoch legierte Stähle:
Über 5 % Legierungsbestandteile.

Niedrig legierte Stähle

Hierzu zählen legierte Stähle, unlegierte Stähle mit einem *Mangangehalt über 1 %* sowie *Automatenstähle*.

Die **Bezeichnung** erfolgt durch die Gehaltskennzahlen und chemische Symbole.

Beispiel

30CrAlMo5–10

30 0,3 % Kohlenstoff
Cr Chrom
Al Aluminium
Mo Molybdän
5 1,25 % Chrom
10 1 % Aluminium
Anteil von Molybdän

Der *mittlere Kohlenstoffgehalt* steht zu Beginn der Bezeichnung.

Die Angabe ist durch 100 zu teilen ($\frac{30}{100} = 0{,}3$ %).

Die Abkürzungen der *Legierungselemente* stehen in der Reihenfolge ihrer Prozentanteile. Die Zahlen am Ende der Werkstoffbezeichnung geben den *prozentualen Anteil* der Legierungselemente an.

Dabei sind die folgenden **Umrechnungsfaktoren** zu beachten.

Faktor	Werkstoff
4	Cr, Co, Mn, Ni, Si, W
10	Al, Be, Cu, Mo, Nb, Pb, Ta, Ti, V, Zr
100	C, N, P, S
1000	B

Hochlegierte Stähle

Die Werkstoffbezeichnungen beginnen mit dem Großbuchstaben **X**.

Es gibt *keine* Umrechnungsfaktoren für die Legierungselemente.

Die *Prozentanteile* werden in der Reihenfolge ihrer Bezeichnungen angegeben.

Beispiel

X6CrNi19-11

X Hochlegierter Stahl
6 Kohlenstoffgehalt 0,06 %
Cr Legierungsbestandteil Chrom
Ni Legierungsbestandteil Nickel
19 19 % Chrom
11 11 % Nickel

Schnellarbeitsstähle

Die Kennzeichnung beginnt mit dem Großbuchstaben **S**.

Diese Stähle zählen zur Gruppe der **Werkzeugstähle** und werden zum Beispiel zur Herstellung von Bohrern und Fräsern verwendet.

Die Legierungsbestandteile (in Prozent) werden in folgender Reihenfolge angegeben:

1. Zahl: Wolfram

2. Zahl: Molybdän

3. Zahl: Vanadium

4. Zahl: Kobalt (falls vorhanden)

Beispiel

S7-4-2-5

S	Schnellarbeitsstahl
7	7 % Wolfram
4	4 % Molybdän
2	2 % Vanadium
5	5 % Kobalt

Zusatzsymbole für Überzüge

Durch ein **Pluszeichen** (+) werden Buchstaben von den voranstehenden Kennzeichnungen getrennt.

Damit Verwechselungen mit anderen Zusatzsymbolen vermieden werden, kann der Großbuchstabe **S** vorangestellt werden.

Beispiel

+ST

Schmelztauchveredelt mit Pb-Sn-Legierung

Die *Codierung* hat folgende Bedeutung:

+A	feueraluminiert
+AR	Aluminium walzplattiert
+AS	mit Al-Si-Legierung überzogen
+AZ	mit Al-Zn-Legierung überzogen
+CE	elektrolytisch spezialverchromt
+CU	Kupferüberzug
+IC	anorganische Beschichtung
+OC	organische Beschichtung
+S	feuerverzinnt
+SE	elektrolytisch verzinnt
+T	schmelztauchveredelt mit PbSn-Legierung
+TE	elektrolytisch überzogen mit Pb-Sn-Legierung
+Z	feuerverzinnt
+ZA	mit Zn-Al-Legierung
+ZE	elektrolytisch verzinkt
+ZF	diffusionsgeglühter Zinküberzug
+ZN	elektrolytisch überzogen mit Zn-Ni-Legierung

Zusatzsymbole für Behandlungszustände

Durch ein +-Zeichen (+) werden diese Buchstaben von den vorherigen Kennzeichnungen getrennt.

Um Verwechselung und Unübersichtlichkeiten mit anderen Zusatzsymbolen zu vermeiden, kann der Großbuchstabe **T** vorangestellt werden.

Beispiel

+TC

Werkstück oder Bauteil ist kaltverfestigt

Die *Codierung* hat folgende Bedeutung:

+A	weichgeglüht
+AC	GKZ-geglüht
+AR	gewalzt ohne besondere Bedingungen
+AT	lösungsgeglüht
+C	kaltverfestigt
+Cnnn	kaltverfestigt mit $R_m = \text{nnn} \frac{\text{N}}{\text{mm}^2}$
+CR	kaltgewalzt
+DC	dem Hersteller überlassen
+FP	auf Ferrit-Perlit Gefüge behandelt
+HC	warm-kalt geformt
+I	isothermisch behandelt
+LC	leich kalt nachgezogen/ nachgewalzt
+M	thermomechanisch umgeformt
+N	normalgeglüht
+NT	normalgeglüht und angelassen
+P	ausscheidungsgehärtet
+Q	abgeschreckt
+QA	luftgehärtet
+QO	ölgehärtet
+QT	vergütet
+QW	wassergehärtet
+RA	rekristallisationsgeglüht
+S	auf Kaltscherbarkeit behandelt
+T	angelassen
+TH	auf Härtespanne behandelt
+U	unbehandelt
+WW	warmverfestigt

■ **Bezeichnung nach dem Nummernsystem**

Neben seinem *Kurznamen* erhält jeder Stahl auch eine *Nummer*, die ihn eindeutig bezeichnet.

Die Nummer besteht aus drei Teilen:

Werkstückhauptgruppennummer

Für Stahl gilt 1.

Stahlgruppennummer (zweistellig)

Gibt an, um welche Stahlart es sich handelt (unlegiert, legiert, Qualitätsstahl, Edelstahl).

Zählnummer (vierstellig)

Derzeit werden die letzten beiden Stellen nicht genutzt; bei Bedarf erweiterbar. Enthält Informationen über Stahlart, Zugfestigkeit und sonstige Eigenschaften.

Zum Beispiel:

1.0037

Werkstoffnummer 1.0037 – Kurzname S235JR

■ Werkstoffbezeichnungen

Gusseisen

Gusseisenwerkstoffe werden durch Kurzzeichen mit *maximal 6 Positionen* gekennzeichnet. Es müssen aber nicht zwingend alle Positionen belegt sein.

Position	Bedeutung
1	**EN** für europäisch genormten Werkstoff
2	Zeichen für Gusseisen **GJ**
3	Zeichen für Grafitstruktur
4	Mikro- oder Makrostruktur
5	Zeichen für mechanische Eigenschaft

Beispiel

EN–GJL–100

EN–GJ Europäisch genormtes Gusseisen
L Grafitstruktur lamellar
100 Zugfestigkeit 100 $\frac{N}{mm^2}$

Beispiel

EN–GJS–350–10

EN–GJ Europäisch genormtes Gusseisen
S Grafitstruktur kugelförmig
350 Zugfestigkeit 350 $\frac{N}{mm^2}$
10 Bruchdehnung ≥ 10 %

Aluminium

Die Bezeichnung beginnt mit **EN** (europäische Norm) gefolgt von 2 Buchstaben.

Der *erste* Buchstabe kennzeichnet das *Basismetall* (A: Aluminium bzw. Aluminiumlegierungen).

Der *zweite* Buchstabe bezeichnet die *Legierungsart* (B: Blockmetall, C: Gusslegierung, M: Vorlegierung, W: Knetlegierung)

Bei der *numerischen Bezeichnung* folgen *drei-* bis *fünfstelligen* Zahlenkombinationen und eventuell ein Kennbuchstabe.

Nach dem *Basismetall* werden die *Legierungsmetalle* mit ihren jeweiligen Gehalten angegeben.

Legierungsgruppen bei Aluminium

1: Reinaluminium
2: Legierung mit Kupfer
3: Legierung mit Mangan
4: Legierung mit Silizium
5: Legierung mit Magnesium
6: Legierung mit Magnesium und Silizium
7: Legierung mit Zink
8: Sonstige Legierungselemente

Beispiel

EN–AW5052

EN Europäische Norm
A Aluminium oder Aluminiumlegierung
W Knetlegierung
Legierung mit Mangan
052 Zählnummer

Beispiel

EN–AWAlCu4Mg1

EN Europäische Norm
A Aluminium oder Aluminiumlegierung
W Knetlegierung
Al Basismetall Aluminium
Cu4 4 % Kupfer
Mg1 1 % Magnesium

■ Aufgabenlösungen

@ Interessante Links

- christiani-berufskolleg.de

Prüfung

1. Erklären Sie folgende Begriffe
a) Zugfestigkeit
b) Streckgrenze
c) Mindeststreckgrenze

2. Beschreiben Sie die Bezeichnung von Stählen nach DIN EN 10027-1.

3. Warum wird bei der Bezeichnung von Stählen die Streckgrenze angegeben?

4. Warum verzichtet man bei Gusseisenwerkstoff auf die Angabe der Streckgrenze?

5. Was bedeuten folgende Werkstoffbezeichnungen?

a) C35
b) S355J2W
c) E295C
d) 50crMo4
e) 16MnCr5
f) EN-AW6060

2.3 Werkstoffprüfung

Um das **Werkstoffverhalten** zu prüfen, werden die Prüflinge mechanischen Beanspruchungen unterworfen (z. B. Festigkeit, Dehnung, Härte).

Zwei häufig angewendete **Werkstoffprüfungen** sind:

- **Zugversuch**
  Die Festigkeitswerte eines Werkstoffs werden unter Zugbeanspruchung ermittelt.
- **Härteprüfung**
  Die Härte eines Werkstoffs wird bestimmt.

Zugversuch

Auf einer Zugmaschine werden genormte Werkstoffproben einer *zunehmenden Belastung* bis zum **Bruch** ausgesetzt. Dabei werden **Zugfestigkeit** und genormte **Dehnung** eines Werkstoffs ermittelt.

Ein *Kraft-Verlängerungs-Schaubild* wird aufgezeichnet. Durch Umrechnung der Kraft- und Verlängerungswerte ergibt sich das **Spannungs-Dehnungs-Diagramm** des geprüften Werkstoffs.

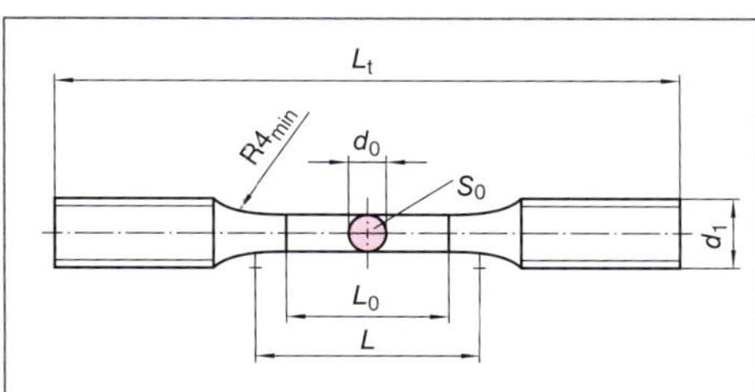

Bild 17 *Runde Zugprobe*

$L_0 = 5 \cdot d_0$ oder $L_0 = 10 \cdot d_0$

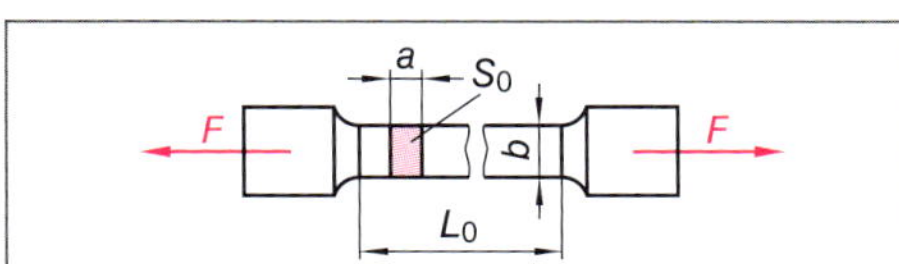

Bild 18 *Flache Zugprobe*

$L_0 = 5{,}65 \cdot \sqrt{S_0}$ oder $L_0 = 11{,}3 \cdot \sqrt{S_0}$

Für den Zugversuch werden **Rund- und Flachproben** verwendet.

Der **Probestab** wird auf einer *Prüfmaschine* an beiden Seiten eingespannt und gleichmäßig auf Zug belastet. Zugkraft und Längenänderung der Zugprobe werden von der Maschine gemessen und aufgezeichnet.

Es ergibt sich das **Kraft-Verlängerungsdiagramm** (Bild 19). Der Werkstoff *verlängert* sich unter Zugbeanspruchung.

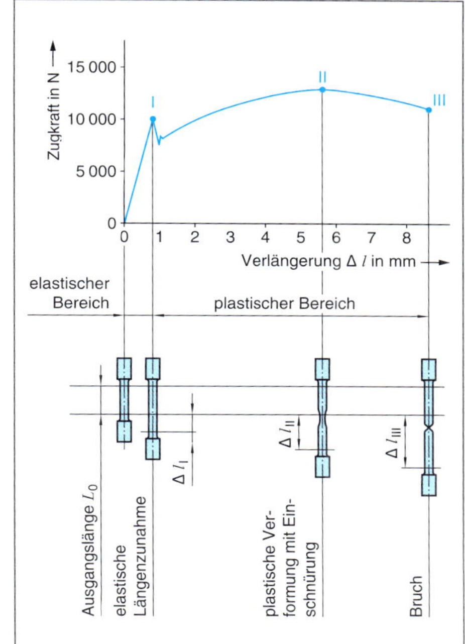

Bild 19 *Kraft-Verlängerungs-Diagramm*

Allerdings erfolgt diese Verlängerung bis zum *Bruch* sehr unterschiedlich (Bild 19).

- **Bereich bis I**
  Die Verlängerung der Zugprobe nimmt *verhältnisgleich* mit der Kraftzunahme zu. Dies wird durch die Proportionalitätsgerade im Diagramm deutlich.
  Wenn die Zugprobe entlastet wird, kehrt sie in die Ausgangslage zurück. Bis Punkt I hat der Werkstoff elastisches Verhalten.

- **Bereich I bis II**
  Wenn die Zugkraft über Punkt I hinaus gesteigert wird, kommt es bei gleicher Kraftzunahme zu einer stärkeren Längenänderung. Der Werkstoff zeigt plastisches Verhalten. Nach Entlastung zeigt die Zugprobe eine bleibende Veränderung.

- **Bereich II bis III**
  Hier wird eine Einschnürung der Zugprobe erkennbar. Der Querschnitt verringert sich deutlich, die Länge nimmt erheblich zu. Wegen der Querschnittsverringerung reicht eine geringere Zugkraft, um den Werkstoff bei Punkt III zum Bruch zu bringen.

$$\text{Zugspannung} = \frac{\text{Zugkraft}}{\text{Ausgangsquerschnitt}}$$

$$\sigma = \frac{F}{S_0}$$

σ Zugspannung in $\frac{\text{N}}{\text{mm}^2}$
F Zugkraft in N
S_0 Ausgangsquerschnitt in mm^2

■ **Härte**
Widerstand, den ein Werkstoff dem Eindringen eines Eindringkörpers entgegensetzt.

■ **Festigkeit**
Mechanische Beanspruchung, die ein Werkstoff bis zum Bruch aufnehmen kann.

■ **Spannung**
Belastung je mm^2 eines Werkstücks

■ **Dehngrenze $R_{p0,2}$**
für Werkstoffe, bei denen R_e nicht bestimmbar ist.

■ σ
Sigma; griechischer Buchstabe

■ ε
Epsilon; griechischer Buchstabe

Dehnung

$$\text{Dehnung} = \frac{\text{Längenzunahme}}{\text{Ausgangslänge}} \cdot 100\ \%$$

$$\varepsilon = \frac{L - L_0}{L_0} \cdot 100\ \%$$

ε Dehnung in %
$L - L_0$ Längenzunahme in mm
L_0 Ausgangslänge in mm

Durch Umrechnung beider Werte ergibt sich aus dem Kraft-Verlängerungs-Diagramm das **Spannungs-Dehnungs-Diagramm** (Bild 20).

Dieses Diagramm ist ein *werkstoffbezogenes*, von der Bauteilform *unabhängiges* Zugfestigkeitsdiagramm.

Ihm können wichtige Werkstoffwerte entnommen werden.

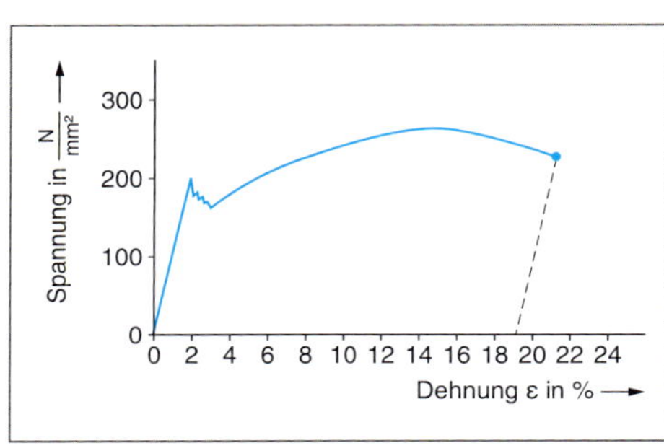

***Bild 20** Spannungs-Dehnungs-Diagramm*

Streckgrenze R_e

Am Ende der Proportionalitätsgeraden beginnt der Werkstoff, sich *bleibend* zu verformen. Dies darf nicht passieren. Deshalb ist die **Streckgrenze** eine wichtige Kenngröße für alle Konstruktionen.

Bei *weichen Werkstoffen* wird unterteilt in

- untere Streckgrenze R_{eL}
- obere Streckgrenze R_{eH}

Zugfestigkeit R_m

Gibt die *höchste Zugspannung* des Werkstoffs an, wichtigster Werkstoffkennwert.

Bruchdehnung A

Gibt an, wie weit der Werkstoff *gedehnt* werden kann. Je größer die Bruchdehnung ist, umso besser ist der Werkstoff *plastisch* verformbar.

Dehngrenze $R_{p0,2}$

Manche Werkstoffe haben einen *stetigen Übergang* vom elastischen in den *plastischen* Bereich.

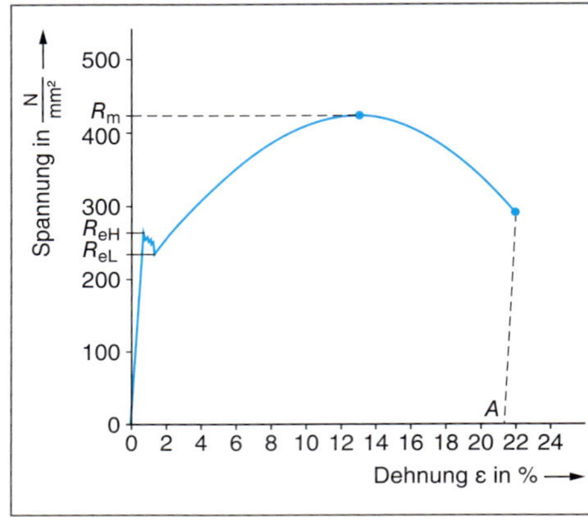

***Bild 21** Allgemeiner Baustahl, Diagramm*

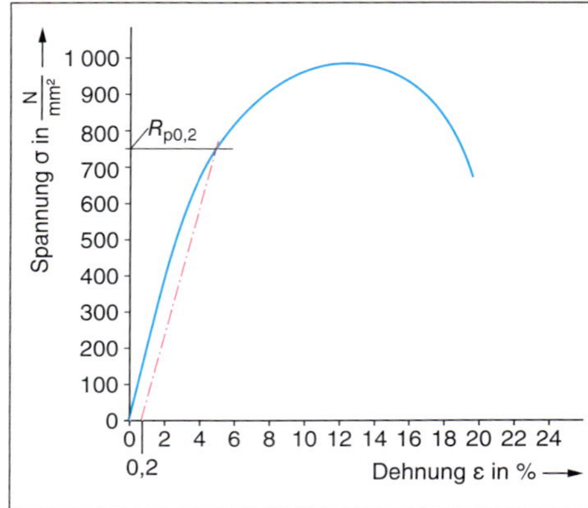

***Bild 22** Stetiger Übergang elastisch, plastisch*

Sie haben *keine* deutlich erkennbare Streckgrenze. Dann wird zur Proportionalitätsgeraden eine Parallele bei 0,2 % Dehnung gezeichnet (Bild 22).

Der Schnittpunkt mit dem Spannungs-Dehnungs-Diagramm ergibt die Spannung $R_{p0,2}$.

Zur Berechnung von Bauteilen wird bei diesen Werkstoffen statt der Streckgrenze die *Dehngrenze* $R_{p0,2}$ eingesetzt.

Härteprüfung

Die Härteprüfung von Werkstoffen erfolgt in der Praxis durch drei unterschiedliche Verfahren, deren Ergebnisse allerdings nur bedingt miteinander vergleichbar sind.

Härteprüfung nach Brinell

Eine **Stahlkugel** oder **Hartmetallkugel** mit einem bestimmten Durchmesser wirkt mit definierter *Prüfkraft* und *Zeitdauer* auf die Prüfoberfläche ein.

- **Proportionalitätsgerade**
  Bereich im Diagramm, in dem die Verlängerung proportional (also verhältnisgleich) zur Kraftaufnahme erfolgt.
- **Einschnürung**
  Querschnittsverringerung der Zugprobe an der späteren Bruchstelle.
- **Härte**
  Widerstand, den ein Werkstoff dem Eindringen eines Eindringkörpers entgegensetzt.

In der Oberfläche des zu prüfenden Werkstücks hinterlässt die Kugel einen **Eindruck**, der ausgemessen wird. Übliche *Einwirkungsdauer* 10 bis 15 Sekunden.

$$\text{Brinellhärte} = 0{,}102 \cdot \frac{\text{Prüfkraft}}{\text{Eindruckoberfläche}}$$

$$HB = 0{,}102 \cdot \frac{F}{A}$$

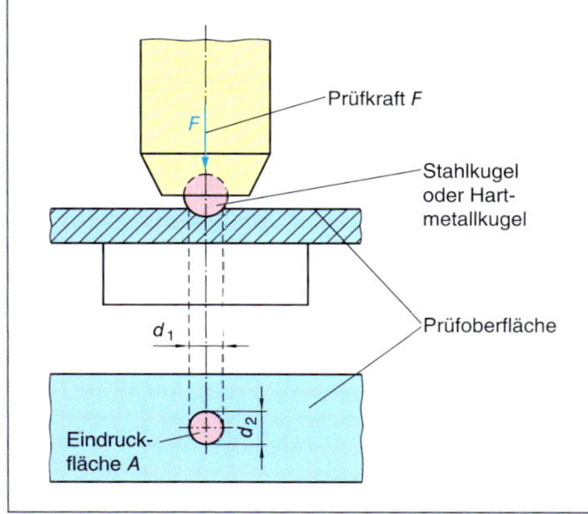

Bild 23 *Härteprüfung nach Brinell*

- Prüfung mit *Stahlkugel*: HBS
- Prüfung mit *Hartmetallkugel*: HBW

Einsetzbar für **weiche Werkstoffe** wie Kupfer, Aluminium und deren Legierungen sowie für Baustähle und Gusswerkstoffe.

Brinellhärtewert

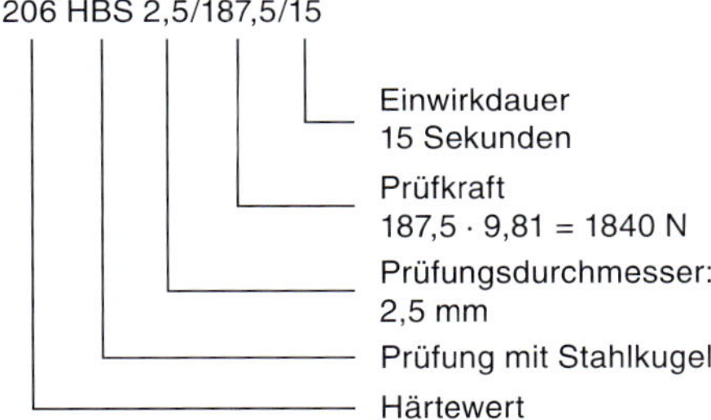

Härteprüfung nach Vickers

Hier wird die *Spitze einer vierseitigen Pyramide* aus **Diamant** (Spitzenwinkel 136°) als Prüfkörper eingesetzt.

Der *Abdruck* in der Werkstückoberfläche wird ausgemessen.

$$\text{Vickershärte} = 0{,}102 \cdot \frac{\text{Prüfkraft}}{\text{Eindruckoberfläche}}$$

$$HV = 0{,}102 \cdot \frac{F}{A}$$

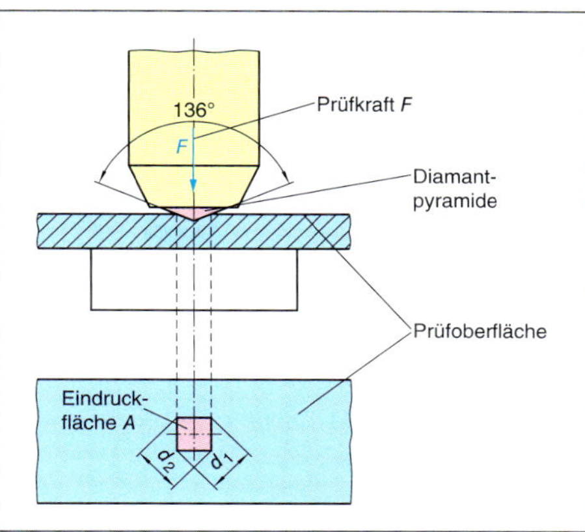

Bild 24 *Härteprüfung nach Vickers*

Weges des nur geringen Eindrucks der Pyramidenspitze gut zur Prüfung sehr dünner Werkstücke, gehärteter Randschichten und sehr harter Werkstoffe geeignet.

Vickershärtewert

Härteprüfung nach Rockwell

Die Prüfung kann mit einer *Stahlkugel* oder einem **Diamantkegel** durchgeführt werden. Das Prüfergebnis ist direkt ablesbar.

In *zwei Stufen* wird der Eindringkörper in die Werkstoffprobe gedrückt.

1. Stufe: Prüfvorkraft $F_0 = 98$ N
2. Stufe: F_0 + Prüfkraft $F_{1,2,3}$

$F_1 = 1373$ N (HRC)
$F_2 = 490$ N (HRA und HRF)
$F_3 = 883$ N (HRB)

Nach Wegnahme von F_1 wird die Eindringtiefe t_b gemessen und daraus die Rockwellhärte abgeleitet.

Zur Anwendung kommen **4 Prüfverfahren**:

- A und C mit Diamantkegel (120°)
- B und F mit gehärteter Stahlkugel (Ø 1/16 inch)

Messvorgang

- Prüfkörper auf die Oberfläche des zu prüfenden Werkstoffs aufsetzen und mit Vorprüfkraft belasten.
  Der Kegel dringt in die Werkstückoberfläche ein.

Werkstoffkennwerte
characteristics of material

Festigkeit
strenght

Zugfestigkeit
tensile

Dehnung
elongation

Spannungs-Dehnungs-Diagramm
tension-extension diagram

Streckgrenze
tensile yield strenght

Zugversuch
tensile test

Härteprüfung
hardness testing

Bruchdehnung
ductile yield

Brucheinschnürung
reduction at fracture

kegelförmig
concial

kugelförmig
ball shaped

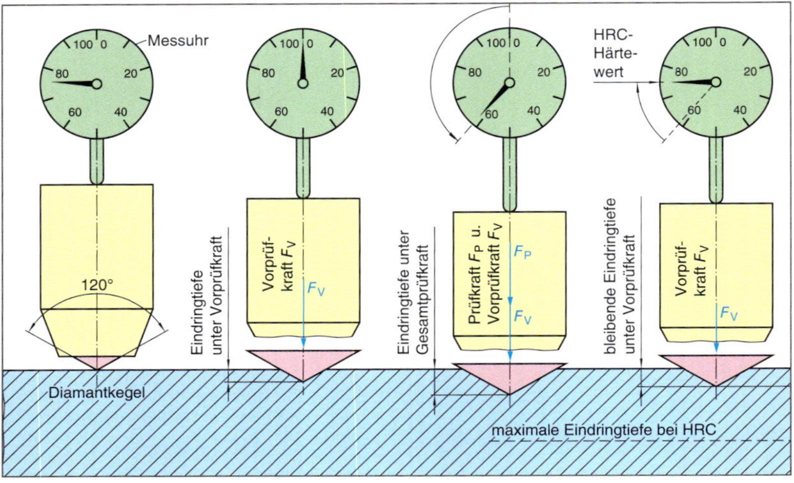

Bild 25 *Härteprüfung nach Rockwell*

- Messeinrichtung auf null stellen
- Vorprüfkraft mit einer Prüfkraft zusätzlich belasten.
  Der Kegel dringt tiefer in das Werkstück ein.
- Nach kurzer Zeit die Belastung wieder auf den Wert der Vorprüfkraft senken. Der Kegel bleibt in der Eindringstelle der Vorprüfkraft.
  Damit kann die elastische Verformung des Werkstoffs berücksichtigt werden.
- Die Messeinrichtung zeigt jetzt direkt den Rockwellhärtewert an.

Rockwellhärte

$$\begin{matrix}\text{HRA}\\\text{HRC}\end{matrix} = 100 - \frac{t_b}{0{,}002\ \text{mm}}$$

$$\begin{matrix}\text{HRB}\\\text{HRF}\end{matrix} = 130 - \frac{t_b}{0{,}002\ \text{mm}}$$

F_0 Vorprüfkraft 98,7 ± 1,96 N
F_1 Prüfkraft in N
t_b verbleibende Eindringtiefe in mm
s Mindestdicke der Probe, abhängig von HR in mm

Einwirkdauer: 2 bis 5 Sekunden

Festgelegte maximale Eindringtiefe: 0,2 mm.

0,2 mm ist in 100 Härteeinheiten eingeteilt.

Pro Härteeinheit ergibt sich dann 0,002 mm.

Somit kann die Messeinrichtung pro 0,002 mm einen Rockwellhärtewert anzeigen.

Anwendung findet diese Härteprüfung bei mittelharten bis sehr harten Werkstoffen.

Angabe der Rockwellhärte

65 HRC
- HRC: Verfahren, mit Kegel
- 65: Härtewert

■ **Aufgabenlösung**

@ Interessante Links

- christiani-berufskolleg.de

Prüfung

1. Welche Aufgaben hat die Werkstoffprüfung?

2. Beschreiben Sie die Durchführung eines Zugversuchs?

3. Wie kann die Zugspannung ermittelt werden?

4. Welche Aussage macht das Spannungs-Dehnungs-Diagramm?

5. Erklären Sie folgende Begriffe:
Streckgrenze
Zugfestigkeit
Bruchdehnung
Dehngrenze

6. Mit welchen Verfahren kann die Härteprüfung durchgeführt werden?

7. Welches Härteprüfverfahren ist bei sehr harten Werkstoffen sinnvoll anzuwenden?

2.4 Manuelle Zerspanung

Beim **manuellen Spanen** werden die Werkzeugbewegungen *von Hand* ausgeführt und die *Trennkräfte* durch *Muskelkraft* aufgebracht.

Beim **Spanen** werden Werkstoffteile durch *keilförmige Schneiden* schichtweise vom Werkstück abgetrennt.

Die mit dem Werkzeug aufgebrachten *Trennkräfte* bewirken eine **Spanabhebung** am Werkstück.

Flächen am Schneidkeil

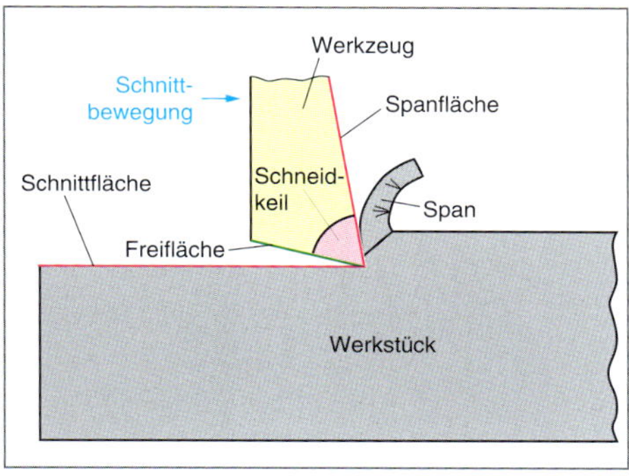

Bild 26 *Flächen am Schneidkeil*

Winkel am Schneidkeil

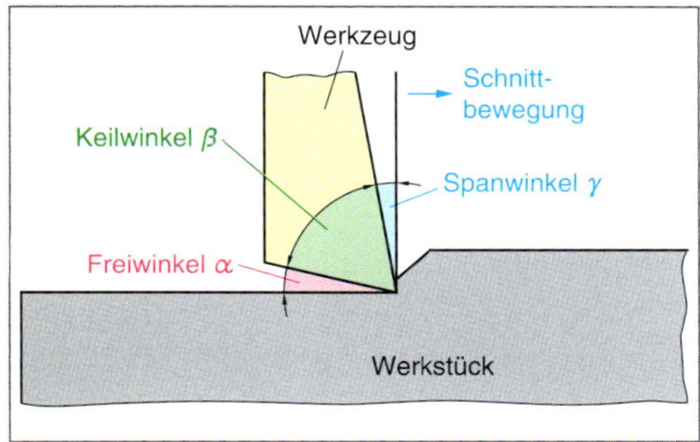

Bild 27 *Winkel am Schneidkeil*

Die Summe von **Freiwinkel** α, **Keilwinkel** β und **Spanwinkel** γ ist immer 90°.

Der *Zerspanungsvorgang* wird ganz wesentlich durch die **Winkel am Schneidkeil** beeinflusst:

- *Spanbildung*
- *Oberflächengüte des Werkstücks*
- *Standzeit des Werkzeugs*

Keilwinkel β

Abhängig von der **Festigkeit** des zu bearbeitenden Werkstoffs.

Freiwinkel α

Zur Verminderung der Reibung zwischen Schneidkeil und Werkstück.

Beeinflusst damit die **Standzeit** des Werkzeugs. Abhängig von der **Härte** des zu bearbeitenden Werkstoffs.

Harte Werkstoffe → Freiwinkel *klein*; Reibung und Erwärmung der Schneide relativ gering.

Spanwinkel γ

Beeinflusst die Spanbildung und die Spanabfuhr.

Spanbildung am Werkstück

Wesentlich bestimmt durch Spanwinkel und den zu bearbeitenden Werkstoff.

- **Reißspan** (Bild 28)
  Harte und spröde Werkstoffe werden mit kleinen Spanwinkeln bearbeitet.
  Sehr kurze Spanelemente, die zu kleinen Brocken zerplatzen.

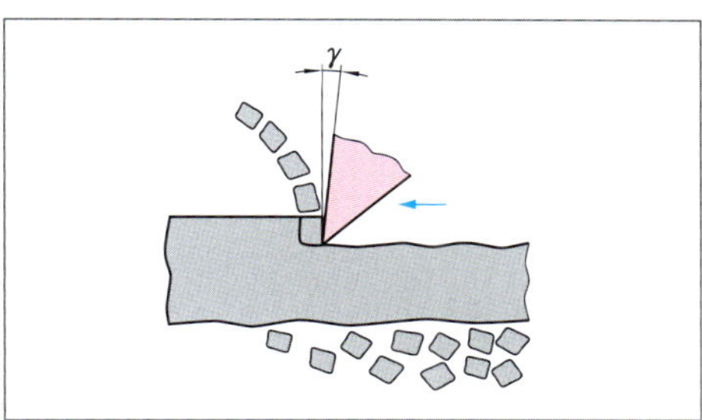

Bild 28 *Reißspan*

- **Scherspan** (Bild 29)
  Zähe und leicht spröde Werkstoffe bei niedriger Schnittgeschwindigkeit und Spanwinkeln von 10° bis 25°.
  Kleine zusammenhängende Spanelemente.

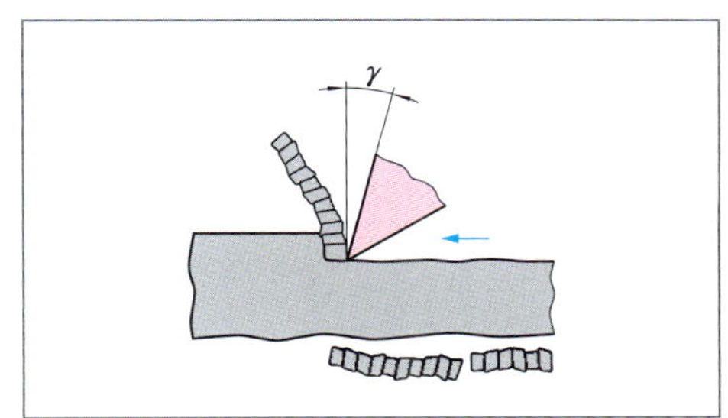

Bild 29 *Scherspan*

■ **Fertigungsverfahren**
- Urformen
- Umformen
- Trennen
- Fügen
- Beschichten
- Stoffeigenschaft ändern

■ **Keil**

Der Keil ist die Grundform der Schneide bei trennenden Werkzeugen.

Schneiden mit *großem Keilwinkel* haben eine *hohe* Stabilität.
Schneiden mit *kleinem Keilwinkel* erleichtern den Trennvorgang.

Werkzeugschneide
cutting edge

Keil
wedge

Keilwinkel
wedge angle

Freiwinkel
clearance angle

Spanwinkel
rake angle

Spanen
chipping

Trennen
cutting

Reißspan
tearing chip

Fließspan
flowing chip

Scherspan
continuous chip

■ **Werkzeugwinkel**

- *Weiche Werkstoffe*
  $\alpha = 12°$, $\beta = 53°$, $\gamma = 25°$
- *Feste Werkstoffe*
  $\alpha = 10°$, $\beta = 70°$, $\gamma = 10°$
- *Harte, spröde Werkstoffe*
  $\alpha = 8°$, $\beta = 97°$, $\gamma = 15°$

Ein *negativer* Spanwinkel ergibt sich, wenn die Summe von Freiwinkel α und Keilwinkel β größer als 90° ist.

Schneidkeile mit negativem Spanwinkel wirken *schabend.*

Anreißen
marking out

Körner
prick punch

- **Fließspan** (Bild 30)
  Weiche und zähe Werkstoffe werden mit großem Spanwinkel bearbeitet. Langes, zusammenhängendes Spanelement.

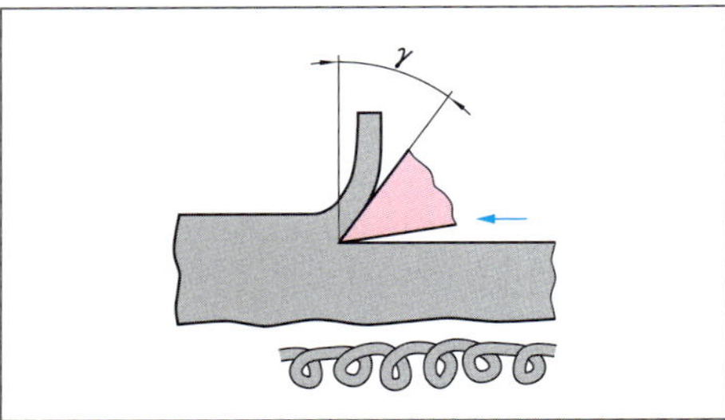

Bild 30 *Fließspan*

Die *Winkelgrößen an der Werkzeugschneide* sind oftmals ein *Kompromiss.*

Wenn nämlich *einer* der Winkel verändert wird, verändern sich auch *alle anderen* Winkel.

Anforderungen wie geringer Kraftaufwand, hoher Oberflächengüte, hoher Schnittgeschwindigkeit und hoher Standzeit des Werkzeugs sind *nicht gleichzeitig* zu erreichen.

Querverstrebung

Zur Befestigung der Pneumatikzylinder soll eine **Querverstrebung** hergestellt werden (→ 35).

Die Querverstrebung ist als *Einzelteil* zu fertigen. Dazu sind folgende *Arbeitsschritte* notwendig:

- Anreißen und Körnen der Bohrungen.
- Anbringen und Senken der Bohrungen.

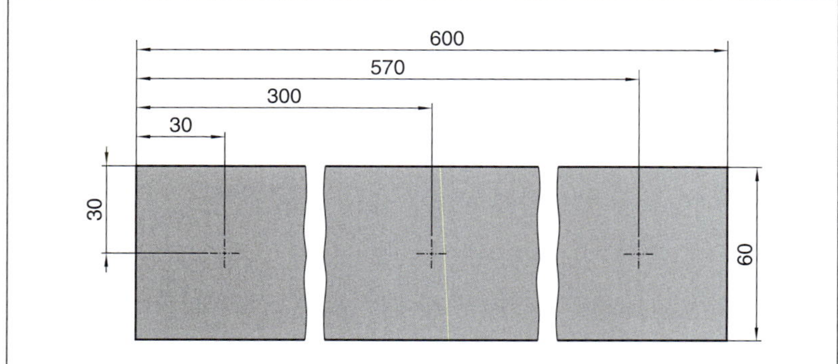

Bild 31 *Strebe, Anreißen*

Anreißen der Zuschnittlänge

Da die Querverstrebung (Strebe) ein *Einzelteil* ist, kann die einfache **Anrissarbeit** an der *Werkbank* durchgeführt werden.

Hierzu notwendige **Anreißwerkzeuge**:

- Reißnadel (gerade Ausführung)
- Anschlagwinkel
- Stahllineal (Länge 100 mm)

Für *aufwendigere* und *genauere* Arbeiten werden **Anreißplatte** und **Höhenanreißer** verwendet (Seite 83).

Beim Anreißen wird eine Form oder ein Maß auf das zu bearbeitende Werkstück, Rohteil oder Halbzeug übertragen.

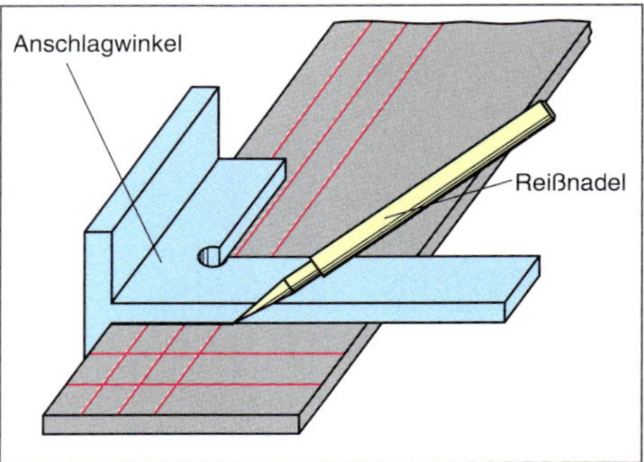

Bild 32 *Anreißen*

Die **Anrisslinie** muss auf dem Werkstück gut sichtbar sein.

Wenn nötig, kann die Werkstückoberfläche vor dem Anreißen mit einem **Anreißlack** beschichtet werden.

Die Reißnadel erzeugt dann auf dem Reißlack einen gut sichtbaren Anriss.

Bei einem Anreißvorgang *ohne* Verwendung von Anreißlack wird die Werkstückoberfläche *eingeritzt.*

Dies kann dazu führen, dass Werkstücke mit einer hohen Oberflächengüte oder einer gut sichtbaren Fläche eine Nachbehandlung (z. B. Polieren) erforderlich machen.

Das Einritzen der Werkstückoberfläche kann auch zur Zerstörung des Werkstücks bei der späteren Bearbeitung führen.

Dünne und weiche Werkstücke (wie z. B. Aluminium- oder Zinkblech) können beim Abkanten oder Biegen im Anrissbereich brechen. Anrisslinie *nur* auf der *Radiusinnenseite* ziehen.

Damit ein Sägeschnitt mit der gewünschten Genauigkeit durchgeführt werden kann, sollte die Anrisslinie in gleichmäßigen Abständen mit **Körnerpunkten** versehen werden.

- Der Sägeschnitt kann dann unterbrochen werden.
- Der Schnittverlauf kann kontrolliert und eventuell korrigiert werden.

Ist der Sägevorgang abgeschlossen, müssen die halben *Körnerpunkte* auf der *zugeschnittenen* Seite noch sichtbar sein.

Bei der weiteren Bearbeitung werden sie dann entfernt.

Beim Anreißen werden die Maße stets der Zeichnung entsprechend von ihren **Maßbezugsebenen** aus übertragen und kontrolliert.

Die Maßbezugsebenen müssen völlig *gratfrei* und *gerade* sein und *rechtwinklig* zueinander verlaufen.

Die Anreißnadel berührt beim Anreißen nur mit der *Spitze* die *untere* Kante des Winkelschenkels. Sie muss in *Ziehrichtung* geneigt sein.

■ **Bemaßung**

■ **Maßbezugsebene**
Ausgangsfläche für Fertigung und Bemaßung des Werkstücks.

Anreißwerkzeuge	Verwendungszweck	Eigenschaften
Stahlreißnadel mit gehärteter Spitze	Werkstücke, Halbzeuge oder Rohteile aus Stahl	Kerbwirkung entsteht durch das Einritzen der Werkstückoberfläche. Spitze des Anreißwerkzeugs ist härter als das Werkstück. Reißnadel nutzt sich nur gering ab.
Reißnadel mit Hartmetallspitze	Werkstücke, Halbzeuge oder Rohteile mit Zunderschicht	Kerbwirkung entsteht durch das Einritzen der Werkstückoberfläche. Spitze des Anreißwerkzeugs ist härter als das Werkstück. Reißnadel nutzt sich sehr gering ab.
Messingreißnadel	Harte Werkstücke, Halbzeuge oder Rohteile Veredelte/beschichtete Oberflächen	Auf der Oberfläche des Werkstücks entstehen messingfarbene Anreißlinien. Kaum Kerbwirkung. Werkstück ist härter als die Spitze des Anreißwerkzeugs. Die Reißnadel nutzt sich sehr stark ab.
Bleistift	Beschichtete und veredelte Oberflächen, dünne Bleche sowie Bleche aus weichen Werkstoffen (z. B. Aluminium oder Zink)	Auf der Oberfläche des Werkstücks entstehen schwarz/graue Anreißlinien. Keine Kerbwirkung. Werkstück ist härter als die Bleistiftspitze. Der Bleistift nutzt sich sehr stark ab.

■ **Parallelanreißer**
→ 83

Anriss
incipient crack

Anreißplatte
marking plate

Maßstab
scale

Bemaßung
dimensioning

Zeichnung
drawing

Zeichnungsnorm
drawing practice standard

Zeichnungssatz
set of working drawings

Normung
standardization

Vorsicht!

- Zur Vermeidung von Schnittverletzungen durch den Schnittgrat sind nicht engratetete Bleche zuerst zu entgraten.
- Die Spitze der Reißnadel ist mit Kork oder einem anderen geeigneten Mittel zu sichern.
- Reißnadel nicht in die Taschen der Kleidung stecken.

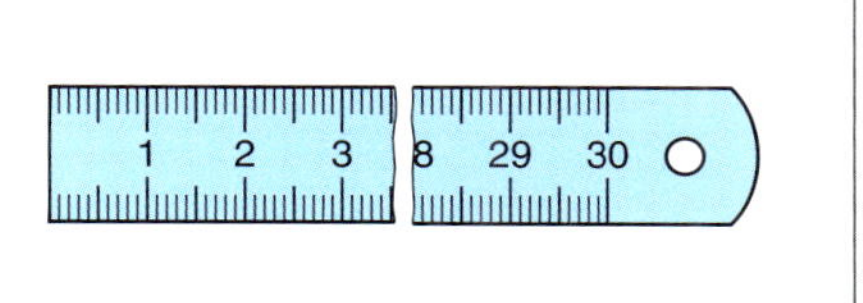

Bild 33 *Stahlmaßstab zum Anreißen*

Kreise und Radien werden mit Spitzzirkeln oder Stangenzirkeln angerissen.

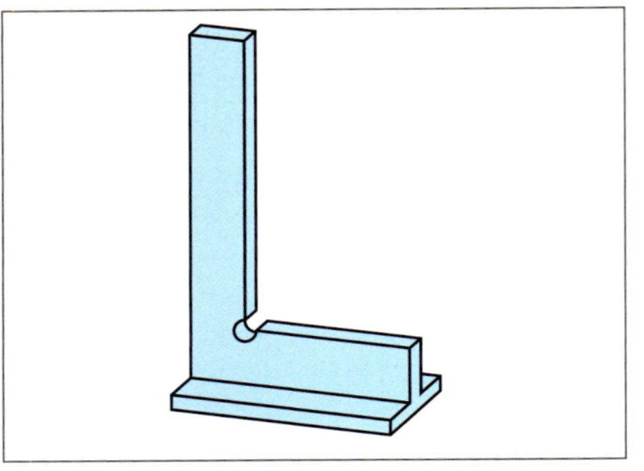

Bild 34 *Anschlagwinkel*

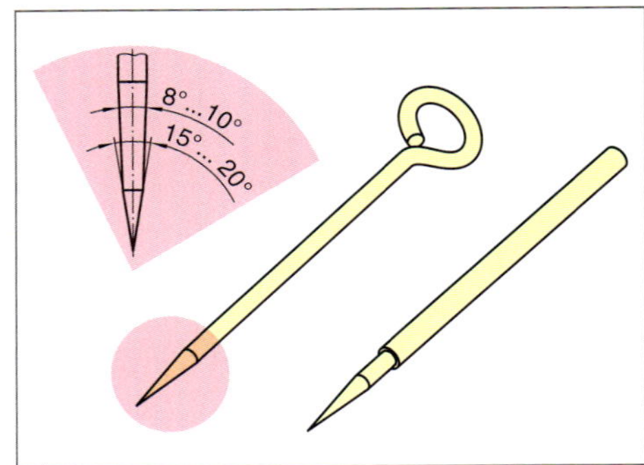

Bild 35 *Reißnadeln*

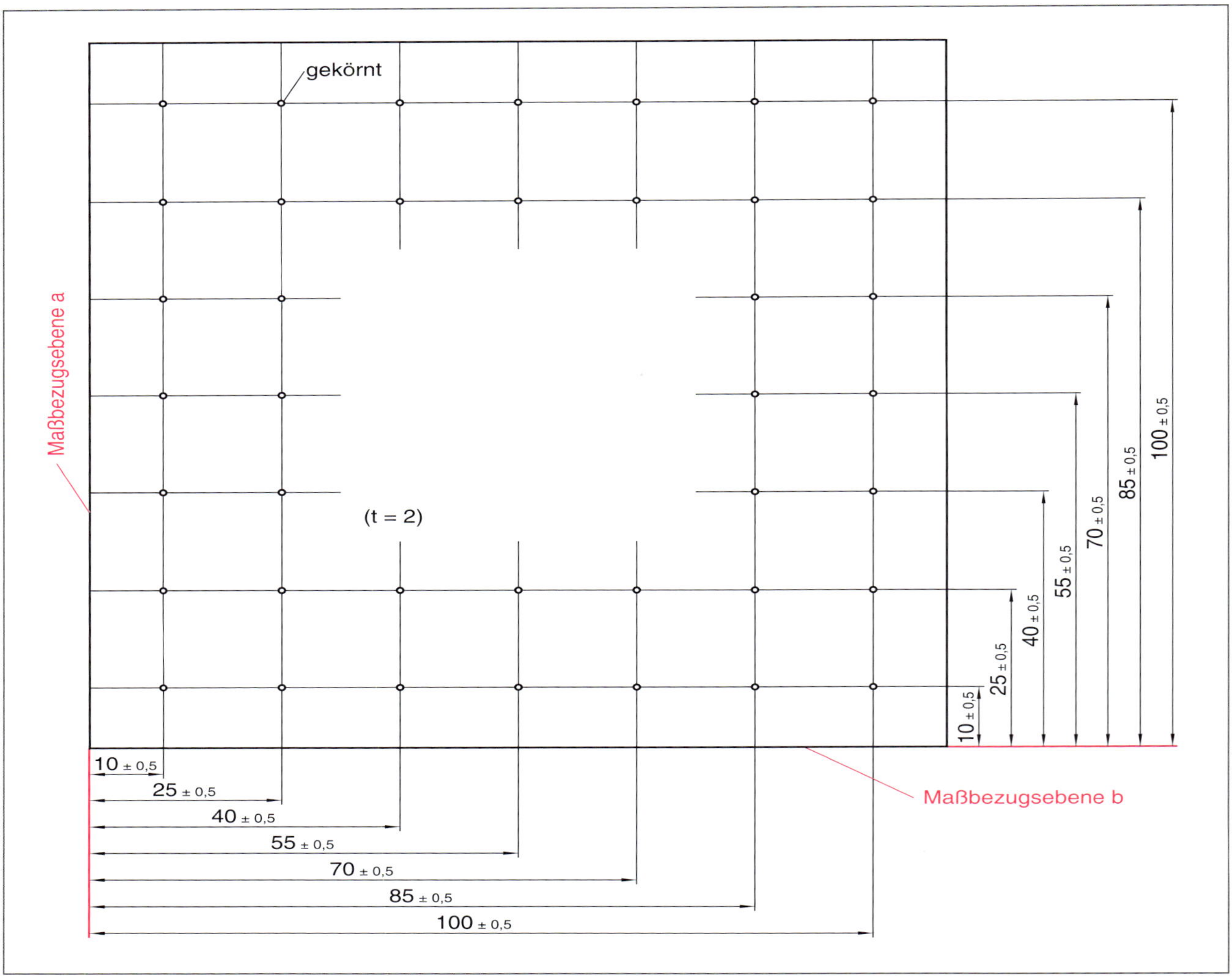

Bild 36 *Bemaßung beim Anreißen (Maßbezugsebenen)*

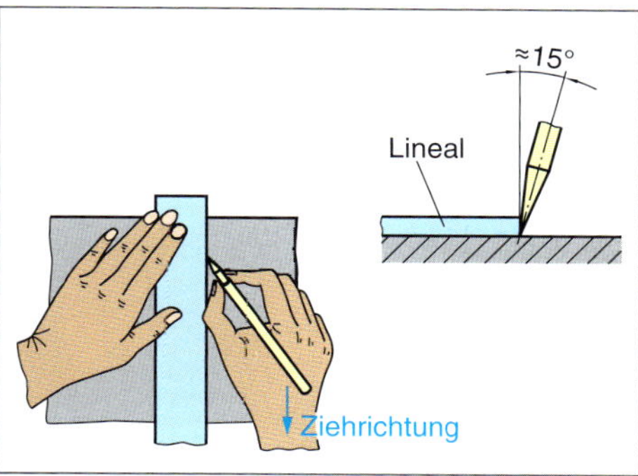

Bild 37 Führung der Reißnadel

Prüfung

1. Erklären Sie die Begriffe Schnittfläche, Spanfläche, Freifläche.

2. Erklären Sie die Begriffe Freiwinkel, Keilwinkel, Spanwinkel.

3. Welchem Zweck dient das Anreißen? Worauf ist beim Anreißen besonders zu achten?

■ **Aufgabenlösungen**

@ Interessante Links

• christiani-berufskolleg.de

Anreißen mit dem Parallelanreißer

Anreißplatte verwenden
Ihre Oberfläche ist eben, plan und glatt.

Nur zum Anreißen benutzen!

Sorgfältig reinigen und evtl. vor Korrosion schützen.

Parallelanreißer
Die Reißnadelspitze wird mithilfe des **Standmaßes** auf das anzureißende Maß eingestellt. Dies erfolgt auf der **Anreißplatte**.

Die Teilstriche des Standmaßes dabei nicht durch die Reißnadel beschädigen!

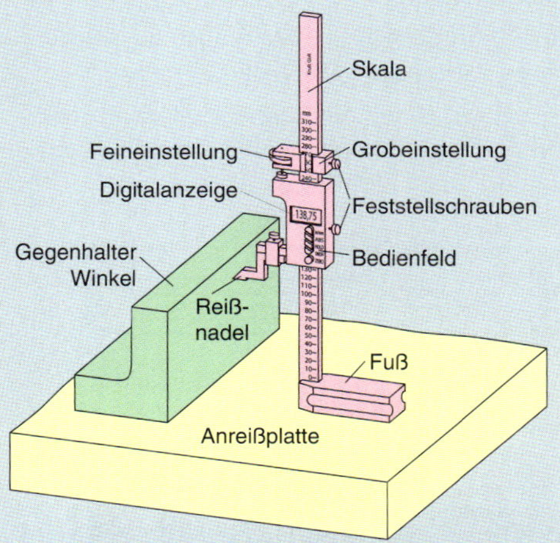

Anreißvorgang
Werkstück mit **Maßbezugsfläche** auf Anreißplatte legen und mit der Hand festhalten.

Mit der anderen Hand den Parallelanreißer am Fuß umfassen und an das Werkstück heranführen.

Die eingestellte Reißnadelspitze *gleichmäßig* an die anzureißende Werkstückfläche entlangziehen.

Dabei ist die Reißnadel leicht in Zielrichtung zum Werkstück geneigt.

Eventuell **Anreißfarbe** oder **Schlemmkreide** verwenden.

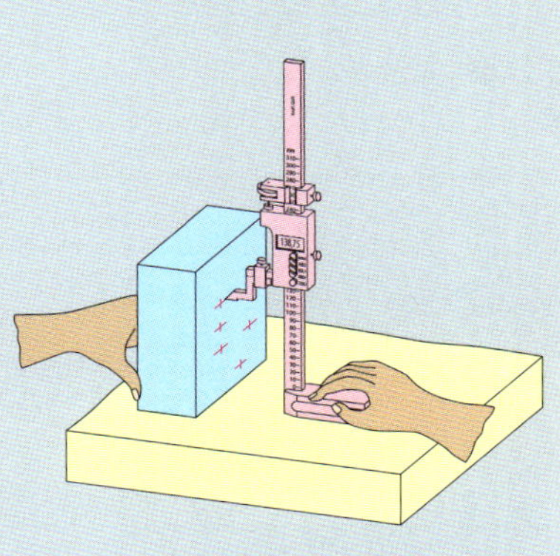

■ **Nonius**
Einstellung und Ablesung

→ 93

Anreißen von Rundungen

Verwendet werden **Radiuslehren**, an denen die Reißnadel entlanggeführt wird.

Außenrundungen
Radiuslehre so an die Werkstücke anlegen, dass ein *Viertelkreis* angerissen wird und der Kreisbogen in die Werkstückkante übergeht.

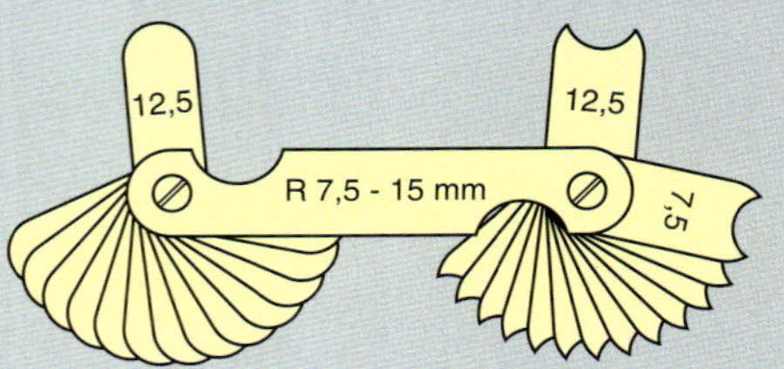

Innenrundungen
Zunächst muss die *Mittellinie* als **Bezugsebene** angerissen werden.

Dann wird die *Breite* der Rundung angerissen und entlang der angelegten Radiuslehre der Kreisbogen gezogen.

Die Fertigungskonturen werden durch *Körnern* verdeutlicht.

Körnerpunkte dienen der Fertigungskontrolle.

Körnen

Am häufigsten dienen **Körnungen** zum Festlegen von **Bohrungsmittelpunkten** und zur **Arbeitskontrolle**.

Hierzu wird ein **Körner** verwendet, der *härter* als der zu körnende Werkstoff sein muss.

Durch einen Hammerschlag auf den Kopf des Körners dringt die Spitze in den Werkstoff ein und bildet eine kegelförmige Vertiefung.

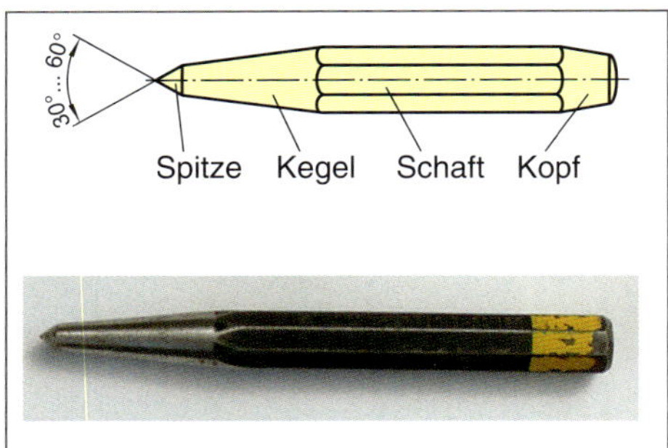

Bild 38 *Körner*

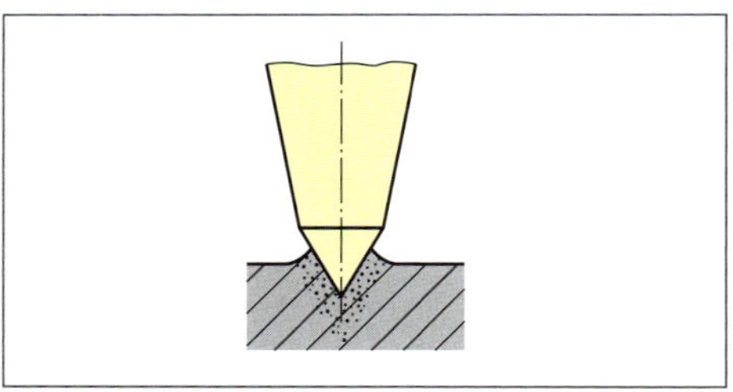

Bild 39 *Kegelförmige Vertiefung beim Körnen*

Vorgang des Körnens

- Werkstück auf eine Stahlunterlage legen.
- Körner mit allen Fingern der linken Hand halten und seine Spitze auf den Schnittpunkt der Anreißlinien setzen. Dabei den Körner leicht vom Körper wegneigen (Bild 40).

Bild 40 *Körner ansetzen*

Bild 41 *Hammerschlag beim Körnen*

- Danach Körner lotrecht zur Werkstückoberfläche stellen und einen Hammerschlag in Richtung der Körnerachse führen.
  Den Schlag nicht zu stark ausführen, da die Körnerspitze nur wenig in das Werkstück eindringen soll (Bild 41).

Vorsicht!

- Der Hammer muss fest eingestielt sein; er darf nicht am Stiel wackeln. Hammerbahn und Hammerstiel dürfen nicht beschädigt sein.
- Die Körnerköpfe dürfen keinen Grat haben, der auch „Bart" genannt wird. Sonst können nämlich Splitter vom Grat abspringen und zu Verletzungen führen.
- Hammerbahn und Werkzeugkopf müssen fettfrei sein, damit der Hammer nicht beim Schlag abrutscht.

Ablängen des Halbzeugs

Das durch die **Anrisslinie** angezeichnete Profilstück kann nun an der Werkbank in den **Schraubstock** eingespannt und auf **Länge** abgesägt werden.

Das Trennverfahren **Sägen** wird angewendet, um

- *Halbzeuge auf ein gewünschtes Längenmaß abzutrennen.*
- *Schlitze in Werkstücke einzuarbeiten.*
- *Formen auszuarbeiten.*

Bei der abzutrennenden **Strebe** handelt es sich um ein *Einzelteil*. Hierfür wird eine **Handsäge** verwendet.

Zum Abtrennen von Rohren, langen Profilen oder bei der Serienfertigung kann man **Maschinensägen** einsetzen.

Diese Sägen sind mit einer **Spannvorrichtung** und einem **verstellbaren Anschlag** ausgestattet.

Der Antrieb erfolgt durch einen Elektromotor.

Sägen

Bei der *manuellen Zerspanung* wird die **Trennkraft** durch *Muskelkraft* aufgebracht.

Auch die *Werkzeugbewegung* wird *von Hand* ausgeführt.

Bild 43 *Sägen mit Handbügelsäge*

Hierbei werden **Kräfte** aufgebracht, die über das geführte Werkzeug (Handsäge) durch keilförmige Schneiden Späne abtragen.

Die Späne werden in den Schneidenzwischenräumen aus der Trennfuge abgeführt.

Sägeblätter führen nur in *einer Richtung* eine Schnittbewegung aus.

Der **Arbeitshub** wird mit Druck ausgeführt (Schnittbewegung).

Der **Rückhub** erfolgt ohne Druck und dient nur dem erneuten Ansetzen des Arbeitshubs.

Die keilförmigen Schneiden des Sägeblatts nennt man **Zähne**.

Halbzeug *semifinished material*

Fertigung *fabrication, manufacture, production*

Sägen *sawing*

Sägeschnitt *saw-cut*

Sägeblatt *saw-blade*

Sägemaschinen *sawing machines*

Bügelsäge *hack saw*

Zahnteilung *spacing*

Spanfläche *face*

@ Interessante Links

- www.flott.de

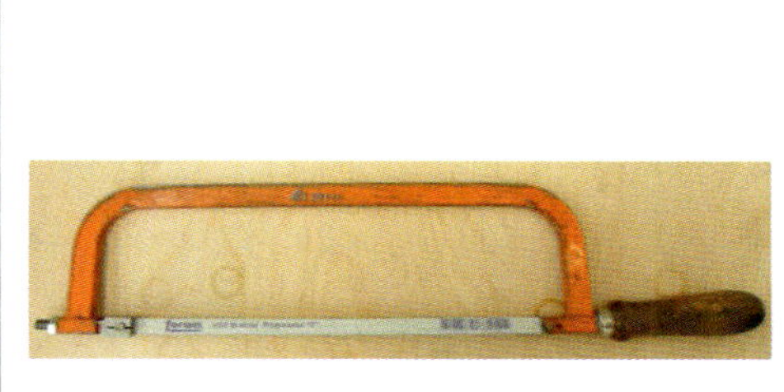

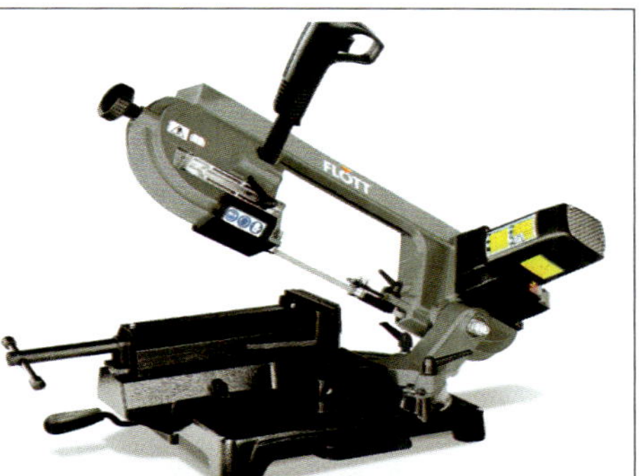

Bild 42 *Handbügelsäge und Maschinensäge*

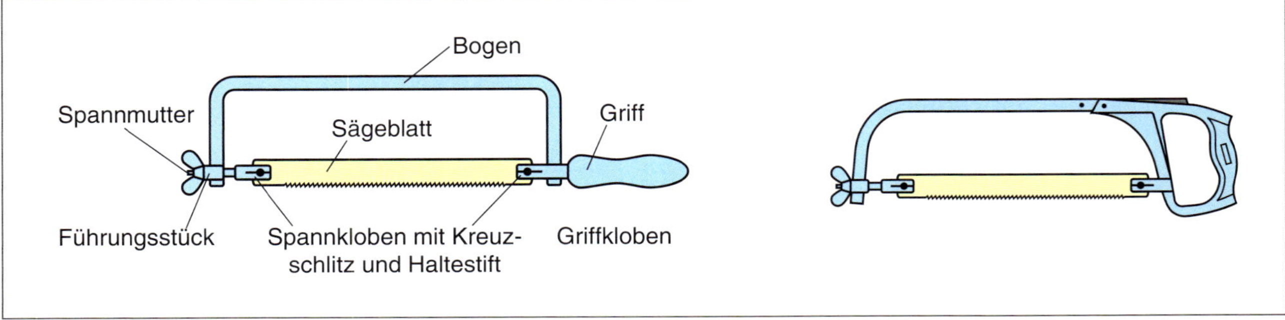

Bild 44 Handsägen, unterschiedliche Ausführungsformen

■ Sägeblatt einspannen
→ 88

Sägeblätter

Das **einseitig gezahnte** (Form A) und das **doppelseitig gezahnte** Sägeblatt (Form B) werden am häufigsten verwendet.

Die **Zähne** des Sägeblatts sind hintereinander gereihte kleine **Schneidkeile**.

Die Form der Schneidkeile wird durch die **Winkel** und **Flächen** bestimmt.

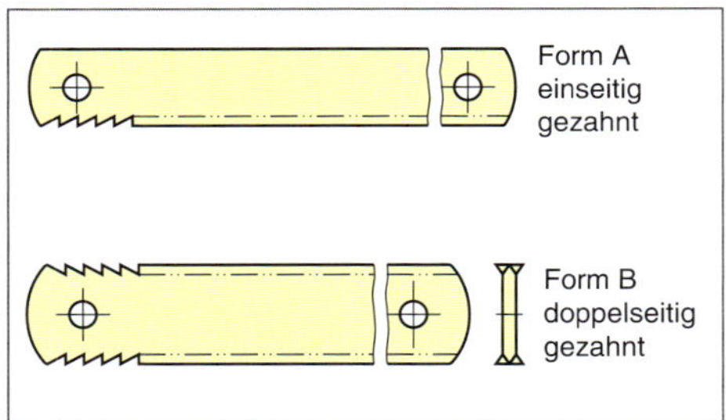

Bild 45 Sägeblätter

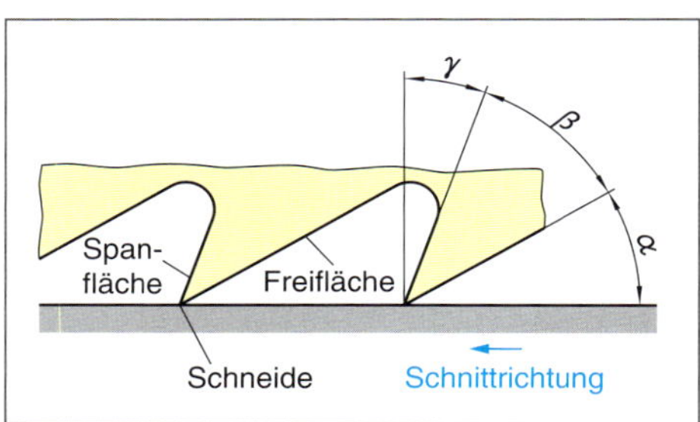

Bild 46 Winkel und Flächen am Sägezahn

- **Spanfläche**
  Über sie gleitet der Span bei Sägen. Ist immer der Schnittrichtung zugewandt.

- **Freifläche**
  Fläche des Schneidkeils. Ist der Schnittrichtung abgewandt.

- **Keilwinkel β**
  Wird durch die Spanfläche und die Freifläche des Schneidkeils eingeschlossen.
  Ein großer Keilwinkel gibt der Schneide eine gute Festigkeit.

- **Freiwinkel α**
  Wird von der Werkstückoberfläche und der Freifläche gebildet. Ein großer Freiwinkel lässt die Schneide gut in den Werkstoff eindringen.

- **Spanwinkel γ**
  Winkel zwischen Spanfläche und einer gedachten Fläche, die senkrecht zur neu entstandenen Werkstückoberfläche steht.
  Ein großer Spanwinkel erleichtert die Spanabnahme.

- $\alpha + \beta + \gamma = 90°$
  Da sich die Forderungen an die Winkel gegenseitig ausschließen (wenn γ größer wird, dann wird β kleiner) ist das Sägeblatt immer ein Kompromiss.

Arbeitsweise der Handsäge

Beim **Vorwärtshub** dringen die hintereinander angeordneten Sägezähne in den zu trennenden Werkstoff ein.

Jeder Zahn hebt dabei einen Span ab. Die abgetrennten Zähne werden in den Zahnlücken aus dem Sägeschlitz transportiert.

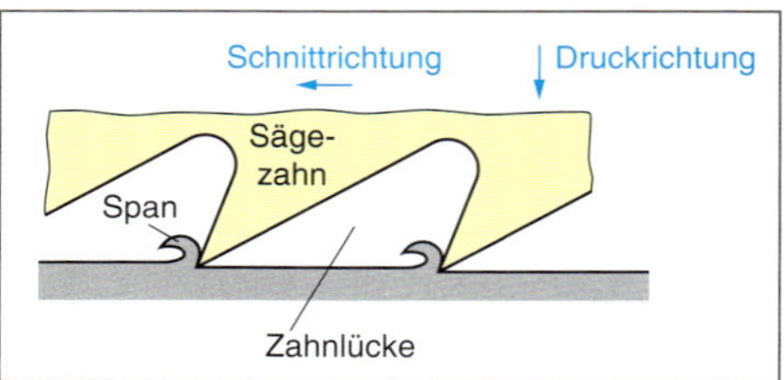

Bild 47 Arbeitsweise der Handsäge

Zahnteilung

Die **Zahnteilung** t ist der Abstand zwischen zwei Zahnschneiden.

Zusammen mit dem Freiwinkel α bestimmt t die Größe der Zahnlücke.

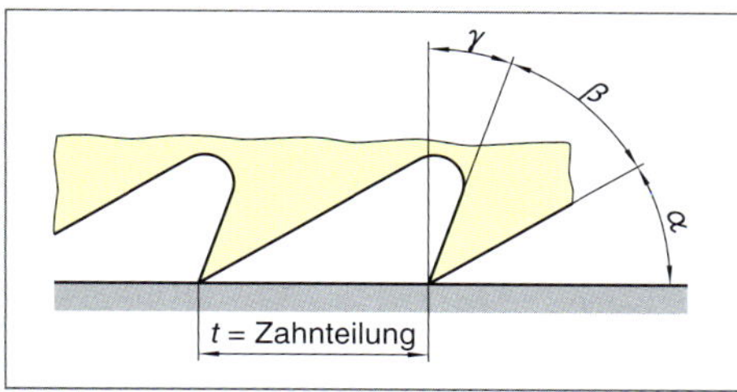

Bild 48 Zahnteilung

Da die Späne bis zum Austritt aus dem Sägeschlitz genügend Platz in den Zahnlücken haben müssen, richtet sich die Wahl der **Feinheit** des *Sägeblattes* nach dem zu trennenden Werkstoff.

Daher werden Sägeblätter für Handsägen in drei **Feinheitsstufen** hergestellt.

Die **Feinheit** des Sägeblatts wird durch die *Anzahl der Zähne pro 25 Millimeter* **(Inch) Blattlänge** gekennzeichnet.

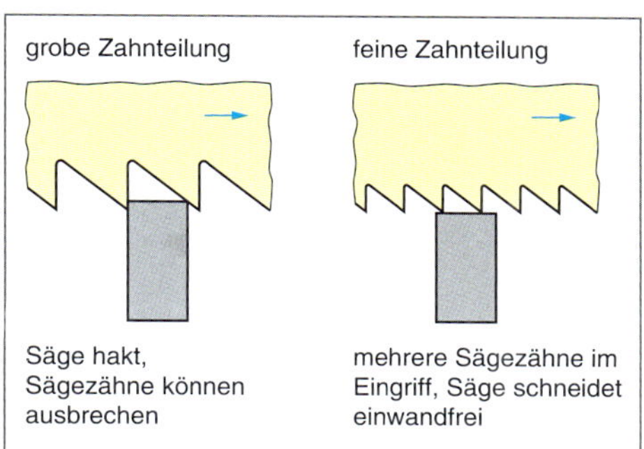

Bild 49 Einfluss der Zahnteilung

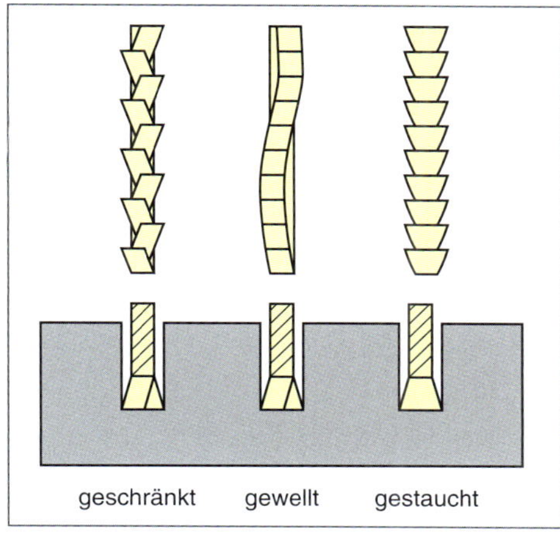

Bild 50 Sägeblatt mit Freischnitt

■ **Inch (in)**
1 Inch = 25,4 cm

Zahnteilung		Verwendung
Grob	18 Zähne pro inch	Weiche Werkstoffe: Kunststoff, Aluminium
Mittel	22 Zähne pro inch	Werkstoffe mit mittlerer Festigkeit: Stahl
Fein	32 Zähne pro inch	Harte Werkstoffe (rostfreier Stahl), Bleche, dünnwandige Profile

Freischnitt

Damit sich während des Sägevorgangs das Sägeblatt in der *Schnittfuge nicht reibt, erwärmt* oder *verklemmt*, muss die Schnittfuge *breiter* als die Stärke (Dicke) des Sägeblattes sein.

Deshalb muss das Sägeblatt eine **Schnittfuge** erzeugen, die *breiter* als die eigene Dicke ist.

Das wird Freischneiden oder **Freischnitt** genannt. Erreicht wird dies durch *Wellen*, *Schränken* oder *Stauchen* der Zähne.

Vorsicht!

- Vor dem Durchsägen ist der Druck auf das Sägeblatt und die Vorschubgeschwindigkeit zu verringern (bei den letzten Hüben). Sonst könnte ein plötzliches Abrutschen der Säge Handverletzungen verursachen.
- Sägespäne nicht mit den Fingern, nur mit einem Pinsel oder Handfeger entfernen.
- Die Schnittkante ist scharfkantig und kann zu Verletzungen (Schnitt- oder Risswunden) führen.

■ **Schränken**
Sägeblattzähne werden abwechselnd nach links oder rechts ausgebogen. Schränken wird beim Sägen zur Bearbeitung weicher Werkstoffe angewendet.

■ **Wellen**
Jeweils stets bis acht aufeinander folgende Zähne verlaufen wellenförmig. Zweckmäßig bei Sägen mit einer feinen Zahnteilung. Anwendung bei Sägen für die Metallbearbeitung.

■ **Einstreichsägen** werden zum Einschneiden schmaler Schlitze verwendet. Z. B. an Gewindestiften oder Schraubenköpfen. Durch das breite Sägeblatt ist ein gerader Schnitt möglich.

Einspannen des Sägeblatts

Die Handsäge spant nur in der Vorwärtsbewegung.

Die Zähne müssen mit ihrer Spanfläche zur Spannschraube gerichtet sein.

Das Sägeblatt darf nur wenig flattern (stramm anziehen). Sonst ist ein ungenaues Ausschneiden, Klemmen im Sägeschlitz und Bruch die Folge.

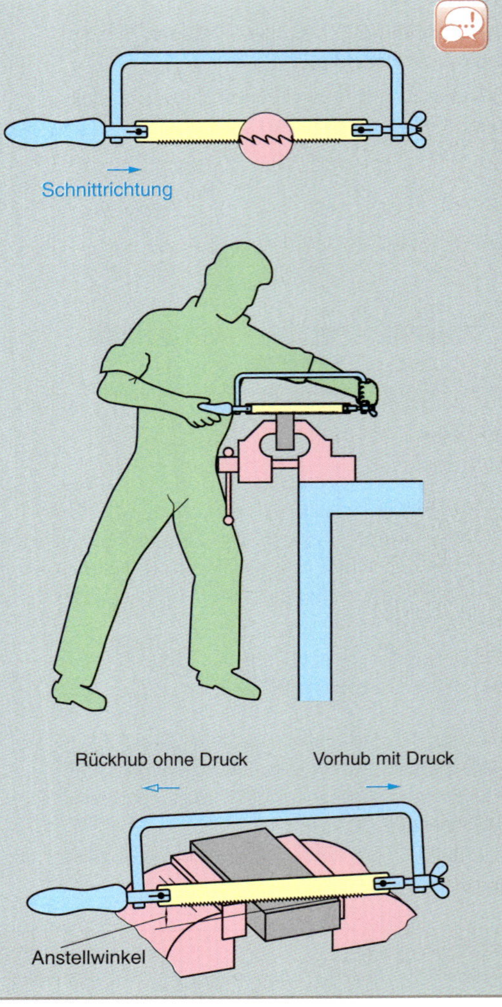

Körperhaltung beim Sägen

Bewegung aus den Armen heraus.

Unterstützung durch entsprechende Körperbewegung.

Auf den richtigen Abstand zum Werkstück achten, damit die Bewegungen frei und ungehindert ausgeführt werden können.

Richtwert: ca. ein Vorhub pro Sekunde.

Prüfung

1. Wie ist die Reißnadel beim Ziehen der Anrisslinien zu führen?

2. Auf der Zeichnung für ein Werkstück stehen folgende Halbzeug- bzw. Werkstückangaben: Blech DIN EN 10131 – 1,5 × 834 × 1756 – 1.0333.
Was bedeutet das?

3. Beschreiben Sie die fachgerechte Vorgehensweise beim Körnen.

4. Der Sägeschlitz beim Sägen wird stets breiter als das Sägeblatt dick ist.
Warum ist das wichtig und wie wird das erreicht?

5. Sägeblätter für Handsägen werden in den Feinheitsstufen grob, mittel und fein verwendet.
Worauf bezieht sich diese Angabe?

6. Worauf ist beim Einspannen eines Sägeblatts in den Sägebogen besonders zu achten?

7. Wie wird ein Sägeblatt am Werkstück zweckmäßig angesetzt?

8. Warum muss bei den letzten Hüben vor dem Durchsägen des Werkstücks der Druck auf das Sägeblatt verringert werden?

■ **Aufgabenlösungen**

@ Interessante Links

- christiani-berufskolleg.de

Feilen

Die *Schnittkanten* werden nach dem Ablängen mit einer **Feile** entgratet.

Eine **Feile** wird benutzt, um eine *glatte Fläche herzustellen* (z. B. bei Reparaturarbeiten), in der Blechbearbeitung oder zur Herstellung einer Passung.

Wie beim Sägen erfolgt beim Feilen die *Spanabnahme* im **Vorwärtshub**.

Der **Rückhub** muss *ohne Druck* erfolgen, da sonst die Feile stumpf wird.

Die **Zähne** des Feilenblattes dringen bei der Spanabnahme in das Werkstück ein und entfernen zahlreiche kleine Späne.

Die **Zahnzwischenräume** dienen auch hier zum *Abtransport* der feinen Späne.

Beim Feilen werden geringe Werkstoffmengen (Späne) durch zahlreiche hintereinander und nebeneinander angeordnete Schneiden (Zähne) abgetragen.

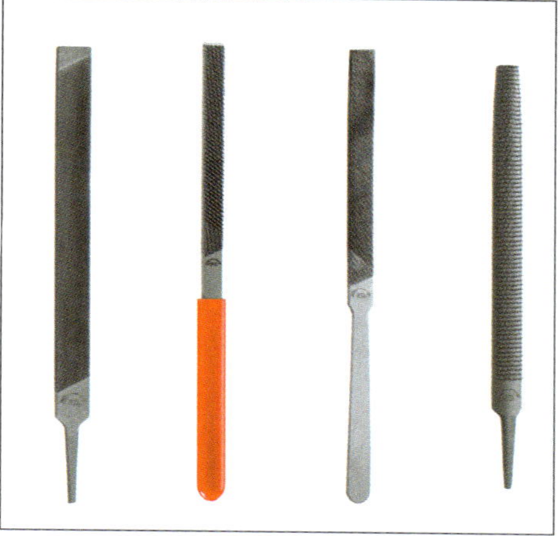

Bild 51 Feilen

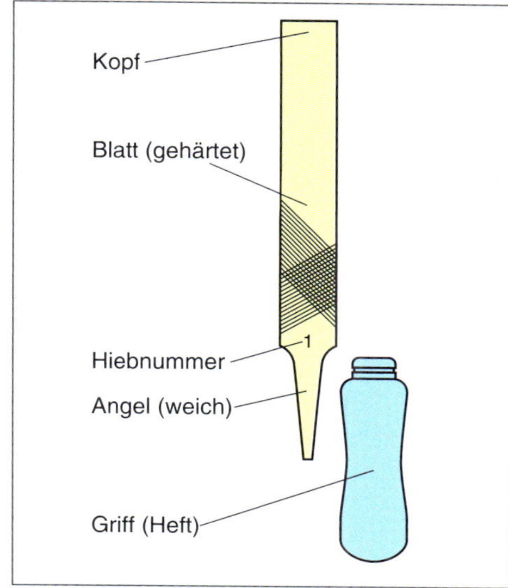

Bild 52 Werkstattfeile

Zahnformen von Feilen

Unterschieden wird zwischen **gehauenen** und **gefrästen** Feilen.

Gehauene Feilen

Großer Keilwinkel von annähernd 70°, stabiler Schneidkeil.
Einsatz zur Bearbeitung von Werkstoffen *höherer Festigkeit* (z. B. Stahl).

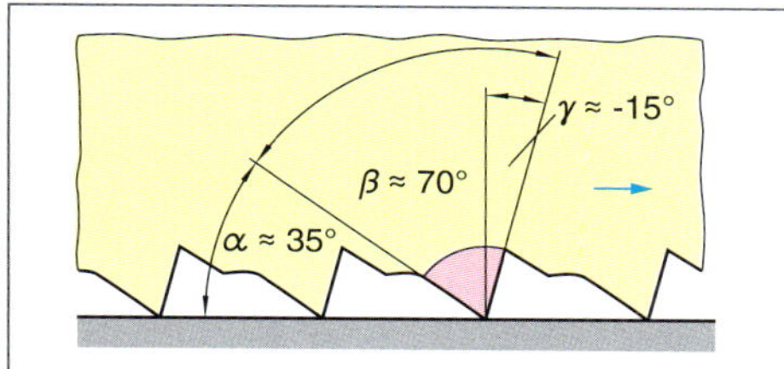

Bild 53 Gehauene Feile

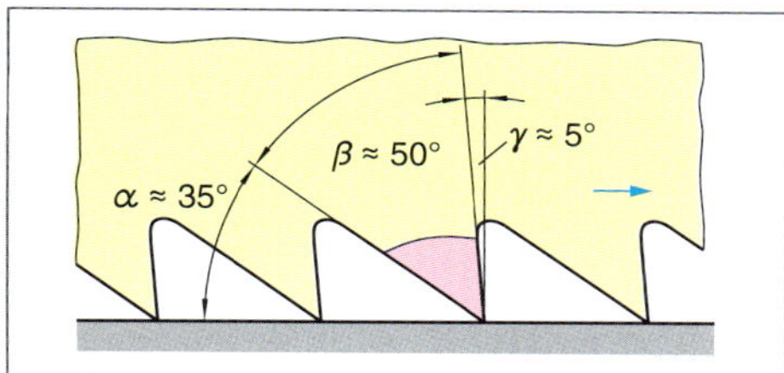

Bild 54 Gefräste Feile

Gefräste Feilen

Haben einen positiven Spanwinkel γ bis 5°, Keilwinkel ca. 50°. Dadurch ist der Schneidkeil nicht so stabil.
Solche Feilen werden zur **Grobbearbeitung** *weicher Werkstoffe* verwendet.

Hiebarten

Die *in Reihe angeordneten Zähne* einer Feile werden **Hieb** genannt.

- **Einhiebfeilen** sind meist gefräste Feilen. Sie werden für *weiche* Werkstoffe eingesetzt. Die Spanabfuhr erfolgt seitlich zum Feilenblatt.

Entgraten
trimming

Feilen
filing

Feile
file

Spanabnahme
chip removal

Hieb
cut

Feilenheft
file handle

Feilenbürste
file brush

Feilspäne
filings

Raspel
rasp

Schruppen
rough-working

Schlichten
smoothing

Feinschlichten
ultra-smoothing

Gehauene Feile
- *Negativer Spanwinkel am Schneidkeil:* schabende Wirkung
- *Positiver Spanwinkel am Schneidkeil:* schneidende Wirkung

@ Interessante Links
- www.dick.de

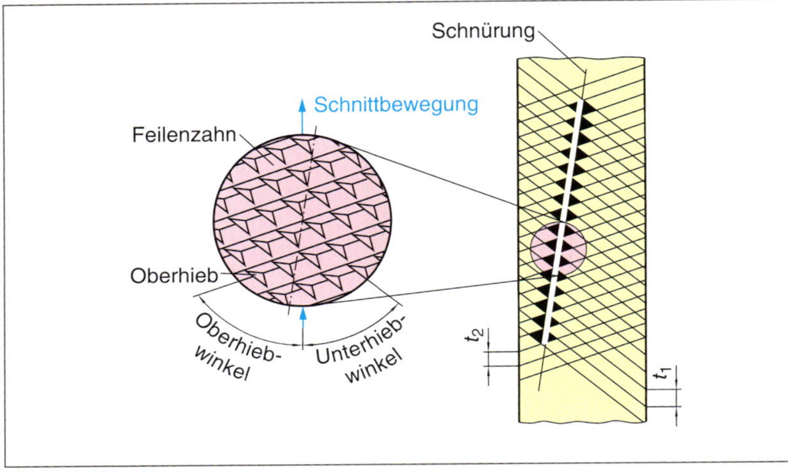

Bild 55 *Doppel- oder Kreuzhieb*

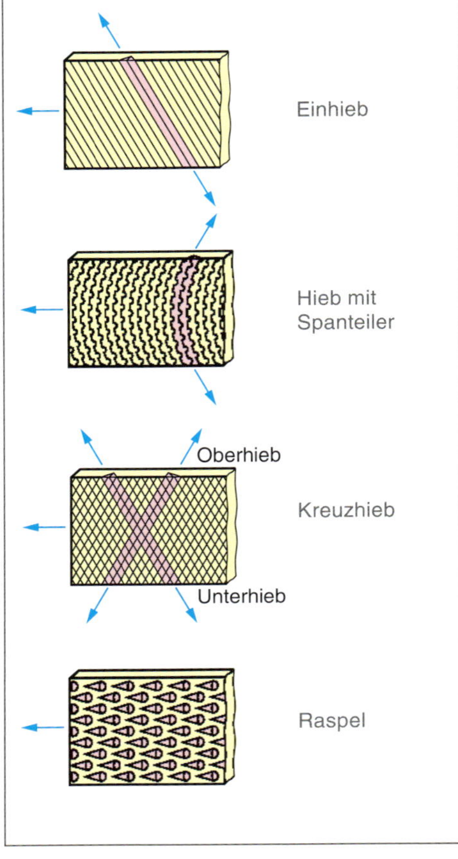

Bild 56 *Unterschiedliche Feilen*

- **Doppel- oder Kreuzhieb**
  So sind i. Allg. gehauene Feilen ausgestattet. Unterschieden wird zwischen Ober- und Unterhieb. Beide Hiebe werden in unterschiedlichen Winkeln zur Mittelachse der Feile angeordnet. Der Oberhieb wird über den Unterhieb eingehauen. Dadurch wird die Riefenbildung vermindert.

Zu Bild 55:

Unter- und Oberhieb haben *unterschiedliche Teilungen* und damit auch *unterschiedliche Winkel* zur Feilenlängsachse. Dadurch entsteht die so genannte **Schnürung**.

Die Feilenzähne stehen *versetzt* hintereinander. Beim Feilen nimmt ein Zahn das weg, was der andere Zahn stehen gelassen hat.

Der **Oberhieb** ist daran erkennbar, dass er ohne Unterbrechung verläuft, während der **Unterhieb** regelmäßig vom Oberhieb unterbrochen wird.

- **Schlichten**
  Hohe Oberflächenqualität; dabei sind möglichst viele Zähne im Eingriff.

Die **Hiebteilung** t ist der Abstand von Hieb zu Hieb in Richtung der Feilenlängsachse gemessen. Sie bestimmt die **Feinheit** der Feile.

Die Feinheit wird durch **Hiebnummern** 1 bis 6 angegeben. Je größer die Hiebnummer ist, umso feiner ist bei gleich langen Feilen die Hiebteilung.

- **Schruppen**
  Große Spanabnahme bei hohem Kraftaufwand.

Die **Hiebzahl** gibt an, wie viele Hiebe eine Feile pro Zentimeter hat. Durch die *Hiebzahl* lässt sich die *Hiebnummer* bestimmen.

Hat eine Feile z. B. eine hohe *Hiebzahl* (120 Hiebe pro Zentimeter), so ergibt sich eine hohe *Hiebnummer* (5). Mit einer solchen Feile erzeugt man *glatte Oberflächen*.

Eine *kleine* Hiebzahl (10 Hiebe pro Zentimeter) bedeutet auch eine *kleine* Hiebnummer (1). Es handelt sich um eine *grobe Feile*, mit der *große Spanmengen* abgenommen werden können.

Hiebzahl und Hiebnummer

Hieb-nummer	Bezeichnung	Hiebzahl
0	Grobfeile (Schruppfeile)	4,5 – 10
1	Bastardfeile (Schruppfeile)	5,3 – 16
2	Halbschlicht-feile	10 – 25
3	Schlichtfeile	14 – 35
4	Doppelschlicht-feile	25 – 50
5	Feinschlichtfeile	40 – 71

Raspeln

Punktförmige Zähne sitzen einzeln auf dem Feilenblatt. Im engeren Sinne haben Raspeln *keinen* Hieb. Sie werden mit den **Hiebnummern** 1, 3 und 5 hergestellt. Besonders geeignet für die Bearbeitung von *weichen Werkstoffen* wie Leder, Holz, hartem Stein.

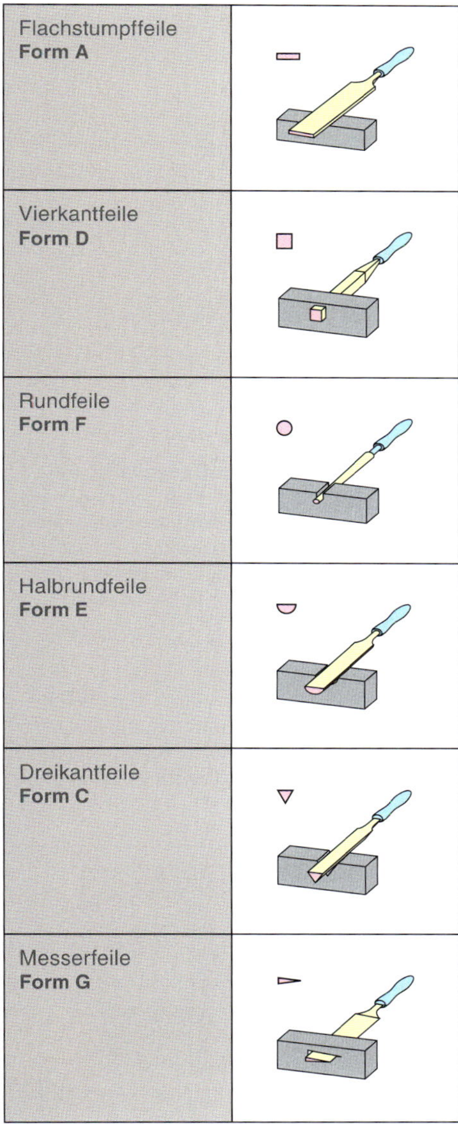

Flachstumpffeile **Form A**	
Vierkantfeile **Form D**	
Rundfeile **Form F**	
Halbrundfeile **Form E**	
Dreikantfeile **Form C**	
Messerfeile **Form G**	

Führen einer Feile

Zur Vermeidung von Riefen muss der Feilenvorschub genau in *Richtung der Feilenlängsachse* erfolgen. Dabei sind *Schnittbewegung* und *Schnittkraft* gut aufeinander abzustimmen.

Die *rechte* Hand *drückt* und *schiebt*, während die *linke* Hand *nur* auf die Feile *drückt*.

Der *Rückhub* wird *ohne Druck* auf die Feile ausgeführt. Die *gesamte* Feilenlänge ist zu nutzen.

Entgraten

Entgraten ist das *Entfernen* von scharfen bei einem Bearbeitungs- oder Herstellungsvorgang entstandenen *Kanten*, *Ausfaserungen* oder *Splittern* eines meist metallischen Werkstücks.

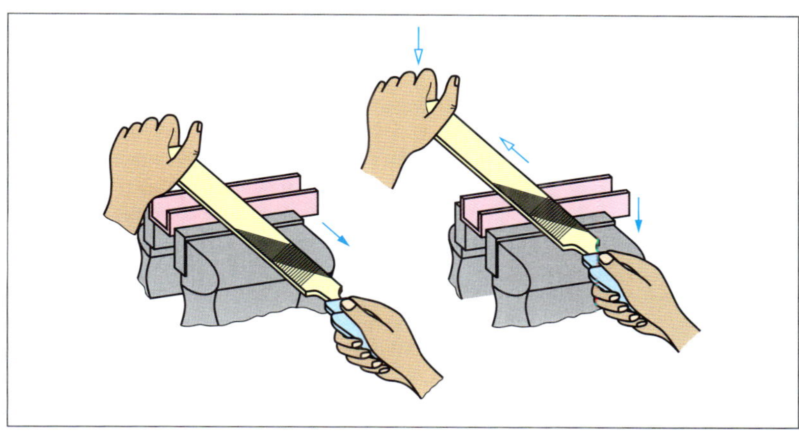

Bild 57 *Führen einer Feile*

Wenn eine *definierte Abschrägung* an der den Grat aufweisenden Kante entsteht, wird dies **Fase** genannt.

Das Entgraten erfolgt stets mit einer *feinhiebigen Feile in Längsrichtung* der Flächenkanten.

Dabei darf nicht zu stark auf die Feile gedrückt werden, wenn *keine* Fase entstehen soll.

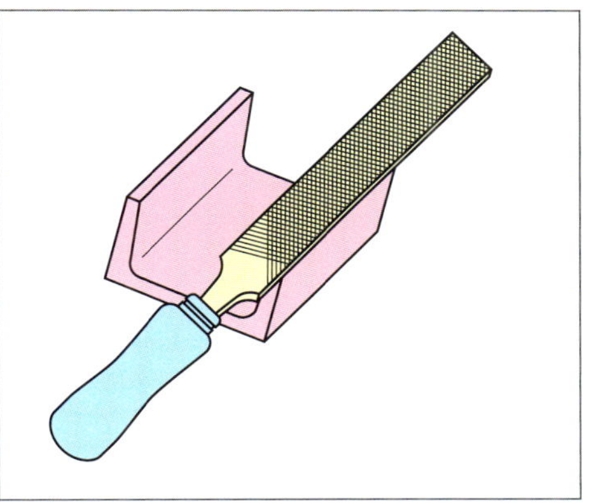

Bild 58 *Entgraten mit einer Feile*

Vorsicht!

- Unter keinen Umständen mit einer Feile ohne Feilengriff arbeiten.
- Vor Arbeitsbeginn prüfen, ob das Feilenheft richtig befestigt ist.
- Festsitzende Späne mit der Feilenbürste entfernen.
- Die bearbeiteten Flächen nicht mit den Händen oder Fingern berühren, da sonst die Fettschicht der Hand ein Greifen der Feile verhindert.

■ **Feilenauswahl**
- Hiebart
- Hiebzahl
- Feilenquerschnitt

■ Aufgabenlösungen

@ Interessante Links
• christiani-berufskolleg.de

Prüfung

1. Beschreiben Sie, wie Sie beim Entgraten von Schnittkanten vorgehen.

2. Beim Feilen im Kreuzstrich zeigt sich eine unregelmäßige Schattierung an der Werkstückoberfläche.
Welche Schlussfolgerung ziehen Sie daraus?

3. Unterscheiden Sie zwischen Vorfeilen und Fertigfeilen.

4. Verschmutzte Feilen greifen nicht richtig oder zerkratzen unter Umständen die glatte Oberfläche. Daher müssen Feilen rechtzeitig gereinigt werden.
Wie werden Feilen gereinigt?

Vorbereiten der Bohrungen

■ Strebe
→ 35

Die Strebe wurde auf das festgelegte Längenmaß abgesägt und entgratet.

Nun sollen die Positionen für die *Bohrungen* auf die Strebenoberfläche übertragen werden.

- *2 Bohrungen Ø 6,5 mm, Durchgangsbohrungen zur Strebenbefestigung am Gestell. Verbindung durch Schrauben M6 und Nutensteine.*
- *Bohrung Ø 8,5 mm zur Befestigung der Adapterplatte.*

■ Anreißen
→ 80

Um die genaue *Position der Bohrungen* anzuzeichnen, benötigt man eine *Reißnadel*, ein *Stahllineal* der Länge 500 mm, einen *Anschlagwinkel* und einen *Höhenanreißer*.

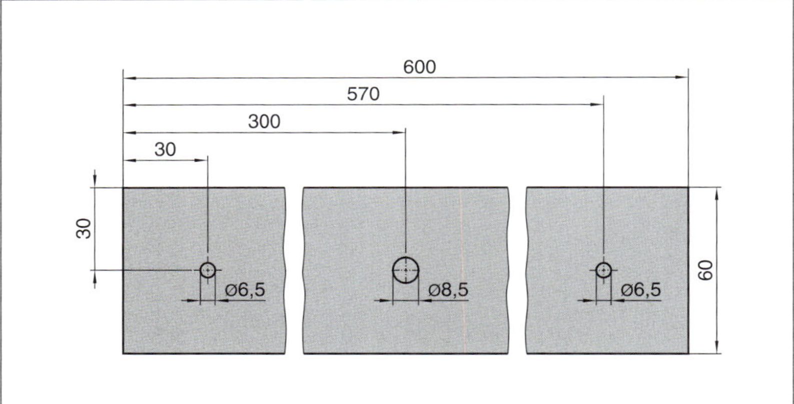

Bild 59 Geplante Bohrungen in der Strebe

Zunächst wird mit dem **Höhenanreißer** die *Mitte* der drei Bohrungen (30 mm) angerissen.

Der Höhenanreißer (auch Parallelanreißer genannt) wird zum Anreißen von Linien *parallel zur Anreißplattenfläche* eingesetzt. Die Einstellung des Anreißmaßes erfolgt durch die **Grobeinstellung** und die **Feineinstellung**.

- **Grobeinstellung**
  Das Maß wird mit einer **Genauigkeit** von etwa 0,5 mm eingestellt. Dabei wird das Maß auf dem Lineal mit der **Null der Noniusanzeige** eingestellt. Zur Fixierung wird die obere Rändelschraube auf den beweglichen Schlitten des Höhenanreißers von Hand festgezogen.

- **Feineinstellung**
  Die Feineinstellung mit einer Genauigkeit von bis zu 0,05 mm wird durch die Höheneinstellung des beweglichen Schlittens mithilfe des Feingewindes der Rändelmutter durchgeführt.

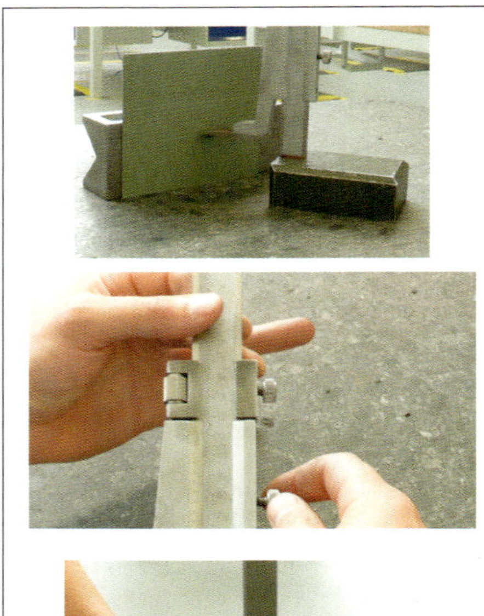

Bild 60 Arbeiten mit dem Höhenanreißer

Einstellen und Ablesen des Nonius

Der **Nonius** ermöglicht eine *genaue Einstellung* bzw. *Ermittlung* eines Maßes.

Wie hoch die Genauigkeit ist, hängt hierbei von der **Teilung** des Nonius ab.

Eine *Teilung* von 1/10 ermöglicht eine *Genauigkeit* von 0,1 mm (1 mm : 10 = 0,1 mm).

Die genauere 1/20 Teilung erhöht die Genauigkeit auf 0,05 mm (1 mm : 20 = 0,05 mm).

Bei dem **Noniusprinzip** kommt es bei der *beweglichen* Skala auf der *festen* Skala eines Messgerätes zu einer Deckung, die das genaue Maß anzeigt.

Beispiel:

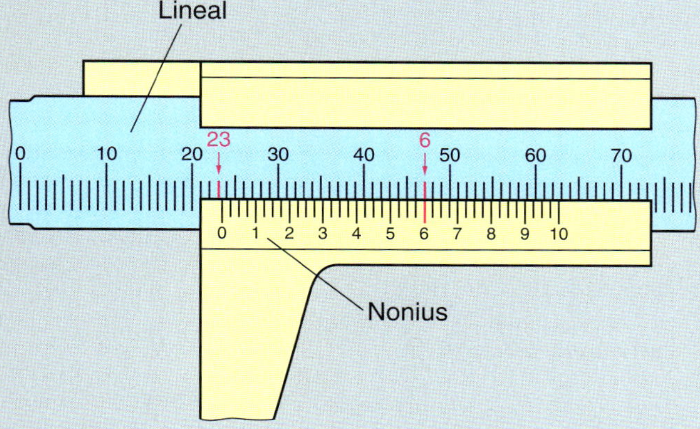

Im ersten Schritt ermittelt man die Anzahl der ganzen Millimeter auf dem Lineal.

Merke: Es werden die Teilstriche bis zur Null auf dem Nonius gezählt und nicht die Teilstriche bis zur Kante des beweglichen Teils des Höhenanreißers.

Im Beispiel liest man 23 mm ab.

Anschließend überprüft man, welcher Teilstrich auf dem Lineal mit einem Teilstrich auf dem Nonius übereinstimmt.

Die Übereinstimmung findet man im Beispiel bei 47 mm und 6 auf dem Nonius.

Ausschlaggebend für die Feststellung des Maßes ist jedoch nur die Ziffer 6.

Die Ziffer 6 entspricht der Nachkommastelle 0,6 mm.

Abschließend müssen die beiden Maße addiert werden.

23 mm + 0,6 mm = **23,6 mm**

Durch das Anziehen der *zweiten Rändelschraube* wird der bewegliche Teil des Höhenanreißers fixiert und das eingestellte Maß gesichert.

Zur Übertragung des eingestellten Maßes wird der Höhenanreißer über eine **Anreißplatte** geführt und das Maß wird durch die gehärtete **Anreißspitze** auf die Werkstückoberfläche geritzt.

Beim Anreißen wird der Höhenanreißer am *Fuß* angefasst.

Anreißplatten werden aus Granit oder Grauguss hergestellt und als Auflage und Bezugsebene für Werkstücke und Anreißwerkzeuge genutzt.

Um Werkstücke auf der Anreißplatte *auszurichten*, benutzt man **Lineale**, **Parallelleisten**, **Prismen** oder **Winkel**.

Anreißplatten dürfen nur zum Messen oder Anreißen verwendet werden, keinesfalls darf auf ihnen gekörnt, gerichtet oder gemeißelt werden.

Die *Seitenabstände der beiden äußeren Bohrungen* werden ebenfalls mit dem Höhenanreißer angerissen.

Hierbei sollte man jedoch einen **Anschlagwinkel** anstellen, um die *Winkligkeit* der Anrisslinie zu gewährleisten.

- **Nonius**

- **Messwertablesung**

→ 117

Messschieber
vernier calliper, slide gauge

Noniuswert
standard vernier scale

Maßabweichung
offsize

Maßabweichung, erlaubt
tolerance

Maßänderung
changes in dimensions

Maßstab
scale

Abmessung
dimension

Führung
keyway

gleiten
slip

Prüfung
inspection

Die Position der Bohrung in der Mitte der Strebe (Ø 8,5 mm) wird, wie beim Anreißen der Zuschnittlänge, mit dem Stahllineal (Seite 81), der Reißnadel und dem Anschlagwinkel angerissen.

Das **Stahllineal** ist aus Federstahlband gefertigt und hat eine Maßeinteilung von einem bzw. einem halben Millimeter.

Das **Höhenmaß** von 30 mm wurde bereits mit dem Höhenanreißer angerissen.

Der **Anschlagwinkel** ermöglich durch seinen Anschlag das rechtwinklige Anreißen zur Bezugsfläche.

Mit dem Anschlagwinkel kann man auch die **Winkligkeit** kontrollieren.

Um das **Mittenmaß** von 300 mm anzureißen, sollte man das Stahllineal bei dem Maß 300 an der Seite anlegen und den Anschlagwinkel gegen den Stoß des Lineals.

Anschließend wird die **Anreißnadel** an die Unterkante des Anschlagwinkels angelegt und mit leichtem Druck über die Werkstückoberfläche gezogen.

Um die Ungenauigkeit auszugleichen, sollte das Maß 300 mm *von beiden Seiten* angerissen werden. Hierbei können *zwei* Anrisslinien entstehen. Der **Körnerpunkt** ist in diesem Fall *mittig* zwischen den beiden Linien zu setzen. Dieses Verfahren ist aber nur bei *einer* Bohrung sinnvoll.

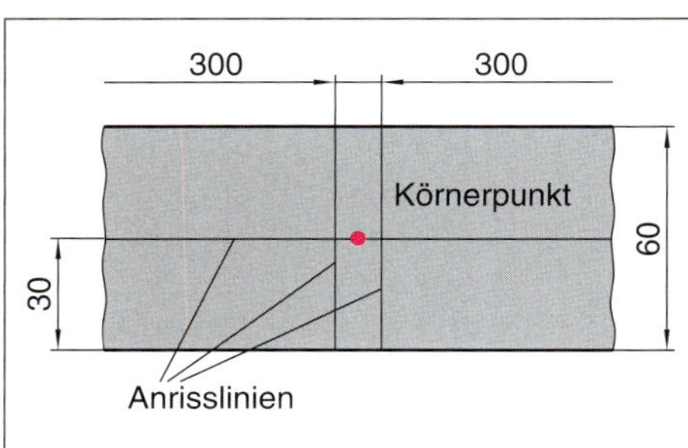

Bild 61 *Anreißen der Strebe*

> Vor dem Anreißen müssen die Werkstücke entgratet und gereinigt werden.

Körnen

Beim *Bohren* hat die **Körnung** eine wichtige Funktion.

Durch sie erhält der Bohrer zum Anbohren die erste *Führung*. Daher muss die Körnung *größer* als beim normalen Anreißen sein und genau auf dem *Kreuzungspunkt* der Anrisslinien liegen.

Eine *nicht genau sitzende Körnung* kann durch *schräges Nachschlagen* korrigiert werden.

Die korrigierte Körnung muss aber *senkrecht* nachgeschlagen werden, weil sonst die kegelförmige Vertiefung nicht auf der Mitte liegt und der Bohrer dadurch *verläuft*.

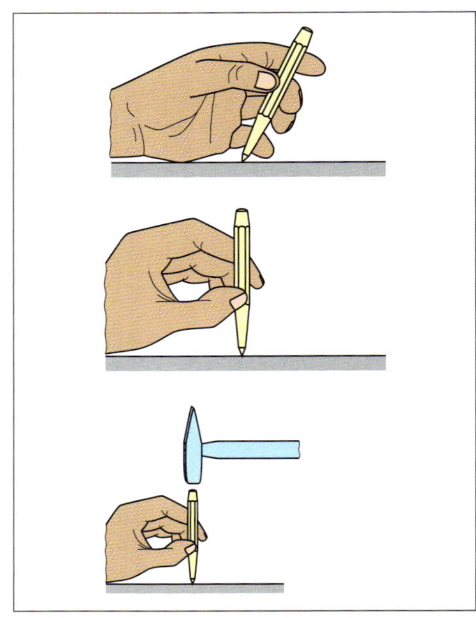

Bild 62 *Vorgang beim Körnen*

- Das Werkstück sollte nach Möglichkeit auf einer ebenen und sauberen Stahlunterlage liegen.
- Vor dem Körnen ist die Spitze des Körners zu überprüfen.
- Um den Schnittpunkt der Anrisslinie genau zu treffen, den Körner vom Körper wegneigen.
- Körner aufrichten, ohne die Spitze zu verschieben.
- Hammerschlag ausführen.

Prüfung

1. Lesen Sie die Maße ab.

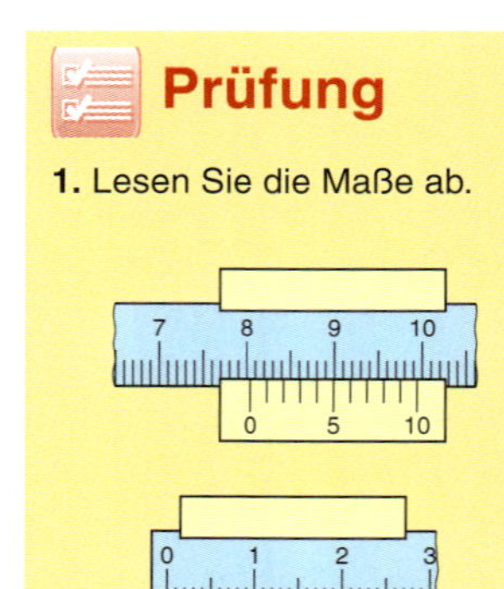

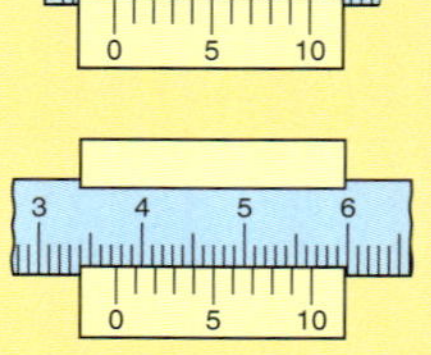

Bohren

Die Bohrungen auf der Strebe wurden angerissen und gekörnt. Jetzt sollen die Bohrungen mithilfe der Säulenbohrmaschine angebracht werden.

Die Antriebsenergie der **Säulenbohrmaschine** liefert der angeflanschte Elektromotor.

Über das **Zahnrad-** und **Riemengetriebe** wird die Energie zur **Bohrspindel** geleitet.

Die **Viskosekupplung** ermöglicht eine *stufenlose* Drehzahleinstellung.

Die Übertragung der Arbeitsbewegung erfolgt über die **Bohrspindel**.

In den **Kegelschaft** der Bohrspindel wird das **Bohrfutter** eingesetzt.

Bohrer mit großem Durchmesser (ab ca. 16 mm Ø) werden direkt in den Kegelschaft eingesetzt.

Die **Bohrspindel** führt die *Drehbewegung* und geradlinige *Vorschubbewegung* zum Werkstück aus.

Die *Vorschubbewegung* kann nicht nur von Hand über das **Handkreuz** erfolgen, manche Maschinen verfügen auch über ein **Vorschubgetriebe**.

Das Vorschubgetriebe kann über einen Schalter zugeschaltet werden. Mithilfe des **Tiefenanschlags** kann die Bohrtiefe (bei Grundlochbohrungen) eingestellt werden.

Der höhenverstellbare **Bohrtisch** ist mit zwei T-Nuten versehen, die zur Befestigung des Werkstücks oder des Maschinenschraubstocks dienen.

Um das Werkstück und den Bohrer während des Bohrvorgangs zu kühlen, wird ein **Kühlschmiermittel** eingesetzt.

An Bohrmaschinen muss ein gut erreichbarer **Not-Aus** angebracht sein, der im Notfall die Maschine stillsetzt.

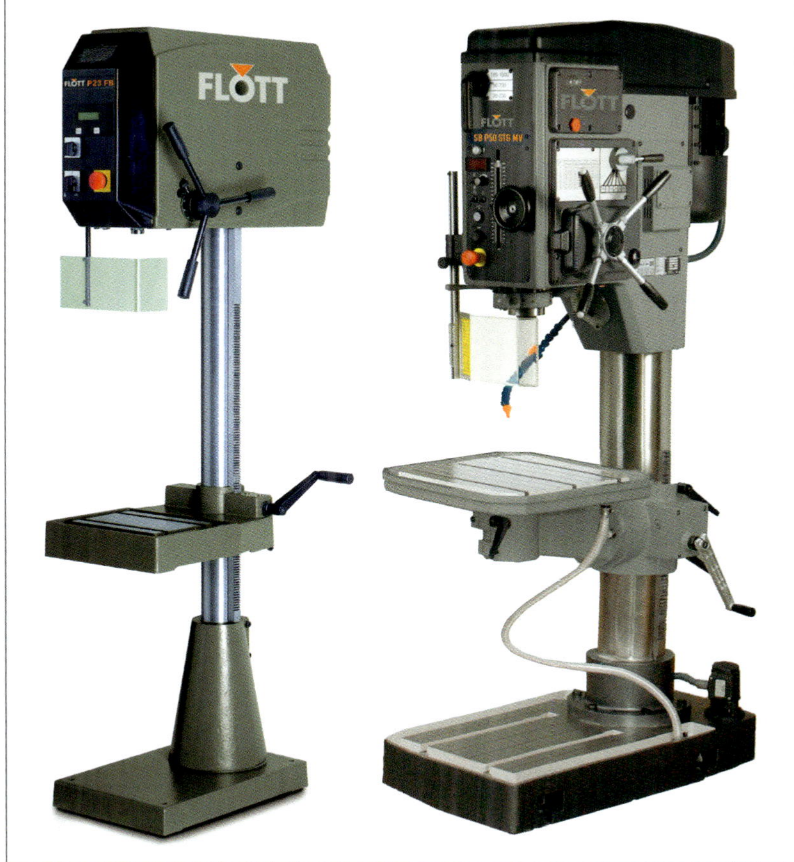

Bild 63 *Säulenbohrmaschinen*

Einsetzen und Entfernen des Bohrers

Bohrfutter sind meist mit einem **Kegelschaft** ausgerüstet.

Vor Einsetzen des **Bohrfutters** sind Schaft und Aufnahme mit einem Tuch zu reinigen.

Zur Befestigung des Bohrfutters wird der Kegelschaft in die Aufnahme gestoßen. Durch die Haftreibung sitzt das Bohrfutter in der Bohrspindel.

Je nach Größe des Schafts und der Aufnahme muss eine Zwischenhülse aufgesetzt werden.

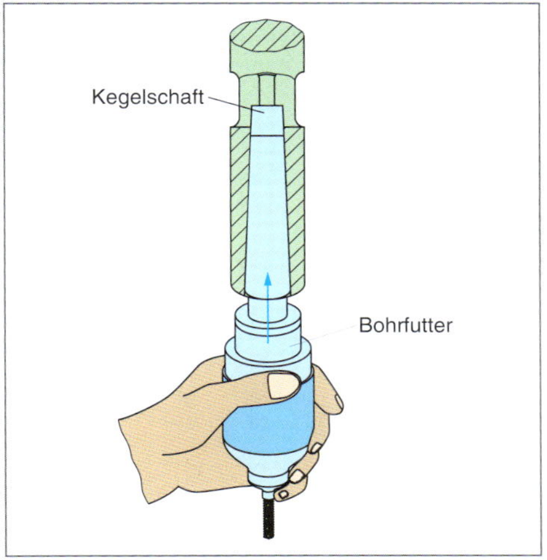

Bild 64 *Kegelschaft mit Bohrfutter*

Um das Bohrfutter aus der Spindel zu *entfernen*, wird ein Kegelschaft in die seitliche Öffnung eingesetzt und mit leichten Hammerschlägen in die Öffnung getrieben. Dabei muss das Futter festgehalten werden (Bild 65, Seite 96).

@ Interessante Links

- www.flott.de
- www.knuth.de
- www.easgmbh.de

■ Kühlschmiermittel

Kühlschmiermittel sollen

- die Wärme von der Wirkstelle ableiten,
- die Reibung vermindern,
- den Werkzeugverschleiß verringern,
- die Oberflächenqualität verbessern.

Bohren
drilling

Bohrmaschine
drilling machine

Handbohrmaschine
hand drill

Bohrer, Bohrung
drill

Bohrertyp
type of drill

Spiralbohrer
twist drill

Spitzenwinkel
point angle

Querschneide
chisel edge angle

Bohrspindel
drill spindle

Antriebswelle
transmission shaft

Getriebe
gear

Schnittkraft
force of sectioning

Vorschubgeschwindigkeit
rate of feed, feed rate

Spanner
turnbuckle

■ **Schnellarbeitsstahl**

■ **Hartmetallschneiden**

■ **Bohren, Spiralbohrer**

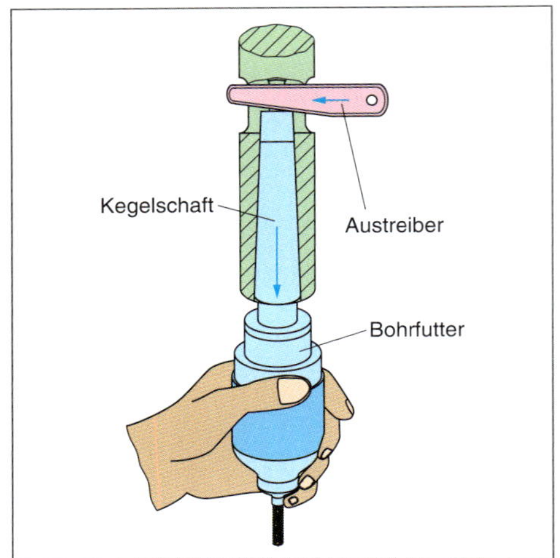

Bild 65 *Bohrfutter entfernen*

Spannen des Werkstücks

Durch die rotierende Bewegung des Bohrers kann das Werkstück mitgerissen werden. Das bedeutet erhebliche **Unfallgefahr**.

Eine der Form und Größe des Werkstücks angemessene **Sicherung** ist unverzichtbar.

Mit zunehmendem Bohrerdurchmesser wächst die übertragene Kraft.

- Vor Einspannen des Werkstücks ist der Maschinenschraubstock mit Pinsel und Handfeger zu reinigen.
- Zum Spannen wird das angerissene und gekörnte Werkstück in den Maschinenschraubstock gelegt. Als Unterlage dienen zwei gleich große, saubere und unbeschädigte Parallelleisten.
- Nach dem Spannen mit einem Schonhammer auf das Werkstück schlagen, bis die Parallelendmaße fest sitzen (nach jedem Schlag überprüfen).

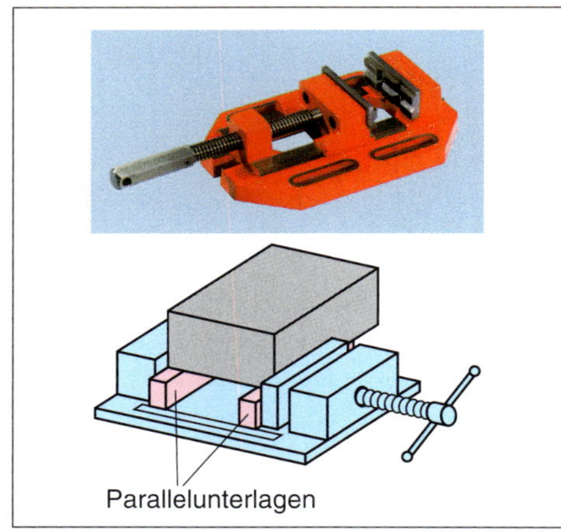

Bild 66 *Werkstück spannen*

Spiralbohrer

Zum Abtransport der Späne sind in den **Schneidteil** des Bohrers zwei gewendelte **Spannuten** eingearbeitet Bild (67/68, Seite 97)

Durch den **Anschliff** des Bohrers entstehen

- *Hauptschneide*
- *Querschneide*
- *Freifläche*

Die **Spanabnahme** erfolgt durch die beiden Hauptschneiden.

Die beiden **Hauptschneiden** müssen gleichmäßig angeschliffen sein, um einen mittigen Verlauf der Bohrung zu erzielen.

Unter **Verlaufen** versteht man beim Bohren eine ungewollte Abweichung im Verlauf des Bohrungskanals.

Zum **Führen** des Bohrers im Bohrloch sind zwei schmale **Fasen** seitlich am Schneidteil angebracht.

Die **Querschneide** befindet sich in der Mitte des Bohrers, im so genannten Bohrerkern.

Bis *zu einem Durchmesser von 16 mm* haben Bohrer üblicherweise einen **Zylinderschaft**.

Bohrer mit größerem Durchmesser haben einen **Kegelschaft**.

Meist werden Bohrer für die Metallbearbeitung aus **Schnellarbeitsstahl** (HS) hergestellt. Je nach Anwendungsfall werden auch Bohrer mit **Hartmetallschneiden** eingesetzt.

Die **Bohrerauswahl** ist abhängig vom zu bearbeitenden Werkstoff. Hierfür gibt es Bohrer mit verschiedenen **Werkzeugwinkeln**.

Werkzeugwinkel am Spiralbohrer

Bilder 67/68, Seite 97:

Die Bohrerspitze hat einen *kegelförmigen Anschliff.*

Am Auslauf der Spannuten entstehen die beiden *Schneidkeile*.

Auch an diesen Schneidkeilen sind der **Keilwinkel** β, der **Spanwinkel** γ und der **Freiwinkel** α vorhanden.

Die beiden Hauptschneiden schließen den **Spitzenwinkel** τ ein (Bild 68, Seite 97).

Durch den **Hinterschliff** der Hauptschneiden wird der **Freiwinkel** α erreicht.

Im Bereich des Bohrerkerns entsteht durch den Anschliff eine **Querschneide**.

Der **Schneidteil** ist am Umfang bis auf zwei **Führungsfasen** nachgearbeitet. Dadurch wird die *Reibung* beim Bohrvorgang vermindert.

Nur diese beiden Fasen haben das *Maß des Bohrerdurchmessers* und geben dem Bohrer eine einwandfreie *Führung* in der Bohrung.

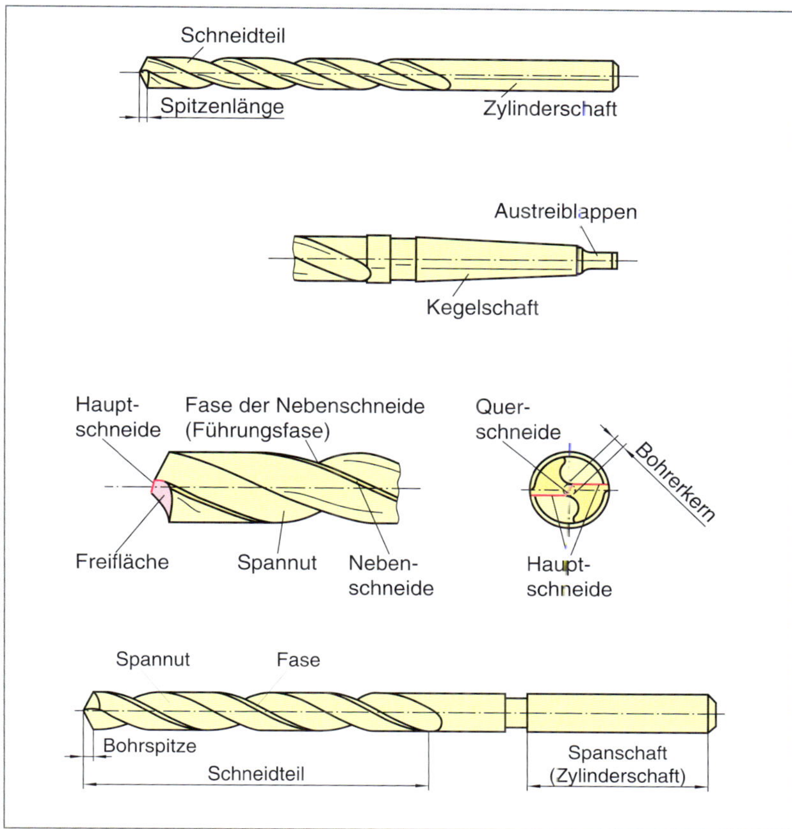

Bild 67 *Spiralbohrer*

Spiralbohrertypen

Die verschiedenen Bohrertypen werden durch die unterschiedlichen *Steigungen der Spannuten* unterschieden.

Dadurch ergeben sich verschiedene **Keilwinkel**.

Auf Seite 98 sind die unterschiedlichen Bohrertypen dargestellt.

Drehzahlbestimmung

Für jedes spananhebende Fertigungsverfahren gibt es eine **Schnittgeschwindigkeit**, bei der das Werkzeug den Werkstoff *optimal* zerspant.

Diese **Schnittgeschwindigkeit** wird im Wesentlichen durch den *Werkstoff* und die *Werkzeugschneide* sowie die *Kühlung* bestimmt.

Die Schnittgeschwindigkeit gibt an, welchen Weg ein Schneidwerkzeug (oder eine Schneide) in einer bestimmten Zeit zurücklegt.

Beim **Bohren** wird die *Schnittgeschwindigkeit* in *Meter pro Minute* (m/min) angegeben.

Schnittgeschwindigkeit beim Bohren

$$n = \frac{v_C \cdot 1000}{\pi \cdot d}$$

n Drehzahl in $\frac{1}{\text{min}}$

v_C Schnittgeschwindigkeit in $\frac{\text{m}}{\text{min}}$

d Bohrerdurchmesser in mm

Der Faktor 1000 dient der Umrechnung von Meter in Millimeter (1 m = 1000 mm).

Berechnungsbeispiel siehe Seite 98.

Wenn an der Bohrmaschine eine **Tafel zur Drehzahlermittlung** vorhanden ist (Bild 70, Seite 98), kann die Drehzahl auch *direkt* abgelesen werden.

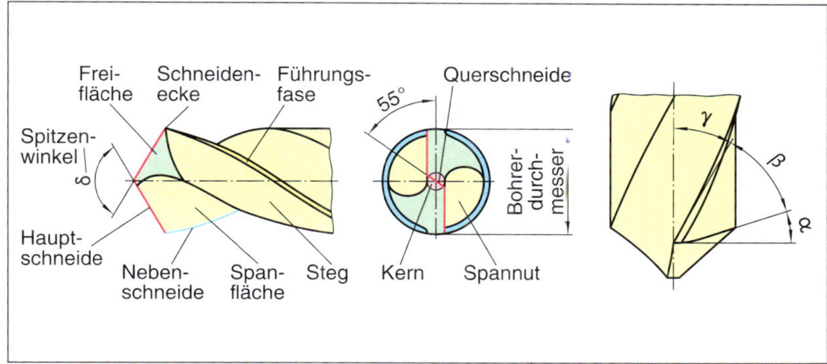

Bild 68 *Werkzeugwinkel am Spiralbohrer*

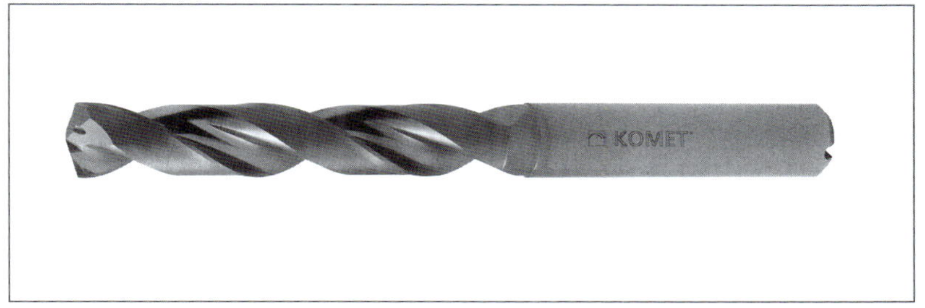

Bild 69 *Spiralbohrer*

Bohrertyp	Typ N		Typ H			Typ W
Spanwinkel	$\gamma = 19^\circ - 40^\circ$		$\gamma = 10^\circ - 19^\circ$			$\gamma_f = 27^\circ - 45^\circ$
Schneidkeil	mittlerer Schneidkeil		stabiler Schneidkeil			schlanker Schneidkeil
Verwendung	Werkstoffe mit mittlerer Härte und Festigkeit		harte und zähharte oder kurzspanende Werkstoffe			weiche und zähe oder langspanende Werkstoffe
Spitzenwinkel	118°	130°	80°	118°	130°	130°
Werkstoffbeispiele	unlegierter und niedriglegierter Stahl, Gusseisen	Kupferlegierungen hoher Festigkeit	Thermoplaste	hochlegierter Werkzeugstahl	Hartguss	Kupfer, Kupferlegierungen geringer Festigkeit, Blei, Zinn, Aluminium, Aluminiumlegierungen

■ **Drehzahl beim Bohren**

■ **Schnittgeschwindigkeit**
Wegstrecke in m, die von der Schneidenecke in 1 min zurückgelegt wird.

z. B.

Bohrerdurchmesser 9 mm, Schnittgeschwindigkeit 25 $\frac{\text{m}}{\text{min}}$.
Welche Drehzahl ist zum Bohren einzustellen?

Die errechnete Drehzahl kann i. Allg. nicht genau eingestellt werden.
Es ist dann die *nächst kleinere* mögliche Drehzahl einzustellen.

$$n = \frac{1000 \cdot v_C}{\pi \cdot d}$$

$$n = \frac{1000 \cdot 25\,\frac{\text{m}}{\text{min}}}{\pi \cdot 9\text{ mm}}$$

$$n = 884{,}6\,\frac{1}{\text{min}}$$

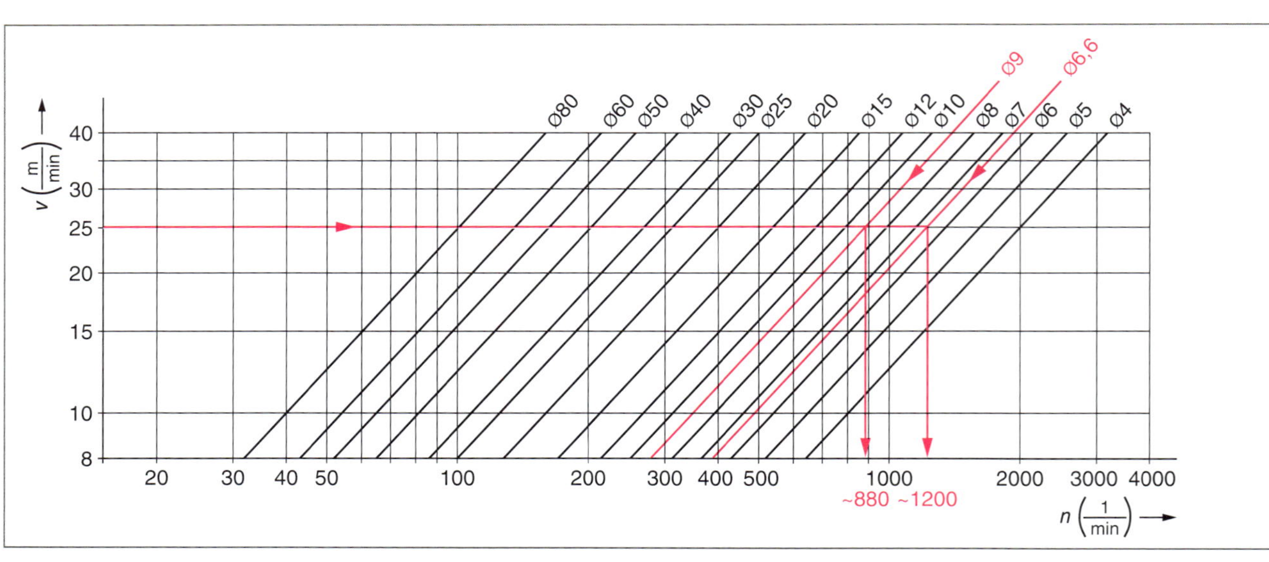

Bild 70 Drehzahlschaubild

Faustformel zur Drehzahlermittlung

Baustahl: $n = \frac{7000}{d}$

Edelstahl: $n = \frac{3500}{d}$

d ist der Bohrerdurchmeser

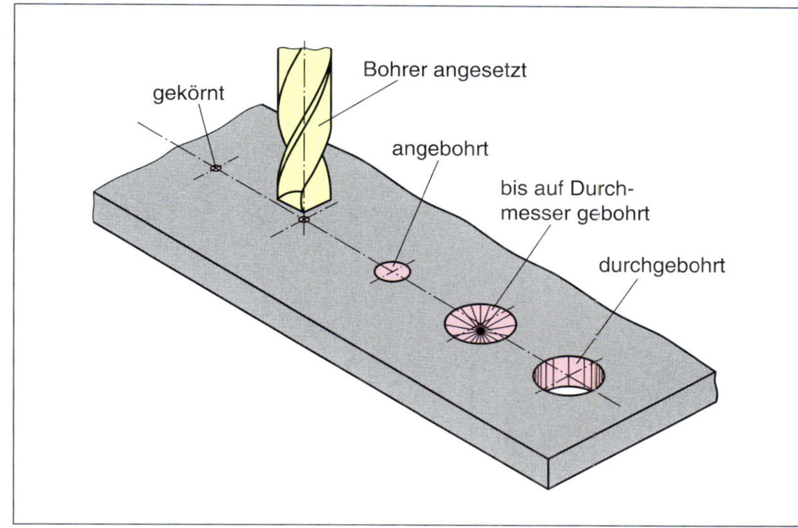

Bild 71 Arbeitsschritte beim Bohren

Arbeitsschritte beim Bohren (Bild 71)

- Bohrer mit seinem zylindrischen Schaft bis zum Anschlag in das Bohrfutter schieben und zentrisch einspannen.
- Es dürfen nur scharfe Bohrer eingesetzt werden.
- Vor dem Bohrvorgang ist der Rundlauf zu prüfen.
- Nach Einschalten der Bohrmaschine die Körnung nach Augenmaß unter die Bohrerspitze platzieren.
- Bohrerspitze einspielen lassen.
- Bohrung zunächst nur anbohren.
- Bohrvorgang unter Verwendung von Kühlschmiermittel fortsetzen.
- Eine gleichmäßige Vorschubkraft ist ebenso unverzichtbar, wie das häufige Unterbrechen der Vorschubkraft als spanbrechende Maßnahme.
- Beim Durchbohren ist die Vorschubkraft zu verringern, um ein Verhaken des Bohrers zu vermeiden.

Vorsicht!

- Vor Einschalten der Bohrmaschine sind Leitungen und Stecker auf einwandfreien Zustand zu prüfen.
- Eng anliegende Kleidung tragen.
- Bei langen Haaren ist ein Haarnetz oder eine Kopfbedeckung zu tragen.
- Bohrspäne dürfen nur mit einem Pinsel oder Besen entfernt werden.
- Werkstücke und/oder Maschinenschraubstöcke sind gegen Herumreißen zu sichern.
- Beim Bohren ist stets eine Schutzbrille zu tragen.
- Beim Bohren auf Ständer- oder Tischbohrmaschinen dürfen keine Handschuhe getragen werden.

Bohren von Grundlöchern

Grundlöcher sind Bohrungen, die nur bis *zu einer bestimmten Tiefe* in das Werkstück gebohrt werden.

Um die **Lochtiefe** einzuhalten, wird nach **Anschlag** oder nach **Skale** gebohrt.

Zu beachten ist, dass die in der Zeichnung angegebene Lochtiefe *ohne* die Bohrerspitze gilt.

Es muss also zunächst die **gesamte Bohrtiefe** berechnet werden.

Bohrtiefe L = Lochtiefe l + Bohrerspitze l_a

Für die Bohrerspitze wird mit $l_a = 0{,}3 \cdot$ Bohrerdurchmesser d_1 gerechnet.

Beispiel

Lochtiefe $l = 10$ mm, Bohrerdurchmesser $d_1 = 5$ mm

Bohrtiefe:

$L = l + l_a$

$L = 10\text{ mm} + 1{,}5\text{ mm} = 11{,}5\text{ mm}$

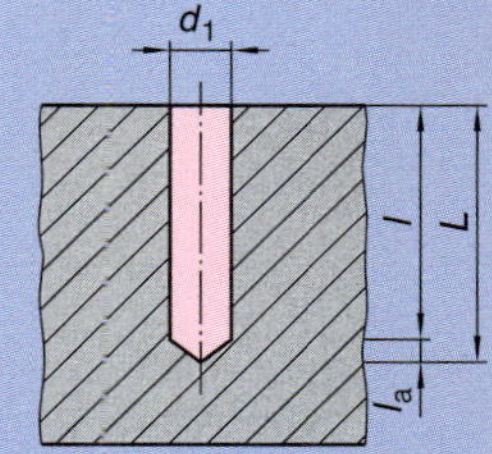

Vorbohren und Aufbohren

Beim Bohren mit *höheren Durchmessern* in den *vollen Werkstoff* kommt es häufig vor, dass sich die Bohrerspitze beim Anbohren *nicht* in die Körnung des Anrisses einspielt, weil die *Querschneide* des Bohrers zu groß ist.

Die Bohrung ist dann *zum Anriss versetzt.* Außerdem kann der Bohrer *verlaufen*, weil die Querschneide *nicht schneidet*, sondern nur *schabt.*

Abhilfe: *Vorbohren* und anschließendes *Aufbohren* der Löcher.

Vorbohren

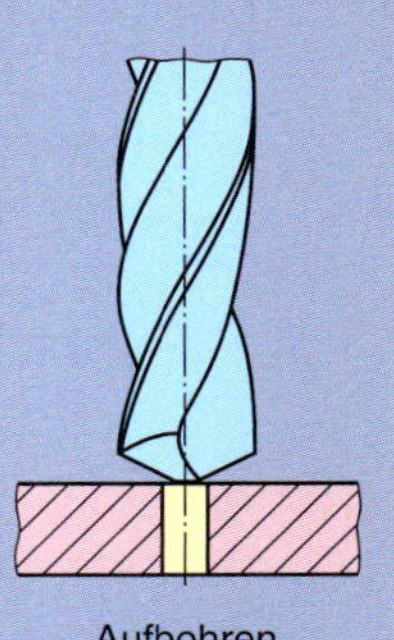

Aufbohren

■ **Nachschleifen**
der Bohrerschneiden sollte nur mit Spiralbohrer-Schleifvorrichtungen oder Spiralbohrer-Schleifmaschinen durchgeführt werden.

Vorbohren und Aufbohren

Der *erste Bohrer*, der in den vollen Werkstoff bohrt, soll nur *einen geringfügig größeren Durchmesser* haben, als die *Querschneide* des nachfolgenden Bohrers *lang ist*.

Dadurch wird die *Querschneide* des *Vorbohrers* kurz gehalten und die notwendige *Vorschubkraft* für das nachfolgende Aufbohren erheblich verringert.

Aufbohrer

Zum *Reiben* können die Bohrungen durch einen weiteren Bohrvorgang mit einem speziellen *Aufbohrer* sehr gut vorbereitet werden; wesentlich glattere Bohrungswand als bei Verwendung eines Spiralbohrers.

■ **Senken**

Senken
counterboring, counter-sinking

Senker
countersink, counterbores

Kegelsenker
rose bit

Aufstecksenker
shell drill

Entgraten

Beim Bohren entsteht an *beiden Seiten* des Bohrlochs ein **Grat**, der entfernt werden muss.

Dazu wird ein **Kegelsenker** mit einem **Spitzenwinkel** von 60° oder 90° verwendet.

Der **Senker** wird wie der Bohrer in das Bohrfutter gespannt.

Die **Drehzahl** zum Senken ist *wesentlich niedriger* als zum Bohren, etwa 100 $\frac{1}{\text{min}}$.

Nachdem die Senkerspitze in die Bohrung eingespielt ist, wird der Grat durch geringen Vorschub entfernt.

Dabei soll nur eine kleine **Fase** von etwa 0,3 bis 0,5 mm entstehen.

Ein zu großer Grat wird vorher mit der **Feile** entfernt.

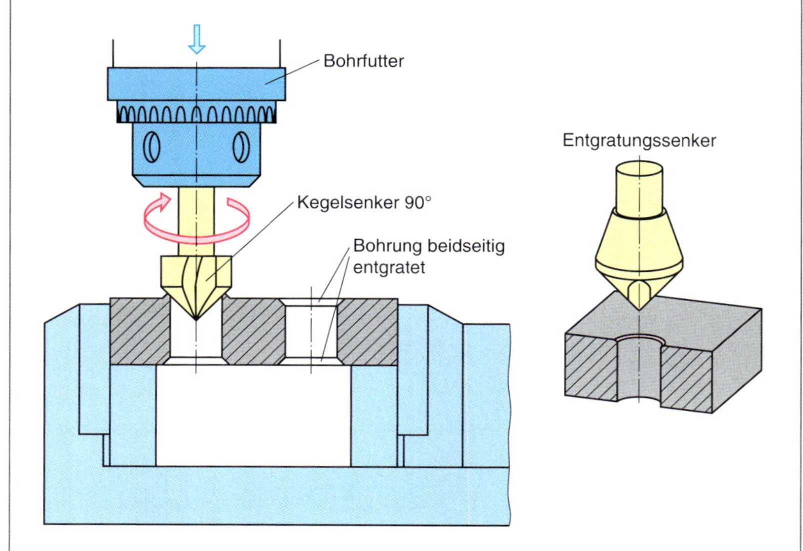

Bild 72 Entgraten

Kegelige Ansenken

Zur Aufnahme von **Senkschrauben** werden kegelige Ansenkungen benötigt; **Senkwinkel** 90°.

Nur mit *geringen Drehzahlen* arbeiten (1/4 bis 1/5 der Bohrerdrehzahl). Zu hohe Drehzahlen zerstören den Senker und erzeugen **Rattermarken**.

Der Schraubenkopf darf nicht an der Werkstückfläche überstehen (Bild 73).

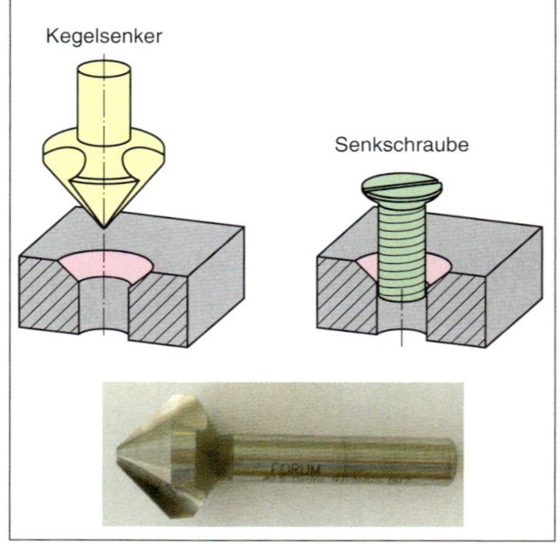

Bild 73 Kegeliges Ansenken

Zylindrisches Einsenken

Um Zylinderkopfschrauben oder Innensechskantschrauben aufnehmen zu können, ist ein *zylindrisches Einsenken* (Flachsenken) notwendig (Bild 74, Seite 101).

Diese Einsenkungen werden mit einem **Flachsenker** gefertigt. Der Flachsenker hat immer einen Führungszapfen und maximal 4 Schneiden. *Schnittgeschwindigkeit* ca. 5 m/min.

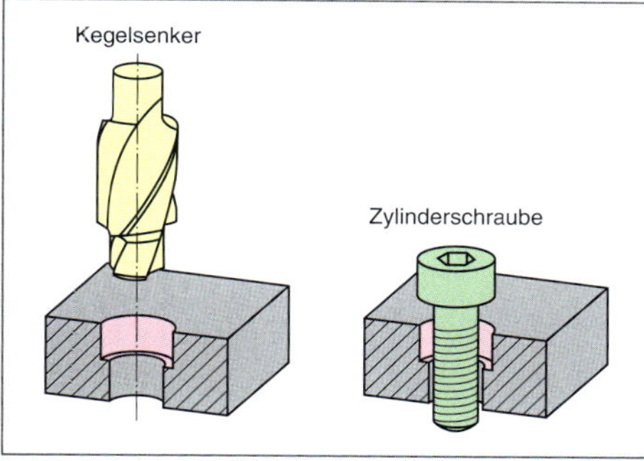

Bild 74 *Zylindrisches Einsenken*

- Die Bezugsebene zum Senken ist die Werkstückoberfläche.
- Der Führungszapfen des Flachsenkers wird bei stillstehender Bohrspindel in die Bohrung eingespielt.
- Die Bohrspindel wird so weit abgesenkt, bis die Schneiden des Senkers die Werkstückoberfläche berühren. Dies ist die „Nullstellung", von der aus nach der Maßskale gesenkt wird.
- Bohrmaschine erst einschalten, wenn der Senker zurückgenommen ist und der Führungszapfen sich nicht mehr in der Bohrung befindet.

Prüfung

1. Für jedes spanende Verfahren gibt es besonders günstige Schnittgeschwindigkeiten, aus denen die einzustellende Drehzahl errechnet werden kann.
In Baustahl soll gebohrt und gesenkt werden.

Geben Sie Schnittgeschwindigkeiten an.

2. Welche Arbeitsschritte sind beim Bohren notwendig?

Geben Sie diese in der richtigen Reihenfolge an.

3. Beim Flachsenken nach Maßskale der Maschine haben Sie die gewünschte Senktiefe nicht erreicht.

Woran kann das liegen?

4. Welche Maßnahmen des Unfallschutzes sind bei Arbeiten an der Bohrmaschine zu beachten?

5. Wie werden Bohrungen und Senkungen gemessen?

6. Welche Aufgaben hat das Kühlschmiermittel beim Bohren?

Messungen

Vor dem Messen müssen Bohrungen und Senkungen **entgratet** sein. Schmutz und Späne müssen entfernt werden.

Senktiefe messen

Zur Messung der Senktiefe können der **Messschieber** mit seiner Tiefenmessstange und der **Tiefenmessschieber** verwendet werden.

a) Beim Messen mit dem Taschenmessschieber ist darauf zu achten, dass die Tiefenmessstange *senkrecht* gehalten wird. Am besten gelingt dies, wenn die Stange an der Wand der Senkung anliegt.

b) Beim Messen mit dem Tiefenmessschieber muss die *Brücke* gut aufliegen. Die Schiene steht dann automatisch senkrecht zur Bezugsfläche.

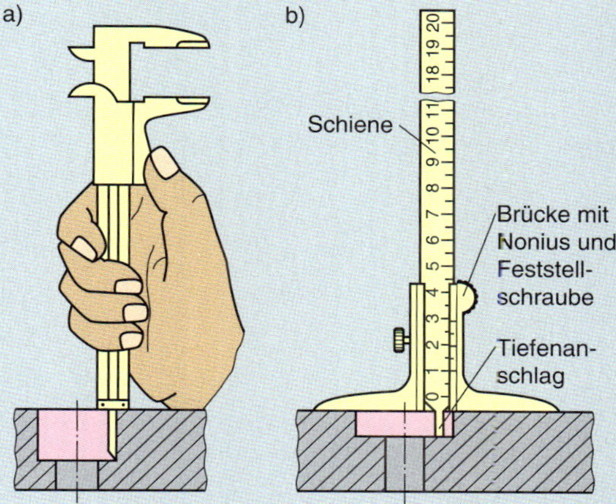

Bohrungsdurchmesser messen

Bei Bohrungen bis 10 mm Durchmesser ist der **Messschieber** mit schneidenförmigen Messflächen für Innenmessung (Kreuzschnabel) geeignet.

Eine Bohrung über 10-mm-Durchmesser kann auch mit einem Messschieber gemessen werden, der gerundete Messflächen für Innenmessungen hat.

Dann müssen zum abgelesenen Messwert noch 10 mm für die Breite der beiden Messflächen addiert werden.

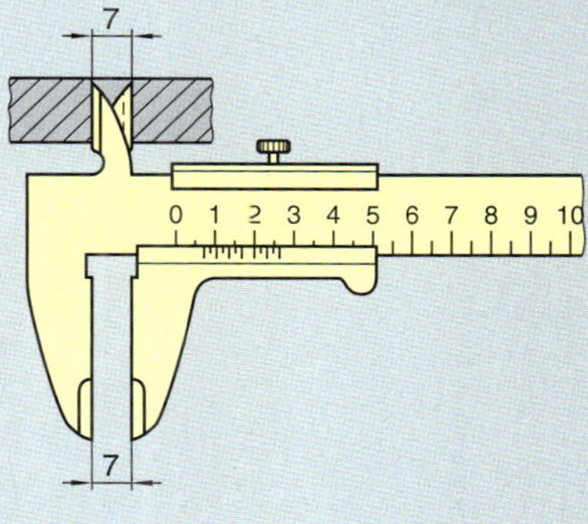

Bohrungsabstand messen

Der Bohrungsabstand kann *nicht direkt* gemessen werden, weil der Bohrungsmittelpunkt *nicht* mit dem Messschieber erfasst werden kann.

Man misst deshalb mit den *schneidenförmigen Messflächen* für **Außenmessungen** den *kleinsten* Abstand der Bohrungswand von der Bezugsfläche und zählt den Bohrungsdurchmesser hinzu.

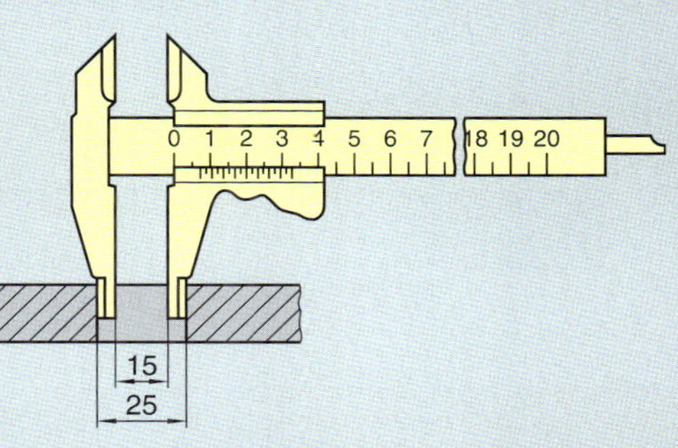

■ **Reiben**
Aufbohren mit geringer Spanungsdicke zur Erhöhung der Oberflächengüte.

Reiben

Um die Adapterplatte bei der Montage gegen *Verdrehung* zu sichern, werden **Passstifte** in die Platte eingepresst.

Damit die **Stifte** mit ihrer hohen *Maß- und Formgenauigkeit* in die Platte gepresst werden können, muss die *Bohrung* in der Platte entsprechend *nachbehandelt* werden.

Hierfür wurde das Fertigungsverfahren **Reiben** ausgewählt.

■ **Adapterplatte**
→ 33

■ **Toleranz**
→ 110

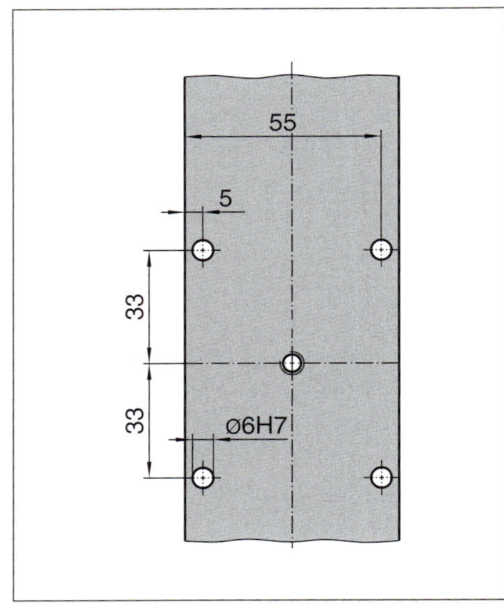

Bild 75 *Maßangabe mit Toleranz*

■ **Reiben**

Die mit einem Spiralbohrer gefertigten Bohrungen haben eine *raue Oberfläche* und *große Toleranzen*.

Zum **passgenauen Fügen** mit Verbindungselementen (z. B. Zylinderstifte) müssen Bohrungen *nachbearbeitet* werden.

Um eine *maß-* und *formgenaue* Bohrung herzustellen, setzt man das Fertigungsverfahren **Reiben** ein.

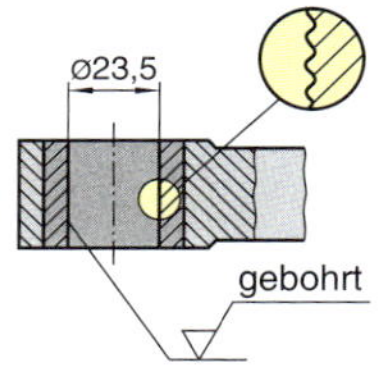

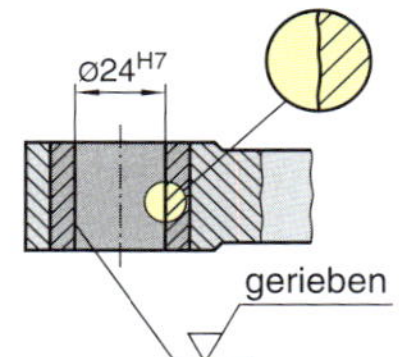

Bohrungsdurchmesser	bis 5 mm	5 – 10 mm	10 – 20 mm	über 20 mm
Bearbeitungszugabe bezogen auf Ø	0,1 mm	0,1 – 0,2 mm	0,2 – 0,3 mm	0,3 – 0,5 mm

Soll eine Bohrung *aufgerieben* werden, muss der Bohrungsdurchmesser vor dem Reiben um die *Bearbeitungszugabe geringer* sein.

Das Fertigungsverfahren ist spanend, wobei die Spanabnahme *gering* ist.

Je nach Werkstoff, Werkzeug und Bohrungsdurchmesser beträgt die Spandicke mehrere Hundertstelmillimeter.

Die **Bearbeitungszugabe** beim Reiben liegt zwischen 0,1 mm und 0,5 mm.

Die *Schnittbewegung* ist *kreisförmig*, die *Vorschubbewegung* verläuft *geradlinig zur Werkzeugachse*.

Um die gewünschte **Oberflächengüte** zu erreichen, muss die Schnittgeschwindigkeit *kleiner* als beim Bohren gewählt werden.

Die Spanabnahme erfolgt **schabend** am Umfang des Werkzeuges.

Durch das Reiben erhält man Bohrungen mit dem **Toleranzgrad** 7 (z. B. 6H7).

Reibahlen werden mit *ungleicher Teilung* und *gleicher Schneidenzahl* gefertigt.

Es liegen immer zwei Schneiden gegenüber. Die ungleiche Teilung wird durch ungleiche Winkel zwischen den Schneiden erreicht. Durch die *ungleiche Schneidenteilung* wird eine bessere Oberfläche erreicht.

Unebenheiten in der Bohrung werden durch das **Reiben** beseitigt.

Eine harte Fehlstelle im Werkstoff würde eine Schneide wegdrücken. Bei gleicher Zahnteilung könnte eine solche Fehlstelle nicht beseitigt werden.

Die Schneiden könnten sich in die Vertiefung einhaken und **Rattermarken** hervorrufen.

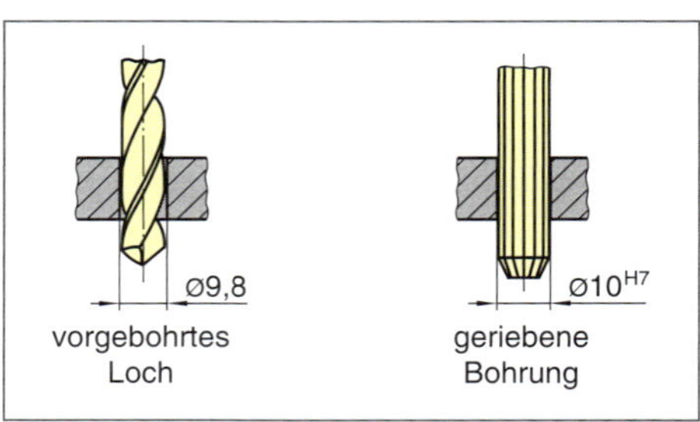

Bild 76 *Reiben*

Durch ungleiche Teilung werden **Rattermarken** vermieden.

Die **Oberflächengüte** kann durch Zugabe eines geeigneten **Kühlschmiermittels** verbessert werden.

Beim Reiben ist das *Schmieren* wesentlich *wichtiger* als das *Kühlen*. Daher ist **Schneidöl** besser geeignet als Bohremulsion.

Beim Reiben erhält man eine **hohe Oberflächengüte** durch

- Werkzeuge mit mehreren Schneiden
- Schneidkeile mit schabender Wirkung
- niedrige Schnittgeschwindigkeit
- Zugabe von Kühlschmiermittel

Reibahlen

Hand-Reibahlen und Maschinenreibahlen unterscheiden sich im Wesentlichen in zwei Punkten:

- **Ausführung des Schaftes**
  Handreibahlen haben am Schaftende einen Vierkant (Windeisen).
- **Ausführung des Anschnitts**
  Die *Handreibahlen* haben einen langen, kegeligen Anschnitt mit schmalen Führungsfasen, damit sie von Hand gut geführt werden können.
  Bei *Maschinenreibahlen* genügt wegen der Führung durch die Bohrmaschine ein kurzer Anschnitt ohne Führungsfasen.

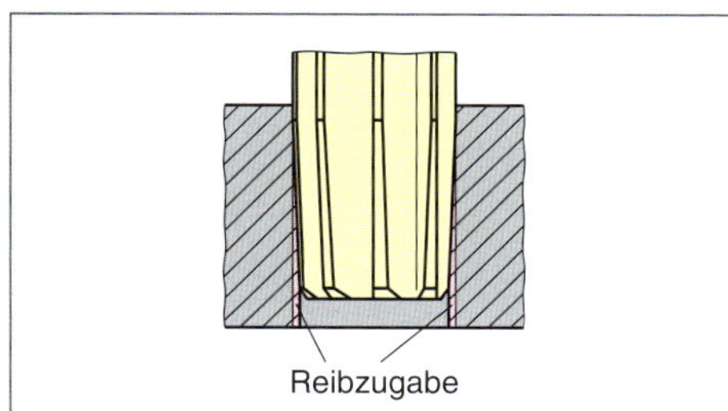

Bild 77 Bearbeitungszugabe zum Reiben

Bild 78 Reibahle

Reiben von Hand

- Handreibahle in das Windeisen einsetzen.
- Reibahle rechtwinklig zum Werkstück in die Bohrung einführen.
- Reibahle durch Drehen im Uhrzeigersinn anschneiden lassen.
- Unter gleichem Druck beider Hände die Reibahle langsam und gleichmäßig winden.
- Schneidöl verwenden.
- Beim Zurücknehmen der Reibahle aus der Bohrung ist die Reibahle stets in Schnittrichtung zu drehen, damit keine Späne einklemmen und die Oberfläche der Bohrungswand beschädigen.

> Reibahle niemals *gegen* den Uhrzeigersinn drehen, da sonst die Schneiden ausbrechen.

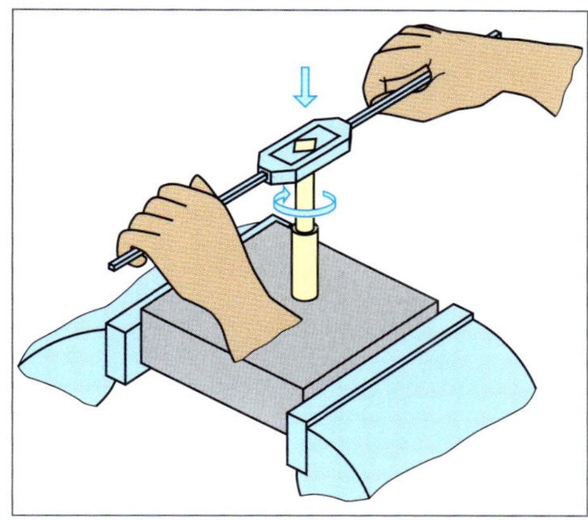

Bild 79 Reiben

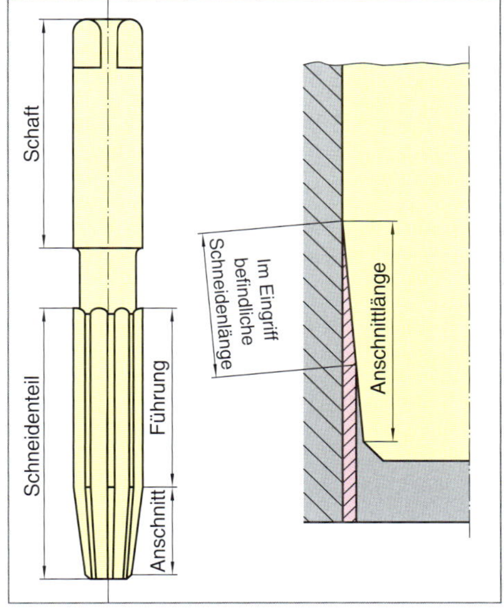

Bild 80 Handreibahle

■ Reibahlen

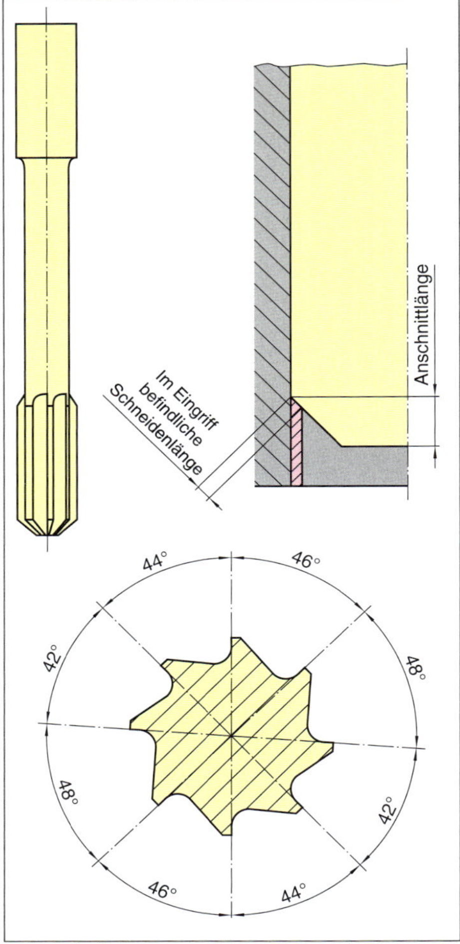

Bild 81 *Maschinenreibahle*

■ Aufgabenlösungen

TB

• christiani-berufskolleg.de

Reiben mit der Maschine

- Kleine Drehzahl wählen (ca. ein Drittel der Bohrerdrehzahl).
- Vor dem Einschalten der Maschine die Reibahle vorsichtig in die Bohrung einführen.
- Schneidöl verwenden.
- Mit gleichmäßigem Vorschub reiben.

Prüfung der Bohrung

Die **Maßhaltigkeit** einer *geriebenen Bohrung* kann mit einem **Grenzlehrdorn** geprüft werden.

Die **Gutseite** mit dem längeren Prüfzylinder weist das **Mindestmaß** auf. Sie muss sich *ohne Kraftaufwand* in die Bohrung einführen lassen.

Die **Ausschussseite** mit dem **Höchstmaß** hat den kürzeren Prüfzylinder und ist zusätzlich mit einem **roten Farbring** gekennzeichnet. Diese Seite darf *nicht* in die Bohrung passen, sondern nur anschnäbeln.

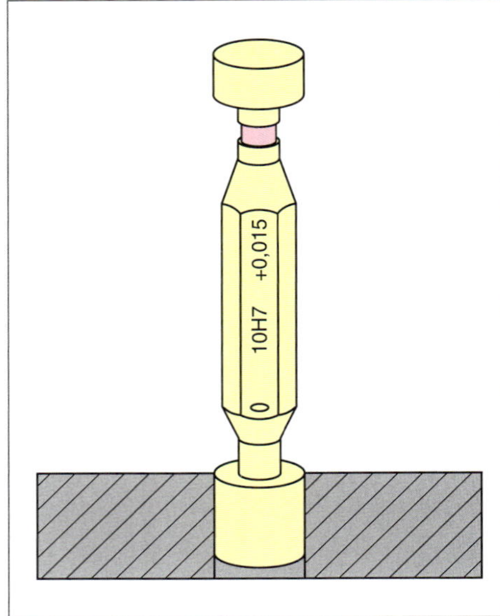

Bild 82 *Prüfen mit dem Grenzlehrdorn*

Prüfung

1. Wie groß muss die Bearbeitungszugabe beim Reiben sein?

2. Welche Werkzeuge werden zum Reiben eingesetzt?

3. Was versteht man beim Reiben unter Rattermarken?

4. Das Reiben erfolgt mit geringer Spanabnahme.

Welche Schnittgeschwindigkeit ist dabei zu wählen?

5. Was bedeutet die Zeichnungsangabe ∅24H7?

6. Macht der Einsatz eines Kühlschmiermittels beim Reiben Sinn?

7. Wodurch unterscheiden sich die einzelnen Hand-Reibahlen?

8. Beschreiben Sie die Vorgehensweise beim Reiben von Hand.

9. Wie kann die Maßgenauigkeit einer geriebenen Bohrung geprüft werden?

10. Welchen Vorteil haben drallgenutete Reibahlen?

Innengewinde schneiden

Um die Adapterplatte an der Strebe zu befestigen, hat man sich für das lösbare Verbindungsverfahren **Schrauben** entschieden.

In der Mitte der Adapterplatte soll eine Gewindebohrung mit der Bezeichnung M8 gefertigt werden.

M8: Metrisches Gewinde mit einem Bolzendurchmesser von 8 mm.

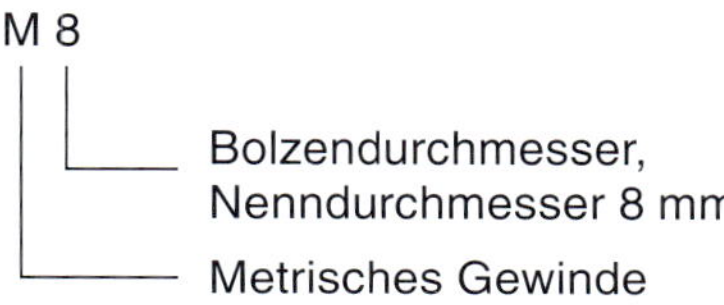

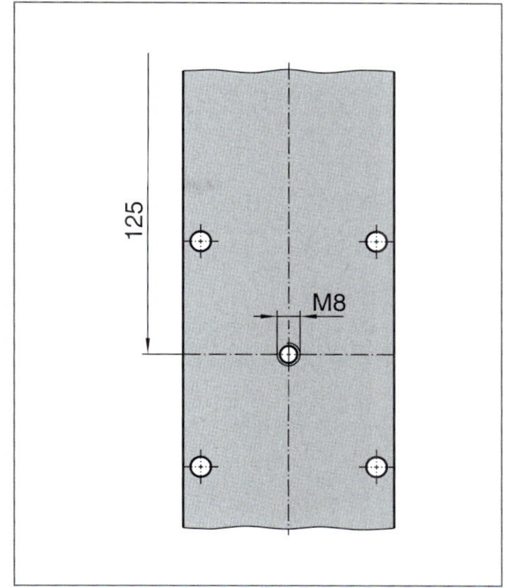

Bild 84 *Gewinde in Strebe*

■ **Adapterplatte, Strebe**
→ 33, 35

Metrisches ISO-Gewinde

Wird eine schiefe Ebene um einen zylindrischen Körper gewickelt, bildet die Schräge eine *wendelförmige* Linie, die **Schraubenlinie**.

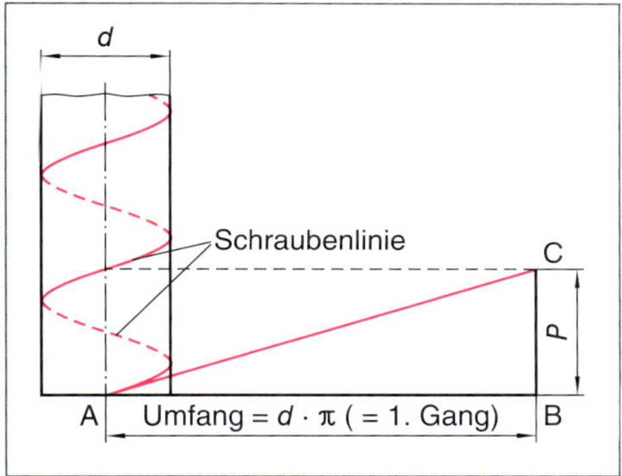

Bild 83 *Schraubenlinie*

■ **Gewindearten**

■ **ISO**
International Standard Organization, internationaler Normenausschuss

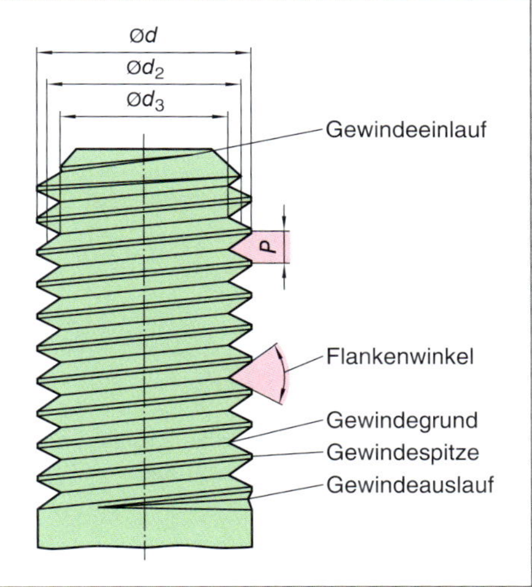

Bild 85 *Metrisches ISO-Gewinde*

■ **Gewindesteigung**
Abstand zwischen zwei Gewindegängen, die auf einer Schraube liegen.

Wird im Verlauf dieser Linie eine **Rille** mit bestimmter Form in das Werkstück geschnitten, entsteht ein **Außengewinde**.

Das *Grundprofil* des **Metrischen ISO-Gewindes** ist ein *gleichseitiges* Dreieck.

- d Nenndurchmesser des Gewindes. Außendurchmesser des Gewindes, der mit dem Messschieber gemessen werden kann.
- d_2 Flankendurchmesser des Außengewindes; liegt zwischen Außen- und Kerndurchmesser
- d_3 Kerndurchmesser des Außengewindes, als Rillengrund sichtbar
- P Gewindesteigung

Der **Flankenwinkel** ist bei metrischen ISO-Gewinden 60°, entsprechend den Winkeln eines *gleichseitigen Dreiecks.*

Gewindedarstellung

Der **Außendurchmesser** (Nenndurchmesser) wird als *breite Volllinie* gezeichnet.

Der **Kerndurchmesser** wird durch eine *schmale Volllinie* dargestellt.

Die **Gewindelänge** wird durch eine *breite Volllinie* begrenzt.

Die angegebene **Gewindelänge** schließt die **Fase** oder die **Kuppe** am Gewindeanfang mit ein.

Der **Gewindeauslauf** liegt i. Allg. *außerhalb* der Maßangabe und wird nicht dargestellt.

Bild 86, Seite 106 zeigt eine solche Gewindedarstellung.

■ **Gewindedarstellung**

■ **Gewinde**

Gewindeschneiden
thread cutting

Gewindeschneiden von Hand
thread cutting manually

Innengewindeschneiden
cutting internal threads

Innengewinde
internal threads

Außengewinde
external threads

Gewindeauslauf
screw thread runout

Mittelpunkt
centre point

Tiefe
depth

Gewindebohrer
screw tap

Gewindedurchmesser
thread diameter

Gewindegang
pitch of screw

Gewindekern
root of thread, thread core

Gewindelänge
lenght of thread

Gewindeschneider
threader

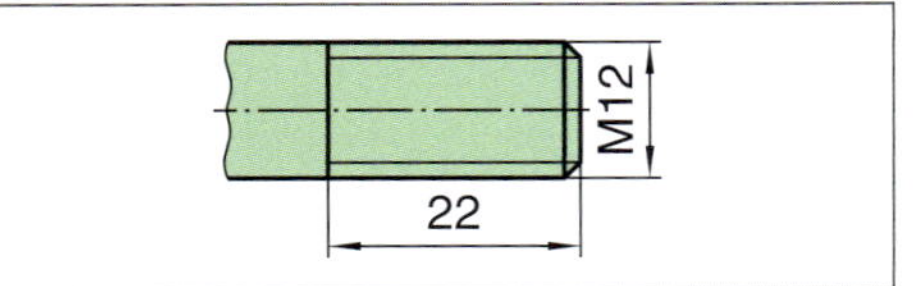

Bild 86 *Gewindedarstellung*

Schneideisen

Außengewinde können *von Hand* mit genormten **Schneideisen** gefertigt werden.

Das Schneideisen ist auf beiden Seiten mit einem *Anschnitt* versehen, sodass es beidseitig verwendet werden kann.

Anschnitt: Genormte 60°-Senkung, Anschnittlänge ≈ $1\frac{1}{2}$ Gewindegänge.

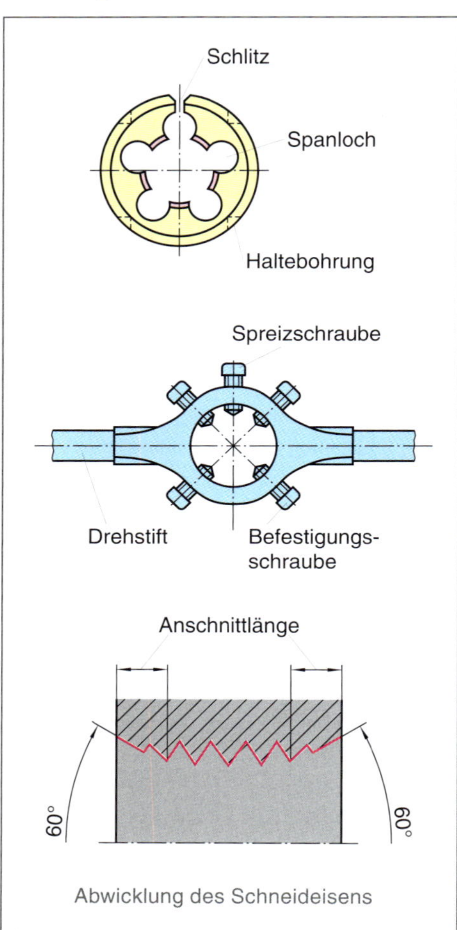

Bild 87 *Außengewinde von Hand schneiden*

Ein *guter Spanabfluss* ist wichtig für das Erreichen *glatter Gewindeflanken* und *kleine Drehkräfte* beim Schneidvorgang.

Die **Spanlöcher** dienen dem Spanabfluss.

Schneideisenhalter

Ermöglicht die *Aufnahme* des Schneideisens und seinen Gebrauch.

Die **Spreizschraube** muss in den Schlitz ragen und die **Befestigungsschrauben** müssen in die entsprechenden *Haltebohrungen* am Schneideisen eingreifen und angezogen werden.

Gewindeschneiden von Hand

- Um ein maßhaltiges und sauberes Gewinde zu erreichen, muss der Bolzen je nach Werkstück bis zu 0,2 mm kleiner als der Nenndurchmesser des Gewindes sein.

  Das Schneideisen drückt nämlich beim Schneiden etwas Werkstoff nach außen, sodass der Außendurchmesser des fertigen Gewindes größer als der Nenndurchmesser des Bolzens ist.

- Damit das Schneideisen gut angreifen kann, wird der Bolzen an den Gewindeanfängen durch Feilen entweder mit einer Kegelkuppe oder einer Linsenkuppe versehen.

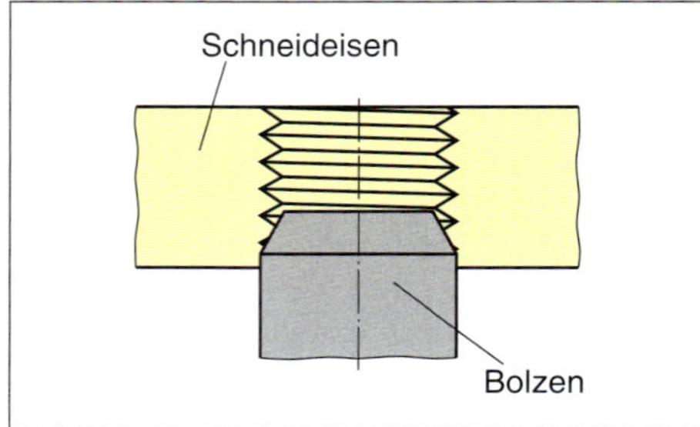

Bild 88 *Bolzen mit Kegelkuppe*

- Schneideisen(halter) rechtwinklig zur Werkstückachse aufsetzen.

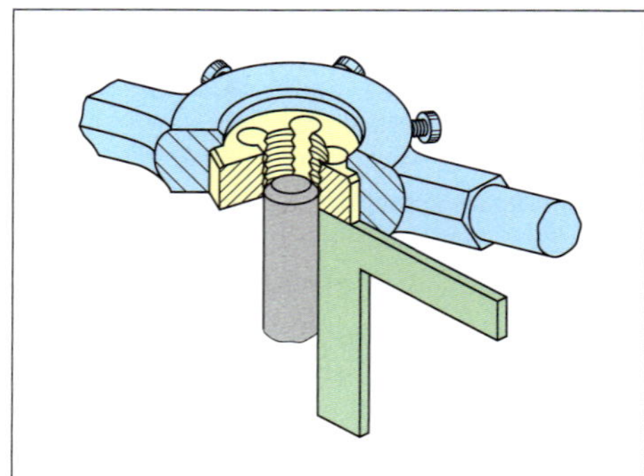

Bild 89 *Aufsetzen des Schneideisens*

- Durch gleichmäßiges Drehen im Uhrzeigersinn und unter gleichmäßigem Druck das Gewinde anschneiden.

- Nach Anschnitt der ersten Gewindegänge Druck auf Schneideisenhalter verringern. Die vorhandenen Gewindegänge übernehmen nun Führung und Vorschub.
- Jeweils nach einer ganzen Umdrehung des Schneideisens durch eine halbe Drehung entgegen dem Uhrzeigersinn die Späne brechen, die dadurch abfallen.
- Geeigneten Kühlschmierstoff (Schneidöl) verwenden. Dadurch werden Oberflächengüte und Sauberkeit der Gewindeflanken verbessert.

Prüfen und Messen

- Der Außendurchmesser kann direkt mit dem Messschieber gemessen werden.

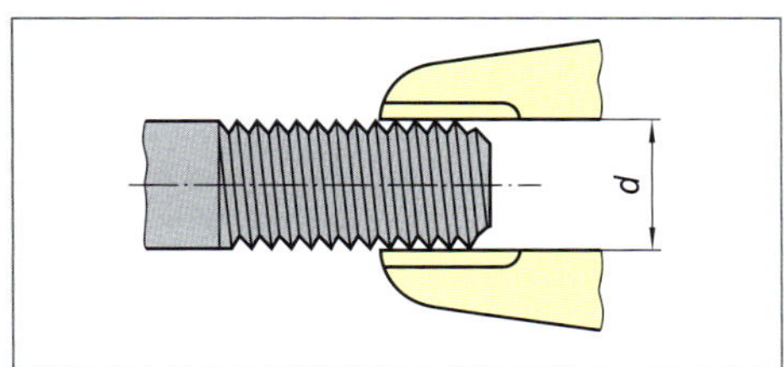

Bild 90 Messung des Außendurchmessers

- Die Steigung *P* kann mit dem Messschieber kontrolliert werden. Es wird über mehrere Gewindespitzen gemessen. Der abgelesene Wert wird durch die Anzahl der Spitzenabstände geteilt.

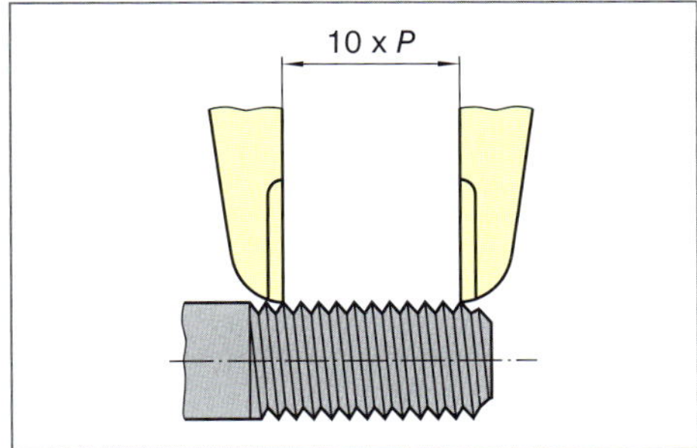

Bild 91 Messung der Steigung

- Mit der Gewindeschablone können Gewinde auf Steigung und Flankenwinkel gleichzeitig geprüft werden.

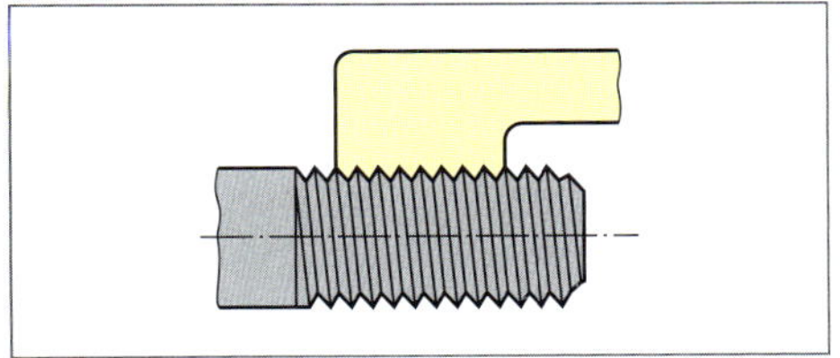

Bild 92 Messung mit der Gewindeschablone

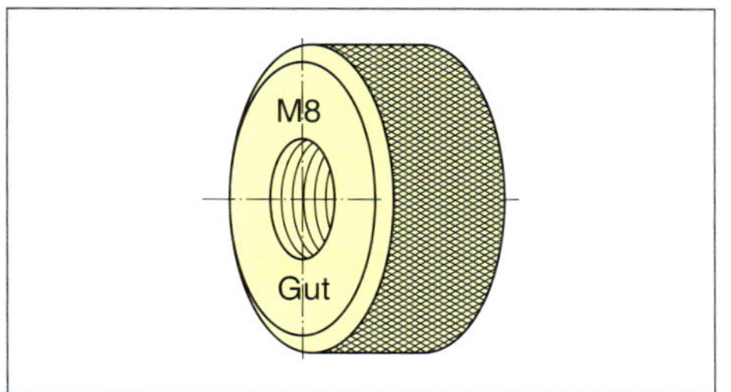

Bild 93 Gewinde-Gutlehrring

- Gewinde-Gutlehrringe erfassen mehrere Gewindefehler in ihrer Gesamtwirkung. Sie sollen über die gesamte Gewindelänge nahezu spielfrei, ohne Klemmen oder Wackeln, laufen.

  Dabei werden Außen-, Flanken- und Kerndurchmesser geprüft.

  Wenn sich ein Ausschusslehrring auf das Gewinde aufschrauben lässt, ist der geprüfte Gewindedurchmesser zu klein. Das Gewinde ist Ausschuss.

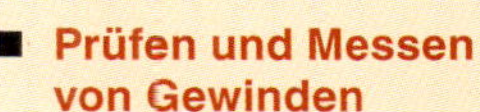

■ **Prüfen und Messen von Gewinden**

Vorsicht!
Verschüttetes Schneidöl sofort aufwischen!

Metrische Innengewinde

Metrische Innengewinde können *von Hand* mit **Satzgewindebohrern** hergestellt werden.

Ein **Gewindebohrersatz** besteht aus *drei* Gewindebohrern mit unterschiedlichen Schneidteilen.

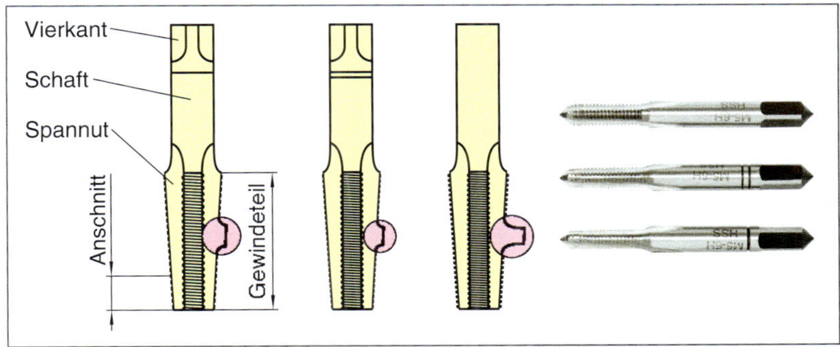

Bild 94 Gewindebohrersatz

- **Vorschneiden**
  Einen Ring am Schaft. Langer, schlanker Anschnitt, Anschnittlänge 5 Gewindegänge. Die Schneiden sind kurz, weil sie das Gewinde nur *vorschneiden* sollen.

- **Mittelschneider**
  Zwei Ringe am Schaft. Anschnittlänge 3,5 Gewindegänge. Die Schneiden sollen das vorgeschnittene Gewindeprofil vertiefen.

- **Fertigschneider**
  Kein Ring am Schaft. Anschnittlänge 2 Gewindegänge. Schneidet das Gewindeprofil fertig.

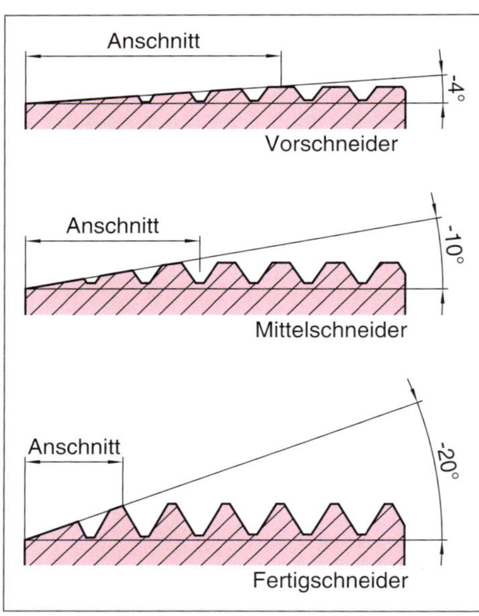

Bild 95 Schneidteile der Gewindebohrer

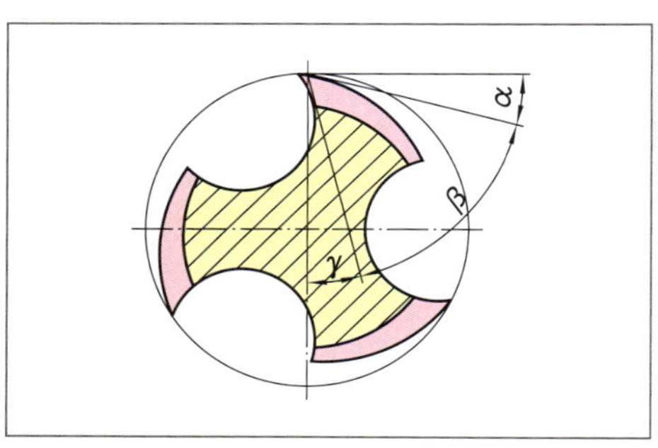

Bild 96 Anschnitt des Gewindebohrers

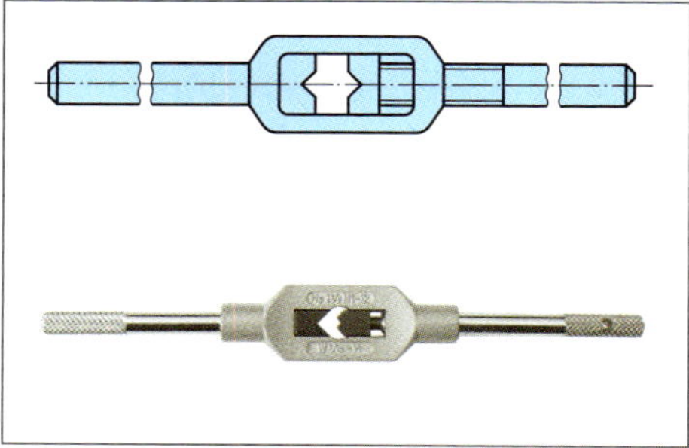

Bild 97 Windeisen, einstellbar, zweiarmig

Die Zahl der **Spannuten** am Gewindebohrer kann *gerade* oder *ungerade* sein. Das *Spanen* erfolgt im Bereich des *Anschnitts*.

Der hintere Teil des Schneidteils dient der *Führung* und der *Vorschubbewegung* sowie dem Glätten der Gewindeflanken.

Daher ist der *Freiwinkel* α an den Schneiden auch nur im Anschnitt angeschliffen. *Keilwinkel* β und *Spanwinkel* γ sind im gesamten Schneidteil vorhanden.

Windeisen

Das **Windeisen** wird auf den *Vierkant* des Gewindebohrers aufgesetzt. Oftmals wird ein einstellbares, zweiarmiges Windeisen eingesetzt (Bild 97).

Herstellung eines Innengewindes

Zunächst ist eine so genannte **Kernlochbohrung** notwendig. Informationen über die erforderlichen *Gewindeabmessungen* und den passenden *Kernlochdurchmesser* finden sich im Tabellenbuch.

Der *Kernlochdurchmesser* für die mit *M8* bezeichnete Bohrung beträgt *6,8 mm*.

Grundsätzlich gilt:

Kernlochdurchmesser
= 0,8 · Gewinde-Nenndurchmesser
+ 0,2 bis 0,5 mm Zugabe

Die *Zugabe* steigt mit der Gewindegröße.

Prüfung

1. Erläutern Sie folgende Fachbegriffe für Gewinde:

a) Flankenwinkel
b) Steigung
c) Gewindetiefe
d) Kerndurchmesser

2. Worauf ist beim Einlegen des Schneideisens in den Schneideisenhalter zu achten?

3. Warum wird am Gewindeanfang eine Kegel- bzw. Linsenkuppe gefertigt?

4. Welche Folge hat ein schief angesetztes Schneideisen?

5. Wie kann die Steigung eines Gewindes gemessen werden?

6. Es soll ein Gewinde M6 in Stahl gebohrt werden.
Wie groß ist das Kernloch zu bohren?

■ **Bohren**
→ 95

■ **Gewindebohren in Grundlöchern**
→ 110

■ **Aufgabenlösungen**

@ Interessante Links
- christiani-berufskolleg.de

Gewindebohren von Hand

- Kernloch beidseitig ansenken (Kegelwinkel 120°, Durchmesser etwas größer als Gewindedurchmesser).
  Diese „normalen Schwankungen“ sind fertigungsbedingt und i. Allg. in technischen Zeichnungen nicht dargestellt.
- Vorschneider (1 Ring) in das Windeisen einsetzen.
- Vorschneider in das vorbereitete Kernloch setzen und unter gleichmäßigem Druck beider Hände in die Bohrung drehen, bis er anschneidet. Bereits hierbei Schneidöl verwenden.
- Hat der Vorschneider ausreichend Halt im Kernloch, seine rechtwinklige Stellung zum Werkstück prüfen.

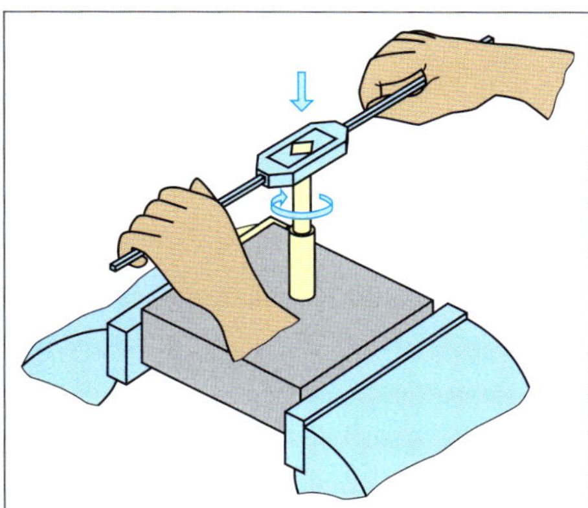

Bild 98 Gewindeschneiden von Hand

- Mittelschneider (2 Ringe) in Windeisen einsetzen.
- Mittelschneider genau in die vorgeschnittene Gewinderille aus dem ersten Schneidvorgang ansetzen, um das Gewindeprofil weiter auszuschneiden.
- Fertigschneider (kein Ring) in Windeisen einsetzen.
- Mit dem Fertigschneider erhält das Gewinde sein endgültiges Profil.

Beachten Sie:

Bei allen Schneidvorgängen ist darauf zu achten, dass die *Drehkraft* nicht zu *groß* wird.

Sonst könnte der Gewindebohrer abbrechen.

Durch *kurzzeitiges Zurückdrehen* des Gewindebohrers die *Späne brechen.*

Ruckartiges Weiterdrehen des Gewindebohrers vermeiden.

Einschnitt-Handgewindebohrer

Dieser **Gewindebohrer** hat eine gerade Spannut und einen längeren Schälanschnitt.

Er eignet sich besonders zum Schneiden von Durchgangsgewindebohrungen.

Mit diesem Werkzeug können Gewinde *in einem Schnitt* gefertigt werden.

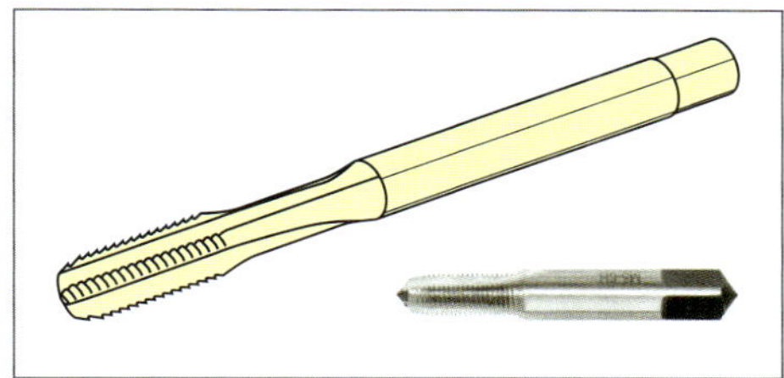

Bild 99 Einschnitt-Handgewindebohrer

Auch mit **Maschinengewindebohrern** werden Gewinde *in einem Schnitt* gefertig.

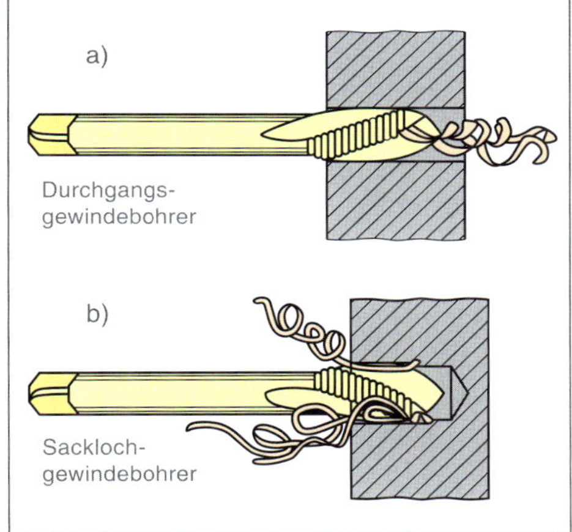

Bild 100 Maschinengewindebohrer

Zu Bild 100:

a) Maschinengewindebohrer mit Schälanschnitt für Durchgangsbohrungen.

b) Maschinengewindebohrer mit kurzem Anschnitt für Grundlochbohrungen.

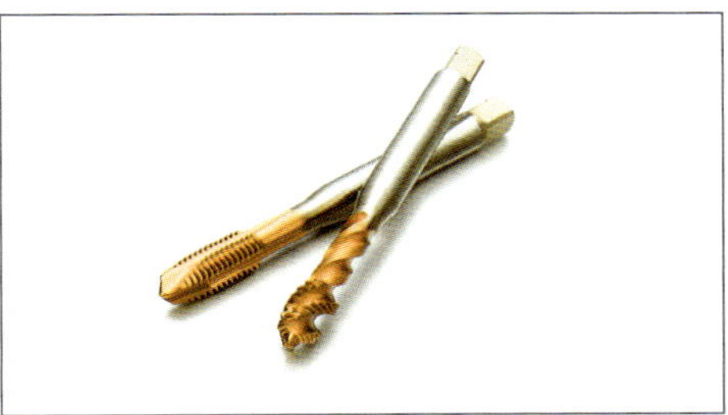

Bild 101 Gewindebohrer

■ Gewindebohren

Gewindebohren in Grundlöchern

Die in der **Zeichnung** angegebene Gewindetiefe ist die **nutzbare Gewindetiefe**. Soweit muss sich z. B. eine Schraube einschrauben lassen.

Das **Kernloch** wird stets *tiefer* als die angegebene **nutzbare Gewindelänge** gebohrt, weil:
- der Gewindebohrer zum Lochgrund noch einen Sicherheitsabstand haben soll,
- der Gewindeanschnitt zu berücksichtigen ist.

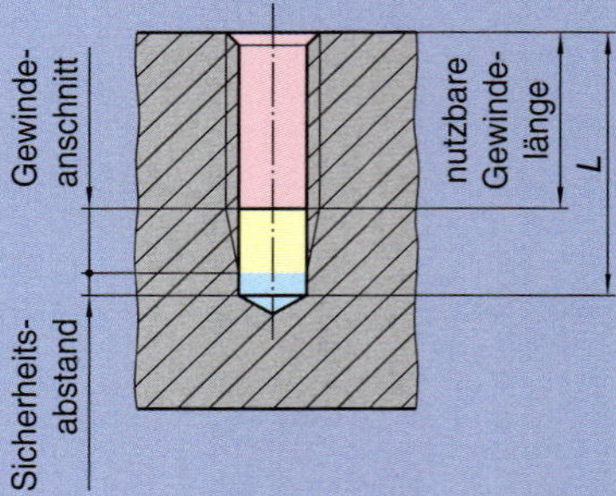

Beachten Sie:
- Gewindebohrer mit besonderer Vorsicht drehen, damit er nicht abbricht.
- Gewindebohrer nicht gegen den Grund des Kernlochs stoßen lassen.
- Bei Auftreten eines stärkeren Widerstandes den Gewindebohrer zurückdrehen.
- Schneidöl verwenden.

■ **Prüfung von Gewinden**

Gewindeprüfung

Verwendet wird ein **Gewinde-Grenzlehrdorn**.

Die **nutzbare Gewindelänge** wird auf dem Dorn markiert.

Nach dem *Einschrauben* wird dann kontrolliert, ob der **Markierungsstrich** mit der *Maßbezugsfläche* übereinstimmt.

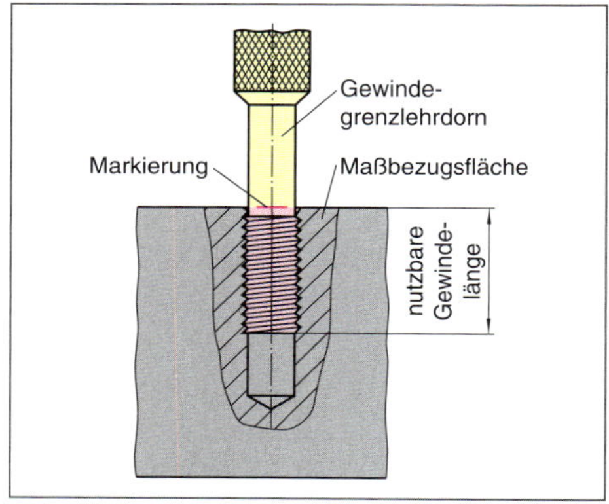

Bild 102 Gewindeprüfung

Grundsätzlich unterscheidet man zwischen **gut** (richtig gefertigt) und **Ausschuss** (Werkstück nicht zu gebrauchen). Allerdings ist unter Umständen eine **Nacharbeit** möglich.

■ **Toleranzfelder**

Nur selten wird ein Werkstück absolut **genau** gefertigt. In der Regel zeigen die Messergebnisse *Abweichungen* auf, die allerdings in einem bestimmten Rahmen auch **toleriert** werden.

Dieser Rahmen wird **Toleranzfeld** genannt.

■ **Allgemeintoleranzen**

Bei der gefertigten Strebe sind *keine Toleranzangaben* für die einzelnen Maße in der Zeichnung angegeben.

Nur der Hinweis auf die **Allgemeintoleranzen** nach DIN ISO 2768-1 ist im Zeichnungskopf zu finden.

Im Tabellenbuch findet man **Allgemeintoleranzen** für

- *Längenmaße*
- *Winkelmaße*
- *Rundungshalbmesser und Fasenhöhen, gebrochene Kanten*
- *Form und Lage*
- *Geradheit und Ebenheit*
- *Rechtwinkligkeit*
- *Symmetrie und Lauf*

■ **Toleranzen**

Zur Überprüfung der Strebe werden die **Allgemeintoleranzen für Längenmaße** benötigt.

■ **Maße und Toleranzen**
→ 114

Maße und Toleranzen

Nach Fertigung der Strebe müssen alle **Maße überprüft** werden. Dazu werden die *Werkstückmaße* mit den *Zeichnungsmaßen* verglichen.

Sollmaß: Zeichnung, **Istmaß**: Werkstück

Toleranzklassen DIN ISO 2768-1

	ab 0,5 bis 3	über 3 bis 6	über 6 bis 30	über 30 bis 120	über 120 bis 400	über 400 bis 1000	über 1000 bis 2000	über 2000 bis 4000
fein (f)	± 0,05	± 0,05	± 0,1	± 0,15	± 0,2	± 0,3	± 0,5	
mittel (m)	± 0,1	± 0,1	± 0,2	± 0,3	± 0,5	± 0,8	± 1,2	± 2,0
grob (c)	± 0,2	± 0,3	± 0,5	± 0,8	± 1,2	± 2,0	± 3,0	± 4,0
sehr grob (v)		± 0,5	± 1,0	± 1,5	± 2,5	± 4,0	± 6,0	± 8,0

■ **Toleranzangaben in Zeichnungen**

TB

Die **Allgemeintoleranzen** sind in folgende **Toleranzklassen** unterteilt:

- *fein* (z. B. Feinwerk- und Werkzeugbau)
- *mittel* (z. B. Maschinenbau)
- *grob* (z.B. Metallbau, Anlagenbau)
- *sehr grob* (z. B. Metallbau, Anlagenbau)

Zur Kontrolle der gefertigten Strebe wird für die Zeichnungsmaße (Seite 35) mithilfe der Tabelle die **zulässige Maßabweichung** ermittelt.

	über 3 bis 6	über 6 bis 30	über 30 bis 120	über 120 bis 400	über 400 bis 1000
fein (f)	± 0,05	± 0,1	± 0,15	± 0,2	± 0,3
mittel (m)	± 0,1	± 0,2	± 0,3	± 0,5	± 0,8
grob (c)	± 0,3	± 0,5	± 0,8	± 1,2	± 2,0
sehr grob (v)	± 0,5	± 1,0	± 1,5	± 2,5	± 4,0

Aus wirtschaftlichen Gründen soll die Fertigung **so genau wie nötig** und so **grob wie möglich** erfolgen.

In den *Zeichnungen* sind **Nennmaße** angegeben. **Grenzabmaße** geben die **zulässigen Abweichungen** von den Nennmaßen an.

Die *Eingrenzung* des **Toleranzbereichs** erfolgt durch das

- **untere Abmaß** EI

und das

- **obere Abmaß** ES.

- EI begrenzt die zulässige Abweichung vom Nennmaß nach unten.
- ES begrenzt die zulässige Abweichung vom Nennmaß nach oben.

Höchstmaß G_O

G_O = Nennmaß + ES

Mindestmaß G_U

G_U = Nennmaß + EI

Beispiel

G_O = 30 mm + (+ 0,2 mm) = 30,2 mm

G_U = 30 mm + (– 0,2 mm) = 29,8 mm

Maßtoleranz oder kurz **Toleranz** (T) ist die Differenz zwischen Höchstmaß und Mindestmaß.

$T = G_O - G_U$

Beispiel

$T = G_O - G_U$

T = 30,2 mm – 29,8 mm = 0,4 mm

■ **Toleriertes Maß**

$80^{+0,1}_{-0,1}$

80: Nennmaß
+ 0,1: oberes Abmaß
– 0,1: unteres Abmaß

■ **Grenzabmaße**

Oberes und unteres Abmaß.

Die Maße der Strebe im Überblick:

Nennmaß	Oberes Abmaß ES	Unteres Abmaß EI	Höchstmaß G_O	Mindestmaß G_U	Toleranz *T*
600	+ 0,8	– 0,8	600,8	599,2	1,6
570	+ 0,8	– 0,8	570,8	569,2	1,6
300	+ 0,5	– 0,5	300,5	299,5	1,0
30	+ 0,2	– 0,2	30,2	29,8	0,4
8,5	+ 0,2	– 0,2	8,7	8,3	0,4
6,2	+ 0,2	– 0,2	6,7	6,3	0,4

■ **Allgemeintoleranzen**
nach DIN ISO 2768-1

Die Abmaße werden Tabellen entnommen.

Oberes und unteres Abmaß sind gleich. Die Toleranz hängt vom Nennmaß und von der **Toleranzklasse** ab.

■ **Toleranzklassen**
f: fein
m: mittel
c: grob
v: sehr grob

Mit zunehmendem Nennmaß nimmt die Toleranz innerhalb einer Toleranzklasse zu.

Toleranz
tolerance

Toleranzmaß
dimensional tolerance

Toleranzhaltigkeit
tolerance compiliance

Toleranzlehre
limit gauge

Oberflächengüte
surface finish

Oberflächenbehandlung
surface treatment

Maßabweichung
offsize

Toleranzfeld
field of tolerance

Toleranzbereich
tolerance range

Abmaß
variation

Nennmaß
nominal size

Istmaß
actual size, actual dimension

Sollmaß
nominal dimension

■ **Adapterplatte**
→ 33

Beachten Sie bei der Ermittlung der **Bohrungsabstände** (Bild 103):

Bohrungen werden üblicherweise auf den **Bohrungsmittelpunkt** bemaßt. Dieser Punkt ist jedoch nur indirekt messbar.

In Bild 103 soll das **Nennmaß** 30 (Abstand von der Bezugskante zur Bohrungsmitte) gemessen werden.

Hierbei empfiehlt es sich, mit dem Messschieber das eingezeichnete Maß x zu messen.

Danach wird die Hälfte des Bohrungsdurchmessers zum Maß x addiert.

Es ergibt sich so das gesuchte **Istmaß**.

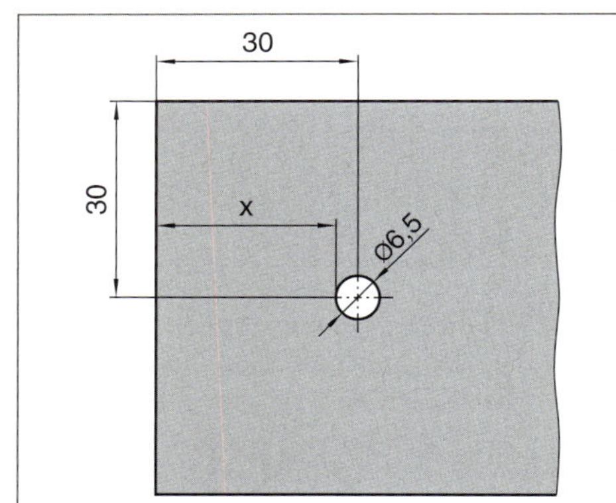

Bild 103 *Bohrungsabstände*

Passungen

Die Maße der *Adapterplatte* sind ebenfalls nach den **Allgemeintoleranzen** „mittel" toleriert.

Bei den *Gewindebohrungen* muss bei der *Überprüfung* der einzelnen Maße vom *Kernlochdurchmesser* ausgegangen werden, um den *Bohrungsmittelpunkt* zu ermitteln.

Bei den Bohrungen für die *Zylinderstifte* sind die Bohrungsdurchmesser mit **6H7** bezeichnet.

Hierbei handelt es sich um eine *Toleranzangabe* durch eine **Toleranzklasse**.

Diese Art der Toleranzangabe wird gewählt, wenn das Nennmaß (hier Bohrungsdurchmesser) *sehr genau* (im Bereich 1/1000 mm) zu fertigen ist.

Toleranzangaben durch **Toleranzklassen** werden nur bei parallelen, ebenen Flächen (z. B. Nuten) oder kreiszylindrischen Formen (z. B. Wellen, Bohrungen) angewendet.

Die *Maßangabe* setzt sich aus dem **Nennmaß** und einer **Toleranzklasse** zusammen.

Die *Toleranzklasse* wird durch einen **Buchstaben** und eine **Zahl** angegeben.

- **Buchstabe**
  Lage des Toleranzfeldes zum Nennmaß
- **Zahl**
  Größe des Toleranzfeldes

Zum Beispiel:

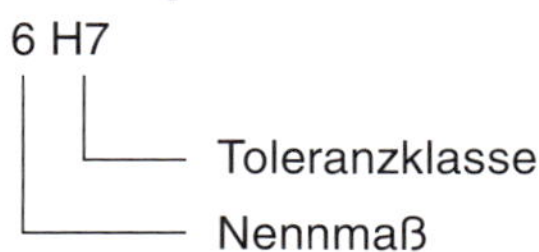

Großbuchstaben verwendet man für **Innenmaße** (z. B. Bohrungen 6H7). **Kleinbuchstaben** verwendet man für **Außendurchmesser** (z. B. Zylinderstift 6m6).

Die **Abmaße** sind häufig in der Zeichnung angegeben.

6 H7	+12 0
6 m6	+12 +4

Ist dies *nicht* der Fall, müssen die **Abmaße** dem Tabellenbuch entnommen werden.

Toleranzfelder und ihre **Abmaße** lassen sich auch zeichnerisch darstellen (Bild 104).

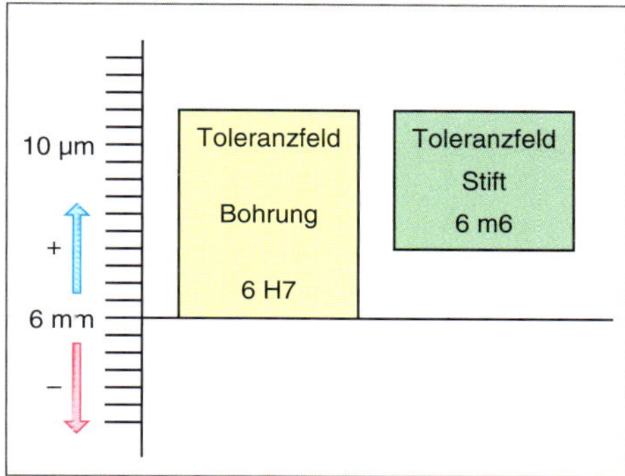

Bild 104 Toleranzfelder und Abmaße

Der **Zylinderstift** muss *fest* in der Bohrung sitzen. Deshalb muss die Bohrung in der Adapterplatte *kleiner* als der *Durchmesser* des Zylinderstifts sein. Die Bauteile haben zueinander **Übermaß**.

Man bezeichnet den Unterschied zwischen dem *Maß der Bohrung* und dem *Maß der Welle* als **Passung**.

> Man spricht nur dann von einer Passung, wenn zwei Maße (hier Bohrung und Zylinderstift) ineinander gefügt werden.

Passungsarten

Spielpassung

Istmaß von *Bohrung* und *Welle* haben ein **Spiel**. Die *Welle* ist in der Bohrung *durch Handkraft verschiebbar.*

Übermaßpassung

Istmaß von *Bohrung* und *Welle* haben **Übermaß**. Das Fügen erfolgt mit *hoher Presskraft*. Eine Sicherung ist nicht nötig. Möglichkeit des Schrumpfens.

Übergangspassung

Istmaß von *Bohrung* und *Welle* haben **Übermaß** oder **Spiel**. Das Fügen erfolgt mit **großer Presskraft**. Die Verbindung ist lösbar.

Bei der vorliegenden Passung handelt es sich um eine **Übergangspassung**.

Die Genauigkeit der Bohrung 6H7 wird durch das *Reiben* (Seite 102) der Bohrungen erreicht.

Zur *Kontrolle* der Bohrung wird ein **Grenzlehrdorn** verwendet.

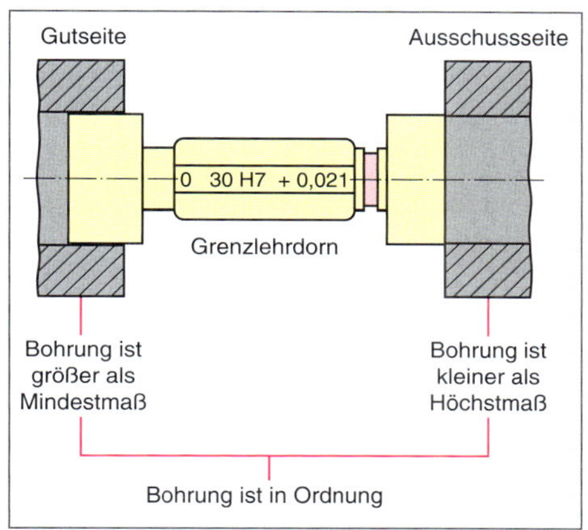

Bild 105 Kontrolle der Bohrung

Prüfung

1. Was versteht man unter Maßtoleranz?
2. Erläutern Sie die Angabe 45G7.
3. Was ist eine Passung?
4. Unterscheiden Sie zwischen Spielpassung, Übermaßpassung und Übergangspassung.

Großbuchstaben für Innenmaße, Kleinbuchstaben für Außenmaße.

■ Aufgabenlösungen

@ Interessante Links

- christiani-berufskolleg.de

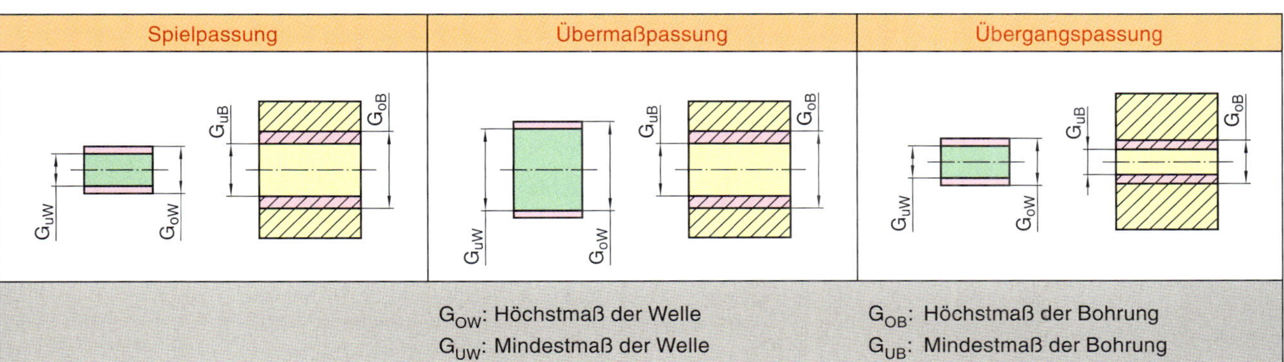

G_{OW}: Höchstmaß der Welle
G_{UW}: Mindestmaß der Welle
G_{OB}: Höchstmaß der Bohrung
G_{UB}: Mindestmaß der Bohrung

Abmaße
deviations

Höchstmaß
maximum limit of size

Mindestmaß
minimum limit of size

Oberes Abmaß
upper deviations

Unteres Abmaß
lower deviations

Fertigmaß
finished size

Grenzmaß
limit size

Allgemeintoleranzen
general tolerances

ISO-Toleranzangaben
ISO-tolerances

Toleranzfelder
tolerance zones

Bohrungen
holes

Wellen
shafts

Maße und Toleranzen

Mit keinem Fertigungsverfahren können die **Sollmaße** (ideale Maße) eines Werkstücks ganz genau erreicht werden.

Daher werden **Grenzabmaße** angegeben, zwischen denen die *Istmaße* des Werkstücks liegen sollen. Diese Angaben sind in den technischen Zeichnungen als **tolerierte Maße** eingetragen.

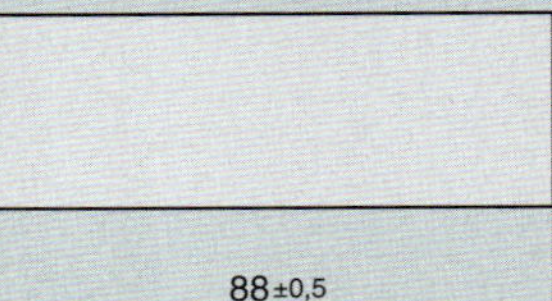

Wichtige Begriffe:

– Nennmaß
ist das *in der Zeichnung angegebene Maß*, auf das die **Grenzabmaße** bezogen sind.

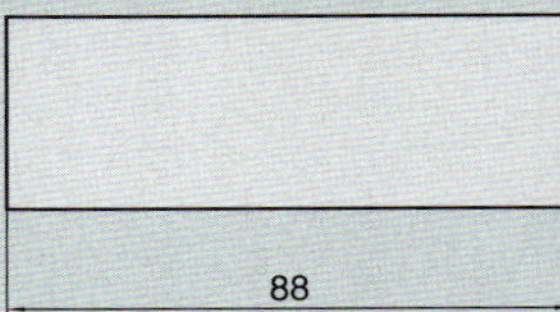

– Grenzabmaße
stehen in der Maßangabe mit ihrem entsprechenden Vorzeichen hinter dem Nennmaß.

Man unterscheidet das **obere Grenzabmaß** und das **untere Grenzabmaß**.

88 ±0,5 bedeutet zum Beispiel:

Nennmaß 88 mm, oberes Grenzabmaß + 0,5 mm, unteres Grenzabmaß – 0,5 mm;

± 0,5 mm ist eine *vereinfachte* Angabe, wenn oberes und unteres Grenzabmaß *gleich* sind.

Die *Grenzmaße* ergeben sich aus der Differenz (dem Unterschied) von **Höchstmaß** bzw. **Mindestmaß** zum Nennmaß.

unteres Grenzabmaß

87,5

Nennmaß

Mindestmaß

Höchst- und Mindestmaß sind i. All. durch die *Konstruktion* festgelegt. In der Zeichnung sind sie *nicht direkt* angegeben.

Für die *Fertigung* müssen sie aus den Maßangaben der Zeichnung *errechnet* werden.

Mindestmaß
ist das *kleinste zugelassene Maß*, bei dem das Werkstück noch den Zeichnungsangaben entspricht:
88 mm – 0,5 mm = 87,5 mm.

Höchstmaß
ist das *größte zugelassene Maß*, bei dem das Werkstück noch den Zeichnungsangaben entspricht:
88 mm + 0,5 mm = 88,5 mm.

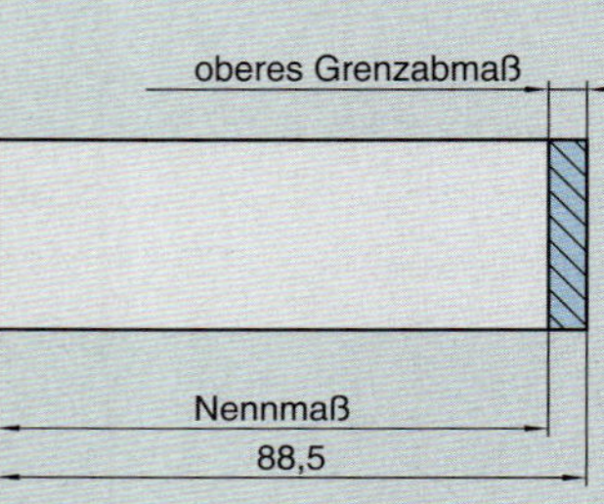

Höchstmaß

Grenzmaße
Höchstmaß und Mindestmaß werden als *Grenzmaße* bezeichnet, weil zwischen diesen beiden Maßen das **Istmaß** des Werkstücks liegen muss.

Istmaß
ist das durch Messen festgestellte Maß an einem Werkstück.
Jedes Istmaß ist mit einer *Messunsicherheit* behaftet.

Maßtoleranz
ist der *Unterschied* zwischen Höchstmaß und Mindestmaß.
Sie ist immer ein *positiver Wert* und wird i. Allg. kurz als **Toleranz** bezeichnet.
Toleranz = 88,5 mm – 87,5 mm = 1 mm.

Maße und Toleranzen

Das Intervall zwischen Höchstmaß und Mindestmaß heißt **Toleranzfeld**.

Über die **Lage** *des Toleranzfeldes* zum Nennmaß macht die Toleranz *keine* Aussage.

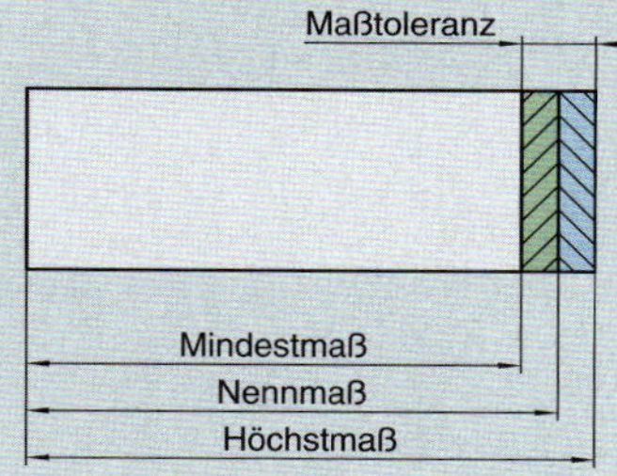

Zum Nennmaß symmetrische Toleranzfeldlage

Die *Lage des Toleranzfeldes* kann *gleichmäßig* zum Nennmaß verteilt sein (symmetrische Toleranzfeldlage). Das ergibt sich wegen der Maßangabe 88 ± 0,5.

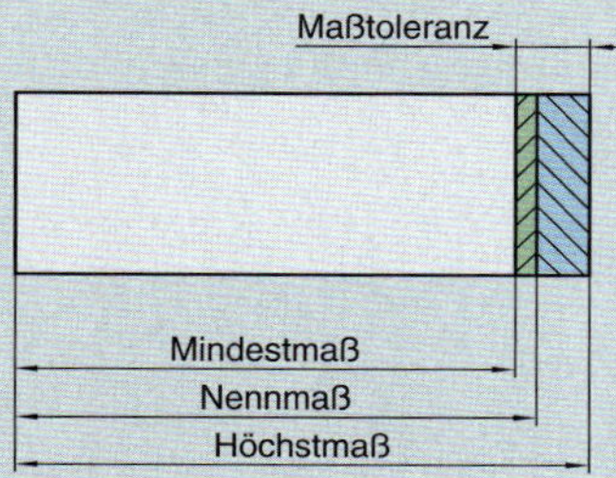

Zum Nennmaß unsymmetrische Toleranzfeldlage

Bei einer Maßangabe 88 +0,8/–02 beträgt die **Toleranz** ebenfalls 1 mm, doch *die Lage* des Toleranzfeldes zum Nennmaß ist *unsymmetrisch*.

Oberflächenbeschaffenheit

■ **Oberflächenbeschaffenheit und Angabe in Zeichnungen**

Bei der Fertigung eines Werkstücks müssen nicht nur die Maße eingehalten werden, auch die **Oberflächenbeschaffenheit** des Werkstücks muss den Zeichnungsangaben entsprechen.

Die Oberflächenbeschaffenheit wird entsprechend DIN EN ISO 1302 mit Symbolen angegeben.

Ein solches **Symbol** besteht aus einem 60°-Winkel mit ungleicher Schenkellänge.

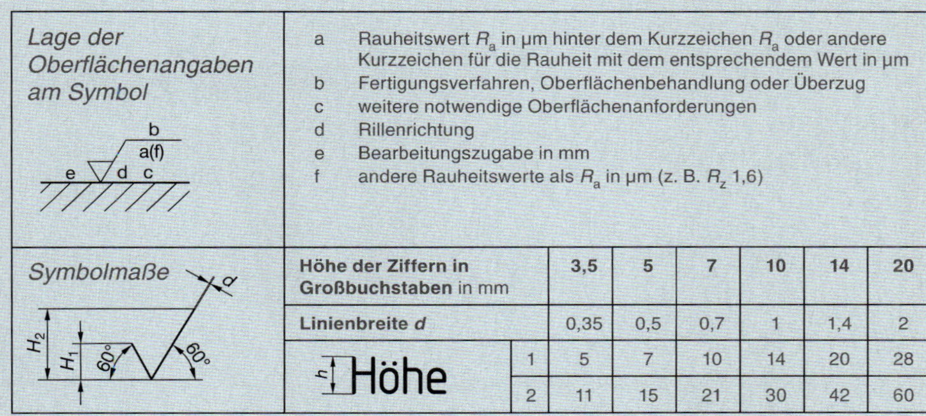

Lage der Oberflächenangaben am Symbol

a	Rauheitswert R_a in µm hinter dem Kurzzeichen R_a oder andere Kurzzeichen für die Rauheit mit dem entsprechendem Wert in µm
b	Fertigungsverfahren, Oberflächenbehandlung oder Überzug
c	weitere notwendige Oberflächenanforderungen
d	Rillenrichtung
e	Bearbeitungszugabe in mm
f	andere Rauheitswerte als R_a in µm (z. B. R_z 1,6)

Symbolmaße

Höhe der Ziffern in Großbuchstaben in mm		3,5	5	7	10	14	20
Linienbreite *d*		0,35	0,5	0,7	1	1,4	2
Höhe	1	5	7	10	14	20	28
	2	11	15	21	30	42	60

Prüfung

1. Bestimmen Sie Nennmaß, oberes und unteres Abmaß, Höchst- und Mindestmaß für folgende Maße:

a) 30m6
b) 26G7
c) 160f7
d) 12r6

2. Welche Fehler können bei der Arbeit mit Messschiebern gemacht werden?

3. Was bedeutet die Angabe $25^{+0{,}15}_{-0{,}10}$?

4. Was ist ein Grenzabmaß?

5. Geben Sie die Bedeutung an:

a) $25^{+0{,}2}$
b) $25_{-0{,}2}$
c) $25 \pm 0{,}2$

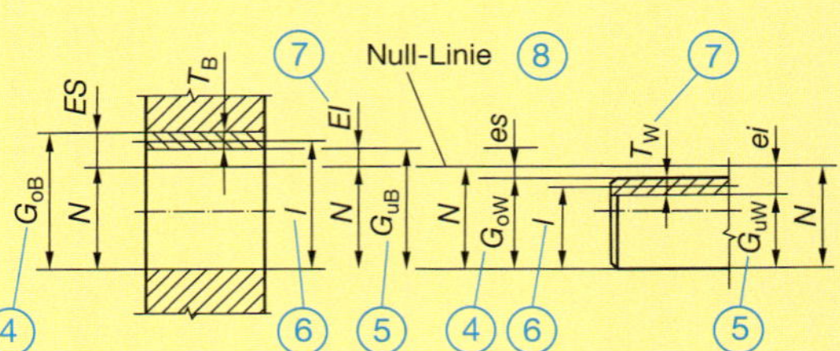

6. Welche Informationen können Sie dem Toleranzfeld entnehmen?

7. Beschreiben Sie die nummerierten Angaben.

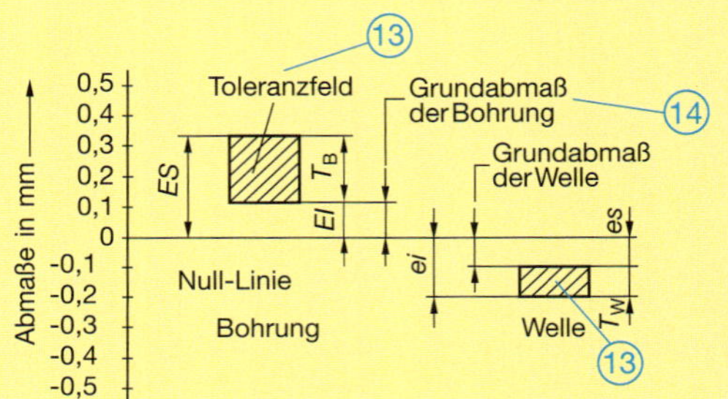

■ **Aufgabenlösungen**

@ **Interessante Links**

• christiani-berufskolleg.de

Merkmal
feature

Messbezugsfläche
reference surface

Messeinrichtung
measuring device

Messen
dimension

Messergebnis
measuring result

Messfehler
measuring error

Messfühler
feeler gauge

Messgeräte
measuring instruments

Gliedermaßstab
folding rule

Ziffernschrittwert
graduation

Winkelmesser
protractor

Messschraube
measuring screw

Messuhr
dial gauge

Messabweichung
drift

2.5 Messen und Prüfen

In der Metalltechnik ist der **Messschieber** das am häufigsten verwendete Messzeug.

Bei fachgerechter Anwendung können mit ihm **Längenmaße** sehr genau bestimmt werden.

Beim **konventionellen Messschieber** wird die *Ablesegenauigkeit* durch den **Nonius** ermöglicht.

Der **Nonius** ist ein auf dem Messschieber gravierter **Strichmaßstab** von 19 mm oder 39 mm Länge, der in *gleichmäßige Teilstriche* unterteilt ist.

Bei einem **19-mm-langen-Nonius** beträgt der *Abstand* zwischen zwei Teilstrichen:
19 mm/20 = 0,95 mm

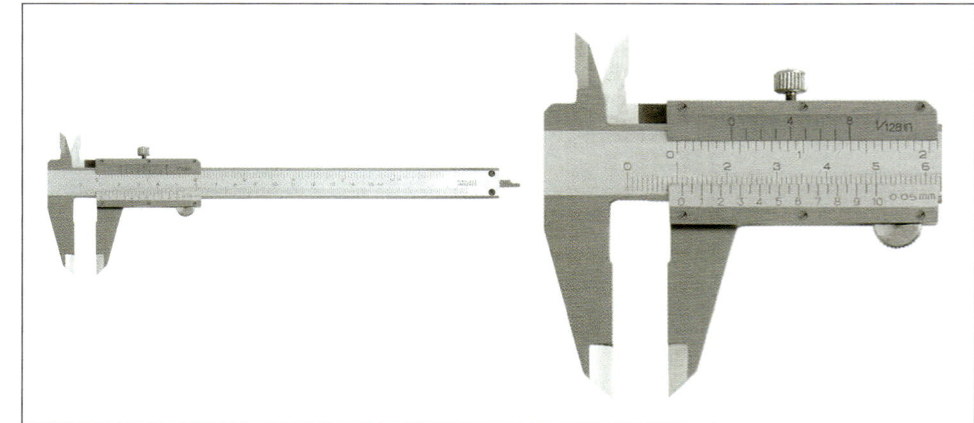

Bild 106 *Messschieber, konventionell*

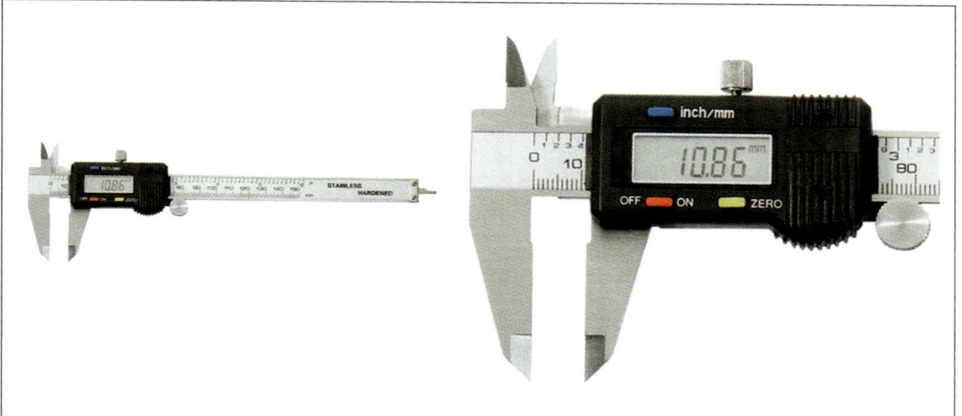

Bild 107 *Messschieber, elektronisch*

Das bedeutet, dass *jeder Skalenteil um 0,05 mm kleiner ist* als die Skalenteile der Millimeterteilung auf der Schiene.

Es gibt auch Messschieber, deren *Nonius* nur in **10 Teile** geteilt ist. Der *Teilstrichabstand* beträgt 1,9 mm.

Jeder Skalenteil des Nonius ist dann um 1/10 mm (0,1 mm) kleiner als 2 mm auf der Millimeterteilung der Schiene.

Diese Noniusteilung entspricht den *langen* Strichen der *Zwanzigerteilung*. Mit ihr können nur *Zehntel-Millimeter* abgelesen werden.

Ablesung des Messwertes

Die *ganzen* Millimeter einer zu messenden Länge werden durch die Stellung des **Nonius-Nullstrichs** auf der Schiene angezeigt.

Steht dieser Nullstrich *nicht genau* einem Strich der Millimeterteilung gegenüber, so ist zusätzlich festzustellen, *welcher* Strich des Nonius einem Strich der Millimeterteilung gegenübersteht.

Dieser Strich gibt dann die *Zehntel-* bzw. *Fünfhundertstel-Millimeter* der zu messende Länge an.

Beispiel

Der Nullstrich des Nonius steht *genau* dem 19-mm-Strich auf der Schiene gegenüber. Das Maß ist 19 mm.

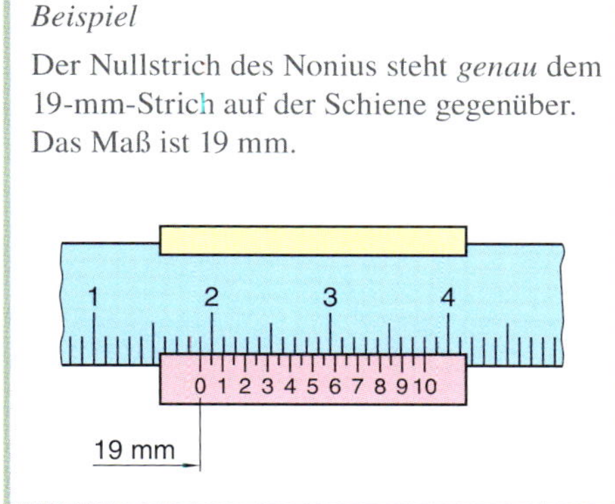

Beispiel

Der Nullstrich des Nonius steht *nicht genau* einem Strich auf der Schiene gegenüber.

Der *4. lange Teilstrich* des Nonius stimmt mit einem Millimeterstrich überein.

Das abzulesende Maß ist 21,40 mm.

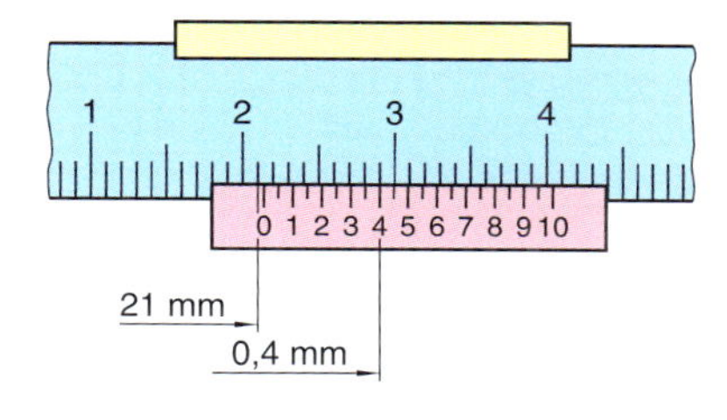

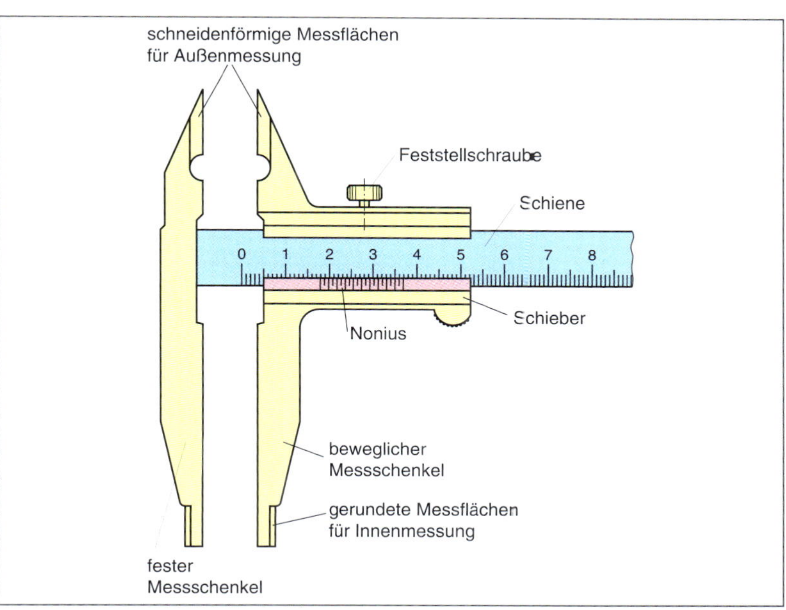

Bild 108 *Elemente eines konventionellen Messschiebers*

Prüfung
test

Prüflehre
master gauge

Prüfling
specimen

Prüfmaß
test dimension

Prüftechnik
testing technique

Grenzlehrdorn
limit plug

Grenzrachenlehre
external limit gauge

Grenzlehre
limit gauge

Parallelendmaße
parallel end blocks

Winkelendmaße
angular end blocks

Beispiel

Weder der *Nullstrich* noch ein *langer Noniusstrich* stimmen mit der Millimeterteilung der Schiene überein.

Aber ein *kurzer Noniusstrich* stimmt überein.

Dann wird das Maß auf *fünfhundertstel Millimeter* (0,05 mm) genau abgelesen.

Der *Nullstrich* zeigt die *ganzen Millimeter* an, der *7. lange Teilstrich* die *Anzahl* der *Zehntelmillimeter* und der *kurze Teilstrich* einen weiteren halben *Zehntelmillimeter*.

Das abzulesende Maß beträgt 15,75 mm.

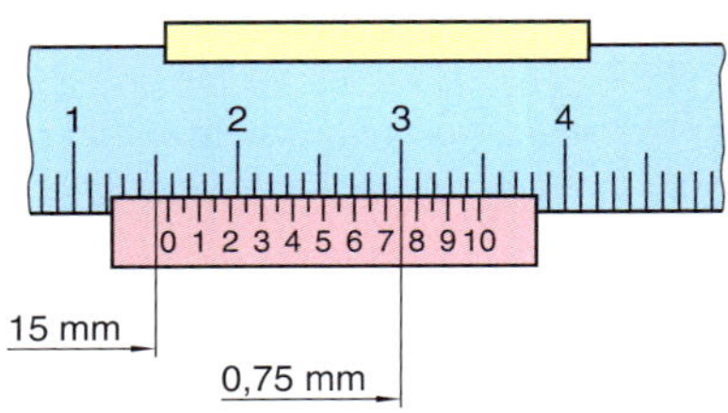

Die *letzte* Stelle ist allerdings eine *Schätzstelle*. Es könnten auch 15,74 mm oder 15,76 mm sein.

Hinweise zur Verwendung des Messschiebers

- Messflächen entgraten und säubern.
- Messschieber auf Übermaß einstellen.
- Den festen Schenkel an das Werkstück anlegen.
- Messfläche des Schiebers vorsichtig gegen das Werkstück schieben und nicht mit zu großer Messkraft anpressen.
- Messergebnis mit Blick senkrecht zur Ablesestelle ablesen, um Ablesefehler durch Parallaxe zu vermeiden.

Zunehmend werden **Messschieber mit Ziffernanzeige** (Digitalmessschieber) eingesetzt. Die *Messgenauigkeit* beträgt 1/100 mm.

Ein *direktes Ablesen* des Messwerks ist möglich.

Messen, Lehren

Die *Fertigung* eines Werkstücks besteht darin, ein **Rohstück** oder **Rohteil** schrittweise zu verändern und in einen **Fertigzustand** überzuführen.

Bei solchen Herstellungsprozessen werden ständig verschiedene **Prüfverfahren** eingesetzt, um **Qualitätserzeugnisse** herzustellen.

Messen

Messen bedeutet, die beliebige *Länge* oder den beliebigen *Winkel* eines *Prüfgegenstandes* mit einer bekannten *Einheit* zu vergleichen.

Es wird festgestellt, *wie oft* die bekannte Einheit in der zu messenden Größe enthalten ist.

Lehren

Lehren heißt festzustellen, ob ein Prüfgegenstand *zwischen zwei vorgegebenen Grenzwerten* liegt oder aber eine der Grenzen über- oder unterschreitet.

Prüfung

1. Erklären Sie folgende Begriffe der Messtechnik:

a) Genauigkeit
b) Fehler
c) Messsabweichung
d) Messbereich
e) Messgröße
f) Messmittel
g) Messwert

2. Unterscheiden Sie zwischen Prüfen und Lehren.

■ **Aufgabenlösungen**

@ Interessante Links

- christiani-berufskolleg.de

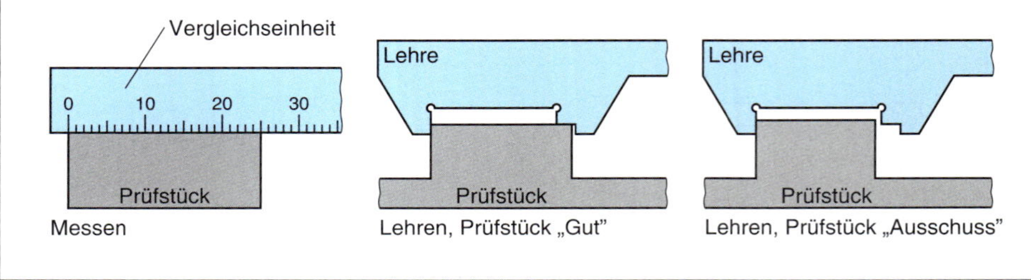

Bild 109 *Messen und Lehren*

Längenmessgeräte

In der **Längenprüftechnik** sind zwei Maßsysteme gebräuchlich, das metrische **Maßsystem** und das **Zollsystem**.

Das **Meter** (m) wird eingeteilt in:

1 m = 10 Dezimeter = 10 dm
1 m = 100 Zentimeter = 100 cm
1 m = 1000 Millimeter = 1000 mm
1 m = 1000000 Mikrometer = 1000000 µm

Daraus folgt:

1 dm = 0,1 m
1 cm = 0,01 m
1 mm = 0,001 m
1 mm = 0,000 001 m

Das **Zollsystem** hat folgenden Aufbau:

1 Yard (yard) = 3 Fuß (foot)
1 Fuß (foot) = 12 Zoll (inch) (″)
1 Zoll (inch) = 25,4 mm

Daraus folgt:

1 Yard = 0,9144 m
1 Fuß = 0,3048 m

Maßverkörperungen

Parallelendmaße oder Strichmaße sind einfache Messgeräte.

- **Parallelendmaße** verkörpern die Messgröße durch den *Abstand zweier paralleler Endflächen* zueinander.
- **Strichmaße** verkörpern die Messgröße durch den *Abstand zwischen zwei Strichen.*

Parallelendmaße sind sehr fein bearbeitete *prismatische Blöcke* aus Stahl oder Hartmetall mit *glatten* Oberflächen.

Zwei Endmaße, die aufeinander geschoben werden, bleiben aneinander haften.

Das jeweilige *Längenmaß* ist eingraviert, die *Maßgenauigkeit* beträgt 0,001 mm.

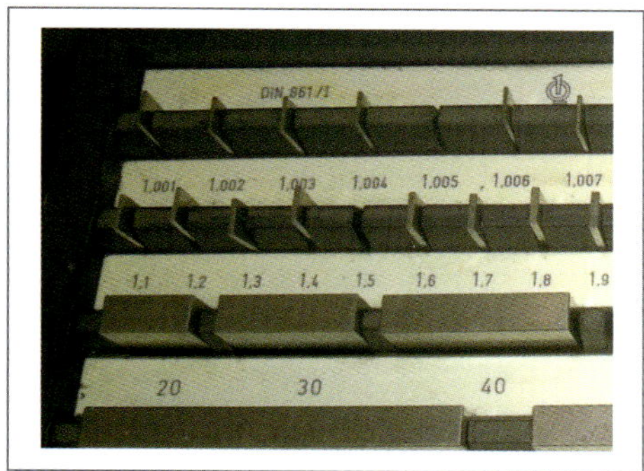

Bild 110 *Maßsteine*

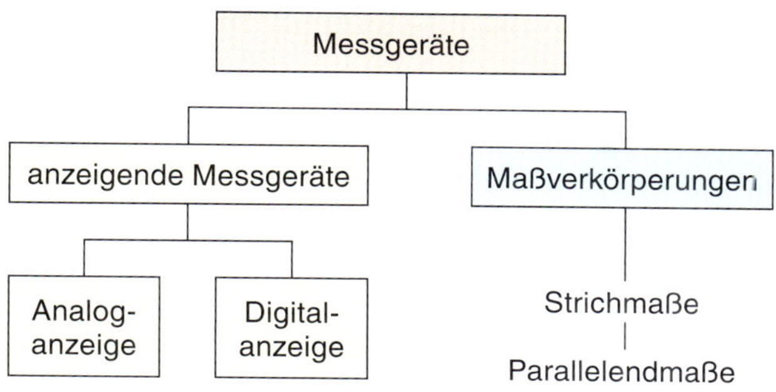

Strichmaße vergleichen den Prüfgegenstand mit einem *Strichmaßstab* als Maßverkörperung.

Der Messwert wird direkt an der *Strichskale* abgelesen. Maßgenauigkeit 0,5 mm oder 1 mm.

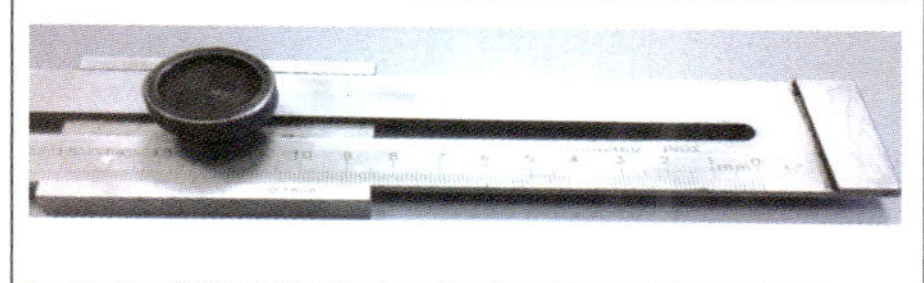

Bild 111 *Streichmaß*

Prüfabweichungen

Auch *Prüfmittel* sind *fehlerbehaftet*. Das **Istmaß** des Werkstücks kann niemals *ganz genau* ermittelt werden.

Es besteht also stets ein Unterschied zwischen dem **Prüfergebnis** und dem *tatsächlichen Istmaß.*

Auch der *Prüfer* selbst kann fehlerbehaftete Messungen verursachen. *Messabweichungen* sind unvermeidlich.

Messabweichung
= gemessene Größe – tatsächliche Größe

- **Gerätefehler** (Prüfmittel)
  Ursachen sind *Fertigungstoleranzen* oder *Justierfehler* bei der Montage, *Teilungsfehler* an den Skalen und *Messflächenverschleiß.*
- **Prüfungsfehler** (Werkstück)
  Ursachen: *Grat, Zunder, Verschmutzung.*
- **Umweltbedingte Fehler** (Umgebungsbedingungen)
  Ursachen: *Temperaturschwankungen, Staub, Erschütterungen, schlechte Lichtverhältnisse. Vorgeschriebene Bezugstemperatur* von Prüfling und Prüfmittel: 20 °C.
- **Persönliche Fehler** (Prüfen)
  Ursachen: *Falsche Anwendung* des Prüfmittels, *Fehler bei der Ablesung* des Messwertes.

■ Messen und Prüfen

■ Längeneinheiten, Flächeneinheiten, Volumeneinheiten

Systematische Abweichungen

Sie haben unter *gleichen Prüfbedingungen* immer den *gleichen Wert* und das *gleiche Vorzeichen*. Sind als *Korrekturwert* erfassbar und bei der Prüfung zu berücksichtigen.

Gleiche Prüfbedingungen:
Gleiches Prüfmittel, gleiche Prüfstelle.

Zusätzliche Abweichungen

Sie *schwanken* auch unter *gleichen Messbedingungen*. Die Erfassung eines *Korrekturwertes* ist *nicht* möglich.

Es können jedoch *mehrere Messungen* unter *gleichen Bedingungen* durchgeführt werden, um hieraus einen *Mittelwert* zu bilden.

Beispiel

Messwert Nr.	Messwert in mm
1	296,08
2	296,12
3	295,92
4	296,00

$$\text{Mittelwert} = \frac{\text{Summe der Messwerte}}{\text{Anzahl der Messwerte}}$$

$$= \frac{1184{,}12\ \text{mm}}{4}$$

$$= 296{,}03\ \text{mm}$$

Prüfung

1. Worin besteht der Unterschied zwischen einer Gutlehre und einer Ausschusslehre?

2. Welche Messmittel sind dargestellt?

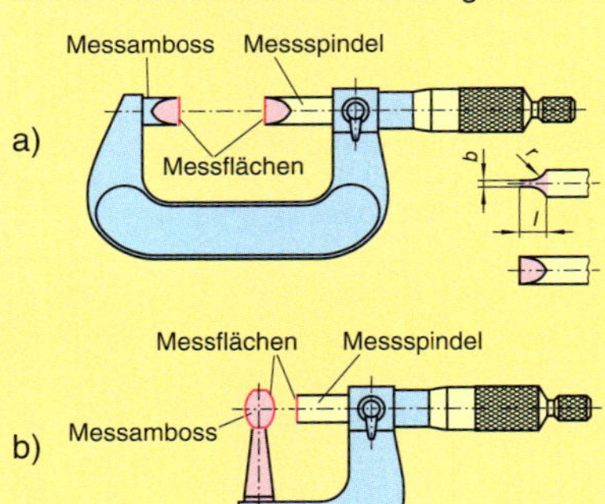

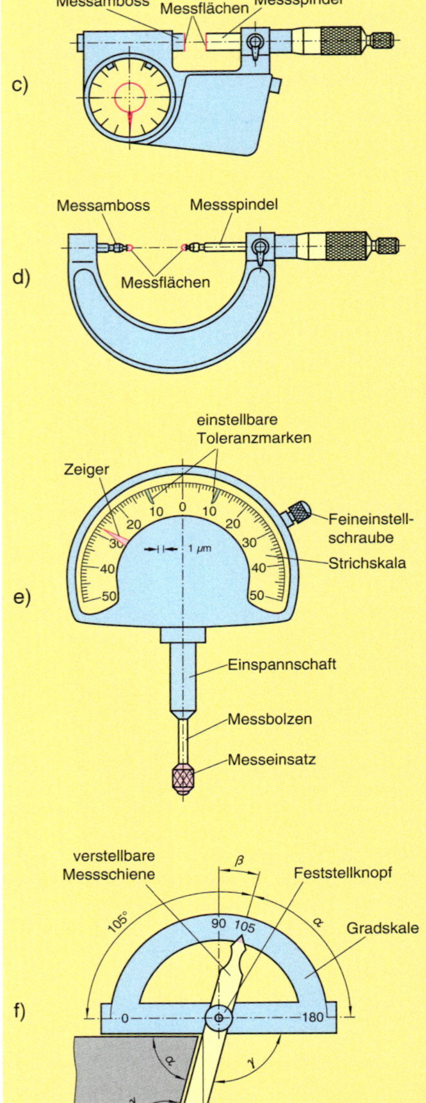

3. Was zeigt die Darstellung?

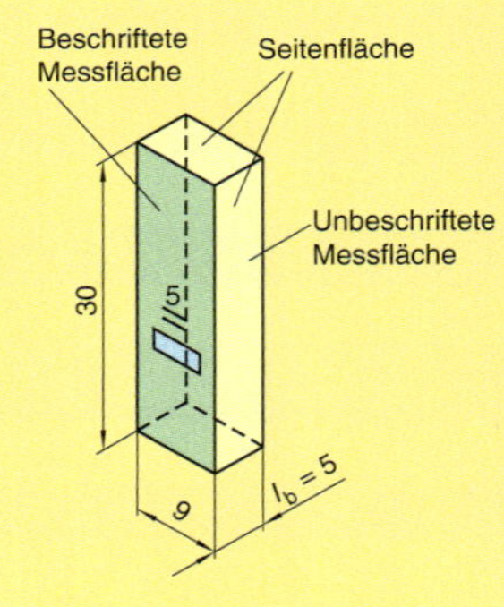

■ Aufgabenlösungen

@ Interessante Links

• christiani-berufskolleg.de

2.6 Biegen

Für den Hubtisch sollen *Führungsbleche* aus Edelstahl gefertigt werden (Seite 38).

Bleche werden durch das Umformverfahren **Walzen** hergestellt. Durch dieses Umformverfahren erhält das Blech ein faserartiges Werkstoffgefüge, den so genannten *Faserverlauf*.

Parallel verlaufende Riefen an der Blechoberfläche lassen den Faserverlauf erkennen.

Oftmals wird Edelstahlblech in der Walzrichtung *gebürstet*, dann erkennt man den Faserverlauf sehr leicht.

Polierte Bleche werden oft durch eine Folie geschützt. Auf diesen Schutzfolien ist der Faserverlauf durch aufgedruckte Pfeile gekennzeichnet. Der Faserverlauf ist für die Verarbeitung der Bleche ausschlaggebend.

Zu Bild 112:

Soll ein Blech abgekantet werden, ist die Walzrichtung so zu wählen, dass die spätere Biegekante *senkrecht* zur Walzrichtung verläuft (a).

Wird ein Blech so zugeschnitten, dass die Biegekante längs zur Walzrichtung verläuft, können an der Außenkante der Biegezone feine Risse entstehen (b).

Werden an einem Werkstück mehrere Kantungen in versetzter Richtung angebracht, so ist die Walzrichtung schräg zu den Biegekanten zu wählen (c).

Biegen von Blechen

Das **Biegen** von *Blechen* wird unter anderem an **Schwenkbiegemaschinen** durchgeführt.

Schwenkbiegemaschinen verfügen über eine höhenverstellbare Oberwange und eine feststehende Unterwange. Zwischen diesen beiden Wangen wird das Blech festgespannt und die schwenkbare Biegewange umgeformt.

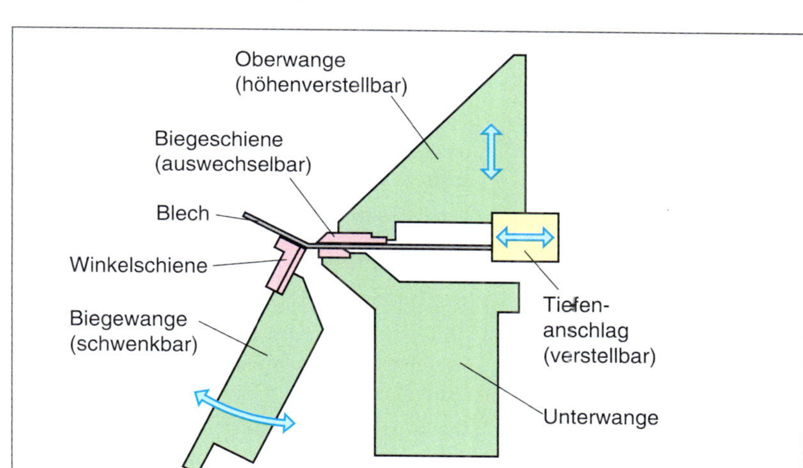

Bild 113 Schwenkbiegemaschine, Prinzip

Das Blech wird nach oben gekantet, folglich muss die Biegeschiene in der höhenverstellbaren Oberwange auswechselbar sein.

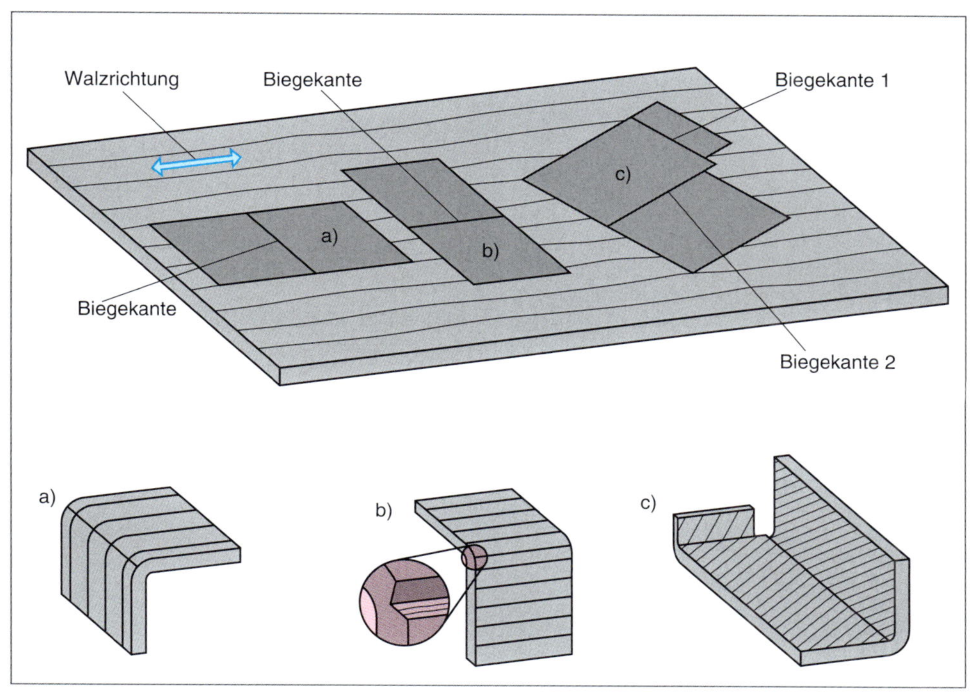

Bild 112 Abkantung von Blechen

■ **Biegen**

Beim Biegen erfolgt eine spanlose Formgebung. Plastische Verformung des Werkstoffes.
An der Biegestelle verändern sich die Werkstoffeigenschaften. Werkstoff wird fester, härter und spröder.

■ **Strecken**
Einschnürung im äußeren Biegebereich.

■ **Stauchen**
Ausbauchung im inneren Biegebereich.

Die unterschiedlichen Biegeschienen verfügen über verschiedene Biegeradien.

> Beim Biegen eines Werkstückes
>
> – wird der *äußere* Bereich *gestreckt* (auf Zug belastet)
>
> – der *innere* Bereich *gestaucht* (auf Druck belastet)

Zwischen dem *gestreckten* und *gestauchten* Bereich liegt die **neutrale Faser**. Sie wird weder gestreckt noch gestaucht.

Um das **Zuschnittmaß** eines Blechzuschnitts zu bestimmen, wird die Länge der neutralen Faser berechnet.

Für die Berechnung der **gestreckten Länge** (Zuschnittmaße) des Blechs wird mithilfe des Tabellenbuchs ein **Ausgleichswert** ausgewählt (Bild 114).

Der Ausgleichswert für das Blech mit einer Stärke $t = 1{,}5$ mm beträgt 2,9 mm (angenommener Biegeradius = 1,6 mm).

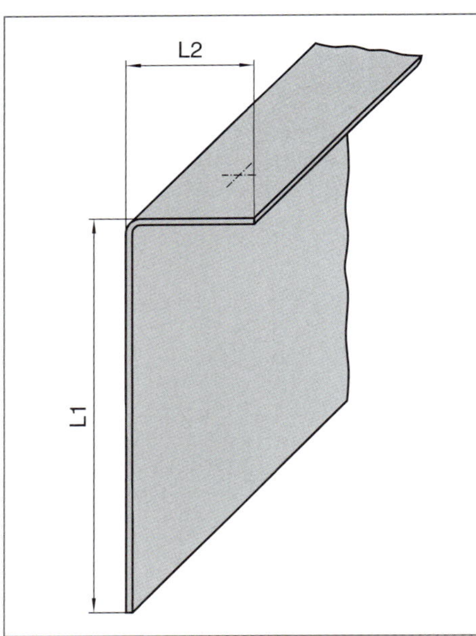

Bild 114 Biegeteil

$L = L_1 + L_2 - v$

$L = 90\text{ mm} + 20\text{ mm} - 2{,}90\text{ mm}$

$L = 107{,}10\text{ mm}$

$L \approx 107\text{ mm}$

Das **Anrissmaß** für die Biegekante (rot dargestellt) wird ebenfalls mit dem *Ausgleichswert* berechnet.

Hierbei wird der Ausgleichswert halbiert und vom Außenmaß (hier 20 mm) des gebogenen Schenkels abgezogen.

Anrissmaß = $l_2 - (v : 2)$

Anrissmaß = 20 mm – 1,45 mm = 18,55 mm

≈ 18,50 mm

Siehe Abbildung 117, Seite 123.

Kantbiegen

Beim *Kantbiegen* werden Bleche um eine feste, gerade *Biegekante* gebogen. Die Biegekante dient gleichzeitig als *Spannvorrichtung*.

An der Biegestelle tritt immer ein **Biegeradius** auf.

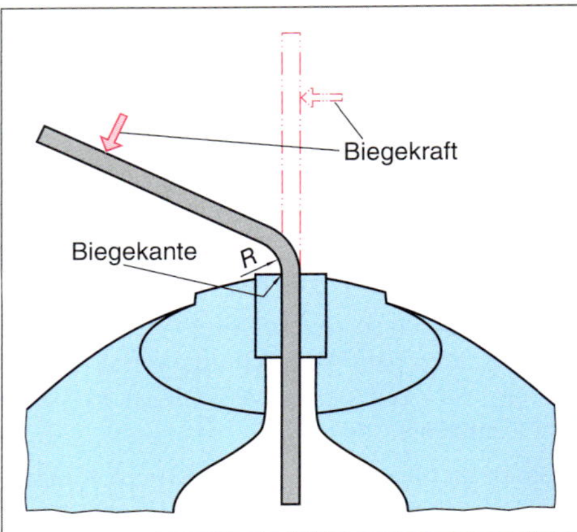

Bild 115 Kantbiegen im Schraubstock

Um ein Werkstück maßgerecht zu biegen, muss die Biegestelle genau ermittelt und angerissen werden.
Häufig sind für gebogene Werkstücke die *Außenmaße* angegeben.

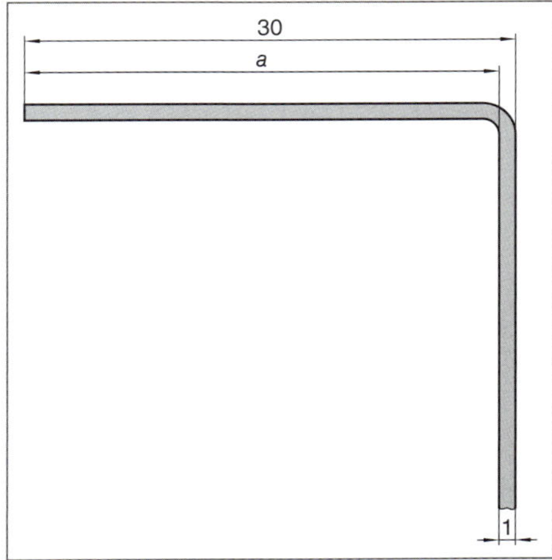

Bild 116 Ermittlung der Biegestelle

Um das Maß für die **Biegelinie** zu ermitteln, müssen dann vom Außenmaß jeweils die Blechdicken abgezogen werden.

Bei Biegungen mit Radien über 1 mm sind auch noch die **Biegeradien** zu berücksichtigen.

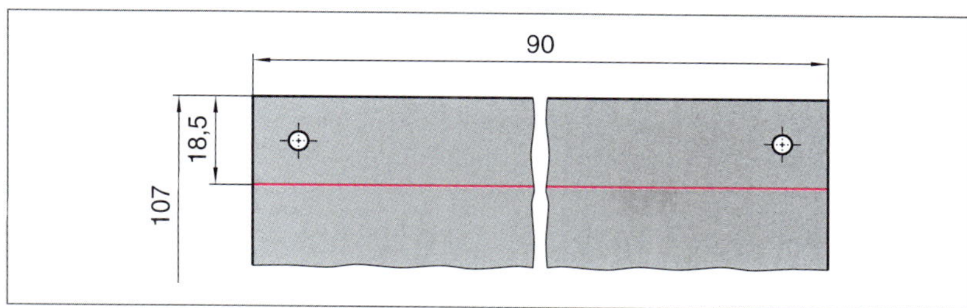

Bild 117 *Anrissmaß für die Biegekante*

Wie groß ist das Maß *a* für die Biegelinie (Bild 116, Seite 122)?

z.B.

Außenmaß (30 mm) – Blechdicke (1 mm) = Anreißmaß (29 mm)

Wegen des dünnen Bleches ist der Biegeradius nicht zu berücksichtigen.

Die Biegelinie soll stets auf der *Innenseite* der Biegung angerissen werden. Bei *dünnen*, *spröden* oder *harten* Blechen mit einer *Messing-Reißnadel* oder einem *Bleistift*.

Um eine ausreichend lange *Biegekante* zu erreichen, wird das Blech zum Biegen zwischen *Biegeleisten* oder mit einem *Blechspanner* gespannt.

Es muss immer die Seite des Werkstücks eingespannt werden, an der sich die Bezugsebene für die angerissene Biegelinie befindet. Sonst wird das Werkstück nicht maßgenau.

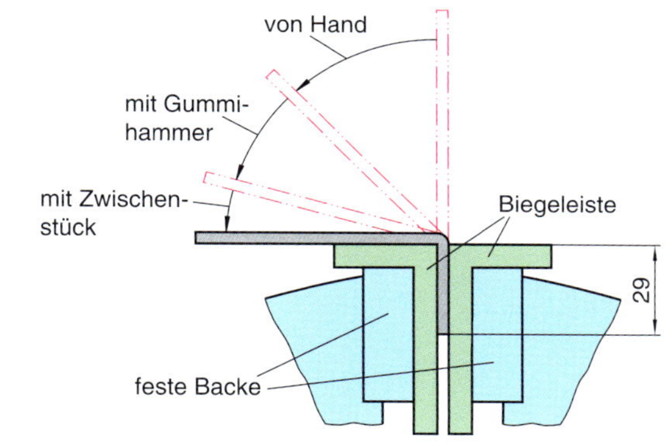

■ **Rückfederung**

Wenn die Biegekraft nicht mehr auf das Werkstück einwirkt, kommt es zu einer Rückfederung. Die Rückfederung hängt vom Anteil der elastischen Umformung an der Biegestelle ab.

Um diese Rückfederung auszugleichen, werden Werkstücke überbogen.

Biegen des 30-mm-Schenkels

- Die über die Biegekante hervorstehende Werkstückfläche zunächst von Hand (eventuell mit einem Andrückstück) bis etwa zur Hälfte der Biegung vorbiegen.

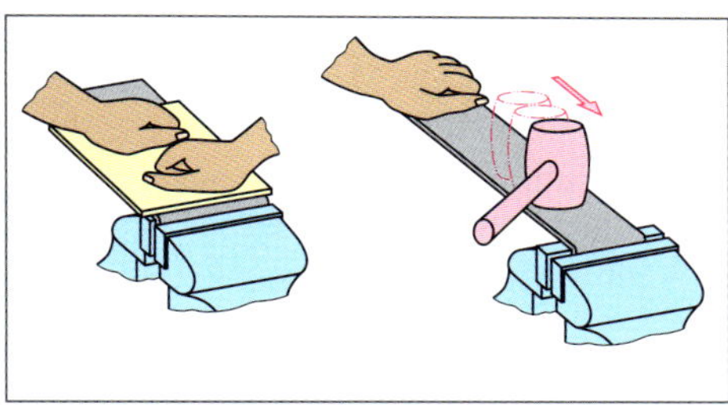

Bild 118 *Kantbiegen von Hand*

- Danach die Biegekraft mit dem Gummihammer aufbringen. Die Schlagrichtung ist stets *senkrecht* auf das Werkstück zu führen. Während des Schlagens Werkstück mit der freien Hand vorspannen, um ein Federn zu verhindern.
- Die ersten Hammerschläge nicht zu nahe an der Biegestelle setzen. Erst mit zunehmendem Biegewinkel werden die Schläge näher an die Biegekante gesetzt.
- Nicht unmittelbar auf die Biegestelle schlagen, damit der Biegeradius nicht verformt wird.
- Nach der ersten Biegung ist der 15-mm-Schenkel vom 30-mm-Schenkel aus anzureißen. Anreißmaß für diese Biegelinie 89 mm.

- Beim Biegen des 15-mm-Schenkels ist es erforderlich, das kurze überstehende Schenkelteil von Anfang an mit einem Zwischenstück und einem Schlosserhammer zu biegen.

Bild 119 *Kantbiegen mit Zwischenstück*

- Eventuell ist es notwendig, das Werkstück seitlich des Schraubstocks zu spannen. Dabei ist darauf zu achten, dass das Blech noch zu einem geringen Teil zwischen den Schraubstockbacken gespannt wird.

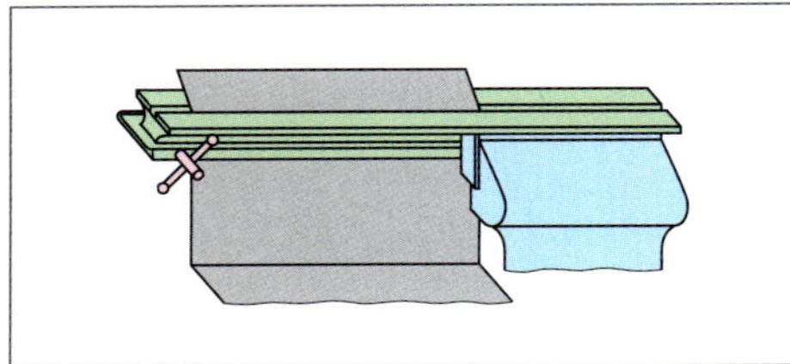

Bild 120 *Spannen seitlich des Schraubstocks*

- Vermeiden Sie Prellschläge beim Biegen.

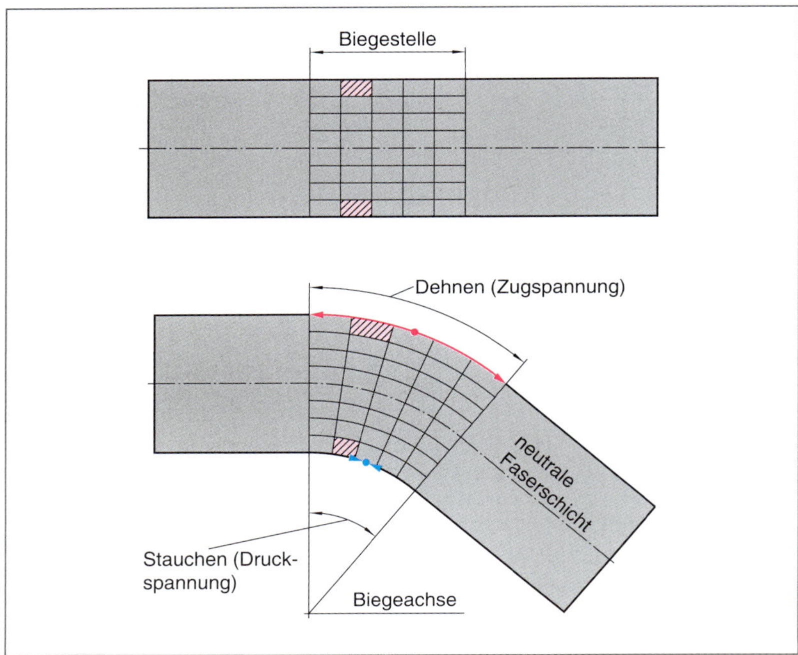

Bild 121 *Werkstoffbeanspruchung beim Biegen*

Zug- und Druckkräfte

Beim Biegen wird der Werkstoff an der Biegestelle unterschiedlich beansprucht (Bild 121).

In der *Außenzone* müssen die *Walzfasern* wegen des großen Außenradius *länger* werden als im gestreckten Ausgangszustand. Es entstehen dort **Zugkräfte**, die den Werkstoff **dehnen**.

Für die *Innenzone* sind die *Walzfasern* dagegen *zu lang*.
Hier wirken **Druckkräfte** im Werkstoff.

Neutrale Faser

Zwischen den gedehnten und gestauchten Fasern gibt es eine Faserschicht, die beim Biegen *weder gedehnt noch gestaucht* wird. Die Fasern dieser Schicht verhalten sich *neutral*. Sie verändern ihre ursprüngliche Lage nicht.

Man nennt diese Fasern **neutrale Fasern**. Bei symmetrischen Profilquerschnitten verlaufen sie in der Ebene der Mittellinie.

Biegeradius

Für die von der neutralen Faser *am weitesten entfernten Zonen* besteht die Gefahr, dass die *Zug-* und *Druckspannung zu groß* und dadurch die *Festigkeit* des Werkstoff *überschritten* wird. Durch die Überbeanspruchung entstehen *Biegerisse* (Bild 122).

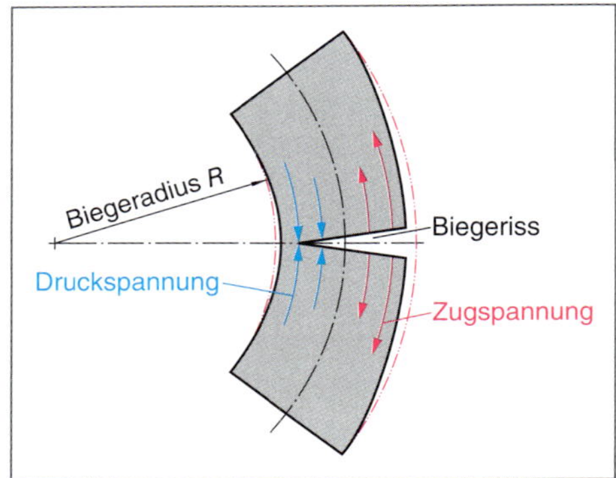

Bild 122 *Entstehung eines Biegerisses*

Zur Vermeidung von **Biegerissen** muss der Biegeradius ausreichend groß gewählt werden.

Daher wurden für alle Metalle und viele Profilformen **Mindestbiegeradien** ermittelt.

Der **Mindestbiegeradius** hängt nicht nur von der *Art* und *Festigkeit* des Werkstoffs, sondern auch von der *Form des Querschnitts* und seiner *Lage zur Biegeachse* ab.

Für Halbzeuge aus Stahl mit rechteckigem oder quadratischem Querschnitt gilt die *einfache* bis *dreifache* Größe der Halbzeugdicke.

> Je größer der Biegeradius ist, umso geringer ist die Gefahr der Rissbildung an der Biegestelle.

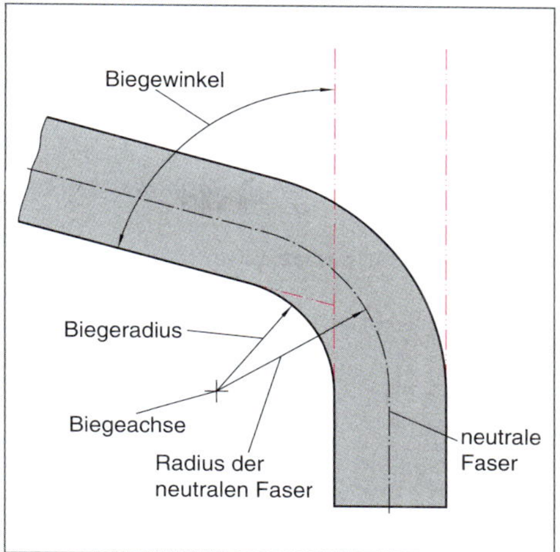

Bild 123 Radius der neutralen Faser

Gestreckte Länge

Die *gestreckte Länge* eines Biegestücks ist die Länge, die sein Halbzeug im *gestreckten* Zustand einnimmt.

Sie entspricht genau der Länge der *neutralen Faser* des fertigen Werkstücks. Denn die neutrale Faser wird beim Biegen weder gestaucht noch gedehnt.

Bestimmung der gestreckten Länge

Alle Längen der geraden Stücke und der Bogenstücke der neutralen Faser werden addiert.

Bei den Bogenstücken ist zu beachten, dass der *Radius der neutralen Faser* und nicht der bemaßte Biegeradius zu berücksichtigen ist.

Es ist also noch die halbe Halbzeugdicke hinzuzurechnen.

Wie groß ist die gestreckte Länge L des dargestellten Bügels?

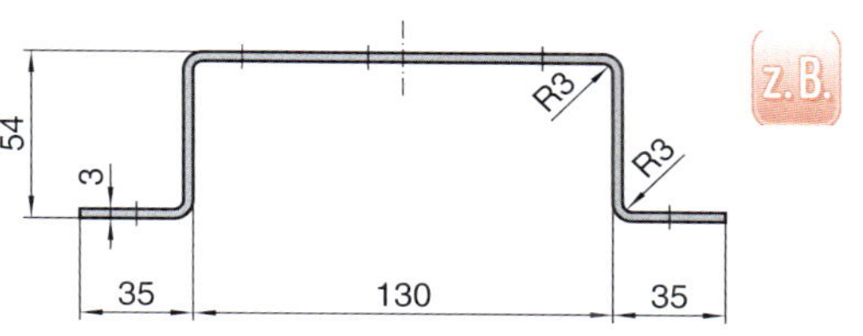

Zunächst wird das Werkstück in gerade Stücke und Bogenstücke aufgeteilt. Neben den Halbzeugdicken sind auch die Biegeradien zu berücksichtigen.

$$L = 2x + 2y + z + 4 \cdot \frac{d \cdot \pi}{4}$$

$$L = 2 \cdot (35 - 6) + 2 \cdot (54 - 12) + 124 + 4 \cdot \frac{9 \cdot \pi}{4}$$

$$L = 58 + 84 + 124 + 28{,}3$$

$$L = 294{,}3 \text{ mm} \approx 295 \text{ mm}$$

Zuschnittlänge

Die *gestreckte Länge* eines Werkstücks entspricht der **Zuschnittlänge**, wenn die durch das Biegen entstandenen Maße die *endgültigen* sind.

Häufig wird jedoch das Werkstück nach dem Biegen an den Enden noch bearbeitet. Dann muss noch eine entsprechende **Bearbeitungszugabe** hinzugerechnet werden.

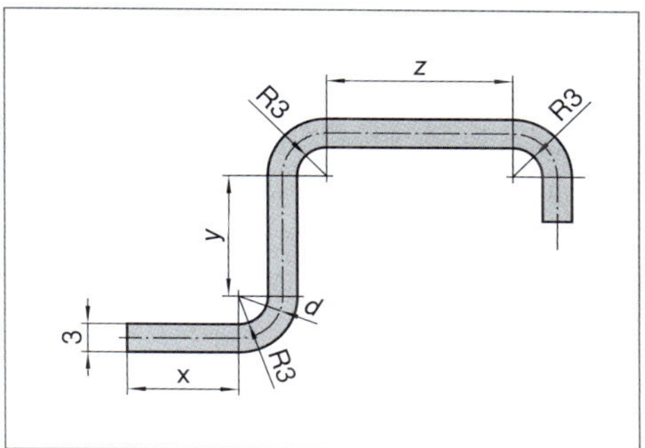

Bild 124 Aufteilung des Werkstücks

Biegen	*bending*
elastisch	*elastic*
plastisch	*ductile*
Strecken	*stretching*
Stauchen	*compressing*
Neutrale Zone	*middle fibre*
Biegeradius	*bending radius*
Biegespannung	*bending stress*
Biegeumformen	*reforming by bending*
Rückfederung	*springback*
Walzen	*rolling*
Walzbiegen	*roll bending*
Gestreckte Länge	*stretched length*

Prüfung

1. Worauf ist bei der Abkantung eines Bleches zu achten?
2. Beschreiben Sie den Biegevorgang bei Blechen.
3. Beschreiben Sie die Arbeitsweise einer Schwenkbiegemaschine.
4. Beim Biegen erfolgt eine spanlose Formgebung. Was bedeutet das?
5. Was versteht man unter der neutralen Faser?
6. Wie wird das Zusschnittmaß eines Blechzuschnitts bestimmt?
7. Was versteht man beim Biegen unter Rückfederung? Wie wird die Rückfederung ausgeglichen?
8. Beschreiben Sie die Werkstoffbeanspruchung beim Biegen.
9. Wie können Biegerisse vermieden werden?
10. Welche Bedeutung hat der Mindestbiegeradius?
11. Wie kann die Zuschnittlänge beim Biegen ermittelt werden?

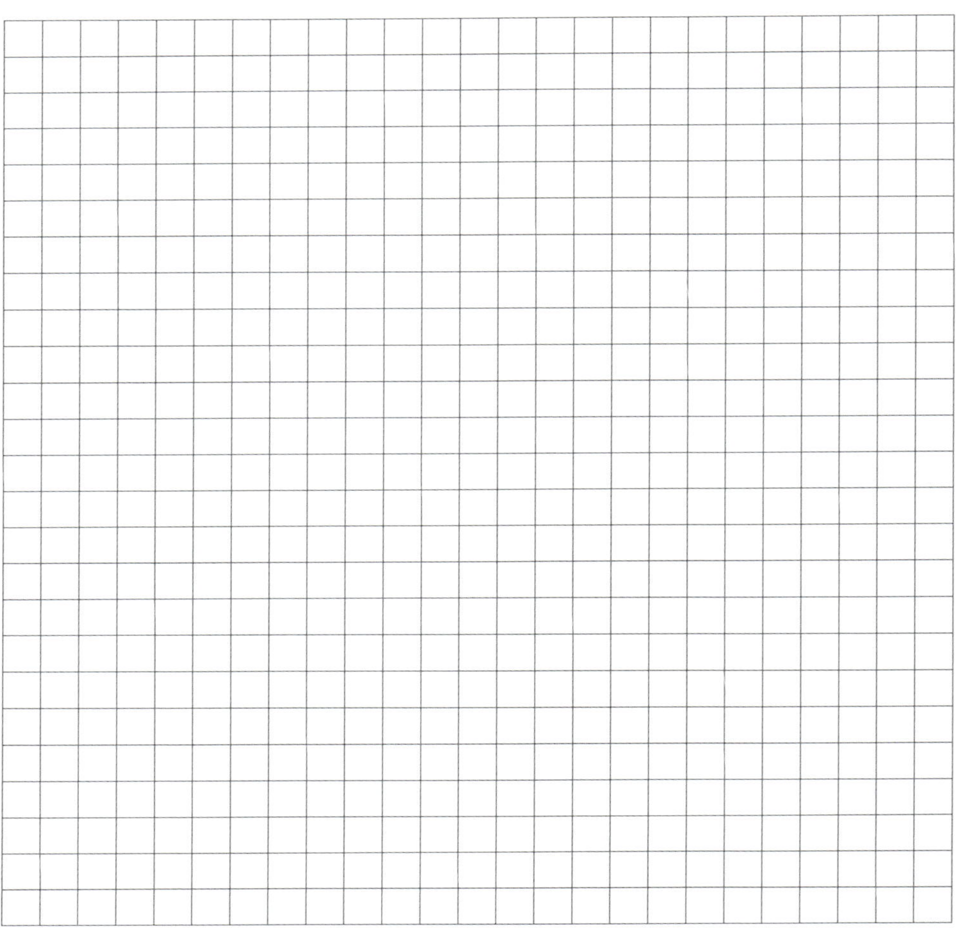

■ **Aufgabenlösungen**

@ Interessante Links

- christiani-berufskolleg.de

2.7 Schrauben und Stifte

Die Adapterplatte und die Haltewinkel für den Pneumatikzylinder werden durch **Schraubverbindungen** befestigt.

Diese **Verbindungsart** wurde gewählt, damit die Baugruppe *vormontiert* werden kann.

Außerdem kann bei Bedarf (Reparatur oder Umbau) die Verbindung wieder *gelöst* werden.

Ein wichtiges Merkmal von Schrauben ist das **Gewinde**. Die gebräuchlichste Gewindeart ist das **metrische ISO-Gewinde**.

Die für die Befestigung der Adapterplatte verwendete **Innensechskantschraube** mit der Bezeichnung **M8×25** hat folgende Eigenschaften:

Metrisches ISO-Gewinde mit einem *Bolzendurchmesser* von 8 mm und einer *Schaftlänge* von 25 mm.

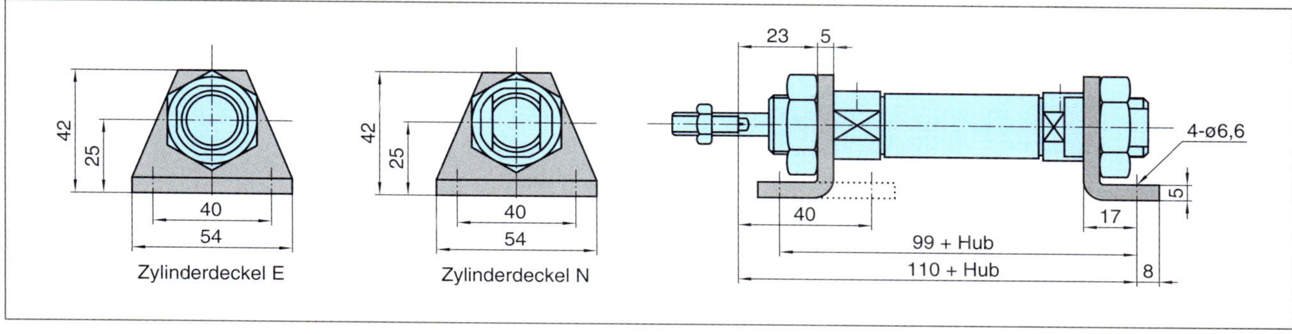

Bild 125 *Befestigung des Zylinders (siehe Seite 12 und Seite 17)*

Schraubverbindungen sind lösbare Verbindungen.

Man unterscheidet zahlreiche unterschiedliche **Schraubenarten**.

Im Maschinenbau unterscheiden sich die Schrauben durch verschiedene *Schraubenköpfe* und *Gewindearten*.

Die **Schraubenköpfe** sind so geformt, dass sie sich von einem **Montagewerkzeug** (Schraubendreher, Ring-/Gabelschlüssel, Innensechskantschlüssel, Torx-Schlüssel) aufnehmen lassen.

Ebenso sind Schraubenköpfe mit verschiedenen Aufnahmemöglichkeiten erhältlich. Die Kombination **Kreuz** *und* **Schlitz** ist weit verbreitet.

Kreuzschlitzschrauben mit zusätzlichem *Außensechskant* werden häufig im Apparatebau verwendet.

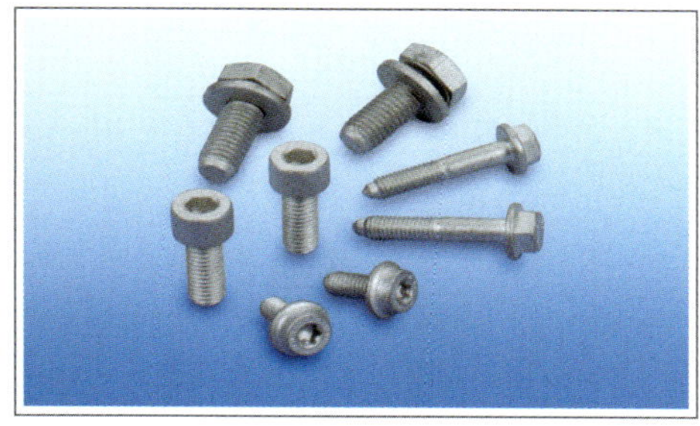

Bild 127 *Schrauben, Ausführungsformen*

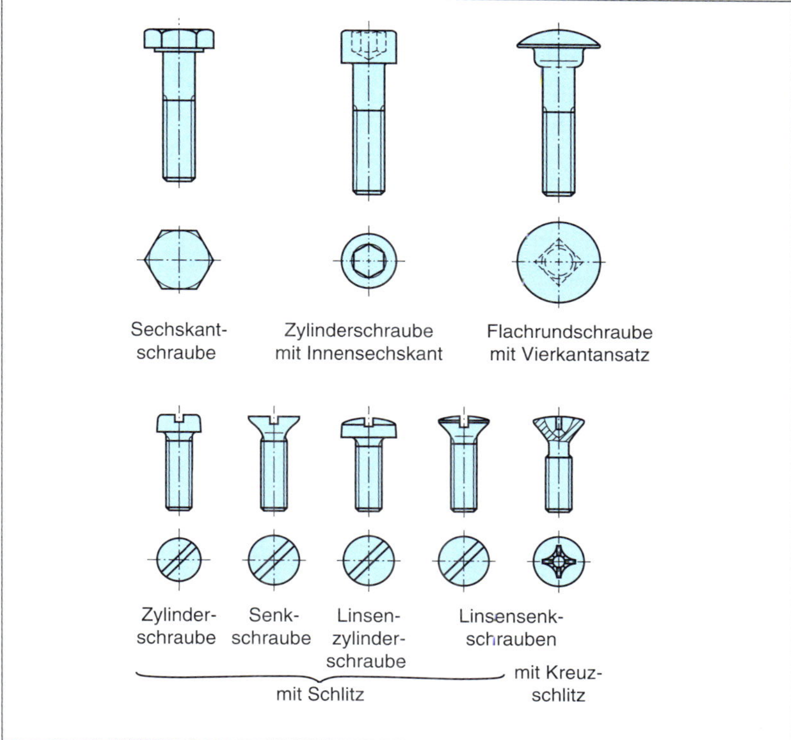

Bild 126 *Kopfformen von Schrauben*

Die **Steigung** des Gewindes ist die **Ganghöhe**. Dieser Wert gibt an, welchen Weg die Schraube bei *einer Umdrehung* in axialer Richtung zurücklegt. Ist *keine* Steigung angegeben, handelt es sich um ein **Regelgewinde**.

■ **Gewinde**
→ 105

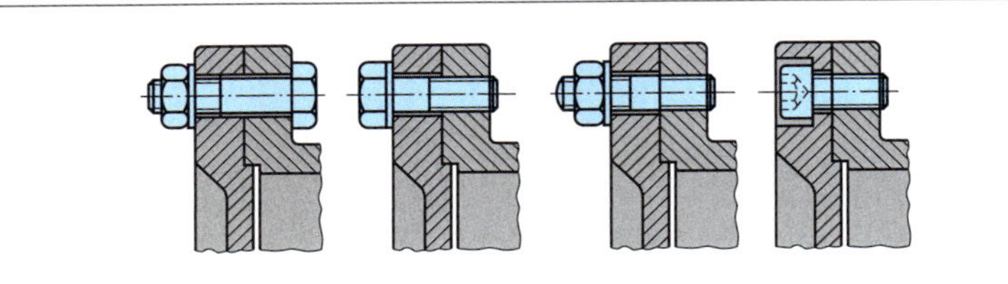

Bild 128 *Beispiele für Schraubverbindungen*

Ist die Bezeichnung mit weiteren Angaben versehen (M8×1,25), handelt es sich um ein **Feingewinde**.

Schrauben werden nach ihrer **Zugfestigkeit** in verschiedene **Festigkeitsklassen** eingeteilt.

Angabe der Festigkeitsklasse:

8.8

- Zahl vor dem Punkt mit Zahl hinter dem Punkt und mit 10 multiplizieren. Man erhält dann die *Mindeststreckgrenze* R_e des Schraubenwerkstoffs in N/mm².
- Zahl mit 100 multiplizieren. Man erhält die *Mindestzugfestigkeit* R_m des Schraubenwerkstoffs in N/mm².

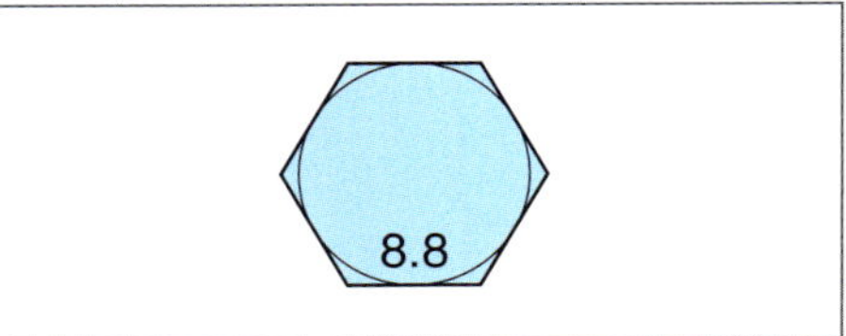

Bild 129 *Festigkeitsklasse von Schrauben*

> *Beispiel*
>
> Festigkeitsklasse 8.8
>
> $R_m = 8\ \text{N/mm}^2 \cdot 100 = 800\ \text{N/mm}^2$
>
> $R_e = 8 \cdot 8\ \text{N/mm}^2 \cdot 10 = 640\ \text{N/mm}^2$

Die **Mindeststreckgrenze** entspricht 80 % der *Mindestzugfestigkeit*.

Hier beginnt die **Einschnürung** der Schraube und die übertragbare Kraft ist am höchsten.

Die **Mindestzugfestigkeit** gibt an, wann die *Verformung* der Schraube vom *elastischen* in den *plastischen* Bereich übergeht.

Wird die Schraube über diesen Wert hinaus belastet, tritt eine *dauerhafte Verformung* ein. Dies ist *unbedingt* zu vermeiden.

Im *Maschinenbau* werden hauptsächlich die **Festigkeitsklassen 5.6** bis **8.8** verwendet. Die höheren Festigkeitsklassen werden für stark beanspruchte Verbindungen eingesetzt und sind teuer.

Muttern

Auch **Muttern** werden in zahlreichen Ausführungen hergestellt.

Die **Festigkeitsklasse** von Muttern wird durch *eine Zahl* angegeben.

Wenn diese Zahl mit 100 multipliziert wird, ergibt sich die **Mindestzugfestigkeit** des Mutternwerkstoffes.

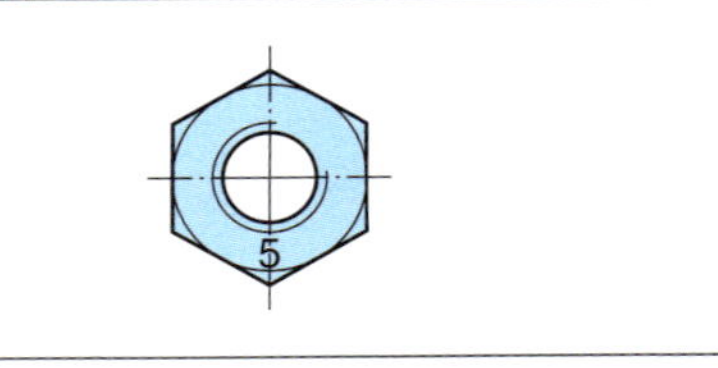

Bild 130 *Festigkeitsklasse von Muttern*

> *Beispiel*
>
> Festigkeitsklasse 5
>
> $R_m = 5 \cdot 100\ \text{N/mm}^2 = 500\ \text{N/mm}^2$

> Die Festigkeit der Mutter sollte *mindestens* so hoch sein, wie die Festigkeit der verwendeten Schraube.

Bild 131 *Muttern*

- **Schraubenformen**

- **Zugfestigkeit**

- **Festigkeitsklassen**

- **Ausführungsformen von Muttern**

- **Darstellung von Schrauben und Muttern**

@ Interessante Links

- www.wuerth.com
- www.boellhoff.com

Schraubensicherungen

Schraubenverbindungen können sich unter Einwirkung von Belastungen (Temperaturschwankungen, Schwingungen) *selbsttätig* lösen.

Durch **Schraubensicherungen** kann dieses *unerwünschte Verhalten* vermieden werden.

Ein **Federring** kann das *Lockern* einer Schraubenverbindung verhindern. Er bewirkt eine *Vorspannkraft* zwischen dem Schraubengewinde und dem Muttergewinde.

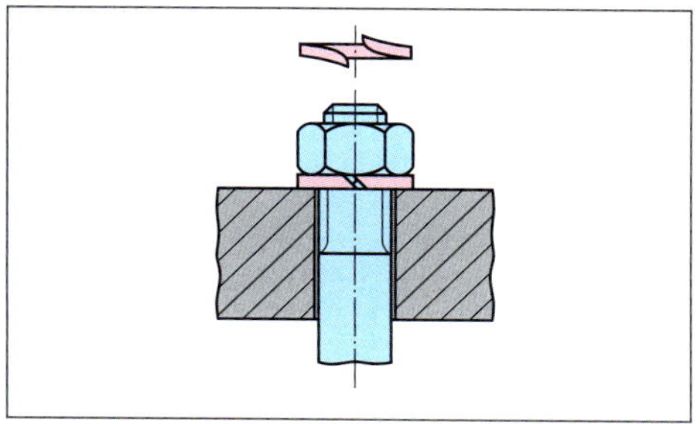

Bild 132 Schraubensicherung mit Federring

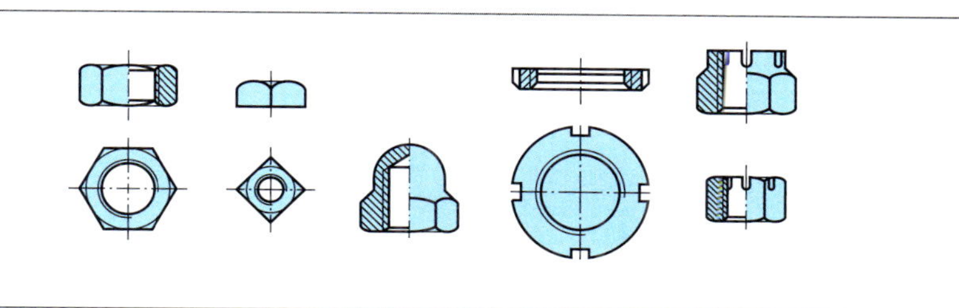

Bild 133 Beispiele für Muttern

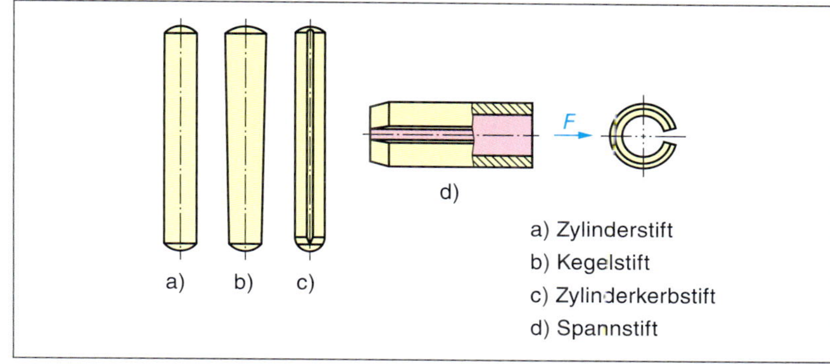

Bild 134 Stifte

Stifte und Bolzen

Um die Adapterplatte während der Befestigung gegen Verdrehung zu sichern, werden 4 **Zylinderstifte** eingesetzt.

Diese 4 Stifte werden so in die Adapterplatte eingepasst, dass sie einen Abstand von 60 mm (Innenmaß) haben.

Dadurch ergeben sich 4 Anschlagpunkte als **Verdrehsicherung**.

Üblicherweise werden **Stiftverbindungen** eingesetzt, um mindestens 2 Teile *formschlüssig* miteinander zu verbinden.

Wählt man für diese Stiftverbindungen eine **Übermaßpassung** (Seite 113), so entsteht ein *Kraftschluss*, der das Herausfallen des Stiftes verhindert.

Stifte dienen zum *Verbinden*, *Befestigen*, *Zentrieren*, *Fixieren* und *Verschließen* von Maschinenteilen.

Nach ihrer Form unterscheidet man *Zylinderstifte*, *Kegelstifte*, *Kerbstifte* und *Spannstifte*.

- **Zylinderstift**
  Passstifte zur Lagesicherung zweier Bauteile, Verbindungsstifte von Welle und Nabe zur Drehmomentübertragung.

- **Kegelstift**
  Verwendung wie Zylinderstifte, bei häufigem Aus- und Einbau können sie die auftretende Bohrungserweiterung ausgleichen; nicht rüttelfest.

- **Kerbstift**
  Kerbwülste auf dem Umfang *verformen* sich beim Eintreiben geringfügig *plastisch*. Dadurch wird ein *rüttelfreier* Sitz erreicht. Zur Aufnahme von Kerbstiften genügen mit dem Spiralbohrer hergestellte Bohrungen. Nicht so hoch beanspruchbar wie Kegel- oder Zylinderstiftverbindungen.

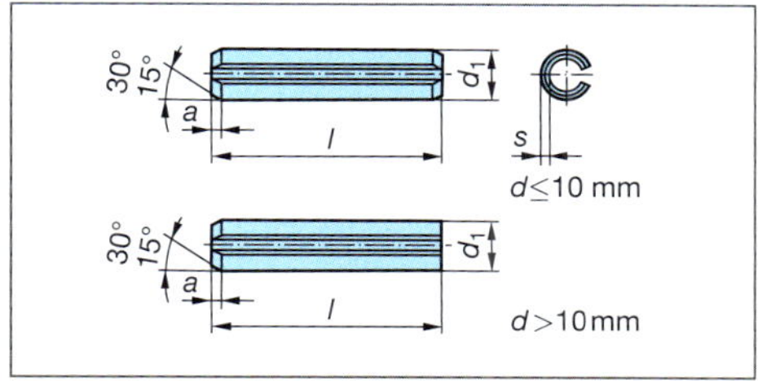

Bild 135 Spannstift

- **Spannstift**
  Hergestellt aus *Federstahlblech*; Durchmesser 0,2 bis 0,5 mm größer als der Bohrungsdurchmesser.
  Beim Eintreiben verformen sich die in Längsrichtung geschlitzten Spannstifte und spannen sich *rüttelsicher* gegen die Lochwände.
  Spannstifte lassen sich leicht austreiben und sind danach erneut verwendbar.

- **Schraubensicherung**

- **Passungen**

- **Stifte**

Schraube
screw

Verbindung
connection

Schraubenverbindung
screw connection

Rechtsgewinde
right-handed screw thread

Linksgewinde
left-handed screw thread

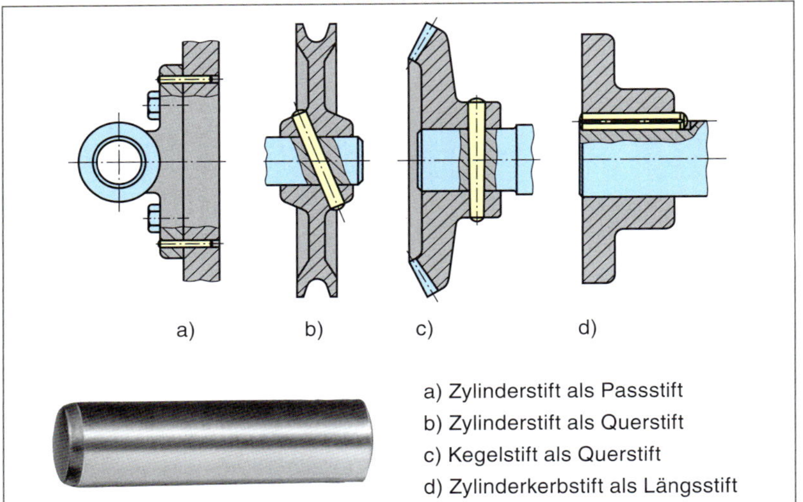

Bild 136 *Zylinderstifte*

Bolzen

Bolzen stellen **Gelenkverbindungen** her.

Sie werden mit und ohne *Kopf* eingesetzt und müssen bei einem Bohrungssitz mit *Spielpassung* durch *Scheiben* und *Sicherungselemente* gehalten werden.

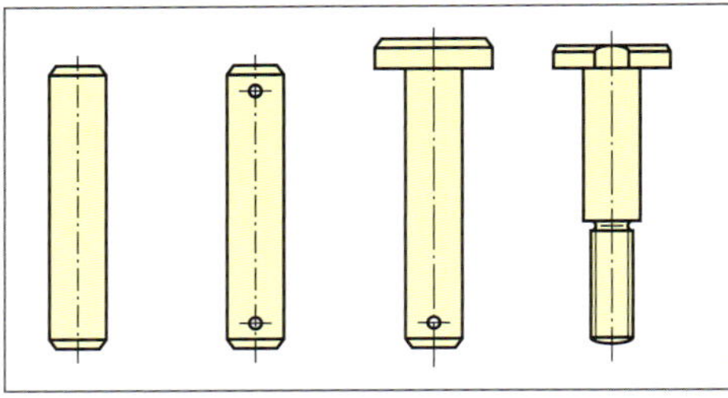

Bild 137 *Bolzen*

Der **Bolzenwerkstoff** ist überwiegend Stahl, der *härter* als der Bauteilwerkstoff sein soll.

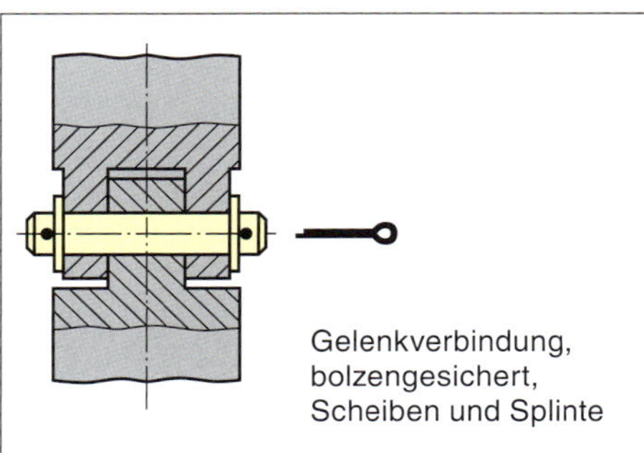

Bild 138 *Bolzeneinsatz*

Stiftverbindungen herstellen

Die Aufnahmebohrungen für Stifte in den zu fügenden Teilen müssen im *gefügten* Zustand der Teile *fertiggebohrt* und *gerieben* werden, damit eine *genaue Passung* erreicht werden kann.

Dazu müssen die Teile durch *Schrauben* oder *Spannverbindungen* gegen *Verdrehen* oder *Verschieben* gesichert sein.

Beim Bohren der Aufnahmebohrung für *Zylinderstifte* ist die *Bearbeitungszugabe* für das Reiben zu beachten.

Für *Kegelstifte* wird die Aufnahmebohrung auf den *kleinsten Stiftdurchmesser* (Nenndurchmesser) gebohrt und dann mit der Kegelahle aufgerieben. Dabei die Eindringtiefe des Kegelstiftes öfter prüfen.

Die Stiftkuppe soll nach Einführen des Stiftes von Hand etwa 4 mm über der Bohrungskante liegen.

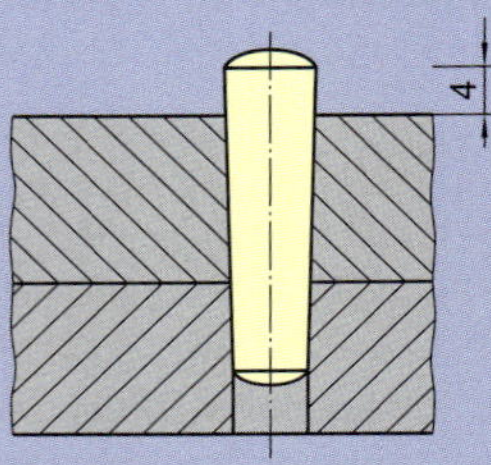

Die Kegelstifte können beim Eintreiben leicht „fressen“. d. h. mit dem Werkstoff des Werkstücks kalt verschweißen. Das kann aber durch leichtes Einfetten des Stiftes vermieden werden.

Prüfung

1. Unterscheiden Sie zwischen lösbaren und unlösbaren Fügeverbindungen.

2. Unterscheiden Sie zwischen formschlüssigen, kraftschlüssigen und stoffschlüssigen Fügeverbindungen.

3. Worauf beruht das Prinzip des Fügens durch Schrauben?

4. Auf Schrauben stehen folgende Angaben: a) 5.6, b) 8.8, c) 10.9. Was bedeutet das?

5. Erklären Sie die folgende Schraubenbezeichnung: ISO 4014 - M10x80 - 8.8.

6. Was bedeuten folgende Angaben: R_m = 800 N/mm², R_e = 640 N/mm
Welche Festigkeitsklasse hat die Schraube?

Einzelteile fügen

- Einzelteile vor dem Fügen entgraten (sichere Auflage).
- Schrauben zunächst nur leicht andrehen.
- Danach Stifte eintreiben.
- Schrauben festdrehen.

Schraubenkopf
screw head

Schraubenkupplung
screw coupling

Schraubenschaft
shank of screw

Mutter
nut

Muttergewinde
internal thread

Scheiben
washers

Schraubensicherung
screw locking device

Aufgabenlösungen

@ Interessante Links

- christiani-berufskolleg.de

2.8 Maschinelles Spanen

Während des Einbaus der vormontierten *Baugruppe*, bestehtend aus

- *Pneumatikzylinder*
- *Haltewinkel*
- *Strebe*
- *Hubplatte*

wurde festgestellt, dass das Einstellen der Hubplatte nur sehr *ungenau* erfolgen kann. Dadurch können beim Betrieb *Probleme* auftreten:

Steht bei eingefahrenem Zylinder die Hubplatte zu nahe an den Fördergurten, kann ein transportierter Motor bei laufendem Gurt durch die Hubplatte gestoppt werden. Es würde ein *Stau* entstehen.

Um die Möglichkeit auszuschließen, soll die Hubplatte so positioniert werden, dass sie sich bei eingefahrenem Zylinder *10 mm unter dem Gurt* befindet.

Damit die Baugruppenmontage erleichtert wird, soll ein **Distanzstück** aus Aluminium gefertigt werden.

Das Distanzstück wird vor Montage der Strebe am Aluminiumprofil des Gurtförderergestells an die Kolbenstange des Pneumatikzylinders montiert.

Hierzu wird die Kolbenstange von Hand ca. 12 mm aus dem Zylindergehäuse gezogen und das *Distanzstück* an die Kolbenstange geschoben, bis der Halbkreis die Kolbenstange umfasst.

Wenn die Kolbenstange einfährt, ergibt sich durch die *Dicke* des Distanzstücks der Abstand zum Gurt.

Die Einheit kann nun *ausgerichtet* und *montiert* werden.

Nach Anziehen der Befestigungsschrauben wird das *Distanzstück entfernt* und die Hubplatte senkt sich um die gewünschten 10 mm ab.

Der Arbeitsplan zur Fertigung des Distanzstücks ist auf Seite 132 dargestellt.

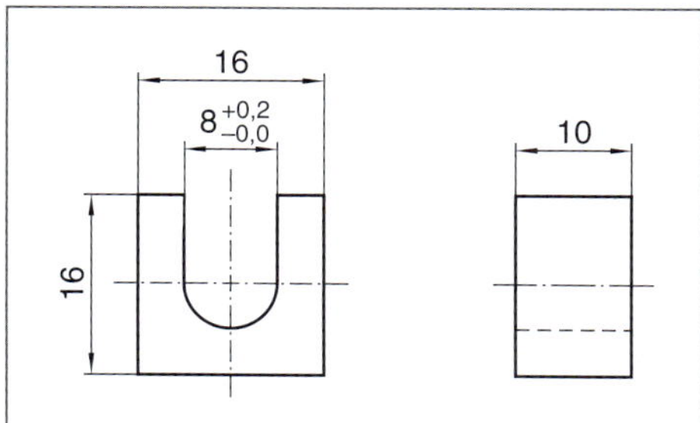

Bild 140 *Distanzstück*

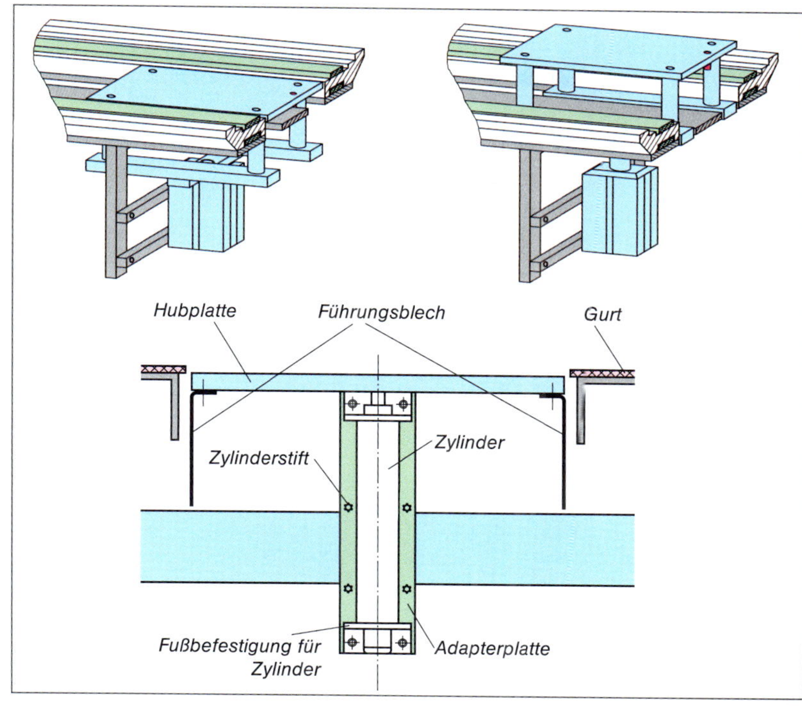

Bild 139 *Montage der Baugruppe mithilfe eines Distanzstücks (Tabelle Seite 132)*

Drehen

Beim Fertigungsverfahren **Drehen** werden Rohlinge durch *Spanabnahme* bearbeitet. Die **Spanabnahme** erfolgt durch einen *Drehmeißel*.

Die Schneide des Werkzeugs **Drehmeißel** verfügt über eine *geometrisch bestimmte Schneide*. Durch die **Zustellbewegung** des Werkzeugs wird die *Spandicke* bestimmt.

Die **Spanabnahme** erfolgt bei der Drehmaschine durch das Zusammenwirken von *zwei Bewegungen*:

- Das im Futter der Maschine gehaltene **Werkstück** führt eine **kreisförmige Schnittbewegung** um die Drehachse aus.
- Das **Werkzeug** (z. B. Drehmeißel) führt eine **geradlinige konstante Vorschubbewegung** aus.

Baugruppen einer Drehmaschine

Motor/Getriebe

Damit die Antriebsleistung *schwingungsarm* auf das Hauptgetriebe übertragen werden kann, ist der **Antriebsmotor** im unteren Teil der Drehmaschine eingebaut. In den meisten Fällen werden *zweistufige Motoren* eingesetzt.

■ **Projekt**
→ 33

Sechskantmutter
hexagonal nut

Splint
cotter, splint pin

Bolzen
pin

Stift
pin

Stiftsicherung
pin lock

Kegelstift
taper pin

Kerbstift
notch pin

Spannstift
spring pin

Hauptbewegungen beim Drehen sind Vorschub-, Schnitt- und Zustellbewegung.

Arbeitsplan zur Fertigung des Distanzstücks

Arbeitsplan	Werkstück: Distanzstück	Werkstoff: AlMg3	
Lfd. Nr.	**Arbeitsschritt**	**Bereitstellung Werkzeuge, Betriebsmittel und Hilfsmittel**	**Technische Daten**
1	Einspannen des Profils 16 mm × 16 mm in das Vierbackenfutter der Drehmaschine		
2	Stirnfläche plan drehen	Gebogener Drehmeißel	Drehzahl: 800 1/min Vorschub je Umdrehung: 0,2 mm
3	Zentrierung für die Bohrung anbringen	Zentrierbohrer	Drehzahl: 200 1/min
4	Kernloch Durchmesser 8 mm bohren	HSS-Bohrer, Durchmesser 8 mm, Kühlschmiermittel	Drehzahl: 800 1/min
5	Werkstück auf Länge 10 mm abstechen	Stechdrehmeißel, Kühlschmiermittel	Drehzahl: 100 1/min
6	Entgraten der Werkstückkanten	Flachfeile Hieb 3	
7	Werkstück in den Maschinenschraubstock der Fräse einspannen	Kunststoffhammer und Unterlage	
8	Ausfräsen der Nut bis zur Hälfte der Bohrung	Fräser aus HSS (4 Scheiben) Durchmesser 8 mm, Kühlschmiermittel	Drehzahl: 1000 1/min Vorschub je Umdrehung: 0,04 mm
9	Entgraten der Nutenkanten	Flachfeile Hieb 3 und Rundfeile Hieb 3	
10	Überprüfen aller Längenmaße	Messschieber	
Qualitätskontrolle Prüfmittel: Messschieber			

Die **Überprüfung der Maße** sollte beim Drehen und Fräsen nach Möglichkeit bei *eingespanntem* Werkstück erfolgen. Hierdurch kann ein erneutes Ausrichten vor einer nötigen Nachbearbeitung vermieden werden.

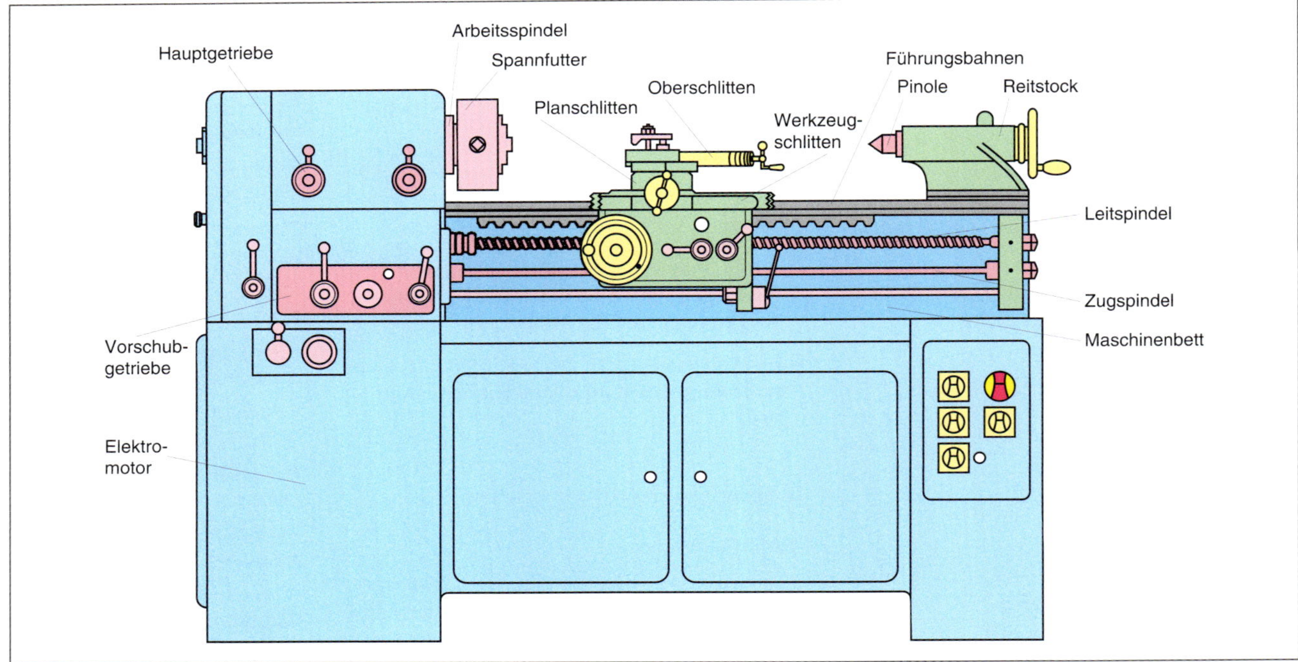

__Bild 141__ Konventionelle Drehmaschine

Aus Sicherheitsgründen müssen Drehmaschinen mit einer **Motorbremse** versehen sein, damit das rotierende Spannfutter der Maschine nach Betätigung des **Not-Aus** sofort zum Stillstand kommt.

Mithilfe des **Zahnradgetriebes** können üblicherweise bis zu 20 verschiedene *Drehzahlen* eingestellt werden.

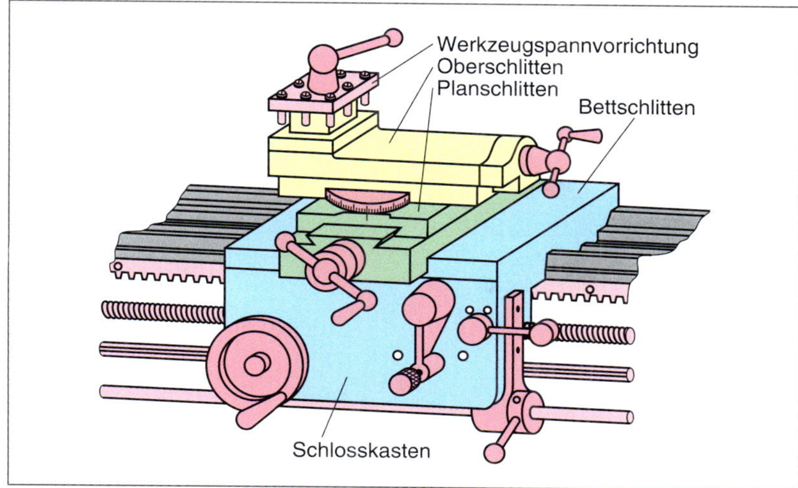

Bild 142 *Werkzeugschlitten einer Drehmaschine*

Vorschubantrieb

Damit der *Werkzeugschlitten* eine *lineare Bewegung* ausführen kann, muss die Drehbewegung der Arbeitsspindel in eine *geradlinige Vorschubbewegung* umgewandelt werden.

Im **Vorschubgetriebe** wird die Drehzahl der Arbeitsspindel verändert und mittels Spindel auf den Werkzeugschlitten übertragen.

Die Größe des Vorschubs wird im Vorschubgetriebe eingestellt. Der **Vorschub beim Drehen** wird in *Millimeter* angegeben und bezieht sich auf *eine Umdrehung* des Werkstücks.

Somit ist gewährleistet, dass der Vorschub auch bei unterschiedlichen Drehzahlen gleich ist.

Die Vorschubgeschwindigkeit kann wahlweise über die **Zugspindel** oder über die **Leitspindel** (Gewindedrehen) eingestellt werden.

Werkzeugschlitten

Auf den *Führungsbahnen* des Drehmaschinenbetts wird der **Werkzeugschlitten** (Bild 142) geführt.

Je *genauer die Führungsbahnen* gearbeitet sind, umso größer ist die **Arbeitsgenauigkeit** der Drehmaschine beim *Längsdrehen*.

Die **Vorschubbewegung** des Werkzeugschlittens kann durch die *Zugspindel*, *Leitspindel* (Gewindedrehen) oder *von Hand* erfolgen.

Erfolgt eine Verstellung *von Hand*, wird durch das große **Handrad** ein Zahnrad bewegt, das in die Zahnstange an der Unterseite des Maschinenbettes eingreift.

Mit dem **Planschlitten** wird die Stirnseite eines Werkstücks überdreht (Plan gedreht).

Die *Vorschubbewegung* kann über die *Zugspindel* oder *von Hand* erfolgen.

Auf dem Planschlitten befindet sich der **Oberschlitten**. Der Oberschlitten ist schwenkbar und wird meist nur von Hand betätigt.

Am Oberschlitten wird zum Beispiel das *Zustellmaß* beim *Plandrehen* eingestellt.

Reitstock

Der Reitstock kann *Bohrfutter* sowie *Bohrer*, *Senker* und *Reibahlen* aufnehmen.

Die *Zustellbewegung* beim Bohren, Senken oder Reiben erfolgt *von Hand* durch die *Pinole*.

Zur Positionsänderung kann der Reitstock auf dem Maschinenbett verschoben und festgeklemmt werden.

Mithilfe des *Reitstocks* und einer *Zentrierspitze* lassen sich lange Werkstücke abstützen.

Spannfutter

Rundteile und sechskantförmige Werkstücke werden in **Dreibackenfutter** eingespannt.

Zum Spannen von Vierkantprofilen werden **Vierbackenfutter** eingesetzt.

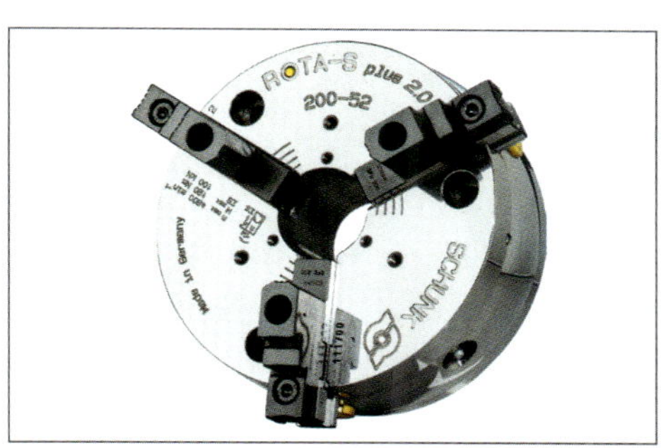

Bild 143 *Spannfutter*

Kenngrößen einer Drehmaschine

Drehmaschinen werden in *unterschiedlichen Größen* hergestellt. Ihre *Einsatzmöglichkeiten* sind abhängig von verschiedenen **Kenngrößen**.

■ **Drehen**

Drehen
turning

Drehmaschinen
lathes, turning machines

Arbeitsspindel
work spindle

Zugspindel
feed rod

Vorschubgetriebe
feed train

Leitspindel
lead screw

Spitzenhöhe
height of centres

Schnittbewegung
cutting motion

Zustellbewegung
infeed motion

Querplandrehen
transverse facing

Längsrunddrehen
longitudinal rotary turning

Stechdrehen
plunge turning

Gewindedrehen
thread turning

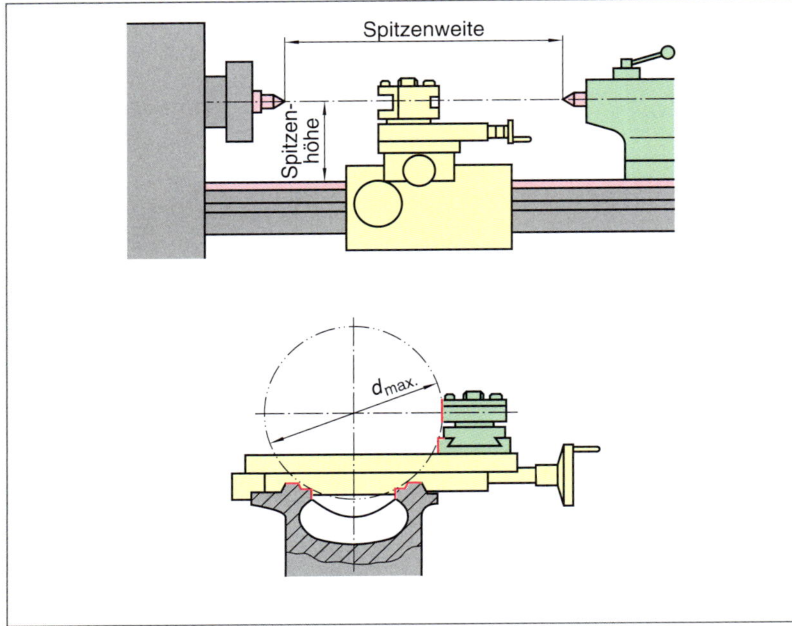

Bild 144 *Spitzenweite*

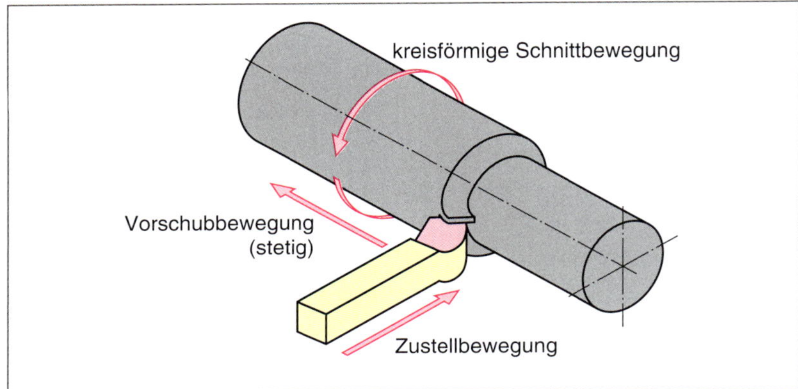

Bild 145 *Wirkung des Drehmeißels*

Spanwinkel
rake angle

Eckenwinkel
nose angle

Einstellwinkel
back rake angle

Spitzenweite
ist das Maß für die *größte Werkstücklänge* beim Drehen zwischen zwei Spitzen.

Angegeben wird der Abstand zwischen den beiden *eingesetzten* Spitzen.

Spitzenhöhe

gibt den *Abstand* zwischen dem *Maschinenbett* und der *Drehachse* an.

Wenn man den Wert der Spitzenhöhe verdoppelt, erhält man den **maximalen Drehdurchmesser** d_{max} (Bild 144).

Drehzahlbereich

gibt die *kleinste* und *größte* einstellbare *Drehzahl* der Arbeitsspindel an.

Bei einem abgestuften Getriebe wird die Anzahl der **Stufungen** angegeben.

Vorschubbereich

gibt den *kleinsten* und *größten* einstellbaren *Vorschub* sowie die Anzahl der Stufungen an.

Die **Antriebsleistung** der Maschine entspricht der *Bemessungsleistung* des Antriebsmotors in kW.

Die Antriebsleistung der Maschine bestimmt die **Zerpanungsleistung**.

Bauarten von Drehmeißeln

Bei der *Einteilung* unterscheidet man **Drehmeißel** nach der *Lage des Schneidenkopfes zum Schaft*.

Um einen Drehmeißel bestimmen zu können, ist der *Verlauf der Mittellinie* durch Schaft und Schneidenkopf ausschlaggebend.

Rechte und linke Drehmeißel

Die Einteilung nach *rechten* und *linken Drehmeißeln* erfolgt durch Betrachten der Spanfläche.

Hierbei muss der *Schaft* vom Betrachter fortgerichtet sein.

Erkennt der Betrachter *von der Schneide her in Schaftrichtung*

- die **Hauptschneide rechts**, dann handelt es sich um einen *rechten Drehmeißel*.
- die **Hauptschneide links**, dann handelt es sich um einen *linken Drehmeißel*.

Ein **rechter Drehmeißel** arbeit von *rechts nach links*, ein **linker Drehmeißel** von *links nach rechts*.

Winkel am Drehmeißel (Bild 146, Seite 135)

Einstellwinkel κ:
Winkel zwischen der Drehachse des Werkstücks und der Hauptschneide des Schneidkeils. Hat erheblichen Einfluss auf die Zerspanungskräfte.

Eckenwinkel ε:
Winkel zwischen Hauptschneide und Nebenschneide. Beeinflusst die Stabilität der Werkzeugschneide und hat großen Einfluss auf die Wärmeableitung.

Werkzeugwinkel:
Freiwinkel α, Keilwinkel β, Spanwinkel γ

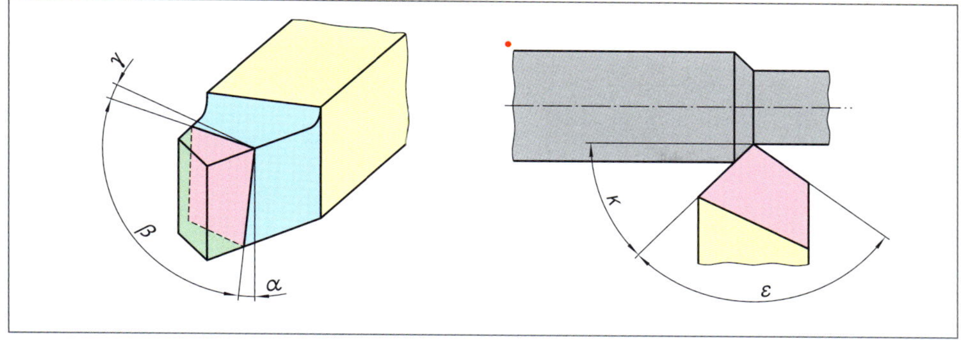

Bild 146 *Winkel am Drehmeißel*

Bei der Einstellung der Drehmeißel ist darauf zu achten, dass die Schneide auf Höhe der Drehachse (also in Werkstückmitte) liegt.
Übermittige und untermittige Einstellungen bewirken eine Veränderung von Frei- und Spanwinkel.

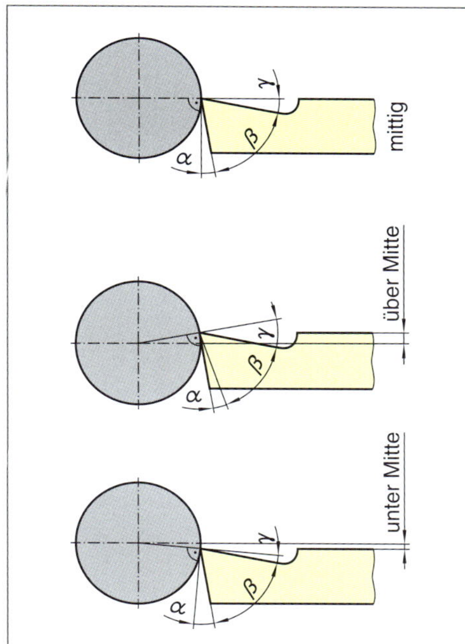

Bild 147 *Einstellung von Drehmeißeln*

Formen von Drehmeißeln

Dargestellt sind typische (rechte) Drehmeißel im Werkstückeingriff (Seite 136)

Vorsicht!

- Die Arbeitskleidung muss eng anliegend sein. Bei längeren Haaren ist eine Kopfbedeckung zu tragen.
- Werkzeug- und Werkstückwechsel sowie alle Rüstarbeiten und Messungen sind grundsätzlich nur bei ausgeschalteter Maschine durchzuführen.
- Späne dürfen nur mit Pinsel oder Handfeger bzw. Spänehaken entfernt werden.
- Zum Schutz vor herumspritzendem Kühlschmiermittel oder herumfliegenden Spänen ist eine Schutzbrille zu tragen.
- Nicht in die Nähe von laufenden Werkstücken greifen.
- Werkstücke und Werkzeuge sind sicher einzuspannen.
- Beschädigte Drehmeißel oder Bohrer, Gewindebohrer usw. sind umgehend zu ersetzen.

Berechnung der Drehzahl

Das Rohteil des Werkstücks ist ein *quadratisches Profil* mit den Maßen 16 × 16 (Seite 131).

Um den *tatsächlichen Außendurchmesser*, der sich bei *rotierenden* Bewegungen ergibt, zu berechnen, ist die *Diagonale e* zu berechnen.

Man spricht vom **Eckenmaß** *e*.

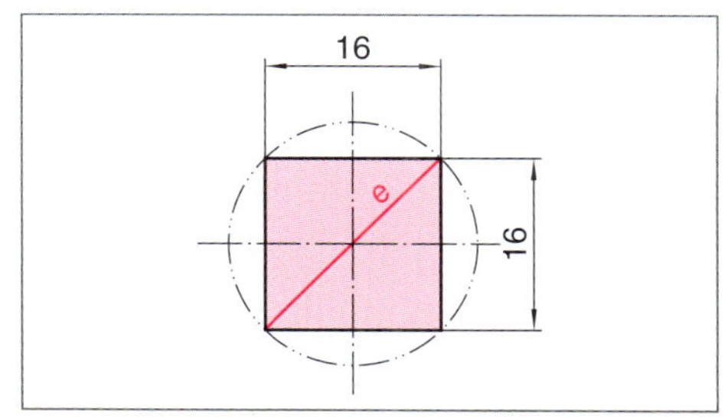

Bild 148 *Eckenmaß e*

@ Interessante Links

- www.knuth.de
- www.liebherr.com
- www.de.dmgmori.com
- www.wabeco-remscheid.de

Im Allgemeinen wird die Drehmeißelspitze „auf Mitte“ gestellt.

Schneidstoffe für Drehmeißel

■ **Schnittgeschwindigkeit** beim Drehen ist abhängig von:

- Werkzeugwerkstoff
- Standzeit
- Vorschub
- Schnitttiefe
- Werkstückwerkstoff
- Kühlung
- Oberflächengüte

Drehmeißel

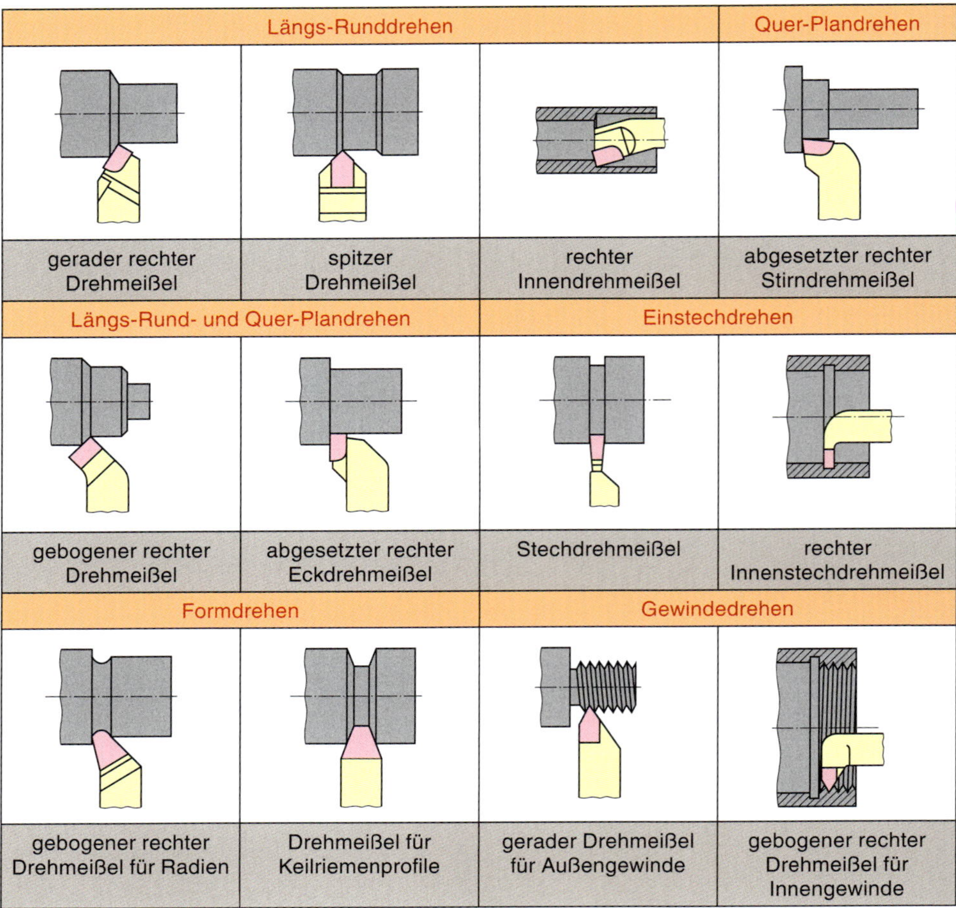

Das *Eckenmaß* kann berechnet werden:

$e = \sqrt{2} \cdot d = 1{,}414 \cdot d = 1{,}414 \cdot 16\ \text{mm}$

$e = 22{,}63\ \text{mm}$

■ **Schnittgeschwindigkeit**

Die **Drehzahl** der Drehmaschine wird mithilfe der *Schnittgeschwindigkeit* errechnet.

Die **Schnittgeschwindigkeit** v_C gibt an, welchen Weg die Werkzeugschneide des Drehmeißels in einer bestimmten Zeit zurücklegt.

Die erforderlichen Werte sind dem Tabellenbuch zu entnehmen.

Beim *Bohren*, *Drehen* und *Fräsen* wird dieser Wert in **Meter pro Minute** (m/min) angegeben.

Drehzahl

$$n = \frac{v_C \cdot 1000}{\pi \cdot d}$$

n Drehzahl in $\frac{1}{\text{min}}$

v_C Schnittgeschwindigkeit in $\frac{\text{m}}{\text{min}}$

d Werkstückdurchmesser in mm

Dem *Tabellenbuch* wird entnommen:

Schnittgeschwindigkeit von *Al-Legierungen*

$v_C = 120$ bis $180\ \frac{\text{m}}{\text{min}}$,

wenn mit einem **Drehmeißel aus HSS** gearbeitet wird.

Bei Einsatz von **Wendeschneidplatten** aus Hartmetall liegen die Werte deutlich höher.

Errechnete Drehzahl:

$$n = \frac{v_C \cdot 1000}{\pi \cdot d} = \frac{140\ \frac{\text{m}}{\text{min}} \cdot 1000}{\pi \cdot 22{,}63\ \text{mm}}$$

$$n = 1970\ \frac{1}{\text{min}}$$

Die errechnete Drehzahl entspricht dem *maximalen* Wert.

Besondere Beachtung sollte man der Tatsache zukommen lassen, dass es sich bei dem Werkstück um ein *quadratisches* Werkstück handelt.

Beim *Plandrehen* ist der Drehmeißel *nicht ständig* im Einsatz.

Wenn der Drehmeißel die ersten sechs Millimeter im Einsatz ist, liegt ein *unterbrochener Schnitt* vor.

Die *Belastung* für den Drehmeißel ist hierdurch *höher*, als bei einem gleichmäßigen ununterbrochenen Schnitt.

Kühlschmierstoffe

Während des Zerspanvorganges beim Drehen, Fräsen, Bohren, Reiben oder Gewindeschneiden werden nicht wassermischbare Kühlschmierstoffe (*Schneidöl*) oder wassermischbare Kühlschmierstoffe (*Emulsionen*) eingesetzt.

Ein **nicht Wasser mischbarer Kühlschmierstoff**, wie zum Beispiel Schneidöl, wird dann eingesetzt, wenn bei *niedriger Schnittgeschwindigkeit* eine *hohe Oberflächengüte* erzielt werden soll.

Dies ist beim *Reiben* oder *Gewindeschneiden* erforderlich.

Wassermischbare Kühlschmierstoffe werden benutzt, wenn bei *hohen Schnittgeschwindigkeiten* die Kühlung des Werkzeugs *und* des Werkstücks nötig ist.

Bei den Emulsionen verbindet sich die *kühlende* Wirkung des Wassers mit der *schmierenden* Wirkung eines Öls.

Eine **Emulsion** ist ein fein verteiltes Gemisch zweier normalerweise nicht mischbarer Flüssigkeiten ohne Entmischung.

Werden Werkzeuge aus **Schnellarbeitsstahl** eingesetzt, ist die *Kühlung* erforderlich, weil bei steigender Temperatur die *Härte* des Werkzeugs abnimmt.

Werkzeuge aus *Hartmetall* werden eher selten gekühlt.

Hartmetallwerkzeuge verlieren ihre Härte erst bei einer Temperatur von rund 1000 °C und eine ungleichmäßige Abkühlung kann zu *Spannungsrissen* führen.

Kühlschmierstoffe

– sollen die Reibung reduzieren

– Wärme ableiten

– und Späne wegspülen

Durch den Einsatz von Kühlschmierstoffen wird die **Standzeit** der Bearbeitungswerkzeuge und die **Oberflächengüte** erhöht.

Umgang mit Kühlschmierstoffen

Mitarbeiter, die mit Kühlschmierstoffen *in Berührung kommen*, müssen über den sicheren Umgang *unterrichtet* werden.

Für diese Arbeiten sind **Betriebsanweisungen** zu erstellen.

Durch Einatmen von Dämpfen, Herunterschlucken oder Hautkontakt können Gesundheitsgefährdungen entstehen.

- Kühlschmierstoffe können die Haut reizen.
- In Kühlschmierstoffen können sich Bakterien und Pilze bilden.

Prüfung

1. Unterscheiden Sie zwischen Querplandrehen und Längsrunddrehen.

2. Unterscheiden Sie zwischen Schruppen und Schlichten.

3. Schnittgeschwindigkeit von Vergütungsstahl v_C = 18 bis 22 m/min.
Es wird mit einem Drehmeißel aus HSS gearbeitet.

Berechnen Sie die Drehzahl n bei einem Werkstückdurchmesser von 24 mm.

4. Was versteht man unter der Standzeit eines Drehmeißels?
Von welcher Standzeit kann beim Drehen von Al-Legierungen ausgegangen werden?

5. Erläutern Sie den Begriff „positive Schneidengeometrie mit einer schneidenden Wirkung".

6. Erläutern Sie den Begriff „negative Schneidengeometrie mit einer schabenden Wirkung".

7. Welche Vorteile haben Drehwerkzeuge mit Wendeschneidplatten?

8. Um welche Kühlschmiermittel handelt es sich?

a) SESW
b) SEMW
c) SN

9. Wählen Sie einen geeigneten Kühlschmierstoff für das Drehen von Al-Legierungen zum Schruppen und Schlichten aus.

10. Welche ökologischen Aspekte sind beim Einsatz von Kühlschmierstoffen zu beachten?

■ Kühlschmierstoffe

■ Aufgabenlösungen

@ Interessante Links

• christiani-berufskolleg.de

■ **Distanzstück**
→ 131

Fräsen
milling

Fräser
mills

Stirnfräsen
face milling

Umfangsfräsen
plane milling

Stirn-Umfangsfräsen
vertical face milling

Nutfräsen
groove milling

Gleichlauffräsen
downcut milling

Gegenlauffräsen
upcut milling

Arbeitsschritte bei der Herstellung des Distanzstücks an der Drehmaschine

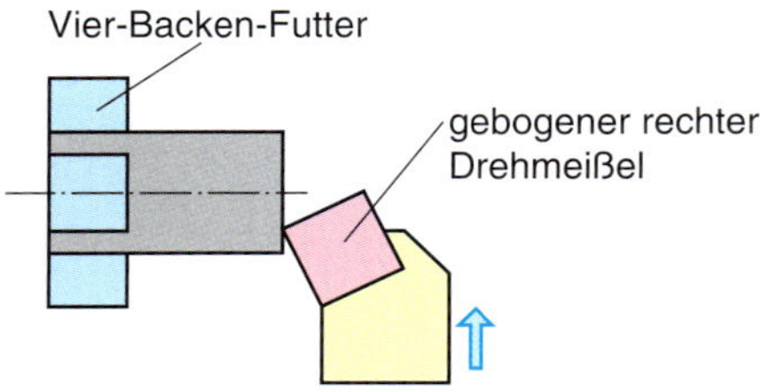 Vier-Backen-Futter gebogener rechter Drehmeißel	**1. Schritt** Plandrehen der Oberfläche
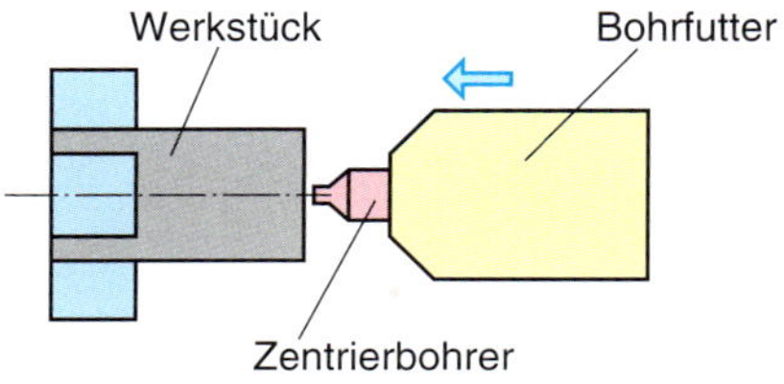 Werkstück Bohrfutter Zentrierbohrer	**2. Schritt** Zentrieren der Bohrung mit einem Zentrierbohrer
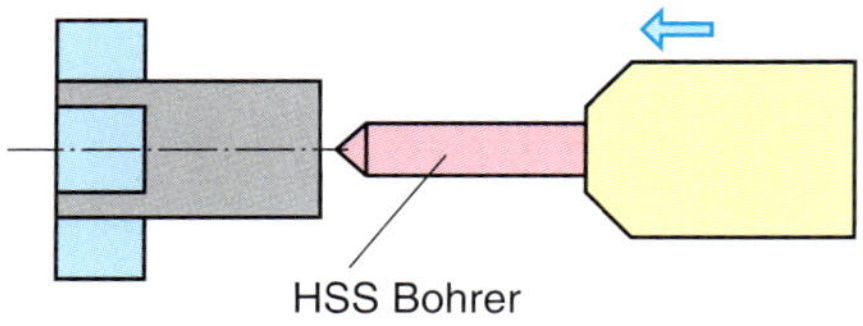 HSS Bohrer	**3. Schritt** Anbringen der Bohrung mit einem HSS-Bohrer, Durchmesser 8 mm
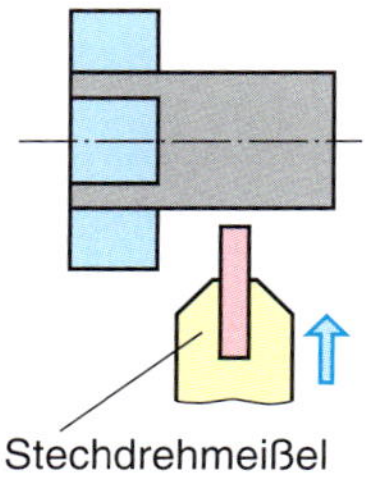 Stechdrehmeißel	**4. Schritt** Abstechen des Werkstücks

Fräsen

Fräsen ist ein *spanendes Bearbeitungsverfahren*, das üblicherweise mit *mehrschneidigen Fräsern* durchgeführt wird. Die **Schneiden** des *Fräsers* sind *geometrisch bestimmt*.

Beim Fräsen erfolgt die **Spanabnahme** durch die *kreisförmige Schnittbewegung des Fräsers* und die *geradlinige und konstante Vorschubbewegung des Werkstücks*.

Bei einer vollständigen Umdrehung des Fräsers werden so viele *Späne* abgenommen, wie *Schneiden* am Fräser vorhanden sind.

Es werden *fortlaufend* Späne abgenommen. Jede *Schneide* ist nur *kurz* im Eingriff.

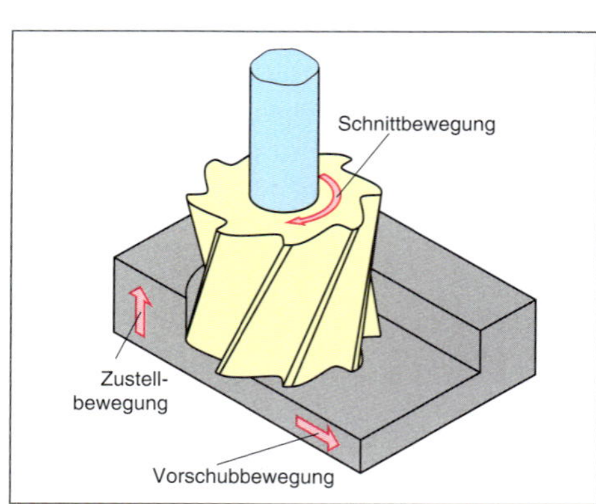

Bild 149 *Prinzip des Fräsens*

Baueinheiten einer Universalfräsmaschine

Vertikalfräskopf mit vertikaler Arbeitsspindel
horizontale Arbeitsspindel
Maschinentisch
Tischhöhenverstellung mit Schalthebel für Vorschub in senkrechter Richtung
Spänewanne
Querschlitten mit Hauptgetriebe
Querschlittenverstellung mit Schalthebel für Vorschub in Querrichtung
Tischlängsverstellung mit Schalthebel für Vorschub in Längsrichtung
Bedientafel
Maschinengestell mit Vorschubantrieb

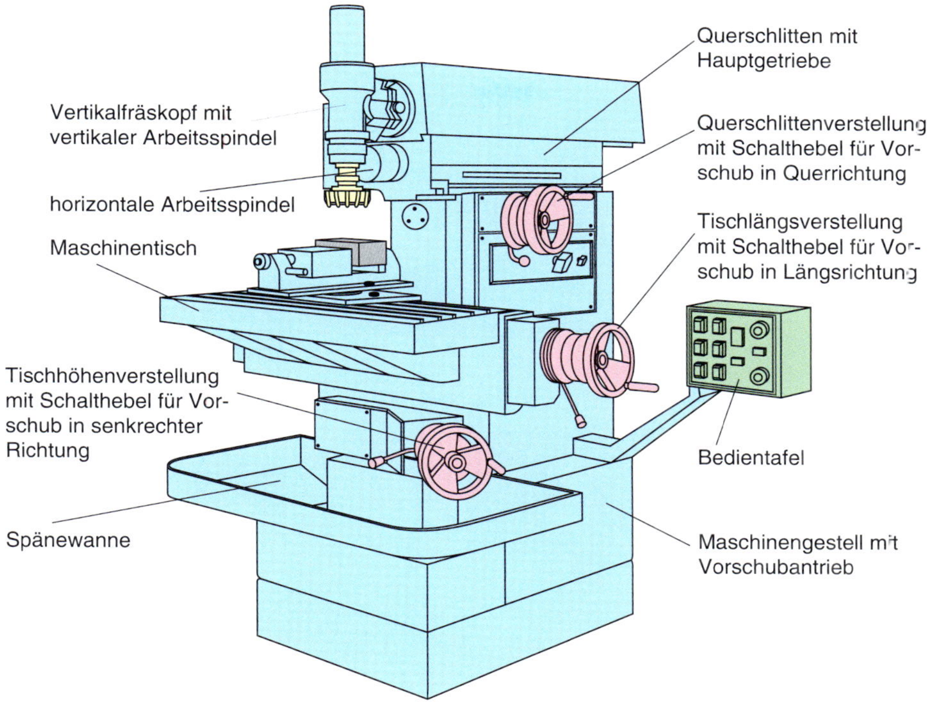

Bild 150 *Universalfräsmaschine*

Antrieb
der Frässpindel durch einen *Elektromotor* über das *Hauptgetriebe*.

Frässpindel
nimmt das *Fräswerkzeug* auf und führt die *Schnittbewegung* durch. *Zustellbewegung* und *Vorschubbewegung* sind in *drei Richtungen* möglich.

Maschinentisch
lässt sich in die *Längsrichtung* und in die *senkrechte Richtung* verfahren.
Wenn der **Querschlitten** über die waagerechten Führungen in *Querrichtung* verfahren wird, führt die *gesamte Spindeleinheit* mit dem Werkzeug die *Vorschub-* bzw. *Zustellbewegung* aus.
Diese Bewegungen werden von Hand an den Kurbelrädern durchgeführt.

Vorschubbewegungen
werden über das *Vorschubgetriebe* ausgeführt.

Gewindespindeln
übertragen die Drehbewegung des Getriebes auf den *Querschlitten* oder *Maschinentisch*.

Im **Maschinengestell** ist das Haupt- und Vorschubgetriebe integriert.

Das **Gestell** der Fräsmaschine trägt neben dem **Antriebsmotor** den **Querschlitten** und den **Maschinentisch**.

In der **Spänewanne** werden die herabfallenden Späne und das Kühlschmiermittel aufgefangen.

Fräsverfahren

Beim **Fräsen** können *Werkstücke mit beliebigen Formen* spanend hergestellt werden. Während des Fräsvorganges mit einem **mehrschneidigen Fräser** ist jede Schneide nur kurz im Eingriff. Es entsteht ein **unterbrochener Schnitt**.

Die **Hauptschneide** des Fräsers ist die Schneide, die in *Vorschubrichtung* liegt. **Nebenschneiden** liegen *nicht in Vorschubrichtung.*

Die **Fräsverfahren** werden unterschieden nach
• Art des **Werkzeugeingriffs**
• der herzustellenden **Bearbeitungsform**

■ Fräsen

@ Interessante Links
- www.dick.de
- www.thor-fraeswerkzeuge.de
- www.ceramtec.de
- www.wabeco-remscheid.de
- www.gloorag.ch

■ **Stirnfräsen**
Fräserachse steht senkrecht zur Arbeitsebene.

■ **Umfangsfräsen**
Fräserachse liegt parallel zur Arbeitsebene.

Werkzeugeingriff

Beim **Stirnfräsen** spant die *Hauptschneide am Umfang* und die *Nebenschneide an der Stirnseite* des Fräsers die Werkstückoberfläche.

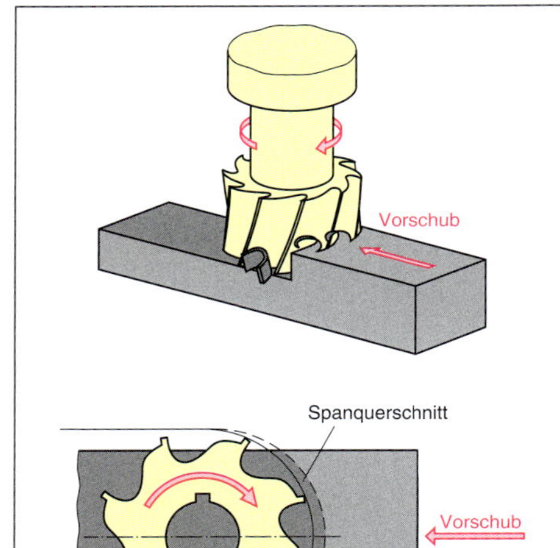

Bild 151 *Stirnfräsen*

Nach dem Zerspanungsvorgang entsteht hierbei ein *bogenförmiges Muster* auf der Werkstückoberfläche.

Beim **Umfangsfräsen** spanen nur die *Hauptschneiden am Fräserumfang*. Es entsteht eine *wellenförmige* Werkstückoberfläche.

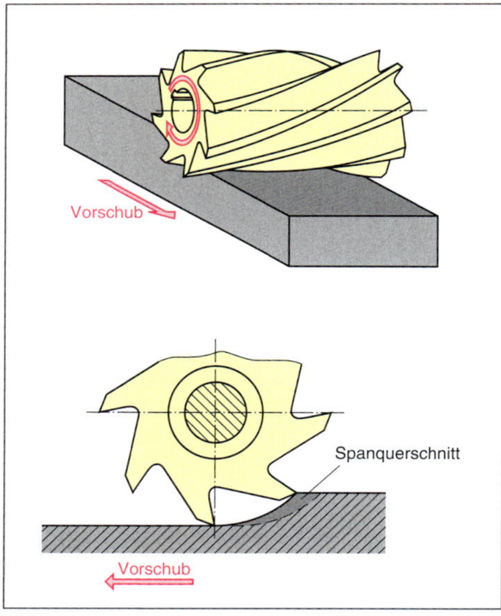

Bild 152 *Umfangsfräsen*

Beim **Stirn-Umfangsfräsen** spant die *Hauptschneide am Umfang* und die *Nebenschneide an der Stirnseite* die Werkstückoberfläche.

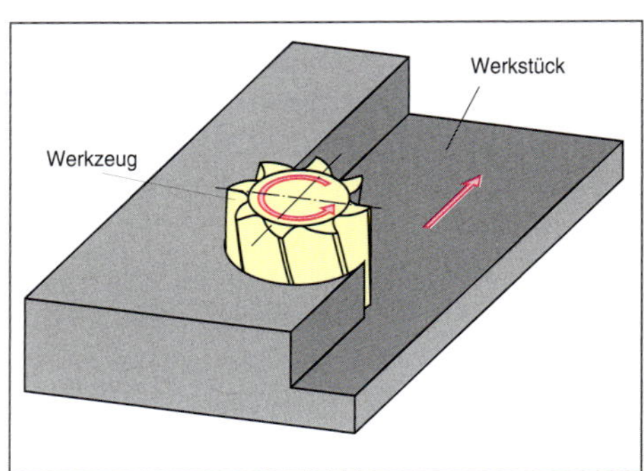

Bild 153 *Stirn-Umfangsfräsen*

Planfräsen wird angewendet, wenn eine *ebene Fläche* erzeugt werden soll. Beim **Profilfräsen** bildet sich das *Fräserprofil* auf dem Werkstück ab.

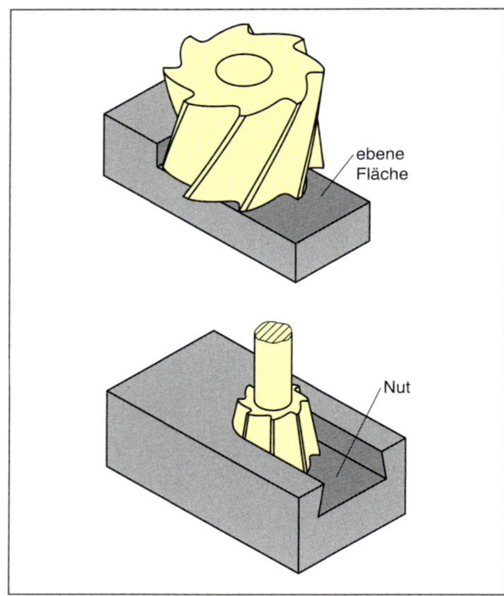

Bild 154 *Planfräsen*

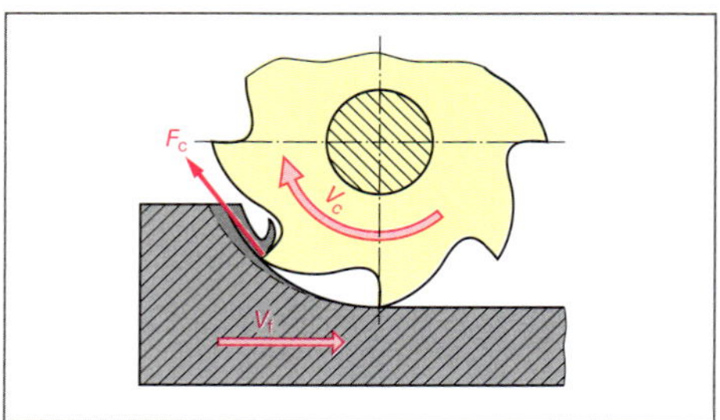

Bild 155 *Gegenlauffräsen*

Gegenlauffräsen

Das *Eindringen der Schneide* in den Werkstoff erfolgt beim **Gegenlauffräsen** *allmählich.*

Die erforderliche **Schnittkraft** ist zu Beginn des Schnitts am geringsten und steigt danach stetig an.

Der größte Spanungsquerschnitt wird am *Ende* des Schnitts abgetragen. Dabei könnte das Werkstück aus der Spannvorrichtung herausgerissen werden.

Beim **Gegenlauffräsen** muss das Werkstück besonders fest und sicher *eingespannt* werden.

An der Werkstückoberfläche können leichte **Rattermarken** entstehen.

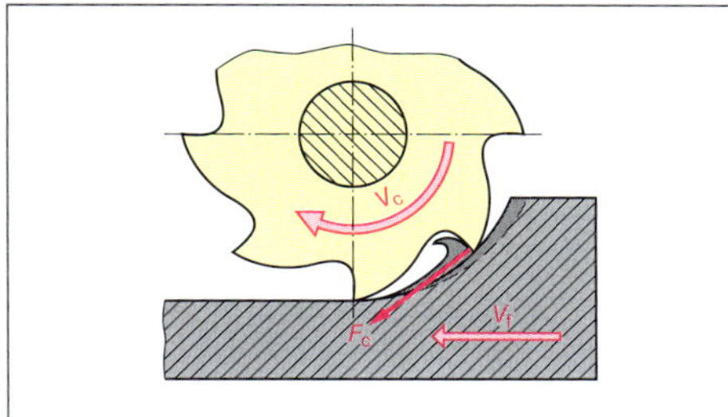

Bild 156 Gleichlauffräsen

Gleichlauffräsen

Die Fräserschneide dringt *schlagartig* in den Werkstoff ein. Am Anfang des Schnitts ist der *Spanungsquerschnitt* am größten.

Die aufzubringende **Schnittkraft** ist zu Beginn des Schnitts am größten und nimmt danach ab.

Bei harten Werkstoffen kann durch das schlagartige Auftreffen der Fräserschneide die Schneide brechen.

Gleichlauffräsen kann nur auf Fräsmaschinen mit *spielfreiem Tischvorschub* durchgeführt werden. Sonst kann das Werkstück unter den Fräser gezogen werden, was zu Beschädigungen von Werkstück, Werkzeug und Spannvorrichtung führen kann.

> Beim **Gegenlauffräsen** sind Schnittbewegung und Vorschubbewegung entgegengesetzt.
>
> Beim **Gleichlauffräsen** sind Schnittbewegung und Vorschubbewegung gleichgerichtet.

Fräswerkzeuge

Walzenfräser haben nur *Umfangsschneiden*. Einsatz zum Fräsen *ebener Flächen*.

Um eine *gleichmäßige Oberfläche* zu erreichen, sollen hauptsächlich Walzenfräser mit *schraubenförmigem Schneidenverlauf* eingesetzt werden.

Bei der Spanabnahme sind *zwei* oder *drei* Schneiden im Eingriff.

Bild 157 Walzenfräser

Walzenstirnfräser

haben neben den Umfangsschneiden auch *Schneiden an einer Stirnseite*. Fräsen *ebener Flächen* und von rechtwinkligen Absätzen.

Bild 158 Walzenstirnfräser

Schaftfräser

haben wie die Walzenstirnfräser neben den *Umfangsschneiden* auch *Schneiden an der Stirnseite*. Sie haben einen zylindrischen oder kegeligen Schaft und werden zum Herstellen von Nuten, Langlöchern und kleinen Flächen eingesetzt.

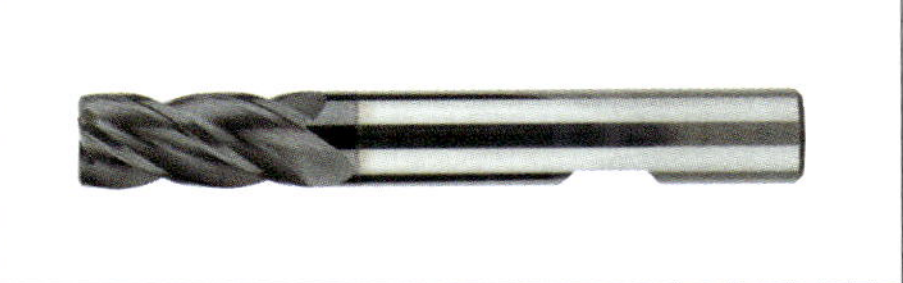

Bild 159 Schaftfräser

Bild 160 Scheibenfräser

Walzenstirnfräser
shell end mill

Scheibenfräser
side milling cutter

Schaftfräser
end mill

Drehzahl
rotational frequency

Vorschubgeschwindigkeit
feed speed

Schnittgeschwindigkeit
cutting speed

Universalfräsmaschine
universal milling machine

Je geringer der Außendurchmesser des Fräsers ist, umso kleiner wird das notwendige Drehmoment und damit die Belastung der Frässpindel.

Fräser mit Linksdrall werden **rechtsschneidend** eingesetzt.

Fräser mit Rechtsdrall werden **linksschneidend** eingesetzt.

Scheibenfräser

werden bei der *Herstellung von Nuten* mit geringen Anforderungen an Maß- und Formgenauigkeit eingesetzt.

Fräsertypen

Die Auswahl des *Fräsertyps* ist vom zu bearbeitenden *Werkstoff* abhängig.

Typ W

Einsatz für *weiche Werkstoffe* wie z. B. Aluminium. Der *Keilwinkel* β ist klein, die Zahnzwischenräume sind groß.

Bei weichen Werkstoffen wird ein großer Vorschub pro Fräserzahn (f_z) gewählt.

Zum Abtransport der Späne müssen die Zahnzwischenräume groß sein.

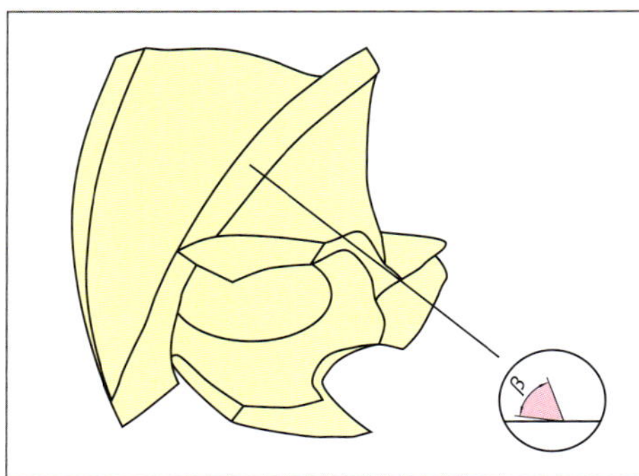

Bild 161 Fräser Typ W

Typ H

Einsatz für *harte Werkstoffe*, wie z. B. legierte Stähle. Der *Keilwinkel* β ist groß und der Fräser hat viele Zähne.

Für den Zerspanvorgang ist ein kleiner Vorschub zu wählen. Es fallen wenige Späne bei einer Fräserumdrehung an.

Bild 162 Fräser, Typ H

Typ N

Einsatz für *normalfeste Werkstoffe* (z. B. Baustahl oder Stahlguss).

Solche Fräser haben eine mittlere Zähnezahl und einen mittelgroßen Keilwinkel β.

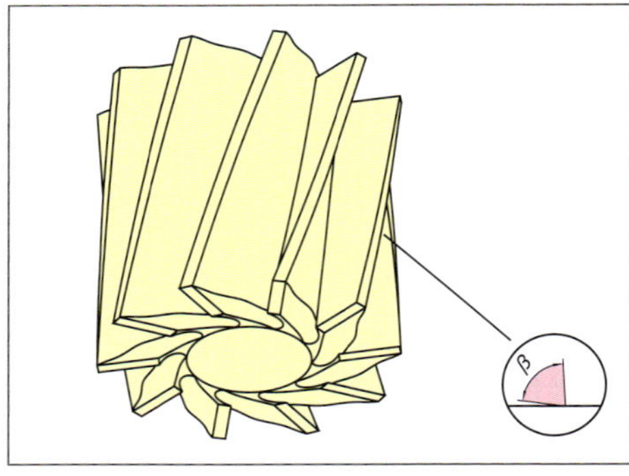

Bild 163 Fräser Typ N

Vorsicht!

- Die Arbeitskleidung muss enganliegend sein. Bei längeren Haaren ist eine Kopfbedeckung zu tragen.
- Werkzeug- und Werkstückwechsel sowie alle Rüstarbeiten und Messungen sind grundsätzlich nur bei ausgeschalteter Maschine durchzuführen.
- Späne dürfen nur mit Pinsel oder Handfeger entfernt werden.
- Zum Schutz vor herumspritzendem Kühlschmiermittel oder herumfliegenden Spänen ist eine Schutzbrille zu tragen.
- Nicht in die Nähe von laufenden Fräsern greifen.
- Werkstücke und Werkzeuge sind sicher einzuspannen.
- Beschädigte Fräser sind sofort zu ersetzen.

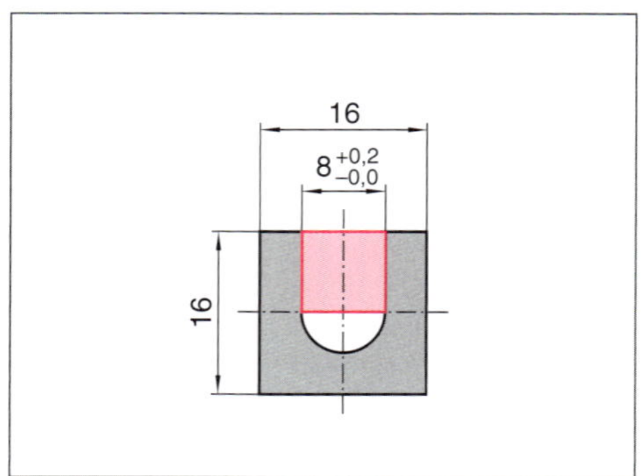

Bild 164 Werkstück fräsen (Distanzstück)

Fräserdrehzahl und Vorschub

Nach dem das Werkstück an der Drehmaschine bearbeitet wurde (Seite 138), soll nur die rot markierte Fläche ausgefräst werden (Bild 164).

Hierfür wird ein *Schaftfräser* mit einem Durchmesser von 8 mm ausgewählt.

Die *Drehzahl der Arbeitsspindel* wird mithilfe der Schnittgeschwindigkeit errechnet.

Die *Schnittgeschwindigkeit* (v_C) gibt an, welchen Weg die einzelne Schneide des Fräsers in einer bestimmten Zeit zurücklegt.

Die Werte können dem Tabellenbuch entnommen werden.

Beim Bohren, Drehen und Fräsen wird dieser Wert in Meter pro Minute (m/min) angegeben.

Drehzahl

$$n = \frac{v_C \cdot 1000}{\pi \cdot d}$$

n Drehzahl in $\frac{1}{\text{min}}$

v_C Schnittgeschwindigkeit in $\frac{\text{m}}{\text{min}}$

d Fräserdurchmesser in mm

Berechnung der Drehzahl

$$n = \frac{v_C \cdot 1000}{\pi \cdot d} = \frac{150\,\frac{\text{m}}{\text{min}} \cdot 1000}{\pi \cdot 8\text{ mm}} = 6000\,\frac{1}{\text{min}}$$

Die errechnete Drehzahl entspricht dem maximalen Wert.

Schnittdaten für Al-Knetlegierung (Tabellenbuch): 150 bis 450 $\frac{\text{m}}{\text{min}}$.

Um den Fräsvorgang durchführen zu können, wird der einzustellende *Vorschub* berechnet.

Der *Vorschub pro Fräserzahn* (f_z) wird dem Tabellenbuch entnommen. Dann wird er mit der *Anzahl der Zähne* (z) des Fräsers multipliziert.

Beim Drehen und Fräsen unterscheidet man bei der Bearbeitungsart zwischen *Schruppen* und *Schlichten*.

- **Schruppen**
  Vorbehandlung, wobei die Spanabnahme nicht bis auf das Fertigungsmaß erfolgt.

  Der Schruppvorgang erfolgt mit einer hohen Schnittgeschwindigkeit, wobei die Oberflächenqualität vernachlässigt wird.

- **Schlichten**
  Geringe Spanabnahme bei niedriger Schnittgeschwindigkeit. Dabei werden das Fertigungsmaß und die gewünschte Oberflächenqualität erreicht.

  Damit das Werkstück nur einmal bearbeitet werden muss, wird der Vorschub für das Schlichten ausgewählt (Tabellenbuch):

  $f_z = 0{,}01$ mm.

  $f = f_z \cdot z = 0{,}01\text{ mm} \cdot 4 = 0{,}04\text{ mm}$

  Der Fräser legt bei einer Umdrehung im Eingriff eine lineare Vorschubbewegung von 0,04 mm zurück.

Prüfung

1. Was versteht man unter Fräsen?

2. Wonach werden Fräsverfahren unterschieden?

3. Unterscheiden Sie zwischen Stirnfräsen, Umfangsfräsen und Stirn-Umfangsfräsen.

4. Worin besteht der Unterschied zwischen Gegenlauffräser und Gleichlauffräser?

5. Worauf ist beim Gegenlauffräsen besonders zu achten?

6. Beim Fräsen kommt es zu einem hohen Verschleiß der Frei- und Spanfläche des Fräsers.

Woran kann das liegen?

7. Welche Arbeitsschutzmaßnahmen sind beim Fräsen wichtig?

8. Unterscheiden Sie die Frästertypen W, H und N.

9. Nach welchen Kriterien werden Fräswerkzeuge ausgewählt?

10. Wie wird die Drehzahl der Arbeitsspindel beim Fräsen bestimmt?

11. Wie kann der Vorschub pro Fräserzahn ermittelt werden.

12. Fräsen von unlegiertem Stahl: Schneidwerkstoff P40.

Wählen Sie Vorschub je Zahn, Schnitttiefe und Schnittgeschwindigkeit aus.

■ **Schruppen**
Mit möglichst großem Vorschub arbeiten.

■ **Schlichten**
Mit kleinem Vorschub arbeiten, um die geforderte Oberflächengüte zu erreichen.

■ **Fräsen**

■ **Aufgabenlösungen**

@ Interessante Links

- christiani-berufskolleg.de

Fräsen des Distanzstücks

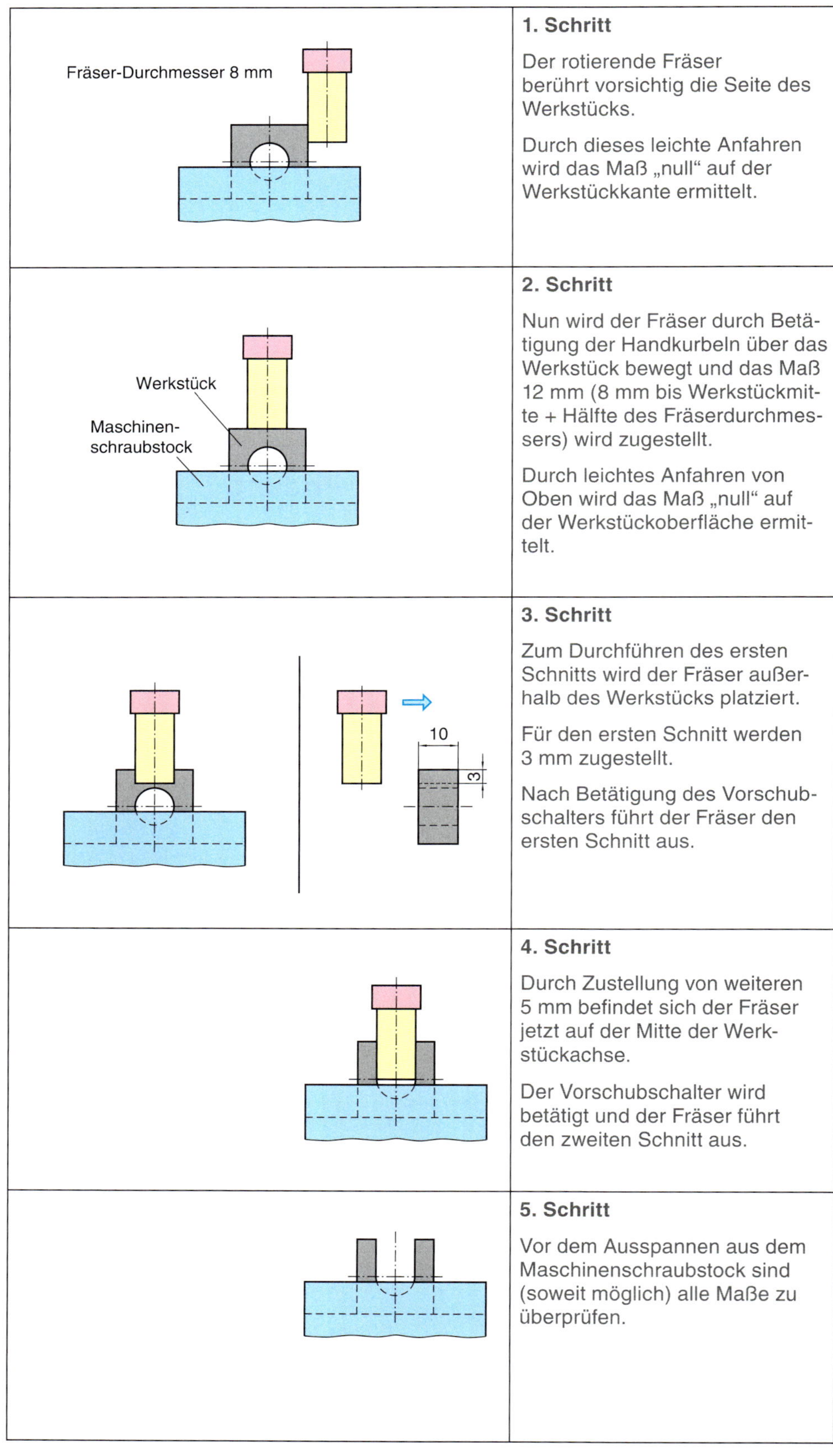

	1. Schritt Der rotierende Fräser berührt vorsichtig die Seite des Werkstücks. Durch dieses leichte Anfahren wird das Maß „null“ auf der Werkstückkante ermittelt.
	2. Schritt Nun wird der Fräser durch Betätigung der Handkurbeln über das Werkstück bewegt und das Maß 12 mm (8 mm bis Werkstückmitte + Hälfte des Fräserdurchmessers) wird zugestellt. Durch leichtes Anfahren von Oben wird das Maß „null“ auf der Werkstückoberfläche ermittelt.
	3. Schritt Zum Durchführen des ersten Schnitts wird der Fräser außerhalb des Werkstücks platziert. Für den ersten Schnitt werden 3 mm zugestellt. Nach Betätigung des Vorschubschalters führt der Fräser den ersten Schnitt aus.
	4. Schritt Durch Zustellung von weiteren 5 mm befindet sich der Fräser jetzt auf der Mitte der Werkstückachse. Der Vorschubschalter wird betätigt und der Fräser führt den zweiten Schnitt aus.
	5. Schritt Vor dem Ausspannen aus dem Maschinenschraubstock sind (soweit möglich) alle Maße zu überprüfen.

3 Elektrische Betriebsmittel

3.1 Der elektrische Stromkreis

Elektrische Ladung

Atome bestehen aus *Atomkern* und *Atomhülle.*

Der **Atomkern** besteht aus *Protonen* und *Neutronen.*

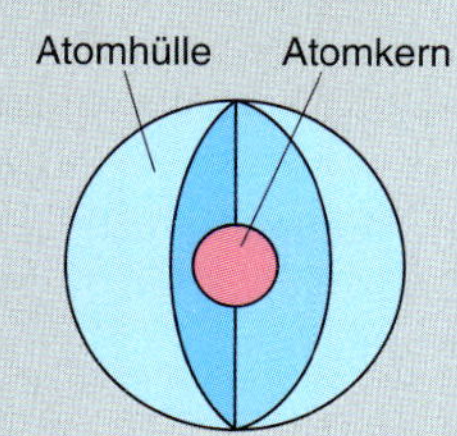

Die **Elektronen** bewegen sich auf festen Bahnen (Schalen) mit *hoher Geschwindigkeit* um den Atomkern.

Die Elektronen bilden die **Hülle** des Atoms.

Elektrische Kräfte halten die Elektronen gegen die Fliehkraft auf ihren Bahnen.
Ursache der elektrischen Kräfte ist die **elektrische Ladung**.

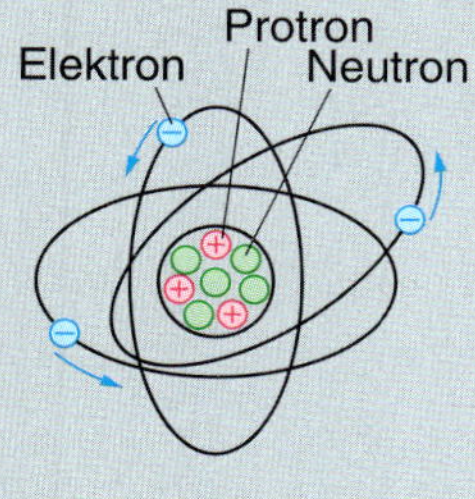

Das *Elektron* ist ein **Ladungsträger**.

Es trägt die **negative Elementarladung**

$e = -1{,}6 \cdot 10^{-19}$ As

Auch der *Atomkern* ist ein **Ladungsträger**.
Er trägt die **positive Elementarladung**

$e = +1{,}6 \cdot 10^{-19}$ As

Gleichnamige Ladungen *stoßen sich ab.*
Ungleichnamige Ladungen *ziehem sich an.*

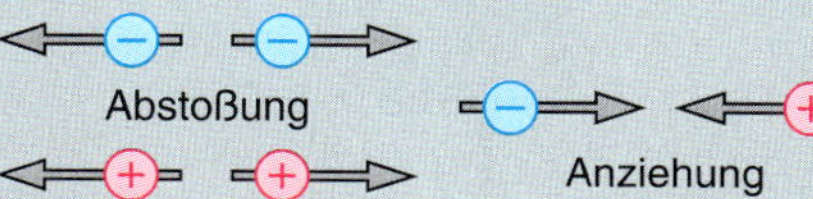

Elektrisch neutrales Atom
Negative Elementarladungen der Elektronen = positive Elementarladungen der Protonen

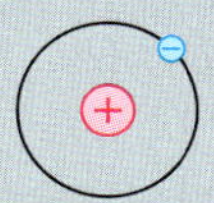

Positives Ion
Atom hat Elektronen *abgegeben.*
Es hat eine **positive Ladung**.

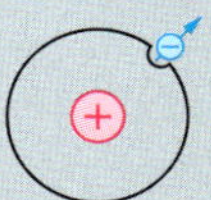

Bei *n* Protonen bzw. Elektronen beträgt die **Ladungsmenge** bzw. **Elektrizitätsmenge**

$$Q = n \cdot (\pm e)$$

Q Ladungsmenge (Elektrizitätsmenge) in As oder C
n Anzahl der Elementarladungen
e Elementarladung ($\pm 1{,}6 \cdot 10^{-19}$ As)

Negatives Ion
Atom hat Elektronen *aufgenommen.*
Es hat eine **negative Ladung**.

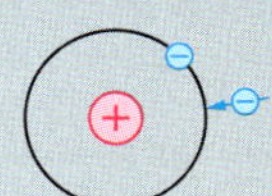

Elektronen**mangel** → **positive** Ladung
Elektronen**überschuss** → **negative** Ladung

Bei der **Ladungstrennung** und beim **Ladungsausgleich** werden elektrische Ladungsträger (Elektronen) *bewegt*. Die *Elektronenbewegung* nennt man **elektrischer Strom**.

Ergebnis der Ladungstrennung:
Ort 1: *Mangel* an Elektronen
Ort 2: *Überschuss* an Elektronen

Zwischen Ort 1 und Ort 2 herrscht eine **elektrische Spannung**. Sie ist bestrebt, die Ladungstrennung aufzuheben (Bild 2, Seite 146).

Der **Ladungsausgleich** erfolgt, wenn Ort 1 und Ort 2 durch einen *elektrischen Leiter* miteinander verbunden werden (Bild 2, Seite 146).

Bei der **technischen Spannungserzeugung** werden unter Energieaufwand positive und negative Ladungsträger getrennt.

Es bilden sich dadurch 2 **Pole** aus:

Positiver Pol: Elektronenmangel
Negativer Pol: Elektronenüberschuss

■ **Atom**
griechisch „atomos", unteilbar

■ **Valenzelektronen**
Die Elektronen der äußersten Schale heißen Valenzelektronen. Sind am weitesten vom Kern entfernt und somit von außen am besten zu beeinflussen.

■ **Geschwindigkeit der Elektronen**
Die Elektronen umkreisen den Atomkern mit einer Geschwindigkeit von ca. 220 km/s.
Elektrische Kräfte halten die Elektronen auf ihren Bahnen.

■ **Elementarladung**
Kleinstmögliche elektrische Ladung. Eine Menge von Elementarladungen wird elektrische Ladung genannt.

■ **Coulomb (C)**
Einheit der elektrischen Ladung.

1 C = 1 As
(Ampere · Sekunde)

■ **Spannungsquelle (Symbol)**

■ **Spannungspfeil**

Spannungsquelle: Vom Pluspol zum Minuspol
Verbrauchsmittel: Pfeil weist in Richtung des Stromflusses

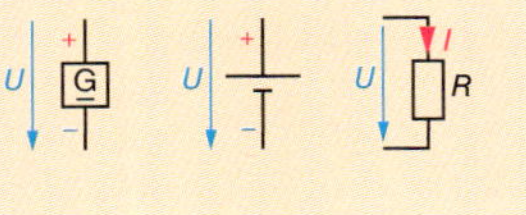

Elektrische Spannung ist das Ausgleichsbestreben getrennter Ladungen.

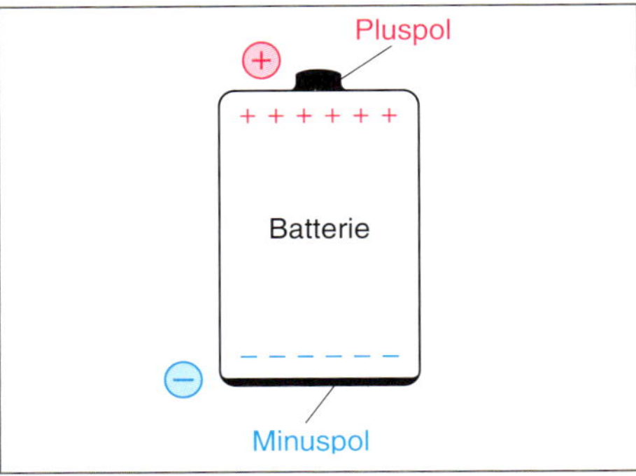

Bild 1 Ladungstrennung bei einer Batterie

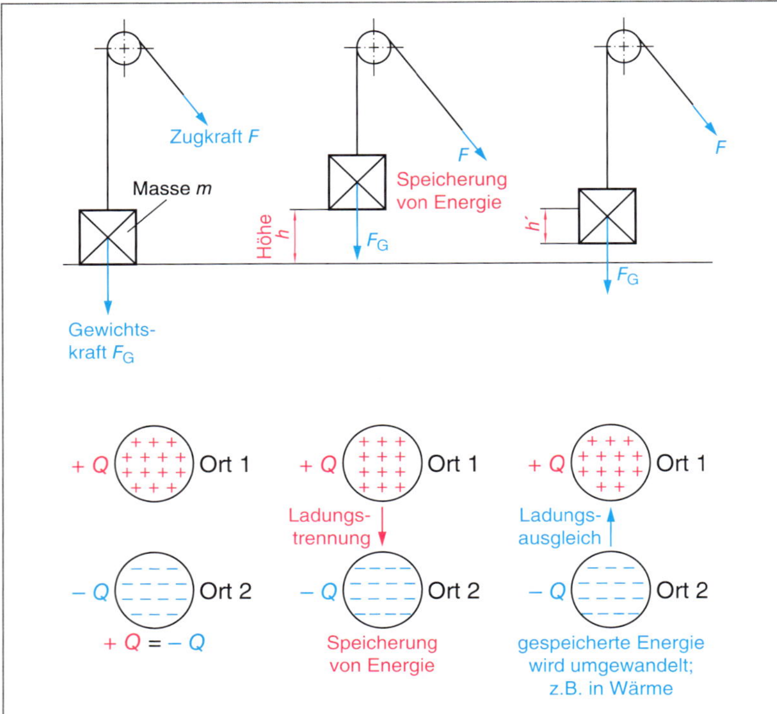

Bild 2 Ladungstrennung und Ladungsausgleich

■ **Elektrischer Widerstand (Symbol)**

■ **Dezimale Teile und Vielfache von Einheiten**

1 mA = 0,001 A = 10^{-3} A
1 µA = 0,000001 A = 10^{-6} A

1 kΩ = 1000 Ω = 10^3 Ω
1 MΩ = 1000000 Ω = 10^6 Ω

Grob vergleichbar ist der Vorgang mit dem Anheben und Absenken einer Masse *m* (Bild 2).

Linke Abbildung: Masse *m* steht auf der Unterlage (Ausgleichszustand).

Mittlere Abbildung: Masse *m* wurde durch Zugkraft *F* auf die Höhe *h* angehoben. Die dabei aufgewendete Energie ist in der Masse gespeichert („Spannungszustand").

Rechte Abbildung:
Seil wird losgelassen, Masse *m* wird um die Höhe *h* abgesenkt.

Dabei wird wieder Energie frei. Ein Teil des „Spannungszustandes" wurde dabei abgebaut.

Allgemein:

- **Ladungstrennung** → elektrische Spannung
- **Ladungsausgleich** → elektrischer Strom

Technische Größen des Stromkreises

Nach der Projektbesprechung → 11 fragt die Auszubildende ihren Meister, was denn eigentlich unter dem Begriff **elektrischer Widerstand** oder kurz **Widerstand** zu verstehen ist.

Der Meister nimmt ein **Multimeter** und stellt es auf den *Widerstandsmessbereich* ein. Dieser Bereich ist mit Ω gekennzeichnet.

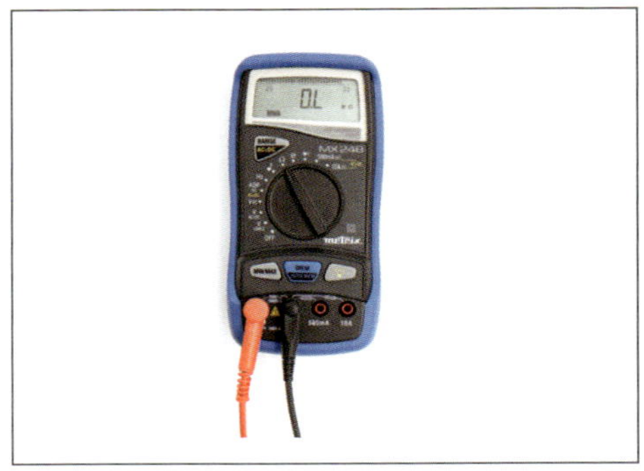

Bild 3 Multimeter im Widerstandsmessbereich

Widerstandsmessungen werden nur im spannungsfreien Zustand durchgeführt!

Vier Widerstandsmessungen werden unter Aufsicht des Ausbilders durchgeführt (Bild 4)

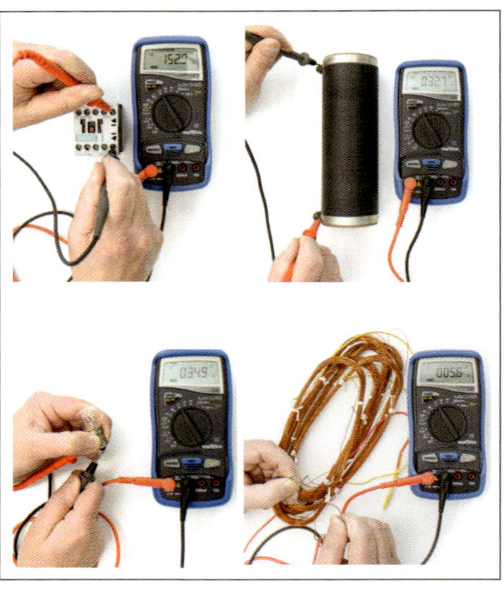

Bild 4 Messungen mit dem Multimeter

Es werden unterschiedliche Widerstandswerte gemessen. Der **elektrische Widerstand** ist eine bestimmende Größe im elektrischen Stromkreis.

Zur Verdeutlichung (Bild 5):

- Ladungstrennung → **elektrische Spannung** (Pluspol, Minuspol)
- Ladungsausgleich → **elektrischer Strom**

Je größer der Strom, umso schneller erfolgt der Ladungsausgleich. Je kleiner der Strom, umso länger dauert der Ladungsausgleich.

Die Höhe des Stromes (und damit die Dauer des Ladungsausgleichs) wird wesentlich vom **elektrischen Widerstand** bestimmt.

Hoher Widerstand → kleiner Strom,
Kleiner Widerstand → hoher Strom

Elektrischer Widerstand → Begrenzung des elektrischen Stromes
Formelzeichen: R
Einheit: Ω (Ohm)

Elektrischer Strom → Bewegung von Ladungsträgern
Formelzeichen: I
Einheit: A (Ampere)

Elektrische Spannung → Maß für die Ladungstrennung
Formelzeichen: U
Einheit V (Volt)

Elektrische Leitfähigkeit → Kehrwert des elektrischen Widerstandes $\left(G = \frac{1}{R}\right)$
Formelzeichen: G
Einheit: S (Siemens), $1\ \text{S} = 1\ \frac{1}{\Omega}$

Ein *hoher* Widerstand bedeutet eine *geringe* Leitfähigkeit. Ein *geringer* Widerstand bedeutet eine *hohe* Leitfähigkeit.

$$\text{Widerstand} = \frac{1}{\text{Leitfähigkeit}} \qquad G = \frac{1}{R}$$

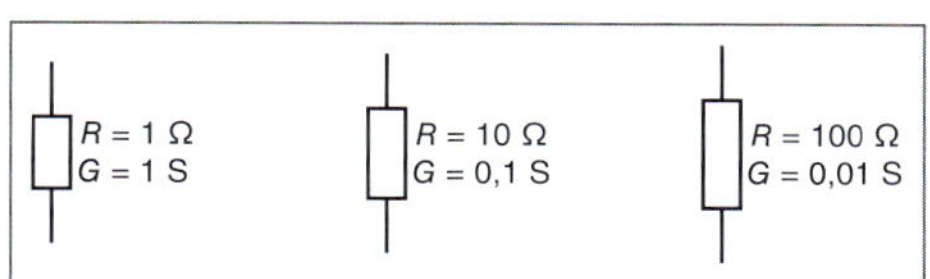

Bild 6 *Widerstand und Leitfähigkeit*

In einem **elektrischen Stromkreis** belastet der Widerstand die Spannungsquelle (Ort der Ladungstrennung), an die er über Leitungen angeschlossen ist. Jeder **Stromkreis** hat einen elektrischen Widerstand.

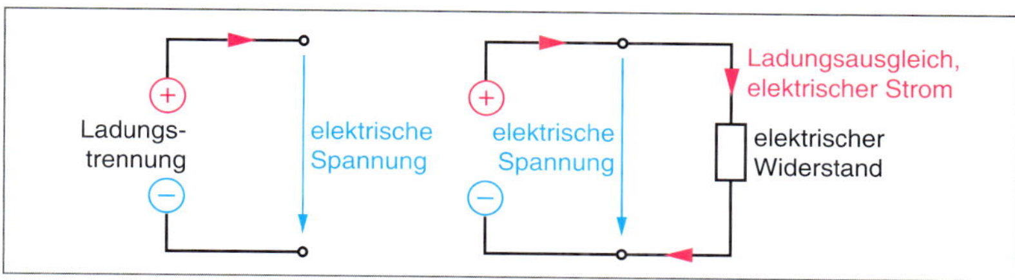

Bild 5 *Ladungstrennung und Ladungsausgleich*

Der Potenzialbegriff

Die *Spannung U* einer Spannungsquelle ist der *Ladungsunterschied* zwischen den Polen.

Das **elektrische Potenzial** φ ist allgemein der Ladungsunterschied zwischen einem elektrisch geladenen Körper und Erde (Masse) oder einem anderen *fest definierten Bezugspunkt*.

In Bild 7 ist der *Minuspol* der Spannungsquelle der *Potenzial-Bezugspunkt*.

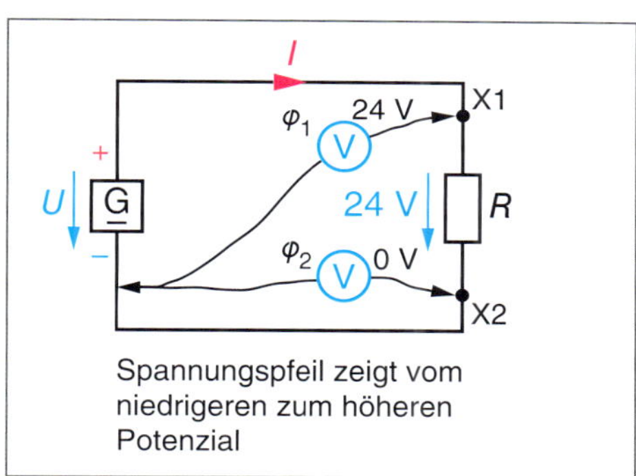

Bild 7 *Elektrisches Potenzial*

Potenziale am Widerstand (Bild 7):

Klemme X1 am Widerstand: $\varphi_1 = 24\ \text{V}$

Klemme X2 am Widerstand: $\varphi_2 = 0\ \text{V}$

Potenzialdifferenz am Widerstand:

$\Delta\varphi = \varphi_1 - \varphi_2 = 24\ \text{V} - 0\ \text{V} = +\,24\ \text{V}$

Spannungsfall

Die Potenzialdifferenz am Widerstand wird **Spannungsfall** genannt. An dem in Bild 7 dargestellten Widerstand tritt der Spannungsfall $U_1 = 24\ \text{V}$ auf.

Ausschnitt aus einem Steuerstromkreis, Bild 8, Seite 149.

Taster S1 unbetätigt: $\varphi_{12} = \Delta\varphi = 24\ \text{V}$

Taster S1 betätigt: $\varphi_{12} = \Delta\varphi = 0\ \text{V}$

Im *unbetätigten* Zustand liegt die gesamte Betriebsspannung an den Tasteranschlüssen.

- **Angabe der Stromrichtung**

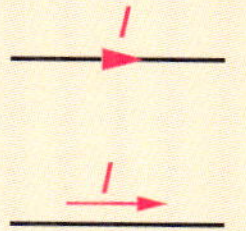

- **Technische Stromrichtung**
  Außerhalb der Spannungsquelle: Pluspol → Minuspol
  Innerhalb der Spannungsquelle: Minuspol → Pluspol
- **Elektronenflussrichtung**
  Außerhalb der Spannungsquelle: Minuspol → Pluspol
  Innerhalb der Spannungsquelle: Pluspol → Minuspol
- **Spannung**
  Formelzeichen U
  Einheit V (Volt)
- **Stromstärke**
  Formelzeichen I
  Einheit A (Ampere)
- **Potenzial**
  Formelzeichen φ
  Einheit V
  Das Potenzial ist immer mit einem Vorzeichen behaftet, es kann positiv oder negativ sein.
- **Potenzialdifferenz**
  Formelzeichen $\Delta\varphi$
  Einheit V
  Vorzeichenbehafteter Unterschied zwischen zwei Potenzialen. Potenzialdifferenz = elektrische Spannung.
  Erde bzw. *Masse* hat stets das Potenzial 0 V.

■ **Widerstand**

Ein Verbrauchsmittel hat den Widerstand 1 Ω, wenn es an der Spannung $U = 1$ V vom Strom $I = 1$ A durchflossen wird.

■ **Stromstärke**

Je mehr Ladungsträger pro Sekunde durch einen Leiter fließen, umso größer ist die Stromstärke I.

Wenn $6{,}24 \cdot 10^{18}$ Ladungsträger pro Sekunde fließen, beträgt die Stromstärke 1 Ampere (1 A).

Verbrauchsmittel
current using equipment

Spannung, elektrische
voltage

Betriebsspannung
working voltage, operating voltage

Spannungsquelle
voltage source

Spannungsmesser
voltmeter

Ladung
charge

Strom
current

Minuspol
negative pole

Pluspol
positive pole

Stromstärke
current intensity, amperage

Strommesser
amperemeter, ammeter

Verbraucher
consumer

Nennspannung
rated voltage

Widerstand
resistance (Wert)
resistor (Bauelement)

Widerstandsmesser
ohmmeter

Potenzialdifferenz
potential difference

Erde
earth, ground

Spannungsquelle

Durch Trennung elektrischer Ladungen bilden sich zwei **Pole** aus:

Minuspol: Überschuss an *negativen* Ladungen (Elektronenüberschuss)

Pluspol: Überschuss an *positiven* Ladungen (Elektronenmangel)

Ladungsunterschied zwischen den Polen:

groß	hohe Spannung
klein	geringe Spannung
keiner	keine Spannung

Stromfluss

Pole der Spannungsquelle über ein Verbrauchsmittel verbinden.
Es fließt ein **elektrischer Strom.**

Elektrischer Strom = Ladungsausgleich zwischen den Polen der Spannungsquelle = Bewegung von Ladungsträgern (hier Elektronen).

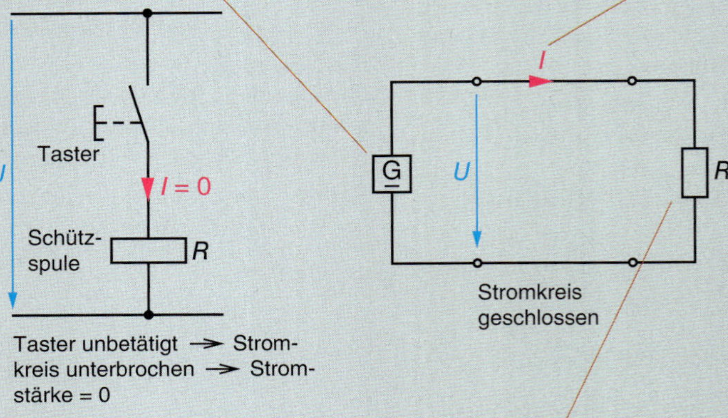

Elektrische Leitungen

Verbinden Spannungsquelle und Verbrauchsmittel.
Dienen dem Transport der elektrischen Ladungen.
Ermöglichen den Aufbau eines **Stromkreises**.
Ihr elektrischer Widerstand soll so gering wie möglich sein.

Verbraucher (Verbrauchsmittel)

Kennzeichnende Eigenschaft des Verbrauchsmittels ist der **elektrische Widerstand *R*.**
Seine Ladungsträgerbehinderung bestimmt den Wert des elektrischen Stromes.

Elektrischer Widerstand R

groß	große Behinderung, kleiner Strom
mittel	mittlere Behinderung, mittlerer Strom
gering	geringe Behinderung, großer Strom

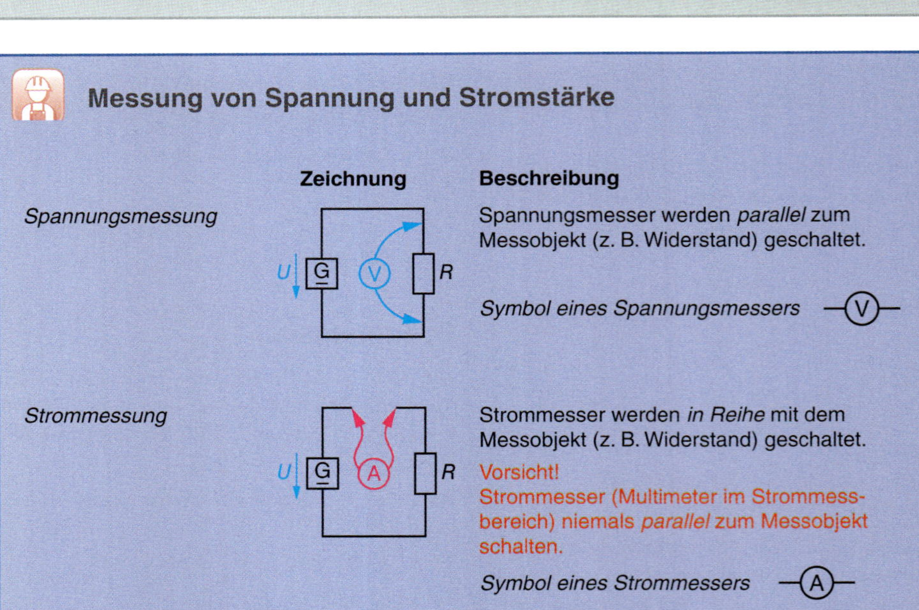

Messung von Spannung und Stromstärke

	Zeichnung	Beschreibung
Spannungsmessung		Spannungsmesser werden *parallel* zum Messobjekt (z. B. Widerstand) geschaltet. *Symbol eines Spannungsmessers* –(V)–
Strommessung		Strommesser werden *in Reihe* mit dem Messobjekt (z. B. Widerstand) geschaltet. Vorsicht! Strommesser (Multimeter im Strommessbereich) niemals *parallel* zum Messobjekt schalten. *Symbol eines Strommessers* –(A)–

Ohmsches Gesetz

Das **ohmsche Gesetz** beschreibt den *Zusammenhang* zwischen *Spannung*, *Widerstand* und *Stromstärke* eines Stromkreises

Beispiel 1

An $U = 24$ V wird die Schützspule vom Strom $I = 110$ mA $= 0{,}11$ A durchflossen. Daraus lässt sich der Spulenwiderstand errechnen.

$$R = \frac{U}{I} = \frac{24\text{ V}}{0{,}11\text{ A}} = 218{,}2\ \Omega$$

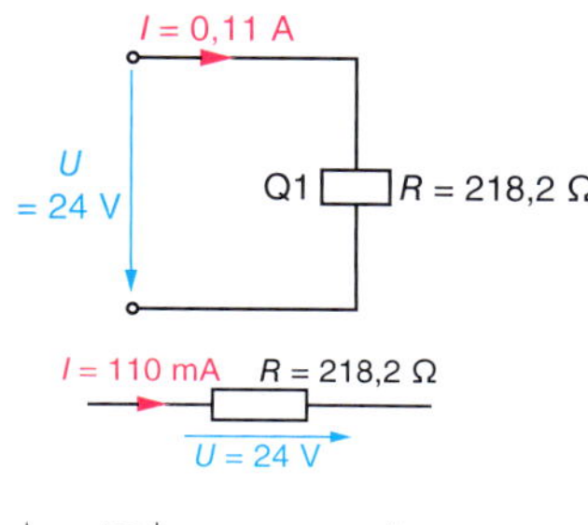

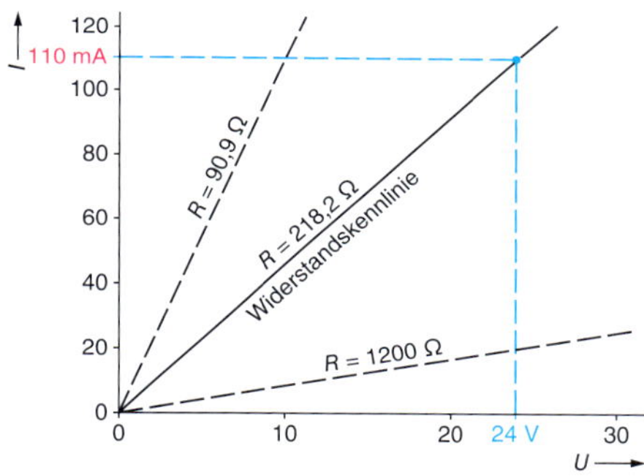

Aus der Widerstandskennlinie können Wertepaare Spannung-Stromstärke gebildet werden (R ist konstant). Bei $U = 10$ V fließt z. B. der Strom $I = 45$ mA durch den Widerstand. Die Stromstärke ist der Spannung proportional (verhältnisgleich).

Beispiel 2

Die Widerstandsmessung einer Schützspule ergibt $R = 218{,}2\ \Omega$. Die Spannung $U = 24$ V treibt den Strom

$$I = \frac{U}{R} = \frac{24\text{ V}}{218{,}2\ \Omega} = 0{,}11\text{ A}$$

durch den Widerstand.

Bei konstanter Spannung U nimmt die Stromstärke I mit zunehmendem Widerstand R ab. Die Stromstärke ist dem Widerstand umgekehrt proportional (verhältnisgleich).

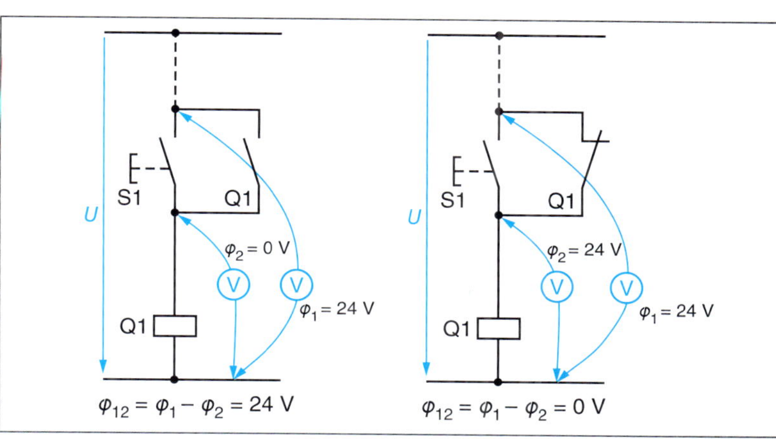

Bild 8 *Ausschnitt Steuerstromkreis mit Potenzialangaben*

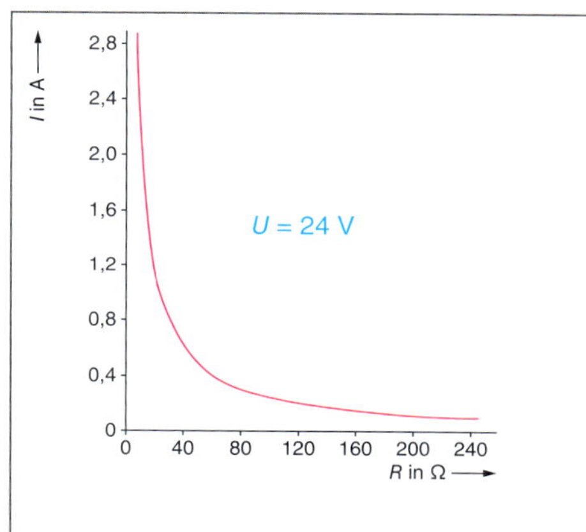

Beispiel 3

Die Schützspule mit $R = 218{,}2\ \Omega$ wird vom Strom $I = 0{,}11$ A durchflossen.

An der Schützspule liegt die elektrische Spannung

$U = I \cdot R = 0{,}11\text{ A} \cdot 218{,}2\ \Omega = 24\text{ V}$

Bei konstanter Stromstärke I nimmt die Spannung U mit steigendem Widerstand R zu. Die Spannung ist dem Widerstand proportional (verhältnisgleich).

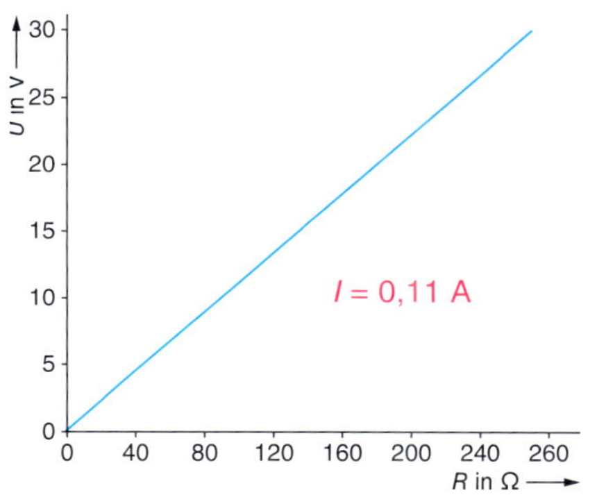

■ **Proportional**

Verhältnisgleich, im gleichen Verhältnis zunehmend oder abnehmend.

Zum Beispiel

$1 \cdot U$	$1 \cdot I$
$2 \cdot U$	$2 \cdot I$
$3 \cdot U$	$3 \cdot I$

$U = 5\text{ V} \rightarrow I = 2\text{ A}$
$U = 10\text{ V} \rightarrow I = 4\text{ A}$
$U \sim I$

■ **Umgekehrt proportional**

Bei einer *Zunahme* des Widerstandes nimmt die Stromstärke *ab.*

$I \sim \frac{1}{R}$

Masse
earth, ground, mass

belastet
loaded

unbelastet
unloaded

@ Interessante Links

Widerstände
- altmann-gmbh.de
- frizlen.com
- vitrohm.de
- krah-rwi.de

Toleranz
Elektrische Widerstände haben i. Allg. nennenswerte Toleranzen (siehe Beispiel).

Dies gilt auch für andere elektrische Verbrauchsmittel.

Für den Praktiker folgt daraus, dass eine übermäßig genaue Angabe bei der Berechnung nur in Ausnahmefällen sinnvoll ist.

Beispiel:
Berechnet wird ein Widerstand von $R = 45{,}675\ \Omega$.

Einmal ist der Widerstand mit einer Toleranz behaftet, zum anderen kann ohnehin nur der nächstgelegene Wert der Normreihe gekauft werden. Das wäre hier 47 Ω.

Die Angabe von drei Nachkommastellen ist also praktisch sinnlos.

z.B.

Widerstand: Farbcode braun-rot-orange-silber, Spannung am Widerstand $U = 12$ V. Wie groß ist die Stromstärke und was bedeutet die Toleranzangabe?

Der Widerstandswert kann aus dem Farbcode ermittelt werden. Hierzu wird das Tabellenbuch genutzt. 	braun: Ziffer **1** rot: Ziffer **2** orange: Multiplikator $\mathbf{10^3}$ silber: Toleranz ± **10 %** Widerstandswert: $12 \cdot 10^3\ \Omega = 12\ \text{k}\Omega$
Die Stromstärke wird mithilfe des ohmschen Gesetzes errechnet.	$I = \frac{U}{R}$ $I = \frac{12\ \text{V}}{12\ \text{k}\Omega} = \frac{12\ \text{V}}{12\,000\ \Omega} = 0{,}001\ \text{A} = 1\ \text{mA}$
Die Toleranz gibt an, in welchem Bereich der Widerstand um den Nennwert 12 kΩ schwanken darf. 10 % von 12 kΩ entspricht 1,2 kΩ.	$R_{min} = 12\ \text{k}\Omega - 1{,}2\ \text{k}\Omega = 10{,}8\ \text{k}\Omega$ $R_{max} = 12\ \text{k}\Omega + 1{,}2\ \text{k}\Omega = 13{,}2\ \text{k}\Omega$ $R = 10{,}8$ bis $13{,}2\ \text{k}\Omega$

Widerstandsmessung

Direkte Widerstandsmessung

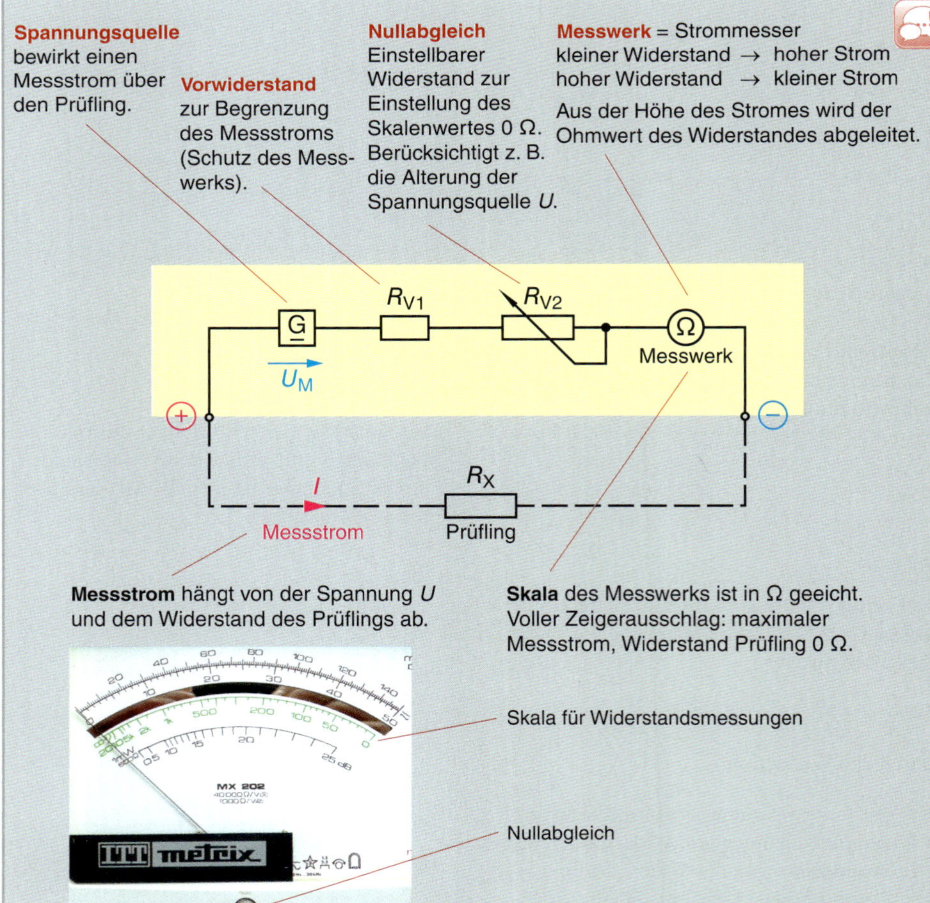

Widerstände
→ 256

Messung mit dem Multimeter
→ 251

Widerstandsbestimmung durch Strom- und Spannungsmessung

Unterschieden wird zwischen

- **Stromfehlerschaltung** (spannungsrichtige Schaltung)
- **Spannungsfehlerschaltung** (stromrichtige Schaltung)

Anwendung je nach Ohmwert des zu bestimmenden Widersterstandes R_x.

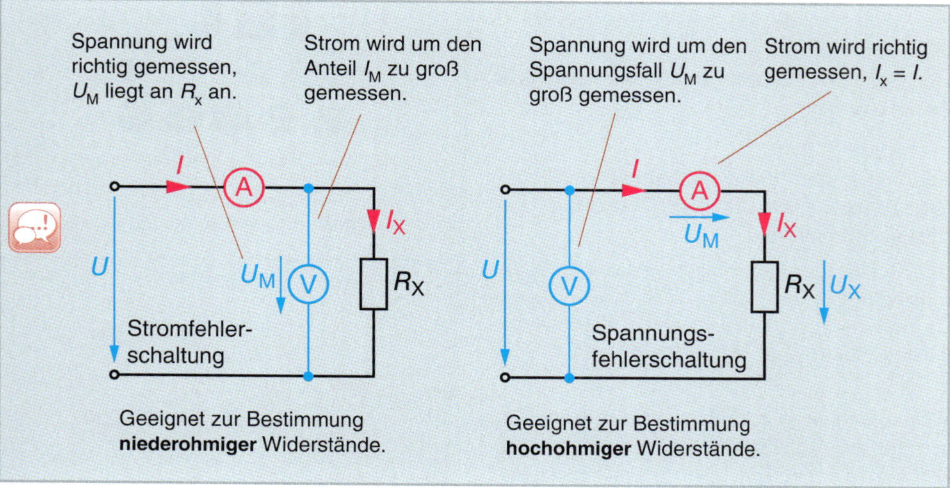

■ **Widerstand**
Mit Widerstand wird nicht nur die *elektrische Eigenschaft* eines Verbrauchers beschrieben, sondern auch *Bauelemente*, die bestimmte Widerstandswerte verkörpern.

Prüfung

1. Steuerung der Bandanlage → 19. Die Meldelampe P1 leuchtet nicht, obgleich das Schütz Q1 angezogen hat. Ihr Meister fordert Sie auf, den Fehler zu suchen.
Beschreiben Sie genau die Vorgehensweise bei der Fehlersuche.

2. Bei 24-V-Steuerspannung messen Sie einen Spulenstrom in der Schützspule Q1 von 109 mA. Durch zu starke Belastung des Netzteils (Spannungsversorgung) ist die Steuerspannung auf 21,6 V abgesunken.
Welchen Einfluss hat das auf den Spulenstrom? Welcher Messwert wird dann angezeigt?

3. Sie sollen den Widerstandswert einer Schützspule durch Strom- und Spannungsmessung (also nicht im Widerstandsmessbereich des Multimeters) bestimmen.
Beschreiben Sie genau, wie Sie dabei vorgehen.

4. Anordnungsplan der Bandanlage → 15. Dargestellt ist die Klemmleiste X1.
Klemmen haben hier die Aufgabe, zwei Leiter miteinander zu verbinden.
Welche Anforderung wird an den Widerstand einer solchen Klemmverbindung gestellt?
Der Ausbilder sagt Ihnen, dass an einer Klemme ein Spannungsfall von 62,5 mV auftritt und dabei ein Strom von 16 A über die Klemme fließt. Wie groß ist der Widerstand dieser Klemme?
Worauf achten Sie besonders, wenn Sie eine Klemmverbindung (z. B. mit Schraubklemmen) herstellen? Denken Sie dabei an den Klemmenwiderstand.

5. Steuerung der Bandanlage → 19. Meldelampe P3 leuchtet, das Schütz Q3 zieht nicht an.
Wie gehen Sie bei der Fehlersuche vor?

6. Ein elektrisches Verbrauchsmittel entnimmt an 60 V der Spannungsquelle den Strom 250 mA.
Wie groß ist der Widerstand des Verbrauchsmittels? Wie groß ist die Leitfähigkeit?
Bei welchem Widerstandswert würde die Stromaufnahme 500 mA betragen?
Die Spannung bricht um 20 % ein. Welchen Einfluss hat das auf die Stromstärke?

7. Erklären Sie den Begriff elektrisches Potenzial.

8. In der Praxis wird die technische Stromrichtung verwendet. Was versteht man darunter?

■ **Aufgabenlösung**

@ Interessante Links
- christiani-berufskolleg.de

■ **Klemmverbindungen**
→ 307

3.2 Widerstandsänderung bei Erwärmung

Die Temperatur der Schützspule Q1 wird bei 20 °C Raumtemperatur gemessen. Messwert 222 Ω.

Danach wird das Schütz Q1 eingeschaltet. Nach längerer Betriebszeit erwärmt sich die Spule auf 40 °C. Dabei wird ein Widerstand von 242 Ω gemessen.

Der Spulenwiderstand nimmt mit steigender Temperatur zu.

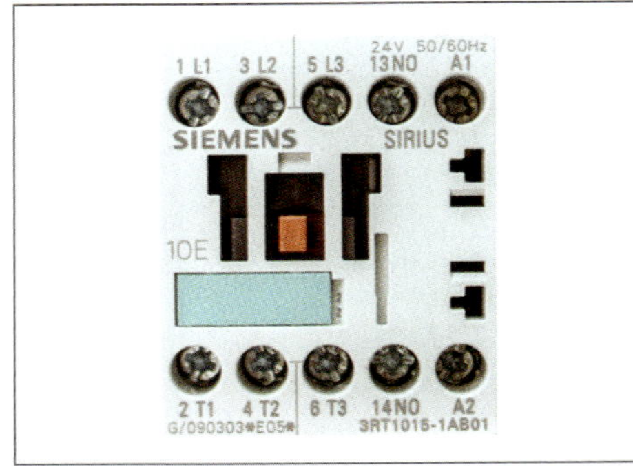

Bild 9 *Schütz, Spulenanschlüsse A1, A2*

Zum Verständnis dieses Verhaltens ist der *Aufbau von Metallen* wichtig. Die Schützspule besteht aus Kupferdraht.

Bei Metallen ordnen sich die Atome in **Kristallstrukturen** an. Nahezu ausnahmslos haben sie zwei oder drei *Valenzelektronen* auf der äußersten Elektronenschale (Bild 10).

Wegen der hohen Packungsdichte der Atome haben die Valenzelektronen praktisch die gleiche Entfernung zum eigenen wie zu den benachbarten Atomkernen. Die elektrischen Anziehkräfte heben sich gegenseitig auf. Valenzelektronen sind im Kristallgitter *frei beweglich.*

Da die Atome ihre Valenzelektronen abgeben, entstehen **positive Ionen**.

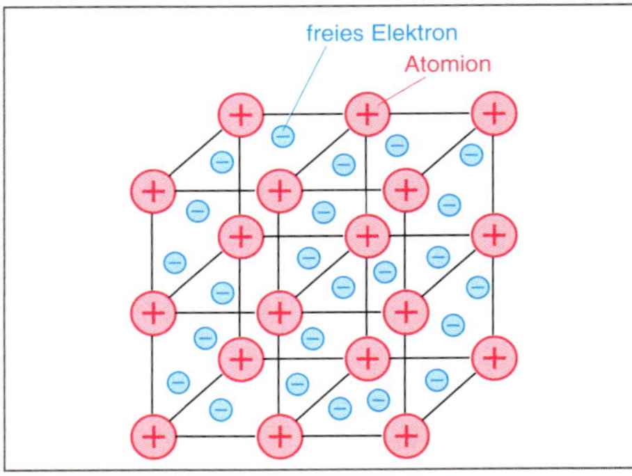

Bild 10 *Kristallgitter von Metallen*

Elektrische Leiter: Stoffe, die eine große Anzahl *frei beweglicher* Ladungsträger (bei Metallen Elektronen) enthalten.

Wenn nun eine elektrische Spannung angelegt wird, bewegen sich die freien Elektronen durch das Kristallgitter (Driftbewegung, Elektronendrift).

Je *ungehinderter* die Elektronendrift erfolgen kann, umso *geringer* ist der elektrische Widerstand.

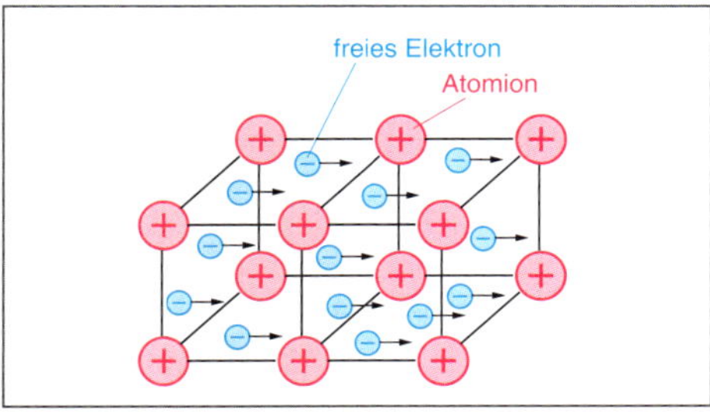

Bild 11 *Elektronendrift*

Je intensiver die **Wärmeschwingungen** der positiven Atomionen sind, umso häufiger *kollidieren* die freien Elektronen auf ihrem Weg durch das Kristallgitter mit den Atomionen. Der *elektrische Widerstand* nimmt mit der *Temperatur* zu.

Werkstoffe, bei denen der elektrische Widerstand mit der Temperatur *zunimmt*, nennt man **Kaltleiter**. Solche Widerstände haben einen *positiven Temperaturkoeffizienten* α (PTC-Widerstände). Hierzu zählen alle elektrischen Leiterwerkstoffe.

Prüfung

1. Der Spulenwiderstand des Schützes Q1 hat von 222 Ω bei 20 °C auf 242 Ω bei 40 °C zugenommen.
Welchen Einfluss hat das auf die Stromstärke in der Spule?
Beachten Sie Seite 153.

2. Bei einer Kupferspule erhöht sich die Wicklungstemperatur um 80 K. Bei 20 °C beträgt ihr Widerstand 46 Ω.
Um wie viel Prozent hat sich der Widerstand bei Erwärmung erhöht?

3. Welche Folge hätte es, wenn sich die Schützspule unzulässig hoch erwärmen würde?

4. Was bedeutet es, wenn der Temperaturbeiwert α *positiv* ist?

■ **Kaltleiter**
PTC-Widerstand; Widerstand nimmt mit steigender Temperatur zu.

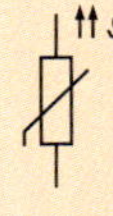

→ 261

■ **Heißleiter**
NTC-Widerstand; Widerstand nimmt mit steigender Temperatur ab.

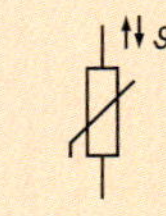

→ 265

■ **Aufgabenlösungen**

@ Interessante Links
- christiani-berufskolleg.de

Im Betrieb erwärmt sich die Spule → ihr Widerstand nimmt zu.

Zunehmend Wärmeschwingungen im Kristallgitter.

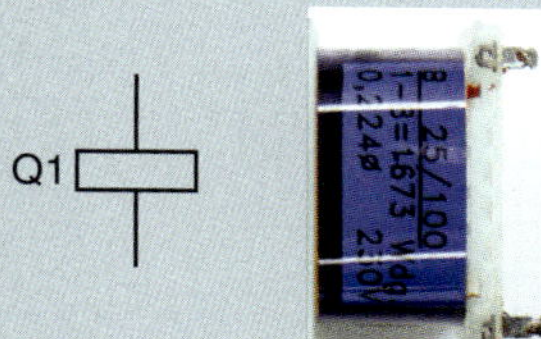

Widerstand bei 20 °C: R_{20}
20 °C ist die Ausgangstemperatur.

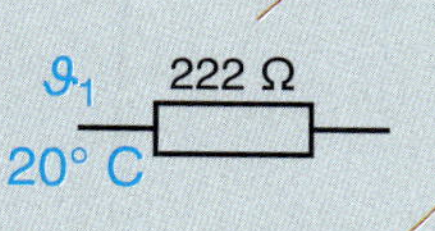

Widerstand bei 40 °C: R_ϑ.
Der Spulenwiderstand hat zugenommen.

$R_{20} = 222\ \Omega$

$R_\vartheta = 242\ \Omega$

$\Delta R = R_\vartheta - R_{20} = 20\ \Omega$

$\Delta\vartheta = \vartheta_2 - \vartheta_1 = 20\ \text{K}$

R_{20} in Ω	ΔΩ in K	ΔR in Ω
1	1	α
1	$\Delta\vartheta$	$\alpha \cdot \Delta\vartheta$
R_{20}	$\Delta\vartheta$	$R_{20} \cdot \alpha \cdot \Delta\vartheta$

Jeder Werkstoff hat einen Temperaturbeiwert α.
Der Beiwert von Kupfer ist $\alpha = 0{,}0039$ 1/K.

α gibt die Widerstandsänderung eines 1-Ω-Widerstandes bei 1 K Temperaturänderung an.

Widerstandszunahme

$\Delta R = R_{20} \cdot \alpha \cdot \Delta\vartheta$

Warmwiderstand

$R_\vartheta = R_{20} + \Delta R$

$R_\vartheta = R_{20} + R_{20} \cdot \alpha \cdot \Delta\vartheta$

$R_\vartheta = R_{20} \cdot (1 + \alpha \cdot \Delta\vartheta)$

Temperaturdifferenz

$\Delta\vartheta = \vartheta_2 - \vartheta_1$

$R_{20} = 1\ \Omega$ — 20 °C

$\Delta R = 0{,}0039\ \Omega$ — 21 °C

$R_{20} + \Delta R = 1{,}0039\ \Omega$ — 21 °C, $\Delta\vartheta = 1$ K

■ **Temperaturkoeffizient**

Auch **Temperaturbeiwert** genannt.
Formelzeichen: α
Einheit: 1/K (K = Kelvin)

■ **Kelvin (K)**

Einheit für Temperaturdifferenzen
(1 K entspricht 1 °C)
40 °C – 10 °C = 30 K

■ **Werte von α**

z.B.

Eine Motorwicklung hat bei 20 °C einen Widerstand von 215 Ω.
Bei Betrieb erwärmt sich die Kupferwicklung auf 75 °C.
Welchen Widerstand hat die Wicklung bei 75 °C?

$R_{20} = 215\ \Omega,\ \vartheta_1 = 20\ °\text{C},\ \vartheta_2 = 75\ °\text{C}$

$\Delta\vartheta = \vartheta_2 - \vartheta_1 = 75\ °\text{C} - 20\ °\text{C} = 55\ \text{K}$

Temperaturunterschiede $\Delta\vartheta$ werden in Kelvin (K) angegeben.

Der Temperaturbeiwert von Kupfer wird dem Tabellenbuch entnommen.

$\alpha = 0{,}0039\ \frac{1}{\text{K}}$

Berechnung der Widerstandszunahme:

$\Delta R = R_{20} \cdot \alpha \cdot \Delta\vartheta$

Berechnung des Widerstandes bei 75 °C:

$R_\vartheta = R_{20} + \Delta R$

$R_\vartheta = R_{20} + (R_{20} \cdot \alpha \cdot \Delta\vartheta)$

$R_\vartheta = R_{20} \cdot (1 + \alpha \cdot \Delta\vartheta)$

$R_\vartheta = 215\ \Omega \cdot (1 + 0{,}0039\ \frac{1}{\text{K}} \cdot 55\ \text{K})$

$R_\vartheta = 261{,}1\ \Omega$

Der Widerstand hat um 46,1 Ω zugenommen.

3.3 Schaltung von Widerständen

Parallelschaltung

Steuerung → 19: Schaltung von Schützspule und Meldelampe.

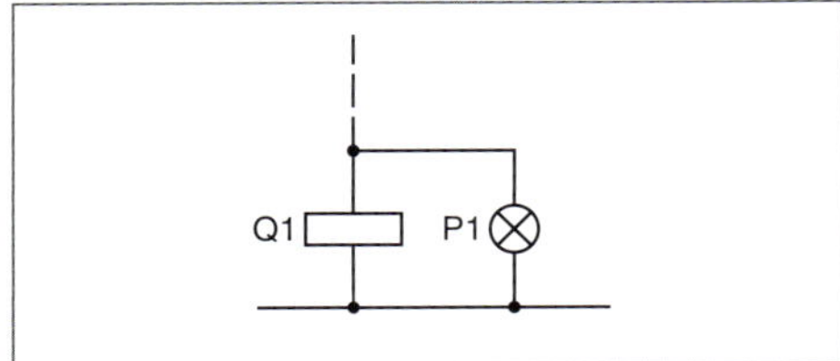

Bild 12 *Schützspule und Meldelampe*

Sie haben die *Widerstände* von Spule und Meldelampe bereits gemessen:

Schützspule: $R_1 = 221{,}5\ \Omega$
Meldelampe: $R_2 = 288\ \Omega$

Allgemeine Schaltungsdarstellung:

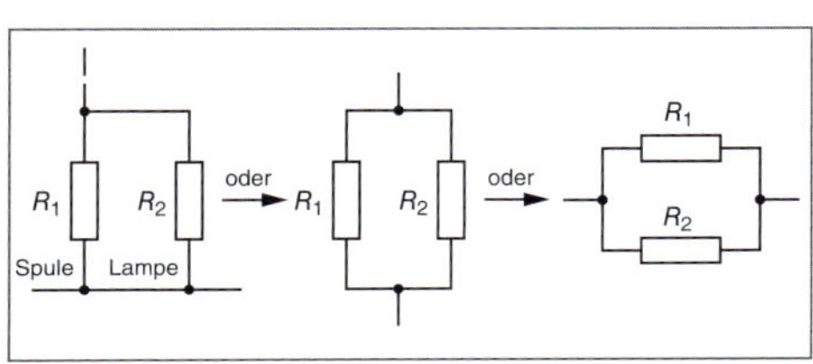

Bild 13 *Parallelschaltung von Widerständen*

Die beiden Widerstände sind „nebeneinander" geschaltet; **parallel geschaltet**. Man nennt dies **Parallelschaltung von Widerständen**.

Sie werden aufgefordert, das Verhalten dieser Schaltung zu untersuchen.

1. Spannungsmessungen

Gemessen werden die Spannungen an beiden Widerständen.

$U_1 = 24$ V, $U_2 = 24$ V

Bei Parallelschaltung ist die Spannung an allen Widerständen gleich groß.

$U_1 = U_2 = 24$ V

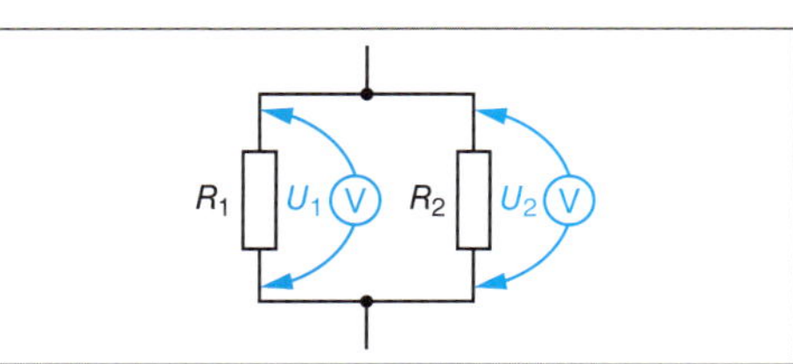

Bild 14 *Spannungsmessung*

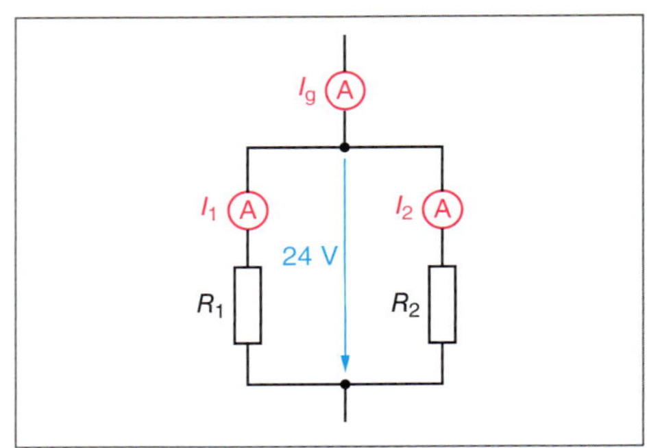

Bild 15 *Strommessungen*

2. Strommessungen

Es werden die Ströme in den Widerständen und in der gemeinsamen Zuleitung gemessen.

$I_1 = 0{,}11$ A = 110 mA

$I_2 = 0{,}083$ A = 83 mA

$I_g = 0{,}193$ A = 193 mA

Der **Gesamtstrom** I_g teilt sich auf die parallel geschalteten Widerstände auf.

$I_g = I_1 + I_2$ 193 mA = 110 mA + 83 mA

Je mehr Widerstände parallel geschaltet werden, umso größer ist der Gesamtstrom, der der Spannungsquelle entnommen wird.

Jeder parallel geschaltetete Widerstand übernimmt dabei einen Stromanteil.

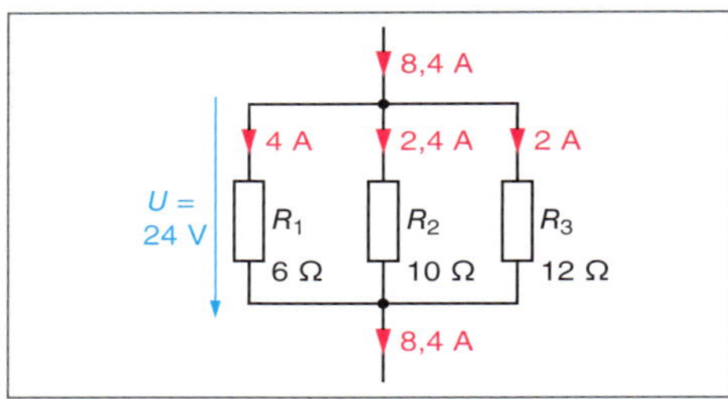

Bild 16 *Stromanteile und Gesamtstrom*

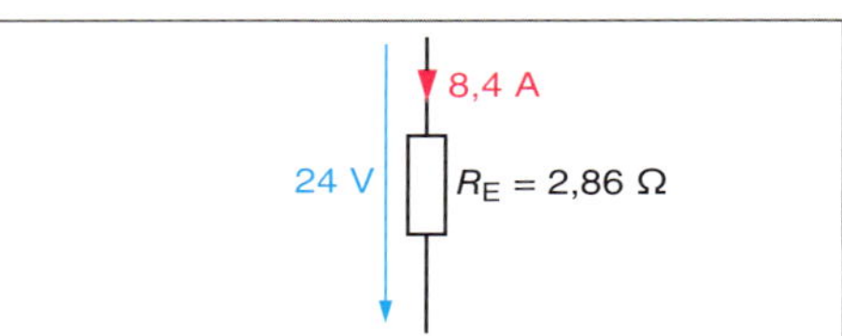

Bild 17 *Ersatzwiderstand zu Bild 16*

Der elektrisch gleichwertige **Ersatzwiderstand** $R_E = 2{,}86\ \Omega$ wird an 24 V ebenfalls von 8,4 A durchflossen. Der Ersatzwiderstand belastet also die Spannungsquelle $U = 24$ V mit dem gleichen Strom wie die drei parallel geschalteten Widerstände.

■ **Meldelampen**
(konventionell)

■ **Parallelschaltung**
von zwei Schützen

■ **Ersatzwiderstand**
Elektrisch hat der Ersatzwiderstand die gleiche Wirkung wie die parallel geschalteten Widerstände, die ihn bilden.

Einer Spannungsquelle wird in beiden Fällen der gleiche Strom entnommen.

Knotenpunkte – Erster Kirchhoffscher Satz

- *Knotenpunkt 1:*

$I_g = I_1 + I_2 + I_3$

I_g: zufließender Strom
I_1, I_2, I_3: abfließende Ströme

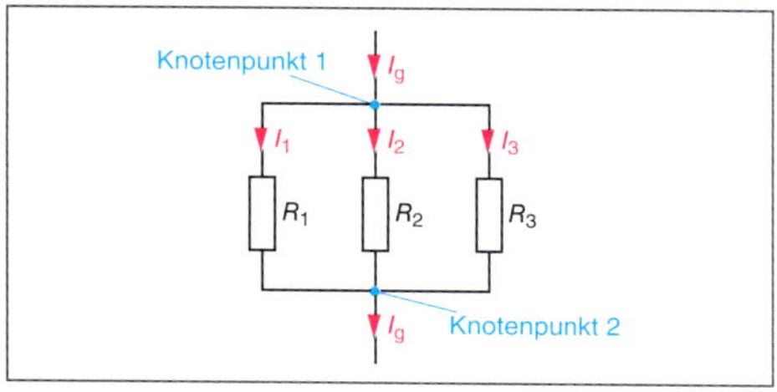

Bild 18 *Knotenpunkte einer Parallelschaltung*

- *Knotenpunkt 2:*

$I_1 + I_2 + I_3 = I_g$

I_1, I_2, I_3: zufließende Ströme
I_g: abfließender Strom

Erster Kirchhoffscher Satz (Knotenpunktregel)

Die Summe der auf einen Knotenpunkt *zufließenden* Ströme ist gleich der Summe der von einem Knotenpunkt *abfließenden* Ströme.

$\Sigma I_{\text{zufl.}} = \Sigma I_{\text{abfl.}}$

Parallelschaltung von Widerständen, Ersatzwiderstand R_E

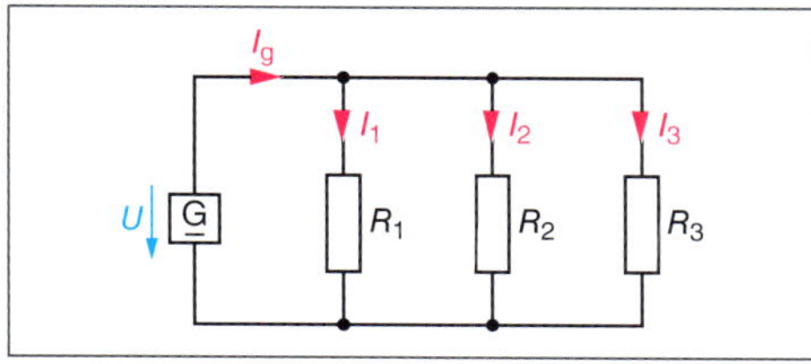

Bild 19 *Parallelschaltung von Widerständen*

$$I_g = I_1 + I_2 + I_3$$

$$I_g = \frac{U}{R_1} + \frac{U}{R_2} + \frac{U}{R_3}$$

$$I_g = U \cdot \left(\frac{1}{R_1} + \frac{1}{R_2} + \frac{1}{R_3}\right)$$

$$\frac{I_g}{U} = \frac{1}{R_1} + \frac{1}{R_2} + \frac{1}{R_3}$$

$$\frac{1}{R_E} = \frac{1}{R_1} + \frac{1}{R_2} + \frac{1}{R_3}$$

Parallelschaltung von Widerständen, **Ersatzwiderstand R_E**

$$\frac{1}{R_E} = \frac{1}{R_1} + \frac{1}{R_2} + \dots + \frac{1}{R_n}$$

R_E Ersatzwiderstand in Ω
$R_1 \cdots R_n$ parallel geschaltete Widerstände in Ω

Leitwert G

$$G = G_1 + G_2 + \dots + G_n$$

G Gesamtleitwert in S
$G_1 \cdots G_n$ Einzelleitwerte in S

Parallelschaltung von *zwei* Widerständen, **Ersatzwiderstand R_E**

$$R_E = \frac{R_1 \cdot R_2}{R_1 + R_2}$$

Parallelschaltung von *n gleichen* Widerständen, **Ersatzwiderstand R_E**

$$R_E = \frac{R}{n}$$

Der Ersatzwiderstand einer Parallelschaltung ist immer kleiner als der kleinste Teilwiderstand.

Prüfung

1. Ein Widerstand trägt den Farbcode *rot-violett-rot-gold*.
a) Wie groß ist der Widerstandswert?
b) Wie groß ist die Toleranz?

2. Der Widerstand nach Aufgabe 1 wird an die Spannung $U = 10$ V angeschlossen. Zwischen welchen Werten darf die Stromstärke liegen (Toleranz)?

3. Sie sollen den Strom im Widerstand messen. Wie gehen Sie dabei vor?

4. Ein Widerstand von 47 Ω wird an 24 V angeschlossen. Die Spannung weicht um ± 10 % von der Bemessungsspannung ab. Zwischen welchen Werten schwankt dabei die Stromstärke?

5. Bestimmen Sie die Widerstandswerte.

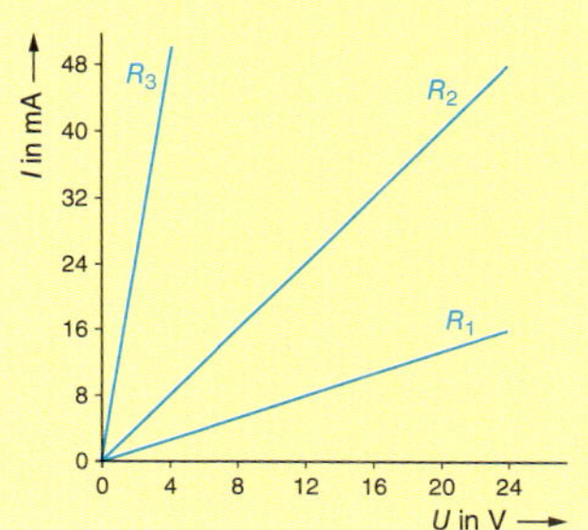

■ **Leitwert G**

$G = \frac{1}{R}$

Kehrwert des Widerstandes, Einheit Siemens (S)

■ **Knotenpunkt**

= Stromverzweigungspunkt

■ **Σ (Sigma)**

Griechischer Großbuchstabe; hier: Zeichen für Summe.

$\Sigma I = I_1 + I_2 + \dots$

■ **Aufgabenlösung**

@ Interessante Links

- christiani-berufskolleg.de

■ **Aufgabenlösungen**

@ Interessante Links

- christiani-berufskolleg.de

Prüfung

6. Ein Leiter wird 1 Sekunde vom Strom I = 1 A durchflossen.
Welche Elektrizitätsmenge wird dabei transportiert? Wie viele Elektronen bewegen sich durch den Leiter?

7. Eine Monozelle (Batterie) kann bei 2,5 Stunden täglicher Einschaltdauer 11 Stunden lang einen Strom von 230 mA abgeben.
Welche Elektrizitätsmenge wird der Monozelle dabei entnommen?

8. Widerstandsbestimmung durch Strom- und Spannungsmessung: Der zu messende Widerstand liegt etwa im Bereich 5 bis 15 Ω.
Beschreiben Sie, wie Sie die Messung durchführen, um den Messfehler gering zu halten.

9. Ein Widerstand ist mit 1R33 beschriftet. Er wird vom Strom 140 µA durchflossen.
Welche Spannung kann am Widerstand gemessen werden?

10. Bestimmen Sie den Widerstandswert.
Ist die Messschaltung in Ordnung?

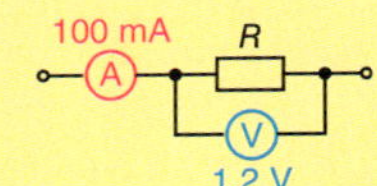

11. Warum ist die *Parallelschaltung* von Verbrauchsmitteln in der elektrischen Energietechnik vorherrschend?

12. R_1 = 24 Ω, R_2 = 48 Ω, R_3 = 12 Ω
Berechnen Sie alle Ströme.
Wie groß ist der Ersatzwiderstand der Parallelschaltung?

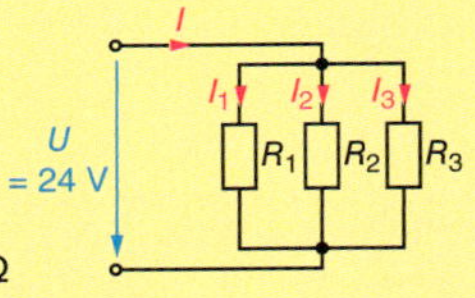

13. Wie groß ist der Widerstand R_2?

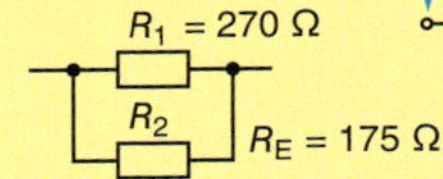

14. Drei gleiche Widerstände haben einen Ersatzwiderstand von 25 Ω.
Welchen Wert haben die einzelnen Widerstände?

15. Wie groß ist der Strom I_1?

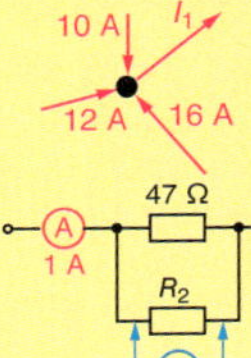

16. Bestimmen Sie R_2.

Reihenschaltung

Ihr Ausbilder fordert Sie auf, folgende Schaltungen aufzubauen und zu analysieren.

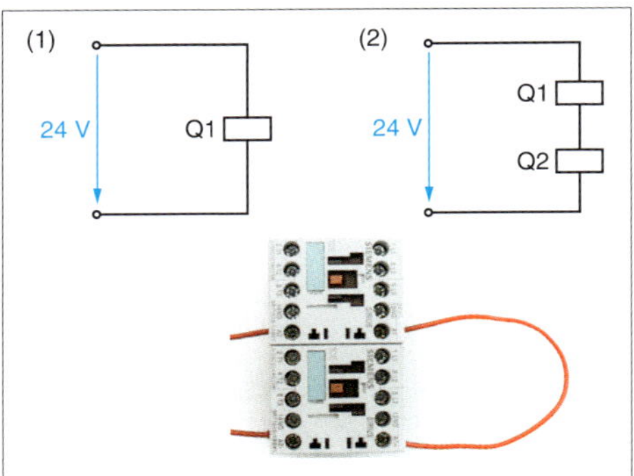

Bild 20 *Schaltungen*

Schaltung (1)

Spannungsmessung Spule: 24 V
Strommessung Spule: 0,11 A

Spulenwiderstand: $R = \frac{U}{I} = \frac{24\ \text{V}}{0{,}11\ \text{A}} = 218{,}1\ \Omega$

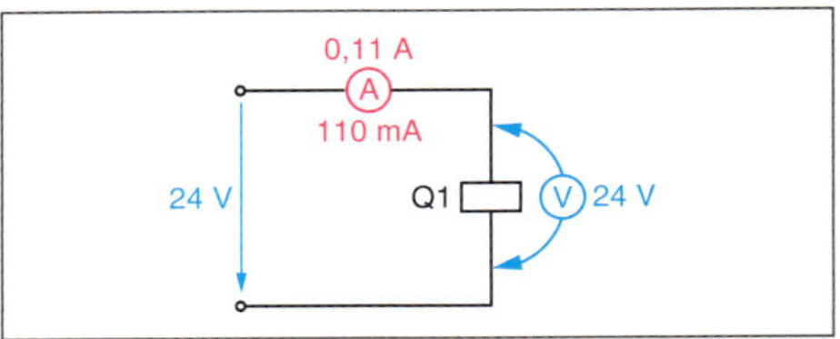

Bild 21 *Schützspule an Spannung*

Schaltung (2)

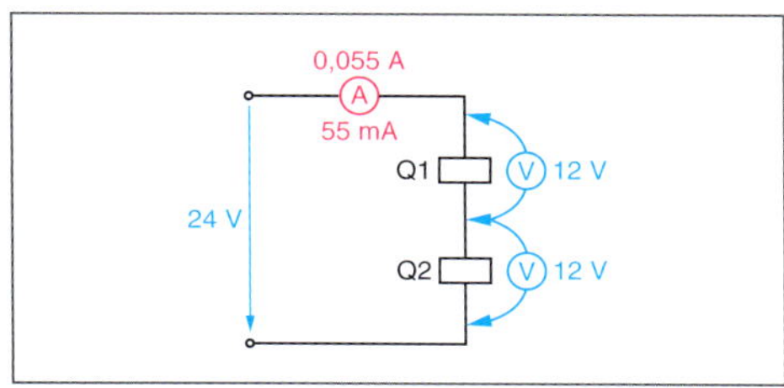

Bild 22 *Schützspulen in Reihe geschaltet*

Spannungsmessungen:

Spule Q1: 12 V
Spule Q2: 12 V

Strommessung, Spulen: 0,055 A

Widerstand der Spulen:

$$R = \frac{U}{I} = \frac{24\ \text{V}}{0{,}055\ \text{A}} = 436{,}4\ \Omega$$

Widerstand hat sich verdoppelt, Stromstärke hat sich halbiert.

Die beiden Schützspulen sind hintereinander (in Reihe) geschaltet. Man nennt dies **Reihenschaltung**.

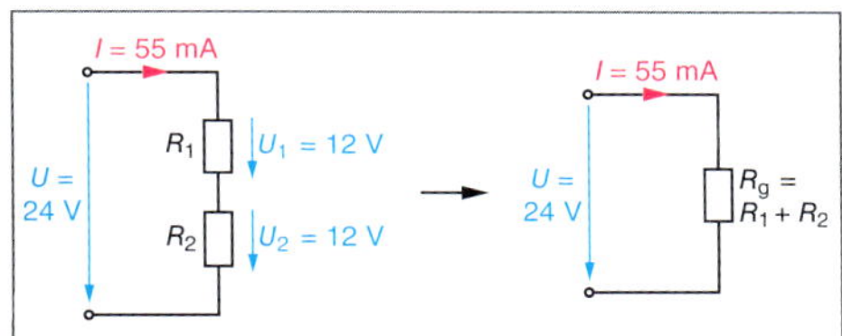

Bild 23 *Reihenschaltung von Widerständen*

- Der Strom ist in jedem Widerstand gleich.
- Der Gesamtwiderstand der Schaltung wird größer ($R_g = R_1 + R_2$).
- Der Gesamtwiderstand bestimmt die Stromaufnahme der Schaltung.
- Die Teilspannungen an den Widerständen addieren sich zur Gesamtspannung ($U_1 + U_2 = U$).

Gesamtwiderstand

$$R_g = R_1 + R_2 + \cdots + R_n$$

R_g Gesamtwiderstand in Ω
$R_1 \cdots R_n$ Einzelwiderstände in Ω

Stromaufnahme

$$I = \frac{U}{R_g}$$

I Stromaufnahme
U anliegende Spannung in V
R_g Gesamtwiderstand in Ω

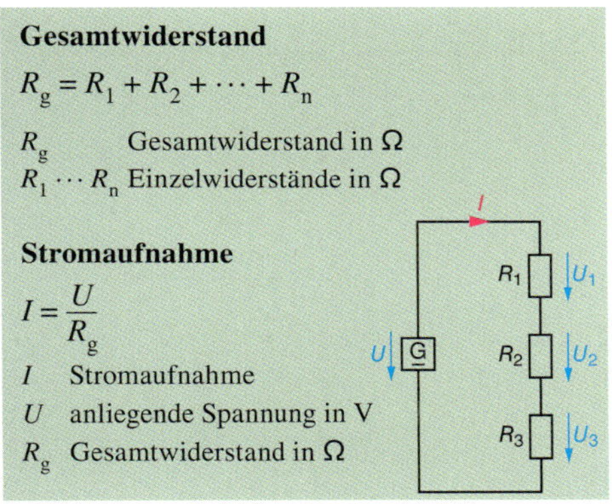

Spannungsfälle an den Teilwiderständen

$$U_1 = I \cdot R_1$$

$$U_2 = I \cdot R_2$$

$$U_3 = I \cdot R_3$$

$$U_n = I \cdot R_n$$

Die Spannungsfälle an den Teilwiderständen addieren sich zur anliegenden Gesamtspannung.

$$U = U_1 + U_2 + \cdots + U_n$$

Die *Reihenschaltung* der beiden Schützspulen ist technisch *unsinnig*.

Die Betriebsspannung der Schütze beträgt 24 V. Dann arbeiten die Schütze einwandfrei. Wenn nur 12 V an den Schützspulen anliegt, wird das Schütz nicht mehr funktionieren.

Da die Verbrauchsmittel für den einwandfreien Betrieb eine bestimmte Betriebsspannung benötigen, dominiert in der Energietechnik die *Parallelschaltung*.

Prüfung

1. Wie groß ist der Gesamtwiderstand der Schaltung?
Bestimmen Sie den Gesamtstrom *I*.
Welche Spannungsfälle treten an den Widerständen auf?

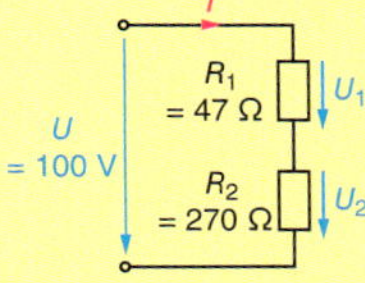

2. $R_1 = 1\ \text{k}\Omega$, $R_2 = 4{,}7\ \text{k}\Omega$
In welchem Verhältnis stehen die Teilspannungen an den beiden Widerständen?

3. Bestimmen Sie R_1 und R_2.

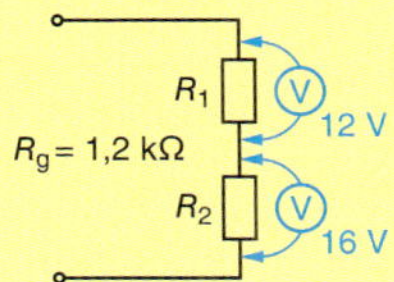

4. Warum ist die Reihenschaltung von Verbrauchsmitteln im Allgemeinen nicht möglich?
Welche Voraussetzung muss gegeben sein, wenn die Reihenschaltung von Verbrauchsmitteln sinnvoll sein soll?

Spannungsteilerregel

Die Spannungen verhalten sich wie die Widerstände.

$$\frac{U_1}{U_2} = \frac{R_1}{R_2}$$

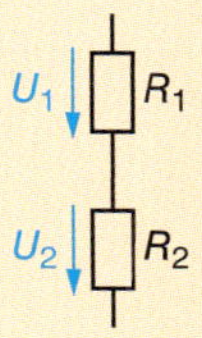

Betriebsspannung
working voltage, running voltage

Spannungsfall
voltage drop, potential drop, voltage loss

Schütz
contactor

Spule
coil, inductance coil

Spannungsteiler
voltage devider

Gruppenschaltung
series multiple connection

Aufgabenlösung

@ Interessante Links

- christiani-berufskolleg.de

Vorwiderstand
series resistor, dropping resistor

Spannungsteiler
voltage divider

Brückenschaltung
bridge circuit, bridge connection

Abgleich
adjustment

abgleichen
adjust

unbelastet
unloaded, non-loaded; off-load

belastet
load, loading

z.B.

Reihenschaltung: $R_1 = 5\ \text{k}\Omega$, $R_2 = 1\ \text{k}\Omega$, $U = 24\ \text{V}$

Wie groß sind die Spannungsfälle an den beiden Widerständen?

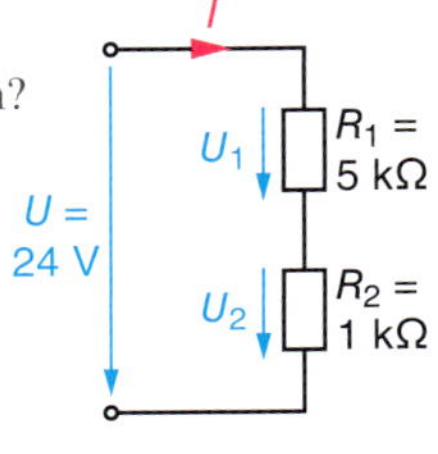

$R_g = R_1 + R_2 = 5\ \text{k}\Omega + 1\ \text{k}\Omega = 6\ \text{k}\Omega$

Stromaufname der Schaltung ermitteln:

$I = \frac{U}{R_g} = \frac{24\ \text{V}}{6\ \text{k}\Omega} = 0{,}004\ \text{A} = 4\ \text{mA}$

Spannungsfälle an den Widerständen errechnen:

$U_1 = I \cdot R_1 = 0{,}004\ \text{A} \cdot 5000\ \Omega = 20\ \text{V}$

$U_2 = I \cdot R_2 = 0{,}004\ \text{A} \cdot 1000\ \Omega = 4\ \text{V}$

Am größeren Teilwiderstand fällt die höhere Spannung ab. Die Spannungsfälle verhalten sich wie die Widerstandswerte.

$\frac{U_1}{R_1} = \frac{U_2}{R_2}$ oder $\frac{U_1}{U_2} = \frac{R_1}{R_2}$

z.B.

Gesucht: Gesamtwiderstand, Stromaufnahme der Schaltung, Spannung U_{23} an der Parallelschaltung.

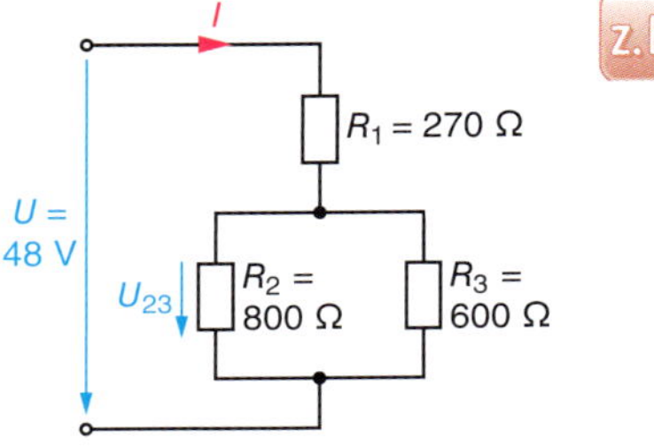

Ersatzwiderstand der Parallelschaltung:

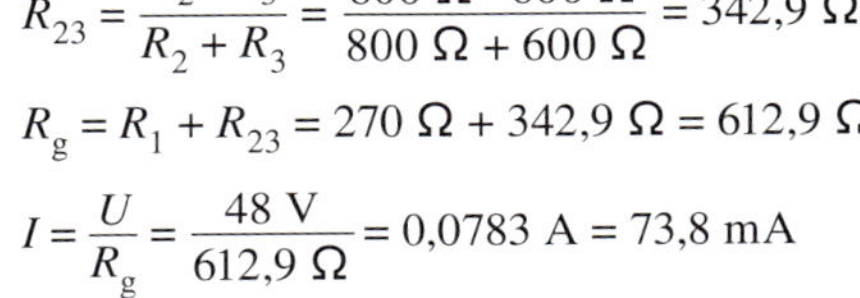

$$R_{23} = \frac{R_2 \cdot R_3}{R_2 + R_3} = \frac{800\ \Omega \cdot 600\ \Omega}{800\ \Omega + 600\ \Omega} = 342{,}9\ \Omega$$

Gesamtwiderstand der Schaltung:

$R_g = R_1 + R_{23} = 270\ \Omega + 342{,}9\ \Omega = 612{,}9\ \Omega$

Dieser Gesamtwiderstand belastet die Spannungsquelle. Dadurch ergibt sich die Stromaufnahme der Schaltung.

$I = \frac{U}{R_g} = \frac{48\ \text{V}}{612{,}9\ \Omega} = 0{,}0783\ \text{A} = 73{,}8\ \text{mA}$

Der Strom durchfließt den Widerstand R_1 und die Parallelschaltung R_{23}.

$U_{23} = I \cdot R_{23} = 0{,}0783\ \text{A} \cdot 342{,}9\ \Omega = 26{,}85\ \text{V}$

Am Widerstand R_1 liegt die Differenz zur Betriebsspannung:

$U_1 = U - U_{23} = 48\ \text{V} - 26{,}85\ \text{V} = 21{,}15\ \text{V}$

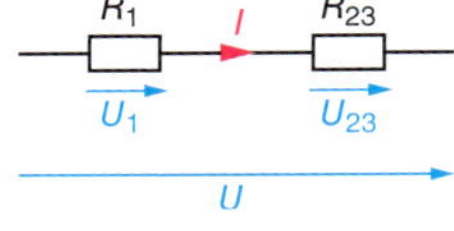

Gruppenschaltung

Gruppenschaltung ist die Kombination von Reihen- und Parallelschaltung. Nach deren Gesetzmäßigkeiten werden die Widerstände zu einem **Gesamtwiderstand** zusammengefasst.

- *Parallelschaltung ist Bestandteil der Reihenschaltung:* Ersatzwiderstand der Parallelschaltung errechnen → Gesamtwiderstand bestimmen (Bild 24).

■ **Gruppenschaltung**
Die Zusammenfassung der Widerstände ist abgeschlossen, wenn nur noch *ein* Widerstand die Spannungsquelle belastet.

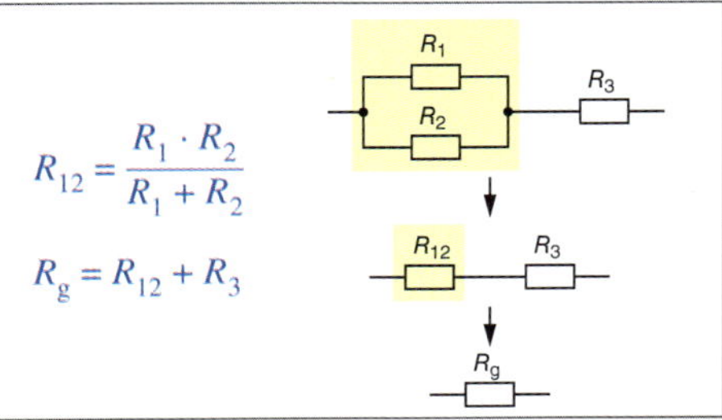

Bild 24 *Gruppenschaltung*

- Reihenschaltung ist Bestandteil der Parallelschaltung: Gesamtwiderstand der Reihenschaltung ermitteln → Ersatzwiderstand der Parallelschaltung bestimmen (Bild 25).

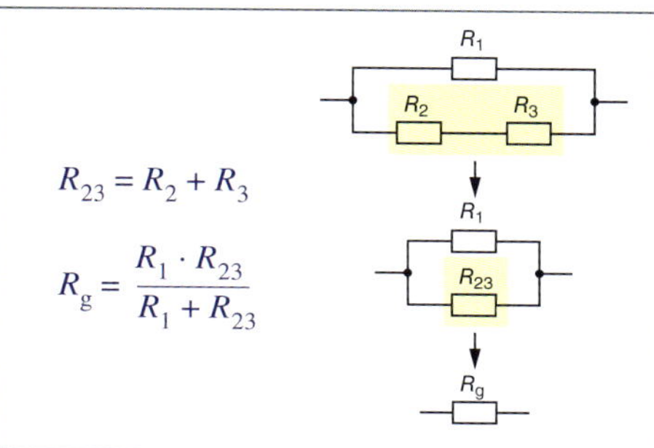

Bild 25 *Gruppenschaltung*

Prüfung

1. Berechnen Sie den Ersatzwiderstand.
Wie groß sind die Ströme?
Welche Spannung liegt an der Parallelschaltung?

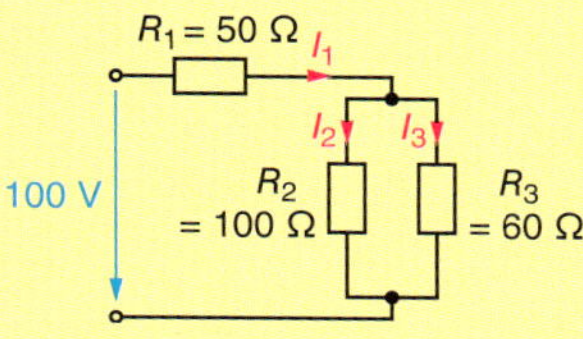

2. Berechnen Sie den Ersatzwiderstand.
Bestimmen Sie die Ströme.
Welche Spannung kann an R_4 gemessen werden?

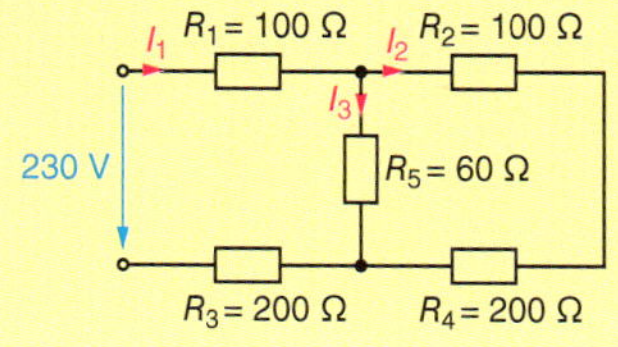

Vorwiderstand

Eine Leuchtdiode (LED) hat folgende technischen Daten: 1,8 V/20 mA.

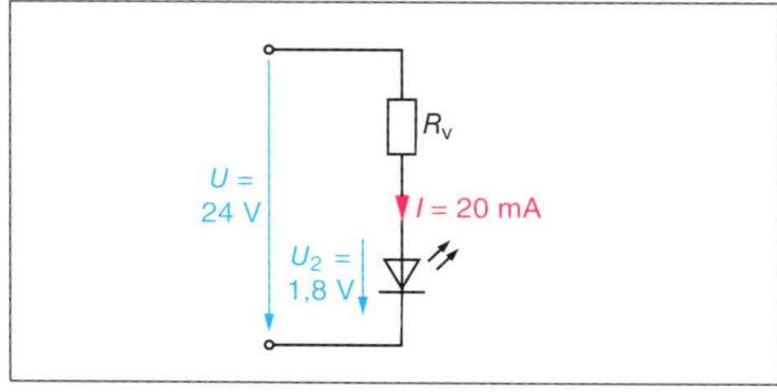

Bild 26 *LED mit Vorwiderstand*

Wenn eine solche LED für einen Leuchtmelder an der Betriebsspannung 24 V eingesetzt werden soll, ist ein *direkter* Anschluss *nicht* möglich. Die Betriebsspannung wäre viel zu hoch.

Um die LED dennoch an der Steuerspannung 24 V einzusetzen, muss die LED-Spannung durch einen **Vorwiderstand** R_V auf 1,8 V reduziert werden.

Es handelt sich um eine Reihenschaltung von Vorwiderstand R_V und LED. In der Reihenschaltung ist der Strom an allen Stellen gleich groß.

R_V wird also auch von 20 mA durchflossen. Bei 24-V-Betriebsspannung und 1,8-V-LED-Spannung müssen am Vorwiderstand R_V

24 V – 1,8 V = 22,2 V

anliegen.

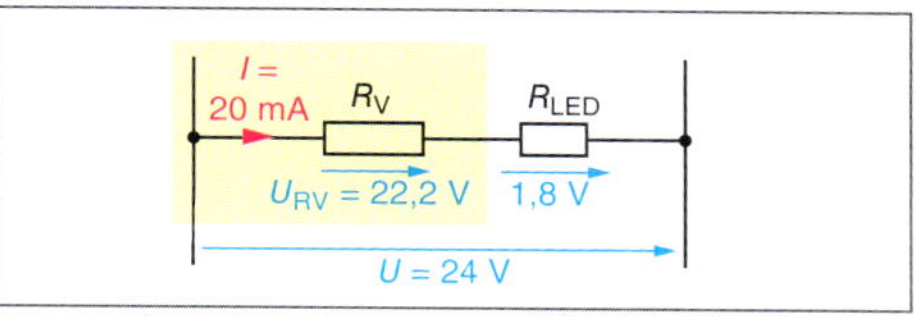

Bild 27 *Vorwiderstand und LED*

Vorwiderstand:

$$R_V = \frac{U_{RV}}{I} = \frac{22{,}2\ \text{V}}{0{,}02\ \text{A}} = 1110\ \Omega = 1{,}11\ \text{k}\Omega$$

Der LED ist ein Widerstand von 1,1 kΩ vorzuschalten, damit sie an die Betriebsspannung 24 V angepasst werden kann.

Stromaufnahme:

$$I = \frac{U}{R_V + R}$$

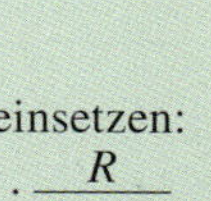

Spannungsfall am Nutzwiderstand

$$U_1 = I \cdot R$$

Strom einsetzen:

$$U_1 = U \cdot \frac{R}{R_V + R}$$

Nach R_V (Vorwiderstand) umstellen:

$$R_V = R \cdot \left(\frac{U}{U_1} - 1\right)$$

R_V Vorwiderstand in Ω

R Nutzwiderstand (Verbrauchsmittel) in Ω

U anliegende Betriebsspannung in V

U_1 Spannung am Nutzwiderstand in V

■ **Vorwiderstand**

Bei der Bemessung eines Vorwiderstandes ist nicht nur der Widerstandswert, sondern auch die Verlustleistung im Vorwiderstand zu beachten.

Der Widerstand muss für die Verlustleistung geeignet sein; zum Beispiel: 1,1 kΩ, 500 mW.

■ **Aufgabenlösung**

@ Interessante Links

- christiani-berufskolleg.de

■ **Leuchtdiode LED**

light emitting diode

→ 281

Vorwiderstände können die Verbraucherspannung nicht bis auf null herabsetzen, da dies einen unendlich hohen Vorwiderstandswert erfordern würde.

→ 257

z.B.

Eine Glühlampe 4,5 V/0,3 A soll an 12 V betrieben werden. Welcher Vorwiderstand ist notwendig?

Ermittlung des Vorwiderstandes mithilfe der Formel.

$$R_V = R \cdot \left(\frac{U}{U_1} - 1\right)$$

Der Nutzwiderstand (Glühlampe) wird ermittelt.

$$R = \frac{U_1}{I} = \frac{4{,}5\ \text{V}}{0{,}3\ \text{A}} = 15\ \Omega$$

$$R_V = 15\ \Omega \cdot \left(\frac{12\ \text{V}}{4{,}5\ \text{V}} - 1\right) = 25\ \Omega$$

Anderer Lösungsweg

Am Vorwiderstand muss die Spannung 7,5 V anliegen.

$$U_{RV} = U - U_1 = 12\ \text{V} - 4{,}5\ \text{V} = 7{,}5\ \text{V}$$

Der Strom in der Reihenschaltung beträgt 0,3 A. Damit ergibt sich der Widerstand von R_V.

$$R_V = \frac{U_{RV}}{I} = \frac{7{,}5\ \text{V}}{0{,}3\ \text{A}} = 25\ \Omega$$

Anderer Lösungsweg

Die Spannungen verhalten sich wie die Widerstandswerte.

R_V 15 Ω
7,5 V 4,5 V

$$\frac{R_V}{7{,}5\ \text{V}} = \frac{15\ \Omega}{4{,}5\ \text{V}}$$

$$R_V = \frac{15\ \Omega}{4{,}5\ \text{V}} \cdot 7{,}5\ \text{V} = 25\ \Omega$$

Aufgabenlösung

Prüfung

1. Ein Relais 9 V, 50 mA soll an 24 V betrieben werden. Ermitteln Sie den notwendigen Vorwiderstand.

2. Eine LED 1,2 V, 20 mA soll an 24 V betrieben werden. Welcher Vorwiderstand ist erforderlich?

@ Interessante Links

- christiani-berufskolleg.de

Unbelasteter Spannungsteiler

Ein unbelasteter Spannungsteiler besteht aus zwei Widerständen (R_1 R_2).

Stromaufnahme:

$$I = \frac{U}{R_1 + R_2}$$

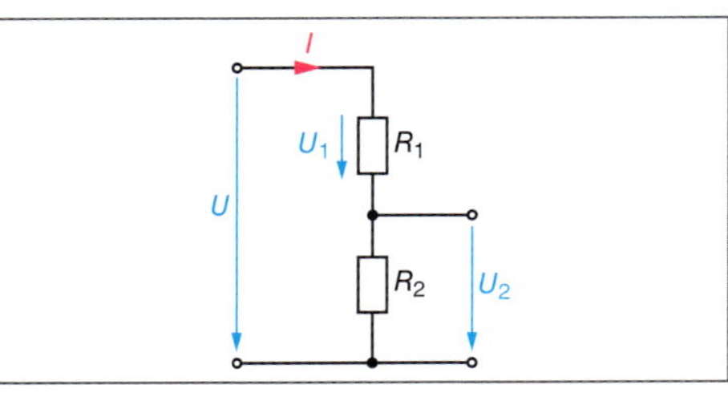

Bild 28 Unbelasteter Spannungsteiler

Teilspannungen an den Widerständen:

$U_1 = I \cdot R_1$, $U_2 = I \cdot R_2$

Die Gesamtspannung U kann in zwei Teilspannungen aufgeteilt werden. Die Teilspannungen hängen von der Wahl der Widerstände ab.

Spannungsteiler finden hauptsächlich Anwendung in der Elektronik. Die dort geringen Ströme verursachen nur geringe Verlustleistungen in den Widerständen.

→ 257

Belasteter Spannungsteiler

An den unbelasteten Teiler R_1, R_2 wird ein **Lastwiderstand** R_L angeschlossen. Dieser Widerstand belastet den Spannungsteiler mit dem Laststrom I_L.

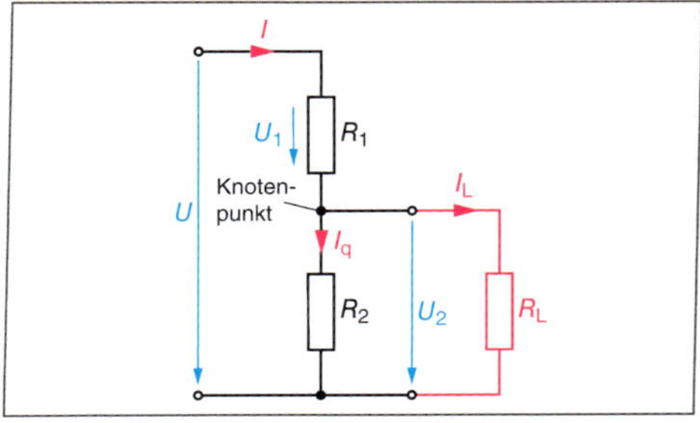

Bild 29 Belasteter Spannungsteiler

Knotenpunkt:

$I = I_L + I_q$

Den Strom durch den Widerstand R_2 nennt man **Querstrom** I_q. Die Widerstände R_2 und R_L sind parallel geschaltet.

z.B.

Unbelasteter Spannungsteiler: R_1 einstellbar von 100 bis 300 Ω, $R_2 = 600$ Ω.
In welchem Bereich ist die Ausgangsspannung U_2 einstellbar?

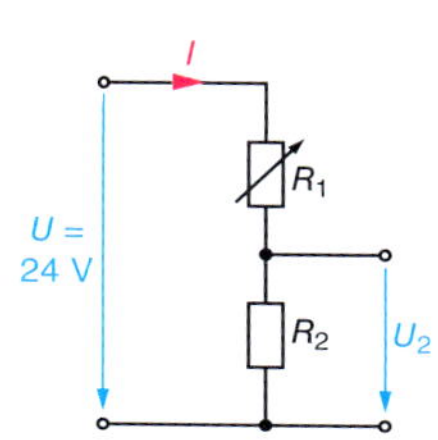

R_1 auf 100 Ω eingestellt: Gesamtwiderstand des Teilers:	$R_g = R_1 + R_2 = 100\ \Omega + 600\ \Omega = 700\ \Omega$
Stromaufnahme:	$I = \frac{U}{R_g} = \frac{24\ \text{V}}{700\ \Omega} = 34{,}3\ \text{mA} = 0{,}0343\ \text{A}$
Ausgangsspannung U_2:	$U_2 = I \cdot R_2 = 0{,}0343\ \text{A} \cdot 600\ \Omega = 20{,}6\ \text{V}$
R_1 auf 300 Ω eingestellt: Gesamtwiderstand:	$R_g = R_1 + R_2 = 300\ \Omega + 600\ \Omega = 900\ \Omega$
Stromaufnahme:	$I = \frac{U}{R_g} = \frac{24\ \text{V}}{900\ \Omega} = 26{,}7\ \text{mA} = 0{,}0267\ \text{A}$
Ausgangsspannung U_2:	$U_2 = I \cdot R_2 = 0{,}0267\ \text{A} \cdot 600\ \Omega = 16\ \text{V}$
Einstellbereich des Spannungsteilers:	$U_2 = 16\ \text{V}$ bis $20{,}6\ \text{V}$

z.B.

$R_1 = 1\ \text{k}\Omega$, $R_2 = 2\ \text{k}\Omega$, $R_L = 10\ \text{k}\Omega$
Wie groß ist die Ausgangsspannung U_2?
Berechnen Sie den Querstrom I_q.

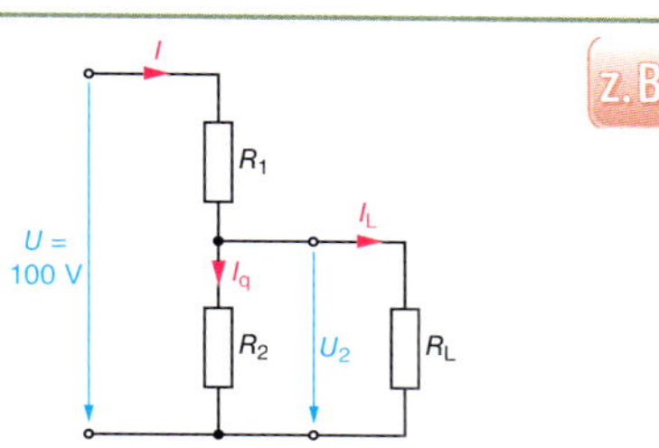

Ersatzwiderstand der Parallelschaltung R_2, R_L bestimmen:	$R_{2L} = \frac{R_2 \cdot R_L}{R_2 + R_L} = \frac{2\ \text{k}\Omega \cdot 10\ \text{k}\Omega}{2\ \text{k}\Omega + 10\ \text{k}\Omega} = 1{,}67\ \text{k}\Omega$
Gesamtwiderstand ermitteln:	$R_g = R_1 + R_{2L} = 1\ \text{k}\Omega + 1{,}67\ \text{k}\Omega = 2{,}67\ \text{k}\Omega$
Gesamtstrom berechnen:	$I = \frac{U}{R_g} = \frac{100\ \text{V}}{2670\ \Omega} = 0{,}0375\ \text{A} = 37{,}5\ \text{mA}$
Der Spannungsfall an R_{2L} ist die Ausgangsspannung des Teilers.	$U_2 = I \cdot R_{2L} = 0{,}0375\ \text{A} \cdot 1670\ \Omega = 62{,}6\ \text{V}$
Querstrom:	$I_q = \frac{U_2}{R_2} = \frac{62{,}6\ \text{V}}{2000\ \Omega} = 0{,}0313\ \text{A}$ $I_q = 31{,}3\ \text{mA}$

$$R_{2L} = \frac{R_2 \cdot R_L}{R_2 + R_L}$$

Stromaufnahme der Schaltung:

$$I = \frac{U}{R_1 + R_{2L}}$$

Der Strom ruft an R_1 den Spannungsfall

$$U_1 = I \cdot R_1 = \frac{U}{R_1 + R_{2L}} \cdot R_1 = U \cdot \frac{R_1}{R_1 + R_{2L}}$$

und an R_{2L} den Spannungsfall

$$U_2 = I \cdot R_{2L} = U \cdot \frac{R_{2L}}{R_{2L} + R_1}$$

hervor.

U_2 ist die Ausgangsspannung des Teilers.

■ **Unbelastete Spannungsteiler**

verwenden hochohmige Widerstände, damit Stromstärke und Verlustleistung gering bleiben.

■ **Querstromfaktor**

Mit zunehmendem Querstromfaktor wird die belastungsabhängige Änderung der Ausgangsspannung geringer.

Ein hoher Querstromfaktor ist nur bei einem niederohmigen Spannungsteiler möglich. Verluste!

$$q_i = \frac{I_q}{I_L}$$

Reihenschaltung
series connection

Parallelschaltung
parallel connection

Spannungsquelle
voltage source, voltage supply

Verbraucher
consumer

Gruppenschaltung
series multiple connection

Brückenschaltung
bridge connection

Die Ausgangsspannung ist *belastungsabhängig.* R_{2L} ist kleiner als R_2 → Stromstärke I nimmt zu → U_1 nimmt zu → U_2 nimmt ab (da $U = U_1 + U_2$).

Die Ausgangsspannung wird umso geringer, je kleiner der Lastwiderstand R_L ist. Dann wird der Laststrom I_L nämlich größer.

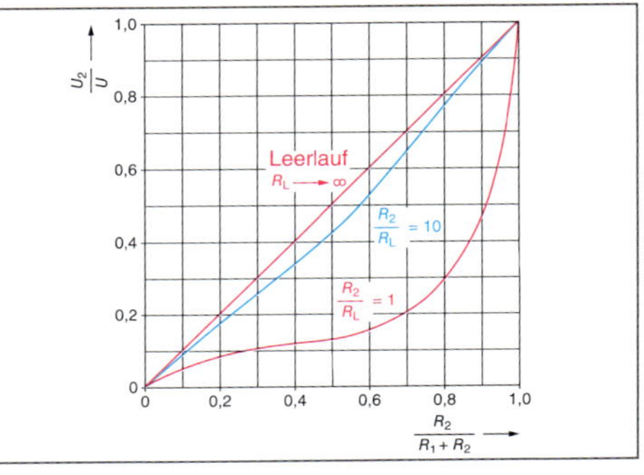

Bild 30 *Ausgangsspannung eines Teilers*

z.B.

Brückenschaltung: $U = 60$ V, $R_1 = 400\ \Omega$, $R_2 = 200\ \Omega$, $R_3 = 400\ \Omega$, $R_4 = 200\ \Omega$.

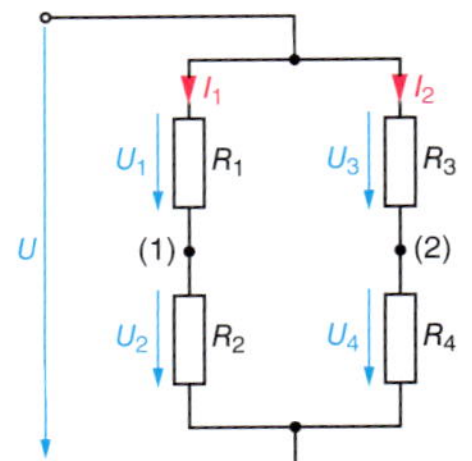

Berechnung der Ströme in den beiden Spannungsteilern:

$$I_1 = \frac{U}{R_1 + R_2} = \frac{60\ \text{V}}{400\ \Omega + 200\ \Omega} = 0{,}1\ \text{A}$$

$$I_2 = \frac{U}{R_3 + R_4} = \frac{60\ \text{V}}{400\ \Omega + 200\ \Omega} = 0{,}1\ \text{A}$$

Die Ströme rufen an den Widerständen Spannungsfälle hervor. Die Spannungen U_1 und U_3 sowie U_2 und U_4 sind gleich groß. Damit haben die Punkte (1) und (2) gleiches Potenzial.
Zwischen den Punkten (1) und (2) besteht kein Potenzialunterschied. Eine Spannungsmessung zwischen diesen Punkten ergibt $U_{12} = 0$ V. Die Brückenschaltung ist dann *abgeglichen.*

$$U_1 = I_1 \cdot R_1 = 0{,}1\ \text{A} \cdot 400\ \Omega = 40\ \text{V}$$

$$U_2 = I_1 \cdot R_2 = 0{,}1\ \text{A} \cdot 200\ \Omega = 20\ \text{V}$$

$$U_3 = I_2 \cdot R_3 = 0{,}1\ \text{A} \cdot 400\ \Omega = 40\ \text{V}$$

$$U_4 = I_2 \cdot R_4 = 0{,}1\ \text{A} \cdot 200\ \Omega = 20\ \text{V}$$

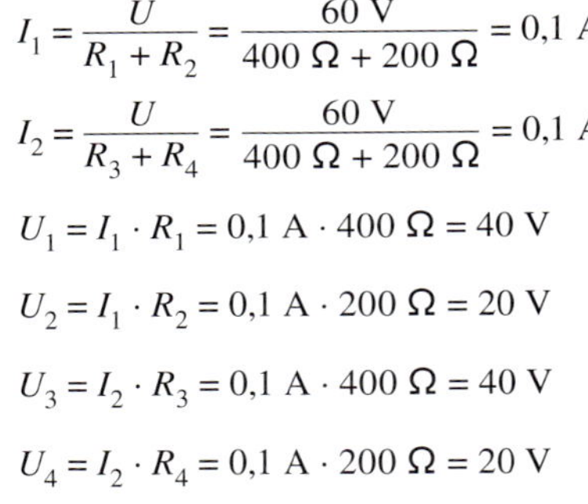

Abgleichbedingung: $U_1 = U_3$ und $U_2 = U_4$

Beide Spannungsteiler teilen die anliegende Spannung U im gleichen Verhältnis auf.

$$\frac{U_1}{U_2} = \frac{U_3}{U_4}$$

Spannungsfälle:

$U_1 = I_1 \cdot R_1$ $U_3 = I_2 \cdot R_3$ $U_2 = I_1 \cdot R_2$ $U_4 = I_2 \cdot R_4$

Die Spannungen verhalten sich bei der Reihenschaltung wie die zugehörigen Widerstände.

$$\frac{\cancel{I_1} \cdot R_1}{\cancel{I_1} \cdot R_2} = \frac{\cancel{I_2} \cdot R_3}{\cancel{I_2} \cdot R_4}$$

Abgleichbedingung der Brückenschaltung:

$$\frac{R_1}{R_2} = \frac{R_3}{R_4}$$

Brückenschaltung

Werden *zwei Spannungsteiler* an eine gemeinsame Spannungsquelle angeschlossen, ergibt sich die **Brückenschaltung**.

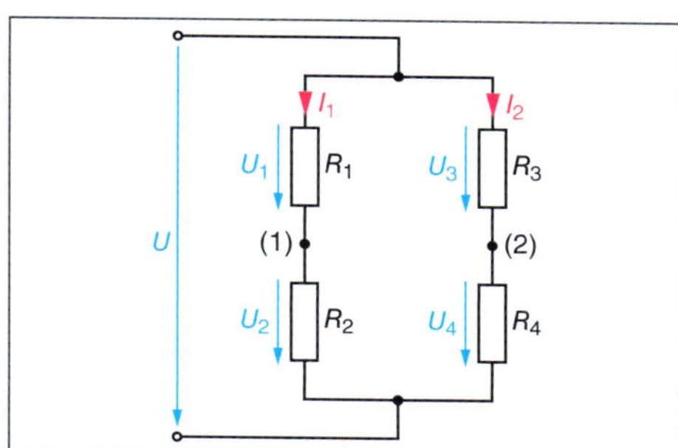

Bild 31 *Brückenschaltung*

Eine Brückenschaltung ist abgeglichen, wenn zwischen den Punkten (1) und (2) keine Potenzialdifferenz besteht, also keine Spannung anliegt.

$$\frac{R_1}{R_2} = \frac{R_3}{R_4}$$

Sind drei Widerstände bekannt, kann der vierte Widerstand ermittelt werden.
Anwendung: Messtechnik, Steuerungs- und Regelungstechnik, Elektronik.

Prüfung

1. Wie groß ist die Ausgangsspannung U_2 des unbelasteten Spannungsteilers?

2. Zwischen welchen Werten ist U_2 einstellbar?

3. Welche Aussage macht die Kennlinie?

4. Kennline zu Aufgabe 3: $U = 40$ V, $U_2 = 7{,}5$ V, $R_1 = 1$ kΩ.
Wie groß muss der Widerstand R_2 gewählt werden?

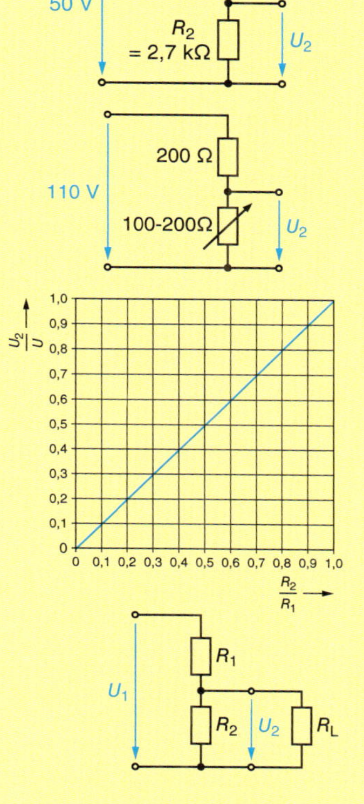

5. Wie groß ist die Ausgangspannung U_2?
Welcher Strom fließt über R_L und R_2?
$R_1 = 50\ \Omega$, $R_2 = 100\ \Omega$, $R_L = 470\ \Omega$, $U = 12$ V

6. Brückenschaltung:
a) Wie groß ist die Spannung U_{AB}?
b) Wie groß ist der Widerstand R_X?

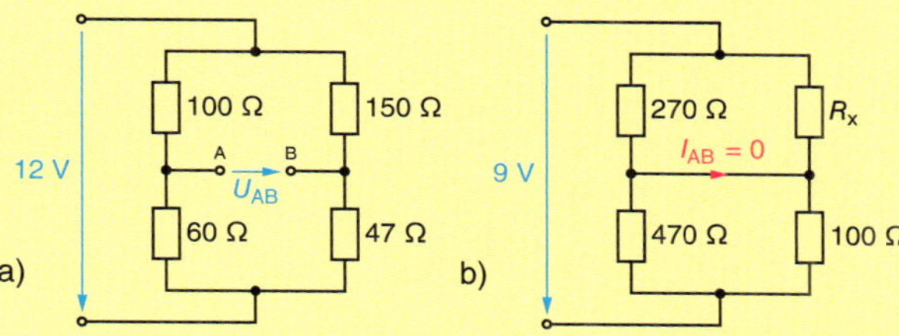

■ **Brückenschaltung**
Die Höhe der anliegenden Spannung hat keinen Einfluss auf den Abgleich der Brücke.

Es ändern sich nämlich nur die Potenziale, das Verhältnis der Spannungsfälle an den beiden Teilern bleibt gleich.

■ **Aufgabenlösung**

@ Interessante Links
- christiani-berufskolleg.de

3.4 Energieumsatz im Stromkreis

■ **Wärmekapazität**
verschiedener Stoffe

■ **1 J = 1 Nm = 1 Ws**

■ **Nm**
Newtonmeter, Einheit der Arbeit

■ **N**
Newton, Einheit der Kraft
$1\ \text{N} = 1\ \frac{\text{kg} \cdot \text{m}}{\text{s}^2}$

Energie
energy, power

Energieumwandlung
energy conversion

Arbeit
work

Leistung
power, wattage

Leistungsmessung
power measurement

Leistungsmesser
power meter, wattmeter

Zähler
meter

Zählerkonstante
meter constant

Wärme
heat

■ **Wärmeschwingungen**
Bei 0 K = – 273 °C kommt es noch zu keinen Wärmeschwingungen.

Das Schütz Q1 hat die Aufgabe, Schaltkontakte zu schließen, geschlossen zu halten, um den Antriebsmotor von Transportand 1 einzuschalten und eingeschaltet zu halten.

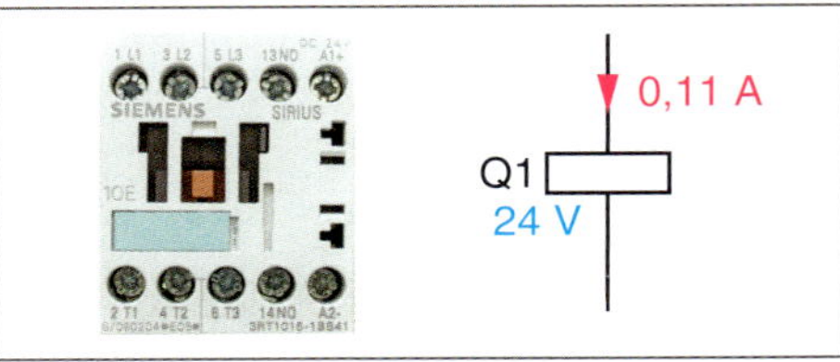

Bild 32 Schütz Transportband 1

Der Hersteller gibt die *Halteleistung* des Schützes mit ca. 3 W an. Diese Leistung wird benötigt um:

- ein starkes Magnetfeld aufzubauen, sodass die Schaltkontakte sicher geschlossen bleiben. Dies ist der Zweck des Betriebsmittels Schütz. Hierfür wird Nutzenergie aufgewendet.
- die unvermeidlichen Verluste zu decken. Schütz erwärmt sich im Betriebszustand. Wärme ist eine Energieform. Sie wird aus der elektrischen Energie umgewandelt. Unvermeidlich, da die Schützspule von Strom durchflossen wird. Wärmeerzeugung ist aber nicht der Zweck des Betriebsmittels Schütz. Der Techniker spricht dann von *Verlusten*. Die aufgewendete elektrische Energie muss *Nutzenergie* und *Verluste* decken. Natürlich ist man bestrebt, die Verluste so gering wie möglich, d. h. den *Wirkungsgrad* (die Nutzenergieausbeute) so groß wie möglich zu halten.

Wärme

Erwärmung eines Körpers → intensivere *Wärmeschwingungen* des Kristallgitters durch Zuführung einer **Wärmemenge** Q.

Verschiedene Stoffe lassen sich wegen ihres unterschiedlichen atomaren Aufbaus *nicht gleich gut* erwärmen.

Diese Eigenschaft wird durch die **spezifische Wärmekapazität** c berücksichtigt.

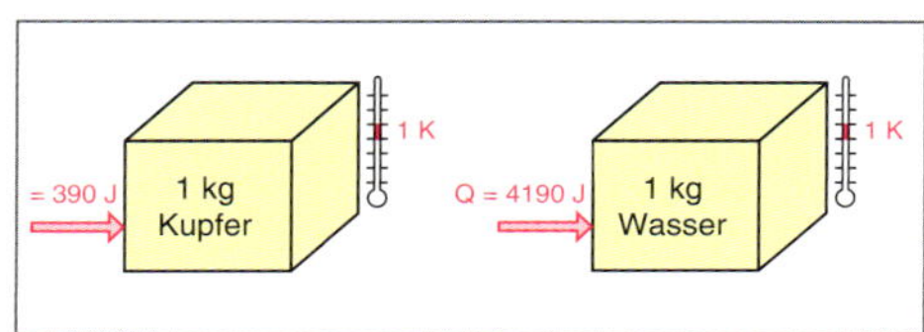

Bild 33 Erwärmung von Kupfer und Wasser

Die spezifische Wärmekapazität c gibt an, welche Wärmemenge aufzuwenden ist, um eine Masse von 1 kg dieses Stoffes um 1 K zu erwärmen.

Kupfer: $c = 390\ \frac{\text{J}}{\text{kg} \cdot \text{K}}$

Wasser: $c = 4190\ \frac{\text{J}}{\text{kg} \cdot \text{K}}$

Kupfer ist also besser zu erwärmen als Wasser.

Wärmemenge

$Q = m \cdot c \cdot \Delta\vartheta$

Q Wärmemenge in J
m Masse in kg
c spezifische Wärmekapazität in $\frac{\text{J}}{\text{kg} \cdot \text{K}}$
$\Delta\vartheta$ Temperaturdifferenz in K

Kupferspule eines Schützes: Masse 325 g, Temperaturerhöhung 20 K.
Welche Wärmemenge ist gespeichert?

$Q = m \cdot c \cdot \Delta\vartheta$

$Q = 0{,}325\ \text{kg} \cdot 390\ \frac{\text{J}}{\text{kg} \cdot \text{K}} \cdot 20\ \text{K}$

$Q = 2535\ \text{J}$

Arbeit

Die Masse mit der Gewichtskraft $F_G = 1$ N wird um $s = 1$ m angehoben. Dabei wird die **mechanische Arbeit** $W = F \cdot s$ verrichtet.

Die Arbeit ist in der angehobenen Masse gespeichert (potenzielle Energie).

Beim Absinken der Last wird die potenzielle Energie in Bewegungsenergie (kinetische Energie) umgewandelt

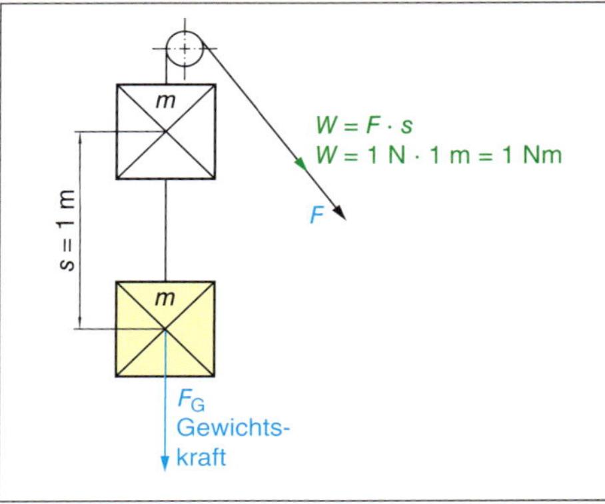

Bild 34 Arbeit beim Anheben einer Last

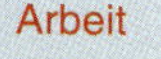

Arbeit

$W = F \cdot s = Q \cdot U$

$W = Q \cdot U$

$Q = I \cdot t$ $\rightarrow W = U \cdot I \cdot t$

W	elektrische Arbeit in Ws
U	Spannung in V
I	Stromstärke in A
t	Zeit in s

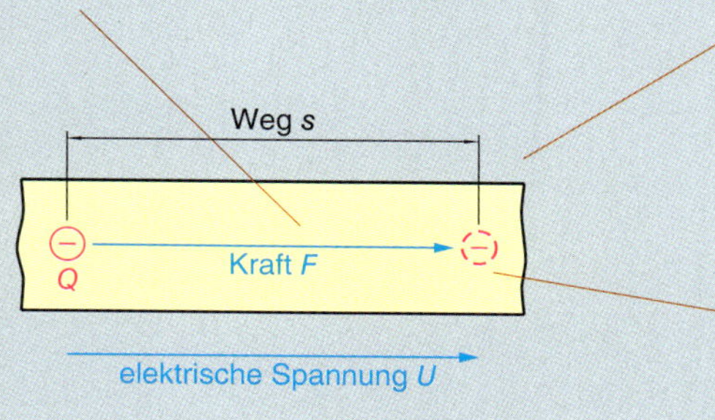

Ladungstrennung = gespeicherte Arbeit = Energie
Spannungsquellen sind Energiespeicher.

Bei der Spannungserzeugung werden elektrische Ladungen getrennt.
Dabei liegt die Ladung *Q* den Weg *s* zurück. Es wird Arbeit verrichtet.

Beachten Sie:
1J = 1 Ws = 1 Nm

Messung der elektrischen Arbeit

1. Indirekte Messung

- Spannung *U* messen
- Stromstärke *I* messen
- Zeitdauer des Stromflusses messen (*t*)
- Rechnen: $W = U \cdot I \cdot t$

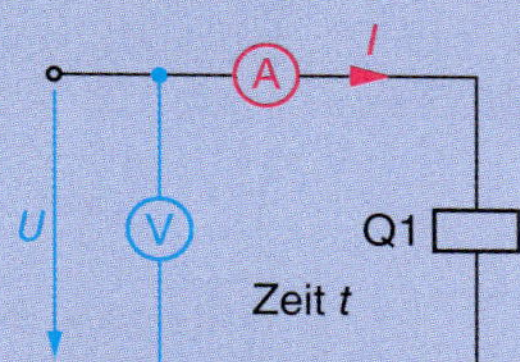

Beispiel:

Messwerte: $U = 24$ V; $I = 0{,}11$ A; Zeit 750 h

Elektrische Arbeit:
$W = U \cdot I \cdot t = 24 \text{ V} \cdot 0{,}11 \text{ A} \cdot 750 \text{ h} = 1980 \text{ Wh} = 1{,}98 \text{ kWh}$

2. Direkte Messung

Messung der elektrischen Arbeit mit dem Elektrizitätszähler.

Spannungspfad: Spannungsspule zur Spannungsmessung

Strompfad: Stromspule zur Strommessung

Magnetische Wirkungen der Spulen versetzen die Zählerscheibe in Drehbewegung. Je größer die elektrische Arbeit, umso höher die Drehzahl.

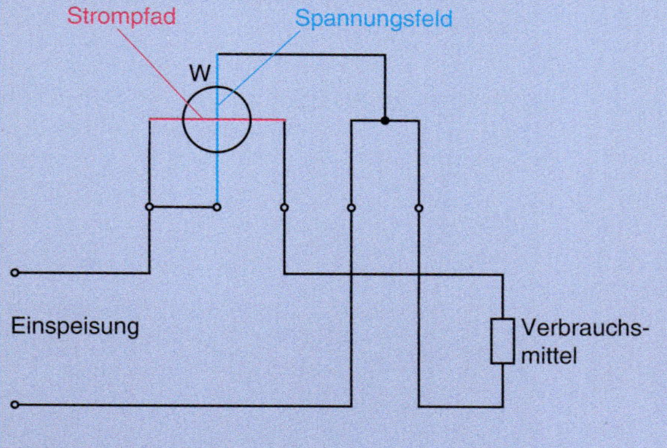

Zählerkonstante (c_z)

Wird angegeben in Umdrehungen pro Kilowattstunde (U/kWh oder 1/kWh).

Bei $c_z = 150 \frac{1}{\text{kWh}}$ macht die Zählerscheibe 150 Umdrehungen zur Erfassung der elektrischen Arbeit von 1 kWh (Kilowattstunde).

Kosten der elektrischen Arbeit

Die Kosten setzen sich zusammen aus

- der vom Zähler erfassten bereitgestellten elektrischen Arbeit
- dem Arbeitspreis für eine Kilowattstunde (kWh)
- Leistungspreis (Bereitstellungspreis)
- Verrechnungspreis

Vereinfachend gilt:

$VE = VP \cdot W$

VE	Verbrauchsentgelt in Euro
VP	Arbeitspreis in Euro/kWh
W	elektrische Arbeit in kWh

■ Ws

Wattsekunde, Einheit der elektrischen Arbeit

1 Wh = 3600 Ws

1 kWh = $3{,}6 \cdot 10^6$ Ws

TB

■ Energie

ist das Vermögen, Arbeit zu verrichten.

Energie kann weder erzeugt werden, noch verloren gehen. Sie kann nur von einer Energieform in eine andere Energieform umgewandelt werden.

Wenn der Techniker von „Verlusten" spricht, meint er die Umwandlung in eine Energieform, die nicht unmittelbar seinen Zwecken dient.

■ Zähler

Messung der elektrischen Leistung

1. Indirekte Messung

- Spannung U messen
- Stromstärke I messen
- Leistung berechnen ($P = U \cdot I$)

2. Direkte Messung

Messung mithilfe eines Leistungsmessers. Hier erfolgt eine automatische Produktbildung der Spannungsmessung (Spannungspfad) und Strommessung (Strompfad)).

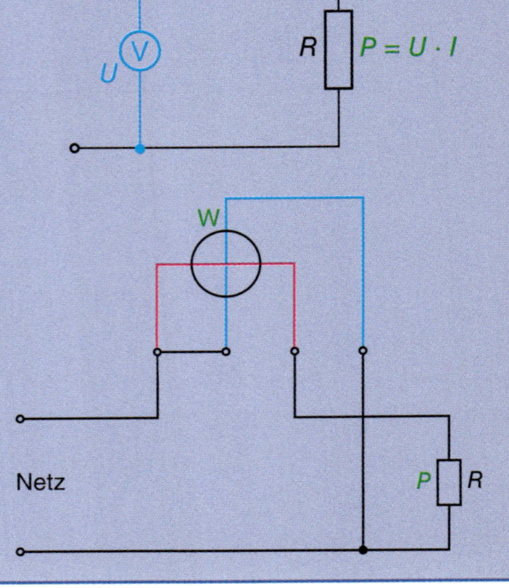

Leistung

Leistung ist die Fähigkeit, Arbeit *in einer bestimmten Zeit* zu verrichten.

■ **Watt (W)**
Einheit der elektrischen Leistung

1 W = 1 V · 1 A

Megawatt
1 MW = 10^6 W

Gigawatt
1 GW = 10^9 W

Milliwatt
1 mW = 10^{-3} W

Mikrowatt
1 µW = 10^{-6} W

$$\text{Leistung} = \frac{\text{Arbeit}}{\text{Zeit}} \qquad P = \frac{W}{t}$$

P elektrische Leistung in W
W elektrische Arbeit in Ws
t Zeitdauer in s

Elektrische Arbeit

$$W = U \cdot I \cdot t$$

Elektrische Leistung

$$P = \frac{W}{t} = \frac{U \cdot I \cdot \cancel{t}}{\cancel{t}}$$

$$P = U \cdot I$$

P elektrische Leistung in W
U elektrische Spannung in V
I elektrische Stromstärke in A

■ **Ohmsches Gesetz**
→ 149

Anwendung des ohmschen Gesetzes

$P = U \cdot I \qquad I = \frac{U}{R}$

$P = \frac{U^2}{R}$

Die elektrische Leistung nimmt quadratisch mit der Spannung zu.

$P = U \cdot I \qquad U = I \cdot R$

$P = I^2 \cdot R$

Die elektrische Leistung nimmt quadratisch mit der Stromstärke zu.

Bezogen auf die elektrische Arbeit:

$W = U \cdot I \cdot t$

$W = I^2 \cdot R \cdot t$

$W = \frac{U^2}{R} \cdot t$

Wirkungsgrad

Der **Wirkungsgrad** ist ein Maß für die *Wirtschaftlichkeit* der Energieumwandlung. Er ist das Verhältnis der durch den Energieumwandlungsprozess „gewonnenen" *Nutzenergie* zur zugeführten elektrischen Energie.

■ **η**
Eta, griechischer Kleinbuchstabe

$$\text{Wirkungsgrad} = \frac{\text{abgegebene Energie/Leistung}}{\text{zugeführte Energie/Leistung}}$$

$$\eta = \frac{W_{ab}}{W_{zu}} \cdot 100\,\% = \frac{P_{ab}}{P_{zu}} \cdot 100\,\%$$

η Wirkungsgrad (in %)
W_{ab}, P_{ab} abgegebene Energie/Leistung in Ws/W
W_{zu}, P_{zu} zugeführte Energie/Leistung in Ws/W

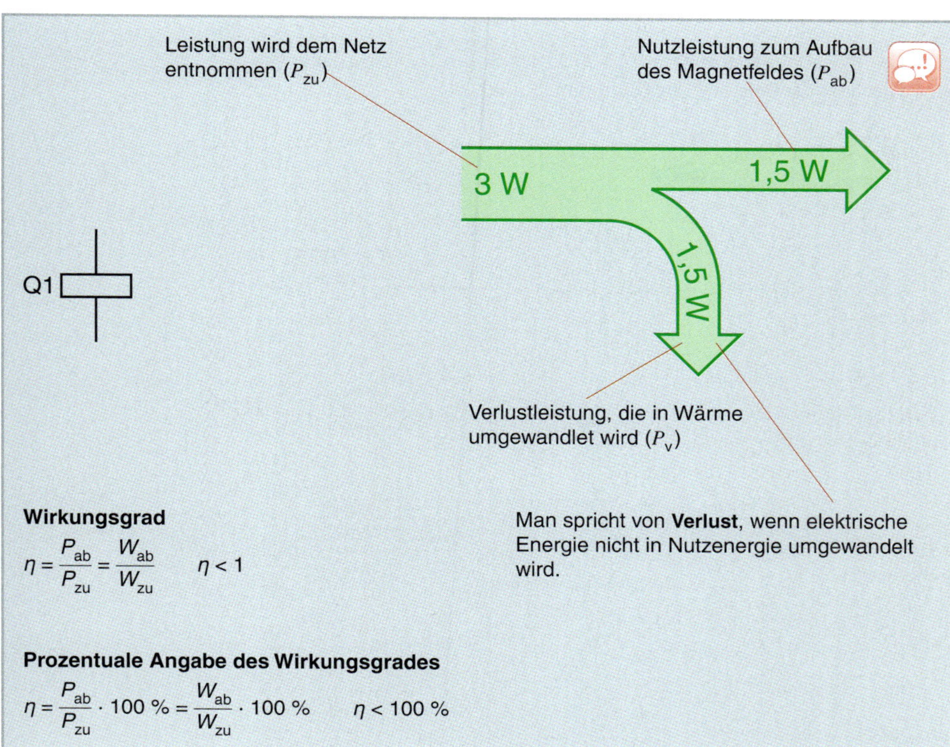

Wirkungsgrad

$$\eta = \frac{P_{ab}}{P_{zu}} = \frac{W_{ab}}{W_{zu}} \qquad \eta < 1$$

Prozentuale Angabe des Wirkungsgrades

$$\eta = \frac{P_{ab}}{P_{zu}} \cdot 100\ \% = \frac{W_{ab}}{W_{zu}} \cdot 100\ \% \qquad \eta < 100\ \%$$

Wenn z. B. $P_{zu} = 3$ W und $P_{ab} = 1{,}5$ W, dann beträgt der **Wirkungsgrad**

$$\eta = \frac{P_{ab}}{P_{zu}} = \frac{1{,}5\ \text{W}}{3\ \text{W}} = 0{,}5 \text{ bzw.}$$

$$\eta = \frac{P_{ab}}{P_{zu}} \cdot 100\ \% = \frac{1{,}5\ \text{W}}{3\ \text{W}} \cdot 100\ \% = 50\ \%$$

Die Angaben $\eta = 0{,}5$ bzw. $\eta = 50$ % sind gleichwertig

Wenn mehrere technische Systeme hintereinander geschaltet sind (z. B. Motor → Getriebe), dann ist der **Gesamtwirkungsgrad** η_{ges} gleich dem Produkt der Wirkungsgrade der Teilsysteme.

$$\eta_{ges} = \eta_1 \cdot \eta_2 \cdot \eta_3$$

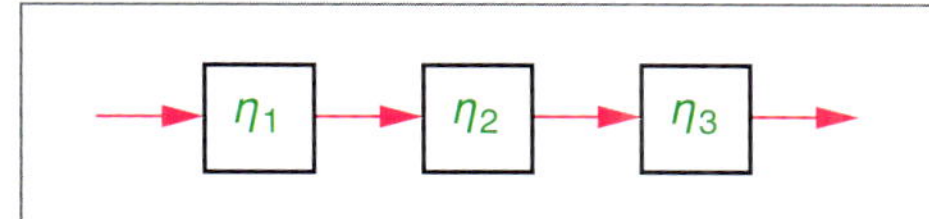

Bild 35 *Gesamtwirkungsgrad*

Arbeit
work

Energie
energy, power

Wärme
heat

Wirkungsgrad
efficiency (factor)

Leistung
power, wattage

Leistungsmessung
power measurement

Leistungsmesser
power meter, wattmeter

Nennleistung
rated power, nominal power, wattage rating

Zähler
meter, integrating meter

Zählerkonstante
meter constant

1. Die Beleuchtungsanlage einer Halle hat eine Leistung von $P = 12$ kW. Sie wird an $U = 230$ V betrieben.
Welche Energiekosten entstehen täglich (Einschaltzeit 10 Stunden), wenn ein Preis von 0,18 Euro/kWh angenommen wird.

Ermittlung der elektrischen Arbeit	$P = \frac{W}{t} \rightarrow W = P \cdot t$ $W = 12\ \text{kW} \cdot 10\ \text{h} = 120\ \text{kWh}$
Berechnung des Verbrauchsentgeltes in Euro	$VE = VP \cdot W$ $VE = 0{,}18\ \frac{\text{Euro}}{\text{kWh}} \cdot 120\ \text{kWh} = 21{,}60\ \text{Euro}$

2. Eine Meldelampe nimmt an $U = 24$ V den Strom $I = 83$ mA auf. Wie groß ist die Leistung der Glühlampe?

Elektrische Leistung ist das Produkt von Spannung und Stromstärke.

$P = U \cdot I$

$P = 24\ \text{V} \cdot 0{,}083\ \text{A} = 2\ \text{W}$

3. Welche Leistung wird im Widerstand R umgesetzt?

2 A
$R = 160\ \Omega$
$P = ?$

$P = U \cdot I \qquad U = I \cdot R$

$I \cdot R$ für U einsetzen.

$P = I \cdot R \cdot I = I^2 \cdot R$

$P = I^2 \cdot R$

$R = (2\ \text{A})^2 \cdot 160\ \Omega = 640\ \text{W}$

4. Welche Leistung wird im Widerstand R umgesetzt?

$R = 40\ \Omega$
$P = ?$
100 V

$P = U \cdot I \qquad I = \frac{U}{R}$

$\frac{U}{R}$ für I einsetzen.

$P = U \cdot \frac{U}{R} = \frac{U^2}{R}$

$P = \frac{U^2}{R}$

$P = \frac{(100\ \text{V})^2}{40\ \Omega} = 250\ \text{W}$

■ **Ohmsches Gesetz**
→ 149

5. Die Spannung an einem Widerstand R wird um 20 % kleiner (Spannungseinbruch).
Welchen Einfluss hat das auf die Leistung?

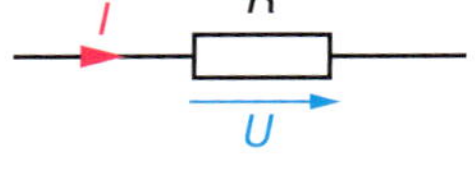

Annahme: Widerstand R bleibt konstant. Spannung sinkt um 20 %, also auf $0{,}8 \cdot U$. Nach dem ohmschen Gesetz wird dann auch der Strom um 20 % sinken, also auf $0{,}8 \cdot I$.

$P' = 0{,}8 \cdot U \cdot 0{,}8 \cdot I$

$P' = 0{,}64 \cdot U \cdot I$

$P' = 0{,}64 \cdot P$

Leistung sinkt auf 64 % bzw. um 36 %.

■ **Aufgabenlösung**

@ Interessante Links
• christiani-berufskolleg.de

■ **Ah**
Amperestunde
1 A · 1 h

Prüfung

1. Ein Heißwasserbereiter hat eine Anschlussleistung von 5 kW und einen Nenninhalt von 100 l. Das Wasser soll von 10 °C auf 45 °C erwärmt werden. Der Wirkungsgrad beträgt 94 %.
Wie lange dauert der Aufheizvorgang?

2. Ein Akkumulator ist wie folgt beschriftet: 12 V, 36 Ah.
Welche Energie ist im Akkumulator gespeichert?

3. Ein Widerstand von 4,7 kΩ liegt an der Spannung 2,1 V.
Bestimmen Sie die elektrische Arbeit, wenn der Widerstand 9,5 Stunden eingeschaltet ist.

4. Kohleschichtwiderstand: 47 kΩ, 1 W.
Welche Spannung darf maximal an diesem Widerstand anliegen?

5. Die Spannung an einem Widerstand wird halbiert.
Welchen Einfluss hat das auf die elektrische Leistung?

z.B.

1. Ein Elektromotor hat eine Bemessungsleistung von 1,1 kW und einen Wirkungsgrad von $\eta = 0{,}73$.
Welche Leistung entnimmt der Motor dem Netz?

Die angegebene Bemessungsleistung ist die an der Motorwelle abgegebene Leistung P_{ab}.
Die aufgenommene elektrische Leistung P_{zu} ist größer.

$$\eta = \frac{P_{ab}}{P_{zu}} \rightarrow P_{zu} = \frac{P_{ab}}{\eta}$$

$$P_{zu} = \frac{1{,}1\ \text{kW}}{0{,}73} = 1{,}51\ \text{kW}$$

2. Ein elektrischer Wasserspeicher soll 50 Liter Wasser in 12 Minuten von 16 °C auf 40 °C erwärmen. Der Wirkungsgrad beträgt dabei 70 %.
Welche elektrische Leistung ist dazu notwendig?

Notwendige Wärmemenge:

$$c = 4190\ \frac{\text{J}}{\text{kg} \cdot \text{K}}$$

1 J = 1 Ws = 1 Nm

$$Q = m \cdot c \cdot \Delta\vartheta$$

$$Q = 50\ \text{kg} \cdot 4190\ \frac{\text{J}}{\text{kg} \cdot \text{K}} \cdot 24\ \text{K}$$

$$Q = 5028\ \text{kJ} = 5028\ \text{kWs}$$

Die zugeführte elektrische Leistung P muss diese Wärmemenge (Wärmeenergie) Q und die Verluste (η) bedienen.
Da Q in Ws angegeben ist, muss die Zeit t in Sekunden eingesetzt werden.
12 min = 720 Sekunden

$$P = \frac{W}{\eta \cdot t} = \frac{Q}{\eta \cdot t}$$

$$P = \frac{5028\ \text{kWs}}{0{,}7 \cdot 720\ \text{s}} = 10\ \text{kW}$$

Der Leistungsbedarf kann auch mithilfe einer kombinierten Formel ermittelt werden.
1 J = 1 Ws

Die Zeit t ist in Sekunden einzusetzen.

$$P = \frac{m \cdot c \cdot \Delta\vartheta}{\eta \cdot t}$$

$$P = \frac{50\ \text{kg} \cdot 4190\ \frac{\text{J}}{\text{kg} \cdot \text{K}} \cdot 24\ \text{K}}{0{,}7 \cdot 720\ \text{s}}$$

$$P = 10\ \text{kW}$$

Prüfung

6. Die Umwälzpumpe einer Heizungsanlage hat eine elektrische Leistung von 5 W. Sie ist an 210 Tagen im Jahr täglich 18 Stunden eingeschaltet.
Welche Kosten entstehen jährlich, wenn 1 kWh 0,24 Cent kosten?

7. Eine kleine Glühlampe ist mit 2,2 V/0,25 A beschriftet.
Bestimmen Sie die Leistung der Glühlampe.

8. Wählen Sie einen geeigneten Vorwiderstand aus (Ohmwert und Leistung).

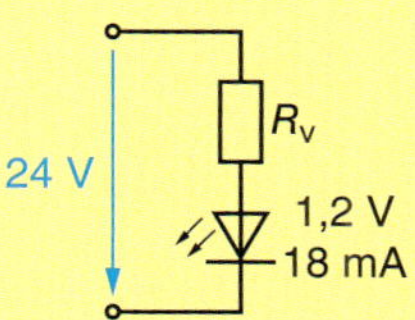

9. Mithilfe eines Elektrizitätszählers soll die Leistung eines elektrischen Verbrauchsmittels bestimmt werden. In 5 Minuten macht die Zählerscheibe 7 Umdrehungen, Zählerkonstante 750 1/kWh.
Bestimmen Sie die Leistung.

10. Warum steigt die elektrische Leistung quadratisch mit der Spannung an?

11. Wie ändert sich die Leistung eines Verbrauchsmittels, wenn die anliegende Spannung um 10 Prozent einbricht?

■ **Spezifische Wärmekapazität**

1 Ws = 1 J

1 W = 1 $\frac{\text{J}}{\text{s}}$

Beachten Sie:

kWs = 10^3 Ws = 1000 Ws

Der Vorsatz k steht für den Zahlenwert 1000.

■ **Aufgabenlösung**

@ Interessante Links

- christiani-berufskolleg.de

■ **Prozentrechnung, Aufgabenlösung**

@ Interessante Links

- christiani-berufskolleg.de

Prüfung

12. Zur Beleuchtung eines Raumes sind 60 Glühlampen zu je 100 W und 40 Glühlampen zu je 40 W eingeschaltet. Bei der Sanierung der Beleuchtungsanlage werden sie durch 26 Leuchtstofflampen zu je 58 W + 7 W des Vorschaltgerätes ersetzt.
Wie groß ist die prozentuale Energieeinsparung?

13. Sie sollen die Leistung einer elektrotechnischen Anlage messtechnisch bestimmen.
Welche Möglichkeiten haben Sie?

14. Eine 450-W-Handbohrmaschine hat eine Leistungsabgabe von 320 W.
Wie groß ist der Wirkungsgrad?

15. Ein Elektromotor gibt an der Welle $P_2 = 11$ kW ab. Der Wirkungsgrad beträgt 86 %.
Welche Leistung P_1 entnimmt der Motor dem Netz?

16. Eine Pumpe fördert in 1 Minute 10 m³ Wasser aus 200 m Tiefe. Der Pumpenwirkungsgrad beträgt 75 %.
Welche Leistung muss der Elektromotor an die Pumpe abgeben?
Wie groß ist der Gesamtwirkungsgrad, wenn der Elektromotor den Wirkungsgrad 90 % hat?

$W = m \cdot g \cdot h$

$g = 9{,}81 \, \frac{\text{m}}{\text{s}^2}$

3.5 Elektrische Leitungen

Wesentliche Aufgabe der elektrischen Leitungen ist die *Übertragung der elektrischen Energie* und der *Aufbau von Stromkreisen*. Leitungen verbinden elektrische Betriebsmittel miteinander.

■ **Leitungslänge, Leiterlänge**
Leiterlänge = 2 · Leitungslänge (Hin- und Rückleiter)

Leiterwiderstand

Leitungen dienen dem Transport elektrischer Ladungen (Elektronen). Sie setzen dem Ladungstransport einen *elektrischen Widerstand* entgegen. Dieser **Leitungswiderstand**

- nimmt mit der **Leiterlänge** l zu.
- nimmt mit dem **Leiterquerschnitt** q ab.
- ist abhängig vom **Leitermaterial** (ρ, γ).

■ **ρ**
Rho, griechischer Kleinbuchstabe

■ **γ**
Gamma, griechischer Kleinbuchstabe

$$R_L = \frac{\rho \cdot l}{q} = \frac{l}{\gamma \cdot q}$$

R_L Leiterwiderstand in Ω
l Leiterlänge in m
q Leiterquerschnitt in mm²
ρ spezifischer Widerstand in $\frac{\Omega \cdot \text{mm}^2}{\text{m}}$
γ spezifische Leitfähigkeit in $\frac{\text{m}}{\Omega \cdot \text{mm}^2}$

■ **spezifisch**
kennzeichnend, eigentümlich

■ **Werte von ρ und γ**

Bei *Kupfer* beträgt der *spezifische Widerstand* $\rho = 0{,}01785 \, \frac{\Omega \cdot \text{mm}^2}{\text{m}}$,
die *spezifische Leitfähigkeit* $\gamma = 56 \, \frac{\text{m}}{\Omega \cdot \text{mm}^2}$.

Eine zweiadrige Kupferleitung mit dem Querschnitt $q = 1{,}5$ mm² hat eine Länge von 50 m.
Wie groß ist der Leitungswiderstand?

Leitungslänge 50 m → **Leiterlänge** 100 m

$$R_L = \frac{l}{\gamma \cdot q} = \frac{100 \text{ m}}{56 \, \frac{\text{m}}{\Omega \cdot \text{mm}^2} \cdot 1{,}5 \text{ mm}^2}$$

$$R_L = 1{,}19 \, \Omega$$

Die Leitung besteht aus einem Hinleiter und einem Rückleiter. Daher ist die doppelte Leitungslänge zu berücksichtigen.

Spannungsfall

Da der Leitungswiderstand R_L nicht null ist, tritt an ihm bei Stromfluss ein Spannungsfall ΔU auf.

$$\Delta U = I \cdot R_L = \frac{I \cdot l}{\gamma \cdot q} = \frac{I \cdot \rho \cdot l}{q}$$

ΔU Spannungsfall in V
I Stromstärke in der Leitung in A
l Leiterlänge in m
q Leiterquerschnitt in mm²
ρ spezifischer Widerstand in $\frac{\Omega \cdot \text{mm}^2}{\text{m}}$
γ spezifische Leitfähigkeit in $\frac{\text{m}}{\Omega \cdot \text{mm}^2}$

Wichtige Kenngrößen des Leiters: Querschnitt, Länge, Material.

Leiterwiderstand: $R_L = \frac{\rho \cdot l}{q} = \frac{l}{\gamma \cdot q}$

Isolation, muss Leitertemperatur standhalten

elektrischer **Leiter**, besteht im Allgemeinen aus Kupfer, massiv, feindrähtig, feinstdrähtig

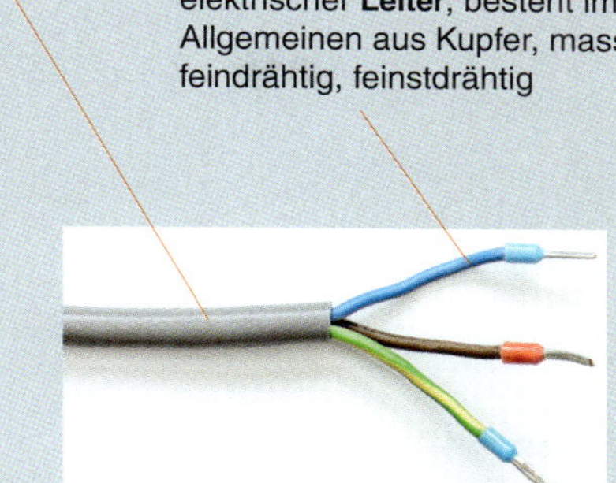

Stromdichte

Die maximal zulässige Stromdichte $J = I/q$ darf nicht überschritten werden. Sonst zu starke Erwärmung der Leitung.

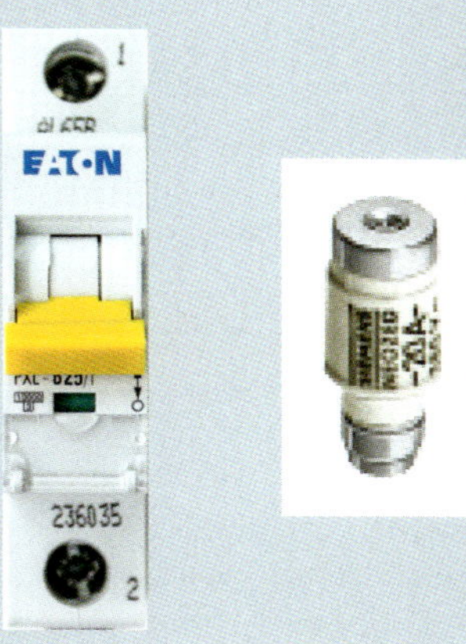

Strombelastbarkeit

Der Leiterstrom darf nur so groß gewählt werden, dass sich die Leitung nicht unzulässig erwärmt.
Einflussgrößen sind neben dem *Leiterquerschnitt* auch *Verlegeart* und *Umgebungstemperatur*.
Eine unzulässig hohe Temperatur der Leitung muss unbedingt vermieden werden.

Leitungsschutz

Wenn die Stromstärke so groß wird, dass die Leitung eine unzulässig hohe Temperatur annehmen könnte, wird der Stromfluss durch **Schmelzsicherungen** oder **Leitungsschutzschalter** abgeschaltet.
Diese **Überstromschutzeinrichtungen** müssen der Strombelastbarkeit entsprechend gewählt werden.

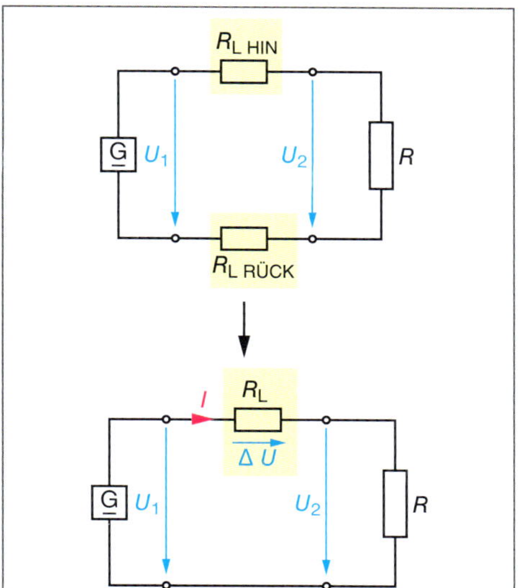

Bild 36 *Spannungsfall auf Leitungen*

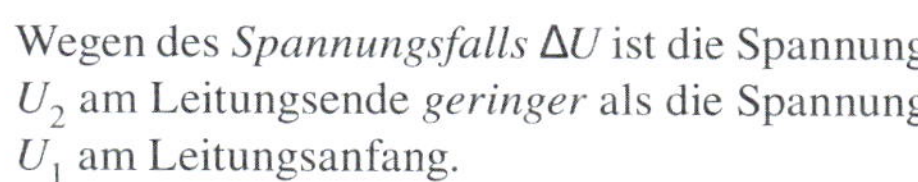

Wegen des *Spannungsfalls* ΔU ist die Spannung U_2 am Leitungsende *geringer* als die Spannung U_1 am Leitungsanfang.

$U_2 = U_1 - \Delta U$

Häufig wird der **Spannungsfall in Prozent** angegeben.

- Bemessungsspannung 230 V
- Spannungsfall ΔU = 5,75 V
- Prozentualer Spannungsfall p_U = 2,5 %
  5,75 V ist 2,5 % von 230 V

■ **Leitungen**

Ausführungsformen und Normung, harmonisierte Leitungen.

Stromdichte
current density

Strombelastbarkeit
current-carrying capacity

Sicherung
fuse

Leitungsschutzschalter
circuit breaker, automatic cut out

Leiter
conductor, core

■ **Überstromschutzeinrichtungen**

■ **Spannungsfall**

am Leiterwiderstand:

$\Delta U = I \cdot R_L$

@ Interessante Links

Leitungen
- phoenixcontact.com
- sab-kabel.de
- elspro.de
- helukabel.de

Leitung
line, wire, cable

Leitungswiderstand
line resistance

Länge
lenght

Querschnitt
cross section

Verlustleistung
dissipation power, power loss

Leitungsverlegung
wiring, (line) installation

Stromdichte
current density

z. B.

Eine 100 m lange Kupferleitung mit dem Querschnitt 2,5 mm² wird mit dem Strom 17,5 A belastet. Die Bemessungsspannung beträgt 230 V.

Wie groß ist der auftretende Spannungsfall?

Leiterlänge = 2 · 100 m = 200 m

Kupfer: $\gamma = 56 \frac{\mathrm{m}}{\Omega \cdot \mathrm{mm}^2}$

$$\Delta U = \frac{I \cdot l}{\gamma \cdot q}$$

$$\Delta U = \frac{17{,}5\ \mathrm{A} \cdot 200\ \mathrm{m}}{56 \frac{\mathrm{m}}{\Omega \cdot \mathrm{mm}^2} \cdot 2{,}5\ \mathrm{mm}^2} = 25\ \mathrm{V}$$

Prozentualer Spannungsfall:
25 V von 230 V
Am Leitungsende könnte noch eine Spannung von 205 V gemessen werden.

$$p_\mathrm{U} = \frac{\Delta U}{U_\mathrm{N}} \cdot 100\ \% = \frac{25\ \mathrm{V}}{230\ \mathrm{V}} \cdot 100\ \% = 10{,}9\ \%$$

Der Spannungsfall ist zu hoch (> 3 %).

Leistungsverlust

Am Leitungswiderstand tritt der Spannungsfall ΔU auf. Er wird vom Strom I durchflossen. Im Leitungswiderstand wird **Verlustleistung** P_V umgesetzt.

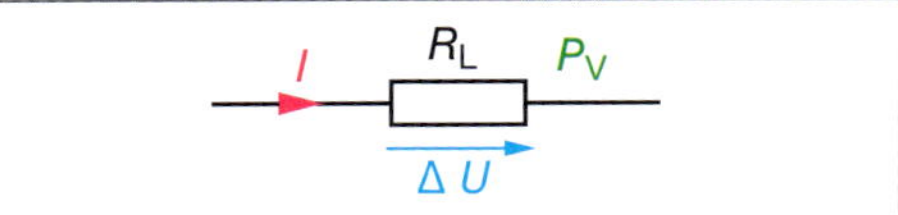

Bild 37 *Leistungsverlust*

Dieser Leistungsverlust führt zur *Erwärmung* der Leitung. Hier liegt das eigentliche Problem.

Eine zu hohe Leitungstemperatur wird auf Dauer zu *Isolationsschäden* führen. Dies bedeutet Brandgefahr.

Die Begrenzung des Spannungsfalls (z. B. auf 3 %) hat ihre Ursache auch in der Begrenzung des Leistungsverlustes.

Spannungsfall ΔU = 25 V;
Stromstärke 17,5 A, siehe oben.
Welcher Leistungsverlust tritt auf?

$P_\mathrm{V} = I \cdot \Delta U$

$P_\mathrm{V} = 17{,}5\ \mathrm{A} \cdot 25\ \mathrm{V} = 437{,}5\ \mathrm{W}$

Da der Spannungsfall unzulässig hoch ist, gilt das auch für den Leistungsverlust. In der Leitung würden 437,5 W in Wärme umgewandelt.

Leistungsverlust

$$P_\mathrm{V} = I \cdot \Delta U$$

$$P_\mathrm{V} = I \cdot I \cdot \frac{l}{\gamma \cdot q}$$

$$P_\mathrm{V} = I^2 \cdot \frac{l}{\gamma \cdot q} = I^2 \cdot \frac{\rho \cdot l}{q}$$

P_V Leistungsverlust in W
I Stromstärke in der Leitung in A
ΔU Spannungsfall in V
l Leiterlänge in m
q Leiterquerschnitt in mm²
γ spezifische Leitfähigkeit in $\frac{\mathrm{m}}{\Omega \cdot \mathrm{mm}^2}$
ρ spezifischer Widerstand in $\Omega \cdot \mathrm{mm}^2/\mathrm{m}$

Stromdichte

Verbrauchsmittel benötigen eine bestimmte *Stromstärke*, die ihnen über *Leitungen* zugeführt wird.

Elektrischer Strom bedeutet: Bewegung von Ladungsträgern. Die *Anzahl* der bewegten Ladungsträger nimmt mit der Stromstärke zu.

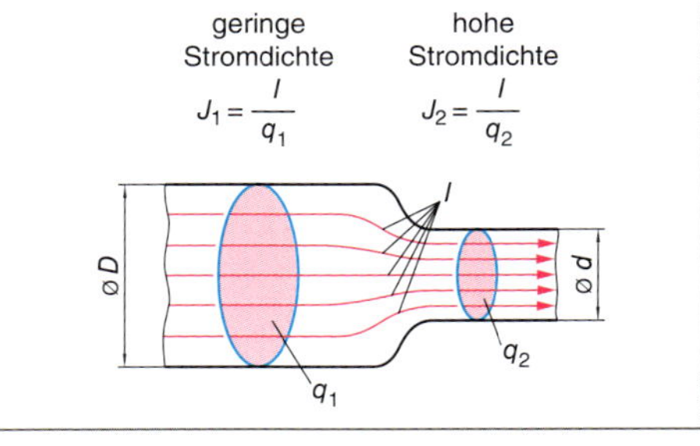

Bild 38 *Stromdichte*

Mit *zunehmender* Stromdichte nimmt die *Bewegungsgeschwindigkeit* der Ladungsträger im Leiter zu. Dies führt zu einer stärkeren *Erwärmung* des Leiters. **Höchstzulässige Stromdichten** dürfen *nicht überschritten* werden.

■ **Vorsicht!**

Beachten Sie den Unterschied zwischen Leitungslänge und Leiterlänge.

Leiterlänge = 2 · Leitungslänge

Stromdichte

$$J = \frac{I}{q}$$

J Stromdichte in A/mm²
I Stromstärke in A
q Leiterquerschnitt in mm²

Strombelastbarkeit

Die **Strombelastbarkeit** von Leitungen ist im Wesentlichen abhängig

- vom Leitungsquerschnitt
- vom Leiterwerkstoff
- von der Möglichkeit der Leitung, Wärme an die Umgebung abzugeben

Bei kleineren Leiterquerschnitten ist die **zulässige Stromdichte** *höher* als bei größeren Querschnitten. Dünne Leiter können besser abkühlen als dickere.

Eine *Verdopplung* des Leitungsdurchmessers führt zwar zu einer *Verdopplung* der *Leiteroberfläche*. Das *Leitervolumen vervierfacht* sich dann aber.

Strombelastbarkeit ermitteln

Eine Leitung mit zwei belasteten Adern, Querschnitt 1,5 mm², wird mit zwei gleichartigen Leitungen gemeinsam im Elektro-Installationsrohr verlegt. Die Umgebungstemperatur beträgt 40 °C.

Bild 39 *Leitungsverlegung*

Querschnitt $q = 1{,}5\ \text{mm}^2$; 2 belastete (stromführende) Adern; Elektro-Installationsrohr → Verlegeart B2.

Strombelastbarkeit 16,5 A bei 25 °C Umgebungstemperatur und *einer* Leitung im Rohr.

- Strombelastbarkeit: $I_Z = 16{,}5$ A

Da *mehrere* Leitungen im Rohr verlegt sind, ist der **Umrechnungsfaktor für Häufung** zu berücksichtigen.

- Umrechnungsfaktor für Häufung (3 Leitungen): $k_1 = 0{,}7$

Die *Umgebungstemperatur* ist höher als 25 °C. Dies wird durch den **Umrechnungsfaktor für die Umgebungstemperatur** berücksichtigt.

- Umrechnungsfaktor für Umgebungstemperatur (40 °C): $k_2 = 0{,}82$.

Zusammengefasst:

- Strombelastbarkeit B2, eine Leitung, 2 belastete Adern, 25 °C → $I_Z = 16{,}5$ A
- Häufung → $k_1 = 0{,}7$
- Umgebungstemperatur → $k_2 = 0{,}82$

Tatsächliche Strombelastbarkeit der Leitung:

$I_Z' = k_1 \cdot k_2 \cdot I_Z = 0{,}7 \cdot 0{,}82 \cdot 16{,}5\ \text{A} = \mathbf{9{,}5\ A}$

Durch Häufung und höhere Umgebungstemperatur wurde die Strombelastbarkeit der Leitung deutlich verringert (von 16,5 A auf 9,5 A).

Zum Verständnis: Wenn die Leitung *dauerhaft* mit einer Stromstärke belastet wird, die 9,5 A *nicht überschreitet*, wird sie sich *nicht unzulässig erwärmen*. Ihre Isolation wird nicht geschädigt. Es entsteht keine Brandgefahr.

Die zulässige Strombelastbarkeit der Leitung darf nicht überschritten werden.

Überstromschutzorgane

Eine *Überschreitung* der Strombelastbarkeit ist *nicht* zulässig.

Wenn die Leitung dennoch überlastet wird (unzulässig hohe Stromstärke), dann muss dieser Stromkreis *unterbrochen* werden. Die Verbrauchsmittel, die diese *Überlastung* bewirken, werden *abgeschaltet*.

Die Leitung führt dann keinen Strom mehr.

Überstromschutzorgane schützen vor *Überlastung* und *Kurzschluss*. In diesen Fällen unterbrechen sie den Stromkreis *selbsttätig*.

Überlastschutz
Schutz vor Überlastung (zu große Stromstärke) in fehlerfreien Stromkreisen.

Kurzschlussschutz
Schutz vor Kurzschlussströmen, die durch eine nahezu widerstandslose Verbindung zwischen spannungsführenden Punkten hervorgerufen werden.

Überstromschutzorgane sind *Schmelzsicherungen* und *Leitungsschutzschalter*.

■ **Strombelastbarkeit von Leitungen**

Überlast
overload

Überlastschutz
overload protection, overload protector

Überstromschutz
overcurrent protection

■ **Verringerung der Strombelastbarkeit**

Bei Verringerung der Strombelastbarkeit ist ein Überstromschutzorgan zu installieren.

- **Kennmelder, Passring, Passschraube**

Farben von Kennmeldern, Passringen und Passschrauben.

- **Schmelzeinsätze niemals „flicken“ oder überbrücken!**

@ Interessante Links

Schmelzsicherungen
- siemens.de
- eska-fuses.de

Strombelastbarkeit
current-carrying capacity, ampacity

Leitungsschutz
line protection

Leitungsschutzsicherungen
fuses

Schmelzeinsatz
fuse link

Haltedraht
suspended wire

Schmelzdraht
fusing conductor

Berührungsschutz
protection against contact

Auslösezeit
tripping time

Kurzschlussstrom
short circuit current

Sicherungssockel
Zur Hutschienenbefestigung, Fußkontaktanschluss und Schraubkontaktanschluss.

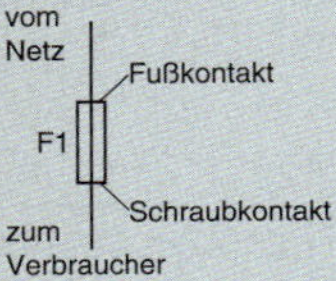

Fußkontakt: Netzzuleitung
Schraubkontakt: Verbraucherleitung

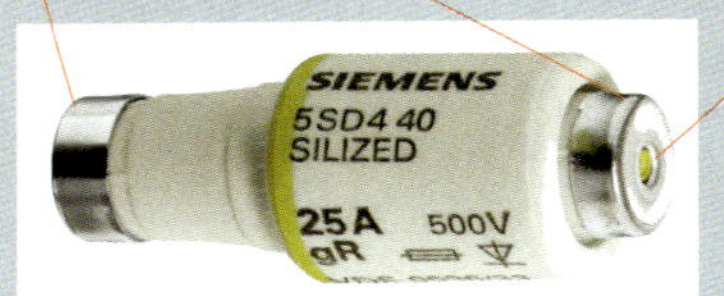

Schmelzeinsatz
Mit Quarzsand gefüllter Zylinderkörper. Schmelzleiter verbinden Fuß- und Schraubkontakt.
Bei Erreichen des Abschaltstromes schmelzen Schmelzdraht und Haltedraht des Kennmelders. Eine Feder wirft den Kennmelder ab.

Die Farbe des Kennmelders verdeutlicht den Bemessungsstrom des Schmelzeinsatzes.
Zum Beispiel: grün: 6 A, rot: 10 A, grau: 16 A.

Berührungsschutz
Gewährleistet Fingersicherheit; spannungsführende Teile können dann nicht unbeabsichtigt berührt werden.

Passring, Passschraube
Verhindert, dass Schmelzeinsätze zu hoher Bemessungsstromstärke eingesetzt werden können.
Kennfarben verdeutlichen den max. Bemessungsstrom.

Schraubkappe
Nimmt den Schmelzeinsatz auf und wird in den Sicherungssockel eingeschraubt.
Ermöglicht einen Blick auf den Kennmelder und die Einführung einer Messspitze (Spannungsmessung).

Das Überstromschutzorgan ist die „Sollbruchstelle“ im Stromkreis.
Unzulässig hohe Ströme werden abgeschaltet, bevor Schäden hervorgerufen werden.

Auslösezeit

Die **Auslösezeit** der *Schmelzsicherung* (Schmelzen des Schmelzleiters) hängt von der Höhe der Stromstärke ab, die den Schmelzleiter durchfließt.

Ein höherer Strom bewirkt eine schnellere Auslösung.

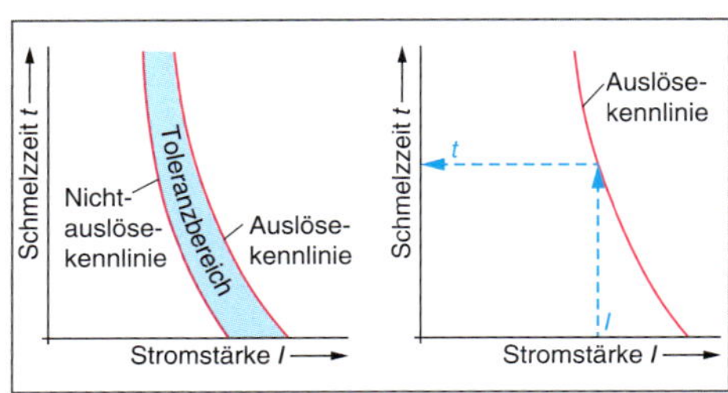

Bild 40 *Auslösezeit von Schmelzsicherungen*

Die Hersteller geben **Strom-Zeit-Kennlinien** an. Interessant ist die **Auslösekennlinie**.

Dann dauert die Auslösung am *längsten* → Projektierung für den *ungünstigsten* Fall.

Ist der *Strom* bei Überlast bzw. Kurzschluss bekannt, kann die zugehörige *Auslösezeit* (Schmelzzeit) der *Kennlinie* entnommen werden.

Projektierungsbeispiel
Es fließt ein Kurzschlussstrom von $I_K = 100$ A. Nach welcher Zeit löst die 16-A-Schmelzsicherung aus?

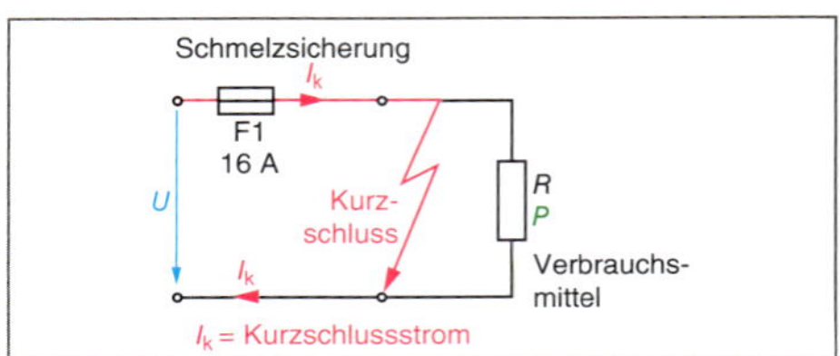

Bild 41 *Auslösung bei Kurzschluss*

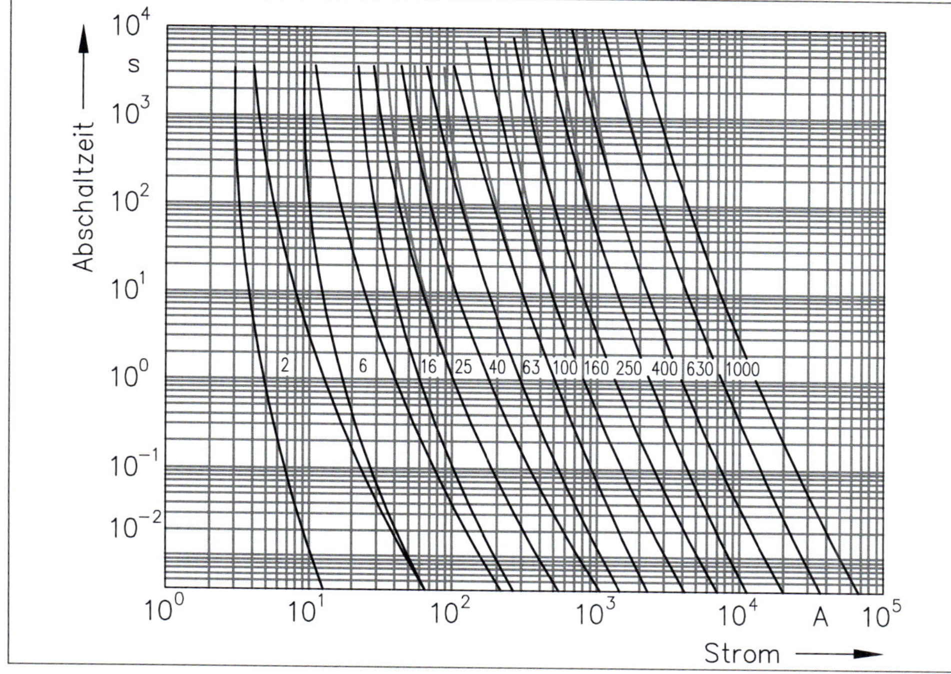

Bild 42 *Strom-Zeit-Kennlinien von Schmelzsicherungen (GL)*

■ **Strom-Zeit-Kennlinie**

Kennlinien Bild 42:
16-A-Schmelzsicherung, rechte Kennlinie (Auslösekennlinie): $I_K = 100\ A = 10^2\ A \rightarrow$ Ausschaltzeit $t = 10^0\ s = 1\ s$.

Ein Strom von 100 A muss die 16-A-Schmelzsicherung spätestens nach 1 s zum Ansprechen bringen.

Für die Bemessungsstromstärke der Schmelzsicherung ist ein „Band" angegeben, das aus *zwei* Kennlinien gebildet wird (Bild 42). Es wird immer die *rechte* Kennlinie (Auslösekennlinie) verwendet.

Betriebsklassen

- Buchstabe 1: Funktionsklasse

g Ganzbereichssicherungen:
Ströme können bis zum Bemessungsstrom I_n *dauernd* geführt werden und vom kleinsten Schmelzstrom bis zum Bemessungs-Ausschaltstrom ausgeschaltet werden.

a Teilbereichssicherungen:
Ströme können bis zum Bemessungsstrom I_n *dauernd* geführt werden und oberhalb eines bestimmten Vielfachen von I_n bis zum Bemessungs-Ausschaltstrom ausgeschaltet werden.

Schmelzsicherung
fuse, fuse cut-out, blow-out fuse

Ganzbereichssicherung
full-range fuse

Teilbereichssicherung
subdomain protection

Betriebsklasse
utilisation categories

Niederspannungs-sicherungen
low-voltage protection systems

Niederspannungs-Hochleistungs-Sicherung
low-tension high-power protection system

Geräteschutz-Sicherungen
instrument fuses

Niederspannungssicherungen		
Bezeichnung	**Bereiche**	**Ausführung**
D-System Diazed-Sicherungssystem	AC und DC bis 100 A und 500 V	
DO-System Neozed-Sicherungssystem	AC bis 100 A und 400 V DC bis 100 A und 250 V	
NH-Sicherungssystem	AC bis 1250 A und 500 V bzw. 690 V DC bis 1250 A und 440 V	

■ **Niederspannungs-sicherungen**

Strombelastbarkeit von Leitungen

z.B.

Ein 5-kW-Verbraucher soll an 230 V angeschlossen werden.

Welchen Leitungsquerschnitt wählen Sie?
Wählen Sie die geeignete Schmelzsicherung aus.

230 V, F_1, q, P 5 kW

Zunächst wird die Stromstärke in der Leitung berechnet.	$P = U \cdot I \rightarrow I = \frac{P}{U}$ $I = \frac{5000\ \text{W}}{230\ \text{V}} = 21{,}7\ \text{A}$
Die Leitung hat zwei belastete Adern. Im Tabellenbuch finden Sie unter „Strombelastbarkeit von Leitungen“ die nebenstehende Angabe.	Querschnitt 2,5 mm^2 Strombelastbarkeit 24 A
Nun ergibt sich ein Problem bei der Absicherung. $I_n > I_Z$; Leitung kann überlastet werden.	Sicherung $I_n = 25$ A (gelb) nicht zulässig. Der Bemessungsstrom der Sicherung wäre höher als die Strombelastbarkeit der Leitung. **Der Bemessungsstrom des Überstrom-Schutzorgans muss kleiner oder höchstens gleich der Strombelastbarkeit der Leitung sein. $I_n \leq I_Z$**
Andererseits kann auch nicht mit $I_n = 20$ A (blau) abgesichert werden, da der Strom des Verbrauchsmittels mit 21,7 A größer ist. Die Sicherung würde im Überlastbereich gefahren und abschalten.	Sicherung $I_n = 20$ A (blau) nicht möglich. Der Bemessungsstrom der Sicherung wäre kleiner als die Stromstärke in der Leitung. Das Verbrauchsmittel fordert nämlich „seine“ Stromstärke. Der angenommene Leitungsquerschnitt $q = 2{,}5$ mm^2 führt zu keinem befriedigenden Ergebnis, da eine technisch sinnvolle Absicherung nicht möglich ist.
Überlegung: Leiterquerschnitt $q = 4$ mm^2 wählen.	Querschnitt 4 mm^2 Strombelastbarkeit 32 A
Die Strombelastbarkeit der Leitung beträgt $I_Z = 32$ A, der Verbraucherstrom 21,7 A. Eine Absicherung mit $I_n = 25$ A ist dann möglich und sinnvoll.	Verbraucherstrom in der Leitung: $I = 21{,}7$ A *Folgerungen:* • Strombelastbarkeit I_Z ist größer als I_n der Sicherung (32 A > 25 A). • I_n der Sicherung ist größer als der Belastungsstrom I (25 A > 21,7 A).
Dimensionierung:	$q = 4$ mm^2, $I_n = 25$ A (gelb)

Geräteschutzsicherungen

werden auch Feinsicherungen genannt.

Sie schützen Geräte vor zu hohen Strömen.

• Buchstabe 2: Schutzobjekt

G allgemeine Anwendung
L Kabel und Leitungen
M Schaltgeräte
R Halbleiter
B Bergbau
Tr Transformatoren

Geräteschutzsicherungen (Feinsicherungen)

Auslöseverhalten		Schaltvermögen		Strombereiche I_n in A	Maße in mm
FF	superflink	H	groß, 1500 A (AC)	0,05 bis 6,3 (F)	5 · 20
F	flink	L	klein, 10 · I_n, mind. 35 A (AC)	1,6 bis 6,3 (T)	5 · 20
M	mittelträge	E	erhöht, 150 A (AC)	0,05 bis 2 (F)	6,6 · 20
T	träge				
TT	superträge				

Leitungsschutzschalter

Bimetallauslöser
Verzögerte Auslösung bei Überlastung (thermisch wirkend).

Elektromagnetischer Auslöser
Schaltet bei Kurzschluss unverzögert ab.

Elektromagnetischer Auslöser und Bimetallauslöser sind in Reihe geschaltet. Kurzschluss oder Überlastung führen zu Auslösung.

Lichtbogenlöschkammer
Ein Lichtbogen beim Abschalten wird in Teillichtbögen aufgeteilt und ausgeblasen durch chemische Substanz der Kammer.

Freiauslösung
Verhindert das Wiedereinschalten, solange die Ursache des Abschaltens nicht beseitigt ist.

Schaltwerk mit Kraftspeicher
Der Stromkreis muss sehr schnell unterbrochen werden. Sonst Gefahr einer Lichtbogenbildung.

Schaltvermögen
Deutsche Energieversorger fordern mindestens ein Ausschaltvermögen von 6000 A.

Die **Leitungsschutzschalter** (LS-Schalter) zählen zu den Überstrom-Schutzeinrichtungen. Ihre wesentlichen **Vorteile** sind:

- schnelles Ansprechen bei Kurzschluss
- nach Ansprechen erneut einsetzbar (keine Austauschteile)
- ein unzulässiges „Flicken" (wie bei Schmelzsicherungen) ist nicht möglich
- dürfen auch als Schalter verwendet werden

Beschriftung eines Leitungsschutzschalters

Leitungsschutzschalter werden *einpolig* oder *dreipolig* angeboten. Wenn der dreipolige Kurzschlussstrom größer als das Bemessungs-Ausschaltvermögen des LS-Schalters ist, müssen Sicherungen vorgeschaltet werden (Back-up-Schutz).

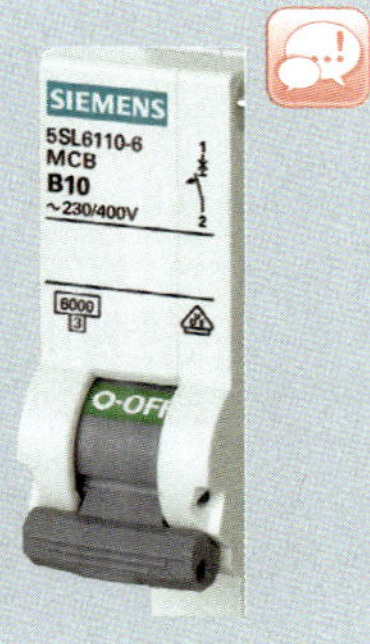

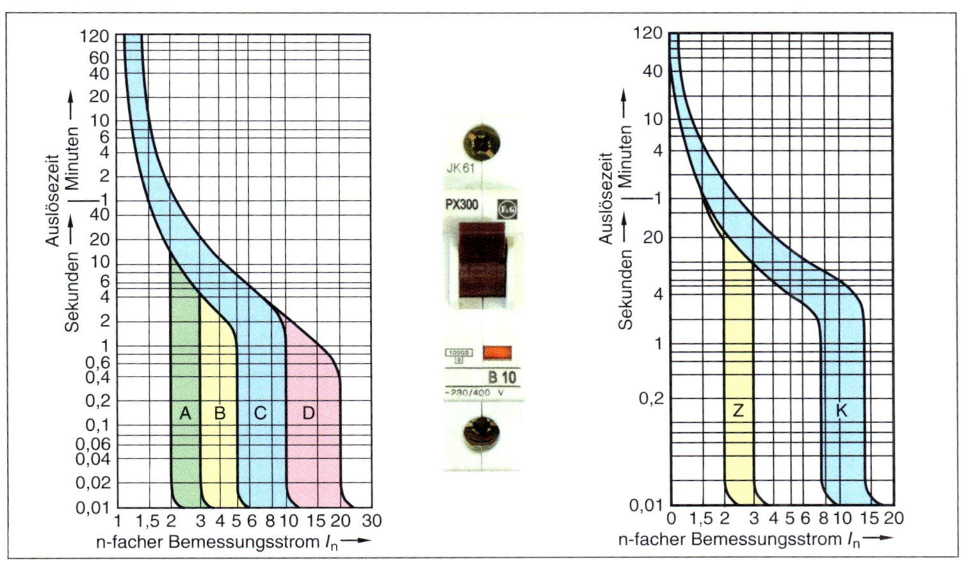

Bild 43 *Auslösecharakteristik von Leitungsschutzschaltern (LS-Schaltern)*

■ **Leitungsschutzschalter**

■ **Schaltvermögen**

10000

Hier: 10000 A

Die Angabe der Strombegrenzungsklasse (3) entfällt zunehmend, da VDE die Klasse 3 zwingend vorschreibt.

■ **Auslösecharakteristik** beschreibt das Verhalten von LS-Schaltern bei Kurzschlussströmen.

Das Verhalten bei Überlast ist bei allen Leitungsschutzschaltern gleich.

Typ B
Schnellauslösung zwischen $3 \cdot I_N$ und $5 \cdot I_N$.

Typ C
Schnellauslösung zwischen $5 \cdot I_N$ und $10 \cdot I_N$.

Typ D
Schnellauslösung zwischen $10 \cdot I_N$ und $20 \cdot I_N$.

Auch herstellerabhängige Auslösecharakteristiken sind möglich.

…ngsschutzschalter
…t breaker, automatic cut-out

Bimetallauslöser
bimetallic release

Kurzschlussauslöser
short-circuit release

Schaltvermögen
switching capability, breaking capacity

Freiauslösung
trip-free circuit

D-Charakteristik
→ 177

Schalthäufigkeit
bis zu 4000-mal

Temperaturbereich
von LS-Schaltern:

– 5 °C bis + 40 °C

In diesem Bereich darf sich die Auslösekennlinie nicht verändern.

Gleichstromanwendungen von LS-Schaltern
Für 50 V/Pol bis 60 V/Pol an DC einsetzbar.

Typ B
$> 4 \cdot I_N$ bis $7 \cdot I_N$

Typ C
$> 7 \cdot I_N$ bis $15 \cdot I_N$

Gleichstromgeeignete LS-Schalter sind für Zeitkonstanten von 4 ms bis 15 ms geeignet.

Aufgabenlösung

@ Interessante Links
- christiani-berufskolleg.de

Leitungsschutzschalter
- moeller.net
- siemens.de
- doepke.de

Auslösecharakteristik

Auslösecharakteristik (Buchstabe)	Auslösung		Bemessungsstrom I_n	Anwendung
	unverzögert	verzögert		
Z	$2 - 3 \cdot I_n$	$1{,}05 - 1{,}2 \cdot I_n$	0,5 – 63 A	Steuerstromkreise, Messstromkreise, Halbleiter
B	$3 - 5 \cdot I_n$	$1{,}13 - 1{,}45 \cdot I_n$	6 – 40 A	Beleuchtungsstromkreise
C	$5 - 10 \cdot I_n$	$1{,}13 - 1{,}45 \cdot I_n$	6 – 40 A	Hausinstallation und bei Stromspitzen
K	$8 - 14 \cdot I_n$	$1{,}05 - 1{,}2 \cdot I_n$	0,2 – 63 A	Motorstromkreise, Transformatoren

LS-Schalter können in *Lichtstromkreisen*, *Steckdosenstromkreisen* und *Motorstromkreisen* eingesetzt werden. Sie haben ganz unterschiedliche Verwendungszwecke.

Diesem Zweck entsprechend, werden LS-Schalter mit unterschiedlichem *Abschaltverhalten* eingesetzt. Man nennt dies **Auslösecharakteristik** und beschreibt das Verhalten durch *Buchstaben*.

Back-up-Schutz

Damit die Leitungsschutzschalter nicht durch *hohe Kurzschlussströme beschädigt* werden, sind Überstrom-Schutzeinrichtungen mit einem Bemessungsstrom von maximal 100 A *vorzuschalten* (mindestens Schmelzsicherung der Betriebsklasse gG).

Selektivität

Überstrom-Schutzeinrichtungen werden am *Anfang* jedes Stromkreises eingebaut. Außerdem immer dann, wenn sich die **Strombelastbarkeit** verringert. Zum Beispiel durch Verringerung des Leitungsquerschnittes.

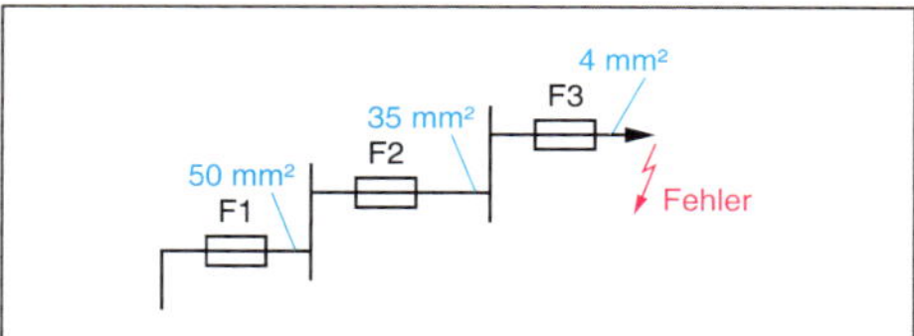

***Bild 44** Selektivität*

Im Fehlerfall soll *nur* das Überstrom-Schutzorgan ansprechen, das dem Fehler *unmittelbar* vorgeschaltet ist.

In Bild 44 ist dies F3. F1 und F2 sollen *nicht* ansprechen.

Selektivität heißt, die Bemessungsströme der Überstrom-Schutzorgane so abzustufen, dass nur das dem Fehler unmittelbar vorgeschaltete Schutzorgan anspricht.

Bei *Schmelzsicherungen* müssen sich die Bemessungsströme mindestens um den **Faktor 1,6** unterscheiden.

LS-Schalter würden wegen der elektromagnetischen Schnellauslösung nahezu *unverzögert* ansprechen.

Prüfung

1. Ein Leitungsroller (230 V) trägt eine 50 m lange Gummischlauchleitung mit dem Querschnitt 1,5 mm² (Cu).
Berechnen Sie den Leitungswiderstand.

2. Ein 4-Ω-Widerstand soll aus Konstantandraht (d = 0,25 mm) gewickelt werden.
Welche Drahtlänge ist notwendig?

3. Um wie viel Prozent ist der Leitungswiderstand einer 100 m langen Aluminiumleitung größer als einer gleich langen Kupferleitung gleichen Querschnitts?

4. Leitungsroller: 50 m; 1,5 mm², belastet mit 16 A, Spannung am Leitungsanfang 232 V.
Wie groß ist die Spannung an den Steckdosen des Leitungsrollers?
Welcher Leistungsverlust tritt in der Leitung auf?

5. Was bedeutet die Angabe 3,7 A/mm²?

6. Was bedeutet Strombelastbarkeit?

Prüfung

7. Welche Folgerungen können Sie aus den Tabellenangaben ziehen?

Querschnitt in mm²	Stromdichte in A/mm²	Strombelastbarkeit in A
1,5	17,5	11,7
2,5	24	9,9

8. Eine dreiadrige Zuleitung wird mit 10 A belastet. Sie ist teilweise in Rohr und teilweise unterhalb der Decke in Dämmmaterial verlegt. Der Querschnitt beträgt 1,5 mm².
Wie groß ist die Strombelastbarkeit der Leitung?

9. Wie ändert sich die Strombelastbarkeit nach Aufgabe 8, wenn die Umgebungstemperatur mit 40 °C angenommen wird? Begründen Sie die Lösung.

10. Mit welcher Bemessungsstromstärke darf die Leitung nach Aufgabe 8 maximal abgesichert werden?

11. Strom-Zeit-Kennlinien von Schmelzsicherungen: Schmelzsicherung, Kennfarbe grau.
Bestimmen Sie die Auslösezeit bei 50 A, 100 A, 150 A und 200 A.

12. Eine Schmelzsicherung trägt folgende Aufschrift: 63 A, 500 V, gG.
Was bedeutet das?

13. Beschreiben Sie Aufbau und Wirkungsweise eines Leitungsschutzschalters.

14. Welche Vorteile hat ein Leitungsschutzschalter gegenüber Schmelzsicherungen?

15. Ein LS-Schalter trägt unter anderem folgende Aufschrift: B16 10000.
Was bedeutet das?

16. Worin besteht der wesentliche Unterschied eines LS-Schalters B16 und C16?

17. In einem Stromkreis, der mit einem LS-Schalter B16 abgesichert ist, fließt ein Strom von 24 A.
Nach welcher Zeit spricht der LS-Schalter an?

18. Welcher Strom muss fließen, damit der LS-Schalter B16 innerhalb von 200 ms anspricht?

19. Welche Bedeutung hat die Selektivität bei Überstrom-Schutzorganen?

■ **Aufgabenlösung**

@ Interessante Links

• christiani-berufskolleg.de

Selektivität
selectivity, overcurrent discrimination

Strombelastbarkeit
current-carrying capacity

Schalthäufigkeit
switching frequency, switching rate

3.6 Spannungsversorgung

Steuerstromkreis → 19: Leistung eines Schützes 3 W, Leistung einer Meldelampe 2 W, Spannung 24 V DC.

Wenn einer der Bandantriebsmotoren eingeschaltet ist, wird die Spannungsversorgung des Steuerstromkreises mit 5 W bzw. 208,3 mA belastet.

24 V: 3 W + 2 W = 5 W

125 mA + 83,3 mA = 208,3 mA

Alle drei Bänder eingeschaltet: Drei Schütze und die zugehörigen Meldelampen belasten die Spannungsquelle. Die Belastung verdreifacht sich.

Gesamtleistung: 15 W, Gesamtstrom: 624,9 mA ≈ 625 mA

Während des Betriebes kann sich die *Belastung von Spannungsversorgungen* ändern. Wechselnde Belastungen sollen nicht zu einer Absenkung der Versorgungsspannung führen.

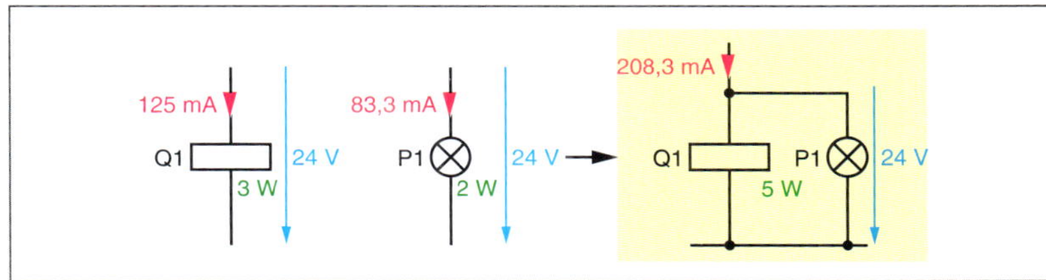

Bild 45 *Belastung der Spannungsversorgung*

■ **Innenwiderstand**
Der Innenwiderstand elektrischer Betriebsmittel ist ein Maß für die auftretenden Verluste.

Spannungsquelle
voltage source, voltage supply

Innenwiderstand
source resistance

Leerlaufspannung
no-load voltage, open-circuit voltage

Verluste
loss(es)

Anpassung
matching, adaption, adjustment

Leistungsanpassung
matching for power transfer

Spannungsanpassung
voltage matching

Stromanpassung
current matching

Leerlaufspannung U_0
Spannung an den Klemmen der Spannungsquelle, wenn kein Belastungswiderstand angeschlossen ist.

Klemmenspannung U_K
Spannung zwischen den zugänglichen Anschlussklemmen einer Spannungsquelle. Ohne Belastung ist $U_K = U_0$. Bei Belastung nimmt die Klemmenspannung ab ($U_K < U_0$).

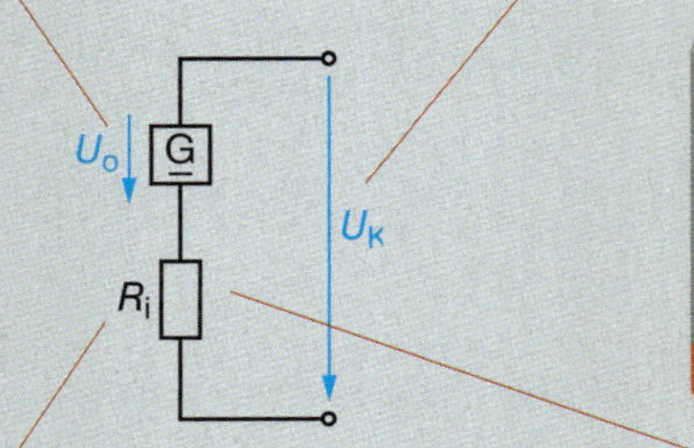

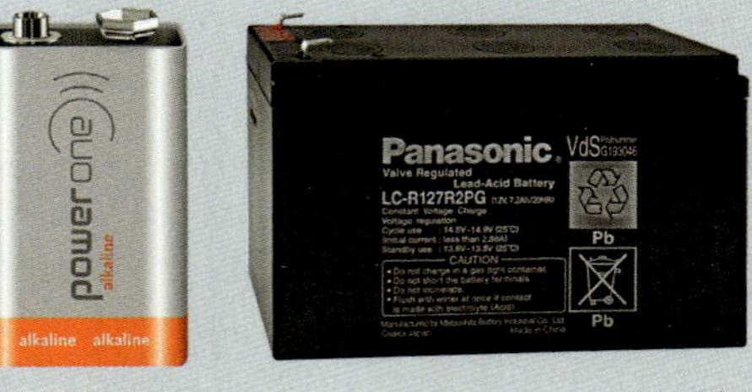

Ein hoher Innenwiderstand R_i bedeutet hohe Verluste.

Innenwiderstand R_i
Spannungsquellen haben einen Innenwiderstand. Er ist der Grund dafür, dass die Klemmenspannung bei Belastung abnimmt.

Kleiner Innenwiderstand → geringer Spannungseinbruch
Großer Innenwiderstand → starker Spannungseinbruch

Der Innenwiderstand verkörpert die **Verluste** der Spannungsquelle.

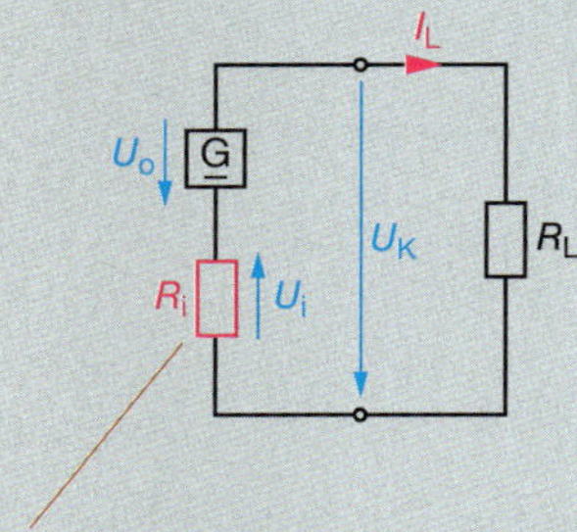

$U_i = I_L \cdot R_i$
Spannungsfall am Innenwiderstand.

$U_0 = U_K + U_i \rightarrow U_K = U_0 - U_i$

$$I_L = \frac{U_0}{R_i + R_L}$$

$U_K = I_L \cdot R_L$

U_0 Leerlaufspannung in V
U_K Klemmenspannung in V
U_i Spannungsfall am Innenwiderstand in V
R_i Innenwiderstand in Ω
R_L Belastungswiderstand in Ω
I_L Laststrom in A

■ **Klemmenspannung**
Ohne Belastung entspricht die Klemmenspannung U_K der Leerlaufspannung U_0.

Bei Belastung verringert sich die Klemmenspannung um den Spannungsfall am Innenwiderstand.

Spannungsversorgungen der elektrischen Energietechnik sollen einen möglichst geringen Innenwiderstand R_i haben.

Eine Belastungsänderung darf nämlich keinen nennenswerten Spannungseinbruch bewirken.

Doch Vorsicht!
Ein geringer Innenwiderstand bewirkt einen hohen Kurzschlussstrom!

$U_K = 24$ V; $R_i = 0{,}1\ \Omega \rightarrow$ Kurzschlussstrom

$$I_K = \frac{U_0}{R_i} = \frac{24\ \text{V}}{0{,}1\ \Omega} = 240\ \text{A!}$$

Anpassungsformen

- **Spannungsanpassung** ($R_L > R_i$)

Bei **Spannungsanpassung** ist der Lastwiderstand *größer* als der Innenwiderstand der Spannungsquelle. Änderungen des Lastwiderstandes haben dann nur geringfügige Klemmenspannungsänderungen zur Folge.

Bei Spannungsanpassung ist die Klemmenspannung nahezu *lastunabhängig*. Energieverteilungsnetze werden z. B. so betrieben.

- **Leistungsanpassung** ($R_L = R_i$)

Bei **Leistungsanpassung** ist der Innenwiderstand der Spannungsquelle *so groß* wie der Lastwiderstand. Im Lastwiderstand wird dann die **maximale Leistung** P_{max} umgesetzt.

Belastung der Spannungsquelle mit drei Schützen: $P = 15\ \text{W}$, $I_g = 624{,}9\ \text{mA}$, $U = 24\ \text{V}$.

Der Belastungswiderstand R_L beträgt dann $R_L = \dfrac{U}{I_g} = \dfrac{24\ \text{V}}{624{,}9\ \text{mA}} = 38{,}4\ \Omega$.

Annahme: $R_i = 10\ \Omega$

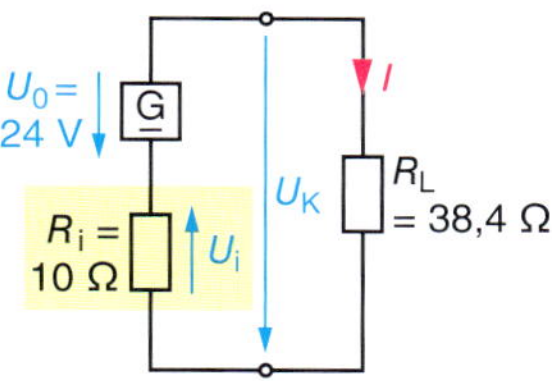

Stromstärke:

$$I = \frac{U_0}{R_i + R_L} = \frac{24\ \text{V}}{10\ \Omega + 38{,}4\ \Omega} = 496\ \text{mA}$$

Spannungsfall an R_i:

$U_i = I \cdot R_i = 0{,}496\ \text{A} \cdot 10\ \Omega = 4{,}96\ \text{V}$

Klemmenspannung:

$U_K = U_0 - U_i = 24\ \text{V} - 4{,}96\ \text{V} = 19{,}04\ \text{V}$

R_i groß $\rightarrow$ U_i groß $\rightarrow$ U_K bricht stark ein! Von 24 V auf 19,04 V.

Annahme: $R_i = 0{,}1\ \Omega$

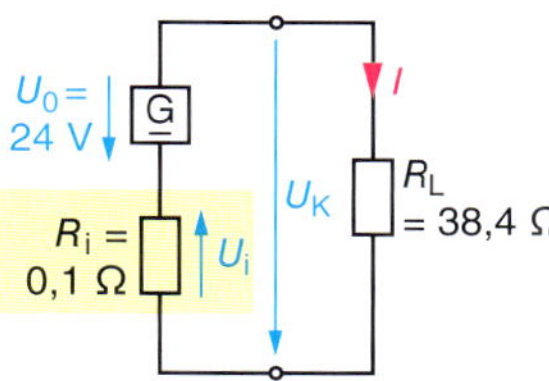

Stromstärke:

$$I = \frac{U_0}{R_i + R_L} = \frac{24\ \text{V}}{0{,}1\ \Omega + 38{,}4\ \Omega} = 623{,}4\ \text{mA}$$

Spannungsfall an R_i:

$U_i = I \cdot R_i = 623{,}4\ \text{mA} \cdot 0{,}1\ \Omega = 62{,}34\ \text{mV}$

Klemmenspannung:

$U_K = U_0 - U_1 = 24\ \text{V} - 0{,}06234\ \text{V} = 23{,}397\ \text{V}$

R_i klein $\rightarrow$ U_i klein $\rightarrow$ U_K bleibt nahezu gleich.

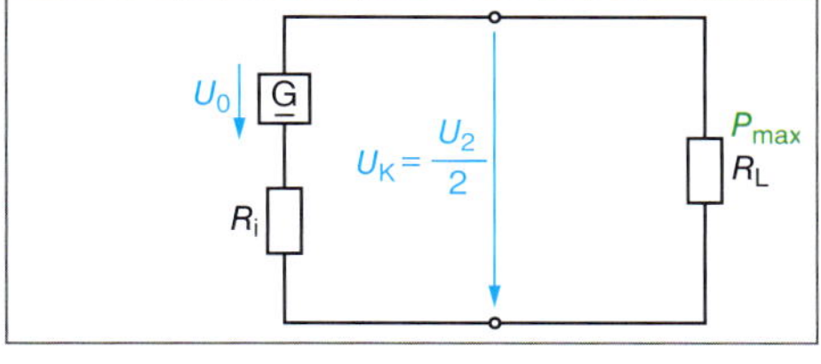

Bild 46 Leistungsanpassung

Wenn $R_L = R_i$, dann ist $U_K = \dfrac{U_0}{2}$.

Die Leerlaufspannung teilt sich hälftig auf R_i und R_L auf. Im Lastwiderstand R_L wird dann die Leistung umgesetzt:

$$P_{max} = \frac{U_K^2}{R_L} = \frac{\left(\frac{U_0}{2}\right)^2}{R_L} = \frac{U_0^2}{4 \cdot R_L}$$

Mit $R_i = R_L$:

$$P_{max} = \frac{U_0^2}{4 \cdot R_i}$$

Die gleiche Leistung wird auch im Innenwiderstand umgesetzt.

Der **Wirkungsgrad** der Leistungsanpassung beträgt nur 50 %. Die im *Innenwiderstand* umgesetzte Leistung kann nämlich als *Verlust* angesehen werden.

- **Stromanpassung** ($R_L < R_i$)

Bei **Stromanpassung** ist der Lastwiderstand *kleiner* als der Innenwiderstand der Spannungsquelle.

Je geringer R_L in Bezug auf R_i gewählt wird, umso größer wird die Stromstärke. Praktisch wird die Stromstärke nur noch von U_0 und R_i bestimmt. Sie ist nahezu *lastunabhängig*.

Schaltung von Spannungsquellen

Reihenschaltung

Die Reihenschaltung von Spannungsquellen dient zur Spannungserhöhung (Bild 47, Seite 182).

$U_0 = U_{01} + U_{02} + \cdots + U_{0n}$

Nachteilig ist die damit verbundene Erhöhung des Innenwiderstandes (Verluste).

$R_i = R_{i1} + R_{i2} + \cdots + R_{in}$

Parallelschaltung

Die Spannung ändert sich bei der Parallelschaltung nicht (Bild 48, Seite 182).

$U_{01} = U_{02} = \cdots = U_{0n}$

Die Stromstärke nimmt zu.

$I = I_1 + I_2 + \cdots + I_n$

@ Interessante Links

Batterien

- varta-microbattery.de
- hoppeke.de
- phillips.de
- duracell.de

Überanpassung

Der Lastwiderstand ist **größer** als der Innenwiderstand.

Unteranpassung

Der Lastwiderstand ist **kleiner** als der Innenwiderstand.

Parallelschaltung von Spannungsquellen

Die technischen Daten parallel geschalteter Spannungsquellen sollen übereinstimmen.

■ **Reihenschaltung**
Spannungserhöhung

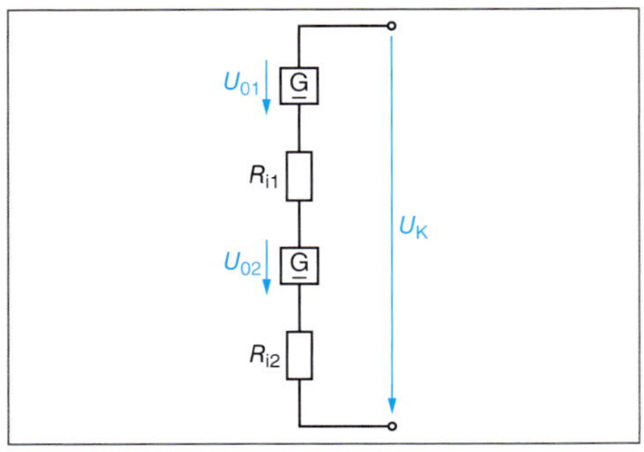

Bild 47 Spannungsquellen, Reihenschaltung

■ **Parallelschaltung**
Stromerhöhung

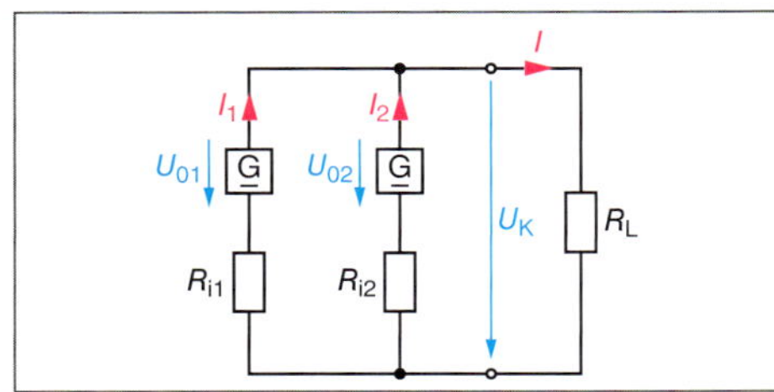

Bild 48 Spannungsquellen, Parallelschaltung

Innenwiderstand bei Parallelschaltung:

$$\frac{1}{R_i} = \frac{1}{R_{i1}} + \frac{1}{R_{i2}} + \cdots + \frac{1}{R_{in}}$$

Gruppenschaltung

Auch eine Kombination von Reihen- und Parallelschaltung ist möglich (Gruppenschaltung).

- Erhöhung der *Spannung* durch Reihen schaltung.
- Erhöhung der *Stromstärke* durch Parallelschaltung.

Elektrochemische Spannungsquellen

■ **primär**
zuerst

■ **Elektrolyt**
Wässerige Lösung von Salzen, Säuren und Basen.

■ **Elektroden**
Stoffe, die für den Stromübergang von der Spannungsquelle zum Elektrolyten bzw. vom Elektrolyten zum Verbrauchsmittel sorgen.

Elektrochemische Spannungsquellen beruhen auf zwei *unterschiedlichen* Materialien (zumeist Metalle), die in einen **Elektrolyten** eingetaucht sind.

Primärelemente wandeln chemische Energie *direkt* in elektrische Energie um. Die negative Elektrode wird dabei verbraucht. Primärelemente sind für den *einmaligen* Gebrauch bestimmt.

Elektrochemische Spannungsreihe

Der elektrochemischen Spannungsreihe kann die zu *erwartende Spannung* zwischen zwei Elektroden entnommen werden, wenn eine der beiden Elektroden aus *Wasserstoff* besteht (Bezugspunkt ± 0 V).

Elektrochemische Spannungsreihe

Metall	Potenzial in V
Lithium	– 3,04
Kalium	– 2,94
Calcium	– 2,87
Natrium	– 2,71
Magnesium	– 2,37
Aluminium	– 1,66
Mangan	– 1,19
Zink	– 0,76
Chrom	– 0,74
Eisen	– 0,45
Cadmium	– 0,40
Cobalt	– 0,28
Nickel	– 0,26
Zinn	– 0,14
Blei	– 0,13
Eisen	– 0,04
Wasserstoff	± 0,00
Kupfer	+ 0,34
Kohle	+ 0,74
Silber	+ 0,80
Quecksilber	+ 0,85
Platin	+ 1,18
Gold	+ 1,40

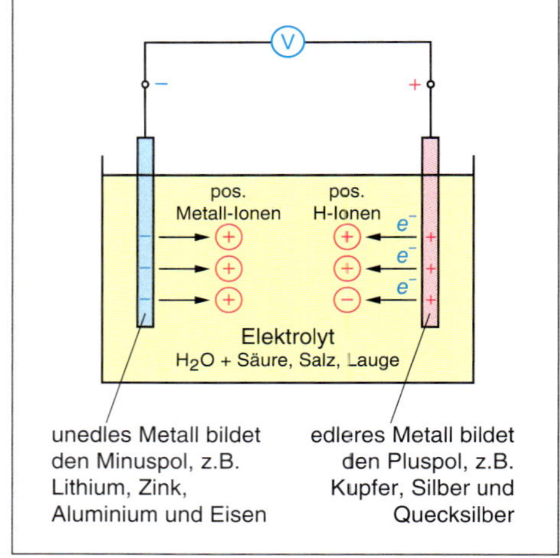

Bild 49 Elektrochemische Spannungsquelle

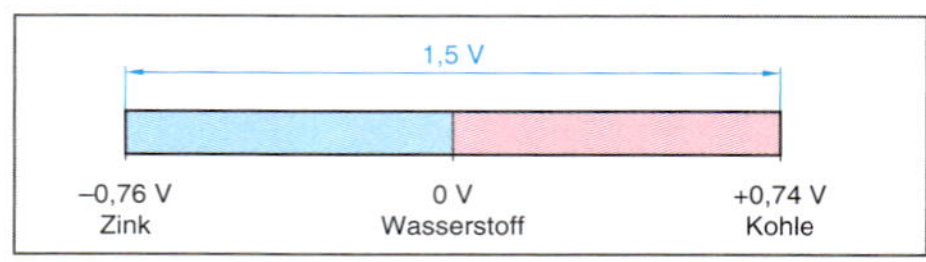

Bild 50 Zink-Kohle-Element

Beispiel: Zink-Kohle-Element

Potenziale gegen Wasserstoff: Zink – 0,76 V, Kohle + 0,74 V. Die Spannung des Zink-Kohle-Elements beträgt 1,5 V.

Technische Daten von Primärelementen

Ausführungsform		Spannung V	Kapazität mAh	Energiedichte mAh/g	IEC/ANSI
Mignon	Zink-Kohle	1,5	1200	57	R6/AA
	Alkali	1,5	2600	113	LR6/AA
Baby	Zink-Kohle	1,5	3200	70	R14/C
	Alkali	1,5	7800	127	LR14/C
Mono	Zink-Kohle	1,5	8000	84	R20/D
	Alkali	1,5	16500	122	LR20/D
E-Block	Zink-Kohle	9	400	11	6F22/006P
	Alkali	9	500	11	6LR61/PP3

Zink-Kohle-System

- Elektroden: Zink-Kohle
- Elektrolyt: Salmiak
- Eigenschaften: U_N = 1,5 V, Kapazität stark abhängig vom Entladestrom, Entladungsunterbrechungen („Erholungspausen") ermöglichen höhere Energieausbeute.

Entladene Batterien gehören nicht in den Hausmüll! Sie sind fachgerecht zu entsorgen.

Alkali-Mangan-Element

- Elektroden: Gel mit gelöstem Zinkpulver – Manganoxid und Grafit.
- Elektrolyt: Kalziumhydroxid
- Eigenschaften: U_N = 1,5 V, höhere Energiedichte, doppelte Kapazität im Vergleich zu Zink-Kohle.

Silberoxid-Zelle (AgO-System)

- Meist als **Knopfzelle** mit geringen Abmessungen.
- *Elektroden:* Silberoxid-Zinkpulver
- *Elektrolyt:* Verdünnte Kalilauge
- *Eigenschaften:* U_N = 1,55 V, wenn auf kleinstem Raum ein hoher Energiebedarf und eine hohe Belastbarkeit erforderlich ist (z. B. Uhren).

Lithium-Manganoxid-Element

- Elektroden: Lithium-Mangandioxid
- Elektrolyt: Lithiumsalz in Lösung
- Eigenschaften: U_N = 3 V, geringe Selbstentladung

Lithium ist feuergefährlich! Lithiumbatterien vor Feuchtigkeit schützen, keinen hohen Temperaturen aussetzen und niemals öffnen!

■ **Primärelemente**
können sofort elektrische Energie abgeben.

■ **Kapazität**
Speichervermögen der elektrochemischen Spannungsquelle:

$Q = I \cdot t$

Dabei ist I die mittlere Entladestromstärke.

Element
cell, battery

Ladung
charge

Entladung
discharge

Energiedichte
energy density

Energieausbeute
energy efficiency

Primärelemente
primary cell

Sekundärelemente
secondary cell

Knopfzelle
button cell

Akkumulator
accumulator

Bleiakkumulator
lead accumulator; lead-acid battery

■ **Primärelemente**

■ **Galvanische Elemente sind nach Ablauf der Nutzungsdauer umweltgerecht zu entsorgen!**

@ Interessante Links

Akkumulatoren
- varta-microbattery.de
- hoppeke.de
- phillips.de

Kapazität eines galvanischen Elementes

Hierunter wird das **Speichervermögen** verstanden, das im Allgemeinen in Amperestunden angegeben wird.

$Q = I \cdot t$

Q Kapazität in Ah
I Entladestrom in A
t Zeitdauer, in der I fließt in h

Beispiel:
Kapazität Q = 8000 mAh = 8 Ah (Monozelle-Zink-Kohle)

z.B.

$Q = I \cdot t$

Die Monozelle kann 1 Stunde 8 A abgeben oder 8 Stunden 1 A.
Natürlich sind auch Zwischenwerte möglich, z. B. 4 Stunden 2 A usw.

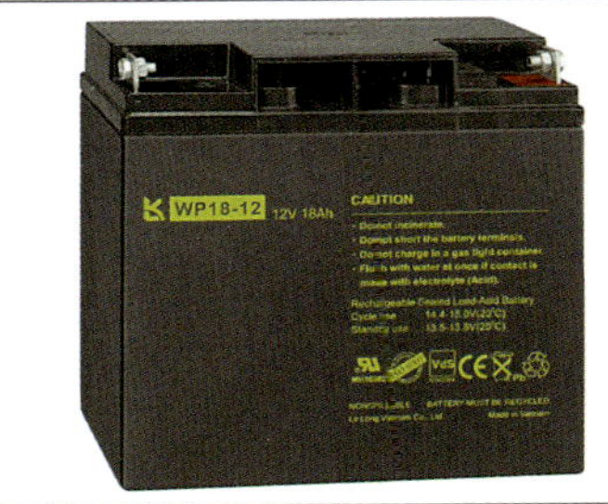

Bild 51 *Bleiakkumulator*

Vorsicht!
Verdünnte Schwefelsäure bedeutet Verätzungsgefahr!

Bei *modernen* Akkumulatoren ist der Elektrolyt *eingedickt* (Gel). Solche Akkus sind **auslaufsicher** und können in *jeder Lage* eingesetzt werden.

Sie können *nicht geöffnet* werden, sodass der Zustand des Elektrolyten nicht überprüft werden kann.

- Nennspannung: U = 2 V
- Entladespannung: 1,8 V (Akku entladen)
- Ladespannung: 2,4 V (Akku geladen)

Sekundärelemente

sekundär
an zweiter Stelle

Sekundärelemente sind zur *wiederholten* Verwendung geeignet. Sie können viele Zyklen „entladen → geladen" werden. Sie werden als **Akkumulatoren** oder kurz **Akkus** bezeichnet.

akkumulieren
sammeln, speichern

Es sind unterschiedliche Akkumulatoren mit unterschiedlichen technischen Eigenschaften im Handel.

In der betrieblichen Praxis ist der **Bleiakkumulator** von besonderer Bedeutung (z. B. Notstromanlagen und Elektrofahrzeuge).

Zwischen den **Elektroden** *Bleioxid-Blei* befindet sich eine *schwefelige Säure* als **Elektrolyt**.

Vorsicht!
Ab einer Zellenspannung von 2,4 V entweichen beim Laden Wasserstoff und Sauerstoff.
Es entsteht hochexplosives Knallgas!

In Batterieräumen ist Rauchen und offenes Licht verboten.
Es besteht Explosionsgefahr!

Sekundärelemente

Akkumulatoren

Art	Aufbau	U_N/Zelle in V	Energiedichte in Wh/kg	Selbstentladung in % pro Monat	Anzahl Ladezyklen	Memoryeffekt	Bemerkung
Blei-Akkumulator	Bleioxid und Blei mit Schwefelsäure	2	30	6	1000	nein	Umweltproblematik: giftig
Nickel-Cadmium-Akkumulator NiCd	Oxi-Nickelhydroxid und Kadmium mit Kaliumhydrit	1,2	35	15	1000	ja	Umweltproblematik: giftig. Darf nicht überall verwendet werden.
Nickel-Hydrid-Akkumulator NiMH	Nickel und eine Metalllegierung	1,2	60	30	800	nein	Umweltproblematik: gering
Lithium-Ionen-Akkumulator Li-Ion	Lithium-Ionen, Lithium-Polymere, Lithium-Metall	3,3 – 3,8	95 –190	5	800	nein	Umweltproblematik: keine

Bleiakkumulator (wichtige Maßnahmen)

- Zur Vermeidung von Kriechströmen Akkumulator sauber halten.
- Profilklemmen mit Säurefett einstreichen.
- Bei Bedarf destilliertes Wasser nachfüllen.
- Überladung vermeiden.
- Tiefentladung vermeiden.
- Bei längeren Nutzungspausen definierte Ladungsmengen entnehmen und wieder laden.
- Ladespannung: 2,5 V · Zellenanzahl.
- Normalladung mit Ladestrom 0,1 · Q (Q ist die Kapazität des Akkumulators).
- Bleiakkumulatoren nicht über einen längeren Zeitraum ungeladen lassen.

Säuredichte

Kann nur bei *offenen* Akkumulatoren gemessen werden (mit Senkwaage) und ist ein Maß für den Ladezustand des Akkumulators.

Säuredichte bei 27 °C in kg/dm³	Ladezustand
1,25 – 1,28	Akku ist geladen
1,20 – 1,24	Akku halbgeladen, Ladung ist notwendig
kleiner 1,19	Akku ungenügend geladen, sofort laden

Memory-Effekt bedeutet, dass der NiCd-Akku bei falscher Handhabung rasch an Kapazität einbüßt. Tritt auf, wenn der Akku mit niedrigem Strom geladen wird. Auch, wenn er vor vollständiger Entladung wieder geladen wird.

Nickel-Cadmium-Akkumulatoren (NiCd) enthalten schädliche Stoffe. Vor allem das Schwermetall Cadmium.

Auf keinen Fall im Hausmüll entsorgen, sondern zu Schadstoff-Sammelstellen bringen.

Städte und Gemeinden sind verpflichtet, Akkus zwecks Entsorgung anzunehmen.

Refreshing ermöglicht es, den Memory-Effekt rückgängig zu machen. Der Akku wird zunächst einer Tiefentladung unterzogen, und dann in mehreren Zyklen geladen und entladen (2 bis 3 Zyklen).

Nickel-Metallhybrid-Akku (NiMH-Akku)

- Aktive Komponenten: Nickelhydroxid – wasserspeichernde Metalllegierung
- Elektrolyt: alkalisch

Eigenschaften

- Kein Memory-Effekt
- Vor Aufladen keine Entladung notwendig
- Gutes Preis-Leistungs-Verhältnis
- Hohe Energiedichte

Ladeverfahren

Verfahren	Erläuterung
Normalladung	Vollständige Aufladung der vollständig oder teilweise entladenen Batterie. Ladestrom 0,05 – 0,1 der Kapazität, bei Erreichen der Gasungsspannung wird der Ladestrom reduziert.
Schnellladung	Der Ladestrom wird um den Faktor 3 – 5 erhöht, bei Erreichen der Gasungsspannung wird der Ladestrom verringert.
Ladung mit kleiner Stromstärke	Der Ladestrom kompensiert die Selbstentladung, Ladestrom ca. 0,1 A pro 100 Ah.
Pufferbetrieb	Batterie ist ständig mit dem Ladegerät verbunden. Der Ladestrom hält den Ladezustand der Batterie auf 100 %.

Nickel-Cadmium-Akkumulatoren

- Aktive Komponenten: Nickelhydrid und Cadmium
- Elektrolyt: Kaliumhydroxid

Eigenschaften

- Schnellladefähigkeit mit hohen Strömen.
- Einsetzbar für Anwendungen, die hohe Ströme erfordern.
- Auch bei niedrigen Temperaturen einsetzbar.
- Geringe Energiedichte
- Memory-Effekt
- Schwermetall Cadmium (Umweltbelastung)
- Nur geringe Umweltbelastung
- Beim Laden hitzeempfindlich

Lithium-Ionen-Akku (LI-Ion-Akku)

Lithium hat das höchste elektrische Potenzial (Spannungsreihe). LI-Ion-Akkus liefern eine *hohe Zellenspannung* und eine *große Kapazität*.

Eigenschaften

- Kein Memory-Effekt
- Geringe Selbstentladung
- Höhere Energiedichte als NiCd bzw. NiMH
- Alterungsunempfindlich

■ **Destilliertes Wasser**
chemisch reines Wasser

■ **Senkwaage**
Aräometer, Gerät zur Bestimmung der Dichte von Flüssigkeiten

$$\text{Dichte} = \frac{\text{Masse}}{\text{Volumen}}$$

■ **Vorsicht bei Messung der Säuredichte mit dem Aräometer. Verdünnte Schwefelsäure ist ätzend!**

- Dreifache Zellenspannung, daher nicht kompatibel mit anderen Akkus.
- Lithium ist chemisch stark reaktionsfähig und bei Erwärmung instabil. Daher benötigen diese Akkus eine Schutzbeschaltung gegen Kurzschluss und Tiefentladung.

Vorsicht!
Lithium-Akkus nicht in den Hausmüll entsorgen, sondern in einer Sammelstelle abgeben. Pole der Akkus vor Kurzschluss sichern (Explosionsgefahr!).

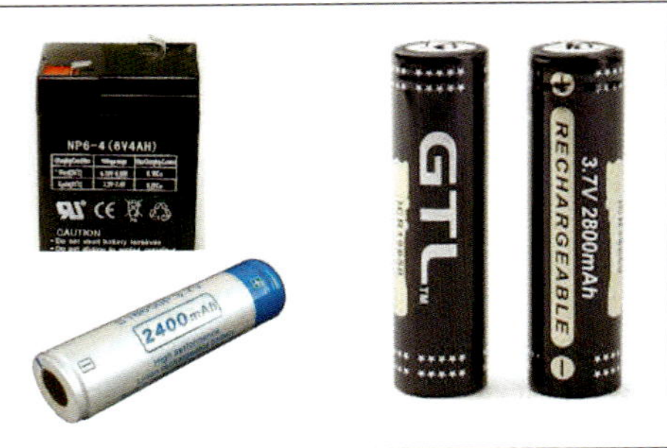

Bild 52 Akkumulatoren

Merkmale von Akkumulatoren

Akkutyp	Spannung	Eigenschaften	Verwendung
Nickel-Cadmium NiCd	1,2 V	sehr hohe Belastbarkeit	Akkuwerkzeuge, Notbeleuchtungen
Nickel-Metallhydrid NiMH	1,2 V	hohe Belastbarkeit, höhere Energiedichte	Camcorder, Handys, Rasierer
Lithium-Ionen (Li-Ion) Lithium-Polymer	3,7 V	hohe Belastbarkeit, hohe Energiedichte	Handys, Notebooks

■ **Aufgabenlösung**

@ Interessante Links

- christiani-berufskolleg.de

Prüfung

1. Eine Batterie hat eine Leerlaufspannung von U_0 = 13,6 V und einen Innenwiderstand von R_i = 160 mΩ. Die Batterie wird mit einem Lastwiderstand von 6 Ω belastet.

Wie groß ist die Klemmenspannung?

Wie groß ist der Kurzschlussstrom?

2. Bei einer Klemmenspannung von 6 V wird eine Batterie mit dem Strom 1,2 A belastet. Der Kurzschlussstrom beträgt 12 A.

Bestimmen Sie den Innenwiderstand.

3. Sechs Akkumulatorzellen (je U_0 = 2,1 V; R_i = 40 mΩ) werden in Reihe geschaltet.

Wie groß ist die Leerlaufspannung der Batterie?

Wie groß ist die Klemmenspannung bei einer Belastung mit 10 A?

Ermitteln Sie den Kurzschlussstrom.

4. Eine Notbeleuchtungsanlage besteht aus 12 Glühlampen 42 V/25 W. Batteriezellen: 2,2 V, 20 mΩ.

Wie viele Zellen sind parallel und in Reihe zu schalten?

5. Ein Netzgerät hat eine Leerlaufspannung von 24,8 V. Bei Belastung mit 5 A beträgt die Klemmenspannung 24 V.

Wie groß ist der Innenwiderstand des Netzgerätes?

6. Warum wird in der elektrischen Energietechnik im Allgemeinen die Spannungsanpassung verwendet? Welchen wesentlichen Vorteil hat die Spannungsanpassung?

7. Für welche Anwendungszwecke eignet sich die Leistungsanpassung? Welchen Nachteil hat die Leistungsanpassung?

3.7 Elektrisches Feld

Sie beobachten einen Facharbeiter bei der Reparatur eines Motors.

Auf die Frage nach der Fehlerursache teilt er Ihnen mit, dass der Kondensator defekt sei und ausgetauscht werden muss.

Das Bauelement Kondensator ist Ihnen noch nicht bekannt und Sie wenden sich an ihren Ausbilder zwecks Klärung.

Der Ausbilder nimmt einen gleichartigen Kondensator und führt mit Ihnen folgende Experimente durch.

Bild 53 *Einphasen-Wechselstrommotor*

- Spannungsmessung am Kondensator, der dem Lager entnommen wurde (Bild 54a): An den Kondensatoranschlüssen wird keine Spannung gemessen, was aber auch nicht verwunderlich ist.
- Kondensator an 24-V-Gleichspannung anschließen (Bild 54b): An den Kondensatoranschlüssen können nun 24 V gemessen werden.
- Kondensator von der Spannungsquelle trennen (Bild 54c): Auch nach Trennung von der Spannungsquelle kann am Kondensator eine Spannung gemessen werden, die langsam geringer wird.

Der Kondensator ist offensichtlich ein **Energiespeicher**.

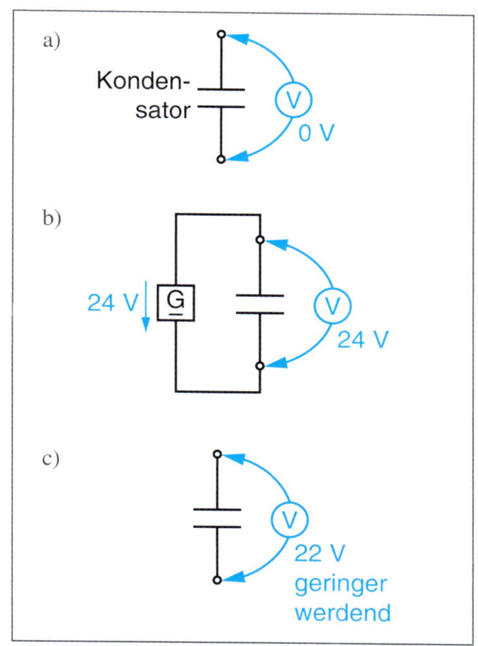

Bild 54 *Messungen am Kondensator*

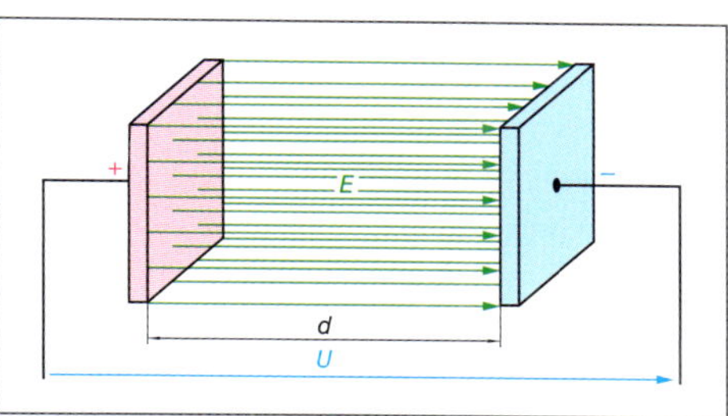

Bild 55 *Plattenkondensator*

Kondensator

Das Symbol des Kondensators verdeutlicht, dass er aus zwei Platten besteht, die durch einen Isolierstoff voneinander getrennt sind. Verdeutlicht werden kann das Prinzip am Beispiel des **Plattenkondensators**.

Zwei Metallplatten werden im Abstand *d* angeordnet. Zwischen den Platten befindet sich Luft.

Die Platten werden an eine elektrische Spannung gelegt (Bild 55). Zwischen den Platten bildet sich ein **elektrisches Feld** (Feldstärke *E*) aus.

Elektrisches Feld

Ein **Feld** ist eine Raum, der in einen **Zwangszustand** versetzt wird. Dieser Zwangszustand äußert sich durch **Kraftwirkungen** auf *Prüfkörper.*

Unter dem Einfluss des Feldes richten sich die Prüfkörper in bestimmten Mustern aus.

Prüfkörper für das elektrische Feld sind *Grieskörner.* Auf eine Platte gestreut oder (zur Reibungsverminderung) in einer Flüssigkeit schwimmend, richten sie sich in einem *Linienmuster* aus (Bild 56).

Bild 56 *Linienmuster unter Feldeinfluss*

■ **Kondensator**

■ **Kondensatorkapazität**

Speichervermögen für elektrische Ladungen.

Formelzeichen: C
Einheit: F (Farad)

$1\ \text{F} = 1\ \frac{\text{As}}{\text{V}}$

Feld
field

Kondensator
capacitor, condenser

Energiespeicher
energy store

Kondensatormotor
capacitor motor, capacitor-run motor

Feldlinienbild
field pattern

Polarisation
polarization

Feldstärke
field strenght, field intensity

Dipol
dipole, doublet

■ **Polarisation**
Bildung gerichteter elektrischer Dipole im elektrischen Feld.

■ **Dipol**
Zweipol mit positiver und negativer elektrischer Ladung.

■ **homogen**
gleichmäßig; die Feldlinien verlaufen im gleichen Abstand zueinander.

Polarisation ist die Ursache der Ausrichtung. Jedes Grieskorn wird zu einem **Dipol**, der sich im elektrischen Feld ausrichtet (Bild 57).

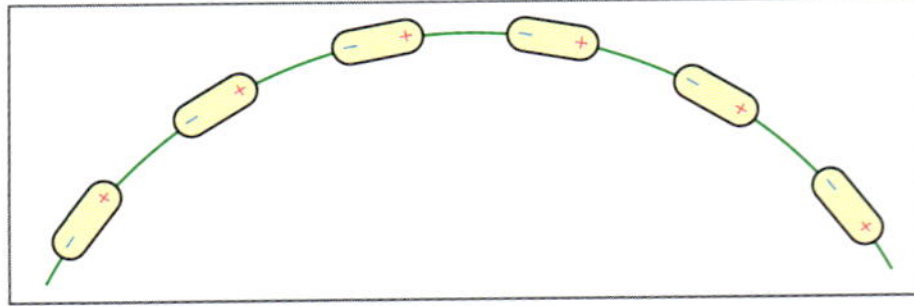

Bild 57 *Dipolbildung*

Die *Linienmuster* geben an, wie die Kräfte an den jeweiligen Punkten des elektrischen Feldes wirken. Man nennt sie **Feldlinien**.

Die Feldlinien verdeutlichen die **Kraftwirkungen** im Feld.

Dabei entspricht die *Richtung* der elektrischen Feldlinien der **Kraftrichtung**, die auf eine *positive* elektrische Ladung ausgeübt wird.

Elektrische Feldlinien zwischen Ladungen

Eine *positive* Ladung wird von der *positiven* Elektrode *abgestoßen* und von der *negativen* Elektrode *angezogen*.

Elektrische Feldlinien verlaufen somit von Plus (+) nach Minus (–).

- Elektrische Feldlinien haben Anfang und Ende.
- Sie treten aus dem *positiv* geladenen Körper *aus* und in den *negativ* geladenen Körper *ein*.
- Sie berühren und schneiden sich niemals.
- Wenn die Feldlinien *parallel* verlaufen, nennt man das Feld *homogen*, sonst *inhomogen*.

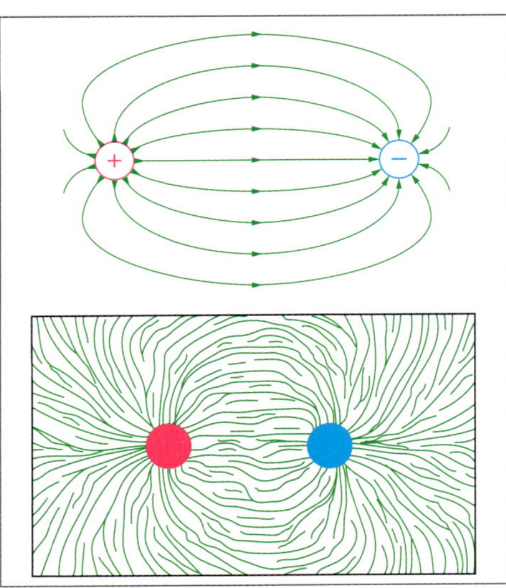

Bild 58 *Elektrisches Feld zwischen Ladungen*

Elektrische Feldstärke

Auf eine Ladung Q wird im elektrischen Feld eine *Kraft* F ausgeübt.
Die Kraft nimmt mit der *Ladung* Q und der *elektrischen Feldstärke* E zu.

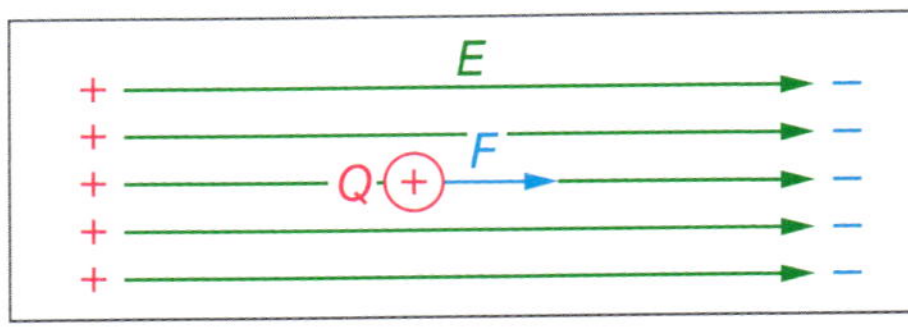

Bild 59 *Kraftwirkung auf Ladung*

Elektrische Feldstärke

$F = Q \cdot E \rightarrow E = \dfrac{F}{Q}$

E elektrische Feldstärke in $\frac{\text{V}}{\text{m}}$
Q elektrische Ladung in As
F Kraftwirkung auf Ladung in N

Die *elektrische Feldstärke* ist ein Maß für die *Kraft*, die auf eine elektrische Ladung (in einem bestimmten Feldpunkt) ausgeübt wird.

Dargestellt wird die *Feldstärke* durch die *Dichte* der Feldlinien (Bild 60).

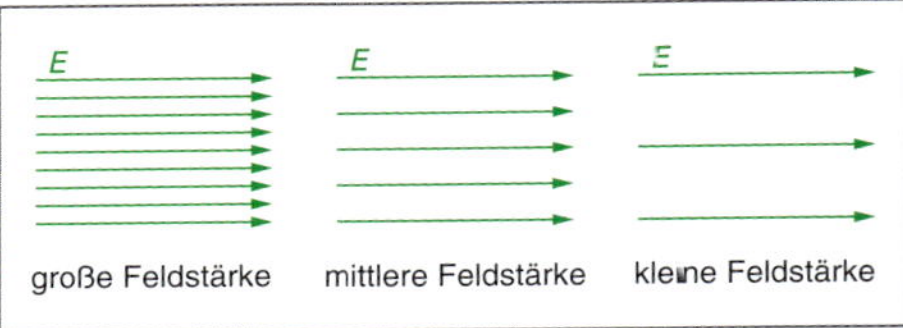

Bild 60 *Unterschiedliche Feldstärken*

Elektrische Feldstärke und Spannung

Eine Ladung Q wird im elektrischen Feld um den Weg s bewegt (Bild 61). Dabei wird *Arbeit* verrichtet:

$W_m = F \cdot s$

Diese *mechanische Arbeit* wird dem Feld entnommen. Die *elektrische Energie* beträgt:

$W_e = Q \cdot U$

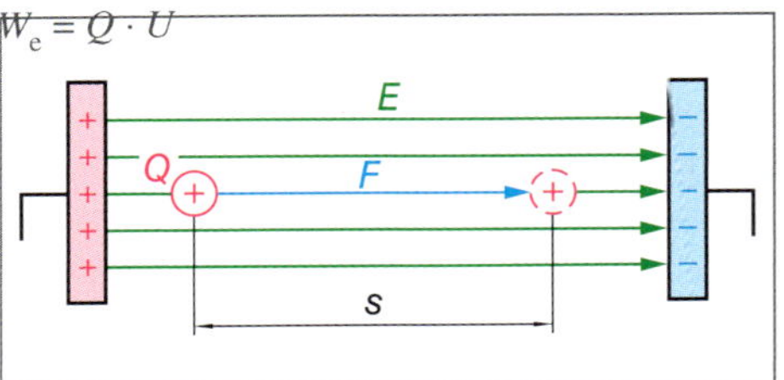

Bild 61 *Ladungstransport im Feld*

Wenn der *Wirkungsgrad* vernachlässigt wird, gilt:

$$W_e = W_m$$

$$Q \cdot U = F \cdot s \rightarrow \frac{U}{s} = \frac{F}{Q} \rightarrow E = \frac{U}{s}$$

Ursache des elektrischen Feldes ist die elektrische Spannung U.

Zurück zum Kondensator:
Wird der Kondensator an Spannung gelegt, bildet sich zwischen den Polen ein elektrisches Feld aus.

Die **elektrische Feldstärke** zwischen den Platten beträgt dann

$$E = \frac{U}{d}$$

E elektrische Feldstärke in $\frac{\text{V}}{\text{m}}$
U elektrische Spannung in V
d Plattenabstand in m

Isolierstoff im elektrischen Feld

Bei **Isolierstoffen** sind nahezu alle Ladungsträger in ihren Atomverband eingebunden. Eine Trennung von Ladungsträgern ist dann praktisch nicht möglich.

Zwischen den Platten eines Kondensators befindet sich stets ein Isolierstoff.

Bild 62 Isolierstoff im elektrischen Feld

Das elektrische Feld bewirkt im Isolierstoff eine *Ladungsverschiebung* (aber keine Ladungstrennung). Es kommt zu einer **Dipolbildung** (Bild 62). Man nennt dies **Polarisation**. Ursache ist die *Kraftwirkung* im elektrischen Feld.

Es gibt Isolierstoffe, bei denen die Moleküle *immer* Dipole sind. Selbst ohne Einfluss des elektrischen Feldes.

Ihre Wirkung nach außen hebt sich jedoch wegen der unregelmäßigen Dipolanordnung auf. Erst ein elektrisches Feld richtet die Dipole einheitlich aus. Man nennt das **paraelektrische Polarisation**.

Im Inneren des Isolierstoffes heben sich die Ladungen auf. Auf der Oberfläche bildet sich eine **Ladungsschicht** aus.

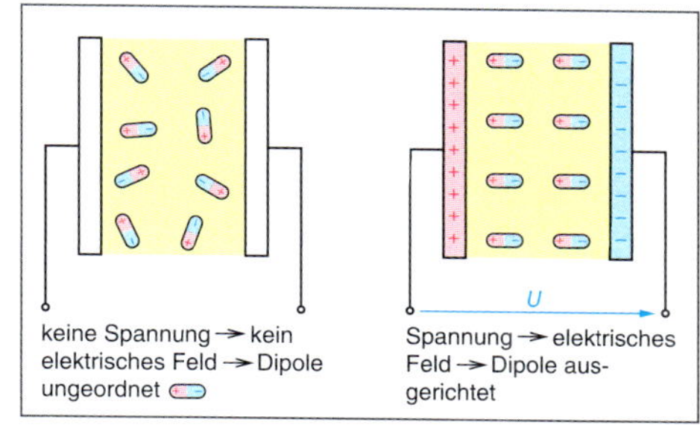

Bild 63 Ausrichtung der Dipole

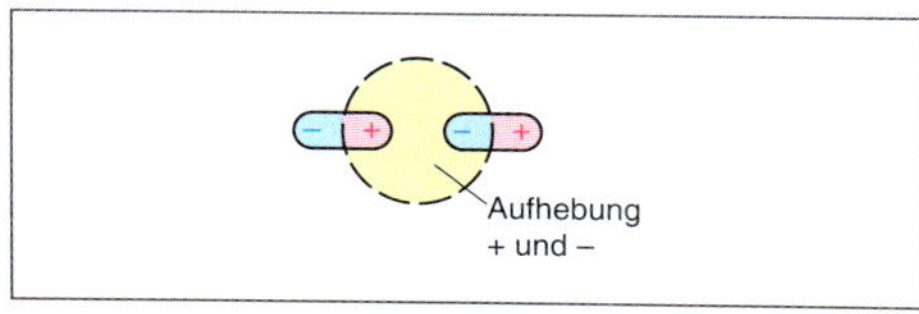

Bild 64 Aufhebung der Ladungen

Ein polarisierter Isolierstoff heißt **Dielektrikum**.

Zurück zum Kondensator:
Vereinfacht: Zwischen zwei Metallplatten ist ein Nichtleiter (Dielektrikum) angeordnet.

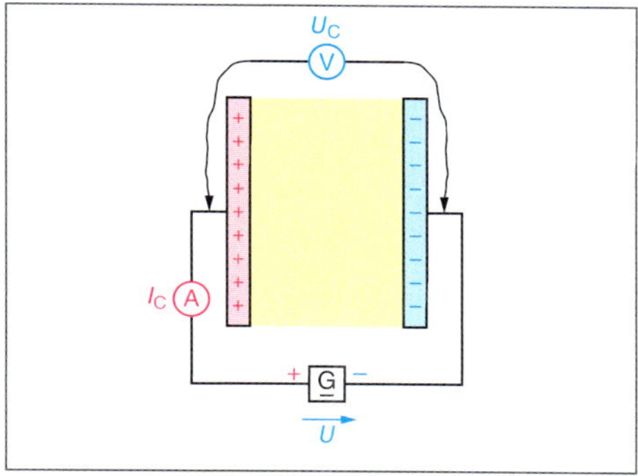

Bild 65 Kondensator an Gleichspannung

■ **paraelektrisch**
Vorsilbe „para“: neben, entgegen

■ **dielektrisch**
Vorsilbe „di“: durch

Isolierstoff
insulating material, non conducting material

Dielektrikum
dielectric (material), non-conductor

Dielektrizitätskonstante
dielectric constant, permittivity

Ladestrom
charging current

z.B.

Zwei im Abstand $d = 2$ mm voneinander entfernte Platten werden an die Spannung $U = 400$ V angeschlossen.
Wie groß ist die elektrische Feldstärke zwischen den Platten?

$2 \text{ mm} = 2 \cdot 10^{-3} \text{ m} = 0{,}002 \text{ m}$
Feldstärke kann auch in A/cm usw. angegeben werden.

$$E = \frac{U}{d}$$

$$E = \frac{400 \text{ V}}{2 \cdot 10^{-3} \text{ m}} = 200\,000 \frac{\text{A}}{\text{m}}$$

Kondensator
Ein geladener Kondensator wirkt an Gleichspannung wie ein unendlich hoher Widerstand. Er sperrt den Stromfluss.

Kondensatorkapazität
Ein Kondensator hat die Kapazität 1 F, wenn er an 1 V die Ladung 1 As aufnimmt.

Mikrofarad
1 µF = 10^{-6} F

Nanofarad
1 nF = 10^{-9} F

Pikofarad
1 pF = 10^{-12} F

Rechnen mit Zehnerpotenzen

ε
Epsilon, griechischer Kleinbuchstabe

ε_0
Elektrische Feldkonstante des luftleeren Raumes:
$\varepsilon_0 = 8{,}86 \cdot 10^{-12} \frac{\text{As}}{\text{Vm}}$

Wenn der Kondensator an Spannung angeschlossen wird, zieht die Spannungsquelle auf einer Kondensatorplatte Elektronen ab und transportiert sie zur anderen Platte (Bild 65, Seite 189).

Es fließt also ein **Ladestrom** I_C. Der Kondensator lädt sich auf.

Die Aufladung durch Ladungsverschiebung ist beendet, wenn die Spannung U_C zwischen den Platten den Wert der angelegten Spannung U erreicht hat.

Dann *sperrt* der Kondensator den Strom. Er verhält sich wie ein unendlich großer Widerstand.

Zwischen den geladenen Kondensatorplatten besteht ein *elektrisches Feld.*

Die zur Ladungstrennung aufgewendete *Energie* ist nun im elektrischen Feld gespeichert.

Kondensatoren speichern elektrische Energie. Das Speichervermögen nennt man **Kondensatorkapazität** C.

Kondensatorkapazität

Je höher die anliegende Spannung U ist, umso mehr Ladungen Q können von den Kondensatorplatten aufgenommen werden.

Die *aufgenommene Ladung* ist abhängig

- von der Plattenfläche
- vom inneren Plattenabstand
- von der Art des Dielektrikums

Kapazität eines Kondensators

$$C = \frac{\varepsilon_0 \cdot \varepsilon_r \cdot A}{d}$$

C Kondensatorkapazität in F (Farad)
ε_0 elektrische Feldkonstante in $\frac{\text{As}}{\text{Vm}}$
ε_r Dielektrizitätszahl
A Plattenfläche in m^2
d innerer Plattenabstand in m

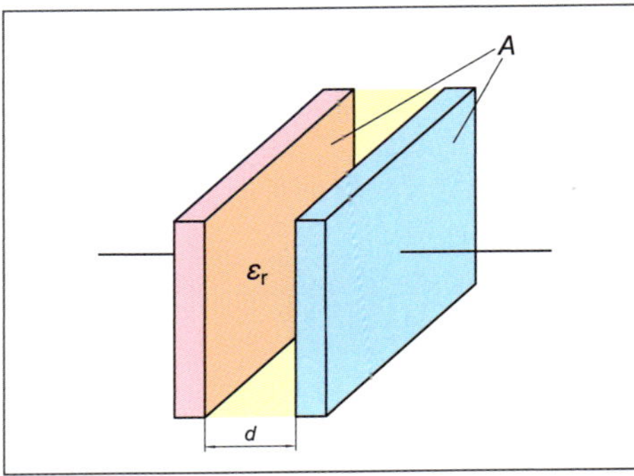

Bild 66 Kondensator

Ladung eines Kondensators

$$Q = C \cdot U \qquad 1\,\text{F} = 1\,\frac{\text{As}}{\text{V}}$$

Q elektrische Ladung in As
C Kapazität in F
U Spannung in V

Ein Kondensator hat die Kapazität 1 F, wenn er an $U = 1$ V die Ladung $Q = 1$ As aufnimmt.

Schaltung von Kondensatoren

Parallelschaltung

Die *Parallelschaltung* von Kondensatoren bewirkt eine **Kapazitätserhöhung** (Vergrößerung der Plattenfläche).

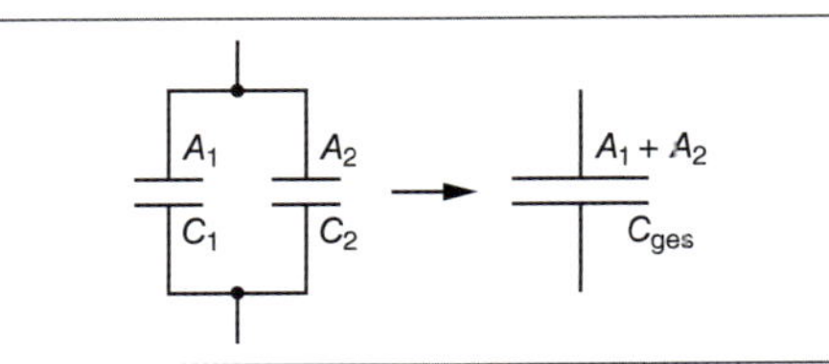

Bild 67 Parallelschaltung von Kondensatoren

z.B.

Abmessungen des Kondensators: $A = 16\,\text{cm}^2$, $d = 1$ mm.
Dielektrikum: Keramik $\varepsilon_r = 1000$.
Wie groß ist die Kondensatorkapazität?
Welche Ladung nimmt der Kondensator an 100 V auf?

Die elektrische Feldkonstante ε_0 (Vakuum und angenähert Luft) hat den Wert $\varepsilon_0 = 8{,}86 \cdot 10^{-12} \frac{\text{As}}{\text{Vm}}$.

Es müssen also A in m^2 und d in m eingesetzt werden.

$$C = \frac{\varepsilon_0 \cdot \varepsilon_r \cdot A}{d}$$

$$C = \frac{8{,}86 \cdot 10^{-12} \frac{\text{As}}{\text{Vm}} \cdot 1000 \cdot 16 \cdot 10^{-4}\,\text{m}^2}{1 \cdot 10^{-3}\,\text{m}}$$

$$C = 1{,}42 \cdot 10^{-8}\,\text{F} = 14{,}2 \cdot 10^{-9}\,\text{F} = 14{,}2\,\text{nF}$$

Aufgenommene Ladung an 100 V:

$$Q = C \cdot U = 14{,}2 \cdot 10^{-9}\,\text{F} \cdot 100\,\text{V}$$

$$Q = 14{,}2 \cdot 10^{-7}\,\text{As}$$

Allgemeine Ableitung:

$Q_1 = C_1 \cdot U$ (Ladung Kondensator 1)

$Q_2 = C_2 \cdot U$ (Ladung Kondensator 2)

$Q_{ges} = Q_1 + Q_2$ (Gesamtladung)

$Q_{ges} = C_{ges} \cdot U$

$$C_{ges} \cdot U = Q_1 + Q_2$$
$$C_{ges} \cdot U = C_1 \cdot U + C_2 \cdot U$$
$$C_{ges} \cdot U = U \cdot (C_1 + C_2)$$
$$C_{ges} = C_1 + C_2$$

Parallelschaltung von Kondensatoren

$$C_{ges} = C_1 + C_2 + \cdots C_n$$

Bei der Parallelschaltung von Kondensatoren addieren sich die Kapazitätswerte.

Reihenschaltung

Die Reihenschaltung von Kondensatoren ruft eine **Kapazitätsverringerung** hervor. Die Feldlinienlänge erhöht sich auf $d_1 + d_2$ (Bild 68).

Allgemeine Ableitung:

$$C_1 = \frac{\varepsilon_0 \cdot \varepsilon_r \cdot A}{d} \qquad C_2 = \frac{\varepsilon_0 \cdot \varepsilon_r \cdot A}{d}$$

$$C_E = \frac{\varepsilon_0 \cdot \varepsilon_r \cdot A}{d + d} = \frac{\varepsilon_0 \cdot \varepsilon_r \cdot A}{2d} = \frac{C_1}{2} = \frac{C_2}{2}$$

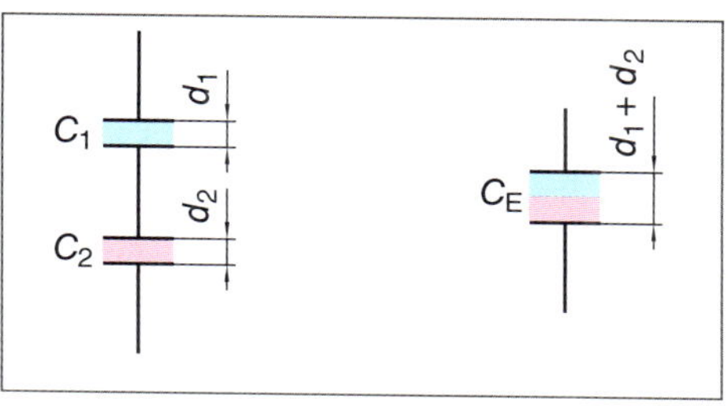

Bild 68 *Reihenschaltung von Kondensatoren*

Reihenschaltung von Kondensatoren

$$C_E = \frac{C}{n}$$

C_E Ersatzkapazität

C Kondensatorkapazität

n Anzahl der gleichen Kondensatoren

z.B.

Drei Kondensatoren von je 4,7 µF sind in Reihe geschaltet.

Wie groß ist die Ersatzkapazität?

$$C_E = \frac{C}{n} = \frac{4{,}7\ \mu F}{3} = 1{,}57\ \mu F$$

z.B.

Die Kondensatoren $C_1 = 47\ \mu F$ und $C_2 = 47\ nF$ sind parallel geschaltet.
Wie groß ist die Gesamtkapazität?

$1\ \mu F = 1000\ nF = 10^3\ nF$

$1\ nF = 10^{-3}\ \mu F = 0{,}001\ \mu F$

$47\ nF = 47 \cdot 10^{-3}\ \mu F = 0{,}047\ \mu F$

$C_{ges} = C_1 + C_2$

$C_{ges} = 47\ \mu F + 0{,}047\ \mu F$

$C_{ges} = 47{,}047\ \mu F$

z.B.

Die Gesamtkapazität der Schaltung ist zu bestimmen.

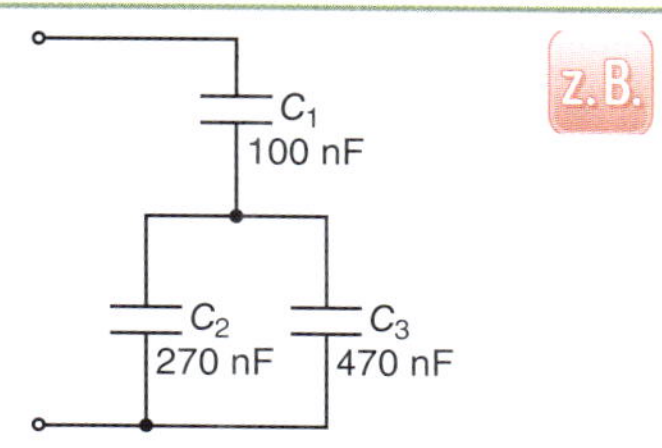

Zunächst wird die Kapazität der Parallelschaltung C_{23} berechnet.

$C_{23} = C_2 + C_3$

$C_{23} = 270\ nF + 470\ nF = 740\ nF$

C_{23} ist mit C_1 in Reihe geschaltet.
Zwei in Reihe geschaltete Kondensatoren:

$$C_g = \frac{C_1 \cdot C_{23}}{C_1 + C_{23}}$$

$$C_g = \frac{100\ nF \cdot 740\ nF}{100\ nF + 740\ nF} = 88{,}1\ nF$$

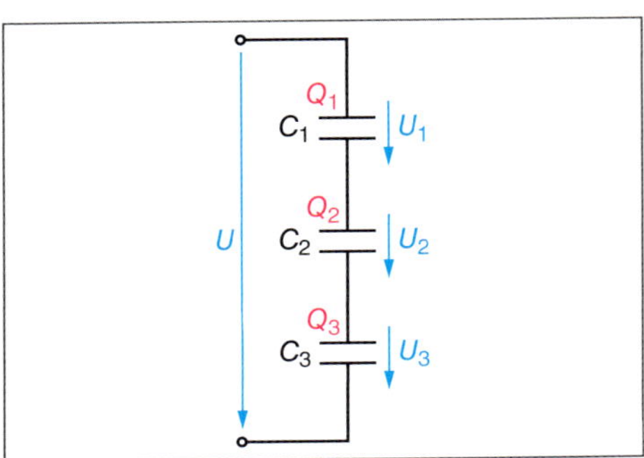

Bild 69 *Kondensatoren in Reihenschaltung*

Zum Beispiel: Drei Kondensatoren in Reihe

$U = U_1 + U_2 + U_3$

Die *Ladung* der drei Kondensatoren ist gleich. Auf sich *gegenüberstehenden* Kondensatorplatten muss die Ladung nämlich gleich groß sein.

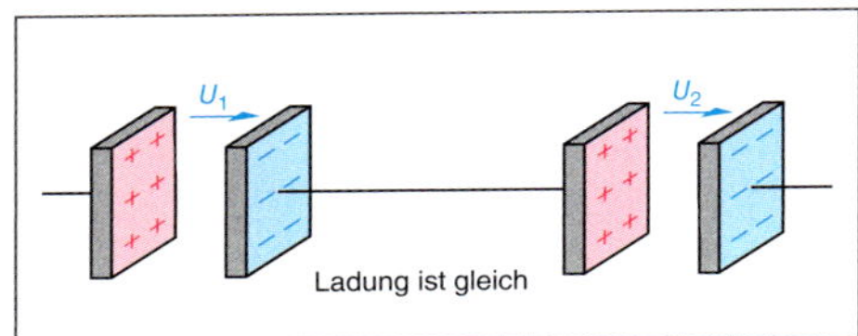

Bild 70 *Ladung auf Kondensatorplatten*

$$Q_1 = Q_2 = Q_3 = Q$$

$$U_1 = \frac{Q}{C_1} \qquad U_2 = \frac{Q}{C_2} \qquad U_3 = \frac{Q}{C_3}$$

$$U = \frac{Q}{C_E}$$

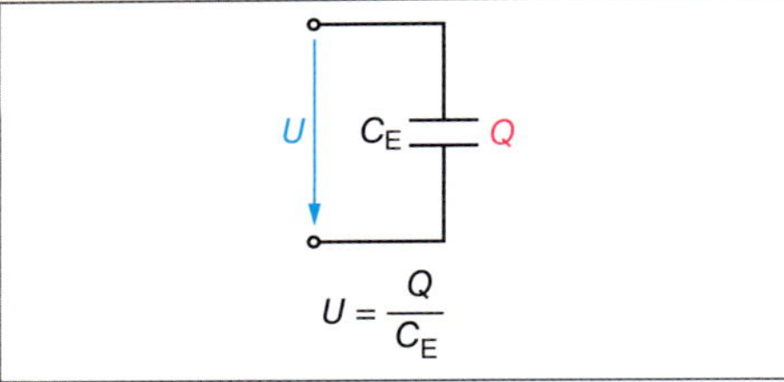

Bild 71 *Ersatzkapazität*

$$U = U_1 + U_2 + U_3$$

$$\frac{Q}{C_E} = \frac{Q}{C_1} + \frac{Q}{C_2} + \frac{Q}{C_3}$$

$$\frac{1}{C_E} = \frac{1}{C_1} + \frac{1}{C_2} + \frac{1}{C_3}$$

Allgemein:

$$\frac{1}{C_E} = \frac{1}{C_1} + \frac{1}{C_2} + \cdots + \frac{1}{C_n}$$

Zwei Kondensatoren in Reihe

$$C_E = \frac{C_1 \cdot C_2}{C_1 + C_2}$$

Energie des elektrischen Feldes

Ein *ungeladener* Kondensator wird an Spannung gelegt. Ihm wir dann die *Ladung Q* zugeführt.

Dabei wird die *elektrische Arbeit*

$W = Q \cdot U$

verrichtet. Diese Arbeit ist im elektrischen Feld gespeichert.

Das *elektrische Feld* ist ein **Energiespeicher**.

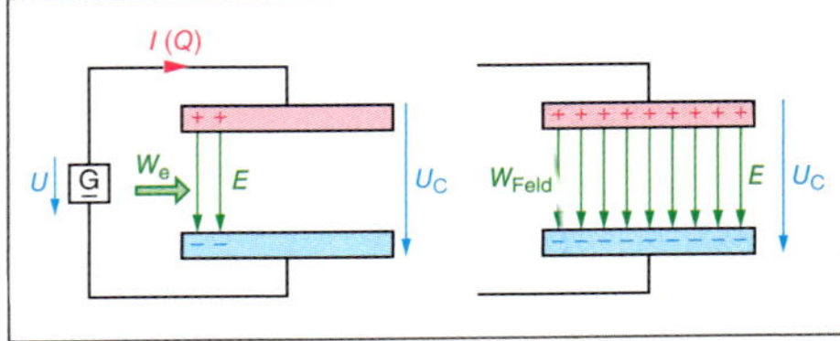

Bild 72 *Ladung eines Kondensators*

Während die Ladungen auf die Kondensatorplatten transportiert werden, nimmt die Kondensatorspannung zu:

Keine Ladung: $U_C = 0$

Geladen: $U_C = U$

Die dem Kondensator dabei zugeführte Energie entspricht dem Flächeninhalt zwischen der U_C-Kennlinie und der Q-Achse (Dreieck).

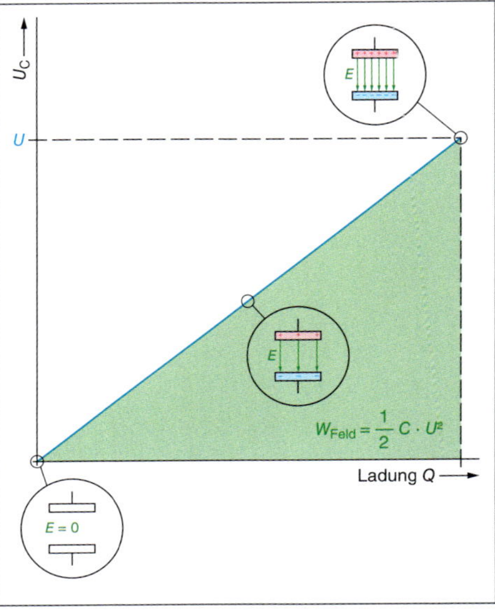

Bild 73 *Energie des elektrischen Felde*

Energie des elektrischen Feldes

$W_{Feld} = \frac{1}{2} \cdot Q \cdot U$

$Q = C \cdot U$

$W_{Feld} = \frac{1}{2} \cdot C \cdot U^2$

W_{Feld} Energie des elektrischen Feldes in Ws
Q Ladung in As
C Kapazität in F
U Spannung in V

Ein 4,7-µF-Kondensator ist auf 100 V aufgeladen.
Welche Energie wurde dadurch im elektrischen Feld gespeichert?

$1\ \text{F} = 1\ \frac{\text{As}}{\text{V}}$

$\frac{\text{As}}{\text{V}} \cdot \text{V}^2 = \text{VAs} = \text{Ws}$

$W = \frac{1}{2} \cdot C \cdot U^2$

$W = \frac{1}{2} \cdot 4{,}7 \cdot 10^{-6}\ \text{F} \cdot (100\ \text{V})^2$

$W = 2{,}35 \cdot 10^{-2}\ \text{Ws}$

Kondensator an Gleichspannung

Ladevorgang (Bild 74)

Einer Kondensatorplatte werden Ladungen entzogen und zur anderen Kondensatorplatte transportiert.

Dadurch herrscht zwischen den Platten eine elektrische Spannung U_C.

U_C hat die *entgegengesetzte* Richtung wie U. Wenn $U_C = U$, fließt kein Strom mehr. Der *geladene* Kondensator hat also einen *sehr hohen Widerstand*.

Ungeladener Kondensator: $U_C = 0$.
Damit ist die Spannungsdifferenz $U - U_C$ am größten. Diese Spannungsdifferenz treibt einen hohen *Ladestrom*. Der *ungeladene* Kondensator hat einen *sehr geringen Widerstand*.

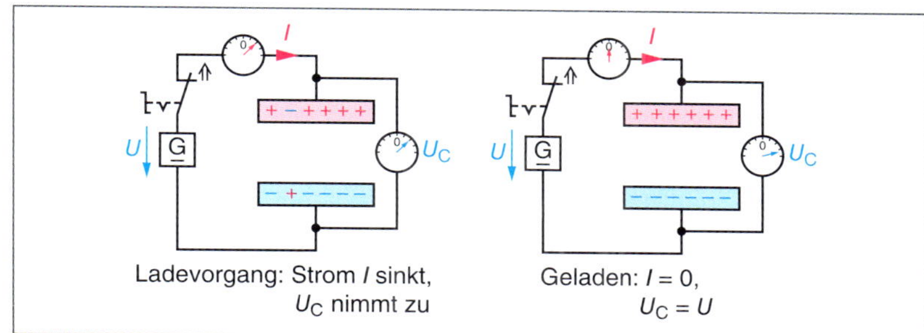

Bild 74 Ladevorgang eines Kondensators

Entladevorgang (Bild 75)

Der Kondensator wird von der Spannungsquelle getrennt. Er behält seinen Ladezustand ($U_C = U$) bei. Im Kondensator ist elektrische Energie gespeichert.

Der Kondensator wird über einen Widerstand R *entladen*. Es findet dann ein *Ladungsausgleich* zwischen den Kondensatorplatten statt.

Mit sinkender Kondensatorspannung U_C wird der Entladestrom kleiner.

Wenn der Kondensator vollständig entladen ist, sind Entladestrom und Kondensatorspannung null.

Die Energie des elektrischen Feldes wurde im Widerstand R und in den Leitungen in Wärme umgewandelt.

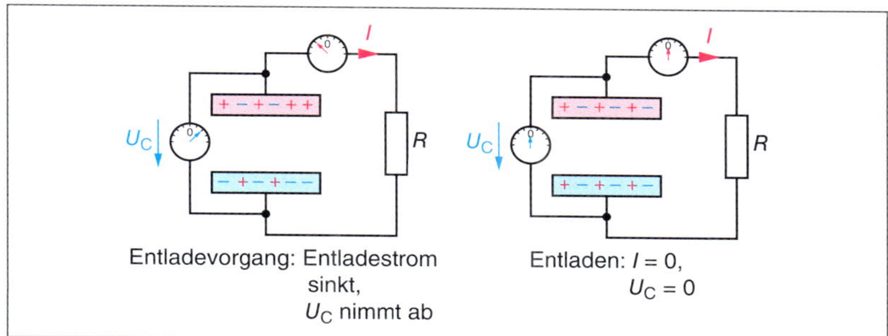

Bild 75 Entladevorgang eines Kondensators

Stromstärke und Kondensatorspannung

Die Ursache für den Stromfluss beim Laden und Entladen ist die Änderung der Kondensatorspannung Δu_C.

Laden: Während der Ladezeit t_L nimmt der Kondensator die Ladung Q auf.

Entladen: Während der Entladezeit t_E fließt die Ladung Q von den Kondensatorplatten ab.

In einem Zeitabschnitt Δt wird der *Ladungsanteil* Δq transportiert.

Δq ist Teil der Gesamtladung Q. Δt ist Teil der Lade- bzw. Entladezeit.

Die *Stromstärke* beträgt dabei

$i = \frac{\Delta q}{\Delta t}$

Während des Zeitabschnittes Δt ändert sich die Ladung um Δq.

$\Delta q = C \cdot \Delta u_C$

Δu_C ist die **Kondensatorspannungsänderung**.

$i = \frac{\Delta q}{\Delta t} = C \cdot \frac{\Delta u_C}{\Delta t}$

$i = C \cdot \frac{\Delta u_C}{\Delta t}$

■ **Zeitlich veränderliche Größen** werden mit Kleinbuchstaben bezeichnet.

■ **Kondensatorverhalten**
Im Einschaltmoment verhält sich der Kondensator wie ein Kurzschluss.

Im geladenen Zustand hat der Kondensator einen sehr hohen Widerstand.

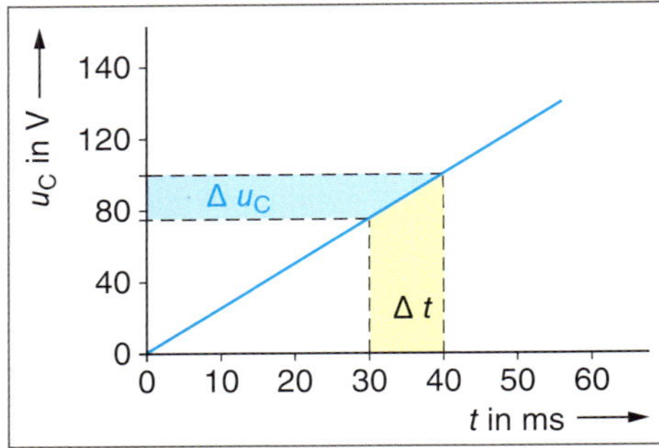

Bild 76 Kondensatorspannungsänderung

$$i = C \cdot \frac{\Delta u_C}{\Delta t}$$

i Stromstärke in A
C Kondensatorkapazität in F
$\frac{\Delta u_C}{\Delta t}$ Kondensatorspannungsänderung in $\frac{V}{s}$

Zu Bild 76:

$$\frac{\Delta u_C}{\Delta t} = \frac{100\ V - 76\ V}{40\ ms - 30\ ms} = \frac{24\ V}{10\ ms}$$

$$\frac{\Delta u_C}{\Delta t} = 2400\ \frac{V}{s}$$

Zeitlicher Verlauf von Kondensatorspannung und Strom

Einschaltmoment und Ladevorgang

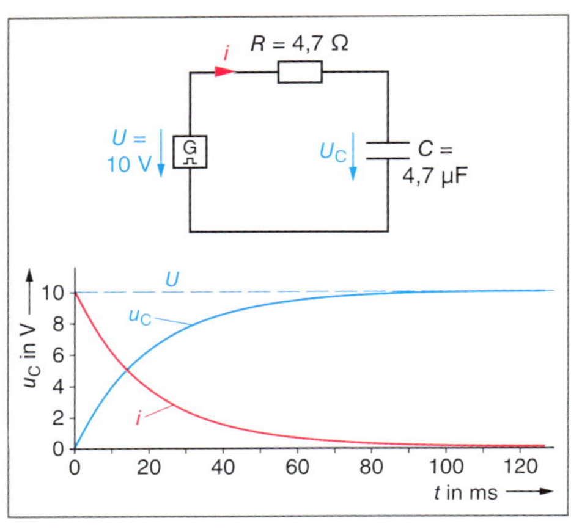

Bild 77 Laden eines Kondensators

■ **Vorsicht!**
Kondensatoren behalten ihren Ladungszustand bei.

Sie stellen dabei Gefahrenquellen dar und müssen über einen ohmschen Widerstand entladen werden.

Wenn der Kondensator *ungeladen* ist, beträgt die Kondensatorspannung $U_C = 0$. Wenn dann dem Kondensator Ladungen *zugeführt* werden, steigt U_C an.

Die **stromtreibende Spannung** U_I

$$U_I = U - U_C$$

wird kleiner und der Ladungszuwachs auf den Platten nimmt ab. Folge ist ein geringer Anstieg von U_C. Wenn $U_C = U$, ist der Ladevorgang abgeschlossen. Der Ladestrom wird dann null.

Im **Einschaltmoment** ist der Strom am größten ($U_C = 0$):

$$I_{max} = \frac{U}{R} = \frac{10\ V}{4{,}7\ \Omega} = 2{,}13\ A$$

Danach nimmt der Ladestrom ab.

$$i = C \cdot \frac{\Delta u_C}{\Delta t}$$

Mit fortlaufender Zeit wird $\frac{\Delta u_C}{\Delta t}$ immer kleiner $\rightarrow i$ kleiner.

Entladevorgang

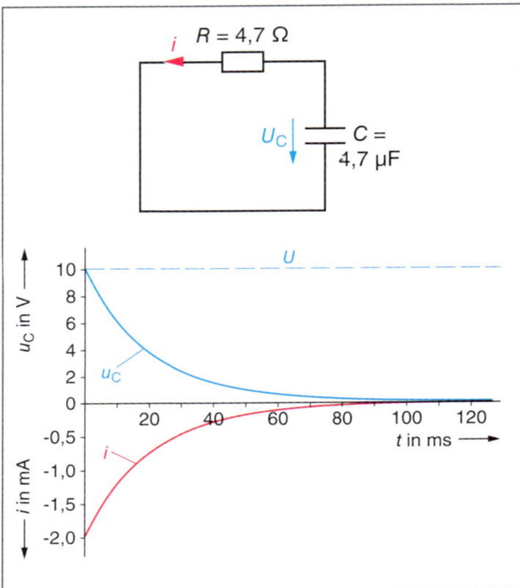

Bild 78 Entladen eines Kondensators

Die zunächst hohe Kondensatorspannung ($U_C = U$) ruft einen *hohen Entladestrom* (entgegengesetzte Richtung) hervor.

Da sich der Kondensator entlädt, nehmen U_C und Entladestrom mit fortschreitender Zeit ab.

Wenn $U_C = 0$, dann wird auch der Entladestrom null.

Zeitkonstante

Die Kondensatorkapazität C und der Widerstand R bestimmen die *Lade- und Entladezeit* des Kondensators.

Hohe Kapazität → hoher Ladungsbedarf → hohes Speichervemögen

Hoher Widerstand → geringe Stromstärke → Ladungstransport dauert länger

$$\tau = R \cdot C$$

τ Zeitkonstante in s
R Widerstand in Ω
C Kapazität in F

■ **τ**
Tau, griechischer Kleinbuchstabe

Die Zeitkonstante gibt an, nach welcher Zeit ein Kondensator (beginnend bei 0 V) auf 63 % der Endspannung aufgeladen ist, bzw. bei der Entladung auf 37 % der Anfangsspannung entladen ist.

Praktisch werden die Endwerte (geladen, entladen) nach 5 Zeitkonstanten ($5 \cdot \tau$) erreicht.

z.B.

Kondensator $C = 4{,}7\ \mu F$;
Widerstand $R = 4{,}7\ M\Omega$

Wie groß ist die Zeitkonstante τ?

$\tau = R \cdot C$

$\tau = 4{,}7 \cdot 10^6\ \Omega \cdot 4{,}7 \cdot 10^{-6}\ F = 22{,}09\ s$

Bild 79 *Laden und Entladen eines Kondensators, Zeitkonstante*

Geladene Kondensatoren sind Gefahrenquellen! Sie müssen vor Arbeitsbeginn entladen werden!

Kondensatoren, besonders solche höherer Kapazität, haben oftmals einen **Entladewiderstand**, der nach Abschalten der Spannung den Kondensator entlädt.

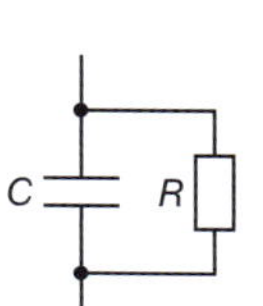

Kennwerte von Kondensatoren

Bemessungskapazität C_N

Der Kondensator ist für C_N konstruktiv bemessen. Mit diesem Wert ist er auch *beschriftet* bzw. *gekennzeichnet*.

Die **Bemessungskapazitäten** werden nach den IEC-Reihen abgestuft.

Folgende *Angaben* sind möglich:

- Aufdruck in Klarschrift (z. B. 100 nF)
- Verkürzte Einheitenangabe (z. B. 6n8 = 6,8 nF; 68n = 68 nF)
- Nur der Zahlenwert ist aufgedruckt. Die Baugröße bestimmt die Einheit.
- Farbcodierung wie bei den Widerständen. Dritter Farbpunkt: Multiplikator in pF ($1\ pF = 10^{-12}\ F$).

Toleranz

Gibt die zulässige **Abweichung** von der Bemessungskapazität C_N an.

Gilt nur für den Zeitpunkt der Herstellung.

Angegeben entweder in *Klarschrift* oder durch *Großbuchstaben* bzw. *Farbpunkte*.

z.B.

4,7 µF K

K bedeutet: Toleranz ± 10 %
10 % von 4,7 µF sind $0{,}1 \cdot 4{,}7\ \mu F = 0{,}47\ \mu F$

$C_N = 4{,}7\ \mu F$

$C = 4{,}23 \cdots 5{,}17\ \mu F$

Bemessungsspannung U_N

Maximal zulässige Spannung zwischen den Kondensatorbelägen.

Der Kondensator kann bei Umgebungstemperaturen ≤ 40 °C mit dieser Spannung dauerhaft betrieben werden.

Überschreitung von U_N kann zum *Durchschlag* des Dielektrikums führen.

Die Bemessungsspannung kann in *Klarschrift*, durch *Farbkennzeichnung* oder durch *Kleinbuchstaben* angegeben werden.

Bauformen von Kondensatoren

Zielsetzung bei der Herstellung von Kondensatoren ist es, eine möglichst *große Kapazität* bei möglichst *geringen Abmessungen* zu erreichen.

Bei **Wickelkondensatoren** sind die leitenden Metallbeläge mit dem zwischengelegten Dielektrikum stramm aufgewickelt. Bei geringem Abstand lässt sich so die Fläche erheblich vergrößern. Dies bedeutet eine Kapazitätserhöhung.

$$C = \frac{\varepsilon_0 \cdot \varepsilon_r \cdot A}{d}$$

Beläge und Dielektrikum werden in ein abgedichtetes Gehäuse untergebracht. Gehäusematerial: Metall, Kunststoff, Keramik.

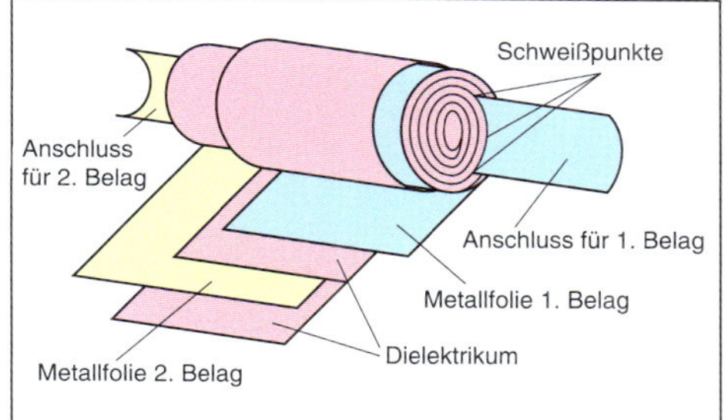

Bild 80 *Wickelkondensator*

■ **Kondensatoren**
Bauformen, technische Daten, Bezeichnung

■ **Bauformen**
Unterteilt werden die unterschiedlichen Bauformen nach Konstanz oder Veränderbarkeit der Kapazität und nach der Art des Dielektrikums.

■ **Toleranz**
Zulässige Abweichung von der angegebenen Größe.

@ Interessante Links

Kondensatoren
- abb.de
- buerklin.com
- panasonic.de
- electronicon.com

■ **Aufgabenlösung**

@ Interessante Links

- christiani-berufskolleg.de

Prüfung

1. Elektrische Felder werden durch Feldlinien beschrieben.
Welche Eigenschaften haben die elektrischen Feldlinien?

2. Zwei Metallplatten sind in einem Abstand von 3 mm aufgestellt. Die Platten sind an 500 V angeschlossen.
Wie groß ist die elektrische Feldstärke zwischen den Platten?

3. Erläutern Sie den grundsätzlichen Aufbau eines Kondensators.

4. Ein 4,7-µF-Kondensator wird an U = 100 V angeschlossen.
Welche Ladung hat der Kondensator gespeichert?

5. Ein Kondensator der Kapazität 100 µF ist auf 400 V aufgeladen.
Wie lange kann dem Kondensator ein Entladestrom von 1 mA entnommen werden?

6. Ermitteln Sie die Fläche eines Plattenkondensators mit einem Plattenabstand von 0,5 mm, einer Ladung von 1 As, wenn er an 100 V angeschlossen ist. Dielektrikum ist Luft.

7. Welche Aufgabe hat das Dielektrikum beim Kondensator?

8. Ein Kondensator schlägt durch. Woran kann das liegen?

9. Warum führt eine Parallelschaltung von Kondensatoren zu einer Kapazitätserhöhung?

10. Die Kondensatoren 4,7 nF, 6,3 nF und 10 nF sind parallel geschaltet.
Wie groß ist die Kapazität der Parallelschaltung?

11. Warum führt die Reihenschaltung von Kondensatoren zu einer Kapazitätsverminderung?

12. Die Kondensatoren 4,7 µF, 6,3 µF und 10 µF sind in Reihe geschaltet.
Wie groß ist die Kapazität der Reihenschaltung?

13. Wie groß ist die Gesamtkapazität?
Welche Ladungen haben die einzelnen Kondensatoren gespeichert?
Welche Spannungen können an den Kondensatoren gemessen werden?

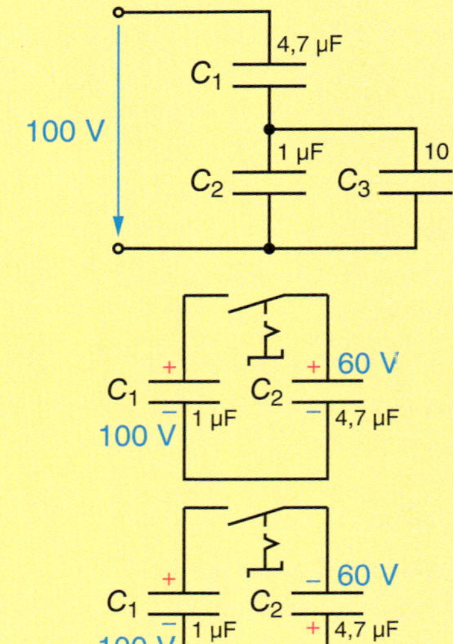

14. Welche Spannung liegt an der Parallelschaltung, wenn der Schalter geschlossen wird?

15. Welche Spannung liegt an der Parallelschaltung, wenn der Schalter geschlossen wird?

16. Welche elektrische Energie ist in einem 10-µF-Kondensator gespeichert, wenn er auf 100 V aufgeladen ist?

17. Ein ungeladener Kondensator wird an Gleichspannung angeschlossen.
Beschreiben Sie den Vorgang.

3.8 Magnetisches Feld

Wenn eine Schützspule an Spannung angeschlossen wird, zieht das Schütz an (Bild 81).

Die *Stromstärke* in der Schützspule ruft offensichtlich eine **Kraftwirkung** hervor, wodurch die Kontakte des Schützes betätigt werden.

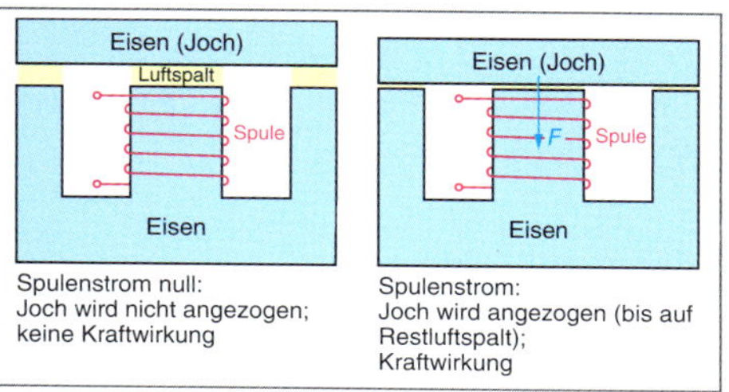

Bild 81 *Arbeitsweise eines Schützes*

Bild 82 *Magnetsystem eines Schützes*

Magnetfeld
magnetic field

Magnetfeldlinie
line of magnetic field strenght, magnetic line of force (flux)

Spule
coil, inductance coil

Wicklung
winding

Windung
turn

Wicklungsisolation
turn insulation

Ursache der Kraftwirkung ist die *stromdurchflossene Spule*.

Eine **Spule** ist ein aufgewickelter elektrischer Leiter. Die einzelnen Spulenwindungen sind dabei gegeneinander zu isolieren.

Der **Spulendraht** wird von einem *elektrischen Strom* durchflossen.

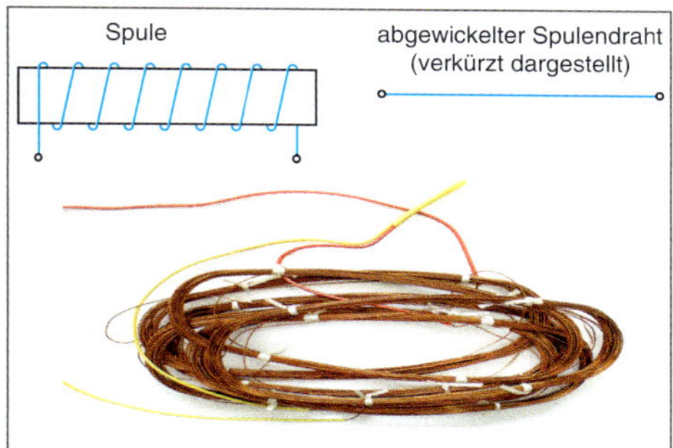

Bild 83 *Spule*

Bringt man eine **Kompassnadel** in die Nähe eines *stromdurchflossenen Leiters*, wird die Magnetnadel aus ihrer Nord-Süd-Richtung *abgelenkt*.

Die *Ablenkrichtung* ist abhängig von der *Stromrichtung*.

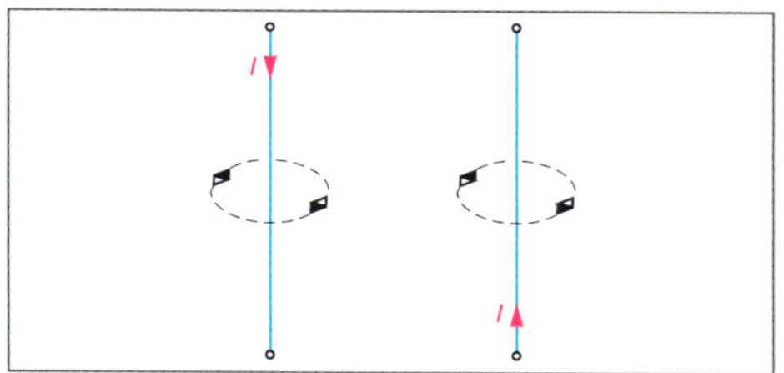

Bild 84 *Ablenkung einer Kompassnadel*

Ein *stromdurchflossener Leiter* wird durch einen Karton (Nichtleiter) geführt. Auf den Karton werden **Eisenfeilspäne** gestreut.

Die Eisenfeilspäne richten sich in Form von *konzentrischen Kreisen* um den Leiter aus.

Auf die Eisenfeilspäne werden **Kräfte** ausgeübt.

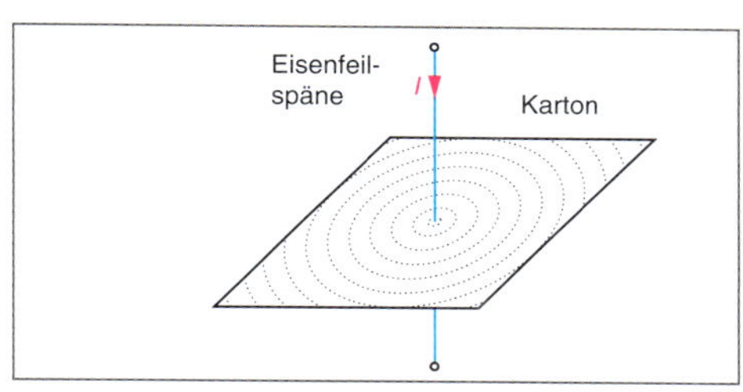

Bild 85 *Eisenfeilspäne sind Prüfkörper*

■ **Eisenfeilspäne**
sind Prüfkörper im magnetischen Feld.

Der Strom im Leiter ruft ein **Magnetfeld** hervor.
Magnetische Feldlinien umgeben den Leiter in konzentrischen Kreisen.
Die **Feldlinienrichtung** hängt von der *Stromrichtung* ab.

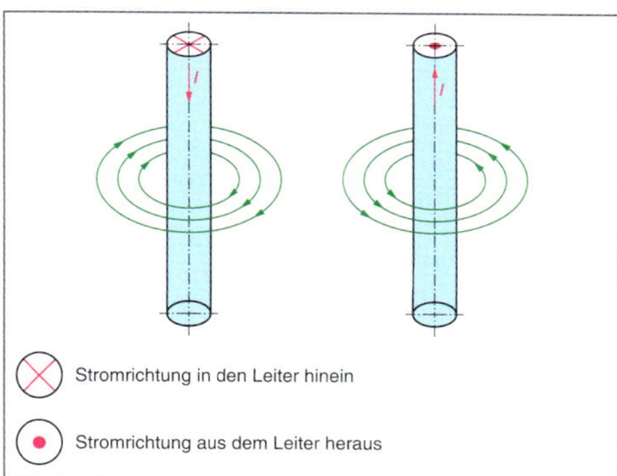

Bild 86 *Stromrichtung und Feldlinienrichtung*

■ **konzentrisch**
Im Mittelpunkt der Kreise (im Zentrum) ist der Leiter angeordnet.

■ **Dauermagnet**
Permanentmagnet; nach einmaliger Magnetisierung wird der magnetische Zustand beibehalten.

Magnet
magnet

Dauermagnet
permanent magnet

Magnetfeldstärke
magnetic field intensity

Magnetfluss
magnetic flux

Magnetismus
magnetism

magnetisieren
magnetize

Flussdichte
flux density

Stabmagnet
bar magnet, rod magnet

Rechtsschraubenregel zur Bestimmung der Feldlinienrichtung

Wird eine **Rechtsschraube** (Rechtsgewinde) so gedreht, dass ihr *Vorschub* in Stromrichtung zeigt, dann wird die Magnetfeldrichtung durch die *Drehrichtung* der Schraube angegeben.

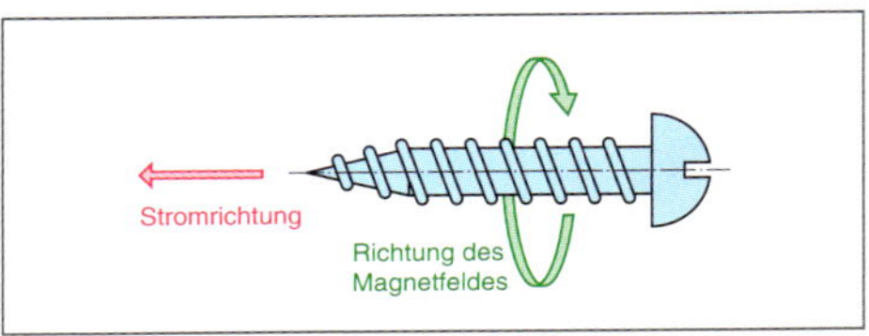

Bild 87 Rechtsschraubenregel

Ursache des Magnetfeldes ist die *Bewegung von Ladungsträgern*, der **elektrische Strom**.

Dies ist auch bei **Dauermagneten** so.

Jeder magnetisierbare Stoff ist ein Metall. Metalle haben eine **Kristallstruktur**. Die den Atomkern umkreisenden Elektronen sind *bewegte Ladungsträger*.

Im Kristallgitter fließen also eine unvorstellbar große Anzahl solcher **Kreisströme**, die man auch **Elementarströme** nennt (Bild 88).

Im Allgemeinen sind die *Elementarströme* völlig *ungeordnet*. Dann heben sich ihre magnetischen Wirkungen auf (Bild 88).

Metalle sind dann **magnetisierbar**, wenn sich ihre Elementarströme *ausrichten* lassen.

Dadurch wird die magnetische Wirkung wesentlich verstärkt (Bild 88).

Ein **Stabmagnet** wird unterhalb einer Pappe angeordnet (Bild 89). Auf die Pappe werden **Eisenfeilspäne** gestreut.

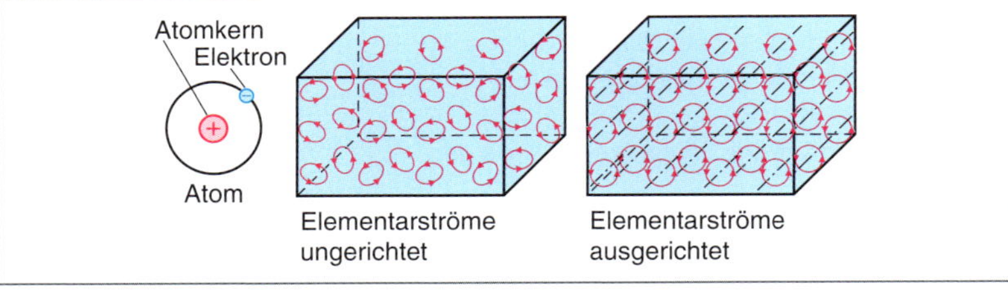

Bild 88 Ausrichtung von Elementarströmen

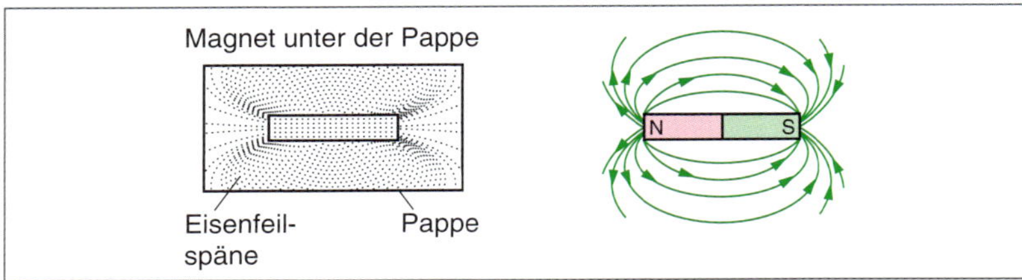

Bild 89 Magnetfeld eines Stabmagneten

Die Eisenfeilspäne sind **Prüfkörper** und richten sich unter dem Einfluss des Magnetfeldes aus.

Die Eisenfeilspäne bilden ein **Feldlinienmuster**.

> Zur anschaulichen Darstellung des *magnetischen Feldes* werden magnetische Feldlinien verwendet.
>
> Ihr *Verlauf* kann durch **Eisenfeilspäne** sichtbar gemacht werden.
>
> Ihre *Richtung* kann mithilfe einer **Kompassnadel** ermittelt werden.

Magnetische Feldlinien

- Sind in sich geschlossen. Sie haben weder Anfang noch Ende.
- Treten aus dem Nordpol aus und in den Südpol ein. *Außerhalb* des Magneten verlaufen sie vom Nordpol zum Südpol, *innerhalb* des Magneten vom Südpol zum Nordpol.
- Sind an den magnetischen Polen am dichtesten (Nordpol, Südpol).

Es existieren *keine* magnetischen Ladungen, nur **magnetische Dipole**. Nord- und Südpol existieren nur *gemeinsam*.

Wenn beispielsweise ein Stabmagnet *geteilt* wird, entstehen neue Magneten mit *je einem* Nordpol und einem Südpol (Bild 90).

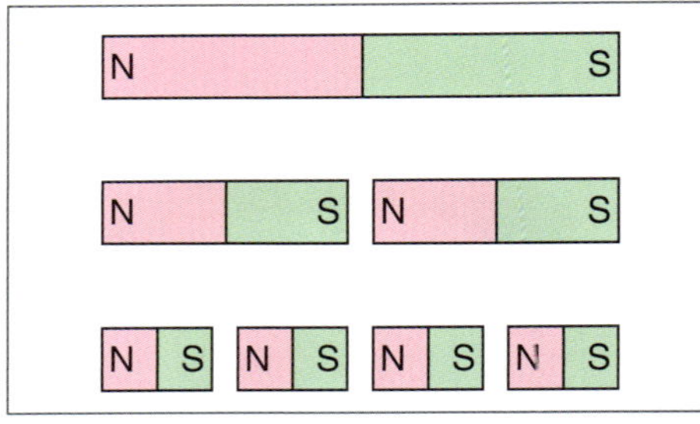

Bild 90 Teilung eines Stabmagneten

Ungleichnamige Magnetpole ziehen sich an.

Magnetische Feldlinien verlaufen *außerhalb* des Magneten vom Nord- zum Südpol. Die Feldlinien sind bestrebt sich (wie Gummifäden) zu *verkürzen*. Es entsteht eine **Zugkraft** in Feldlinienrichtung (Bild 91).

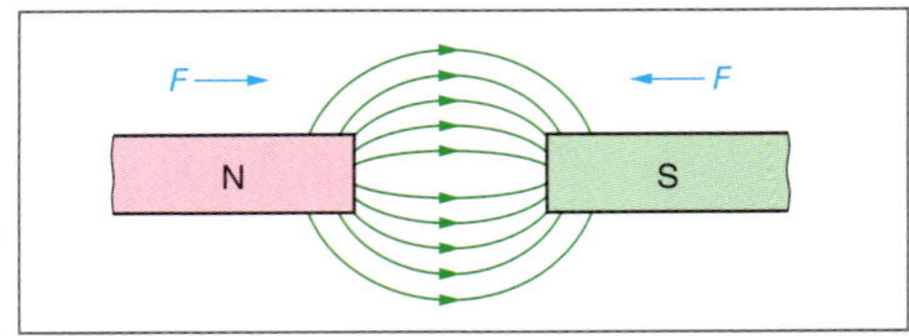

Bild 91 Ungleichnamige Magnetpole

Der **Feldlinienweg** ist umso kürzer, je näher sich Nord- und Südpol gegenüberstehen.

Gleichnamige Magnetpole stoßen sich ab.

Magnetische Feldlinien *schneiden sich niemals*. Daher entsteht bei gleichnamigen Magnetpolen eine **Druckkraft** quer zu den Feldlinien. Die Magnetpole *stoßen sich ab* (Bild 92).

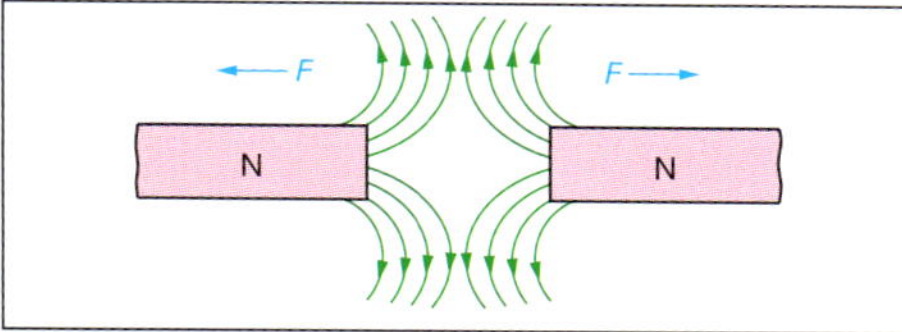

Bild 92 Gleichnamige Magnetpole

Magnetische Pole beim Elektromagneten

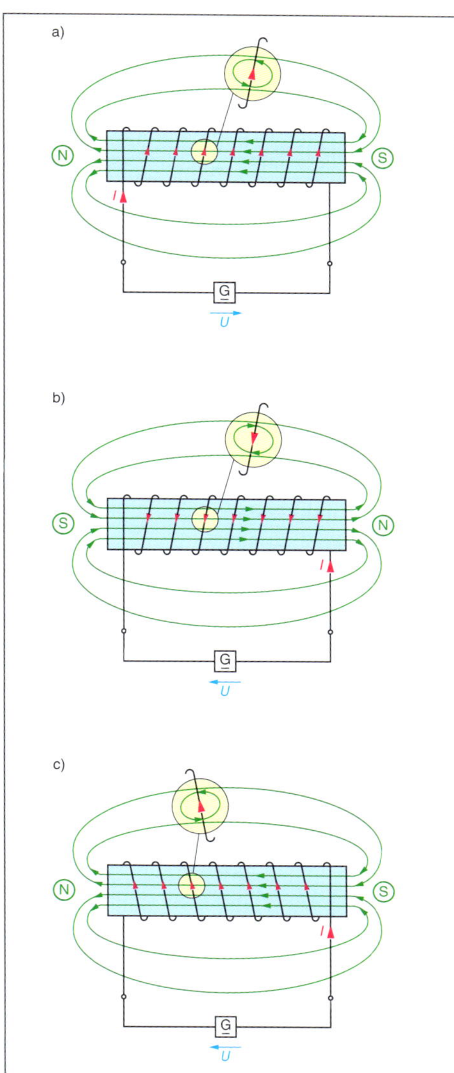

Bild 93 Magnetfeld eines Elektromagneten

Zur Anwendung kommt die **Rechtsschraubenregel**.

Bild 93 a): Beachten Sie den *Wickelsinn* der Spule.

Bei der Stromrichtung ergibt sich ein Magnetfeld, das im *Spuleninneren* von Süd nach Nord und *außerhalb der Spule* von Nord nach Süd verläuft.

Dadurch können die *Magnetpole* bestimmt werden.

Bild 93 b): Gegenüber a) wird die *Polarität* der Spannungsquelle geändert. Der *Wickelsinn* der Spule bleibt gleich.

Im Spuleninneren verlaufen die Feldlinien von Süd nach Nord. Außerhalb der Spule verlaufen sie von Nord nach Süd.

Durch *Änderung der Stromrichtung* bei *gleichem Wickelsinn* werden die magnetischen Pole vertauscht.

Bild 93 c): Wickelsinn wurde geändert, gleiche Stromrichtung wie bei b).

Auch durch *Änderung des Wickelsinns* lassen sich die Magnetpole verändern.

Magnetische Feldgrößen

Magnetischer Fluss ϕ

Der magnetische Fluss ist die *Summe aller Feldlinien*. Je mehr Feldlinien sich ausbilden, umso stärker ist der magnetische Fluss.

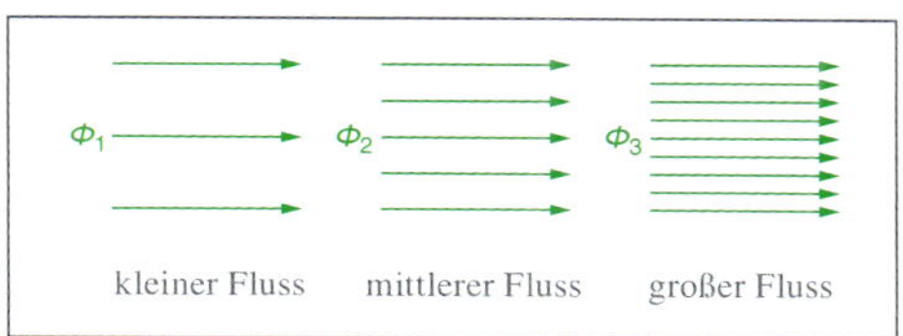

Bild 94 Magnetischer Fluss

Einheit des magnetischen Flusses ist die **Voltsekunde** (Vs). Statt Vs kann auch die Einheit **Weber** (Wb) verwendet werden.

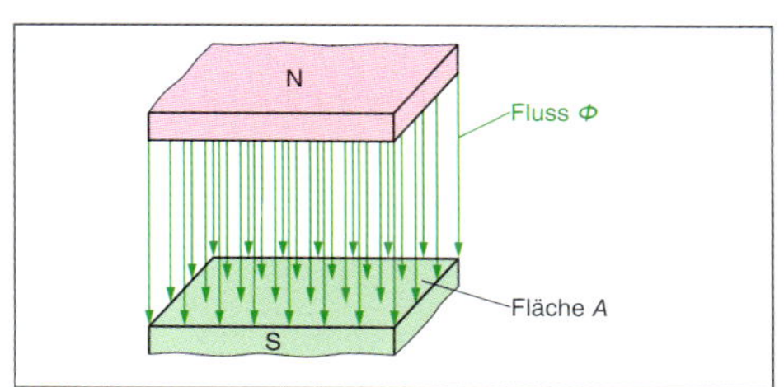

Bild 95 Magnetische Flussdichte

■ **Polarität**

Die Polarität des Magneten kann durch die Stromrichtung und durch den Wickelsinn einer Spule geändert werden.

■ **Dauermagnet**

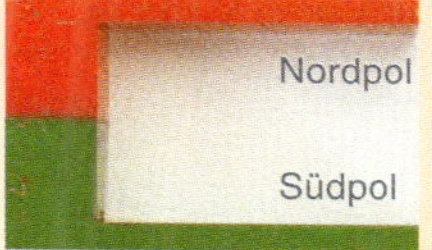

■ **Φ**

Phi, griechischer Kleinbuchstabe

■ **Fluss**

Die Bezeichnung magnetischer Fluss ist irreführend, weil im Magnetfeld nichts fließt.

1 Vs = 1 Wb

$1\ \text{T} = 10^{-4}\ \frac{\text{Wb}}{\text{cm}^2}$

Magnetische Flussdichte *B*

Maß für die *Dichte* der magnetischen Feldlinien. Also für die *Anzahl der Feldlinien pro Fläche*, die von Feldlinien *senkrecht* durchsetzt wird (Bild 95, Seite 199).

Magnetische Flussdichte

$$B = \frac{\Phi}{A} \qquad \text{Einheit: } \frac{\text{Vs}}{\text{m}^2} = \text{T (Tesla)}$$

B magnetische Flussdichte in $\frac{\text{Vs}}{\text{m}^2}$

Φ magnetischer Fluss in Vs

A von Feldlinien senkrecht durchsetzte Fläche

Die *magnetische Flussdichte* ist ein Maß für die **Stärke** des Magnetfeldes. Eine hohe Flussdichte bedeutet ein starkes Magnetfeld.

Magnetische Durchflutung Θ

Bewegte Ladungsträger (elektrischer Strom) sind die *Ursache* des magnetischen Feldes.

Die magnetische Wirkung ist *abhängig* von der *Geschwindigkeit* und der *Anzahl* der in gleicher Richtung *bewegten* Ladungsträger.

Kurz: Die **magnetische Wirkung** hängt von der elektrischen **Stromstärke** ab.

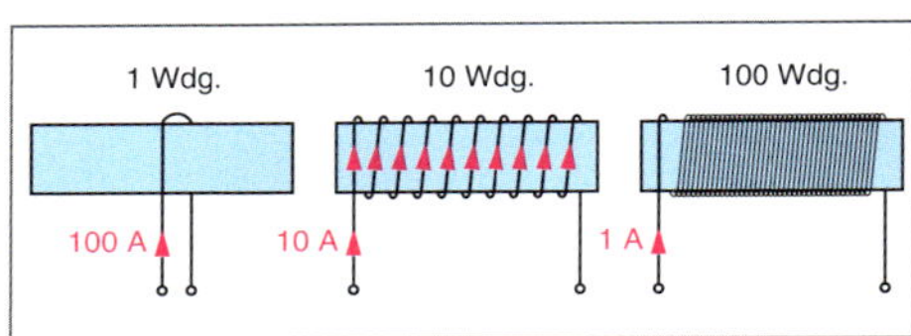

Bild 96 *Magnetische Durchflutung*

Bei einer *Spule* lässt sich die **gleiche magnetische Wirkung** erzielen mit (Bild 96):

- 1 Windung und $I = 100$ A ($1 \cdot 100\ \text{A} = 100\ \text{A}$)
- 10 Windungen und $I = 10$ A ($10 \cdot 10\ \text{A} = 100\ \text{A}$)
- 100 Windung und $I = 1$ A ($100 \cdot 1\ \text{A} = 100\ \text{A}$)

Jede Windung führt den Spulenstrom *I* um den Spulenkörper herum. Bei *N*-Windungen ist also der *N*-fache Spulenstrom magnetisch wirksam. Dies nennt man magnetische **Durchflutung**.

Magnetische Durchflutung

$$\Theta = I \cdot N \qquad \text{Einheit: A}$$

Θ magnetische Durchflutung in A

I Stromstärke in der Spule in A

N Windungszahl

■ **Durchflutung**

Beachten Sie die „Verstärkungswirkung“ der Windungszahl.

Durch Wahl der Windungszahl können mit kleineren Strömen erhebliche magnetische Wirkungen erreicht werden.

■ Θ

Theta, griechischer Großbuchstabe

Durch *Wahl der Windungszahl* kann auch bei relativ *geringen Stromstärken* (Strombelastbarkeit, Querschnitt) die *gewünschte magnetische Wirkung* erreicht werden.

Magnetische Feldstärke *H*

Spulen a) und b) erzeugen die gleiche Durchflutung (Bild 97). Bitte beachten Sie die vereinfachte Spulendarstellung gegenüber Bild 96.

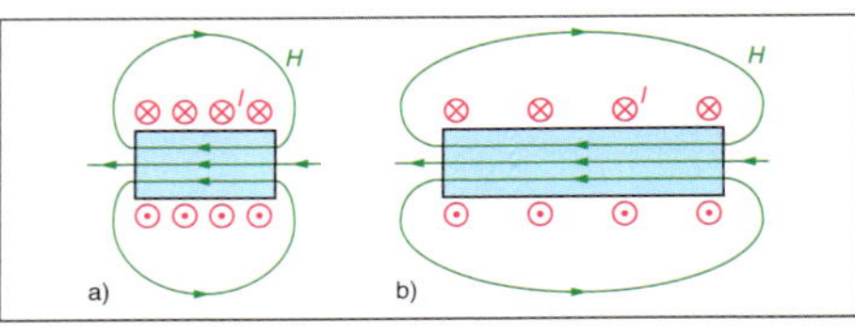

Bild 97 *Magnetische Feldstärke*

Die **Feldlinienlänge** (im Allgemeinen ist die mittlere Feldlinienlänge angegeben) ist bei Spule a) deutlich geringer als bei Spule b).

Die *Durchflutung pro Feldlinienlänge* bezeichnet man als **magnetische Feldstärke**.

Magnetische Feldstärke

$$H = \frac{\Theta}{l_m} = \frac{I \cdot N}{l_m} \qquad \text{Einheit: } \frac{\text{A}}{\text{m}}$$

H magnetische Feldstärke in $\frac{\text{A}}{\text{m}}$

Θ magnetische Durchflutung in A

l_m mittlere Feldlinienlänge in m

I Stromstärke in A

N Windungszahl

Feldstärke und Flussdichte

Eine **Luftspule** wird an eine *einstellbare Spannungsquelle* angeschlossen (Bild 98).

Die Spannung *U* wird kontinuierlich erhöht. Dann steigt die Stromstärke *I* ebenfalls kontinuierlich an.

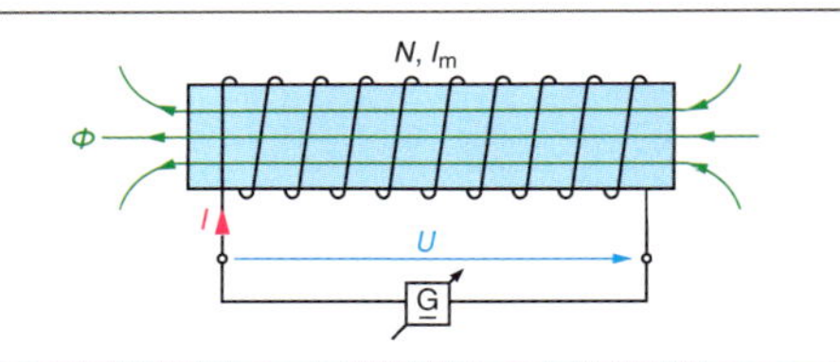

Bild 98 *Luftspule an Spannung*

Da im Allgemeinen Windungszahl *N* und mittlere Feldlinienlänge l_m bei einer Spule *unverändert* bleiben, wird die Feldstärke *H nur* durch den Strom beeinflusst. *H* und *I* sind einander *proportional* (verhältnisgleich).

z.B.

Zwei Spulen (Variante 1 und Variante 2): $N = 400$; $I = 1{,}4$ A; *Linke Variante 1:* 250 mm, *Rechte Variante 2:* $l_m = 120$ mm.

Bestimmen Sie für beide Varianten die magnetische Durchflutung und die magnetische Feldstärke.

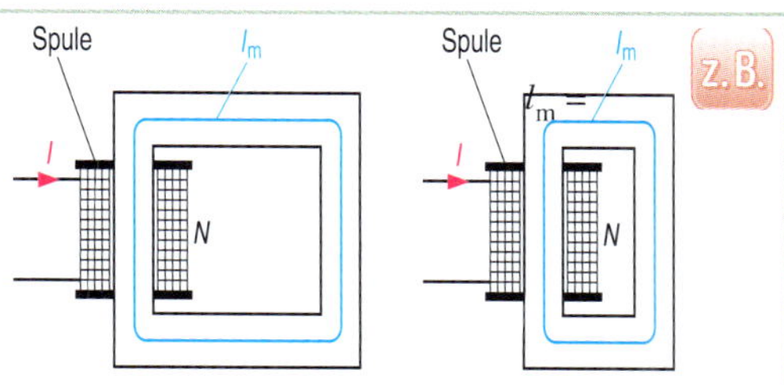

Die Durchflutung ist nicht abhängig von der mittleren Feldlinienlänge l_m und damit für beide Varianten gleich.

$\Theta = I \cdot N$

$\Theta = 1{,}4\ \text{A} \cdot 400 = 560\ \text{A}$

Linke Variante: $l_m = 250\ \text{mm} = 0{,}25\ \text{m}$

$$H = \frac{\Theta}{l_m} = \frac{560\ \text{A}}{0{,}25\ \text{m}} = 2240\ \frac{\text{A}}{\text{m}}$$

Rechte Variante: $l_m = 120\ \text{mm} = 0{,}12\ \text{m}$

$$H = \frac{\Theta}{l_m} = \frac{560\ \text{A}}{0{,}12\ \text{m}} = 4667\ \frac{\text{A}}{\text{m}}$$

Eine Zunahme von H bedeutet eine Zunahme von Φ bzw. B.

B und H sind einander proportional (verhältnisgleich). Die *Kennlinie* ist bei *Luftspulen* eine *Gerade* (Bild 99).

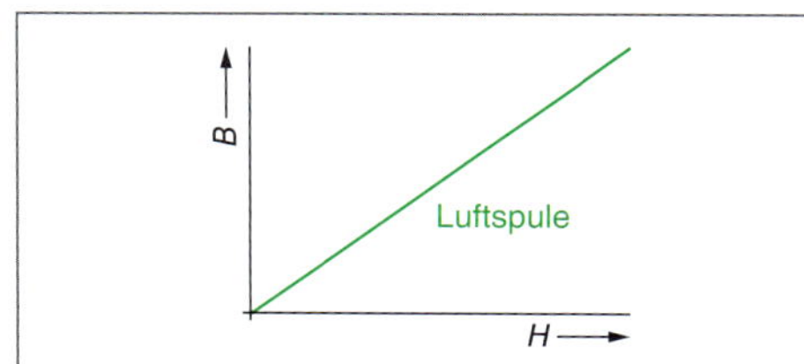

***Bild 99** Kennlinie bei einer Luftspule*

Luftspule

$B = \mu_0 \cdot H$

B magnetische Flussdichte in $\frac{\text{Vs}}{\text{m}^2}$

H magnetische Feldstärke in $\frac{\text{A}}{\text{m}}$

μ_0 magnetische Feldkonstante in $\frac{\text{Vs}}{\text{Am}}$

Die **magnetische Feldkonstante** ist die **Permeabilität** des Vakuums und annähernd auch von Luft.

$$\mu_0 = 1{,}256 \cdot 10^{-6}\ \frac{\text{Vs}}{\text{Am}}$$

Nun wird ein **Eisenkern** in die Luftspule nach Bild 98, Seite 200 geschoben. Danach wird auch hier die Spannung kontinuierlich erhöht.

Der Zusammenhang zwischen Flussdichte B und Feldstärke H sieht nun ganz anders aus (Bild 100).

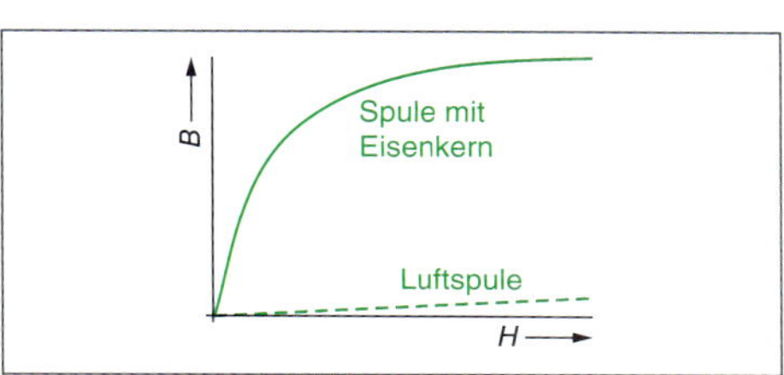

***Bild 100** Kennlinie bei einer Spule mit Eisen*

Zunächst nimmt B stark zu, um dann im Bereich höherer Feldstärken H verhältnismäßig langsam anzuwachsen. Man spricht von **Sättigung**.

Im Vergleich zur Luftspule fällt auch auf, dass *Eisen* die *magnetische Flussdichte* erheblich *verstärkt*.

Feldverstärkung durch Eisen

Unter dem Einfluss des Magnetfeldes richten sich die **Elementarmagneten** im Eisen aus. So bewirken sie eine **Feldverstärkung**.

Nun wirkt nicht jedes magnetisierbare Eisen *in gleicher Weise* feldverstärkend.

Der **Materialeinfluss** wird durch die **Permeabilität** μ berücksichtigt.

Spule mit Eisen

$B = \mu \cdot H$

B magnetische Flussdichte in $\frac{\text{Vs}}{\text{m}^2}$

H magnetische Feldstärke in $\frac{\text{A}}{\text{m}}$

μ Permeabilität in $\frac{\text{Vs}}{\text{Am}}$

μ_r relative Permeabilität

$$\mu = \mu_0 \cdot \mu_r$$

■ **Feldstärke**

Die magnetische Feldstärke *H* berücksichtigt den Einfluss der Feldlinienlänge.

Die Durchflutung pro Meter oder Zentimeter Feldlinienlänge wird magnetische Feldstärke genannt.

Die Einheit $\frac{\text{A}}{\text{m}}$ oder $\frac{\text{A}}{\text{cm}}$ verdeutlicht das.

Elektromagnet
electromagnet

Durchflutung
magnetomotive force, mmf

Luftspule
air coil, air-core coil

Spulenwicklung
coil winding

■ μ

My, griechischer Kleinbuchstabe

■ **Permeabilität**

Durchlässigkeit, Durchdringbarkeit

■ **Magnetische Feldkonstante**

$\mu_0 = 1{,}256 \cdot 10^{-6}\ \frac{\text{Vs}}{\text{Am}}$

■ **Beispiele für die relative Permeabilität**

Luft: $\mu_r = 1{,}0000004$

Kupfer: $\mu_r = 0{,}99999$

Trafoblech: $\mu_r = 8000$

■ **Relative Permeabilität**

■ **Sättigung**

Abnahme des Zuwachses.

■ **Remanenz**

Zurückbleiben

■ **Magnetwerkstoffe**

Die **relative Permeabilität** gibt an, wievielmal besser ein Werkstoff die magnetischen Feldlinien leitet als Luft oder das Vakuum.

Für das Vakuum, annähernd auch für Luft, gilt $\mu_r = 1$. Man kann μ_r als „Verstärkungsfaktor" des Eisens für das Magnetfeld auffassen.

Sättigung

Kennlinie Bild 100, Seite 201. Im *Bereich kleiner Feldstärken H* steigt die Feldstärke steil und nahezu *linear* an. Es sind dann noch nicht alle ausrichtbaren Elementarmagnete ausgerichtet.

Eine Steigerung der Feldstärke *H* ruft eine nahezu *verhältnisgleiche* Zunahme der ausgerichteten Elementarmagnete hervor.

Im *Bereich höherer Feldstärken H* sind schon viele Elementarmagnete ausgerichtet. Es wird dann immer schwieriger, die restlichen Elementarmagnete auch noch auszurichten. Das Eisen ist **gesättigt**.

Zur Ausrichtung der verbleibenden Elementarmagnete sind dann relativ hohe Feldstärken notwendig. Der zuvor lineare Kennlinienverlauf geht nach der **Sättigung** in eine *schwach steigende Magnetisierungskurve* über (wie bei der Luftspule).

Magnetisierungskurven

Die Kennlinien $B = f(H)$ werden von den Herstellern der Magnetwerkstoffe ermittelt und den Anwendern zur Verfügung gestellt.

Aus diesen Kennlinien kann die *magnetische Flussdichte B* ermittelt werden, wenn die *magnetische Feldstärke H* bekannt ist.

Hysteresekurve

Wenn Eisen magnetisiert wird, kann nach dem „Abschalten" des Magnetfeldes beobachtet werden, dass im Eisen ein mehr oder weniger starker **Restmagnetismus** verbleibt.

Bei **Dauermagneten** ist dieser Restmagnetismus erwünscht. Dauermagneten werden **hartmagnetische Werkstoffe** genannt.

Bei diesen Stoffen bleibt ein großer Teil der Elementarmagnete ausgerichtet.

Bei **weichmagnetischen Werkstoffen** bleiben die Elementarmagnete nur so lange ausgerichtet, wie das erzeugende Magnetfeld besteht.

Danach verschwindet die magnetische Wirkung nahezu vollständig. Es verbleibt nur ein sehr geringer **Restmagnetismus**, eine sehr geringe **Remanenz**.

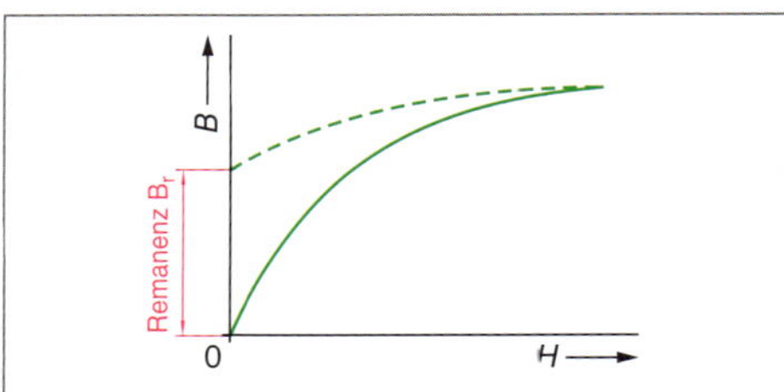

Bild 102 *Restmagnetismus (Remanenz)*

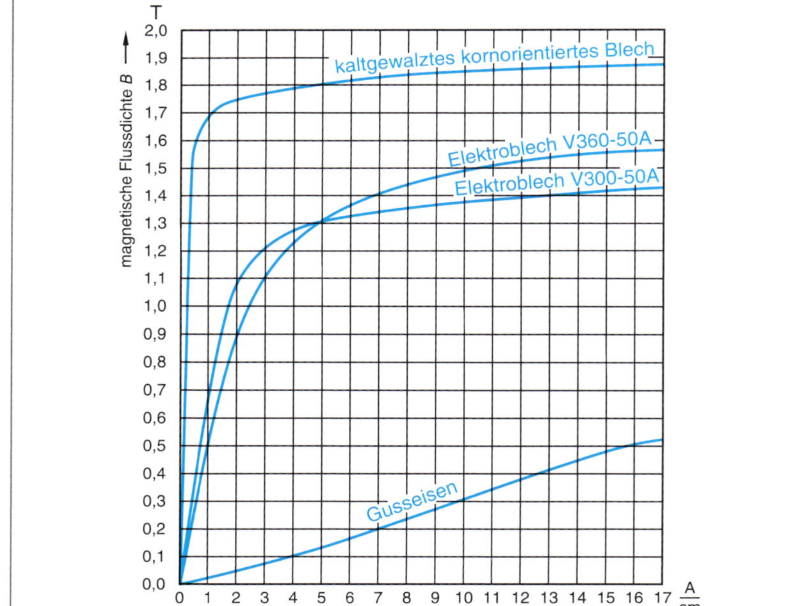

Bild 101 *Magnetisierungskurven*

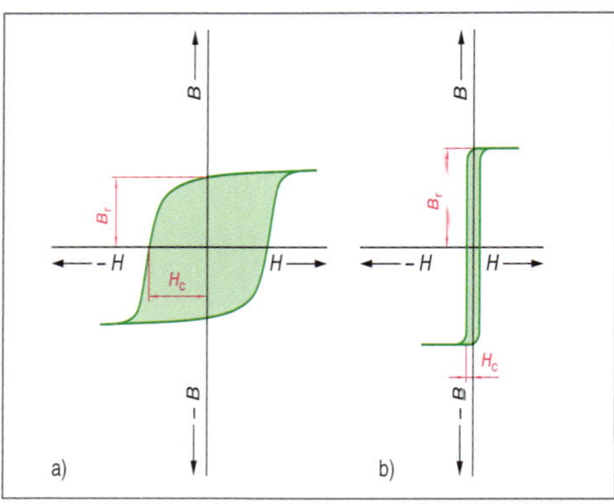

Bild 103 *Hysteresiskurven*

a) hartmagnetischer Werkstoff
b) weichmagnetischer Werkstoff

Die **hartmagnetischen Werkstoffe** werden für **Dauermagnete** (Permanentmagnete), die **weichmagnetischen Werkstoffe** zur Herstellung von **Elektroblechen** (z. B. Schütze, Elektromotoren) verwendet.

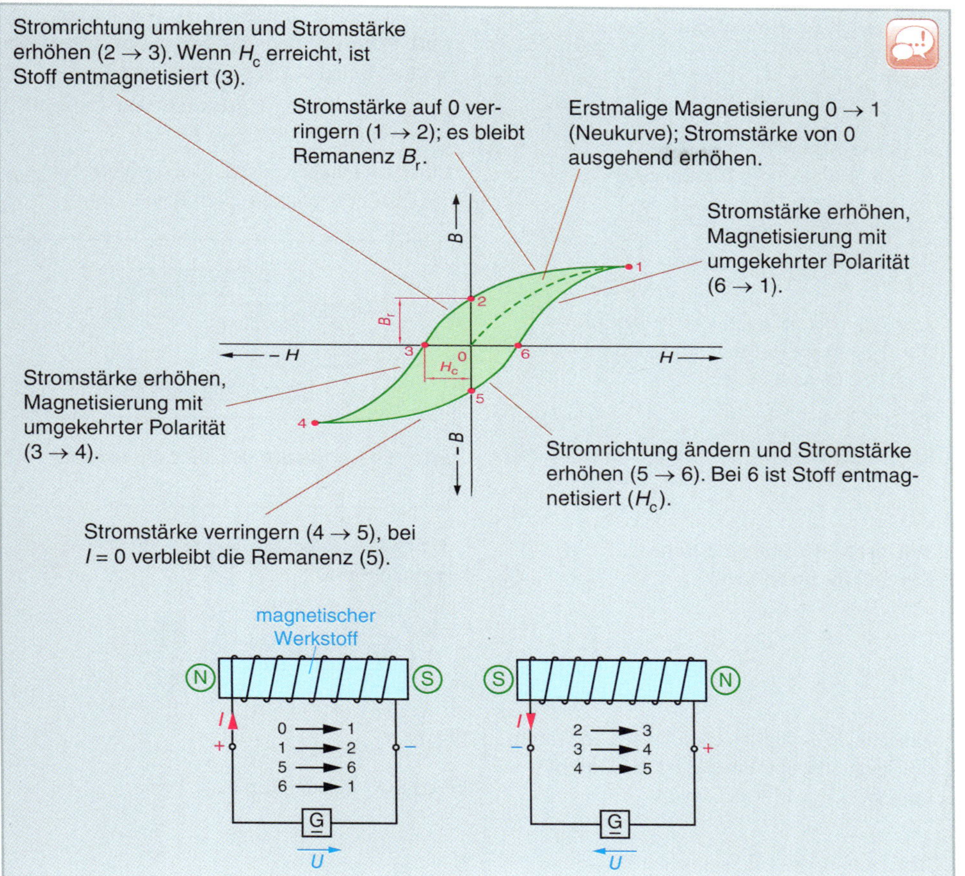

Magnetischer Kreis

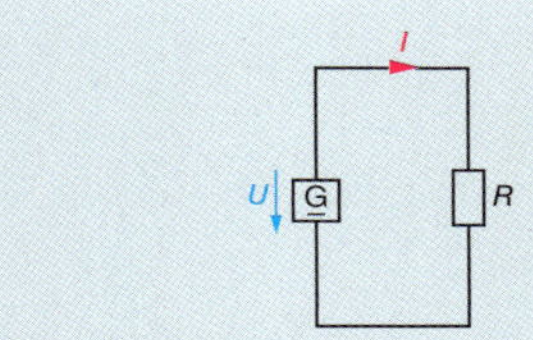

Elektrischer Kreis

Die elektrische Spannung U treibt einen Strom I durch den Kreis. Die Stromstärke hängt von Spannung U und Widerstand R ab. Es gilt das **ohmsche Gesetz**.

$$I = \frac{U}{R}$$

Ursächliche Größe: Spannung U
Folge: Stromstärke I
Begrenzung durch: Widerstand R

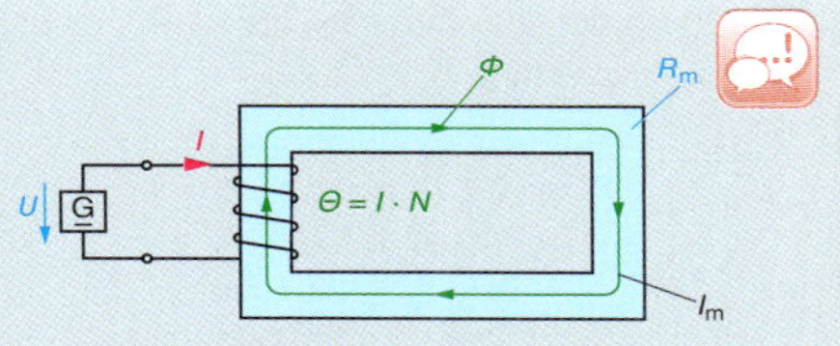

Magnetischer Kreis

Die Durchflutung $\Theta = I \cdot N$ treibt einen magnetischen Fluss Φ durch den magnetischen Widerstand R_m. Der magnetische Fluss hängt von der Durchflutung Θ und vom magnetischen Widerstand R_m ab. Es gilt das **„ohmsche Gesetz des magnetischen Kreises“**.

$$\Phi = \frac{\Theta}{R_m}$$

Ursächliche Größe: Durchflutung Θ
Folge: magnetischer Fluss Φ
Begrenzung durch: magn. Widerstand R_m

Neukurve

Kennlinienverlauf bei Erstmagnetisierung.

Das Betreiben magnetischer Kreise im Bereich der Sättigung ist wegen des hohen elektrischen Energieaufwandes nicht sinnvoll.

Die Koerzitivfeldstärke H_C dient der Entmagnetisierung magnetisierbarer Stoffe.

Die Ummagnetisierung erfordert elektrische Energie, die in Wärme umgewandelt wird.

Sättigung
saturation

Neukurve
initial magnetization curve, virgin curve

Hysterese
hysteresis

Hysteresekurve
hysteresis curve, BH curve

Hystereseverlust
hysteresis loss

Eisenverlust
iron (core) loss

Remanenz
remanence, residual magnetization

Magnetischer Kreis
magnetic circuit

Magnetische Durchflutung

ist die ursächliche Größe des magnetischen Feldes.

So wie die elektrische Spannung die ursächliche Größe des elektrischen Stromkreises ist.

■ **Magnetischer Widerstand**

Eigenschaft eines Stoffes, sich dem magnetischen Fluss zu widersetzen.

Kehrwert des magnetischen Widerstandes R_m ist die magnetische Leitfähigkeit Λ (Lambda, griechischer Großbuchstabe).

Magnetischer Widerstand

$$R_m = \frac{l_m}{\mu_0 \cdot \mu_r \cdot A} \qquad \text{Einheit: } \frac{A}{Vs}$$

R_m magnetischer Widerstand in $\frac{A}{Vs}$
l_m mittlere Feldlinienlänge in m
μ_0 magnetische Feldkonstante in $\frac{Vs}{Am}$
μ_r relative Permeabilität
A Querschnitt des Eisenkerns in m^2

Je *größer* der **magnetische Widerstand** R_m, umso *geringer* ist die Fähigkeit, magnetische Feldlinien zu leiten.

Bei gegebener Durchflutung Θ bestimmt R_m den magnetischen Fluss Φ.

Bei vielen technischen Anwendungen sind **Luftspalte** im magnetischen Kreis vorhanden. So zum Beispiel auch beim Schütz.

Der **magnetische Widerstand** von Luftspalten ist erheblich höher als bei Eisen.

Luftspalte haben also *einen erheblichen Einfluss* auf den magnetischen Kreis.

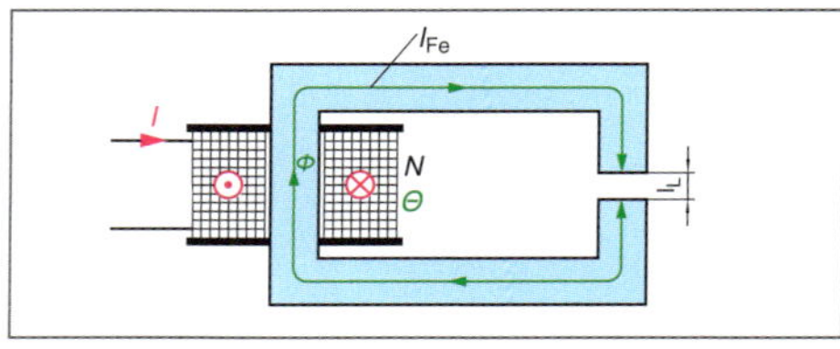

Bild 104 *Magnetischer Kreis mit Luftspalt*

z.B.

Wie groß ist der magnetische Fluss Φ im Eisenkern?

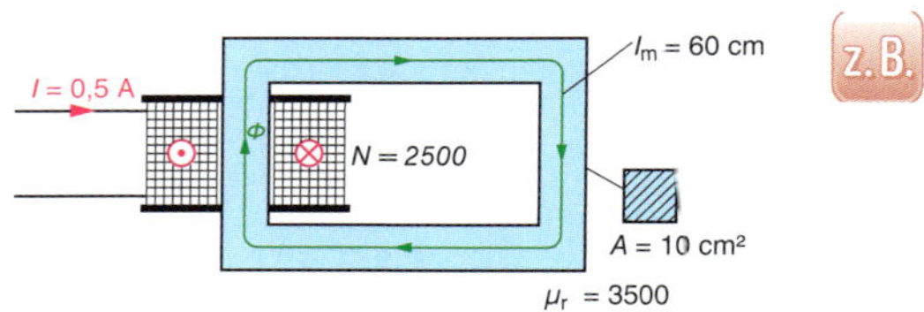

Ursache des magnetischen Feldes und damit des magnetischen Flusses ist die Durchflutung Θ.

$$\Theta = I \cdot N$$

$$\Theta = 0{,}5\ A \cdot 2500 = 1250\ A$$

Berechnung des magnetischen Widerstandes R_m des Eisenkerns:

$$R_m = \frac{l_m}{\mu_0 \cdot \mu_r \cdot A}$$

$$R_m = \frac{0{,}6\ m}{1{,}256 \cdot 10^{-6}\ \frac{Vs}{Am} \cdot 3500 \cdot 10 \cdot 10^{-4}\ m^2}$$

$$R_m = 1{,}36 \cdot 10^5\ \frac{A}{Vs}$$

Nun kann der magnetische Fluss Φ berechnet werden.

$$\Phi = \frac{\Theta}{R_m}$$

$$\Phi = \frac{1250\ A}{1{,}36 \cdot 10^5\ \frac{A}{Vs}} = 9{,}2 \cdot 10^{-3}\ Vs$$

■ **Streuung**

Streufluss; nicht ausschließlich im Eisen verlaufender magnetischer Fluss.

z.B.

Magnetischer Kreis mit Luftspalt (Bild 104)

Annahme:

$I = 1$ A, $N = 1000$, $l_{Fe} = 60$ cm, $\mu_r = 3000$, $l_L = 1$ mm, $A_{Fe} = 4\ cm^2$, $A_L = 4{,}4\ cm^2$ (10 % Streuung)

Wie groß ist der magnetische Fluss Φ?

Die *magnetischen Widerstände* von Eisenkern R_{mFe} und Luftspalt R_{mL} sind *in Reihe* geschaltet. Der magnetische Fluss (Summe der Feldlinien) muss sowohl den Eisenkern als auch den Luftspalt durchsetzen.

Im Luftspalt wird eine *magnetische Streuung* hervorgerufen. Der Luftspaltquerschnitt ist dadurch *größer* als der Eisenquerschnitt.

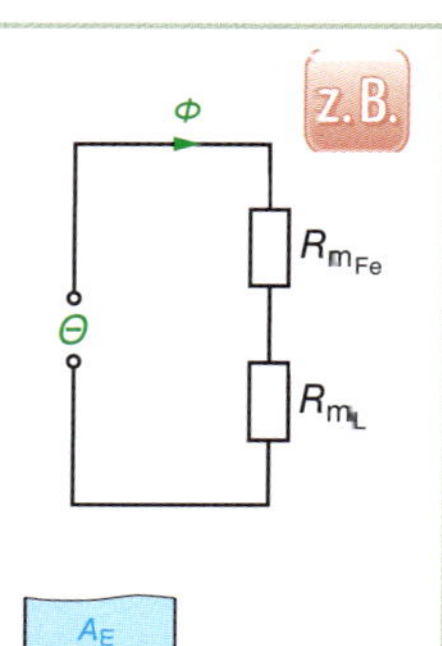

Die beiden magnetischen Widerstände werden berechnet.

z.B.

$$R_{m\,Fe} = \frac{l_{Fe}}{\mu_0 \cdot \mu_r \cdot A_{Fe}}$$

$$R_{m\,Fe} = \frac{0{,}6\ \text{m}}{1{,}256 \cdot 10^{-6}\,\frac{\text{Vs}}{\text{Am}} \cdot 3000 \cdot 4 \cdot 10^{-4}\ \text{m}^2}$$

$$R_{m\,Fe} = 4 \cdot 10^5\,\frac{\text{A}}{\text{Vs}}$$

$$R_{m\,L} = \frac{l_L}{\mu_0 \cdot A_L}$$

$$R_{m\,L} = \frac{1 \cdot 10^{-3}\ \text{m}}{1{,}256 \cdot 10^{-6}\,\frac{\text{Vs}}{\text{Am}} \cdot 4{,}4 \cdot 10^{-4}\ \text{m}^2}$$

$$R_{m\,L} = 1{,}81 \cdot 10^6\,\frac{\text{A}}{\text{Vs}}$$

Berechnung des magnetischen Gesamtwiderstandes:

$$R_{m\,g} = R_{m\,Fe} + R_{m\,L}$$

$$R_{m\,g} = 4 \cdot 10^5\,\frac{\text{A}}{\text{Vs}} + 1{,}81 \cdot 10^6\,\frac{\text{A}}{\text{Vs}}$$

$$R_{m\,g} = 2{,}21 \cdot 10^4\,\frac{\text{A}}{\text{Vs}}$$

Der magnetische Fluss Φ (die Summe der Feldlinien) ist in Eisen und Luftspalt gleich groß.

$$\Phi = \frac{\Theta}{R_{m\,g}} = \frac{I \cdot N}{R_{m\,g}}$$

$$\Phi = \frac{1\ \text{A} \cdot 1000}{2{,}21 \cdot 10^6\,\frac{\text{A}}{\text{Vs}}} = 4{,}52 \cdot 10^{-4}\ \text{Vs}$$

Kraft im Magnetfeld

Im Magnetfeld wirken Kräfte.

Gleichnamige Magnetpole stoßen sich ab, ungleichnamige Magnetpole ziehen sich an.

Kraft auf einen stromdurchflossenen Leiter

Ein stromdurchflossener Leiter umgibt sich mit einem **konzentrischen Magnetfeld** (Seite 197).

Wenn ein solcher Leiter in ein Magnetfeld gebracht wird, kommt es zu einer **Kraftwirkung**. Der Leiter wird **in Richtung der Feldschwächung** abgedrängt (Bild 106).

Feldlinien haben das Bestreben, sich zu *verkürzen*. Auf den Leiter in Bild 106 wird also eine **Kraft** *nach links* ausgeübt.

Kraft auf stromdurchflossenen Leiter

$$F = B \cdot I \cdot l$$

F Kraftwirkung auf Leiter in N

B magnetische Flussdichte in $\frac{\text{Vs}}{\text{m}^2}$

I Stromstärke im Leiter in A

l Leiterlänge im Magnetfeld in m

Für die **Kraftrichtung** gilt eine *Linkehandregel* (Bild 105).

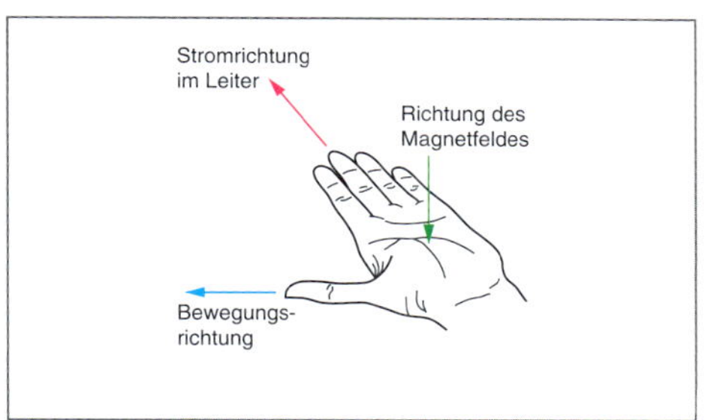

Bild 105 *Linkehandregel*

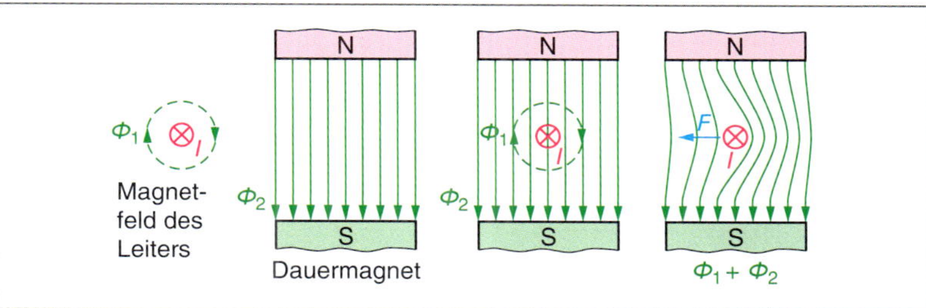

Bild 106 *Kraftwirkung im Magnetfeld, Kraft auf einen stromdurchflossenen Leiter*

Ein vom Strom $I = 25\ \text{A}$ durchflossener Leiter wird auf einer Länge von 1 m durch ein Magnetfeld der Flussdichte $B = 1\,\frac{\text{Vs}}{\text{m}^2}$ geführt.

Welche Kraft wird dabei auf den Leiter ausgeübt?

$$F = B \cdot I \cdot l$$

$$F = 1\,\frac{\text{Vs}}{\text{m}^2} \cdot 25\ \text{A} \cdot 1\ \text{m} = 25\ \text{N}$$

z.B.

Kraftwirkung zwischen stromdurchflossenen Leitern

Je nach *Stromrichtung* wirken Anziehungs- und Abstoßungskräfte.

$$F = \mu_0 \cdot \frac{I_1 \cdot I_2}{2\pi \cdot a} \cdot l$$

F Kraftwirkung in N
μ_0 magnetische Feldkonstante in $\frac{\text{Vs}}{\text{Am}}$
I_1 Stromstärke in Leiter 1 in A
I_2 Stromstärke in Leiter 2 in A
a gegenseitiger Leiterabstand in m
l Leiterlänge im Magnetfeld in m

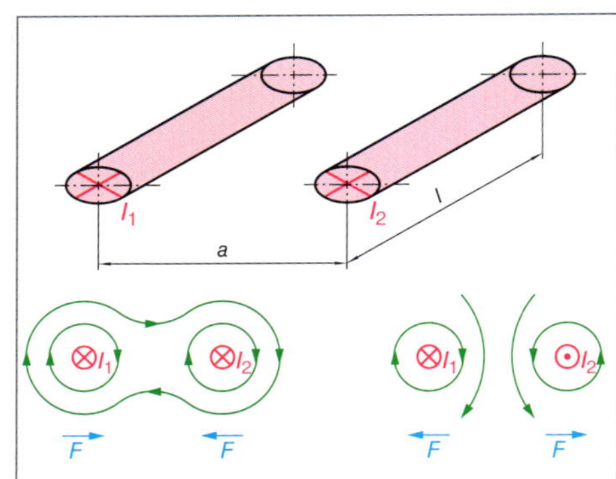

Bild 107 Kraftwirkung zwischen Leitern

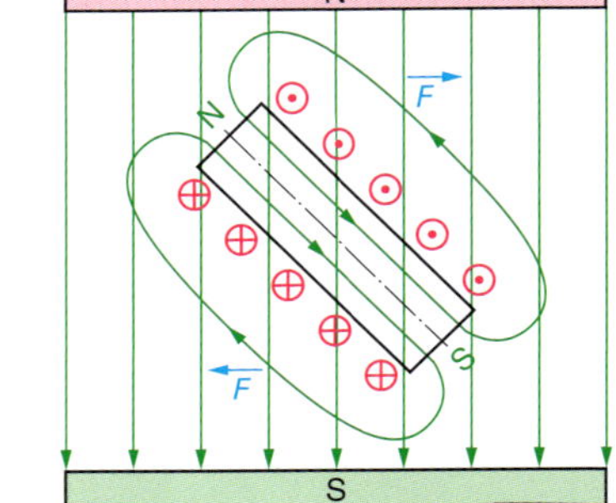

Bild 109 Kraftwirkung auf eine Spule

Kraftwirkung auf stromdurchflossene Spule

Eine stromdurchflossene Spule ist ein **Elektromagnet** mit einem Nordpol und einem Südpol.

Gleichnamige Pole stoßen sich ab, ungleichnamige Pole ziehen sich an.

Die auf die Spule einwirkenden Kräfte rufen ein **Drehmoment** hervor, bis das Spulenfeld in Richtung des Dauermagneten zeigt (Bild 109).

Dann stehen sich jeweils Nordpol und Südpol von Dauermagnet und Spule gegenüber.

Kraftwirkung zwischen Magnetpolen

Magnetisierbare Werkstoffe können durch Magnetfelder magnetisiert werden. Dann stehen sich ungleichnamige Pole gegenüber. Es kommt zu einer **Anziehungskraft** (Bild 108).

Wirksame Kraft:

$$F = \frac{B_L^2}{2 \cdot \mu_0} \cdot A_L$$

F Kraftwirkung Magnetpol in N
B_L magnetische Flussdichte in Luftspalt in $\frac{\text{Vs}}{\text{m}^2}$
μ_0 magnetische Feldkonstante in $\frac{\text{Vs}}{\text{Am}}$
A_L Fläche des Luftspaltes in m^2

$B_L = 1\,\frac{\text{Vs}}{\text{m}^2}$, $A_L = 5\ \text{cm}^2$

Mit welcher Kraft wird ein weichmagnetischer Werkstoff angezogen?

$$F = \frac{B_L^2}{2 \cdot \mu_0} \cdot A_L$$

$$= \frac{\left(1\,\frac{\text{Vs}}{\text{m}^2}\right)^2}{2 \cdot 1{,}256 \cdot 10^{-6}\,\frac{\text{Vs}}{\text{Am}}} \cdot 5 \cdot 10^{-4}\ \text{m} = 199\ \text{N}$$

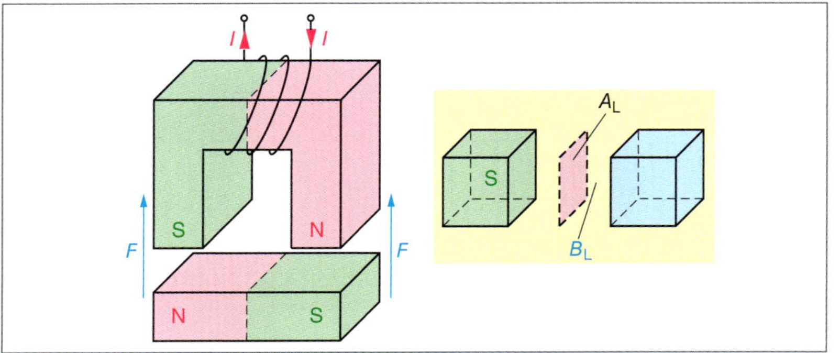

Bild 108 Kraftwirkung zwischen Magnetpolen

Elektromagnetische Induktion

Wird ein Leiter durch ein Magnetfeld *bewegt*, werden auf die *freien Elektronen* im Leiter *Kräfte* ausgeübt. Dadurch werden die Elektronen zu einem Leiterende hin transportiert.

Ergebnis: An einem Leiterende herrscht **Elektronenmangel**, am anderen Leiterende **Elektronenüberschuss** (Bild 110).

Wird ein Leiter im Magnetfeld bewegt, wird in ihm eine elektrische Spannung induziert.

Induktionsspannung

$U_i = B \cdot l \cdot v \cdot N$

U_i Induktionsspannung in V

B magnetische Flussdichte in $\frac{Vs}{m^2}$

l Leiterlänge im Magnetfeld in m

v Geschwindigkeit der Leiterbewegung in $\frac{m}{s}$

N Anzahl der bewegten Leiter

■ **Induktion der Bewegung**

Wird ein Leiter in einem Magnetfeld *bewegt*, wird in ihm eine elektrische Spannung induziert.

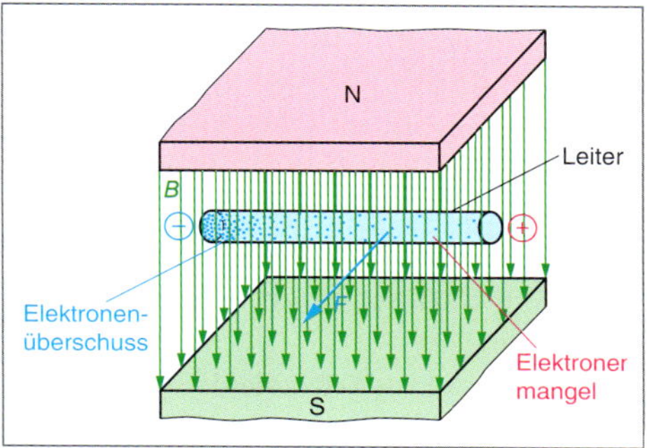

Bild 110 Elektromagnetische Induktion

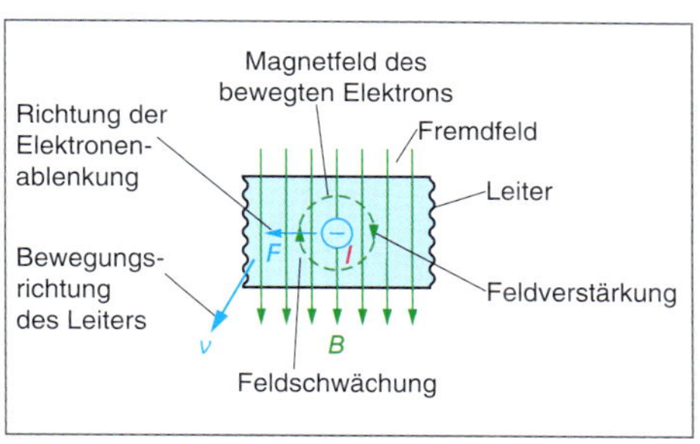

Bild 112 Kraftwirkung auf Ladung

Die *Richtung* der induzierten Spannung hängt von der *Bewegungsrichtung des Leiters* und von der *Richtung des Magnetfeldes* ab.

Die *Richtungsbestimmung* kann mit der **Rechtenhandregel** erfolgen. Hier wird die *technische Stromrichtung* berücksichtigt, sodass die Finger auf den Pluspol zeigen (Bild 111).

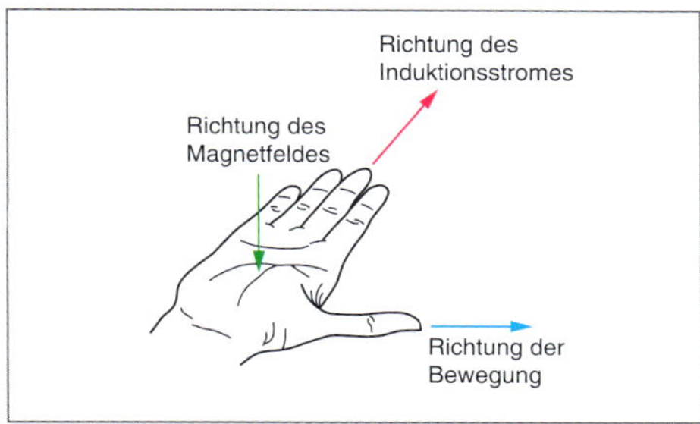

Bild 111 Richtung der induzierten Spannung

Die *Höhe der Induktionsspannung* ist abhängig von der

- Flussdichte B des Magnetfeldes
- wirksamen Leiterlänge im Magnetfeld
- Geschwindigkeit der Leiterbewegung
- Anzahl der bewegten Leiter (Spule)

Die *Ursache der Induktionsspannung* ist die Tatsache, dass auf eine im Magnetfeld bewegte Ladung eine Kraft ausgeübt wird.

Wenn der *Leiter* im Magnetfeld *bewegt* wird, werden auch die *Elektronen* im Leiter bewegt.

Die bewegten Elektronen rufen ein *Magnetfeld* hervor, das sich dem *induzierenden* Magnetfeld (Fremdfeld) überlagert.

Das Elektron wird in *Richtung der Feldschwächung* abgedrängt.

■ **Technische Stromrichtung**

Außerhalb der Spannungsquelle vom Pluspol zum Minuspol.

Induktionsgesetz

Damit eine elektrische Spannung induziert wird, ist eine *zeitliche Änderung* des Magnetfeldes notwendig. Der magnetische Fluss muss sich ständig ändern.

Die **Änderungsgeschwindigkeit** des magnetischen Flusses wird duch $\Delta\phi/\Delta t$ beschrieben (Flussänderungsgeschwindigkeit).

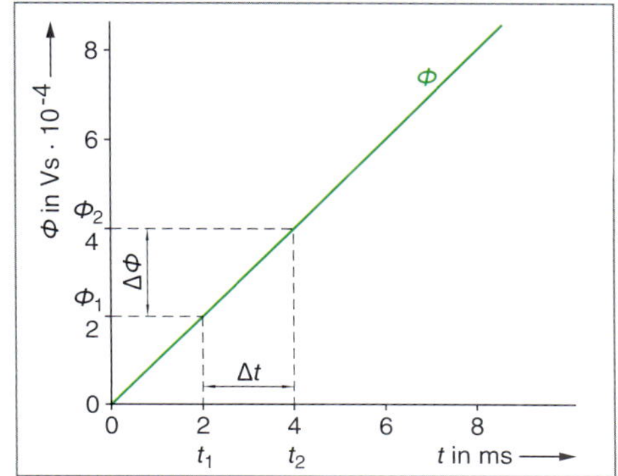

Bild 113 Positive Flussänderung

Induktion
induction

Induktivität
inductance, inductivity

Selbstinduktion
self-induction

■ **Induktionsspannung**

Die Steigung der Magnetflusskennlinie bestimmt Betrag und Richtung der induzierten Spannung.

Die Steigung kann *positiv* (Bild 113) oder *negativ* (Bild 114) sein.

Bild 113, Seite 207:

$\Phi_1 = 2 \cdot 10^{-4}$ Vs, $\Phi_2 = 4 \cdot 10^{-4}$ Vs

$\Delta\Phi = \Phi_2 - \Phi_1 = 2 \cdot 10^{-4}$ Vs

$t_1 = 2$ ms, $t_2 = 4$ ms

$\Delta t = t_2 - t_1 = 2 \text{ ms} = 2 \cdot 10^{-3}$ s

$$\frac{\Delta\Phi}{\Delta t} = \frac{2 \cdot 10^{-4}\text{ Vs}}{2 \cdot 10^{-3}\text{ s}} = 0{,}1 \text{ V (positiv)}$$

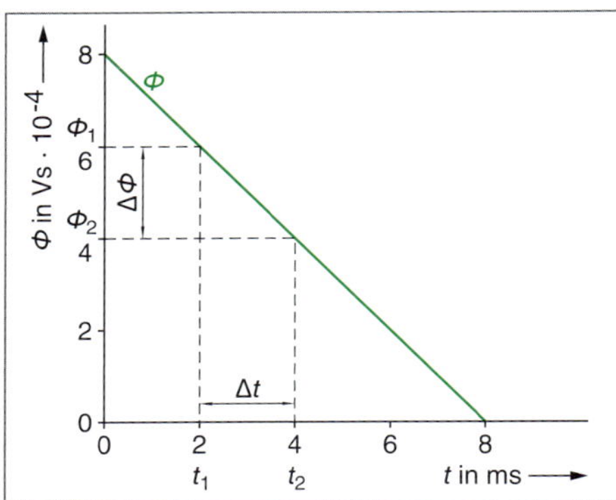

Bild 114 Negative Flussänderung

Bild 114:

$\Phi_1 = 6 \cdot 10^{-4}$ Vs, $\Phi_2 = 4 \cdot 10^{-4}$ Vs

$\Delta\Phi = \Phi_2 - \Phi_1 = 2 \cdot 10^{-4}$ Vs

$t_1 = 2$ ms, $t_2 = 4$ ms

$\Delta t = t_2 - t_1 = 2$ ms

$$\frac{\Delta\Phi}{\Delta t} = \frac{-2 \cdot 10^{-4}\text{ Vs}}{2 \cdot 10^{-3}\text{ s}} = -0{,}1 \text{ V (negativ)}$$

Induktionsgesetz

$$U_i = -N \cdot \frac{\Delta\Phi}{\Delta t}$$

U_i Induktionsspannung in V

N Anzahl der Leiter (Windungszahl)

$\frac{\Delta\Phi}{\Delta t}$ Flussänderungsgeschwindigkeit in V

Das *Minuszeichen* vor dem Induktionsgesetzt gibt Auskunft über die *Richtung* der Induktionsspannung im Vergleich zur Flussänderung.

Eine *Flusszunahme* bewirkt eine *negative* Induktionsspannung und eine *Flussabnahme* eine *positive* Induktionsspannung.

Generatorprinzip, Transformatorprinzip

Unterschieden wird zwischen **Induktion der Bewegung** (Generatorprinzip) und **Induktion der Ruhe** (Transformatorprinzip).

- **Induktion der Bewegung**
  Der Leiter wird relativ zum Magnetfeld bewegt, er schneidet Feldlinien. Dabei spielt es keine Rolle, ob sich der Leiter oder das Magnentfeld bewegt. Entscheidend ist nur, dass Feldlinien geschnitten werden.
- **Induktion der Ruhe**
  Der Leiter ruht und das Magnetfeld ändert sich zeitlich. Dies kann durch Stromänderung in einer Spule erfolgen.

Selbstinduktion

Die Schützspule wird ausgeschaltet. Das Schütz fällt ab. Dabei bricht das Magnetfeld der Spule zusammen.

Das bedeutet eine hohe **Induktionsspannung**, deren Wert die angelegte Spannung erheblich überschreiten kann.

Diese Spannung wird in der Spule selbst, deren Aufgabe die Erzeugung des Magnetfeldes ist, induziert.

Sie wird deshalb als **Selbstinduktionsspannung** bezeichnet.

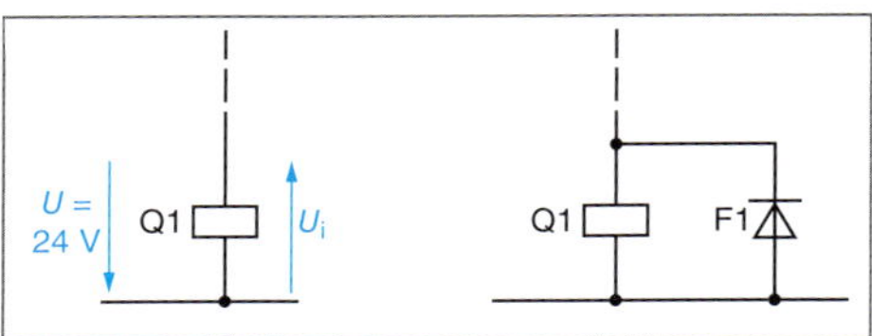

Bild 115 Abschalten einer Schützspule

■ **Schutzeinrichtungen**

TB

→ 299

Die Selbstinduktionsspannung kann zu **Lichtbögen** an den unterbrechenden Schalterkontakten führen (Schalter kann zerstört werden). Auch die Spulenisolation kann durchschlagen.

Deshalb sind **Schutzeinrichtungen** notwendig, die die hohen Selbstinduktionsspannungen abbauen, bevor diese Schaden anrichten können.

Bei Gleichstromspulen kann z. B. eine **Diode** diese Schutzwirkung übernehmen (Bild 115).

■ **Diode**

→ 270

Die Diode wirkt wie ein „elektrisches Ventil“. Bei einer Spannungspolarität ist sie durchlässig, bei der anderen Spannungspolarität sperrt sie den Strom (Bild 116).

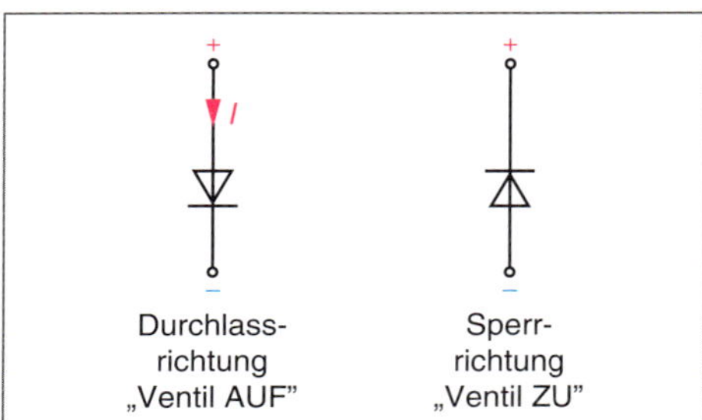

Bild 116 Wirkungsweise einer Diode

z.B.

Eine Spule mit $N = 100$ Windungen wird vom nebenstehend dargestellten Fluss durchsetzt.

Wie groß ist die Induktionsspannung?

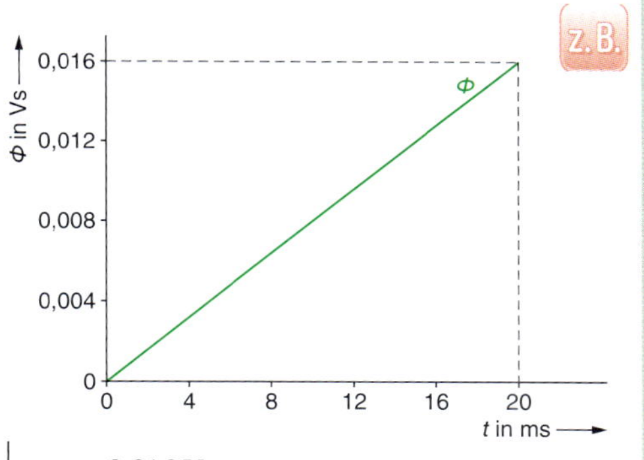

Der magnetische Fluss nimmt zu. Die Flussänderungsgeschwindigkeit ist also positiv.

Bei Flusszunahme ist die Induktionsspannung negativ.

$$\frac{\Delta\Phi}{\Delta t} = \frac{0{,}016\ \text{Vs}}{0{,}02\ \text{s}} = 0{,}8\ \text{V}$$

$$U_i = -N \cdot \frac{\Delta\Phi}{\Delta t}$$

$$U_i = -100 \cdot 0{,}8\ \text{V} = -80\ \text{V}$$

Für die *Steuerspannung* 24 V DC ist die Diode in **Sperrrichtung** geschaltet (Bild 117).

Über die Diode kann praktisch kein Strom fließen. Die Schützspule Q1 arbeitet, als wäre die Diode nicht vorhanden.

Bild 117 *Diode in Sperrrichtung*

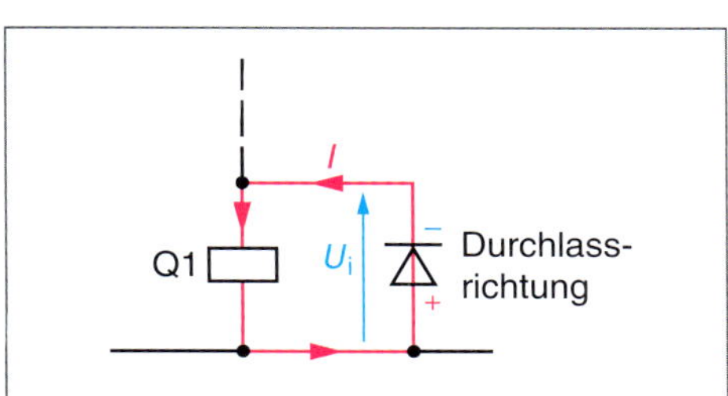

Bild 118 *Diode in Durchlassrichtung*

Beim *Abschalten* des Spulenstromes tritt die **Selbstinduktionsspannung**

$$U_i = -N \cdot \frac{\Delta\Phi}{\Delta t}$$

auf. Das **Minuszeichen** beschreibt die Tatsache, dass U_i die *entgegengesetzte* Richtung wie die Betriebsspannung hat (Bild 118).

Die **Selbstinduktionsspannung** kann also einen Strom über die Diode und den Spulenwiderstand R treiben.

Dadurch wird die Selbstinduktionsspannung abgebaut. Der Schaltkontakt ist dann praktisch nicht mehr belastet.

Eine *Änderung des Spulenstromes* $\Delta i/\Delta t$ bewirkt eine *magnetische Flussänderung* $\Delta\phi/\Delta t$ und induziert in der gleichen Spule eine Spannung.

Auch die *Spulenwindungen* (N) selbst sind der magnetischen Flussänderung ausgesetzt.

In ihnen wird die **Selbstinduktionsspannung** induziert.

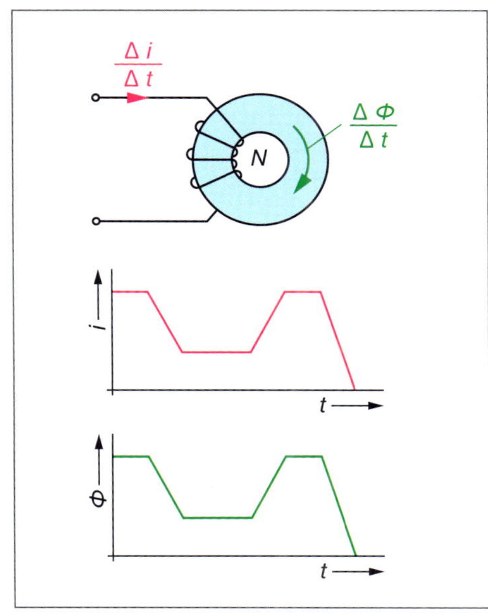

Bild 119 *Stromänderung, Flussänderung*

■ **Selbstinduktion**
ist die Spannungsinduktion in die Spule, die eine magnetische Flussänderung bewirkt.

1 H = 1000 mH

1 mH = 10^{-3} H

1 µH = 10^{-6} H

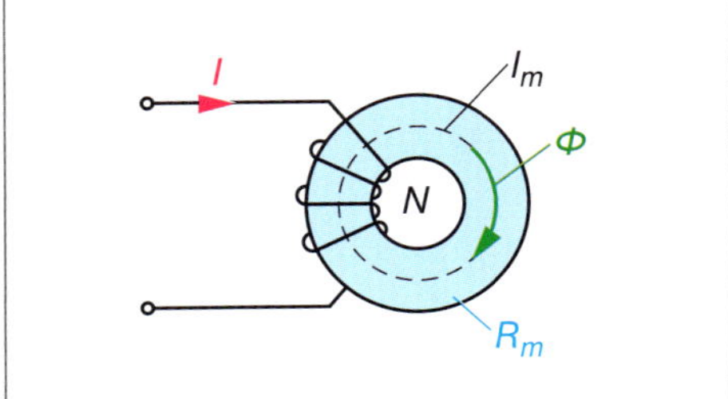

Bild 120 *Ringspule*

Magnetischer Fluss:

$$\Phi = \frac{\Theta}{R_m} = \frac{I \cdot N}{R_m}$$

Flussänderung durch Spulenstromänderung:

$$\frac{\Delta\Phi}{\Delta t} = \frac{N}{R_m} \cdot \frac{\Delta i}{\Delta t}$$

Die **Stromänderungsgeschwindigkeit** $\Delta i/\Delta t$ bestimmt die **Flussänderungsgeschwindigkeit** $\Delta\Phi/\Delta t$.

Induktionsspannung:

$$u_i = -N \cdot \frac{\Delta\Phi}{\Delta t}$$

$$u_i = -N \cdot \left(\frac{N}{R_m} \cdot \frac{\Delta i}{\Delta t}\right) = -\frac{N^2}{R_m} \cdot \frac{\Delta i}{\Delta t}$$

Der Ausdruck

$$\frac{N^2}{R_m}$$

hängt nur von den *konstruktiven Spulendaten* ab:

- Windungszahl N
- Kernmaterial μ_r
- Wicklungsquerschnitt A
- mittlere Feldlinienlänge l_m

■ **Induktivität** ist das Speichervermögen für magnetische Feldenergie.

Beachten Sie besonders, dass die Induktivität quadratisch mit der Windungszahl zunimmt.

Daher haben Gleichstromspulen eine vergleichsweise hohe Induktivität.

Er wird *Selbstinduktionskoeffizient* oder **Induktivität** genannt.

$$L = \frac{N^2}{R_m} = N^2 \cdot \frac{\mu_0 \cdot \mu_r \cdot A}{l_m} \quad \text{Einheit: H (Henry)}$$

L	Induktivität in H
N	Windungszahl der Spule
R_m	magnetischer Widerstand in $\frac{A}{Vs}$
μ_0	magnetische Feldkonstante in $\frac{Vs}{Am}$
μ_r	relative Permeabililtät
A	Wicklungsquerschnitt in m^2
l_m	mittlere Feldlinienlänge in m

Die **Induktivität** einer Spule beträgt 1 H, wenn bei einer gleichmäßigen Stromänderung von 1 A je Sekunde die Selbstinduktionsspannung 1 V hervorgerufen wird.

Selbstinduktionsspannung

$$u_i = -L \cdot \frac{\Delta i}{\Delta t}$$

u_i	Selbstinduktionsspannung in V
L	Spuleninduktivität in H
$\frac{\Delta i}{\Delta t}$	Stromänderungsgeschwindigkeit in $\frac{A}{s}$

Beachten Sie:

- Eine *positive* Stromänderung induziert eine *negative* Selbstinduktionsspannung.
- Eine *negative* Stromänderung induziert eine *positive* Induktionsspannung.

Bild 121: Ein *Stromanstieg* wird durch U_i gebremst. U und U_i haben *entgegengesetzte* Richtungen.

Die **wirksame Spannung** U_w ist dann kleiner als U. Der *Aufbau* des magnetischen Feldes wird gehemmt.

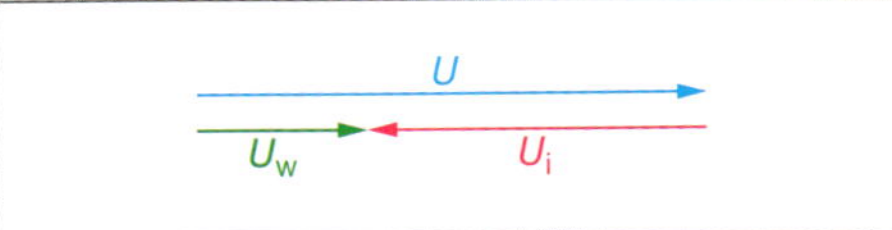

Bild 121 *Positive Stromänderung*

Bild 122: Eine *Stromabnahme* wird durch U_i gebremst. U und U_i wirken dann *in gleicher Richtung*.

Der *Abbau* des magnetischen Feldes wird gehemmt.

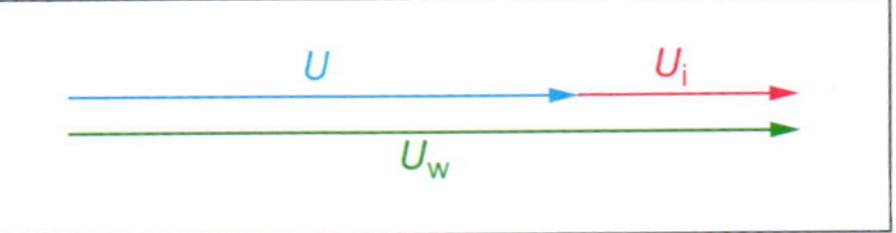

Bild 122 *Negative Stromänderung*

Die **Selbstinduktionsspannung** ist bestrebt, den Zustand des Magnetfeldes *beizubehalten*.

Magnetfelder sind **Energiespeicher**, die nur *verzögert* aufgebaut und abgebaut werden können.

Eine Schützspule hat 650 Windungen, Wicklungsquerschnitt 4 cm², mittlere Feldlinienlänge 18 cm, relative Permeabilität des Eisens $\mu_r = 8000$.
Wie groß ist die Induktivität der Spule?

Beachten Sie, dass die Windungszahl N *quadratisch* eingeht.
Doppelte Windungszahl bedeutet vierfache Induktivität.

$$L = N^2 \cdot \frac{\mu_0 \cdot \mu_r \cdot A}{l_m}$$

$$L = 650^2 \cdot \frac{1{,}256 \cdot 10^{-6}\,\frac{\text{Vs}}{\text{Am}} \cdot 8000 \cdot 4 \cdot 10^{-4}\,\text{m}^2}{0{,}18\,\text{m}}$$

$$L = 9{,}4\,\text{H}$$

Der Strom 1 A wird innerhalb von 40 ms abgeschaltet.

Welche Induktionsspannung tritt dabei auf?

1 A
0,5 A
0
40 ms
t
Spuleninduktivität
$L = 9{,}4$ H

Wenn 1 A innerhalb von 40 ms (0,04 s) abgeschaltet wird, beträgt die Stromänderungsgeschwindigkeit $\Delta i / \Delta t = 1\,\text{A}/0{,}04\,\text{s} = 25\,\text{A/s}$.

$$u_i = -L \cdot \frac{\Delta i}{\Delta t}$$

$$u_i = -9{,}4\,\text{H} \cdot \frac{1\,\text{A}}{0{,}04\,\text{s}} = 235\,\text{V}$$

Schaltung von Induktivitäten

Reihenschaltung

$$L_g = L_1 + L_2 + \cdots + L_n$$

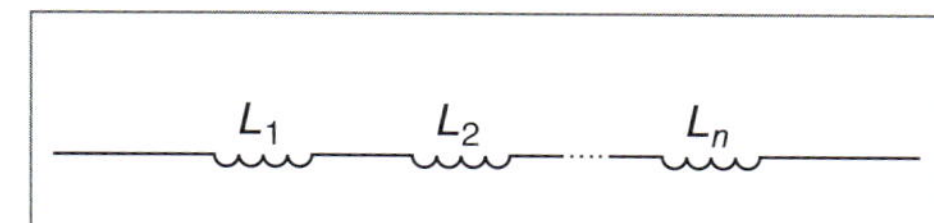

Bild 123 Reihenschaltung

Parallelschaltung

$$\frac{1}{L_E} = \frac{1}{L_1} + \frac{1}{L_2} + \cdots + \frac{1}{L_n}$$

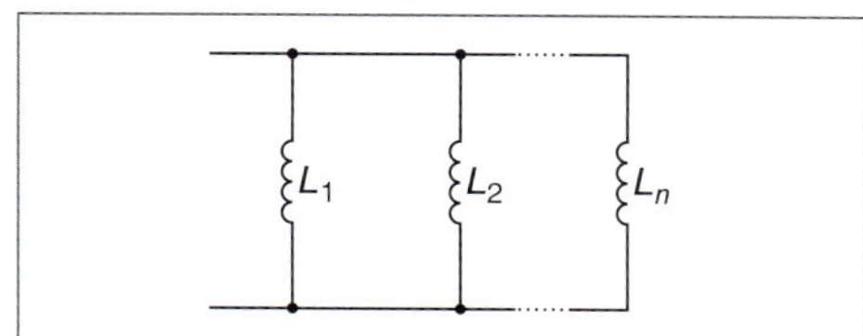

Bild 124 Parallelschaltung

Zwei Induktivitäten

$$L_E = \frac{L_1 \cdot L_2}{L_1 + L_2}$$

Gleiche Induktivitäten

$$L_E = \frac{L}{n}$$

Energie des magnetischen Feldes

Im Magnetfeld sind **Kräfte** wirksam. Das Magnetfeld muss eine **Feldenergie** besitzen, die eine Entstehung dieser Kräfte ermöglicht.

Die in einem Magnetfeld gespeicherte **Energie** entspricht der **Arbeit**, die zum **Feldaufbau** aufgewendet wird.

Diese Arbeit wird beim **Zusammenbrechen** des Feldes wieder frei.

$$W = \frac{1}{2} \cdot L \cdot I^2$$

W im Magnetfeld gespeicherte Energie in Ws
L Induktivität in H
I Stromstärke in A

■ **Magnetfeldenergie**

Die Energie des Magnetfeldes kann nur bestehen bleiben, wenn ein Strom fließt.

Wird der Strom abgeschaltet, muss die magnetische Feldenergie unverzüglich in eine andere Energieform umgewandelt werden.

Der von der Induktionsspannung getriebene Strom sorgt für diese Energieumwandlung.

Je mehr Energie im Feld gespeichert ist, umso höher ist somit die Induktionsspannung, die den Feldabbau bewirkt.

Ein Maß für die im magnetischen Feld gespeicherte Energie ist die Induktivität.

Die Induktivität bestimmt ganz wesentlich, welche Energie im Magnetfeld gespeichert werden kann.

Spule im Gleichstromkreis

Eine **Spule** wird aus **Kupferdraht** gewickelt. Dieser Spulendraht hat einen *ohmschen Widerstand.*

$$R = \frac{l}{\gamma \cdot q}$$

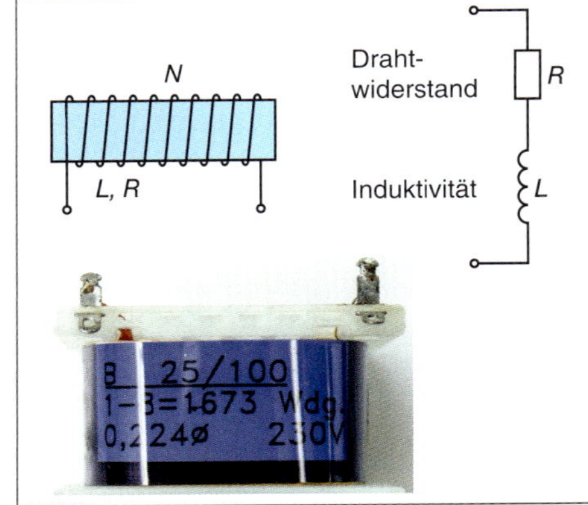

Bild 125 *Spule*

Sämtliche **Spulenverluste** werden durch den *ohmschen Widerstand* berücksichtigt.

Das **Ersatzschaltbild** der Spule besteht aus der **Reihenschaltung** von ohmschem Widerstand R und Induktivität L.

Einschaltvorgang

Die Spannung U möchte den Strom I durch den Stromkreis treiben.

Der *ansteigende* Strom ruft in der Induktivität einen *ansteigenden* magnetischen Fluss hervor.

Bei *ansteigendem* magnetischen Fluss ist die Selbstinduktionsspannung der anliegenden Spannung *entgegengerichtet*. Deshalb kann der Strom nur *langsam* ansteigen.

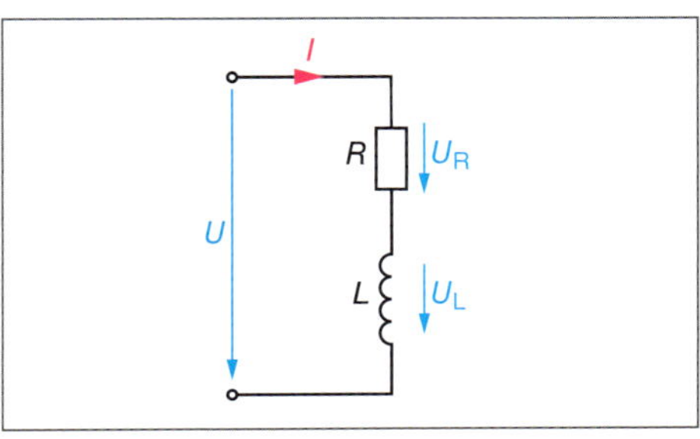

Bild 126 *Spule an Gleichspannung*

Die Induktionsspannung U_L nimmt mit der Zeit ab. Dementsprechend steigt die Spannung U_R am ohmschen Widerstand R an (Bild 127).

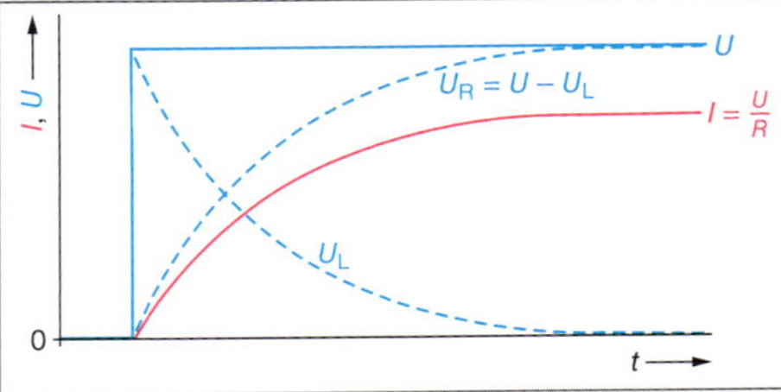

Bild 127 *Einschalten einer Spule*

Ein Maß für den Stromanstieg ist die **Zeitkonstante**. Sie gibt an, nach welcher *Zeit* der Strom auf 63 % seines *Höchstwertes* angestiegen ist.

Der Höchstwert des Stromes $I = \frac{U}{R}$ ist nach Ablauf der Zeit $t = 5 \cdot \tau$ erreicht (Einschaltzeit).

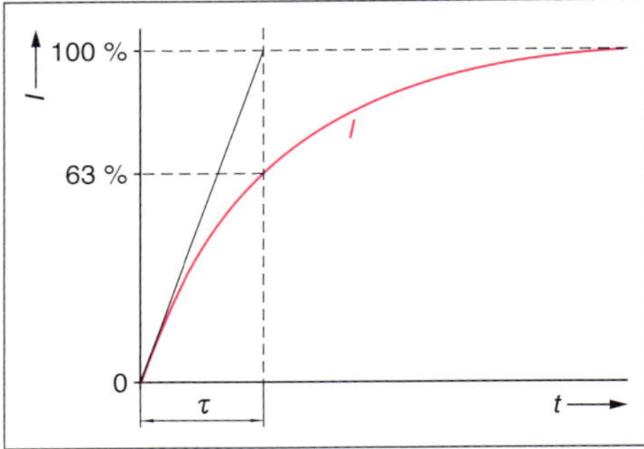

Bild 128 *Zeitkonstante*

Die gleichen Überlegungen gelten auch für die Spannung.

Zeitkonstante

$$\tau = \frac{L}{R}$$

τ Zeitkonstante in s
L Induktivität in H
R ohmscher Widerstand in Ω

Ausschaltvorgang

Bei **Stromkreisunterbrechung** bricht das Magnetfeld schlagartig zusammen. In der Induktivität wird die Spannung U_L induziert. Sie ist so gerichtet, dass sie den Stromfluss *aufrecht erhalten* will (Bild 129, Seite 213).

Die im Spulenmagnetfeld gespeicherte **Energie** muss *abgebaut* werden.

Sie *induziert* eine Spannung, die einen Strom durch den Widerstand treibt. Dabei wird die **Energie des magnetischen Feldes** im Widerstand in *Wärme* umgewandelt.

■ **Schaltvorgänge** mit Spulen dauern praktisch 5 Zeitkonstanten (5 · τ).

Je größer die Induktivität, umso mehr Energie ist im magnetischen Feld gespeichert.

Beim Ausschalten muss die magnetische Energie in kurzer Zeit in elektrische Energie umgewandelt werden.

Dies erfordert einen hohen Strom und somit eine hohe Induktionsspannung, die diesen Strom treibt.

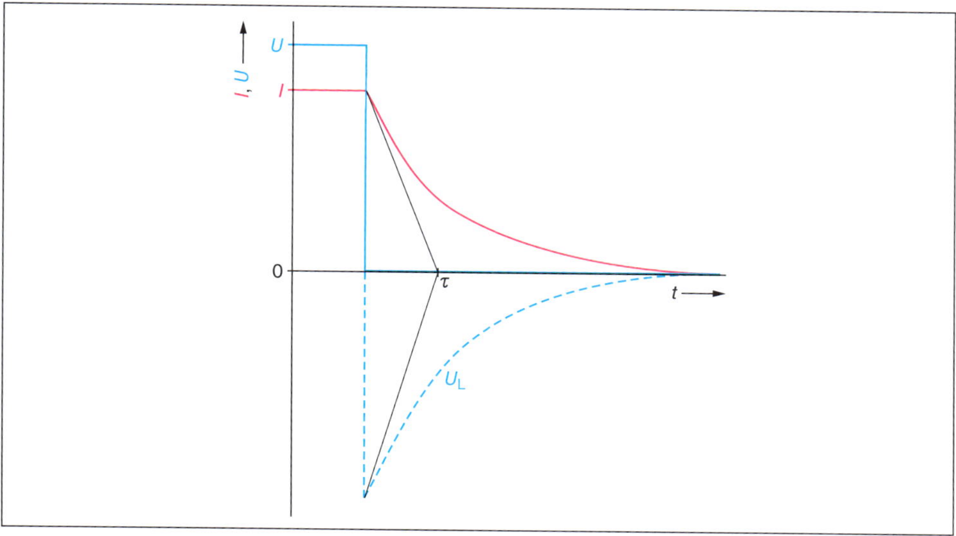

Bild 129 Ausschalten einer Spule

Prüfung

1. Eine Spule mit 1000 Windungen wird vom Strom I = 1000 A durchflossen.
Wie groß ist die Durchflutung?

2. Ringspule ohne Eisenkern: Mittlerer Ringdurchmesser 12 cm, Windungsdurchmesser 2 cm, Windungszahl 550, Stromstärke in der Spule 1 A.
Bestimmen Sie Durchflutung, Feldstärke, Flussdichte und Fluss.

3. Eine Relaisspule mit N = 500 nimmt an 24-V-Gleichspannung eine Leistung von 4,7 W auf.
Wie groß ist der Spulenwiderstand?
Wie groß ist die Feldstärke bei einer mittleren Feldlinienlänge von 14 cm?

4. Wie groß sind:
Feldstärke, Flussdichte und Fluss?

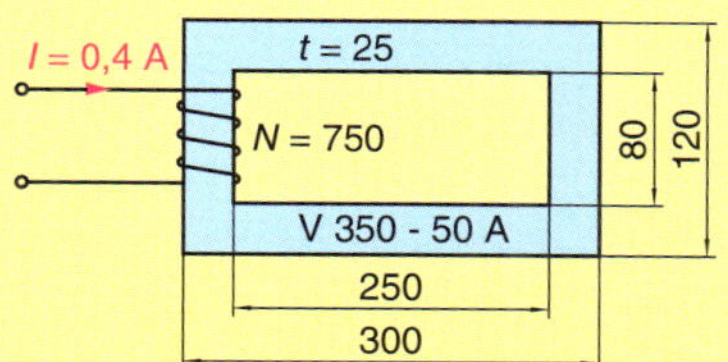

5. Bestimmen Sie die relative Permeabilität des Eisens.

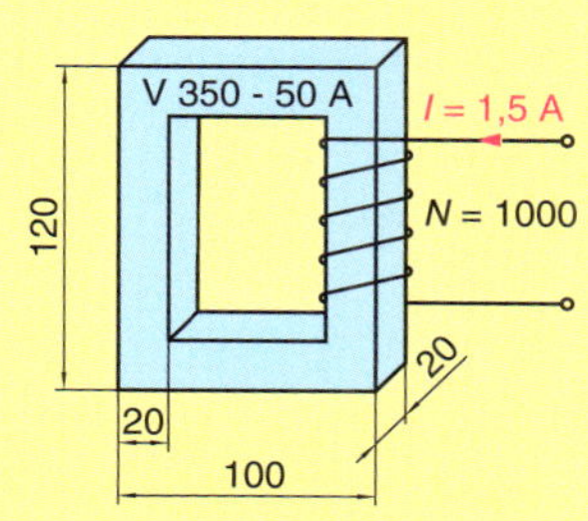

■ **Aufgabenlösungen**

@ Interessante Links

- christiani-berufskolleg.de

■ **Aufgabenlösung**

@ Interessante Links

- christiani-berufskolleg.de

Prüfung

6. Windungszahl $N = 1600$, magnetische Flussdichte im Luftspalt $B_L = 1$ T.

Ermittel Sie:
Spulenstrom, magnetischen Fluss, relative Permeabilität, magnetischen Widerstand.

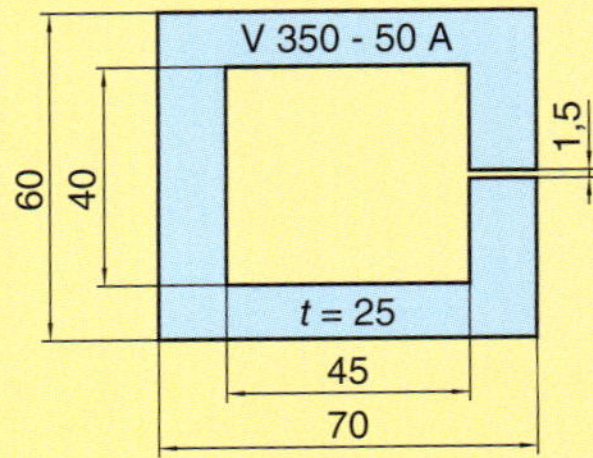

7. Zwei Leitungen werden vom Strom 100 A durchflossen. Sie sind auf einer Länge von 50 m im gegenseitigen Abstand 12 cm parallel geführt.

Mit welcher Kraft stoßen sich die Leitungen ab?

8. Die Zugkraft eines Relais beträgt 17 N. Die kreisförmige Polfläche hat einen Durchmesser von $d = 2{,}2$ cm.

Wie groß ist die magnetische Flussdichte?

9. Bestimmen Sie die Anziehungskraft, wenn im Luftspalt die magnetische Flussdichte $B_L = 1$ T herrscht.

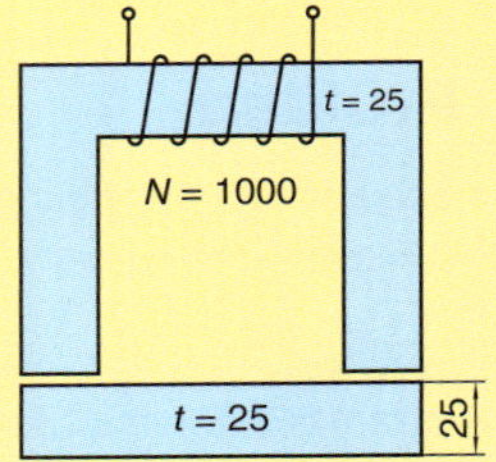

10. Unterscheiden Sie zwischen Induktion der Ruhe und Induktion der Bewegung.

11. Warum ist die Induktionsspannung der anliegenden Spannung entgegengerichtet?

12. Von welchen Größen ist die Induktivität einer Spule abhängig?

13. Welchen Einfluss hat die Windungszahl auf die Induktivität?

14. Kann man die Kapazität des Kondensators mit der Induktivität einer Spule grundsätzlich vergleichen?

15. Wie groß ist die in einer Spule mit $N = 100$ Windungen induzierte Spannung?

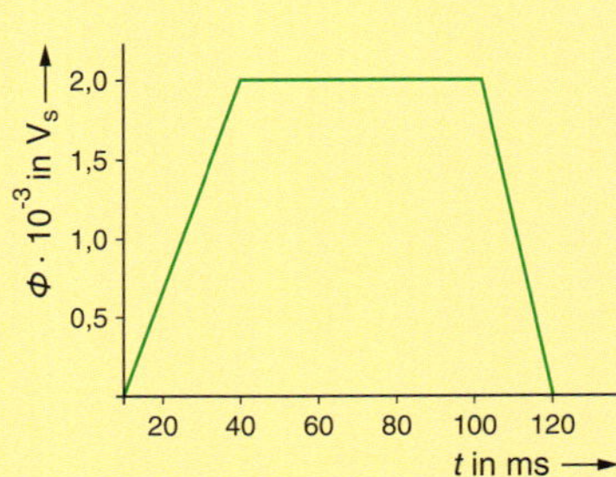

3.9 Wechselstromtechnik

Der **Steuerstromkreis** → 19 arbeitet mit Gleichspannung (DC) 24 V.

Die verwendeten Schütze Q1 – Q3 und die Meldelampen P1 – P3 sind für 24-V-Gleichspannung geeignet.

Sie haben die **Bemessungsspannung** DC 24 V.

Die Gleichspannung wird mithilfe eines **Spannungsversorgungsgerätes** T1 aus der **Netzspannung** AC 230 V „gewonnen“ (Bild 131).

Ihr Ausbilder fordert Sie auf, das **Gleichspannungsschütz** an 24-V-Wechselspannung anzuschließen (Bild 130).

Sie stellen fest, dass das Schütz an 24-V-Wechselspannung *nicht* anzieht.

Wechselspannung und *Gleichspannung* haben offensichtlich „unterschiedliche Wirkung“ auf elektrische Verbrauchsmittel.

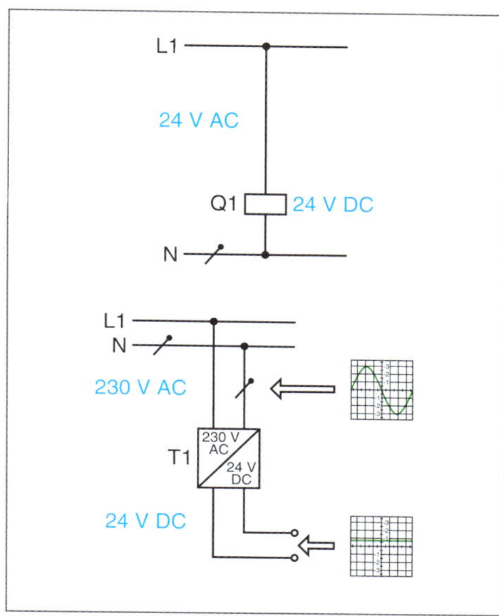

Bild 130 *Gleichspannung, Wechselspannung*

- **AC**
  Alternating Current, Wechselstrom
- **DC**
  Direct Current, Gleichstrom
- **Vorsicht!**
  Niemals ein Wechselspannungsschütz an Gleichspannung anschließen.

  Die Schützspule würde zerstört!

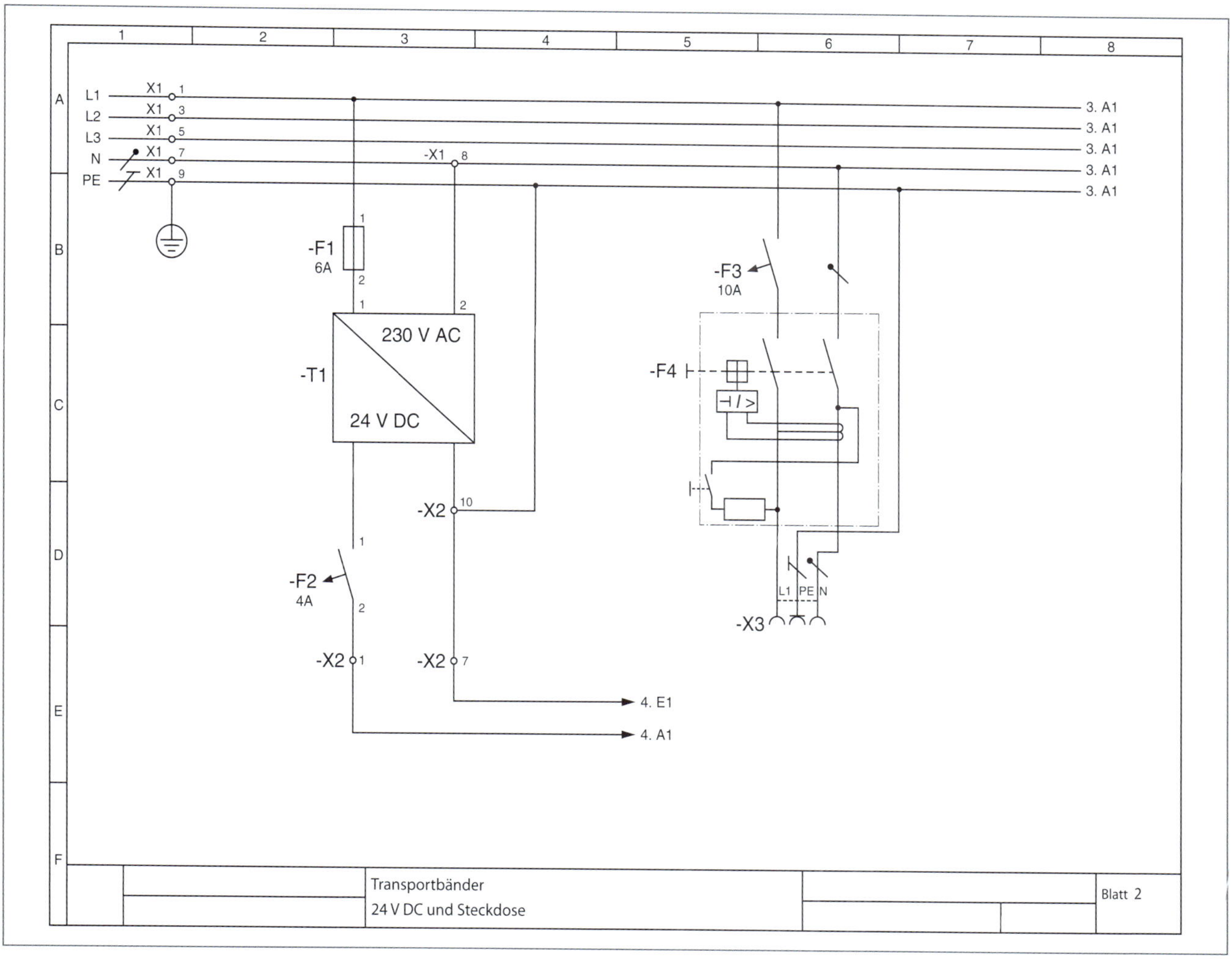

Bild 131 *Erzeugung der Steuerspannung für die Transportbandsteuerung*

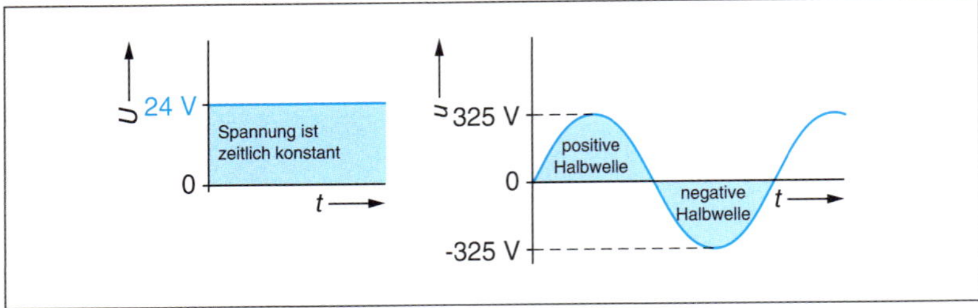

Bild 132 *Gleichspannung und Wechselspannung (siehe Bild 131, Seite 215)*

Wechelspannung
alternating voltage

Wechselstrom
alternating current

Wechselgröße
alternating quantity

Scheitelwert
peak (value)

Mittelwert
mean value

Augenblickswert
instantaneous value

Periode
period, cycle (of oscillation)

Periodendauer
cycle duration

Frequenz
frequency

Kreisfrequenz
angular frequency, pulsatance

Sinusform
sinusodial wave shape

Sinusfunktion
sine function

Liniendiagramm
line diagram

Zeigerdiagramm
vector diagram, phasor diagram

Zeiger
phasor

Zeitlich veränderliche Größen werden durch Kleinbuchstaben gekennzeichnet.

■ **Wechselgröße**

Eine Wechselgröße hat zwei Merkmale:

1. Sie ist periodisch.
2. Sie hat den linearen Mittelwert null.

Mit dem Oszilloskop lässt sich feststellen, dass die *Spannungsverläufe* bei DC und AC ganz unterschiedlich sind (Bild 130, Seite 215).

- **DC:** Spannungswert ist zeitlich konstant.
- **AC:** Spannungswert ändert sich zeitlich nach einer Sinusfunktion.

Die **Wechselspannung** ändert ständig ihren **Betrag** (Wert) und ihre **Polarität** (Richtung).

Die Spannung wird abwechselnd *positiv* und *negativ*. Der **positive Höchstwert** (+325 V) und der **negative Höchstwert** (–325 V) werden nur *kurzzeitig* erreicht (Bild 132).

Wichtige Kenngrößen

Periodendauer *T*

Periode ist die *vollständige* Schwingung einer Wechselgröße. Sie besteht aus einer *positiven* und *negativen* Halbwelle (Bild 133, Seite 217).

Die Zeit, die für eine Periode benötigt wird, heißt **Periodendauer *T***.

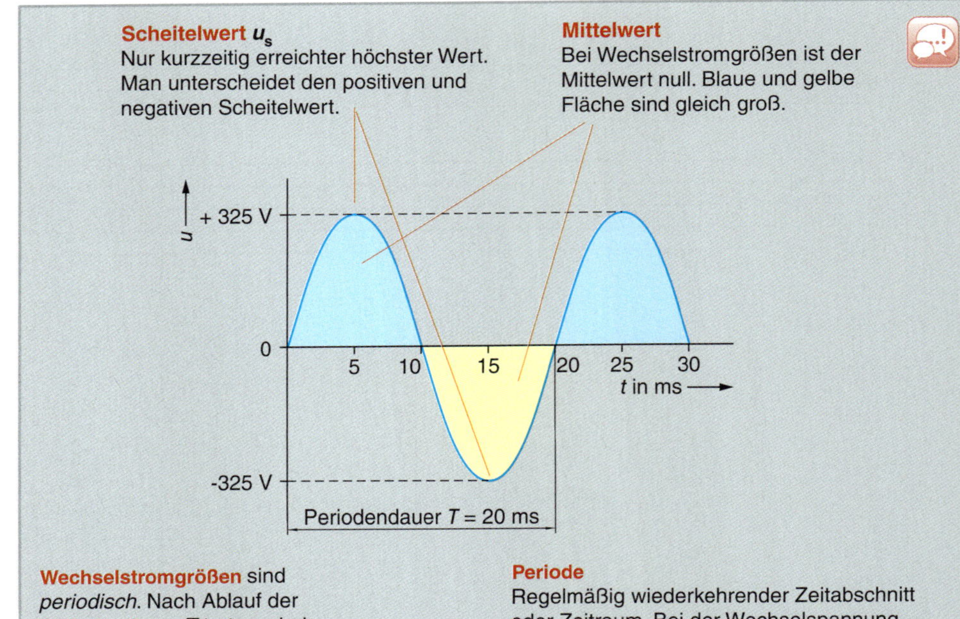

Wechselstromgrößen sind *periodisch*. Nach Ablauf der **Periodendauer** *T* treten wieder gleiche Spannungswerte auf.
Zum Beispiel:

$t = 5$ ms: $u = 325$ V

$t + T = 5$ ms $+ 20$ ms $= 25$ ms:

$u = +325$ V

Bei einer Frequenz von $f = 50$ Hz beträgt die Periodendauer $T = 1/f = 20$ ms.

Frequenz

$$\text{Frequenz} = \frac{1}{\text{Periodendauer}}$$

$$f = \frac{1}{T}$$

Periode

Regelmäßig wiederkehrender Zeitabschnitt oder Zeitraum. Bei der Wechselspannung 50 Hz ist eine Periode nach 20 ms beendet.
Periodendauer = Zeitdauer für die positive und negative Halbwelle.

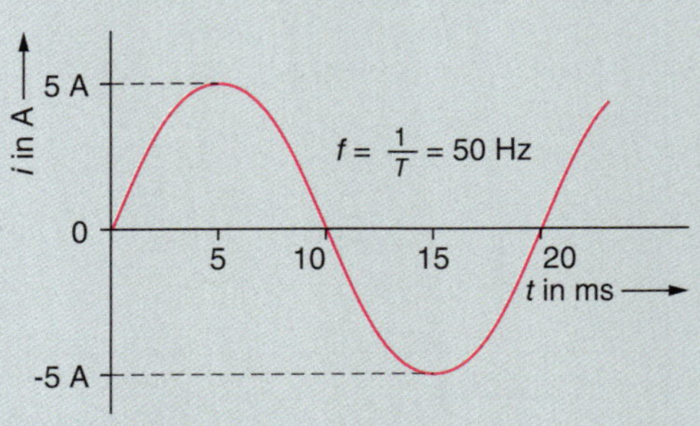

Die gleichen Überlegungen gelten auch für den Wechselstrom.

Bei *Netzwechselspannung* beträgt die **Periodendauer** $T = 20$ ms.

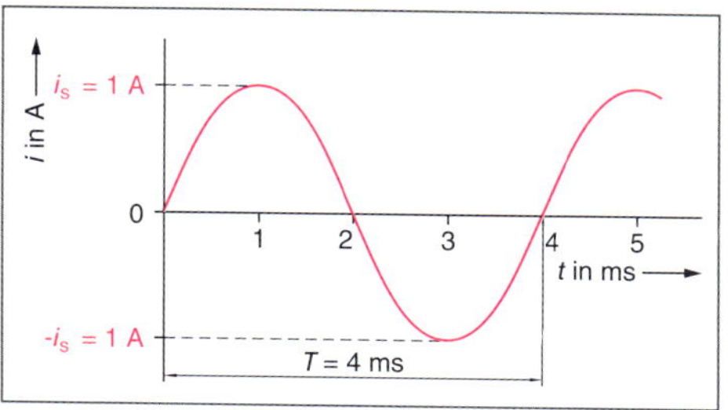

Bild 133 Periodendauer und Frequenz, 250 Hz

Frequenz f

Frequenz ist die *Anzahl* der Perioden in *einer Sekunde*.

Frequenz

$$f = \frac{1}{T} \qquad \text{Einheit: Hz (Hertz)}$$

f Frequenz in Hz

T Periodendauer in s

Der Strom nach Bild 133 hat die Periodendauer $T = 4$ ms. Seine Frequenz beträgt

$$f = \frac{1}{T} = \frac{1}{0{,}004\ \text{s}} = 250\ \text{Hz}$$

Kreisfrequenz ω

Winkel werden im **Gradmaß** angegeben. Eine volle Umdrehung entspricht einem Winkel von 360° (Bild 134).

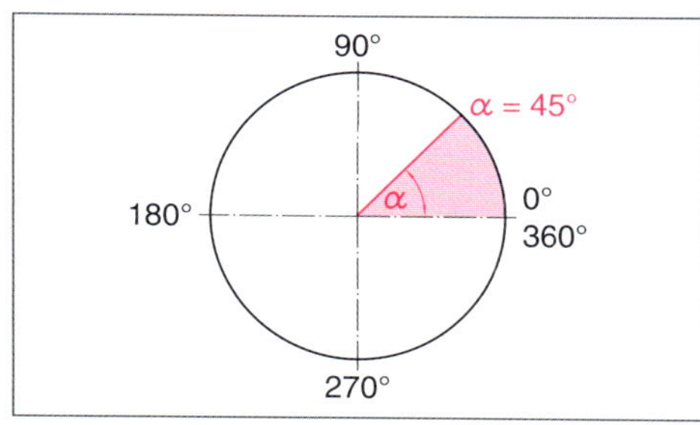

Bild 134 Winkelangabe im Gradmaß

Winkel können auch im **Bogenmaß** angegeben werden. Der Winkel wird dann durch die zugehörige **Bogenlänge** eines Kreises mit dem Radius $r = 1$ (**Einheitskreis**) angegeben.

Kreisumfang, allgemein: $U = 2\pi \cdot r$

Kreisumfang, Einheitskreis: $U = 2\pi$

Damit entspricht ein Winkel von 360° (Gradmaß) der Kreisbogenlänge 2π (Bogenmaß).

$\alpha = 45°$ kann mit $\pi/4$ angegeben werden.

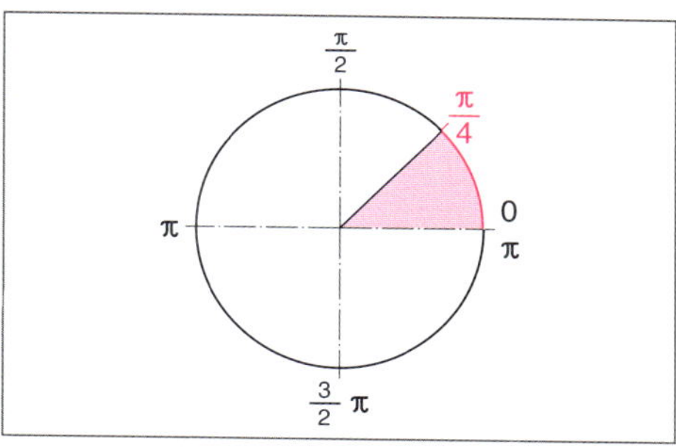

Bild 135 Winkelangabe im Bogenmaß

Umrechnung Gradmaß – Bogenmaß

$$\frac{\alpha^\circ}{\widehat{\alpha}} = \frac{360^\circ}{2\pi}$$

$$\alpha^\circ = \widehat{\alpha} \cdot \frac{360^\circ}{2\pi}$$

$$\widehat{\alpha} = \alpha^\circ \cdot \frac{2\pi}{360^\circ}$$

Ein Zeiger mit $r = 1$ rotiert mit der **Winkelgeschwindigkeit** ω.

Bei einer *vollständigen Umdrehung* hat die Zeigerspitze den Weg 2π zurückgelegt.

Eine vollständige Umdrehung entspricht einer **Periode**. Für die Wegstrecke 2π wird also die **Periodendauer** T benötigt.

Kreisfrequenz

$$\omega = \frac{2\pi}{T} \qquad T = \frac{1}{f}$$

$$\omega = \frac{2\pi}{\frac{1}{f}} = 2\pi \cdot f$$

$$\omega = 2\pi \cdot f \qquad \text{Einheit: } \frac{1}{\text{s}}$$

ω Kreisfrequenz in $\frac{1}{\text{s}}$

f Frequenz in Hz

In der Elektrotechnik bezeichnet man die *Winkelgeschwindigkeit* als **Kreisfrequenz**.

Bei *Rotation eines Zeigers* ist der Winkel α *zeitabhängig*. Der Winkel hängt von der *Winkelgeschwindigkeit* ω und der Zeit t ab.

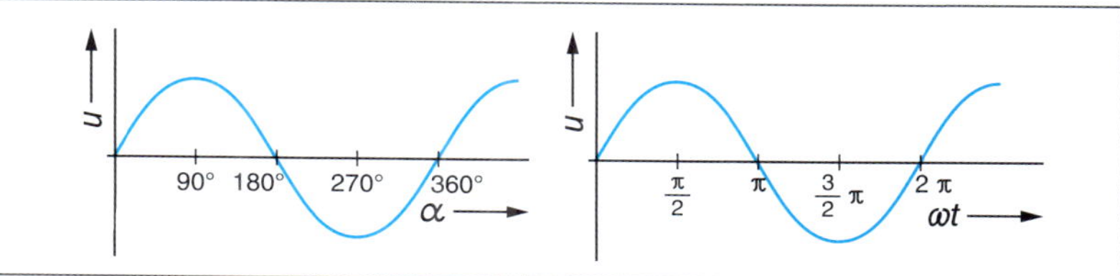

Bild 136 Darstellung von Wechselgrößen

■ **Periode**
Regelmäßig wiederkehrender Zeitabschnitt.

■ **Periodendauer**
Zeitdauer einer vollständigen Umdrehung eines Generatorläufers im Kraftwerk
→ 218.

■ **Oszilloskopbild einer Wechselspannung**

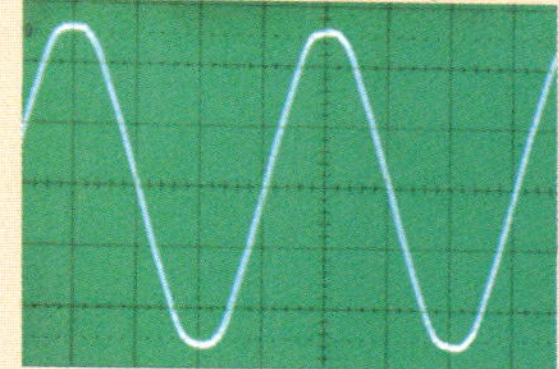

■ ω
Omega, griechischer Kleinbuchstabe

■ **Induktionsspannung**
Die Induktionsspannung ist abhängig von der Änderung des Magnetflusses.

Zeitabhängiger Winkel

$\alpha = \omega \cdot t$

α zeitabhängiger Winkel im Bogenmaß

ω Kreisfrequenz in $\frac{1}{s}$

t Zeitdauer der Bewegung

Erzeugung sinusförmiger Wechselspannungen

Technische Wechselspannungen, die in umlaufenden Generatoren erzeugt werden, haben einen **sinusförmigen** Verlauf.

Eine **Leiterschleife** rotiert zwischen den Polen eines Dauermagneten (Bild 137).

In der Leiterschleife wird eine **Spannung induziert**, die mit einem Spannungsmesser gemessen werden kann.

Die Spannung ist abhängig von der **Lage der Leiterschleife** im Magnetfeld. Sie hat bei jedem Drehwinkel einen anderen Spannungswert.

Man spricht vom **Augenblickswert** der Spannung.

Werden die einzelnen Spannungen bei *verschiedenen Drehwinkeln* in ein Diagramm eingetragen und die Spannungspfeile miteinander verbunden, ergibt sich ein **sinusförmiger Verlauf** (Bild 138).

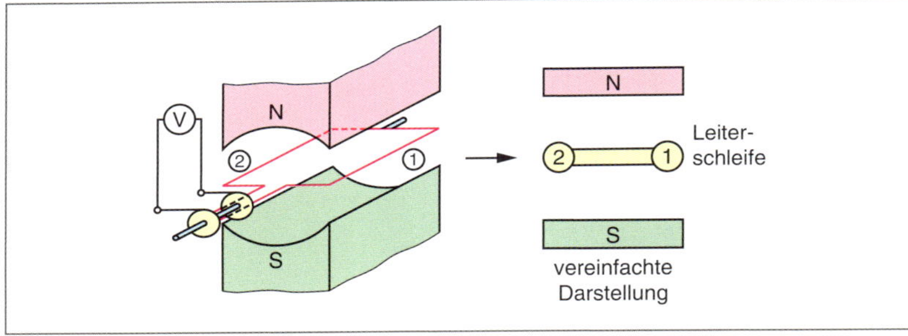

Bild 137 Leiterschleife im Magnetfeld

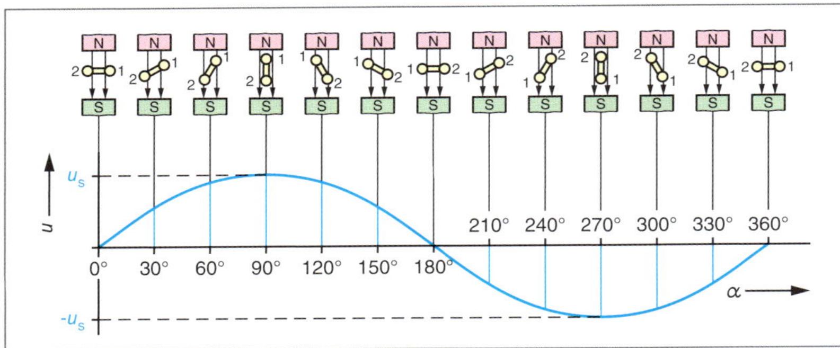

Bild 138 Erzeugung einer sinusförmigen Wechselspannung, eine Periode

Positionen

α = 0°, 180°, 360°: Die Leiter 1 und 2 bewegen sich *parallel* zu den Feldlinien des Magnetfeldes (Bild 139).

Die Feldlinien werden von den Leitern *nicht geschnitten*. Es wird *keine Spannung* induziert ($u = 0$).

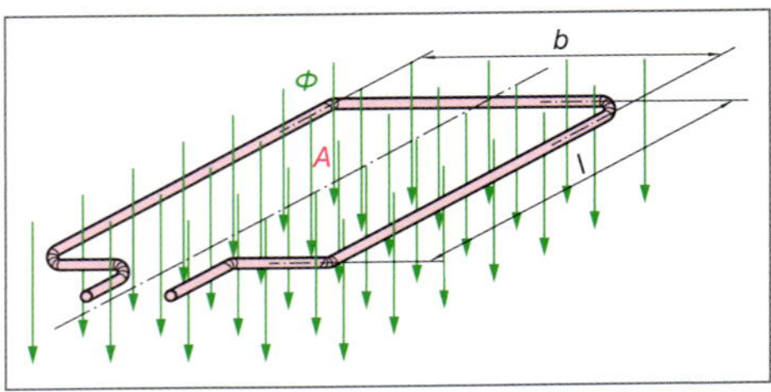

Bild 139 Lage der Leiterschleife im Magnetfeld

α = 90°: Die Leiter 1 und 2 bewegen sich *senkrecht* zu den Feldlinien. Dann werden die *meisten* Feldlinien geschnitten.

Die *induzierte Spannung* erreicht dann ihren *positiven Höchstwert* (Bild 140).

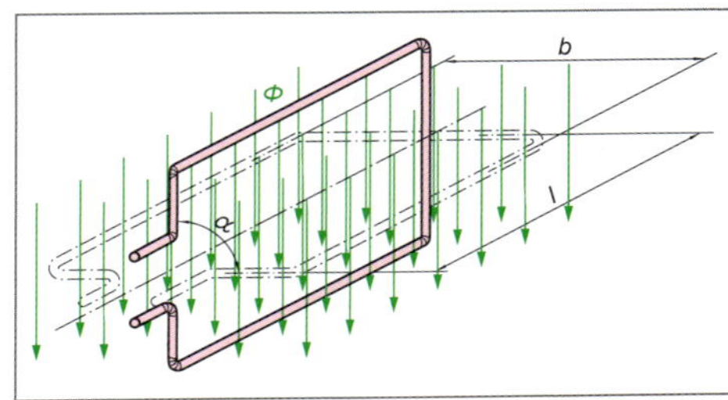

Bild 140 Lage der Leiterschleife im Magnetfeld

Bei *Drehwinkeln* über 180° ändert die Spannung ihre **Polarität**, weil die Magnetpole in Bezug auf die Leiterbewegung getauscht wurden.

Der von der *Leiterschleife umfasste magnetische Fluss* hat nach dem **Induktionsgesetz** Einfluss auf die induzierte Spannung.

$$u_i = -N \cdot \frac{\Delta\Phi}{\Delta t}$$

Dieser *umfasste Magnetfluss* ändert sich mit der *Position* der Leiterschleife im Magnetfeld.

Bild 141, Seite 219:

Wirksame Breite der Leiterschleife im Magnetfeld:

$b_w = b \cdot \cos\alpha$

Umfasster Magnetfluss, abhängig von der Lage der Leiterschleife:

$\Phi = B \cdot l \cdot b_w = B \cdot l \cdot b \cdot \cos\alpha$

Der umfasste Magnetfluss ändert sich nach einer **Kosinusfunktion**.

Die **Flussänderungsgeschwindigkeit** $\Delta\Phi/\Delta t$ ist in den *Nulldurchgängen* des Magnetflusses *maximal* und in den *Scheitelwerten null*.

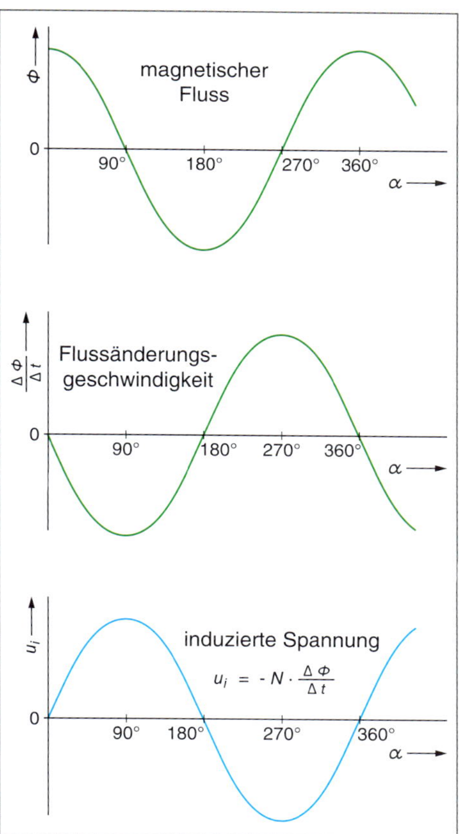

Bild 141 *Magnetfluss und Induktionsspannung*

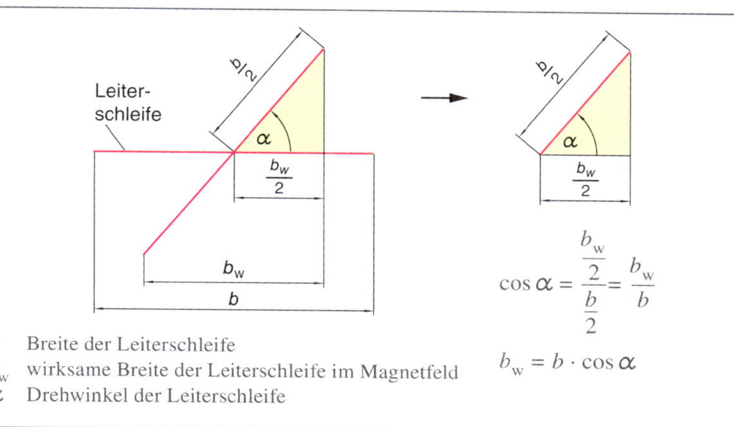

Bild 142 *Drehung einer Leiterschleife im Magnetfeld*

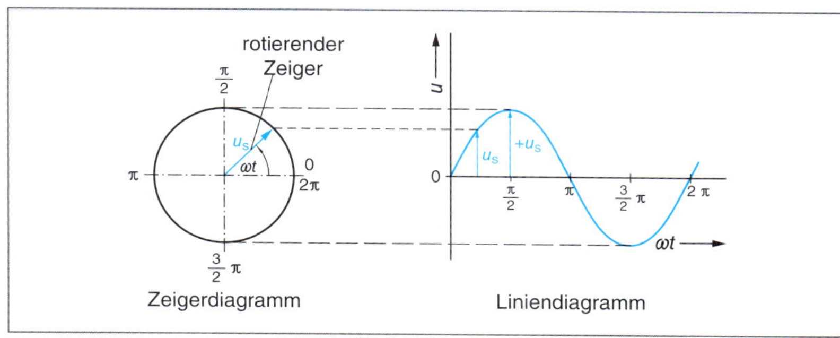

Bild 143 *Zeigerdiagramm und Liniendiagramm*

Darstellung sinusförmiger Wechselgrößen

Die **Scheitelwerte** werden innerhalb einer Periode nur *kurzzeitig* erreicht (Bild 144).

$+u_s = 34$ V, $\quad +i_s = 3{,}4$ A

$-u_s = -34$ V, $\quad -i_s = -3{,}4$ A

Für die Beschreibung einer Wechselgröße sind sie somit nicht direkt brauchbar. Bei Wechselgrößen können nur **Augenblickswerte** angegeben werden. Die *maximalen Augenblickswerte* sind u_s bzw. i_s.

Zeigerdiagramm und Liniendiagramm

Der sinusförmige Verlauf einer Wechselgröße lässt sich durch einen im **Gegenuhrzeigersinn rotierenden Zeiger** beschreiben (Bild 143).

Zeigerlänge = Scheitelwert der Wechselgröße

Winkelgeschwindigkeit des Zeigers: **Kreisfrequenz** $\omega = 2\pi \cdot f$

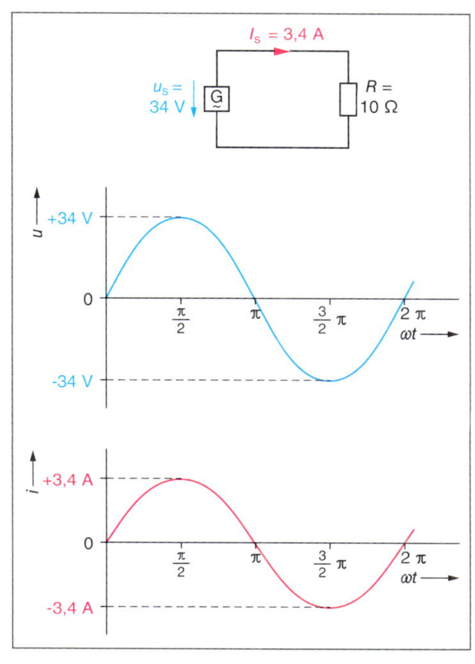

Bild 144 *Wechselspannung und Wechselstrom*

■ **Aufgabenlösung**

@ Interessante Links

- christiani-berufskolleg.de

Wechselspannung, Augenblickswert

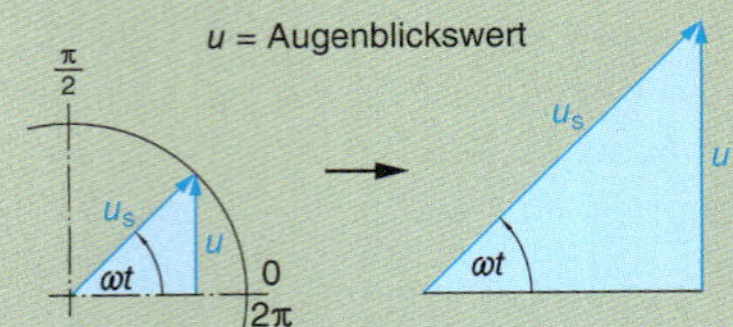

$$\sin \omega t = \frac{u}{u_s}$$

$$u = u_s \cdot \sin \omega t$$

u Augenblickswert in V
u_s Scheitelwert in V
ωt Winkel im Bogenmaß

Prüfung

1. Welche Bedeutung hat die Kreisfrequenz $\omega = 2\pi \cdot f$? Bei 50 Hz: $\omega = 314$ 1/s.

2. Eine Wechselspannung der Frequenz $f = 50$ Hz hat den Scheitelwert $u_s = 325$ V.
Wie groß ist der Augenblickswert, wenn seit Periodenbeginn 5 ms verstrichen sind?

3. Das Dielektrikum eines Kondensators hat eine Durchschlagsfestigkeit von 250 V.
Welche Wechselspannung darf höchstens an die Kondensatorplatten angelegt werden?

Eine Wechselspannung der Frequenz $f = 50$ Hz hat den Scheitelwert $u_s = 34$ V.
Wie groß ist der Augenblickswert, wenn seit Periodenbeginn 12 ms verstrichen sind?

Berechnung des Winkels im Bogenmaß:

$$\omega t = 2\pi \cdot f \cdot t$$
$$\omega t = 2\pi \cdot 50\ \text{Hz} \cdot 0{,}012\ \text{s} = 3{,}768$$

Umwandlung des Winkels ins Gradmaß:

$$\alpha^\circ = \frac{360^\circ}{2\pi} \cdot \widehat{\alpha}$$
$$\alpha^\circ = \frac{360^\circ}{2\pi} \cdot 3{,}768 = 216^\circ$$

Berechnung des Augenblickswertes:

$$u = u_s \cdot \sin \omega t \text{ bzw. } u = u_s \cdot \sin \alpha$$
$$u = u_s \cdot \sin 216^\circ$$
$$u = 34\ \text{V} \cdot (-0{,}5877) = -20\ \text{V}$$

Das Liniendiagramm verdeutlicht das Ergebnis. Nach 12 ms ist die Spannung negativ.

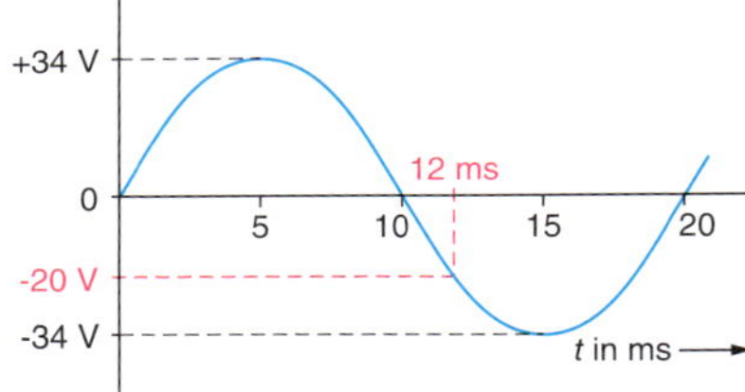

■ **Aufgabenlösung**

@ Interessante Links

- christiani-berufskolleg.d

Prüfung

4. Bestimmen Sie: Periodendauer, Frequenz, Scheitelwert, Augenblickswert bei 20 ms.

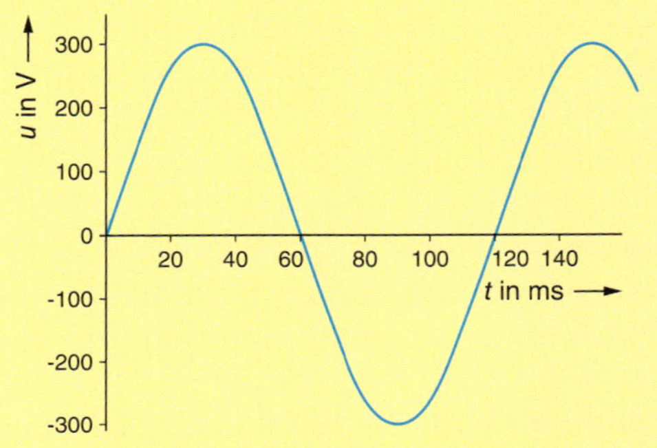

Einfache Wechselstromkreise

Wechselstromkreis mit ohmschem Widerstand

Ein solcher Wechselstromkreis liegt praktisch vor, wenn ein **Heizwiderstand** an Wechselspannung angeschlossen wird.

Strom und Spannung sind **in Phase**. Sie erreichen im *gleichen Augenblick* ihre **Nulldurchgänge** und ihre **Scheitelwerte**.

Im ohmschen Widerstand wird *elektrische Energie* in **Wärme** umgewandelt. Ein solcher Widerstand wird in der Wechselstromtechnik **Wirkwiderstand** genannt.

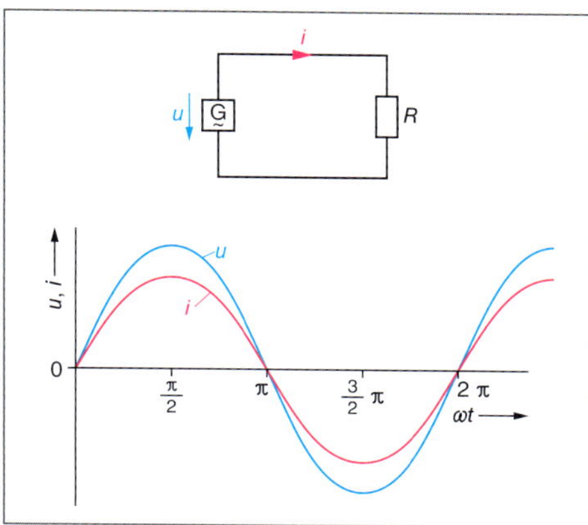

Bild 145 Kreis mit ohmschem Widerstand

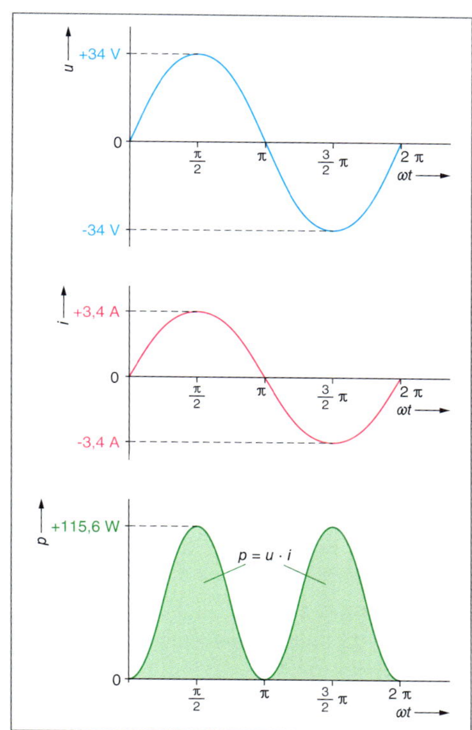

Bild 146 Wechselstromleistung

Wechselstromleistung

$p = u \cdot i$

Produkt der *Augenblickswerte* von Spannung und Strom (Bild 146).

Da Spannung und Strom *in Phase* sind, verläuft die **Leistungskurve** nur im *positiven* Bereich.

$(-u) \cdot (-i) = +p$

Effektivwert

Nun wird die Leistung 115,6 W nur *kurzzeitig* erreicht (Bild 146). Für den *Energieumsatz* im Stromkreis ist dieser Wert sicher *nicht* brauchbar.

Für den *Energieumsatz* ist die *Fläche unter der Leistungskurve* maßgebend.

Wenn die Leistungskurve durch ein *flächengleiches Rechteck* ersetzt wird, ergibt sich ein Leistungswert von 57,8 W (Bild 147).

Die *wirksame Leistung* hat den Wert:

$$p = \frac{p_s}{2} = \frac{115{,}6\ \text{W}}{2} = 57{,}8\ \text{W}$$

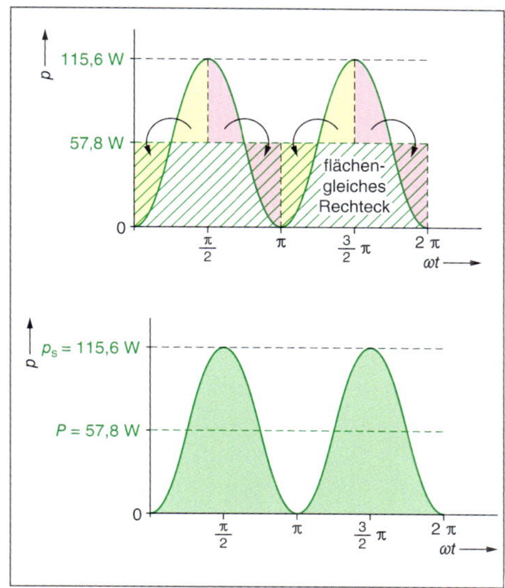

Bild 147 Effektivwert von Wechselgrößen

Die wirksame Leistung *halbiert* sich in Bezug auf den Scheitelwert. Dazu müssen sich Spannung *und in deren Folge* Stromstärke auch verringern.

■ **Wirkwiderstand**

Der ohmsche Widerstand ist unabhängig von der Frequenz der Wechselspannung.

Ein rein ohmscher Widerstand ist eine theoretische Annahme. In der Praxis haben ohmsche Widerstände stets auch induktive und kapazitive Anteile.

Ein Drahtwiderstand ist zum Beispiel auch eine Spule.

Effektivwert
effective value, root-mean-square value

Spitze-Spitze-Wert
peak-to-peak value

Wechselstromkreis
a.c. circuit

Wechselstromleistung
a.c. power

Wirkleistung
active power, effective power, true power, wattage

Scheitelfaktor
crest factor, peak factor, amplitude factor

■ **Effektivwert**

Wirksamer Wert; wirksam im Sinne einer technischen Energieumwandlung.

Wenn die Spannung verändert wird, ist die Stromänderung die unausweichliche Folge.

Bei linearen Widerständen verändern sich Spannung und Strom um den gleichen Faktor. Dann führt z. B. eine Halbierung der Spannung zu einer Halbierung des Stromes.

Wenn sich die Spannung verringert, nimmt die Stromstärke um den gleichen Faktor ab.

$$p_s = u_s \cdot i_s$$

$$\frac{1}{2} \cdot p_s = \frac{1}{\sqrt{2}} \cdot u_s \cdot \frac{1}{\sqrt{2}} \cdot i_s$$

$$\left(\frac{1}{\sqrt{2}} \cdot \frac{1}{\sqrt{2}} = \frac{1}{2}\right)$$

$$\frac{1}{2} \cdot p_s = \frac{u_s}{\sqrt{2}} \cdot \frac{i_s}{\sqrt{2}}$$

Effektivwerte

Wirksamer Wert der Spannung (Effektivwert)

$$U = \frac{u_s}{\sqrt{2}} = 0{,}707 \cdot u_s$$

Wirksamer Wert des Stromes (Effektivwert)

$$I = \frac{i_s}{\sqrt{2}} = 0{,}707 \cdot i_s$$

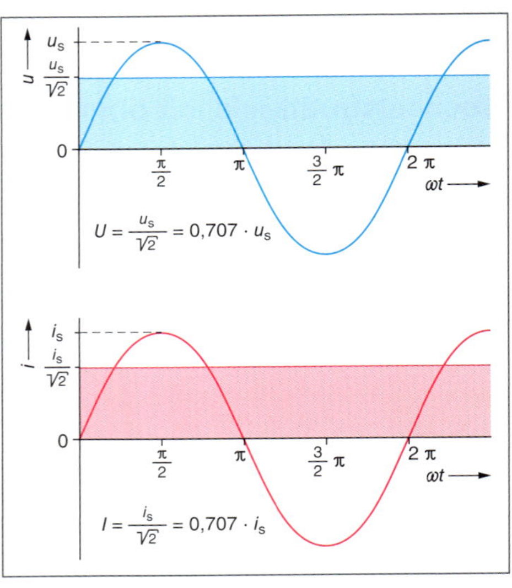

***Bild 148** Effektivwert, Spannung und Strom*

Da die **Effektivwerte** in einem Widerstand R die *gleiche Leistung* umsetzen wie *gleich große Gleichstromwerte*, werden sie durch *Großbuchstaben* gekennzeichnet.

Im Allgemeinen werden in der Energietechnik **Effektivwerte** angegeben.

Scheitelfaktor

Verhältnis von Scheitelwert und Effektivwert.

$$\frac{u_s}{U} = \sqrt{2} = 1{,}414 \qquad \frac{i_s}{I} = \sqrt{2} = 1{,}414$$

Scheitelfaktor bei *sinusförmigen* Wechselgrößen: $\sqrt{2}$.

Spitze-Spitze-Wert

Abstand zwischen positivem und negativem Scheitelwert.

$$u_{ss} = 2 \cdot u_s \qquad i_{ss} = 2 \cdot i_s$$

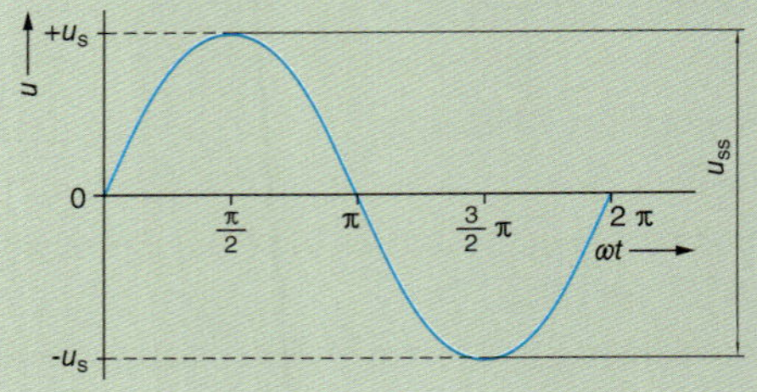

z.B.

Bestimmen Sie:

Effektivwerte U und I, Wirkleistung.

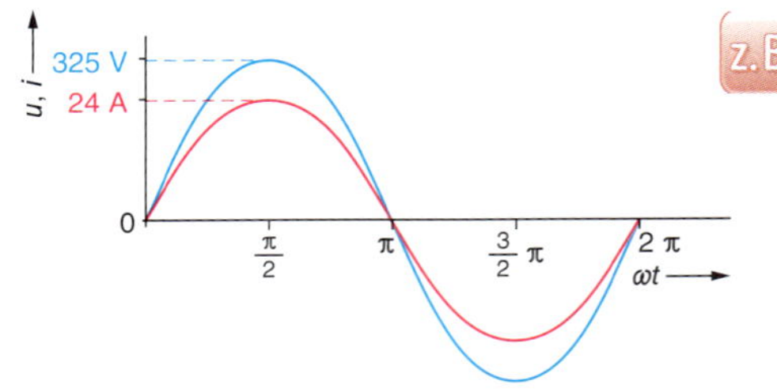

Scheitelwert: $u_s = 325$ V

$$U = \frac{u_s}{\sqrt{2}} = \frac{325\ \text{V}}{\sqrt{2}} = 230\ \text{V}$$

Scheitelwert: $i_s = 24$ A

$$I = \frac{i_s}{\sqrt{2}} = \frac{24\ \text{A}}{\sqrt{2}} = 17\ \text{A}$$

Wirkleistung = Produkt der Effektivwerte von Spannung und Strom.

$$P = U \cdot I$$

$$P = 230\ \text{V} \cdot 17\ \text{A} = 3910\ \text{W}$$

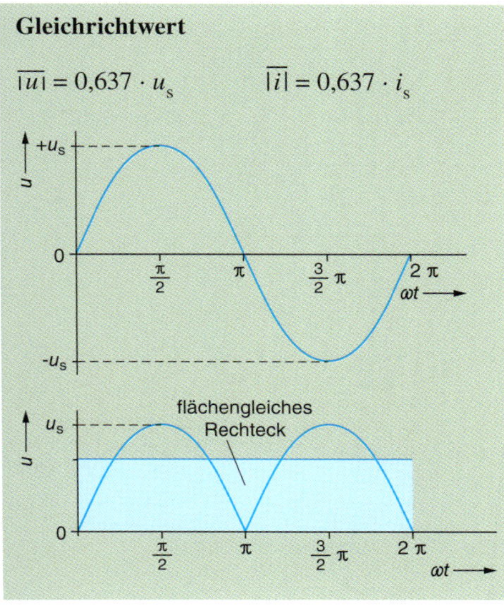

Prüfung

1. Die dargestellte Spannung wird an einen 100-Ω-Widerstand angeschlossen.

Welche Leistung wird im Widerstand umgesetzt?

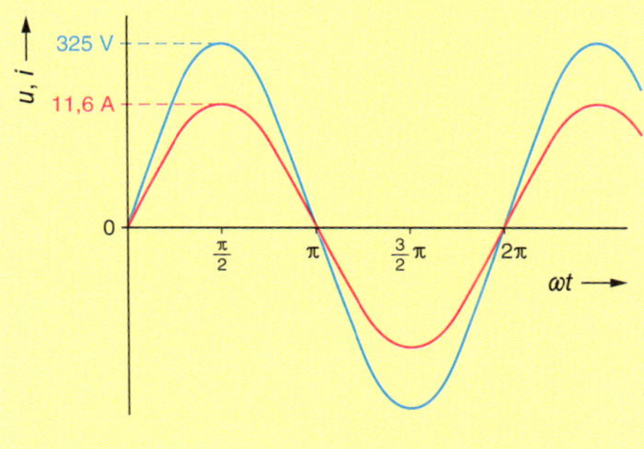

■ **Aufgabenlösung**

@ Interessante Links

- christiani-berufskolleg.de

Wechselstromkreis mit Spule

In einem *rein induktiven* Stromkreis eilt der Strom der Spannung um 90° nach (π/2).

Die **Phasenverschiebung** zwischen Strom und Spannung beträgt $\varphi = 90°$ bzw. π/2 (Bild 150, Seite 224).

Sie werden beauftragt, die technischen Daten eines 24-V-DC-Schützes und eines 24-V-AC-Schützes zu ermitteln.

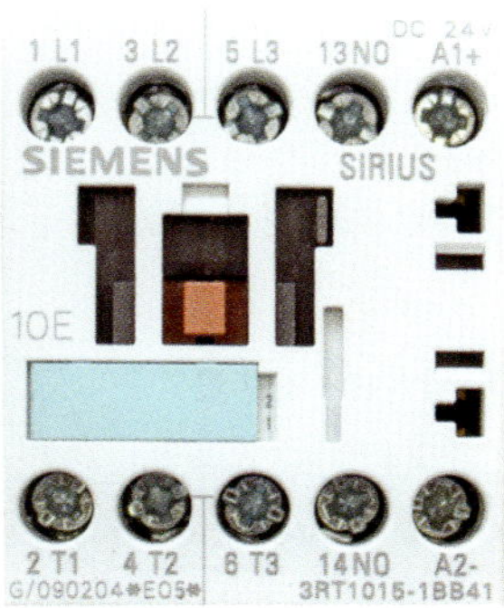

DC-Schütz

Spulendaten:

24 V

$R = 155\ \Omega$

$I = 155$ mA

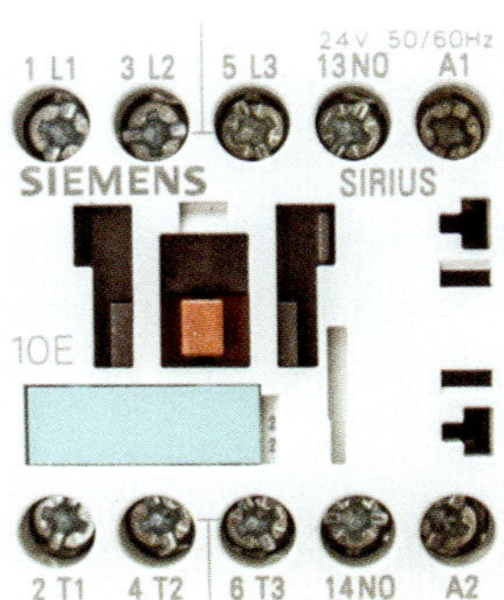

AC-Schütz

Spulendaten:

24 V

$R = 15\ \Omega$

$I = 210$ mA

$Z = 120\ \Omega$

$X_L = 119\ \Omega$

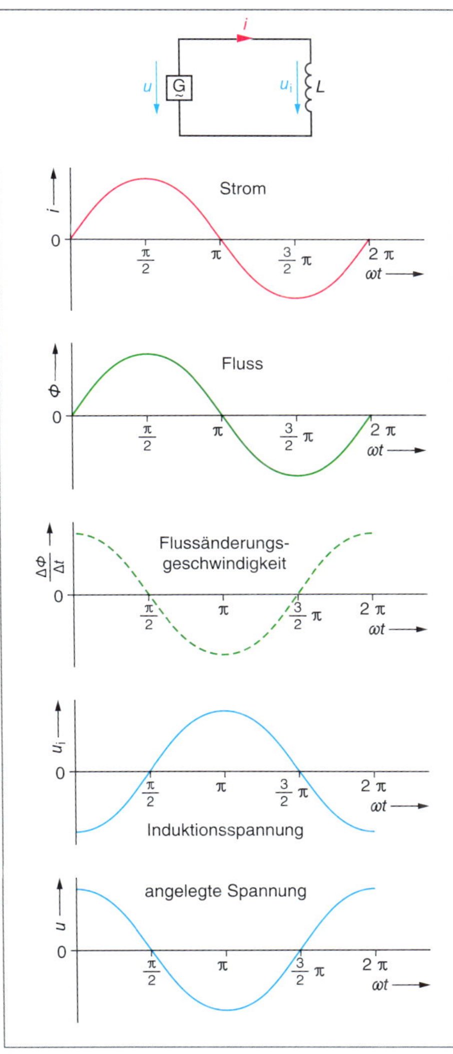

Bild 149 Wechselstromkreis mit Spule

Ein rein induktiver Stromkreis ist eine theoretische Annahme.

So ist jede Spule auch mit einem ohmschen Widerstand des Spulendrahtes behaftet.

■ **Spulenwiderstand**

Der ohmsche Spulenwiderstand kann mit dem Multimeter im Widerstandsbereich gemessen werden.

■ **Vorsicht!**

AC-Schütze niemals an DC anschließen.

Die Spule würde zerstört.

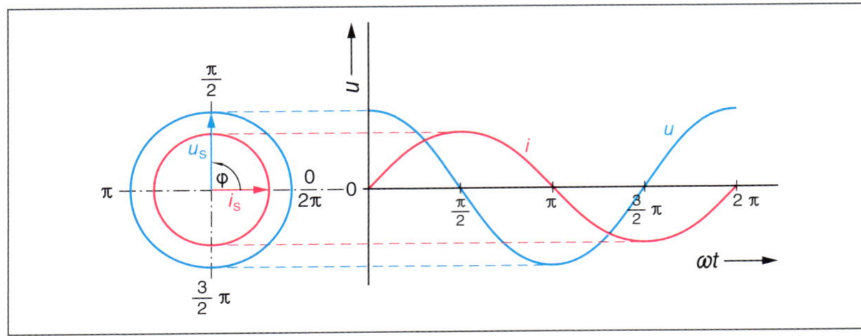

Bild 150 Kreis mit reiner Induktivität

Die Stromaufnahme der Schützspule an Wechselspannung ist deutlich geringer als an Gleichspannung, obgleich die Spannung in beiden Fällen 24 V beträgt.

Daraus folgt: Der **Wechselstromwiderstand** der Spule ist *größer* als der *Gleichstromwiderstand*.

Im Wechselstromkreis wird zusätzlich ein Widerstand wirksam, der als **induktiver Widerstand** bezeichnet wird.

Ursache für den **induktiven Widerstand** X_L ist die *Selbstinduktionsspannung* der Spule.

Diese ist der angelegten Spannung *entgegengerichtet*, wodurch sich die *wirksame* (stromtreibende) *Spannung* verringert.

Daher verringert sich auch die *Stromstärke* im Stromkreis (Bild 151).

Allgemein bedeutet **elektrischer Widerstand** die Fähigkeit zur **Strombegrenzung**.

Ohmscher Widerstand: Strombegrenzung durch *Behinderung der Ladungsträger*.

Induktiver Widerstand: Strombegrenzung durch Gegenspannung.

Der induktive Widerstand X_L ist frequenzabhängig. Er nimmt mit steigender Frequenz zu.

Hervorgerufen wird der *induktive Widerstand* durch die *Selbstinduktionsspannung*

$$u_i = -L \cdot \frac{\Delta i}{\Delta t}.$$

X_L ist von der *Induktivität* L und der *Stromänderungsgeschwindigkeit* $\frac{\Delta i}{\Delta t}$, also von der *Frequenz* f abhängig.

■ **Induktiver Widerstand**

Darstellung

 (bevorzugt)

Induktiver Widerstand

$$X_L = 2\pi \cdot f \cdot L = \omega \cdot L$$

X_L induktiver Widerstand in Ω
f Frequenz in Hz
ω Kreisfrequenz in $\frac{1}{s}$
L Induktivität in H

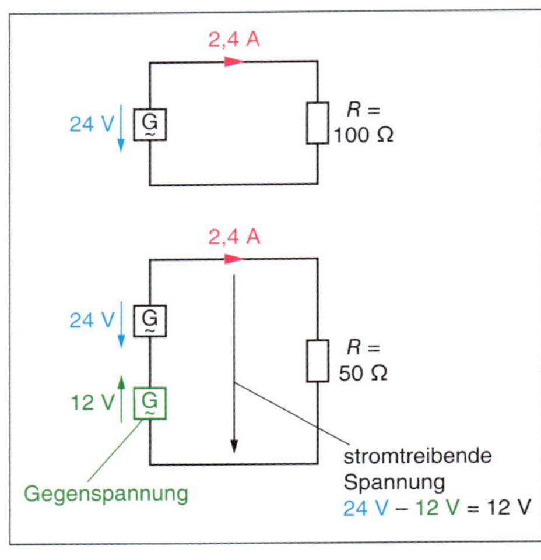

Bild 151 Elektrischer Widerstand

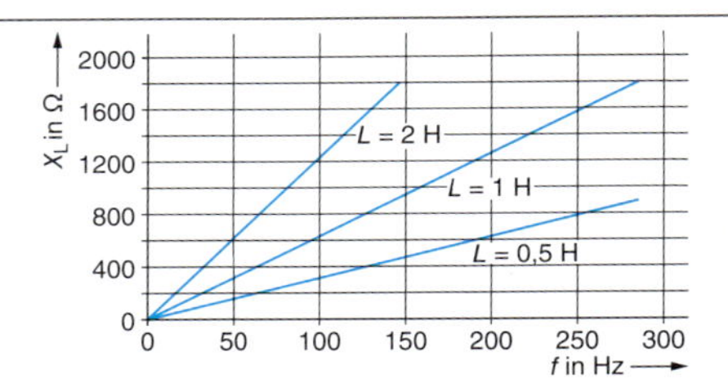

Bild 152 Induktiver Widerstand

z.B.

Eine Spule hat die Induktivität $L = 500$ mH, Frequenz $f = 50$ Hz.

Wie groß sind X_L und I an 24 V AC?

Berechnung der Kreisfrequenz:

$$\omega = 2\pi \cdot f = 2\pi \cdot 50 \text{ Hz} = 314 \frac{1}{s}$$

Induktiver Widerstand:

$$X_L = \omega \cdot L = 314 \frac{1}{s} \cdot 0{,}5 \text{ H} = 157 \ \Omega$$

Im rein induktiven Kreis wird die Stromstärke nur durch den induktiven Widerstand begrenzt:

$$I = \frac{U}{X_L} = \frac{24 \text{ V}}{157 \ \Omega} = 153 \text{ mA}$$

Leistung der idealen Spule

Die Phasenverschiebung zwischen Spannung und Strom beträgt 90° (π/2).

$p = u \cdot i$

Die Leistungskurve verläuft je zur Hälfte im positiven und negativen Bereich (Bild 153, Seite 225).

Was ist **negative Leistung**?

1. Viertelperiode (0 bis $\pi/2$)

Strom nimmt zu → Magnetfluss nimmt zu → elektrische Energie wird in magnetische Energie umgewandelt.

Energiefluss: Spannungsquelle → Spule

2. Viertelperiode ($\frac{\pi}{2}$ bis π)

Stromstärke nimmt ab → Magnetfluss nimmt ab. Selbstinduktionsspannung treibt den Strom entgegen der angelegten Spannung durch den Kreis.

Magnetische Energie wird in elektrische Energie umgewandelt.

Energiefluss: Spule → Spannungsquelle

3. Viertelperiode (π bis $\frac{3}{2}\pi$)

Stromrichtung ändert sich → Magnetfeldrichtung ändert sich. Magnetfeld baut sich mit entgegengesetzer Polarität wieder auf.

Energiefluss: Spannungsquelle → Spule

4. Viertelperiode ($\frac{3}{2}\pi$ bis 2π)

Stromstärke nimmt ab → Magnetfluss nimmt ab → Selbstinduktionsspannung treibt Strom entgegen anliegender Spannung durch den Kreis. Magnetische Energie wird in elektrische Energie umgewandelt.

- Elektrische Energie wird in magnetische Energie umgewandelt: **positive Leistung**.
- Magnetische Energie wird in elektrische Energie umgewandelt: **negative Leistung**.

Sind positive und negative Leistungsanteile gleich groß, ist die **Wirkleistung** (mittlere Leistung) null. Die *ideale* Spule setzt also *keine* elektrische Energie in Wärmeenergie um.

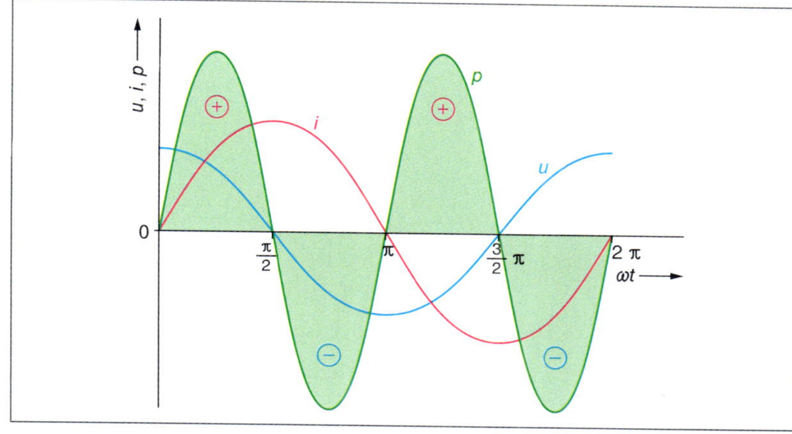

Bild 153 *Leistung bei der idealen Spule*

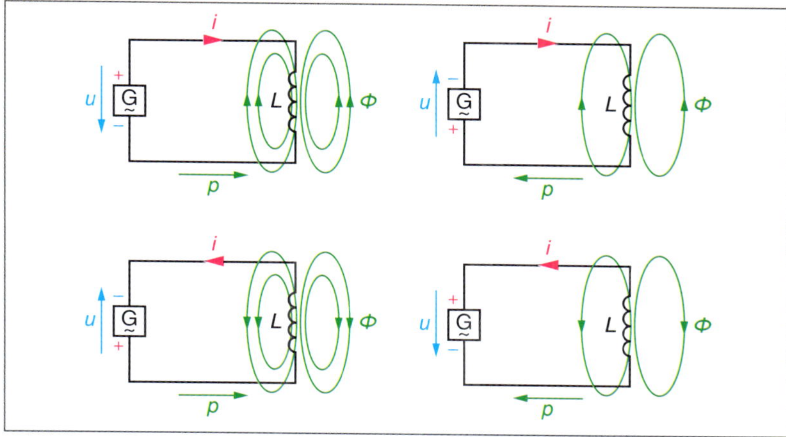

Bild 154 *Auf- und Abbau des Magnetfeldes*

Das Produkt

$Q = U \cdot I$

bezeichnet man als **induktive Blindleistung**. Die *Einheit* der Blindleistung ist **var** (Volt-Ampere-reaktiv).

Positive Leistung
Energiefluss von der Spannungsquelle zum Verbrauchsmittel.

Negative Leistung
Energiefluss vom Verbrauchsmittel zur Spannungsquelle.

Negative Leistung ist nur in Stromkreisen mit Energiespeichern möglich.

Aufgabenlösung

@ Interessante Links

- christiani-berufskolleg.de

Prüfung

1. Welchen Einfluss hat die Frequenz auf den induktiven Widerstand?

2. Die Induktivität L = 1 H wird an die Wechselspannung 24 V/50 Hz angeschlossen. Welcher Strom (Effektivwert) wird der Spannungsquelle entnommen? Wie groß ist die Phasenverschiebung zwischen Spannung und Strom?

3. Liniendiagramm von Spannung und Strom: Ermitteln Sie den induktiven Widerstand.

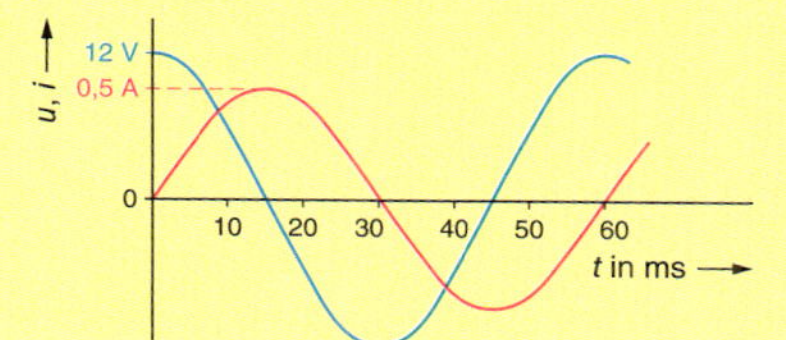

Wechselstromkreis mit Kondensator

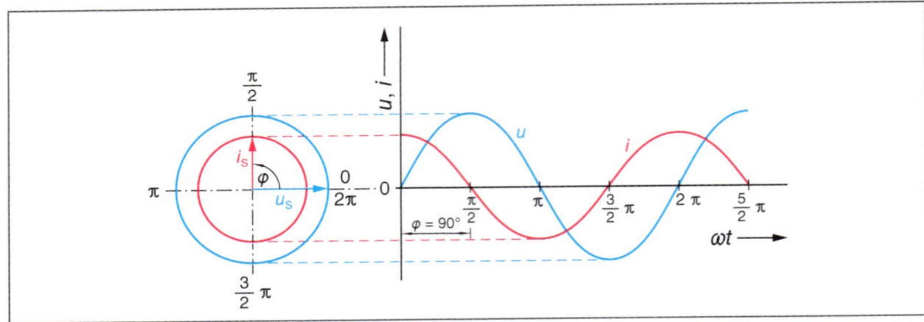

Bild 155 Wechselstromkreis mit idealem Kondensator

■ **Idealer Kondensator**

Der ideale Kondensator ist eine theoretische Annahme.

In der Praxis ist der Kondensator nicht verlustfrei; er hat auch einen ohmschen Widerstandsanteil.

In einem Stromkreis mit **idealem Kondensator** (einem **rein kapazitiven Stromkreis**) eilt der Strom der Spannung um 90° *(π/2) voraus.*

Wenn ein *Kondensator* an eine *sinusförmige* Spannung angeschlossen wird, werden ihm im Takte der Sinusschwingung *Ladungen* **zugeführt** und **entzogen**.

Wenn sich die Spannung im Zeitabschnitt Δt und Δu_c ändert, ist die *Ladungsänderung* Δq die Folge.

$$\Delta q = i \cdot \Delta t = C \cdot \Delta u_c$$

$$i = C \cdot \frac{\Delta u_c}{\Delta t}$$

Ladestrom und *Entladestrom* des Kondensators sind abhängig von der **Spannungsänderungsgeschwindigkeit** $\Delta u_c / \Delta t$.

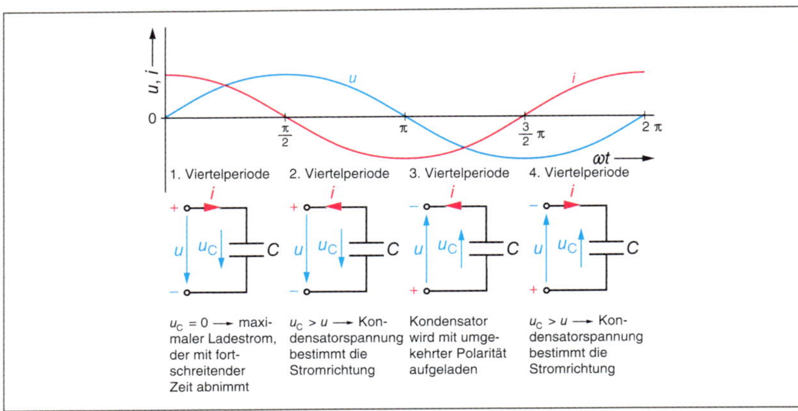

Bild 156 Ladung und Entladung eines Kondensators

■ **Kondensator an Gleichspannung**

→ 193

Zu beachten ist:

Wenn die Spannung den Scheitelwert erreicht, ist die Stromstärke null.

Die *Kondensatorspannung* ist *so groß wie* die anliegende Spannung. Der Kondensator ist *voll aufgeladen*.

Bei den Nulldurchgängen der Spannung erreicht die Stromstärke ihre Scheitelwerte.

In der *zweiten* Viertelperiode (Bild 156) nimmt die Spannung von $+u_S$ auf null ab.

Die Kondensatorspannung u_C ist dann *größer* als die Netzspannung u. Der Strom fließt *vom Kondensator zur Spannungsquelle*, die Stromrichtung ist **negativ**.

Die Netzspannung *begrenzt* die Stromstärke, da sie die *wirksame Spannung* verringert.

Wenn die Netzspannung null ist, entfällt der begrenzende Einfluss. Die *Restladungen* des Kondensators werden kurzgeschlossen. Die Stromstärke erreicht dabei ihren *Höchstwert*.

Kapazitiver Widerstand

Auch hier gilt: Strombegrenzung durch **Gegenspannung**. Die Kondensatorspannung wirkt der anliegenden Spannung *entgegen*.

Der **kapazitive Widerstand** ist von der *Frequenz* und der *Kondensatorkapazität* abhängig.

Mit *zunehmender Frequenz* lädt und entlädt sich der Kondensator schneller. Bei gleicher Spannung ist dazu ein höherer Strom notwendig.

Der kapazitive Widerstand wird mit zunehmender Frequenz geringer.

Mit *zunehmender Kapazität* kann der Kondensator mehr Ladungen aufnehmen und abgeben. Der Strom wird dann größer.

Der kapazitive Widerstand wird mit zunehmender Kapazität geringer.

Kapazitiver Widerstand

$$X_C = \frac{1}{2\pi \cdot f \cdot C} = \frac{1}{\omega \cdot C}$$

X_C kapazitiver Widerstand in Ω
f Frequenz in Hz
ω Kreisfrequenz in $\frac{1}{s}$
C Kondensatorkapazität in F

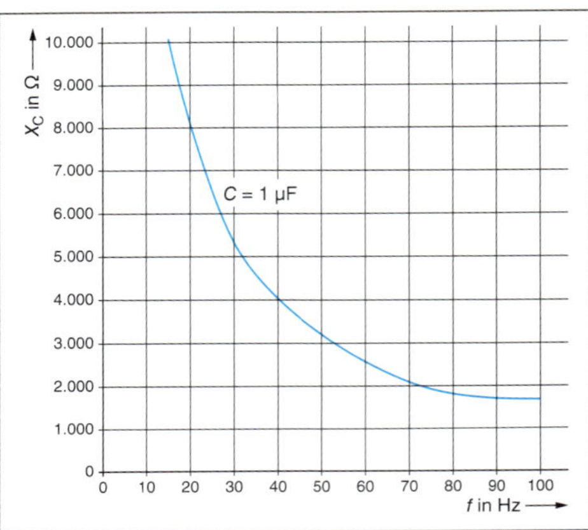

Bild 157 Kapazitiver Widerstand

Wie groß ist der kapazitive Widerstand eines Kondensators $C = 100$ nF an 50 Hz?

$100 \text{ nF} = 100 \cdot 10^{-9} \text{ F}$

Kreisfrequenz: $\omega = 2\pi \cdot f = 314 \, \frac{1}{\text{s}}$

$$X_C = \frac{1}{\omega \cdot C}$$

$$X_C = \frac{1}{314 \, \frac{1}{\text{s}} \cdot 100 \cdot 10^{-9} \text{ F}} = 3{,}18 \cdot 10^4 \, \Omega$$

$$X_C = 31{,}8 \text{ k}\Omega$$

Blindwiderstand
reactance, reactive impedance

Blindleistung
reactive power

Leistung im kapazitiven Kreis

Wie bei der idealen Spule verläuft die **Leistungskurve** wegen der 90°-Phasenverschiebung zwischen Spannung und Stromstärke je zur Hälfte im positiven und negativen Bereich (Bild 158).

Die **Wirkleistung** ist null. Es wird keine elektrische Energie in Wärme umgewandelt.

Kapazitive Blindleistung

$Q_C = U \cdot I$ Einheit: var

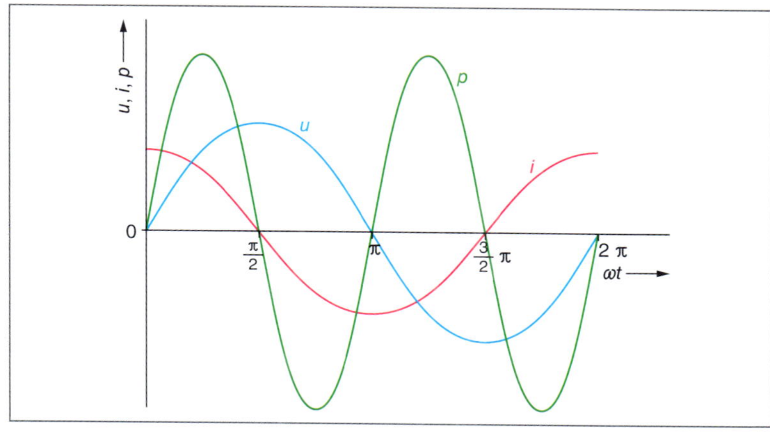

***Bild 158** Leistung beim idealen Kondensator*

Prüfung

1. Welchen Einfluss hat die Frequenz auf den kapazitiven Widerstand?

2. Ein Kondensator wird an 24 V/50 Hz angeschlossen. Dabei fließt ein Strom von 226 mA. Wie groß ist die Kondensatorkapazität?

3. Wie groß ist C_2?

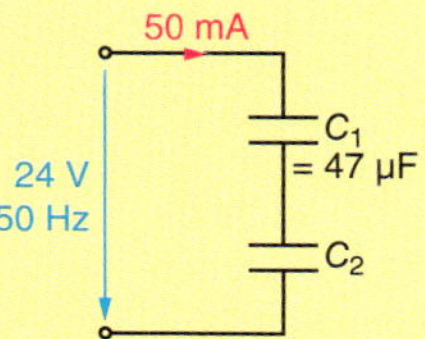

4. Bestimmen Sie alle Ströme. Wie groß sind die Spannungen an C_1 und C_2?

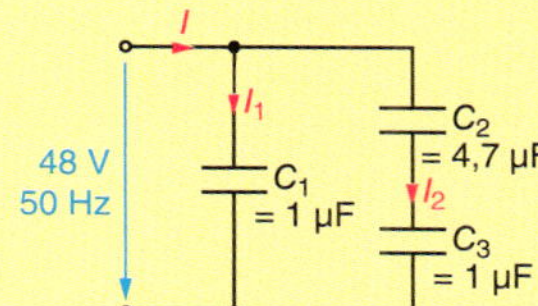

5. Die Frequenz wird zwischen 10 Hz und 100 Hz verändert. Stellen Sie den Einfluss auf die Stromstärke in einer Kennlinie dar.

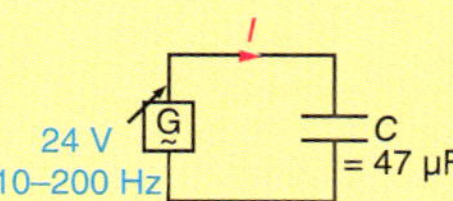

6. Warum können Energiespeicher wie Spulen und Kondensatoren beim Ein- und Ausschalten Probleme verursachen?

■ **Aufgabenlösung**

@ Interessante Links
- christiani-berufskolleg.de

Scheinleistung
apparent power, vector power, complex power

Phase
phase

in Phase
in-phase, in step

Phasenverschiebung
phase shift, angular displacement

phasenverschoben
out-of-phase, out-phases

Um π/2 phasenverschoben
in quadrature

Phasenwinkel
phase angle

Scheinleitwert
admittance

Scheinwiderstand
impedance

■ **Arithmetische Addition**

U_1 U_2

U

■ **Geometrische Addition**

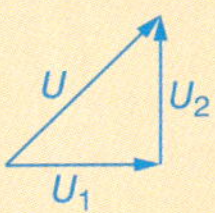

■ **Satz des Pythagoras**

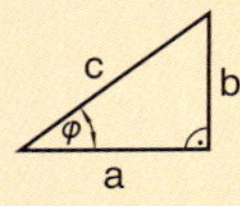

$c^2 = a^2 + b^2$

Zusammengesetzte Wechselstromkreise

RL-Reihenschaltung

Die Spannung U ist gleich der *geometrischen* Summe der Teilspannungen U_R und U_L (Bild 159).

Geometrische Summe heißt in diesem Zusammenhang, dass die Phasenverschiebung der Teilspannungen zu berücksichtigen ist.

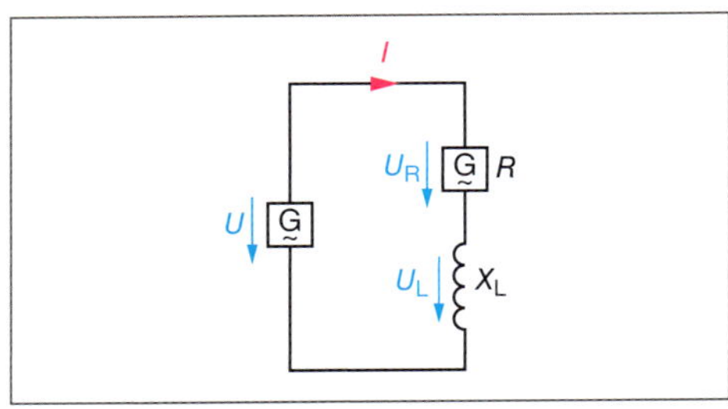

Bild 159 *RL-Reihenschaltung*

Der *Strom I* ist in der Reihenschaltung überall gleich groß. Der Strom wird als **Bezugsgröße** gewählt. Das heißt, die *Phasenverschiebungen* werden auf den *Strom* bezogen (Bild 160).

- Die Spannung U_R ist mit dem Strom I in Phase (Phasenverschiebung 0°).
- Die Spannung U_L eilt dem Strom um 90° voraus (Phasenverschiebung 90°).
- Die Gesamtspannung U eilt dann dem Strom um den Phasenwinkel φ voraus.

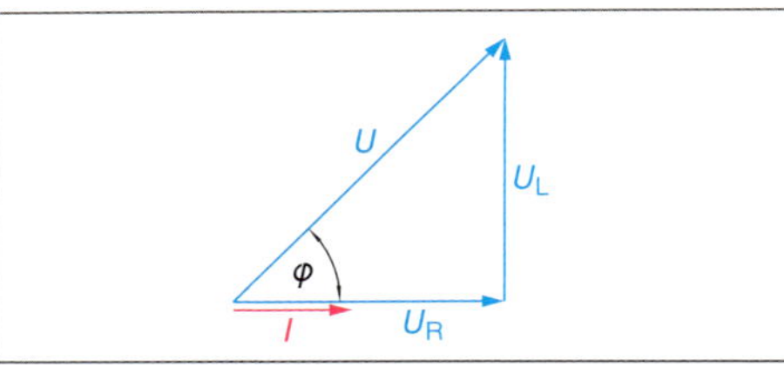

Bild 160 *Spannungsdreieck*

Satz des Pythagoras

$$U = \sqrt{U_R^2 + U_L^2}$$

Winkelfunktionen

$$\cos \varphi = \frac{U_R}{U}$$

Wegen des ohmschen Widerstandes R, an dem der Spannungsfall U_R auftritt, ist die *Phasenverschiebung kleiner* als 90°.

Das in Bild 160 dargestellte **Zeigerdiagramm** ist sehr anschaulich. Verwendet werden die **Effektivwerte**.

Lösungen ergeben sich entweder durch *maßstäbliche Darstellung* des Zeigerdiagramms oder durch Anwendung des *Satzes des Pythagoras* und der *Winkelfunktionen*.

Widerstandsdreieck

In Bild 160 ist das **Spannungsdreieck** dargestellt.

Wenn man die einzelnen Spannungszeiger durch den Strom I dividiert, ergibt sich das **Widerstandsdreieck** (Bild 162).

$$\frac{U_R}{I} = R \qquad \frac{U_L}{I} = X_L \qquad \frac{U}{I} = Z$$

Z ist der **Scheinwiderstand** des RL-Kreises und beinhaltet den ohmschen und induktiven Anteil.

Der **Scheinwiderstand** Z ist die *geometrische* Summe von R und X_L.

Satz des Pythagoras

$$Z = \sqrt{R^2 + X_L^2} \qquad Z = \frac{U}{I}$$

Winkelfunktionen

$$\cos \varphi = \frac{R}{Z}$$

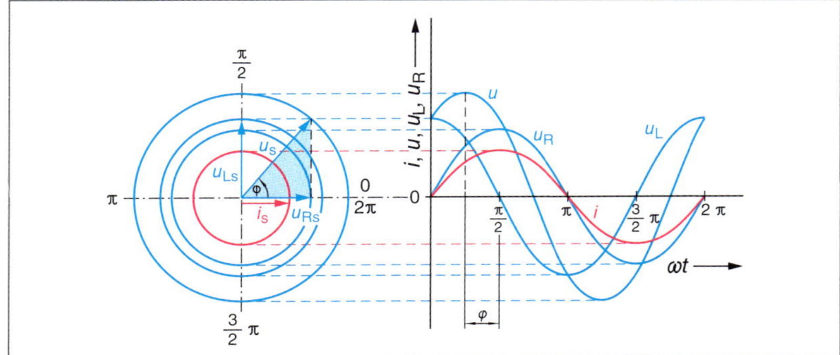

Bild 161 *Zeigerdiagramm und Liniendiagramm*

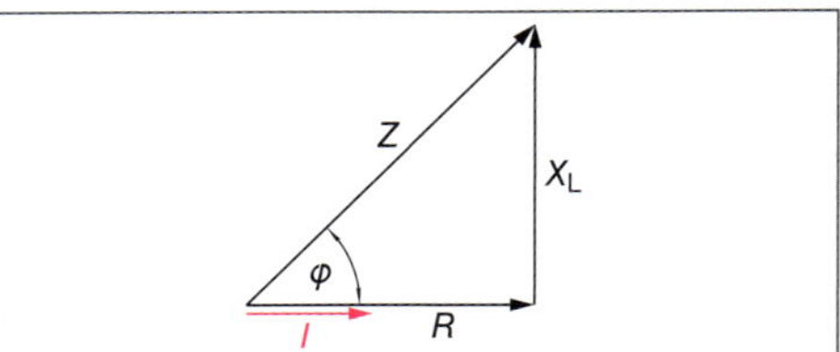

Bild 162 *Widerstandsdreieck*

Leistungsdreieck

Das **Leistungsdreieck** ergibt sich aus dem Spannungsdreieck (Bild 160), wenn man jeden Spannungszeiger mit dem Strom I multipliziert.

$U_R \cdot I = P \qquad U_L \cdot I = Q_L \qquad U \cdot I = S$

Wirkleistung	$P = U_R \cdot I$
Induktive Blindleistung	$Q_L = U_L \cdot I$
Scheinleistung	$S = U \cdot I$

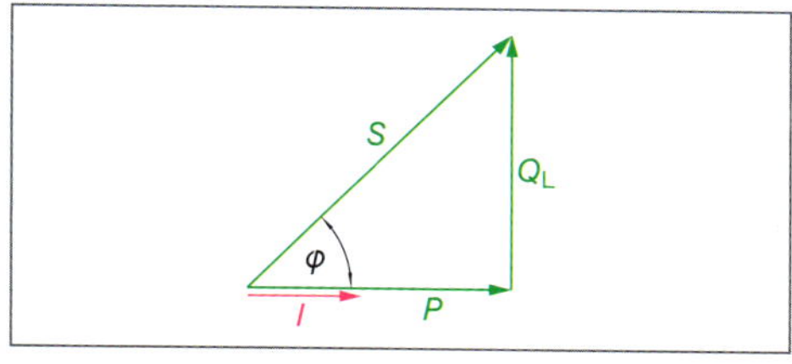

Bild 163 *Leistungsdreieck*

Die **Scheinleistung** S ist eine Rechengröße, die *keine* Aussage über den **Energieumsatz** im Stromkreis macht.

Zu beachten ist aber, dass der *Strom I tatsächlich* fließt. Betriebsmittel müssen also entsprechend *bemessen* werden

Wechselstromleistungen

$S = \sqrt{P^2 + Q_L^2}$	$S = U \cdot I$	Einheit VA
$P = S \cdot \cos\varphi = U \cdot I \cdot \cos\varphi$		Einheit W
$Q_L = S \cdot \sin\varphi = U \cdot I \cdot \sin\varphi$		Einheit var

Wirkleistungsfaktor oder kurz Leistungsfaktor

Den Ausdruck

$\cos\varphi = \frac{P}{S}$

nennt man **Leistungsfaktor**.

Er gibt an, welcher *Anteil* der Scheinleistung S in Wirkleistung P umgesetzt wird.

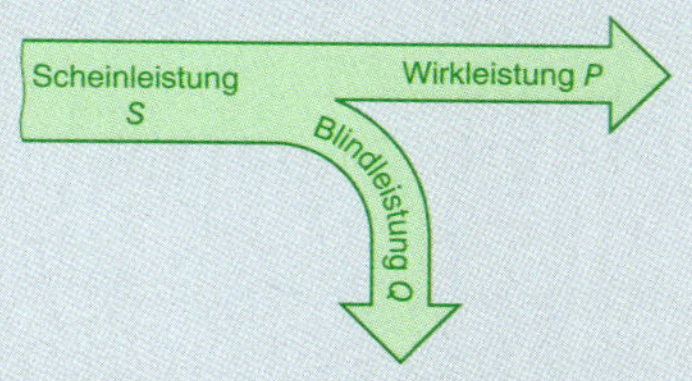

Man kann das auch so deuten, dass angegeben wird, zu wie viel Prozent die Scheinleistung „ausgebeutet“ wird.

$\cos\varphi = 0$	0 % Ausbeutung
$\cos\varphi = 0{,}5$	50 % Ausbeutung
$\cos\varphi = 1$	100 % Ausbeutung

Bei $\cos\varphi = 1$ tritt keine Blindleistung auf. Die gesamte Scheinleistung wird in Wirkleistung umgesetzt.

Blindleistungsfaktor

Der Blindleistungsfaktor $\sin\varphi$ gibt an, wie groß der Anteil der Blindleistung an der Scheinleistung ist.

$\sin\varphi = \frac{Q}{S}$

Winkelfunktionen

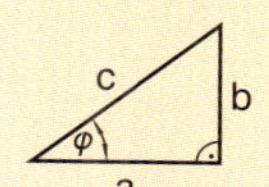

$\sin\alpha = \frac{b}{c}$

$\cos\alpha = \frac{a}{c}$

$\tan\alpha = \frac{b}{a}$

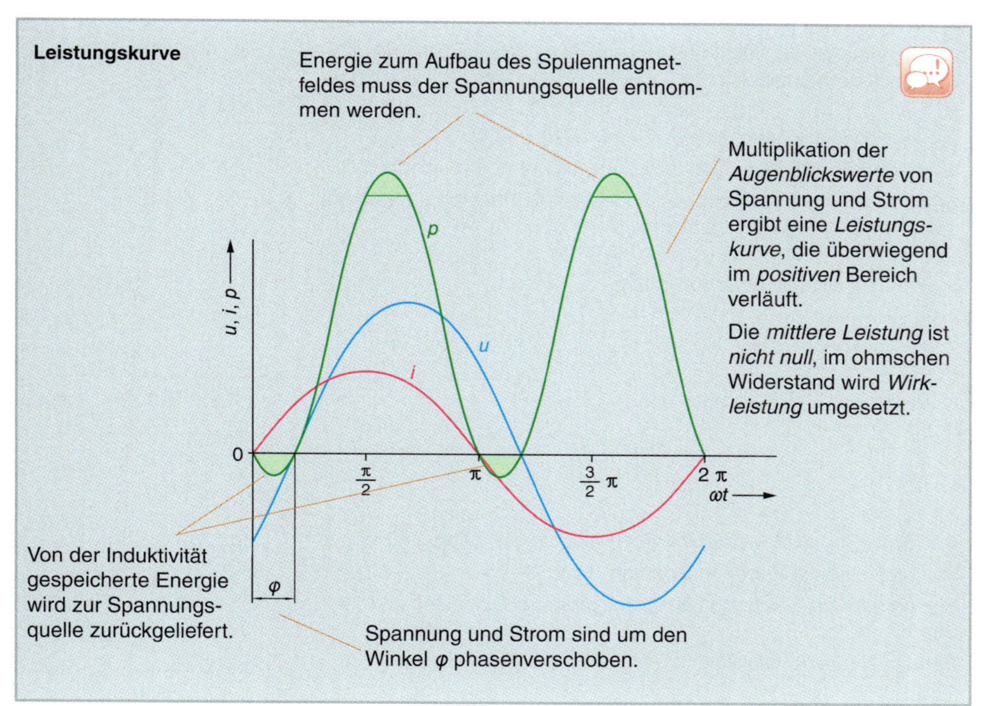

z.B.

$R = 100\ \Omega$, $L = 0{,}5$ H, $U = 230$ V, $f = 50$ Hz

a) Wie groß ist der Scheinwiderstand Z?

b) Wie groß sind U_R und U_L?

c) Wie groß ist die Phasenverschiebung zwischen U und I?

d) Berechnen Sie S, P und Q_L.

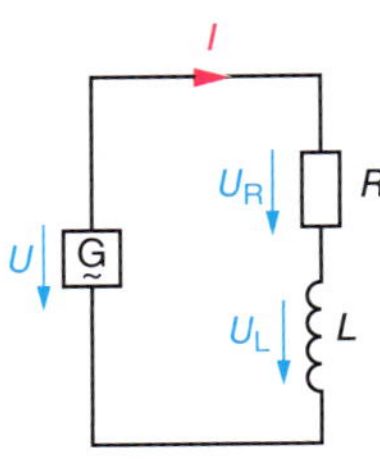

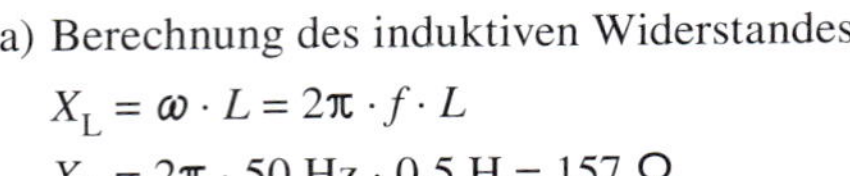

a) Berechnung des induktiven Widerstandes

$X_L = \omega \cdot L = 2\pi \cdot f \cdot L$

$X_L = 2\pi \cdot 50\text{ Hz} \cdot 0{,}5\text{ H} = 157\ \Omega$

$Z = \sqrt{R^2 + X_L^2}$

$Z = \sqrt{(100\ \Omega)^2 + (157\ \Omega)^2}$

$Z = 186{,}14\ \Omega$

b) Berechnung des Stromes in der Reihenschaltung:

$$I = \frac{U}{Z} = \frac{230\text{ V}}{186{,}14\ \Omega} = 1{,}24\text{ A}$$

$U_R = I \cdot R = 100\ \Omega \cdot 1{,}24\text{ A} = 124\text{ V}$

$U_L = I \cdot X_L = 157\ \Omega \cdot 1{,}24\text{ A} = 194{,}7\text{ V}$

c) $\cos\varphi = \frac{U_R}{U} = \frac{R}{Z}$

$$\cos\varphi = \frac{U_R}{U} = \frac{124\text{ V}}{230\text{ V}} = 0{,}539$$

Phasenverschiebung: $\varphi = 57{,}4°$

d) Scheinleistung: $S = U \cdot I = 230\text{ V} \cdot 1{,}24\text{ A} = 285{,}2\text{ VA}$

Wirkleistung: $P = S \cdot \cos\varphi = 285{,}2\text{ VA} \cdot 0{,}539 = 153{,}7\text{ W}$

Induktive Blindleistung: $Q_L = S \cdot \sin\varphi = 285{,}2\text{ VA} \cdot 0{,}842 = 240{,}14\text{ var}$

$\cos\varphi = 0{,}539 \rightarrow \sin\varphi = 0{,}842$

■ **Aufgabenlösung**

@ Interessante Links

- christiani-berufskolleg.de

Prüfung

1. Ersatzschaltbild einer Spule: Mit dem Multimeter wird 27 Ω gemessen.

Was sagt dieser Messwert aus?

Wie können Sie sämtliche Widerstände des Ersatzschaltbildes messtechnisch ermitteln?

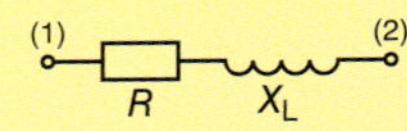

2. Ersatzschaltbild einer Spule: $R = 16\ \Omega$, $X_L = 48\ \Omega$.

Wie groß ist der Scheinwiderstand bei einer Frequenz von 50 Hz?

Ermitteln Sie die Induktivität der Spule und die Phasenverschiebung.

Zeichnen Sie das Widerstandsdreieck.

3. Erläutern Sie das Liniendiagramm.

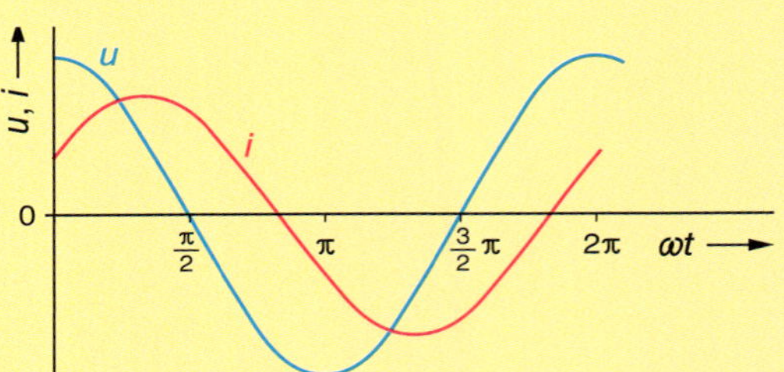

4. Welche Stromstärke wird der Spannungsquelle entnommen?

Wie groß sind die Teilspannungen an R und L?

Wie groß ist die Phasenverschiebung zwischen Spannung und Strom?

Berechnen Sie Scheinleistung, Wirkleistung und Blindleistung.

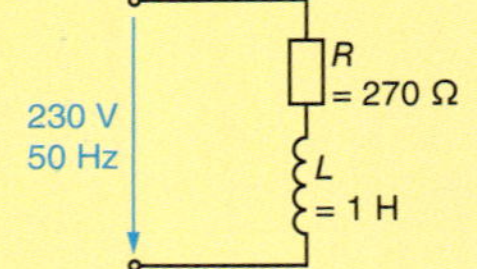

RL-Parallelschaltung

Die parallel geschalteten Bauelemente R und X_L liegen an der *gleichen* Spannung U.

Die Spannung U ist die **Bezugsgröße**.

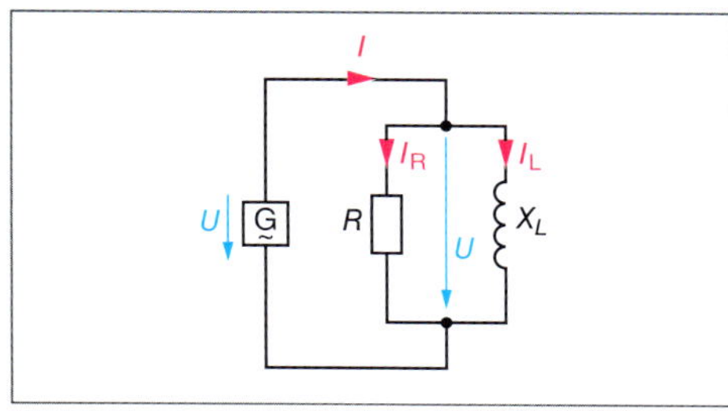

Bild 164 *RL-Parallelschaltung*

- Der Strom I_R ist mit der Spannung U in Phase ($\varphi = 0$).
- Der Strom I_L eilt der Spannung U um 90° nach ($\varphi = 90°$).
- Der Gesamtstrom I eilt dann der Spannung U um den Winkel φ nach.

Satz des Pythagoras

$$I = \sqrt{I_R^2 + I_L^2}$$

Winkelfunktionen

$$\cos\varphi = \frac{I_R}{I}$$

$$\sin\varphi = \frac{I_L}{I}$$

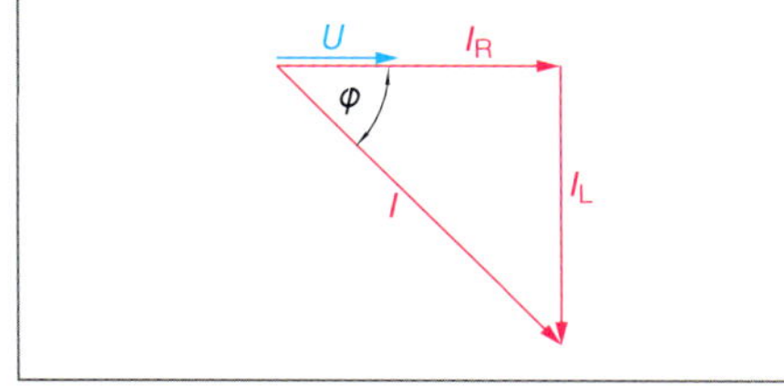

Bild 165 *Stromdreieck*

Leitwertdreieck

Durch Division der Stromzeiger durch U kann aus dem Stromdreieck das **Leitwertdreieck** abgeleitet werden.

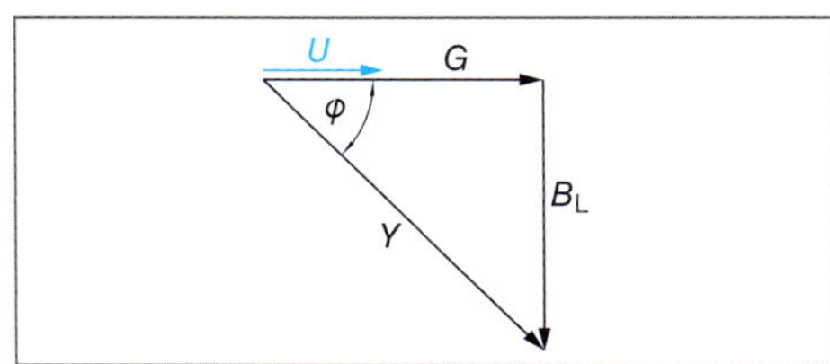

Bild 166 *Leitwertdreieck*

$G = \frac{1}{R}$	Wirkleitwert
$B_L = \frac{1}{X_L}$	induktiver Blindleitwert
$Y = \frac{1}{Z}$	Scheinleitwert

Satz des Pythagoras

$$Y = \sqrt{G^2 + B_L^2}$$

Winkelfunktionen

$$\cos\varphi = \frac{G}{Y} = \frac{\frac{1}{R}}{\frac{1}{Z}} = \frac{Z}{R}$$

$$\sin\varphi = \frac{B_L}{Y} = \frac{\frac{1}{X_L}}{\frac{1}{Z}} = \frac{Z}{X_L}$$

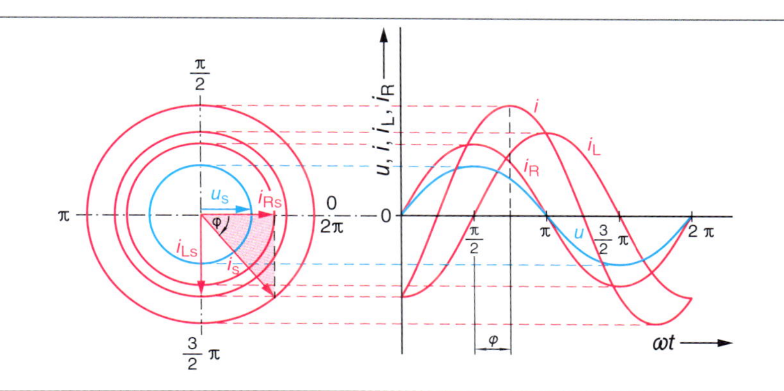

Bild 167 *RL-Parallelschaltung, Zeigerdiagramm und Liniendiagramm*

Leistungsdreieck

Werden die Zeiger des Stromdreiecks mit der Spannung U multipliziert, ergibt sich das **Leistungsdreieck**.

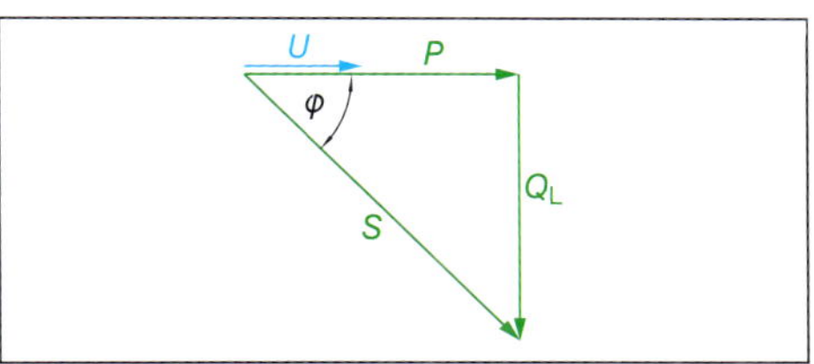

Bild 168 *Leistungsdreieck*

$I_R \cdot U = P$	Wirkleistung
$I_L \cdot U = Q_L$	induktive Blindleistung
$I \cdot U = S$	Scheinleistung

Satz des Pythagoras

$$S = \sqrt{P^2 + Q_L^2}$$

Wirkleitwert
effective conductance, active admittance

Blindleitwert
susceptance

Scheinleitwert
admittance

Wirkleistungsfaktor

$\cos\varphi = \frac{P}{S}$

Blindleistungsfaktor

$\sin\varphi = \frac{Q_L}{S}$

Wechselstromleistungen

Scheinleistung	$S = U \cdot I$	*Einheit:* VA
Wirkleistung	$P = S \cdot \cos\varphi = U \cdot I \cdot \cos\varphi$	*Einheit:* W
Blindleistung	$Q_L = S \cdot \sin\varphi = U \cdot I \cdot \sin\varphi$	*Einheit:* var

z.B.

RL-Parallelschaltung: $R = 100\ \Omega$, $L = 250\ \text{m}\Omega$, $U = 230\ \text{V}$, $f = 50\ \text{Hz}$.
Berechnen Sie die Ströme I_R, I_L und I.
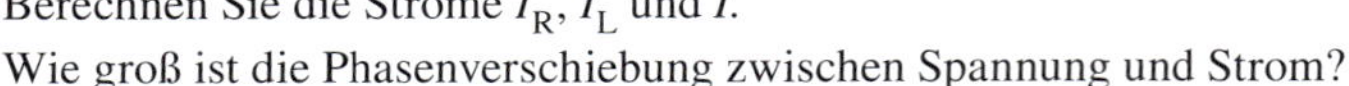
Wie groß ist die Phasenverschiebung zwischen Spannung und Strom?
Welche Wirkleistung wird in der Schaltung umgesetzt?

Ströme:

$X_L = \omega \cdot L = 2\pi \cdot f \cdot L = 2\pi \cdot 50\ \text{Hz} \cdot 0{,}25\ \text{H}$

$X_L = 78{,}5\ \Omega$

$I_R = \frac{U}{R} = \frac{230\ \text{V}}{100\ \Omega} = 2{,}3\ \text{A}$

$I_L = \frac{U}{X_L} = \frac{230\ \text{V}}{78{,}5\ \Omega} = 2{,}93\ \text{A}$

$I = \sqrt{I_R^2 + I_L^2} = \sqrt{(2{,}3\ \text{A})^2 + (2{,}93\ \text{A})^2}$

$I = 3{,}72\ \text{A}$

Phasenverschiebung zwischen U und I:

$\cos\varphi = \frac{I_R}{I} = \frac{2{,}3\ \text{A}}{3{,}72\ \text{A}} = 0{,}618$

$\cos\varphi = 0{,}618 \rightarrow \varphi = 51{,}8^\circ$

Phasenverschiebungswinkel $\varphi = 51{,}8^\circ$

Wirkleistung:

$P = U \cdot I \cdot \cos\varphi$

$P = 230\ \text{V} \cdot 3{,}72\ \text{A} \cdot 0{,}618 = 529\ \text{W}$

oder: $P = \frac{U^2}{R} = \frac{(230\ \text{V})^2}{100\ \Omega} = 529\ \text{W}$

■ **Aufgabenlösung**

@ Interessante Links

- christiani-berufskolleg.de

Prüfung

1. Bestimmen Sie alle Ströme.
Wie groß ist der Scheinwiderstand der Schaltung?
Wie groß ist die Phasenverschiebung zwischen Spannung und Strom?

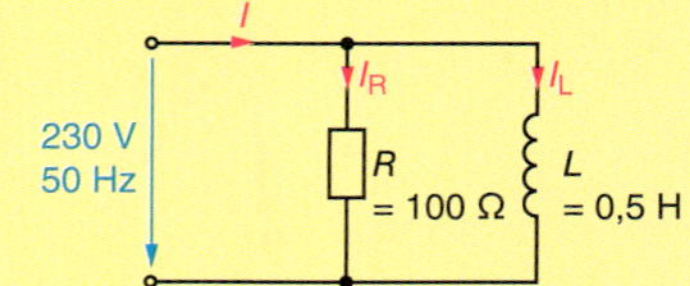

2. Eine RL-Parallelschaltung nimmt an 230 V/50 Hz bei einem Leistungsfaktor $\cos\varphi = 0{,}75$ den Strom $I = 2{,}6$ A auf.
Wie groß sind R und L?
Ermitteln Sie Scheinleistung, Wirkleistung und Blindleistung der Schaltung.

RC-Reihenchaltung

Die Bezugsgröße ist der Strom I.

- Die Spannung U_R ist mit I in Phase.
- Die Spannung U_C eilt dem Strom um 90° nach.
- Der Strom eilt der Spannung U um den Winkel φ voraus.

Satz des Pythagoras

$U = \sqrt{U_R^2 + U_C^2}$

Winkelfunktionen

$\cos\varphi = \frac{U_R}{U}$

$\sin\varphi = \frac{U_C}{U}$

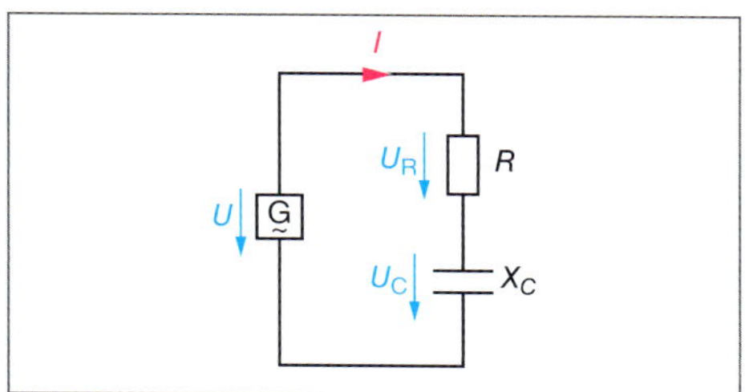

Bild 169 RC-Reihenschaltung

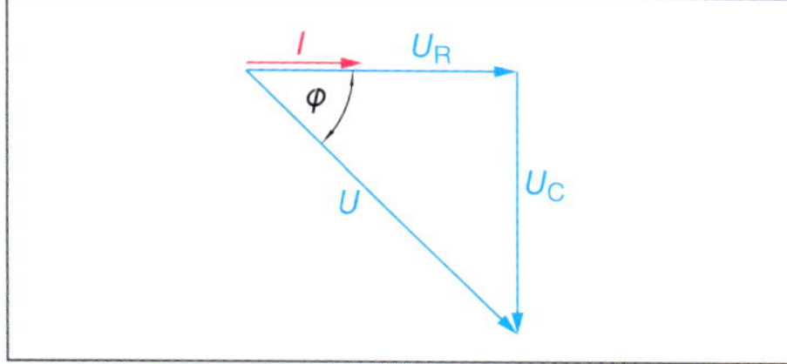

Bild 170 Spannungsdreieck

Widerstandsdreieck

Wird jeder Spannungszeiger durch I dividiert, ergibt sich das **Widerstandsdreieck**.

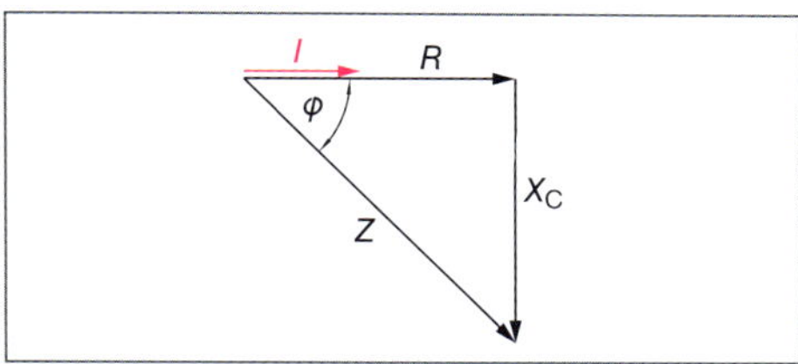

Bild 171 Widerstandsdreieck

$\frac{U_R}{I} = R$ Wirkwiderstand

$\frac{U_C}{I} = X_C$ kapazitiver Widerstand

$\frac{U}{I} = Z$ Scheinwiderstand

Satz des Pythagoras

$$Z = \sqrt{R^2 + X_C^2}$$

Winkelfunktionen

$$\cos \varphi = \frac{R}{Z}$$

$$\sin \varphi = \frac{X_C}{Z}$$

Leistungsdreieck

Aus dem Spannungsdreieck ergibt sich durch Multiplikation mit dem Strom I das **Leistungsdreieck**.

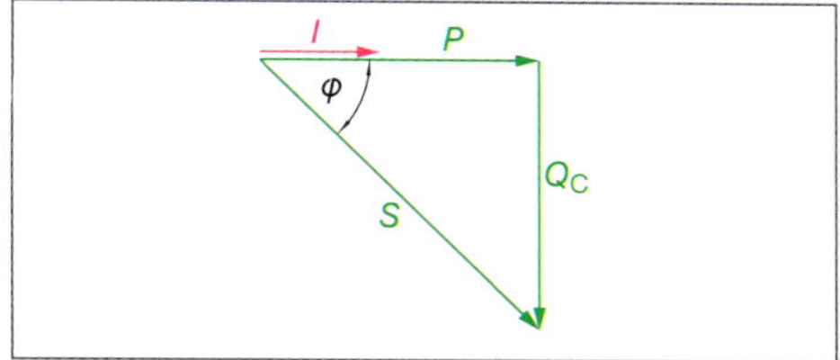

Bild 172 Leistungsdreieck

$U_R \cdot I = P$ Wirkleistung

$U_C \cdot I = Q_C$ kapazitive Blindleistung

$U \cdot I = S$ Scheinleistung

Satz des Pythagoras

$$S = \sqrt{P^2 + Q_L^2}$$

Winkelfunktionen

$$\cos \varphi = \frac{P}{S}$$

$$\sin \varphi = \frac{Q_C}{S}$$

■ **Aufgabenlösung**

@ **Interessante Links**

• christiani-berufskolleg.de

Prüfung

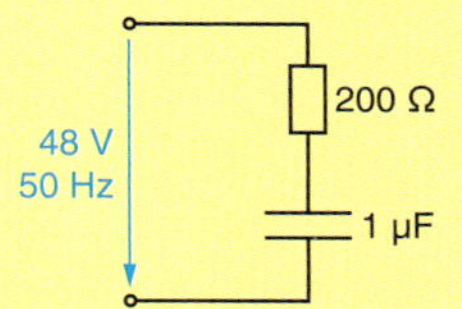

1. Welcher Strom wird der Spannungsquelle entnommen?

Wie groß sind die Spannungen an R und C?

Bestimmen Sie die Phasenverschiebung zwischen Strom und Spannung.

2. Die Leistung eines Heizwiderstandes 230 V/1 kW soll durch Vorschalten eines Kondensators halbiert werden. Frequenz der Wechselspannung 50 Hz.

Welche Kondensatorkapazität ist dazu notwendig?

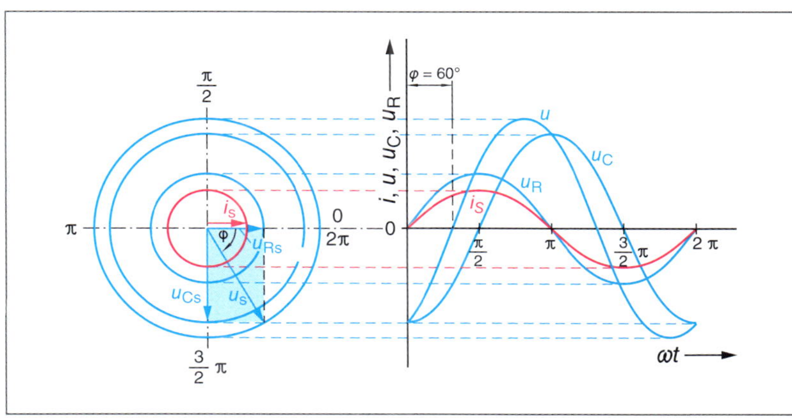

Bild 173 RC-Reihenschaltung, Zeigerdiagramm und Liniendiagramm

RC-Parallelschaltung

Die **Bezugsgröße** ist die *Spannung U*.

- Der Strom I_R ist mit U in Phase.
- Der Strom I_C eilt U um 90° voraus.
- Der Strom I eilt der Spannung U um die Phasenverschiebung φ voraus.

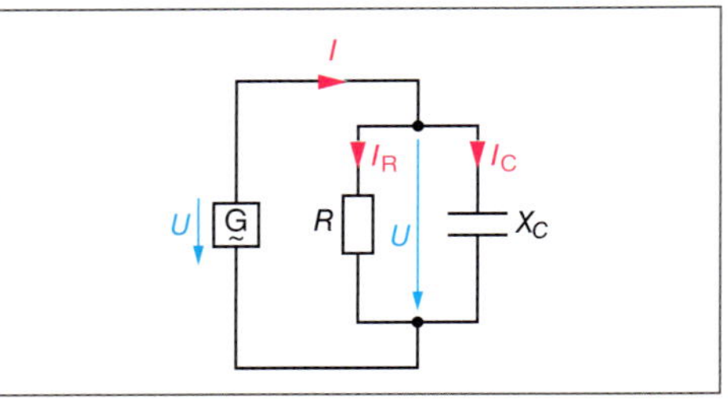

Bild 174 RC-Parallelschaltung

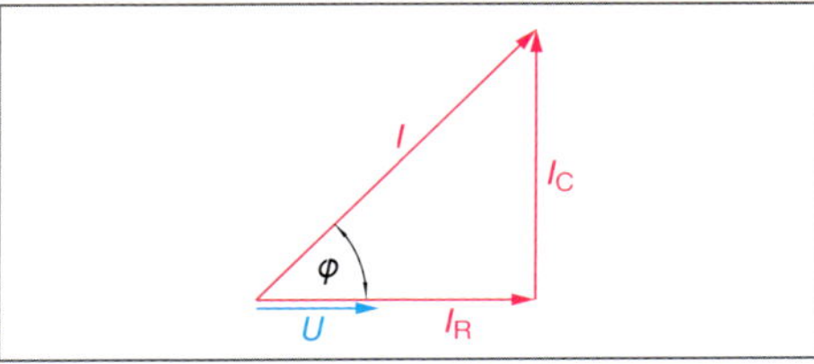

Bild 175 Stromdreieck, RC-Parallelschaltung

Satz des Pythagoras

$I = \sqrt{I_R^2 + I_C^2}$

Winkelfunktionen

$\cos\varphi = \frac{I_R}{I}$

$\sin\varphi = \frac{I_C}{I}$

Leitwertdreieck

Wenn die Ströme des Stromdreiecks durch die Spannung U dividiert werden, ergibt sich das **Leitwertdreieck**.

$\frac{I_R}{U} = G$	Wirkleitwert
$\frac{I_C}{U} = B_C$	kapazitiver Blindleitwert
$\frac{I}{U} = Y$	Scheinleitwert

Satz des Pythagoras

$Y = \sqrt{G^2 + B_C^2} = \sqrt{\left(\frac{1}{R}\right)^2 + \left(\frac{1}{X_C}\right)^2}$

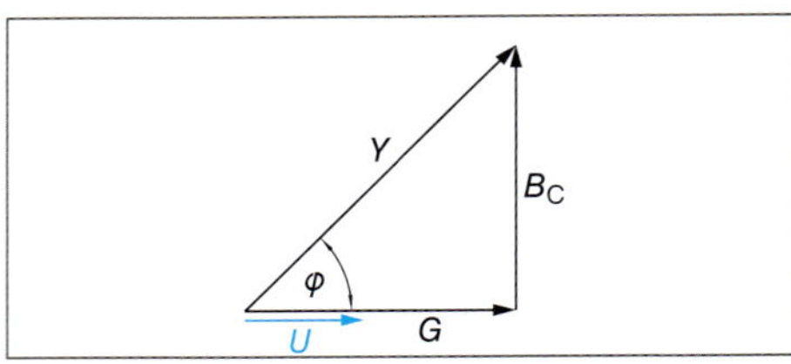

Bild 176 Leitwertdreieck, RC-Parallelschaltung

Winkelfunktionen

$\cos\varphi = \frac{G}{Y} = \frac{\frac{1}{R}}{\frac{1}{Z}} = \frac{Z}{R}$

$\sin\varphi = \frac{B_C}{Y} = \frac{\frac{1}{X_C}}{\frac{1}{Z}} = \frac{Z}{X_C}$

Leistungsdreieck

Wenn die Ströme des Stromdreiecks mit der Spannung U multipliziert werden, ergibt sich das **Leistungsdreieck**.

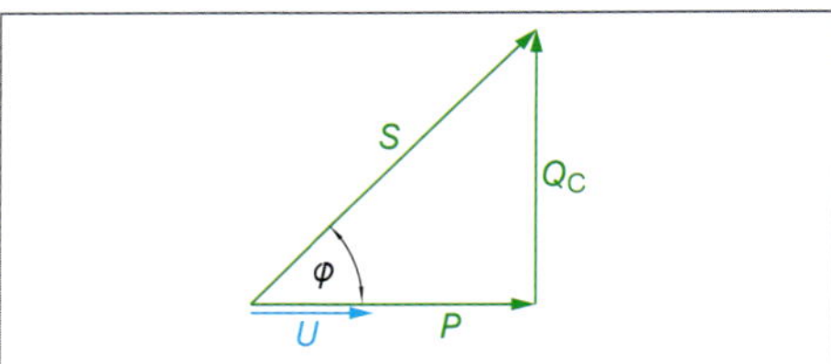

Bild 177 Leistungsdreieck, RC parallel

$I_R \cdot U = P$	Wirkleistung in W
$I_C \cdot U = Q_C$	kapazitive Blindleistung in var
$I \cdot U = S$	Scheinleistung in VA

Satz des Pythagoras

$S = \sqrt{P^2 + Q_C^2}$

Winkelfunktionen

$\cos\varphi = \frac{P}{S}$

$\sin\varphi = \frac{Q_C}{S}$

Leistungen

$P = S \cdot \cos\varphi = U \cdot I \cdot \cos\varphi$

$Q_C = S \cdot \sin\varphi = U \cdot I \cdot \sin\varphi$

$S = U \cdot I$

Parallelschaltung: $R = 470\ \text{k}\Omega$, $C = 10\ \text{nF}$, $U = 12\ \text{V}$, $f = 50\ \text{Hz}$
Berechnen Sie die Ströme I_R, I_C, und I.
Wie groß ist die Phasenverschiebung zwischen U und I?
Welche Wirkleistung wird in der Schaltung umgesetzt?

Der kapazitive Widerstand X_C wird zunächst berechnet.

$\omega = 2\pi \cdot f = 2\pi \cdot 50\ \text{Hz} = 314\ \frac{1}{\text{s}}$

$$X_C = \frac{1}{\omega \cdot C}$$

$$X_C = \frac{1}{314\ \frac{1}{\text{s}} \cdot 10 \cdot 10^{-9}\ \text{F}} = 318{,}5\ \text{k}\Omega$$

Strom durch den ohmschen Widerstand:

$$I_R = \frac{U}{R} = \frac{12\ \text{V}}{470\ \text{k}\Omega} = 25{,}5\ \mu\text{A}$$

Strom durch den Kondensator:

$$I_C = \frac{U}{X_C} = \frac{12\ \text{V}}{318{,}5\ \text{k}\Omega} = 37{,}7\ \mu\text{A}$$

Gesamtstrom, der der Spannungsquelle entnommen wird:

$$I = \sqrt{I_R^2 + I_C^2}$$

$$I = \sqrt{(25{,}5\ \mu\text{A})^2 + (37{,}7\ \mu\text{A})^2}$$

$$I = 45{,}5\ \mu\text{A}$$

Phasenverschiebung zwischen Gesamtstrom und Spannung:

$$\cos\varphi = \frac{I_R}{I} = \frac{25{,}5\ \mu\text{A}}{45{,}5\ \mu\text{A}} = 0{,}56$$

$$\cos\varphi = 0{,}56 \rightarrow \varphi = 55{,}9^\circ$$

Wirkleistung kann nur im ohmschen Widerstand umgesetzt werden.

$$P = I_R^2 \cdot R$$

$$P = (25{,}5 \cdot 10^{-6}\ \text{A})^2 \cdot 470 \cdot 10^3\ \Omega$$

$$P = 305{,}6\ \mu\text{W}$$

Prüfung

1. $R = 50\ \Omega$, $C = 10\ \mu\text{F}$
Berechnen Sie die Ströme.
Wie groß ist die Phasenverschiebung zwischen Spannung und Strom?
Wie groß ist die kapazitive Blindleistung des Kondensators?

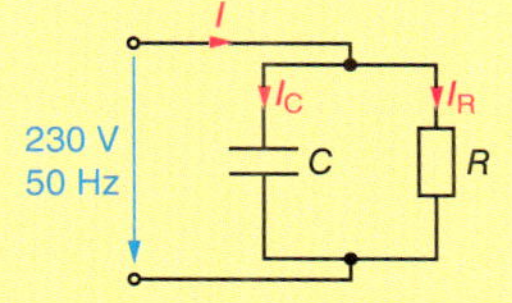

2. Welcher Widerstand muss einem Kondensator mit $C = 4{,}7\ \mu\text{F}$ parallel geschaltet werden, um bei $f = 50\ \text{Hz}$ eine Phasenverschiebung von 60° zu erhalten?

3. Wie groß ist die Netzspannung?
Wie groß sind I_C und I?
Wie groß ist die Phasenverschiebung zwischen U und I?
Bestimmen Sie Wirkleistung und Blindleistung.

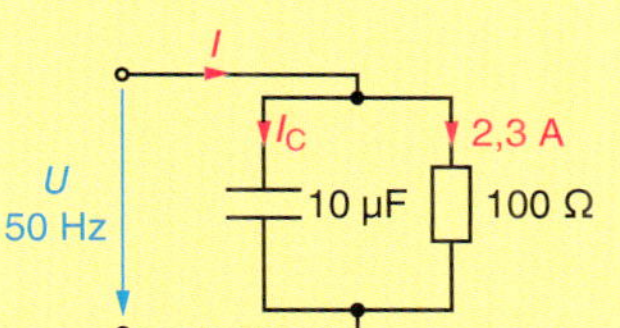

■ **Aufgabenlösung**

@ Interessante Links
- christiani-berufskolleg.de

RLC-Reihenschaltung

Der Strom I wird als **Bezugsgröße** gewählt.

- U_R ist mit I in Phase.
- U_L eilt I um 90° voraus.
- U_C eilt I um 90° nach.

Die Phasenverschiebung zwischen U_L und U_C beträgt 180°. U_L und U_C wirken *gegeneinander*, können sich also mehr oder weniger *aufheben*.

Der *Betrag* von U_R und U_L bestimmt, ob die Reihenschaltung *induktives* oder *kapazitives* Verhalten zeigt.

- **$U_L > U_C$**
  Schaltung hat induktives Verhalten, Strom eilt Spannung nach.

- **$U_C > U_L$**
  Schaltung hat kapazitives Verhalten, Strom eilt Spannung voraus.

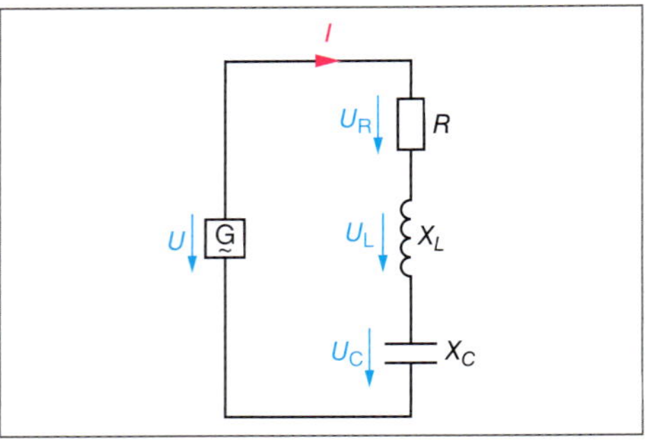

Bild 178 RLC-Reihenschaltung

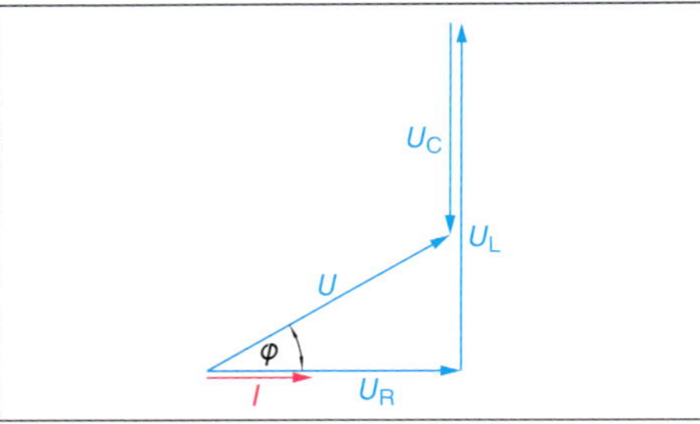

Bild 179 Spannungsdreieck

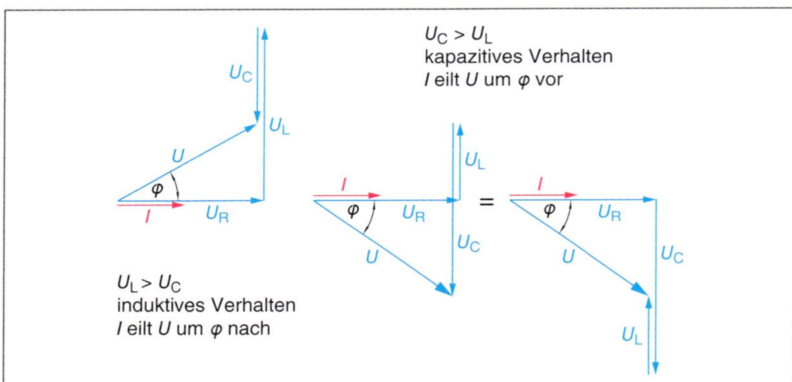

Bild 180 Spannungen bei der RC-Reihenschaltung

Je nachdem, welche Blindkomponente größer ist, zeigt die Schaltung induktives oder kapazitives Verhalten.

$U_C > U_L$ (kapazitiv)

$$U = \sqrt{U_R^2 + (U_C - U_L)^2}$$

$$\cos\varphi = \frac{U_R}{U}$$

$$\sin\varphi = \frac{U_C - U_L}{U}$$

$U_L > U_C$ (induktiv)

$$U = \sqrt{U_R^2 + (U_L - U_C)^2}$$

$$\cos\varphi = \frac{U_R}{U}$$

$$\sin\varphi = \frac{U_L - U_C}{U}$$

Widerstandsdreieck

Aus dem Spannungsdreieck kann das **Widerstandsdreieck** abgeleitet werden. Alle Spannungszeiger werden dazu durch U dividiert.

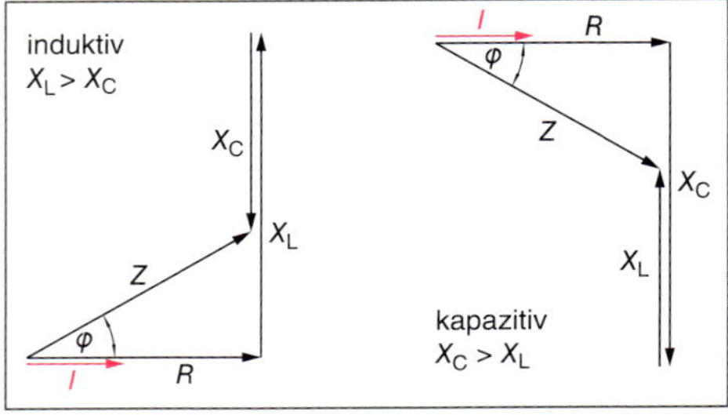

Bild 181 Widerstandsdreieck

$X_C > X_L$ (kapazitiv)

$$Z = \sqrt{R^2 + (X_C - X_L)^2}$$

$$\cos\varphi = \frac{R}{Z}$$

$$\sin\varphi = \frac{X_C - X_L}{Z}$$

$X_L > X_C$ (induktiv)

$$Z = \sqrt{R^2 + (X_L - X_C)^2}$$

$$\cos\varphi = \frac{R}{Z}$$

$$\sin\varphi = \frac{X_L - X_C}{Z}$$

Leistungsdreieck

Durch Multiplikation mit dem Strom I kann aus dem Spannungsdreieck das **Leistungsdreieck** abgeleitet werden.

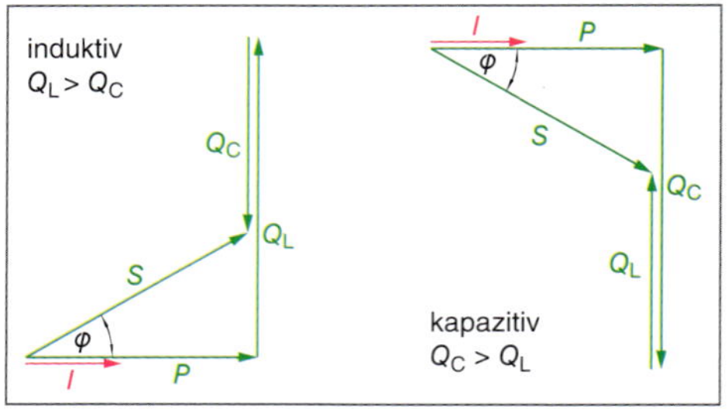

Bild 182 Leistungsdreieck

$Q_C > Q_L$ (kapazitiv)

$$S = \sqrt{P^2 + (Q_C - Q_L)^2}$$

$$\cos\varphi = \frac{P}{S}$$

$$\sin\varphi = \frac{Q_C - Q_L}{S}$$

$Q_L > Q_C$ (induktiv)

$$S = \sqrt{P^2 + (Q_L - Q_C)^2}$$

$$\cos\varphi = \frac{P}{S}$$

$$\sin\varphi = \frac{Q_L - Q_C}{S}$$

Wie groß sind Scheinleistung und induktive Blindleistung des Verbrauchsmittels?
Welchen Strom entnimmt das Verbrauchsmittel dem Wert?
Der Leistungsfaktor $\cos \varphi_1$ soll durch Reihenschaltung eines Kondensators C auf $\cos \varphi_2 = 0{,}95$ verbessert werden. Wie groß muss C sein?
Wie groß ist der Strom nach Zuschalten des Kondensators?

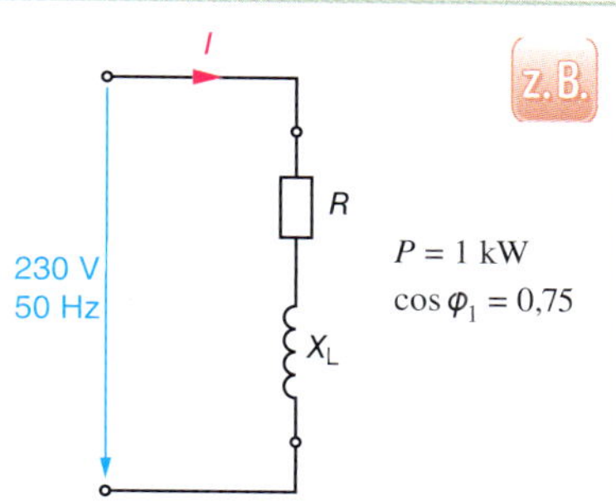

■ **Blindleistungs-kompensation**

TB

Scheinleistung:

$\cos \varphi = \frac{P}{S} \rightarrow S = \frac{P}{\cos \varphi}$

$S = \frac{P}{\cos \varphi_1} = \frac{1 \text{ kW}}{0{,}75} = 1{,}33 \text{ kVA}$

Stromaufnahme des Verbrauchsmittels:

$S = U \cdot I \rightarrow I = \frac{S}{U} \qquad I = \frac{1330 \text{ VA}}{230 \text{ V}} = 5{,}78 \text{ A}$

Vor Zuschalten von C gilt:
$\cos \varphi_1 = 0{,}75 \rightarrow \varphi_1 = 41{,}4°$

Nach Zuschalten von C muss gelten:
$\cos \varphi_2 = 0{,}95 \rightarrow \varphi_2 = 18{,}2°$

Die Phasenverschiebung wurde also deutlich verringert.

S_1: Scheinleistung vor Zuschalten des Kondensators

S_2: Scheinleistung nach Zuschalten des Kondensators

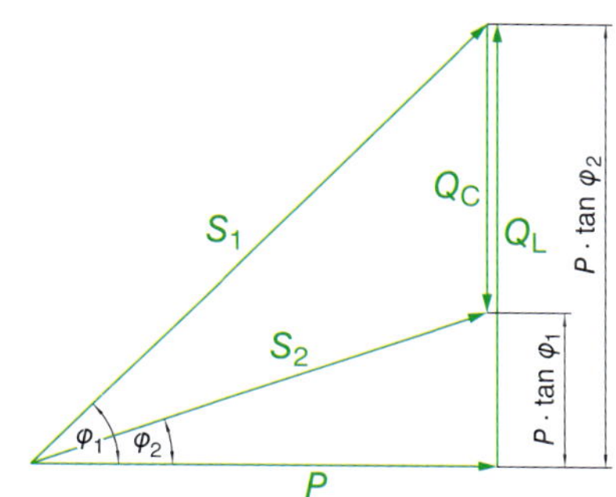

$Q_C = P \cdot \tan \varphi_1 - P \cdot \tan \varphi_2$
$Q_C = P \cdot (\tan \varphi_1 - \tan \varphi_2)$

Kapazitive Blindleistung des zugeschalteten Kondensators.

$P = \frac{U^2}{R}$ entsprechend: $Q_C = \frac{U^2}{X_C}$

$X_C = \frac{1}{\omega \cdot C} \rightarrow Q_C = U^2 \cdot \omega \cdot C$

$Q_C = U^2 \cdot \omega \cdot C \rightarrow C = \frac{Q_C}{\omega \cdot U^2}$

$\varphi_1 = 41{,}4° \rightarrow \tan \varphi_1 = 0{,}88$

$\varphi_2 = 18{,}2° \rightarrow \tan \varphi_2 = 0{,}328$

$C = \frac{P \cdot (\tan \varphi_1 - \tan \varphi_2)}{\omega \cdot U^2}$

$\omega = 2\pi \cdot f = 2\pi \cdot 50 \text{ Hz} = 314 \frac{1}{\text{s}}$

$C = \frac{1000 \text{ W} \cdot (0{,}88 - 0{,}328)}{314 \frac{1}{\text{s}} \cdot (230 \text{ V})^2}$

$C = 3{,}32 \cdot 10^{-5} \text{ F} = 33{,}2 \text{ µF}$

Nach Zuschalten des Kondensators hat sich die Scheinleistung von S_1 auf S_2 verringert. Dies kann dem Zeigerbild entnommen werden.

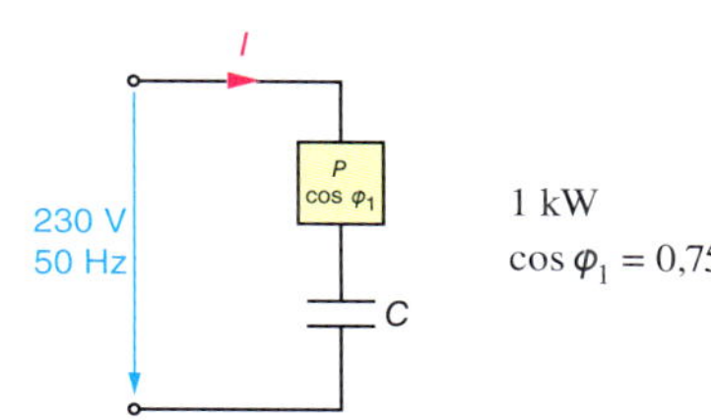

Durch Zuschalten des Kondensators hat sich die Stromaufnahme verringert. Die Blindleistung der Schaltung ist nämlich geringer geworden (siehe Zeigerbild).

$\cos \varphi_2 = \frac{P}{S_2} \rightarrow S_2 = \frac{P}{\cos \varphi_2}$

$S_2 = \frac{1000 \text{ W}}{0{,}95} = 1052{,}6 \text{ VA} \qquad S_2 = U \cdot I_2 \rightarrow I_2 = \frac{S_2}{U}$

$I_2 = \frac{1052{,}6 \text{ VA}}{230 \text{ V}} = 4{,}58 \text{ A}$

- **Wirkleitwert**

$G = \frac{1}{R}$

- **Induktiver Blindleitwert**

$B_L = \frac{1}{X_L}$

- **Kapazitiver Blindleitwert**

$B_C = \frac{1}{X_C}$

- **Scheinleitwert**

$Y = \frac{1}{Z}$

RLC-Parallelschaltung

Bezugsgröße ist die Spannung U.

- I_R ist mit U in Phase.
- I_L eilt U um 90° nach.
- I_C eilt U um 90° voraus.

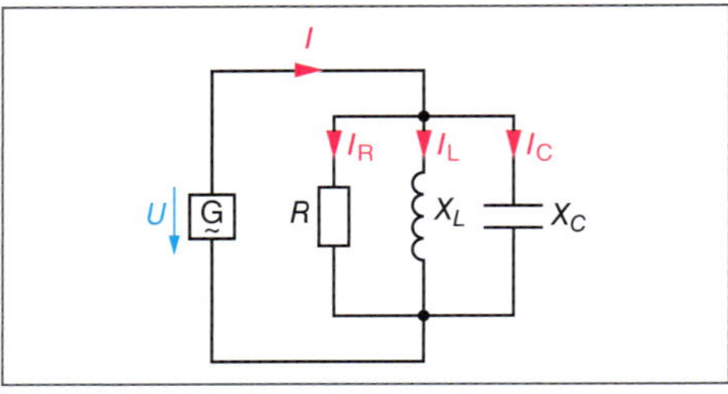

Bild 183 *RLC-Parallelschaltung*

- Schaltung ist *kapazitiv*, wenn $I_C > I_L$.
- Schaltung ist *induktiv*, wenn $I_L > I_C$.

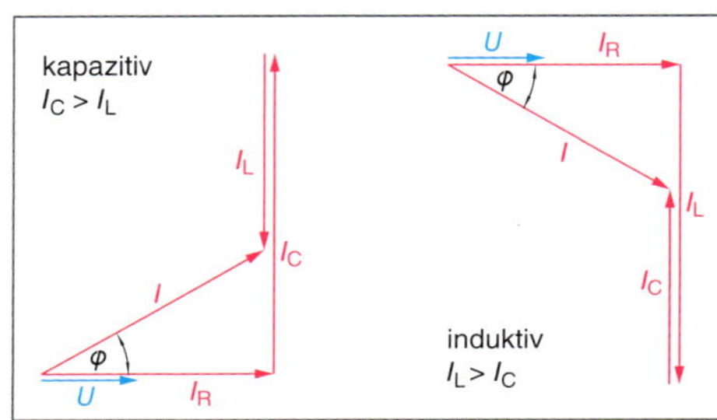

Bild 184 *Stromdreieck*

$\boldsymbol{I_C > I_L}$ (kapazitiv)

$I = \sqrt{I_R^2 + (I_C - I_L)^2}$

$\cos\varphi = \frac{I_R}{I}$

$\sin\varphi = \frac{I_C - I_L}{I}$

$\boldsymbol{I_L > I_C}$ (induktiv)

$I = \sqrt{I_R^2 + (I_L - I_C)^2}$

$\cos\varphi = \frac{I_R}{I}$

$\sin\varphi = \frac{I_L - I_C}{I}$

Leitwertdreieck

Das **Leitwertdreieck** ergibt sich aus dem Stromdreieck, wenn die Ströme durch die Spannung dividiert werden.

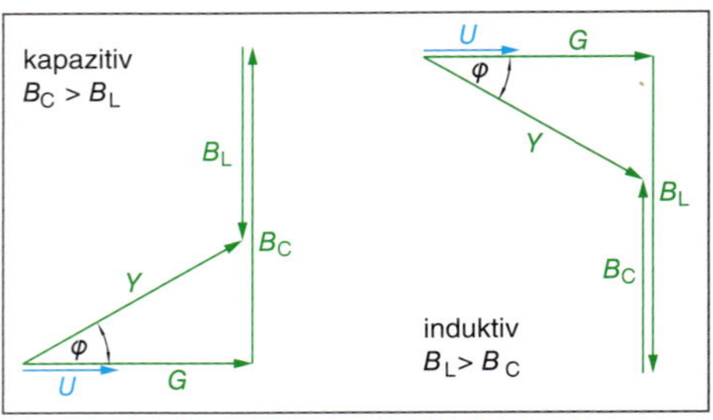

Bild 185 *Leitwertdreieck*

$\boldsymbol{B_C > B_L}$ (kapazitiv)

$Y = \sqrt{G^2 + (B_C - B_L)^2}$

$\cos\varphi = \frac{G}{Y}$

$\sin\varphi = \frac{B_C - B_L}{Y}$

$\boldsymbol{B_L > B_C}$ (induktiv)

$I = \sqrt{G^2 + (B_L - B_C)^2}$

$\cos\varphi = \frac{G}{Y}$

$\sin\varphi = \frac{B_L - B_C}{Y}$

Leistungsdreieck

Werden die Ströme des Stromdreiecks mit der Spannung U multipliziert, ergibt sich das **Leistungsdreieck**.

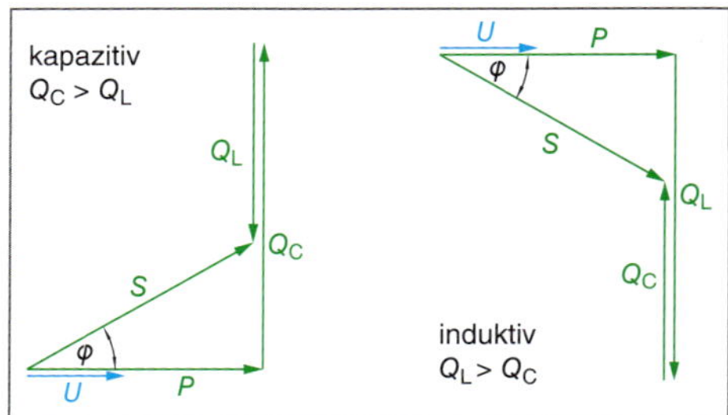

Bild 186 *Leistungsdreieck*

$\boldsymbol{Q_C > Q_L}$ (kapazitiv)

$S = \sqrt{P^2 + (Q_C - Q_L)^2}$

$\cos\varphi = \frac{P}{S}$

$\sin\varphi = \frac{Q_C - Q_L}{S}$

$\boldsymbol{Q_L > Q_C}$ (induktiv)

$S = \sqrt{P^2 + (Q_L - Q_C)^2}$

$\cos\varphi = \frac{P}{S}$

$\sin\varphi = \frac{Q_L - Q_C}{S}$

Resonanz

Bei einer bestimmten Frequenz sind im Wechselstromkreis mit Spule und Kondensator der *induktive* und *kapazitive* Widerstand *gleich groß*.

Diese Frequenz heißt **Resonanzfrequenz**, Formelzeichen f_0.

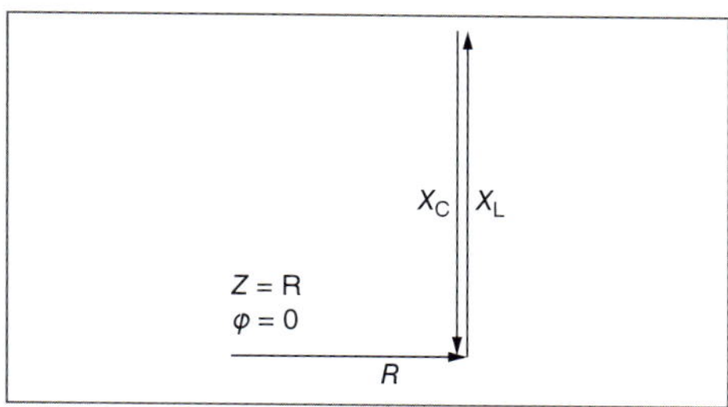

Bild 187 *Widerstände bei Resonanz*

Bei **Resonanzfrequenz** gilt:

$$X_L = X_C$$

$$X_L = 2\pi \cdot f_0 \cdot L$$

$$X_C = \frac{1}{2\pi \cdot f_0 \cdot C}$$

$$2\pi \cdot f_0 \cdot L = \frac{1}{2\pi \cdot f_0 \cdot C}$$

$$(2\pi \cdot f_0)^2 = \frac{1}{L \cdot C} \rightarrow 4\pi^2 \cdot f_0^2 = \frac{1}{L \cdot C}$$

$$f_0 = \frac{1}{2\pi \cdot \sqrt{L \cdot C}}$$

Bei **Resonanzfrequenz** zeigt die Schaltung *rein ohmsches Verhalten* ($Z = R$ und $\varphi = 0$). Man sagt, die Schaltung ist **in Resonanz**.

Reihenschwingkreis

Scheinwiderstand, allgemein

$$Z = \sqrt{R^2 + (X_L - X_C)^2}$$

Resonanzfall ($X_L = X_C$)

$$Z = \sqrt{R^2} = R$$

Die **Stromstärke** bei Resonanz erreicht ihren Höchstwert:

$$I_0 = \frac{U}{R}$$

Spannungsfälle bei Resonanz:

$$U_{R0} = I_0 \cdot R$$

$$U_{L0} = I_0 \cdot \omega_0 \cdot L$$

$$U_{C0} = \frac{I_0}{\omega_0 \cdot C}$$

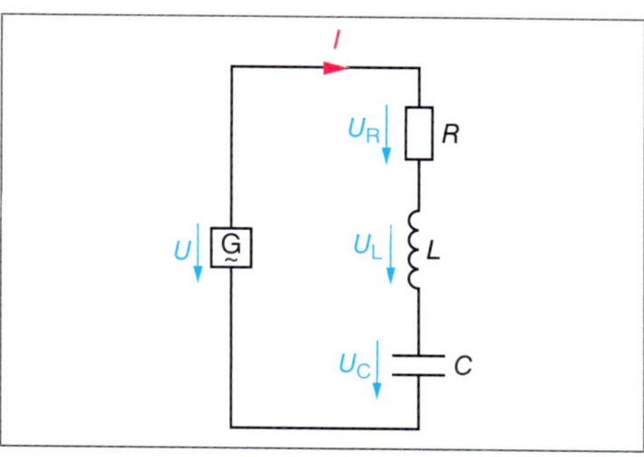

Bild 188 *Reihenschwingkreis*

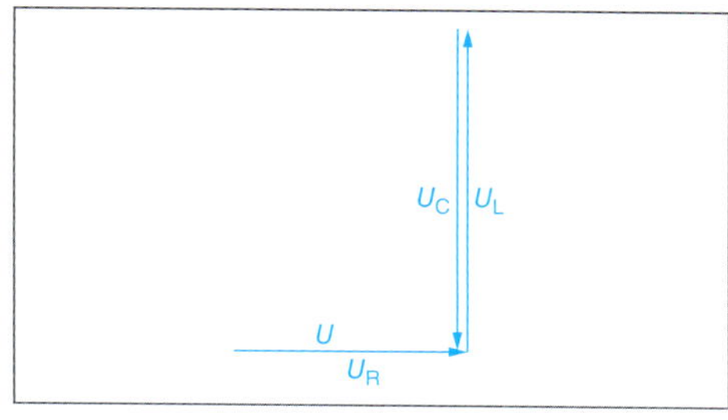

Bild 189 *Zeigerbild der Spannungen*

Wegen des *hohen Stromes* I_0 bei **Resonanz** können an den Blindwiderständen **hohe Spannungsfälle** hervorgerufen werden.

Diese Spannungsfälle können *erheblich höhere Werte* als die anliegende Spannung U sein.

Man spricht daher von einem **Spannungsresonanzkreis**.

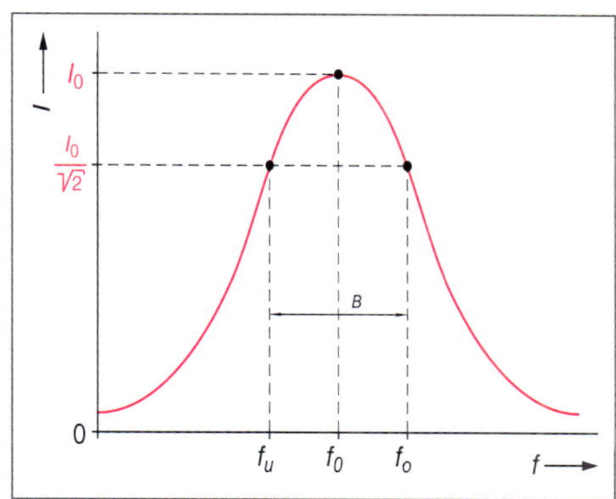

Bild 190 *Reihenschwingkreis, Stromstärke*

Bandbreite

$$B = f_O - f_U$$

B Bandbreite in Hz
f_O obere Grenzfrequenz
f_U untere Grenzfrequenz

Resonanz

Bei Resonanz stimmt die Frequenz der Spannungsquelle mit der Eigenfrequenz der *LC*-Schaltung überein.

Dann ist der Energieaustausch zwischen den Blindwiderständen maximal.

Die Spannungsquelle muss dann nur noch die im ohmschen Widerstand des Kreises umgesetzte Wärme aufbringen.

Resonanz
resonance

Resonanzfrequenz
resonance frequency

Resonanzkreis
resonant circuit

Schwingkreis
resonanting circuit

Schwingung
oscillation

Parallelschwingkreis

Resonanz: Die Ströme I_L und I_C heben sich auf. Der Spannungsquelle wird nur noch der **Wirkstrom** I_R entnommen.

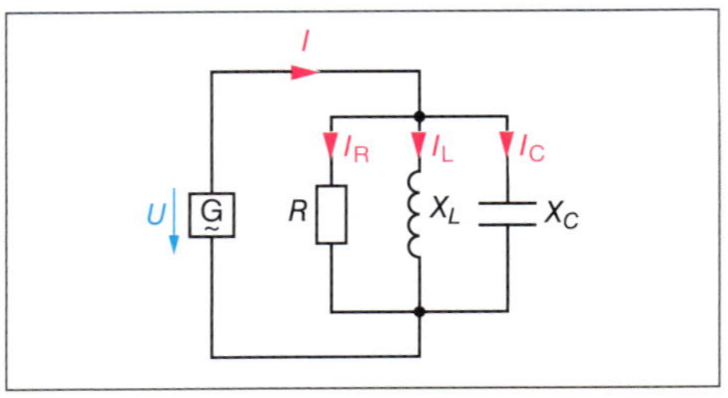

Bild 191 Parallelschwingkreis

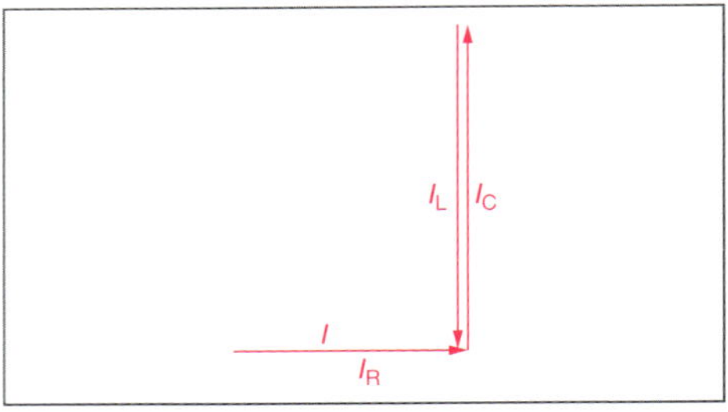

Bild 192 Ströme bei Resonanz

Strom bei **Resonanz**:

$$I_0 = \frac{U}{R}$$

Bei **Resonanz** f_0 nimmt die Schaltung den *maximalen Widerstand* an.

Die Ströme I_L und I_C können dann erheblich größer als der Gesamtstrom I sein. Man spricht dann von **Stromresonanz**.

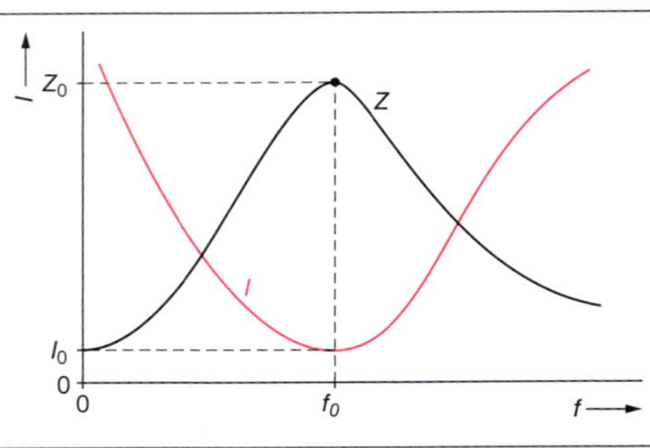

Bild 193 Scheinwiderstand und Stromstärke

■ Aufgabenlösung

@ Interessante Links

- christiani-berufskolleg.de

Prüfung

1. Berechnen Sie:

Scheinwiderstand, Stromstärke, Spannungsfälle, Phasenverschiebung zwischen Spannung und Strom.

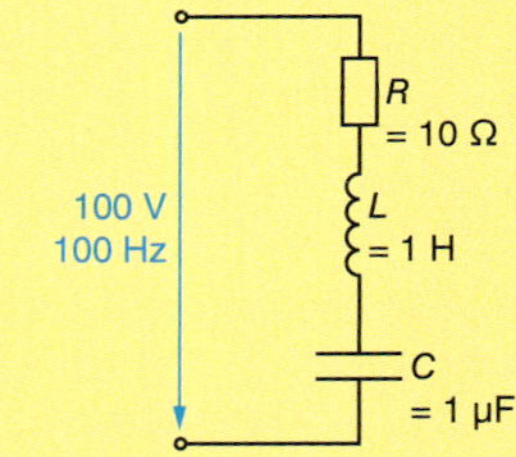

2. Berechnen Sie:

Ströme, Phasenverschiebung zwischen *U* und *I*, Scheinwiderstand der Schaltung, Schein-, Blind- und Wirkleistung.

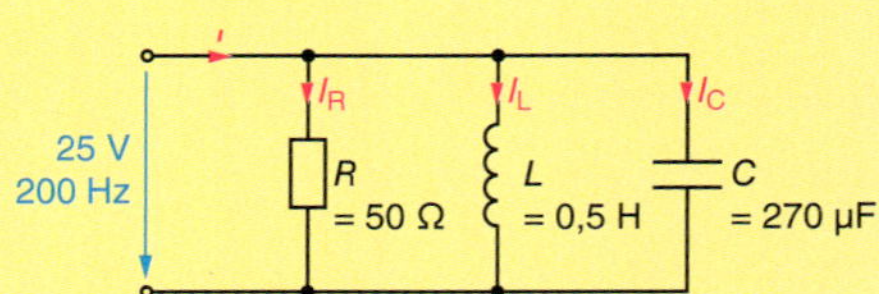

3. Die Reihenschaltung $R = 140\ \Omega$, $L = 600$ mH und $C = 270$ nF ist an $U = 60$ V angeschlossen.

Wie groß ist die Resonanzfrequenz?

Welcher Strom wird der Spannungsquelle bei Resonanz entnommen?

Wie groß sind die Spannungen an *L* und *C* bei Resonanz?

4. $R = 80$ MΩ, $L = 80$ mH, $C = 270$ pF sind parallel geschaltet und an $U = 24$ V angeschlossen.

Wie groß ist die Resonanzfrequenz?

5. Das LC-Glied soll die Frequenz 5 kHz kurzschließen.

Wie groß muss dann *C* sein?

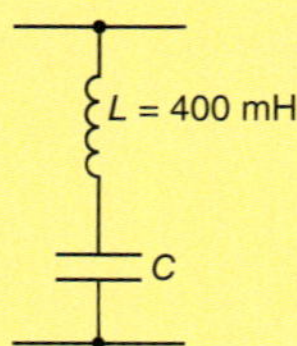

Dreiphasen-Wechselstromtechnik

Der Hauptstromkreis der Bandsteuerung wird mit drei *Außenleitern*, dem *Neutralleiter* und einem *Schutzleiter* eingespeist → 16. Man bezeichnet diese Art der Einspeisung als **Dreiphasen-Wechselstromsystem.**

Bild 194 *Dreiphasen-Wechselstromsystem*

Dreiphasen-Wechselstromsystem (Drehstromsystem):

- **Außenleiterspannungen 400 V**
- **Strangspannungen 230 V**
- **Die höhere Spannung ermöglicht einen Leistungstransport bei geringeren Strömen und damit kleineren Leitungsquerschnitten.**
- **Die niedrigere Spannung ermöglicht den Anschluss von Einphasen-Wechselstrom-Verbrauchern.**
- **Außerdem ermöglicht das Dreiphasensystem den Einsatz von einfachen, robusten und leistungsfähigen Elektromotoren.**

Erzeugung und Darstellung

Die *technische Erzeugung* der **Dreiphasen-Wechselspannung** erfolgt in **Generatoren**, in denen *drei* Spulensysteme um 120° versetzt angeordnet sind (360° : 3 = 120°).

- **Spulenanfänge: U1, V1, W1**
- **Spulenenden: U2, V2, W2**

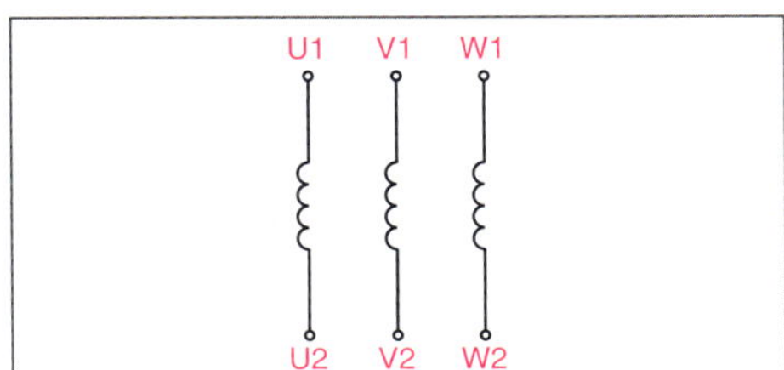

Bild 197 *Spulensystem*

Bei Drehung des *Dauermagneten* (Bild 198) werden in den um 120° versetzt angeordneten Spulen die um 120° *phasenverschobenen Wechselspannungen* erzeugt.

Die Spulen nennt man **Stränge**. Die in ihnen erzeugten Spannungen **Strangspannungen**.

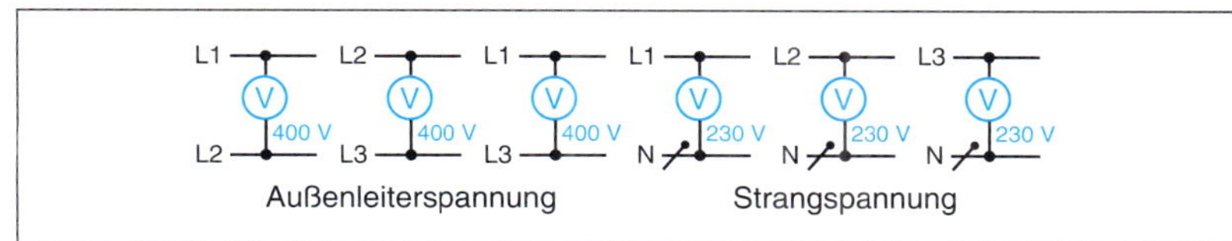

Bild 195 *Außenleiterspannung und Strangspannung*

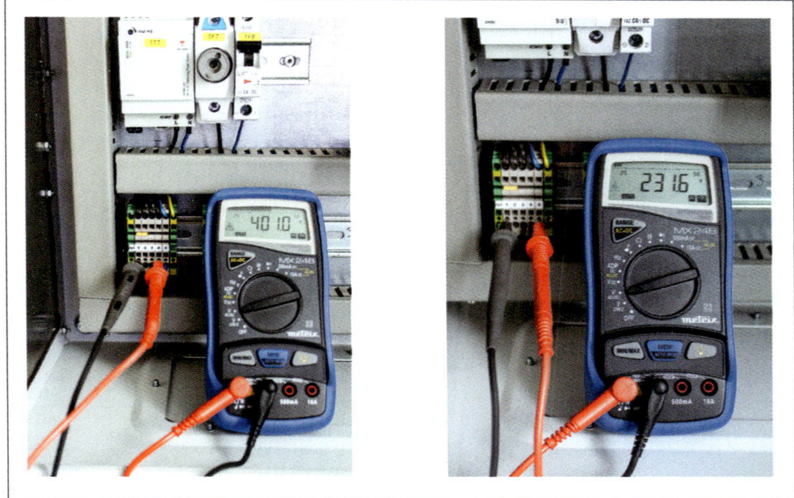

Bild 196 *Messungen der Spannungen an einem Schaltschrank*

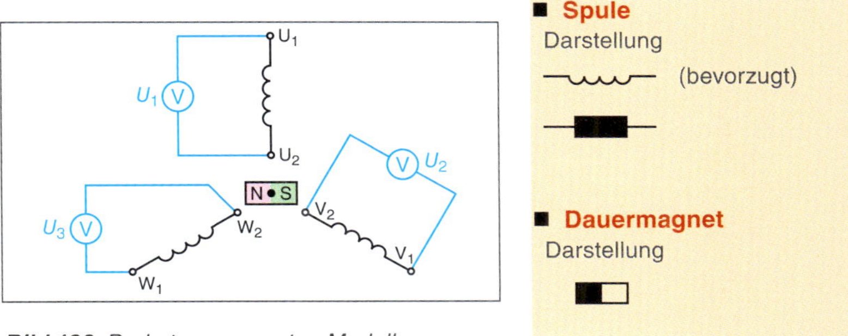

Bild 198 *Drehstromgenerator, Modell*

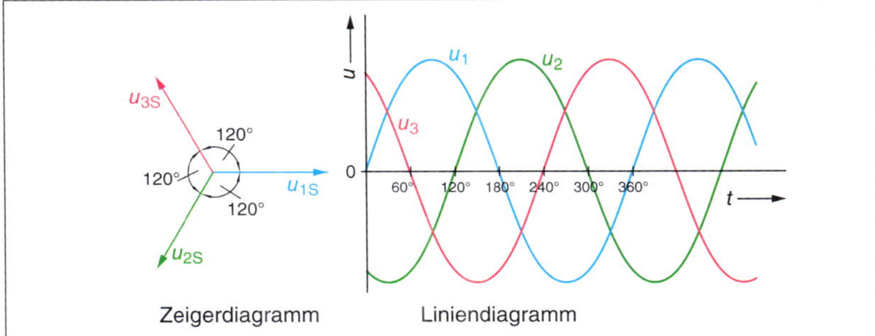

Bild 199 *Strangspannungen im Dreiphasensystem*

Leiterkennzeichnung

N

PE

PEN

Außenleiterspannung

Spannung zwischen den Außenleitern:

L1 – L2

L2 – L3

L3 – L1

Strangspannung

Spannung an den Strängen (zwischen Außenleiter und N-Leiter):

L1 – N

L2 – N

L3 – N

Bei Sternschaltung liegt jeder Strang an 230 V.

Drehstrom
three-phase current

Dreiphasennetz
three-phase system

Dreiphasenschaltung
three-phase connection

Sternschaltung
star connection, Y-connection

Dreieckschaltung
delta connection

Strangspannung
phase voltage

Leiterspannung
line voltage

Sternschaltung

Symbol Y

Verkettung

Verkettung ist die Zusammenschaltung der drei Stränge eines Dreiphasen-Wechselstromsystems zu einem **gemeinsamen System**.

Ziel der *Verkettung* ist die *Einsparung von Leitungen*.

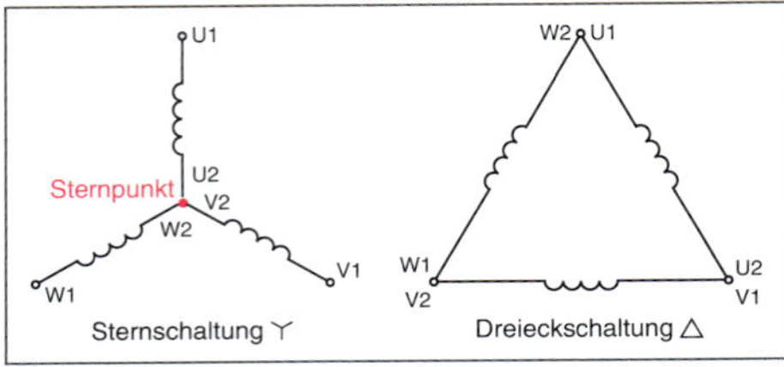

Bild 200 *Verkettete Systeme (Stern/Dreieck)*

Möglich ist die Verkettung, weil die *Summe* der drei Spannungen u_1, u_2, u_3 zu jedem Zeitpunkt *null* ist. Dann kann durch die *Verkettung* kein Kurzschluss hervorgerufen werden.

Auch die *Summe* der Ströme ist *null*.

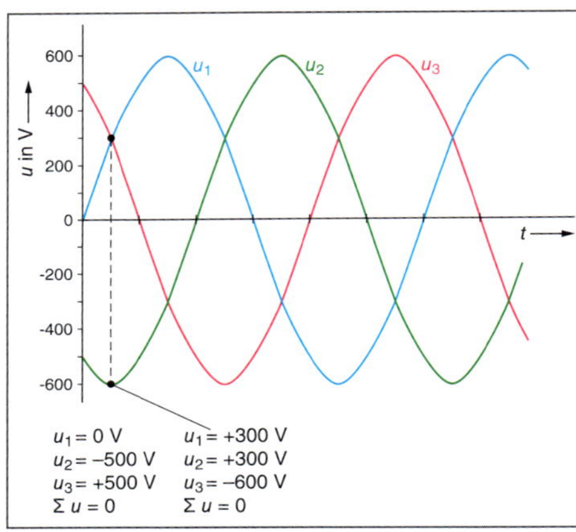

Bild 201 *Summe der Spannungen ist null*

Sternschaltung

Folgende **Spannungen** sind messbar:

- Außenleiterspannungen U_{12}, U_{23}, U_{31}
- Strangspannungen U_1, U_2, U_3

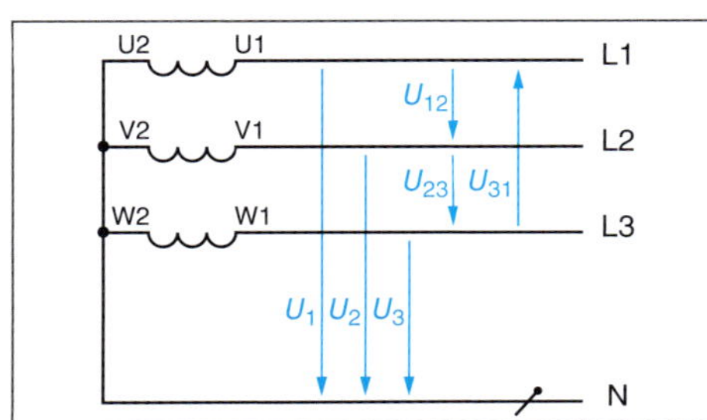

Bild 202 *Sternschaltung, Generator*

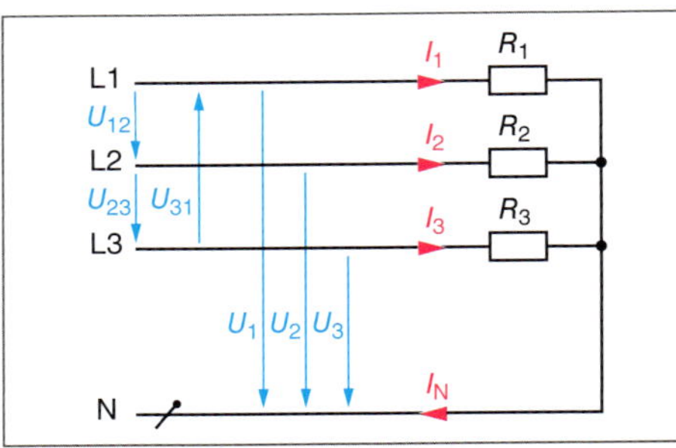

Bild 203 *Sternschaltung, Verbraucher*

Zusammenhang zwischen Außenleiterspannung und Strangspannung

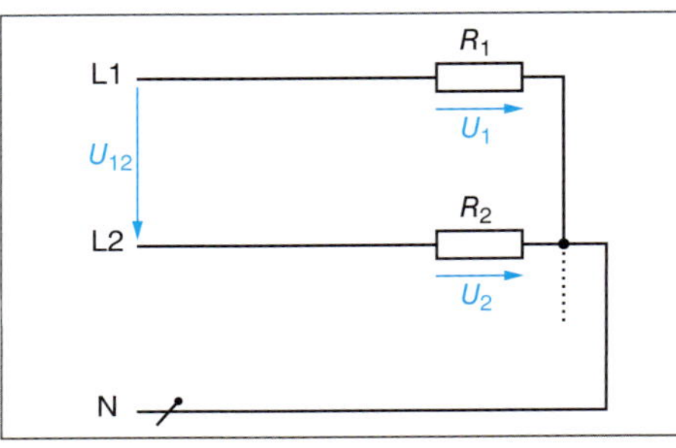

Bild 204 *Außenleiter- und Strangspannung*

$$U_{12} = U_1 - U_2$$

$$U_{12} = U_1 + (-U_2)$$

Geometrische Subtraktion wegen der Phasenverschiebung von 120°.

Die **Subtraktion** kann auf eine **Addition** zurückgeführt werden, wenn der Spannungszeiger U_2 um 180° gedreht wird ($-U_2$).

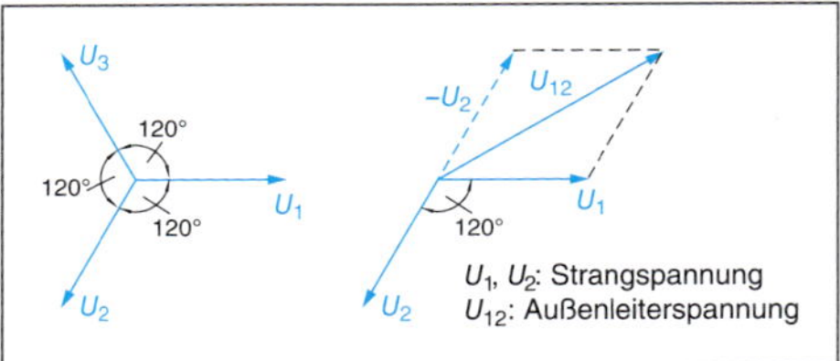

Bild 205 *Geometrische Subtraktion*

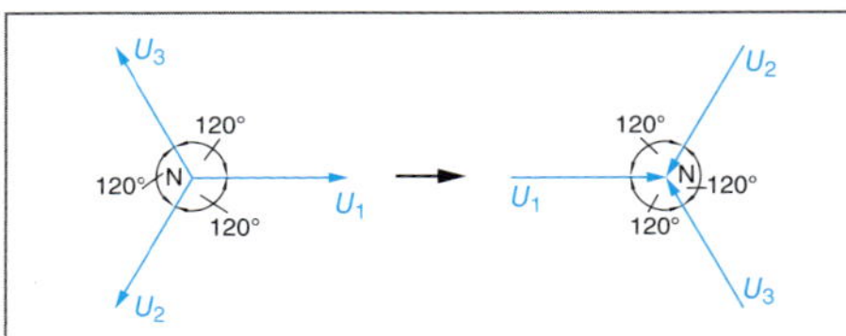

Bild 206 *Strangspannungen*

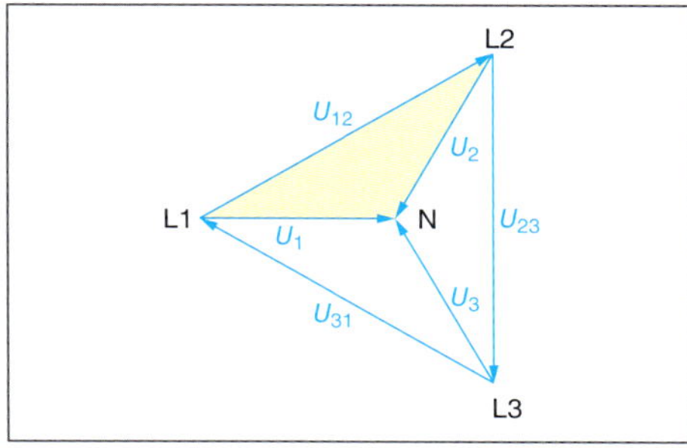

Bild 207 *Strang- und Außenleiterspannungen*

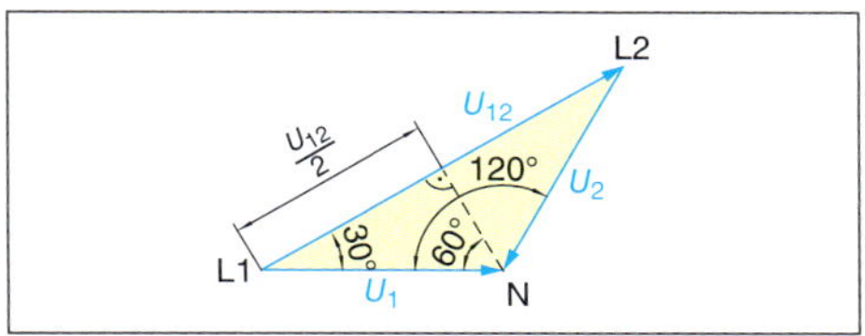

Bild 208 *Außenleiterspannung*

Bestimmung der Außenleiterspannung (Bilder 207, 208):

$$\cos 30° = \frac{\frac{U_{12}}{2}}{U_1}$$

$$U_1 = \frac{U_{12}}{2 \cdot \cos 30°} \qquad \cos 30° = 0{,}866$$

$$U_1 = \frac{U_{12}}{2 \cdot 0{,}866} = \frac{U_{12}}{1{,}73} \qquad 1{,}73 = \sqrt{3}$$

$$U_1 = \frac{U_{12}}{\sqrt{3}} \rightarrow U_{12} = \sqrt{3} \cdot U_1$$

Gilt in gleicher Weise für die anderen Spannungen des Dreiphasen-Wechselstromsystems.

Die Außenleiterspannung ist um den Verkettungsfaktor $\sqrt{3}$ größer als die Strangspannung.

$$U = \sqrt{3} \cdot U_{Str}$$

U Außenleiterspannung in V (U_{12}, U_{23}, U_{31})
U_{Str} Strangspannung in V (U_1, U_2, U_3)

Bei Sternschaltung durchfließt der Strom im Außenleiter auch den Strang (Bild 203, Seite 242).

Bei **Sternschaltung** sind Strangstrom und Außeneiterstrom gleich groß.

$$I = I_{Str}$$

I Außenleiterstrom in A
I_{Str} Strangstrom in A

z.B.

$R_1 = R_2 = R_3 = 115\ \Omega$,
Außenleiterspannung 400 V
Wie groß sind die Strangspannungen und die Ströme?

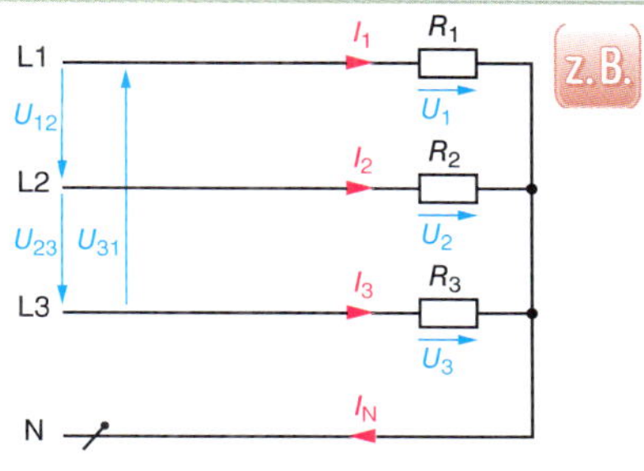

Die Strangspannungen lassen sich unter Berücksichtigung des Verkettungsfaktors bestimmen.

$$U_{Str} = \frac{U}{\sqrt{3}} = \frac{400\ V}{\sqrt{3}} = 230\ V$$

$$U_1 = U_2 = U_3 = 400\ V$$

Jeder Widerstand liegt an 230 V (gegen N).

$$I_1 = I_2 = I_3 = \frac{U_{Str}}{R} = \frac{230\ V}{115\ \Omega} = 2\ A$$

Wenn die Außenleiterströme (= Strangströme) gleich groß sind, ist der Strom im N-Leiter null. Man spricht dann von einer symmetrischen Belastung.

$$I_N = 0$$

Symmetrische Belastung bei Sternschaltung

Im obigen Beispiel sind die Ströme in den Außenleitern und damit in den Strängen gleich groß.

Wegen der *rein ohmschen Belastung* sind die Ströme auch mit den zugehörigen Strangspannungen *in Phase*.

Dann ist die *geometrische Summe* der Ströme *null* und im *Neutralleiter* fließt *kein* Strom.

Bei symmetrischer Belastung ist der N-Leiter verzichtbar.

Allgemeine **Voraussetzung für symmetrische Belastung**: Die *Scheinwiderstände Z* der drei Stränge müssen *gleich groß* sein.

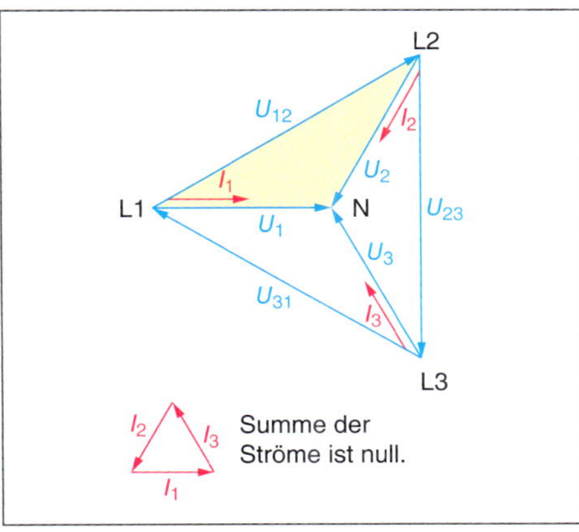

Bild 209 *Symmetrische Belastung, Ströme*

■ **Strom im N-Leiter**
Wenn im N-Leiter kein Strom fließt, kann auf den N-Leiter (Neutralleiter) verzichtet werden.

Das wird beispielsweise beim Anschluss von Drehstrommotoren genutzt, bei denen nur eine 4-adrige Leitung benötigt wird.

■ **Symmetrische Belastung**
Die Stromstärke ist in allen drei Außenleitern gleich groß.

■ **Dreileiter-Drehstromnetz**
Der N-Leiter wird nicht mitgeführt.

■ **Verkettungsfaktor**

$$\frac{\text{Leiterspannung}}{\text{Strangspannung}} = \sqrt{3}$$

■ **Erdung des N-Leiters**

Im Allgemeinen wird der N-Leiter in Drehstromsystemen geerdet.

Dann kann der N-Leiter gegen Erde keine (nennenswerte) Spannung annehmen.

■ **Unsymmetrische Belastung**

tritt zum Beispiel auf, wenn eine Vielzahl von Einphasen-Verbrauchsmitteln am Drehstromnetz betrieben werden.

Dann ist darauf zu achten, dass der N-Leiter unbedingt angeschlossen ist.

Erdung
earthing, earth connection

Neutralleiter
neutral wire

Schutzleiter
protective conductor

■ **Zweiphasenbetrieb**

Ausfall eines Außenleiters; zum Beispiel durch Ansprechen eines Überstromschutzorgans.

Unsymmetrische Belastung bei Sternschaltung

Unsymmetrische Belastung liegt vor, wenn die Scheinwiderstände der drei Stränge *unterschiedlich groß* sind.

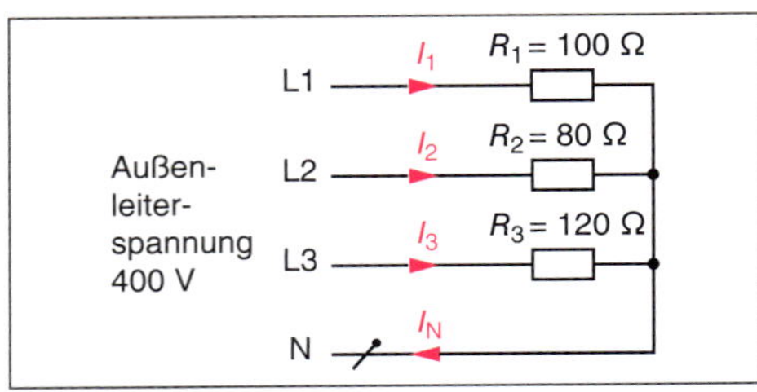

Bild 210 *Unsymmetrische Belastung*

Fall 1: N-Leiter angeschlossen

Außenleiterspannung 400 V
Strangspannung 230 V

$$I_1 = \frac{U_1}{R_1} = \frac{230\ \text{V}}{100\ \Omega} = 2{,}3\ \text{A}$$

$$I_2 = \frac{U_2}{R_2} = \frac{230\ \text{V}}{80\ \Omega} = 2{,}9\ \text{A}$$

$$I_3 = \frac{U_3}{R_3} = \frac{230\ \text{V}}{120\ \Omega} = 1{,}9\ \text{A}$$

Der Strom I_N im N-Leiter ist *nicht null.*

Er ist die *geometrische Summe* der Außenleiterströme = Strangströme.

I_N wird *zeichnerisch* ermittelt (Bild 211).

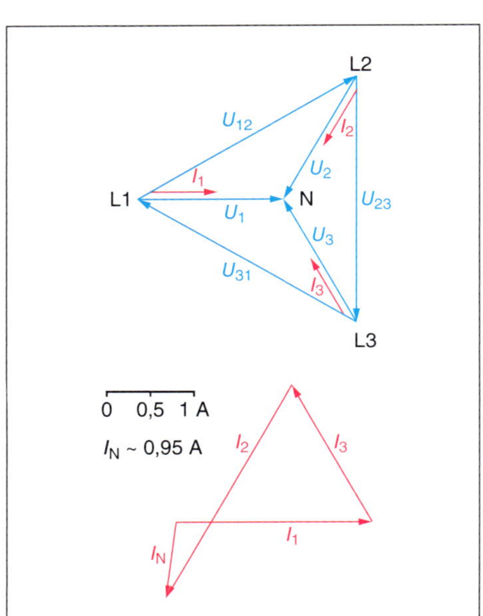

Bild 211 *Bestimmung des N-Leiter-Stromes*

Fall 2: N-Leiter nicht angeschlossen

Die *Außenleiterspannungen* bleiben gleich. Die *Strangspannungen* sind abhängig von den Strangwiderständen und können *unterschiedlich groß* werden.

Das muss unbedingt vermieden werden (Überspannungen am Strang).

Sternschaltung ohne N-Leiter soll bei unsymmetrischer Belastung nicht angewendet werden.

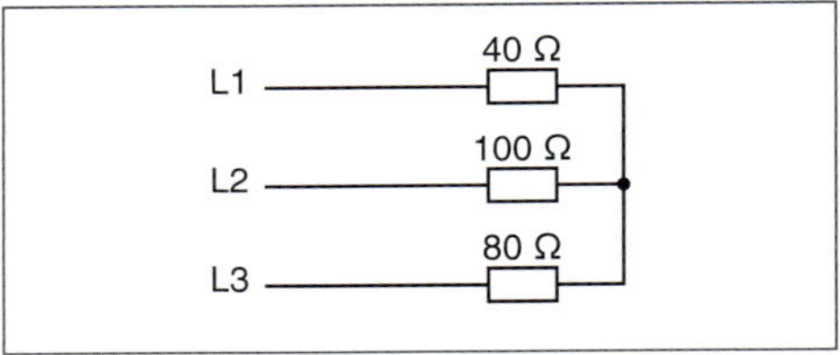

Bild 212 *Unsymmetrische Belastung*

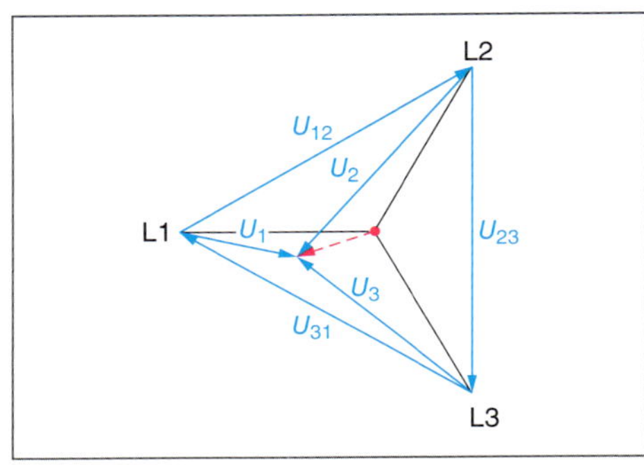

Bild 213 *Strangspannungen ungleich*

Ausfall eines Außenleiters

Strang mit R_3 ist *stromlos.* An beiden anderen Strängen liegen jedoch die Strangspannungen an (Bild 214). **N-Leiter** ist angeschlossen.

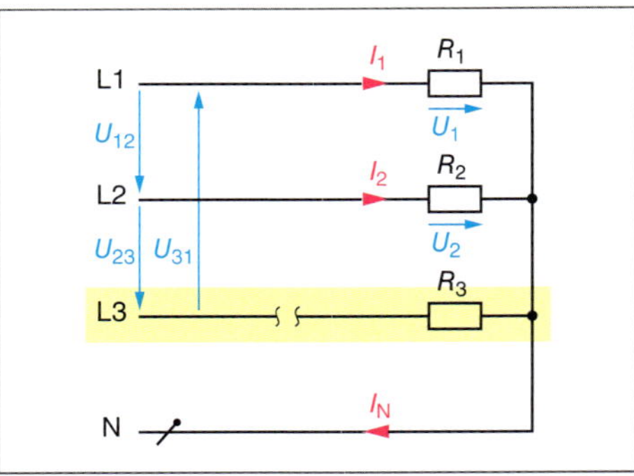

Bild 214 *L3 ist ausgefallen*

$I_1 = \frac{U_1}{R_1}$ $\quad I_1 = \frac{U_1}{R_1}$ $\quad I_3 = 0$

Wenn der **N-Leiter nicht angeschlossen** ist, liegen die verbleibenden Strangwiderstände an der Außenleiterspannung (Bild 215).

$$I_1 = I_2 = \frac{U_{12}}{R_1 + R_2}$$

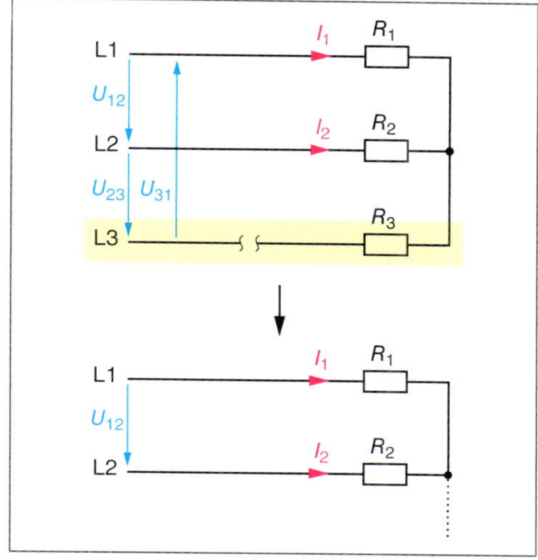

Bild 215 *L3 ist ausgefallen, ohne N-Leiter*

Drehstrom-Heizgerät in Sternschaltung.
Wie groß sind die Ströme?
Welchen Wert hat ein Heizwiderstand?
Wie ändert sich die Leistung, wenn ein Außenleiter ausfällt?

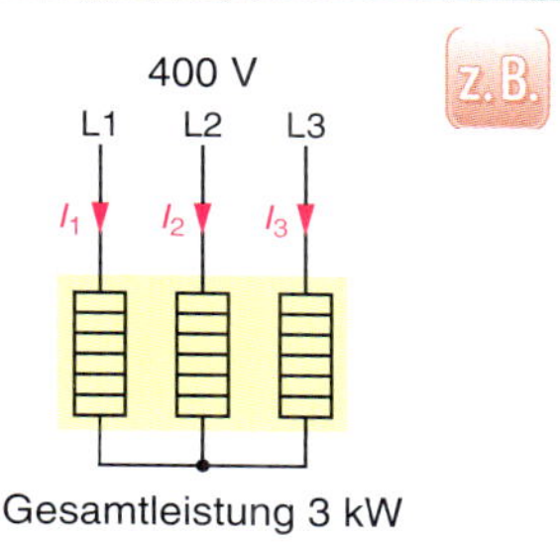

Symmetrischer Drehstromverbraucher:

- alle drei Heizwiderstände gleich
- liegen alle an 230 V
- jeder Widerstand setzt 1 kW um
- alle Ströme gleich

Strangspannung:

$$U_{Str} = \frac{U}{\sqrt{3}} = \frac{400\ \text{V}}{\sqrt{3}} = 230\ \text{V}$$

Ein Heizwiderstand:
1 kW an 230 V

I_1; $P_1 =$ 1 kW; $U_1 =$ 230 V

$$P_1 = U_1 \cdot I_1 \rightarrow I_1 = \frac{P_1}{U_1}$$

$$I_1 = \frac{1000\ \text{W}}{230\ \text{V}} = 4{,}35\ \text{A}$$

Strangströme: $I_1 = I_2 = I_3 = 4{,}35$ A

Berechnung der Heizwiderstände:

$$P = U \cdot I, \quad P = I^2 \cdot R, \quad P = \frac{U^2}{R}$$

$$P = \frac{U^2}{R} \rightarrow R = \frac{U^2}{P}$$

$$R = \frac{(230\ \text{V})^2}{1000\ \text{W}} = 52{,}9\ \Omega$$

Der N-Leiter ist nicht angeschlossen.

Bei einem symmetrischen Verbraucher auch nicht notwendig.

$R = 52{,}9\ \Omega \rightarrow 2R = 105{,}8\ \Omega$

Strom durch Reihenschaltung:

$$I = \frac{400\ \text{V}}{105{,}8\ \Omega} = 3{,}78\ \text{A}$$

Zwei Heizwiderstände liegen dann in Reihe an 400 V.

400 V treibt durch 105,8 Ω einen Strom von 3,78 A.

Die Leistung halbiert sich bei Ausfall eines Außenleiters.

$P = U \cdot I = 400\ \text{V} \cdot 3{,}78\ \text{A} = 1512\ \text{W}$
$P \approx 1{,}5\ \text{kW}$

Heizgerät
electric heater

Heizwiderstand
heating resistance, heating resistor

Symmetrie
symmetry

Unsymmetrie
asymmetry

Außenleiter
line-to-earth

Dreieckschaltung

Jeder **Strang** der Dreieckschaltung liegt an der **Außenleiterspannung** (U_{12}, U_{23}, U_{31}).

Die beiden in Bild 216 gezeigten Darstellungen sind gleichwertig.

Man erkennt, dass hier die drei Stränge an der Außenleiterspannung liegen.

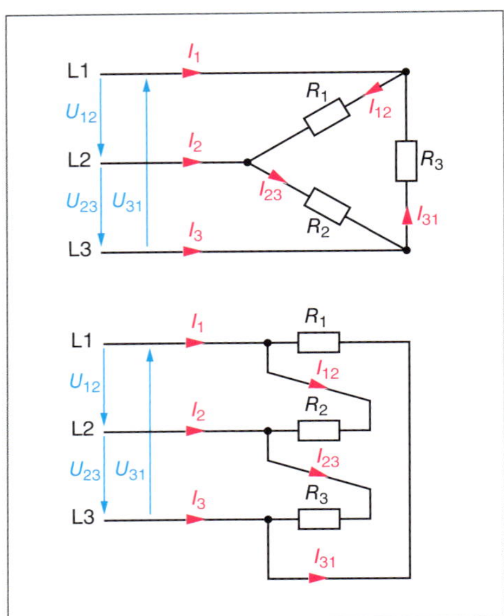

Bild 216 *Dreieckschaltung*

■ **Dreieckschaltung**
Symbol Δ

Strangströme

$$I_{12} = \frac{U_{12}}{R_1}$$

$$I_{23} = \frac{U_{23}}{R_2}$$

$$I_{31} = \frac{U_{31}}{R_3}$$

Die *geometrische* Summe der um 120° phasenverschobenen Außenleiterspannungen ist *null*.

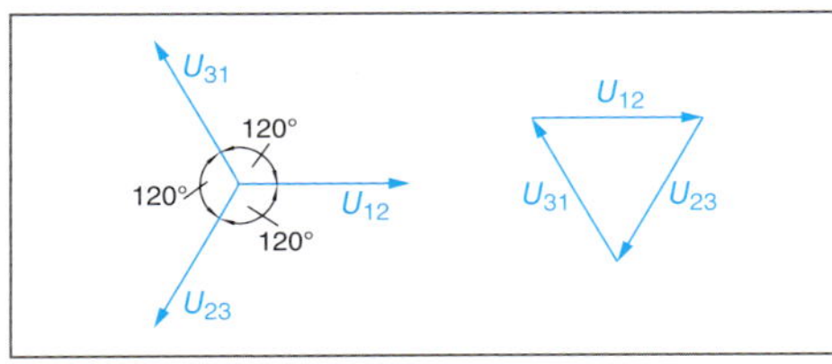

Bild 217 *Außenleiterspannungen*

■ **Verkettungsfaktor**

$$\frac{\text{Leiterstrom}}{\text{Strangstrom}} = \sqrt{3}$$

Für die 3 *Knotenpunkte* der Dreieckschaltung gilt der *1. Kirchhoffsche Satz.*

Knotenpunkt 1

$I_1 + I_{31} - I_{12} = 0 \rightarrow I_1 = I_{12} - I_{31}$

Knotenpunkt 2

$I_3 + I_{23} - I_{31} = 0 \rightarrow I_3 = I_{31} - I_{23}$

Knotenpunkt 3

$I_2 + I_{12} - I_{23} = 0 \rightarrow I_2 = I_{23} - I_{12}$

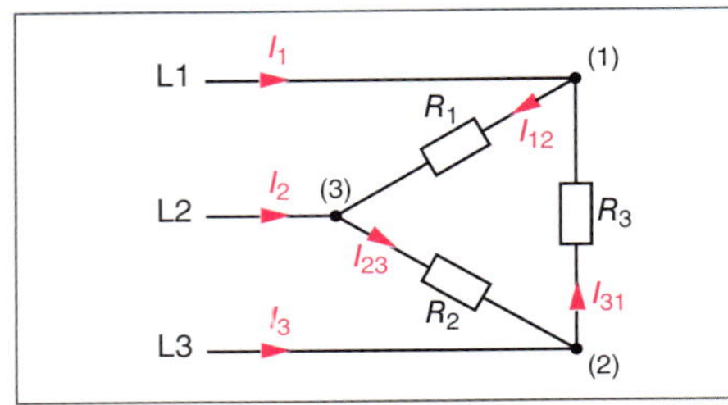

Bild 218 *Ströme bei Dreieckschaltung*

Die *geometrische* Subtraktion soll beispielhaft für den *Knotenpunkt 1* durchgeführt werden.

$I_1 = I_{12} + (-I_{31})$

Die gleichen Überlegungen wie bei den Spannungen der Sternschaltung (Seite 243) führen zu dem Ergebnis.

$I_1 = \sqrt{3} \cdot I_{31}$

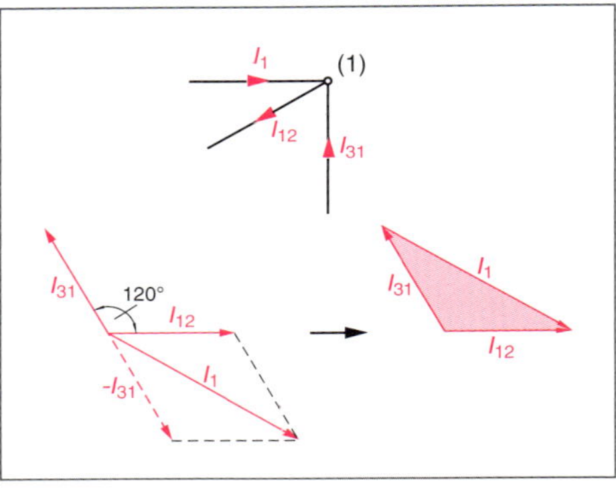

Bild 219 *Strang- und Außenleiterstrom*

Bei Dreieckschaltung ist der Außenleiterstrom um den Verkettungsfaktor $\sqrt{3}$ größer als der Strangstrom.

$$I = \sqrt{3} \cdot I_{Str} \rightarrow I_{Str} = \frac{I}{\sqrt{3}}$$

I Außenleiterstrom in A (I_1, I_2, I_3)
I_{Str} Strangstrom in A (I_{12}, I_{23}, I_{31})

Unsymmetrische Belastung bei Dreieckschaltung

Die **Strangströme** sind unterschiedlich:

$$I_{12} = \frac{U_{12}}{R_1} \quad I_{23} = \frac{U_{23}}{R_2} \quad I_{31} = \frac{U_{31}}{R_3}$$

Zur Ermittlung der **Außenleiterströme** dient ein *maßstäbliches Zeigerbild.*

z.B.

$R_1 = R_2 = R_3 = 400\ \Omega$
Wie groß sind die Außenleiterströme?

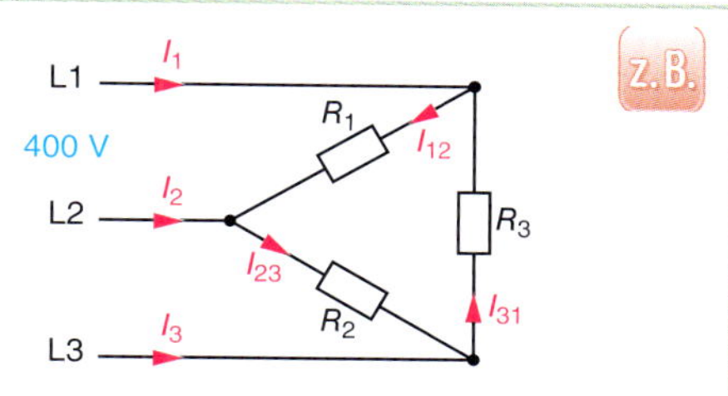

Zunächst werden die Strangströme berechnet. Der Verbraucher ist symmetrisch, die Strangströme sind gleich.

$$I_{12} = \frac{U_{12}}{R_1} = \frac{400\ \text{V}}{400\ \Omega} = 1\ \text{A}$$

$$I_{12} = I_{23} = I_{31} = 1\ \text{A}$$

Die Außenleiterströme sind um den Verkettungsfaktor $\sqrt{3}$ größer.

$$I_1 = \sqrt{3} \cdot I_{12} = \sqrt{3} \cdot 1\ \text{A} = 1{,}73\ \text{A}$$

$$I_1 = I_2 = I_3 = 1{,}73\ \text{A}$$

z.B.

Die **Strangströme** sind unterschiedlich.

$$I_{12} = \frac{U_{12}}{R_1} \quad I_{23} = \frac{U_{23}}{R_2} \quad I_{31} = \frac{U_{31}}{R_3}$$

Zur Ermittlung der **Außenleiterströme** dient bei unsymmetrischer Belastung ein **maßstäbliches Zeigerbild**.

$R_1 = 400\ \Omega$, $R_2 = 160\ \Omega$, $R_3 = 300\ \Omega$, Außenleiterspannung 400 V.
Bestimmen Sie die Ströme in der Dreieckschaltung.

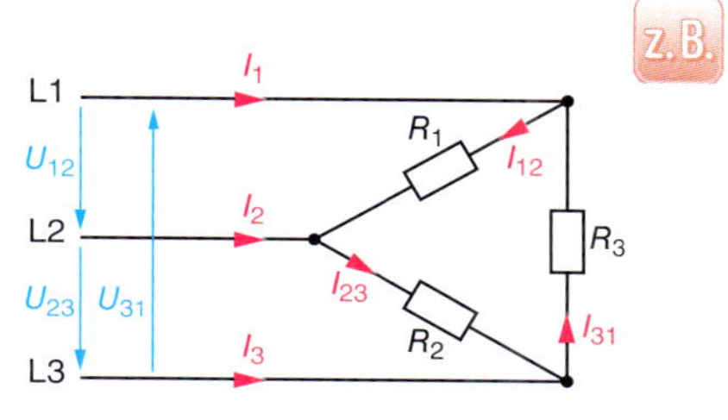

Zunächst werden die Strangströme berechnet.

Die Schaltung ist unsymmetrisch, die Ströme sind nicht gleich.

$$I_{12} = \frac{U_{12}}{R_1} = \frac{400\ \text{V}}{400\ \Omega} = 1\ \text{A}$$

$$I_{23} = \frac{U_{23}}{R_2} = \frac{400\ \text{V}}{160\ \Omega} = 2{,}5\ \text{A}$$

$$I_{31} = \frac{U_{31}}{R_3} = \frac{400\ \text{V}}{300\ \Omega} = 1{,}33\ \text{A}$$

Die Außenleiterströme werden mithilfe eines maßstäblichen Zeigerbildes bestimmt.

Bei ohmschen Widerständen sind die Ströme mit den zugehörigen Spannungen in Phase.

Sie werden aus dem oberen Dreieck parallel verschoben und maßstäblich aufgetragen.

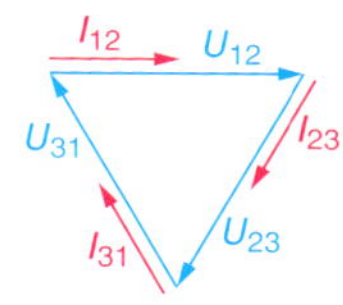

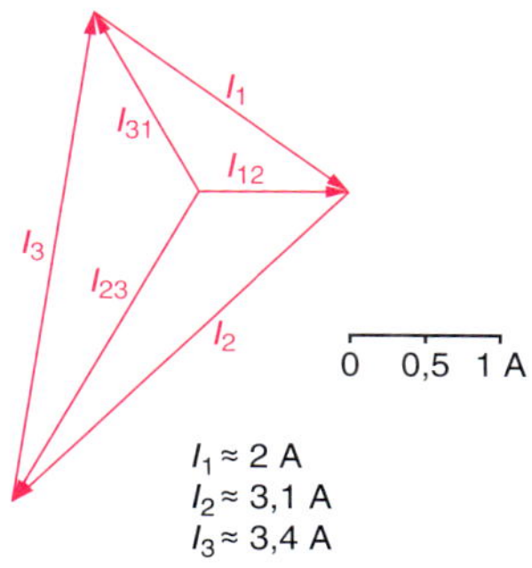

$I_1 \approx 2\ \text{A}$
$I_2 \approx 3{,}1\ \text{A}$
$I_3 \approx 3{,}4\ \text{A}$

Bei unsymmetrischer Belastung sind die Ströme in den Strängen und in den Außenleitern ungleich.

Die Außenleiterströme können durch ein maßstäbliches Zeigerbild ermittelt werden.

Ausfall eines Außenleiters

Die Schaltung ändert sich wie in Bild 220 dargestellt.

$$I_{12} = \frac{U_{12}}{R_1}$$

$$I_{23} = I_{31} = \frac{U_{12}}{R_2 + R_3}$$

Der Strom I_1 im Außenleiter ist gleich der *geometrischen* Summe der beiden Strangströme.

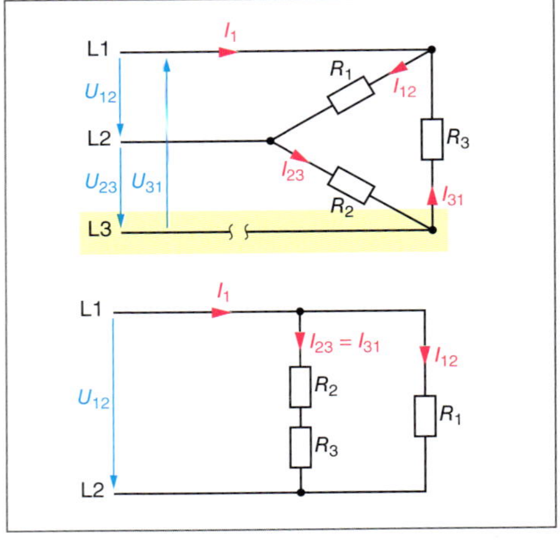

Bild 220 Ausfall eines Außenleiters

Leistung im Dreiphasen-Wechselstromsystem

Stern- und Dreieckschaltung mit symmetrischer Belastung

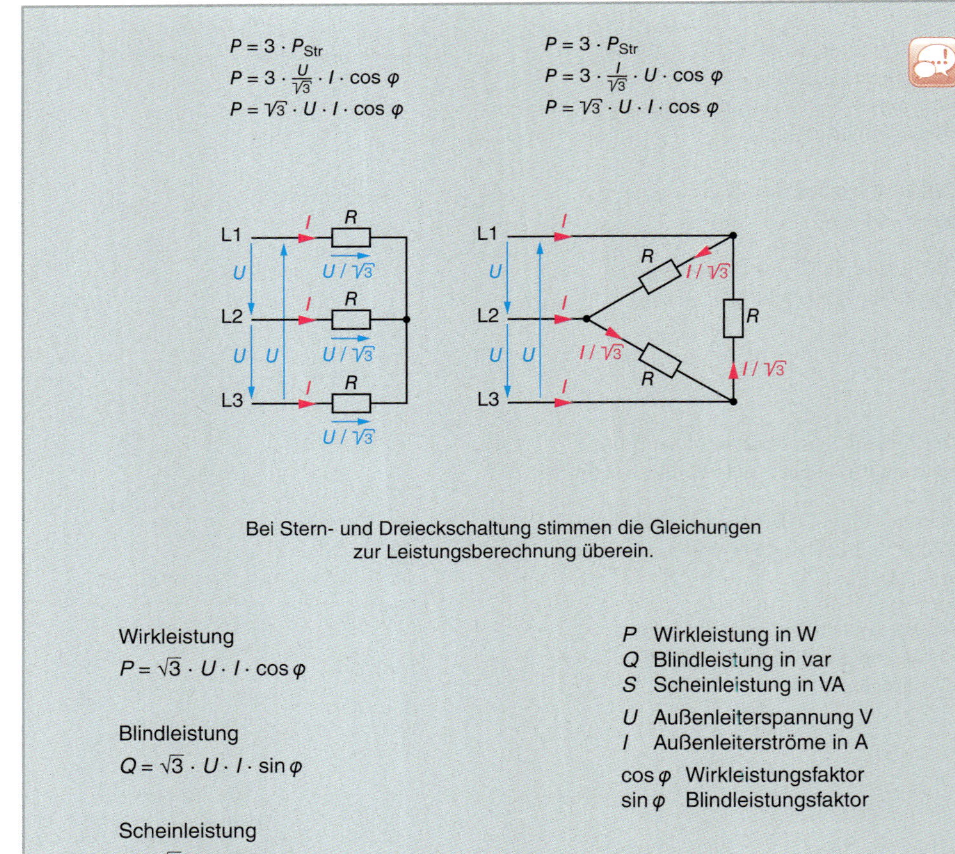

$P = 3 \cdot P_{Str}$

$P = 3 \cdot \frac{U}{\sqrt{3}} \cdot I \cdot \cos\varphi$

$P = \sqrt{3} \cdot U \cdot I \cdot \cos\varphi$

$P = 3 \cdot P_{Str}$

$P = 3 \cdot \frac{I}{\sqrt{3}} \cdot U \cdot \cos\varphi$

$P = \sqrt{3} \cdot U \cdot I \cdot \cos\varphi$

Bei Stern- und Dreieckschaltung stimmen die Gleichungen zur Leistungsberechnung überein.

Wirkleistung

$P = \sqrt{3} \cdot U \cdot I \cdot \cos\varphi$

Blindleistung

$Q = \sqrt{3} \cdot U \cdot I \cdot \sin\varphi$

Scheinleistung

$S = \sqrt{3} \cdot U \cdot I$

$S = \sqrt{P^2 + Q^2}$

P Wirkleistung in W
Q Blindleistung in var
S Scheinleistung in VA
U Außenleiterspannung V
I Außenleiterströme in A
$\cos\varphi$ Wirkleistungsfaktor
$\sin\varphi$ Blindleistungsfaktor

■ **Gesamtleistung**

Die Gesamtleistung im Dreiphasensystem ist die Summe der drei Strangleistungen.

Bei symmetrischer Belastung sind die drei Strangleistungen gleich. Dann gilt:

$P = 3 \cdot P_{Str}$

Drehstromnetz: 400 V

Drei Heizwiderstände nehmen in Sternschaltung zusammen die Leistung 3 kW auf.
Wie ändert sich die Leistung, wenn die gleichen Heizwiderstände in Dreieck geschaltet werden?

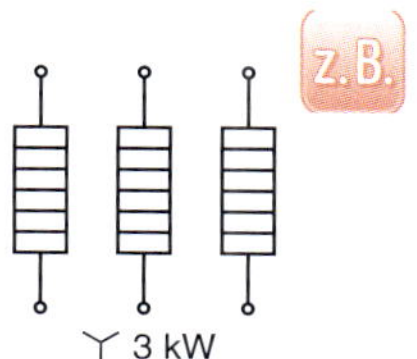

z.B.

Bestimmung des Strangwiderstandes.
Strangleistung $P_{Str} = 1$ kW in Sternschaltung.
Strangspannung 230 V.

$$P_{Str} = \frac{U_{Str}^2}{R_{Str}} \rightarrow R_{Str} = \frac{U_{Str}^2}{P_{Str}}$$

$$R_{Str} = \frac{(230\ \text{V})^2}{1000\ \text{W}} = 52{,}9\ \Omega$$

Bei Umschaltung in Dreieck ändert sich der Strangwiderstand nicht.

Allerdings liegen dann 400 V an jedem Strangwiderstand.

$$P_{Str_\Delta} = \frac{U_{Str_\Delta}^2}{R_{Str}} = \frac{(400\ \text{V})^2}{52{,}9\ \Omega} = 3000\ \text{W}$$

Die Strangleistung hat sich gegenüber Sternschaltung verdreifacht.

$$P_\Delta = 3 \cdot P_Y \rightarrow \frac{P_\Delta}{P_Y} = 3$$

Zu beachten ist, dass an den Heizwiderständen in Stern 230 V, in Dreieck aber 400 V anliegen.

Unbedingt Bemessungsspannung der Heizwiderstände beachten.

Heizgerät in Stern: $P_Y = 3$ kW
Heizgerät in Dreieck: $P_\Delta = 9$ kW

Drehstrommotor: $P = 11$ kW; $I = 21{,}5$ A; $U = 400$ V; $\cos\varphi = 0{,}83$
Welche Leistung nimmt der Motor auf? Wie groß ist die Blindleistung?

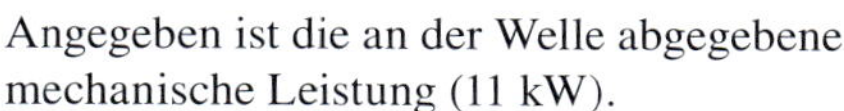

Angegeben ist die an der Welle abgegebene mechanische Leistung (11 kW).

Die aufgenommene elektrische Leistung ist größer.

$P = \sqrt{3} \cdot U \cdot I \cdot \cos\varphi$

$P = \sqrt{3} \cdot 400\ \text{V} \cdot 21{,}5\ \text{A} \cdot 0{,}83$

$P = 12{,}35$ kW

$\cos\varphi = 0{,}83 \rightarrow \varphi = 33{,}9^\circ \rightarrow \sin\varphi = 0{,}558$

$Q = \sqrt{3} \cdot U \cdot I \cdot \sin\varphi$

$Q = \sqrt{3} \cdot 400\ \text{V} \cdot 21{,}5\ \text{A} \cdot 0{,}558$

$Q = 8{,}3$ kvar

Unsymmetrische Belastung

Wenn zum Beispiel an einem **Vierleiter-Drehstromnetz** Einphasen-Verbrauchsmittel angeschlossen werden, ist eine unsymmetrische Belastung unvermeidlich (Bild 221).

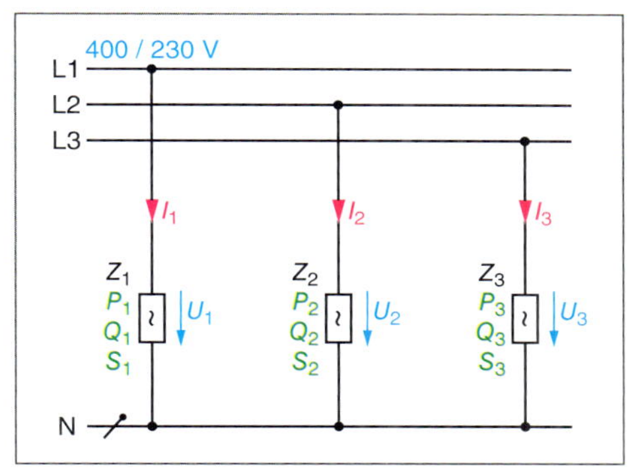

Bild 221 *Unsymmetrische Belastung*

■ **Vorsicht!**

Nicht jedes Drehstrom-Verbrauchsmittel ist für den Betrieb in Dreieckschaltung geeignet.

Unbedingt das Leistungsschild beachten.

Drehstrommotor
three-phase motor

Einphasenbetrieb
single-phase operation

Verbrauchsmittel
consumer unit

Betriebsmittel
appliance

Elektrische Betriebsmittel
electrical equipment

Wirkleistung

$P = P_1 + P_2 + P_3 + \cdots$

Blindleistung

$Q = Q_1 + Q_2 + Q_3 + \cdots$

Scheinleistung

$S = \sqrt{P^2 + Q^2}$

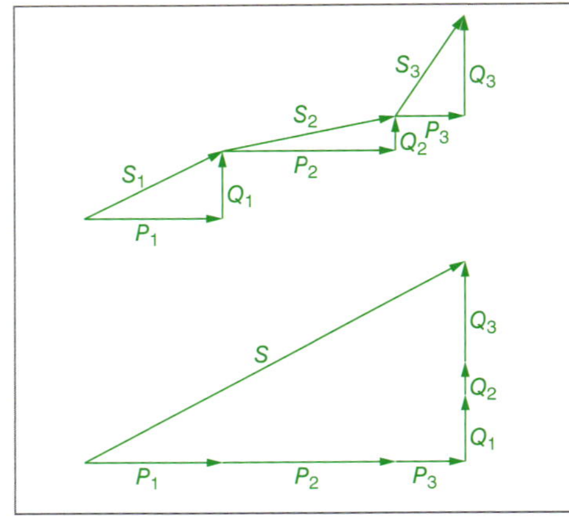

Bild 222 Unsymmetrische Belastung

■ **Aufgabenlösung**

@ Interessante Links

- christiani-berufskolleg.de

Prüfung

1. Die Widerstände R_1, R_2, R_3 haben jeweils den Wert 115 Ω und werden in Sternschaltung an die Außenleiterspannung 400 V angeschlossen.

Welche Spannungen liegen an den Widerständen?

Von welchen Strömen werden die Widerstände durchflossen?

2. Berechnen Sie die Außenleiterströme.

Wie groß ist die Phasenverschiebung zwischen Spannung und Strom?

Welche Wirkleistung wird in der Schaltung umgesetzt?

Außenleiterspannung 400 V/50 Hz, R = 46 Ω, L = 250 mH

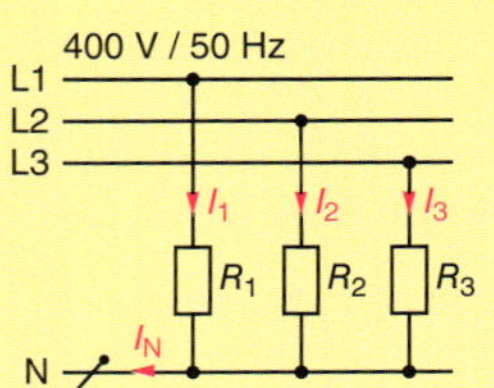

3. Bestimmen Sie alle Ströme.

Welche Wirkleistung wird in der Schaltung umgesetzt?

400 V/50 Hz, R_1 = 150 Ω, R_2 = 200 Ω, R_3 = 300 Ω

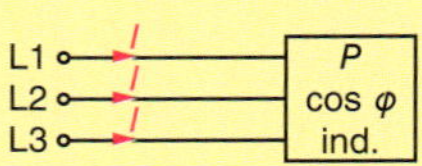

4. Welcher Strom fließt in den Außenleitern?

Wie groß ist die induktive Blindleistung?

400 V/50 Hz, P = 11 kW, cos φ = 0,86

5. Der Außenleiter L3 ist unterbrochen.

Wie groß sind die Ströme in den Außenleitern L1 und L2?

Um wie viel Prozent verringert sich die Leistung bei Ausfall eines Außenleiters?

400 V, alle Widerstände 80 Ω

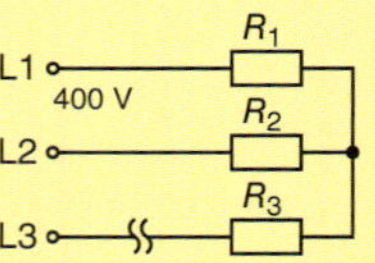

6. Berechnen Sie die Strangströme und die Außenleiterströme.

Welche Wirkleistung wird in der Dreieckschaltung umgesetzt?

400 V, R_1 = 60 Ω, R_2 = 100 Ω, R_3 = 200 Ω

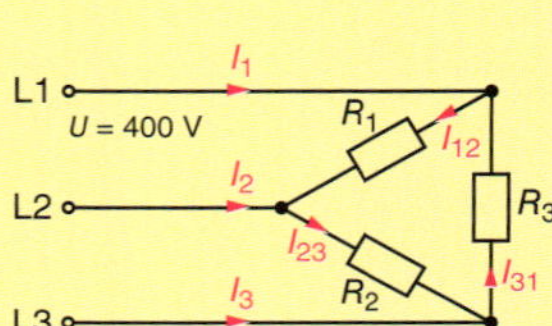

3.10 Multimeter

Im Allgemeinen werden **Digitalmultimeter** verwendet. Diese können *Spannungen*, *Stromstärken*, *Widerstände*, Frequenzen und Kapazitäten messen.

Die Messwerte werden auf einem **LCD-Display** angezeigt, sodass ein **Ablesefehler** *nicht* auftreten kann. Viele Digitalmultimeter haben zusätzlich noch eine **Balkenanzeige** im Display, wodurch die Beurteilung *schwankender Messwerte* erleichtert wird.

Vorteile digitaler Multimeter

- Wenig störanfällig, da keine mechanischen oder bewegten Teile
- Fehlerfreie Ablesung
- Relativ hohe Genauigkeit bei geringem technischen Aufwand
- Speicherung der Messergebnisse

Messungen mit Digitalmultimetern werden (mit Ausnahme der Frequenzmessung) auf die **Spannungsmessung** zurückgeführt.

Die *analoge Messgröße Spannung* wird für die digitale Anzeige in eine *binäre Signalfolge* umgewandelt.

Im Allgemeinen verfügen Multimeter über **Auto-Range**. Messbereiche müssen dann nicht gewählt werden.

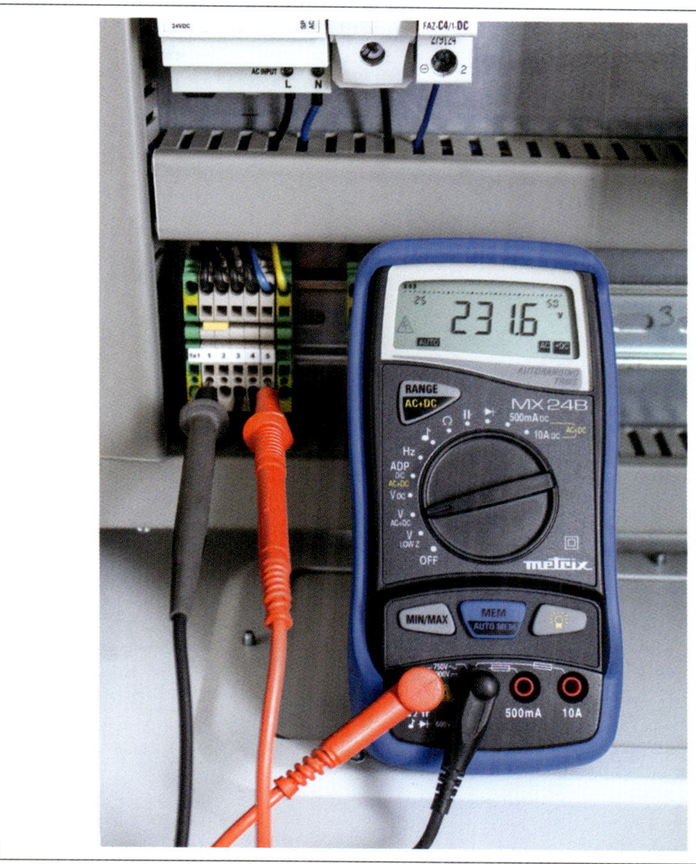

Bild 223 Messung mit dem Digitalmultimeter

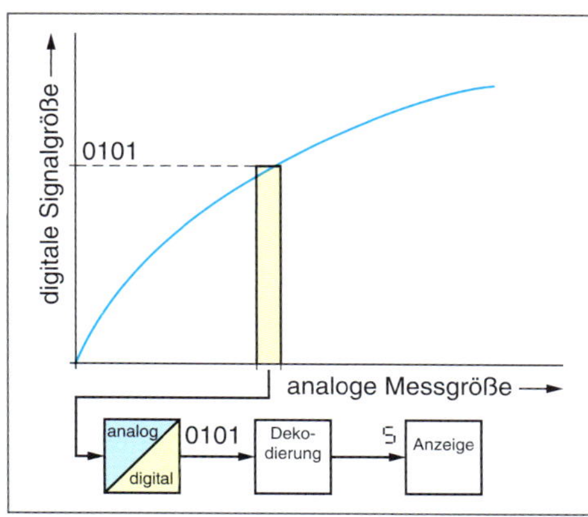

Bild 224 Prinzip der digitalen Messung

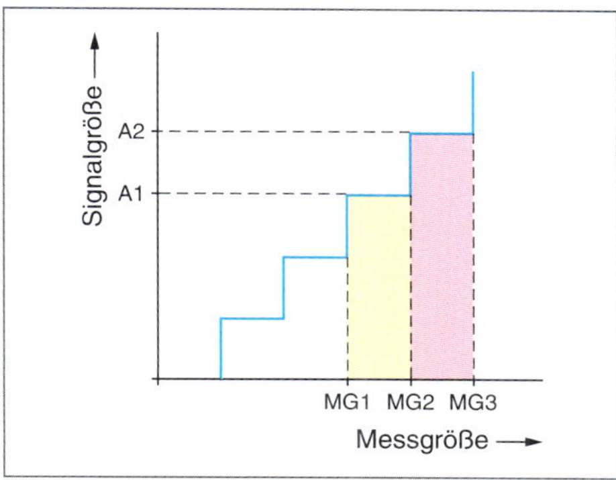

Bild 225 Quantisierung der Signalgröße

Die analoge Messgröße wird in eine endliche Anzahl von Teilen (Quanten) eingeteilt. Das analoge Signal wird **quantifiziert** (Bild 225).

Zwei Messgrößen, die zwischen MG1 und MG2 liegen, führen zur Anzeige der gleichen Signalgröße A1. Das deutet auf einen erheblichen Fehler hin. Aber nur dann, wenn die einzelnen „Stufen" sehr breit sind. In der Praxis ist dies allerdings nicht der Fall.

Wird z. B. der Messbereich 1 Volt in 1000 Stufen aufgeteilt, dann ist jede Stufe nur noch $1 \cdot 10^{-3}$ V = 1 mV breit.

■ **Vorsicht!**

Niemals die angegebenen zulässigen Grenzwerte überschreiten.

Niemals eine unbenutzte Klemme des Multimeters berühren.

Stets den höchsten Messbereich wählen, wenn der Wert der Messgröße nicht zuvor genau bekannt ist.

Vor Umschalten der Messart die Messleitungen vom Messkreis abklemmen.

■ **Einsatzklassen**

KAT I

Stromkreise, die durch Vorrichtungen geschützt sind, die Stoßspannungen auf ein niedriges Niveau begrenzen (z. B. geschützte Elektronikstromkreise).

KAT II

Speisestromkreise für Haushalts- oder ähnliche Geräte, die Stoßspannungen mittlerer Stärke aufweisen können (z. B. tragbares Werkzeug).

KAT III

Versorgungsstromkreise von Hochleistungsgeräten, die starke Stoßspannungen aufweisen können (z. B. Industriemaschinen).

KAT IV

Stromkreise, die sehr starke Stoßspannungen aufweisen können (z. B. Energiezufuhr).

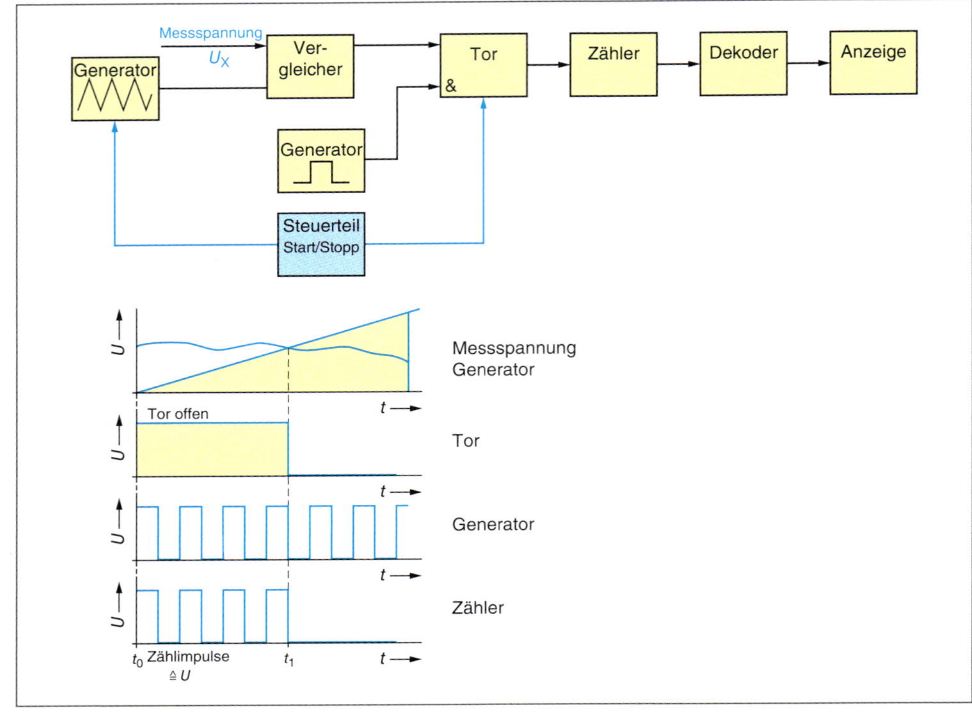

Bild 226 Digitale Spannungsmessung

4 1/2-stellige Anzeige

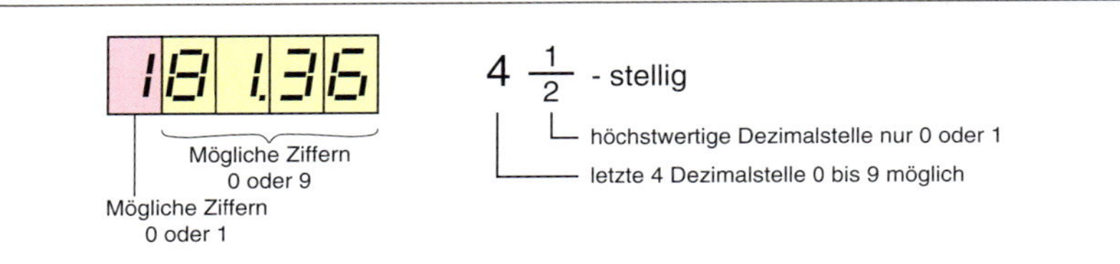

Bild 227 4 1/2-stellige Anzeige eines Digitalmultimeters

■ **Quantisierung**
Jede Stufe wird als Quant bezeichnet.

200-V-Bereich

- Größtmögliche Anzeige: 199.99 V
- Anzeigeumfang: 19999 Digits
- Anzahl Messschritte: 20000
- Unterteilung: 200 / 20000 = 10 mV

Messfehler

Angaben hierzu in der *Bedienungsanleitung* des Messgerätes. **Fehlerursachen**: *Toleranzen* der elektronischen Bauelemente und *Quantisierungsfehler*.

Beispiel
Die Spannung 0,715 V wird im 2-V-Bereich mit einer 3-stelligen Anzeige gemessen.

Anzeige kann 0,71 V oder 0,72 V sein.

Absoluter Quantisierungsfehler: 0,01 V

Relativer Quantisierungsfehler:
0,01 V/0,71 V entspricht 1,4 %

Angaben zum Messfehler digital anzeigender Messgeräte finden sich nicht auf dem Messgerät, sondern in der Betriebsanleitung.

Der **Quantisierungsfehler** kann durch eine kleinere Schrittfolge und eine Erhöhung der Stellenzahl der Anzeige verringert werden.

Fehlerangabe
0,5 % + 2 Digits

Der Quantisierungsfehler ist am geringsten, wenn der Messwert im **Endbereich der Anzeige** liegt.

Strommessung

Der zu messende Strom wird über einen niederohmigen **Präzisionswiderstand** geführt.

Der Spannungsfall an diesem Widerstand ist der Stromstärke verhältnisgleich und wird zur Anzeige gebracht.

Widerstandsmessung

Ein definierter **Konstantstrom** wird über den zu messenden Widerstand geführt.

Der Spannungsfall am Widerstand ist dann dem Widerstandswert verhältnisgleich.

Kapazitätsmessung

Der Kondensator wird durch einen **Konstantstrom** geladen. Die Dauer des Ladevorganges ist ein Maß für die Kondensatorkapazität.

Geladene Kondensatoren müssen vor der Messung entladen werden.

Analog anzeigende Messgeräte

Bild 228 zeigt ein *analog anzeigendes* Schalttafel-Messgerät. Vorteil der analogen Anzeige: Messwert kann „mit einem Blick" erfasst werden. Auch *Veränderungen* der Messgröße sind gut erkennbar.

Der **Zeigerausschlag** *analoger Messgeräte* wird mithilfe einer Kraft hervorgerufen, die durch elektrische oder magnetische Felder hervorgerufen werden kann.

Das *Schalttafelinstrument* hat ein **Dreheisenmesswerk**.

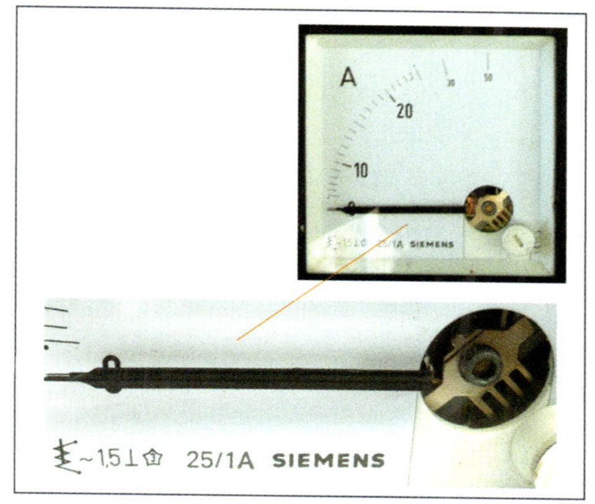

Bild 228 *Messgerät mit Analoganzeige*

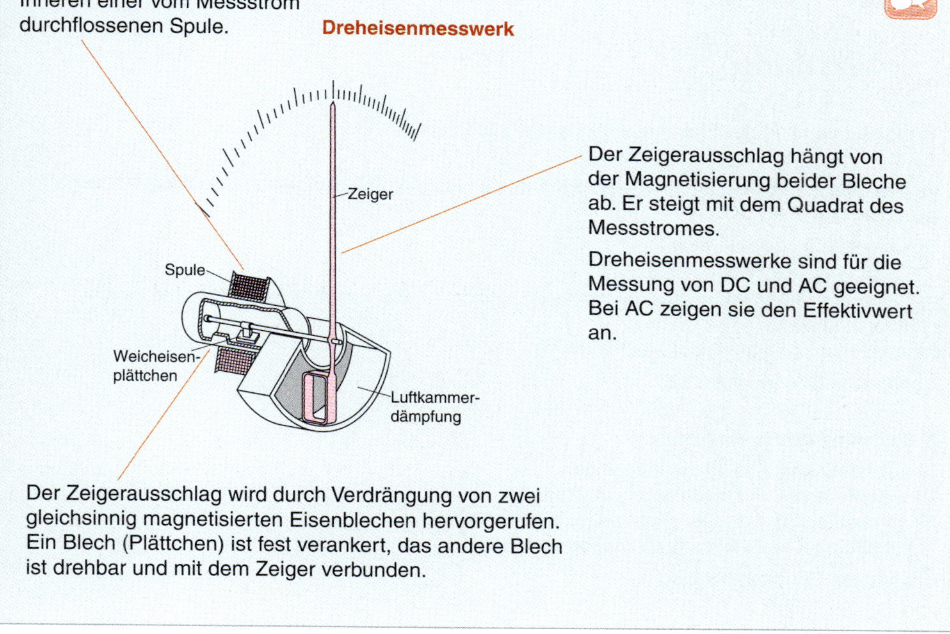

Angabe der Gebrauchslage ⊥

Bei der Messung werden geringe Massen bewegt. Daher kann die **Genauigkeit** der Anzeige nur erreicht werden, wenn die vom Hersteller vorgesehene **Gebrauchslage** (hier senkrecht) eingehalten wird.

Fehler 1,5

Die **Genauigkeitsklasse** des Schalttafelinstrumentes ist 1,5.

Bei jedem *angezeigten* Messwert darf der *tatsächliche* Wert um ± 1,5 % vom **Messbereichsendwert** abweichen.

± 1,5 % von 500 V = ± 7,5 V

Die Abweichung ± 7,5 V gilt für die gesamte Skala des Messbereiches.

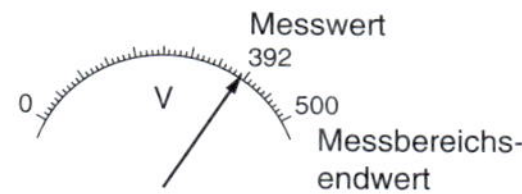

Tatsächlicher Wert:

392 V – 7,5 V = 384,5 V

392 V + 7,5 V = 399,5 V

Wenn 392 V angezeigt werden, darf der tatsächliche Spannungswert zwischen 384,5 V und 399,5 V liegen.

@ Interessante Links

Multimeter

- metrix-elektronics.com
- fluke.de

■ **Weitere Messwerke**

■ **Sinnbilder für analog anzeigende Messgeräte**

■ **Betriebsmessgeräte**

Klasse: 1; 1,5; 2,5; 5

■ **Feinmessgeräte**

Klasse: 0,1; 0,2; 0,5

■ **Messergebnis**

ist Messwert ± Fehlerangabe

Würde mit dem gleichen Spannungsmesser eine Spannung von 10 V gemessen, dürfte der *tatsächliche Spannungswert* zwischen

10 V – 7,5 V = 2,5 V und

10 V + 7,5 V = 17,5 V liegen.

Sicher ein nicht zumutbarer Fehler.

Folgerung

Nur bei Anzeigen im **letzten Skalendrittel** ist die **Genauigkeit** analoger Messgeräte hinreichend.

Ablesefehler können durch eine Spiegelskala minimiert werden.

Decken sich *Zeiger* und *Spiegelbild* des Zeigers, schaut der Betrachter *senkrecht* auf die Skala.

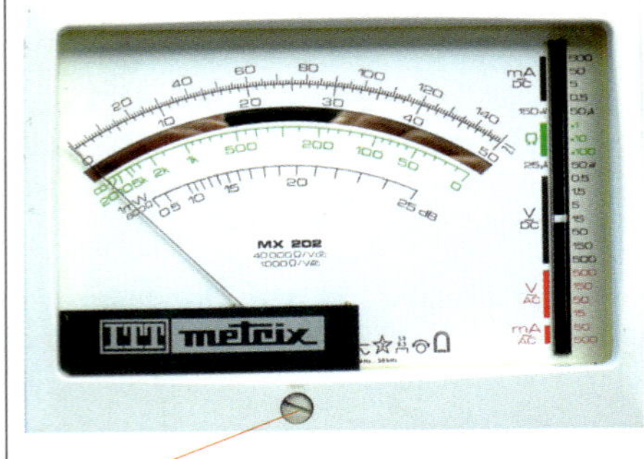

Einstellung des Skalennullpunktes bei der Widerstandsmessung (grüne Skala).

***Bild 229** Analoginstrument mit Spiegelskala*

■ **Aufgabenlösung**

@ Interessante Links

• christiani-berufskolleg.de

Prüfung

1. Was bedeutet in der Elektrotechnik der Begriff Messen?

2. This device can be used for measurements on category III installations, for voltages never exeeding 600 V AC or DC.
Übersetzen Sie den Hinweis.

3. Caution: Refer to the instruction manual. Incorrect us may result in damage to the device or its componets.
Danger: High voltage, risk of electric shock.
Übersetzen Sie die Hinweise.

4. Switching on the instrument
The selector switch is on the off position.
Turn the selector switch to the required position.
All segments of the display come on for a few seconds.
The instrument is then ready for measurements.
Übersetzen Sie die Hinweise.

5. Beschreiben Sie, wie eine Widerstandsmessung mit dem Multimeter durchgeführt wird.

6. Beschreiben Sie, wie Sie eine Strommessung mit dem Multimeter durchführen.

7. Bei Durchführung der Prüfung sind Sie nicht sicher, ob der Schmelzleiter einer Neozed-Sicherung noch in Ordnung ist.
Wie überprüfen Sie das?

8. Bei der Spannungsmessung im 400-V-Drehstrombereich (Anschlüsse des Prüfungsstückes) zeigt das Multimeter 0 V an.
Was tun Sie dann?

9. Messgeräte sollen vor ihrem Einsatz grundsätzlich auf Funktion geprüft werden.
Wie machen Sie das zum Beispiel mit einem Multimeter in der Prüfungssituation?

10. Für welche Zwecke kann die Durchgangsprüfung angewendet werden?
Im Allgemeinen ist diese Prüfung auch mit handelsüblichen Multimetern möglich.

3.11 Grundlagen der Elektronik

Für die *Spannungsversorgung* der Steuerung wird eine Gleichspannung 24 V DC benötigt.

Sie wird aus der 230-V-Netzspannung „gewonnen". Hierzu wird ein Transformator eingesetzt.

Neben dem Transformator ist eine elektronische Schaltung notwendig, die folgende Aufgaben übernimmt:

- *Gleichrichtung*
- *Glättung*
- *Stabilisierung*

Sie werden beauftragt, sich in diese Schaltung einzuarbeiten. Dazu ist es notwendig, die Bauelemente der Elektronik zu kennen.

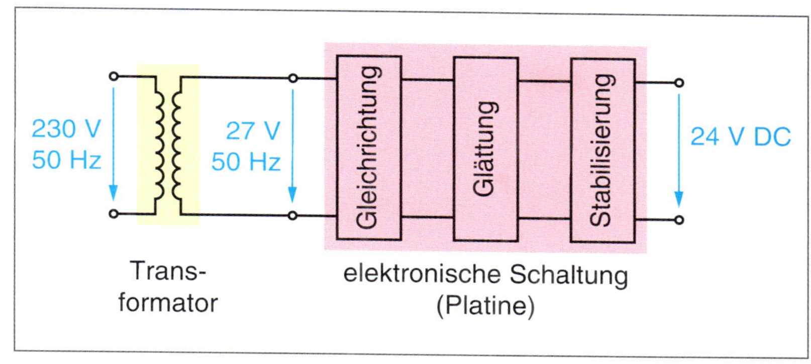

Bild 230 *Aufbau einer Spannungsversorgung (Blockschaltbild)*

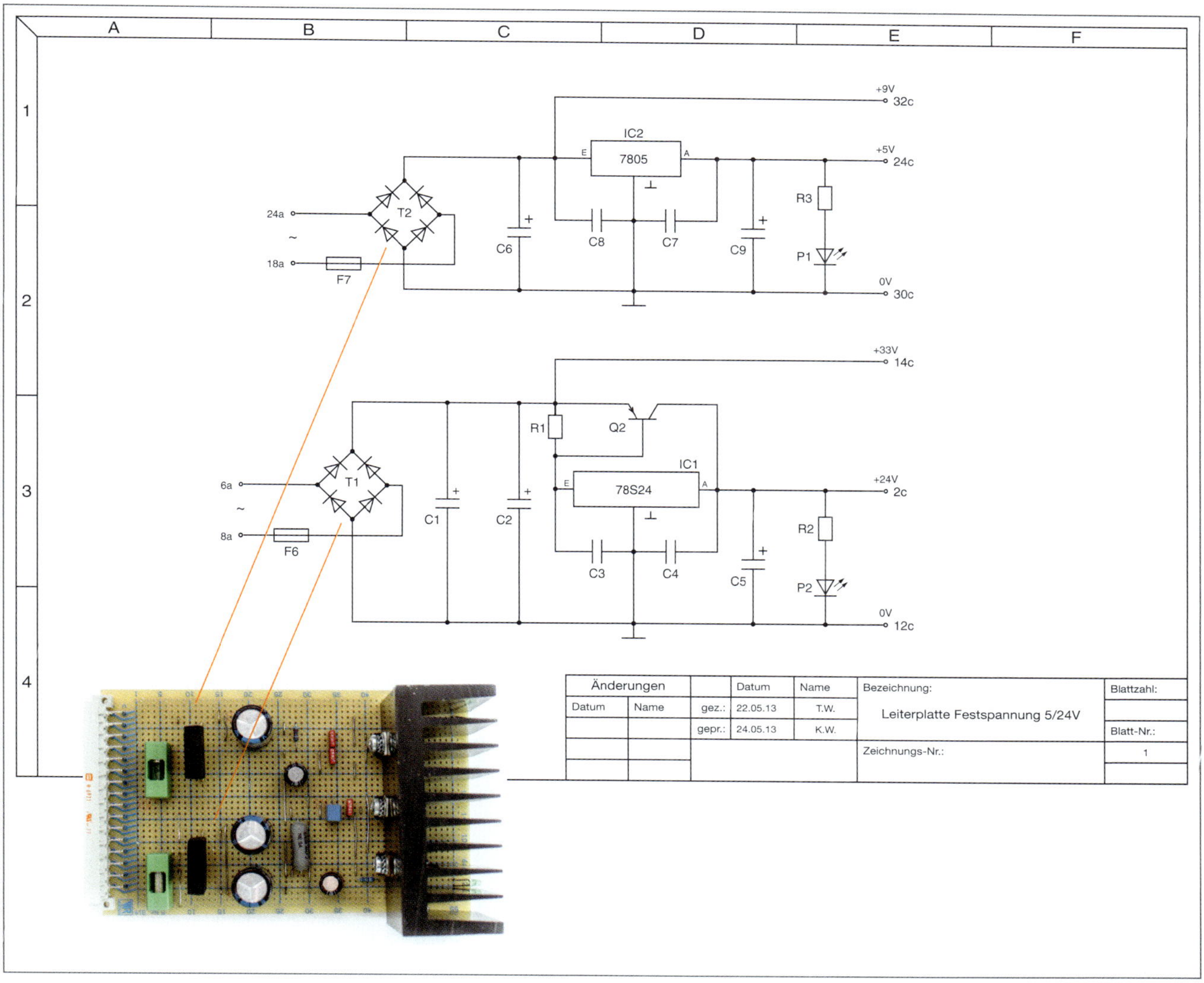

Änderungen			Datum	Name	Bezeichnung:	Blattzahl:
Datum	Name	gez.:	22.05.13	T.W.	Leiterplatte Festspannung 5/24V	
		gepr.:	24.05.13	K.W.		Blatt-Nr.:
					Zeichnungs-Nr.:	1

Bild 231 *Spannungsversorgung*

Festwiderstände

■ **Festwiderstände**
→ 18

■ **Leistung**
→ 38

■ **Arbeit, Energie**
→ 36

Festwiderstände verändern ihren Widerstandswert nicht. Lichtstrahlung, Magnetfelder oder Spannungseinwirkung haben keinen nennenswerten Einfluss auf den Widerstandswert.

Festwiderstände sind **passive Bauteile**. Sie können Spannungen oder Signale nicht verstärken.

Baugrößen von Festwiderständen

Beim Einsatz von Festwiderständen ist nicht nur der *Widerstandswert*, sondern auch die **Verlustleistung** zu beachten.

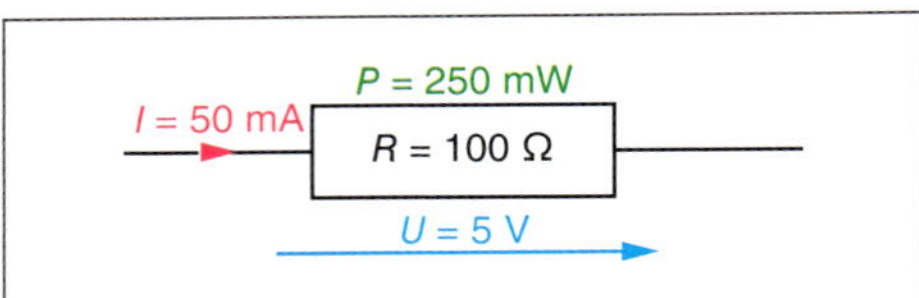

Bild 232 *Verlustleistung in einem Widerstand*

Verlustleistung
dissipation (power), loss (power)

Erwärmung
heating, warming

Elektronik
electronics

In einem Widerstand wird **Wärmeleistung** umgesetzt. Man spricht dann von *Verlustleistung*.

Eine zu hohe (unzulässige) Verlustleistung bedeutet eine **Überhitzung** und damit eine **Zerstörung** des Bauteils.

■ P_{tot}
P_{total}: maximal zulässige Leistung, die das Bauelement ohne Schaden umsetzen kann.

Die zulässigen **Maximalwerte** der Verlustleistung lassen sich mit der **Leistungshyperbel** ermitteln (Bild 233, Seite 257).

Jedes Wertepaar U, I, das $P_{tot} = U \cdot I = 250$ mW ergibt, wird in ein Diagramm eingetragen.

Die Verbindung der einzelnen Punkte ergibt die **Leistungshyperbel** (Bild 233, Seite 257). An welche **Spannung** ein Widerstand gelegt werden darf und für welchen **Strom** der Widerstand geeignet ist, muss der **Anwender** im Einzelfall berechnen.

$R = 1\ \text{k}\Omega$, $P_{tot} = 0{,}5$ W

Der Widerstand darf maximal an der **Spannung**

$$U = \sqrt{P \cdot R} = \sqrt{0{,}5\ \text{W} \cdot 1000\ \Omega} = 22{,}3\ \text{V}$$

liegen.

$R = 100\ \Omega$, $P_{tot} = 250$ mW

Der Widerstand darf maximal den Strom

$$I = \sqrt{\frac{P}{R}} = \sqrt{\frac{0{,}25\ \text{W}}{100\ \Omega}} = 50\ \text{mA}$$

führen.

Der **Strom** durch den **Festwiderstand** ist nur von der angelegten Spannung abhängig.
Die ***U-I*-Kennlinie** eines Festwiderstandes ist linear.
Gleiche Spannungsänderungen ΔU verursachen gleiche Stromänderungen ΔI.

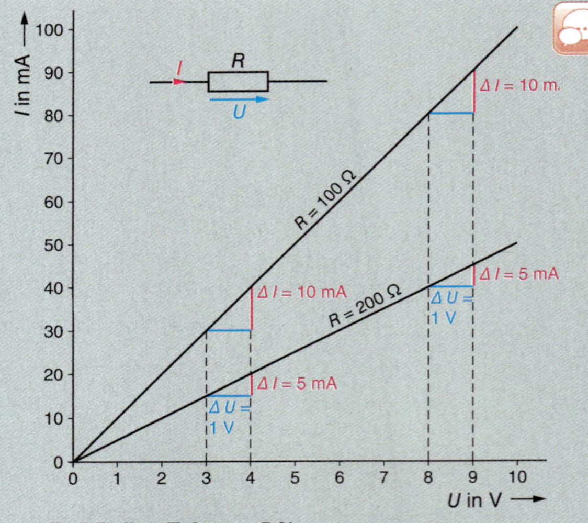

Angabe der **Widerstandswerte**

Beispiele:
47R = 47 Ω
4R7 = 4,7 Ω
R47 = 0,47 Ω

Reicht der Platz für derartige Angaben nicht aus:
Farbringcodierung TB

E24-Reihe: Toleranz 5 %
Durch die Toleranz berühren bzw. überlappen sich die einzelnen Widerstandswerte der Reihe.

Nennwert	−5 %	+5 %
1 Ω	0,95 Ω	1,05 Ω
1,1 Ω	1,045 Ω	1,16 Ω
1,2 Ω	1,14 Ω	1,26 Ω
1,3 Ω	1,235 Ω	1,365 Ω

Anwendung von Festwiderständen in der Elektronik

1. Vorwiderstand zur Spannungsbegrenzung

Auf einer Platine ist häufig nur **eine Spannungsebene** vorhanden.

Werden dann für Betriebsmittel niedrigere Spannungen benötigt, kann ein **Festwiderstand** zur **Spannungs-** und **Strombegrenzung** eingesetzt werden.

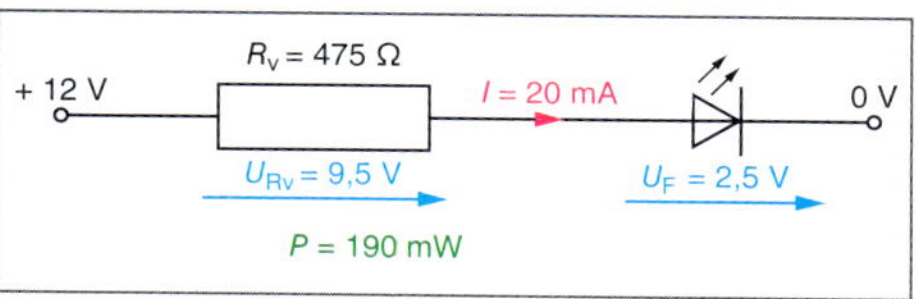

Bild 234 *LED mit Vorwiderstand*

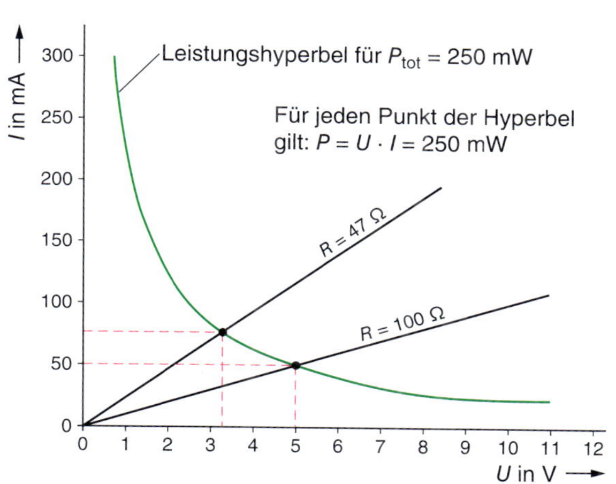

R = 100 Ω, P_{tot} = 250 mW:
Der Widerstand darf an maximale 5 V gelegt werden.
Dann fließen 50 mA. Dies ergibt den Grenzwert P_{tot} = 5 V · 50 mA = 250 mW.

Bild 233 *Leistungshyperbel eines Festwiderstandes*

Zu Bild 5:

Betriebsspannung: 12 V
LED-Daten: 2,5 V; 20 mA

Vorwiderstand:

$$R_v = \frac{U_B - U_F}{I_F}$$

$$R_v = \frac{12\ \text{V} - 2{,}5\ \text{V}}{0{,}02\ \text{A}} = 475\ \Omega$$

$P = U_{Rv} \cdot I_F = 9{,}5\ \text{V} \cdot 0{,}02\ \text{A} = 190\ \text{mW}$

E24-Reihe: 470 Ω/250 mW

2. Spannungsteiler mit Festwiderständen

Ein Feldeffekttransistor (FET) soll an seiner Steuerelektrode (G = Gate) eine positive Spannung von $U_{GS} = 3$ V erhalten.

Zur Transistoransteuerung ist kein Gatestrom erforderlich.

Die Reihenschaltung R_1, R_2 ist also ein **unbelasteter Spannungsteiler**:

$$\frac{U_{R1}}{U_{GS}} = \frac{R_1}{R_2}$$

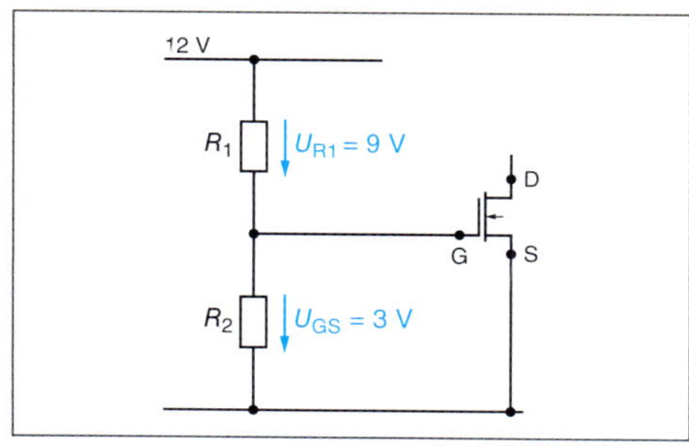

Bild 235 *Unbelasteter Spannungsteiler*

3. Spannungsteilung mit Festwiderständen

Ein NPN-Transistor soll an der Basis eine Spannung von $U_{BE} = 0{,}6$ V erhalten.

Dann fließt ein Basisstrom von $I_B = 1$ mA.

Hierbei wird der Spannungsteiler R_1, R_2 mit dem Basisstrom I_B belastet.

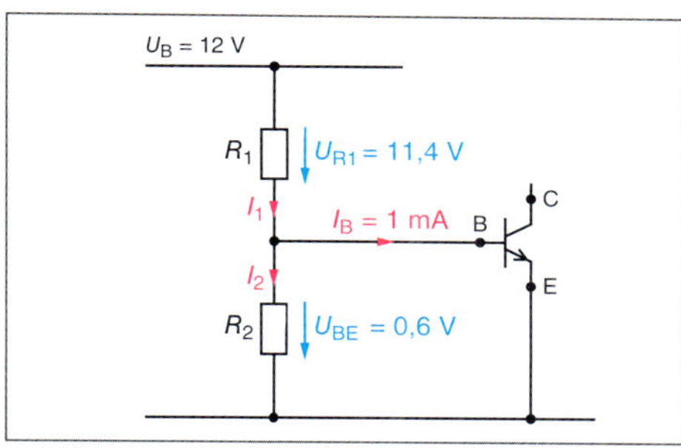

Bild 236 *Belasteter Spannungsteiler*

$$R_1 = \frac{U_{R1}}{I_1} = \frac{U_B - U_{BE}}{I_2 + I_B}$$

Für I_2 wird häufig festgelegt: $I_2 = 5 \cdot I_B$.

$$R_2 = \frac{U_{BE}}{I_2} = \frac{U_{BE}}{5 \cdot I_B} = 120\ \Omega$$

R_1 = 1,9 kΩ (siehe oben)

Widerstände können aus der **E24-Reihe** gewählt werden. Die auftretenden **Verlustleistungen** sind zu beachten.

■ **Vorwiderstand**
→ 159

■ **Spannungsteiler**
→ 160

■ **Transistor**
→ 283

Hyperbel
hyperbolic

Maximalwert
maximum (value) peak value

Toleranz
tolerance, allowance

■ $I_2 = 5 \cdot I_B$
$q_i = 5$, hier ist der Querstromfaktor $q_i = 5$ → 39.

■ **E24-Reihe**

4. Pullup- und Pulldown-Schaltungen

In der Digitaltechnik werden **definierte Signalzustände** zur Weiterverarbeitung benötigt.

H: High-Signal; z. B. 5 V
L: Low-Signal; z. B. 0 V

Sollen diese Signalzustände mit einem Taster oder Schalter erzeugt werden, sind folgende Schaltungen möglich.

■ **Pullup**
hochziehen

■ **Pulldown**
runterziehen

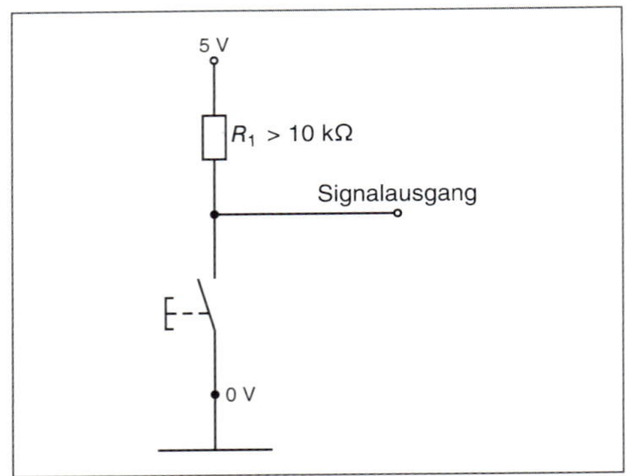

Bild 237 Pullup-Schaltung

- Widerstand in Pullup-Schaltung

  Taster offen → Signalausgang wird über R_1 auf das Potenzial 5 V hochgezogen (H).

  Taster geschlossen → Der Signalausgang hat über den Taster 0 V (L).

Strombegrenzung
current limitation

Leuchtdiode
light-emitting diode

Vorwiderstand
series resistor

Spannungsteiler
potential divider

Schleifkontakt
sliding contact

Winkelgeber
angle resolver

verstellbar
adjustable

unbelastet
unloaded, non-loaded

Abgleich
adjustment

temperaturbeständig
temperature-resistant, thermally stable

Kühlkörper
cooling attachment

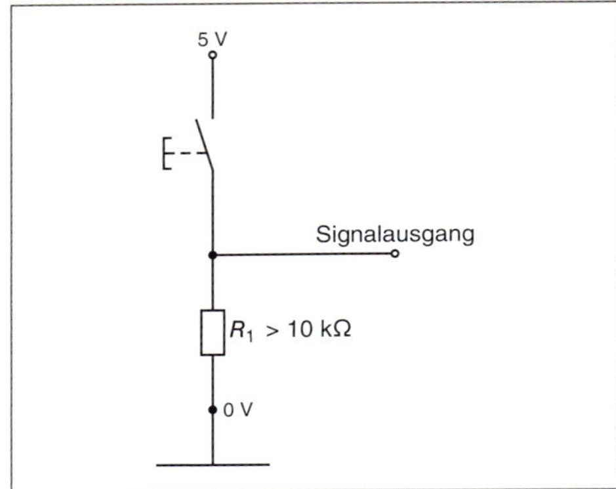

Bild 238 Pulldown-Schaltung

- Widerstand in Pulldown-Schaltung

  Taster offen → Signalausgang wird über R_1 auf 0 V heruntergezogen (L).

  Taster geschlossen → Signalausgang wird über den Taster an 5 V gelegt.

■ **Winkelgeber**
können zur Wegmessung verwendet werden.

Potenziometer

■ **Potenziometer**
wirken wie verstellbare Spannungsteiler.

Potenziometer sind *verstellbare* Widerstände. Sie haben 3 Anschlüsse. Ein **Schleifkontakt** wird über eine Widerstandsbahn geführt.

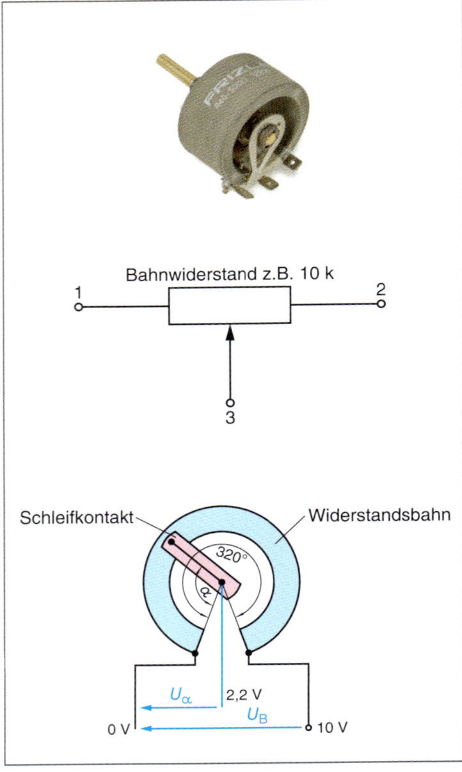

Bild 239 Potenziometer

Anschlüsse 1 und 2:
Widerstandsschicht; z. B. 10 kΩ

Anschlüsse 1 und 3:
Widerstandswert zwischen 0 und 10 kΩ

Anschlüsse 2 und 3:
Widerstandswert zwischen 10 kΩ und 0.

Drehpotenziometer sind als **stetige Winkelgeber** verwendbar.

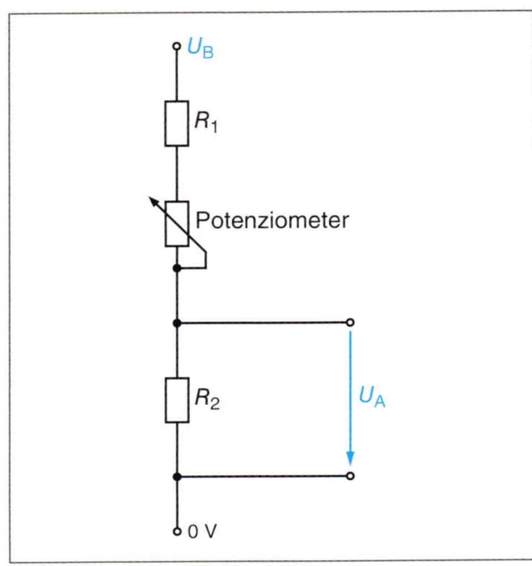

Bild 240 Potenziometeranwendung

Einsatzbeispiele für Potenziometer

1. Verstellbarer Widerstand in Spannungsteilern

Die Ausgangsspannung eines Spannungsteilers mit *Festwiderständen* ist nicht genau genug.

Die Ausgangsspannung muss *verstellbar* sein (Bild 240, Seite 258).

2. Unbelasteter Spannungsteiler

Wenn über den Schleifkontakt des Potenziometers *kein Strom* entnommen wird, kann bei *linearen Potenziometern* die an der Widerstandsbahn anliegende Gesamtspannung aufgeteilt werden.
Gleich lange Abschnitte auf der Widerstandsbahn ergeben gleich große Widerstandswerte (linearer Zusammenhang).
Schleiferstellung und Ausgangsspannung sind dann *verhältnisgleich.*

3. Drehpotenziometer

Wird eine 10-V-Spannung auf einen Drehwinkel von 320° aufgeteilt, lässt sich jeder Winkel in diesem Bereich als Spannung zwischen 0 und 10 V darstellen (Bild 239, Seite 258).

Wenn zum Beispiel eine Spannung von $U_\alpha = 2{,}2$ V gemessen wird, beträgt der *Drehwinkel* des Potenziometers

$$\alpha = \frac{U_\alpha}{U_B} \cdot 320° = \frac{2{,}2\ \text{V}}{10\ \text{V}} \cdot 320° = 70°.$$

4. Belasteter Spannungsteiler

Wird dem Potenziometer über den Schleifkontakt ein *Strom entnommen*, liegt ein *belasteter Spannungsteiler* vor (Bild 241).

Eine veränderliche Last $P = 0$ bis 1 W hat eine Bemessungsspannung von $U_L = 6$ V.

Zur Verfügung steht eine Versorgungsspannung von $U_B = 12$ V.

Die Spannungsanpassung erfolgt mit einem Potenziometer $R = 100\ \Omega$, $P_{tot} = 4$ W.

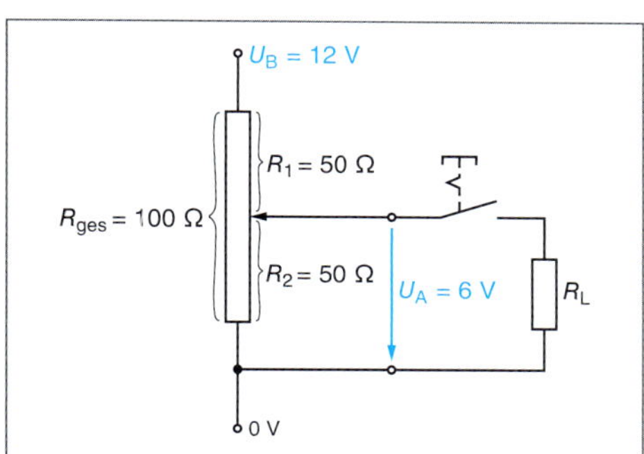

Bild 241 Spannungsteiler im Leerlauf

1. Leerlauf, $I_L = 0$ (Bild 241)

$$I_1 = \frac{U_B}{R_g} = \frac{12\ \text{V}}{100\ \Omega} = 120\ \text{mA}$$

2. Belastung mit Verbraucher 6 V/0,6 W

$$R_L = \frac{U_L^2}{P} = \frac{(6\ \text{V})^2}{0{,}6\ \text{W}} = 60\ \Omega$$

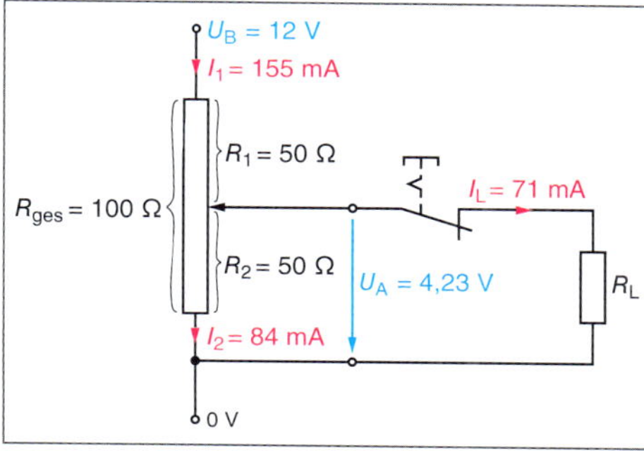

Bild 242 Spannungsteiler, belastet

R_2 und R_L sind parallel geschaltet (Bild 242).
Ersatzwiderstand: $R_{2L} = 27{,}3\ \Omega$.

R_{2L} und R_1 sind in Reihe geschaltet.

Durch die Belastung mit R_L ist die Spannung U_A von 6 V auf 4,23 V abgesunken (Bild 243).

Die Leistung an R_L beträgt dann noch

$$P = \frac{U_A'^2}{R_L} = \frac{(4{,}23\ \text{V})^2}{60\ \Omega} = 0{,}3\ \text{W}.$$

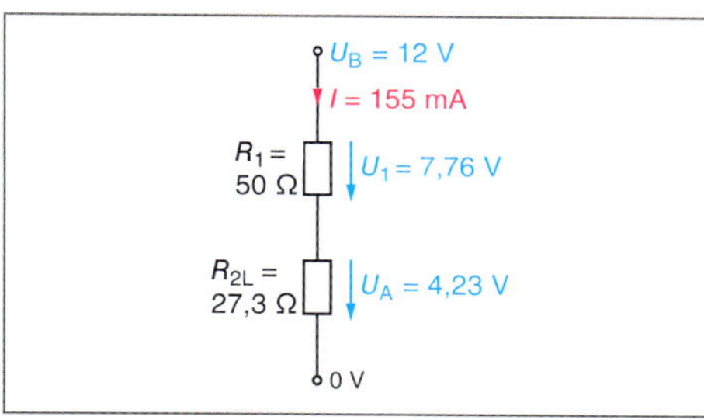

Bild 243 Belasteter Spannungsteiler

Um den Verbraucher auf 6 V/0,6 W einzustellen, muss der *Schleifkontakt* des Potenziometers *verschoben* werden:
$R_1 = 32\ \Omega$, $R_2 = 68\ \Omega$.

Ersatzwiderstand $R_{2L} = 32\ \Omega$.

Für alle **Laständerungen** muss der Schleifkontakt *nachgeführt* werden.

Die **Verlustleistung** des Potenziometers ist mit $P_{tot} = 4$ W angegeben.

■ Unbelasteter Spannungsteiler → 160

■ Belasteter Spannungsteiler → 160

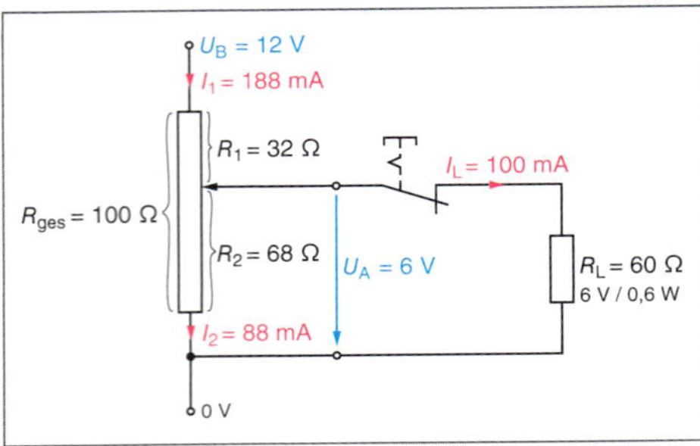

Bild 244 *Potenziometer, Ströme*

Für dieses Beispiel beträgt die *Verlustleistung*

$P_v = P_{R1} + P_{R2} = U_{R1} \cdot I_1 + U_{R2} \cdot I_2$

$P_v = 6\text{ V} \cdot 188\text{ mA} + 6\text{ V} \cdot 88\text{ mA}$

$P_v = 1{,}13\text{ W} + 0{,}528\text{ W}$

Das Potenziometer wäre für diese Anwendung geeignet (Bild 244).

Zu überlegen ist, ob diese Anwendung in Anbetracht der hohen *Verlustleistung* im Verhältnis zur *Nutzleistung* sinnvoll ist.

Wird die Belastung des Potenziometers weiter erhöht, muss der Widerstandsanteil R_1 weiter verkleinert werden.

Es besteht dann die Gefahr, dass die *Widerstandsbahn* durch zu hohen Strom zerstört wird.

■ **Aufgabenlösung**

@ Interessante Links

• christiani-berufskolleg.de

Trimmpotenziometer

Kleine verstellbare Widerstände zur genauen Einstellung von Teilspannungen. Einsatz zum Abgleich von elektronischen Schaltungen.

■ **Brückenschaltung**

→ 163

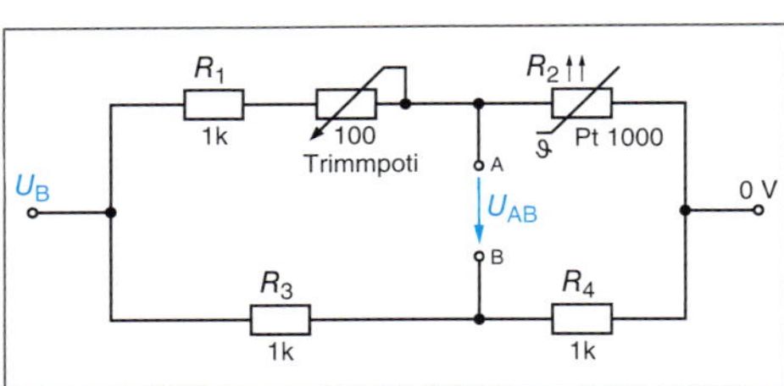

Bild 245 *Messbrücke mit Trimmpotenziometer*

■ **Trimmpotenziometer**

Die Ausgangsspannung U_{AB} der Messbrücke soll bei 0 °C am Messfühler Pt1000 0 V betragen.

Dazu wird die Schaltung mit P_1 *abgeglichen*. Dieser **Abgleich** wird mit einem Werkzeug vorgenommen und die Einstellung dann mit einem Lacktropfen fixiert.

Hochlastwiderstände

Die *Hochlastwiderstände* haben eine **Wärmeleistung** von mehr als $P_{tot} = 5$ W. Sie werden i. Allg. aus **Widerstandsdraht** hergestellt.

Die *Drahtwindungen* befinden sich in einem Hohlkörper aus *Keramik*. Der Hohlraum wird mit feinstem *Quarzsand* ausgefüllt.

Solche Widerstände (E12- und E24-Reihe) haben eine sehr hohe **Temperaturbeständigkeit** (bis zu 350 °C).

Bei **Kühlkörpermontage** kann die Leistungsaufnahme um ein Vielfaches gesteigert werden.

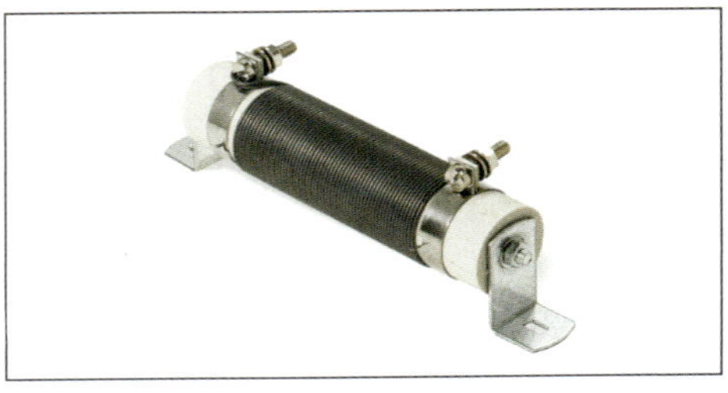

Bild 246 *Hochlastwiderstand*

Prüfung

1. Warum ist bei der Wahl eines Widerstandes nicht nur der Widerstandswert, sondern auch die Verlustleistung des Widerstandes zu beachten?

2. Eine Kennlinie beschreibt den linearen Zusammenhang zwischen zwei Größen.
Was bedeutet lineraler Zusammenhang?

3. Unter welcher Voraussetzung ist ein Spannungsteiler sinnvoll einsetzbar?

4. Erläutern Sie die Größe P_{tot} in Zusammenhang mit der Leistungshyperbel.
Beachten Sie dazu Bild 233 auf Seite 257.

5. Nennen Sie Anwendungsbeispiele für Potenziometer.

6. Bild 245 zeigt eine Messbrücke (Brückenschaltung) mit Trimmpotenziometer.
Wie lautet die Abgleichbedingung einer Brückenschaltung?
Wie groß ist die Spannung U_{AB} bei abgeglichener Brücke?

7. Unter welcher Voraussetzung spricht man von einem Hochlastwiderstand?
Wie ist ein solcher Widerstand aufgebaut?

Nichtlineare Widerstände

Thermistoren ändern ihren Widerstandswert in Abhängigkeit von der Temperatur.

Heißleiter
NTC-Widerstand
(**N**egativer **T**emperatur-**C**oeffizient)

Widerstand nimmt mit Anstieg der Temperatur ab.

R_T in Ω ⟶
T in °C ⟶

Der **Temperaturkoeffizient** α ist **negativ**

$\alpha = -0{,}025$ bis $-0{,}045\,\frac{1}{K}$

Kaltleiter
PTC-Widerstand
(**P**ositiver-**T**emperatur **C**oeffizient)

Widerstand nimmt mit Anstieg der Temperatur zu.

Der **Temperaturkoeffizient** α ist **positiv**

$\alpha = +0{,}07$ bis $+0{,}6\,\frac{1}{K}$

Die **Erwärmung** der Thermistoren kann durch die Umgebungstemperatur und/oder die elektrische Belastung erfolgen.
Die **Ausgangstemperatur** ist 20 °C.

Kaltleiter

Das Material hat in einem weiten Bereich einen **positiven** Temperaturkoeffizienten.

Oftmals kann die Temperaturabhängigkeit nicht mit **einem einzigen** Temperaturkoeffizienten beschrieben werden. Dann muss das **Datenblatt** des Herstellers den Zusammenhang zwischen Temperatur und Widerstand angeben.

Die meisten **Metalle** sind Kaltleiter. Im Idealfall ist die temperaturabhängige Widerstandszunahme ΔR der Temperaturänderung $\Delta\vartheta$ verhältnisgleich.

Dies gilt weitgehend für das Metall **Platin**.

Industriestandard für sogenannte **Widerstandsthermometer** sind daher PTC-Fühler **Pt100** und **Pt1000**.

Pt = Platin

100 = R_0 = 100 Ω bei 0 °C
1000 = R_0 = 1000 Ω bei 0 °C

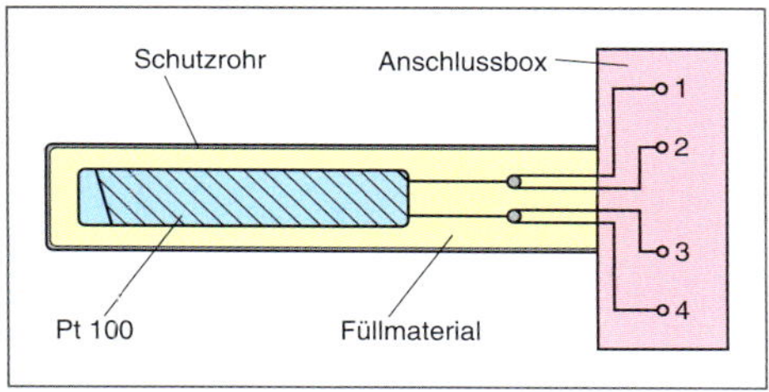

Bild 247 *Widerstandsthermometer, Aufbau*

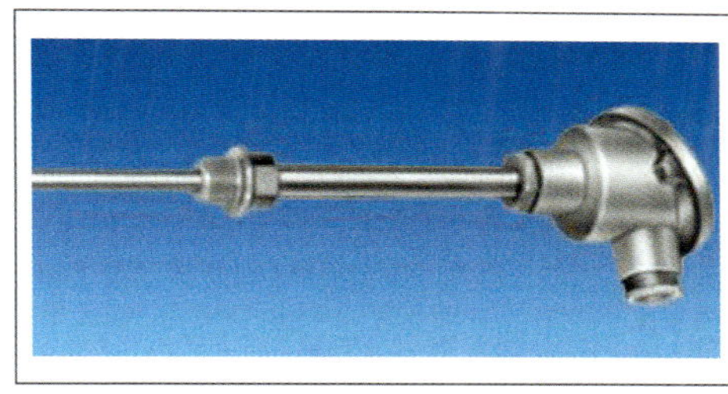

Bild 248 *Widerstandsthermometer*

Der Zusammenhang zwischen Temperatur und Widerstand wird auch beim **Pt100** mit einer Tabelle oder einer Kennlinie angegeben.

Der Tabelle (Seite 262) kann man entnehmen, dass der Pt100 eine **Empfindlichkeit** von ca. 0,4 % pro Kelvin hat.

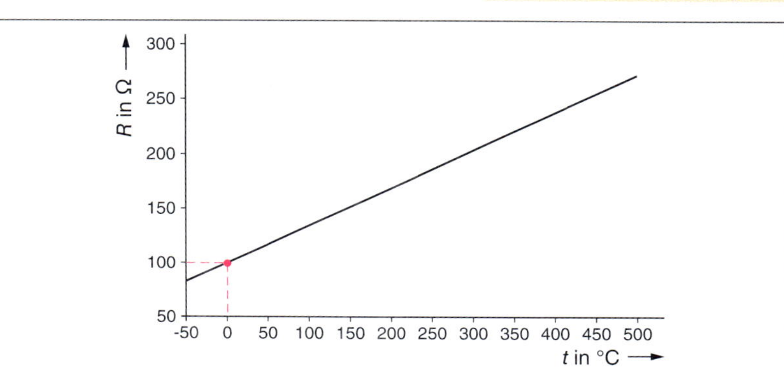

Bild 249 *Kennlinie eines Pt100*

■ **Thermistoren**
Oberbegriff für alle temperaturabhängigen Widerstände.

■ **Temperaturkoeffizient**

■ **Pt100**
Beachten Sie, dass der Widerstand bei 0 °C 100 Ω beträgt (und nicht bei 20 °C).

Thermistor
thermistor sensor

Kaltleiter
PTC resistor

Heißleiter
NTC resistor

Widerstandsthermometer
resistance temperature probe, temperature-sensitive resistor

Genauigkeit
accuracy, precision

Überstromschutz
overcurrent protection

Kurzschlussstrom
short-circuit current, s-c current

Netztransformator
power transformer

Primärwicklung
primary winding

Sekundärwicklung
secondary winding

Strom-Spannungs-Kennlinie
current-voltage charcteristic

Kenndaten
characteristics

Tabelle eines Pt100

Temperatur Bereich	Grundwerte nach DIN EN 60751 für Pt100	
°C	Ohm	Ohm/K
– 200	18,49	0,44
– 100	60,25	0,41
– 50	80,30	0,40
0	100,00	0,39
100	138,50	0,385
200	175,64	0,37
250	194,09	0,36
300	212,02	0,35
400	247,04	0,34
450	264,17	0,34
500	280,90	0,33
600	313,59	0,33

Pt-Sensoren können im **Temperaturbereich** von – 200 °C bis + 600 °C eingesetzt werden.

Sie werden in **Genauigkeitsklassen** A und B eingeteilt. Damit diese **Toleranzen** eingehalten werden können, darf ein Temperatursensor nur einen *sehr kleinen Strom* führen ($I < 1$ mA).

Höhere Ströme verursachen im Fühler eine innere **Stromwärme**.

Zweileiterschaltung

Durch den Pt-Sensor fließt ein *konstanter* Strom I_M (Bild 22).

Die Spannung U_M soll die Temperatur am Sensor darstellen.

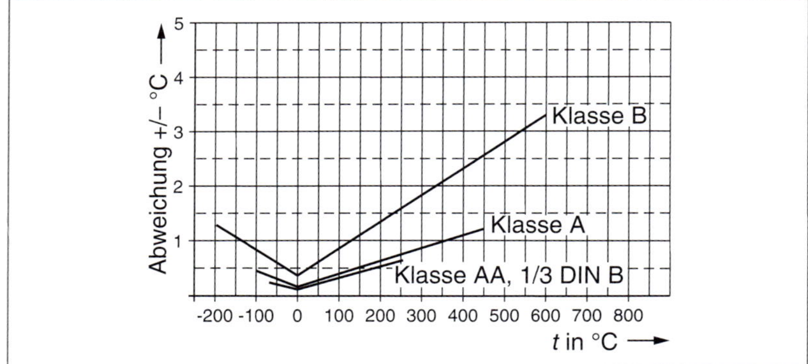

Bild 250 *Toleranzklassen für Pt100*

Der Spannungsfall an der Hin- und Rückleitung wird aber auch gemessen. Daher ist die Messung vor allem bei längeren Leitungen fehlerhaft.

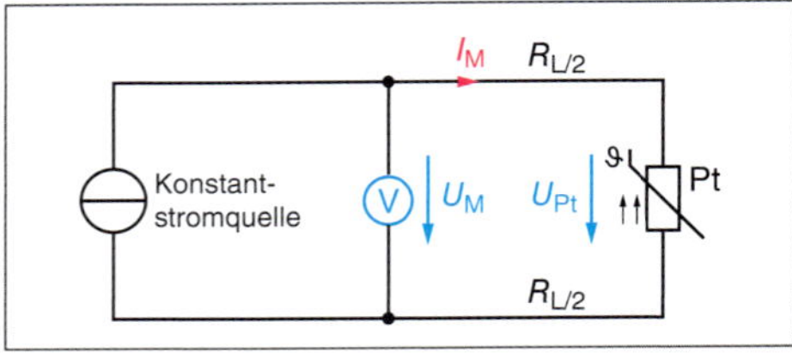

Bild 251 *Zweileiterschaltung mit Pt100*

Dreileiterschaltung

Ein *konstanter* Strom I_K wird durch die Zuleitungen und den Sensor geführt (Bild 252).

Eine dritte Leitung ist direkt an den Sensor angeschlossen.

Zunächst wird mit einem hochohmigen Spannungsmesser die Spannung $U_{L/2}$ gemessen ($I_M \approx 0$).

Gemessen wird $U_{L/2} = I_K \cdot R_{L/2}$.

Dann wird die Spannung $U_M = I_K \cdot (R_{L/2} + R_{Pt})$ gemessen.

Diese Spannung wird um den Spannungsfall auf der Rückleitung korrigiert. Dann ergibt sich die korrekte Spannung $U_{Pt} = U_M - U_{L/2}$.

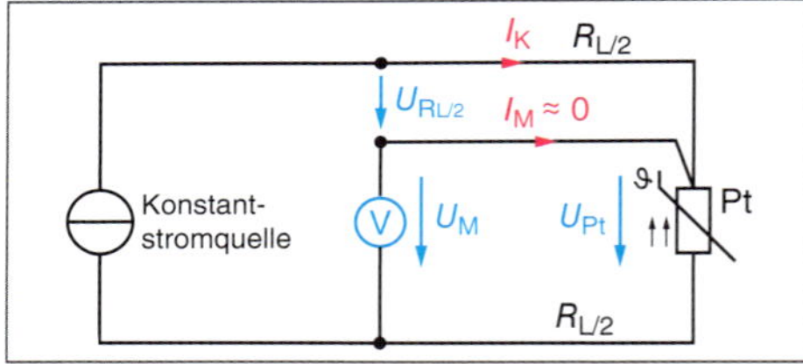

Bild 252 *Dreileiterschaltung mit Pt100*

Vierleiterschaltung

Stromführende Leitungen und Messleitungen sind getrennt. Der konstante Strom I_K durch den Sensor verursacht eine Spannung an R_{Pt}, die der Sensortemperatur verhältnisgleich ist. Die Spannung wird mit einem hochohmigen Spannungsmesser ($I_M \approx 0$) richtig gemessen.

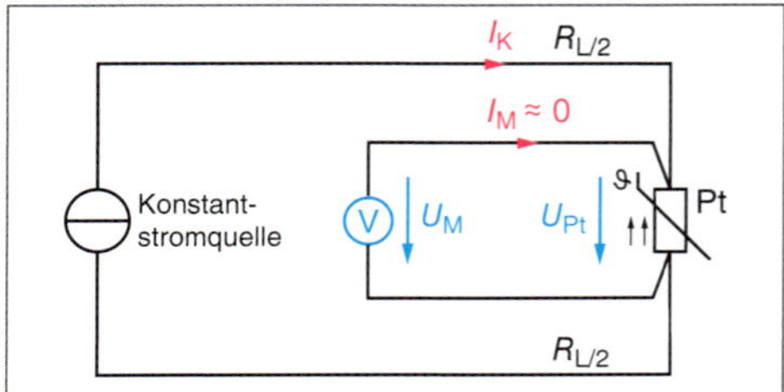

Bild 253 *Vierleiterschaltung mit Pt100*

Überstromschutz

Ein Kaltleiter soll einen **Netztransformator** vor Überlastung und Kurzschluss schützen.

Der **PTC-Widerstand** wird mit gutem Wärmekontakt direkt an den Eisenkern des Trafos montiert.

Bei **Überlastung** des Trafos erwärmt sich der Eisenkern. Der Widerstand des Kaltleiters steigt an, der Strom des Trafos wird begrenzt.

Ein **Kurzschluss** im Primärkreis führt zu unverzögertem Anstieg des Kaltleiterwiderstandes. Der **Kurzschlussstrom** wird begrenzt.

Sind Überlast oder Kurzschluss beseitigt, kühlt der PTC wieder ab und kann die Schutzfunktion wieder übernehmen.

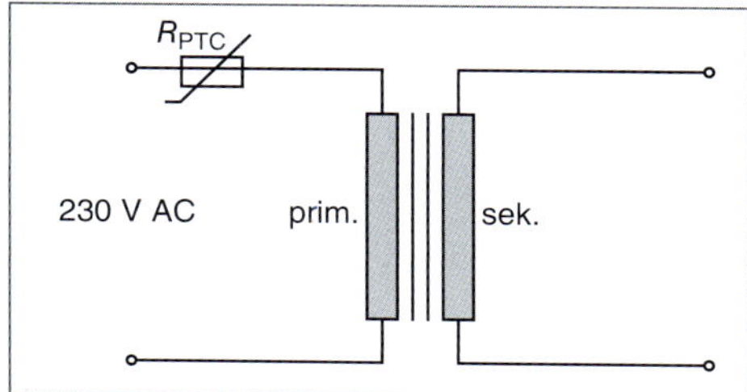

***Bild 254** Überstromschutz mit Kaltleiter*

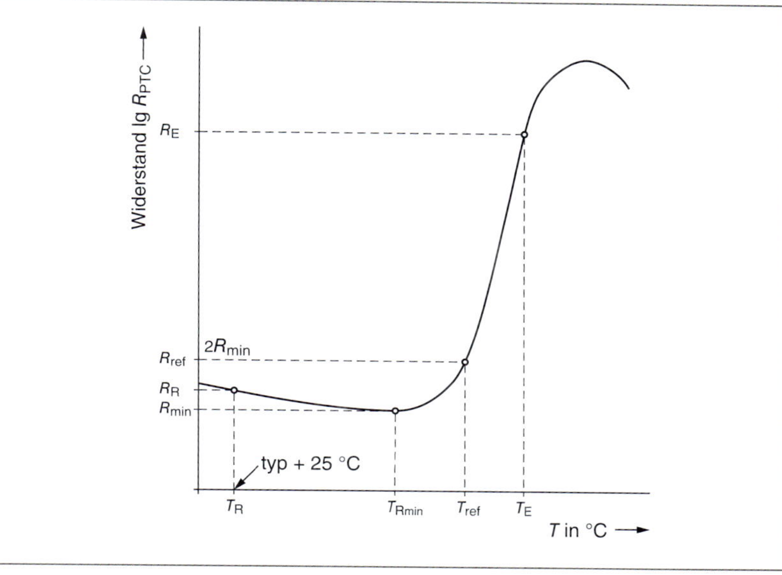

***Bild 255** Kennline eines keramischen PTC*

Die als **Überlastschutz** verwendeten Kaltleiter haben als *aktives Material* kein Metall, sondern keramische Halbleiter (z. B. dotiertes Bariumtitanat).

Die Kennlinie dieser Bauteile zeigt einen charakteristischen Verlauf (Bild 255):

Zu Beginn – bei niedrigen Temperaturen – haben sie einen leicht negativen Temperaturkoeffizienten.

Es folgt der eigentliche Arbeitsbereich in dem der Temperaturkoeffizient stark positiv ist → steile Kennlinie.

Ab einer bestimmten Temperatur fällt die Kennlinie wieder ab.

Kennline Bild 255:

T_N	Nenntemperatur, üblich 25 °C
R_N	Nennwiderstand bei 25 °C
T_{Rmin}	Anfangstemperatur, der negative Temperaturkoeffizient geht in einen positiven über
R_{Rmin}	Anfangswiderstand (Minimalwiderstand)
T_{ref}	Bezugstemperatur, Beginn des Arbeitsbereiches
R_{ref}	Bezugswiderstand
T_E	Endtemperatur
R_E	Endwiderstand

z.B.

Netztransformator: 230 V/60 W, PTC in Reihe mit Primärwicklung geschaltet, Wärmekontakt mit dem Trafokern.
Trafo im Normalbetrieb:
Widerstand ca. 885 Ω, Strom 260 mA.

Bei diesem Betriebszustand hat der Trafokern eine Temperatur von etwa 40 °C.

Der PTC nimmt ebenfalls diese Temperatur an. Der Strom 260 mA erzeugt keine nennenswerte Eigenerwärmung.
Laut Datenblatt (Seite 264) hat der PTC bei 40 °C einen Widerstand von 5 Ω. Er beeinflusst den Stromfluss unerheblich.

a) **Kurzschluss** auf der **Sekundärseite** des Trafos. **Primärstrom** steigt auf 2 A.

Der PTC wird innerhalb 1 s hochohmig (Kennlinie Seite 264). Es fließt ein **Reststrom** von I_r = 15 mA. Nahezu die gesamte Betriebsspannung 230 V liegt am PTC.
Im PTC wird dann eine **Wärmeleistung** von P = 220 V · 15 mA = 3,45 W erzeugt.

Es stellt sich ein Gleichgewicht zwischen erzeugter Leistung im PTC und abgegebener Wärmeleistung des Kaltleiters ein.
Der Kaltleiterwiderstand stellt sich bei etwa R_{PTC} = 230 V/15 mA = 14,7 kΩ ein.

Laut Kennlinie hat der PTC eine Temperatur von 140 °C angenommen.

■ **Dotierung**
Gezielte Verunreinigung mit Fremdatomen.

b) Der Eisenkern des Transformators erwärmt sich durch sekundärseitige Überlastung oder mangelnde Wärmeabfuhr.

Der Kaltleiter ist mit dem Eisenkern wärmegekoppelt, die Temperatur steigt auf $T_{PTC} = 100\,°C$.

Laut Kennlinie steigt der PTC-Widerstand auf 50 Ω. Wegen der Reihenschaltung der Trafowicklung mit dem PTC erhöht sich der Gesamtwiderstand.

Der Strom wird begrenzt bzw. zurückgeführt. Solange der Fehler nicht behoben wird, stellt sich bei einer bestimmten Temperatur ein thermisches Gleichgewicht am PTC ein: zugeführte Wärmeleistung = abgeführte Wärmeleistung.

Typische Kennwerte von ausgewählten Kaltleitern, im Beispiel C 830

Type	I_R	I_S	$I_{S_{max}}$ ($V = V_{max}$)	I_r (typ.) ($V = V_{max}$)	T_{ref} (typ.)	R_R	R_{min}
	mA	mA	A	mA	°C	Ω	Ω
C810	650	980	7.0	20	130	3.5	2.3
C820	460	920	7.0	20	120	3.7	2.4
C830	**450**	**680**	**4.1**	**15**	**130**	**5**	**3.3**
C840	330	500	2.2	13	130	9	5.9
C840	330	660	4.1	15	120	6	3.8
C830	250	510	7.0	15	80	3.7	2.2

Kennlinie eines Kaltleiters für Überlastschutz

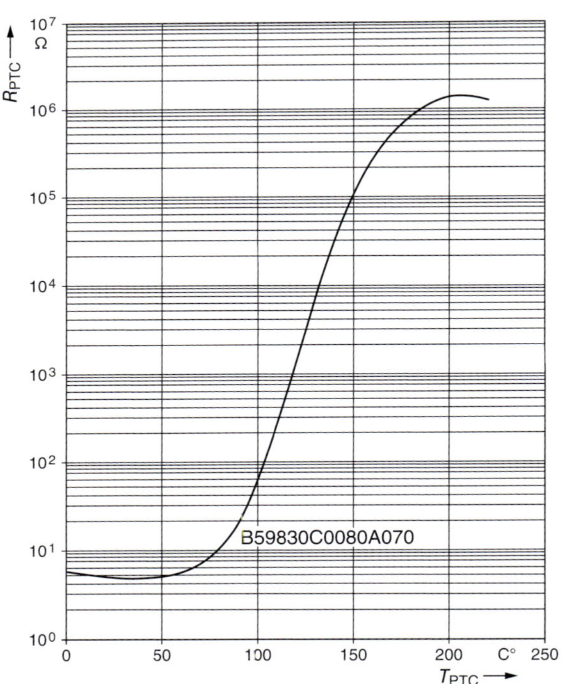

Abhängigkeit der Schaltzeit vom Schaltstrom

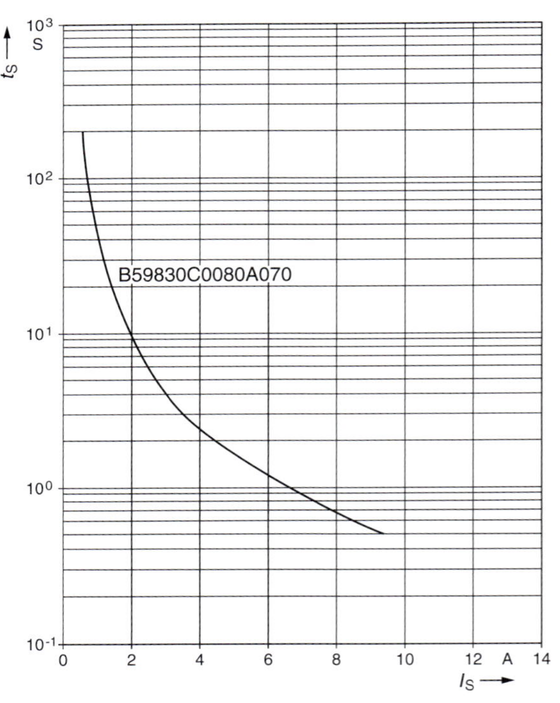

I_R Bemessungsstrom, es wird keine innere Stromwärme erzeugt
I_S Schaltstrom, bei dem in einer bestimmten Zeit der PTC hochohmig wird (Kennlinie)
I_{Smax} maximaler Schaltstrom
I_r typischer Reststrom bei hochohmigem Kaltleiter
T_{ref} typische Ansprechtemperatur
R_R Bemessungswiderstand, typisch bei 25 °C
R_{min} minimaler Widerstand des Kaltleiters

Motorvollschutz

In den drei *Wicklungen* eines Drehstrommotors wird ein **Kaltleiter** eingebracht. Sämtliche drei Kaltleiter werden **in Reihe** geschaltet.

Bei *normaler Motortemperatur* haben die Kaltleiter einen *geringen Widerstand*. Der Strom durch die Kaltleiter ist groß genug, um das Relais K1 zu betätigen. Das Schütz Q1 kann dann anziehen (Bild 256).

Wenn sich die Motorwicklung **unzulässig** erwärmt, werden die PTC-Widerstände hochohmig. Der Spulenstrom des Relais unterschreitet den **Haltestrom**. Das Relais K1 fällt ab.

Der Motor wird über Q1 ausgeschaltet.

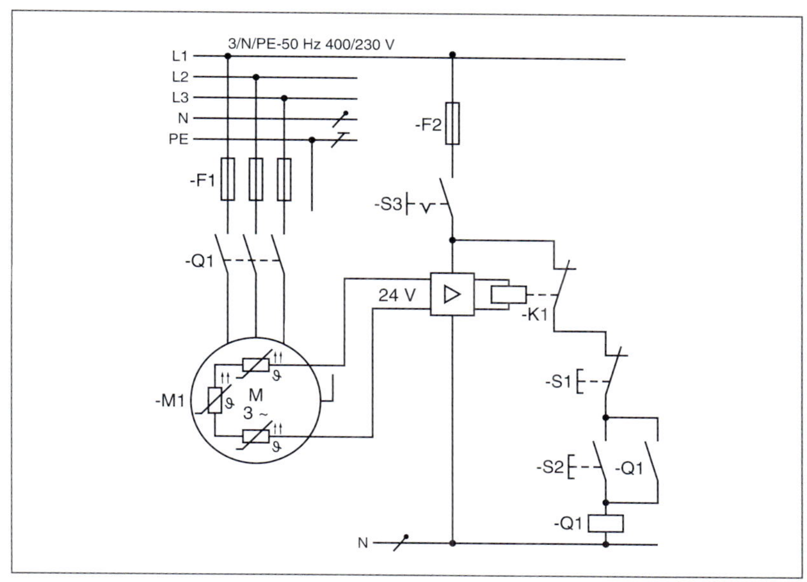

***Bild 256** Motorvollschutz*

Heißleiter

Die verschiedenen **Einsatzmöglichkeiten** von **NTC-Widerständen** (Heißleitern) lassen sich mithilfe der **Strom-Spannungs-Kennlinie** erläutern (Bild 257).

- **Festwiderstände** erscheinen in dieser Darstellung als parallele Geraden.
- Auch die **Verlustleistungen** sind parallele Geraden.

Die beiden Kennlinienachsen sind **logarithmisch** geteilt (Bild 257).

Bereich 1:
Fließt ein Strom $I < 1$ mA durch den NTC, wird im Heißleiter maximal eine Leistung von $P = 10\ \text{V} \cdot 1\ \text{mA} = 10$ mW erzeugt.

Dieser Strom bzw. diese Leistung verursachen keine innere Erwärmung des NTC. Der Widerstand des NTC bleibt konstant $R_{25} = 10\ \text{k}\Omega$.

Erst wenn eine äußere Erwärmung auftritt, verändert sich der Widerstand. Der *Bereich 1* eignet sich also für **messtechnische Anwendungen**, bei dem der Strom gering gehalten wird.

Bereich 2:
Fließt ein Strom $I > 1$ mA, macht sich die **Eigenerwärmung** bemerkbar. Stromanstieg und Widerstandsabnahme *kompensieren* sich. Die Spannung bleibt fast konstant. In diesem Bereich kann der NTC zur **Spannungsstabilisierung** eingesetzt werden.

Bereich 3:
Fließt ein Strom $I > 10$ mA, nimmt der Widerstand schneller ab als der Strom ansteigt.

Die Spannung am NTC sinkt. Es stellt sich ein Arbeitspunkt ein, bei dem die im Bauteil erzeugte Wärmeleistung gleich der abgeführten Wärmeleistung ist.

Eine wichtige Anwendung für den *Bereich 3* ist die **Einschaltstrombegrenzung** für elektrische Verbraucher.

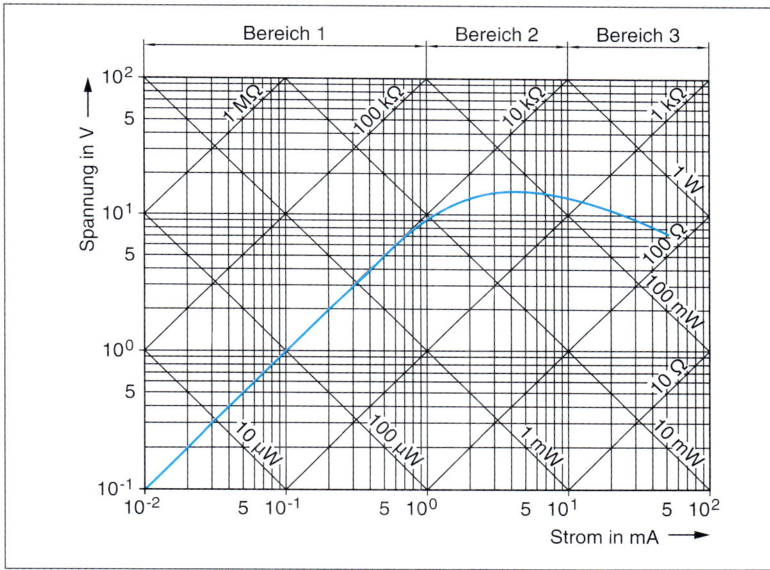

***Bild 257** Heißleiterkennlinie*

Prüfung

1. Erläutern Sie die Kennlinie.

2. Was ist ein Widerstandsthermometer?

3. Welchen wesentlichen Vorteil haben Pt-Sensoren?

4. Beschreiben Sie die Arbeitsweise des Motorvollschutzes.

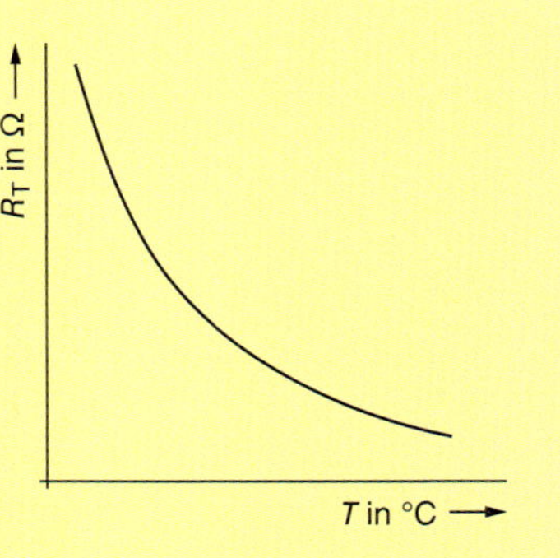

Mit einem NTC-Widerstand als Temperaturfühler lassen sich Produktionsprozesse überwachen und Schaltvorgänge auslösen.

Der NTC befindet sich in einem Medium, dessen Temperatur überwacht werden soll.

In Reihe zum NTC ist ein Festwiderstand geschaltet.
Die Schaltung wird mit einer Festspannung von 12 V gespeist.

Steigt die Temperatur am NTC an, verringert sich sein Widerstand. Der Strom durch die Reihenschaltung nimmt zu.

Der Strom ($I < 1$ mA) verursacht am Festwiderstand den Spannungsfall U_{RM}.

Die Spannung U_{RM} am Widerstand R_m steigt also mit der NTC-Temperatur.

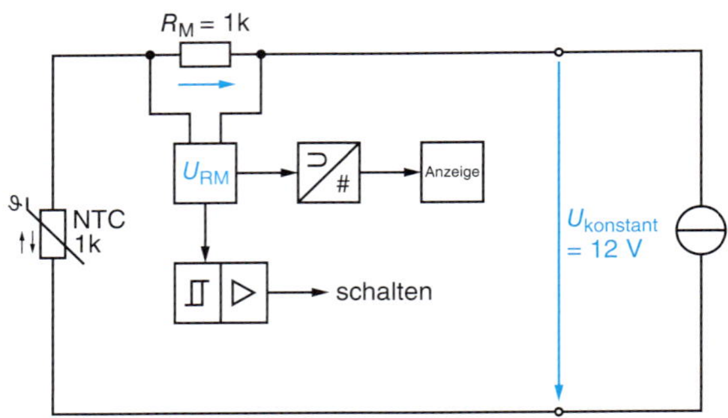

Die Spannungen können mithilfe der Hersteller-Datenblattangaben berechnet werden.

$$U_{RM} = \frac{U_{konst} \cdot R_M}{R_{NTC} + R_M}$$

Zusammenhang zwischen Temperatur und Messspannung

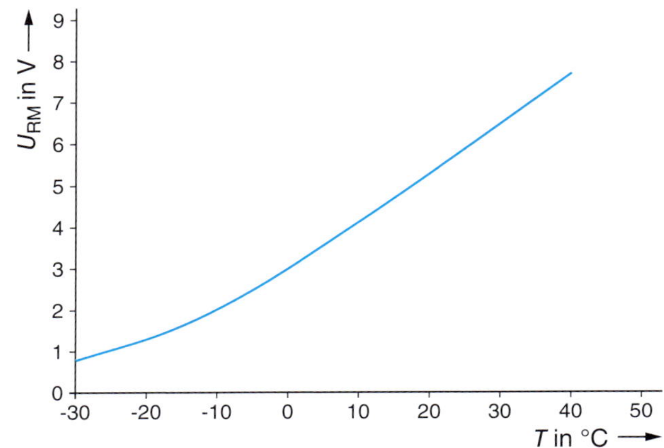

In Bereichen verläuft die Spannung proportional zur Temperatur.

Datenblattangaben für einen Heißleiter, berechnete Spannungen U_{RM}

T in °C	R_{25} = 1 kΩ	T-Koeffizient	U_{RM} in V
	R_T/R_{25}	α in % K	
– 30	14,48	5,8	0,78
– 25	10,9	5,6	1,02
– 20	8,29	5,4	1,29
– 15	6,36	5,2	1,6
– 10	4,92	5,1	2,02
– 5	3,83	4,9	2,48
0	3	4,8	2,99
5	2,39	4,6	3,55
10	1,9	4,5	4,14
15	1,52	4,3	4,76
20	1,23	4,2	5,4
25	1	4,1	6
30	0,82	3,9	6,6
35	0,67	3,8	7,1
40	0,56	3,7	7,7

Bei weiteren Anwendungen von Heißleitern spielt die **innere Erwärmung** durch den **Stromfluss** die entscheidende Rolle.

Beim Einschalten von Netztransformatoren treten hohe **Einschaltstromspitzen** auf. Ein Auslösen der vorgeschalteten Überstrom-Schutzeinrichtung kann die Folge sein. Bei Transformatoren kleinerer Leistung ($S < 100$ VA) kann durch einen in Reihe geschalteten NTC der **Einschaltstrom begrenzt** werden.

z.B.

Beim Einschalten hat der NTC die Umgebungstemperatur 20 °C.

Laut Kennlinie beträgt sein Widerstand $R_{NTC} = 40\ \Omega$.

Dadurch wird die Stromspitze auf $I_{Spitze} = 2{,}1$ A abgeschwächt. Nach 20 ms hat der Strom den Heißleiter auf $T = 110$ °C erhitzt. Der Widerstand sinkt dadurch auf $R_{NTC} = 2\ \Omega$.

Dieser Vorwiderstand verändert die Betriebsdaten des Transformators unwesentlich.

Der NTC muss so montiert sein, dass seine hohe Temperatur nicht andere Bauteile beeinflusst.

Kennlinie eines NTC

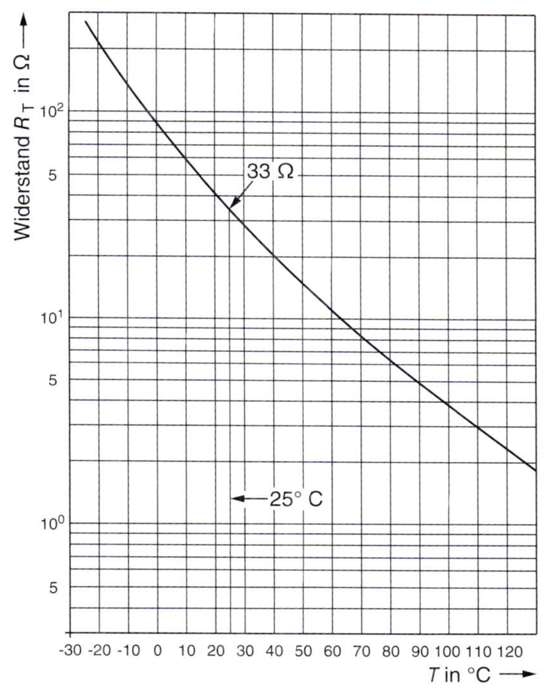

Heißleiter verhindern hohe Einschaltstromspitzen

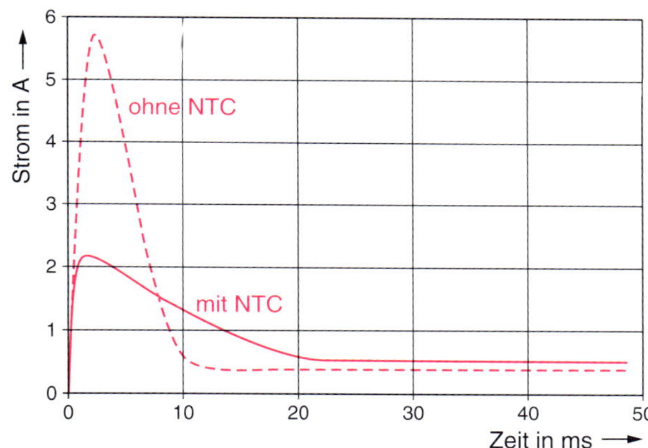

z.B.

Ein ungeladener Kondensator wirkt im Einschaltmoment wie ein kurzzeitiger Kurzschluss. Dadurch können vorgeschaltete Bauelemente zerstört werden.
Ein NTC kann den Einschaltstrom auf ungefährliche Werte begrenzen.

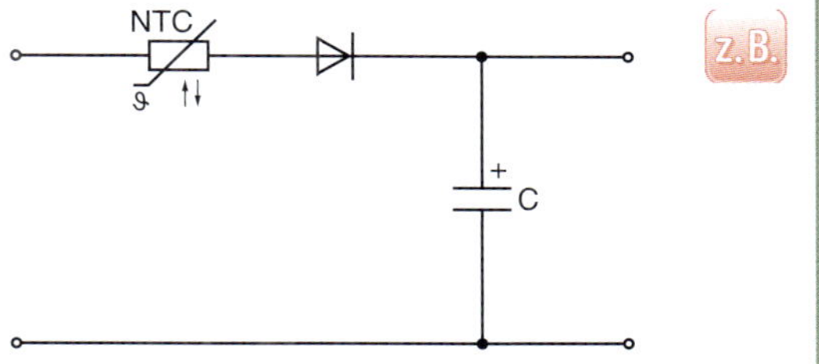

z.B.

Auch bei Konsumartikeln wird der NTC eingesetzt. Glühlampen in Lichterketten sind häufig in Reihe geschaltet. Im Normalbetrieb ist der NTC hochohmig. Es fließt kein nennenswerter Strom durch den Heißleiter. Brennt der Glühfaden einer Lampe durch, fließt ein Strom durch den NTC. Er erwärmt sich und wird niederohmig.
Die verbleibenden Lampen bleiben in Betrieb.

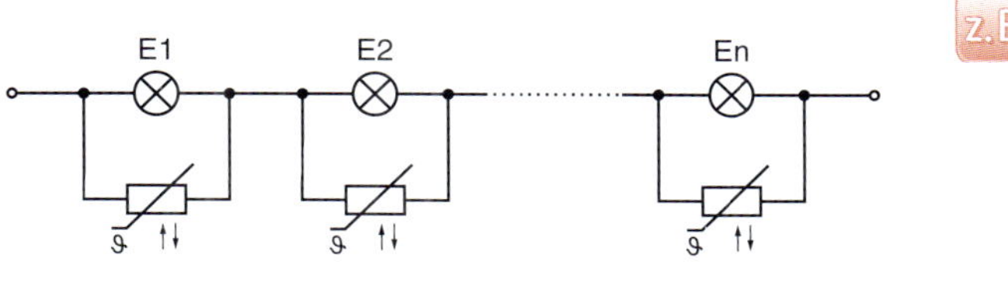

■ **Symbol LDR**

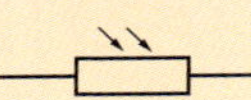

■ **LDR**
Light Dependend Resistor

Lichtabhängige Widerstände

Trifft Licht auf die offenliegende Halbleiterschicht, werden *Ladungsträger* freigesetzt.

Mehr Ladungsträger bedeutet eine *Zunahme* der Leitfähigkeit. Der *Widerstand* des LDR *verringert* sich.

Kennlinie (Bild 258)

- Fällt nur wenig Licht auf den LDR (0,1 Lux), dann hat der LDR einen Widerstand von ca. 500 kΩ.
- Fällt 500 Lux auf den LDR, dann hat er einen Widerstand von 400 Ω.
- Wenn Sonnenlicht (> 50000 Lux) auf den LDR fällt, sinkt sein Widerstand auf wenige Ohm.

Datenblattangabe
Spannungsfestigkeit: 100 V
Maximale Verlustleistung: P_{tot} = 200 W
Reaktionszeit: ca. 50 ms

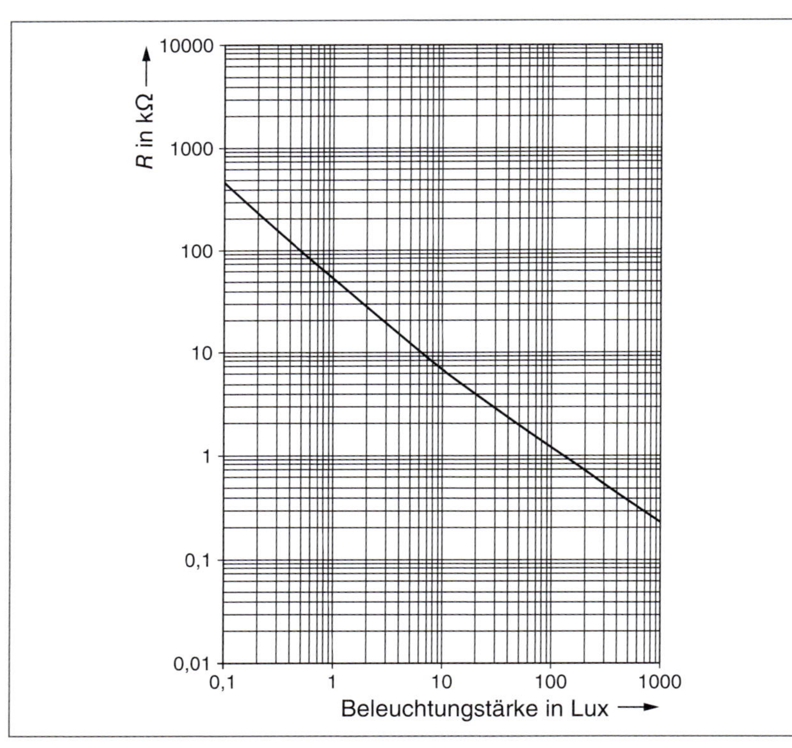

Bild 258 Kennline eines LDR

Anwendungsbeispiele

- Flammenmelder zur Abschaltung der Zündung in Öl- und Gasbrennern.
- Lichtschranken zur Erfassung und Zählung von Vorgängen.
- Dämmerungsschalter zum Ein- und Ausschalten von Beleuchtungen.
- Belichtungsmesser zur Blendeneinstellung in Fotoapparaten.

Der LDR bildet mit R_1 und dem Trimmer R_2 einen Basisspannungsteiler. Für den LDR gilt die Kennline nach Bild 258.

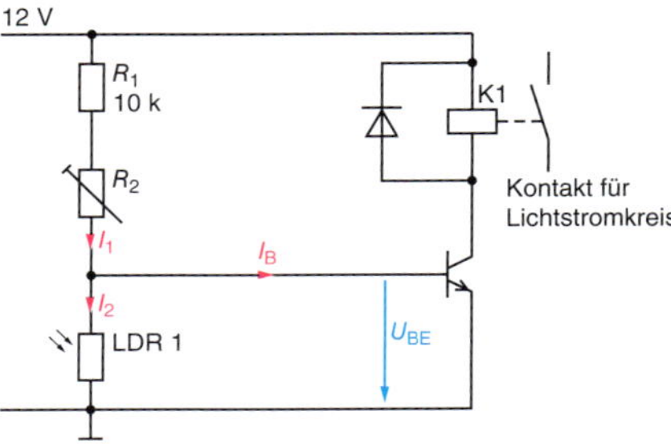

Kein Licht (0,2 lux):
LDR hochohmig (ca. 200 kΩ) → $I_2 \approx 0$ → $U_{BE} \approx 0{,}7$ V; $I_1 \approx I_B$
R_2 ist so eingestellt, dass $I_B \approx 1$ mA. Dies reicht, um den Transistor durchzusteuern → Relais K1 zieht an.

Lichteinfall (1000 lux):
LDR-Widerstand ca. 250 Ω (Kennlinie) → U_{BE} fällt durch Spannungsteilung auf ca. 0,2 V → Basisstrom $I_B = 0$ → Relais K1 fällt ab.

■ **Aufgabenlösung**

@ Interessante Links
- christiani-berufskolleg.de

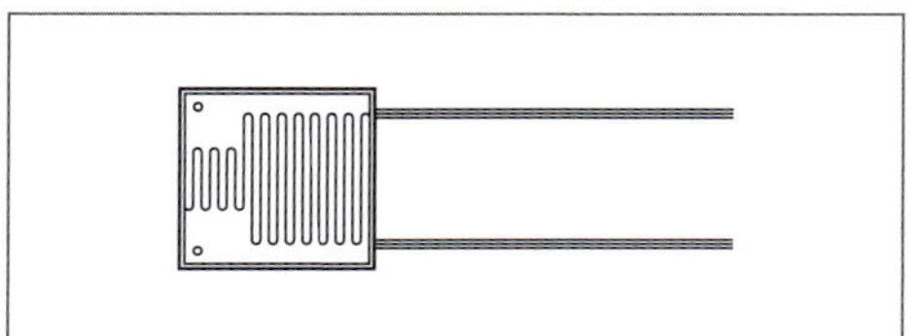

Bild 259 Aufbau eines LDR

Prüfung

1. Nennen Sie Anwendungsbeispiele für NTC-Widerstände.

2. Worin besteht bezüglich der Anwendung der wesentliche Unterschied zwischen einem PTC-Widerstand (Kaltleiter) und einem NTC-Widerstand (Heißleiter)?

3. Erläutern Sie die Aussage des dargestellten Symbols.

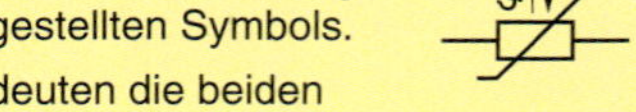

Was bedeuten die beiden Pfeile?

Spannungsabhängige Widerstände

Solche Widerstände werden auch **Varistoren** genannt. Das **aktive Material** des VDR besteht hauptsächlich aus **Zinkoxid**. Das Zinkoxid ist gekörnt und wird dann zu einer Scheibe gepresst und gesintert.

An den Berührungsflächen der Körner bilden sich **Halbleiterübergänge** (Sperrschichten).

Jede Sperrschicht hat eine **Durchbruchspannung** von ca. 4 V.

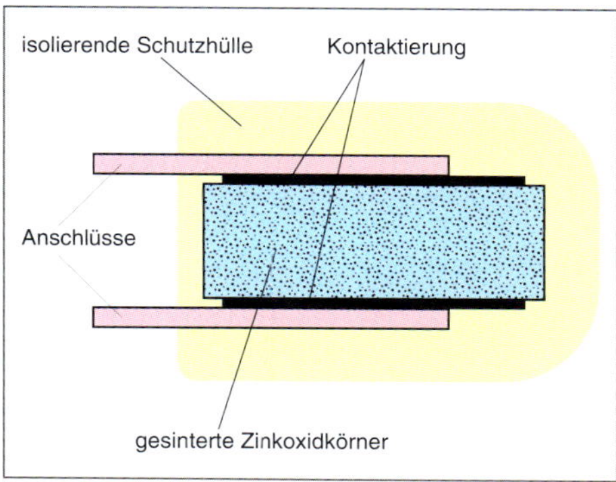

***Bild 260** Aufbau eines Varistors*

Durch den Sinterprozess sind nun viele Sperrschichten in Reihe und parallel geschaltet.

Die **Dicke** des Bauteils bestimmt die Anzahl der in Reihe geschalteten Übergänge und damit die **Ansprechspannung**.

Liegen z. B. 100 Sperrschichten hintereinander (in Reihe), dann hat der VDR eine **Durchbruchspannung** von 400 V.

- Unterhalb von 400 V ist der Varistor hochohmig.
- Ab 400 V wird der Varistor niederohmig.

Der **Bauteildurchmesser** bestimmt die Anzahl der parallel geschalteten Sperrschichten.

Dadurch wird der Strom festgelegt, den der VDR führen kann.

Der Varistor ist ein spannungsabhängiger Widerstand, der bei Überschreiten einer Schwellspannung den Widerstandswert von nahezu 0 Ω annimmt.
Varistoren haben sehr kurze Reaktionszeiten.

Die **Polarität** hat für die Funktion eines VDR keine Bedeutung.

Varistoren können also in **Wechselstromkreisen** eingesetzt werden. Varistoren haben eine *symmetrische U-I*-Kennlinie (Bild 261).

Kennwerte eines Varistors

Varistorspannung		250	V
Schaltspannung		390	V
Operating temperature	to IEC 61051	– 40 ··· + 85	°C
Storage temperature		– 40 ··· + 125	°C
Electric strengh	to IEC 61051	≥ 2.5	kV_{RMS}
Insulation	to IEC 61051	≥ 100	MΩ
Response time		< 25	ns

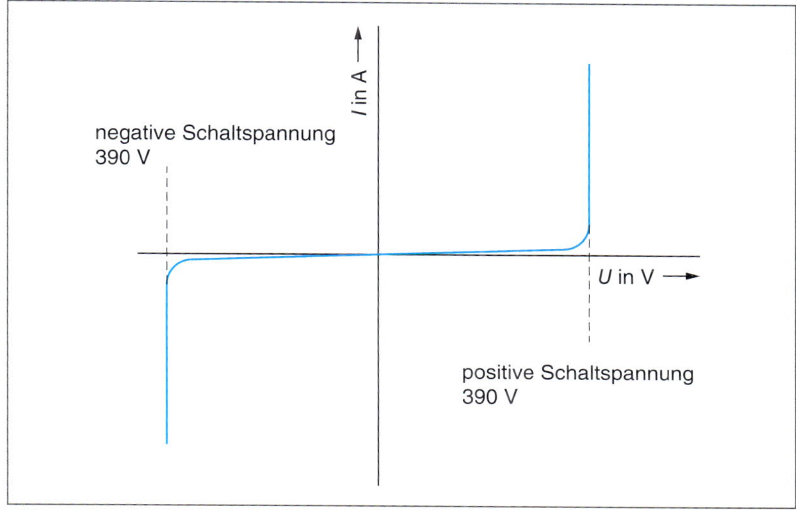

***Bild 261** Kennlinie eines VDR für 250 V*

Der wichtigste Anwendungsbereich für Varistoren ist der **Überspannungsschutz**.

In der Elektrotechnik können durch **Schaltvorgänge hohe Spannungsspitzen** entstehen: Ausschalten von Relais-, Schützspulen und Transformatoren.

Um diese zerstörerisch wirkenden Spannungsspitzen zu löschen, wird ein VDR *parallel* zur Quelle der Impulsspannung geschaltet

z.B.

Ein VDR wird parallel zu einer Relaisspule geschaltet. Ein Transistor schaltet die Relaisspule K1.

Beim Abschalten von K1 werden von Spulen hohe Spannungen hervorgerufen.

Betriebsspannung der Spule: 24 V DC
Schaltspannung VDR: 30 V

Im Normalbetrieb ist der VDR hochohmig. Er führt dann praktisch keinen Strom.

Beim Abschalten der Relaisspule wird ein Spannungsimpuls von 100 V erzeugt.

■ **Varistor**
VDR-Widerstand,
Volt Dependend Resistor

■ **Symbol VDR**

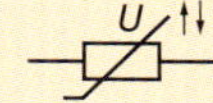

■ **Löschglieder**
→ 299

■ **Diode**
Dielektrode; zwei Anschlüsse (Anode und Katode).

Die Pfeilrichtung zeigt die Stromrichtung in Durchlassrichtung an. Dabei gilt die technische Stromrichtung.

■ **Symbol Diode**

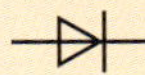

Ladungsträger
charge carrier, carrier

Varistor
voltage-dependend resistor

Überspannungsschutz
overvoltage protection

Spannungsfestigkeit
electric strenght

Halbleiter
semiconductor

Dotierung
doping

Defektelektron
defect electron, p-hole

Sperrschicht
blocking layer, junction

■ **Dotierung**
Gezielte Verunreinigung des Halbleitermaterials.

■ **P**
Chemisches Zeichen für Phosphor.

z. B.

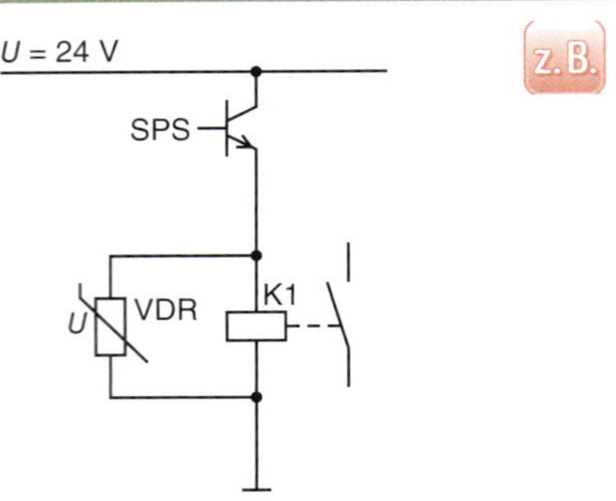

Die Impulsdauer beträgt nur wenige ms, dennoch würde der im Stromkreis liegende Transistor zerstört.

Übersteigt der Spannungsimpuls die Schaltspannung des Varistors (30 V), wird er niederohmig und stellt für die Überspannung einen Kurzschluss dar.

Auch *von außen* in elektrische Schaltungen einwirkende Überspannungen (statische Aufladungen) müssen unwirksam gemacht werden. Zu diesem Zweck werden vor elektronischen Komponenten Varistoren parallel in die Versorgungsleitung geschaltet.

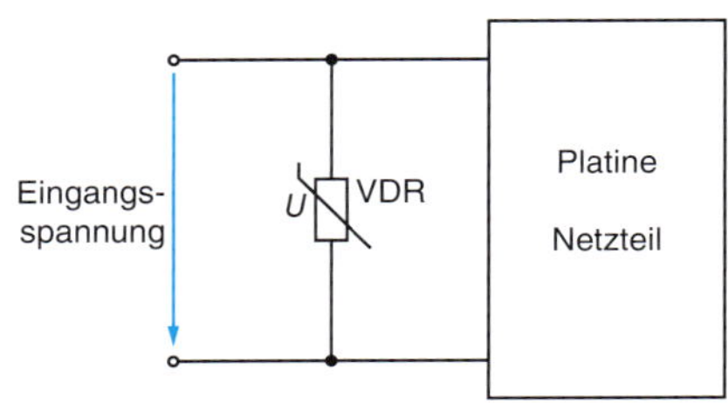

Funktion:
Eingangsspannung ist kleiner als die Ansprechspannung des VDR: Varistor ist hochohmig. Über den Varistor fließt kein Strom.

Spannungsimpuls überlagert: Nach Überschreiten der Ansprechspannung wird der VDR niederohmig.

Die Impulsenergie wird im Varistor in Wärme umgesetzt. Die Überspannung wird abgebaut.

Beim Unterschreiten der Ansprechspannung wird der VDR wieder hochohmig.

Varistoren dürfen nur mit *kurzen Impulsen* belastet werden. Bei länger bestehender Überspannung fließt ein hoher Strom über den VDR.

Der Strom erhitzt den Varistor, Zerstörung und Kurzschluss wären die Folgen.

Dioden

Wichtige **Werkstoffe** der Elektronik sind die Elemente **Silizium**, **Germanium** und verschiedene Metalllegierungen.

Die meisten **Dioden** bestehen aus **Silizium**.

Silizium ist ein **Halbleiter**. Halbleiter haben die Eigenschaft, dass sie bei 0 K = – 273 °C **Nichtleiter** sind.

Der Grund dafür ist, dass alle Ladungsträger (z. B. Elektronen) im Halbleiterkristall gebunden sind. Es kann dann kein Strom fließen.

Wenn auf Halbleiterkristalle **Licht**- oder **Wärmestrahlung** einwirkt, werden Ladungsträger freigesetzt. Elektronen sind nicht mehr in der **Kristallstruktur** gebunden und damit beweglich.

Die **Leitfähigkeit** bzw. der **Widerstand** von Silizium ist also **temperaturabhängig**.

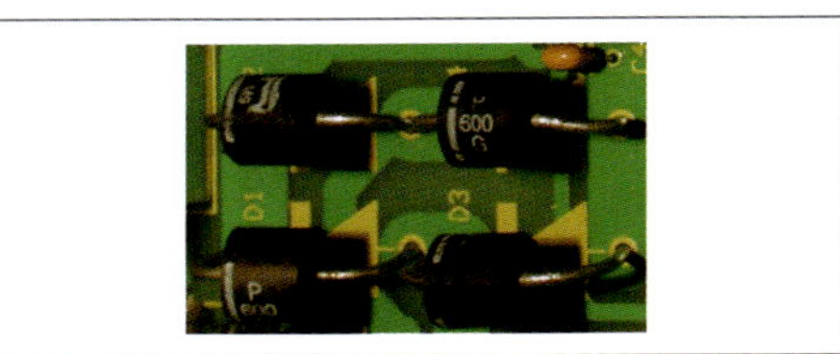

Bild 262 Dioden

Dotierung

Die Leitfähigkeit von Silizium lässt sich auch gezielt beeinflussen. Mischt man z. B. Phosphor in eine Siliziumschmelze, dann hat der Halbleiterkristall **freie Elektronen**. Dadurch wird die Leitfähigkeit des Siliziums erhöht.

Gezielten Einbau von **Fremdatomen** in das Kristallgitter des Halbleiters nennt man **Dotierung**.

In diesem Fall liegt eine **n-Dotierung** vor, da **negative Ladungsträger** frei beweglich sind.

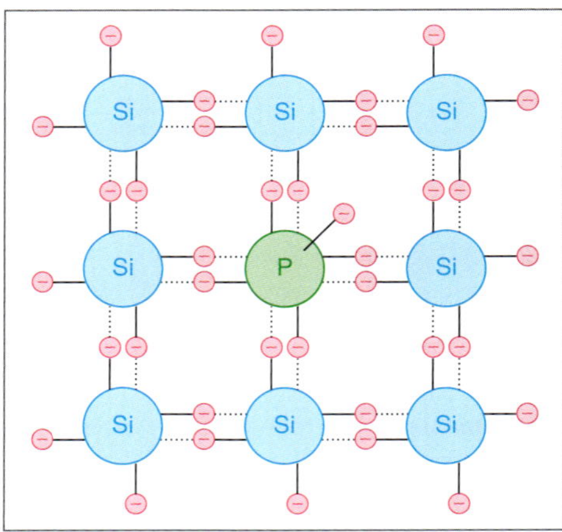

Bild 263 n-dotiertes Siliziumkristall

Verunreinigt man Silizium mit Aluminiumatomen, erhält man **p-dotiertes** Silizium.
Im Halbleiterkristall entstehen Leerstellen, die als **Defektelektronen** bzw. **Löcher** bezeichnet werden.

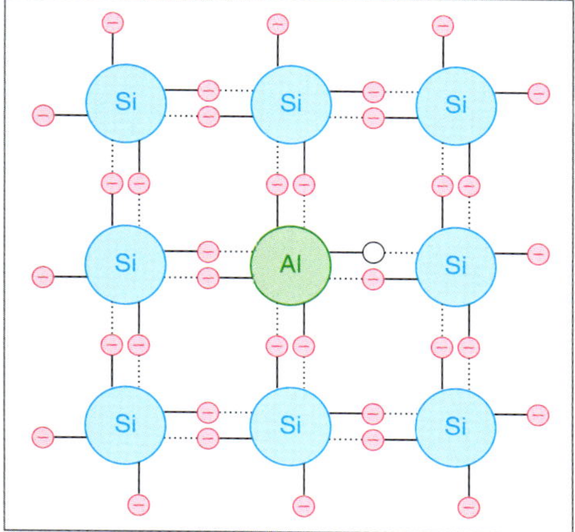

Bild 264 p-dotiertes Siliziumkristall

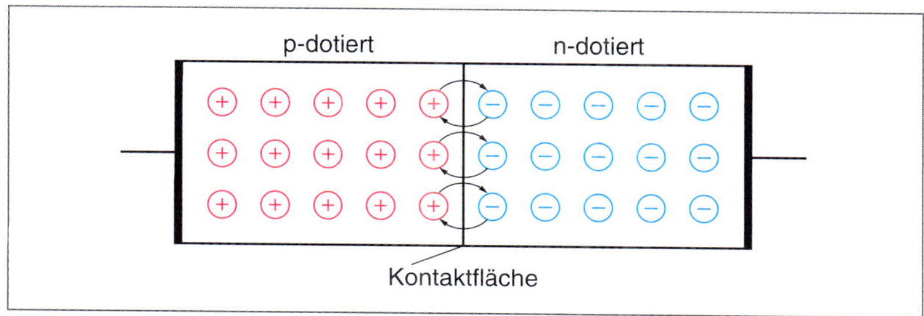

Bild 265 Rekombination an der Kontaktfläche

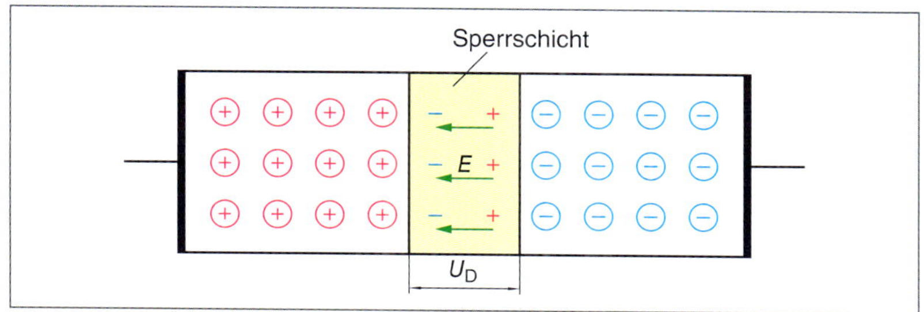

Bild 266 Sperrschicht

Wird eine Gleichspannung an einen p-dotierten Halbleiter angelegt, können Elektronen fließen. Sie fließen dann zum **Pluspol** der Spannungsquelle, die „**Löcher**" fließen in Gegenrichtung zum **Minuspol** der Spannungsquelle.

Beim Herstellungsprozess werden ein n-dotiertes und ein p-dotiertes Siliziumplättchen zusammengefügt (Bild 265).
An der **Kontaktfläche** der beiden Plättchen kommt es zu einem **Ladungsträgeraustausch**.

- Aus der n-dotierten Schicht wandern **Elektronen** in die p-dotierte Schicht.
- Aus der p-dotierten Schicht bewegen sich **Löcher** in die n-dotierte Schicht.

Ergebnis dieses Vorganges ist eine **ladungsträgerfreie Zone**. Dieser Bereich ist eine hochohmige **Sperrschicht** (Bild 266).

Durch die **Ladungsträgerverschiebung** an der Kontaktfläche ist die p-Schicht negativ und die n-Schicht positiv geworden.

In der Sperrzone ist ein **elektrisches Feld** E entstanden. Wegen dieses elektrischen Feldes hört die Ladungsträgerverschiebung bei einer bestimmten Spannung auf (Bild 266).

Bei **Siliziumdioden** beträgt diese Spannung $U_D \approx 0{,}7$ V.

Wirkungsweise der Diode

Diode und Widerstand werden in Reihe an eine verstellbare Spannungsquelle angeschlossen (Bild 267). Die **Katode** der Diode liegt am *Minuspol*, die **Anode** am *Pluspol*.

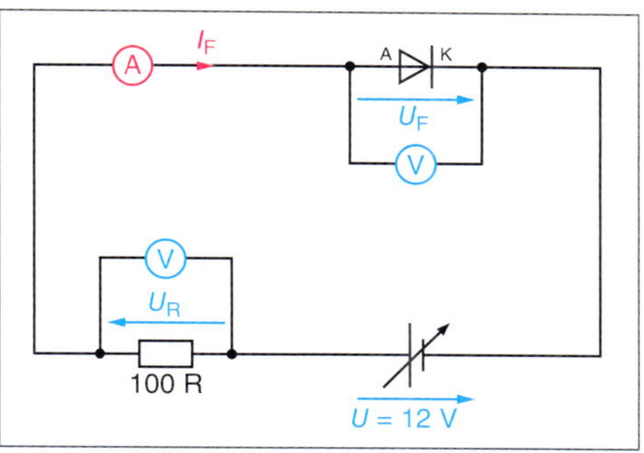

Bild 267 Diode in Vorwärtsrichtung

- Spannung U von 0 V beginnend erhöhen.
  Diode ist hochohmig, der größte Widerstand im Stromkreis.
  Bis ca. $U = 0{,}6$ V ist U_F ebenfalls 0,6 V und $U_R = 0$. Der Strom $I_F = 0$.
- Bei $U = 0{,}7$ V ist $U_F = U_D$. U_D ist die **innere Sperrschichtspannung**. Die Spannungen sind entgegengerichtet und heben sich auf.
  Die Sperrschicht ist abgebaut. Es fließt der Strom I_F.
  Wenn bei Siliziumdioden die Anode (A) etwa 0,7 V positiver als die Katode (K) ist, dann ist die Diode leitend.
- Bei $U = 5$ V ist U_F weiterhin ca. 0,7 V.
  Diese Spannung wird benötigt, um die Sperrschicht abzubauen. Die Spannung am ohmschen Widerstand R ergibt sich zu $U_R = U - U_F = 5\text{ V} - 0{,}7\text{ V} = 4{,}3$ V.

■ **Al**
Chemisches Zeichen für Aluminium.

■ **Loch**
Defektelektron, Fehlen eines Elektrons (gleichbedeutend mit einer positiven Ladung).

■ **Rekombination**
Verschwinden eines Ladungsträgerpaares: Loch fängt Elektron ein.

■ **Diode**

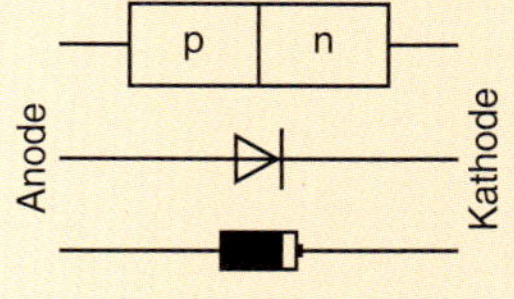

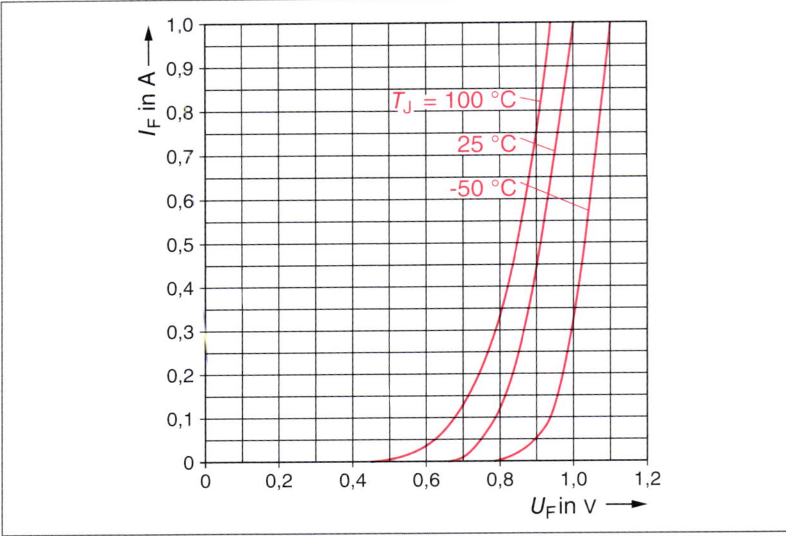

Bild 268 Durchlasskennlinie einer Siliziumdiode

- Wenn die Spannung in Rückwärtsrichtung über einen vom Diodentyp abhängigen **Maximalwert** gesteigert wird, steigt der Strom I_R lawinenartig an. Die Diode wird zerstört.

Arbeitsweise Diode

4 V 3 V
Diode leitet

3 V 4 V
Diode sperrt

Die Diode wird in Durchlassrichtung betrieben, wenn die Anode A um ca. 0,7 V positiver als die Kathode ist (bei Siliziumdioden).

- Der Strom errechnet sich zu

$$I_F = \frac{U_R}{R} = \frac{4{,}3\ \text{V}}{100\ \Omega} = 43\ \text{mA}$$

- Mit zunehmendem Strom I_F wird die Spannung U_F an der Diode größer.
- Die Sperrschichttemperatur T_J hat Einfluss auf die Durchlasskennlinie der Diode.

Nun wird die Diode in der Schaltung **umgepolt**.

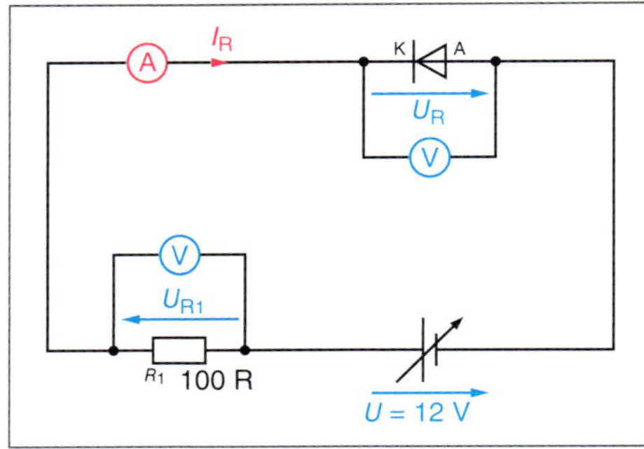

Bild 269 Diode in Rückwärtsrichtung

- Wird die Spannung U von 0 V beginnend erhöht, wird die Sperrschichtspannung U_D verstärkt. U und U_D haben die gleiche Richtung.
- Die Sperrschicht der Diode wird breiter. Die Diode sperrt den Strom: $I_R \approx 0$.
  Wenn die Kathode positiver ist als die Anode, wird die Diode in **Rückwärtsrichtung** geschaltet.
- Die Spannung U ist gleich der Spannung U_R.

@ Interessante Links

Varistoren
- abb.de
- epcos.de
- buerklin.com

Z-Dioden
- diotec.com
- semicron.de

PN-Übergang

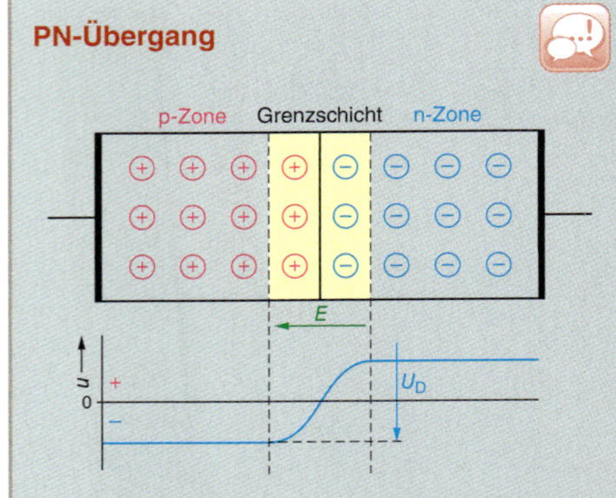

PN-Übergang stromlos

Elektroden der n-Zone diffundieren in die p-Zone. Es entsteht ein elektrisches Feld E und eine Diffusionsspannung U_D.

Diese Spannung tritt an der Grenzschicht zwischen p- und n-Zone auf. An den Diodenanschlüssen ist diese Spannung nicht messbar.

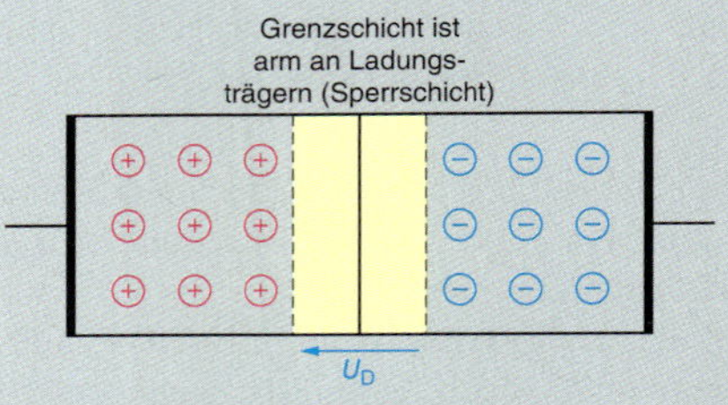

Diode in Durchlassrichtung geschaltet

Diode wird in Vorwärtsrichtung an Spannung gelegt (U_F).

Die Diffusionsspannung wirkt U_F entgegen. Erst wenn U_F größer als U_D ist, kann ein Strom I_F in Vorwärtsrichtung fließen.

Die Diode ist leitend. Sie wirkt wie ein geöffnetes Ventil.

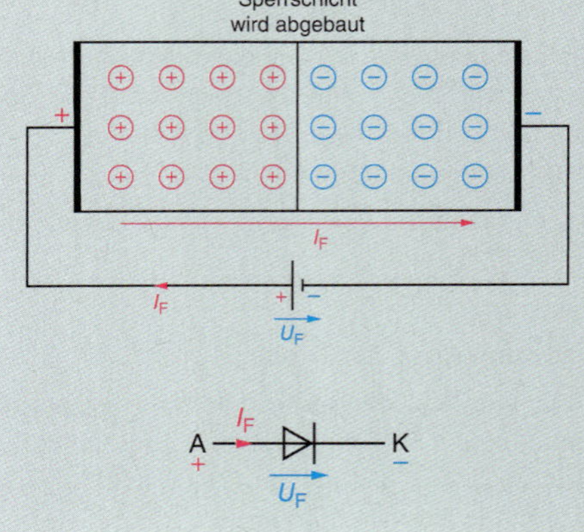

Diode in Sperrrichtung geschaltet

Bei dieser Spannungspolarität in Rückwärtsrichtung verbreitert sich die Sperrschicht.

Es fließt nur noch ein geringer Sperrstrom I_R über die Diode. Die Spannungen U_R und U_D überlagern sich.

Die Diode sperrt. Sie wirkt wie ein geschlossenes Ventil.

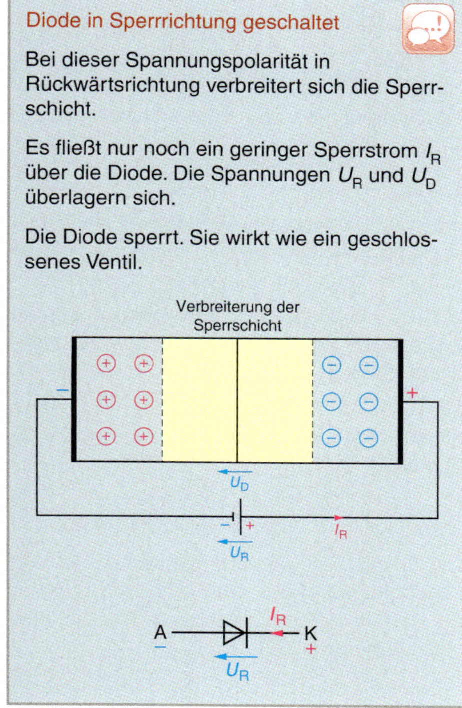

Anwendung von Dioden

Sperrdioden als Schutz vor Rückströmen

Netzgeräte sollen bei **konstanter Spannung** einen Gleichstrom liefern. Hierzu dienen elektronische Komponenten, u. a. ein **Festspannungsregler** (Bild 270).

Die elektronischen Komponenten müssen vor **Rückwärtsströmen** geschützt werden.

Rückwärtsströme treten auf, wenn die Ausgangsklemmen eines Netzteils an eine Energiequelle angeschlossen werden (geladener Kondensator, Batterie, weiteres Netzteil).

Ist die Spannung dieser Energiequelle höher als die Netzteilspannung, kommt es zu einem *Gegenstrom*.

Durch eine **Diode** vor den Ausgangsklemmen kann diese Gefährdung ausgeschlossen werden (Bild 270).

Verpolschutzdioden

Nach dem gleichen Prinzip können elektronische Schaltungen und Komponenten vor **Verpolung** geschützt werden (Bild 271).

Wenn die Eingangsspannung **umgepolt** wird, kann kein Strom fließen. Die Diode ist dann in *Sperrrichtung* geschaltet, sie wirkt wie ein *geöffneter* Schalter.

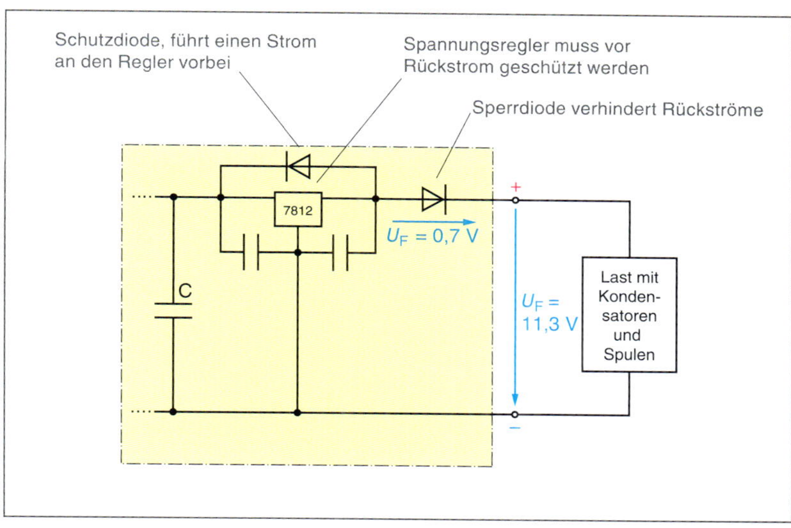

Bild 270 *Schutzbeschaltung eines Festspannungsreglers mit Dioden*

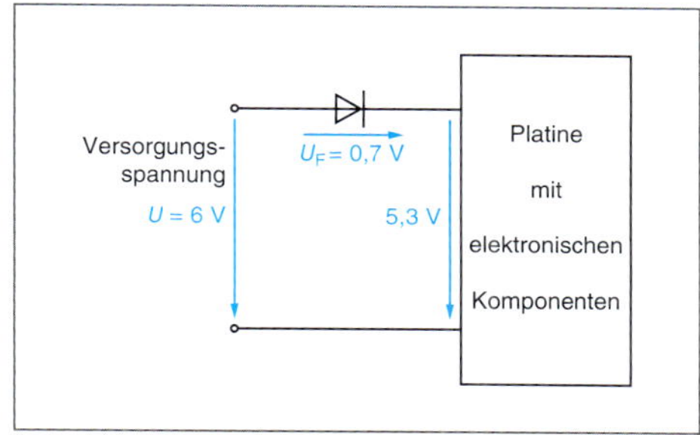

Bild 271 *Verpolschutzdiode*

Dioden in Gleichrichterschaltungen

Gleichspannungsnetzteile werden mit Wechselspannung gespeist und liefern am Ausgang eine **konstante** oder **einstellbare Gleichspannung**.

Ein Bestandteil des Netzteils ist die **Gleichrichterschaltung**. Im einfachsten Fall besteht sie aus *einer* Diode. Eine solche Schaltung wird **M1-Schaltung** genannt.

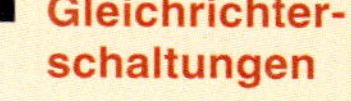

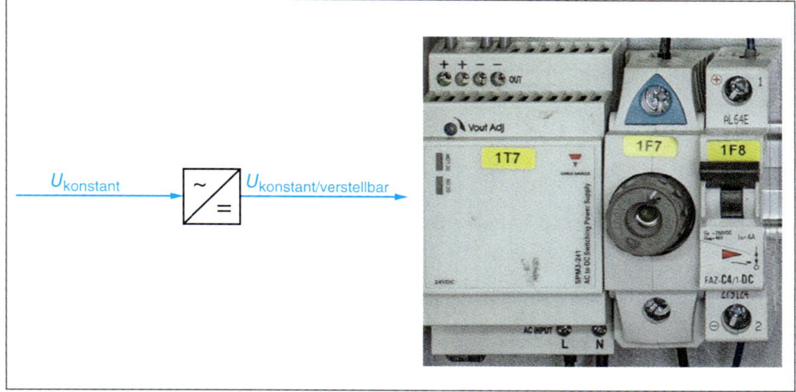

Bild 272 *Gleichspannungsnetzteil mit primärer und sekundärer Absicherung*

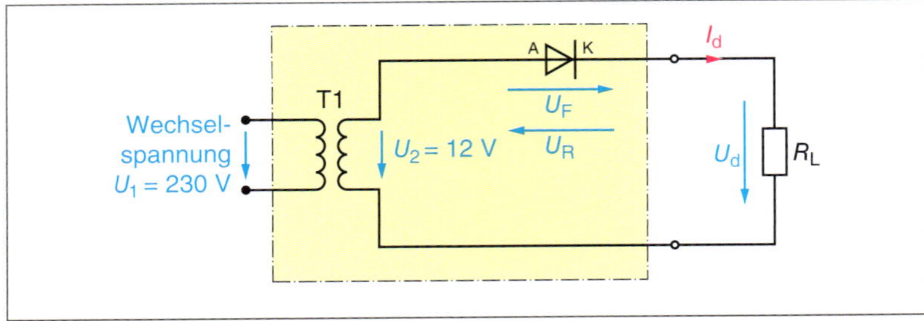

Bild 273 M1-Schaltung (Einweggleichrichtung)

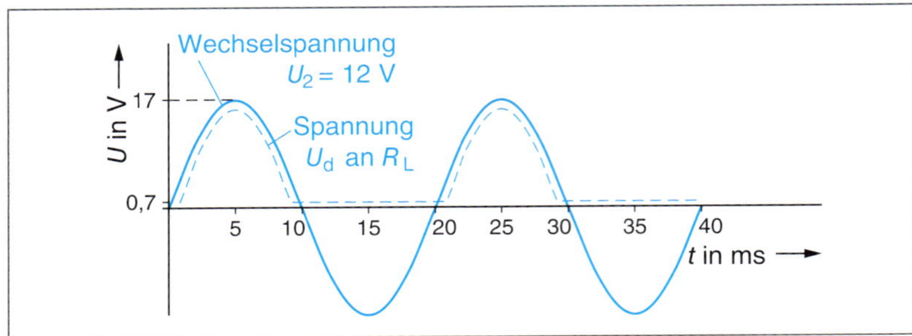

Bild 274 Am Lastwiderstand R_L liegt die Ausgangsspannung U_d

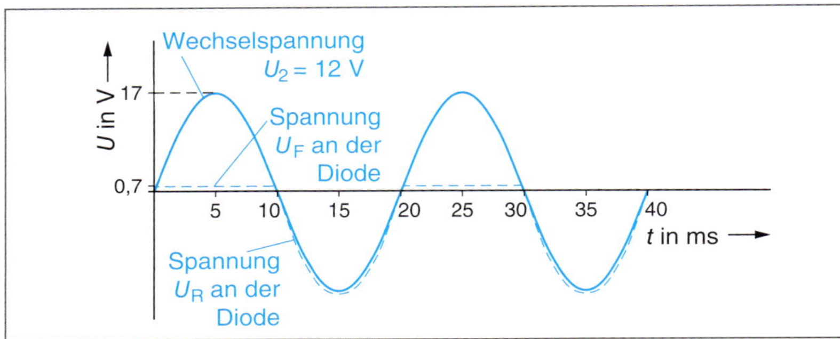

Bild 275 Spannung an der Diode

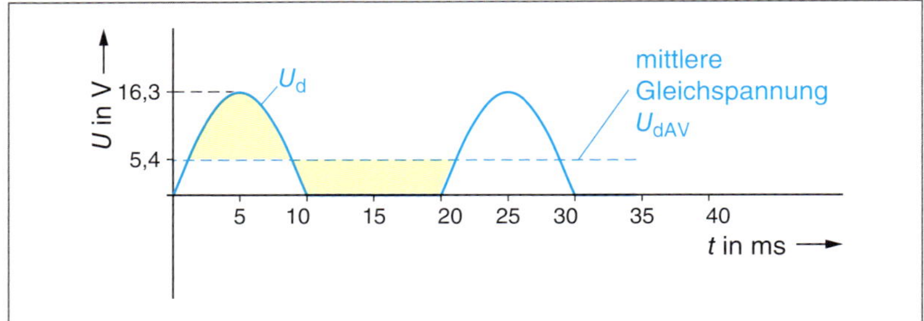

Bild 276 Spannung am Lastwiderstand

■ **Aufgabenlösung**

TB

Während der **positiven Halbwelle** der Wechselspannung ist die Anode positiver als die Kathode. Die Diode wird bei einer **Schwellspannung** $U_F = 0{,}7$ V leitend und lässt den Strom I_D fließen.

Am Ende der positiven Halbwelle (bei Unterschreiten der Schwellspannung) sperrt die Diode wieder.

Am Lastwiderstand R_L liegt eine **pulsierende Gleichspannung** U_d mit dem Scheitelwert

$$u_S = U_2 \cdot \sqrt{2} - U_F = 12\ \text{V} \cdot \sqrt{2} - 0{,}7\ \text{V} = 16{,}3\ \text{V}.$$

Während der **negativen Halbwelle** ist die Anode negativer als die Kathode. Die Diode liegt dann in Sperrrichtung an Spannung.

An der Diode liegt in *Vorwärtsrichtung* die Spannung U_F, in *Rückwärtsrichtung* die negative Halbwelle.

Mit einem *Multimeter* (Einstellung V DC) misst man den *Mittelwert* dieser pulsierenden Gleichspannung

$$U_{dAV} = 0{,}45 \cdot U_2 = 0{,}45 \cdot 12\ \text{V} = 5{,}4\ \text{V}.$$

Die Spannung U_d am Lastwiderstand ist eine **Mischspannung**. Der mittleren Gleichspannung U_{dAV} ist eine nicht sinusförmige Wechselspannung überlagert (Bild 276).

Glättungskondensator, Ladekondensator

Um den **Gleichspannungsanteil** an der Mischspannung zu erhöhen, wird ein Kondensator parallel zum Ausgang geschaltet (Bild 277).

Man nennt diesen Kondensator **Glättungskondensator** oder **Ladekondensator**.

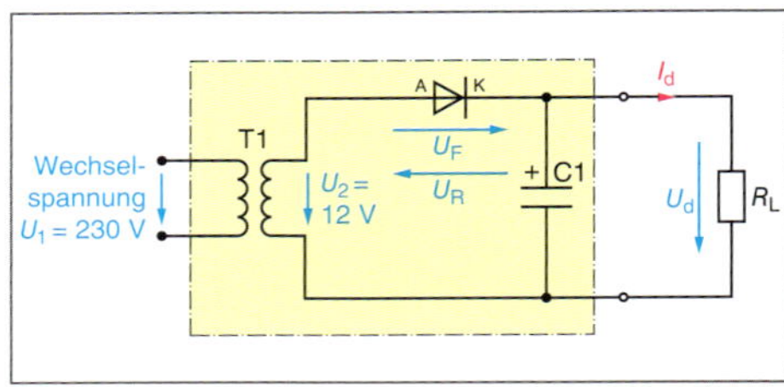

Bild 277 Spannung am Lastwiderstand

Prüfung

1. Beschreiben Sie die Arbeitsweise eines pn-Übergangs.

2. Wie kann eine Sperrschicht am pn-Übergang aufgebaut bzw. abgebaut werden?

3. Beschreiben Sie die Wirkungsweise einer Diode.

4. Welche Bedeutung hat die Spannung 0,7 V bei Siliziumdioden?

Drei Belastungsfälle des Netzteils

1. Leerlauf ($I_d = 0$)
Der Kondensator lädt sich auf und erreicht den **Scheitelwert** der pulsierenden Spannung. Da kein Laststrom fließt ($I_d = 0$), kann sich der Kondensator nicht entladen.

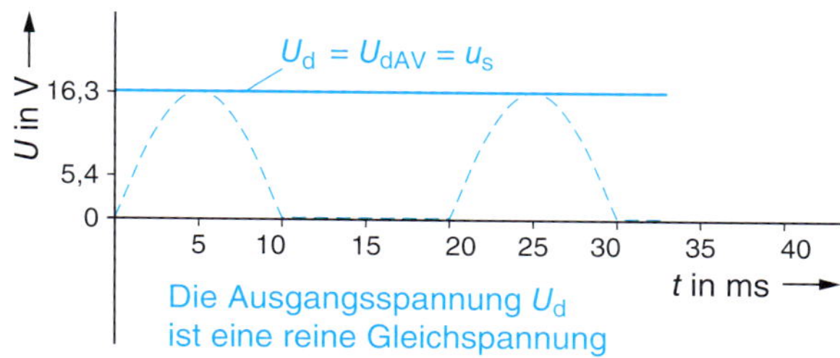

2. Belastung mit Gleichstrom ($I_d = 0{,}5$ A)
Der Kondensator hat die **Kapazität** $C_1 = 2200$ µF. Seine **Bemessungsspannung** muss größer als die **Scheitelspannung** sein (hier z. B. 40 V).

Der Kondensator C_1 wird in der Zeit $t = 3{,}3$ ms bis $t = 5$ ms nachgeladen. Er entlädt sich in der Zeit $t = 5$ ms bis $t = 23{,}3$ ms um 3,4 V.

Mit seiner gespeicherten elektrischen Energie überbrückt der Kondensator die Pausenzeit des Gleichrichters. Kondensatoren können pulsierende Gleichspannungen **glätten**.

Die Spannung U_d sinkt in diesem Zeitraum vom Spitzenwert $u_S = 16{,}3$ V auf 14,9 V ab.

Allerdings hat die Gleichspannung wieder eine **Welligkeit**. Wenn man diese Welligkeit mittelt, ergibt sich die **mittlere Gleichspannung** $U_{dAV} = 14{,}6$ V.

Brummspannung

Der mittleren Gleichspannung ist eine Wechselspannung überlagert. Diese nennt man Brummspannung U_{Br}. Angegeben wird U_{Br} in Vss (Volt, Spitze-Spitze).

$$U_{Br} = \frac{0{,}75 \cdot I_d}{f_{Br} \cdot C_L} = \frac{0{,}75 \cdot 0{,}5\ \text{A}}{50\ \text{Hz} \cdot 2200\ \mu\text{F}} = 3{,}4\ \text{V}$$

f_{Br} ist die Frequenz der überlagerten Brummspannung.

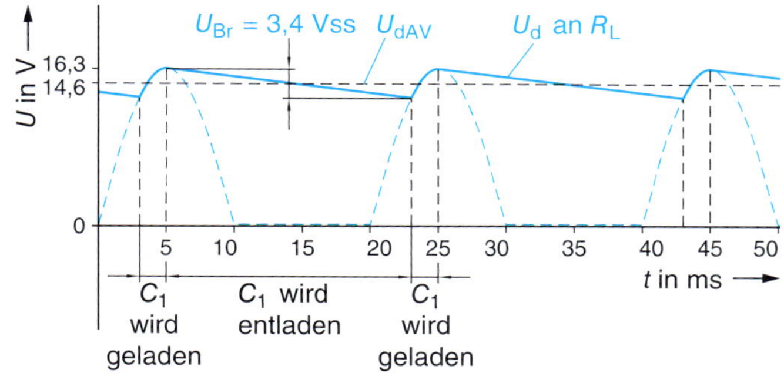

3. Belastung mit Gleichstrom ($I_d = 1$ A)
Der Kondensator wird in den Pausenzeiten stärker entladen. Seine Nachladezeit ist entsprechend länger. Der **Gleichspannungsanteil** U_{dAV} ist geringer geworden, da der Wechselspannungsanteil (Brummspannung) angestiegen ist. Wenn die **Brummspannung** wieder verringert werden soll, kann ein Kondensator mit größerer Kapazität eingesetzt werden.

■ **Scheitelwert**

$u_S = \sqrt{2} \cdot U$

$i_S = \sqrt{2} \cdot I$

$\sqrt{2}$ = Scheitelfaktor

■ **Vorsicht!**
Kondensatoren müssen für den Scheitelwert der gleichgerichteten Wechselspannung bemessen sein.

■ U_{dAV}
Arithmetischer Mittelwert der pulsierenden Gleichspannung.

Idealisierter Wert unter Vernachlässigung des Spannungsfalls am Gleichrichter.

Brummspannung
hum voltage, ripple (voltage)

Einweggleichrichter
half-wave rectifier, one way rectifier

Halbwelle
halfwave

Zweipuls-Brückenschaltung
two-pulse bridge connection

Duchlassspannung
forward voltage, on-state voltage

Sperrspannung
cut-off voltage

Stromzweig
current branch, branch circuit

Z-Diode
z-diode, reference diode

Konstantspannungsquelle
constant-voltage source

■ **M1-Schaltung**
Der Ausgang der M1-Schaltung liefert eine pulsierende Gleichspannung mit *einem* Puls pro Periode.

@ Interessante Links

Dioden

- abb.de
- semikron.de
- diotec.com
- infineon.com

z.B.

U_{Br} = 6,8 Vss
U_d
U_{dAV}
U in V
16,3
12,9
0
5 10 15 20 25 30 35 40 45 50
t in ms
I in A
6 5 4 3 2 1 0
Die Stromimpulse haben den Scheitelwert $i_s = 5 \ldots 10 \cdot I_d$
5 10 15 20 25 30 35 40 45 50
t in ms

Dem Gleichrichter und dem Versorgungsnetz werden sehr hohe **Pulsströme** entnommen. Dadurch werden alle vorgeschalteten Bauelemente belastet.

Beachten Sie:

Die Diode muss die **maximale Spannung in Rückwärtsrichtung** sicher sperren können.

Bei der **M1-Schaltung** mit Ladekondensator muss die Diode die Spannung

$$U_{Rmax} = 2 \cdot \sqrt{2} \cdot U$$

sperren können.

Beispiel: Wechselspannung $U = 12$ V:

$$U_{Rmax} = 2 \cdot \sqrt{2} \cdot 12\ \text{V} = 34\ \text{V}.$$

In der Praxis muss man einen **Sicherheitsfaktor** einbeziehen (z. B. $U_{Rmax} = 50$ V).

In der Diode wird die **Verlustleistung** P_{tot} umgesetzt.

In *Rückwärtsrichtung* kann die Verlustleistung vernachlässigt werden, Strom $I_R \approx 0$.
In *Vorwärtsrichtung* liegt an der Diode die Spannung $U_F \approx 0{,}7$ V.

Soll ein mittlerer Gleichstrom von 1 A entnommen werden, beträgt die Verlustleistung

$$P_{tot} = \frac{U_F \cdot I}{2} = \frac{0{,}7\ \text{V} \cdot 1\ \text{A}}{2} = 350\ \text{mW}.$$

Auswahl: $P_{tot} = 500$ mW (Sicherheitsfaktor)

Einweggleichrichter (M1)

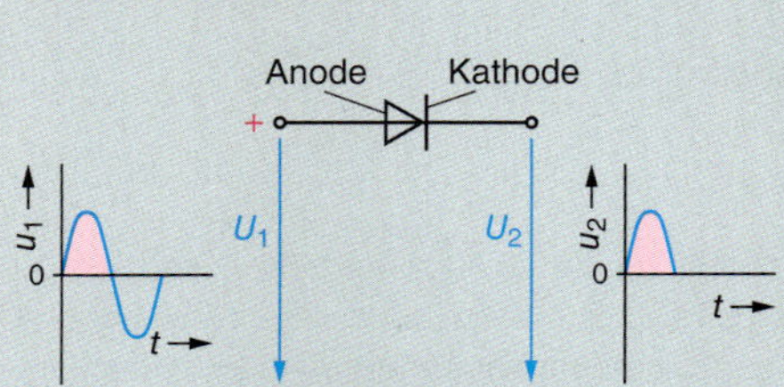

Diode in **Vorwärtsrichtung**, die **positive** Halbwelle wird durchgelassen.

Einweggleichrichter (M1)

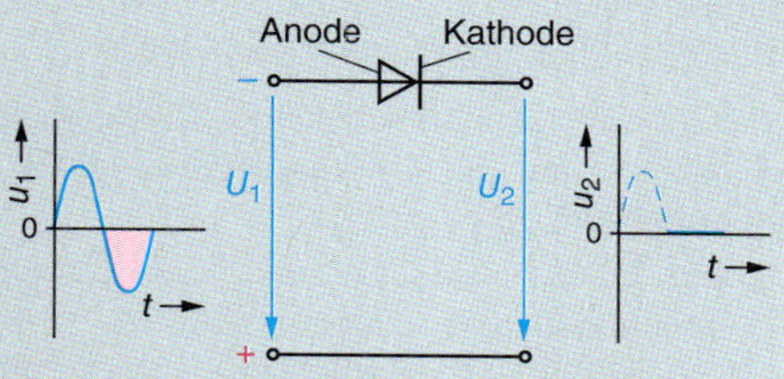

Anode
Kathode
u_1
0
t
U_1
U_2
u_2
0
t

Diode in **Rückwärtsrichtung**, die **negative** Halbwelle wird gesperrt.

Zweipuls-Brückenschaltung (B2)

u
0
t
I
U
R
u, i
u
i
t
1
2
3
4
U_1
U_2
C_L
u_1
u_{1s}
u_2
ohne Ladekondensator
3 und 2 leitend
1 und 4 leitend
3 und 2 leitend
mit Ladekondensator

■ **Zweipuls-Brückenschaltung**
Zwei Pulse pro Periode

■ **Kennwerte der B2-Schaltung**
TB

Gleichrichterschaltung B2

Die **B2-Schaltung** ist die am häufigsten eingesetzte Gleichrichterschaltung.

Die kann mit *vier einzelnen* Dioden aufgebaut werden. Häufig sind die vier Dioden allerdings in einem *Block* vergossen (Bild 278).

Wechselspannung am Eingang der B2-Schaltung

Es ergeben sich folgende Stromwege:
Positive Halbwelle: Diode 1, Lastwiderstand R_L und Diode 4 liegen in Reihe (Bild 279).

Eingang
Ausgang
1
2
3
4
~
~
+
−

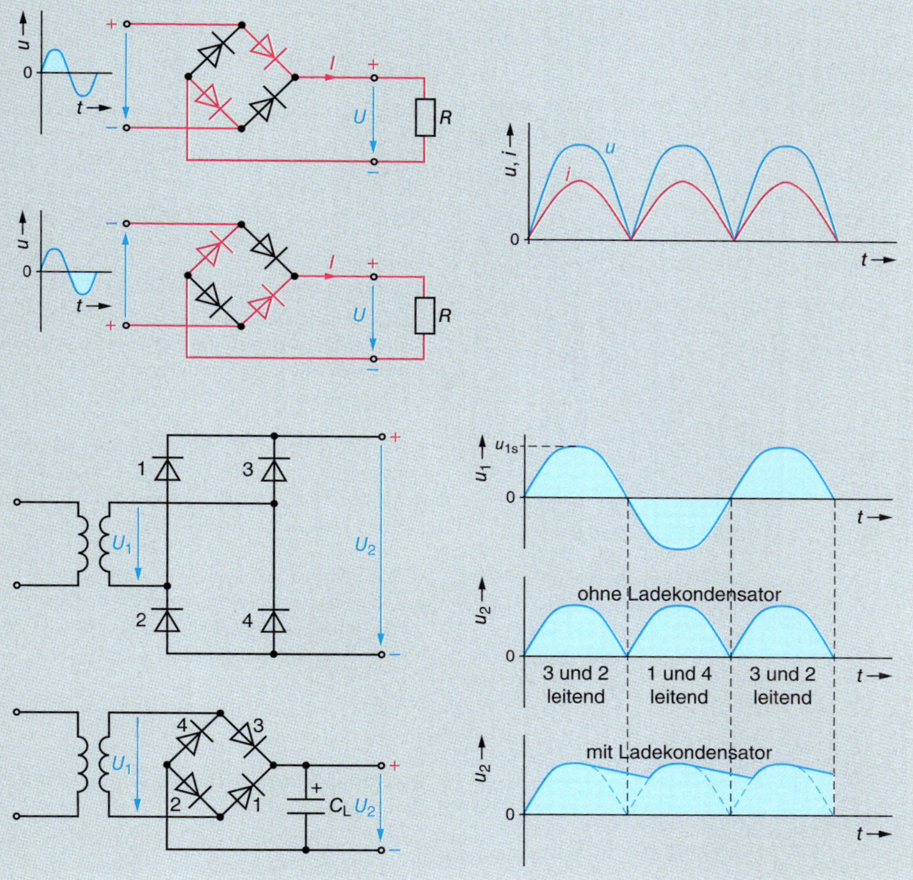

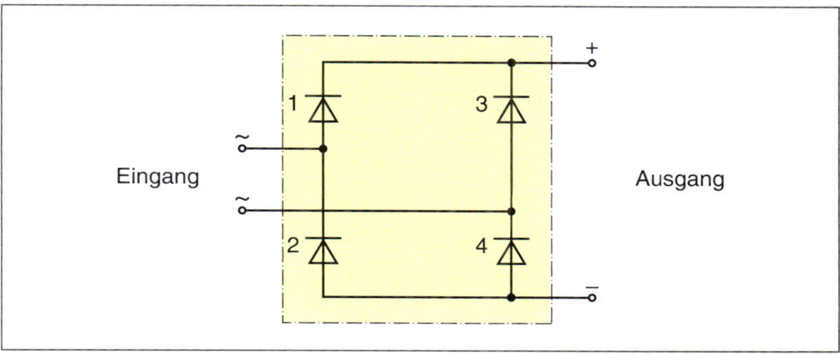

Bild 278 *Brückenschaltung B2*

- **Durchlassspannung einer Diode**
→ 257

Beide Dioden benötigen eine *Durchlassspannung* $U_F \approx 0{,}7$ V.

Steigt die Spannung der positiven Halbwelle auf 1,4 V an, werden die Dioden 1 und 2 leitend.

Es fließt ein Strom I_{d14} über den Lastwiderstand R_L (Bild 279).

Negative Halbwelle: Es ergeben sich die gleichen Verhältnisse für die Dioden 3 und 2. Es fließt ein Strom I_{d32} durch den Lastwiderstand.

Beide Zweigströme (I_{d14} und I_{d32}) fließen in *gleicher Richtung* durch R_L (Bild 279).

Der Lastwiderstand R_L wird von einem *pulsierenden Strom* durchflossen, der eine *pulsierende Spannung* verursacht.

Die pulsierende Spannung hat **zwei positive Halbwellen** pro Periode der Wechselspannung.

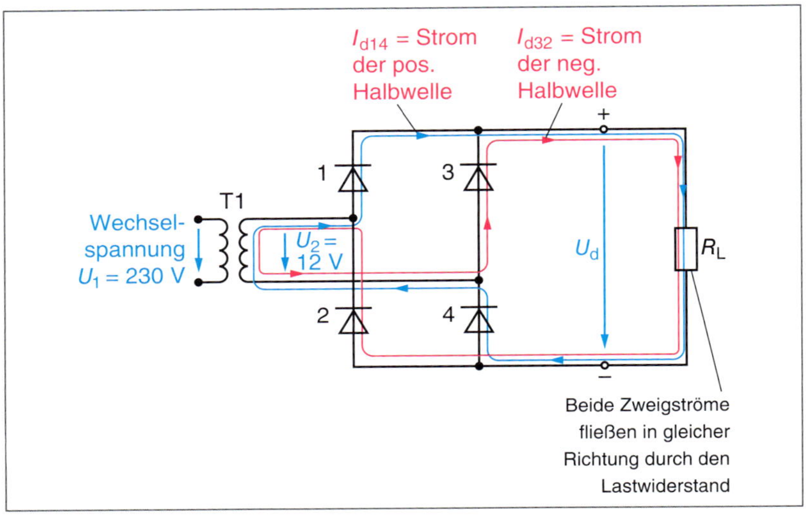

I_{d14} = Strom der pos. Halbwelle
I_{d32} = Strom der neg. Halbwelle
Wechselspannung U_1 = 230 V
T1
U_2 = 12 V
1
2
3
4
+
–
U_d
R_L
Beide Zweigströme fließen in gleicher Richtung durch den Lastwiderstand

Bild 279 *Ströme in der B2-Schaltung*

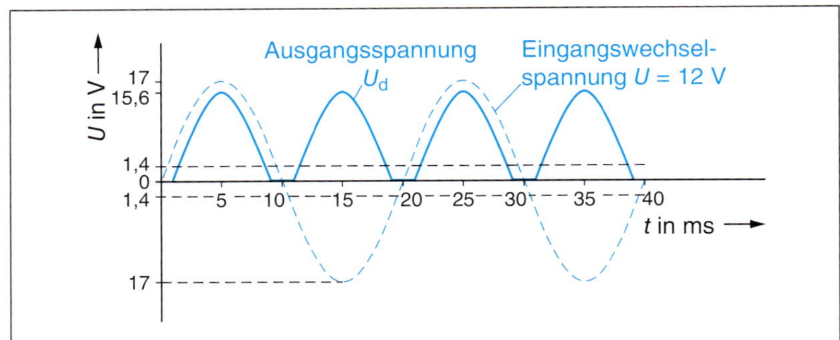

Bild 280 *Spannungen bei der B2-Schaltung*

Die pulsierende Gleichspannung U_d ist eine Mischspannung. Die mittlere Gleichspannung beträgt $U_{dAV} = 0{,}9 \cdot U$.

Zum Beispiel: $U_{dAV} = 0{,}9 \cdot 12\text{ V} = 10{,}8\text{ V}$

Spannungsverlauf Bild 281, Seite 279.

Der **mittleren Gleichspannung** ist eine nichtsinusförmige Wechselspannung (Brummspannung) überlagert (Bild 282, Seite 279).

Durch einen nachgeschalteten **Glättungskondensator** kann der **Gleichspannungsanteil** erhöht werden.

Entnommener Gleichstrom: 1 A,
$C_L = 2200\ \mu F$, $f_{Br} = 100$ Hz

Brummspannung

$$U_{Br} = \frac{0{,}75 \cdot I_d}{f_{Br} \cdot C_L} = \frac{0{,}75 \cdot 1\text{ A}}{100\text{ Hz} \cdot 2200\ \mu\text{F}}$$

$$U_{Br} = 3{,}4\ V_{SS}$$

Der *Gleichspannungsanteil* ist durch *Glättung* von $U_{dAV} = 10{,}8$ V auf 14 V angestiegen. Der *Wechselspannungsanteil* wurde verringert.

Besonderheiten der B2 Schaltung

- In jedem Stromzweig liegen *zwei* Dioden in Reihe. Die auftretende *Rückwärtsspannung* teilt sich auf zwei Dioden auf:
  $U_{Rmax} = \sqrt{2} \cdot U$.
- Die überlagerte *Brummspannung* hat die Frequenz $f_{Br} = 100$ Hz. Der *Glättungskondensator* kann gegenüber der M1-Schaltung eine geringere Kapazität haben.
- Es sind *zwei* Stromzweige vorhanden. Jeder Stromzweig und damit jede Diode braucht nur den *halben* Ausgangsstrom zu führen:
  $I_F = \frac{I_d}{2}$

B2-Gleichrichter werden als integrierte Bausteine angeboten.
Neben den *Anschlussbezeichnungen* sind häufig die wichtigsten *Kenndaten* aufgedruckt.

B	Brückenschaltung
80	Eingangsspannung bis 80 V
C	Kapazitive Last zulässig, die verwendeten Dioden können hohe Nachladeimpulse führen.
800	Gleichstrom in mA

Z-Dioden

Z-Dioden sind speziell dotierte Siliziumdioden. In **Vorwärtsrichtung** haben sie die *gleiche Wirkung* wie Gleichrichterdioden.

Ist die Anode ca. 0,7 V *positiver* als die Kathode, wird die innere Sperrschicht abgebaut.

Bei weiterem *Spannungsanstieg* in *Vorwärtsrichtung* steigt die Stromstärke *steil* an.

Die *Besonderheit* liegt im Verhalten in **Rückwärtsrichtung**. In Sperrrichtung (Kathode positiver als Anode) wird die Diode bei einer durch die Dotierung festgelegten Spannung **schlagartig niederohmig**.

Die Kennlinie ist sehr steil: *Kleinste* Spannungsänderungen über U_Z hinaus verursachen einen *großen* Stromanstieg.

Z-Dioden dürfen nur mit **Vorwiderstand** betrieben werden.

Wird die **Z-Spannung** *unterschritten*, baut sich die Sperrschicht wieder auf.

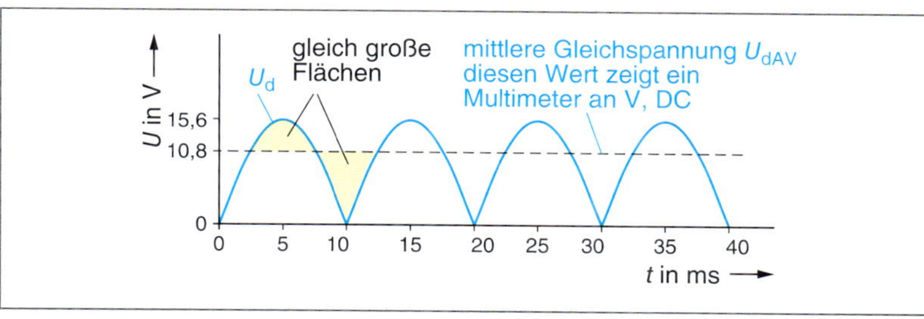

Bild 281 *Mittlere Gleichspannung U_{dAV}*

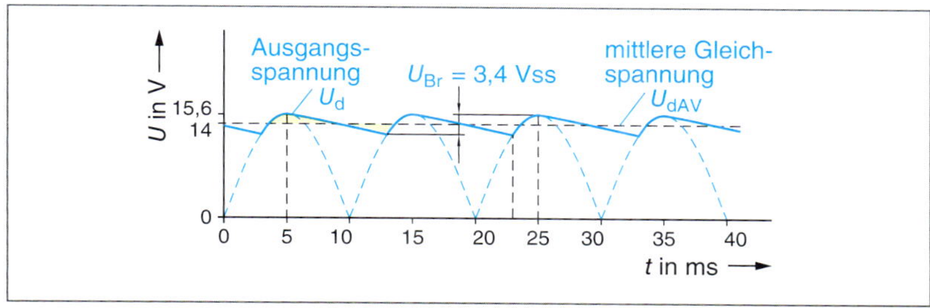

Bild 282 *Brummspannung*

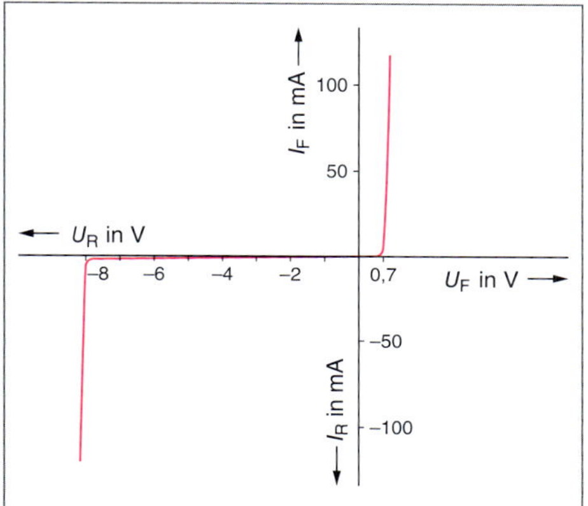

Bild 284 *Kennlinie einer Z-Diode*

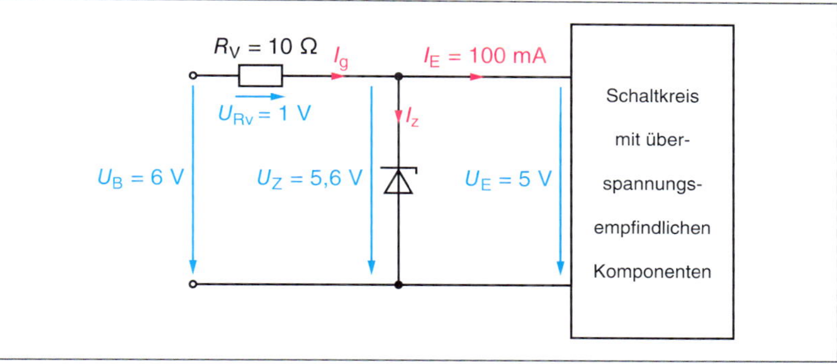

Bild 283 *Spannungsbegrenzung mit Z-Diode*

Anwendung von Z-Dioden

Spannungsbegrenzung

Z-Dioden eignen sich zur **Spannungsbegrenzung**.

Beispiel: Es muss sichergestellt werden, dass an einer elektronischen Baugruppe nicht erheblich mehr als 5-V-Eingangsspannung anliegen können (Bild 283).

An die überspannungsempfindlichen Bauteile dürfen keine Spannungsspitzen und deutliche Überspannungen gelangen.

Versorgungsspannung $U_B = 6$ V.
Kathode der Z-Diode hat ein Potenzial von 5 V.
Die Z-Diode ist hochohmig.
Die Eingangsspannung der Schaltung beträgt $U = 5$ V (Bild 283).

Der Versorgungsspannung ist ein Impuls überlagert (Bild 284, Seite 280).

Die Spannung erreicht einen Spitzenwert von 10 V.

Auch das Potenzial der Z-Diode steigt.

Bei einem Potenzial vor 5,6 V an der Kathode wird die Z-Diode niederohmig.

Über Z-Diode und Vorwiderstand fließt der Strom I_B.

Der Strom I_Z verursacht einen Spannungsfall am Vorwiderstand R_V. Die Spannungsspitze wird an R_v abgebaut.

Die Eingangsspannung U_E erhöht sich nur auf $U_E = U_Z = 5{,}6$ V.

Die Z-Diode wirkt *spannungsbegrenzend*.

■ **Symbol Z-Diode**

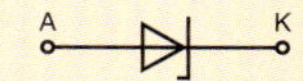

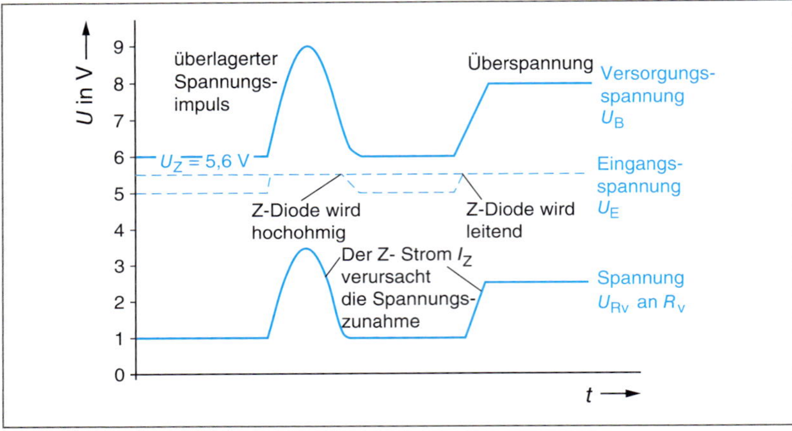

Bild 284 Spannungsbegrenzung

Spannungskonstanter

Z-Dioden können wegen ihrer steilen Kennlinie Spannungen *konstant* halten. Man nutzt dies, um **Referenz-** oder **Festspannungen** zu erzeugen.

Hinter einem Gleichrichter mit Glättungskondensator steht eine Spannung zur Verfügung, die zwischen 16 V und 20 V pulsiert.

Aus dieser Spannung soll eine **konstante Spannung** von $U = 8$ V erzeugt werden.

Zu diesem Zweck wird ein **Festwiderstand** in Reihe mit einer **Z-Diode** geschaltet.

Die Z-Diode ist in Sperrrichtung geschaltet.

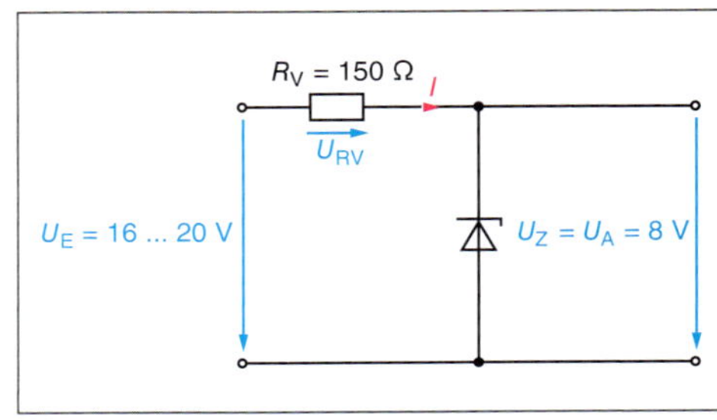

Bild 286 Z-Diode als Spannungskonstanter

■ **Stabilisierung**

Bei Änderung der Eingangsspannung soll sich die Ausgangsspannung nur wenig ändern.

■ **Dynamischer Widerstand**

Bei nichtlinearen Kennlinen (z. B. Diodenkennline) ergibt sich für jeden Kennlinienpunkt ein anderer Widerstandswert.

Der dynamische Widerstand wird häufig mit einem Kleinbuchstaben *r* angegeben.

Liegt eine **dauerhafte Überspannung** $U_B = 8$ V an, begrenzt die Z-Diode die Eingangsspannung ebenfalls auf $U_E = 5{,}6$ V. Am Vorwiderstand R_V fallen dann $U_{RV} = 2{,}4$ V ab.

Für den Fall einer **dauerhaften** Überspannung ist die **Verlustleistung** der Bauelemente zu beachten.

Versorgungsspannung $U_B = 8$ V

Z-Diode:

$$P_{tot} = U_Z \cdot I_Z = U_Z \cdot (I_g - I_E)$$

$$P_{tot} = 5{,}6\ \text{V} \cdot (240\ \text{mA} - 100\ \text{mA})$$

$$P_{tot} = 784\ \text{mW}$$

Einsatz einer Z-Diode mit $P_{tot} = 1$ W.

Vorwiderstand:

$$P_{tot} = U_{RV} \cdot I_g = 2{,}4\ \text{V} \cdot 240\ \text{mA} = 576\ \text{mW}$$

Bei der Reihenschaltung verhalten sich die Spannungen wie die in Reihe geschalteten Widerstände. Der Strom ist an allen Stellen der Schaltung gleich groß.

In dieser **Stabilisierungsschaltung** sind ein **Festwiderstand** und ein **dynamischer** (sich verändernder) **Widerstand** (Z-Diode) in Reihe geschaltet.
Liegt die Z-Spannung an der Z-Diode, verliert die Z-Diode ihren Widerstand.

Kleinste **Spannungsänderungen** an den Dioden verursachen große Widerstandsänderungen und damit große Stromänderungen.

Wenn die Gesamtspannung an der Reihenschaltung größer wird, verringert sich durch die Spannungszunahme der Widerstand der Z-Diode. Der Strom wird größer und verursacht am Vorwiderstand einen größeren Spannungsfall.

Die Spannung an der Z-Diode bleibt nahezu **konstant**, da die Stromerhöhung durch den Widerstandsrückgang ausgeglichen wird.

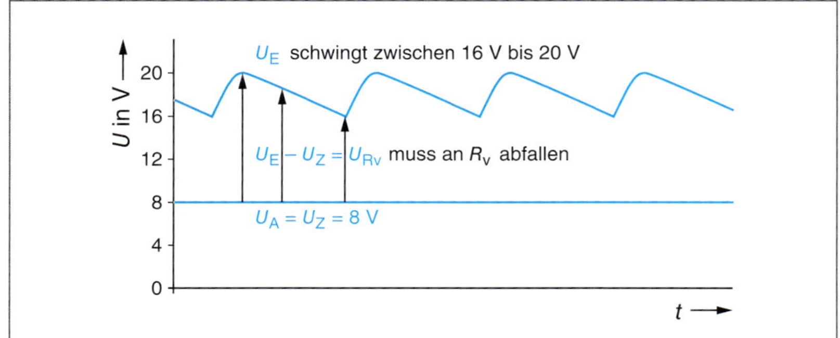

Bild 285 Spannungen an der Stabilisierungsschaltung

Berechnungen

Dem Diagramm (Bild 287) kann man entnehmen:

A1: $U_Z = 8{,}4$ V; $I_Z = 78$ mA

A2: $U_Z = 8{,}3$ V; $I_Z = 52$ mA

Widerstand der Z-Diode im Punkt A1:

$$R_Z = \frac{U_Z}{I_Z} = \frac{8{,}4\ \text{V}}{78\ \text{mA}} = 108\ \Omega$$

Widerstand der Z-Diode im Punkt A2:

$$R_Z = \frac{U_Z}{I_Z} = \frac{8{,}3\ \text{V}}{52\ \text{mA}} = 160\ \Omega$$

Spannungen an der Z-Diode:

A1: $U_Z = I_Z \cdot R_Z = 78\ \text{mA} \cdot 108\ \Omega = 8{,}4\ \text{V}$

A2: $U_Z = I_Z \cdot R_Z = 52\ \text{mA} \cdot 160\ \Omega = 8{,}3\ \text{V}$

Die Stabilisierungswirkung der Z-Diode erkennt man gut in Bild 287. Das Diagramm wurde zur besseren Übersicht um 180° gedreht.

Die Kennlinie der Z-Diode wird mit der Kennlinie des Festwiderstandes zum Schnitt gebracht. Die Eingangsspannung schwankt zwischen 16 V und 20 V.

Die Schnittpunkte der beiden Kennlinien wandern auf der Z-Dioden-Kennlinie zwischen den Punkten A1 und A2.

Die Spannung schwankt nur zwischen $U_Z = 8{,}4$ V und $U_Z = 8{,}3$ V.

Es ergibt sich ein **Stabilisierungsfaktor** von

$$S = \frac{\Delta U_E}{\Delta U_Z} = \frac{4\ \text{V}}{0{,}1\ \text{V}} = 40.$$

Die **Grenzen der Stabilisierungswirkung** einer Z-Diode sind gegeben durch den minimalen Z-Strom I_{zmin} (Beispiel im Diagramm: $I_Z = 12$ mA) und den maximalen Z-Strom I_{zmax}. Bei I_{zmax} ist die maximale Verlustleistung P_{tot} erreicht.

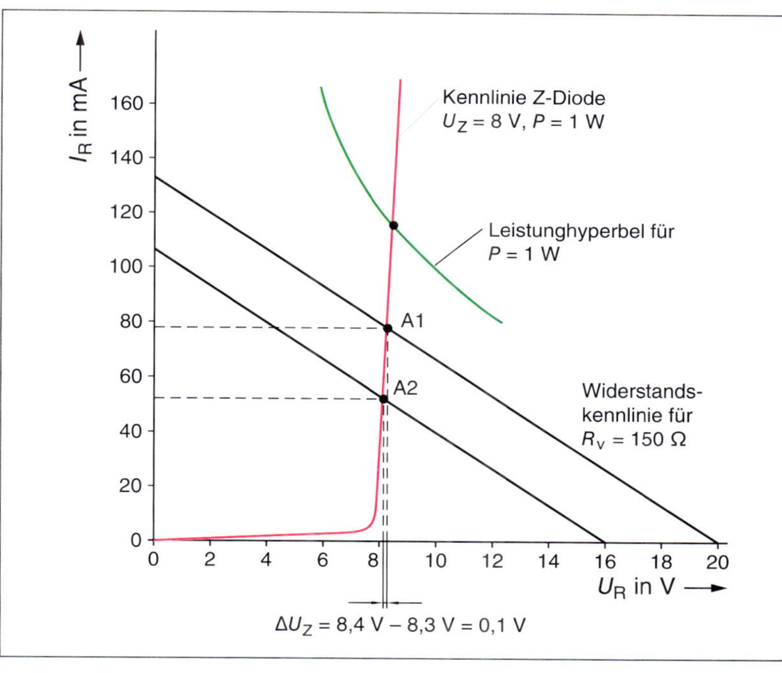

Bild 287 *Spannungsstabilisierung mit Z-Diode*

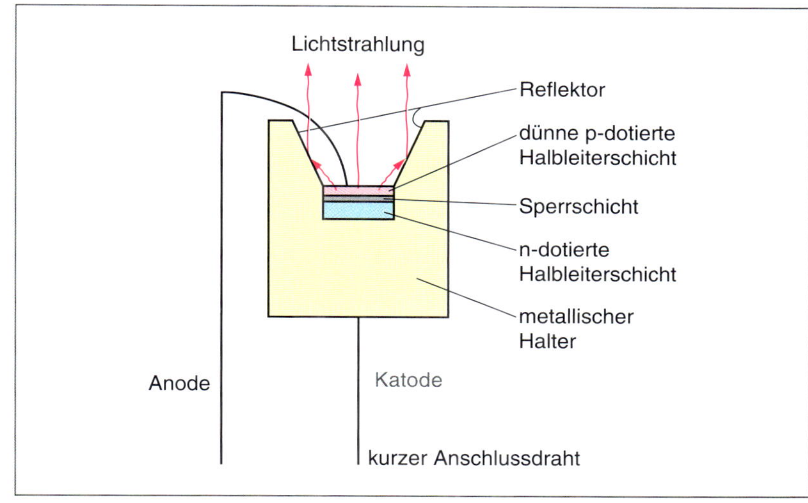

Bild 288 *Aufbau einer Leuchtdiode (LED)*

Leuchtdioden (LED)

Leuchtdioden (LED) werden aus *p-dotierten* und *n-dotierten* Halbleiterlegierungen hergestellt.

Die dickere *n-dotierte Schicht* hat frei bewegliche *Elektronen*, die sehr dünne *p-dotierte Schicht* hat *Defektelektronen* (Löcher).

Die Halbleiterschichten bilden eine **Trichterform**. Diese wirkt als Reflektor und bündelt die **Lichtstrahlung**.

Beim *Stromfluss über die Sperrschicht* rekombinieren ständig freie Elektronen mit Defektelektronen.

Bei dem für die LED verwendeten Halbleitermaterial wird bei der Rekombination (Elektron besetzt ein „Loch") **Energie** frei, da das Elektron in einen energetisch günstigeren Zustand übergeht.

Die Energie wird als **Lichtstrahlung** bestimmter Wellenlänge abgegeben.

Wellenlänge und damit **Lichtfarbe** werden durch die verwendete Halbleiterlegierung und die Dotierung bestimmt.

Die **Strahlung** entsteht in der **Sperrschicht** der LED. Die p-Schicht ist sehr dünn ausgeführt.

Die Strahlung tritt durch die p-Schicht und trifft auf den Reflektor. Der Reflektor bündelt die Lichtstrahlung.

Die farbige Kunststoffhülle wirkt als **Farbfilter**.

■ **Symbol LED**

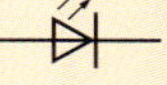

@ Interessante Links

Leuchtdioden

- moeller.net
- osram.de
- semikron.de

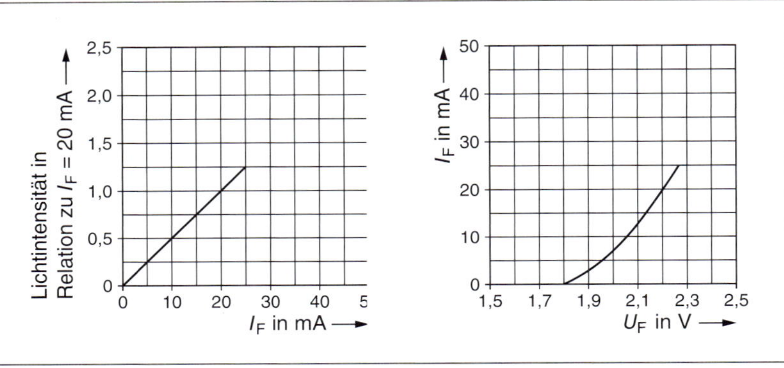

Bild 289 *Kennlinien einer Standard-LED, grün*

Leuchtdiode
light-emitting diode

Strahlung
radiation, emission

Grenzwert
limit value, limit

Für eine **Standard-LED** (grün) gilt die dargestellte **Spannungs-Strom-Kennlinie** (Bild 289).

Kleine Spannungsschwankungen verursachen große Stromschwankungen.

Die **Helligkeit** der LED wird aber vom **Strom** bestimmt.

Wenn die Helligkeit der LED konstant sein soll, ist es ideal, die LED mit einem konstanten Strom zu versorgen.

Vorwiderstandsbeschaltung

LED können annähernd mit einem konstanten Strom versorgt werden, wenn sie mit einem **Vorwiderstand** beschaltet sind (Bild 291).

$$R_V = \frac{U_B - U_F}{I_F} = \frac{12\ \text{V} - 2{,}2\ \text{V}}{20\ \text{mA}} = 490\ \Omega$$

Gewählt: $R_V = 500\ \Omega$

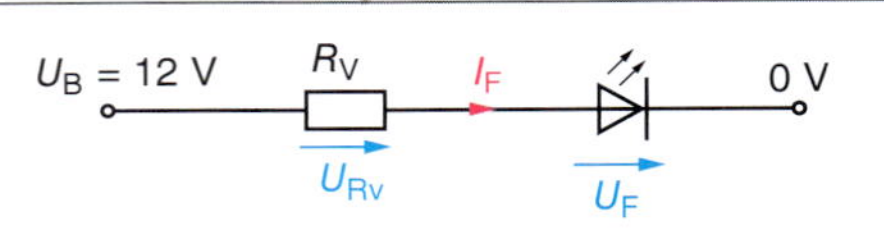

Bild 291 *Vorwiderstandsbeschaltung einer LED*

> **z.B.** Um eine grüne LED konstant mit der **Lichtintensität** = 1 (100 %) zu betreiben, ist ein konstanter Strom von I_F = 20 mA und die Spannung U_F = 2,2 V notwendig (Bild 289).

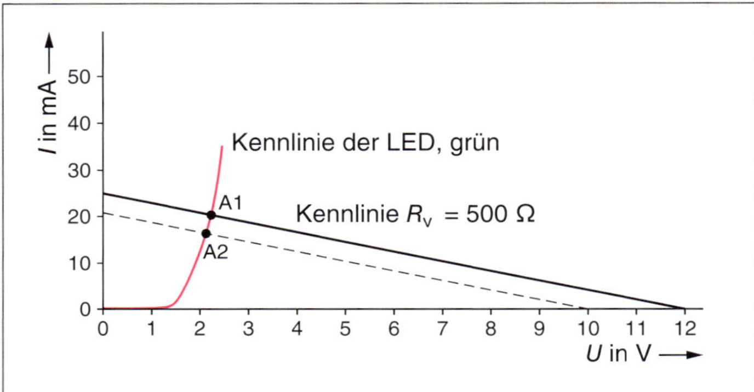

Bild 290 *Arbeitspunkte einer LED bei veränderlicher Betriebsspannung*

Kennwerte von LED

V_F	Forward Voltage	Red Orange Green Yellow	2.0 2.0 2.2 2.1	2.5 2.5 2.5 2.5	V	I_F = 20 mA
I_R	Reverse Current	All		10	µA	V_R = 5 V

Grenzwerte von Standard LED bei T = 25 °C

Parameter	High Efficiency Red	Orange	Green	Yellow	Units
Power Dissipation	105	105	105	105	mW
DC Forward Current	30	30	25	30	mA
Peak Forward Current	160	160	140	140	mA
Reverse Voltage	5	5	5	5	V
Operating/Storage Temperature	– 40 °C To + 85 °C				
Lead Solder Temperature	260 °C For 5 Seconds				

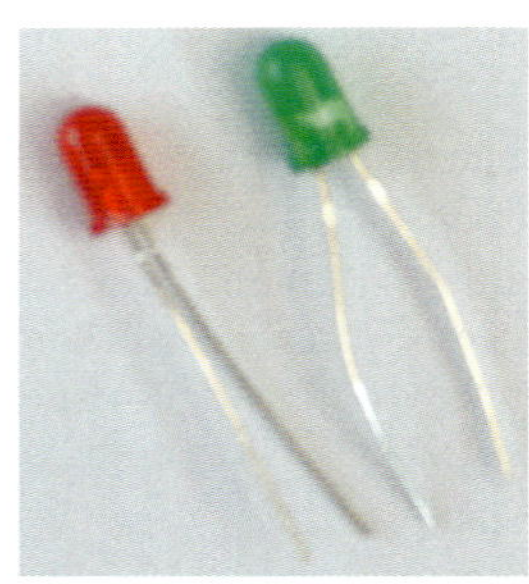

Transistoren

Beschrieben wird der **bipolare Transistor**.

Bipolar sagt aus: An der Stromleitung sind **zwei** Arten von Ladungsträgern beteiligt; negative **Elektronen** und positive **Defektelektronen**, die man auch „Löcher“ nennt.

NPN bedeutet: Der Transistor hat **drei** Halbleiterschichten.

N: dotiert mit Elektronen
P: dotiert mit Defektelektronen

Ein **Transistor** hat *drei* Anschlüsse. Die Anschlüsse sind jeweils mit einer Halbleiterschicht verbunden.

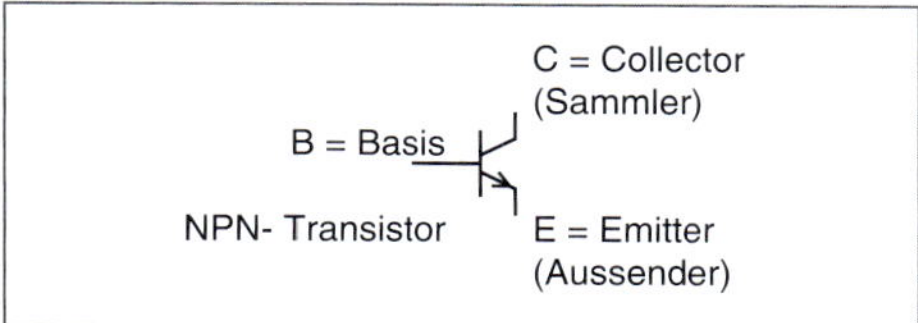

Bild 291 *Schaltzeichen, bipolarer Transistor*

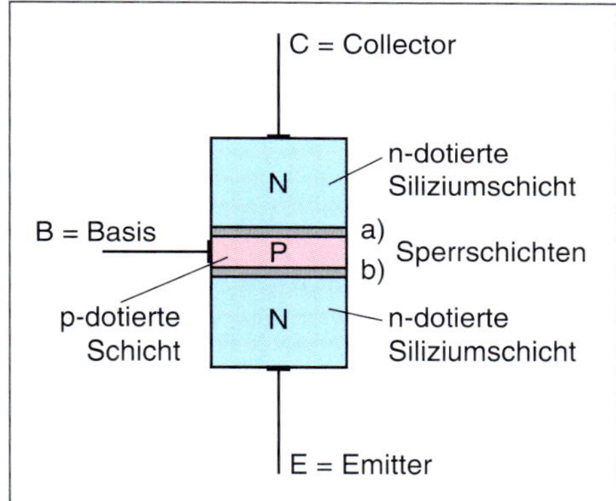

Bild 292 *Schichtenmodell , NPN-Transistor*

Zwischen der n-dotierten Kollektorschicht und der p-dotierten Basisschicht bildet sich bei der Herstellung durch **Rekombination** eine ladungsträgerfreie Zone → **Sperrschicht a**.

Gleiches gilt für die Berührungsfläche zwischen der n-dotierten Emitterschicht und der Basisschicht → **Sperrschicht b**.

Der Transistor hat also **zwei pn-Übergänge**.

NPN-Transistor als Schalter

In Bild 293 ist ein Transistor-Schichtenmodell in Reihe mit einer Glühlampe dargestellt. Die Reihenschaltung liegt an 12 V DC.

An Basis- und Emitteranschluss wird die **Steuerspannung** U_{St} gelegt. Die Gleichspannung ist so gepolt, dass die Basis positiver als der Emitteranschluss ist.

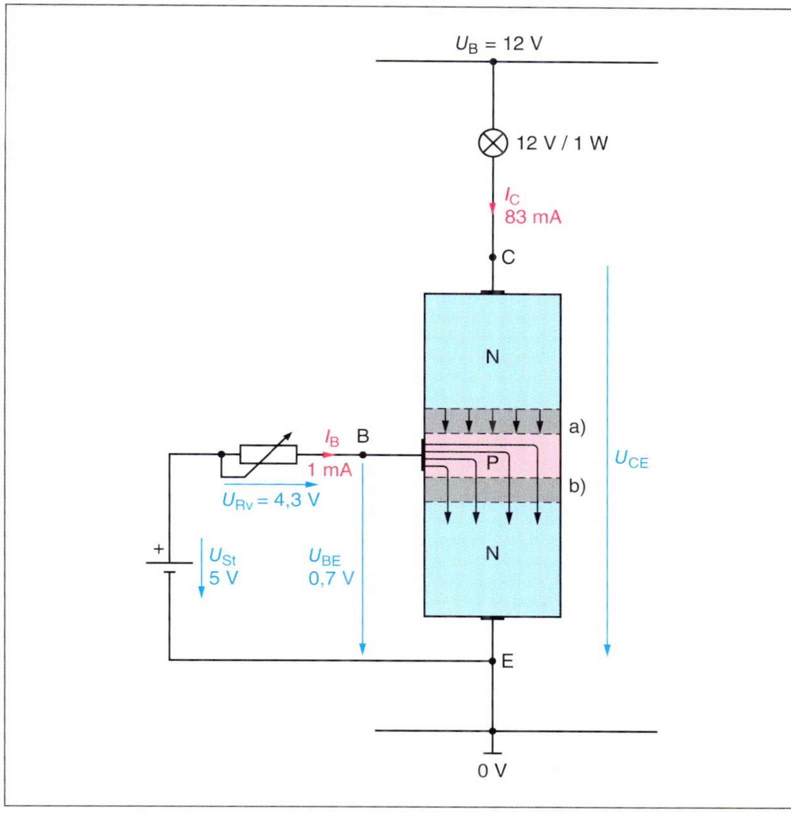

Bild 293 *Schichtenmodell in Reihe mit einer Glühlampe*

Die Spannung U_{BE} zwischen Basis und Emitter kann mit einem **Vorwiderstand** eingestellt werden.

Der pn-Übergang zwischen B und E (Sperrschicht b) wirkt wie eine Siliziumdiode.

Erreicht die Spannung $U_{BE} \approx 0{,}7$ V, wird dieser Übergang niederohmig.

Der Vorwiderstand R_V begrenzt den Basisstrom auf $I_B = 1$ mA.

$$R_V = \frac{U_{RV}}{I_B} = \frac{4{,}3\ \text{V}}{1\ \text{mA}} = 4{,}3\ \text{k}\Omega$$

Ist die Sperrschicht b) aufgehoben, sendet der Emitter Elektronen in die dünne Basisschicht.

Der pn-Übergang a) entspricht nun einer in **Sperrichtung** geschalteten Diode.

An dieser Sperrschicht liegt nun die gesamte Betriebsspannung U_B. Folge ist ein starkes elektrischen Feld in der Sperrschicht.

Ein **lawinenartiger Durchbruch** verursacht, dass diese Sperrschicht überwunden wird und der Strom I_C durch den Transistor von C nach E fließen kann.

■ **Transistor**
Transfer: engl.: übertragen
Resistor: engl.: Widerstand

■ **bi**
zwei (pn-Übergänge)

■ **Symbol Transistor**
mit Spannungen und Strömen

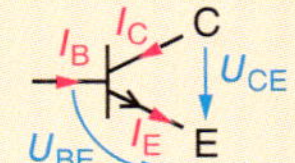

■ **Transistorsymbol**
Der Pfeil im Transistorsymbol gibt die technische Stromrichtung an.

Transistor
transistor

Durchbruch
breakdown

Schalter
switch, contactor

Steuerspannung
control voltage, trigger voltage

Funktion:

- Innerhalb des Transistors befinden sich zwei hochohmige Sperrschichten a) und b).
- Es kann kein Strom über den Transistor fließen ($I_C = 0$).
- Zwischen Basis und Emitter wird eine positive Spannung gelegt ($U_{BE} \approx 0{,}7$ V).
- Es fließt ein Strom I_B von der Basis zum Emitter, die Sperrschicht b) ist aufgehoben.
- Das starke elektrische Feld in der Sperrschicht a) verursacht einen Durchbruch dieser Sperrschicht.
- Der Widerstand R_{CE} zwischen Kollektor C und Emitter E geht gegen null.
- Der Strom I_C wird nur vom Lampenwiderstand begrenzt. ($I_C = U_B/R_L$).

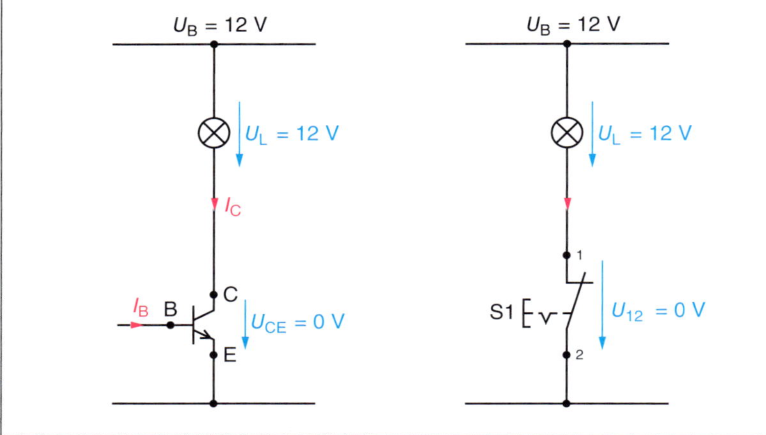

Bild 294 *Transistor als Schalter; Schaltstellung EIN (Basisstrom I_B)*

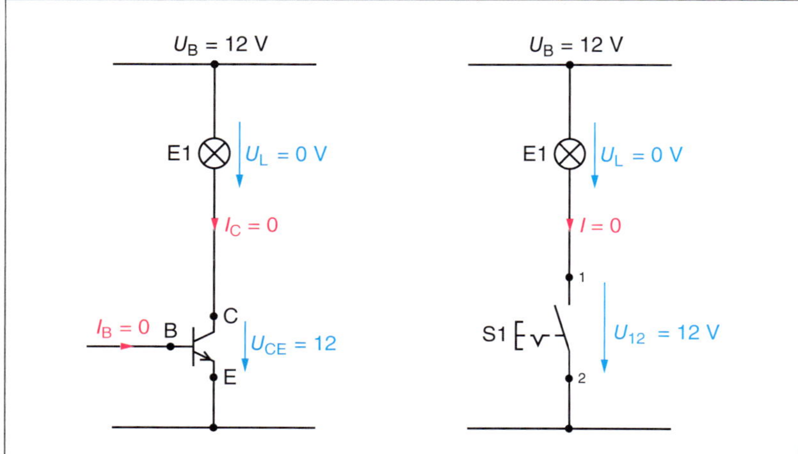

Bild 295 *Transistor als Schalter; Schaltstellung AUS (Basisstrom I_B = 0)*

- Die Spannung zwischen Kollektor und Emitter beträgt $U_{CE} \approx 0$ V.
- Die Spannung an der Lampe beträgt $U_L \approx 12$ V.

Wird die Steuerspannung und damit die Spannung U_{BE} mit steiler Flanke eingeschaltet, schaltet der Transistor niederohmig und damit die Lampe an volle Spannung.

Der Transistor hat damit dieselbe Funktion wie ein mechanischer Schalter.

Die **Schaltzustände** und die **Spannungs-** und **Stromverteilung** in dieser Schaltung lassen sich übersichtlich mithilfe von Kennlinien darstellen (Bild 296, Seite 285).

Lampe „EIN"

- Beträgt die Eingangsspannung $U_B \approx 0{,}7$ V, ergibt sich an der Eingangskennlinie der Arbeitspunkt A1.
  Es fließt ein Steuerstrom $I_B = 1$ mA.
- Der Basisstrom I_B steuert den Transistor niederohmig. Auf der Stromsteuerkennlinie ergibt sich der Arbeitspunkt A2.
  Es fließt ein Kollektorstrom $I_C = 80$ mA.
- Der Widerstand des Transistors zwischen Kollektor und Emitter wird vom Basisstrom bestimmt.
  Das zeigen die Kennlinien im Ausgangskennlinienfeld.
- Die Transistorwiderstände R_{CE} und der Lampenwiderstand R_L bilden einen Spannungsteiler.
- Die Arbeitspunkte dieser Spannungsteilerschaltung lassen sich zeichnerisch ermitteln. Dazu wird die Widerstandsgerade für R_L in das Ausgangskennlinienfeld eingetragen.
- Der Arbeitspunkt A3 liegt im Schnittpunkt von R_L mit R_{CE} für $I_B = 1$ mA.
- Es fließt ein Kollektorstrom $I_C = 80$ mA. Am Widerstand der Lampe liegt $U_L = 11{,}6$ V.
- Am Transistor liegt die Spannung $U_{CE} = 0{,}4$ V. Die Lampe hat 0,93 W.
- Der Transistor hat die Verlustleistung
  $P_{tot} = U_{CE} \cdot I_C + U_{BE} \cdot I_B$
  $P_{tot} = 0{,}4\ \text{V} \cdot 80\ \text{mA} + 0{,}7\ \text{V} \cdot 1\ \text{mA} = 32\ \text{mW}$

  Die Steuerleistung des Transistors ist vernachlässigbar klein.

Lampe „AUS"

- Annahme: $U_{BE} = 0{,}1$ V. Es stellt sich ein Basisstrom von $I_B = 10\ \mu$A ein; Arbeitspunkt A4.
- Der Transistor wird nicht aufgesteuert. Es fließt ein Kollektorstrom $I_C = 3$ mA (A5).

- Der Widerstand R_{CE} ist für $I_B = 10\ \mu A$ sehr groß ($R_{CE} \approx 4\ k\Omega$).
- Der Arbeitspunkt A6 zeigt den Schnittpunkt der Widerstandsgeraden mit der Widerstandskennlinie R_{CE} für 10 µA.
- An den Koordinatenachsen kann abgelesen werden: $U_L = 0{,}4$ V, $U_{CE} = 11{,}6$ V.
- Die Lampe hat die Leistung $P = 12$ mW, der Transistor die Verlustleistung $P_{tot} = 35$ mW.

Steuerspannung des Transistors

Die *Steuerspannung* des Transistors kann aus der **Betriebsspannung** gewonnen werden.

Dazu dient die Reihenschaltung von R_1, R_2 und R_3. Dabei ist R_3 zum Beispiel ein lichtabhängiger Widerstand (LDR). Bild 297 zeigt die Schaltung.

- R_3 ist parallel zur Basis-Emitter-Diode des Transistors geschaltet.
- Diese Parallelschaltung liegt in Reihe mit R_1 und R_2.
- Wird die Spannungsteilung so eingestellt, dass $U_{BE} \approx 0{,}7$ V beträgt, kann ein Basisstrom I_B fließen und den Transistor *niederohmig* steuern.

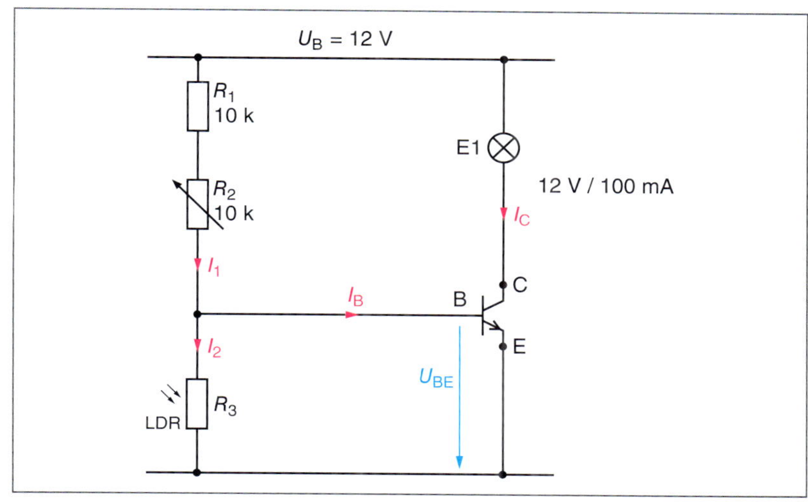

***Bild 297** Transistor als Schalter, Aufbau der Schaltung*

Eine Lampe E1 soll mit einem Transistor geschaltet werden.
Fällt ein Lichtstrahl auf den LDR → Lampe AUS.
Fällt kein Lichtstrahl auf den LDR → Lampe EIN.
$R_1 = 10\ \Omega$, $R_2 = 0 \cdots 10\ k\Omega$ (einstellbar)
Kein Licht: LDR > 100 kΩ, Licht: LDR < 100 Ω
Basisstrom $I_B = 1$ mA, um den Transistor sicher niederohmig zu steuern.

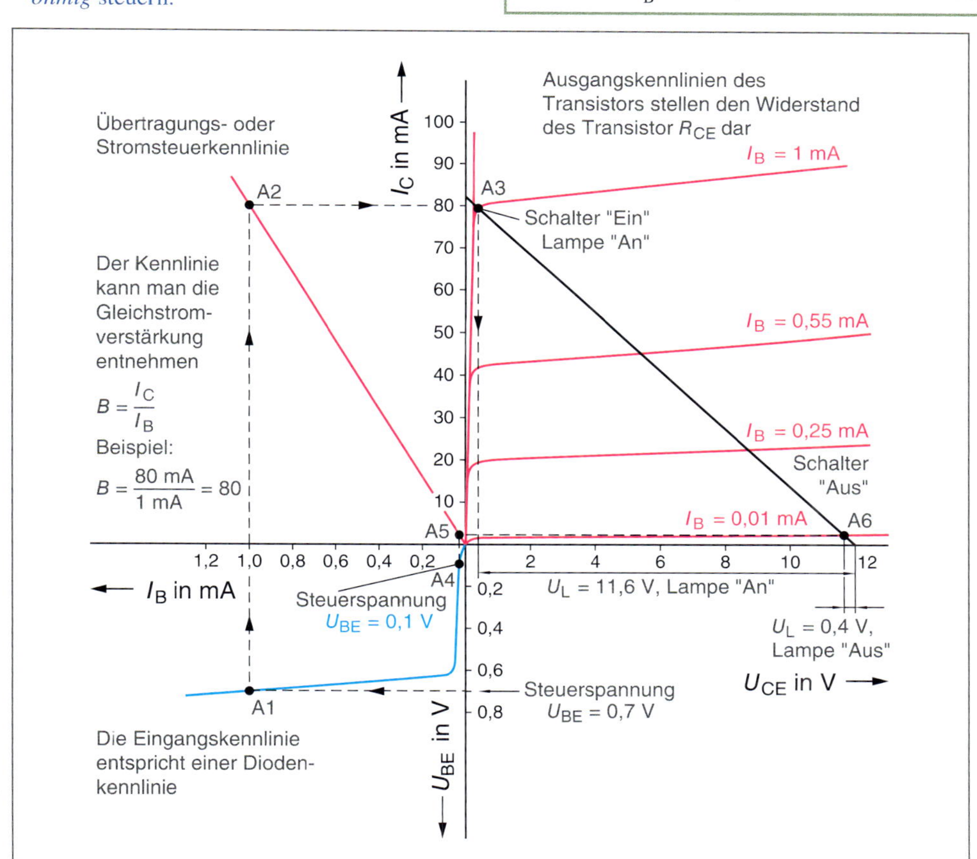

***Bild 296** Transistor als Schalter, Arbeitspunkte im Kennlinienfeld*

■ **Typenbezeichnung von Transistoren**

Erster Buchstabe:

A: Germanium

B: Silizium

Zweiter Buchstabe:

C: Tonfrequenzbereich, geringe Leistung

D: Tonfrequenzbereich, höhere Leistung

S: Schalttransistor, geringe Leistung

U: Schalttransistor, höhere Leistung

Ziffern:
Verwendung in Kommunikationsgeräten usw.

Buchstabe und 2 Ziffern
Verwendung in professionellen Geräten

Funktion der Schaltung:

- Es fällt kein Licht auf den LDR. Die Lampe ist „An“.
- Der LDR hat einen Widerstand $R_3 = 100\ \text{k}\Omega$. Der pn-Übergang von der Basis zum Emitter wirkt wie eine in Vorwärtsrichtung geschaltete Diode. Diese Diode ist parallel geschaltet zum LDR. Diese Parallelschaltung ist in Reihe geschaltet zu R_1 und R_2. Da der LDR hochohmig ist, bestimmt der dynamische Widerstand der Diode den Ersatzwiderstand.
- Der Ersatzwiderstand stellt sich so ein, dass die Steuerspannung $U_{BE} \approx 0{,}7$ V beträgt. Der Transistor wird geschaltet.
- An R_1 und R_2 liegt dann die Spannung $U_{R_1R_2} = U_B - U_{BE} = 12\ \text{V} - 0{,}7\ \text{V} = 11{,}3\ \text{V}$.
- Soll ein Basisstrom $I_B = 1$ mA fließen, lässt sich der Gesamtwiderstand $R_g = R_1 + R_2$ berechnen:

  $$R_g = \frac{U_{R_1R_2}}{I_B} = \frac{14{,}3\text{V}}{1\ \text{mA}} = 14{,}3\ \text{k}\Omega.$$

  Der verstellbare Widerstand R_2 muss folglich auf 4,3 kΩ eingestellt werden.
- Mit R_2 kann eingestellt werden, bei welcher Lichtintensität der Transistor geschaltet werden soll.
- Der Strom I_2 durch R_3 ist sehr klein:

  $$I_2 = \frac{U_{BE}}{R_3} = \frac{0{,}7\ \text{V}}{100\ \text{k}\Omega} = 7\ \mu\text{A}.$$

- Der Strom I_C durch die Reihenschaltung von E1 und der C-E-Strecke des Transistors kann berechnet werden. Dabei soll angenommen werden, dass an der C-E-Strecke eine Restspannung von $U_{CEsat} = 0{,}1$ V liegt.
- $$I_C = \frac{(U_B - U_{CEsat})}{R_{E1}} = \frac{11{,}9\ \text{V}}{120\ \Omega} = 99\ \text{mA}$$
- Die Gleichstromverstärkung des Transistors beträgt

  $$B = \frac{I_C}{I_B} = \frac{99\ \text{mA}}{1\ \text{mA}} = 99$$

- Ein Lichtstrahl trifft auf den LDR, die Lampe ist „Aus“. Der LDR hat einen Widerstand $R_3 = 100\ \Omega$.
- Für die Parallelschaltung aus R_3 und dem Eingangswiderstand des Transistors bestimmt R_3 den Ersatzwiderstand. R_3 liegt dann in Reihe mit R_1 und R_2.
- An R_3 und gleichzeitig zwischen Basis und Emitter liegt dann die Spannung

  $$U_{BE} = \frac{U_B \cdot R_3}{R_1 + R_2 + R_3}$$

  $$= \frac{12\ \text{V} \cdot 100\ \Omega}{10\ \text{k}\Omega + 4{,}3\ \text{k}\Omega + 100\ \Omega} = 83\ \text{mV}$$

- Diese Spannung reicht nicht aus, um den Transistor niederohmig zu steuern. Der Basisstrom beträgt $I_B = 0$, der Kollektorstrom beträgt ebenfalls $I_C = 0$.

■ **Stromverstärkung**

$\frac{\text{Kollektorstrom}}{\text{Basisstrom}}$

■ **Spannungsverstärkung**

$\frac{\text{Kollektor-Emitter-Spannung}}{\text{Basis-Emitter-Spannung}}$

■ **Transistoren**

Beispiele für Ausführungsformen

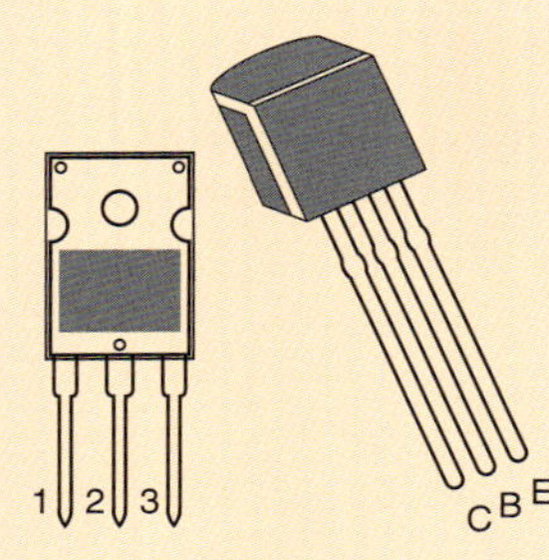

@ Interessante Links

Transistoren

- infineon.com
- diotec.com
- semikron.de

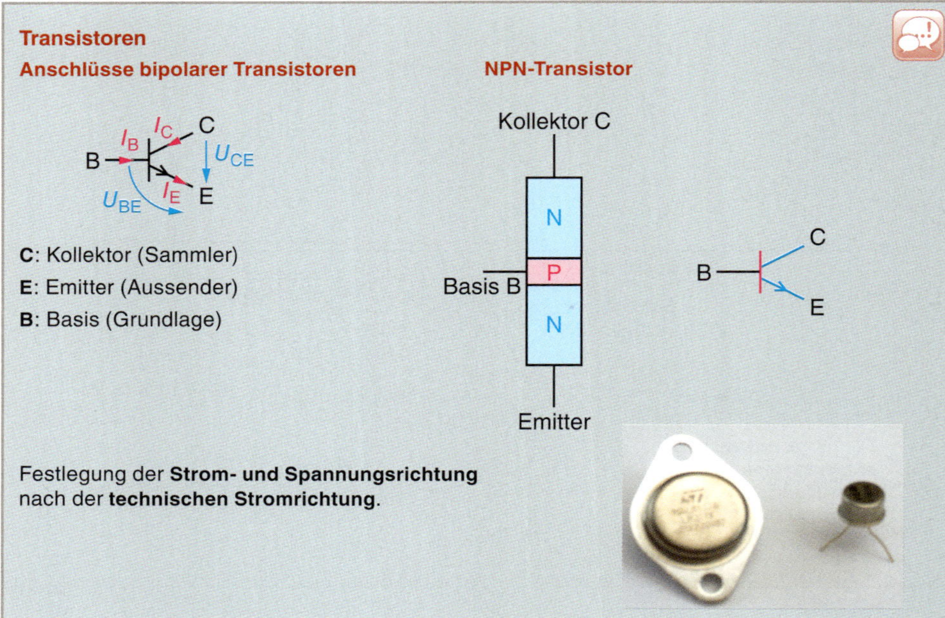

Wirkungsweise des bipolaren Transistors

Eine Transistorschaltung hat einen **Steuerstromkreis** und einen **Laststromkreis**.

Steuerstromkreis:
Spannungsquelle, Spannungsteiler, Transistor

Laststromkreis:
Spannungsquelle, Kollektorwiderstand, Transistor

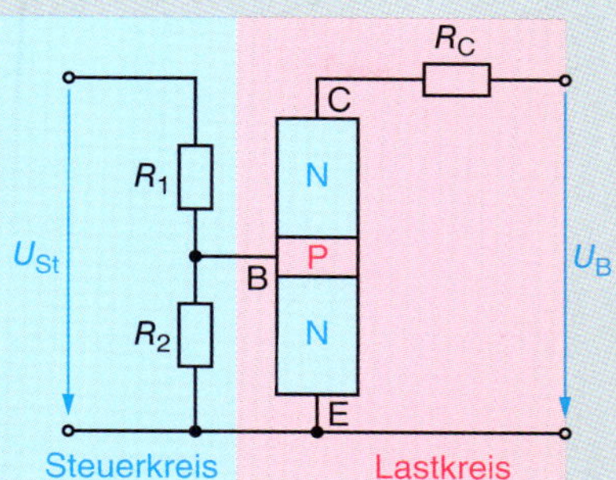

Keine Steuerspannung am Transistor

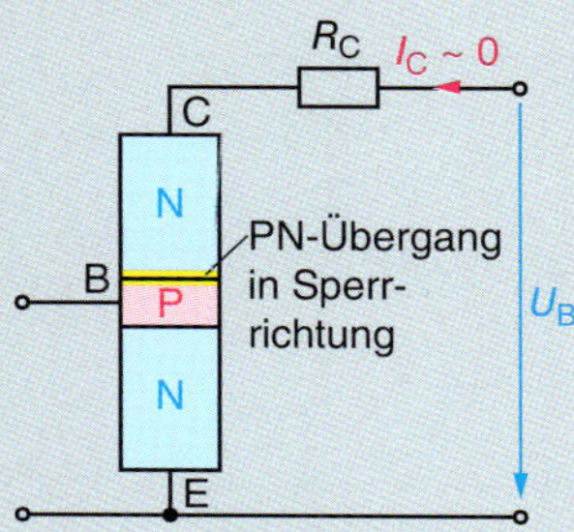

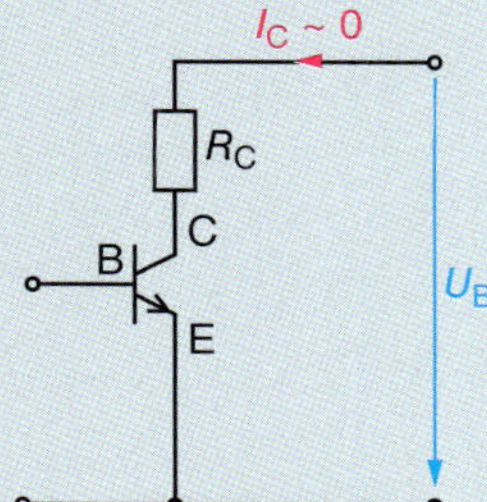

Der PN-Übergang zwischen **Kollektor** und **Basis** wird in **Sperrrichtung** betrieben.

Damit kann kein nennenswerter Kollektorstrom fließen ($I_C \approx 0$).

Steuerspannung am Transistor

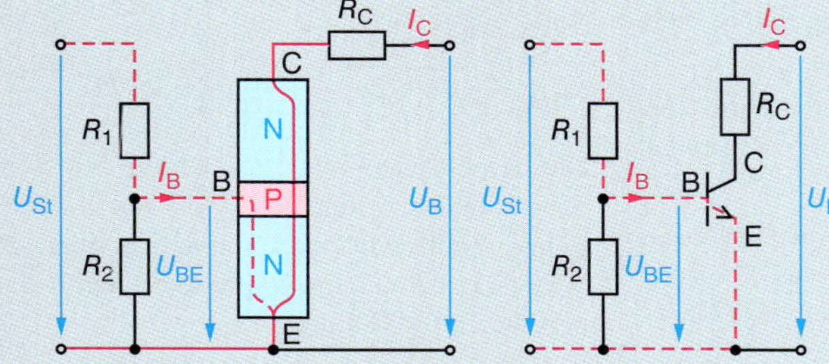

Wenn bei Siliziumtransistoren eine Spannung von ca. 0,7 V zwischen Basis und Emitter anliegt, fließt der **Basisstrom** I_B.

Dadurch wird der PN-Übergang zwischen Kollektor und Basis abgebaut:
PN-Übergang in **Durchlassrichtung**.

Es kann dann ein Kollektorstrom I_C über den Transistor fließen. I_C ist dabei um ein Vielfaches größer als I_B.

Stromverstärkungsfaktor *B* eines Transistors

$$B = \frac{\text{Kollektorstrom}}{\text{Basisstrom}} = \frac{I_C}{I_B}$$

$B = 300$ bedeutet zum Beispiel, dass der Kollektorstrom 300-mal so groß wie der Basisstrom ist:
$I_B = 1\text{ mA} \rightarrow I_C = 300\text{ mA}$.

Man kann den Basisstrom als **Steuerstrom** und den Kollektorstrom als **Laststrom** ansehen.

■ **Transistoren**
ermöglichen die Steuerung hoher Kollektorströme durch kleine Basisströme.

Stromverstärkung
current amplification

Verstärker
amplifier

Emitterschaltung
emitter circuit

Basisvorwiderstand
basis resistance

■ **NPN-Transistor**

Beim NPN-Transistor muss die Basis *positiv* angesteuert werden.

Sonst wäre die Emitter-Sperrschicht in Sperrrichtung gepolt.

Über den Basisspannungsteiler bzw. den Basisvorwiderstand wird das Gleichspannungspotenzial an der Basis angehoben.

■ **Innenwiderstand**

Geringer Laststrom → hoher Innenwiderstand

Hoher Laststrom → geringer Innenwiderstand

Basisspannungsteiler

Durch den Basisspannungsteiler R_1, R_2 kann die Steuerspannung aus der Betriebsspannung U_B gewonnen werden.

$$R_2 = \frac{U_{BE}}{q_i \cdot I_B}$$

$$R_1 = \frac{U_B - U_{BE}}{(q_i + 1) \cdot I_B}$$

q_i Querstromfaktor, ca. 5 bis 10

Basisvorwiderstand

$$R_V = \frac{U_B - U_{BE}}{I_B}$$

Transistor als Gleichspannungsverstärker

Ein Rechtecksignal mit dem Scheitelwert $u_S = 5$ V soll auf einen Scheitelwert von 12 V angehoben werden (Bild 298).

Für diese **Spannungsverstärkung** eignet sich eine Transistorstufe.

Mit einem **Kleinsignalverstärker** kann eine Verstärkerstufe in **Emitterschaltung** aufgebaut werden.

Emitterschaltung bedeutet: Ein- und Ausgangsspannung haben dasselbe *Bezugspotenzial*. Zum Beispiel: Masse = 0 V. Der Emitter liegt ebenfalls auf diesem Potenzial.

Laut Herstellerdatenblatt genügt ein *Basisstrom* von $I_B = 0{,}5$ mA, um den Transistor sicher niederohmig zu steuern.

Der Basisstrom wird mit einem **Basisvorwiderstand** begrenzt.

$$R_B = \frac{U_e - U_{BE}}{I_B} = \frac{5\ \text{V} - 0{,}7\ \text{V}}{0{,}5\ \text{mA}} = 8{,}6\ \text{k}\Omega$$

Der Arbeitswiderstand $R_A = 1$ kΩ bildet mit dem Transistorwiderstand zwischen Kollektor C und Emitter E einen *Spannungsteiler*. Der Widerstand R_{CE} kann Werte zwischen nahezu null und 1,5 MΩ annehmen.

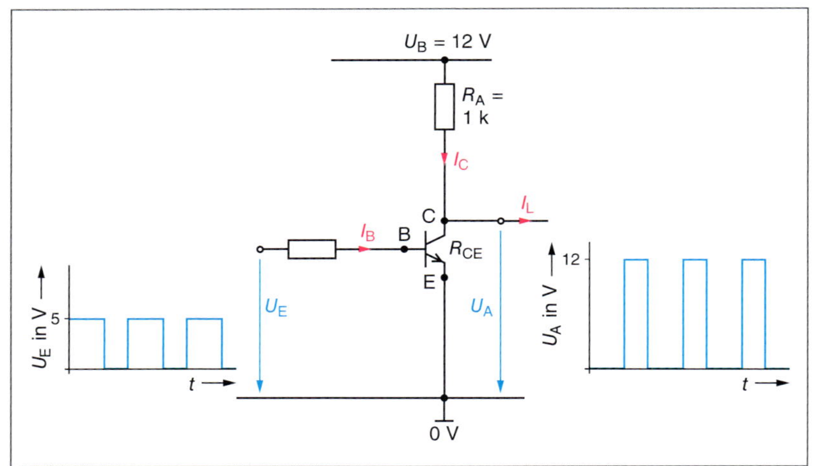

Bild 298 Transistor als Gleichspannungsverstärker

- Wird der Transistor mit dem Rechteckimpuls angesteuert, geht der Widerstand R_{CE} gegen 0 Ω.
  Beispiel: $R_{CE} = 5$ Ω.
  Es fließt ein Kollektorstrom.

  $$I_C = \frac{U_B}{(R_A + R_{CE})} = \frac{12\ \text{V}}{(1000\ \Omega + 5\ \Omega)}$$

  $I_C = 12$ mA

  Am Ausgang *A* liegt dann das Potential $\varphi_A = I \cdot R_{CE} = 12\ \text{mA} \cdot 5\ \Omega = 60$ mV.
  Die Ausgangsspannung beträgt $U_A \approx 0$ V.
  Das H-Signal am Eingang der Transistorstufe erzeugt ein L-Signal am Ausgang.
- Liegt am Eingang das L-Signal $U_E = 0$ V, ist der Transistor hochohmig zwischen C und E.

Beispiel: $R_{CE} = 1\ \text{M}\Omega$.
Nach der Spannungsteilerregel liegt am größten Widerstand die größte Spannung.

$$\frac{U_{AS}}{U_B} = \frac{R_{CE}}{R_{CE} + R_A}$$

$$U_{As} = U_B \cdot \frac{R_{CE}}{R_{CE} + R_A} = 12\ \text{V} \cdot \frac{1\ \text{M}\Omega}{1\ \text{M}\Omega + 1\ \text{k}\Omega}$$

$= 11{,}99\ \text{V} \approx 12\ \text{V}$.

Die Transistorstufe hat die Eingangsspannung also um den **Spannungsverstärkerfaktor**

$$V_U = \frac{U_A}{U_E} = \frac{12\ \text{V}}{5\ \text{V}} = 2{,}4$$

verstärkt.

Das Ausgangssignal ist gegenüber dem Eingangssignal invertiert (umgekehrt). Die **Invertierung** kann *aufgehoben* werden, wenn eine weitere Transistorstufe nachgeschaltet wird.

Wird dem Ausgang ein Strom I_L entnommen, verursacht diese Belastung einen Spannungsfall am **Arbeitswiderstand** R_A.

Am Ausgang wird ein Strom $I_L = 1$ mA entnommen.
Der Strom fließt über $R_A = 1\ \text{k}\Omega$.
Der Strom verursacht einen Spannungsfall von $U_{RA} = I_C \cdot R_A = 1\ \text{mA} \cdot 1\ \text{k}\Omega = 1\ \text{V}$.
Die Ausgangsspannung sinkt auf den Wert $U_{As} = 11$ V.

Transistor als verstellbarer Widerstand

In der Praxis werden zur **Gleichspannungsversorgung** von elektronischen Komponenten neben Batterien und Akkumulatoren **Konstantspannungsquellen** verwendet.

Diese **geregelten Netzteile** halten die Spannungen an den Ausgangsklemmen bei Belastungsänderungen und Veränderungen der Eingangsspannung **konstant**.

Prinzip: Der **Innenwiderstand** R_i der Spannungsquelle muss **veränderbar** sein (Bild 299).

Bedingung: U_E muss immer einige Volt größer als U_A sein.

Erläuterung für zwei Fälle:

1. Der Lastwiderstand wird kleiner, der Laststrom I_L nimmt zu.

Bei *konstantem Innenwiderstand* R_i wird die Spannung U_{Ri} größer.

Die Ausgangsspannung U_A wird entsprechend kleiner.

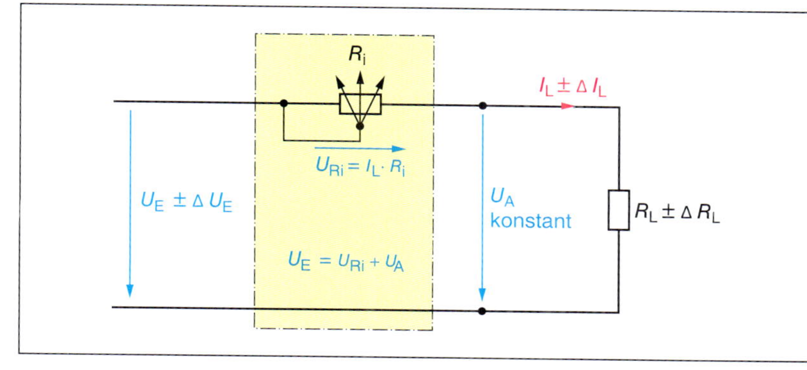

Bild 299 *Verstellbarer Innenwiderstand zur Stabilisation, Prinzip*

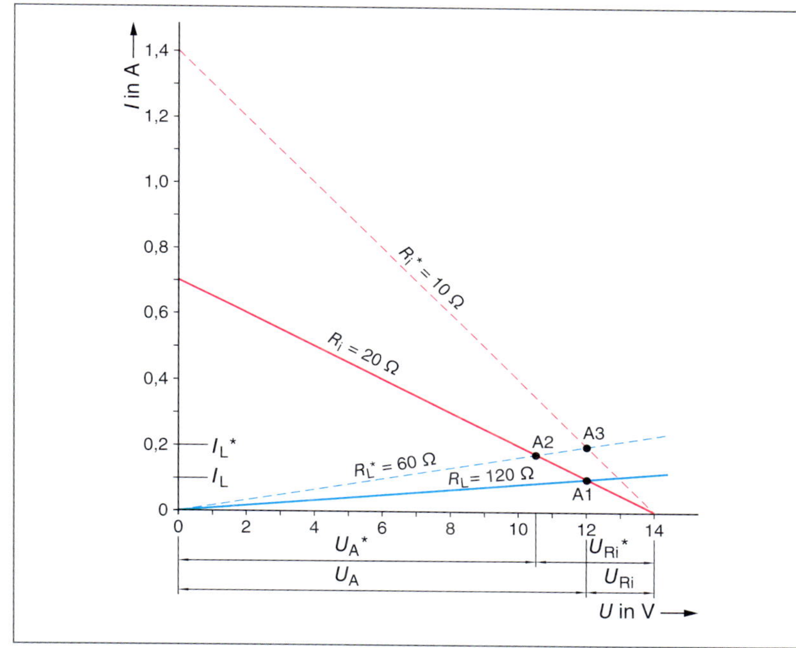

Bild 300 *Spannungsregelung mit Längswiderstand (Laständerung)*

Wird R_i kleiner gestellt, verringert sich der Spannungsfall U_{Ri} an R_i.

Wird R_i richtig eingestellt, stellt sich an den Ausgangsklemmen wieder der Sollwert der Ausgangsspannung ein. U_A = konstant.

Eingangsspannung $U_E = 14$ V

Ausgangsspannung $U_A = 12$ V (konstant)

Laststrom $I_L = 100$ mA

Lastwiderstand $R_L = 120\ \Omega$

Spannungsfall am Innenwiderstand

$U_{Ri} = U_E - U_A = 14\ \text{V} - 12\ \text{V} = 2\ \text{V}$

Innenwiderstand der Spannungsquelle

$$R_i = \frac{U_{Ri}}{I_L} = \frac{2\ \text{V}}{0{,}1\ \text{A}} = 20\ \Omega$$

Arbeitspunkt A1 in Bild 300.

Spannungsregler
voltage controller,
constant-voltage regulator

Regelung
automatic control,
automatic regulation

Die Belastung ändert sich:

$R_L{}^* = 60\ \Omega$.

Der Strom ändert sich:

$$I_L{}^* = \frac{U_E}{R_i + R_L} = \frac{14\ \text{V}}{20\ \Omega + 60\ \Omega} = 175\ \text{mA}.$$

Die Ausgangsspannung U_A ändert sich:

$U_A{}^* = I_L \cdot R_L = 0{,}175\ \text{A} \cdot 60\ \Omega = 10{,}5\ \text{V}$.

Die Spannung am Innenwiderstand ändert sich:

$U_{Ri}{}^* = I_L \cdot R_i = 0{,}175\ \text{A} \cdot 20\ \Omega = 3{,}5\ \text{V}$.

Der Spannungsfall am Innenwiderstand hat zugenommen, die Ausgangsspannung U_A ist um 1,5 V gefallen → **Arbeitspunkt A2** (Bild 300).

Der Innenwiderstand R_i wird verstellt:

Bei einer erwarteten Ausgangsspannung $U_A = 12$ V wird ein Strom

$$I_L = \frac{U_A}{R_L} = \frac{12\ \text{V}}{60\ \Omega} = 200\ \text{mA}$$

erwartet.

Am Innenwiderstand R_i müssen $U_{Ri} = 2$ V abfallen. Daraus ergibt sich

$$R_i{}^* = \frac{U_{Ri}}{I_L} = \frac{2\ \text{V}}{0{,}2\ \text{A}} = 10\ \Omega$$ → **Arbeitspunkt A3**.

Wird der Innenwiderstand auf $R_i = 10\ \Omega$ gestellt, beträgt U_A wieder 12 V.

2. Die Eingangsspannung U_E wird größer, der Strom durch R_i und R_L nimmt zu.

Die Ausgangsspannung U_A steigt.

Wird R_i größer gestellt, wird der Strom I_L reduziert und die Ausgangsspannung wird auf den geforderten Wert zurückgeführt.

Anfangszustand

Eingangsspannung $U_E = 14$ V, Ausgangsspannung $U_A = 12$ V, Lastwiderstand $R_L = 120\ \Omega$, Laststrom $I_L = 100$ mA (**Arbeitspunkt A1** in Bild 301).

Die Eingangsspannung steigt auf $U_E = 16$ V. Bei unverändertem R_i steigt der Strom durch die Schaltung auf

$$I_L{}^* = \frac{U_E}{R_i + R_L} = \frac{16\ \text{V}}{20\ \Omega + 120\ \Omega} = 114\ \text{mA}.$$

Die Ausgangsspannung erhöht sich auf

$U_A{}^* = I_L{}^* \cdot R_L = 114\ \text{mA} \cdot 120\ \Omega = 13{,}7\ \text{V}$
(**Arbeitspunkt 2**, Bild 301).

Die Spannung am Innenwiderstand beträgt

$U_{Ri}{}^* = 114\ \text{mA} \cdot 20\ \Omega = 2{,}3\ \text{V}$.

Am Innenwiderstand R_i müssen

$U_{Ri} = U_E - U_A = 16\ \text{V} - 12\ \text{V} = 4\ \text{V}$

abfallen.

Es soll ein Laststrom $I_L = 100$ mA fließen.

Der Innenwiderstand muss verstellt werden auf

$$R_i = \frac{U_{Ri}}{I_L} = \frac{4\ \text{V}}{0{,}1\ \text{A}} = 40\ \Omega.$$

Die Ausgangsspannung beträgt wieder

$U_A = I_L \cdot R_L = 100\ \text{mA} \cdot 120\ \Omega = 12\ \text{V}$
(**Arbeitspunkt 1**, Bild 301).

@ **Interessante Links**

Spannungsregler

- phoenixcontact.com
- siemens.de
- panasonic.de
- eme-gmbh.de

■ **Spannungsregler**

Ein Teil der Ausgangsspannung wird mit einer Referenzspannung verglichen (Spannung an der Z-Diode in Bild 303, Seite 291).

Durch die Regelabweichung (Regeldifferenz) wird der Längstransistor angesteuert.

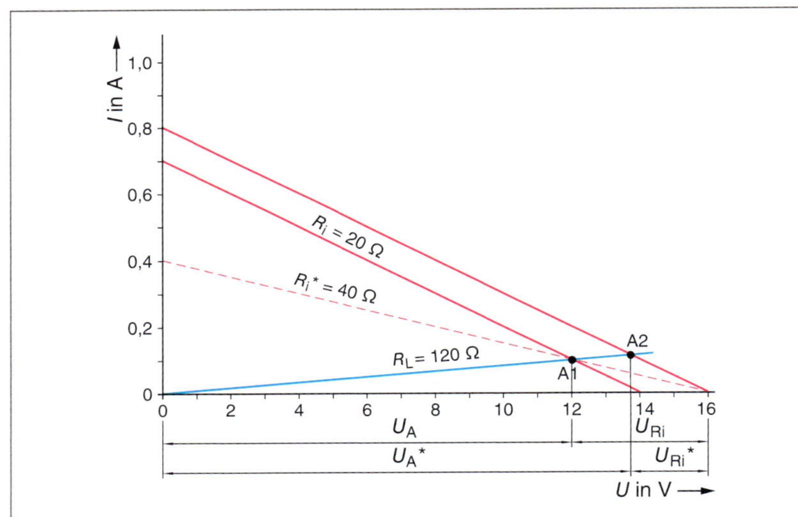

Bild 301 Spannungsregelung nach Änderung der Eingangsspannung

Längsregelung mit Längstransistor

Die Funktion des *verstellbaren Innenwiderstandes* kann ein **Leistungstransistor** übernehmen.

Der Widerstand eines Transistors zwischen Kollektor C und Emitter E kann mit dem Basisstrom I_B verstellt werden.

Da der Transistor in die Leitung geschaltet wird, nennt man den Transistor **„Längstransistor"** und die Art der Spannungsregelung **„Längsregelung"**.

Die Regelung der Ausgangsspannung soll selbsttätig ablaufen.

Regelung meint hier: Weicht die tatsächliche Ausgangsspannung U_A (Istwert) von der geforderten Spannung (Sollwert) ab, dann muss durch Verstellen des Innenwiderstandes $R_{CE} = R_i$ die Ausgangsspannung wieder den Sollwert annehmen.

Eine Schaltung zur Erzeugung einer konstanten Spannung ist in Bild 303 dargestellt.

Funktion der Schaltung (Bild 303):

Die Spannungen U_A, U_Z und U_{BE} liegen in einer unverzweigten Masche.

Es gilt die Maschenregel:

$$U_A - U_Z + U_{BE} = 0 \rightarrow U_{BE} = U_Z - U_A$$

Die Z-Spannung der Z-Diode ist konstant. Die Steuerspannung des Transistors U_{BE} und damit der Basisstrom I_B sind also nur von der Ausgangsspannung abhängig.

Sinkt die Ausgangsspannung U_A durch zunehmende Last, werden U_{BE} und I_B zunehmen.

Der Transistor wird niederohmiger gesteuert, $U_{CE} = I_L \cdot R_{CE}$ wird kleiner, U_A wird auf dem Sollwert gehalten.

Steigt durch geringer werdenden Lastrom I_L die Ausgangsspannung an, wird U_{BE} kleiner, der Transistor wird hochohmiger gesteuert.

Die Spannung U_{CE} steigt an, U_A wird auf dem Sollwert gehalten.

Auch Schwankungen der Eingangsspannung werden ausgeregelt.

Diese Regelvorgänge werden durch geringste Abweichungen bei U_A oder U_E und zeitlich unverzögert ausgelöst. Spannungsschwankungen am Ausgang sind kaum feststellbar.

Berechnungsbeispiel (Bild 304):

Die Spannungsquelle wird mit einem Lastwiderstand $R_L = 20\ \Omega$ beschaltet. Der Laststrom beträgt dann

$$I_L = \frac{U_A}{R_L} = \frac{6\ \text{V}}{20\ \Omega} = 0{,}3\ \text{A}.$$

Bei einer Eingangsspannung von $U_E = 10$ V muss am Transistorwiderstand R_{CE} eine Spannung $U_{CE} = 4$ V abfallen.

Durch den Basisstrom I_B wird der Widerstand der Kollektor-Emitter-Strecke auf

$$r_{CE} = \frac{U_{CE}}{I_L} = \frac{4\ \text{V}}{0{,}3\ \text{A}} = 13{,}3\ \Omega \text{ gestellt.}$$

Festspannungsregler

Zur Erzeugung einer *konstanten Gleichspannung* eignen sich besonders **integrierte Festspannungsregler**.

Zentrale Komponente in diesem integrierten Schaltkreis ist ein **Längstransistor**, der in die positive oder negative Strombahn geschaltet wird. Zudem beinhaltet dieser Baustein einen Regelkreis, der einen **Soll-Ist-Vergleich** durchführt.

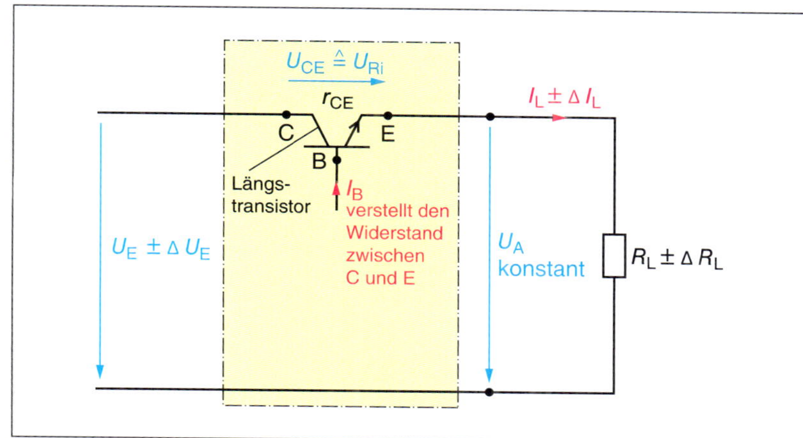

Bild 302 Prinzip der Konstantspannungsquelle

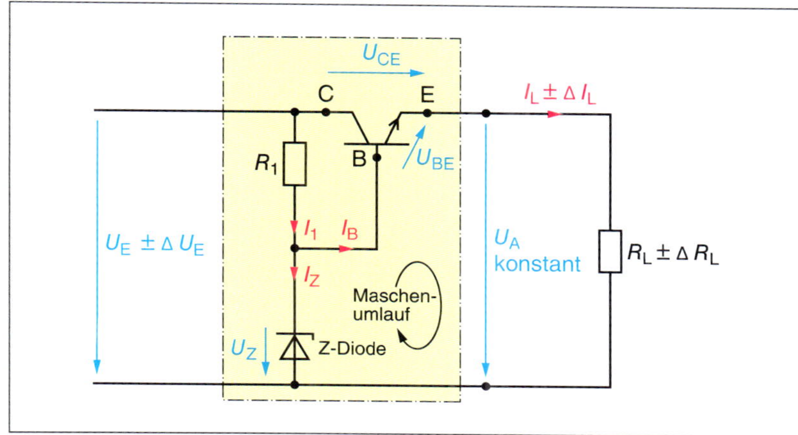

Bild 303 Spannungsregler mit Z-Diode und Längstransistor

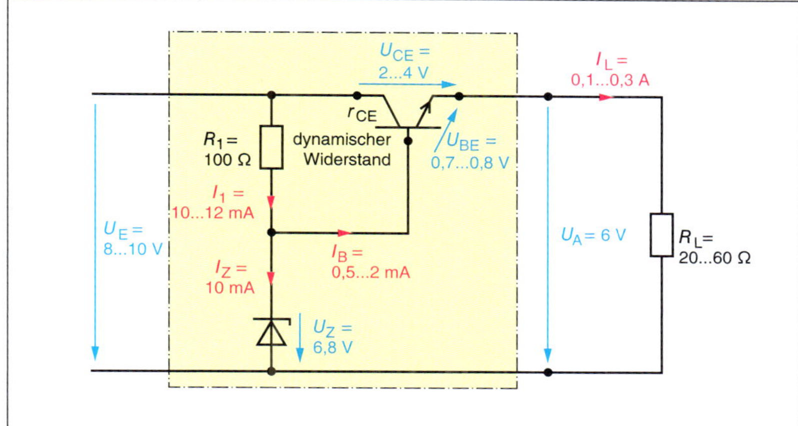

Bild 304 Schaltung zum Berechnungsbeispiel

Tritt eine **Regeldifferenz** auf, dann wird der Längstransistor entsprechend angesteuert, um die Regeldifferenz zu beseitigen (Bild 305).

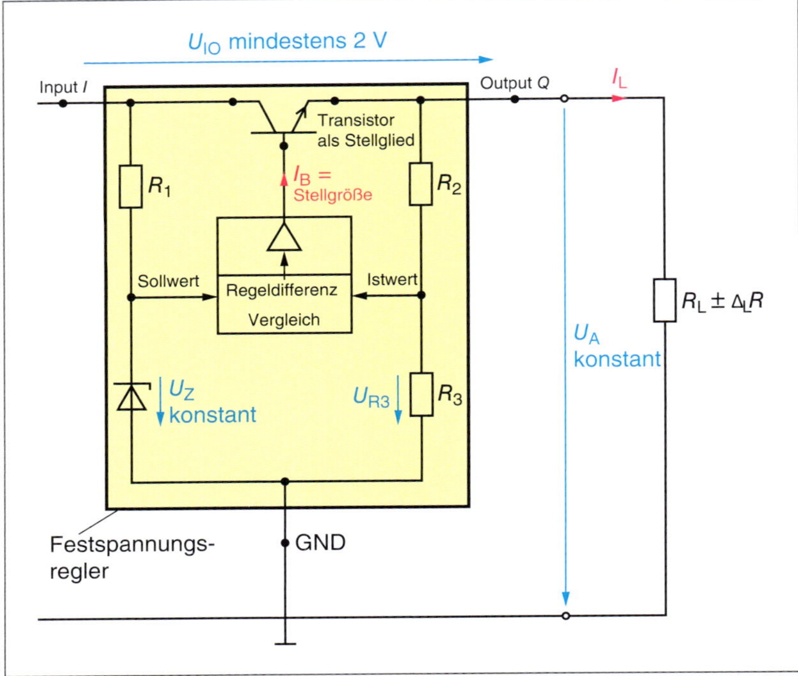

Bild 305 *Funktionsprinzip eines Festspannungsreglers*

Festspannungsregler

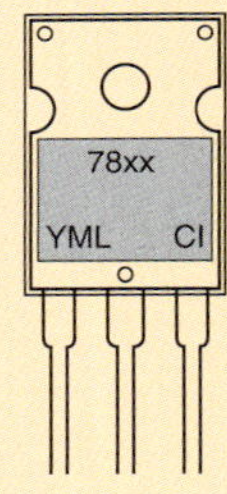

Die **Eingangsspannung** U_E darf laut Herstellerangaben 10 V größer sein als die Ausgangsspannung U_A.

Der *kleinste Wert* der Eingangsspannung muss 2 V größer sein als die Ausgangsspannung.

Ist die Eingangsspannung *deutlich höher* als die Ausgangsspannung, führt dies zu einer erheblichen Verlustleistung $P_{tot} = U_{IO} \cdot I_L$.

Diese Verlustleistung führt zur Erwärmung des Bausteins.

78 positiver Regler
79 negativer Regler
XX Output Voltage
05 = 5 V, 06 = 6 V, 08 = 8 V,
09 = 9 V, 10 = 10 V, 12 = 12 V,
15 = 15 V, 18 = 18 V, 24 = 24 V
Y Year Code
M Month Code
(A = Jan, B = Feb, C = Mar, D = Apl,
E = May, F = Jun, G = Jul, H = Aug,
I = Sep, J = Oct, K = Nov, L = Dec)
L Lot Code
CI Package Code für ITO-220

Als besondere Ausstattung der Spannungsregler gibt der Hersteller an:

- Interne Kurzschlussstrombegrenzung
- Thermischer Überlastungsschutz
- Geringe Spannungsabweichung auch bei größeren Strömen
- Brummspannung im mV-Bereich

@ Interessante Links

Netzteile

- phoenixcontact.com
- phillips.de
- siemens.de
- deutronic.com

Gleichspannungsnetzteil (Bild 306, Seite 293)

Die Netzteilkomponenten und ihre Funktion:

- *T1*, Transformator zur Spannungsanpassung und galvanischen Trennung.
  $U_2 = 15$ V, $S = 20$ VA.
- *T2*, Zweipuls-Brückengleichrichter (B) für eine Eingangsspannung von $U = 40$ V.
  Der Gleichrichter darf kapazitiv belastet werden (C), d. h. der Gleichrichter kann hohe Spitzenströme führen.
  Dem Gleichrichter kann ein Gleichstrom $I_d = 1000$ mA entnommen werden ohne Maßnahmen zur Kühlung.
  Bei Montage auf einem Kühlblech können 1500 mA entnommen werden. Der Gleichrichter liefert eine pulsierende Gleichspannung.
- *C1*, gepolter Elektrolytkondensator mit einer Spannungsfestigkeit von $U = 40$ V.
  Diese Spannung ergibt sich aus $U = \sqrt{2} \cdot U\sim$.
  Hier $U = \sqrt{2} \cdot 15 \text{ V} = 21{,}2$ V. Der Kondensator glättet die pulsierende Gleichspannung.
  Die Kapazität bestimmt den Glättungsfaktor.
  Bei einer Belastung mit $I_L = 500$ mA ergibt sich eine Restwelligkeit (Brummspannung) von

$$U_{Br} = \frac{0{,}8 \cdot I_d}{f_{Br} \cdot C_1} = \frac{0{,}8 \cdot 0{,}8 \text{ A}}{100 \text{ Hz} \cdot 2{,}2 \text{ mF}} = 2{,}9 \text{ V}_{SS}$$

- *Q1*, Festspannungsregler für eine positive Spannung von $U_A = +12$ V
- *C2*, *C3*, Keramikkondensatoren zur Bedämpfung von Regelschwingungen.
- *C4*, gepolter Elektrolytkondensator zur Glättung einer Restwelligkeit.
- *F1*, superflinke Feinsicherung zum Schutz des Gleichrichters.
- *F2*, die Schutzdiode soll den Spannungsregler vor Rückströmen schützen.
- *P1*, rote LED leuchtet, wenn die Feinsicherung durchgebrannt ist. LED haben eine geringe Sperrspannung ($U_R = 5 - 6$ V), die vorgeschaltete Diode erhöht die Sperrspannung.
- R_1, R_2 sind Vorwiderstände zur Begrenzung des Stromes durch die LED.

Ein *Nachteil* des dargestellten Netzteils ist die relativ hohe **Verlustleistung**, die im Festspannungsregler entsteht.

Im vorgestellten Schaltungsbeispiel fällt am Festspannungsregler eine mittlere Spannung von $U_{I0} \approx 7$ V ab.

Bei einem Laststrom von $I_{Lmax} = 1$ A entsteht im Regler eine Verlustleistung von

$P_{tot} = U_{I0} \cdot I_{Lmax} = 7 \text{ V} \cdot 1 \text{ A} = 7$ W.

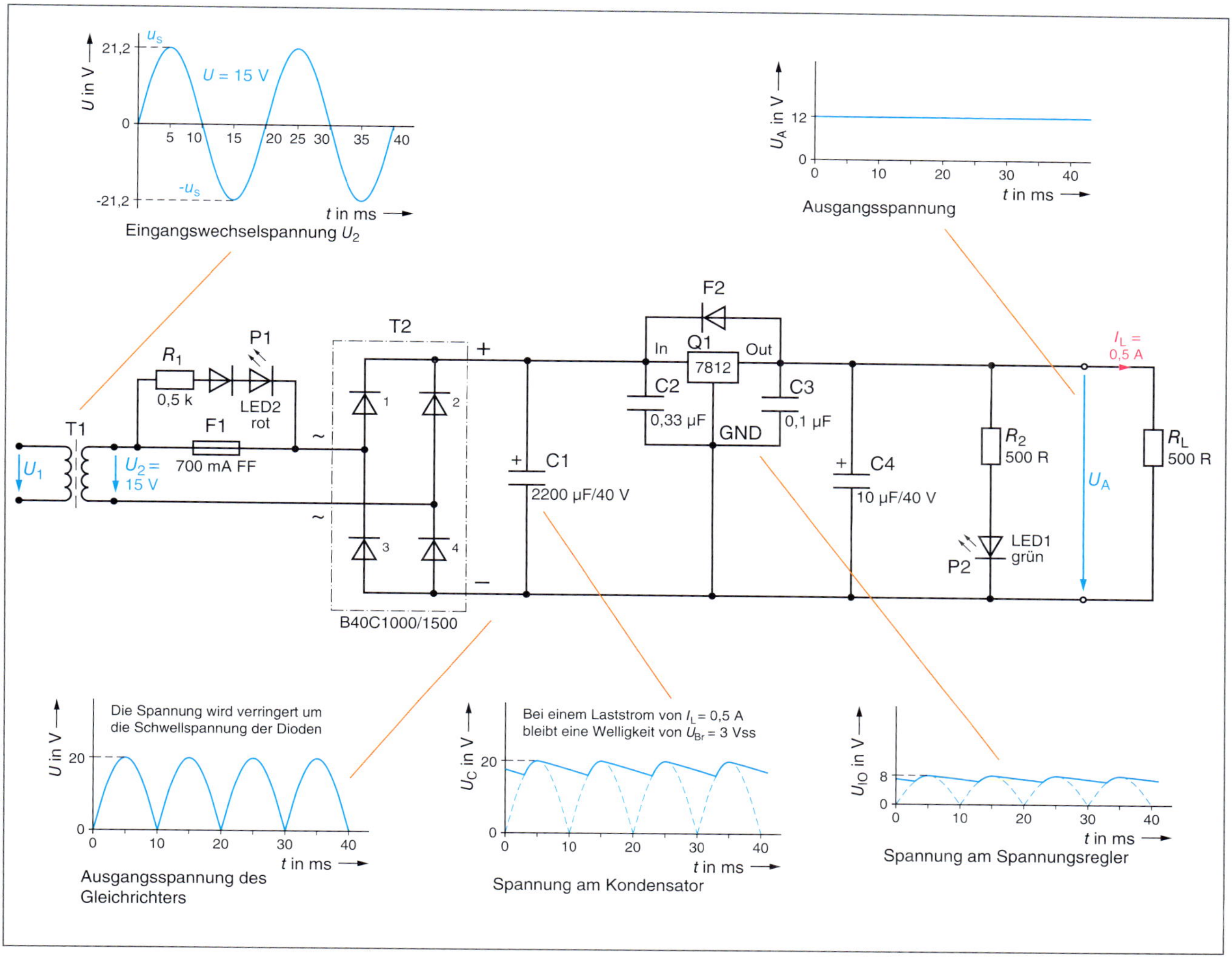

Bild 306 Gleichspannungsversorgung mit kapazitivem Netzteil und Festspannungsregler

Diese Leistung innerhalb des Reglerbausteins ist **Wärmeleistung**, sie führt zur Erhitzung des Bauteils.

Damit der Spannunsregler nicht abgeschaltet bzw. zerstört wird, muss ein **Kühlkörper** für eine bessere Wärmeableitung montiert werden.

Im Herstellerdatenblatt wird ein Kühlkörper mit einem **Wärmeübergangswiderstand** $R_{th} = \frac{11\,°C}{W}$ empfohlen.

Der **Spannungsregler** muss auf diesen Kühlkörper montiert werden.

Soll die Stromentnahme aus dem Netzteil erhöht werden, kann ein **„Bypass-Transistor"** parallel zum Spannungsregler geschaltet werden.

Der Transistor Q2 ist ein PNP-Typ (Bild 307).

Fließt ein Strom $I = 0{,}8$ A durch den Widerstand $R = 1\ \Omega$, erzeugt der Widerstand eine Spannung von $U_{EB} = 0{,}8$ V (Steuerspannung für Q2).

Dieser Spannungsfall ist die Steuerspannung für Q2. Ströme über 0,8 A fließen über den Transistor.

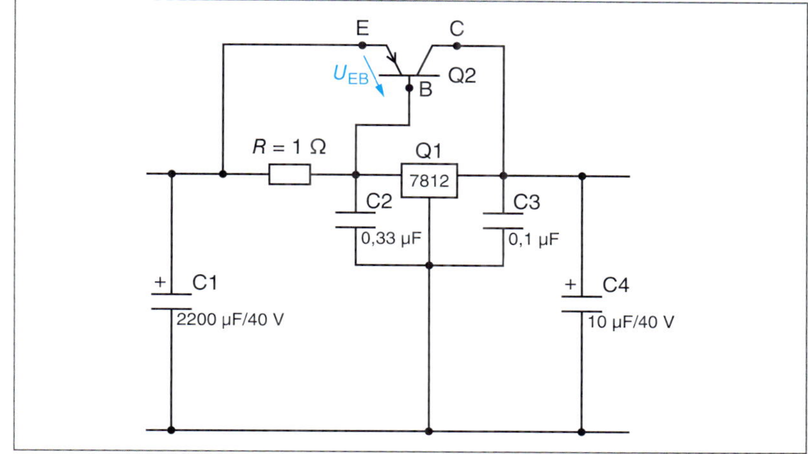

Bild 307 Leistungstransistor parallel zum Spannungsregler (Bypass)

■ **Aufgabenlösung**

TB

@ Interessante Links

• christiani-berufskolleg.de

Prüfung

1. Die Temperatur ändert sich von 25 °C auf 42 °C.

Welchen Einfluss hat das auf U_2?

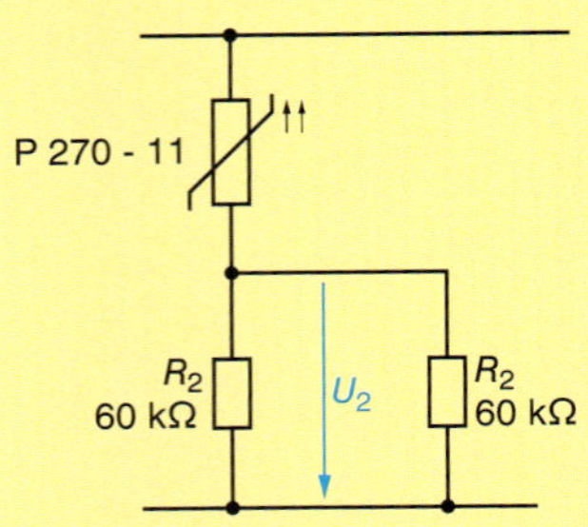

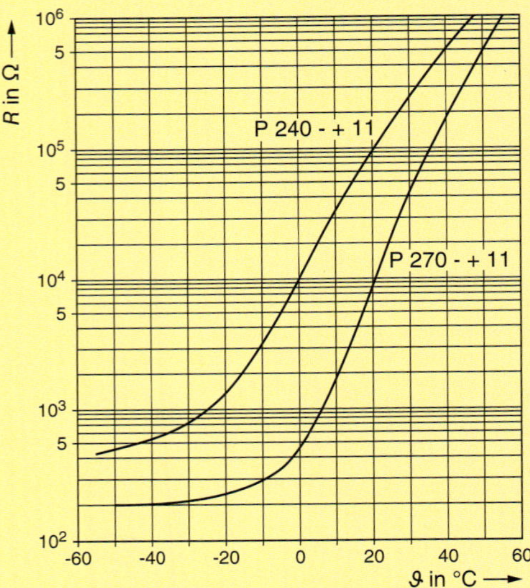

2. Welches Bauelement wird durch die Kennlinie beschrieben?

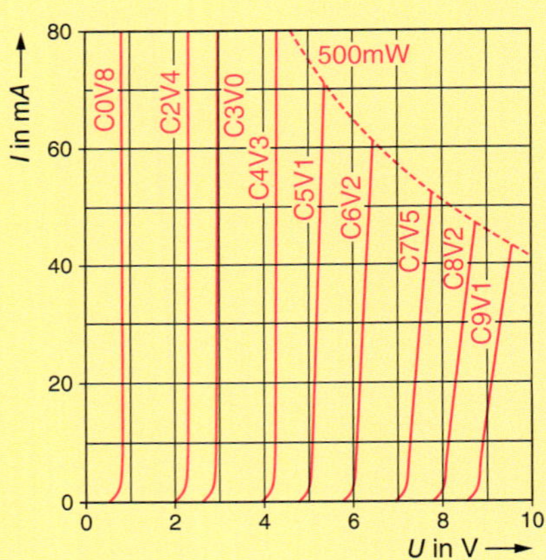

3. Was bedeutet die Angabe B2 250 C2000/1000?

4. Erläutern Sie die Funktion der Schaltung.

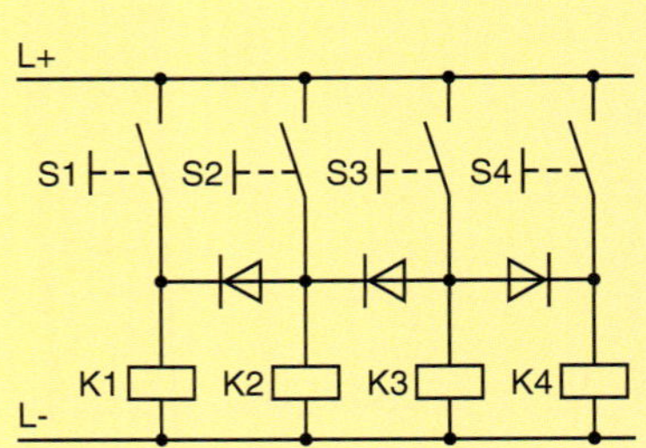

5. Welche Verlustleistungen treten im Festwiderstand und in der Diode auf?

$U_B = 12$ V

$R = 27\ \Omega$

$U_F = 0{,}8$ V

6. Aus einer Spannungsversorgung $U_B = 15$ V soll eine 10-V-Referenzspannung erzeugt werden.

Laststom: 8,5 mA; Z-Strom: 20 mA.

Skizzieren Sie die Schaltung und berechnen Sie R_V.

4 Energie- und Informationsfluss in technischen Systemen

Der Ausbilder übergibt Ihnen den **Steuerstromkreis** der Bandsteuerung.

Er fordert Sie auf, sich in diesen Plan einzuarbeiten, ihn zu analysieren, um später Änderungen vornehmen zu können.

Der spätere Änderungsauftrag erfordert den Umbau, die Erweiterung der bestehenden Steuerung, eventuell die Umstellung auf eine SPS-Steuerung. Daher ist eine genaue Kenntnis der Ausgangssituation notwendig.

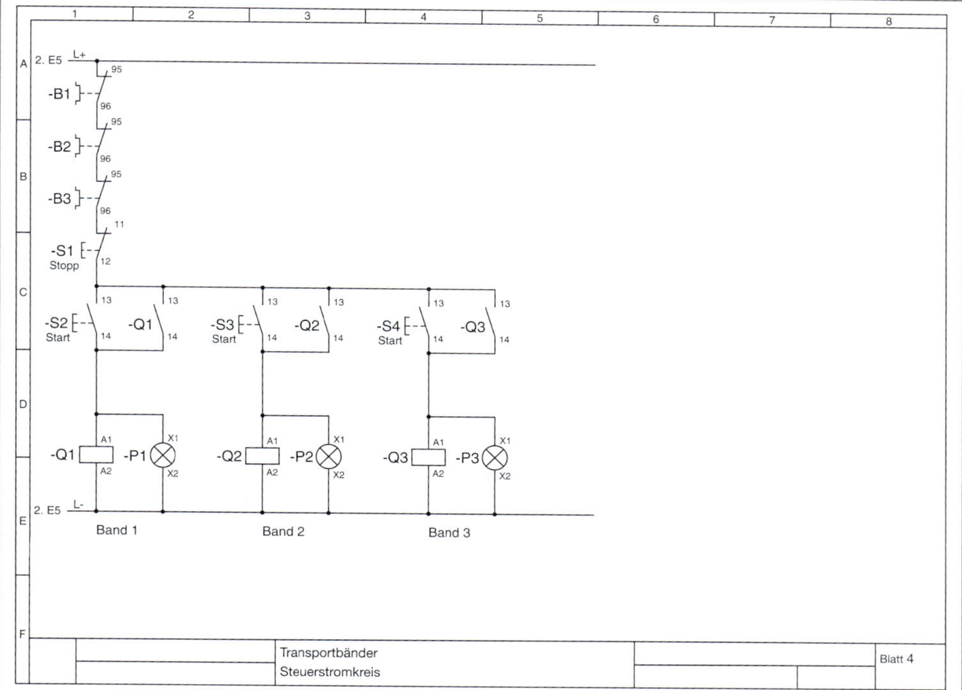

Bild 1 *Steuerstromkreis der Bandsteuerung*

4.1 Steuerungsaufbau

Wesentlicher Bestandteil der Steuerung sind die **Schütze** Q1 bis Q3.

Zur Anwendung kommen **Gleichstromschütze** mit Spulenspannungen von 24 V DC.

Kontaktbezeichnung beim Schütz

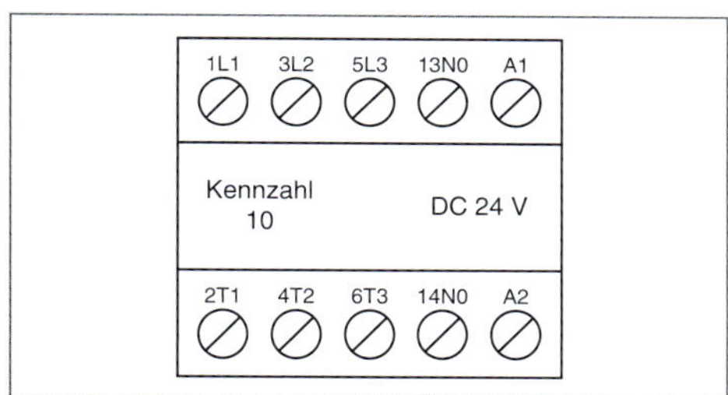

Bild 2 *Drehstromschütz*

Hilfsschaltglieder

Schließer	Früh-schließer	Öffner	Spät-öffner
x3 / x4	x7 / x8	x1 / x2	x5 / x6

Darstellung eines Hauptschützes

-Q1 A1 A2 1 2 3 4 5 6 13 14 23 24 31 32

3 Hauptschaltglieder
3 Hilfsschaltglieder, Kennziffer 21

Bild 3 *Hauptschütz (Lastschütz)*

Steuerung
control, open loop control

Auftrag
job

Änderung
change, alteration, modification

Schütz
contactor, control gate

Schaltglied
switching element

Darstellung
presentation

Kontakt
contact

Hauptschütz
master contactor

Hilfsschütz
auxiliary contactor

Schließer
closer, normally open contact, NO

Öffner
normally close contact, NC

■ **Hauptschaltglieder**
werden mit einer Ziffer bezeichnet:

1, 3, 5: Netzanschluss

2,4,6: Verbrauchsmittel

■ **Kennziffer**
21: Das Schütz hat als Hilfsschaltglieder 2 Schließer und 1 Öffner.

Außerdem mögliche Darstellung eines Hauptschützes

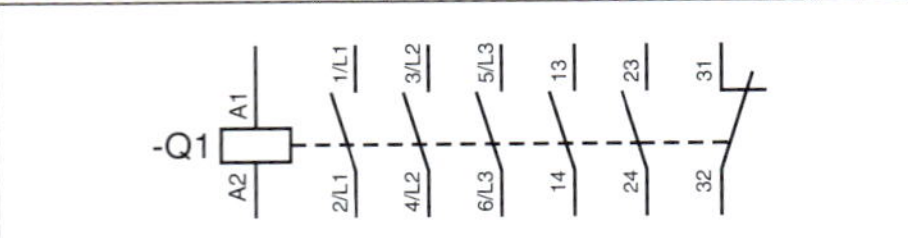

Bild 4 *Hauptschütz (Lastschütz)*

Hilfsschütze

Grundsätzlich gleicher Aufbau wie Hauptschütze. Haben aber nur **Hilfsschaltglieder** mit relativ geringer Belastbarkeit (2 bis 20 A).

Eingesetzt werden sie z. B. für das Schalten von *Verriegelungs-* und *Verknüpfungsfunktionen* und zur *Kontaktvervielfachung.*

■ **Kontaktvervielfachung**
Wenn in einer Schützsteuerung ein Sensorsignal mehrfach abgefragt werden soll, ist zur Kontaktvervielfachung ein Hilfsschütz einzusetzen.

Vor allem bei elektropneumatischen Steuerungen kommt das häufig vor.

Wichtige Kenndaten von Schützen

- **Mechanische Lebensdauer**
  Wird in Schaltspielen angegeben. Ein Schaltspiel ist ein Ein- und Ausschaltvorgang.
- **Schwankende Steuerspannung**
  Das Schütz muss im Spannungsbereich 0,85 bis 1,1 · U_N sicher anziehen. Bei U_N = 24 V bedeutet das einen Spannungsbereich von 20,4 V bis 26,6 V.
- **Steuerspannung**
  Übliche Steuerspannungen sind 230 V AC, 24 V AC und 24 V DC.
  Vorteil der Steuerspannung 230 V AC:
  Im Steuerstromkreis (und damit über die Schaltkontakte) fließen deutlich geringere Ströme bzw. müssen von den Kontakten unterbrochen werden.

■ **Induktivität**
Die Induktivität nimmt mit dem Quadrat der Windungszahl zu (N^2).

Eine 10-fache Windungszahl würde also eine 100-fache Induktivität bedeuten:
$10^2 = 100$

Beispiel:

Halteleistung eines Schützes: $P = 6$ W

Stromstärke bei 230 V:

$$I = \frac{P}{U} = \frac{6\text{ W}}{230\text{ V}} = 26\text{ mA}$$

Stromstärke bei 24 V:

$$I = \frac{P}{U} = \frac{6\text{ W}}{24\text{ V}} = 250\text{ mA}$$

Vorsicht bei Schützen mit Steuerpannungen von 24 V!

Unbedingt beachten, ob es sich um ein **AC-** oder **DC-Schütz** handelt. Das ist oftmals nur durch die **Aufschrift** zu unterscheiden. Ansonsten sehen die Schütze gleich aus (Bild 5).

- **24-V-DC-Schütz irrtümlich an 24-V-Wechselspannung angeschlossen.** Folge: Schütz zieht nicht an, keine Funktion aber auch kein Schaden.

■ X_L
induktiver Widerstand → 224

■ Z
Scheinwiderstand → 228

Bild 5 *AC- und DC-Schütz*

- **24-V-AC-Schütz irrtümlich an 24-V-Gleichspannung angeschlossen.** Folge: Nach kurzer Zeit erwärmt sich die Schützspule unzulässig; Zerstörung.

Begründung:

Beim **DC-Schütz** muss der Spulenstrom durch den *ohmschen Spulenwiderstand* begrenzt werden. Ein induktiver Widerstand tritt an Gleichspannung *nicht* auf.

Der dann vergleichsweise *hohe ohmsche Spulenwiderstand* kann nur durch eine *große Drahtlänge* der Spulenwicklung erreicht werden.

Drahtlänge l groß → R_L groß → N groß → Induktivität L groß

DC-Schütz an AC: Zusätzlich zum ohmschen Widerstand wird dann (ungewollt) der induktive Widerstand wirksam.

Der Spulenstrom wird zu gering, das Schütz zieht nicht an.

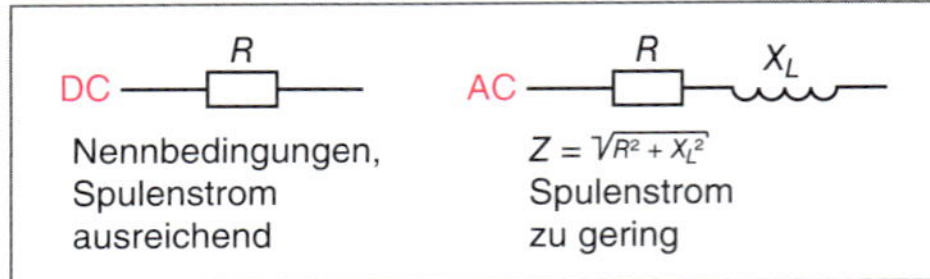

Bild 6 *DC-Schütz an AC*

AC-Schütz an DC: Das AC-Schütz ist so ausgelegt, dass der strombegrenzende Einfluss von X_L berücksichtigt wird.

Bei Anschluss an Gleichspannung entfällt der Einfluss von X_L.

Der Spulenstrom wird zu groß.

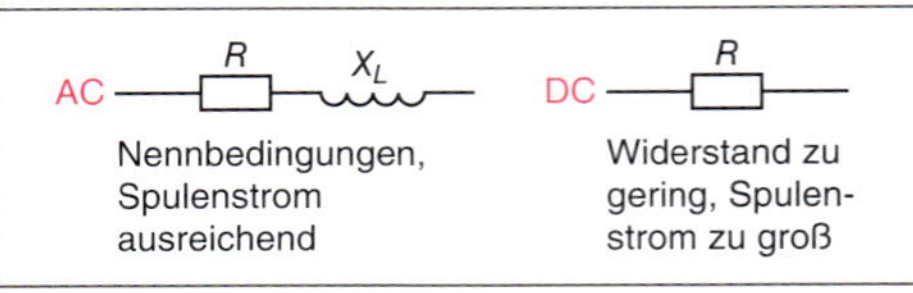

Bild 7 *AC-Schütz an DC*

Schütze sind Schaltgeräte, die mit *Hilfsenergie* betätigt werden.
Die Hilfsenergie erregt die Schützspule.
Das Magnetfeld zieht den Anker mit den beweglichen Schaltstücken gegen eine Federkraft.

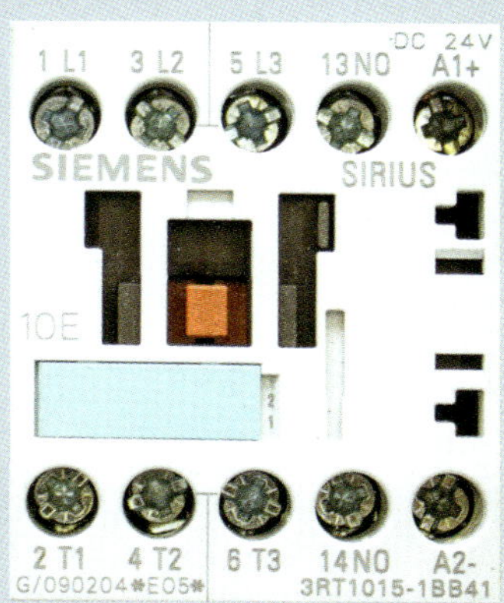

Spulenanschlüsse A1, A2
A1: Steuerleitung
A2: Spannungsversorgung (z. B. N-Leiter)

Bevorzugte **Steuerspannungen**
230 V AC, 24 V AC, 24 V DC

Hauptschaltglieder werden einzifferig bezeichnet:
1 – 2, 3 – 4, 5 – 6

1, 3, 5: Anschluss Netz
2, 4, 6: Anschluss Verbraucher

-Q1 A1 A2 1 2 3 4 5 6 13 14

Hauptschaltglieder (nur bei Hauptschützen)
Schalten von Hauptstromkreisen, Ausführung wesentlich vom notwendigen Schaltvermögen und von der Stromart (AC, DC) bestimmt.
Ein Hauptschaltglied hat eine **Doppelunterbrechung** und eine **Lichtbogenlöschkammer**.

Hilfsschaltglieder haben Schaltkammern ohne Löscheinrichtung und **Doppelunterbrechung**. Bemessungsströme 2 – 20 A

Unterbrechungsstelle
feststehendes Schaltstück
bewegliches Schaltstück
Doppelunterbrechung
Unterbrechungsstelle

Im Symbol wird die **Doppelunterbrechung** nicht dargestellt.

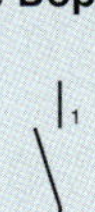

Kennzahl
Art und Anzahl der Hilfsschaltglieder eines Hauptschützes.

1. Ziffer: Anzahl der Schließer
2. Ziffer: Anzahl der Öffner

Kennzahl 21:
2 Schließer, *1* Öffner

Funktionsziffern Hilfsschaltglieder
1 – 2: Öffner
3 – 4: Schließer
5 – 6: Spätöffner
7 – 8: Frühschließer

Ordnungsziffer
Funktionsziffer

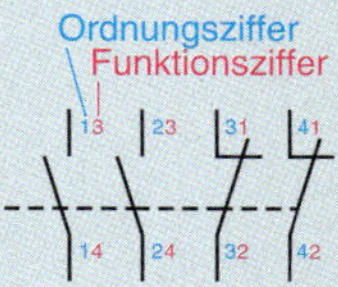

Gebrauchskategorie (Hauptschütze)

Die richtige **Wahl der Gebrauchskategorie** bestimmt ganz wesentlich die *Lebensdauer* des Schützes. Sie wird angegeben durch

AC-... für Wechselstromschütze

DC-... für Gleichstromschütze

gefolgt durch Ziffern.

So bedeutet beispielsweise:

- **AC-1:** Schütz mit Hauptschaltgliedern für nicht oder schwach induktive Last sowie Widerstandsöfen.
- **AC-4:** Schütz mit Hauptschaltgliedern für Käfigläufermotoren (Anlassen, Gegenlaufbremsen, Reversieren, Tippen).

Schaltwege

Bei Schützen werden die **Schaltstücke** beim Ein- und Ausschalten um einen **Hub** von einigen Millimetern bewegt. Dies zeigen die **Schaltfolgediagramme**.

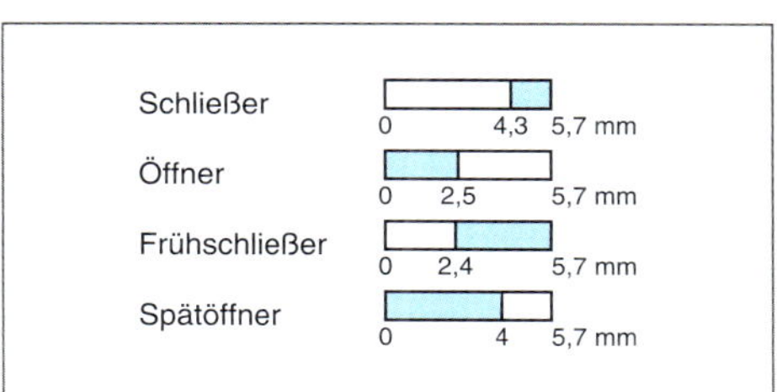

***Bild 8** Schaltfolgediagramme*

@ Interessante Links
Schütze
- abb.de
- moeller.net
- phoenixcontact.com

■ **Gebrauchskategorie** TB

Funkenlöschung
spark extinguishing

Relais
relay

Diode
diode

Varistor
varistor, volt-dependent resistor

RC-Glied
ressistance-capacitance element, RC element

monostabil
monostable, one-shot

bistabil
bistable

Reedkontakt
reed contact

Reedrelais
reed relay

Reedschalter
reed switch

■ **Relais**

@ Interessante Links

Relais

- moeller.net
- phoenixcontact.com
- schmersal.com
- bartec.de

Relais
Spannungen bis 250 V,
Ströme bis ca. 10 A

Spulenspannungen
1,5 V bis 30 V
AC und DC

Funkenlöschung
Unterdrückung von Schaltlichtbögen durch Dioden, RC-Glieder, Varistoren.

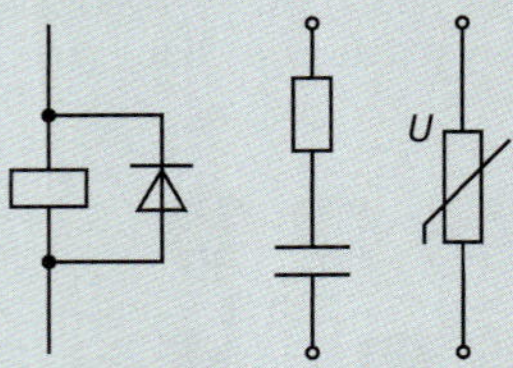

Vorsicht!
Das Zeitverhalten der Schaltung kann dadurch beeinflusst werden.

Kontakte
Zumeist Wechsler,
einfach unterbrechend.

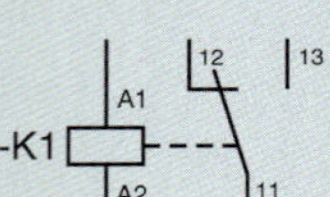

Der Spulenstrom bewirkt ein Magnetfeld, das das Kontaktstück gegen Federkraft bewegt. Rückfall der Kontakte durch Federkraft.

Relaiskontakte

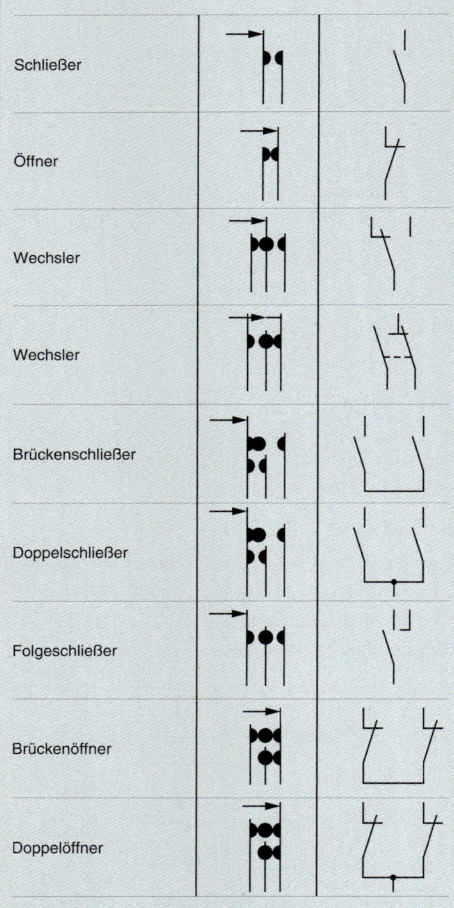

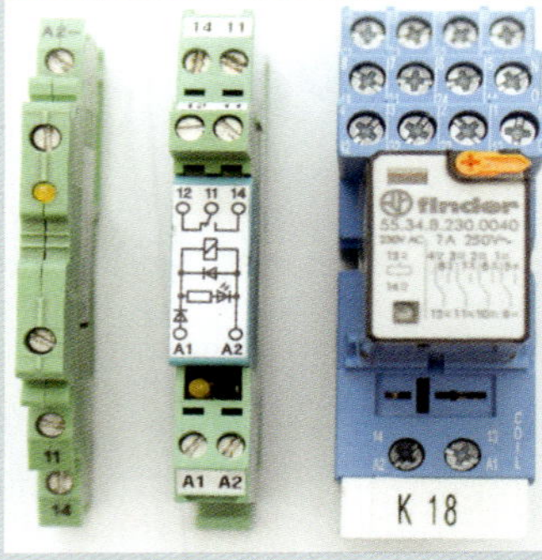

Einsatz
Z. B. zur galvanischen Trennung zwischen Leistungsteil und elektronischem Teil einer Steuerung:
SPS-Ausgang 24 V steuert Relais 24 V an, Relais schaltet 230 V AC.

Ausführungsformen
- Monostabile Relais
- Bistabile Relais
- Wechselstrombetätigte Relais

Relais

Die **Relais** zählen zu den elektromagnetischen Schaltgeräten. Ihre **Schaltleistung** ist allerdings *geringer* als die von Schützen.

Monostabile Relais

Nach Abschalten des Spulenstromes fallen die Kontakte durch *Federkraft* in ihre Ruhelage zurück.

Bistabile Relais

Behalten ihren Schaltzustand nach einem **Steuerimpuls** durch **Remanenz** des Eisenkerns bei.

- Relais mit **einer** Spule
  Umschaltung mit Impulsen entgegengesetzter Polarität.
- Relais mit **zwei** Spulen
  Eine Spule dient dem Setzen (Einschalten), die andere Spule dem Rücksetzen (Ausschalten).

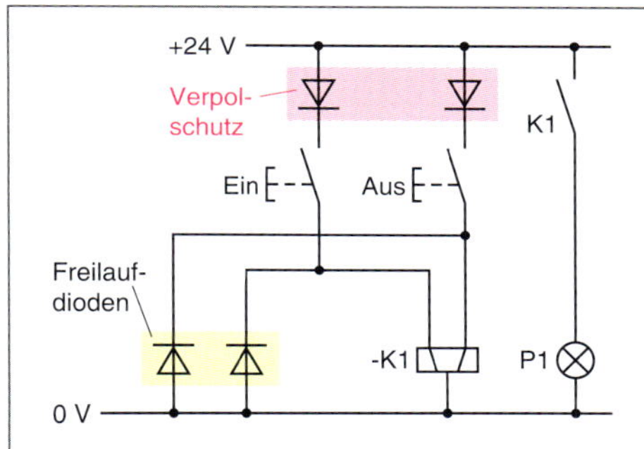

Bild 9 Bistabiles Relais, Schaltung

Wechselstrombetätigtes Relais

Das **Eisen** des magnetischen Kreises ist zwecks Verminderung der **Wirbelstromverluste** aus **Elektroblech** gefertigt.

Reed-Relais

Kontaktzungen sind paarweise in Glasröhrchen (Vakuum oder Edelgas) eingeschmolzen. Das Glasröhrchen ist von einer zylinderförmigen **Magnetspule** umschlossen.

Die Spule *magnetisiert* die Kontaktfedern, die sich gegenseitig anziehen und den Kontakt damit betätigen.

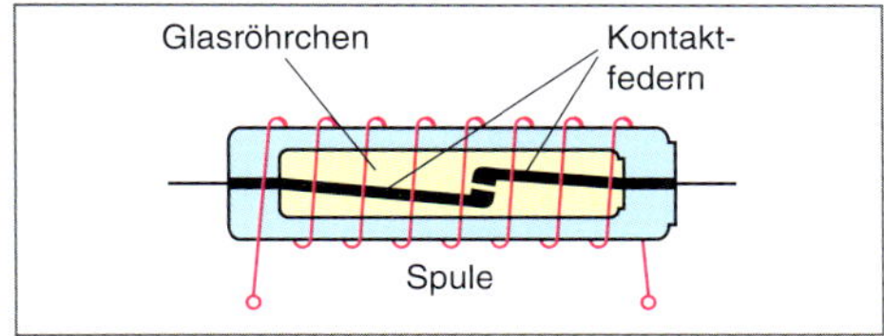

Bild 10 Reed-Relais, Prinzip

Schutzbeschaltung von Magnetspulen

Schutz vor hohen Induktionsspannungen, Verringerung der Kontaktbelastung.
Nachteilig ist die Beeinflussung des Zeitverhaltens durch die Schutzbeschaltung (verzögerter Abfall).

Freilaufdiode

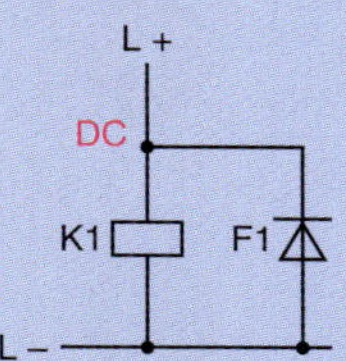

- nur einsetzbar in Gleichstromkreisen
- Abschaltspannung 0,7 V bei Si-Dioden
- preisgünstig
- platzsparend

RC-Glied

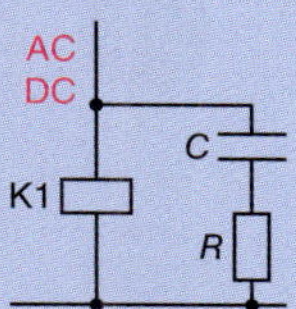

- einsetzbar bei DC und AC
- hohe Stromspitzen
- hoher Platzbedarf

Varistor

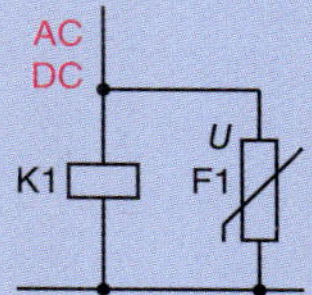

- einsetzbar bei DC und AC
- große Überspannung
- hoher Platzbedarf

Befehlsgeräte

Wichtige Befehlsgeräte in der Steuerungstechnik sind **Drucktaster** und **Steuerungsschalter**.

Drucktaster dienen der **gezielten** Befehlsgabe. Sie werden **von Hand**, also **willentlich** betätigt.

Sie müssen *leicht* und *gefahrlos erreichbar* sein und Festlegungen bezüglich **Farbe**, **Symbolen** und **Anordnung** genügen.

Bild 11 Drucktaster in einer Schaltung

Vorsicht!

Die Farbe Rot darf nur dann für Stopp-/Aus-Funktionen verwendet werden, wenn in unmittelbarer Nähe kein Bedienteil zum Ausschalten oder Stillsetzen im Notfall installiert ist (z. B. Hauptschalter mit den Farben Rot-Gelb).

Die Druckknöpfe können auch Symbole tragen (0 – I – II).

Remanenz
Restmagnetismus

bistabil
zwei stabile Zustände (EIN/AUS)

@ Interessante Links
Löschglieder
- weg.net
- moeller.net

Elektroblech
Eisenkern besteht aus geschichteten Blechstreifen mit isolierender Zwischenlage.

Dadurch werden die Wirbelstromverluste verringert.

■ **Farben von Befehlsgebern und Meldelampen**

@ **Interessante Links**

Befehlsgeräte

- abb.de
- moeller.net
- phoenixcontact.com
- rafi.de

Taster
feeler, tracer, push-button switch

Schalter
switch, circuit breaker

Drucktaster
push-button switch

Lampe
lamp

Leuchte
lighting fitting, luminaire

Glühlampe
filament lamp

Leuchtdiode
light emitting diode, LED

Schaltglied
switching element

Jedes Schaltelement (Tastelement) kann bis zu 4 Schließer oder Öffner (natürlich auch in Kombination) tragen.

In der Regel sind *ein Öffner* und *ein Schließer* vorhanden, die *ohne Überschneidung* arbeiten.

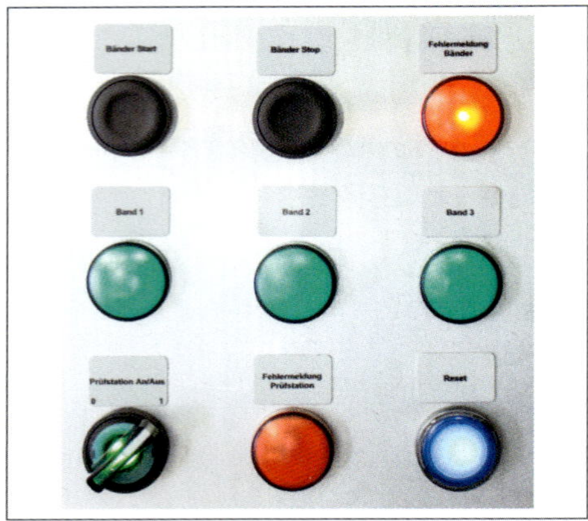

Bild 12 *Taster, Schalter, Melder*

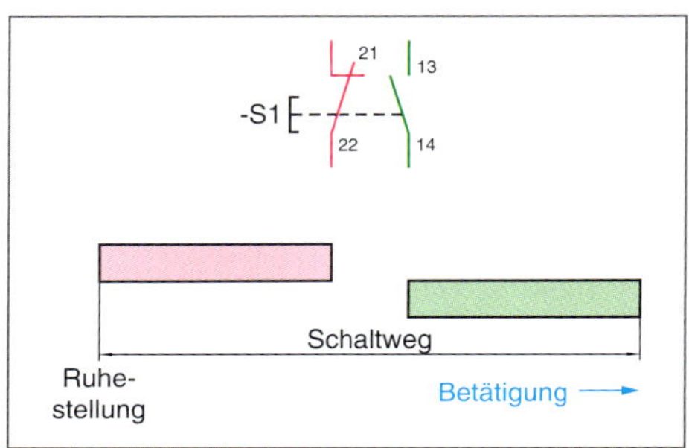

Bild 13 *Öffner und Schließer, Schaltweg*

Leuchtmelder

Informationen durch Aufleuchten, Blinken oder Erlöschen eines Lichtsignals.

Leuchtmelder mit Glühlampen

Im Einsatz sind Glühlampen für unterschiedliche Spannungen (Klammerangaben: Lebensdauer).

- 110 – 130 V/2,4 W (2000 h)
- 6 V/2 W (5000 h)
- 12 V/2 W (5000 h)
- 24 V/2 W (5000 h)
- 48 V/2 W (5000 h)
- 60 V/2 W (5000 h)

Leuchtmelder mit LED

Wirtschaftlicher Ersatz für Leuchtmelder mit Glühlampen durch sehr viel längere Lebensdauer (Servicekosten) und deutlich geringeren Energieeinsatz.

- 12 – 30 V AC/DC 0,26 W 8 – 15 mA (100 000 h)
- 85 – 264 V AC/50/60 Hz 0,33 W 5 – 15 mA (100 000 h)

Farben: weiß, rot, grün, blau

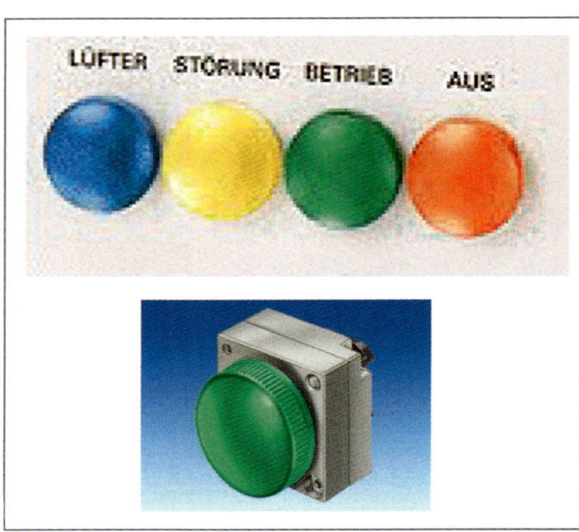

Bild 14 *Leuchtmelder*

Leuchtdrucktaster

In einem System sind Drucktaster und Leuchtmelder *kombiniert*.

Beispielsweise sinnvoll bei Anforderungen an das Bedienpersonal:
Leuchtdrucktaster „Störungquittieren" blinkt.

Grenztaster

Grenztaster (Positionsschalter) sind **mechanisch** betätigte Befehlsgeber beim Steuern oder bei der Signalisierung von Bewegungsabläufen.

Sie bestehen aus einem **Antriebsglied** und einem **Schaltglied**.

Die technische Ausführung des **Antriebskopfes** des **Antriebsgliedes** richtet sich nach *geometrischer Form* des Betätigungselements und der Anfahrgeschwindigkeit.

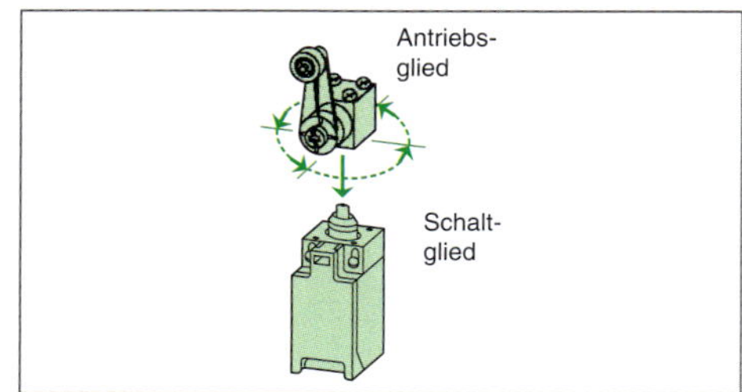

Bild 15 *Schaltglied und Antriebsglied*

Bei *niedrigen Anfahrgeschwindigkeiten* werden Schaltglieder mit **Sprungkontakten** verwendet.

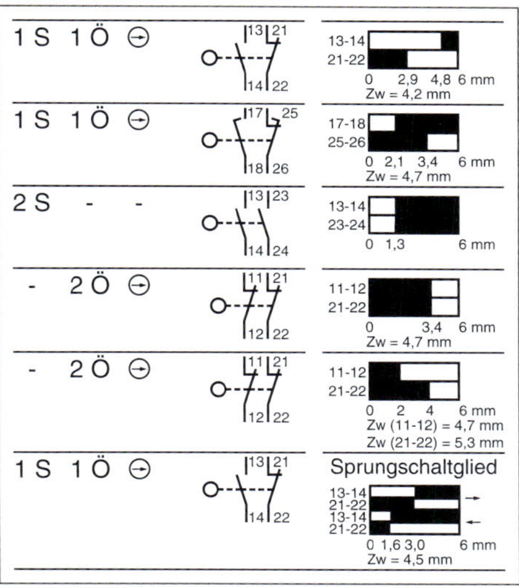

Bild 16 *Grenztaster, Ausführungsformen*

In **Sicherheitsstromkreisen** müssen die Positionsschalter mit **Öffnerkontakten** ausgerüstentsein, die **zwangsläufig** öffnen.

In *Arbeitsstellung* müssen die Kontakte wegen **Drahtbruchsicherheit** *geöffnet* sein.

Ein *betätigter Öffner* unterbricht den Stromkreis wie eine *unterbrochene Leitungsverbindung.*

Sicherheitsfunktion durch Zwangsöffnung

Zwangsöffnung ist eine Öffnungsbewegung, die sicherstellt, dass die Hauptkontakte eines Schaltgerätes die **Offenstellung** erreicht haben, wenn das Bedienteil in Aus-Stellung steht.

Zwangsführung

Zwangsgeführte Hilfskontakte eines Schaltgerätes befinden sich stets in der Schaltstellung, die der offenen oder geschlossenen Stellung der Hauptkontakte entspricht.

Schützkontakte sind **zwangsgeführt**, wenn sie mechanisch so miteinander verbunden sind, dass Öffner und Schließer *niemals gleichzeitig geschlossen* sein können.

Dabei muss sichergestellt sein, dass auch bei gestörtem Zustand *Kontaktabstände* von mindestens 0,5 mm vorhanden sind.

4.2 Motorschutz

Bei den Betriebsmitteln B1, B2 und B3 handelt es sich um *Steuerkontakte der Motorschutzeinrichtungen.*

Die **Motorschutzeinrichtungen** haben die Aufgabe, Elektromotoren vor den Auswirkungen unzulässig hoher **Wicklungstemperaturen** zu schützen, indem sie den Motor abschalten.

Die Motorschutzeinrichtungen der drei Bandantriebsmotoren sind *in Reihe* geschaltet.

Wenn also der Motorschutz *eines* Bandantriebsmotors anspricht, werden *alle* Bänder abgeschaltet.

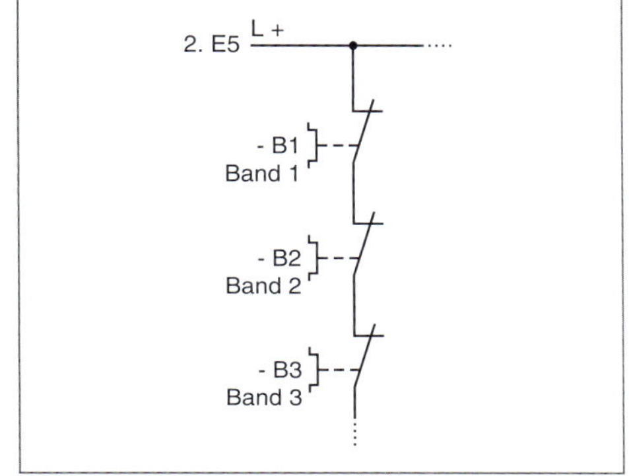

Bild 17 *Motorschutz, Bandantriebe*

Motorschutzrelais

Motorschutzrelais (Bimetallrelais) können nur in **Kombination** mit *Hauptschützen* eingesetzt werden. Dabei übernimmt das Hauptschütz das Abschalten des Motors.

Das Motorschutzrelais hat *keine* Schaltkontakte.

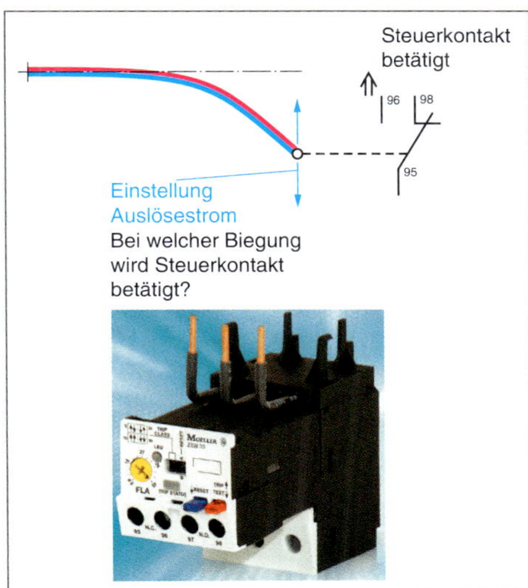

Bild 18 *Motorschutzrelais*

■ **Sprungkontakt**
Kontakt wird bei Betätigung durch Federkraft sehr schnell geöffnet oder geschlossen.

■ **Motorschutzeinrichtungen**
schützen den Motor bei Netzspannungseinbruch, Leiterunterbrechung, Windungsschluss, Wicklungsschluss, Überlastung.

Motorschutz
motor protection

Motorschutzschalter
motor circuit breaker

Bimetallauslöser
bimetallic release

Motorschutzrelais
bimetallic strip relay

■ **Motorschutzrelais**
übernehmen nur den Überlastschutz, nicht den Kurzschlussschutz.

■ **Motorschutzrelais**

Die Auslösezeit verkürzt sich mit zunehmender Überlast.

Einstellung der **Betriebsart**

HAND: Der ausgelöste Überstromauslöser ist mithilfe der Rückstelltaste **manuell** betriebsbereit zu schalten.

AUTO: Nach Abkühlung der Bimetallstreifen kehrt der Steuerkontakt **automatisiert** in seine Ruhelage zurück.

Dreipolige Ausführung, Bemessungsstrombereiche gestuft bis 630 A, Einstellung auf Bemessungsstrom des Motors möglich.

Einstellung des Stromes; i. Allg. **Bemessungsstrom** des Motors.

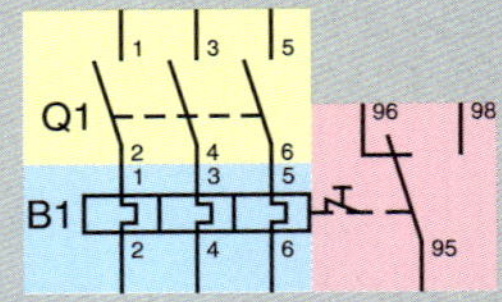

Die Bimetallstreifen werden entweder direkt durch den hindurchfließenden Strom erwärmt oder die Erwärmung der Bimetallstreifen erfolgt indirekt über Heizwiderstände.

Steuerkontakte; im Symbol als Wechsler ausgeführt. Der Öffner (95 – 96) unterbricht den Steuerstromkreis des Motorschützes. Der Motor wird ausgeschaltet. Das Foto zeigt NC und NO.

Bimetall

20°C

50°C

Zwei Metalle mit *unterschiedlicher Wärmeausdehnung.* Bei Erwärmung kommt es zur **Biegung**.

Bei Biegung (einstellbar) wird ein Steuerkontakt betätigt, der z. B. als Wechsler ausgeführt sein kann.

Thermischer Auslöser: Löst bei Überlastung **verzögert** aus.

Auslösekennlinie

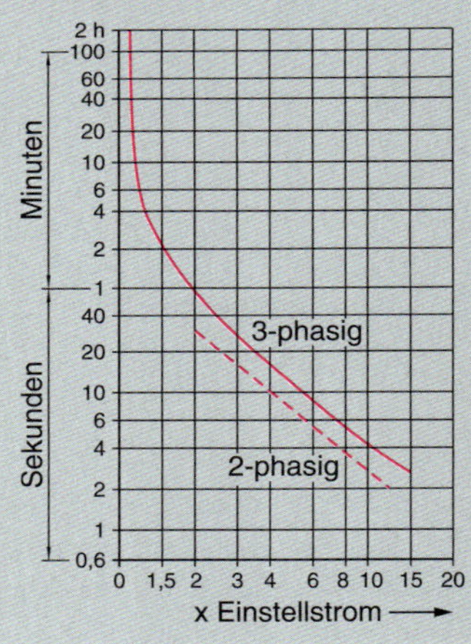

■ **Motorschutzschalter**

Motorschutzschalter

Motorschutzschalter verfügen über einen

- *thermischen Auslöser* (Bimetallauslöser wie beim Motorschutzrelais); löst bei Überlastung verzögert aus.
- *elektromagnetischen Auslöser* (wie beim Leitungsschutzschalter); löst bei hohen Strömen unverzögert aus.

Motorschutzschalter können als **Schutzgerät** und als **Schaltgerät** eingesetzt werden.

Sie schützen die Motorwicklung bei *Überlastung, Nichtanlauf, Zweiphasenlauf* und *Einbruch der Netzspannung.*

Bild 19 *Motorschutzschalter*

Zusatzausrüstungen
Hilfsschalter, Ausgelöstmelder, Unterspannungsauslöser, Schaltantrieb

Schaltschloss
Freiauslösung: Erst nach Abkühlen der Bimetalle oder Beseitigung des Grundes für den hohen Strom ist ein Wiedereinschalten möglich.

Steuerkontakt, hier Schließer, erweiterbar

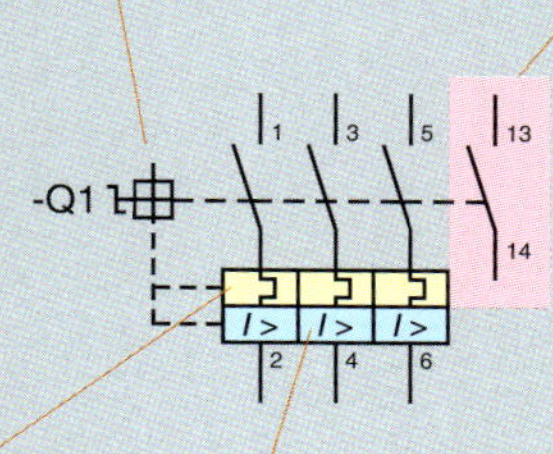

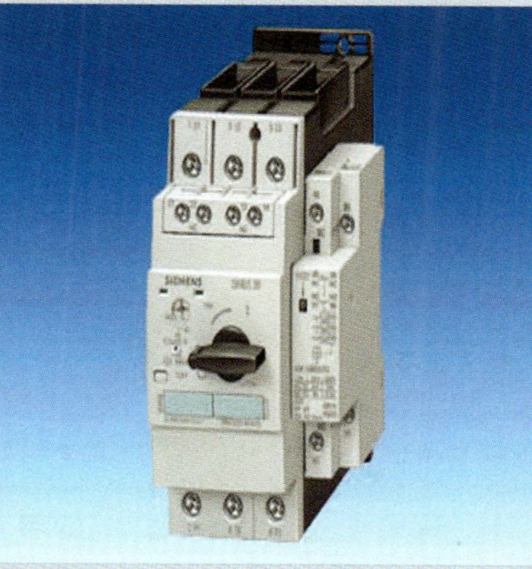

Thermische Auslöser
verzögert (Bimetalle)

Elektromagnetische Auslöser
unverzögert.
Eingestellt auf den 8 – 18-fachen Bemessungsstrom.

Auslösekennlinie

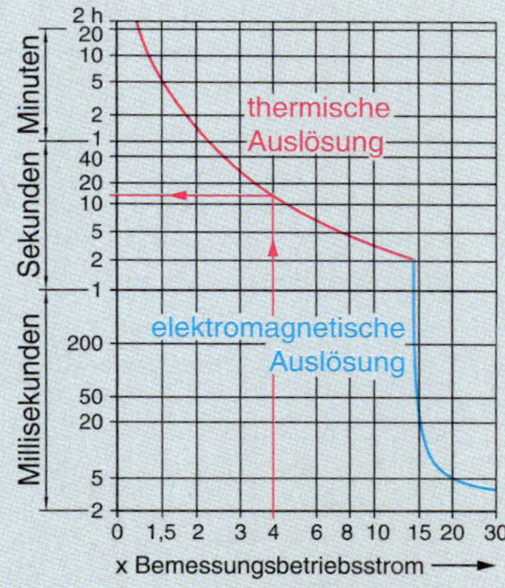

Im Allgemeinen Einstellung auf den **Bemessungsstrom** des zu schützenden Motors.

Trägheitsgrad T1:
leichte Anlaufbedingungen

Trägheitsgrad T2:
schwere Anlaufbedingungen

Mittelwerte bei 20 °C Umgebungstemperatur vom kalten Zustand aus.
Bei betriebswarmen Geräten sinkt die Auslösezeit auf 25 % der abgelesenen Werte.

Motorschutzschalter mit begrenztem Schaltvermögen

Solche Motorschutzschalter erfordern einen vorgeschalteten **Überstromschutz**. Bei den **Bemessungsströmen** sind die Herstellerangaben zu beachten.

Bei *Verzicht* auf die Überstromschutzorgane könnte ein schädlicher **Lichtbogen** zwischen den Schaltstücken hervorgerufen werden. Zum Beispiel beim Schalten von **Kurzschlussströmen**.

Eigensichere Motorschutzschalter

Bezüglich der *Beherrschung von Kurzschlussströmen* sind die gleichen Anforderungen wie bei *Leitungsschutzschaltern* zu erfüllen:

Abschaltvermögen mindestens 6000 A.

Wenn diese Motorschutzschalter am *Anfang* eines Stromkreises installiert sind, werden *keine weiteren Überstromschutzorgane* benötigt.

Eigensichere Motorschutzschalter übernehmen den **Leitungsschutz** und den **Motorschutz**.

Bild 20, Seite 304 zeigt einen Motorstromkreis mit eigensicherem Motorschutzschalter, einen so genannten „sicherungslosen Stromkreis".

■ **Unterspannungsauslöser**

Sinkt die Netzspannung unter einen bestimmten Wert ab, kann der Motor durch einen zusätzlichen Unterspannungsauslöser allpolig abgeschaltet werden.

Vermeidung der Motorüberlastung bei Unterspannung und des unkontrollierten Wiederanlaufens bei Wiederkehr der Spannung.

Netzspannungseinbruch: 30 bis 50 %

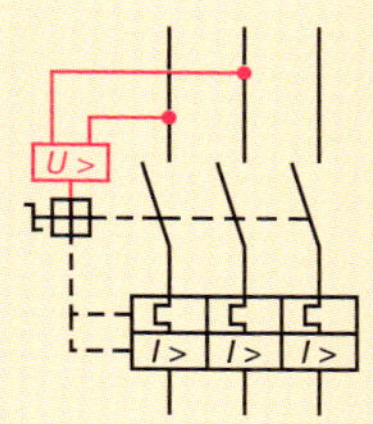

@ Interessante Links

Motorschutz
- abb.de
- phoenixcontact.com
- reissmann.com
- moeller.net

■ **Q1, F1**

Für den Motorschutzschalter (Q1 in Bild 20) wäre auch das Betriebsmittelkennzeichen F1 möglich (Hauptfunktion *Schutzelement*).

Die Unterbrechung der *Energiezufuhr* zum Motor übernimmt nämlich das Hauptschütz Q2.

Die Aufgabe des eigensicheren Motorschutzschalters sind *Motorschutz* und *Leitungsschutz*.

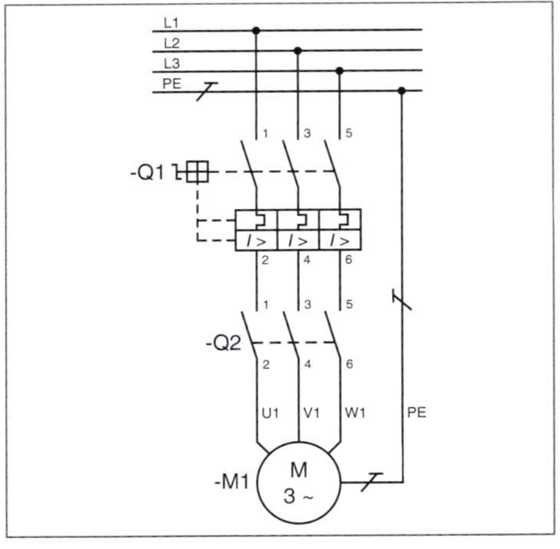

Bild 20 *Motorstromkreis, Motorschutzschalter*

Elektromotoren müssen gegen die Auswirkung von **Überlastung** geschützt werden.

Bei Motoren unter 0,5 kW darf auf einen Motorschutz *verzichtet* werden.

Bei Belastung mit dem **1,05-fachen Wert** des Motor-Bemessungsstromes darf **keine Auslösung** erfolgen.

Bei Belastung mit dem **1,2-fachen Wert** des Motor-Bemessungsstromes muss die Auslösung innerhalb von **2 Stunden** erfolgen.

Beim **1,5-fachen-**Motor-Bemessungsstrom soll innerhalb von **2 Minuten** ausgelöst werden (z. B. bei Ausfall eines Außenleiters; Zweiphasenlauf).

Motorvollschutz

Bei Motorschutzschaltern und Bimetallrelais wird über die *Höhe* und *Zeitdauer* des Stromflusses *indirekt* auf die Wicklungstemperatu geschlossen. Eine zu hohe Umgebungstemperatur Reibungsverluste und mangelhafte Kühlung können zum Beispiel *nicht erfasst* werden.

Der **Motorvollschutz** arbeitet *direkt*.

Die **Temperaturerfassung** erfolgt durch **Thermistoren** (Kaltleiter-Temperaturfühler) oder durch **Protektoren** (Thermokontakte), die an Stellen kritischer Temperaturbereiche in die **Wicklung** (vom Hersteller) eingebaut werden.

■ **Thermistoren**

sind temperaturabhängige Widerstände → 261

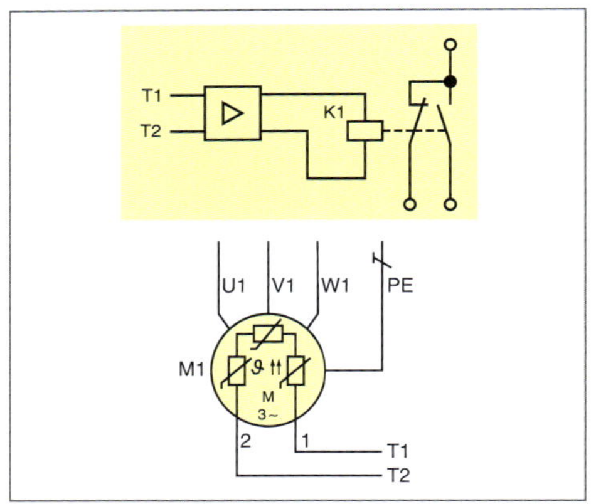

Bild 21 *Motorvollschutz*

Mit zunehmender Wicklungstemperatur erhöhen die *drei in Reihe geschalteten Thermistoren* ihren **Widerstand**. Dadurch verringert sich der Strom.

Wenn der **Haltestrom** eines Relais in der Überwachungseinheit *unterschritten* wird, fällt das Relais ab. Der Relaiskontakt ist im **Steuerstromkreis** des Motors eingebunden.

Vorgeschrieben ist der **Motorvollschutz** beispielsweise, wenn der Motor dauerhaft *erhöhten Umgebungstemperaturen* ausgesetzt ist.

Protektoren (Bimetallkontakte) unterbrechen den Stromkreis bei unzulässig hoher Temperatur und schließen ihn bei Abkühlung wieder.

Eingesetzt werden sie z. B. zum Schutz von Leitungsrollern.

■ **Aufgabenlösung**

@ Interessante Links

- christiani-berufskolleg.de

Prüfung

1. Worauf achten Sie bei der Inbetriebnahme, wenn ein Motorschutzrelais eingesetzt ist?
2. „Normale“ Motorschutzschalter haben ein begrenztes Schaltvermögen. Was bedeutet das für den praktischen Einsatz?
3. Erläutern Sie den Begriff Freiauslösung?
4. Welchen Vorteil hat es, wenn Bimetallschalter in die Wicklung des Motors eingebaut sind?
5. Welche Anforderung ist an einen Motorschutzschalter zu stellen, der in einem „sicherungslosen Stromkreis“ eingesetzt werden soll?
6. Worin besteht der Unterschied zwischen einem Hauptschütz und einem Hilfsschütz?
7. Worin besteht der wesentliche Unterschied zwischen Schützen und Relais?
8. Welche Anforderungen sind an Grenztaster zu stellen?
9. Erläutern Sie den Begriff Zwangsöffnung.

Analyse der Bandsteuerung

Annahme: Die Transportbänder können einzeln und in beliebiger Reihenfolge eingeschaltet werden (Bild 1, Seite 295).

Starttaster sind S2, S3, S4.

S2: Band 1 S3: Band 2 S4: Band 3

Bei Betätigung des jeweiligen Starttasters geht das zugehörige Schütz in **Selbsthaltung**.

Selbsthaltung: Eine *kurzzeitige* Betätigung des Starttasters führt zu einem *dauerhaften* Anziehen des Schützes.

Ausgeschaltet wird das Schütz über den *Stopptaster* S1 oder den *Motorschutz* B1 bis B3.

Eine Meldelampe, die gleichzeitig mit dem Schütz eingeschaltet wird, signalisiert, dass das jeweilige Transportband eingeschaltet ist.

Die eingeschalteten Bänder können *gemeinsam* mit *einem* Stopptaster ausgeschaltet werden.

Wenn *eine* der drei Motorschutzeinrichtungen anspricht (Motorschutzrelais B1 bis B3), werden *alle* Transportbänder ausgeschaltet. Beachten Sie hierzu die *Reihenschaltung* von B1 bis B3.

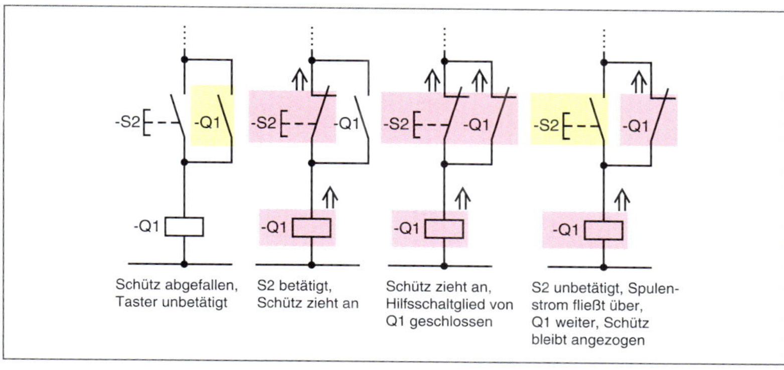

Bild 22 *Prinzip der Selbsthaltung*

4.3 Darstellung von Steuerungen

Betrachten Sie die Dokumentation der Transportbandsteuerung (ab Seite 15).

Hier werden **Normen** berücksichtigt, die jeder kundigen Fachkraft ein direktes Verständnis der Darstellung ermöglichen.

Stromlaufpläne

Stromlaufplan in zusammenhängender Darstellung

Sämtliche Teile des Betriebsmittels werden *zusammenhängend* dargestellt (Bild 23).

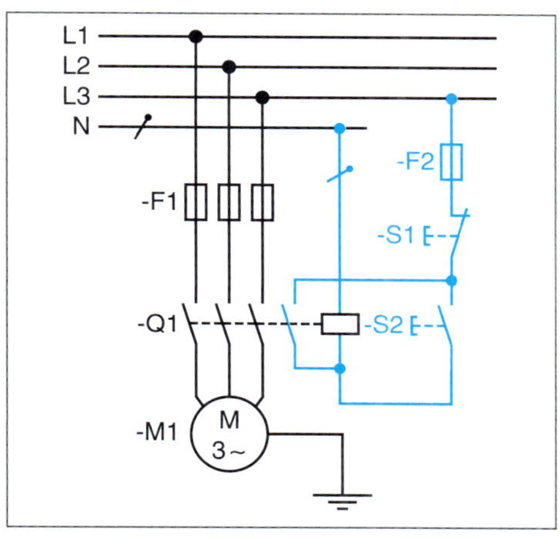

Bild 23 *Zusammenhängende Darstellung*

Stromlaufplan in aufgelöster Darstellung

Die Schaltung wird in *Stromwege*, *Planabschnitte* und *Planquadrate* aufgelöst.

Auf Zusammengehörigkeit und räumliche Lage wird keine Rücksicht genommen.

Stromwege werden senkrecht und kreuzungsfrei dargestellt (Bild 24).

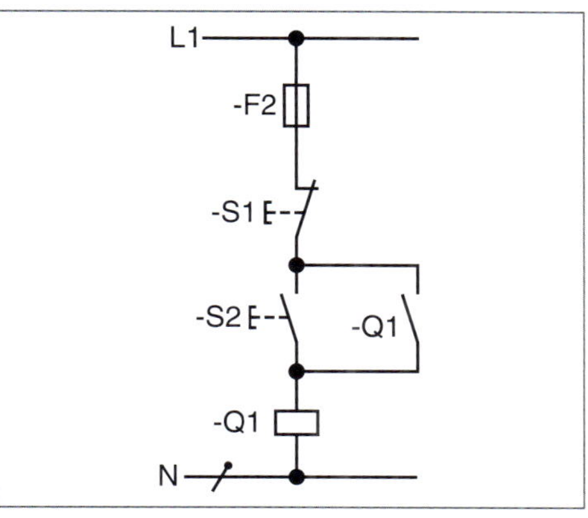

Bild 24 *Aufgelöste Darstellung*

Regeln für die Stromlaufpläne

Die Betriebsmittel werden im *ausgeschalteten* Zustand dargestellt.

Die einzelnen Strompfade werden *senkrecht* und fortlaufend *von links nach rechts* dargestellt.

Die *Betriebsmittelanschlüsse* sind zu kennzeichnen.

Die Betriebsmittel sollen mit *Typenbezeichnung*, *technischen Daten* und *Hinweisen zum Auffinden* von Schaltzeichen und Zielorten versehen sein.

Hauptstromkreise und Hilfsstromkreise werden in *aufgelöster* Darstellung *getrennt* dargestellt.

■ **Betätigung**
Zeichen für den betätigten Zustand eines Schaltgliedes oder den erregten Zustand einer Magnetspule.

■ **DIN**
Deutsches Institut für Normung e. V.

■ **VDE**
Technisch-wissenschaftlicher Verband der Elektrotechnik Elektronik Informationstechnik e. V.

■ **EN**
Europäische Normen

■ **ISO**
International Organization for Standardization

■ **IEC**
International Electrotechnical Commission

■ **Steuerungsdarstellung**

Stromlaufplan
circuit diagram, wiring diagram

Hilfsstromkreis
auxiliary circuit, subcircuit

Klemme
terminal, clamp, clip

Klemmenanschluss
clamp terminal

Klemmenbezeichnung
terminal marking

Klemmenkasten
terminal box

Klemmenleiste
terminal strip, connection block, strip terminal

Schraubklemme
screw terminal

Steckklemme
plug clamp, clamp terminal

Übergangswiderstand
transition resistance, contact resistance

Alle Betriebsmittel sind durch *normgerechte Schaltzeichen* dargestellt. Jedes Einzelteil eines Schaltzeichens erhält die *gleiche* Kennzeichnung.

Übersichtsplan

Die Schaltung wird *vereinfacht* ohne Hilfsstromkreise dargestellt.

Wichtige *Zusammenhänge* zwischen Hauptfunktion und Betriebsmittel werden aufgezeigt.

Die *Energieflussrichtung* muss erkennbar sein.

Lageangaben sind möglich.

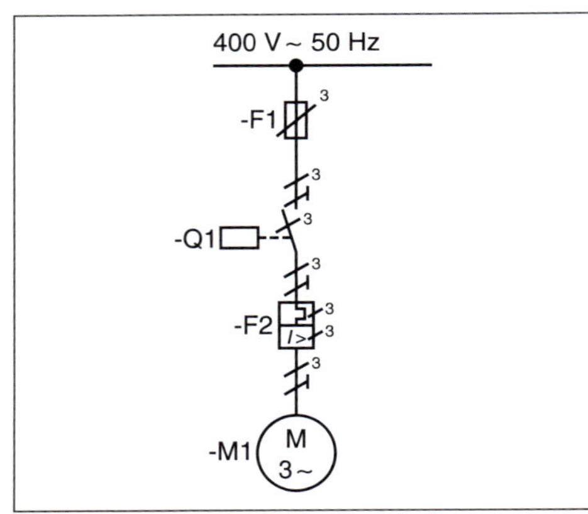

Bild 25 *Übersichtsplan*

Leitungsverbindungen

Auf den **Verbindungspunkt** kann verzichtet werden, wenn dadurch keine Missverständnisse entstehen.

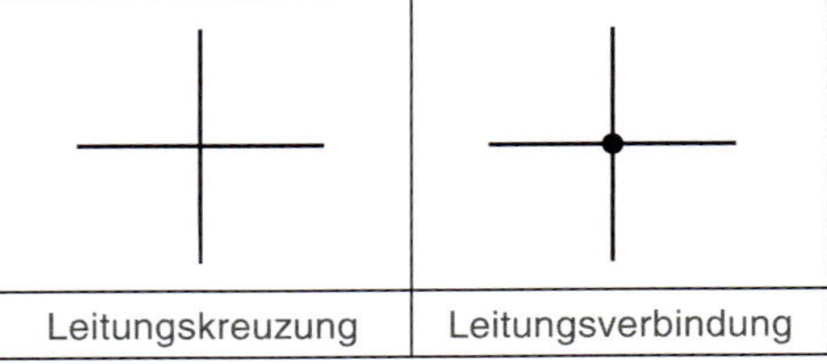

Leitungskreuzung	Leitungsverbindung

Öffner und Schließer

Arbeitsrichtung der Schaltglieder von links nach rechts. Schaltglieder werden i. Allg. im **Ruhezustand** dargestellt. Bei **Abweichungen** hiervon muss dies besonders gekennzeichnet werden.

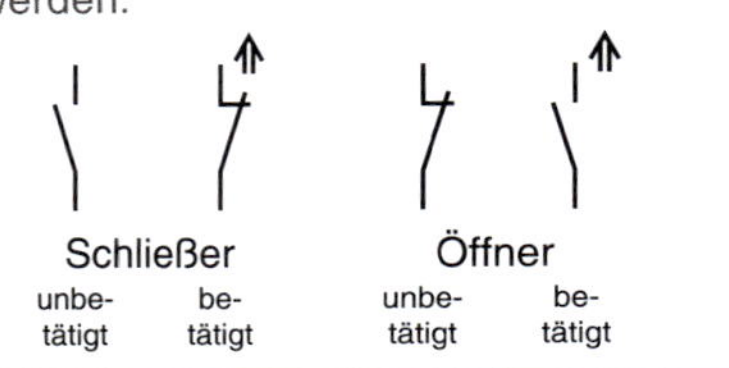

Betriebsmittelanschlüsse

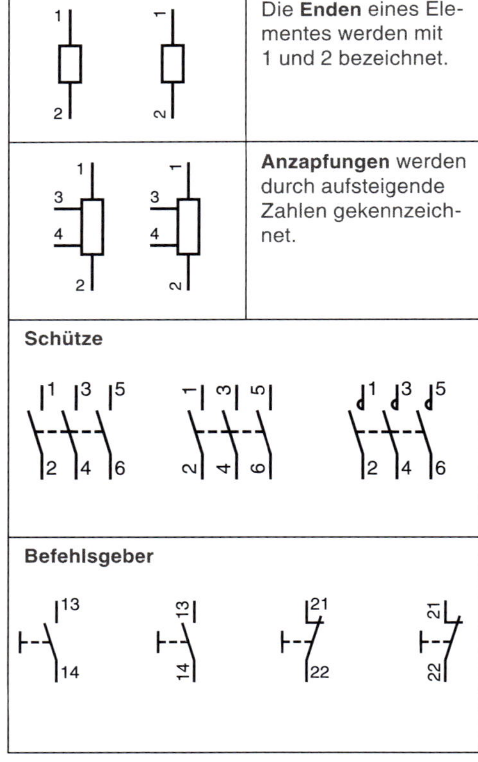

Die **Enden** eines Elementes werden mit 1 und 2 bezeichnet.

Anzapfungen werden durch aufsteigende Zahlen gekennzeichnet.

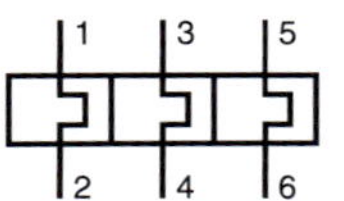

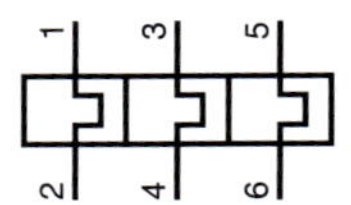

Mehrere Elemente einer **Gruppe** werden durch vorangestellte Buchstaben oder Zahlen oder verschiedene Zahlen unterschieden.

Ähnliche Elemente mit gleichen Buchstaben werden durch vorangestellte Zahlen gekennzeichnet.

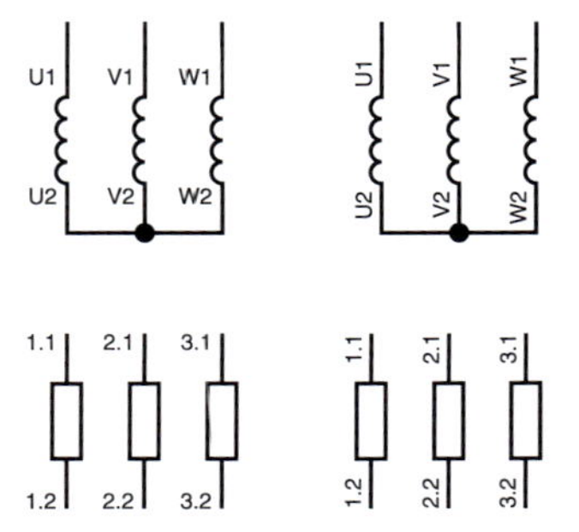

Technische Daten und Fertigungshinweise

Technische Daten und Fertigungshinweise können in die Zeichnung eingetragen werden.

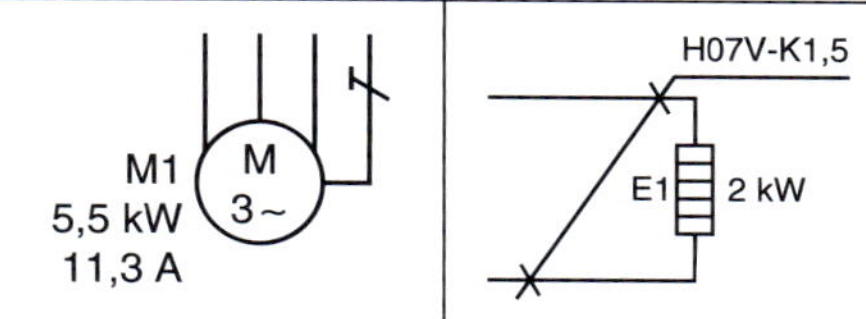

Die technischen Daten der Stromversorgung werden oberhalb der ersten Leiterdarstellung eingetragen.

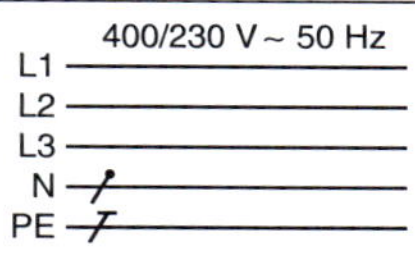

Klemmen und Klemmverbindungen

Klemmleiste mit 5 Klemmen. Die Anschlussbezeichnung ist eine **Zielangabe**. Wohin führt die Leitung?

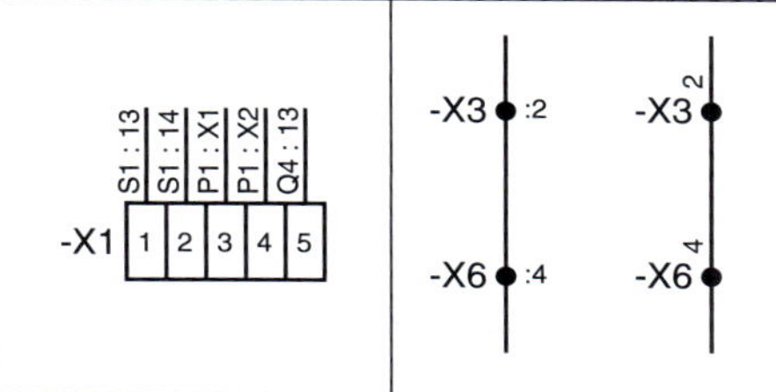

Verbindungen an Klemmleisten werden im Stromlaufplan in aufgelöster Darstellung mit den Klemmstellenbezeichnungen versehen.

Klemmverbindungen:

Die Klemmleistenbezeichnung wird nur **einmal** angegeben, wenn benachbarte Anschlussbezeichnungen auf gleicher Höhe liegen.

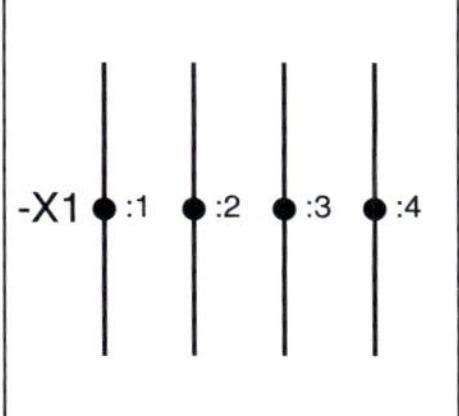

Bei mehreren Klemmleisten werden die abgehenden Leitungen mit **Zielbezeichnungen** versehen.

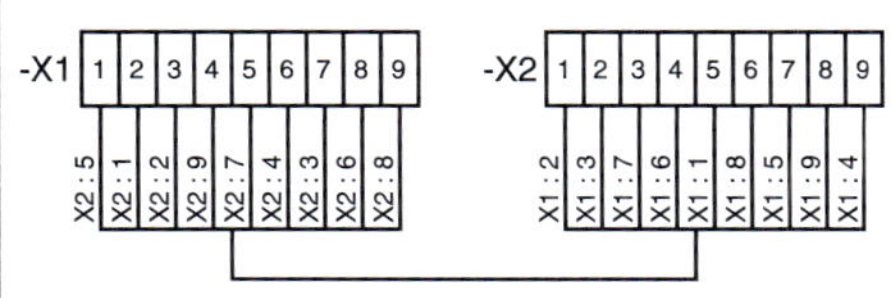

Übergangswiderstand von Klemmen

Der **Übegangswiderstand** von Klemmverbindungen soll so gering wie möglich sein.

Unter keinen Umständen darf er größer sein als der *Leitungswiderstand* von *einem Meter* der angeschlossenen Leitung mit dem *geringsten Querschnitt.*

z.B.

Querschnitt bei der Leitung $q = 1{,}5\ \text{mm}^2$.

Widerstand von 1 m Leitungslänge (Kupfer):

$$R_L = \frac{l}{\gamma \cdot q} = \frac{1\ \text{m}}{56\ \frac{\text{m}}{\Omega \cdot \text{mm}^2} \cdot 1{,}5\ \text{mm}^2 = 0{,}0119\ \Omega} = 11{,}9\ \text{m}\Omega$$

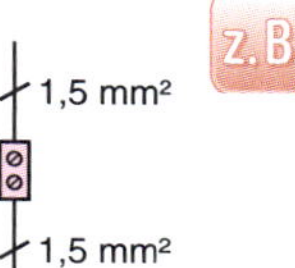

Maximal zulässiger Klemmenübergangswiderstand: 11,9 mΩ

Spannungsfall an der Klemmverbindung (max.) bei 16 A:

$$\Delta U = I \cdot R_{max} = 16\ \text{A} \cdot 0{,}0119\ \Omega = 0{,}19\ \text{V} = 190\ \text{mV}$$

Maximale Verlustleistung bei 16 A:

$$P_V = \Delta U \cdot I = 0{,}19\ \text{V} \cdot 16\ \text{A} = 3\ \text{W}$$

Beachten Sie, dass hier die maximal zulässigen Werte angegeben sind.

Ausführungsformen von Klemmen

Wie das obige Beispiel zeigt, sind **Klemmverbindungen** mit großer Sorgfalt auszuführen.

Das Ziel ist es, einen möglichst geringen **Übergangswiderstand** zu erreichen (Verlustleistung minimieren).

Gleichgültig, welche Klemmverbindung gewählt wird, stets ist auf eine fachgerechte Durchführung zu achten.

Schraubanschlusstechnik

Mehrleiteranschluss und höchste **Kontaktkräfte**. Überall einsetzbar!

Schrauben fest anziehen, nachdem Leiter fachgerecht in die Klemme eingeführt wurde.

Bild 26 *Schraubklemmen*

Zugfederanschlusstechnik

Besonders geeignet für vibrationsempfindliche Anwendungen. Unabhängig vom Bediener übt die Zugfeder immer die gleiche Kraft auf den Leiter aus.

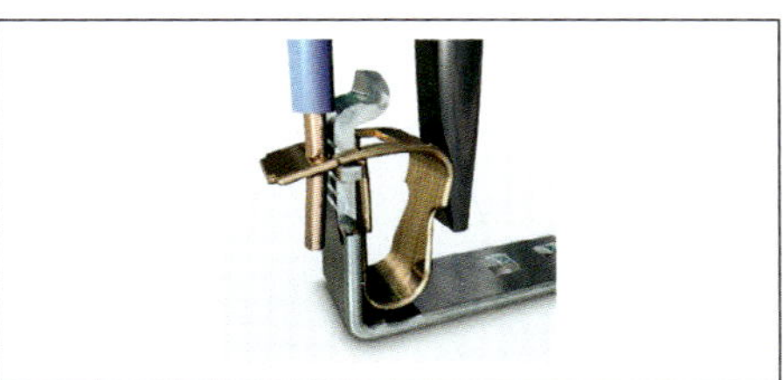

Bild 27 *Zugfederklemmen*

■ **Klemmverbindungen**

Mangelhafte Klemmverbindungen haben einen zu hohen Übergangswiderstand.

Bei Stromfluss über die Klemme tritt ein Spannungsfall auf.

Die sich daraus ergebende Verlustleistung bewirkt eine unzulässige Erwärmung der Klemmstelle.

Klemmverbindungen sind mit großer Sorgfalt auszuführen.

Niemals den Kragen von Aderendhülsen einklemmen.

Bei Schraubklemmen stets die Leitung in Drehrichtung der Schraube einführen.

@ Interessante Links

Klemmen

- phoenixcontact.com
- frizlen.com
- wago.de

■ **Klemmverbindungen**

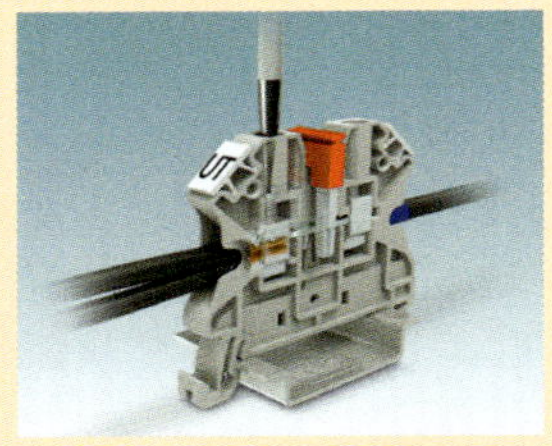

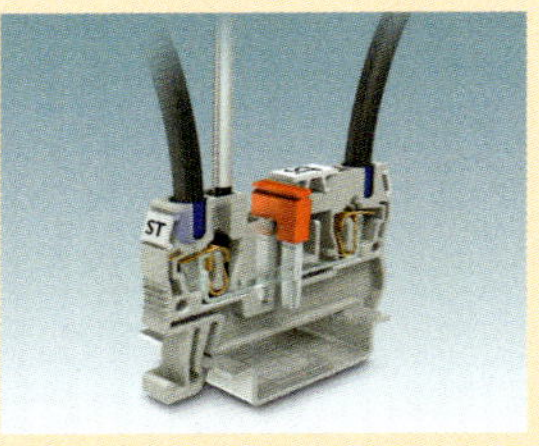

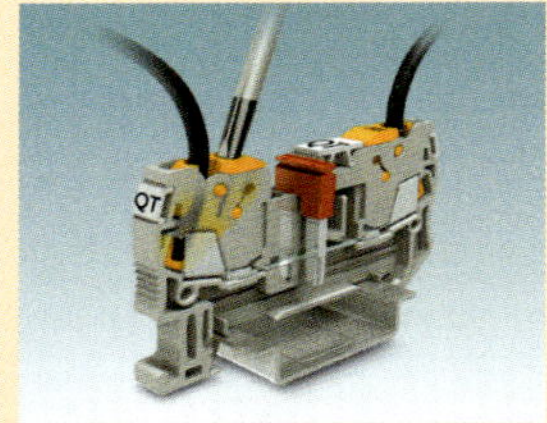

Push-In-Anschlusstechnik

Starre Leiter werden direkt in die Klemme gesteckt. Ein Schraubendreher dient nur zum Lösen des Leiters. Vorteilhaft bei sehr engen und schmalen Verdrahtungsräumen.

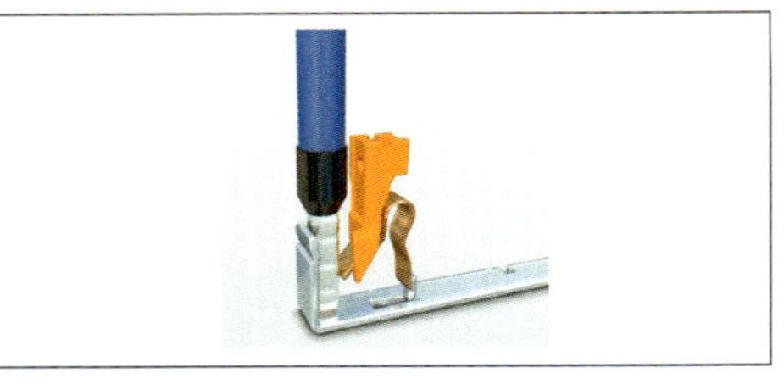

Bild 28 Push-In-Klemmen

Bolzenanschlusstechnik

Für Leiter mit Ringkabelschuhen sehr gut geeignet.

Robuster Kontakt, wartungsfrei durch Schraubensicherung, Mehrleiteranschluss.

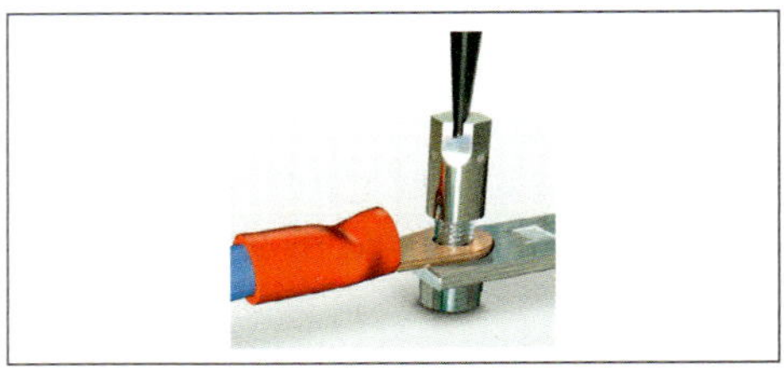

Bild 29 Bolzenanschlussklemmen

Schnellanschlusstechnik

Leiter anschließen ohne abzuisolieren. Dadurch drastische Verkürzung der Verdrahtungszeit. Leitungsanschluss durch einen Dreh mit dem Schraubendreher.

Bild 30 Schnellanschlussklemmen

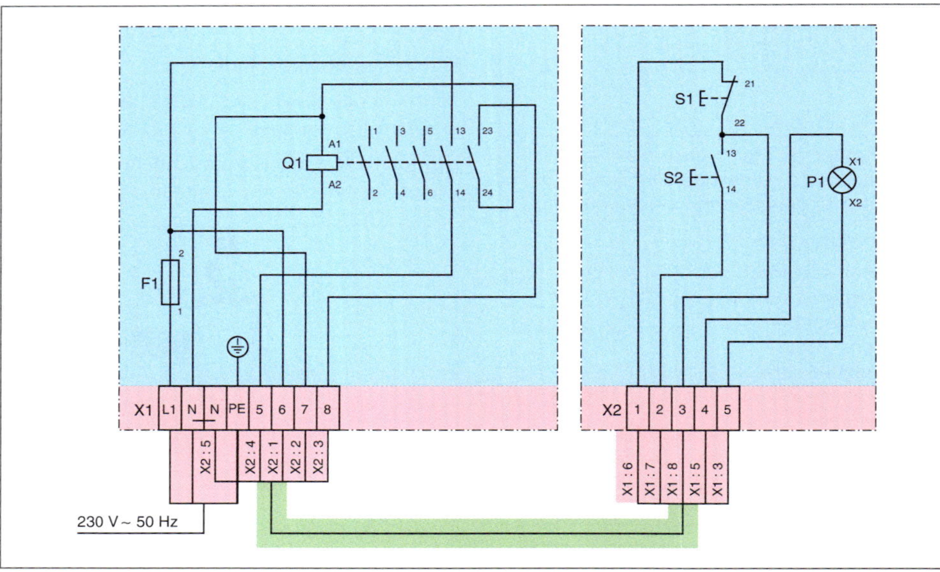

Bild 31 Schaltplandarstellung

Geräteverdrahtungsplan

Gibt die *Innenverbindung* von Geräten an. Hinweise zu äußeren Verbindungen dürfen hinzugefügt werden.

Anschlussplan

Gibt *innere* und *äußere Verbindungen* (beispielsweise an Klemmleisten) an.
Hinweise auf Anordnungspläne oder Stromlaufpläne sind möglich.

Verbindungsplan

Gibt Verbindungen zwischen Geräten und Baugruppen *ohne* interne Verbindungen an.
Hinweise auf Stromlaufpläne sind möglich.

Lage der Betriebsmittel

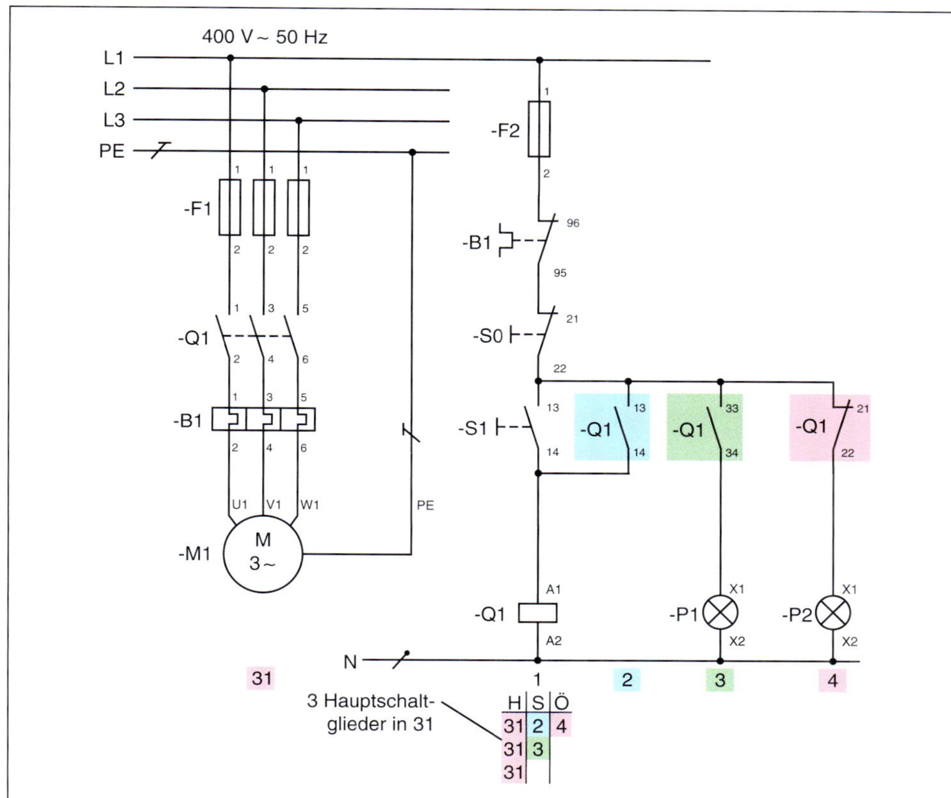

Bild 32 *Stromkreis mit Kontakttabelle*

■ **Kontakttabelle**

Zu Bild 33:

3.2: Seite 3, Koordinate 2

3.2A: Seite 3, Koordinaten 2, A

TB

Die Stromlaufpläne werden in **Koordinaten** eingetragen. Horizontal Ziffern, vertikal Buchstaben.

Unter den Schützspulen wird das vollständige **Schaltzeichen** des Schützes dargestellt (Bild 33).

In das Schaltzeichen werden die **Anschlussbezeichnungen** aller Schützkontakte eingetragen.

Der **Stromweg** wird angegeben, in dem der Kontakt liegt. So bedeutet eine 2, dass der Kontakt in Stromweg 2 liegt. 3.2 bedeutet, dass der Kontakt auf Blatt 3 in Stromweg 2 zu finden ist.

Auf die Buchstaben (vertikal) kann verzichtet werden.

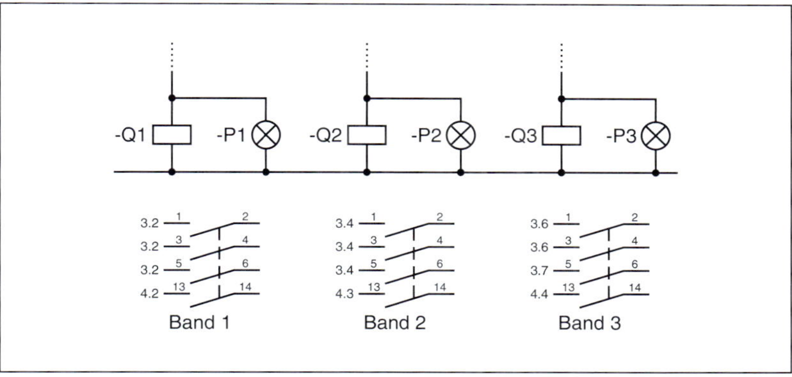

Bild 33 *Haupt- und Hilfskontakte eines Schützes (Lage)*

■ **Oszillator**
Schwingungserzeuger

Näherungsempfindliche Sensoren

Kennzeichnend für solche Sensoren sind **Abstandssensor** und **Auswerteelektronik**, die in *einem* Gerät eingebaut sind.

Sie arbeiten *berührungslos* und *verschleißfrei*.

Induktiver Näherungssensor

Der **Oszillator** bewirkt ein höherfrequentes magnetisches Wechselfeld, das aus der **aktiven Fläche** des Sensors austritt und sich im umgebenden Raum ausbreitet.

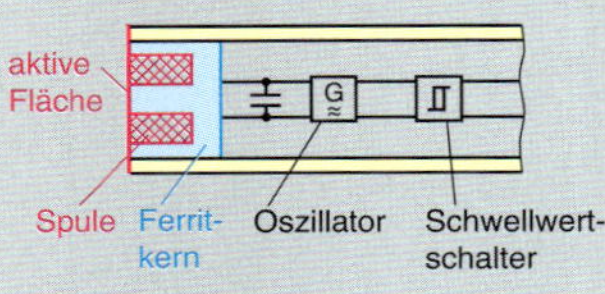

Kommt ein *leitfähiger* Stoff in den Einflussbereich des Magnetfeldes, wird in ihm eine Spannung induziert.

Die Spannung ruft im leitfähigen Stoff **Wirbelströme** hervor, wodurch dem Sensor *Energie entzogen* wird.

Man sagt, der Sensor wird **bedämpft**.

Ein **Schwellwertschalter** erkennt dies, der *Signalzustand* am Sensorausgang ändert sich.

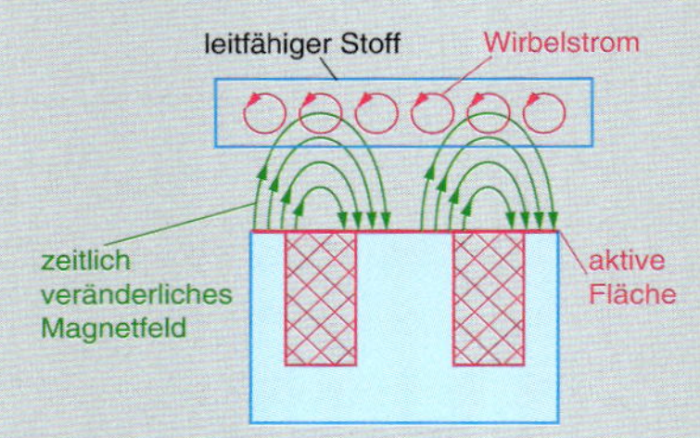

Der Wirbelstrom entzieht dem Sensor Energie. Der Sensor verhält sich prinzipiell wie eine **belastete Spannungsquelle** mit hohem Innenwiderstand: Bei Belastung bricht die Spannung stark ein.

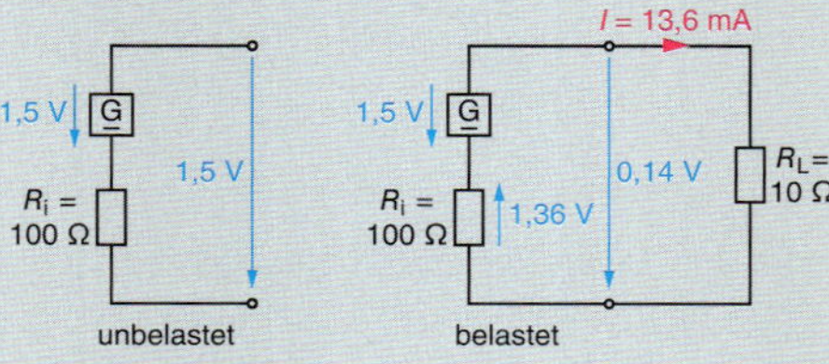

Technische Daten

Nennschaltabstand: S_N = 1 mm bis 150 mm

Schaltfrequenz: 100 Hz bis 3000 Hz

Schaltdifferenz: $\Delta s = 0{,}1 \cdot S_N$

Nennschaltabstand gibt an, wie weit der leitfähige Stoff von der aktiven Fläche entfernt sein darf, um einen Schaltvorgang zuverlässig zu bewirken.

Arbeitsabstand ist der Schaltabstand bei Annäherung eines Gegenstandes eines bestimmten Werkstoffes.

Schaltfrequenz ist die maximale Abfolge der Impulsfolgen pro Sekunde.

Schaltdifferenz ist der Unterschied zwischen Einschaltpunkt und Ausschaltpunkt bei Annäherung einer Messplatte.

Kapazitiver Näherungssensor

Bei Annäherung eines **metallischen** oder **nichtmetallischen** Stoffes ändert sich das **Dielektrikum eines Kondensators** und damit die Kondensatorkapazität.

Bei Überschreitung eines eingestellten Kapazitätswertes schwingt der Oszillator auf. Der Schaltzustand am Ausgang des Sensors ändert sich.

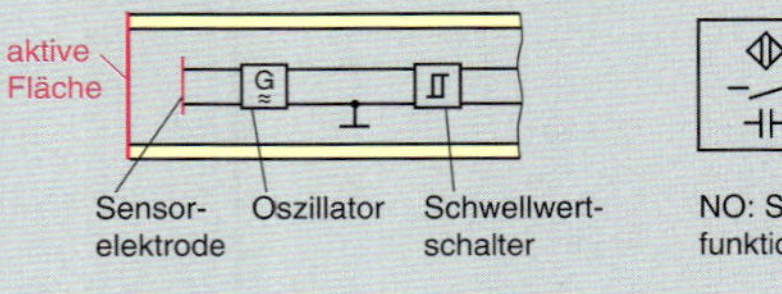

Während die induktiven Näherungssensoren preisgünstig und unempfindlich sind, ist der deutlich teuere *kapazitive Näherungssensor* nicht ganz unproblematisch.

Ein genauer Schaltabstand kann nicht ohne Kenntnis der Einsatzbedingungen angegeben werden. Mit einem Einstellpotenziometer kann der gewünschte Schaltabstand eingestellt werden.

Der Sensor ist empfindlich gegen äußere Störgrößen (Temperatur, Luftfeuchtigkeit, Staub). Er sollte nicht mit der maximalen Empfindlichkeit betrieben werden, da der Einfluss der Störgrößen mit der Empfindlichkeit zunimmt.

Technische Daten

Nennschaltabstand: S_N = 20 mm bis 40 mm

Arbeitsabstand: Metalle $1 \cdot S_N$, Glas $0{,}5 \cdot S_N$

Schaltdifferenz: $\Delta S \approx 0{,}25 \cdot S_N$

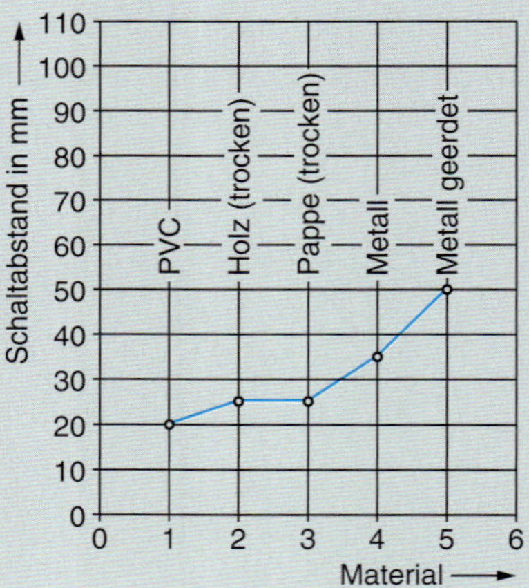

Sensor
sensor

Näherungsschalter
proximity switch

Induktiver Näherungsschalter
inductive proximity switch

Kapazitiver Näherungsschalter
capacitive proximity switch

Wirbelstrom
eddy current

■ **Näherungssensoren**

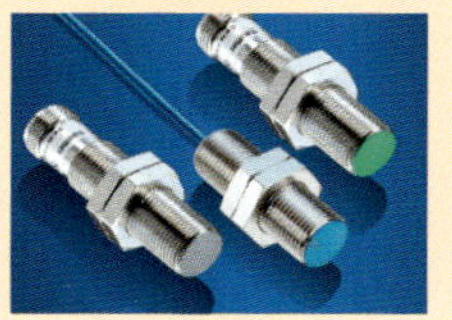

Prüfung

1. Beschreiben Sie die Arbeitsweise eines induktiven Näherungssensors.

2. Was versteht man bei Näherungssensoren unter der aktiven Fläche?

3. Welche Bedeutung hat der Schaltabstand bei Näherungssensoren?

4. Erklären Sie den Begriff Schaltdifferenz von Näherungssensoren.

5. Unter welchen Voraussetzungen kann ein induktiver Näherungssensor eingesetzt werden?

6. Beschreiben Sie die Arbeitsweise eines kapazitiven Näherungssensors.

7. Welche Materialien können von einem kapazitiven Näherungssensor erfasst werden?

8. Welche Nachteile hat der kapazitive Näherungssensor im Vergleich zum induktiven Näherungssensor?

9. In der Elektropneumatik werden häufig Reedkontakte als Positionsschalter (Zylinderschalter) eingesetzt.
Wie arbeiten Reedkontakte?
Worin besteht der wesentliche Unterschied zu den Näherungssensoren?

10. Was ist notwendig, damit ein Zylinderschalter mit Reedkontakt die Endlagen der Zylinderverfahrbewegung erkennen kann? Welche Anforderungen sind an das Material des Pneumatikzylinders zu stellen?

■ **Aufgabenlösung**

@ Interessante Links

Sensoren

- siemens.de
- asm-sensor.de
- baumer.com
- binsack-reedtechnik.de
- turck.de
- christiani-berufskolleg.de

■ **Induktiver Näherungssensor**

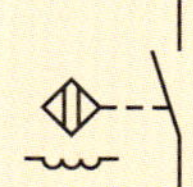

■ **Kapazitiver Näherungssensor**

■ **Reedkontakt**

4.4 Logische Verknüpfungen

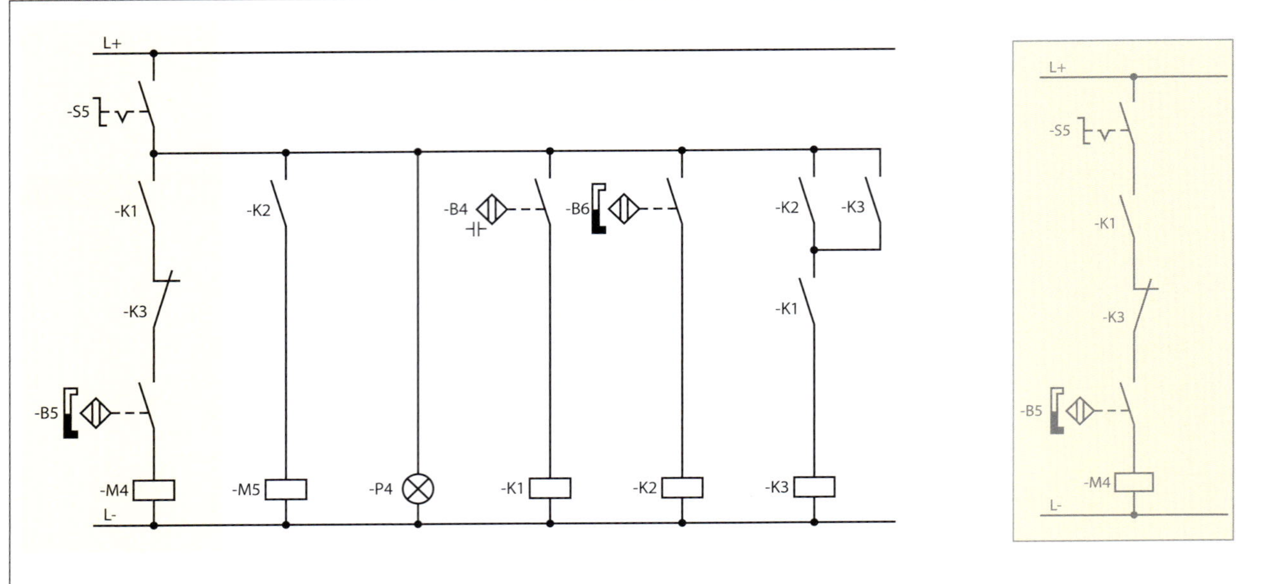

Bild 51 *Reihenschaltung, UND-Verknüpfung*

Logische Verknüpfungen
Jede Steuerungsaufgabe besteht aus den logischen Verknüpfungen. Gleichgültig, ob sie mit Schützen oder mit SPS verwirklicht wird.

Die logischen **Grundverknüpfungen** sind:

UND

ODER

NICHT

■ **UND-Verknüpfung**
Reihenschaltung

Schaltfunktion
switching function, logical function

UND-Funktion
AND function

ODER-Funktion
OR function

NICHT-Funktion
NOT function

Grundlage jeder steuerungstechnischen Problemlösung sind **logische Verknüpfungen**. Und zwar unabhängig von der Art der Verwirklichung (Schützsteuerung, SPS).

Zum Beispiel:
Damit die Spule M4 an Spannung liegt, müssen *mehrere* Bedingungen *gleichzeitig* erfüllt sein (Bild 51):

- S5 eingeschaltet
- K1 angezogen
- K3 abgefallen
- B5 betätigt

Diese Bedingungen lassen sich als **UND-Verknüpfung** formulieren. Sie müssen *alle* erfüllt sein.

Reihenschaltung (UND)
Schaltungstechnisch ist die UND-Verknüpfung eine Reihenschaltung. Nur wenn E1 und E2 (also beide) betätigt sind, erhält A1 Spannung.

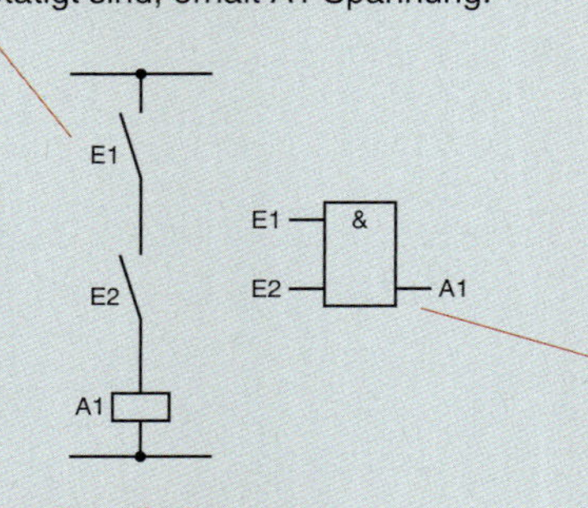

Signalzustände

Spannung vorhanden: „1"-Signal, Signalzustand „1"

Keine Spannung: „0"-Signal, Signalzustand „0"

Schaltfunktion

$A1 = E1 \wedge E2$
(lies: A1 = E1 UND E2)

Wahrheitstabelle

E2	E1	A1
0	0	0
0	1	0
1	0	0
1	1	1

Der Ausgang einer UND-Verknüpfung ist „1", wenn sämtliche Eingänge (hier E1 und E2) „1" sind.

Allgemeine Darstellung
Da die Schützschaltung nur eine Möglichkeit der Verwirklichung ist, wird eine allgemeine Darstellung der UND-Verknüpfung benötigt.

Nur wenn *alle Eingänge* der UND-Verknüpfung den Signalzustand „1" führen, nimmt der Ausgang den Signalzustand „1" an.

Parallelschaltung (ODER)
Schaltungstechnisch ist die ODER-Verknüpfung eine Parallelschaltung. Wenn E1 ODER E2 betätigt sind (oder auch beide), erhält A1 Spannung.

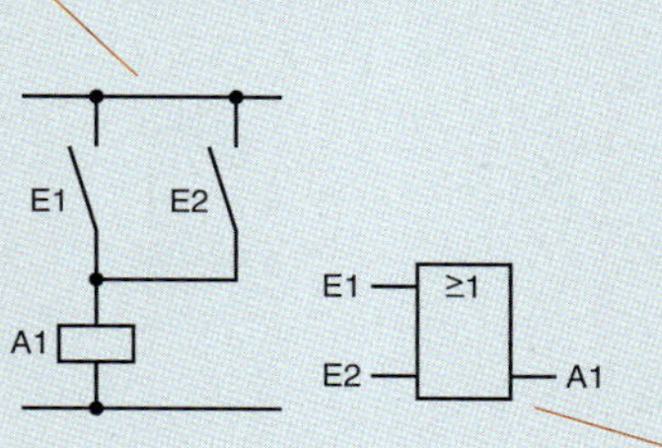

Schaltfunktion
A1 = E1 ∨ E2
(lies: A1 = E1 ODER E2)

Wahrheitstabelle

E2	E1	A1
0	0	0
0	1	1
1	0	1
1	1	1

Der Ausgang einer ODER-Verknüpfung ist „1", wenn mindestens ein Eingang den Signalzustand „1" hat.

Allgemeine Darstellung
≥ 1: mindestens ein Eingang oder mehr als Eingang

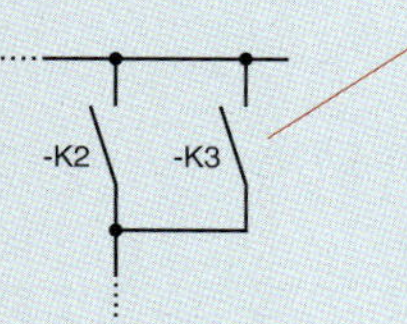

ODER-Verknüpfung zwischen K2 und K3. Wenn mindestens einer der beiden Kontakte betätigt ist, hat die Parallelschaltung K2, K3 Stromdurchgang.

Ausschnitt der Schaltung auf Seite 312.

Wenn *mindestens ein* Eingang den Signalzustand „1" führt, nimmt bei der ODER-Verknüpfung der Ausgang den Signalzustand „1" an.

Öffner
Die NICHT-Funktion kann mit einem Öffner verwirklicht werden.
Öffner unbetätigt: → „1"-Signal
Öffner betätigt: → „0"-Signal

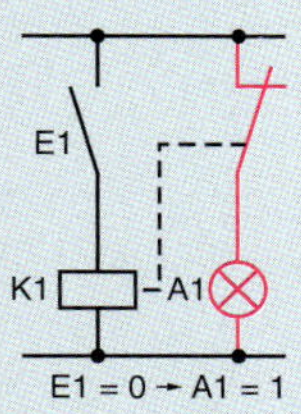

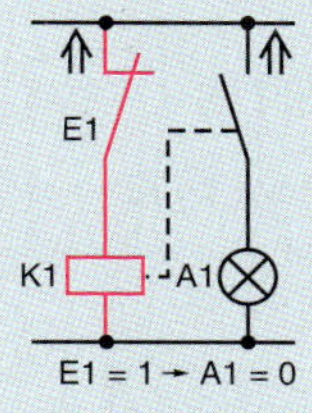

E1 = 0 → A1 = 1 E1 = 1 → A1 = 0

Schaltfunktion
A1 = $\overline{\text{E1}}$
(lies: A1 = NICHT E1)

Wahrheitstabelle

E1	A1
0	1
1	0

Der Ausgang der NICHT-Verknüpfung nimmt den entgegengesetzten Signalzustand des Einganges an.

Allgemeine Darstellung

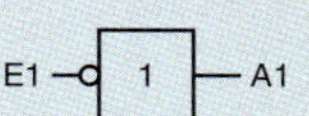

Darstellung der NICHT-Funktion (Negation)
Im Allgemeinen wird nicht die ausführliche Darstellungsform verwendet. Das Symbol wird auf den Kreis reduziert und in Kombination mit anderen Verknüpfungen verwendet.

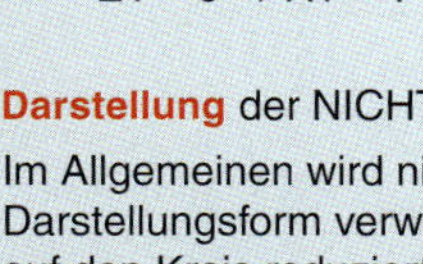

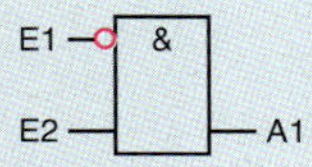

UND-Verknüpfung mit *Negation* von E1.

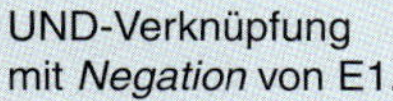

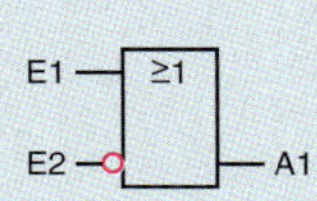

ODER-Verknüpfung mit *Negation* von E2.

Ausschnitt der Schaltung auf Seite 312:
NICHT-Verknüpfung:
Schütz K3 abgefallen (0) → Öffner K3 Stromdurchgang (1)
Schütz K3 angezogen (1) → Öffner K3 unterbricht Stromkreis (0)

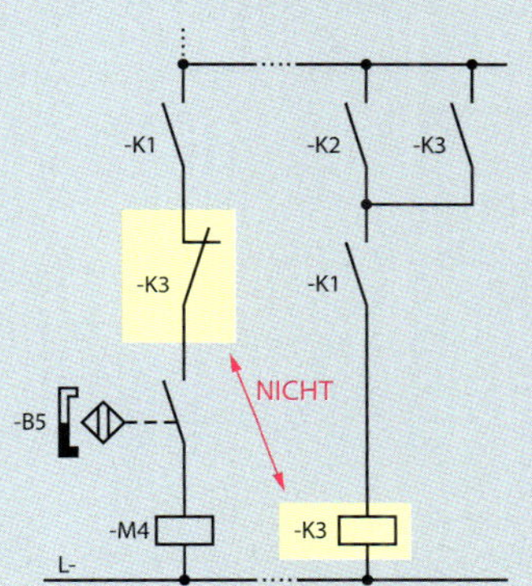

■ **ODER-Verknüpfung**
Parallelschaltung

■ **Öffner**
Aus Gründen der Drahtbruchsicherheit werden in der Steuerungstechnik Öffner verwendet.

Öffner sind auf den Signalzustand „0" abzufragen, da sie bei Betätigung diesen Signalzustand liefern.

In diesen Fällen ist eine Negation erforderlich.

■ **Signalzustand „0"**
Boolscher Wert: FALSE

■ **Signalzustand „1"**
Boolscher Wert: TRUE

■ Selbsthaltung

Bei Schützschaltungen wird die Signalspeicherung Selbsthaltung genannt.

Speicher
store, storage

Selbsthaltung
self-holding

Signalspeicher
transient recorder, event recorder

Signalspeicherung
signal storage

Bild 51, Seite 312:
Nur wenn K1 = „1“, kann K3 überhaupt den Signalzustand „1“ annehmen.

■ Zeichen für Betätigung

⇑

4.5 Signalspeicherung

Ausschnitt aus der Schaltung auf Seite 312.

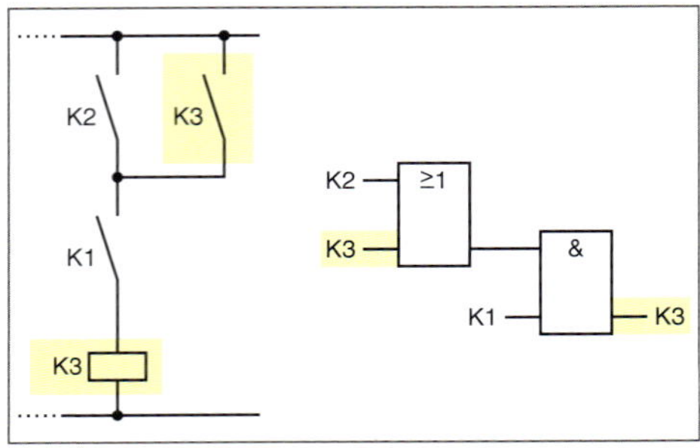

Bild 52 Schützschaltung und Funktionsplan

Bild 52: Schütz K3 geht in **Selbsthaltung**.

Funktionsplan der **Selbsthaltung**.

Parallelschaltung K2, K3:
ODER-Verknüpfung.

Reihenschaltung (K2, K3), K1:
UND-Verknüpfung.

Phase 1: K1 = „1“
UND-Funktion vorbereitet, aber noch nicht erfüllt (Bild 53).

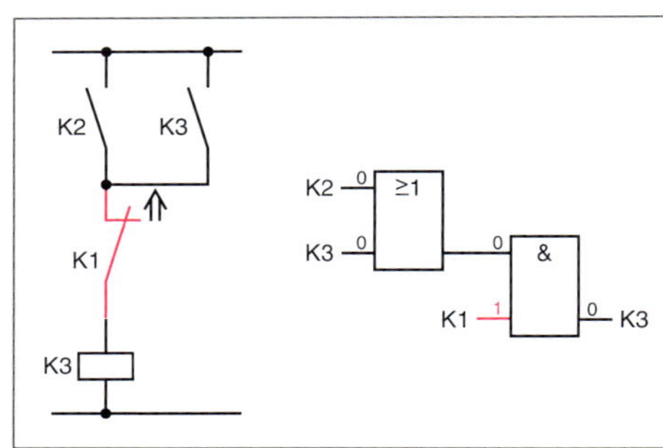

Bild 53 Phase 1

Phase 2: K2 = „1“
ODER-Funktion erfüllt → UND-Funktion erfüllt → K3 = „1“ (Bild 54).

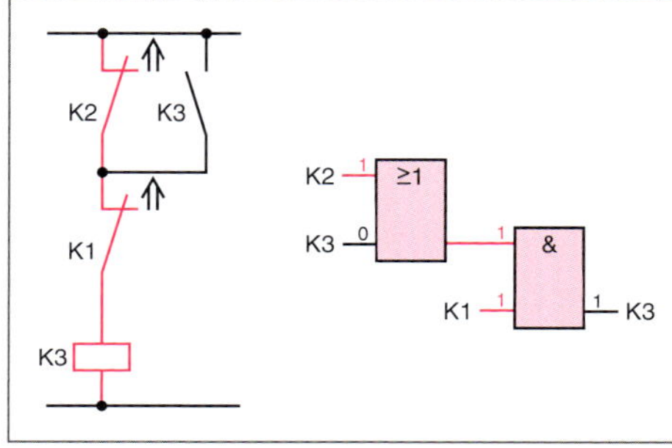

Bild 54 Phase 2

Phase 3: K3 = „1“
Keine Veränderung in Bezug auf Phase 2; Selbsthaltung (Bild 55).

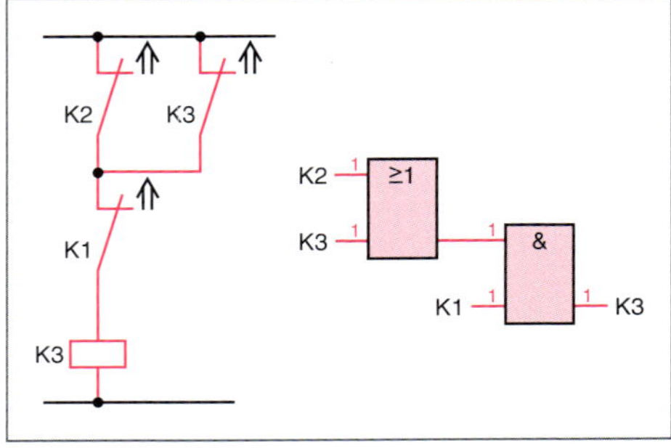

Bild 55 Phase 3

Phase 4: K2 = „0“
Schütz ist in Selbsthaltung, Signalspeicherung (Bild 56).

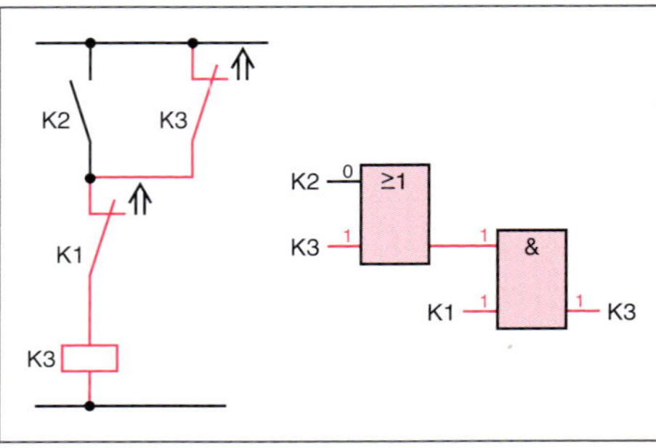

Bild 56 Phase 4

Phase 5: K1 = „0“
Schütz ausgeschaltet, Selbsthaltung fällt ab (Bild 57).

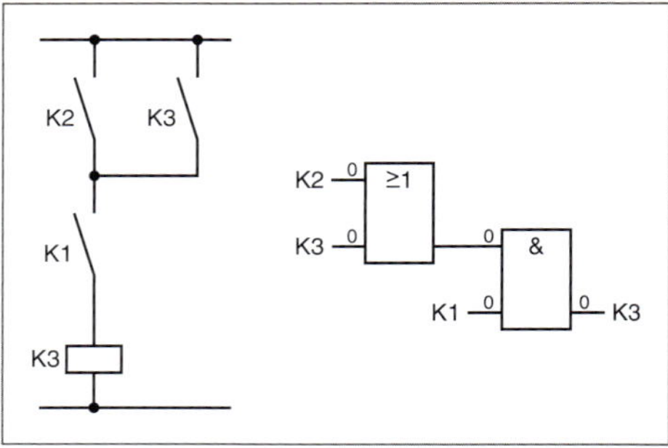

Bild 57 Phase 5

Darstellung bei einer einfachen Schützsteuerung

S1 ist ein Öffner. Im *unbetätigten Zustand* hat er Stromdurchgang, liefert den Signalzustand „1“.

Nur bei S1 = „1“ ist die UND-Funktion erfüllbar (Bild 58, Seite 315).

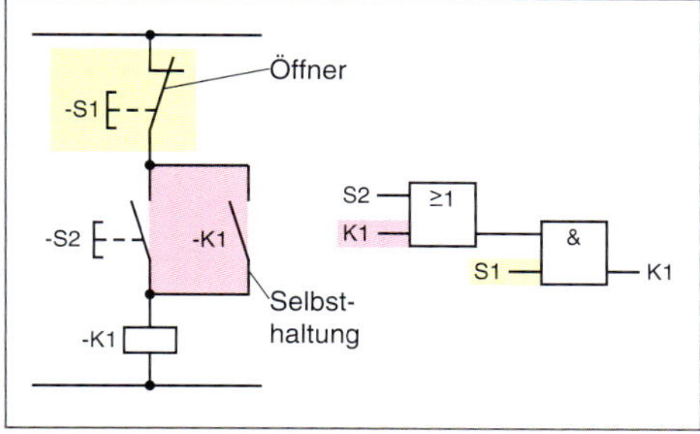

Bild 58 Einfache Schützschaltung und FUP

Drahtbruchsicherheit ist eine wesentliche Eigenschaft von Öffnern beim Ausschalten.

Ein *betätigter* Öffner *unterbricht* den Stromkreis. Die gleiche Wirkung hat eine durch Fehler hervorgerufene Leitungsunterbrechung oder eine gelöste Klemmverbindung.

Öffner sind **drahtbruchsicher**.

Vorrangiges Ausschalten

Öffner S1 und Schließer S2 werden *gleichzeitig* betätigt.

Das Schütz kann dann nicht eingeschaltet werden oder bleiben, da der Öffner den Spulenstrom unterbricht.

Im Funktionsplan (FUP) liefert der betätigte Öffner „0"-Signal (S1 = „0") und blockiert damit die UND-Funktion.

Es liegt **vorrangiges Ausschalten** vor.

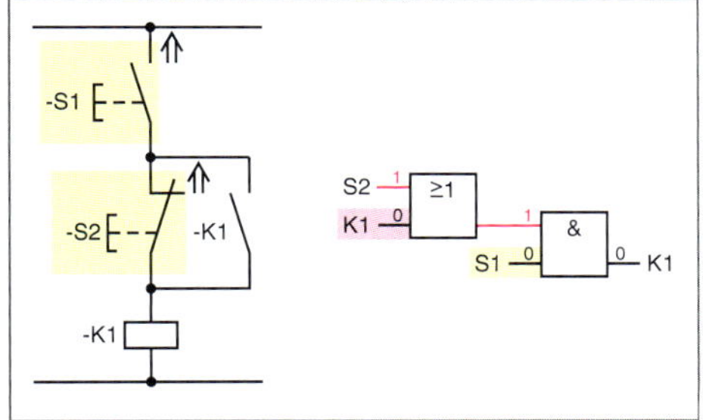

Bild 59 Vorrangiges Ausschalten

Vorrangiges Einschalten

Öffner S1 und Schließer S2 werden *gleichzeitig* betätigt.

Das Schütz wird dann zwingend eingeschaltet, wenn S2 betätigt wird. Der Öffner hat dann keinen Einfluss.

Beachten Sie die ODER-Funktion (Bild 60). Wenn S2 = „1" ist zwingend K1 = „1".

Es liegt **vorrangiges Einschalten** vor.

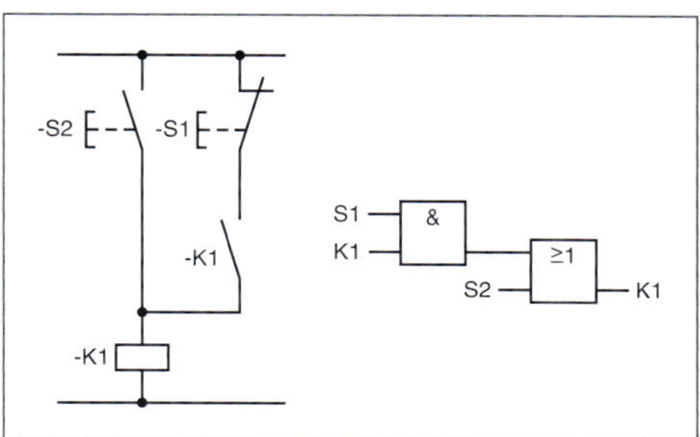

Bild 60 Vorrangiges Einschalten

- **VPS**
  Verbindungsprogrammierbare Steuerung
- **SPS**
  Speicherprogrammierbare Steuerung

4.6 Speicherprogrammierbare Steuerungen

Ihr Ausbilder entscheidet sich, die Bandsteuerung und die Prüfstation nicht in Kontakttechnik (mit Schützen), sondern durch Einsatz einer speicherprogrammierbaren Steuerung (SPS) zu verwirklichen.

Sie werden beauftragt, dies der Aufgabenstellung entsprechend zu planen und durchzuführen.

Prinzip der SPS

Die *Logik* der Schützsteuerung (Seite 312) steckt in der *Verdrahtung* der einzelnen Betriebsmittel. *Reihenschaltung* und *Parallelschaltung* sind beispielsweise Elemente dieser Logik.

Die *Verdrahtung* ist das „Steuerungsprogramm". *Programmänderungen* erfolgen durch *Verdrahtungsänderung.* „Programmierwerkzeuge" sind Schraubendreher und Verdrahtungsleitung.

Man spricht dann von einer **verbindungsprogrammierten Steuerung** (VPS).

Bei der **VPS** ist eine **Programmänderung** im Allgemeinen mit einem erheblichen Aufwand verbunden.

Die **SPS** zählt zu den **freiprogrammierbaren Steuerungen** (FPS). Das Steuerungsprogramm ist schnell und ohne großen Aufwand änderbar.

Bei der SPS ist das Steuerungsprogramm in einem **Programmspeicher** abgelegt. Mithilfe eines **Programmiergerätes** kann es dort eingeschrieben, ausgelesen und geändert bzw. ausgetauscht werden.

Speicherprogrammierbare Steuerungen mit ihrer Untergruppe **Kleinsteuerungen** haben vielfältige Vorteile und beherrschen die Steuerungstechnik seit vielen Jahren. Selbst bei kleineren Steuerungsaufgaben sind sie *wirtschaftlich* einsetzbar.

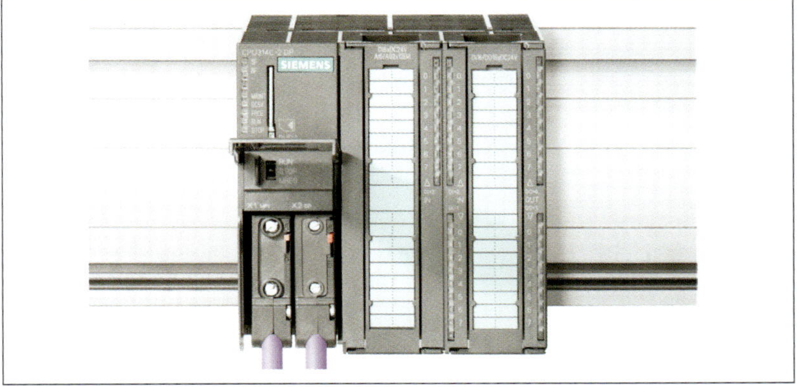

Bild 61 Speicherprogrammierbare Steuerungen

SPS-Steuerungen können vernetzt werden.

Wesentliche Vorteile der SPS

- **Flexibilität** durch problemlose Änderung der Steuerungsaufgabe bei gleicher Hardware.
- **Zuverlässigkeit** durch Ersatz von Schützen und Relais durch verschleißfreie Elektronik.
- **Kompakte Abmessungen** reduzieren die Kosten z.B. für Schaltschränke.
- Die Aufgaben von Hilfsschützen, Zeitrelais und Zählern können von der SPS ohne zusätzliche Kosten übernomen werden.

Auch Kombinationen zwischen Kompaktsteuerungen und modularen Steuerungen sind möglich.

Kompaktsteuerung

CPU mit Eingängen und Ausgängen in einem gemeinsamen Gehäuse.

Modulare Steuerung

Aus einzelnen Modulen aufbaubar (CPU, Eingabe-, Ausgabe-Baugruppen usw.). Modulare Steuerungen sind besonders flexibel in Bezug auf Erweiterungen.

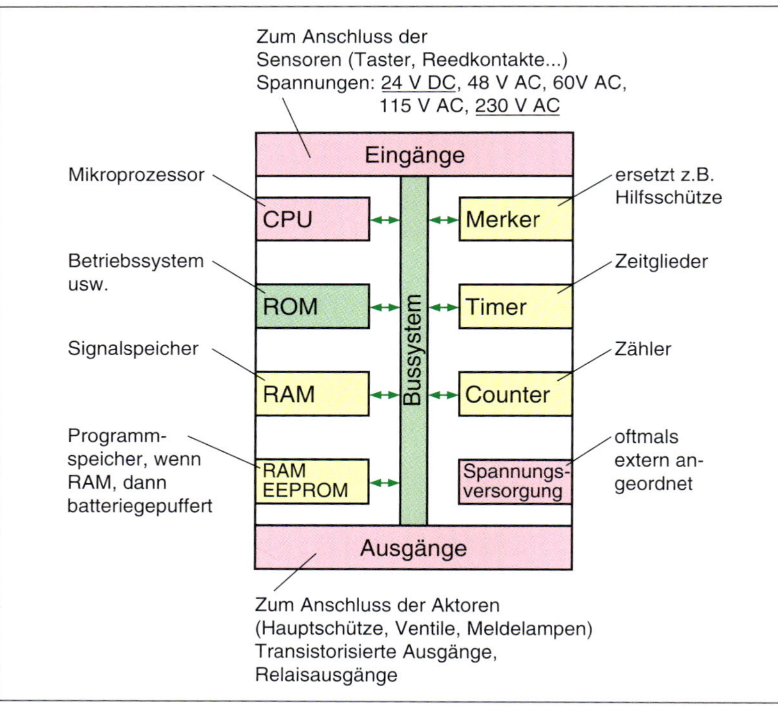

Bild 62 *Aufbau einer speicherprogrammierbaren Steuerung (SPS)*

Die Ein- und Ausgänge verfügen über **Optokoppler**. Sie dienen der **galvanischen Trennung** zwischen der 5-V-Ebene im Inneren des Automatisierungsgerätes und der Peripherie.

Ein **Optokoppler** besteht prinzipiell aus einer *Leuchtdiode* und einem *lichtempfindlichen Transistor*:
Signalübertragung erfolgt durch *Licht*.

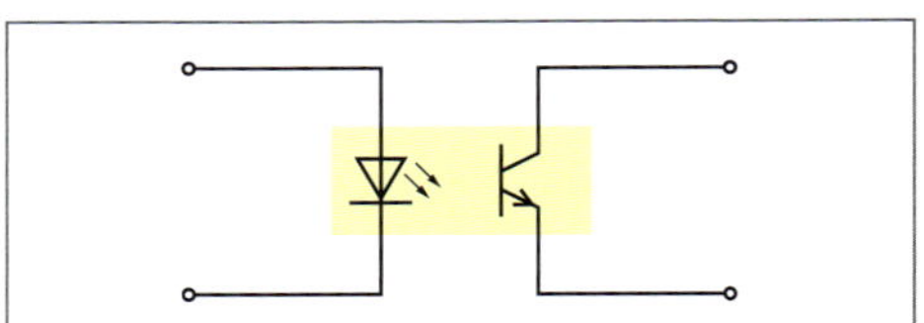

Bild 63 *Optokoppler*

Beschaltung der SPS

Die Sensoren und Aktoren des Projektes müssen an die Ein- und Ausgänge der SPS angeschlossen werden.

Sensoren werden auf die *Eingänge*, *Aktoren* auf die *Ausgänge* der SPS aufgelegt. Die *Reihenfolge* ist dabei grundsätzlich *beliebig*.

Ihr Ausbilder rät Ihnen, zunächst eine Liste dieser Betriebsmittel zu erstellen. Er bezeichnet eine solche Liste als **Zuordnungsliste** (→ 317)

Es werden 11 Eingänge und 9 Ausgänge benötigt.

Hinweis: Die Hilfsschütze K1 bis K3 können durch **Merker** ersetzt werden.

Zwar ist die *Zuordnung* der einzelnen Betriebsmittel zu den Ein- und Ausgängen der SPS beliebig. Sie bleibt demjenigen überlassen, der diese Liste erstellt.

Doch Vorsicht! Danach ist sie aber absolut verbindlich. **Verdrahtung** und **Programmierung** des Projektes müssen auf der *absolut gleichen* Zuordnungsliste beruhen.

So beruht der SPS-Anschluss auf der auf Seite 317 dargestellten **Zuordnungsliste**. Der Anschluss der Betriebsmittel ist im **Anschlussplan** auf Seite 317 dargestellt.

Programmierung der SPS

Die *Beschaltung* der SPS bedeutet ein „einfaches" *Auflegen* der Ein- und Ausgänge, wie der *Anschlussplan* auf Seite 317 zeigt.

Die **Verdrahtung** im Sinne einer Schützsteuerung, also die **Erfüllung der Steuerungsaufgabe**, erfolgt durch ein **Steuerungsprogramm**, das in den **Programmspeicher** der SPS eingeschrieben wird.

Ein SPS-Programm ist eine Folge von **Steueranweisungen**.

Zuordnungsliste

Betriebsmittel	Ein-/Ausgang SPS	Bemerkung
S1	E0.0	Stopptaster, Öffner
S2	E0.1	Starttaster Band 1
S3	E0.2	Starttaster Band 2
S4	E0.3	Starttaster Band 3
B1	E0.4	Motorschutz Band 1, Öffner
B2	E0.5	Motorschutz Band 2, Öffner
B3	E0.6	Motorschutz Band 3, Öffner
S5	E0.7	Prüfstation EIN/AUS, Schalter
B4	E1.0	Motor vorhanden, kap. Näherungsschalter, NO
B5	E1.1	Zylinder eingefahren, NO
B6	E1.2	Zylinder ausgefahren, NO
Q1	A4.0	Motor Band 1
Q2	A4.1	Motor Band 2
Q3	A4.2	Motor Band 3
P1	A4.3	Meldung Band 1
P2	A4.4	Meldung Band 2
P3	A4.5	Meldung Band 3
P4	A4.6	Meldung Prüfstation
M4	A4.7	Magnetventil „heben“
M5	A5.0	Magnetventil „senken“

■ **NO**
normaly open, Öffnerfunktion

■ **NC**
normaly closed, Schließerfunktion

Anschlussplan

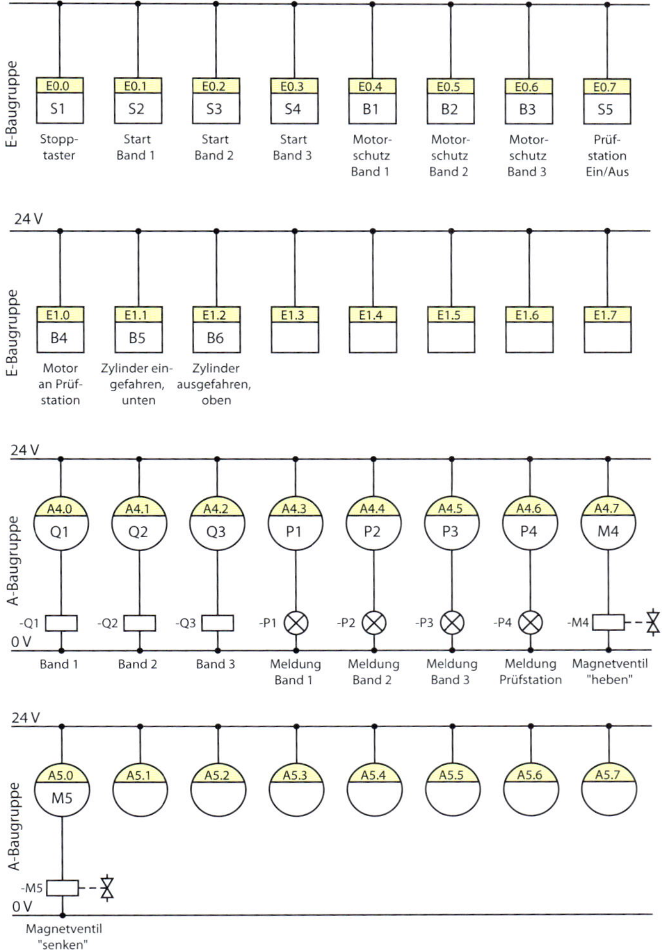

Nicht benötigte Ein- und Ausgänge bleiben unbeschaltet.

Beachten Sie, dass der Anschlussplan exakt der Zuordnungstabelle entsprechen muss.

@ Interessante Links

SPS

• siemens.de

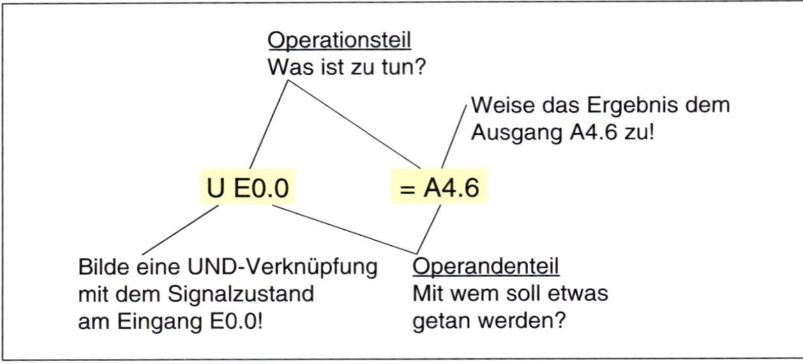

***Bild 64** Aufbau einer Steueranweisung im SPS-Programm*

■ **Steueranweisung**
Eine Steueranweisung besteht aus Operationsteil und Operandenteil.

Operationsteile

U	UND-Verknüpfung
=	ODER-Verknüpfung
N	NICHT-Verknüpfung
=	Ergebniszuweisung

Operandenteile (Kennzeichen)

E	Eingang
A	Ausgang
M	Merker
T	Zeitglied
Z	Zähler

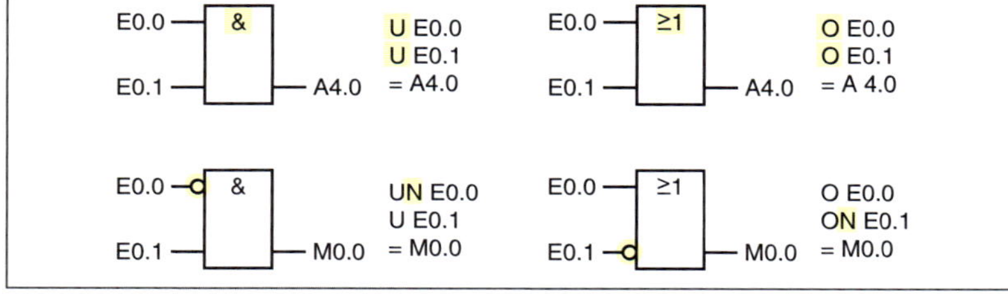

***Bild 65** Steueranweisungen, Beispiele*

■ **Bit**
Kleinste Informationseinheit, kann nur den Signalzustand „1“ oder „0“ speichern.

Merker

Die **Merker** (Bitmerker) sind 1-Bit-Speicherelemente. Sie können den Signalzustand „0“ bzw. „1“ speichern.

Programmtechnisch können **Merker** wie **Ausgänge** behandelt werden. Sie sind **interne Speicher** (z. B. für Zwischenergebnisse) und können ihren Signalzustand *nicht* unmittelbar an den Steuerungsprozess ausgeben. Darin unterscheiden sie sich von den Ausgängen.

Merker können wie **Eingänge** *abgefragt* werden.

Programmiersprachen

Die *Darstellung der Steuerungsprogramme* kann in den Programmiersprachen **Funktionsplan** (FUP), **Kontaktplan** (KOP) und **Anweisungsliste** (AWL) erfolgen.

Alle drei Programmiersprachen sind *gleichwertig*. Die Wahl erfolgt aus *Zweckmäßigkeitsgründen*. In der *Bitverarbeitung* wird allerdings der *Funktionsplan* bevorzugt angewendet.

Funktionsplan (FUP)

Jede *Steuerungsfunktion* wird durch ein entsprechendes **Symbol** dargestellt. Die **Programmierung** erfolgt durch die *funktionsrichtige Anordnung* der Symbole.

Programmierung der Bandsteuerung auf Seite 319. Zum Vergleich ist der zugehörige Ausschnitt der *Schützsteuerung* dargestellt (Bild 66).

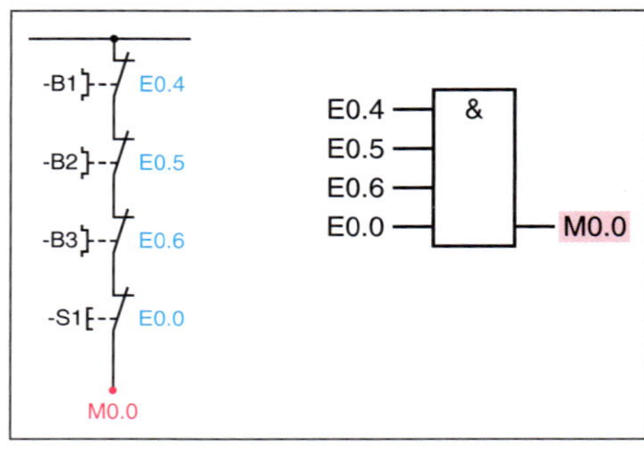

***Bild 66** UND-Verknüpfung mit 4 Eingängen*

Es handelt sich um eine **UND-Verknüpfung** mit 4 Eingängen (Reihenschaltung).

Nur wenn *alle* Eingänge den Signalzustand „1“ führen, nimmt der Merker M0.0 den Signalzustand „1“ an.

Merker M0.0 dient hier als *interner Speicher*.

Nur wenn M0.0 = 1, dürfen die Bänder 1 bis 3 eingeschaltet sein. Der Merker „ersetzt“ also die Motorschutzrelais und den Stopptaster.

Bild 67, Seite 319, zeigt den Einsatz des Merkers M0.0 für die Bandsteuerung.

Bild 69, Seite 319, zeigt das Steuerungsprogramm der Bandsteuerung in übersichtlicher Funktionsplandarstellung.

Nun wird die **Prüfstation** programmiert. Als Grundlage soll die *Schützsteuerung* auf Seite 312 dienen. Beachten Sie auch die *Zuordnungsliste* auf Seite 317 bzw. den *Anschlussplan* auf Seite 317. Funktionsplan Bild 68, Seite 319.

Die *Hilfsschütze* werden durch *Merker* ersetzt (K1: M0.1, K2: M0.2, K3: M0.3).

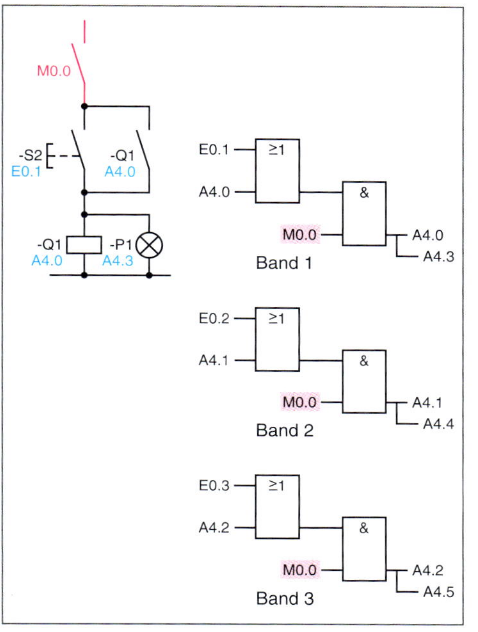

***Bild 67** Einsatz des Merkers M0.0*

E0.7, E1.0 – & – M0.1
E0.7, E1.2 – & – M0.2
M0.2, M0.3 – ≥1 – &, M0.1 – & – M0.3
E0.7 – & – A4.6
E0.7, M0.2 – & – A5.0
E0.7, M0.1, M0.3 (negiert), E1.1 – & – A4.7

***Bild 68** Prüfstation, Funktionsplan*

Kommentar	Operand		Operand	Kommentar
Motorschutz B1	E0.4	&		
Motorschutz B2	E0.5			
Motorschutz B3	E0.6			
Stopptaster S1	E0.0		M0.0	Merker
Start Band 1	E0.1	≥1		
Band 1	A4.0	&		
Merker	M0.0		A4.0	Band 1
			A4.3	Meldung Band 1
Start Band 2	E0.2	≥1		
Band 2	A4.1	&		
Merker	M0.0		A4.1	Band 2
			A4.4	Meldung Band 2
Start Band 3	E0.3	≥1		
Band 3	A4.2	&		
Merker	M0.0		A4.2	Band 3
			A4.5	Meldung Band 3

***Bild 69** Bandsteuerung in übersichtlicher Funktionsplandarstellung*

Das Programm der *Prüfstation* ist in der Darstellung nach Bild 68 nicht gut lesbar. Für den Anfänger ist es aber sinnvoll, sich unter Verwendung der Zuordnungsliste und der Schützsteuerung darin einzuarbeiten.

Mit zunehmender Kenntnis der SPS-Programmierung kann das Programm noch wesentlich vereinfacht werden.

Ersichtlich ist aber, dass Steuerungsprogramme in Funktionsplandarstellung (FUP) nach einiger Übung sehr gut lesbar sind.

Dies ist in Bezug auf wirtschaftlichen Service besonders wichtig.

Bild 70, Seite 320, zeigt das Programm der Prüfstation in übersichtlicher Darstellung.

Beachten Sie besonders den Zusammenhang zwischen Schützsteuerung und Funktionsplan.

In dieser Form werden Programme in den Prüfungen dargestellt. Dabei hängen die Operanden von der von Ihnen verwendeten Steuerung ab.

Speicherprogrammierbare Steuerung
storage programmable control

modular
modular

kompakt
compact

Merker
flag, marker

Eingang
input

Ausgang
output

Beschaltung
wiring

Programmierung
programming

Operation *operation*

Operand *operand*

Kommentar *comment*

Funktionsplan *function block diagram*

Anweisungsliste *instruction list*

Kontaktplan *ladder diagram*

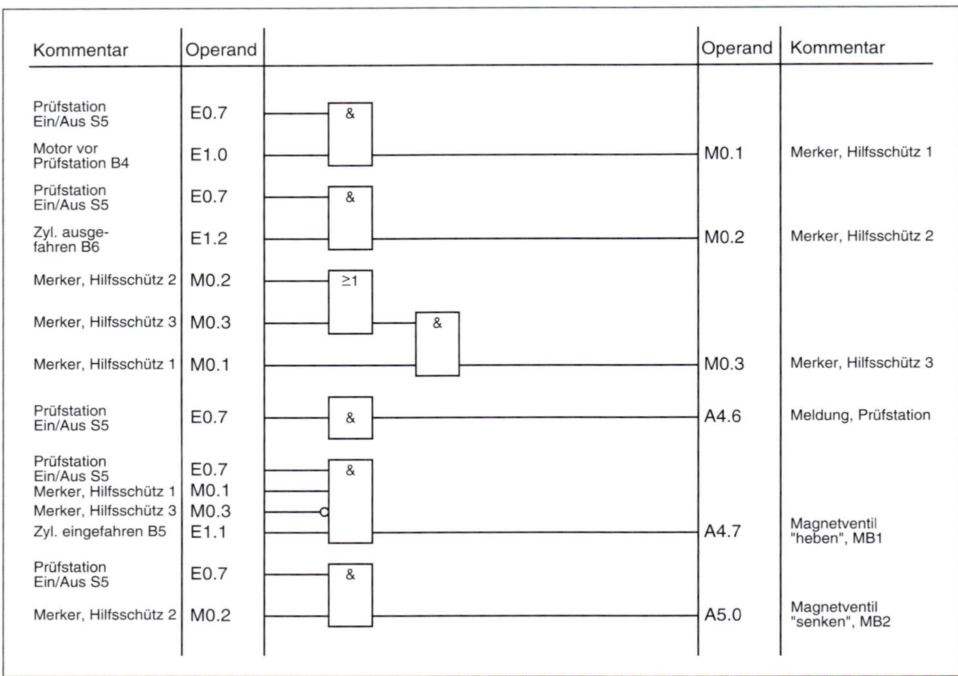

Bild 70 Prüfstation in übersichtlicher Funktionsplandarstellung

■ Kontaktplan (KOP)

Beim Kontaktplan wird die Logik durch die Schaltung (Reihenschaltung, Parallelschaltung) dargestellt.

Kontaktplan (KOP)

Die Programmiersprache **Kontaktplan** ist eng mit dem Stromlaufplan verwandt. Allerdings sind die Strompfade waagerecht angeordnet.

FUP: M0.2, M0.3, ≥1, &, M0.1, M0.3
KOP: M0.2, M0.1, M0.3, M0.3; Ergebniszuweisung; Abfrage auf den Signalzustand "1"; Reihenschaltung: UND-Funktion; Parallelschaltung: ODER-Funktion

FUP: E0.7, M0.1, M0.3, E1.1, &, A4.7
KOP: E0.7, M0.1, M0.3, E1.1, A4,7; Abfrage auf den Signalzustand "0"

Netzwerk 1: Merker Hilfsschütz 3

Kommentar:

M0.2 M0.1 M0.3
M0.3

Bild 71 Kontaktplandarstellung

Anweisungsliste (AWL)

Auch die **Anweisungsliste** (AWL) ist eine sehr anschauliche Programmiersprache.

Die CPU *bearbeitet* Steuerungsprogramme immer auf Grundlage der *Anweisungsliste*.

Die *grafischen* Programmiersprachen FUP und KOP sollen dem Anwender den Überblick erleichtern. Die CPU kann diese *nicht unmittelbar* bearbeiten.

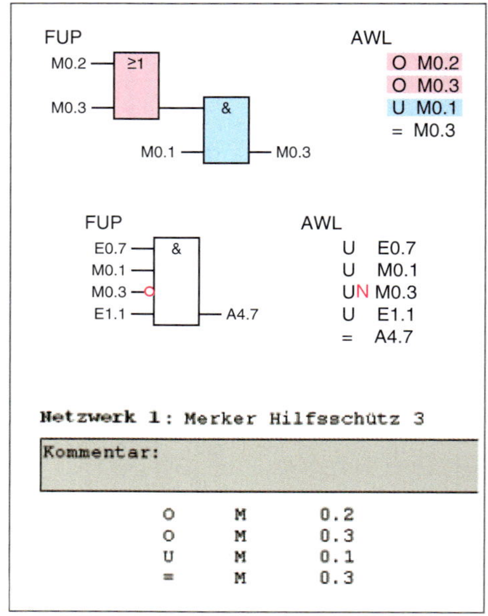

Bild 72 Programmdarstellung in AWL

Programmabarbeitung

Die Abarbeitung des Steuerungsprogramms soll am Beispiel der Anweisungsliste

O E0.0
O E0.1
= A4.0

gezeigt werden.

Wichtig ist dabei ein *interner SPS-Speicher*, den man **Verknüpfungsergebnis** (VKE) nennt.

Der Inhalt dieses Bitspeichers („0" oder „1") wird für die weitere Signalverarbeitung verwendet.

Am *Ende* des Programms wird der Inhalt des Signalspeichers an die *Ausgänge* gegeben.

Dann nimmt der Ausgang A4.0 den Signalzustand „1" an.

Danach folgt der Rücksprung zum Programmanfang.

> SPS-Programme werden **sequenziell** nach dem **Prozessabbild** bearbeitet.
>
> Die Programmbearbeitung erfolgt in einer gewollten **Endlosschleife**.
>
> Wenn ein Programmdurchlauf beendet wurde, beginnt sofort der nächste Durchlauf.
>
> Man spricht von einer **zyklischen Programmbearbeitung**.

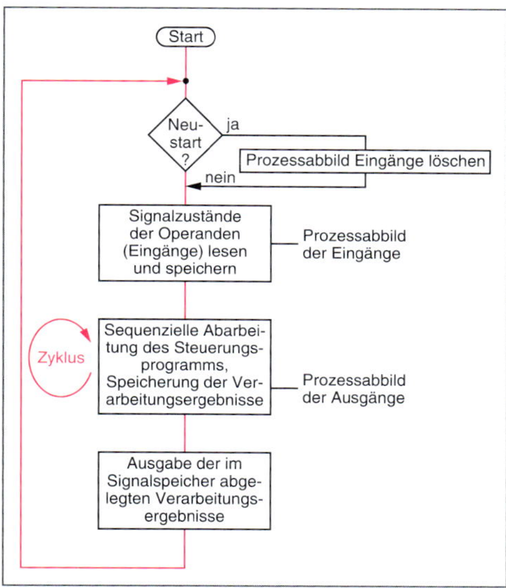

***Bild 73** SPS-Programm, Abarbeitung*

Prozessabbild der Eingänge (Bild 73)

Die zu *diesem Zeitpunkt* gültigen Signalzustände an den Eingängen werden für den folgenden **Zyklus** in das **Prozessabbild** übernommen.

z.B.

Annahme: E0.0 = „1", E0.1 = „0"

	VKE	
O E0.0	1	Der Signalzustand von E0.0 wird in das VKE geladen (E0.0 = „1"→ VKE = „1")
O E0.1 1 v 0 =	1	VKE-Inhalt mit Signalzustand an E0.1 ODER-verknüpfen → neuer VKE-Inhalt
= A4.0	1	VKE-Inhalt wird im Signalspeicher dem Speicherplatz für A4.0 zugewiesen (aber noch nicht dem Ausgang A4.0)

Mit *diesem* Prozessabbild wird der Zyklus durchgeführt. Erst *nach* dem Zyklus wird das Prozessabbild der Eingänge wieder *aktualisiert*.

Prozessabbild der Ausgänge (Bild 73)

Die bei der Programmbearbeitung gespeicherten *VKE-Inhalte* werden an die *Ausgänge* der SPS ausgegeben.

Zykluszeit (Bild 73)

Die Zeit, die für einen kompletten Zyklus benötigt wird, nennt man **Zykluszeit**.

Mit *abnehmender* Zykluszeit reagiert die SPS *schneller* auf Signalzustandsänderungen.

Es wird nämlich nur *einmal* das Prozessabbild der Eingänge während eines *Arbeitszyklus* gebildet.

> Während der Programmbearbeitung kann auf *Änderung* des Eingangs-Signalzustandes *nicht* reagiert werden.
>
> Während der Programmbearbeitung *ändern* sich die Ausgangs-Signalzustände *nicht*.
>
> Die Funktionstüchtigkeit der SPS beruht auf einer sehr *kleinen* **Zykluszeit**.

- **VKE**
  Verknüpfungsergebnis, 1-Bit-Speicher
- **Prozessabbild**
  der Ausgänge wird erst an die Ausgangsbaugruppe übertragen, wenn das Steuerungsprogramm vollständig abgearbeitet wurde.

Zykluszeit
cycle time

Merker
flag, marker

Klammer
clip, clamp, bracket

aktualisieren
update

Prüfung

1. Welche Funktion hat die Schaltung?

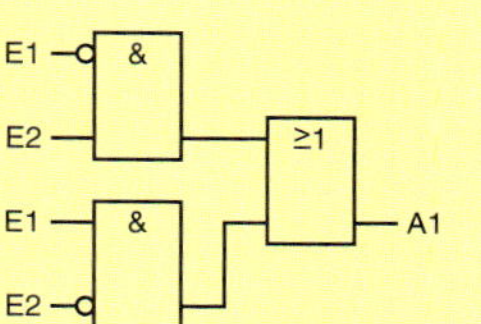

2. Welche Vorteile hat die speicherprogrammierbare Steuerung im Vergleich zur Schützsteuerung?

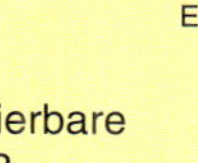

3. Skizzieren Sie das Signal-Zeit-Diagramm für den Ausgang A1.

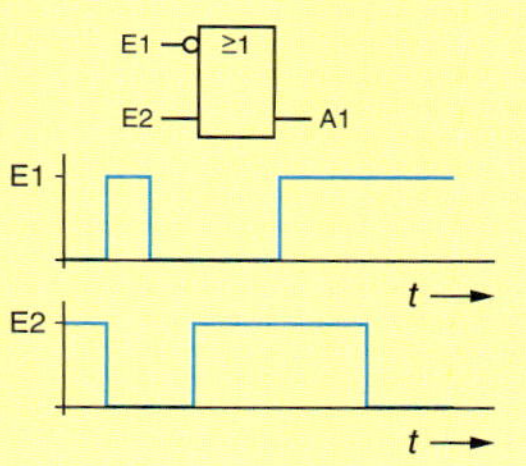

Programmierung mit Merkern und Klammern

ODER-Funktion UND-verknüpft

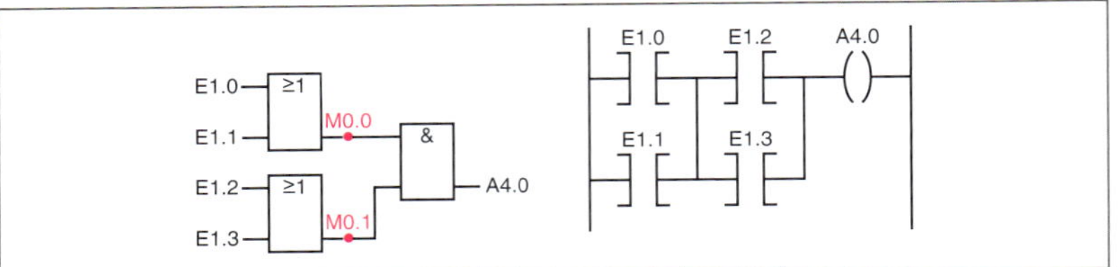

Bild 74 *ODER-Funktion UND-verknüpft, FUP und KOP*

Mit zwei Merkern

```
O E1.0
O E1.1
= M0.0

O E1.2
O E1.3
= M0.1

U M0.0
U M0.1
= A4.0
```

Mit einem Merker

```
O E1.0
O E1.1
= M0.0

O E1.2
O E1.3
U M0.0
= A4.0
```

Mit Klammern

```
U (
O E1.0
O E1.1
)
U (
O E1.2
O E1.3
)
= A4.0
```

Bei FUP- und KOP-Programmierung sind weder Klammern noch Merker notwendig.

UND-Funktion ODER-verknüpft

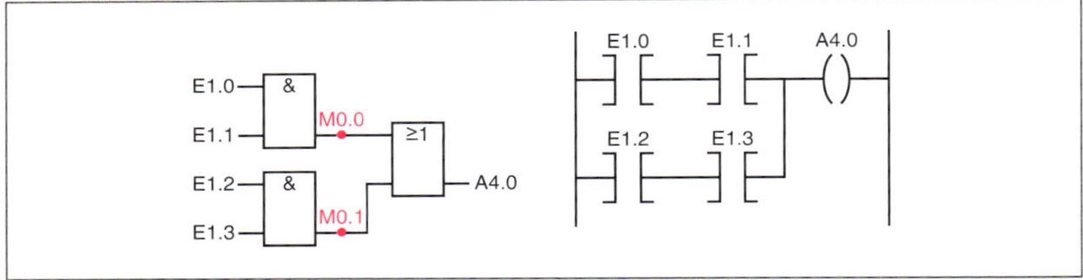

Bild 75 *UND-Funktion ODER-verknüpft, FUP und KOP*

Mit zwei Merkern

```
U E1.0
U E1.1
= M0.0

U E1.2
U E1.3
= M0.1

O M0.0
O M0.1
= A4.0
```

Mit einem Merker

```
U E1.0
U E1.1
= M0.0

U E1.2
U E1.3
O M0.0
= A4.0
```

Mit Klammern

```
U E1.0
U E1.1
O (
U E1.2
U E1.3
)
= A4.0
```

Bei FUP- und KOP-Programmierung sind weder Klammern noch Merker notwendig.

Prüfung

1. Welche Aufgabe hat die Schaltung?

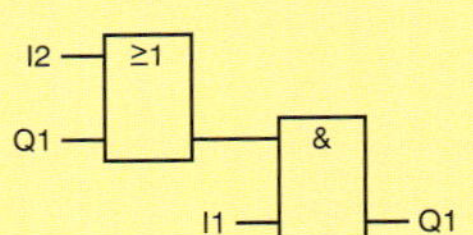

2. Welche Punkte sind bei der Auswahl einer SPS-Hardware besonders zu berücksichtigen?

3. Eine Steueranweisung besteht aus Operationsteil und Operandenteil.
Erläutern Sie dies an einem Beispiel.

4. Welche Bedeutung hat die Zykluszeit einer SPS?

5. Speicherprogrammierbare Steuerungen arbeiten nach dem Prinzip des Prozessabbildes.
Was bedeutet das?

6. Was bedeutet Drahtbruchsicherheit?

7. Welche Funktion hat die Schaltung?
Erstellen Sie die Zuordnungsliste und den Funktionsplan.

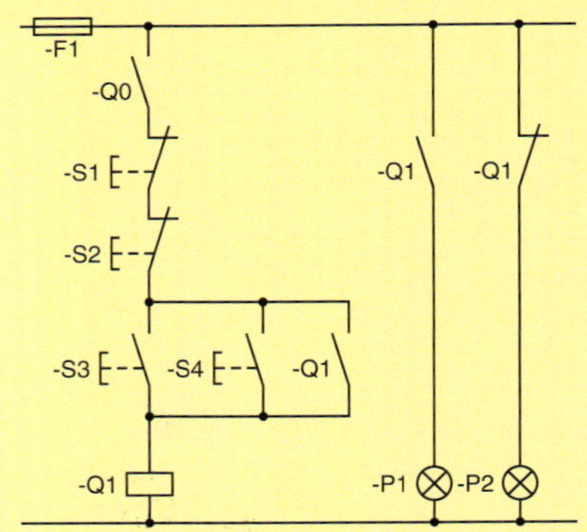

8. Welche Funktion hat die Steuerung?
Erstellen Sie den Funktionsplan.

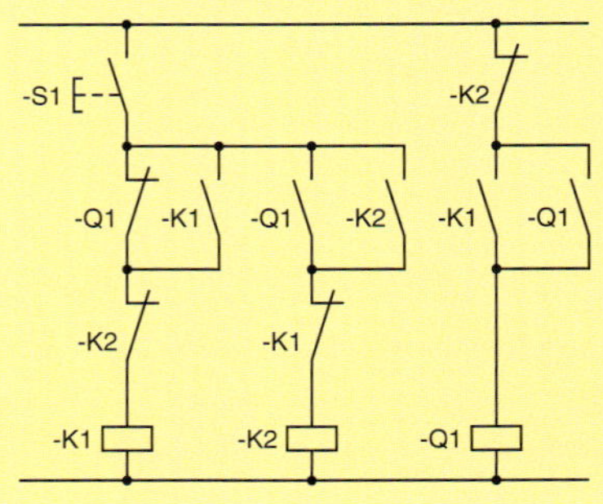

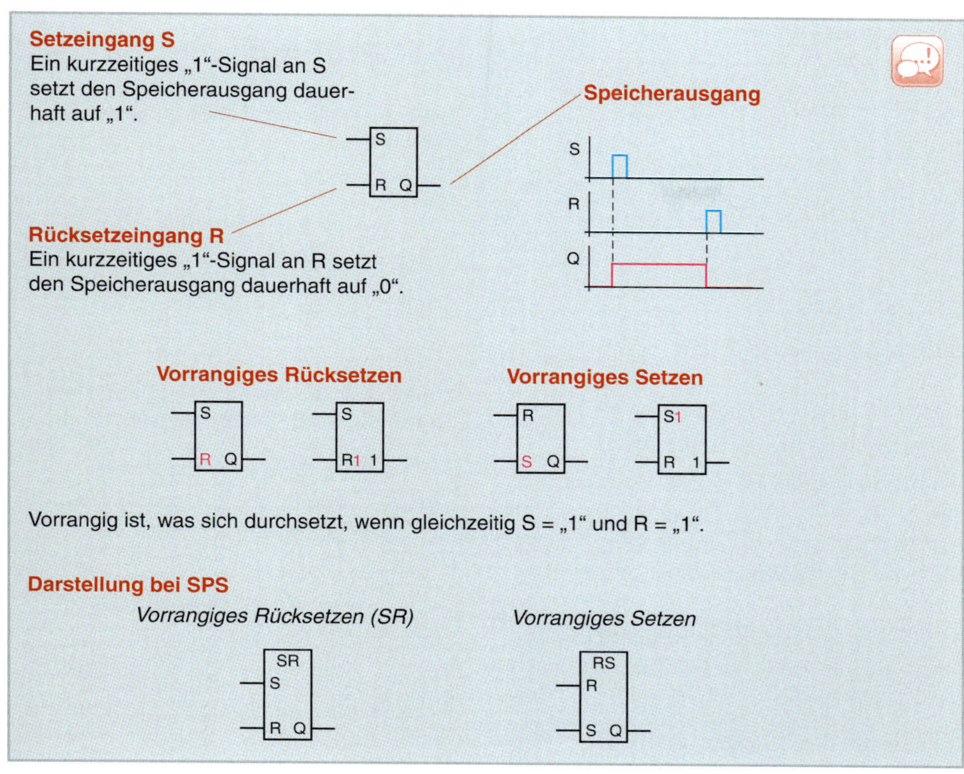

Bei manchen Programmiersystemen wird das **vorrangige Rücksetzen** mit **SR** und das **vorrangige Setzen** mit **RS** bezeichnet.

Beachten Sie die Informationen des Steuerungsherstellers.

Programmierung von Speicherfunktionen

Speicherfunktionen finden Verwendung, wenn ein nur *kurzzeitig* auftretendes Signal ein *dauerhaft* auftretendes Signal hervorrufen soll.

Zum Beispiel: Ein *kurzer* Druck auf den Starttaster schaltet den Motor *dauerhaft* ein.

Speicherschaltungen werden auf der Grundlage des **RS-Kippgliedes** programmiert.

Bild 78: **Setzen** des Speichers: M0.2 = „1", **Rücksetzen** des Speichers: E0.7 = „0" ODER M0.1 = „0".

Abfrage auf den Signalzustand „0"

Die Eingänge der ODER-Verknüpfung vor dem *Rücksetzeingang* des Speichers werden auf den *Signalzustand „0"* abgefragt (Negation).

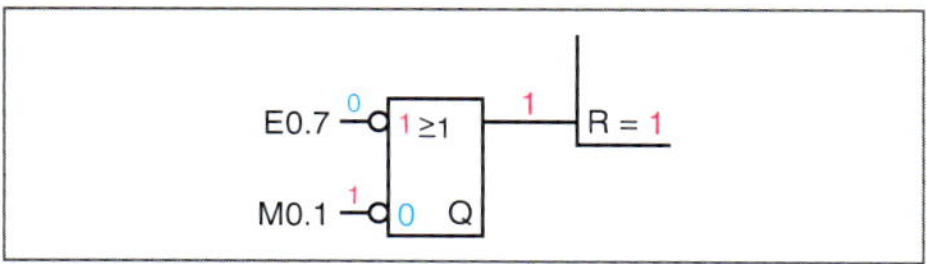

Bild 76 *Rücksetzbedingung „1"*

Schließer S5 offen → E0.7 = „0" → Negation von „0" ergibt „1" → R = „1" → Speicher wird ausgeschaltet oder kann nicht eingeschaltet werden. Beachten Sie, dass der Speicher *vorrangiges Rücksetzen* hat.

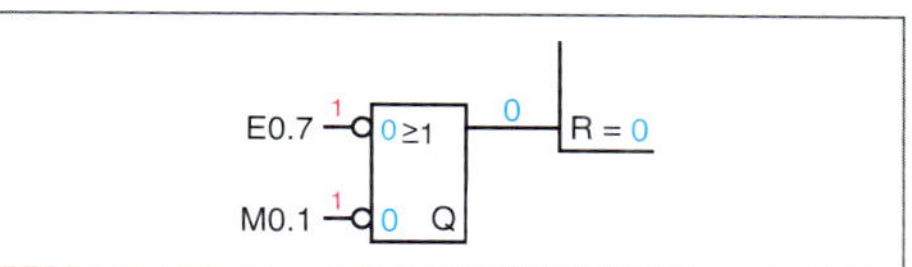

Bild 77 *Rücksetzbedingung „0"*

Schließer S5 geschlossen → E0.7 = „1" → Negation von „1" ergibt „0" → R = „0" → Speicher kann gesetzt werden oder gesetzt bleiben.

Dies entspricht genau der Aufgabenstellung von S5. Der Eingang E0.7, an dem S5 angeschlossen ist, muss auf den Signalzustand „0" abgefragt werden. E0.7 ist zu **negieren**.

■ **Speicher** werden benötigt, wenn die Befehlsausführungsdauer größer als die Zeit der Befehlsausgabe ist.

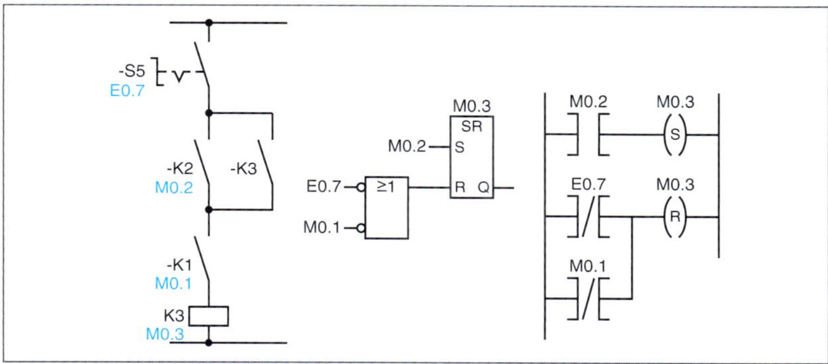

Bild 78 *Speicherfunktion, Steuerungsausschnitt Seite 312*

■ **Öffner**
müssen wegen der Drahtbruchsicherheit verwendet werden.

■ **Aufgabenlösung**

@ Interessante Links
• christiani-berufskolleg.de

Abfrage eines Öffners

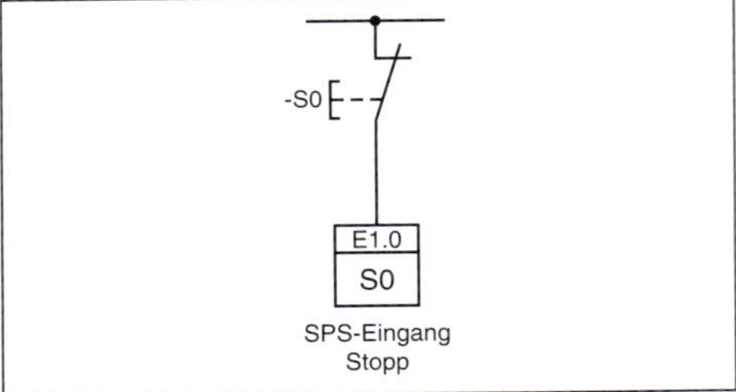

Bild 79 Abfrage eines Öffners

Bild 79: Austaster S0 unbetätigt → E1.0 = „1“
Austaster S0 betätigt → E1.0 = „0“
Bei *Betätigung* von S0 soll *ausgeschaltet* werden.
Bei E1.0 = „0“, soll ausgeschaltet werden. E1.0 wird auf den **Signalzustand „0“** abgefragt.

Ein **Öffner** wird zum Zwecke des **Rücksetzens** eines Speichers auf den **Signalzustand „0“** abgefragt.

Dies macht eine **Negation** notwendig.

Prüfung

1. Welche Funktionen hat die dargestellte Schaltung?

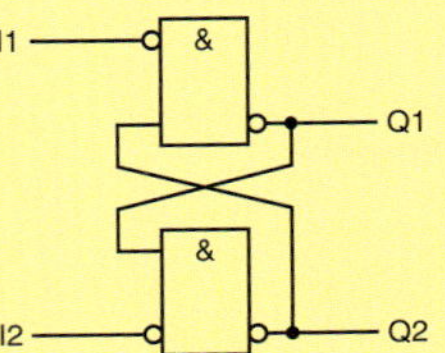

2. Entwickeln Sie den Funktionsplan für das dargestellte Signal-Zeit-Diagramm.

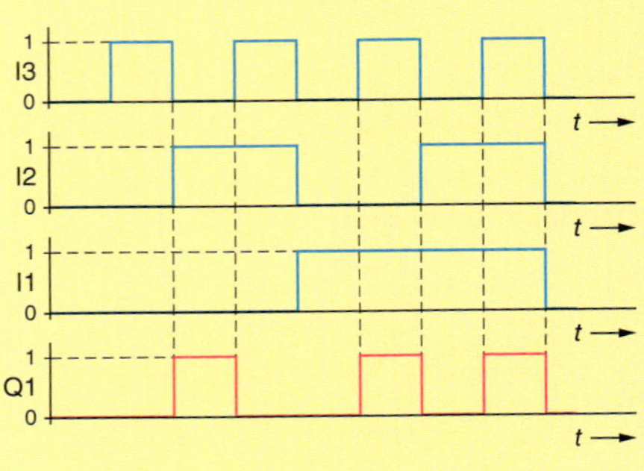

Bandsteuerung mit Speichern

Kommentar	Operand		Operand	Kommentar
		A4.0 SR	A4.0	Band 1
Start Band 1	E0.1	S		
Merker	M0.0	R (negiert) Q	A4.3	Meldung Band 1
		A4.1 SR	A4.1	Band 2
Start Band 2	E0.2	S		
Merker	M0.0	R (negiert) Q	A4.4	Meldung Band 2
		A4.2 SR	A4.2	Band 3
Start Band 3	E0.3	S		
Merker	M0.0	R (negiert) Q	A4.5	Meldung Band 3
Motorschutz B1	E0.4	&		
Motorschutz B2	E0.5			
Motorschutz B3	E0.6			
Stopptaster S1	E0.0		M0.0	Merker

Zeitfunktionen

Bislang wurden die drei Transportbänder über die drei Starttaster eingeschaltet (S2, S3, S4). Die Bänder können dann in beliebiger Reihenfolge eingeschaltet werden → 295.

Gewünscht wird, dass mit einem einzigen Starttaster die drei Bänder zeitlich gestaffelt anlaufen sollen.

Start → Band 3 → Wartezeit 5 s → Band 2 → Wartezeit 5 s → Band 1

Zeitfunktion
time function

Einschaltverzögerung
turn-on delay

Ausschaltverzögerung
turn-off delay

Setzen
set

Rücksetzen
reset

Einschaltverzögerung

Zeitglied starten → Zeit läuft ab. Wenn die eingestellte Zeit verstrichen ist, Schaltvorgang.

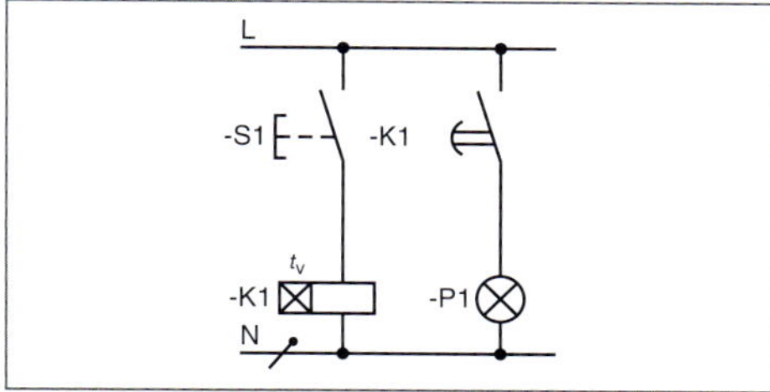

Bild 80 Einschaltverzögerung

Bild 80:

- Taster S1 wird betätigt und bleibt betätigt.
- Die eingestellte Zeit läuft ab.
- Wenn die Zeit abgelaufen ist, wird P1 eingeschaltet.
- Taster S1 wird losgelassen.
- P1 erlischt, Zeitglied läuft in Ruhelage zurück.

Beachten Sie:
Damit die Zeit ablaufen kann, muss S1 betätigt sein. Sobald S1 *nicht* mehr betätigt ist, wird K1 spannungslos und das Zeitglied kehrt in *Ruhelage* zurück.

Die **Einschaltverzögerung** ist **nicht speichernd**.

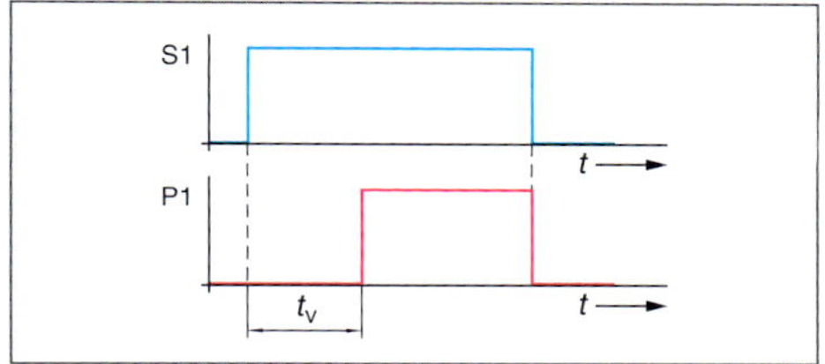

Bild 81 Einschaltverzögerung, Wirkung

Schützsteuerung mit Zeitgliedern (Bild 82)

Folgeschaltung

S2 betätigt → Q3 zieht an und geht in Selbsthaltung → Zeitglied K1 wird gestartet.

Zeit verstrichen → Q2 zieht an → Zeitglied K2 wird gestartet.

Zeit verstrichen → Q1 zieht an.

Beachten Sie:
Die Schütze Q2 und Q1 benötigen *keine Selbsthaltung*, da die *Kontakte* der Zeitrelais geschlossen bleiben, wenn die *Spulen* der Zeitglieder an *Spannung* liegen. Das ist hier der Fall.

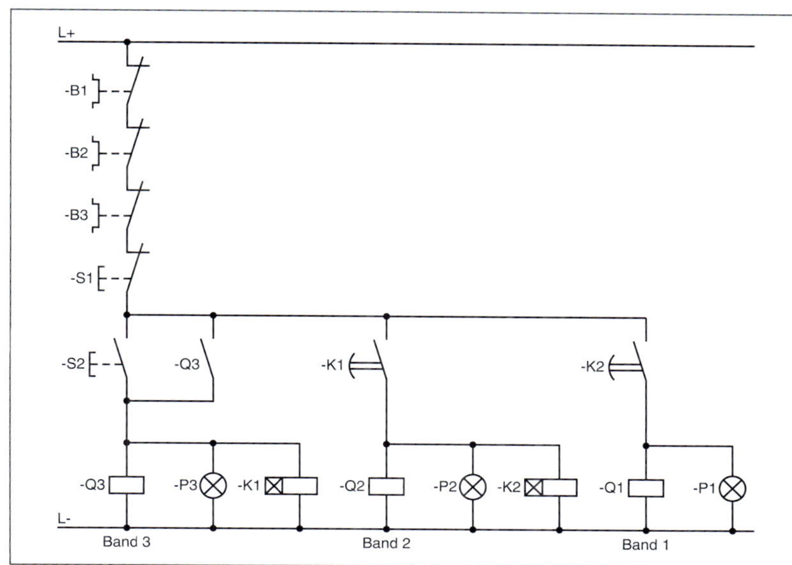

Bild 82 Schützsteuerungen mit Zeitgliedern

Einschaltverzögerung bei SPS

Wenn das VKE am *Starteingang* des Zeitgliedes von „0“ nach „1“ wechselt, wird das Zeitglied gestartet.

Die unter *Zeitdauer* programmierte Zeit läuft dann ab.

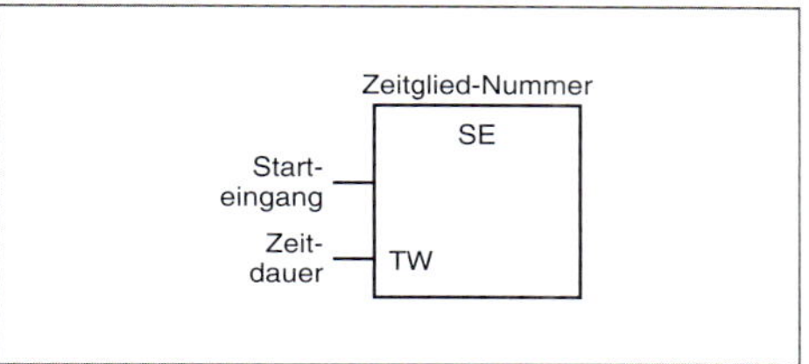

Bild 83 Einschaltverzögerung, SPS

Ist die programmierte Zeit *abgelaufen* und der Starteingang immer noch „1“, ergibt die *Abfrage* des Zeitgliedes den Signalzustand „1“.

Wenn *vor* Ablauf der programmierten Zeit das VKE von „1“ nach „0“ wechselt, wird die Zeitfunktion gestoppt.

Beispiele für die Eingabe der Zeitdauer:

S5t#12s 12 Sekunden

S5t#30m 30 Minuten

S5t#2h 2 Stunden

S5t#2h30m12s 2 Std., 30 Min., 12 Sek.

- **Zeitfunktion**
  wird gestartet, wenn das VKE vor der Startoperation seinen boolschen Wert ändert.

  Abgesehen von der Ausschaltverzögerung wird die Zeit durch einen Wechsel von 0 → 1 gestartet.

  Bei Start der Zeitfunktion wird die programmierte Zeitdauer übernommen.

- **S5t#5s**
  Groß- und Kleinschrift spielt hierbei keine Rolle.

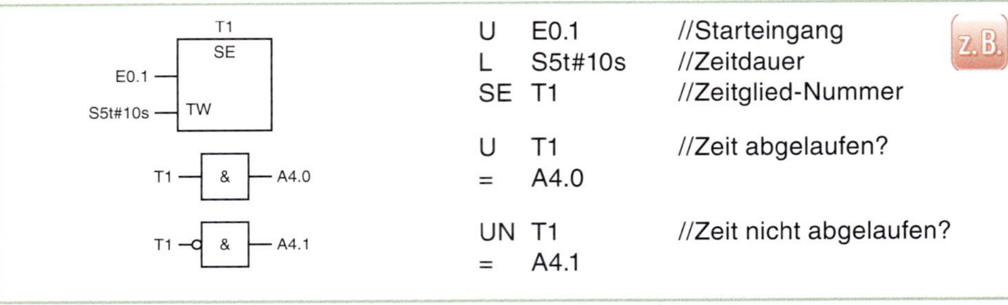


```
U   E0.1      //Starteingang
L   S5t#10s   //Zeitdauer
SE  T1        //Zeitglied-Nummer

U   T1        //Zeit abgelaufen?
=   A4.0

UN  T1        //Zeit nicht abgelaufen?
=   A4.1
```

Transportbandsteuerung

Zuordnungsliste Seite 317, *Anschlussplan* Seite 317.

Netzwerk 1: Merker

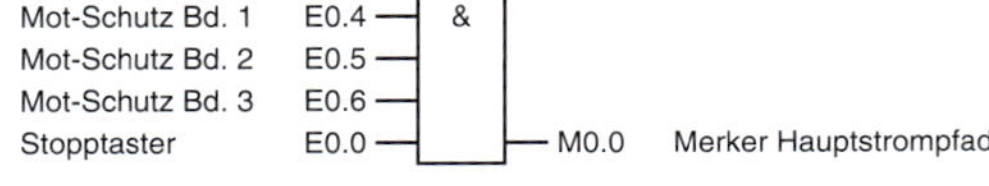

Netzwerk 2: Band 3

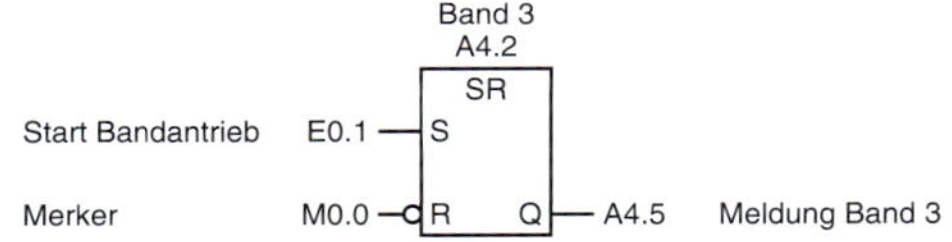

Netzwerk 3: Zeitglied T1 starten

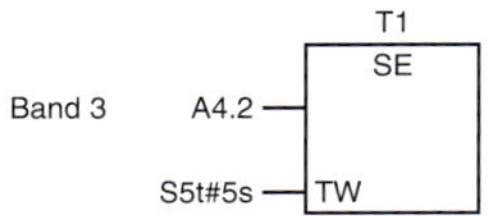

Netzwerk 4: Band 2

Netzwerk 5: Zeitglied T2 starten

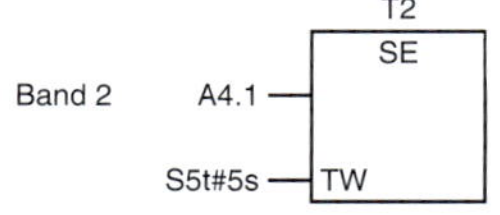

Netzwerk 6: Band 1

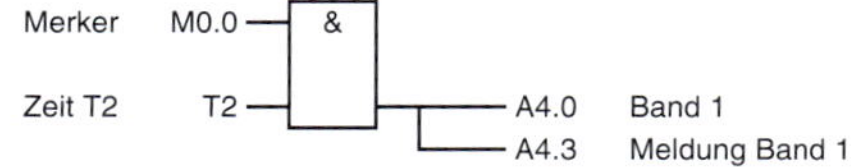

■ **Speichernde Einschaltverzögerung**
Wechselt das VKE am Starteingang des Timers von 0 → 1, wird die Zeit mit dem angegebenen Zeitwert gestartet.

Speichernde Einschaltverzögerung

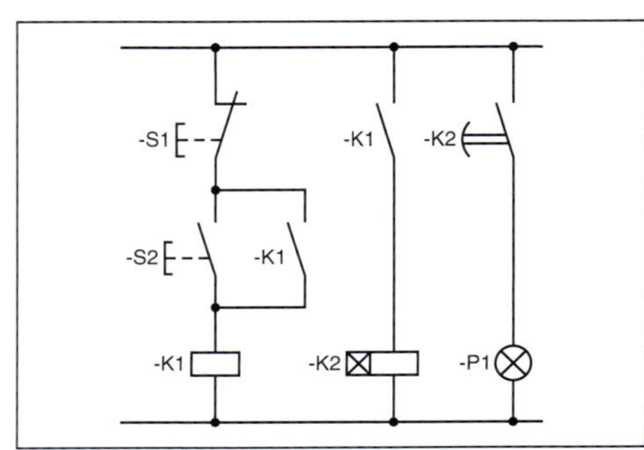

Bild 84 *Speichernde Einschaltverzögerung*

Bild 84:

- S2 wird betätigt → K1 zieht an und geht in Selbsthaltung.
- Zeitrelais K2 wird gestartet.
- Nach Ablauf der Zeit leuchtet P1.
- S1 wird betätigt → K1 fällt ab → K2 kehrt in Ruhelage zurück → P1 erlischt.

Zum Starten und Ablaufen des Zeitgliedes ist nur ein *kurzzeitiges* Betätigen von S2 notwendig (Bild 84).

Man spricht dann von einer **speichernden Einschaltverzögerung**.

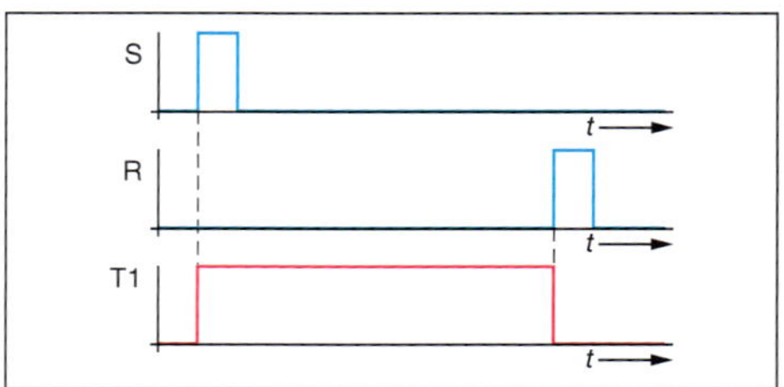

Bild 85 *Signal-Zeit-Diagramm*

Wenn ein Zeitglied zum Beispiel dadurch gestartet wird und die Zeit ablaufen soll, dass eine Lichtschranke für eine *kurze* Zeit unterbrochen wird, ist eine solche *speichernde* Einschaltverzögerung sinnvoll. Die Zeit kann dann vollständig ablaufen.

Speichernde Einschaltverzögerung mit SPS

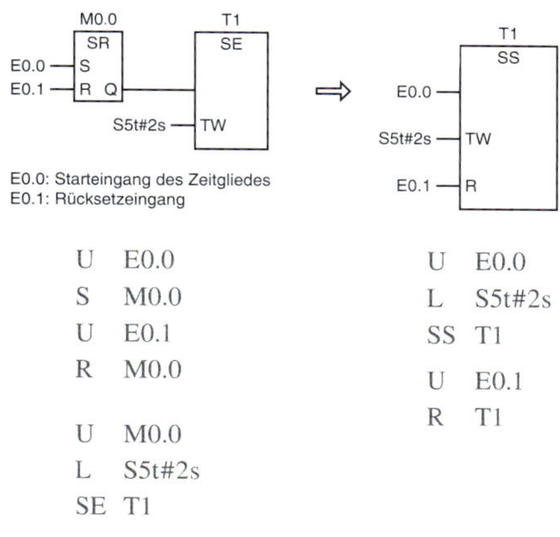


```
U   E0.0
S   M0.0
U   E0.1
R   M0.0

U   M0.0
L   S5t#2s
SE  T1
```

```
U   E0.0
L   S5t#2s
SS  T1

U   E0.1
R   T1
```

Ausschaltverzögerung

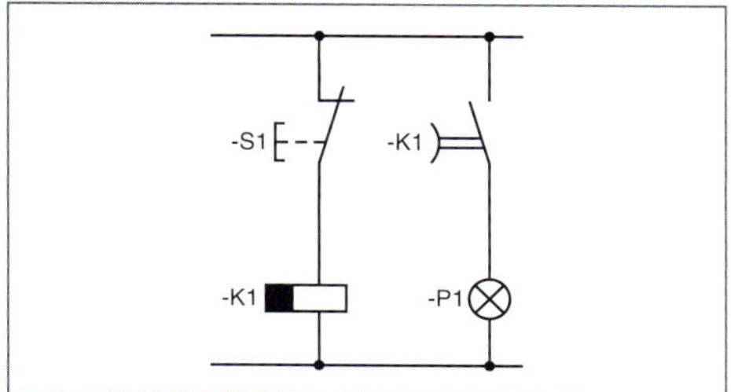

Bild 86 Ausschaltverzögerung

Bild 86:

- S1 wird betätigt → Zeitglied K1 wird gestartet, Lampe P1 leuchtet sofort.
- Zeit ist abgelaufen → Lampe P1 erlischt.

Ausschaltverzögerung mit SPS

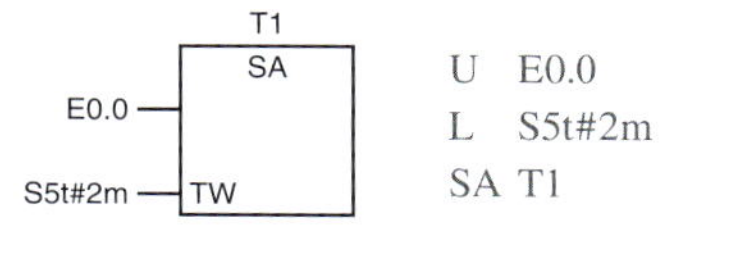


```
U   E0.0
L   S5t#2m
SA  T1
```

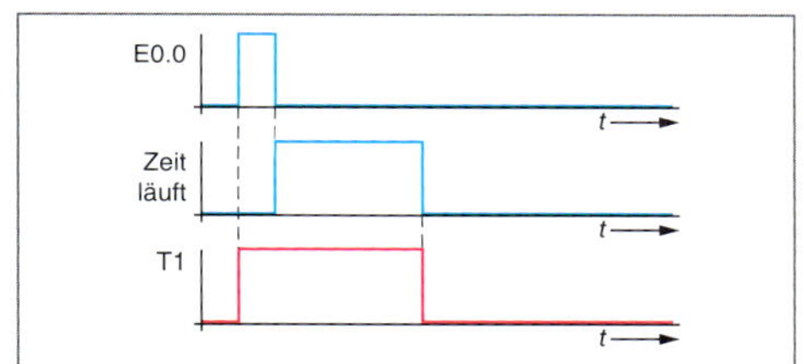

Bild 87 Signal-Zeit-Diagramm

Bekannt ist die **Ausschaltverzögerung** vor allem in der elektrischen Installationstechnik als „Treppenhausschaltung". Das Licht erlischt automatisch nach Ablauf der eingestellten Zeit.

Flankenauswertung

Das Programm für die Prüfstation → 319 erscheint ihrem Ausbilder ziemlich aufwendig und unübersichtlich.

Er meint, dass durch **Flankenauswertung** eine einfachere Programmgestaltung möglich ist.

Sie werden aufgefordert, das Programm entsprechend zu ändern.

Das Problem:

Es besteht darin, dass die Zylinderstange *ständig* ausfahren und einfahren würde, weil der kapazitive Näherungssensor B4 *ständig* von der Motorverpackung bedämpft wird.

Wenn die Zylinderstange nur dann verfahren würde, wenn eine Verpackung den kapazitiven Näherungssensor erreicht

(Signalwechsel „0" → „1" an B4),

wäre eine einfachere Lösung möglich.

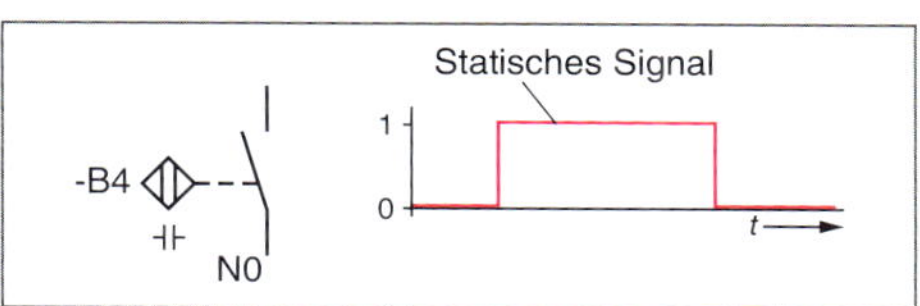

Bild 88 „Statisches" Sensorsignal

Bislang wurde bei den Sensoren nur das **statische Signal** ausgewertet: Die beiden **Signalzustände** „0" und „1".

- B4 unbedämpft: „0"-Signal
- B4 bedämpft: „1"-Signal

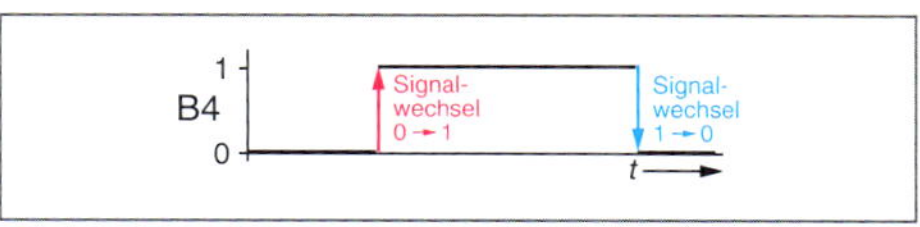

Bild 89 Signalwechsel

Auch die **Signalwechsel** von „0" → „1" bzw. von „1" → „0" können ausgewertet werden. Man nennt das **Flankenauswertung**.

- Positive Flanke: Signalwechsel „0" → „1"
- Negative Flanke: Signalwechsel „1" → „0"

Die Flankenauswertung mithilfe der SPS ist besonders einfach.

Positive Flanke (SPS)

Wechselt das VKE vor der Flankenauswertung von „0" nach „1", wird eine **positive Flanke** erkannt.

■ **Statisches Signal**
Das Signal hat für einen längeren Zeitraum einen definierten Signalzustand.

■ **Ausschaltverzögerung**
wird gestartet, wenn das VKE vor dem Starteingang des Timers von 1 → 0 wechselt.

■ **Symbol Einschaltverzögerung (allgemein)**

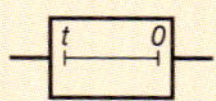

■ **Symbol Ausschaltverzögerung (allgemein)**

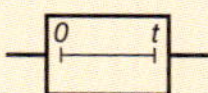

■ **Positive Flanke**
steigende Flanke, Signalwechsel 0 → 1

■ **Negative Flanke**
fallende Flanke, Signalwechsel 1 → 0

Flanke
slope, edge

flankengesteuert
edge-triggered

Flankenanstieg
rise of pulse

Flankenabfall
fall of pulse

■ **Flankenauswertung**
ermöglicht eine dreifache Auswertung eines Signals:

1. Statisches Signal
2. Signalanstieg 0 → 1
3. Signalabfall 1→ 0

Damit eröffnen sich dem Programmierer viele Möglichkeiten, z. B. Starttaster mit positiver Flanke.

■ **Starttaster**
Auch bei blockiertem Taster nur ein kurzer Impuls am Setzeingang S des Speichers.

M0.0
E0.0 — P — S

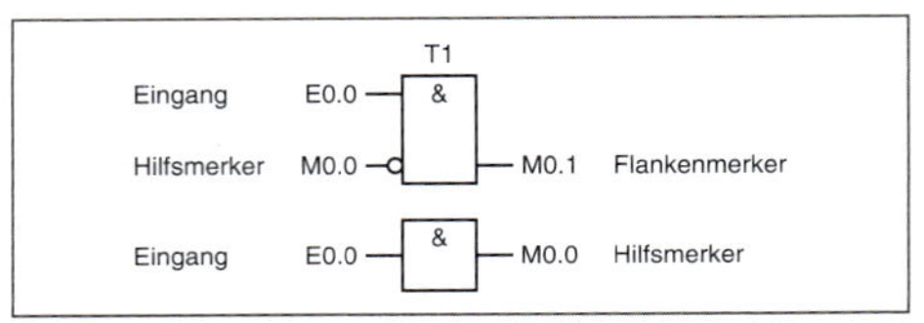

Bild 90 *Positive Flankenauswertung, FUP*

Anweisungsliste

U	E0.0	//Eingang
UN	M0.0	//Hilfsmerker
=	M0.1	//Flankenmerker
U	E0.0	//Eingang
=	M0.0	//Hilfsmerker

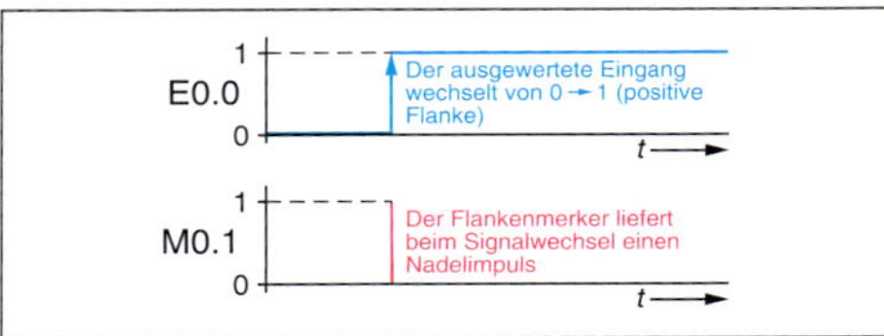

Bild 91 *Flankenmerker, Nadelimpuls*

Funktionsweise (siehe FUP oder AWL)

- Das Prozessabbild der Eingänge erkennt den Signalwechsel „0“ → „1“ an E0.0.
- Der Merker M0.0 ist dann noch „0“. Die Negation von „0“ ergibt „1“.
- Der Merker M0.1 nimmt „1“-Signal an (Nadelimpuls ansteigend).
- Da E0.0 immer noch „1“ ist, nimmt der Merker M0.0 den Signalzustand „1“ an.
- Im nächsten Zyklus ist M0.0 = „1“. Die Negation von „1“ ergibt „0“. Die UND-Funktion ist nicht mehr erfüllt und M0.1 = „0“ (Nadelimpuls abfallend).

Programmierung der positiven Flanke

M0.0
Eingang E0.0 — P — M0.1 Flankenmerker

U	E0.0	//Eingang
FP	M0.0	//Hilfsmerker
=	M0.1	//Flankenmerker

Negative Flanke (SPS)

Wechselt das VKE vor der Flankenauswertung von „1“ nach „0“, wird eine **negative Flanke** erkannt.

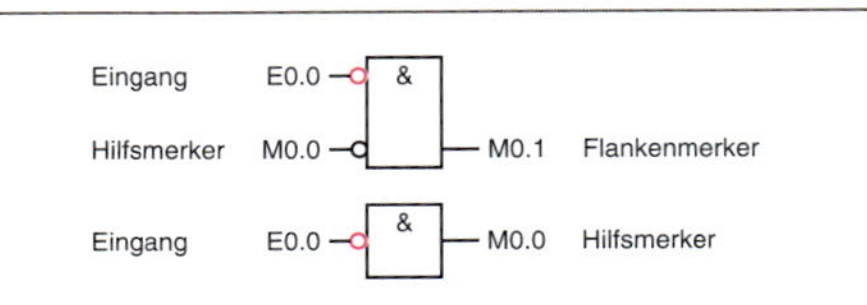

Bild 92 *Negative Flankenauswertung, FUP*

Anweisungsliste

UN	E0.0	//Eingang
UN	M0.0	//Hilfsmerker
=	M0.1	//Flankenmerker
UN	E0.0	//Eingang
=	M0.0	//Hilfsmerker

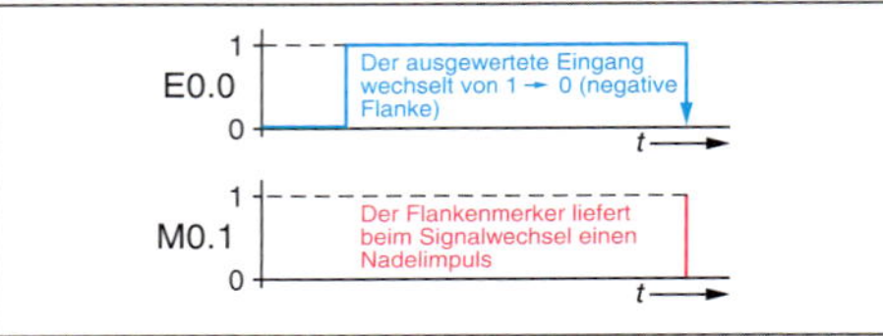

Bild 93 *Flankenmerker, Nadelimpuls*

Funktionsweise

Prinzipiell wie bei positiver Flanke.

Programmierung der negativen Flanke

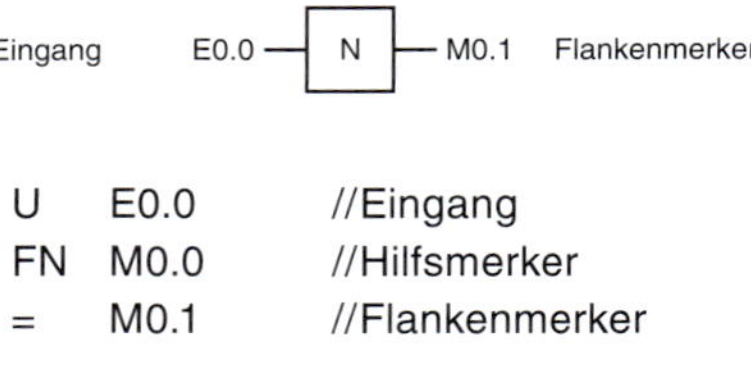

U	E0.0	//Eingang
FN	M0.0	//Hilfsmerker
=	M0.1	//Flankenmerker

Prüfstation

Es wird eine **positive Flanke** des kapazitiven Näherungssensors B4 ausgewertet.

Nur bei *positiver Flanke* von B4 fährt der Zylinder aus.

Dies ist der Fall, wenn eine neue Verpackung auf die Hubeinheit *aufläuft* und von B4 erkannt wird.

Auf Seite 329 ist das Programm als Funktionsplan dargestellt.

Programm in FUP-Darstellung

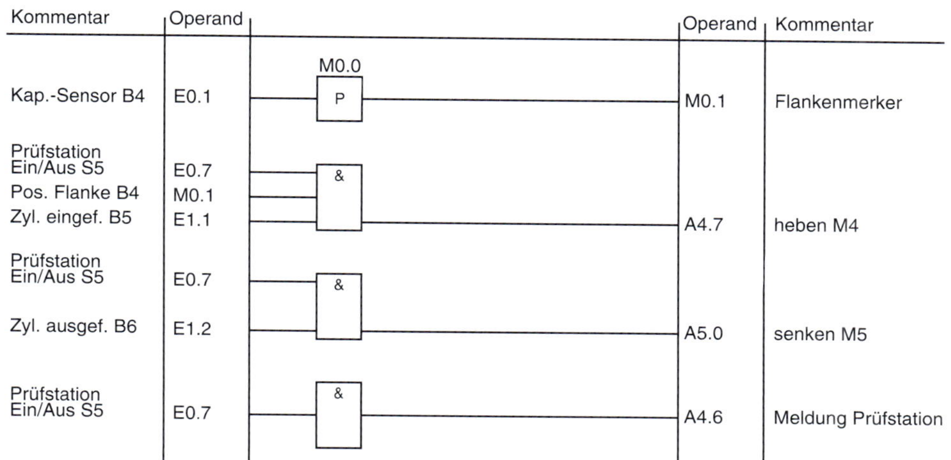

Prüfung

1. Für nebenstehende Schaltungen sind Wahrheitstabelle und Schaltfunktion zu ermitteln.

a) I1, I2 → & ; I3 → ≥1 → Q1

b) I1 (negiert), I2 → & ; I3 (negiert) → ≥1 → Q1

c) I1, I2 (negiert) → ≥1 (negiert) ; I3 → & → Q1 (negiert)

2. Welche Funktion hat die Schaltung?

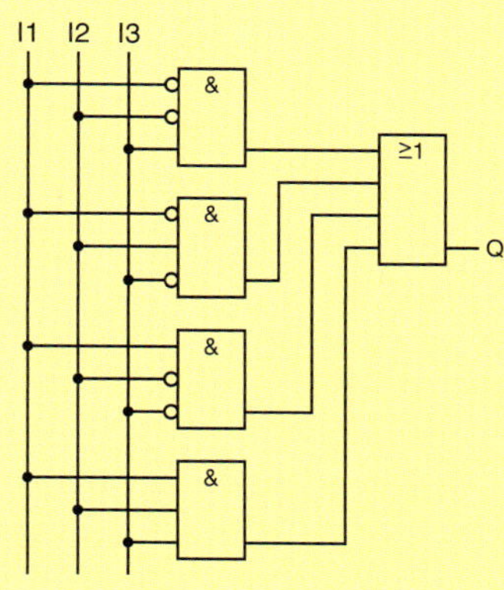

3. Welche Funktion haben die dargestellten Schaltungen?

a)

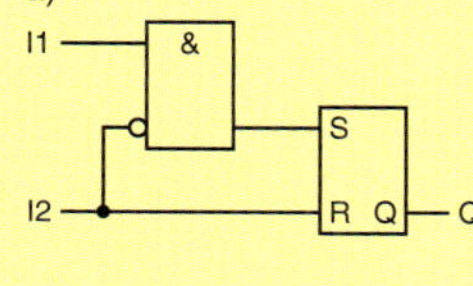

b)

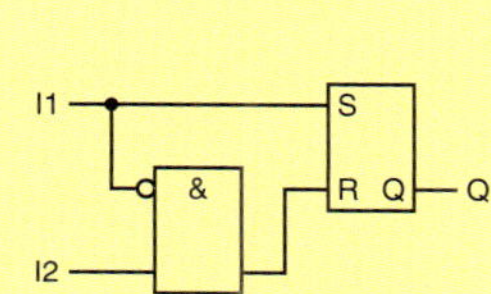

4. Worin besteht der Unterschied zwischen den beiden Symbolen?

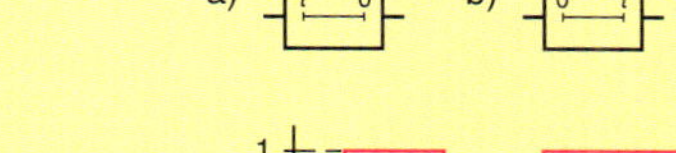

5. Vervollständigen Sie das Signal-Zeit-Diagramm.

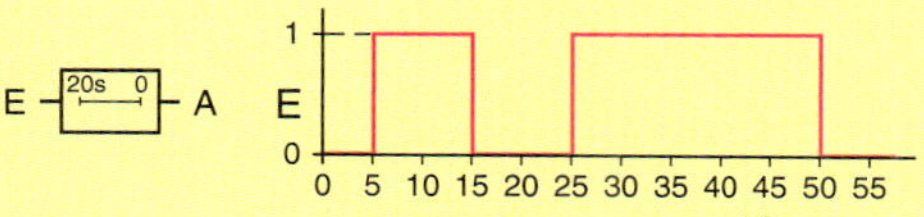

6. Nennen Sie Anwendungsbeispiele für die Flankenauswertung.

7. Worin besteht der Unterschied zwischen einer positiven und einer negativen Flanke?

■ **Aufgabenlösung**

@ Interessante Links

- christiani-berufskolleg.de

Ablaufsteuerungen

Steuerungen mit *schrittweiser Abfolge* von Aktionen nennt man **Ablaufsteuerung**.

Kern solcher Steuerungen ist die **Schrittkette**, bei der im Allgemeinen nur *ein* Schritt gesetzt sein kann.

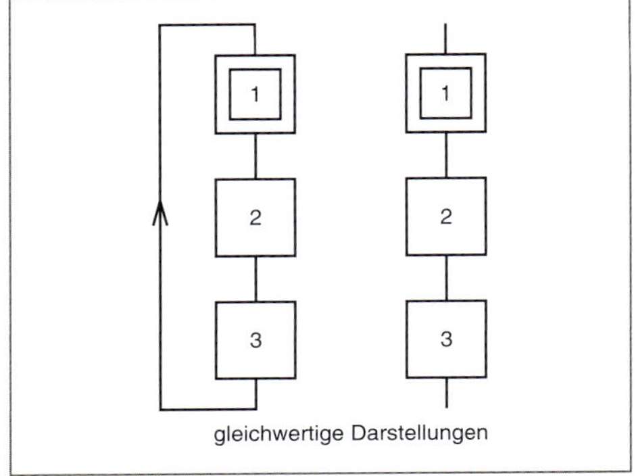

Bild 94 Schrittkette mit 3 Schritten

■ **Schrittkette**
Die einzelnen Schritte hängen wie Kettenglieder aneinander. Man spricht daher von einer Schrittkette.

■ **Schritt**
Ein Schritt oder Steuerungsschritt beschreibt einen Beharrungszustand der Steuerung.

Wenn ein Schritt gesetzt (aktiv) ist, kennzeichnet man das durch einen Punkt im Schrittsymbol.

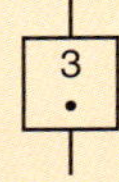

Schrittkette mit 3 Schritten

- Schritt 2 kann nur gesetzt werden, wenn Schritt 1 gesetzt ist.
- Schritt 3 kann nur gesetzt werden, wenn Schritt 2 gesetzt ist.
- Schritt 1 kann nur gesetzt werden, wenn Schritt 3 gesetzt ist oder durch Ersteinstieg in die Kette durch geeignete Maßnahmen.

Das Symbol für Schritt 1 (Bild 94) zeigt eine Besonderheit. Schritt 1 ist ein **Initialisierungsschritt** (Einstiegsschritt, Anfangsschritt).

Beim **Ersteinstieg** in die Schrittkette muss er vom Anwender oder vom Betriebssystem *bedingungslos* gesetzt werden.

■ **Initialisierungsschritt**
Der Initialisierungsschritt (Anfangsschritt) muss nicht zwingend am Anfang der Schrittkette stehen.

Er kann ein beliebiger Schritt innerhalb der Schrittkette (Ablaufkette) sein.

Transitionen

Der *Übergang* von Schritt zu Schritt erfolgt durch **Transitionen**.

■ **Transition**
(Übergang) durch den Übergang werden zwei Schritte miteinander verbunden.

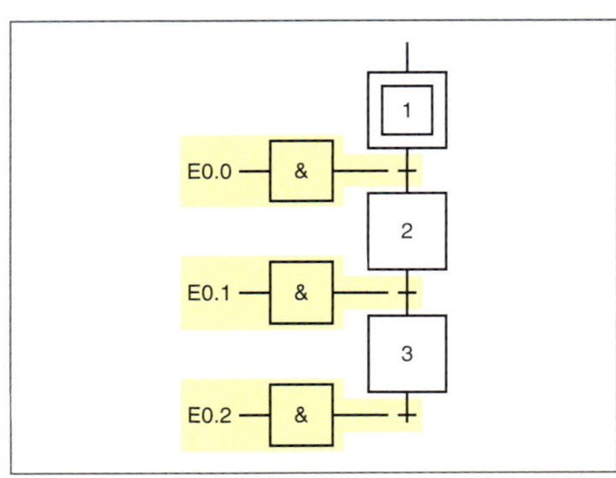

Bild 95 Transitionen

Der nachfolgende Schritt wird gesetzt, wenn der Vorgängerschritt gesetzt ist und die zugehörige Transition den Signalzustand „1“ hat.

- Schritt 2 wird gesetzt, wenn Schritt 1 gesetzt ist und E0.0 = „1“
- Schritt 3 wird gesetzt, wenn Schritt 2 gesetzt ist und E0.1 = „1“
- Schritt 1 wird gesetzt, wenn Schritt 3 gesetzt ist und E0.2 = „1“ oder Ersteinstieg
- Wenn der jeweilige Nachfolgeschritt gesetzt wird, dann wird der Vorgängerschritt zurückgesetzt.

Schrittkettenprinzip

- Vorgängerschritt gesetzt?
- Transition erfüllt („1“-Signal)?
- Nachfolgeschritt setzen!
- Nachfolgeschritt gesetzt?
- Vorgängerschritt zurücksetzen!

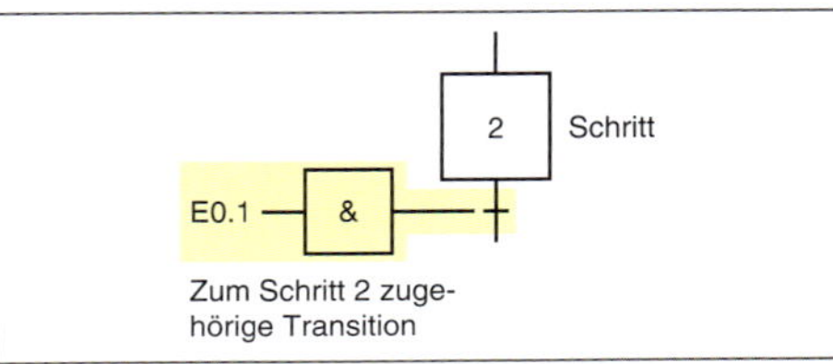

Bild 96 Schritt und Transition

Einstieg in die Schrittkette

Wenn die SPS von Stop auf Run geschaltet wird, soll der automatische Einstieg in die Schrittkette erfolgen. Dazu kann das in Bild 97 dargestellte Programm dienen.

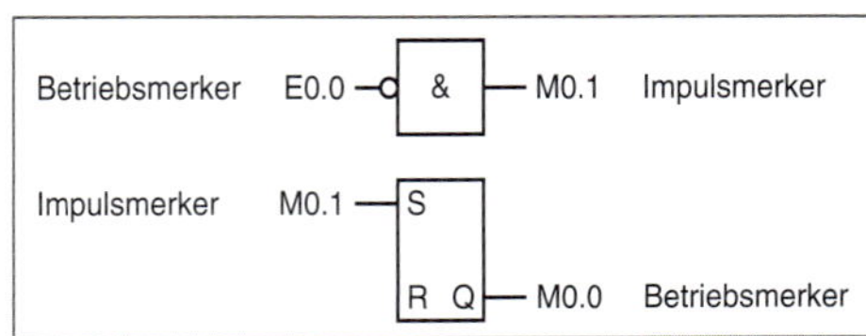

Bild 97 Schrittketteneinstieg, Impulsmerker

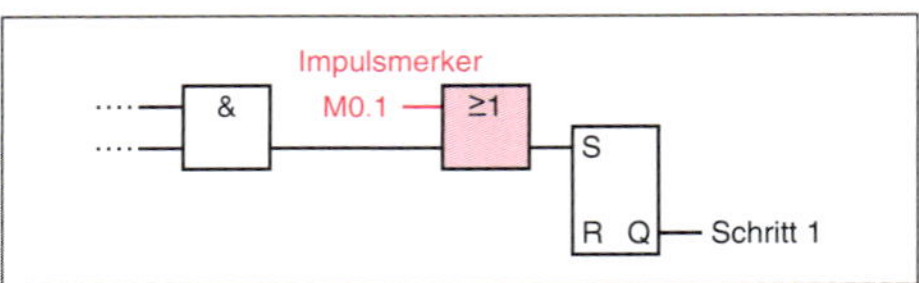

Bild 98 Setzen von Schritt 1, Impulsmerker

Der **Impulsmerker** erzeugt einen **Nadelimpuls**, der unabhängig von Vorgängerschritt und Transition den Initialisierungsschritt setzt. Damit ist der **Einstieg** in die Schrittkette erfolgt.

Schritte haben Speicherverhalten

Wenn ein Schritt gesetzt wird, bleibt er so lange *gesetzt*, bis er durch seinen *Nachfolgeschritt* wieder *zurückgesetzt* wird (Bild 95, Seite 330).

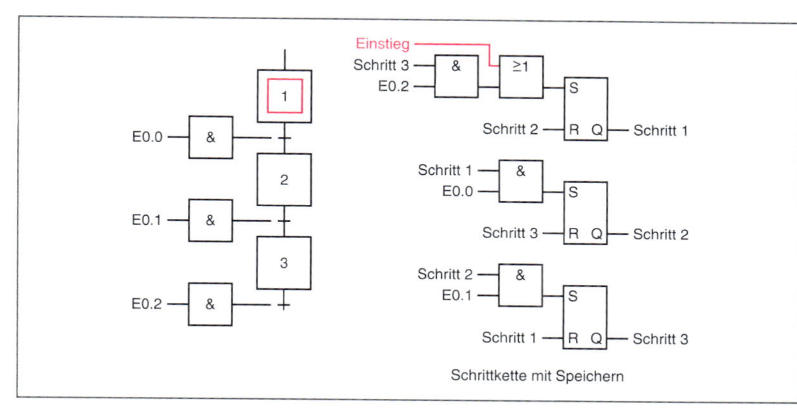

Bild 100 Schritte haben Speicherverhalten, werden gesetzt und zurückgesetzt

Befehle, Aktionen

Befehle rufen im Allgemeinen **Aktionen** hervor. Sie werden durch ein **Befehlssymbol** dargestellt.

Befehl: Zylinderstange ausfahren!

Aktion: Zylinderstange wird ausgefahren.

Grundsätzlich wird ein Befehl *ausgegeben*, wenn ein *Schritt*, dem er *zugeordnet* wurde, gesetzt ist.

Ein Schritt kann auch *mehrere* Befehle ausgeben. Die Befehlssymbole werden dann *untereinander* angeordnet (Bild 99).

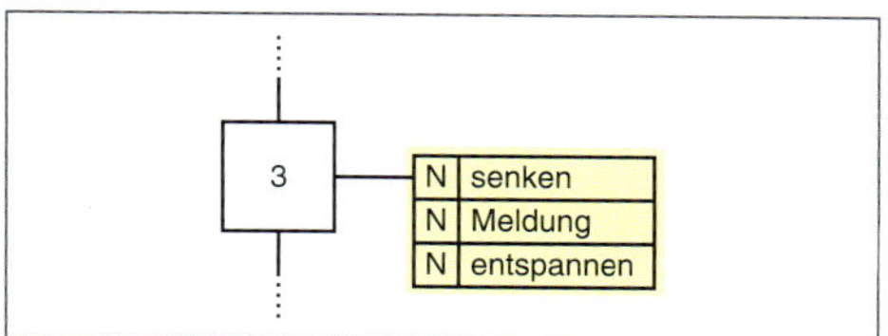

Bild 99 Mehrere Befehle an einem Schritt

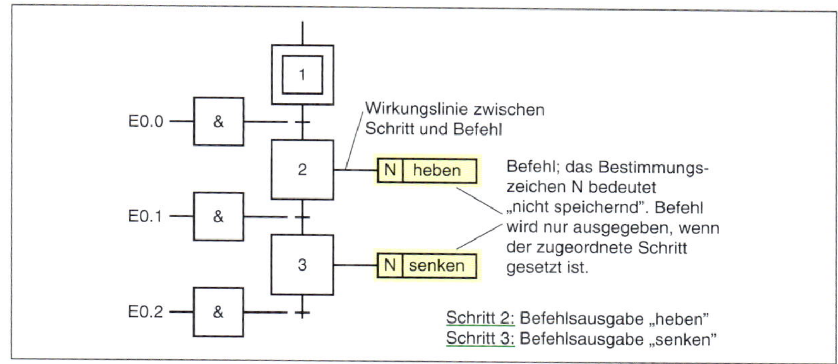

Bild 101 Darstellung von Befehlen

Bestimmungszeichen von Befehlen

kein oder N	nicht gespeichert	Nur ausgegeben, wenn zugehöriger Schritt gesetzt ist. Befehl wirkt nur an dem Schritt, an dem er hängt.
S	gespeichert	Befehl wird ausgegeben und wirkt schrittübergreifend, bis er durch R zurückgesetzt wird.
R	rückgesetzt	Rücksetzen des S-Befehls (S und R treten i. Allg. paarweise auf).
C	bedingt	Befehl wird ausgegeben, wenn der zugeordnete Schritt aktiv ist und die zusätzliche C-Bedingung den Signalzustand „1" hat.
D	zeitverzögert	Befehl wird um die angegebene Zeit verzögert ausgegeben (Einschaltverzögerung).

■ **Bestimmungszeichen**

Links im Befehlssymbol wird das **Bestimmungszeichen** angegeben (Bild 99). Es gibt Auskunft über die **Befehlswirkung**.

Beispiele zu den Bestimmungszeichen

– *Bestimmungszeichen S und R*

IEC 1131 sieht das **Bestimmungszeichen R** zum *Rücksetzen* vor. Dies wird bei den meisten Programmiersystemen verwendet.

DIN 40719: Zu beachten ist die Kommentierung „EIN" und „AUS" der S-Befehle.

S: EIN → setzen, **R:** AUS → rücksetzen

Der **S-Befehl** ist immer dann sinnvoll einsetzbar, wenn die Befehlswirkung **schrittübergreifend** (über mehrere Schritte) erfolgen soll.

Bild 102, Seite 332, zeigt die Befehlsdarstellung.

■ **Befehl, Aktion**

Ein steuerndes System gibt einen Befehl aus, ein gesteuertes System führt eine Aktion aus.

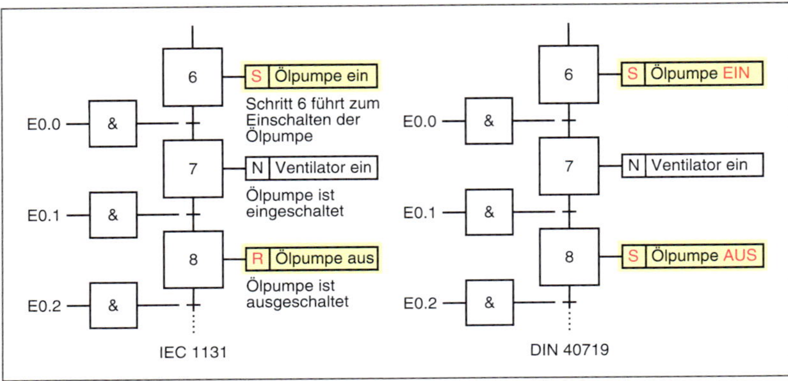

Bild 102 *Bestimmungszeichen S und R*

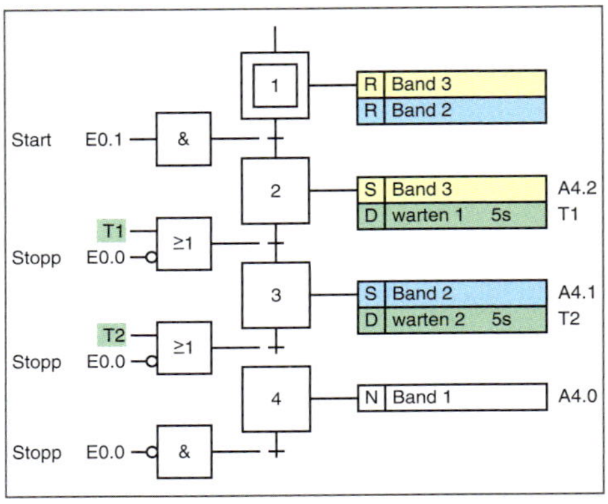

Bild 105 *Bandsteuerung, Ablaufsteuerung*

– *Bestimmungszeichen C*

C-Bedingung ist E1.6.

Der Befehl wird ausgegeben (Heizung wird eingeschaltet), wenn der Schritt 10 gesetzt ist und die C-Bedingung E1.6 den Signalzustand „1" hat.

Der **C-Befehl** hat *nichtspeicherndes* Verhalten.

■ **C-Befehl**
Die C-Bedingung wird mit dem Schrittmerker UND-verknüpft.

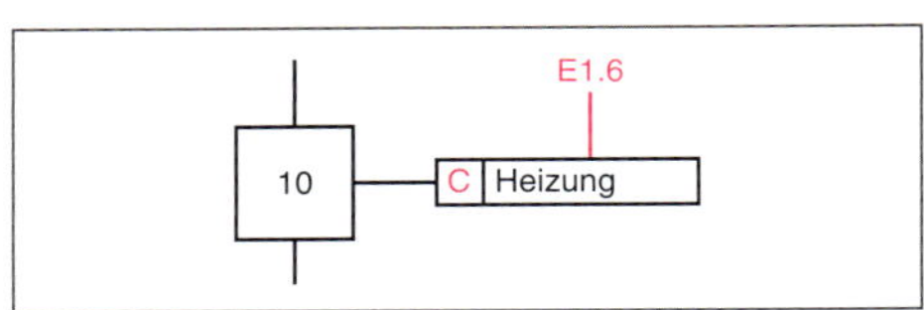

Bild 103 *C-Befehl*

– *Bestimmungszeichen D*

Wenn Schritt 6 gesetzt ist, wird die Heizung *unverzüglich* eingeschaltet. 10 Sekunden später wird der Ventilator zugeschaltet.

Der **D-Befehl** hat *nichtspeicherndes* Verhalten.

■ **D-Befehl**
Verhalten einer Einschaltverzögerung → 325

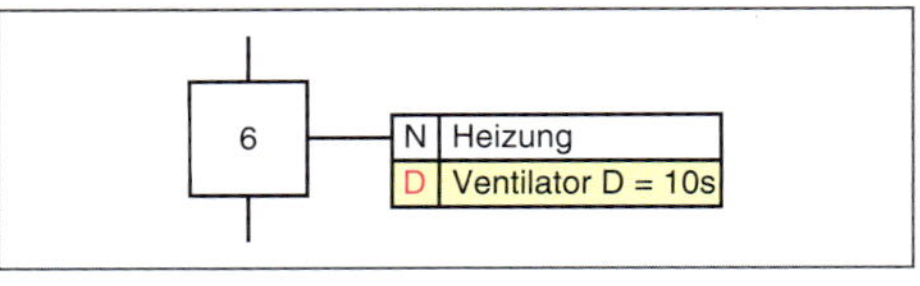

Bild 104 *D-Befehl*

■ **GRAFCET**
Graphe Fonctionell de Commande Etapes/ Transitions

Bandsteuerung

Die Bandsteuerung soll als Ablaufsteuerung (Schrittsteuerung) programmiert werden.

Der Starttaster schaltet unverzüglich Band 3 ein, 5 Sekunden später Band 2 und weitere 5 Sekunden später Band 1.

Der Stopptaster soll den Bandantrieb jederzeit stoppen. Bild 105 zeigt die Ablaufsteuerung des Bandantriebs.

Ablaufsteuerung mit Speichern

Die Ablaufsteuerung kann auch mit **Speichern** programmiert werden.

Jeder Steuerungsschritt wird durch einen Speicher dargestellt, der nach den Gesetzmäßigkeiten der Ablaufsteuerung (Seite 333) gesetzt und rückgesetzt wird.

Beachten Sie besonders den Initialisierungsschritt mit dem Impulsmerker.

Die einzelnen Schritte rufen **Befehle** hervor, die ebenfalls in Funktionsplandarstellung programmiert werden.

Natürlich ist die Übersichtlichkeit der Ablaufsteuerung mit Speichern nach Bild 107 nicht so groß wie in der Darstellung nach Bild 105.

Die wesentlichen Vorteile der Ablaufsteuerung, die **Servicefreundlichkeit**, bleiben erhalten.

Wenn die Steuerung wegen eines Fehlers nicht mehr zum Folgeschritt schaltet, dann wird die *Fehlerursache* wahrscheinlich in der *Transition* zwischen den beiden Schritten liegen.

Dadurch wird eine relativ einfache *Fehlersuche* ermöglicht.

GRAFCET

Die *Entwurfssprache* GRAFCET dient der Steuerungsbeschreibung, *unabhängig* von einer konkreten Verwirklichung.

Die Abläufe werden in **Schritte** und **Transitionen** unterteilt.

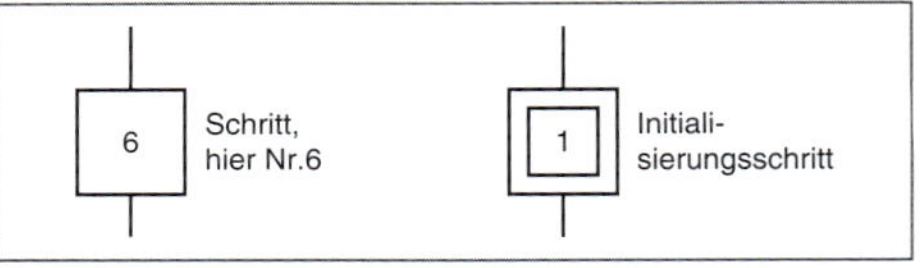

Bild 106 *Darstellung von Schritten, GRAFCET*

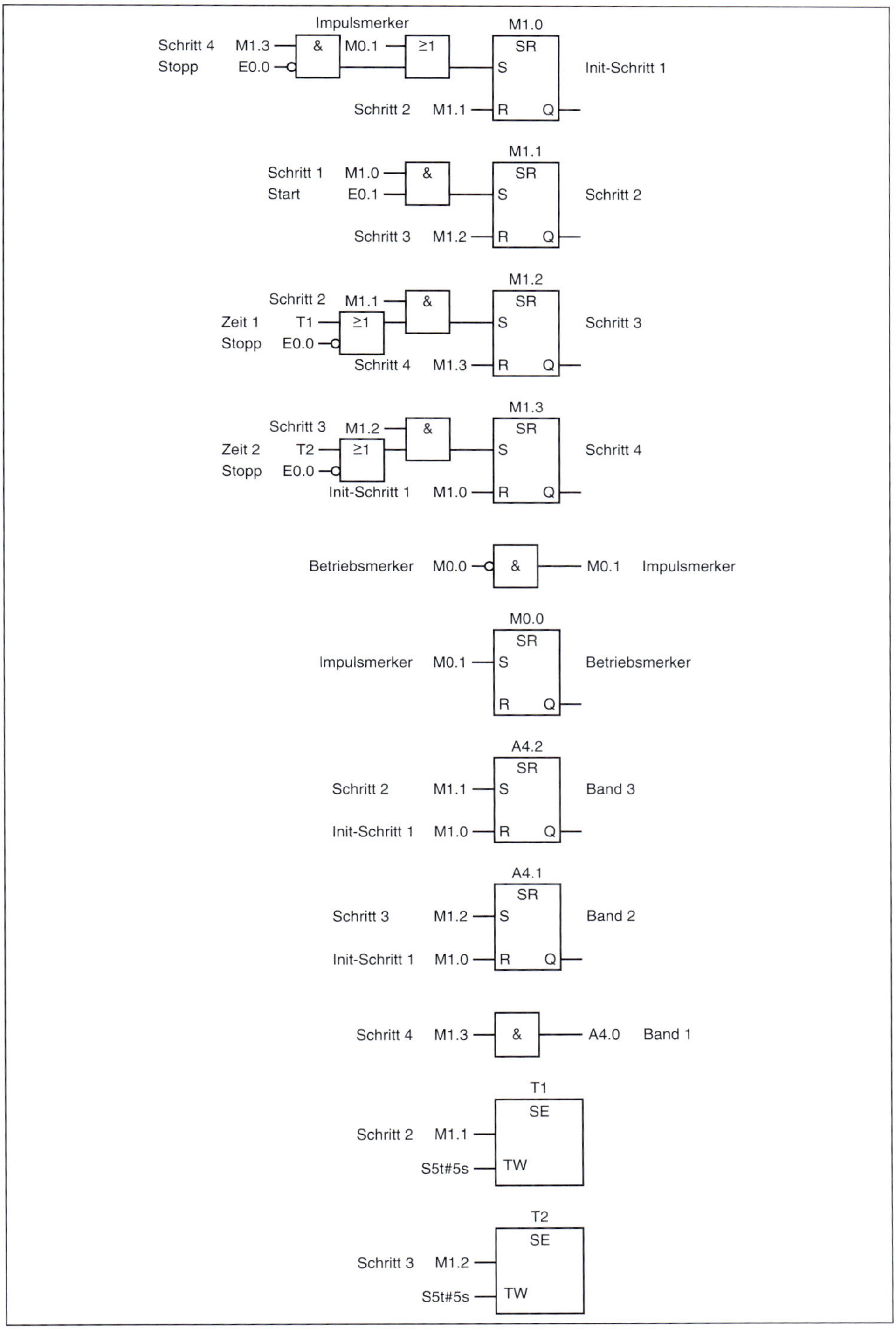

Bild 107 *Bandsteuerung, Ablaufsteuerung mit Speichern*

Ablaufsteuerung
run-off control, sequencing control

Schritt
step

Befehl
command

Aktion
action

Initialisierungsschritt
initial step

Übergang
transition

Übergangsbedingung
transition condition

■ **GRAFCET**

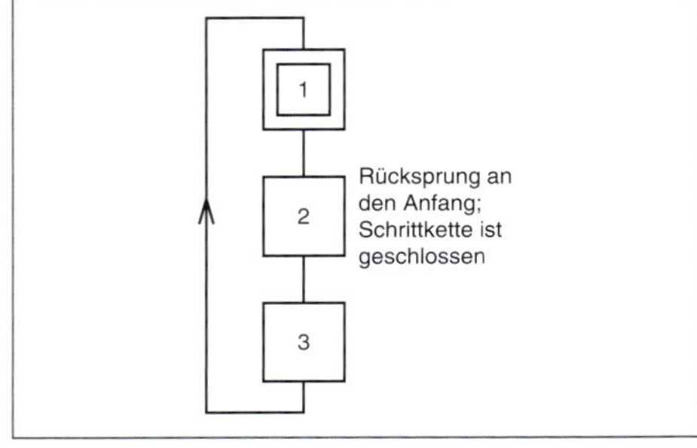

Bild 108 Schrittkette, GRAFCET

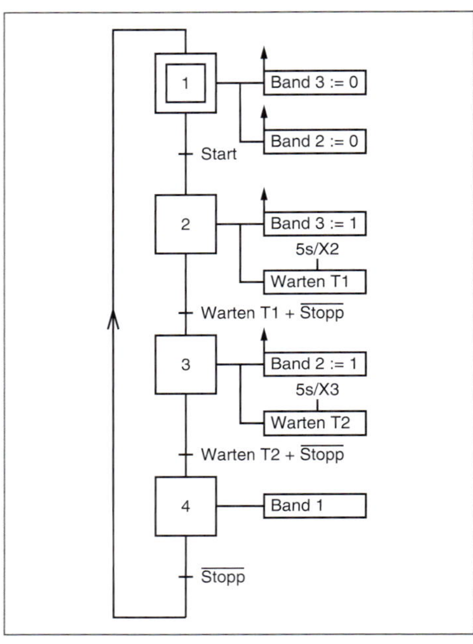

Bild 110 Bandsteuerung in GRAFCET

Darstellung von Transitionen

Die **UND-Verknüpfung** wird durch einen Stern (*, Multiplikationszeichen) und die **ODER-Verknüpfung** durch das Zeichen + dargestellt.

Negationen werden durch einen Strich über das zu negierende Signal gekennzeichnet.

Verknüpfung	GRAFCET
UND (S1, B1 → &)	S1 * B1
ODER (S1, B1 → ≥1)	S1 + B1
NICHT (S1, B1 negiert → &)	$\overline{S1} * \overline{B1}$

■ **Aufgabenlösung**

@ Interessante Links

- christiani-berufskolleg.de

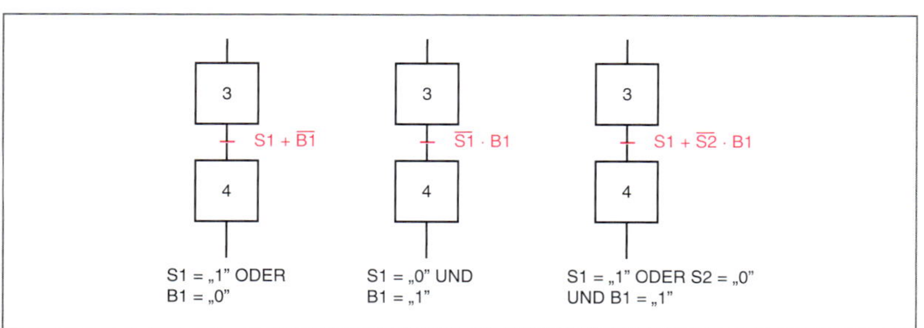

Bild 109 Beispiele für Transitionen bei GRAFCET

Prüfung

1. Unterscheiden Sie zwischen Befehlen und Aktionen.

2. Worin bestehen die wesentlichen Vorteile der Ablaufsteuerung?

3. Nennen und beschreiben Sie das Schrittkettenprinzip.

4. Welche Aufgabe haben Transitionen bei einer Ablaufsteuerung?

5. Worin besteht der wesentliche Unterschied zwischen N- und S-Befehlen hinsichtlich der Verwendung bei Ablaufsteuerungen?

6. Bei einer Ablaufsteuerung sollen Sie einen Fehler suchen.

Wie gehen Sie dabei systematisch vor?

7. Nennen Sie Beispiele für Steuerungsaufgaben, bei denen sich eine Programmierung als Ablaufsteuerung besonders empfiehlt.

8. In der Praxis wird die Ablaufsteuerung häufig mit Speichern programmiert (vgl. Bild 107, Seite 333).

Welche Vorteile hat diese Form der Programmierung gegenüber der Ablaufkette (Bild 105, Seite 332)?

Beschreiben Sie dies an einem konkreten Beispiel.

Darstellung von Aktionen in GRAFCET

Bezeichnung	GRAFCET	DIN EN 61131 zum Vergleich
Kontinuierlich wirkende Aktion	6 – VENTIL M7	6 – N VENTIL M7
Aktion mit Zuweisungsbedingung	6 – VENTIL M7 (B2)	6 – C VENTIL M7 (B2)
Speichernde Aktion, setzen	6 – VENTIL := 1 Wertzuweisung auf „1"	6 – S VENTIL
Speichernde Aktion, rücksetzen	6 – VENTIL := 0 Wertzuweisung auf „0"	6 – R VENTIL
Zeitverzögerte Aktion	6 – VENTIL (5s/X6) 5s nach Setzen von Schritt 6 (Schrittmerker X6) wird das Ventil geöffnet	6 – D VENTIL t = 5s
Aktion zu Beginn eines Schrittes		
Aktion am Ende eines Schrittes		
Kommentar	„Ventil Druckluft"	

Kleinsteuerungen

Kleinsteuerungen (Kleinsteuergeräte) werden für *einfache* bis *mittlere* Steuerungsaufgaben eingesetzt.

Seit Markteinführung ist ihr Leistungsumfang ständig gewachsen. Im Kern sind sie **Kompaktsteuerungen** mit allen Komponenten, die zur Bewältigung einer Steuerungsaufgabe notwendig sind. Angebotene **Erweiterungsbaugruppen** erhöhen Leistungsumfang und Einsatzmöglichkeit.

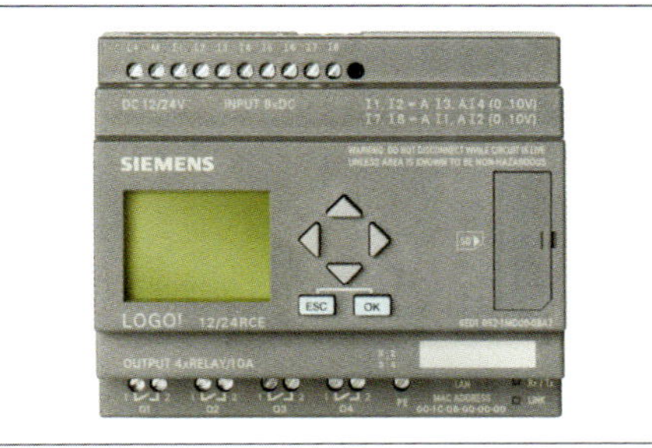

Bild 111 *Kleinsteuerung*

- **Aktion bei Schrittaktivierung**

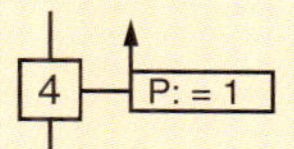

- **Aktion bei Schrittdeaktivierung**

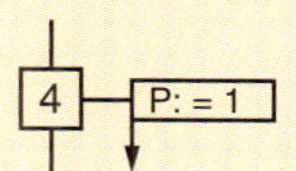

- **Aktion bei ansteigender Flanke (positive Flanke)**

4 – P: = 1 (↑B1)

GRAFCET

- **Kleinsteuerung**

Im Allgemeinen stehen bei Kleinsteuerungen 8 Eingänge und 4 Ausgänge zur Verfügung.

Erweiterungen sind möglich.

■ **Logische Verknüpfungen**
→ 312

■ **Speicher**
→ 323

■ **Zeitgeber**
→ 324

■ **EEPROM**
Elektrisch löschbarer und programmierbarer Speicher, nullspannungssicher auch ohne Batteriepufferung.

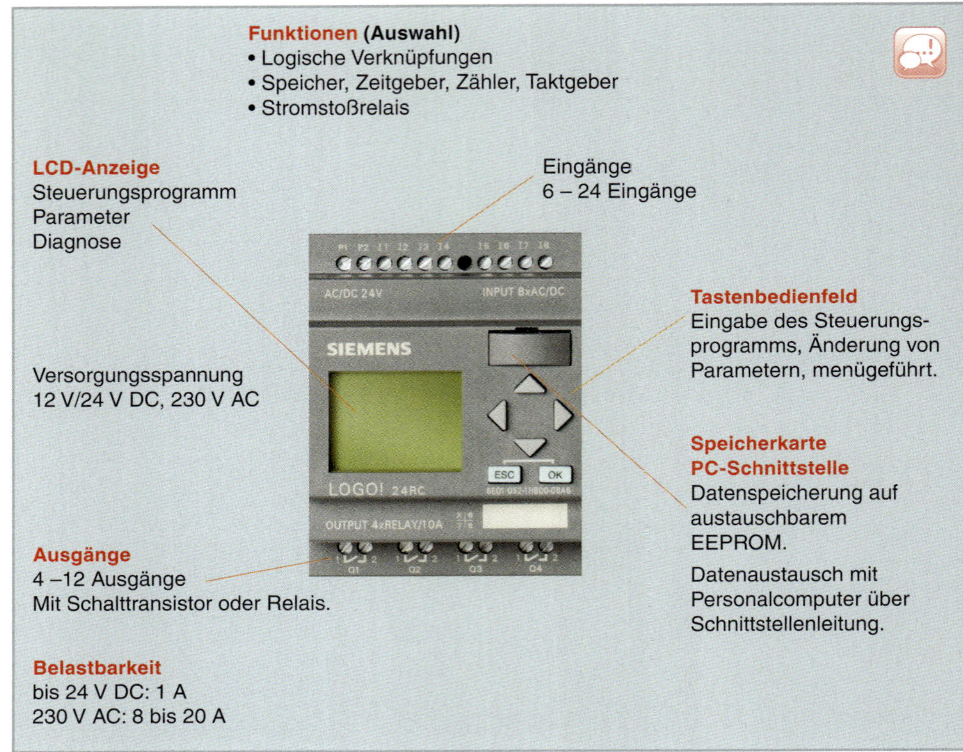

Die **Steuerungsprogramme** werden zweckmäßigerweise mithilfe eines Personalcomputers und zugehöriger **Programmiersoftware** eingegeben. Die Eingabe über die LCD-Anzeige ist wenig komfortabel.

Die **Programmiersoftware** umfasst einen **Simulator**, mit dem erstellte Programme im Vorfeld getestet werden können.

Das getestete Programm kann auf eine **Speicherkarte** übertragen werden oder über eine **Schnittstellenleitung** direkt zum Kleinsteuergerät übertragen werden.

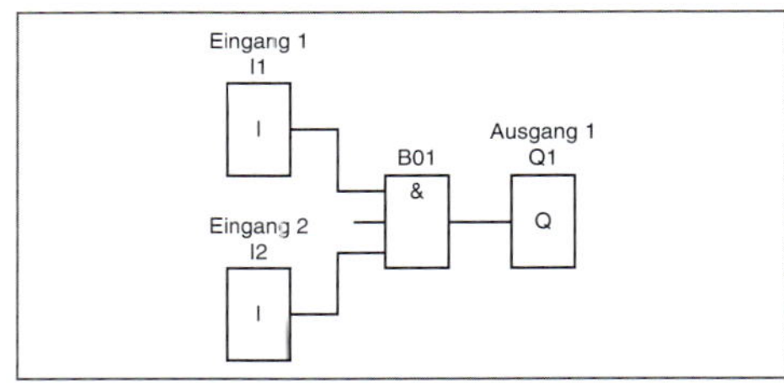

Bild 113 UND-Funktion, Kleinsteuerung

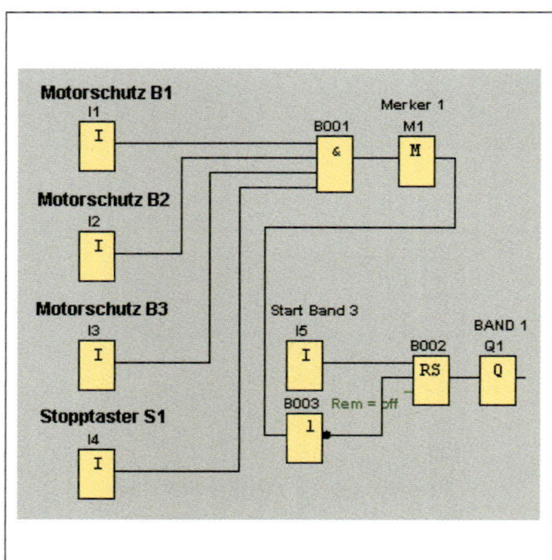

Bild 112 Kleinsteuerungsprogramm

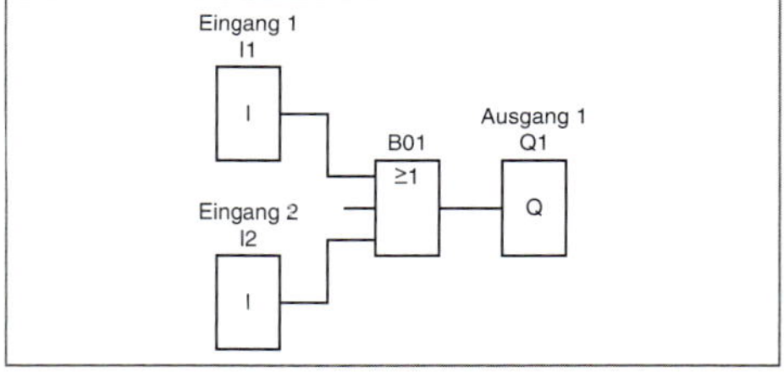

Bild 114 ODER-Funktion, Kleinsteuerung

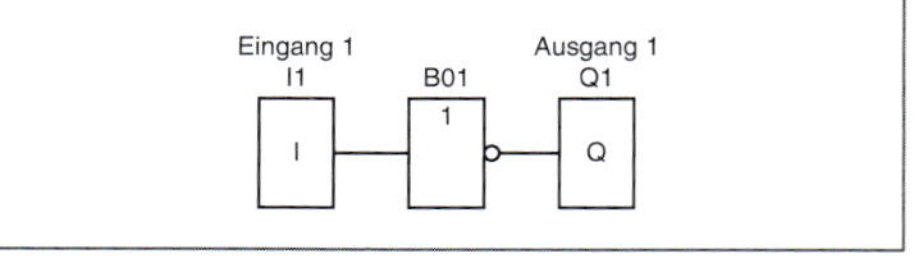

Bild 115 Negation, Kleinsteuerung

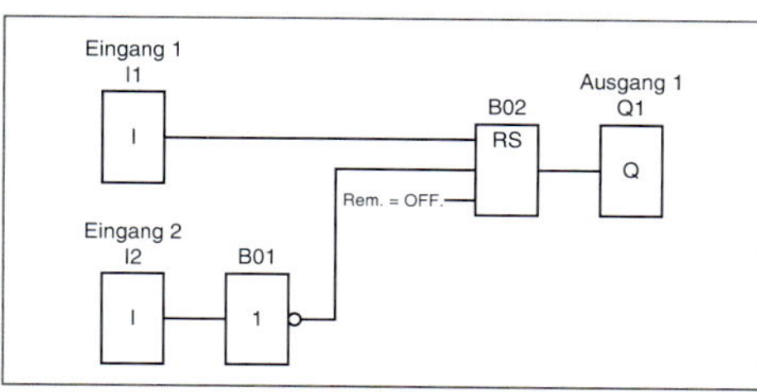

Bild 116 Speicher, Kleinsteuerung

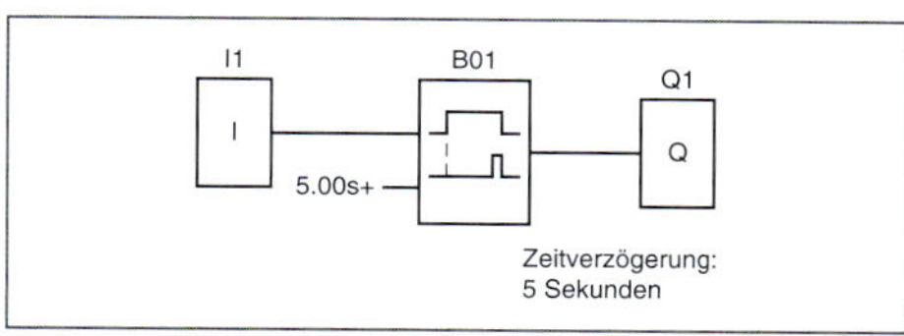

Bild 117 Einschaltverzögerung, Kleinsteuerung

Hinweise:

Wenn die **Anzahl der Eingänge** bei Funktionsplandarstellung nicht ausreicht, können mehrere Logikelemente hintereinander geschaltet werden (Bild 118).

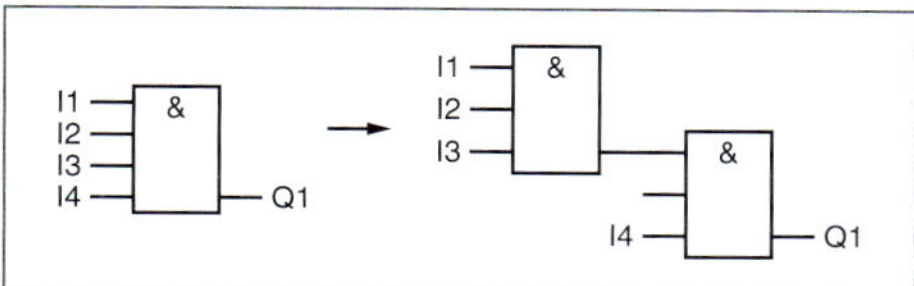

Bild 118 Mehrere Eingänge

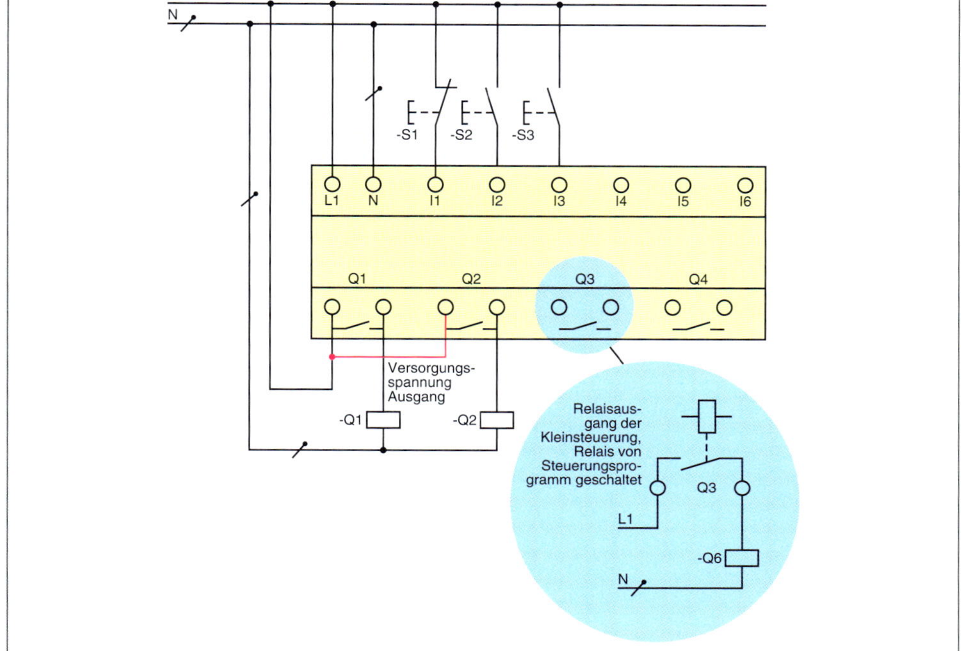

Bild 119 Anschluss einer Kleinsteuerung an 230 V AC

Unbenutzte Eingänge führen bei

- UND-Verknüpfung den Signalzustand „1"
- ODER-Verknüpfung den Signalzustand „0"

- Der für die Spannungsversorgung benutzte Außenleiter ist bei 230-V-AC-Geräten auch für die Eingänge zu benutzen.
- Die Eingänge sind potenzialgebunden. Sie benötigen das gleiche Bezugspotenzial (Masse) wie die Spannungsversorgung.
- Transistorausgänge sind kurzschlussfest. Der maximale Schaltstrom pro Ausgang beträgt 0,3 A.
- Die Lastspannung muss nicht getrennt eingespeist werden, da die Kleinsteuerung die Spannungsversorgung der Ausgangslast übernimmt.

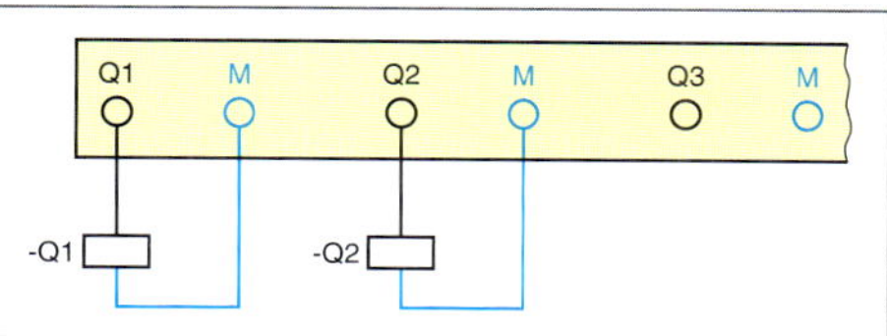

Bild 120 Anschluss von Schützen

■ **Rem**

Remanenz; bietet die Möglichkeit, Schaltzustände, Zählwerte remanet (nullspannungssicher) zu halten.

Bei eingeschalteter Remanenz steht nach Spannungsausfall das Signal an, das vor Spannungsausfall aktuell war.

■ **Potenzialtrennung**

Die Relaiskontakte der Ausgänge sind von der Spannungsversorgung und von den Eingängen potenzialgetrennt.

■ **Transistorausgänge** sind kurzschlussfest und überlastfest.

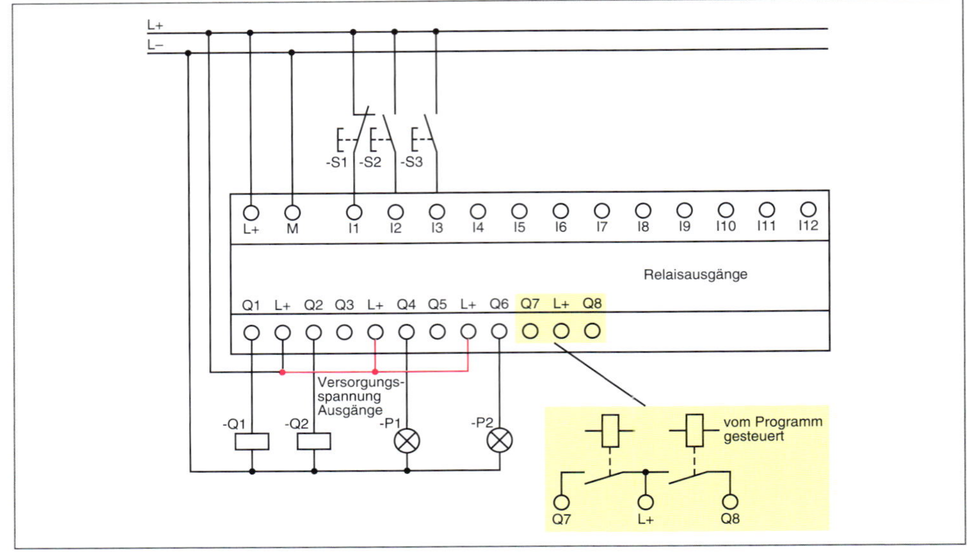

Bild 121 *Anschluss einer Kleinsteuerung an 24 V DC*

■ **Aufgabenlösung**

@ Interessante Links

- christiani-berufskolleg.de

Prüfung

1. Um was für eine Schaltung handelt es sich bei nebenstehender Darstellung?

2. Auf welchen Wert ist das Motorschutzrelais B1 einzustellen?

3. Wählen Sie den notwendigen Leitungsquerschnitt bei Verlegeart B2, 2 Leitungen gemeinsam in einem Rohr und einer Umgebungstemperatur von 40 °C.

4. Welchen Bemessungsstrom müssen die Schmelzsicherungen F1 haben?

5. Erstellen Sie eine Zuordnungsliste.

6. Entwickeln Sie das Steuerungsprogramm.

7. Erstellen Sie eine Checkliste für den Test des Steuerungsprogramms.

8. Nach welchen Kriterien werden die Schütze Q1 bis Q3 ausgewählt?

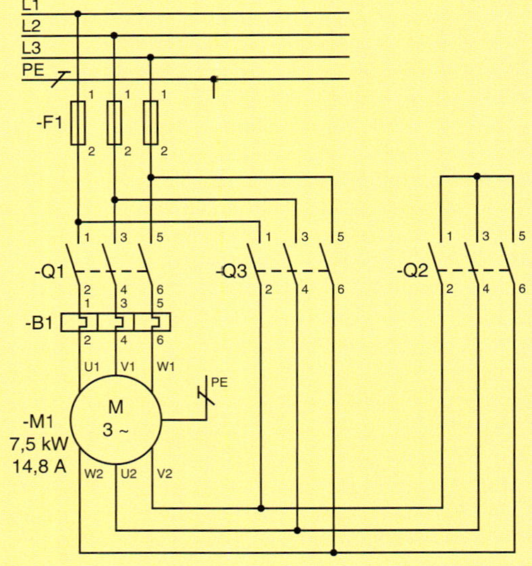

9. Erläutern Sie die Darstellungen a) bis c).

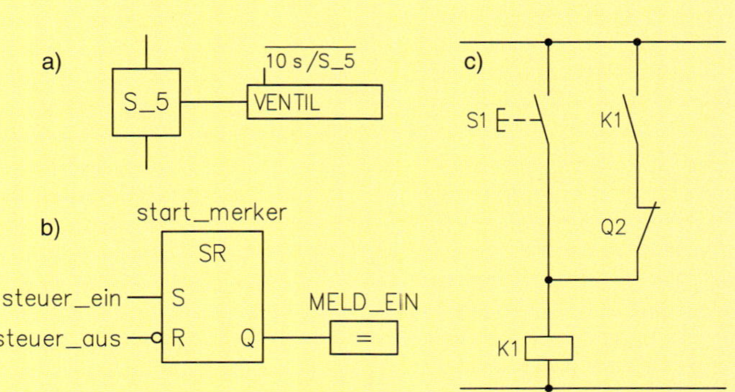

4.7 Sicherheit von Steuerungen

Steuerungen dienen dem Betrieb von elektrischen Anlagen und Betriebsmitteln. Diese stellen **Gefahrenquellen** dar.

Die *Abwendung* solcher Gefahren ist eine wesentliche Aufgabe der **Elektrofachkraft**.

Bei der Erstellung von Steuerungen sind viele **Sicherheitsbestimmungen** zu berücksichtigen, die einen *gefahrlosen* Umgang mit Anlagen und Betriebsmitteln ermöglichen.

Not-Aus-Einrichtung

Aufgabe: Gefahrbringende Zustände von Maschinen und Anlagen *schnellstmöglich beseitigen*, ohne dass dabei zusätzliche Gefahren entstehen.

Gestaltung: Stellteile rot, Flächen hinter und unter dem Stellteil gelb. Zielsetzung ist eine gute Erkennbarkeit.

Stellteile: Pilzdrucktaster und Reißleinen.

Bild 122 *Not-Aus-Einrichtung*

Der Not-Aus-Befehl ist **kein automatischer Befehl**. Er erfordert immer die **Mitwirkung von Personen**.

Personen können *nicht* abschätzen, was im Gefahrenfall stillgesetzt werden muss. Daher sind *alle* Bewegungen und Abläufe **stillzusetzen**, von denen eine Gefahr ausgehen kann.

Manchmal ist es notwendig, Zustände **fortbestehen** zu lassen, um Gefahren abzuwenden (Bremse, Kühlung usw.).

■ **Ruhestromprinzip**

Bild 123: Im Normalfall ist das Schütz K1 angezogen.

Im Not-Aus-Fall fällt K1 ab.

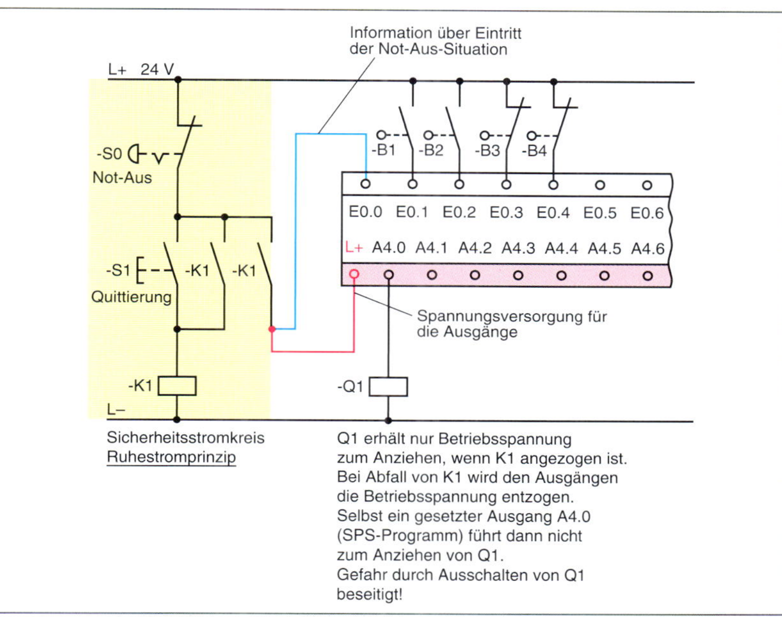

Bild 123 *Sicherheitsstromkreis, Not-Aus-Einrichtung bei SPS-Steuerung*

Forderungen: Not-Aus-Einrichtungen müssen **mechanisch einrasten**. Erst nach **Entriegelung von Hand** ist eine erneute Inbetriebnahme der Maschine oder Anlage möglich.

Kontakte der Not-Aus-Einrichtungen müssen durch **direkt wirkende** mechanische Glieder **zwangsläufig** geöffnet werden.

Die Not-Aus-Einrichtungen müssen in ausreichender Anzahl vorhanden und leicht erreichbar sein.

Risikobetrachtung

Für Maschinen bzw. Anlagen einschließlich der elektrischen Ausrüstung ist eine **Risikobetrachtung** anzustellen. Dadurch ergeben sich die **Anforderungen** an den der Sicherheit dienenden Steuerstromkreis.

Mit der Risikostufe wächst der **Steuerungsaufwand**.

Der **Sicherheitsstromkreis** (Bild 123) arbeitet nach dem **Ruhestromprinzip**:

- Kein Not-Aus-Fall: K1 ist angezogen (S1)
- Not-Aus-Fall: K1 ist abgefallen (S0)

Das **Ruhestromprinzip** gewährleistet **Drahtbruchsicherheit**.

Das Abfallen von K1 bringt die Maschine (Anlage) in den sicheren Zustand.

Sicherheitsschaltung

Die Schaltung (Bild 123) erfüllt **zwei** wesentliche Funktionen:

Das unverzichtbare **Ruhestromprinzip** mit **Drahtbruchsicherheit**.

Wenn die Not-Aus-Befehlseinrichtung S0 betätigt wird, einrastet und von Hand wieder entriegelt (herausgezogen) wird, zieht K1 noch nicht wieder an.

Sicherheit
safety, freedom from danger (Gefahrlosigkeit), freedom from care (Risikolosigkeit)

Sicherheitsbestimmungen
safety regulations

Sicherheitsanforderungen
safety requirements

Not-Aus
emergency switch

Ruhestrom
closed-circuit current, rest current

Redundanz
redundancy

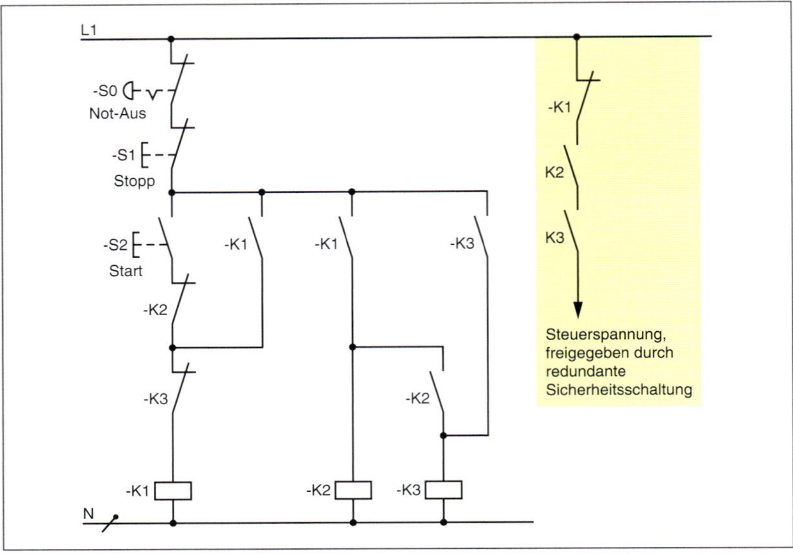

Bild 124 Redundanter Sicherheitsstromkreis

Redundanz

Der in Bild 123 dargestellte Sicherheitsstromkreis genügt nur *einfachsten Anforderungen*.

Besser ist da schon ein **redundanter Stromkreis**, bei dem eine *Verdoppelung* bzw. *Vervielfachung* von Schützen auch bei hängen bleibenden Kontakten Gefahren vermieden werden können.

Bild 124 zeigt einen solchen *redundaten* Stromkreis.

Steuerspannung wird nur *freigegeben*, wenn

- Schütz K1 abgefallen ist.
- Schütz K2 und K3 angezogen sind.

Funktion der Schaltung

- **Einschalten** nur möglich, wenn K2 und K3 angezogen haben.
- **Ausschalten** möglich, wenn K2 oder K3 abgefallen sind.
- Wenn eines der beiden Schütze K2, K3 nicht abfällt, kann K1 nicht anziehen. Dann sind K2 und K3 nicht einschaltbar

Verriegelung
interlocking

Not-Aus-Einrichtung
emergency shutdown

Not-Aus-Taster
emergency shutdown caliper

Not-Halt
emergency stop

einschalten
switch on, turn on, connect

ausschalten
cut-off, cut-out, circuit breaking, opening operation

■ **Redundanz**

Bei Verdopplung bzw. Vervielfachung von Haupt- und Hilfsschützen können auch bei „hängenbleibenden" Kontakten Gefahrensituationen vermieden werden.

Zuvor muss der **Quittierungstaster** S1 betätigt werden (willentliche Befehlsgabe). Dieses Verhalten ist unverzichtbar.

Die *alleinige Entriegelung* der Not-Aus-Befehlseinrichtung darf *nicht* zum **Wiederanlauf** der Maschine (Anlage) führen. Zuvor ist die **willentliche Befehlsgabe** der Quittierung notwendig.

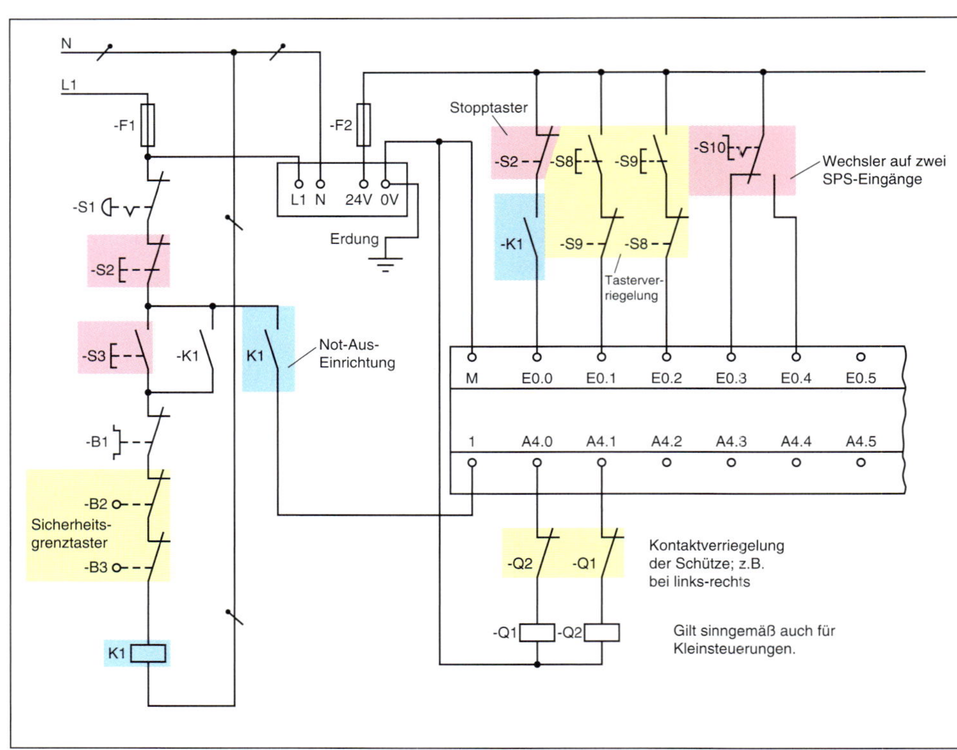

Bild 125 Sicherheitstechnische Beschaltung einer SPS (Beispiel)

Handlungen im Notfall

Stillsetzen im Notfall	Prozess oder Bewegung willkürlich anhalten, der (die) gefahrbringend ist oder werden könnte.
Ingangsetzen im Notfall	Prozess oder Bewegung starten, damit gefahrbringende Situationen beseitigt, begrenzt oder verhindert werden.
Ausschalten im Notfall	Die elektrische Energieversorgung wird ausgeschaltet.
Einschalten im Notfall	In Notsituationen wird die elektrische Energie zu einem Teil einer Maschine oder Anlage eingeschaltet.
Stoppsignal Kategorie 0	Ungesteuertes Stillsetzen durch sofortiges Abschalten der Energieversorgung zu den Antriebselementen.
Stoppsignal Kategorie 1	Gesteuertes Stillsetzen; Energieversorgung von Antriebselementen wird beibehalten, um Stillsetzung zu erreichen. Bei Stillstand wird Energieversorgung durch elektromechanische Schaltelemente unterbrochen.
Stoppsignal Kategorie 2	Gesteuertes Stillsetzen; Energie zu den Antriebselementen steht weiter an. Für Handlungen im Notfall ausgeschlossen!

Fehlerarten

Unterscheidung zwischen **aktiven** und **passiven Fehlern**, zwischen **gefährlichen** und **ungefährlichen Fehlern**.

Der Aufgabenstellung einer Steuerung entsprechend, können aktive und passive Fehler gefährliche Folgen haben.

Ein **aktiver Fehler** führt bei einer Antriebssteuerung zum **unerlaubten Einschalten**. Ein **passiver Fehler** verhindert z. B. die Meldung eines gefahrbringenden Zustandes.

Relais und Schütze benötigen zum Anziehen eine Spulenspannung. Daher sind bei ihnen *passive* Fehler wahrscheinlicher als *aktive* Fehler.

In elektronischen Schaltungen treten *aktive* und *passive* Fehler in gleicher Häufigkeit auf. Eine Diode kann im Fehlerfall z. B. dauernd leiten oder dauernd sperren.

Wichtige Sicherheitsbestimmungen

Grundregel: Funktionen **ohne** sicherheitstechnische Bedeutung können **elektronisch** gesteuert werden.
Funktionen **mit** sicherheitstechnischer Bedeutung werden mit **elektromechanischen** Bauelementen aufgebaut.

- Zustände, durch die Menschen, Maschinen und Material gefährdet bzw. beschädigt werden können, müssen verhindert werden.
- Nach Wiederkehr einer zuvor ausgefallenen Spannung dürfen Maschinen nicht automatisch wieder anlaufen.
- Fehler im Eingangsstromkreis (z. B. Drahtbruch) dürfen Ausschaltfunktionen nicht verhindern.
- Widersprüchliche Eingangsbefehle (z. B. links/rechts) müssen durch Tasterverriegelung unterbunden werden und außerdem im Programm verriegelt werden.
- Widersprüchliche Ausgangsbefehle (z. B. links/rechts) müssen neben dem Programm auch an den Hauptschützen verriegelt werden.
- Begrenzte Maschinenbewegungen müssen wegabhängig und dürfen niemals zeitabhängig gesteuert werden.
- Haben Maschinenbewegungen keinen mechanischen Anschlag, muss neben dem Grenztaster für Steuerungszwecke noch ein Sicherheitsgrenztaster mit mechanischer Zwangsöffnung vorhanden sein, der außerhalb der SPS wirksam ist.
- Eine Maschine darf nur gestartet werden können, wenn die Funktion aller Schutzeinrichtungen gegeben ist. Die Anlauffolge muss durch Verriegelungen eindeutig bestimmt sein.
- Auch bei Fehlern der SPS müssen Not-Aus-Einrichtungen und Sicherheitsgrenztaster wirksam sein. Sie müssen daher direkt an den Stellgeräten wirken.

Erdung des Steuerstromkreises

Siehe Bild 126, Seite 342 und Bild 125, Seite 340. In *ungeerdeten* Steuerstromkreisen hat ein *einfacher* Erdschluss keine Folgen.

Ein **Erdschluss** entsteht z. B., wenn ein *aktiver* Leiter (L+, L1) Verbindung mit *Erde* hat.

Beachten Sie Bild 125 auf Seite 340.

Steuerstromkreis
control circuit

Erdung
earthing

Erdschluss
earth fault, line-to-earth fault, earth-leakage fault, short circuit to earth

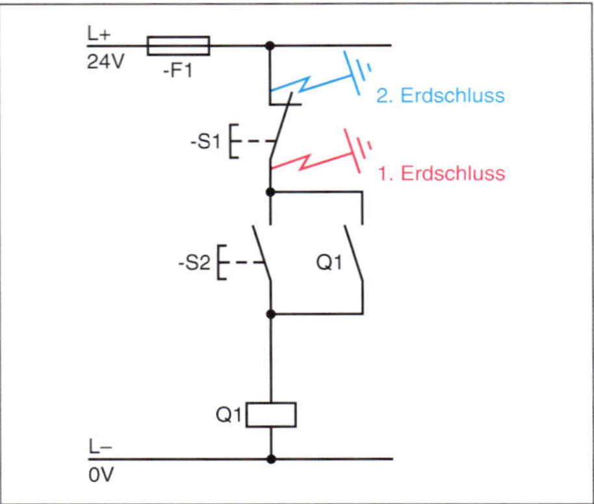

Bild 126 Erdschlüsse im Steuerstromkreis

1. Erdschluss: Kein Fehlerstromkreis möglich, der das Überstrom-Schutzorgan F1 zum Ansprechen bringt.

Der 1. Erdschluss hat keine Folgen!

2. Erdschluss: Kein Fehlerstromkreis möglich, F1 spricht auch jetzt nicht an. Der Öffner S1 wird aber durch die beiden Erdschlüsse überbrückt. Mit S1 kann nicht mehr ausgeschaltet werden → gefährliche Situation!

Bedenken Sie: Jeder Erdschluss kann z. B. eine Verbindung mit der Trägerplatte des Schaltschrankes herstellen.

Bei *zwei Erdschlüssen* sind die beiden Anschlüsse des Öffners S1 über die Trägerplatte des Schaltschrankes miteinander verbunden (Bild 126).

Abhilfe: Steuerstromkreis erden

Wenn der Steuerstromkreis *geerdet* ist, führt der *1. Erdschluss* zu einem *Fehlerstromkreis*, und das vorgeschaltete Überstrom-Schutzorgan schaltet ab.

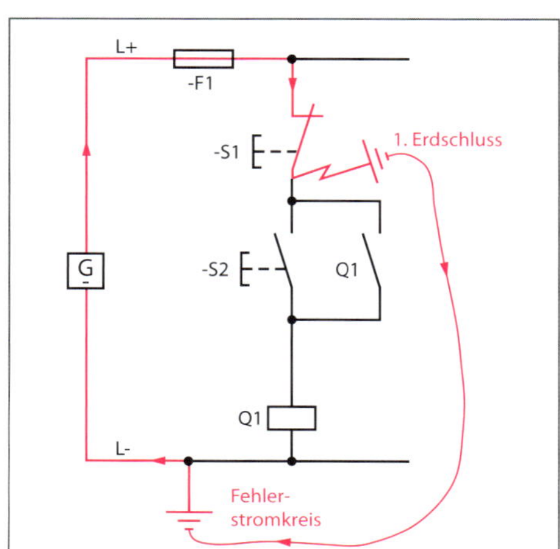

Bild 127 Erdung des Steuerstromkreises

Der 1. Erdschluss wird abgeschaltet, bevor der 2. Erdschluss eine Gefährdung hervorrufen kann.

Wenn der Steuerstromkreis geerdet ist, wirkt der Erdschluss wie ein Kurzschluss.

Die Erdverbindung (grün/gelb) muss den gleichen Querschnitt haben wie die Leitung, die durch das Überstrom-Schutzorgan geschützt ist.

Prüfung

1. Welche Anforderungen werden an eine Elektrofachkraft gestellt?

2. Was ist eine unterwiesene Person?

3. Welche Forderungen werden an die Stellteile von Not-Aus-Einrichtungen gestellt?

4. Welche Aufgabe haben Not-Aus-Einrichtungen?

5. Was versteht man unter Zwangsöffnung von Kontakten?

6. Erklären Sie das Ruhestromprinzip. Was bedeutet es, wenn Sicherheitsstromkreise nach dem Ruhestromprinzip arbeiten?

7. Was versteht man unter Redundanz? Welche Bedeutung hat die Redundanz in der Technik?

8. Bild 125, Seite 340: Erläutern Sie die Sicherheitsaspekte dieser Schaltung. Warum wird der Steuerstromkreis geerdet?

9. Die Erdung des Steuerstromkreises wurde bei Servicearbeiten irrtümlich aufgehoben? Welche Folgen kann das haben?

10. Bild 125, Seite 340: Liegt ein SELV- oder PELV-Stromkreis vor?

Worin besteht der Unterschied?

11. Unterscheiden Sie zwischen aktiven und passiven Fehlern.

■ **Erdschlusssicherheit**

Der 1. Erdschluss wird durch ein Überstromschutzorgan abgeschaltet.

Dies ist wichtig, um Gefahrensituationen zu verhindern.

PELV-Stromkreis!

■ **Aufgabenlösung**

@ Interessante Links

- christiani-berufskolleg.de

5 Elektrische Sicherheit von Installationen

Anschluss der **Zuleitung** zum Schaltkasten der Transportbänder.

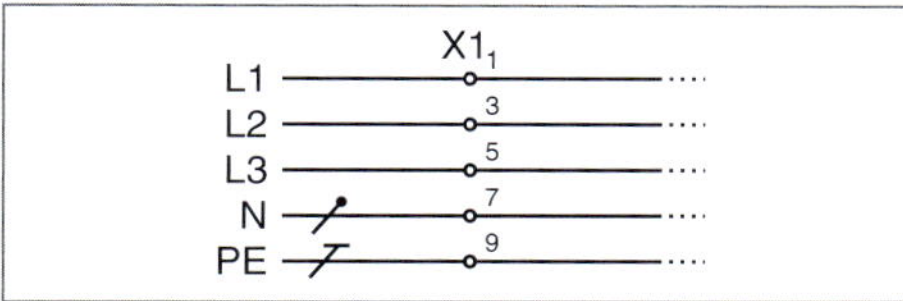

Bild 1 Netzanschluss

Die Zuleitung ist 5-adrig, 3 Außenleiter, Neutralleiter und Schutzleiter.

Ihr Ausbilder zeigt Ihnen den Anschluss der Zuleitung in der Unterverteilung der Abteilung.

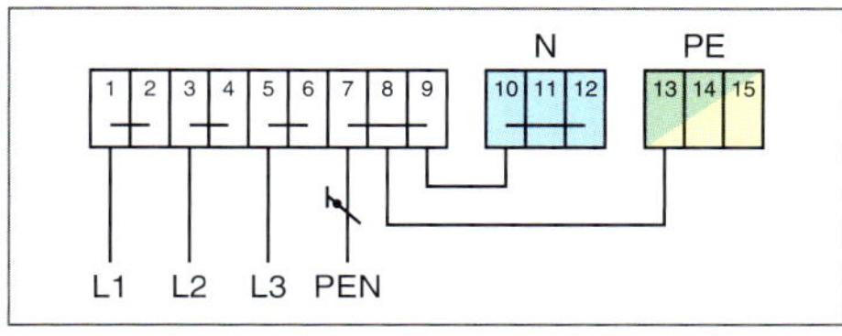

Bild 2 Anschluss der Zuleitung

Die Zuleitung ist 4-adrig (L1, L2, L3, PEN).

PEN: PE und N in einem Leiter kombiniert. Wird als **Nullleiter** bezeichnet. *Kennzeichnung*: **grün/gelb** und an den Anschlussenden **blau**.

Der Ausbilder bezeichnet dieses **Netzsystem** als **TN-C-S-System**.

5.1 Netzsysteme

Bei **Niederspannungsnetzen** kommen international genormte **Netzsysteme** zur Anwendung. Die *Unterscheidungsmerkmale* sind:

- Art und Anzahl der **aktiven Leiter**
- Art der **Erdverbindung**

Aktive Leiter stehen bei ungestörtem Betrieb unter Spannung. Auch der **N-Leiter** ist ein aktiver Leiter, *nicht* aber der **PEN-Leiter** (Nullleiter).

TN-S-System

Ein Punkt direkt geerdet, alle Körper der Anlage über Schutzleiter mit diesem Punkt verbunden. Im gesamten System sind Neutralleiter und Schutzleiter **getrennt** verlegt (Bild 3).

Bezeichnung der Netzsysteme

Erster Buchstabe	Beziehung des Systems zur Erde
T	Direkte Erdverbindung eines Punktes
I	Aktive Teile von Erde getrennt oder ein Punkt über eine Impedanz mit Erde verbunden
Zweiter Buchstabe	Beziehung der Körper zur Erde
T	Körper direkt geerdet
N	Körper direkt mit dem geerdeten Punkt des Systems verbunden
Weitere Buchstaben	Anordnung von Neutral- und Schutzleiter
S	Leiter für Schutzfunktion vorgesehen, der vom N-Leiter oder dem geerdeten Außenleiter getrennt ist
C	Neutral- und Schutzleiter sind in einem Leiter kombiniert (PEN)

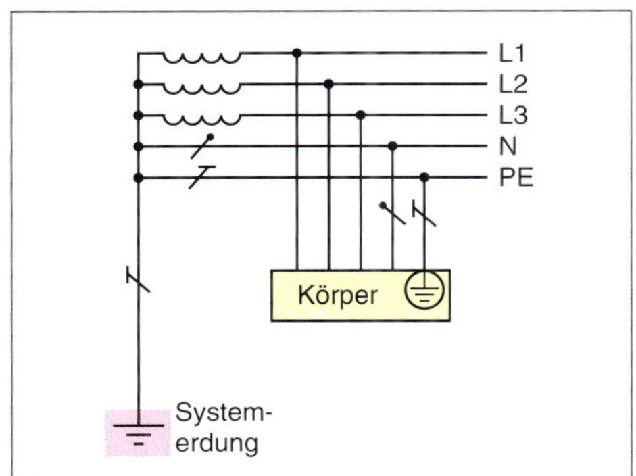

Bild 3 TN-S-System

Installation
installation

Netzanschluss
power supply, main connection

Zuleitung
lead, feeding, supply

Nullleiter
zero conductor, neutral conductor

Neutralleiter
neutral wire

Netzsystem
power supply system

Schutzleiter
protective conductor

Schutzmaßnahmen
safety measures

■ **TN-S-System**

Der Sternpunkt des Transformators ist geerdet.

Ab hier werden N und PE getrennt verlegt.

Somit können im PE keine Betriebsströme fließen. Ein wesentlicher Vorteil dieses Netzsystems.

■ **PEN-Leiter (Nullleiter)**

Der PEN-Leiter kombiniert Schutzleiter und Neutralleiter. Er ist mit dem Erdungssystem und dem Potenzialausgleich verbunden.

Somit kann sich der Strom im N-Leiter über alle Erdungssysteme und Potenzialausgleichsleitungen, Abschirmungen usw. ausbreiten.

Man spricht dann von vagabundierenden Strömen.

TN-C-System

Funktionen von Neutral- und Schutzleiter im gesamten System in *einem* Leiter kombiniert (Bild 4).

Fest verlegte Leitungen mit Querschnitten von mindestens 10 mm² Cu bzw. 16 mm² Al.

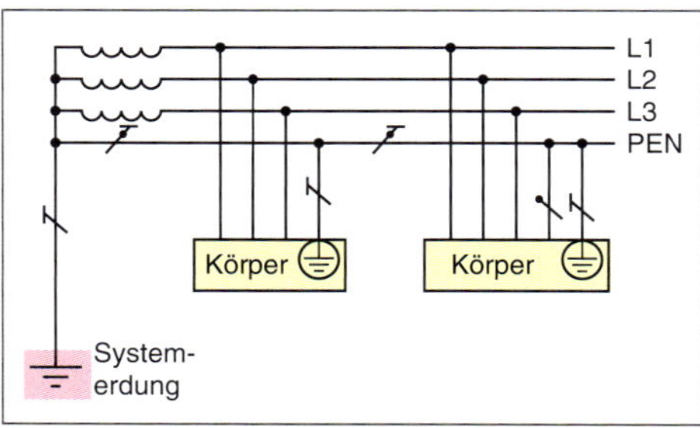

***Bild 4** TN-C-System*

TN-C-S-System

Funktionen von Neutral- und Schutzleiter sind in *einem Teil des Systems* in *einem* Leiter kombiniert (Bild 5).

Querschnitte kleiner als 10 mm² Cu.

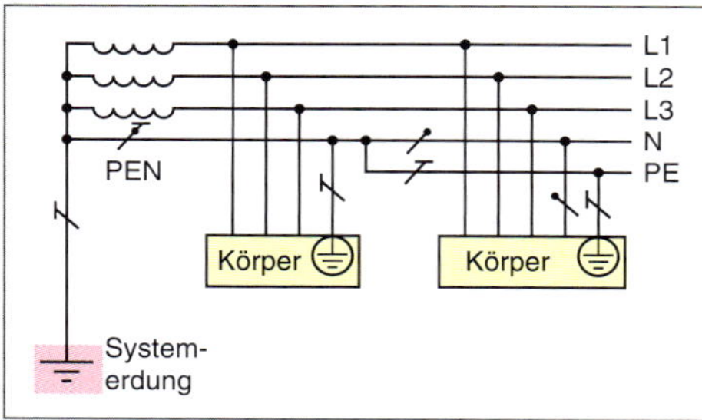

***Bild 5** TN-C-S-System*

TT-System

Ein Punkt ist geerdet. Die Körper der Anlage sind mit Erde verbunden, die unabhängig vom Systemerder sind (Bild 6).

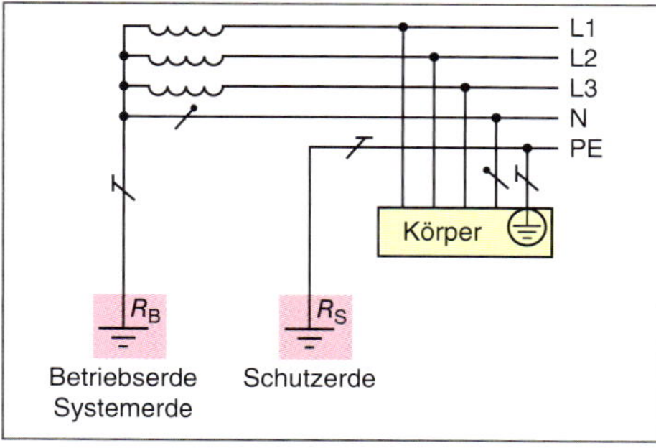

***Bild 6** TT-System*

IT-System

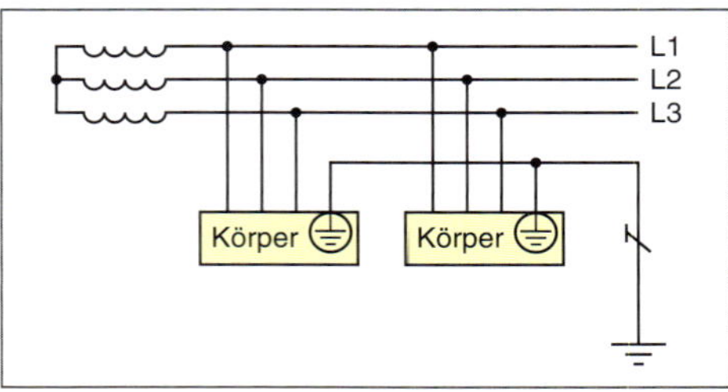

***Bild 7** IT-System*

Alle aktiven Teile sind von Erde getrennt oder ein Punkt ist über eine Impedanz mit Erde verbunden (Bild 7).

5.2 Schutzmaßnahmen

Unsachgemäße Anwendung der elektrischen Energie kann erhebliche **Gefahren** mit sich bringen. Es liegt in der Verantwortung der **Elektrofachkraft**, die Gefahrenrisiken zu minimieren.

Gefahren des elektrischen Stromes

- **Wärmewirkung**
  Brandgefahr durch überlastete Leitungen, überhitzte Verbrauchsmittel, mangelhafte Leitungsverbindungen, Kurzschlussströme usw.
  Verletzungen durch Wärmewirkung besonders an den Ein- und Austrittsstellen des Stromes am menschlichen Körper.
- **Lichtwirkung**
  Lichtbögen bei Unterbrechung von Stromkreisen usw. können Augen und andere Körperteile verletzen.
- **Physiologische Wirkung**
  Muskelverkrampfungen, Atemlähmung, Steigerung des Blutdrucks, Herzkammerflimmern usw.
- **Chemische Wirkung**
  Der Körper des Menschen besteht zu 2/3 aus Wasser. Strom kann die Zellflüssigkeit des Köpers zersetzen, was zum Absterben der Zellen führt.

Körperimpedanz

Der **menschliche Körper** leitet den elektrischen Strom. Die Stromstärke des **Körperstromes** hängt ab von

- der am Körper anliegenden **Spannung** (Berührungsspannung),
- der **Impedanz**, dem Widerstand des menschlichen Körpers.

Die **Körperimpedanz** hängt ab

- vom Weg des Stromes durch den Körper
- von der Berührungsspannung
- von der Dauer des Stromflusses
- von der Frequenz
- von der Hautfeuchte
- von der Berührungsfläche
- vom Druck auf die Kontaktfläche

Die Körperimpedanz wird überwiegend als **ohmsch** angenommen. Wirkt überwiegend wie ein ohmscher Widerstand.

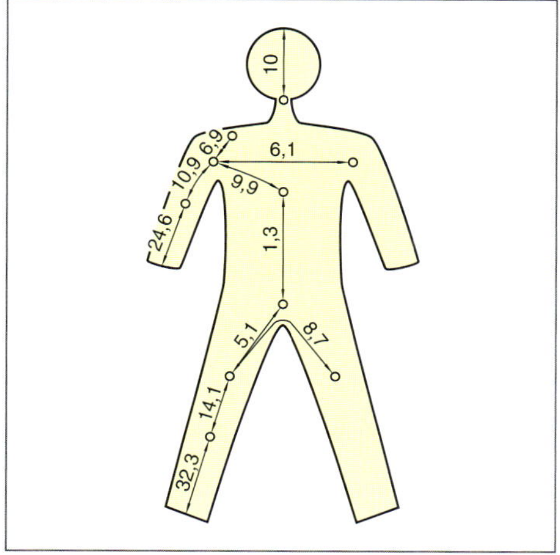

Bild 8 *Körperimpedanz des Menschen*

Bild 8: Körperimpedanz

Prozentuale Anteile der Körperinnenimpedanz des jeweiligen Körperteils in Bezug auf den Stromweg Hand → Fuß.

Höchstzulässige Berührungsspannung U_L

- Wechselspannung (AC): 50 V
- Gleichspannung (DC): 120 V

Gründe für den höheren **Gleichspannungswert**:

- Bei einer Frequenz von 50 Hz kann es bereits zu *Herzkammerflimmern* kommen. Diese Gefährdung gibt es bei Gleichspannung nicht.
- Die Sperrwirkung der Kapazitäten menschlicher Haut wirkt bei Gleichspannung strombegrenzend.

Wirkung des elektrischen Stromes auf den menschlichen Körper

Die **Gefährdung** durch den elektrischen Strom nimmt mit steigender **Stromstärke** und längerer **Einwirkzeit** zu. Eine Stromstärke von 50 mA kann bereits zum Tod führen, wenn der Strom über das Herz fließt (Bild 9).

Der **Körperwiderstand** wird mit 1000 Ω angenommen.

Stromschlag

Wirkungen des Stromschlags:

- Verkohlung von Körperteilen durch Lichtbögen. Starke Verbrennungen haben tödliche Folgen.
- Verbrennungen an den Ein- und Austrittsstellen des Stromes (Strommarken).
- Zersetzung des Blutes mit der Folge schwerer Vergiftungen. Können auch noch nach Tagen auftreten.

■ **Aktive Teile**
Teile, die betriebsmäßig unter Spannung stehen oder stehen können.

■ **Körper**
Berührbare, leitfähige Teile eines Betriebsmittels, die nicht zum Betriebsstromkreis gehören und Spannung im Fehlerfall annehmen können.

■ **Fremde leitfähige Teile**
Berührbare, leitfähige Teile, die nicht zur elektrischen Anlage gehören.

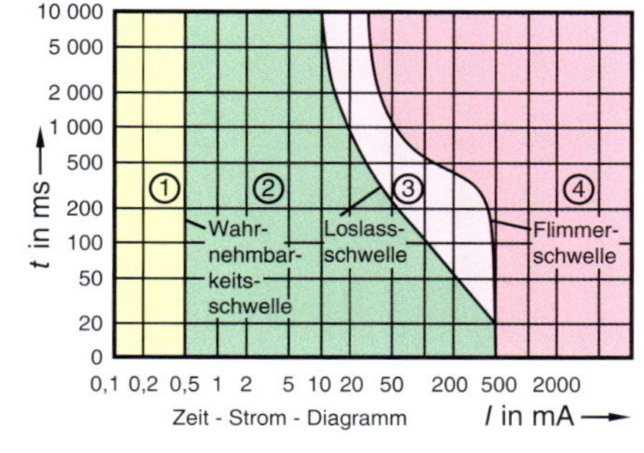

Stromweg: Linke Hand zu beiden Füßen (erwachsene Personen)

(1) Keine Reaktion

(2) Keine physiologisch gefährliche Wirkung

(3) Bei $t < 10$ s oberhalb der Loslassschwelle treten Muskelverkrampfungen auf

(4) Herzkammerflimmern, Herzstillstand

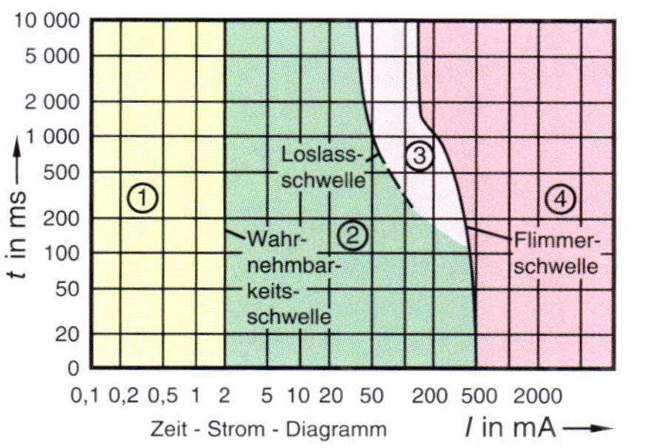

Stromweg: Linke Hand zu beiden Füßen (erwachsene Personen)

(1) Keine Reaktion

(2) Keine physiologisch gefährliche Wirkung

(3) Störungen durch Impulse im Herzen

(4) Herzkammerflimmern, Verbrennungen

Bild 9 *Wirkung des elektrischen Stromes auf den menschlichen Körper*

Körper
body

Körperschluss
body contact

Elektrischer Schlag
electric shock

Schutz gegen elektrischen Schlag
protection against electric shock

■ **Fehlerstrom**
Strom, der durch einen Isolationsfehler zum Fließen kommt.

■ **Körperstrom**
Strom, der bei einem elektrischen Schlag durch einen menschlichen oder tierischen Körper fließt.

■ **Berührungsspannung**
ist die Spannung, die zwischen gleichzeitig berührbaren Teilen durch Isolationsfehler auftreten kann.

Fehlerspannung
fault voltage

Berührungsspannung
contact voltage, touch voltage

Fehlerstrom
fault current

Vorsicht!
Es ist ratsam, nach einem Stromschlag auch dann einen Arzt aufzusuchen, wenn keine unmittelbaren Schädigungen erkennbar sind.

Fehlerarten

- **Kurzschluss**
Elektrisch leitende Verbindung zwischen betriebsmäßig unter Spannung stehenden Teilen. Kein **Nutzwiderstand** im Stromkreis.

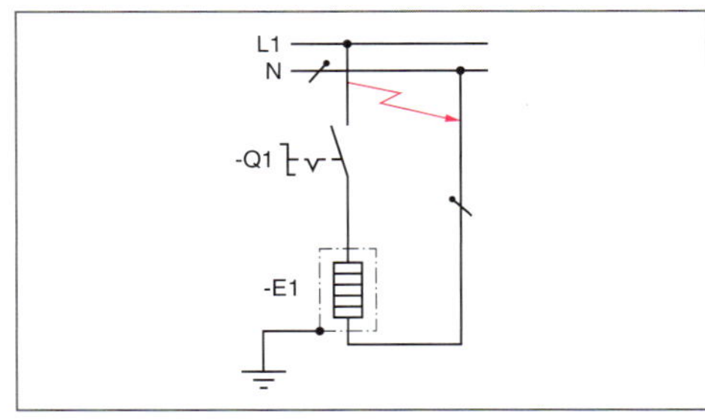

Bild 10 *Kurzschluss*

- **Erdschluss**
Elektrisch leitende Verbindungen eines Außenleiters oder eines betriebsmäßig isolierten Neutralleiters mit Erde oder mit geerdeten Teilen.

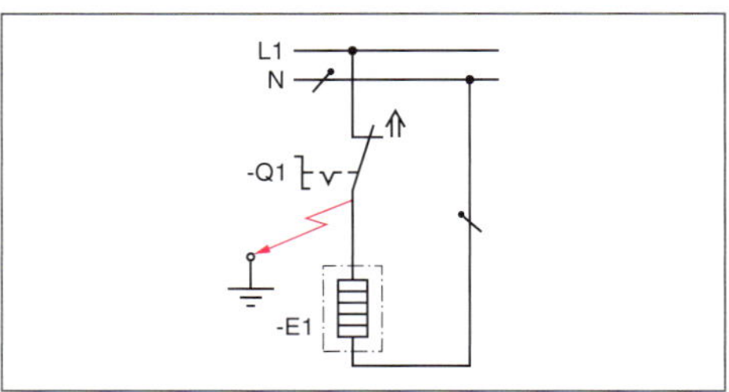

Bild 11 *Erdschluss*

- **Körperschluss**
Elektrisch leitende Verbindung zwischen nicht zum Betriebsstromkreis gehörenden leitfähigen Teilen (z. B. Gehäuse) und betriebsmäßig unter Spannung stehenden Teilen.

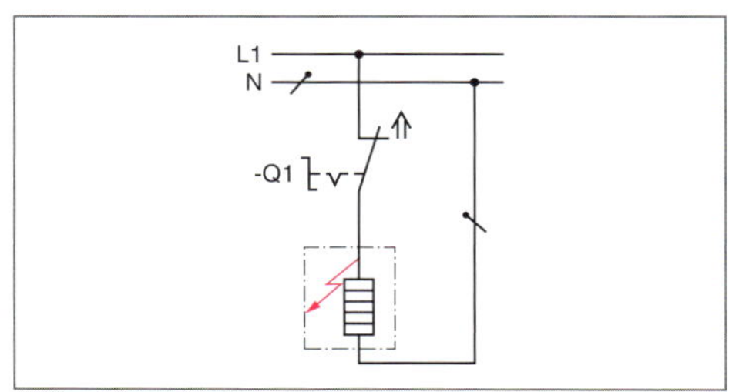

Bild 12 *Körperschluss*

- **Leiterschluss**
Fehlerhafte Verbindung zwischen Leitern. Dabei liegt noch ein **Nutzwiderstand** im Fehlerstromkreis.

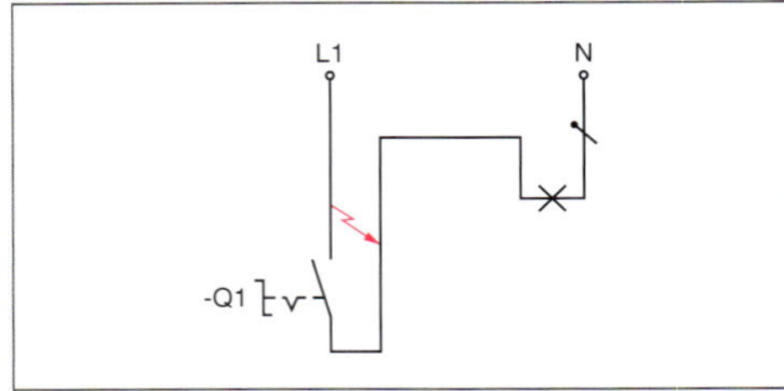

Bild 13 *Leiterschluss*

Fehlerstromkreis

Im Motor tritt ein **Körperschluss** auf. Das Gehäuse nimmt Spannung gegen Erde an. Es ist die **Fehlerspannung** U_F.

Wenn ein Mensch das Motorgehäuse berührt, entsteht ein **Fehlerstromkreis**.

Der **Fehlerstrom** I_F fließt über den menschlichen Körper.

Die dabei *am menschlichen Körper* anliegende Spannung ist die **Berührungsspannung** U_B.

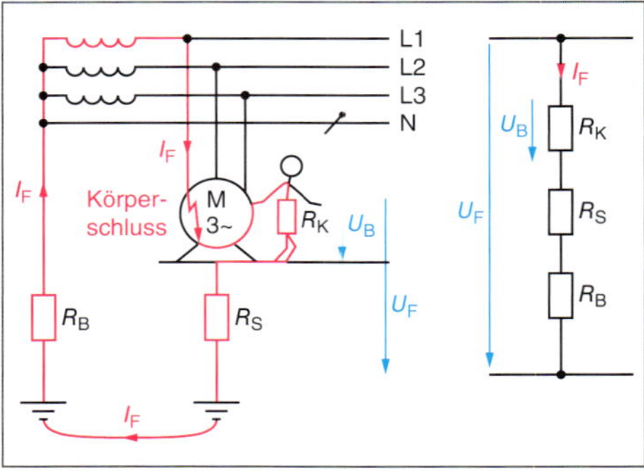

Bild 14 *Fehlerstromkreis*

Die **Berührungsspannung** U_B ist der Teil der Fehlerspannung U_F, die am menschlichen Körper anliegt.

Annahme:

Gesamtwiderstand des Fehlerstromkreises: 1180 Ω, Spannung gegen Erde $U_0 = 230$ V.

Dann fließt ein gefährlicher **Fehlerstrom** von

$$I_F = \frac{U_0}{R} = \frac{230\ \text{V}}{1180\ \Omega} = \mathbf{195\ mA} \quad \text{(Lebensgefahr!)}$$

Unter der Annahme, dass der menschliche Körperwiderstand R_K den mit Abstand größten Widerstandsanteil im Fehlerstromkreis darstellt, wird die **zulässige Berührungsspannung** von 50 V deutlich überschritten.

Der **Körper** des Betriebsmittels wird mit Erde verbunden (Bild 15).
Ein Fehlerstrom fließt bereits, ohne dass ein Mensch den Körper des Motors berührt.

Der Fehlerstrom fließt über „Kupfer". Der Widerstand des Fehlerstromkreises ist somit gering.

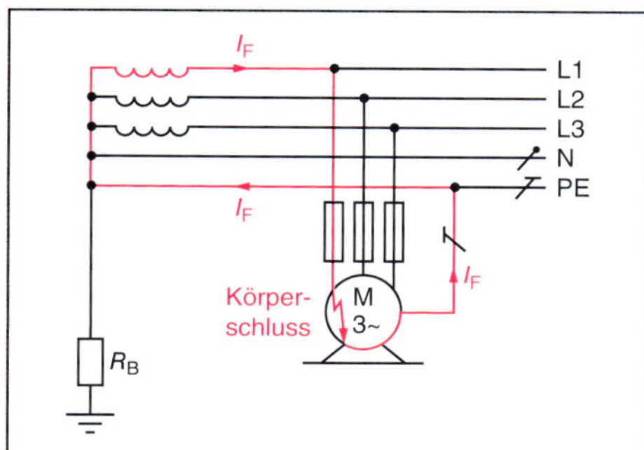

Bild 15 *Fehlerstromkreis über Schutzleiter*

Annahme:

Widerstand des Fehlerstromkreises $R_F = 1{,}5\ \Omega$,
Spannung gegen Erde $U_0 = 230$ V.

Fehlerstrom

$$I_F = \frac{U_0}{R_F} = \frac{230\ \text{V}}{1{,}5\ \Omega} = 153\ \text{A}$$

Der Strom kann ausreichen, um das vorgeschaltete *Überstrom-Schutzorgan* ansprechen zu lassen. Dann wird das defekte Betriebsmittel vom Netz getrennt.

Eine 10-A-Schmelzsicherung würde bei einem Strom von 153 A in einer Zeit unterhalb von 0,2 s abschalten.

Nur während dieser Zeit kann eine *gefährlich hohe Berührungsspannung* auftreten.

Schutzleiteranschlüsse sind mit größter Sorgfalt durchzuführen!

Die Einhaltung der einschlägigen **Bestimmungen** und **Vorschriften** (VDE, UVV, DIN) ermöglichen für den Anwender der elektrischen Energie einen hohen **Sicherheitsstandard**.
Für die **Errichtung** und die **Instandsetzung** elektrischer Anlagen gilt aber ein erheblich höheres Risiko. Für diese Tätigkeiten ist eine **besondere Qualifikation** notwendig.

- **Elektrofachkraft**
  Fachliche Ausbildung, Kenntnisse und Erfahrungen sind wichtig. Die Kenntnis und Beachtung der Normen setzt sie in die Lage, aufgeführte Arbeiten zu beurteilen und Gefahren zu erkennen.

- **Unterwiesene Person**
  Können einen konkreten Arbeitsbereich ausführen. Wurden von einer Elektrofachkraft über fachliche Aufgaben, Gefahren und notwendige Schutzmaßnahmen unterwiesen.

Die fünf Sicherheitsregeln

1. Freischalten
Verbrauchsmittel und Anlagenteile, an denen gearbeitet werden soll, müssen zuvor **allpolig** vom Energieversorgungsnetz getrennt werden.

Dabei werden sämtliche *nicht geerdete* Leiter unterbrochen.

- Schalter
- Überstrom-Schutzorgan
- Steckvorrichtungen

Sinnvoll ist ein **Hinweisschild** mit Angaben über Dauer und Zuständigkeit der Freischaltung.

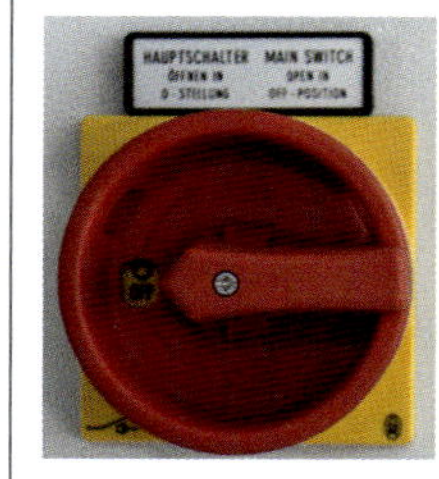

Freischalten zum Beispiel durch Ausschalten des Hauptschalters.

Bild 16 *Freischalten*

2. Gegen Wiedereinschalten sichern
Während der Zeitdauer der Arbeiten muss ein Wiedereinschalten verhindert werden.

- Sichere Aufbewahrung der entfernten Sicherungen
- Vorhängeschloss bei Schaltern
- Unterwiesene Person am Freischaltort belassen

Verbotsschild gegen Wiedereinschalten anbringen.

Gegen Wiedereinschalten sichern durch einhängbares Vorhängeschloss.

Bild 17 *Gegen Wiedereinschalten sichern*

■ **TN-System**
Der Fehlerstrom fließt ausschließlich über Kupfer.

Damit sind kleine Widerstandswerte des Fehlerstromkreises und große Fehlerströme möglich.

Diese hohen Fehlerströme können von Überstromschutzorganen abgeschaltet werden.

■ **Vorsicht!**
Spannungsfreiheit nicht mit dem Multimeter, sondern mit dem zweipoligen Spannungsprüfer feststellen.

■ **Elektrischer Schlag**
Wirkung des elektrischen Stromes auf Menschen und Tiere; die gestörte Funktion von Organen und Organsystemen während der Durchströmung ihrer Körper.

Schutzklasse
class of protection

Basisschutz
basic protection

Fehlerschutz
fault protection

Zusatzschutz
additional protection

Schutzisolierung
protective insulation

Schutztrennung
protective separation

Schutz durch Abschaltung
protection by cut-off

Schutzkleinspannung
safety extra low voltage

■ **Schutzklasse II**
ist in der Praxis unter dem Begriff Schutzisolierung bekannt.

3. Spannungsfreiheit feststellen
Eine *Elektrofachkraft* oder *unterwiesene Person* stellt am Arbeitsort die allpolige Spannungsfreiheit fest (zweipoliger Spannungsprüfer).

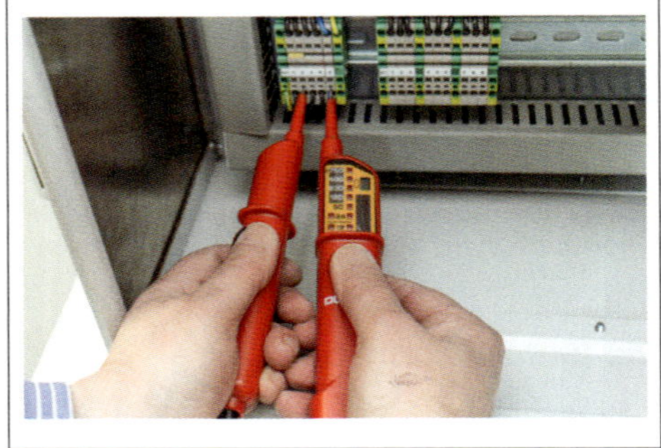

Bild 18 *Spannungsfreiheit feststellen*

4. Erden und kurzschließen
Zuerst erden, dann kurzschließen!
Einrichtungen zunächst mit der Erdungsanlage oder einem Erder und danach mit den Anlagenteilen verbinden.

Verbindung in Sichtweite der Arbeitsstelle.

Bei Anlagen mit Bemessungsspannungen bis 1000 V darf auf das Erden und Kurzschließen verzichtet werden.

5. Benachbarte, unter Spannung stehende Teile abdecken/abschranken
Zwecks Vermeidung der Berührung von unter Spannung stehenden Teilen.

Geeignet sind Gummimatten, Kunststoffmatten, geschlitzte Gummischläuche und Formstücke.

Schutzklassen

Elektrische Betriebsmittel müssen eine **Schutzklasse** haben, die durch ein genormtes Symbol gekennzeichnet wird.

Schutz gegen elektrischen Schlag

Basisschutz: **Schutz gegen elektrischen Schlag unter normalen Bedingungen** Die Berührung spannungsführender Teile wird verhindert. • Isolierung • Abdeckung • Hindernisse
Schutz sowohl gegen direktes Berühren als auch bei indirektem Berühren Ein elektrischer Schlag ist nicht möglich. • SELV (Safety Extra Low Voltage) • PELV (Protective Extra Low Voltage)
Fehlerschutz: **Schutz bei indirektem Berühren, Schutz gegen elektrischen Schlag unter Fehlerbedingungen** Gefährlich hohe Berührungsspannungen können nicht entstehen. • Schutzisolierung • Schutztrennung • Potenzialausgleich, Erdung • nicht leitende Räume
Fehlerschutz: **Schutz gegen elektrischen Schlag unter Fehlerbedingungen** Eine gefährlich hohe Berührungsspannung kann nicht bestehen bleiben. • Abschaltung im TN-System • Abschaltung im TT-System • Abschaltung im IT-System

Basisschutz

Schutz gegen elektrischen Schlag unter normalen Bedingungen, Schutz gegen direktes Berühren. Notwendig bei Bemessungsspannungen über 25 V AC bzw. 60 V DC.

Schutzklasse I *Schutzmaßnahmen mit Schutzleiter*	Bei Betriebsmitteln mit elektrisch leitfähigen Gehäusen	⏚
Schutzklasse II *Schutz durch verstärkte oder doppelte Isolierung*	Bei Betriebsmitteln mit Kunststoffgehäusen	⧈
Schutzklasse III *Schutzkleinspannung*	Betriebsmittel mit Bemessungsspannungen bis 50 AC bzw. 120 V DC	◇ III

Bei *elektromotorisch angetriebenen* Werkzeugen und Verbrauchsmitteln ist auch unterhalb der angegenen Spannungen ein **Basisschutz** notwendig.

- **Isolierung aktiver Teile**

Vollständiger Basisschutz durch Isolation aktiver Teile mit einer **Basis-** und **Betriebsisolierung**.

Die Isolation darf nur durch Zerstörung entfernt werden können.

- **Abdeckung und Umhüllung**

Sichere und feste Abdeckung aktiver Teile durch **Isoliermaterialien**.

Abdeckungen dürfen nur von **Elektrofachkräften** mithilfe von **Werkzeugen** entfernt werden.

Schutzart mindestens IP2X, bei waagerecht angeordneten Abdeckungen mindestens IP4X.

- **Hindernisse**

Geländer, Schutzgitter oder Schutzleisten verhindern, dass sich Menschen *zufällig* aktiven Teilen nähern können. Nur ein **teilweiser** Schutz gegen direktes Berühren.

Durch die Hindernisse muss gewährleistet sein, dass bei reflexartigen Handlungen während der Arbeit kein aktives Teil berührt werden kann.

- **Fingersicherheit**

Fingersicherheit ist gegeben, wenn aktive Teile mit dem **Prüffinger** nach DIN VDE 0106, Teil 100 nicht berührt werden können.

Abmessungen des Prüffingers:
Länge 80 mm, Durchmesser 12 mm, Länge der Spitze 20 mm, Winkel der Spitze 36°.

Druck auf Prüffinger beim Test: $F = 10$ N

- **Abstand**

Wenn der Mensch keine **Potenzialdifferenz** überbrücken kann, dann kann kein *Körperstrom* fließen.

Schutz durch Abstand beruht darauf, dass der Mensch nur mit **einem** Potenzial in Berührung kommen kann.

Voraussetzung: Im **Handbereich** dürfen sich keine berührbaren Anlageteile mit *unterschiedlichem Potenzial* befinden.

Handbereich
Reichweite eines Menschen von der **Standfläche** aus gemessen. Nach *oben* mindestens 2,5 m, *seitlich* und nach unten mindestens 1,25 m.

Schutz durch Kleinspannung

Bemessungsspannungen: ≤ 50 AC, ≤ 120 V DC

SELV- und **PELV**-Stromkreise unterscheiden sich in der **Erdverbindung**.

- **SELV:** *Keine* sekundärseitige Verbindung mit Erde oder mit anderen Spannungssystemen.

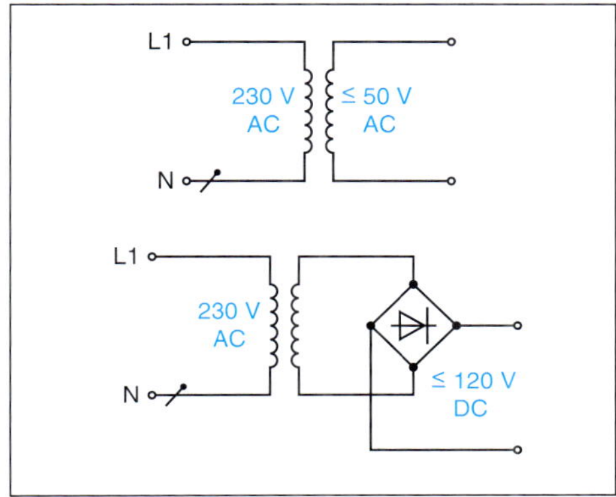

Bild 19 SELV-Spannungen

Spannungsquellen für Kleinspannung

- Galvanische Elemente
- Sicherheitstransformatoren
- Elektronische Geräte zur Erzeugung von DC- bzw. AC-Spannungen
- Motorgeneratoren mit getrennten Wicklungen

- **PELV**: *Sekundärseitige Erdverbindung* (siehe Seite 342)

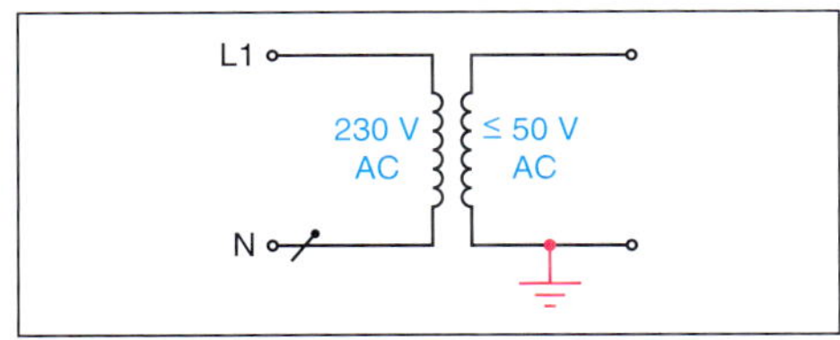

Bild 20 PELV, sekundärseitige Erdung

In **Kleinspannungsstromkreisen** kann auf einen *Schutz gegen direktes Berühren* verzichtet werden, wenn die **Bemessungsspannung** 25 V AC bzw. 60 V DC nicht übersteigt.

Ausnahme: *Erhöhte Gefährdung*, bei der geringere Spannungen vorgeschrieben sind:

- Spielzeug $U_N \leq 25$ V
- Geräte in Badewannen usw: $U_N \leq 12$ V

Medizinische Geräte (Strom führende Teile im Körper): $U_N \leq 6$ V.

■ **SELV**
Safety Extra Low Voltage

■ **PELV**
Protective Extra Low Voltage

■ **Schutzarten**

■ **PELV-Stromkreise**
werden in Steuerstromkreisen aus Gründen der Erdschlusssicherheit angewendet → 342

Vorsicht!
Bei Leitungseinführungen in Betriebsmittel der Schutzklasse II dürfen keine Metallverschraubungen verwendet werden. Nur Kunststoffverschraubungen, eventuell Würgenippel.

Steckvorrichtungen für Kleinspannung

- Steckvorrichtungen für Kleinspannung dürfen nicht mit Steckvorrichtungen anderer Stromkreise verwechselt werden können.
- Steckvorrichtungen für Kleinspannung dürfen keine Schutzkontakte haben.
- Zusätzlich zur Basisisolation müssen die Leiter gegeneinander isoliert sein.

Hinweis:
Wenn die Isolierung aller Leiter für die *höchste* Spannung bemessen ist, dann dürfen Leitungen *unterschiedlicher* Spannungen und Stromkreise *gemeinsam* verlegt werden. Zum Beispiel in einem Leitungskanal.

SELV	PELV
Wegen des **ungeerdeten** Betriebs können keine höheren Spannungen über den Schutzleiter in den SELV-Kreis übertragen werden. **Sichere Trennung** von Stromkreisen höherer Spannung ist unerlässlich. Keine Verbindung aktiver Teile mit Erdungsleitungen, Schutzleitern, Körpern einer anderen Anlage bzw. fremden leitfähigen Teilen von anderen Stromkreisen. Unverwechselbare Steckvorrichtungen, auch gegenüber PELV-Systemen.	Geerdeter Betrieb! Bis 6 V AC bzw. 15 V DC kann auf Schutz gegen direktes Berühren verzichtet werden, wenn sich die Betriebsmittel in einem Gehäuse befinden und gleichzeitig berührbare Körper und fremde leitfähige Teile mit dem gleichen Erdungssystem verbunden sind. Unverwechselbare Steckvorrichtungen, auch gegenüber SELV-Systemen.

***Bild 21** Betriebsmittel der Schutzklasse II*

Schutz durch verstärkte oder doppelte Isolierung

Vollisolierung	Gehäuse besteht aus Isolierstoff
Isolierauskleidung	Metallgehäuse innen mit Isolierstoff beschichtet
Isolierumkleidung	Metallgehäuse außen mit Isolierstoff beschichtet
Zwischenisolierung	Nach außen reichende Metallteile sind durch Isolierstücke unterbrochen

Hinweise:

- Farb- oder Lacküberzüge gelten nicht als Schutzisolierung.
- Wenn Leitungen und Kabel den VDE-Bestimmungen entsprechen, gelten sie als schutzisoliert. Sie tragen aber nicht das Zeichen der Schutzklasse II.
- Bei Reparaturen darf eine *dreiadrige* Anschlussleitung mit Schutzkontaktstecker verwendet werden. Der Schutzleiter wird im Stecker angeschlossen, im Gerät allerdings nicht.
- Betriebsmittel der Schutzklasse II können Metallklemmen mit dem Schutzleiterzeichen enthalten. Zum Beispiel zum Durchschleifen des Schutzleiters.
  Die Klemmen müssen zu sämtlichen Metallteilen des Betriebsmittels isoliert sein.
- Bei Leitungseinführungen in Betriebsmittel der Schutzklasse II sind *Kunststoffverschraubungen* oder *Würgenippel* zu verwenden.

Schutztrennung

Hinweise:

- Ortsveränderliche Trenntransformatoren Schutzklasse II.
- Steckvorrichtung (sekundär) darf keine Schutzkontakte haben.
- Sekundärkreis darf *nicht* geerdet sein und *keine* leitende Verbindung mit anderen Anlageteilen haben.
- Leitungen müssen getrennt verlegt sein.
- Leitungsarten: Gummischlauchleitungen H07RN-F oder gleichwertig, Mehraderleitungen in Installationsrohren bzw. -kanälen.

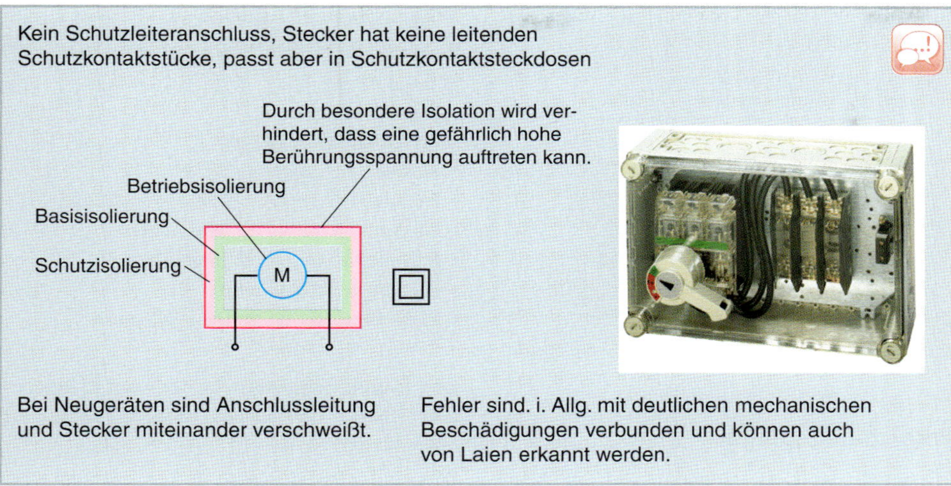

- **Schutz durch verstärkte oder doppelte Isolierung (Schutzisolierung)**

- **Schutztrennung**

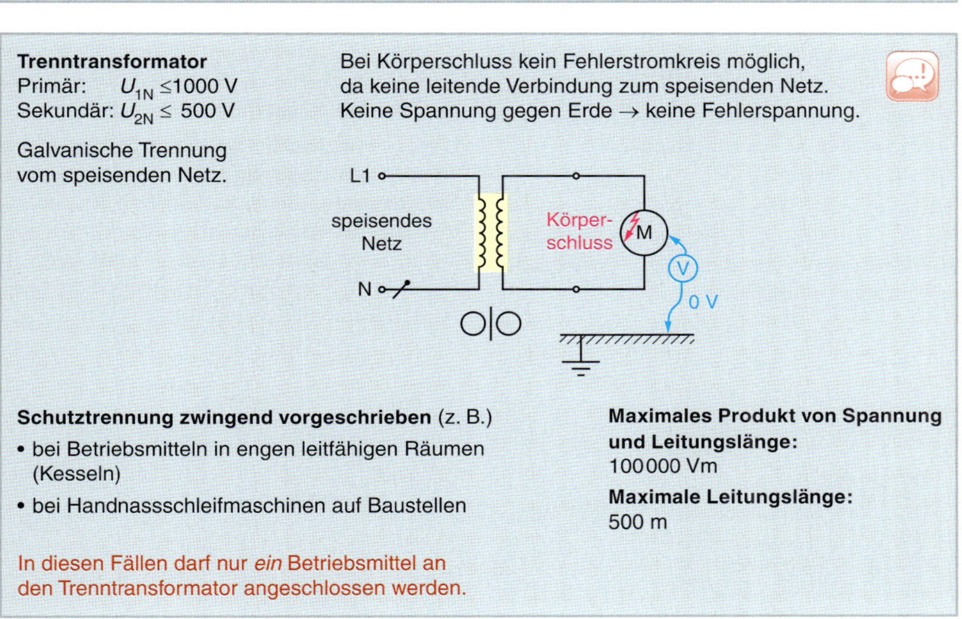

- **PA**
  Potenzialausgleichsleiter

Schutztrennung (nicht zwingend vorgeschrieben)

In diesem Fall dürfen **mehrere Verbrauchsmittel** an einen Trenntransformator angeschlossen werden. Dabei sind **Schutzkontaktsteckdosen** zu verwenden.

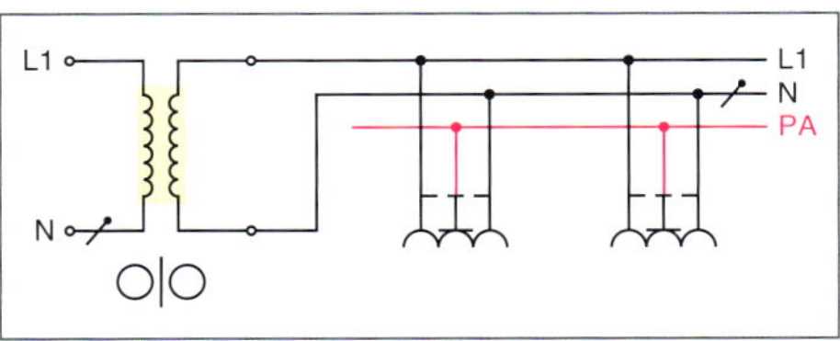

Bild 22 Schutztrennung bei Steckdosen

Die **Schutzkontakte** werden über **ungeerdete, isolierte Potenzialausgleichsleiter** (PA) miteinander verbunden (Bild 22).

Dann kann zwischen **zwei Gehäusen** (Körpern) der angeschlossenen Betriebsmittel keine gefährliche **Potenzialdifferenz** (Bild 23) auftreten.

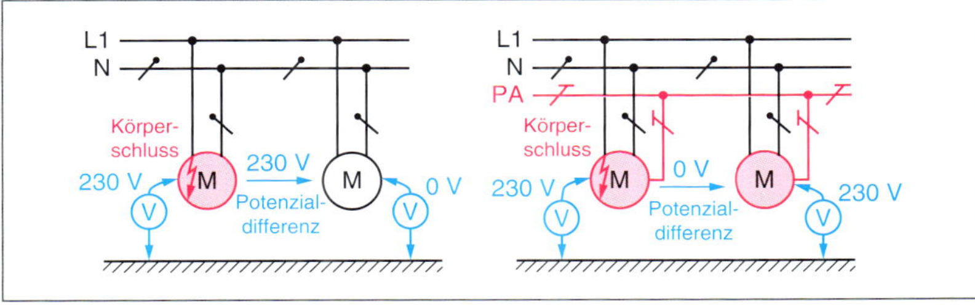

Bild 23 Wirkung des Potenzialausgleichsleiters (PA)

Wenn **zwei Körperschlüsse** auftreten, muss durch eine *Überstrom-Schutzeinrichtung* **abgeschaltet** werden.

Potenzialausgleich
potential compensation

Potenzialdifferenz
potential difference

Schutzpotenzialausgleich
additional protective potential compensation

Hauptpotenzialausgleich
main potential compensation

■ **Potenzial**
→ 000

■ **Erhöhte Stromempfimdlichkeit**
→ 199

Die **Abschaltzeit** liegt spannungsabhängig zwischen 0,1 und 0,4 s.

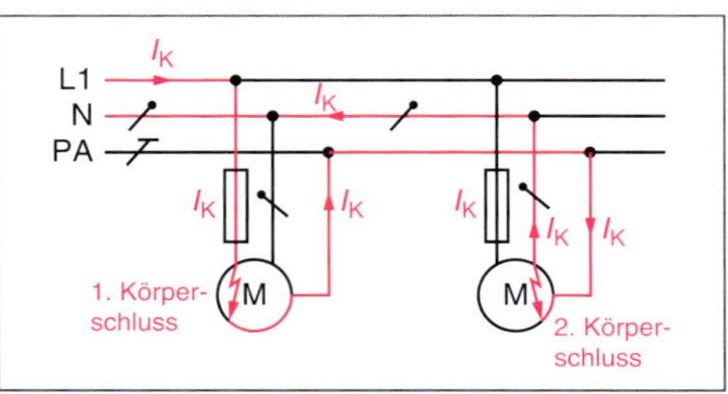

Bild 24 *Schutztrennung, zwei Körperschlüsse*

Potenzialausgleich

Prinzipiell ist der **Potenzialausgleich keine** Schutzmaßnahme. Durch ihn wird aber der **Sicherheitsstandard** elektrischer Anlagen wesentlich gesteigert.

Aufgabe: Spannungsunterschiede durch Fehler in elektrischen Anlagen zu beseitigen oder nicht entstehen zu lassen.

Ausführung: Körper und Betriebsmittel und fremde leitfähige Teile über **Potenzialausgleichsleitungen** ausreichenden Querschnitts miteinander verbinden.

Schutzpotenzialausgleich

Folgende leitfähigen Teile werden miteinander verbunden:

- Fundamenterder
- Frischwasserleitungen
- Abwasserleitungen
- Heizungsrohre
- Gasleitungen im Gebäudeinneren
- Fernmelde- und Antennenanlage
- leitfähige Gebäudeteile
- PEN- bzw. PE-Leiter im TN-System

Der **Hauptschutzleiter** ist der vom Hauptverteiler bzw. Hausanschlusskasten abgehende Schutzleiter.

Potenzialausgleichsleiter dürfen grün/gelb gekennzeichnet sein.

Zusätzlicher Schutzpotenzialausgleich

Ohne **zusätzlichen Schutzpotenzialausgleich** könnten in Verbraucheranlagen, z. B. zwischen Rohrleitungen, *Spannungsdifferenzen* auftreten. Dies ist vorrangig bei *ausgedehnten Anlagen* zu erwarten und kann sich besonders in Räumen mit **erhöhter Stromempfindlichkeit** (z. B. Baderäumen) bemerkbar machen.

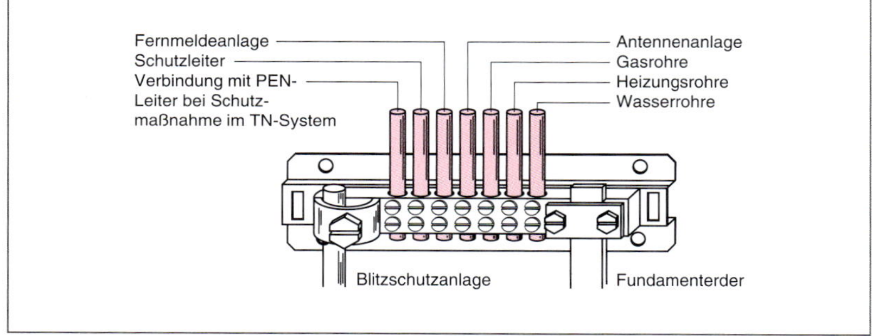

Bild 25 *Haupterdungsschiene*

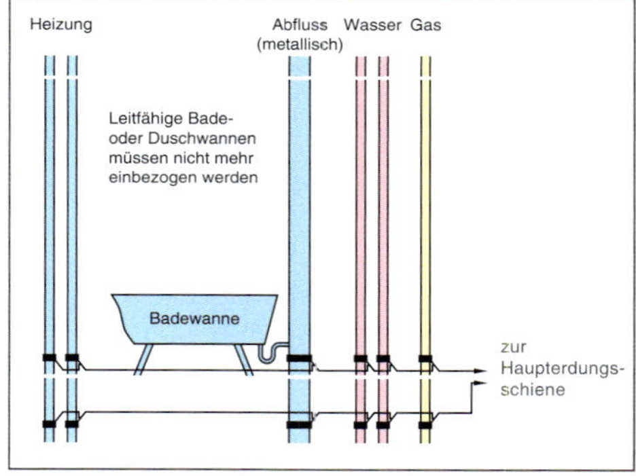

Bild 27 *Zusätzlicher Potenzialausgleich*

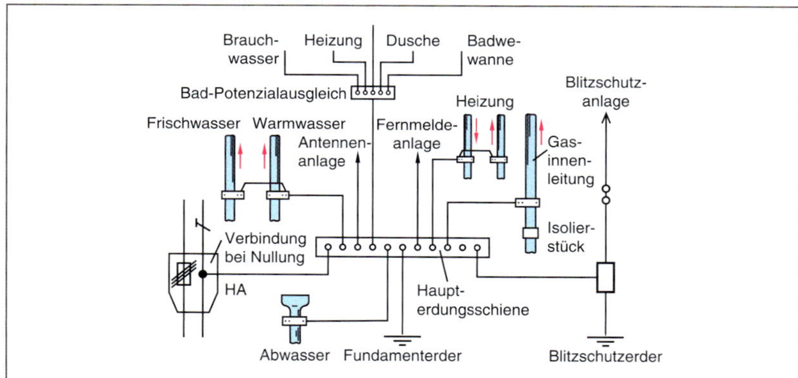

Bild 26 *Potenzialausgleich*

Die Stelle, an der ein **zusätzlicher Schutzpotenzialausgleich** durgeführt wird, ist praktisch identisch mit dem Ort der **erhöhten Stromempfindlichkeit**.

- Potenzialausgleichsleiter, die Körper verbinden, müssen einen Querschnitt haben, der mindestens halb so groß ist, wie der Querschnitt des kleineren Schutzleiters der Körper.
- Potenzialausgleichsleiter, die einen Körper mit fremden leitfähigen Teilen verbinden, müssen einen Querschnitt haben, der mindestens dem halben Schutzleiterquerschnitt entspricht.

Erdfreier, örtlicher Potenzialausgleich

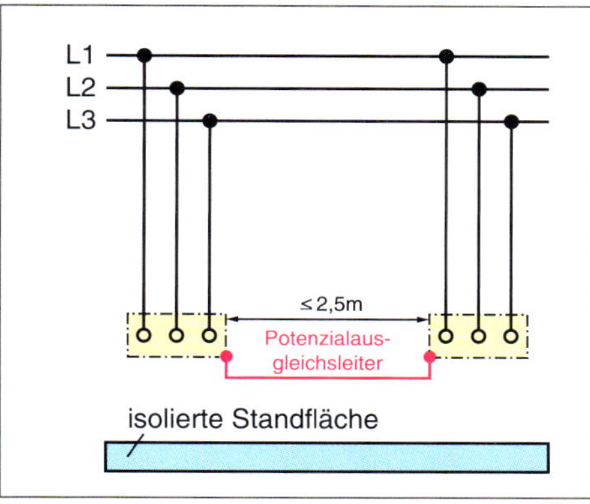

Bild 28 Erdfreier, örtlicher Potenzialausgleich

- Sämtliche gleichzeitig berührbare Körper und fremde leitfähige Teile, die sich im Handbereich (≤ 2,5 m) befinden, sind durch Potenzialausgleichsleiter miteinander zu verbinden.
- Die gleichzeitige Berührung eines Körpers und eines fremden leitfähigen Teils ist entweder zu verhindern oder es ist ein zusätzlicher erdfreier Potenzialausgleich durchzuführen.

Schutz durch nichtleitende Räume

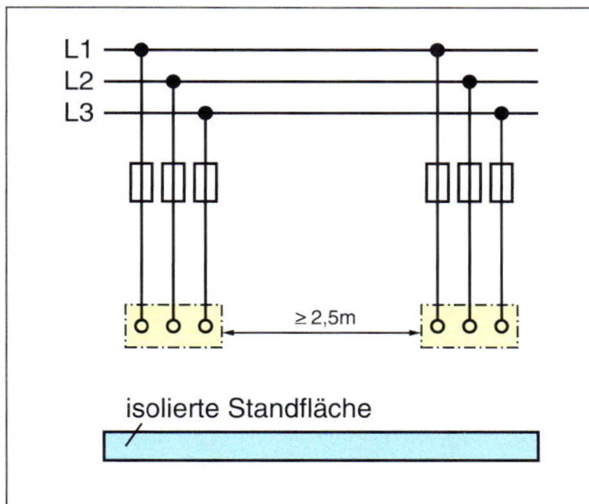

Bild 29 Schutz durch nichtleitende Räume

Das *gleichzeitige* Berühren von Teilen, die unterschiedliche Potenziale annehmen können, wird vermieden. Im Fehlerfall kann nur ein potenzialbehaftetes Teil berührt werden.

- Nur in Sonderfällen anzuwenden.
- An Betriebsmitteln der Schutzklasse I und an Steckdosen dürfen keine Schutzleiter angeschlossen werden.
- Betriebsmittel dürfen nur vom isolierten Standort aus berührt werden können. Abdeckungen sind fest mit dem Standort zu verbinden.

- Der Widerstand isolierender Fußböden und Wände hat folgende Mindestwerte:
  bis 500 V AC: 50 kΩ
  über 500 V AC: 100 kΩ

Erhöhte Stromempfindlichkeit

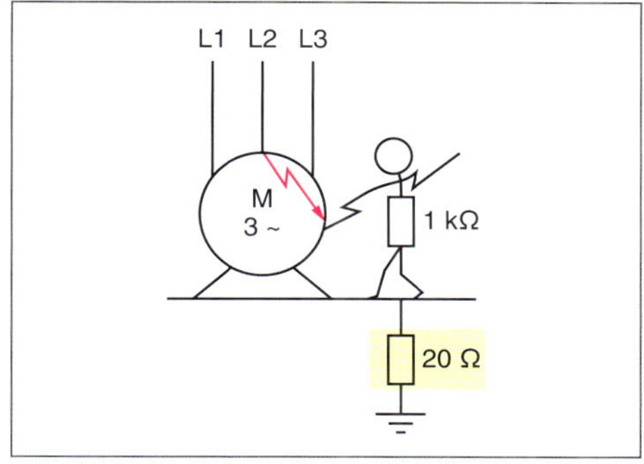

Bild 30 Erhöhte Stromempfindlichkeit

Der Widerstand ist *sehr gering* (z. B. 20 Ω). Mensch steht barfüßig in einer Duschwanne.

Spannung gegen Erde: $U_0 = 230\text{ V}$

Fehlerstrom: $I_F = \frac{U_0}{R} = \frac{230\text{ V}}{1020\ \Omega} = 225\text{ mA}$

Berührungsspannung:
$U_B = I_F \cdot R_K = 0{,}225\text{ A} \cdot 1\text{ k}\Omega$
$U_B = 225\text{ V!}$

Extreme Gefährdung!

Wenn der Widerstand statt 20 Ω den Wert 200 kΩ hat, dann beträgt der Fehlerstrom

$$I_F = \frac{230\text{ V}}{20\text{ k}\Omega} = 11{,}5\text{ mA}$$

Berührungsspannung:

$$U_B = I_F \cdot R_K = 0{,}0115\text{ A} \cdot 1000\ \Omega = 11{,}5\text{ V}$$

Keine Gefährdung!

Prüfung

1. Welche Sicherheitsregeln sind bei Arbeiten an Anlagen bis 1000 V zu beachten?

2. Wie wird die Spannungsfreiheit festgestellt? Wo ist diese Arbeit auszuführen?

3. Wie ist ein TN-S-System aufgebaut?

4. Im 3/N/PE-400/230-V-50-Hz-Netz berührt ein Elektriker einen Außenleiter gegen Erde. Sein Körperwiderstand beträgt 1 kΩ, der Übergangswiderstand zur Erde beträgt 2 kΩ. Welche Berührungsspannung tritt auf?

5. Beschreiben Sie die in elektrischen Anlagen auftretenden Fehlerarten anhand von einfachen Skizzen.

Zu Bild 30:

Die Widerstände 1 kΩ und 20 Ω bilden einen Spannungsteiler, der an 230 V (Spannung gegen Erde) anliegt.

Am 1-kΩ-Widerstand fällt die Berührungsspannung ab.

■ Aufgabenlösung TB

@ Interessante Links

- christiani-berufskolleg.de

■ **Aufgabenlösung**

@ Interessante Links

- christiani-berufskolleg.de

■ **TN-System**

Im TN-System erfolgt die Abschaltung des Fehlerstromes durch das vorgeschaltete Überstromschutzorgan.

Um die Abschaltzeit einzuhalten, sind hohe Fehlerströme notwendig.

Der Widerstand des Fehlerstromkreises muss also hinreichend gering sein. Man nennt diesen Widerstand Schleifenimpedanz.

Im TN-System ist stets darauf zu achten, dass Abschaltzeiten eingehalten werden. Dieses Netzsystem bedarf also einer ständigen Überwachung.

Schutzmaßnahmen im TN-System
safety measures in the TN-system

Schutzmaßnahmen im TT-System
safety measures in the TT-system

Schutzmaßnahmen im IT-System
safety measures in the IT-system

Abschaltzeit
clearing time

Fehlerarten
type of faults

■ **Impedanz**

Scheinwiderstand Z

Prüfung

1. Ein Mensch berührt den Außenleiter L1. Welcher Strom fließt über den 40-Ω-Widerstand?

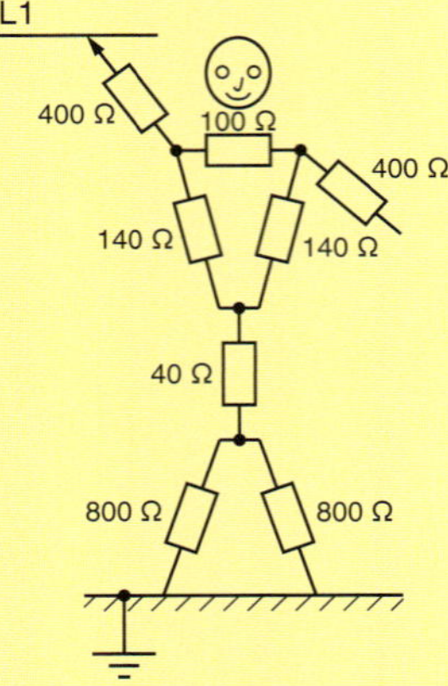

2. Was bedeuten die Begriffe Basisschutz und Zusatzschutz?

3. Klären Sie folgende häufig gebrauchten Begriffe: Aktive Leiter, Körper, Erde, Schutzleiter, Nullleiter, Neutralleiter.

4. Bei Niedespannungsnetzen werden international genormte Netzsysteme unterschieden.
Nennen Sie die typischen Unterscheidungsmerkmale dieser Netzsysteme.

5. Dargestellt ist eine Einspeisung. Welches Netzsystem kommt zur Anwendung?

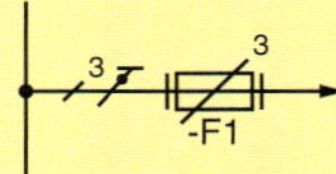

6. Dargestellt ist ein Netzanschluss. Welches Netzsystem liegt vor?

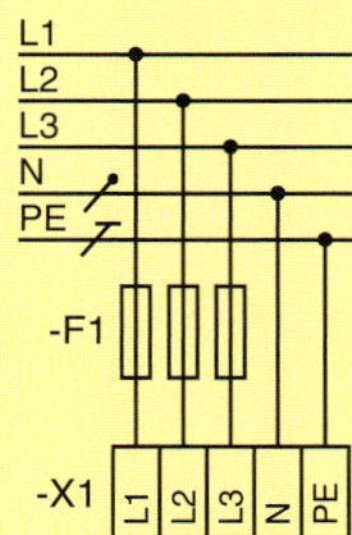

7. Was versteht man unter einem Nullleiter? Welche farbliche Kennzeichnung hat der Nullleiter?

8. Welche Anforderungen werden an einen Schutzleiteranschluss gestellt?

Schutzmaßnahmen im TN-System

Fehlerstromkreis in einem TN-C-S-System: Bei einem **Körperschluss** fließt der Fehlerstrom I_F nahezu ausschließlich über den widerstandsarmen „Kupferweg". Der Strom über das Erdreich kann dagegen vernachlässigt werden.

Das vorgeschaltete **Überstrom-Schutzorgan** muss den Fehlerstrom innerhalb einer **zulässigen Abschaltzeit** abschalten.

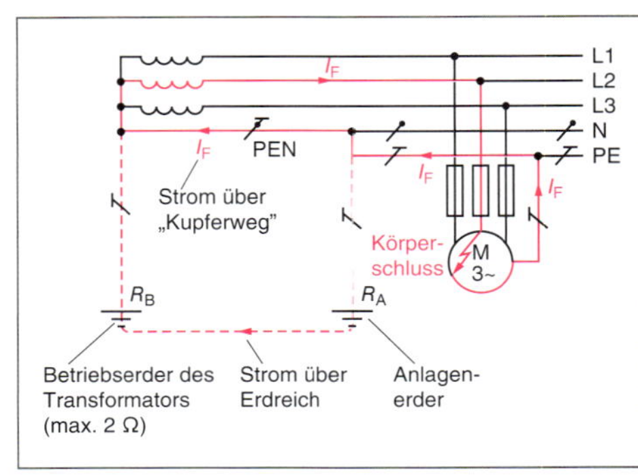

Bild 31 *TN-C-S-System, Fehlerstromkreis*

Forderung: Ein Körperschluss ruft einen **Fehlerstrom** hervor, der so groß sein muss, dass das vorgeschaltete Überstrom-Schutzorgan innerhalb der vorgegebenen Zeit zum **Ansprechen** bringt.

Dann kann eine unzulässig hohe **Berührungsspannung** an den Körpern der Betriebsmittel nicht bestehen bleiben.

Abschaltzeiten im TN-System

Stromkreise, die über einen festen Anschluss oder Steckdosen ortsveränderliche Betriebsmittel der Schutzklasse I oder Handgeräte versorgen	≤ 120 V AC	0,8 s
	≤ 230 V AC	0,4 s
	≤ 400 V AC	0,2 s
	> 400 V AC	0,1 s
Stromkreise mit ortsfesten Verbrauchsmitteln Verteilerstromkreise in Gebäuden		5 s

Die Höhe des Fehlerstromes wird durch den **Gesamtwiderstand** des **Fehlerstromkreises** bestimmt. Man nennt diesen Widerstand **Schleifenimpedanz** Z_S.

Die Schleifenimpedanz besteht aus dem Widerstand von Trafowicklung, Außenleiter, Schutzleiter, PEN-Leiter.

Um einen ausreichend hohen **Abschaltstrom** des Überstrom-Schutzorgans fließen zu lassen, muss

$$Z_S \leq \frac{U_0}{I_a}$$

sein.

Z_S Schleifenimpedanz
U_0 Spannung gegen Erde
I_a Abschaltstrom des Überstromschutzorgans

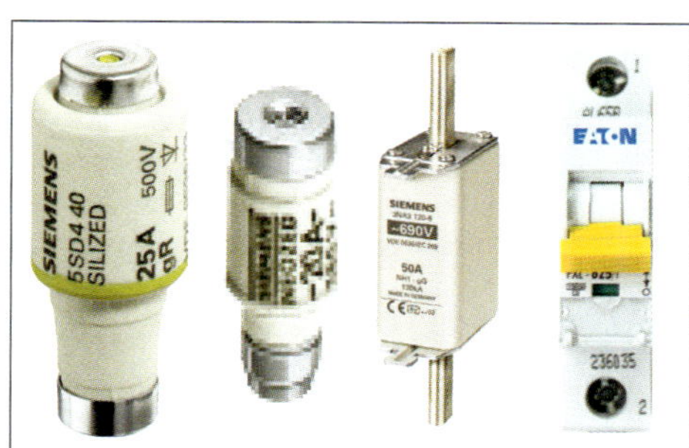

Bild 32 Überstrom-Schutzorgane

■ U_0
Spannung gegen Erde 230 V

Beispiel:

z.B.

Fehlerstromkreis Bild 31, Seite 354.
Schleifenimpedanz $Z_S = 1\ \Omega$, Motor mit 25-A-Schmelzsicherungen abgesichert.
Wird die Abschaltbedingung eingehalten?

Der Fehlerstrom I_F wird von der Spannung $U_0 = 230$ V und der Schleifenimpedanz $Z_S = 1\ \Omega$ bestimmt.

$$I_F = \frac{U_0}{Z_S}$$

$$I_F = \frac{230\ \text{V}}{1\ \Omega} = 230\ \text{A}$$

Motor = ortsunveränderliches Betriebsmittel → max. Abschaltzeit $t_a = 5$ s.

Der Strom $I_F = 230$ A muss die 25-A-Sicherung innerhalb von 5 s zum Ansprechen bringen.
Die Abschaltbedingung wird eingehalten.

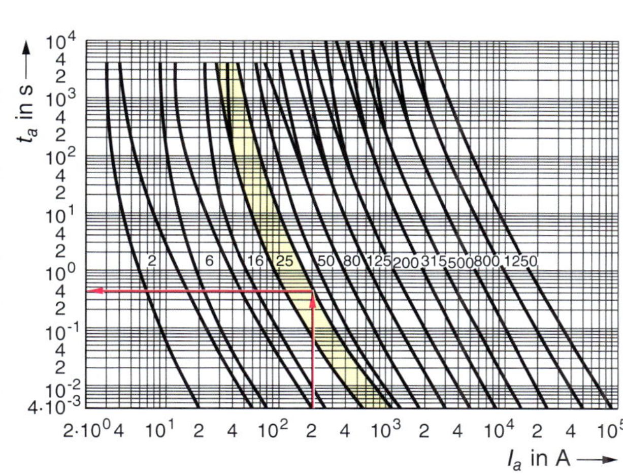

■ **Schmelzsicherungen**
→ 174

Schmelzsicherungen der Betriebsklasse gL/gG:

Abschaltzeit 0,4 s: $8 \cdot I_n$

Abschaltzeit 5 s: $6 \cdot I_N$

Beispiel:

z.B.

Ein 230-V-Steckdosenstromkreis wird mit einem B16-Leitungsschutzschalter abgesichert. Die Schleifenimpedanz des Steckdosenstromkreises beträgt 1,25 Ω.
Ist die Abschaltbedingung eingehalten?

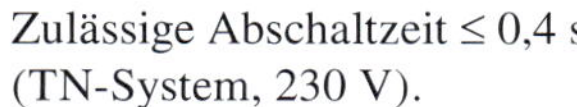

Zulässige Abschaltzeit ≤ 0,4 s (TN-System, 230 V).

LS-Schalter, B-Charakteristik:
$I_a = 5 \cdot I_n = 5 \cdot 16\ \text{A} = 80\ \text{A}$

$$Z_S \leq \frac{U_0}{I_a} \rightarrow I_a \cdot Z_S \leq U_0$$

$80\ \text{A} \cdot 1{,}25\ \Omega \leq 230\ \text{V}$
$100\ \text{V} \leq 230\ \text{V}$
(Abschaltbedingung eingehalten)

Fehlerstrom:
184 A > 80 A;
Abschaltbedingung wird eingehalten.

$$I_F = \frac{U_0}{Z_S} = \frac{230\ \text{V}}{1{,}25\ \Omega} = 184\ \text{A}$$

■ **Leitungsschutzschalter**
→ 177

Fehlerstrom-schutzeinrichtung
residual protective current device

Bemessungsstrom
rating current

Bemessungsdifferenzstrom
rating difference current

vierpolig
quadripolar, four-terminal, four-pole

Schleifenimpedanz
loop impedance

■ **Vorsicht!**
Bei zweipoligem direktem Berühren ohne ausreichende Verbindung mit Erde besteht auch bei der Fehlerstrom-schutzeinrichtung kein Schutz.

■ **RCD**
residual current protective device

Fehlerstrom-Schutzeinrichtung

Die **Servicesteckdose** im Schaltkasten der Bandsteuerung ist zusätzlich zum Leitungsschutzschalter mit einer **Fehlerstrom-Schutzeinrichtung** ausgestattet. Kann die Abschaltbedingung mit dem Leitungsschutzschalter B10 A eingehalten werden? Sie werden gebeten, dies zu überprüfen.

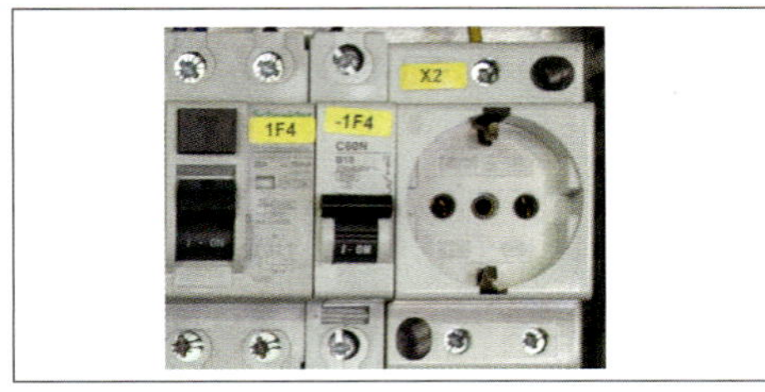

Bild 33 *Servicesteckdose im Schaltschrank*

Die **Schleifenimpedanz** an der Steckdose wird gemessen: $Z_S = 2{,}2\ \Omega$.

Fehlerstrom: $I_F = \dfrac{230\ \text{V}}{2{,}2\ \text{A}} = 104{,}5\ \text{A}$

Der Leitungsschutzschalter der B-Charakteristik spricht bei $3 - 5 \cdot I_n$ an.

$5 \cdot 10\ \text{A} = 50\ \text{A}$. Die **Abschaltbedingung** wird eingehalten.

Annahme:
Für Montagearbeiten wird ein 100-m-Leitungsroller in die Steckdose eingesteckt.

Leitungswiderstand des Leitungsrollers:

$$R_L = \frac{2 \cdot l}{\gamma \cdot q} = \frac{2 \cdot 100\ \text{m}}{56\ \dfrac{\text{m}}{\Omega \cdot \text{mm}^2} \cdot 1{,}5\ \text{mm}^2} = 2{,}4\ \Omega$$

Schleifenimpedanz an der Steckdosen des Leitungsrollers:

$Z_S = 2{,}2\ \Omega + 2{,}4\ \Omega = 4{,}6\ \Omega$

Fehlerstrom: $I_F = \dfrac{U_0}{Z_S} = \dfrac{230\ \text{V}}{4{,}6\ \Omega} = 50\ \text{A}$

Bei 50 A spricht der LS-Schalter zwar an, die Situation ist aber schon „grenzwertig".

Der 10-A-LS-Schalter könnte auch durch einen 16-A-LS-Schalter ersetzt werden. Dann wäre die *Abschaltbedingung* sicher nicht mehr erfüllt.

Durch den **Fehlerstrom-Schutzschalter** (RCD) kann die Sicherheit ganz wesentlich erhöht werden.

Der Steckdosenstromkreis wird durch einen **zweipoligen RCD** geschützt.

Zweipoliger RCD

Kernstück des RCD ist der **Summenstromwandler**. Er vergleicht die Höhe der Ströme, die in die Anlage hinein (I_1) und aus der Anlage wieder heraus fließen (I_2).

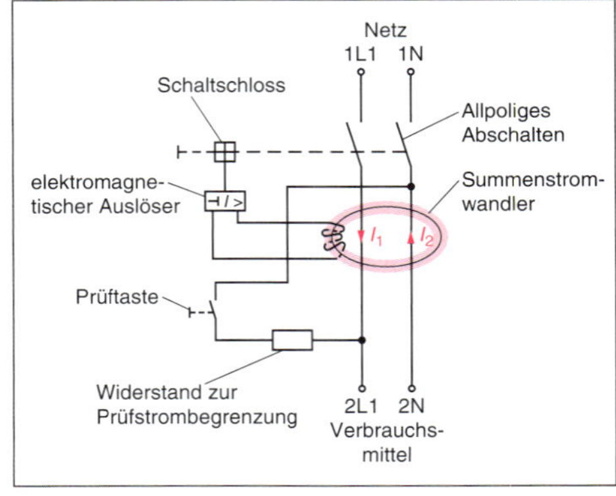

Bild 34 *Fehlerstrom-Schutzeinrichtung*

I_1: Vom Netz zum Verbrauchsmittel
I_2: Vom Verbrauchsmittel zum Netz

Im **fehlerfreien Zustand** sind die beiden Ströme gleich ($I_1 = I_2$), aber entgegengesetzt gerichtet.

Ihre **magnetischen Wirkungen** heben sich im Summenstromwandler auf. In der **Sekundärwicklung** des Wandlers wird keine Spannung induziert. Der RCD löst nicht aus.

Bemessungs-Differenzstrom $I_{\Delta n}$

Wenn der Fehlerstrom so groß ist wie der auf dem RCD angegebene Bemessungs-Differenzstrom $I_{\Delta n}$ muss der RCD spätestens auslösen. Er darf aber schon bei halbem Wert von $I_{\Delta n}$ auslösen.

Beispiel:
Bemessungs-Differenzstrom $I_{\Delta n} = 30$ mA:
Spätestens bei einem Fehlerstrom von 30 mA, muss der RCD auslösen. Er kann aber bereits bei einem Fehlerstrom ab 15 mA ($0{,}5 \cdot I_{\Delta n}$) auslösen. Spätestens nach 200 ms.

Bemessungs-Differenzströme von RCDs:
10 mA, 30 mA, 100 mA, 300 mA, 500 mA

Vierpoliger RCD

Hier werden die drei Außenleiter L1, L2, L3 und der N-Leiter durch den Summenstromwandler (Bild 35, Seite 357) geführt.

Die Wirkungsweise entspricht dem zweipoligen RCD.

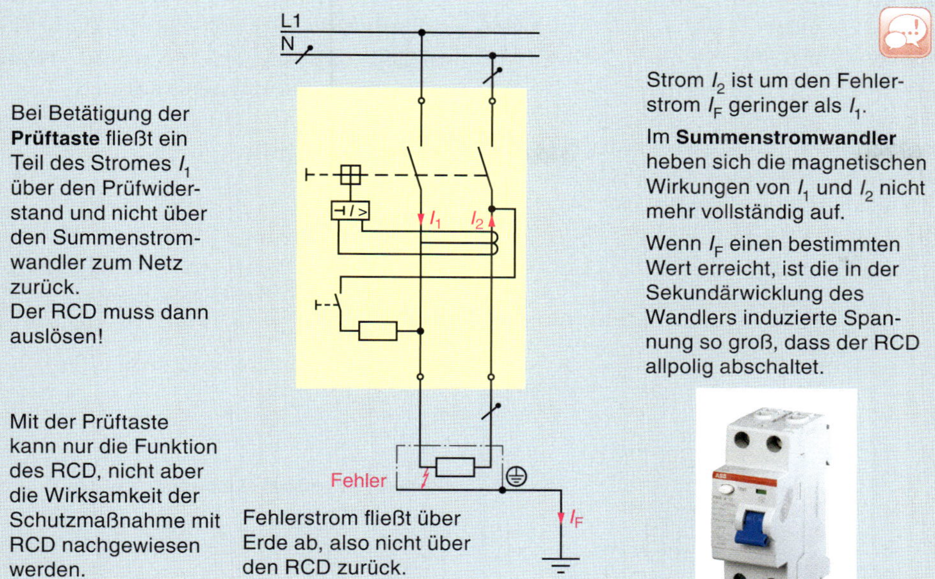

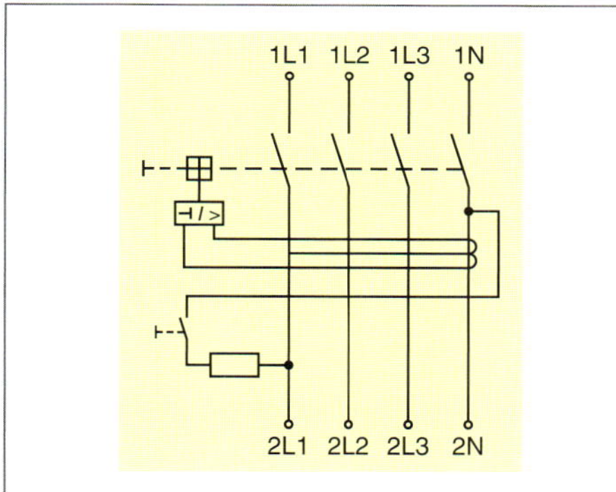

Bild 35 *Fehlerstrom-Schutzeinrichtung*

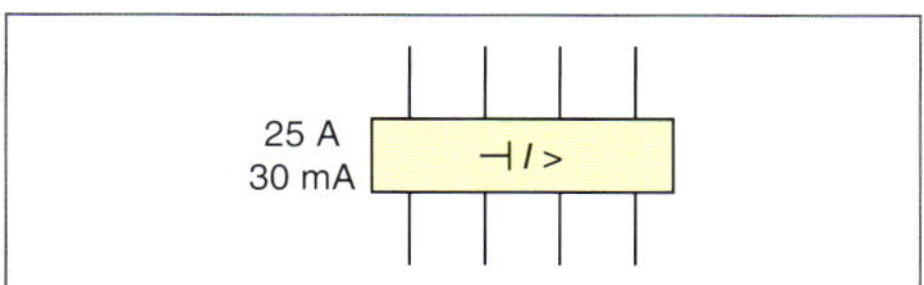

Bild 36 *RCD, vereinfachte Darstellung*

Zusatzschutz durch RCD

Selbst bei **Unterbrechung des Schutzleiters** bietet der 30-mA-RCD bei Auftreten eines Körperschlusses noch Schutz.

Es kann dann nur ein Strom zwischen 15 und 30 mA durch den menschlichen Körper fließen, was keine erhebliche Gefährdung für den Menschen bedeutet. Zu beachten ist, dass ein RCD bei $5 \cdot I_{\Delta n}$ (hier also 150 mA) bereits nach 40 ms auslösen muss.

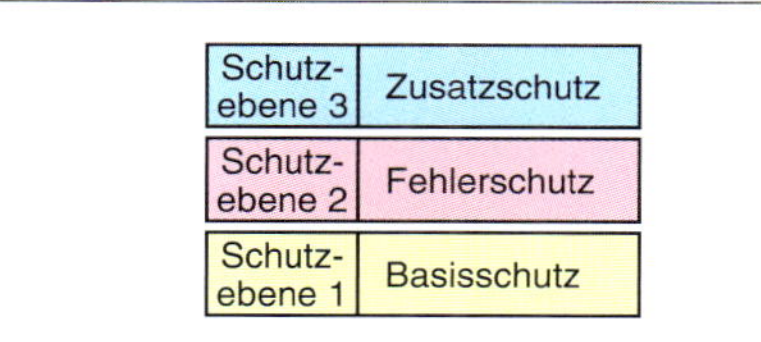

Schutz-ebene 3	Zusatzschutz
Schutz-ebene 2	Fehlerschutz
Schutz-ebene 1	Basisschutz

Bild 37 *Schutzebenen*

Eine Fehlerstrom-Schutzeinrichtung (RCD) mit $I_{\Delta n} \leq 30$ mA bietet somit einen **Zusatzschutz**.

Schutz bei Erdschluss

Bei **Erdschluss** fließt der Fehlerstrom infolge eines Isolationsfehlers aus der Hin- bzw. Rückleitung direkt ins Erdreich oder über mit Erde in Verbindung stehenden fremden leitfähigen Teilen zur Erde hin ab (Bild 38).

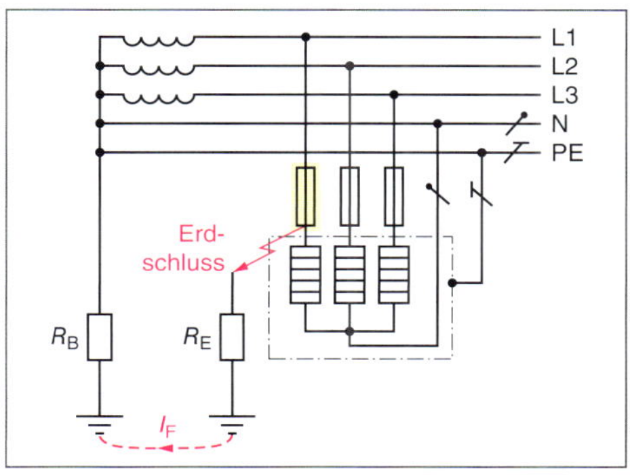

Bild 38 *Stromkreis bei Erdschluss*

■ **Vorsicht!**
Wenn ein zweipoliger durch einen vierpoligen RCD ersetzt wird, muss auf die Funktion der Prüftaste geachtet werden.

@ Interessante Links
Fehlerstrom-Schutzeinrichtung
- siemens.de
- doepke.de
- moeller.net

Der **Abschaltstrom** des vorgeschalteten Überstromschutzorgans ist relativ groß. **Erdschlussströme** können aber bereits ab Stromstärken von 1 A Brände verursachen.

Schutz bei Erdschluss (Brandschutz) bietet also nur ein RCD. Spätestens bei Erreichen des Bemessungs-Differenzstromes $I_{\Delta n}$ schaltet der RCD ab. Ein hoher und damit gefährlicher Erdschlussstrom kann dann nicht entstehen.

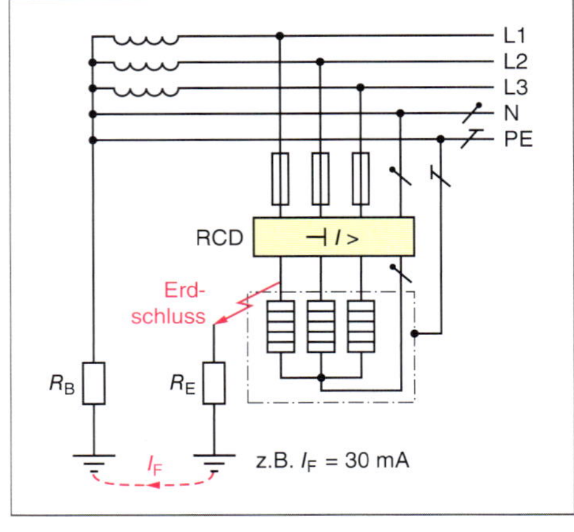

Bild 39 *Erdschlussstrom über RCD*

■ **TT-System**
Beim TT-System fließt der Fehlerstrom über das Erdreich.

Damit ist der Widerstand des Fehlerstromkreises relativ groß, sodass ein Schutz durch Abschalten des Überstromschutzorgans praktisch nicht möglich ist.

Im TT-System ist die Anwendung der Fehlerstromschutzeinrichtung praktisch zwingend.

Schutzmaßnahmen im TT-System

Beim **TT-System** werden die *Körper* der Betriebsmittel und die *Schutzkontakte* der Steckdosen über einen Schutzleiter an einen gemeinsamen **Erder** angeschlossen.

Wichtig: *Gleichzeitig berührbare* Körper müssen an *denselben Erder* angeschlossen werden.

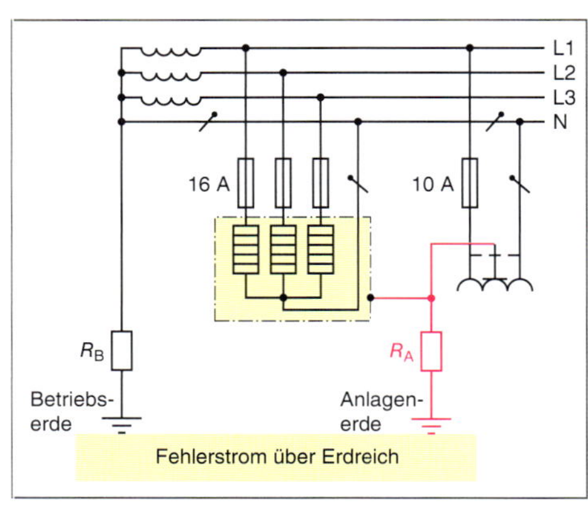

Bild 40 *TT-System*

Der **Fehlerstrom** muss *mindestens so groß* sein wie der **Auslösestrom** der Überstrom-Schutzeinrichtung. Da der Fehlerstrom über das **Erdreich** fließen muss, ist der *Widerstand des Fehlerstromkreises* so groß, dass die **Abschaltbedingungen** *nicht eingehalten* werden können.

Deshalb werden im TT-System **Fehlerstrom-Schutzeinrichtungen** eingesetzt.

Abschaltbedingung:

$$R_A \cdot I_a \leq U_L$$

R_A Erdungswiderstand
I_a Auslösestrom der Überstromschutzeinrichtung
U_L höchstzulässige Berührungsspannung

Wenn ein **RCD** zum Einsatz kommt, gilt:

$$R_A \leq \frac{U_L}{I_{\Delta n}}$$

Zulässige Erdungswiderstände für den RCD im TT-System

Bemessungs-Differenzstrom $I_{\Delta n}$	Erdungswiderstand R_A
10 mA	5000 Ω
30 mA	1665 Ω
300 mA	165 Ω
500 mA	100 Ω

Abschaltzeiten im TT-System

Endstromkreise ≤ 63 A mit Steckdose(n) ≤ 32 A für ausschließlich fest angeschlossene Verbrauchsmittel (AC)	
50 V < U_0 ≤ 120 V	0,3 s
120 V < U_0 ≤ 230 V	0,2 s
230 V < U_0 ≤ 400 V	0,07 s
U_0 > 400 V	0,04 s
Andere Stromkreise	1 s

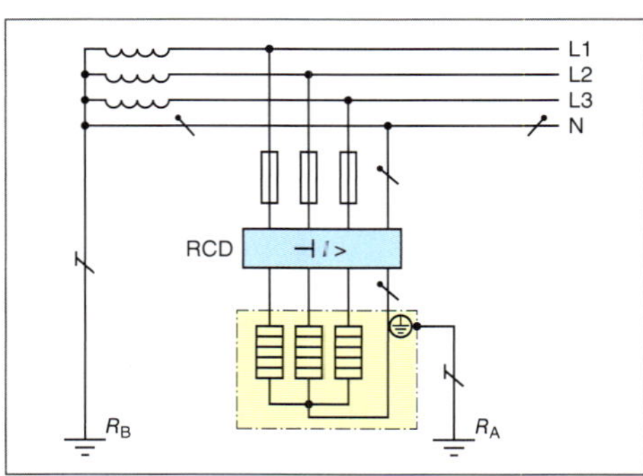

Bild 41 *RCD im TT-System*

Schutzmaßnahmen im IT-System

Im **IT-System** sind die aktiven Leiter *gegen Erde isoliert* oder über eine ausreichende Impedanz geerdet.

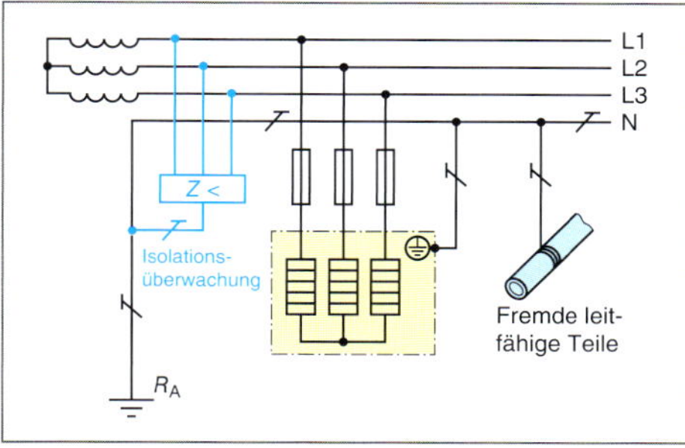

Bild 42 *IT-System ohne Neutralleiter*

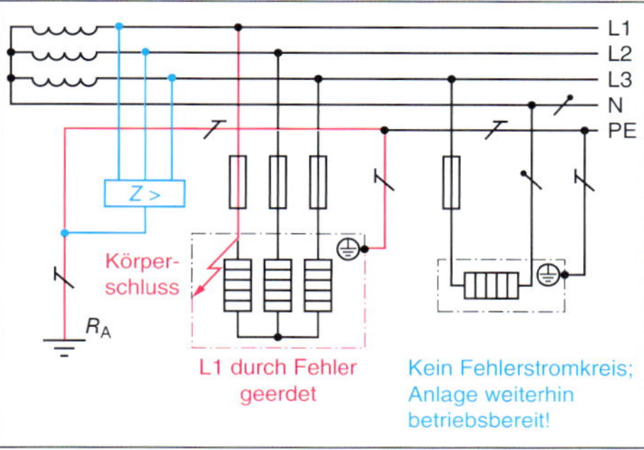

Bild 43 *IT-System mit Neutralleiter, ein Fehler*

Ein **Fehlerstromkreis** kann *nicht* aufgebaut werden, da das Netz *nicht* geerdet ist (Bild 43).

Eine gefährliche *Berührungsspannung* tritt *nicht* auf. Das vorgeschaltete Überstrom-schutzorgan schaltet *nicht* ab.

Die Anlage ist weiterhin *betriebsbereit.*

Der **erste Fehler** führt im IT-System **nicht zur Abschaltung** des fehlerhaften Betriebsmittels. Nur eine optische und akustische Meldung wird bewirkt.

Der Vorteil der *IT-Systeme* ist eine hohe **Versorgungssicherheit**, was zum Beispiel im Bergbau und in der chemischen Industrie von Bedeutung ist.

Wenn zwei Fehler auftreten, entsteht ein **Fehlerstromkreis** (Bild 44). Ist der **Fehlerstrom** ausreichend groß, schalten die Überstrom-Schutzorgane ab.

Im Sinne der **Versorgungssicherheit** kommt es darauf an, den *ersten* Fehler zu *beheben*, bevor der *zweite* Fehler *auftritt*.

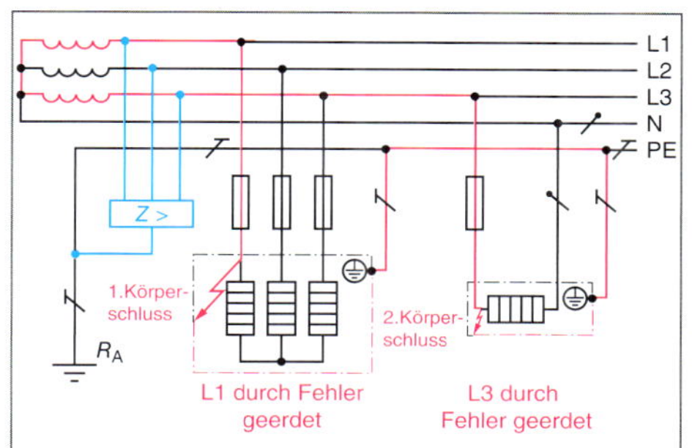

Bild 44 *IT-System mit Neutralleiter, zwei Fehler*

Zulässige Schleifenimpedanz beim IT-System

IT-System ohne N-Leiter

$$Z_S \leq \frac{U}{2 \cdot I_a}$$

IT-System mit N-Leiter

$$Z_S \leq \frac{U_0}{2 \cdot I_a}$$

Z_S Schleifenimpedanz
U Außenleiterspannung
U_0 Spannung zwischen Außenleiter und N-Leiter
I_a Abschaltstrom

IT-System, Bemessungsspannung und Abschaltzeiten

Bemessungs-spannung U_0/U	Abschaltzeit, zulässige		
	ohne N	mit N	
230/ 400 V 400/ 690 V 580/1000 V	0,4 s 0,2 s 0,1 s	0,8 s 0,4 s 0,2 s	andere Stromkreise $t_A \leq 5$ s

Sind die **Abschaltzeiten** *nicht zu erreichen*, ist ein **zusätzlicher Potenzialausgleich** durchzuführen. In diesen Potenzialausgleich sind gleichzeitig berührbare leitfähige Teile einzubeziehen.

Prüfung

1. Warum muss der N-Leiter grundsätzlich in der Nähe der Außenleiter geführt werden?

2. Warum wird das TN-S-System bevorzugt?

3. In einem Stromkreis mit Steckdose wird $Z_S = 1{,}42\ \Omega$ gemessen, $U_N = 230$ V.
Wie beurteilen Sie den Einsatz einer 16-A-Schmelzsicherung?

■ **Impedanz**
Scheinwiderstand

■ **IT-System**
Die Anlage muss galvanisch vom speisenden Netz des Versorgers durch einen separaten Transformator getrennt werden.

Aktive Teile des IT-Systems dürfen nicht geerdet werden.

■ **Aufgabenlösung**

@ Interessante Links

• christiani-berufskolleg.de

■ **Aufgabenlösung**

@ Interessante Links

- christiani-berufskolleg.de

Prüfung

1. Ein 30-mA-RCD schützt eine elektrische Anlage mit der Bemessungsspannung 230 V. Der Schutzleiter ist unterbrochen. Die bei Körperschluss auftretende Fehlerspannung wird durch den Körperwiderstand des Menschen (1000 Ω) und den Übergangswiderstand am Standort (450 Ω) überbrückt.

Bei welcher Berührungsspannung löst der RCD aus? Wie beurteilen Sie die Situation?

2. Schematische Darstellung einer Verteilung.

Ist die Verdrahtung in Ordnung? Welche Änderungen sind eventuell notwendig?

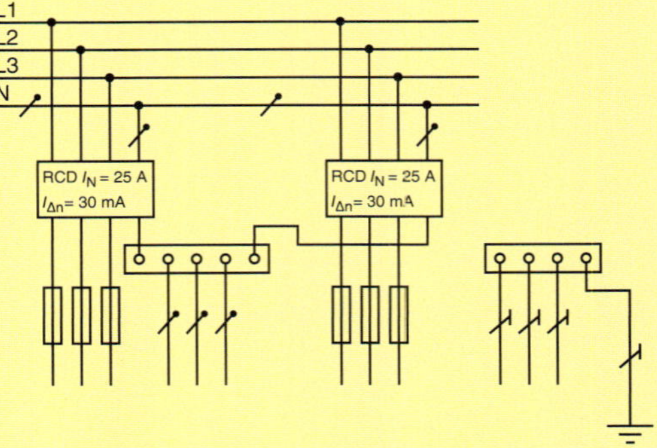

3. Welche wesentlichen Bestimmungen gelten bei Einsatz der Fehlerstrom-Schutzeinrichtung im TN-System? Unter welchen Voraussetzungen ist im TN-System der Einsatz von Fehlerstrom-Schutzeinrichtungen notwendig?

4. Die bei Verwendung der Fehlerstrom-Schutzeinrichtung einzuhaltende Bedingung lautet:

$R_A \cdot I_{\Delta n} \leq U_L$.

Welchen Wert darf der Erdungswiderstand R_A bei einem 30-mA-RCD maximal haben?

5. Ist der RCD in der Schaltung wirksam?

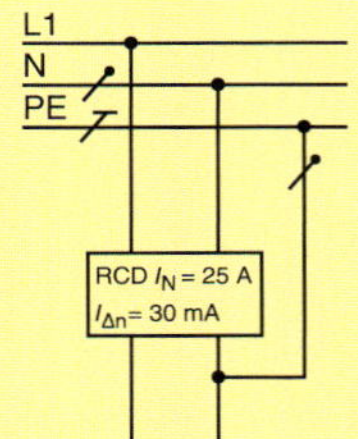

6. Welche Bedeutung haben die dargestellten Zeichen?

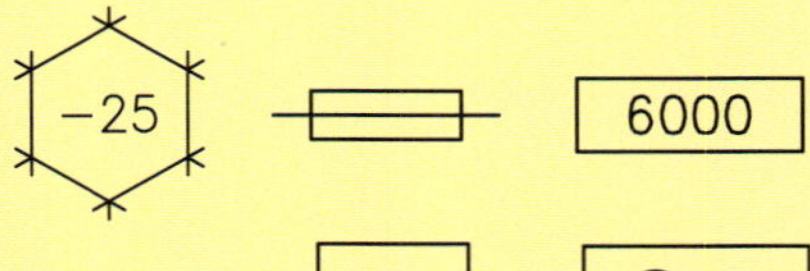

7. Erläutern Sie die Darstellung.

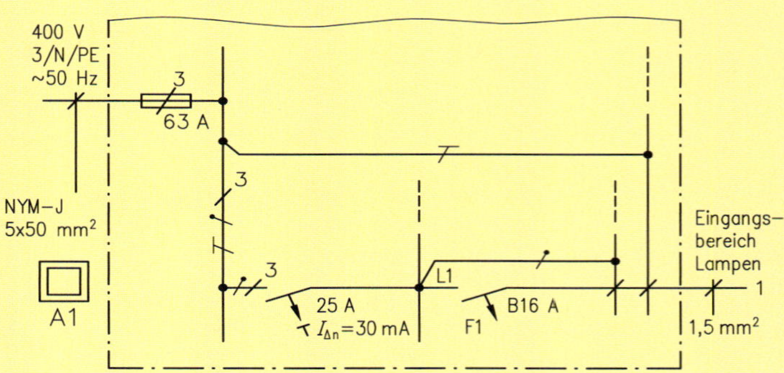

5.3 Prüfung von Schutzmaßnahmen

Nach Fertigstellung der elektrischen Arbeiten der Prüfstation ist eine **Inbetriebnahme** durchzuführen.

Dabei sind die notwendigen **Prüfungen** und **Messungen**, die den sicheren Umgang des Nutzers gewährleisten, durchzuführen.

Die Prüfstation soll nicht nur einwandfrei funktionieren, sie soll für den Nutzer auch möglichst jedes Risiko ausschließen.

Die Ergebnisse sind zu protokollieren.

Ihr Ausbilder beauftragt Sie, sich in das Thema Inbetriebnahme einzuarbeiten und die notwendigen Prüfungen und Messungen unter Aufsicht einer **Elektrofachkraft** auszuführen und zu protokollieren.

Beachten Sie: Die **Sicherheit** elektrischer Anlagen und Betriebsmittel muss gewährleistet sein.

Hierzu sind **Prüfungen** notwendig.

- **Erstprüfung** nach DIN VDE 0100-600
  Notwendig vor Inbetriebnahme einer neu errichteten oder erweiterten Anlage.
- **Wiederholungsprüfung** nach DIN VDE 0105
  Während des Betriebes von Anlagen in festgelegten Zeiträumen
- **Sicherheitsprüfung** von Geräten nach DIN VDE 0070/702

Für die Prüfungen dürfen nur hierfür zugelassene Geräte eingesetzt werden.

Prüfen: Sämtliche Maßnahmen zur Feststellung, dass die elektrische Anlage den Normen entsprechend errichtet wurde.

Ablauf: Besichtigen, Erproben, Messen

1. Besichtigung

„Untersuchung der elektrischen Anlage mit allen Sinnen“ zwecks Feststellung, dass sie normgerecht errichtet wurde. Anlage ist dabei spannungsfrei.

Ohne vorherige Besichtigung keine Erprobung und Messung!

Beachten Sie: Die *Besichtigung* erfolgt häufig schon *während* der Installationsarbeiten.

Zum Beispiel:

- Leitungsart und Leitungsquerschnitt ausreichend?
- Leitung fachgerecht eingeführt? (Verschraubung: Schutzart, Zugentlastung)
- Leitung fachgerecht abgesetzt und abgemantelt?
- Ringkabelschuhe fachgerecht aufgesetzt und gequetscht?
- Leitungsadern im Anschlussraum fachgerecht verlegt?
- Schutzleiter länger als die übrigen Adern?
- Klemmkastenabdeckung fachgerecht abgedichtet?

Dieser Abschnitt ist auch in Hinblick auf die Prüfung von ganz großer Bedeutung.

Prüfung
inspection

Prüffrist
inspection period

Prüfung einer elektrischen Anlage
inspection of an electronic system

Prüfung der elektrischen Ausrüstung von Maschinen
inspection of electric machine equipment

Prüfzeichen
test symbol

Schutzleiterprüfung
inspection of protective conductor

Schleifenimpedanzprüfung
inspection of loop impedance

Isolationswiderstandsprüfung
inspection of insulation resistance

Prüfablaufplan
inspection shedule

Prüfbericht
inspection report

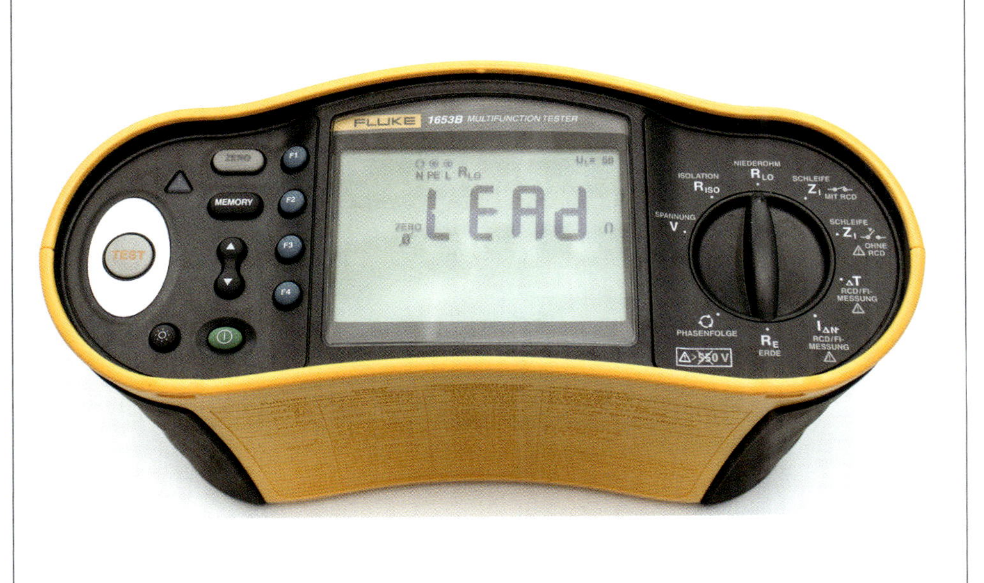

Bild 45 Messgerät für die Prüfung der Schutzmaßnahmen

Machen Sie sich unbedingt mit dem Prüfgerät, das Sie in der Prüfung verwenden, genau vertraut.

Bei der Inbetriebnahme haben Sie diese Messsungen praktisch auszuführen.

Die hier aufgenommen Punkte sind nur beispielhaft.

Fragen Sie den Ausbilder.

@ Interessante Links

Messgerät

- fluke.de

Checkliste zur Besichtigung

Nr.	Prüfobjekt	in Ordnung	Mangel
1	Montage der Betriebsmittel	X	
2	Kennzeichnung und Beschriftung der Betriebsmittel	X	
3	Übereinstimmung von Nr. 2 mit der Dokumentation	X	
4	Schutz gegen direktes Berühren (Basisschutz), Fingersicherheit		Fingersicherheit Schmelzsicherungssystem nicht gegeben
5	Leitungsauswahl (Leiterquerschnitte, Aderfarben usw.)	X	
6	Leitungsanschlüsse; Schutzleiteranschlüsse	X	
7	Überstromschutzeinrichtungen, Motorschutzeinrichtungen (Auswahl, Einstellung, Bemessungsstrom)	X	
8	Fehlerstrom-Schutzeinrichtungen (Auswahl, Bemessungs-Differenzstrom)	X	
9	Leichter Zugang zur Bedienung und Wartung	X	
10	Dokumentation (Vollständigkeit)	X	

Prüfungen

Zeitlicher Abstand der Prüfungen	Prüfobjekt	Prüfer
arbeitstäglich	RCD in nicht stationären Anlagen, Prüftaste	jede Person
monatlich	Schutzmaßnahme mit RCD in nicht stationären Anlagen	unterwiesene Person
halbjährlich	nicht ortsfeste Betriebsmittel	unterw. Person
	Verlängerungsleitungen, Geräteanschlussleitungen einschließlich Steckvorrichtungen	unterwiesene Person
	Anschlussleitungen mit Steckern, bewegliche Leitungen mit Steckern oder Festanschluss	unterwiesene Person
	RCD in stationären Anlagen, Prüftaste	jede Person
alle 4 Jahre	elektrische Anlagen	Elektrofachkraft
	ortsfeste elektrische Betriebsmittel	Elektrofachkraft

Erproben

Das Erproben weist die Wirksamkeit der **Schutz- und Meldeeinrichtungen** nach.
Bei der Erprobung dürfen keine Gefahren für Personen, Nutztiere und Sachen entstehen.

- Betätigung der Prüftaste beim RCD
- Not-Aus-Einrichtung
- Verriegelungsstromkreise, Meldestromkreise

Erprobung des RCD für den Steckdosenstromkreis (Prüftaste)	☒ in Ordnung	☐ nicht in Ordnung

Messen: **Niederohmige Durchgängigkeit des Schutzleiters**

Nachweis der **Niederohmigkeit** von Schutzleitern, Potenzialausgleichleitern und Erdungsleitungen. Nachweis der **niederohmigen Verbindung** von Körpern, Schutzleitern und Erdern.

- Messspannung: 4 – 24 V AC oder DC
- Messstrom: ≥ 0,2 A

Vorbereitung der Messung

Benötigt wird eine Messleitung der Länge 10 m. Der Widerstandswert der Messleitung muss vom Messergebnis abgezogen werden. Im Allgemeinen geschieht das durch das Messgerät selbst.

- Gerät einschalten
- Niederohmmessung wählen
- Messspitzen zusammenhalten
- Kalibrieren (0 Ω)

Durchführung der Messung

- Eine Messspitze mit Schutzkontakt des Steckers verbinden.
- Zweite Messspitze mit Schutzkontaktklemmen verbinden.
- Messen
- Messspitze vom Schutzkontakt des Steckers lösen und mit Schutzleiteranschluss auf Lochrasterblech verbinden.
- Messen

Allgemein

- Messleitung mit Schutzleiterschiene im Verteiler verbinden.
- Mit der anderen Messleitung die Schutzkontakte der zu prüfenden Anlage oder der zu prüfenden Geräte kontaktieren.
- Messleitung von Schutzleiterschiene entfernen und mit dem bereits geprüften Schutzkontakt verbinden.
- Mit der anderen Messleitung den nächst erreichbaren Schutzkontakt kontaktieren.
- usw.

Bild 46 Messung: Niederohmige Durchgängigkeit des Schutzleiters

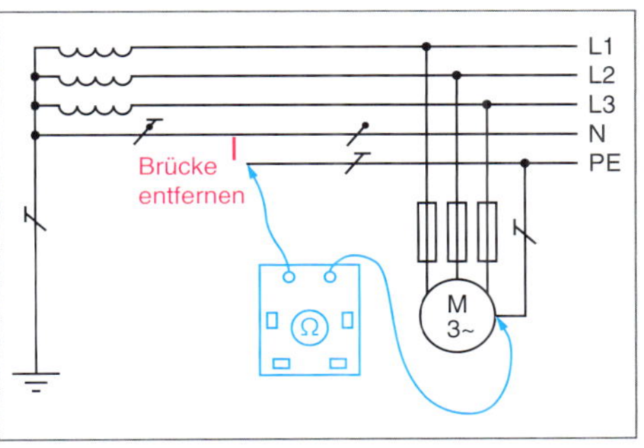

Bild 47 Prüfung: Vertauschung N und PE

Hinweis:
Wenn vor der Messung die Brücke zwischen PE und N entfernt wird, kann eine mögliche **Vertauschung** beider Leiter am Verbrauchereingang erkannt werden (Bild 47).

Grenzwerte
Messen ist nur sinnvoll, wenn der Messwert (Istwert) mit einem erwarteten Sollwert verglichen werden kann.
Ein vorgegebener Grenzwert kann hier nicht angegeben werden; der Sollwert muss **plausibel** sein.

Kalibrieren
vor Messung

N PE L
R_{LO}
U_L = 50
ZERO
Ø
0.25 Ω

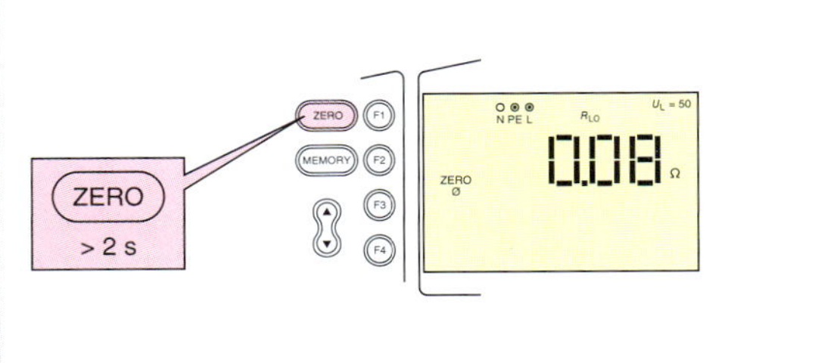

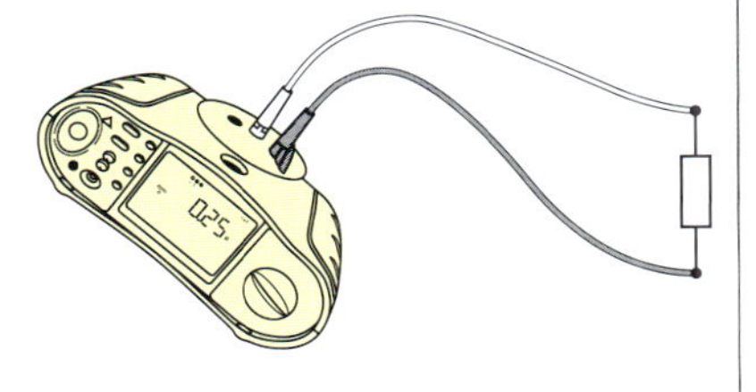

Bild 48 Arbeitsschritte bei der Messung (Nullabgleich durchführen, kalibrieren)

Vorsicht!
Vergessen Sie nicht, vor der Messung das Messgerät zu kalibrieren. Der Widerstand der Messleitungen darf keinen Einfluss auf das Messergebnis haben.

■ **Messspannung**
4 bis 24 V

Kurzschlussstrom bei DC 0,2 A, bei AC 5 A

■ **Vorsicht!**
Bei Gleichspannung ist der Messstrom in beiden Richtungen durch den Messkreis zu treiben (Diodeneffekt durch Korrosion).

■ **Schleifenimpedanz**
→ 354

Bei der Isolationswiderstandsmessung wird der Ableitstrom gemessen.

$R_{iso} \geq 1\ \text{M}\Omega$

$I_{Abl} \leq \frac{500\ \text{V}}{1\ \text{M}\Omega} = 500\ \mu\text{A}$

So hat natürlich ein Schutzleiter mit einem Querschnitt von 185 mm² ein sehr viel kleineren Widerstandswert pro Meter als ein Schutzleiter von 1,5 mm².

Zum Beispiel:

Anschlussleitung: $q = 2{,}5\ \text{mm}^2$, $l = 2{,}5\ \text{m}$

Plausibler (theoretischer) Wert:

$$R_L = \frac{l}{\gamma \cdot q} = \frac{2{,}5\ \text{m}}{56\ \frac{\text{m}}{\Omega \cdot \text{mm}^2} \cdot 2{,}5\ \text{mm}^2} = 17{,}86\ \text{m}\Omega$$

Zu berücksichtigen sind natürlich noch die *Übergangswiderstände* von Klemmen.

Entspricht der gemessene Widerstandswert annähernd dem Leitungswiderstand des Leiters, wird er als *durchgängig* bezeichnet.

Beachten Sie:
Multimeter mit ihren geringen Messströmen dürfen *nicht* für Niederohmmessung verwendet werden.

Messen: Isolationswiderstand

Der Nachweis der Niederohmigkeit des Schutzleiters dient der Prüfung, ob die **Abschaltbedingungen** der Überstrom-Schutzorgane eingehalten werden. Sie ist als „Ersatz" für die Messung der **Schleifenimpedanz** anzusehen.

Die **Isolationswiderstandsmessung** dient vorrangig dem vorbeugenden **Brandschutz**. Isolationsfehler zwischen zwei Leitungsadern können zu einer Erwärmung und damit zu einem Brand führen.

Isolationswiderstandsmessungen werden im **spannungslosen** Zustand der Anlage gemacht.

Voraussetzungen

- Messung mit Gleichspannung, um kapazitive Ströme zu vermeiden.
- Messspannung 500 V oder 1000 V DC.
- Mindestwerte siehe Tabelle.
- Zu messendes Anlagenteil muss vom speisenden Netz getrennt sein. Vorhandene Schalter müssen geschlossen sein. Sonst müssen Teilabschnitte getrennt gemessen werden.
- Gemessen werden alle aktiven Leiter gegeneinander und gegen den Schutzleiter.
- Mögliche Messfehler nach DIN EN 61557-2 ± 30 %.
- Bei Stromkreisen mit elektronischen Einrichtungen sollen Außenleiter und N-Leiter während der Messung verbunden sein. Damit können Zerstörungen vermieden werden.

Grenzwerte für den Isolationswiderstand

Anlage	Isolations-widerstand	Mess-spannung
SELV, PELV	≥ 0,5 MΩ	DC 250 V
$U_N \leq 500$ V	≥ 1 MΩ	DC 500 V

Beachten Sie:

Die Tabellenwerte sind **Mindestwerte**.

Üblicherweise ist der Isolationswiderstand sehr viel größer.
Beachten Sie auch, dass die **Betriebsmessabweichung** ± 30 % beträgt.

Der **Mindestanzeigewert** des Isolationsmessers ist also 1,3 MΩ, wenn der Grenzwert nach DIN VDE 0100-600 1 MΩ betragen kann.

Vor Durchführung der Messungen ist das Messgerät zu prüfen.

Messspitzen zusammenhalten und Messvorgang einleiten; Anzeigewert 0 Ω.

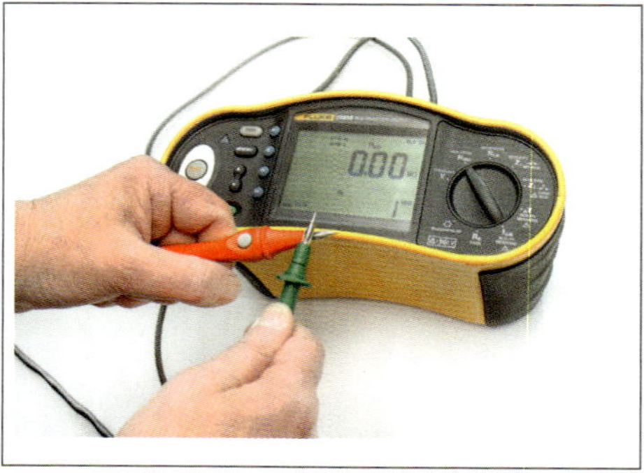

***Bild 49** Prüfung des Messgerätes*

Vorbereitung der Messung

- Spannungsversorgung des Transformators ausschalten (LS-Schalter, Schmelzsicherung).
- Platinen mit elektronischen Bauelementen herausnehmen.
- Alle übrigen Leitungsschutzorgane, RCD und Motorschutzschalter einschalten, damit möglichst weit in die Anlage hinein gemessen werden kann.

Machen Sie sich unbedingt mit dem verwendeten Messgerät vertraut.

Das Handling der am Markt angebotenen Messgeräte ist unterschiedlich, sodass eine vorherige Übung unerlässlich ist.

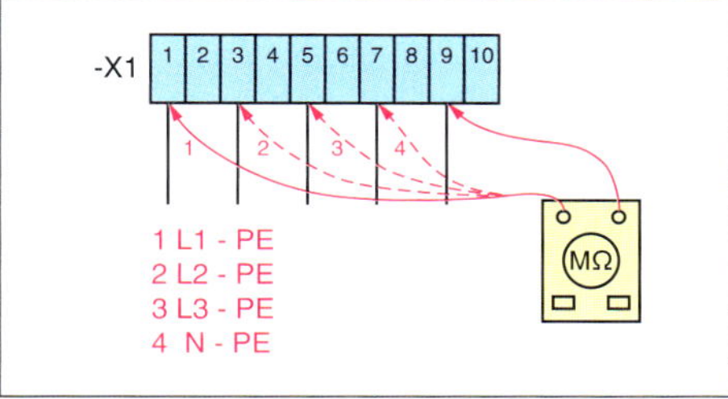

Bild 51 *Messungen, hier gegen Schutzleiter*

Gemessen wird der **Ableitstrom** zwischen den kontaktierten Leitungsadern der Leitung.

Dieser Ableitstrom fließt über die Leitungsisolation und ist sehr gering. Die Messschaltung (500 V DC) treibt über einen Isolationswiderstand von 1 MΩ den Strom

I_{Abl} = 500 V/1 MΩ = 500 µA = 0,5 mA.

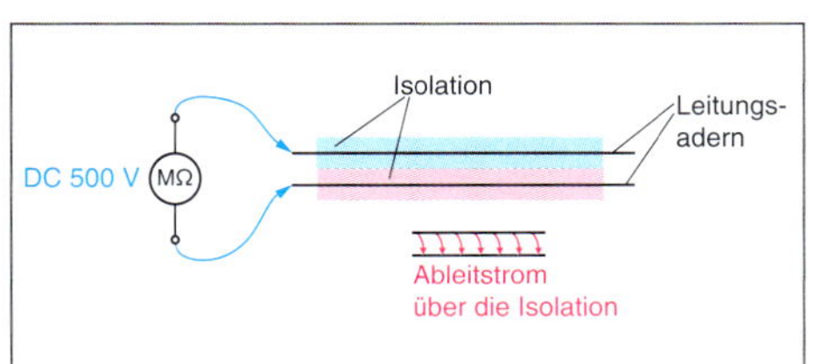

Bild 52 *Ableitstrom über die Isolation*

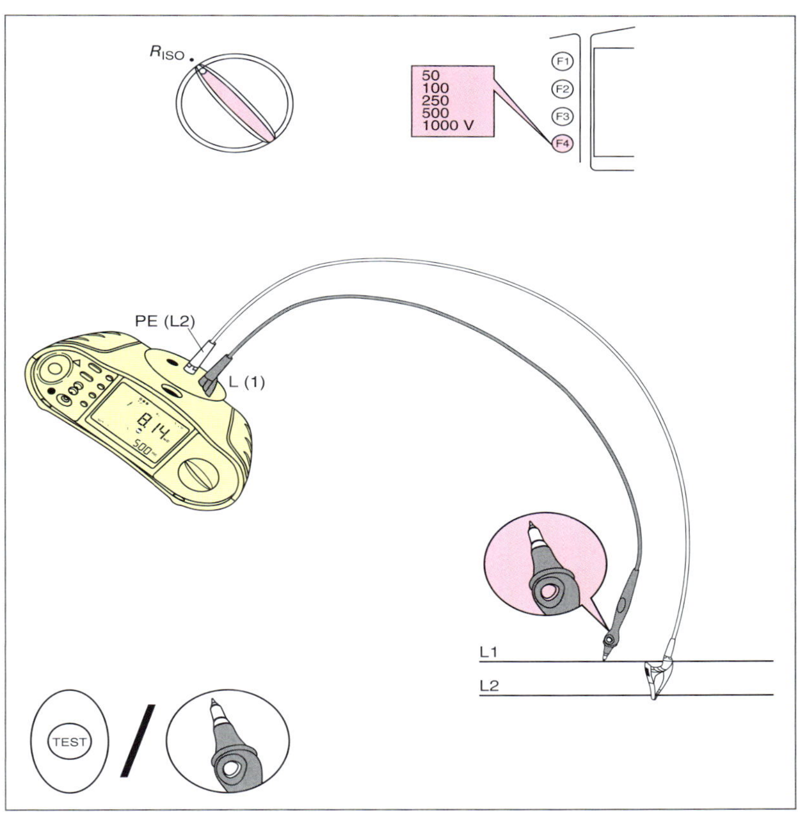

Bild 50 *Messung des Isolationswiderstandes*

Messung des Isolationswiderstandes (Zuleitung)

Nr.	Messpunkt 1	Messpunkt 2	Messspannung	Sollwert	Messwert
1	X1.1	X1.9	DC 500 V	≥ 1 MΩ	≥ 399 MΩ
2	X1.3	X1.9	DC 500 V	≥ 1 MΩ	≥ 399 MΩ
3	X1.5	X1.9	DC 500 V	≥ 1 MΩ	≥ 399 MΩ
4	X1.7	X1.9	DC 500 V	≥ 1 MΩ	≥ 399 MΩ

Messpunkte: Alle aktiven Leiter gegen PE (hier nur beispielhaft angegeben)

Dies wäre dann der **maximal zulässige Ableitstrom**, da 1 MΩ der *minimal zulässige* Isolationswiderstand ist. Im Allgemeinen ist der Ableitstrom noch wesentlich kleiner.

Hinweis:
Eine elektrische Gefährdung ist durch die Isolationswiderstandsmessung nicht möglich, da der Kurzschlussstrom der Messgeräte auf 12 mA begrenzt ist.

Allerdings können durch Erschrecken Folgeunfälle verursacht werden.

Bild 53 *Isolationswiderstandsmessung*

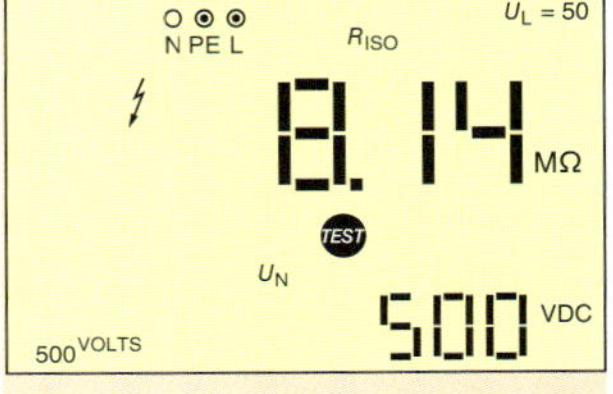

■ **Vorsicht!**
Messspitzen bei der Isolationswiderstandsmessung nicht berühren.

■ **Vorsicht!**
Achten Sie bei der Spannungsmessung auf die richtige Einstellung des Multimeters: AC bzw. DC.

Spannungsmessungen

Nr.	1. Messpunkt	2. Messpunkt	Sollwert	Messwert
1	X1.1	X1.3	400 V AC	395 V
2	X1.1	X1.5	400 V AC	395 V
3	X1.3	X1.5	400 V AC	395 V
4	X1.1	X1.7	230 V AC	226 V
5	X1.3	X1.7	230 V AC	226 V
6	X1.5	X1.7	230 V AC	226 V
7	X1.7	X1.9	0 V AC	1 V
8	X2.1	X2.7	24 V DC	24 V

Messung Nr 7: Neutralleiter gegen Schutzleiter

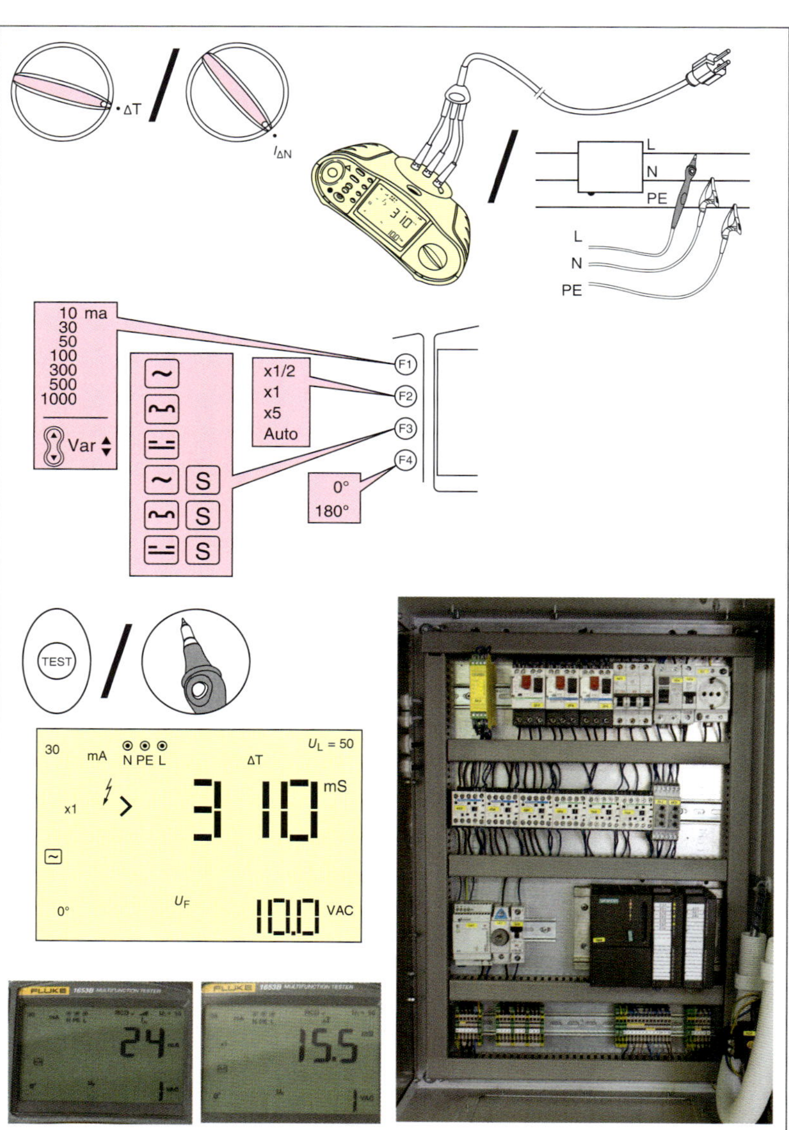

Bild 54 *Prüfung der Fehlerstrom-Schutzeinrichtung*

Prüfung der Fehlerstrom-Schutzeinrichtung

Die **Erprobung** des RCD hat durch Betätigung der Prüftaste bereits stattgefunden.

Nun ist die **Wirksamkeit** der Schutzmaßnahme nachzuweisen. Dabei sind **drei Messgrößen** von Bedeutung:

- Die maximal zulässige Berührungsspannung (U_L).
- Der Fehlerstrom, bei dem der RCD anspricht (I_F oder I_Δ).
- Die Zeit, in der der RCD anspricht (t_A).

Voraussetzungen

- RCDs müssen bei Erreichen des Bemessungs-Differenzstromes $I_{\Delta n}$ innerhalb von 0,3 s ansprechen.
- RCDs müssen bei einem Fehlerstrom von $5 \cdot I_{\Delta n}$ innerhalb von 40 ms ansprechen.
- RCDs dürfen bereits ab einem Fehlerstrom von $0{,}5 \cdot I_{\Delta n}$ ansprechen.
- Durch Erzeugung eines Fehlerstromes hinter dem RCD wird nachgewiesen, dass der RCD spätestens bei Erreichen des Bemessungs-Differenzstromes $I_{\Delta n}$ anspricht und die zulässige Berührungsspannung U_L dabei nicht überschritten wird.

Der **Prüfstrom** wird langsam gesteigert. Erst nach einigen Sekunden erreicht er den **Bemessungswert**.
Wenn der RCD auslöst, werden **Fehlerstrom** und **Berührungsspannung** gemessen und gespeichert.

Messung des Steckdosenstromkreises (RCD)

Nr.	Messung	Sollwert	Messwert	Beurteilung
1	Netzspannung	230 V	228 V	o.k.
2	Berührungsspannung	≤ 50 V	3 V	o.k.
3	Auslösestrom	≤ 30 mA	19 mA	o.k.
4	Auslösezeit	≤ 0,4 s	29 ms	o.k.

Drehfeldrichtung

An Drehstrom-Steckvorrichtungen wird ein **Rechtsdrehfeld** gefordert. Dies ist bei der Inbetriebnahme zu überprüfen.

Prüfprotokoll

Das Prüfergebnis ist zu protokollieren. Machen Sie sich mit den Protokollen des Ausbildungsbetriebes und der Prüfungen vertraut.

Prüfung

1. Beschreiben Sie kurz, wie Sie die Messung der Niederohmigkeit des Schutzleiters durchführen. Was wird durch die Messung nachgewiesen? Welche Messwerte gelten als in Ordnung?

2. Worauf ist zu achten, wenn Sie die Niederohmigkeit des Schutzleiters mit Gleichspannung messen? Auch dabei beträgt der Messstrom ≥ 0,2 A.

3. Welchen Vorteil hat die Messung der Niederohmigkeit des Schutzleiters gegenüber der Schleifenimpedanzmessung?

4. Die Schleifenimpedanzmessung ergibt in einem 16-A-Stromkreis den Kurzschlussstrom 94 A. Ist eine Absicherung mit C16 A möglich?

5. Bei Prüfung der Fehlerstrom-Schutzeinrichtung im TN-System stellt man fest, dass im Allgemeinen eine sehr geringe Berührungsspannung (z. B. 2 V) angezeigt wird. Der Grenzwert liegt bei U_L = 50 V.
Woran liegt das? Wie kann die Wirksamkeit der Schutzmaßnahme dennoch geprüft werden?

6. Was versteht man unter Prüfen im Sinne von DIN VDE 0100-600? Welche Elemente umfasst das Prüfen? Wer darf die Prüfungen durchführen?

7. Was versteht man unter Besichtigen? Nennen Sie Beispiele für die Besichtigung.
Was ist z. B. bei Einsatz einer Fehlerstrom-Schutzeinrichtung zu besichtigen?

8. Definieren Sie den Begriff Erproben nach DIN VDE 0100-600. Worin unterscheidet er sich von der „technischen Inbetriebnahme“?

9. Welchen Zweck hat die Isolationswiderstandsmessung? Warum muss die Messung mit mindes- tens 500 V DC durchgeführt werden?

10. Wie ist die Isolationswiderstandsmessung vorzubereiten? Wie wird sie durchgeführt?

11. Wenn ein Mindestwert des Isolationswiderstandes von 1 MΩ gefordert ist, welchen Wert muss das Messgerät dann mindestens anzeigen?

12. Vor Messungen ist das verwendete Messgerät zu überprüfen.
Beschreiben Sie dies am Beispiel des Isolationswiderstandsmessgerätes.

13. Wie wird die Wirksamkeit der Fehlerstrom-Schutzeinrichtung geprüft?
Beschreiben Sie genau, wie Sie dabei vorgehen.
Die Messergebnisse sind zum Beispiel: 0 V, 21 mA, 27 ms. Wie beurteilen Sie diese Messergebnisse eines 30-mA-RCD?

■ **Drehfeldmessung**

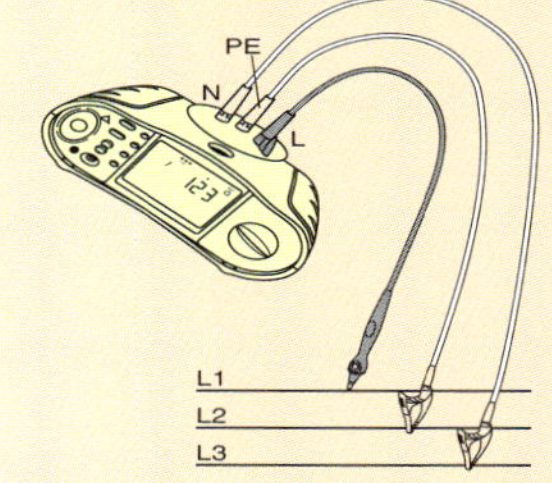

■ **Aufgabenlösung**

@ Interessante Links

• christiani-berufskolleg.d

■ **Prüfprotokoll**

Machen Sie sich mit dem in ihrem Betrieb verwendeten Prüfprotokoll vertraut.

Lassen Sie sich vom Ausbilder ein Exemplar geben und prüfen Sie, welche Einträge notwendig sind und welche Grenzwerte im Einzelfall gelten.

6 Pneumatik

Bezüglich der *Hubeinrichtung* des zu prüfenden Elektromotors musste von der Projektgruppe eine grundsätzliche Entscheidung getroffen werden.

Zentrale Fragestellung:
Mit welchem *Energieträger* soll der Leistungsteil der Steuerung betrieben werden?

Dabei sind grundsätzlich zwei Lösungen denkbar:

1. Bei einer *elektrischen Umsetzung* muss die Drehbewegung eines Elektromotors in eine lineare Bewegung umgewandelt werden.
Bei Verwendung einer Gewindespindel wäre dies zwar technisch möglich. Allerdings eine sehr aufwändige und langsame Lösung, wobei der Hubvorgang ja schnell erfolgen soll. Die elektrische Umsetzung ist also zu verwerfen.

2. *Pneumatische Lösung*: Der Elektromotor wird durch einen Pneumatikzylinder angehoben und abgesenkt. Dabei sind schnelle Verfahrbewegungen möglich.

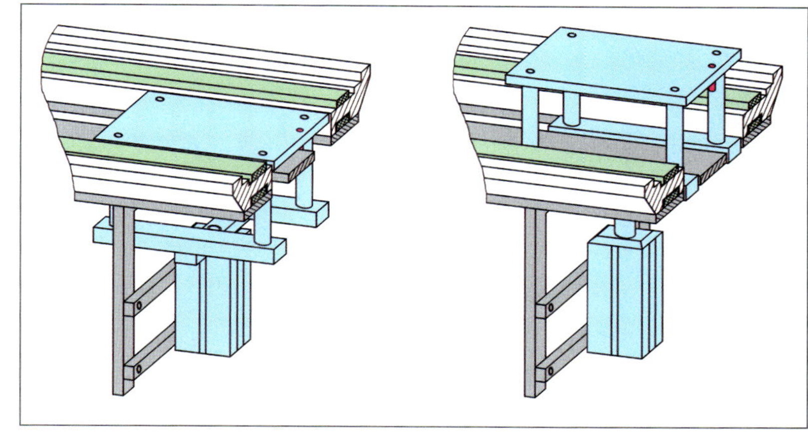

Bild 1 *Pneumatische Hubeinheit, siehe Seite 33*

In der Pneumatik wird **Druckluft** als *Energieträger* verwendet. Dies hat viele Vorteile:

- Luft lässt sich komprimieren und speichern.
- Pneumatische Steuerungen können mit elektrischen Steuerungen kombiniert werden (Elektropneumatik).
- Druckluftsteuerungen sind für hohe Schalthäufigkeit und kurze Ansprechzeiten ausgelegt.
- Druckluftanlagen dürfen in feuer- und explosionsgeschützten Bereichen betrieben werden.
- Druckluftanlagen sind einfach zu warten und haben eine hohe Lebensdauer.

Im Vergleich zu anderen Energieträgern hat **Druckluft** jedoch auch *Nachteile:*

- Hohe Bereitstellungskosten (Komprimieren, Verteilen, Trennen von Schmutz und Wasser).
- Lärmbelästigung durch austretende Druckluft.
- Geschwindigkeitsschwankungen durch die Komprimierbarkeit der Luft.

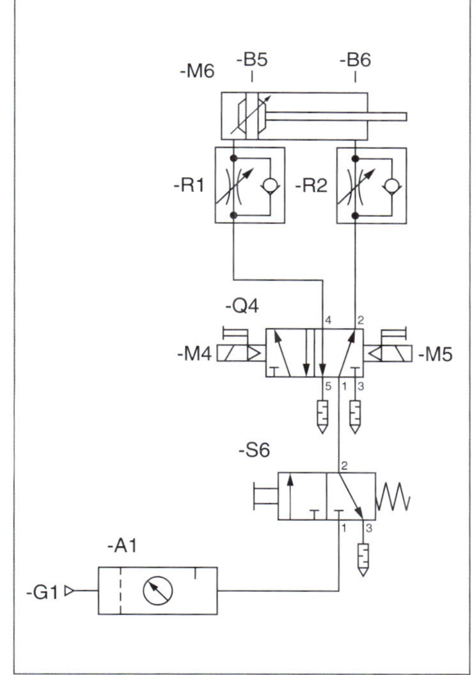

Bild 2 *Pneumatikplan der Hubeinheit*

Einfach wirkender Zylinder
single acting cylinder

Doppelt wirkender Zylinder
double acting cylinder

Endlagendämpfung
end position cushioning

■ **Hubeinheit**
→ 12, 33

■ **Komprimieren**
Zusammenpressen

Bild 3 *Pneumatische Bauelemente*

6.1 Erzeugung, Speicherung und Aufbereitung der Druckluft

Arbeitsdruck
mindestens 6 bar, der höhere Kompressordruck deckt die Druckverluste (z. B. durch Leckagen).

Schrauben- oder Kolbenkompressor
zur Drucklufterzeugung; mindestens 8 bar.

Kessel
zur Druckluftspeicherung; im Kessel wird die erste Wasserabscheidung vorgenommen.

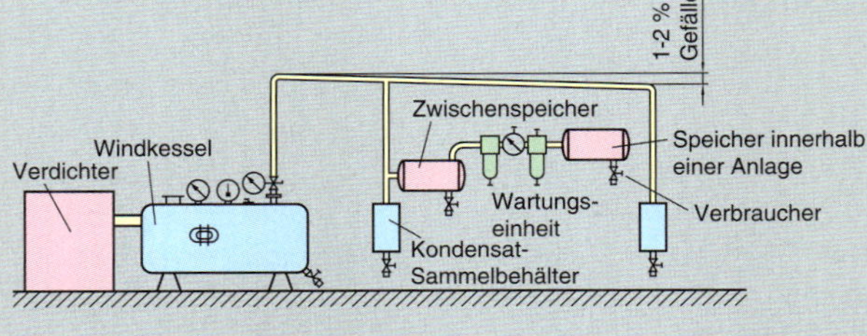

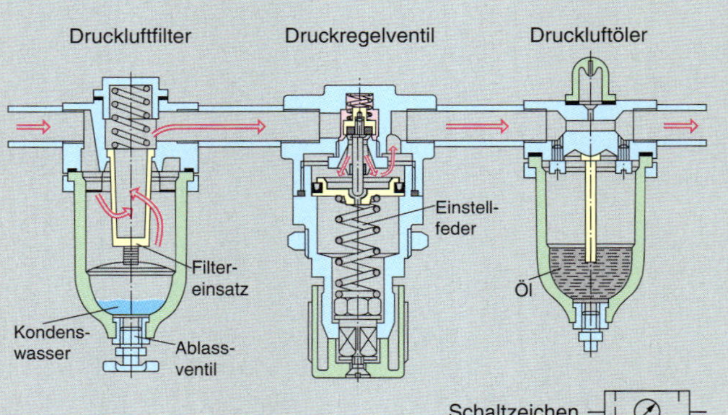

Um die angesaugte Luft von Schmutzpartikeln und Kondensat (Luftfeuchtigkeit) zu reinigen, werden Druckluftfilter zentral oder dezentral eingesetzt.

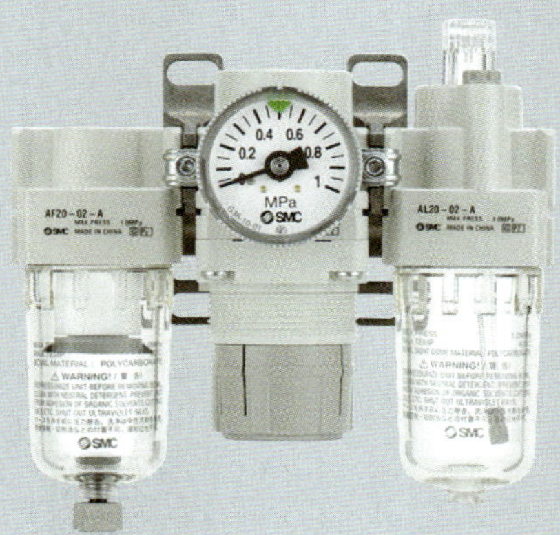

Zur Lebensdauererhöhung der Ventile und Arbeitsglieder kann ein Öler die Druckluft mit Öl anreichern.

Der Trend geht aber zur ölfreien Pneumatik.

@ Interessante Links
- www.kaeser.com

■ **Verdichter**
saugt gefilterte Umgebungsluft an. Durch anschließende Verdichtung der Luft steigt der Druck.
Einen Verdichter bezeichnet man auch als Kompressor.

■ **Druckluftspeicher**
sollen Druckschwankungen im Netz ausgleichen. Sie wirken wegen ihrer großen Oberfläche außerdem als Luftkühler. Das dabei anfallende Kondenswasser muss abgeschieden werden.

6.2 Arbeitsglieder der Pneumatik

Pneumatikzylinder eignen sich für lineare Bewegungen (translatorische Bewegungen).

Druckluftmotoren eignen sich für rotierende Bewegungen und Schwenkbewegungen.

Pneumatische Sauger werden zum Erfassen und Bewegen von Werkstücken eingesetzt.

In der Praxis werden auch Kombinationen von zwei oder mehr Arbeitsgliedern eingesetzt.

Pneumatikzylinder (Übersicht)

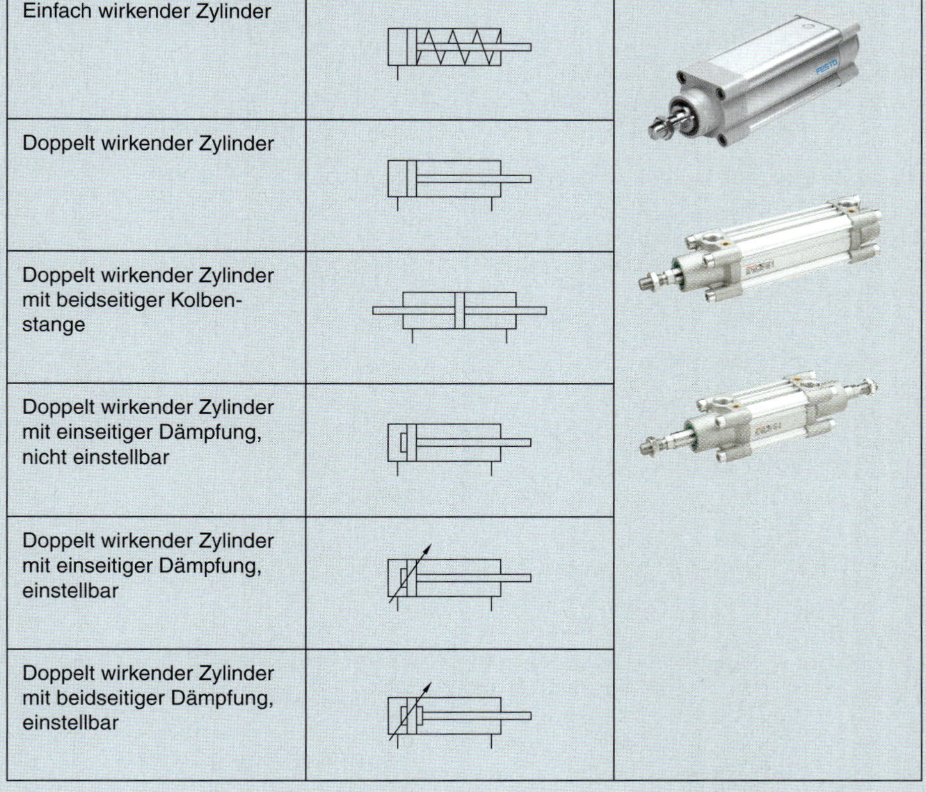

Einfach wirkender Zylinder		
Doppelt wirkender Zylinder		
Doppelt wirkender Zylinder mit beidseitiger Kolbenstange		
Doppelt wirkender Zylinder mit einseitiger Dämpfung, nicht einstellbar		
Doppelt wirkender Zylinder mit einseitiger Dämpfung, einstellbar		
Doppelt wirkender Zylinder mit beidseitiger Dämpfung, einstellbar		

■ **Arbeitsglieder**
wandeln pneumatische Energie in mechanische Energie um.

@ Interessante Links
- www.airtec.de
- www.aventics.de
- www.boschrexroth.de
- www.festo.de
- www.smc.de

■ **Dämpfung**
Endlagendämpfung
→ 385

Einfach wirkende Zylinder

Werden nur für die **Ausfahrbewegung** mit Druckluft beaufschlagt. Die **wirksame Kolbenkraft** wird um die Federkraft reduziert, die bei der Ausfahrbewegung überwunden werden muss.

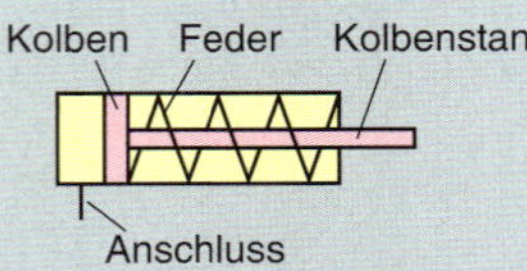

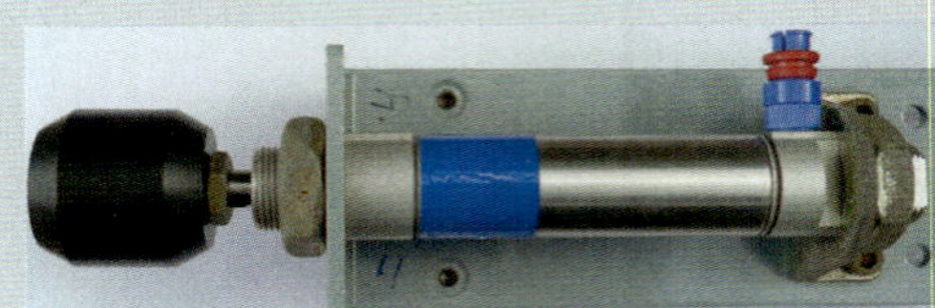

Zum Einfahren der Kolbenstange wird die linke Druckluftkammer entlüftet. Die Federkraft lässt die Kolbenstange wieder einfahren.

Im Allgemeinen werden einfach wirkende Zylinder mit **3/2**-Wegeventilen angesteuert. Solche Ventile haben **3** Anschlüsse und **2** Schaltstellungen.

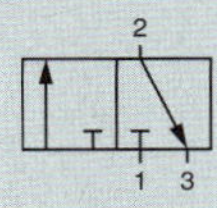

Anzahl der Schaltstellungen
3 / 2 Wegeventil
Anzahl der Anschlüsse
1 - Druckluftversorgung
2 - Arbeitsleitung
3 - Rückluft

Doppelt wirkende Zylinder

Können während der **Aus- und Einfahrbewegung** der Kolbenstange eine Last bewegen. Sie haben zwei Druckluftanschlüsse und keine Feder zur Kolbenrückstellung.

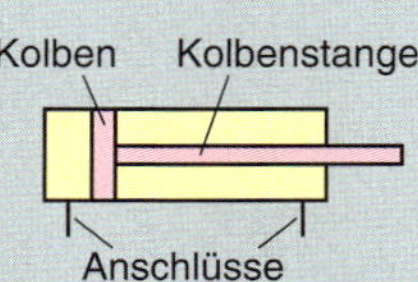

Zur Ansteuerung doppelt wirkender Zylinder werden häufig **5/2**-Wegeventile eingesetzt. Sie haben **5** Anschlüsse und **2** Schaltstellungen.

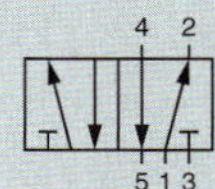

Anzahl der Schaltstellungen
5 / 2 Wegeventil
Anzahl der Anschlüsse
1 - Druckluftversorgung
2 u. 4 - Arbeitsleitung
3 u. 5 - Rückluft

■ **Zylinder**
führen geradlinige Bewegungen durch. Hierfür sind sie oftmals besser geeignet als elektromotorische Antriebe.

■ **Pneumatikventile**
steuern den Druck, den Druckfluss, Start und Ende sowie Richtung der Druckluft.

Ventil
valve

Pneumatisches Ventil
pneumatic valve

Vorgesteuertes Ventil
pilot-operated valve, servo-controlled valve

Kolben
piston

Kolbendurchmesser
piston diameter

Kolbenhub
piston stroke

Kolbenstange
piston rod

Kolbenstangenseite
annulus

Betätigungsarten von Wegeventilen

Muskelkraftbetätigt	
Allgemein	
Druckknopf	
Hebel mit Raste	
Pedal	
Mechanisch betätigt	
Feder rückgestellt	
Federzentriert	
Rolle	
Rolle mit Leerrücklauf	
Pneumatisch betätigt	
Direkte Betätigung	
Elektrisch betätigt	
Mit einem Magnet	
mit beidseitigen Magneten	

Bezeichnung für Bauteile (DIN EN 81346-2)

Der **Bezeichnungsschlüssel** besteht ganz allgemein aus der

- **Anlagenbezeichnung**, gefolgt von einem Bindestrich
- **Medienbezeichnung**
- **Schaltkreisnummer**, gefolgt von einem Punkt
- **Bauteilnummer**

Er wird von einem *Rechteck* umrahmt.

Bei nur *einer* Anlage kann die *Anlagenbezeichnung* (Zahl oder Buchstabe) entfallen.

Berechnung der Kolbenkraft

Um die **Hubplatte** zu konstruieren, ist es erforderlich, alle *Maße* des Pneumatikzylinders und der Zubehörteile zu kennen.

Damit man den Zylinder auswählen kann, benötigt man den *Kolbendurchmesser* und die *Hublänge*.

Zur **Berechnung des Kolbendurchmessers** sind einige Informationen erforderlich.
Grundsätzlich muss bekannt sein, welcher **Arbeitsdruck** verfügbar ist.

Annahme: Im Bereich des Bandförderers werden 4 bar Überdruck (p_e) über das Druckluftnetz bereitgestellt.

Der Motor (einschließlich Verpackung) hat ein Gewicht von maximal 10 kg. Auch das Gewicht der Hubplatte muss berücksichtigt werden.

Abmessungen der Hubplatte

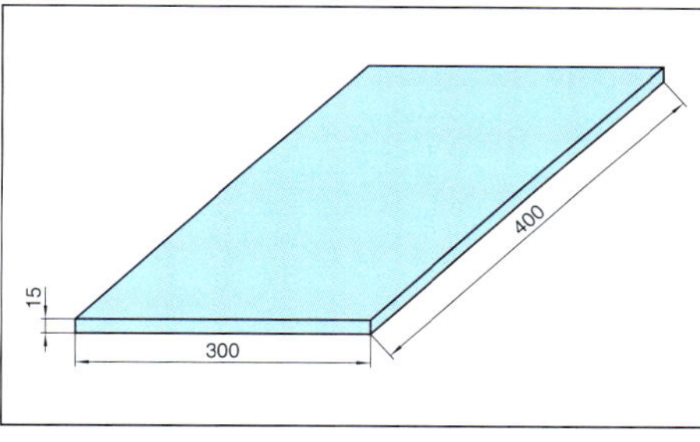

Bild 4 *Hubplatte zum Anheben der Motoren*

Länge: 400 mm
Breite: 300 mm
Höhe (Dicke): 15 mm
Dichte von Aluminium: $\rho = 2{,}7\ \frac{\text{kg}}{\text{dm}^3}$

Der *Medienschlüssel* ist notwendig, wenn in einer Anlage der Fluidtechnik *unterschiedliche* Medien verwendet werden. Bei nur *einem* Medium kann der Medienschlüssel entfallen.

H: Hydraulik, **P**: Pneumatik, **C**: Kühlung
K: Kühlschmiermittel, **L**: Schmierung,
G: Gastechnik

Alle Komponenten, die am Aggregat oder an einer Drucklufterzeugung angebracht sind, müssen eine *Schaltkreisnummer* erhalten.

Vorzugsweise ist mit 0 zu beginnen und weiter mit nachfolgenden Nummern (1, 2, 3 usw.) fortzufahren.

■ **Hubplatte**
→ 33

■ **Druck**
→ 390

Kolbenkraft
piston power

Arbeitsdruck
operating pressure

Luftdruck
air pressure

Hub
lift, lifting

Hub, Zylinder
motion, stroke

■ **Referenzkennzeichen in Schaltplänen**
→ 399, 417

Berechnung der Gewichtskraft

Es ist ratsam, hier alle Maße in dm (Dezimeter) umzuwandeln.

Volumen = Länge · Breite · Höhe

$V = a \cdot b \cdot h$

$V = 4\ \text{dm} \cdot 3\ \text{dm} \cdot 0{,}15\ \text{dm} = 1{,}8\ \text{dm}^3$

Masse = Volumen · Dichte

$m = V \cdot \rho$

$m = 1{,}8\ \text{dm}^3 \cdot 2{,}7\ \frac{\text{kg}}{\text{dm}^3} = 4{,}86\ \text{kg} \approx 5\ \text{kg}$

$m_{ges} = 15\ \text{kg}$ (Motor + Platte)

■ **Dichte**

Einheit $\frac{\text{kg}}{\text{dm}^3}$

Alle Maße bei Berechnungen in dm einsetzen.

1 dm = 0,1 m = 10 cm = 100 mm

■ **Gewichtskraft**

→ 43

Gewichtskraft

$F_G = m \cdot g$

$F_G = 15\ \text{kg} \cdot 9{,}81\ \frac{\text{m}}{\text{s}^2} = 146\ \text{N} \approx 150\ \text{N}$

Berechnung des notwendigen Kolbendurchmessers

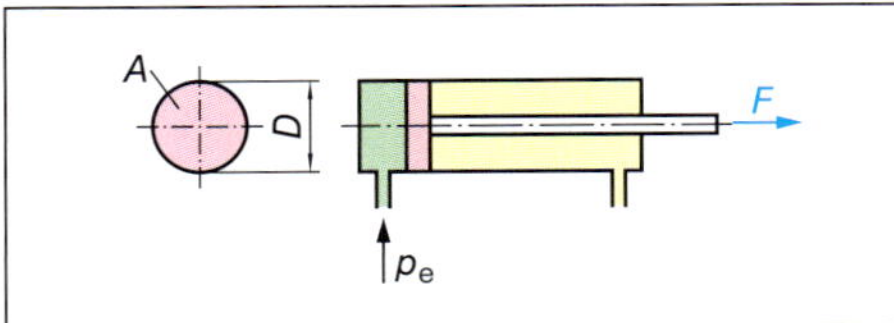

***Bild 5** Kolbendurchmesser, Ausfahrbewegung*

■ p_e

Überdruck

→ 390

Überdruck: $p_e = 4$ bar
Gewichtskraft: $F_G = 150$ N
Wirkungsgrad: $\eta = 80$ %

$F = p_e \cdot A \cdot \eta \rightarrow \quad A = \frac{F}{p_e \cdot \eta}$

Zu beachten ist folgende Umrechung:

$1\ \text{bar} = 10\ \frac{\text{N}}{\text{cm}^2}$

$1\ \frac{\text{N}}{\text{m}^2} = 1$ Pa (Pascal)

1 bar ≙ 10^5 Pa

$A = \frac{150\ \text{N}}{40\ \frac{\text{N}}{\text{cm}^2} \cdot 0{,}8} = 4{,}7\ \text{cm}^2$

$A = D^2 \cdot \frac{\pi}{4} \rightarrow D = \sqrt{\frac{4 \cdot A}{\pi}} = \sqrt{\frac{4 \cdot 4{,}7\ \text{cm}^2}{\pi}} = 2{,}4\ \text{cm}$

Gewählt wird ein Zylinder mit dem **Kolbendurchmesser** $D = 25$ mm.

Reibungsverluste mindern die Kolbenkraft. Das wird durch den Wirkungsgrad berücksichtigt.

Um die Kolbenkraft des Zylinders bei der **Einfahrbewegung** zu berechnen, werden die technischen Daten des Pneumatikzylinders benötigt:

- Kolbendurchmesser: 25 mm
- Kolbenstangendurchmesser: 10 mm

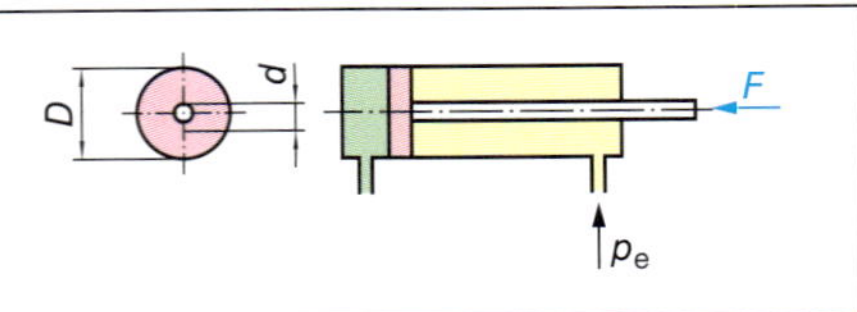

***Bild 6** Kolbendurchmesser, Einfahrbewegung*

Ermittlung der Kreisringfläche:

$A = \frac{(D^2 - d^2) \cdot \pi}{4}$

$A = \frac{[(25\ \text{mm})^2 - (10\ \text{mm})^2] \cdot \pi}{4} = 412{,}1\ \text{mm}^2$

$A = 4{,}121\ \text{cm}^2$

Kolbenkraft beim Einfahren:

$F = p_e \cdot A \cdot \eta$

$F = 40\ \frac{\text{N}}{\text{cm}^2} \cdot 4{,}121\ \text{cm}^2 \cdot 0{,}8 \approx 132\ \text{N}$

Berechnung des Luftverbrauchs

Für die Auslegung der pneumatischen Anlage und für die Berechnung der Betriebskosten ist die benötigte **Druckluftmenge** der einzelnen Zylinder zu errechnen.

Nach Erweiterung des Bandförderers wird der Zylinder im Mittel *achtmal pro Minute* ein- und ausfahren. Dabei spricht man von so genannten **Doppelhüben** (Doppelhubzahl).

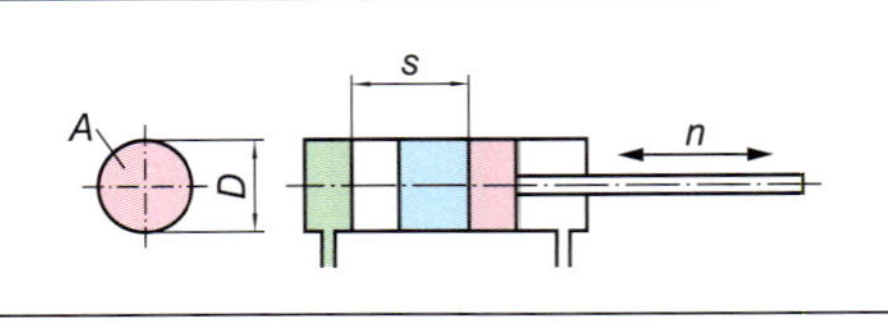

***Bild 7** Luftverbrauch eines Zylinders*

Überdruck:	4 bar
Luftdruck:	ca. 1 bar
Kolbenfläche:	4,7 cm^2
Doppelhubzahl:	$8\ \frac{1}{\text{min}}$
Hublänge:	10 cm

Luftverbrauch Q in cm³/min:

$Q = 2 \cdot s \cdot n \cdot A \cdot \frac{p_e + p_{amb}}{p_{amb}}$

$Q = 2 \cdot 10\ \text{cm} \cdot 8\ \frac{1}{\text{min}} \cdot 4{,}7\ \text{cm}^2 \cdot \frac{40\ \frac{\text{N}}{\text{cm}^2} + 10\ \frac{\text{N}}{\text{cm}^2}}{10\ \frac{\text{N}}{\text{cm}^2}}$

$Q = 3760\ \frac{\text{cm}^3}{\text{min}} = 3{,}76\ \frac{\text{dm}^3}{\text{min}}$

Prüfung

1. Ein Pneumatikzylinder mit einem Kolbendurchmesser von 50 mm wird mit 6 bar Betriebsdruck beaufschlagt.
Bestimmen Sie die Kolbenkraft bei einem Wirkungsgrad von 85 %.

2. In einer Spannvorrichtung mit 60-mm-Kolbendurchmesser beträgt die theoretische Kolbenkraft 835 N. Der Wirkungsgrad beträgt 80 %.
Wie hoch ist der Betriebsdruck in bar?

3. Von einem Zylinder sind folgende Werte bekannt:
Kolbenkraft bei der Ausfahrbewegung: 685 N,
Wirkungsgrad: 85 %,
Kolbendurchmesser: 52 mm,
Kolbenstangendurchmesser: 20 mm.
Ermitteln Sie die Kolbenkraft beim Einfahren des Zylinders.

4. Der Zylinder einer Bohrvorrichtung muss eine Kraft von 3500 N aufbringen. Der Betriebsdruck wird mit 6,5 bar angegeben, der Wirkungsgrad beträgt 85 %.
Bestimmen Sie den kleinstmöglichen Zylinderdurchmesser. Folgende Durchmesser stehen zur Auswahl: 35 mm, 50 mm, 70 mm, 100 mm und 140 mm.

5. Ein doppelt wirkender Zylinder hat einen Kolbendurchmesser von 100 mm und einen Kolbenweg von 120 mm. Der Zylinder wird mit einem Druck von 5 bar beaufschlagt. Die Doppelhubzahl beträgt 40.
Wie groß ist der Luftverbrauch in dm^3/min?

6. Ein Zylinder mit einem Kolbendurchmesser von 70 mm verbraucht 340 dm^3 Luft pro Minute. Der Betriebsdruck beträgt 6 bar, die Doppelhubzahl 100.
Wie groß ist die Hublänge?

Drosselung

Damit der auf der Hubeinrichtung ankommende Motor nicht beschädigt wird, ist ein **gesteuertes** Anheben und Absenken der Hubplatte notwendig.

Hierzu werden **Drosselrückschlagventile** eingesetzt, die zwei Funktionen vereinen:

- Die Drossel ermöglicht eine *Einstellung* des Volumenstroms.
- Das Rückschlagventil lässt den Volumenstrom nur in *einer* Richtung zu.

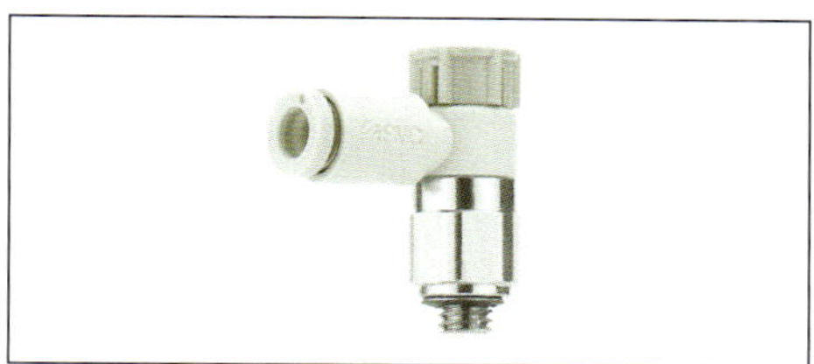

Bild 8 Drosselrückschlagventil

Das **Rückschlagventil** wird durch eine *Kugel* und eine *Pfanne* dargestellt (Bild 9).

Wenn die Kugel durch die Druckluft *in die Pfanne* gedrückt wird, dann wird die Druckluftleitung abgesperrt.

Wenn die Druckluft die Kugel *aus der Pfanne* drückt, kann die Luft ungehindert entweichen.

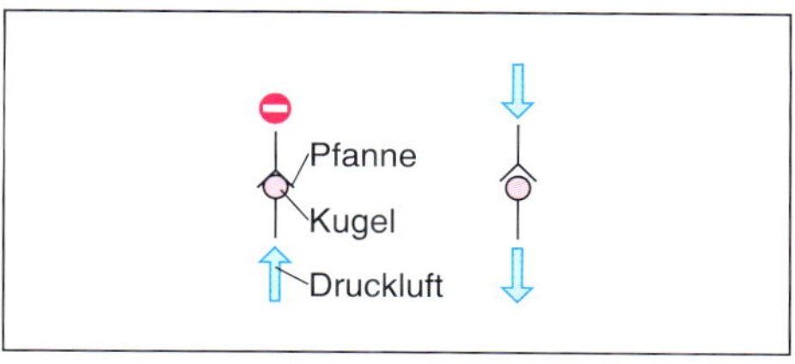

Bild 9 Arbeitsweise Drosselrückschlagventil

Bezüglich der Einbaumöglichkeiten unterscheidet man zwischen **Abluftdrosselung** und **Zuluftdrosselung**.

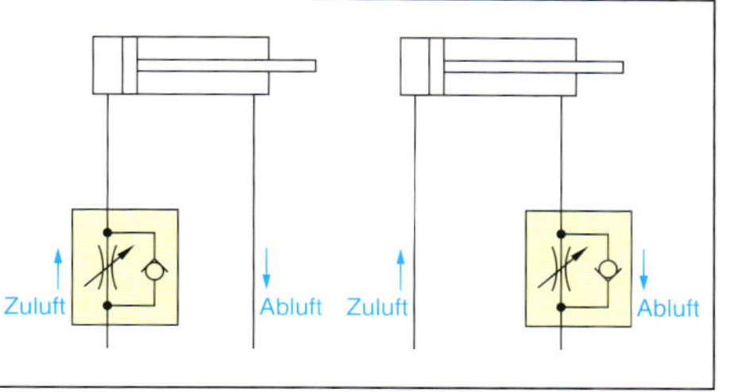

Bild 10 Zuluft- und Abluftdrosselung

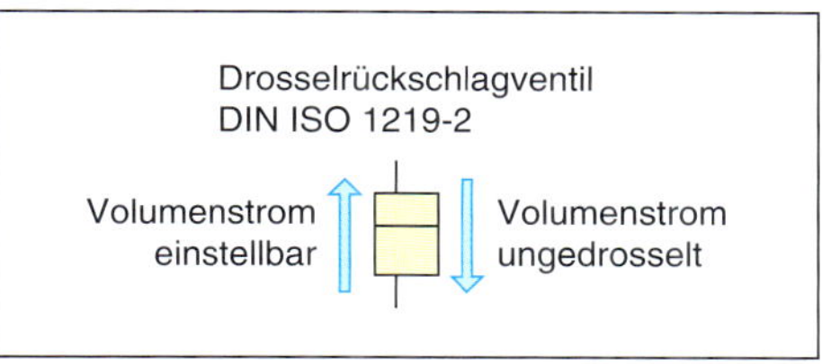

Bild 11 Drosselrückschlagventil, Wirkung

- **Zuluftdrosselung**

Die in den Zylinder *einströmende* Luft wird *gedrosselt*. Die Ausfahrgeschwindigkeit der Zylinderstange ist zwar einstellbar, doch kann der Ausfahrvorgang *nicht fließend* sondern nur *stockend* verlaufen.

- **Aufgabenlösung**

@ Interessante Links
- christiani-berufskolleg.de

- **Drosselrückschlagventile** sind möglichst nahe am Pneumatikzylinder anzuordnen.

- **Drosselung** verlangsamt die Bewegung der Zylinderstange.

Luftverbrauch
air consumption

Drossel
throttle

Drosselventil
throttle valve

Drosselwiderstand
choking resistance

Drosselrückschlagventil
throttle check valve

Zuluftdrosselung
intake air throttling

Abluftdrosselung
discharge air throttling

Schaltplan
circuit diagram

Betriebsmittel
equipment

■ **Pneumatikventile**
→ 391

■ **Pneumatikpläne**
bestehen aus den Betriebsmitteln und deren Verschlauchung.

Man nennt dies **„Slip Stick Effekt"**.

Der *Slip Stick Effekt* wird durch den auftretenden *Druckverlust* in den linken Zylinderkammern (Zylinderbereich ohne Kolbenstange) hervorgerufen.

Dieser Druckverlust entsteht beim *Ausfahren* des Zylinders, wobei das Volumen der Kammer größer wird. Dann muss der Druck immer wieder aufs Neue aufgebaut werden.

• **Abluftdrosselung**

Die aus dem Zylinder *entweichende* Luft wird gedrosselt. Die Zylinderstange fährt „gegen" ein *Luftpolster* aus. Der Slip Stick Effekt tritt hierbei nicht auf.

6.3 Pneumatikplan

Bei der Erstellung von Pneumatikplänen ist eine *systematische Vorgehensweise* unverzichtbar.

Üblicherweise wird die Schaltung in der Reihenfolge von „oben nach unten" geplant.

Man beginnt mit dem **Arbeitsglied**, geht über die **Ansteuerung** bis zu den **Signalgliedern** die Anforderungen der Schaltung durch und wählt entsprechende Komponenten aus.

Für die Hubeinrichtung benötigt man einen *Zylinder* als *Arbeitsglied*.
Die möglichen Bauformen sind der *einfach wirkende* und der *doppelt wirkende Zylinder*.

Damit der Zylinder eine Last anheben und auch wieder absenken kann, muss bei der Aus- und Einfahrbewegung eine Last bewegt werden können. Hierfür ist ein doppelt wirkender Zylinder notwendig.

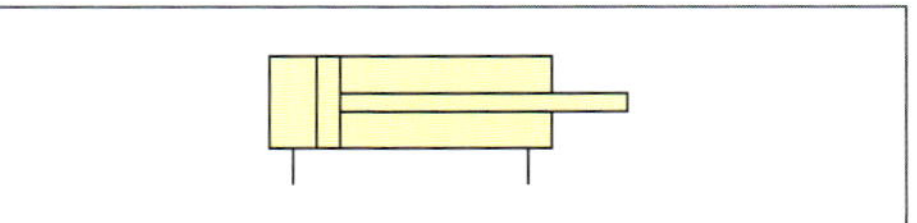

Bild 12 *Doppelt wirkender Zylinder, Symbol*

Für die Ansteuerung des doppelt wirkenden Zylinders wird häufig das 5/2-Wegeventil als Stellglied eingesetzt (Bild 13).

Nun muss entschieden werden, ob die Aus- und Einfahrbewegung einstellbar sein soll.

Beim Projekt fällt die Entscheidung, dass Aus- und Einfahrbewegung nach dem Prinzip der Abluftdrosselung gesteuert werden (Bild 14).

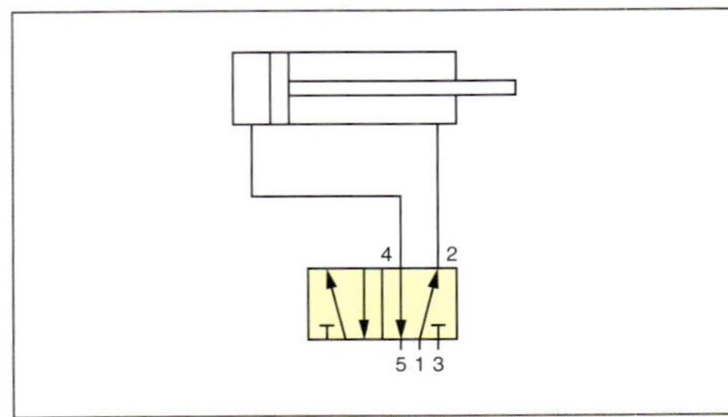

Bild 13 *Ansteuerung des Zylinders*

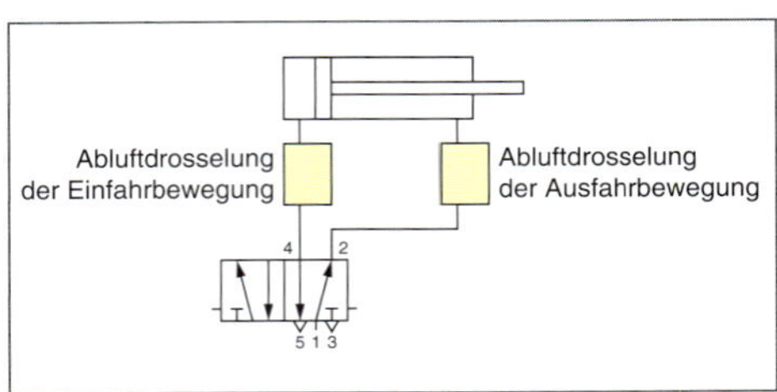

Bild 14 *Abluftdrosselung*

Die indirekte Ansteuerung des speicherfähigen Stellglieds erfolgt durch Signalglieder.

Diese nehmen ein Signal auf und geben es über die Steuerleitung weiter. Bei rein pneumatischen Steuerungen werden dazu 3/2-Wegeventile eingesetzt (Bild 15).

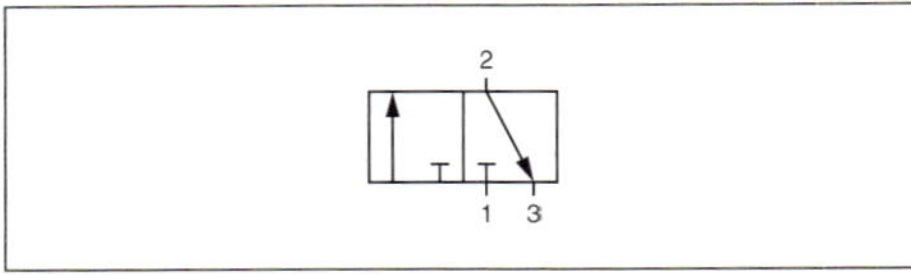

Bild 15 *3/2-Wegeventil*

Für die Betätigung des 3/2-Wegeventils kommen verschiedene mechanische Varianten in Betracht.

Das Ventil soll durch die beförderte Motorverpackung betätigt werden. Möglich wäre hier eine Rollenbetätigung (Bild 16, Seite 377).

Um die ausgefahrene Zylinderstange wieder einzufahren, muss das 5/2-Wegeventil (Stellglied) erneut geschaltet werden. Dies erfolgt ebenfalls durch ein 3/2-Wegeventil mit Rollenbetätigung (Bild 16, Seite 377).

Prüfung

1. Nennen Sie wesentliche Vorteile und Nachteile der Pneumatik.

2. Warum wird der Hub des zu testenden Elektromotors pneumatisch und nicht elektromotorisch durchgeführt?

Pneumatischer Schaltplan

Das Bauteil mit der Bezeichnung „AZ1" ist eine **Wartungseinheit**, bestehend aus *Filter*, *Druckregelventil*, *Manometer* und *Öler*. Links von der Wartungseinheit befindet sich die **Druckquelle** (Dreieck).

Wenn pneumatische Signalglieder ein Signal aufnehmen (Verpackung erreicht eine bestimmte Position auf dem Band, Zylinder ist ausgefahren), erhalten sie bei der Bezeichnung nicht den Großbuchstaben „B", sondern Bezeichnungen wie Pneumatikglieder.

Prüfung

3. Nennen Sie Beispiele für Arbeitsglieder der Pneumatik.

4. Für welche Anwendungen ist ein einfach wirkender Zylinder nicht einsetzbar?

5. Was bedeutet die Angabe 5/2-Wegeventil?

6. Beschreiben Sie Aufbau, Wirkungsweise und Einsatzmöglichkeiten eines Drosselrückschlagventils.

7. Wodurch unterscheiden sich Zuluftdrosselung und Abluftdrosselung?

8. Warum wird die Abluftdrosselung bevorzugt eingesetzt?

9.

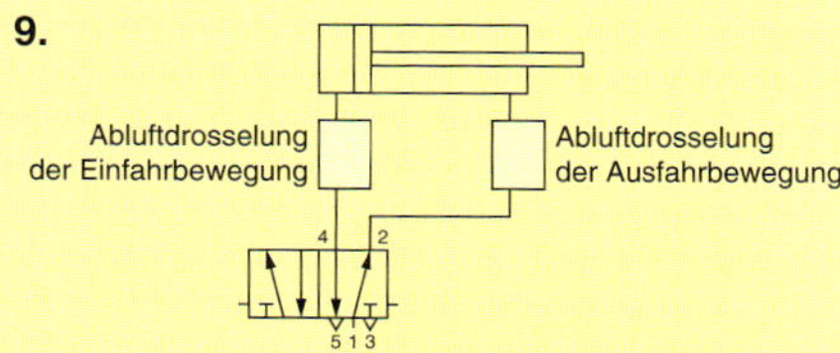

Zeichnen Sie die Drosselrückschlagventile für Abluftdrosselung richtig ein.

10. Welche Regeln gelten bei der Erstellung eines Pneumatikplans?

11. In Bild 16 ist der Pneumatikplan der Hubeinrichtung dargestellt.

a) Worum handelt es sich beim Bauelement SJ1? Wo ist dieses Bauelement montiert?

b) Welche Aufgabe hat das Bauelement SJ2? Wo ist dieses Bauelement montiert?

c) Unter welcher Voraussetzung fährt die Zylinderstange aus?

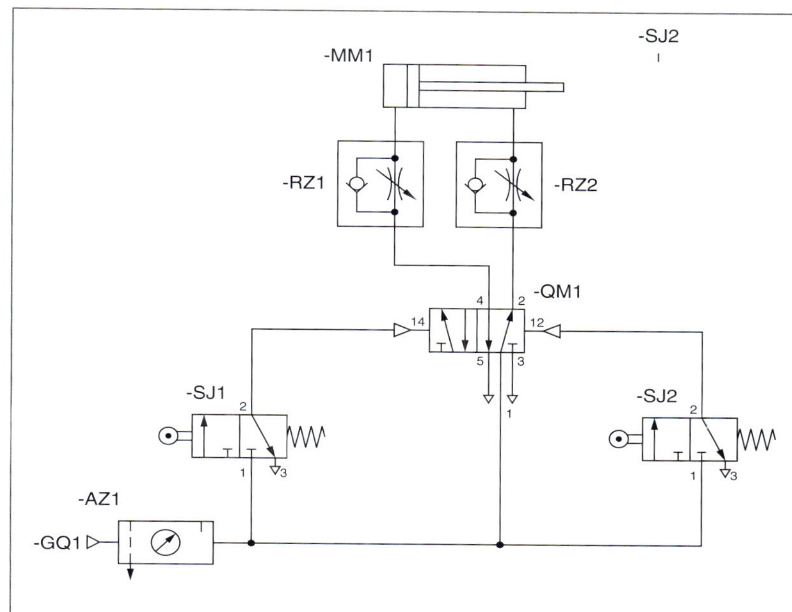

Bild 16 *Pneumatikplan der Hubeinrichtung*

6.4 Grundschaltungen

Direkte Ansteuerung eines einfach wirkenden Zylinders

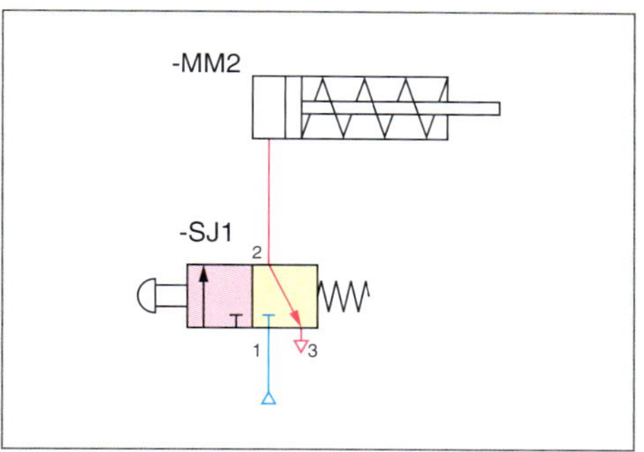

Bild 17 *Zylinder eingefahren*

- Der einfach wirkende Zylinder kann nur beim *Ausfahren* der Kolbenstange *Arbeit* verrichten.
- Der *Rückhub* erfolgt durch Wegschalten des Arbeitsdrucks und *Federkraft*.
- Im Schaltplan werden die Zylinder im *eingefahrenen* Zustand dargestellt; *drucklos* gezeichnet.
- In Bild 17 gelangt die Druckluft aus der Druckquelle bis zum Anschluss 1 des 3/2-Wegeventils SJ1.
  Das Dreieck symbolisiert in vereinfachter Form die Druckquelle.
- Das 3/2-Wegeventil wird durch einen *Druckknopf* betätigt, die Rückstellung erfolgt durch *Federkraft*.

■ **Haupt- und Unterklasse**

Die Darstellung der Pneumatikpläne erfolgt hier unter Verwendung der Haupt- und Unterklasse (siehe Seite 423).

■ **Aufgabenlösung**

@ Interessante Links

- christiani-berufskolleg.de

Symbol Druckquelle

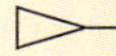

■ **Referenzkennzeichnung**

■ **Wartungseinheit**
→ 370/383

■ **Pneumatikventile**
→ 391

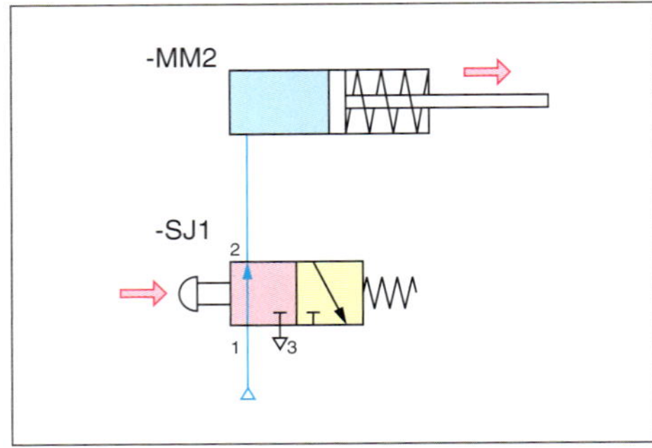

Bild 18 *Zylinderstange fährt aus*

- Dargestellt ist der *ausgefahrene* Zustand des Zylinders (Bild 18).
- Das 3/2-Wegeventill wird durch den *Druckknopf* betätigt. Die Druckluft gelangt über die Anschlüsse 1 und 2 zur Arbeitsleitung und in den daran angeschlossenen Zylinder.
- Die Zylinderstange fährt aus.
- Wenn das Ventil SJ1 nicht mehr betätigt wird, schaltet es durch *Federkraft* um. Die Druckluft kann über Anschluss 3 entweichen (Bild 17, Seite 377). Der Zylinder fährt ein.

Indirekte Ansteuerung eines einfach wirkenden Zylinders

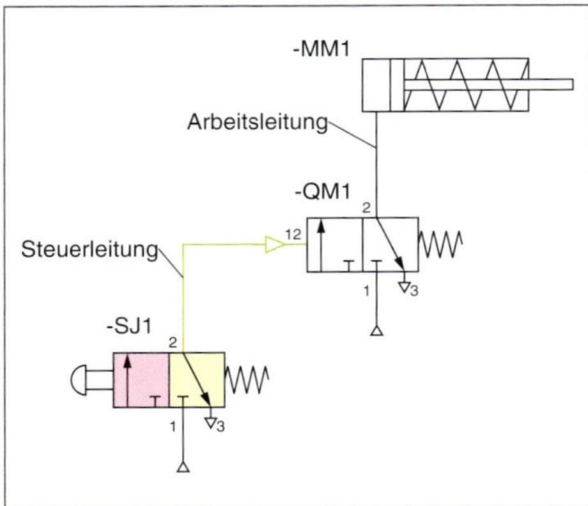

Bild 19 *Indirekte Ansteuerung*

- Wenn das Wegeventil (hier QM1) nicht direkt betätigt wird (z. B. durch Muskelkraft), spricht man von einer indirekten Ansteuerung (Bild 19).
- In der einfachsten Form erfolgt die Ansteuerung pneumatisch durch ein weiteres 3/2-Wegeventil.
- Die beiden 3/2-Wegeventile sind durch eine Steuerleitung miteinander verbunden.
- Steuerleitungen geben im Unterschied zu Arbeitsleitungen nur einen *Impuls* an das angeschlossene Stellglied weiter.

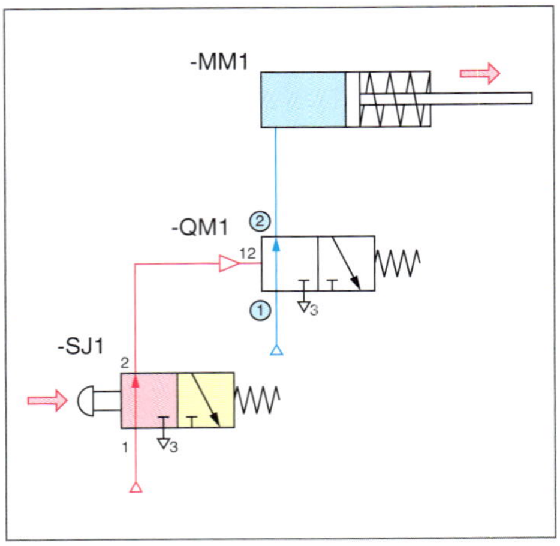

Bild 20 *Zylinderstange fährt aus*

- Wenn der angeschlossene Zylinder MM1 mit Druck beaufschlagt wird, fährt die Kolbenstange aus (Bild 20).
- Solange das Ventil QM1 betätigt ist, bleibt die Kolbenstange ausgefahren.
- Wird QM1 losgelassen, schaltet es durch Federkraft um.
- Das Stellglied SJ1 wird ebenfalls durch Federkraft umgeschaltet.
- Die Zylinderstange fährt in Ausgangslage zurück.

Indirekte Ansteuerung eines doppelt wirkenden Zylinders

Doppelt wirkende Zylinder können durch *Ausfahr- und Einfahrbewegung* eine Arbeit verrichten. Sie werden in *beiden* Fällen mit Druck beaufschlagt.

Eine *direkte Ansteuerung* doppelt wirkender Zylinder kommt nur ganz selten vor (Bild 21, Seite 379). Im Allgemeinen werden diese Zylinder in aufwendigeren Schaltungen *indirekt* angesteuert.

- Das 5/2-Wegeventil übernimmt die Arbeit eines speicherfähigen Stellglieds.
- Das Bauteil AZ1 ist eine Wartungseinheit bestehend aus Filter, Druckregelventil, Manometer und Öler.
- Befindet sich die Zylinderstange MM1 in eingefahrener Position, steht das 5/2-Wegeventil QM1 in der dargestellten Stellung (Bild 21, Seite 379). Weder Anschluss 14 noch 12 sind druckbeaufschlagt. Der letzte Impuls kam von Anschluss 12.
- Die Druckluft gelangt von Anschluss 1 (Druckquelle) zu Anschluss 2 (Arbeitsleitung).

- Dass Ventil bleibt so lange in dieser Stellung, bis das Ventil SJ1 betätigt wird und ein Impuls an das 5/2-Wegeventil QM1 weitergegeben wird; Anschluss 14 (Bild 22).
- Das Ventil QM1 wird in die linke Schaltstellung umgeschaltet. Die Druckluft strömt von Anschluss 1 nach Anschluss 4. Die Zylinderstange fährt aus.
- Hat die Zylinderstange die vordere Endlage erreicht, bleibt sie in dieser Position, bis das Signalglied SJ2 betätigt wird. Dadurch wird ein Schaltimpuls vom 3/2-Wegeventil SJ2 an das angeschlossene Ventil QM1 gegeben (Bild 24, Seite 380).
- Das 5/2-Wegeventil QM1 wird durch den Impuls umgeschaltet, die Zylinderstange fährt ein.

Prüfung

1. Erläutern Sie die Arbeitsweise der dargestellten pneumatischen Schaltung.

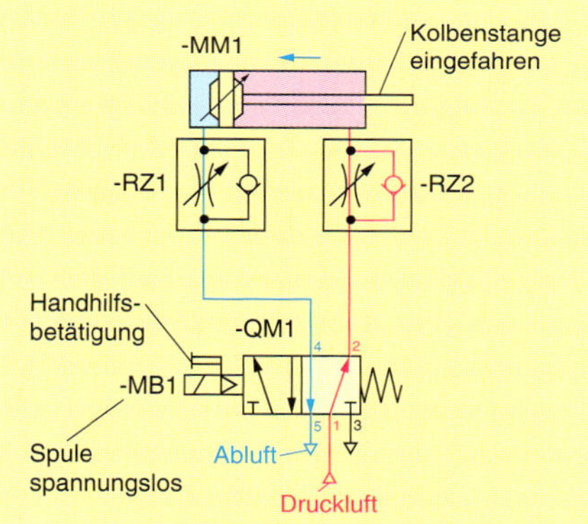

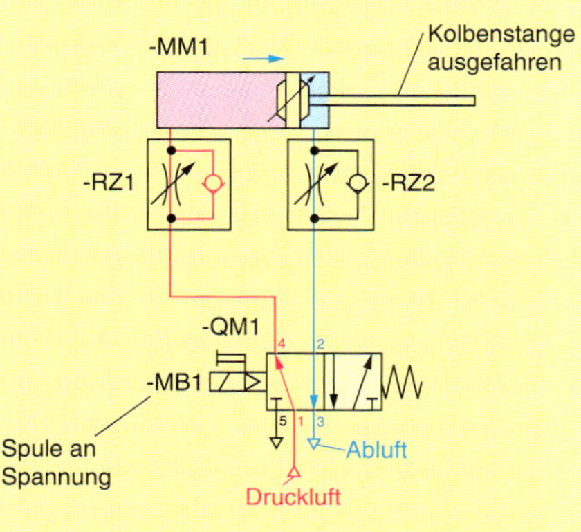

2. Worin unterscheiden sich direkte und indirekte Ansteuerung eines Zylinders?

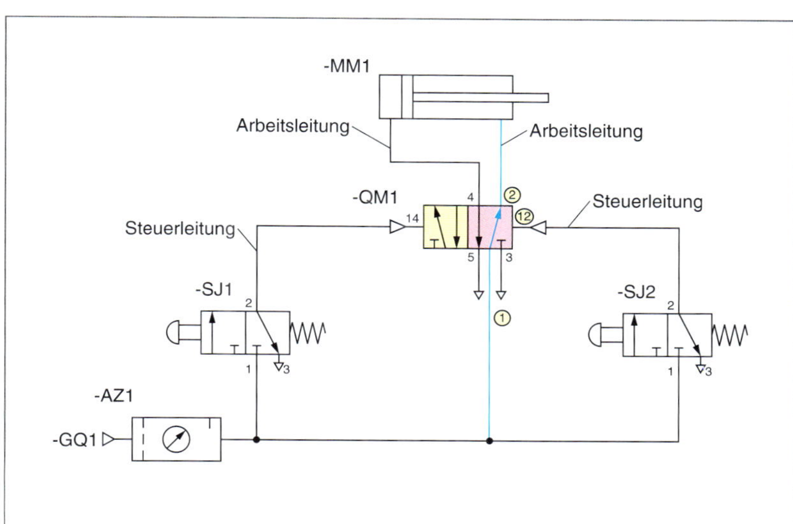

Bild 21 *Indirekte Ansteuerung, doppelt wirkender Zylinder*

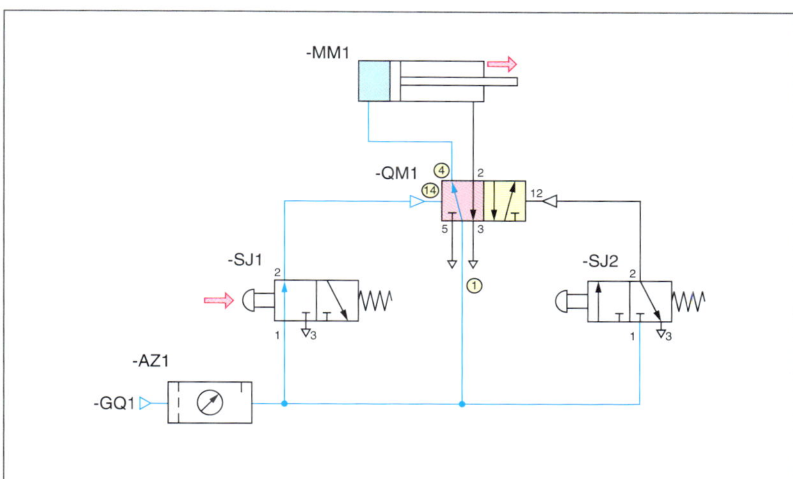

Bild 22 *Zylinderstange fährt aus*

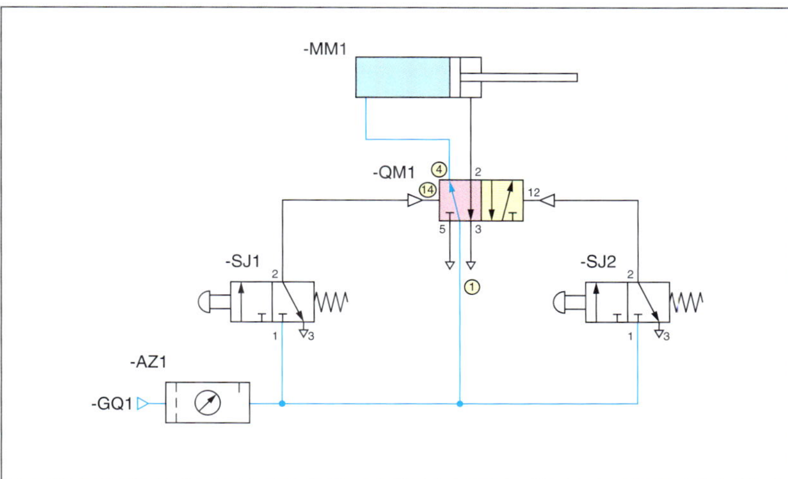

Bild 23 *Zylinderstange ist ausgefahren*

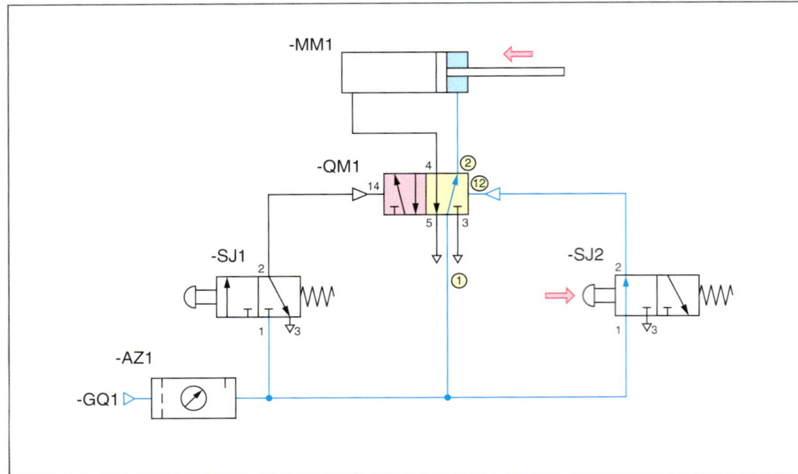

Bild 24 *Zylinderstange fährt ein*

■ **Oder-Verknüpfung**
→ 399

■ **Signal „0"**
kein Druck

■ **Signal „1"**
Druck

■ **Wechselventil**
ODER-Ventil

ODER-Verknüpfung mit Wechselventil

Manchmal ist es sinnvoll, dass *zwei* oder *mehr* Signale dazu führen können, dass ein Ventil geschaltet wird. Denkbar wäre der Einsatz einer **T-Verbindung**.

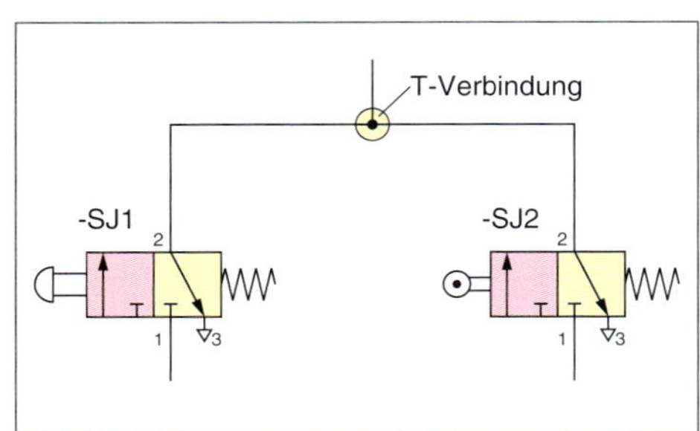

Bild 25 *T-Verbindung, ODER-Verknüpfung*

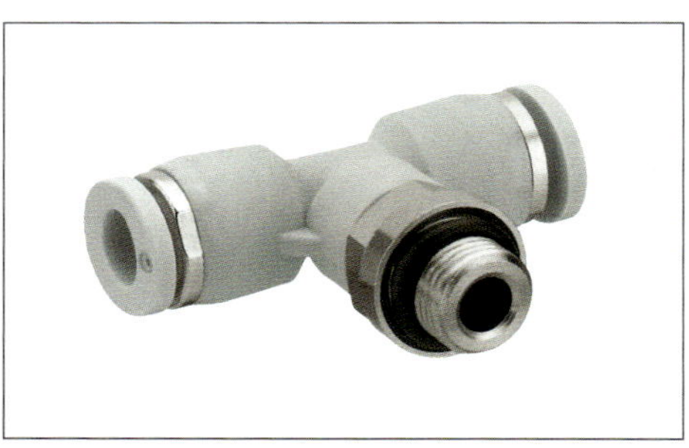

Bild 26 *T-Verbindung, praktische Ausführung*

Der Einsatz einer T-Verbindung bringt aber kein befriedigendes Ergebnis.

Nach Betätigung von SJ1 gelangt die Druckluft über den Anschluss 2 des Ventils SJ1 zum Anschluss 3 (Rückluft) und entweicht. Es wird kein Signal weitergegeben (Bild 27).

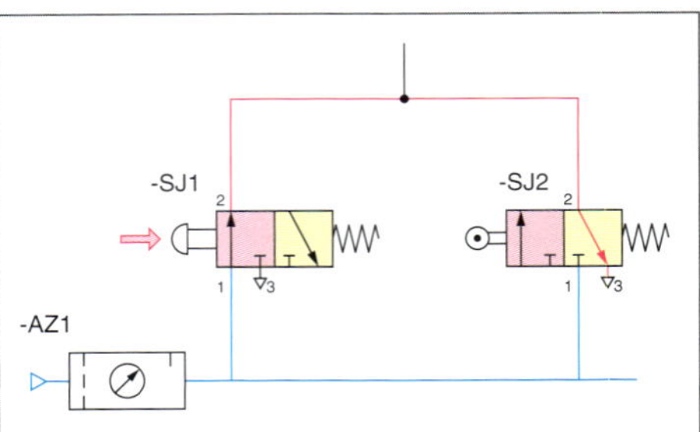

Bild 27 *T-Verbindung, Betätigung von 1.1*

Der Luftdruck kann nicht in die gewünschte Richtung geleitet werden.

Um die Druckluft in die gewünschte Richtung zu leiten, wird ein **Wechselventil** eingesetzt. Das Grundprinzip ist vom Drosselrückschlagventil bekannt. Das Wechselventil wird auch *ODER-Ventil* genannt.

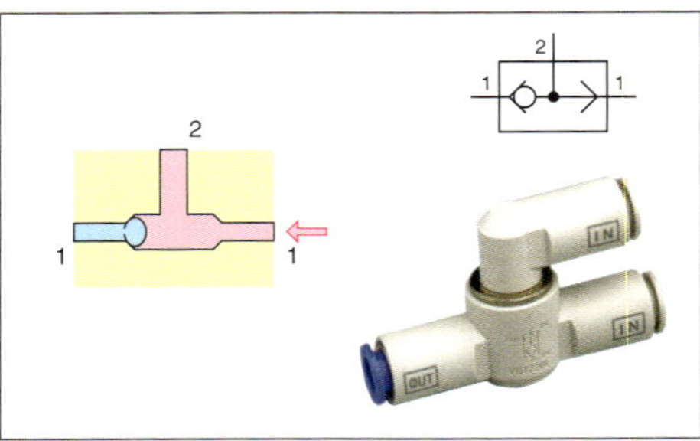

Bild 28 *Wechselventil (ODER-Ventil)*

Das **Wechselventil** wird eingesetzt, wenn eine Funktion *wahlweise von zwei verschiedenen Stellen* ausgeführt werden soll.

Ein Ausgangssignal wird hervorgerufen, wenn *mindestens einer* der beiden Signaleingänge mit Druck beaufschlagt wird.

Wenn beide Drucksignale zu unterschiedlichen Zeitpunkten eintreffen, gelangt das zuerst ankommende Signal zum Ausgang.

Anschluss 1	Anschluss 1	Anschluss 2
0	0	0
0	1	1
1	0	1
1	1	1

In einer **Funktionstabelle** wird dargestellt, unter welchen Bedingungen ein Signal am Anschluss 2 vorhanden ist. Ein *vorhandenes Signal* wird mit „1" gekennzeichnet, ein *nicht vorhandenes Signal* wird mit „0" gekennzeichnet.

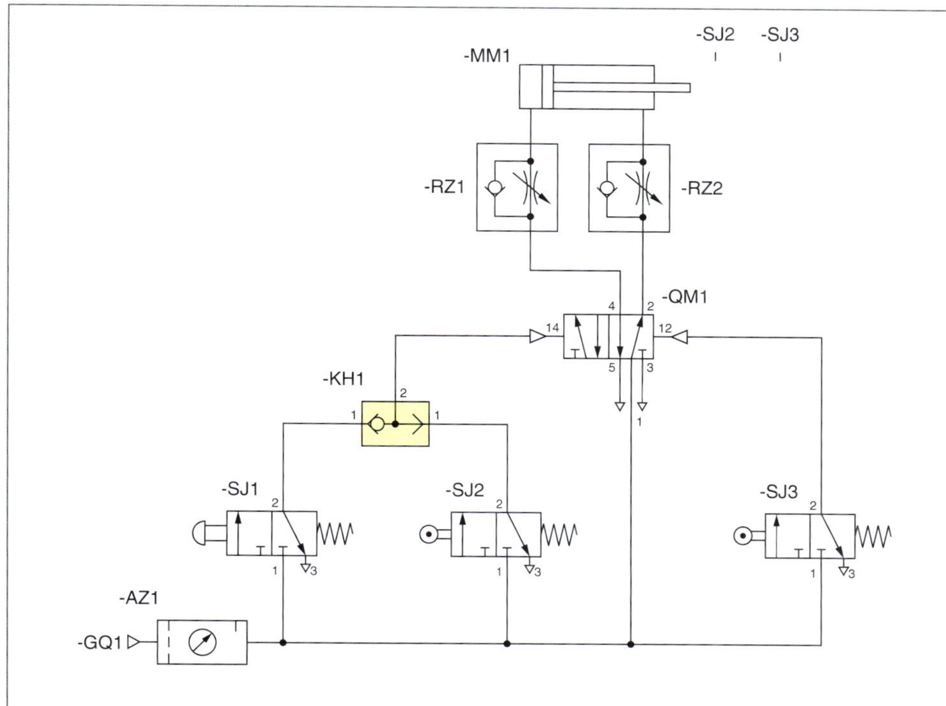

Bild 29 *Schaltplan mit ODER-Ventil*

■ **Zweidruckventil**
UND-Ventil

Ansteuerung
control, piloting

Wegeventil
directional valve

Zweidruckventil
double pressure valve

UND-Ventil
AND-valve

Wechselventil
shuttle valve

ODER-Ventil
OR-valve

Schnellentlüftungsventil
quick evacuating valve

UND-Verknüpfung

Das *Zweidruckventil* (UND-Ventil) gibt nur dann ein Signal an das angeschlossene Ventil weiter, wenn beide Signalglieder SJ1 und SJ2 betätigt sind.

Im Inneren des Zweidruckventils befindet sich ein mit zwei Dichtringen abgedichteter *Schieber.*

Wird das Ventil *nur von einer Seite* mit Druckluft beaufschlagt, wird der Schieber in seine rechte oder linke Stellung gedrückt und der Durchgang zu Anschluss 2 abgedichtet.

Es kann kein Impuls an das angeschlossene Ventil weitergegeben werden.

Erfolgt eine Druckbeaufschlagung *von beiden Seiten*, positioniert sich der Schieber in der Mitte und die Druckluft kann über Anschluss 2 zum angeschlossenen Ventil gelangen.

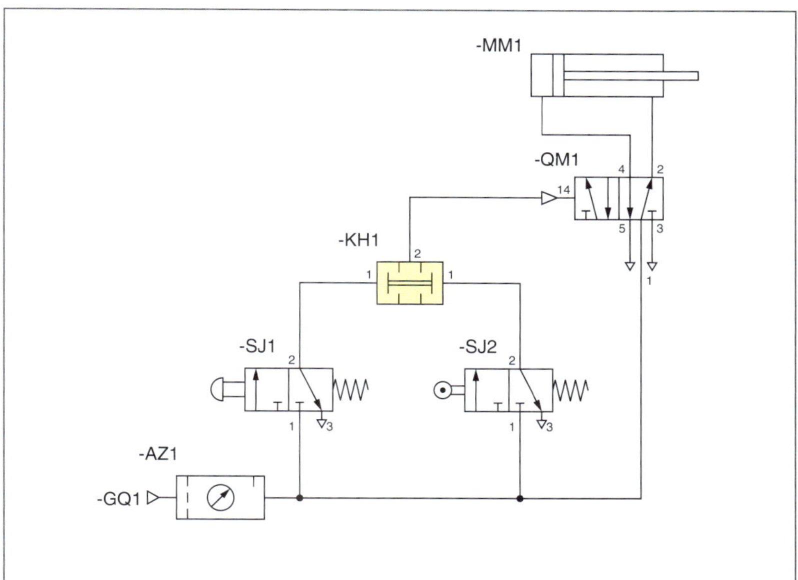

Bild 30 *UND-Verknüpfung mit Zweidruckventil*

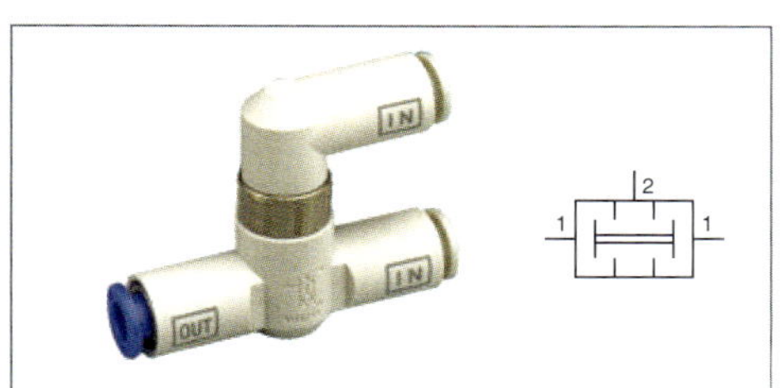

Bild 31 *Zweidruckventil*

Anschluss 1	Anschluss 1	Anschluss 2
0	0	0
0	1	0
1	0	0
1	1	1

@ Interessante Links
- www.smc.de
- www.festo.de

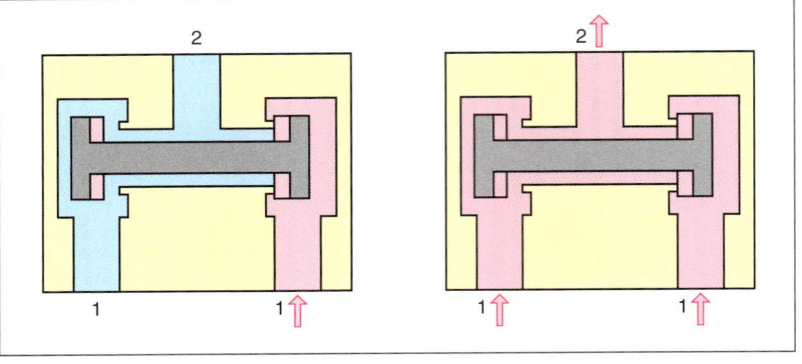

Bild 32 *Arbeitsweise eines Zweidruckventils*

- Es ist darauf zu achten, dass Druckluftleitungen in keinem Fall unter Druck frei liegen.
- Der zulässige Betriebsdruck darf nicht überschritten werden.
- Im Arbeitsbereich der Zylinder dürfen sich während des Betriebs keine Körperteile oder Gliedmaßen befinden.
- Ein plötzlicher Druckabfall oder Druckausfall darf keine gefährlichen Schaltvorgänge auslösen.
- Wird ein Not-Aus-Schalter eingebaut, darf nach dessen Betätigung kein Arbeitshub erfolgen oder zu Ende laufen.

■ **Normen zu Pneumatikplänen**

■ **Aufgabenlösung**

@ Interessante Links

- christiani-berufskolleg.de

Regeln zum Aufbau eines Pneumatikplans

- Die räumliche Lage der pneumatischen Bauteile wird beim Schaltplan nicht berücksichtigt.
- Der Schaltplanaufbau sollte von oben nach unten erfolgen. Beginnend mit dem Arbeitsglied über die Stellglieder und die Steuerglieder zu den Signalgliedern.
- Bauteile gleicher Zuordnung werden auf einer Ebene gezeichnet.
- Die Position von Signalgliedern, die von der Kolbenstange betätigt werden, wird durch einen Strich mit zugehöriger Bezeichnung dargestellt.
- Der Schaltplan wird in Ruhestellung gezeichnet. Ruhestellung ist der Schaltzustand bei Druckbeaufschlagung ohne Betätigung des Startsignals.
- Leitungskreuzungen sollten möglichst vermieden werden. Wenn dies nicht möglich ist, ist die Leitungskreuzung zu kennzeichnen, um die Verwendung mit einer T-Verbindung zu vermeiden.

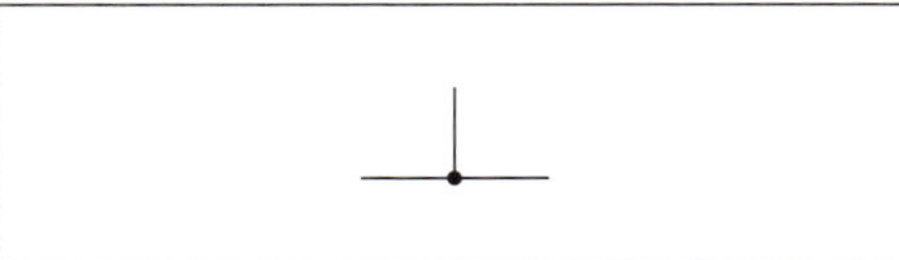

Bild 33 *T-Verbindung*

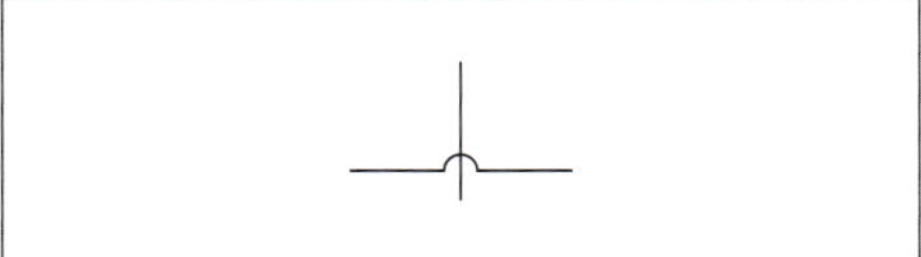

Bild 34 *Leitungskreuzung*

Sicherheitshinweise

- Der Auf-, Um- oder Abbau von pneumatischen Schaltungen darf nur in druckfreiem Zustand erfolgen.

Prüfung

1. Welche logische Verknüpfung lässt sich mit einem Wechselventil erreichen?

2. Beschreiben Sie die Wirkungsweise des Wechselventils.

3. Welche logische Verknüpfung lässt sich mit einem Zweidruckventil erreichen?

4. Beschreiben Sie die Wirkungsweise des Zweidruckventils.

5. Erläutern Sie die Bedeutung der dargestellten Symbole.

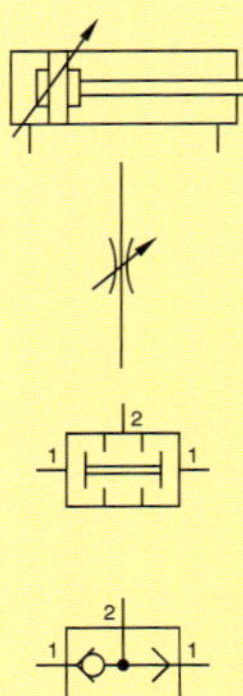

6. Ein Kompressor stellt einen Volumenstrom von 30 $\frac{l}{min}$ zur Verfügung.

An der Wartungseinheit ist ein Druck von 5 bar eingestellt.
Verwendung findet ein doppelt wirkender Zylinder 50/20 – 200.

a) Welche Kraft wird beim Ausfahren der Zylinderstange aufgebracht?

b) Mit welcher Geschwindigkeit fährt die Kolbenstange aus?

c) Wie lange dauert es, bis die Zylinderstange ausgefahren ist?

Drucklufterzeugung

Die von einem *Verdichter* erzeugte Druckluft wird gekühlt und in einem *Druckluftbehälter* gespeichert.

Der Druckluftbehälter *stabilisiert* die Druckluftversorgung. Er gibt dem *Druckluftnetz* eine genügende Reserve und nimmt die *Druckstöße* des Verdichters auf. Er arbeitet als Druckluftspeicher.

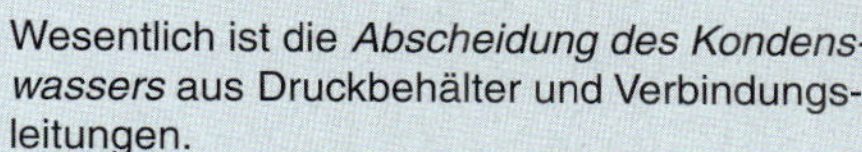

Wesentlich ist die *Abscheidung des Kondenswassers* aus Druckbehälter und Verbindungsleitungen.

Mit zunehmender Lufttemperatur steigt der Wassergehalt der Druckluft.

Moderner Schraubenkompressor

Ausschaltregelung

Obere Druckgrenze überschritten: Verdichter wird abgeschaltet.

Untere Druckgrenze unterschritten: Verdichter wird eingeschaltet.

Aussetzregelung

Verdichter wird auf Leerlauf oder volle Leistung geschaltet.

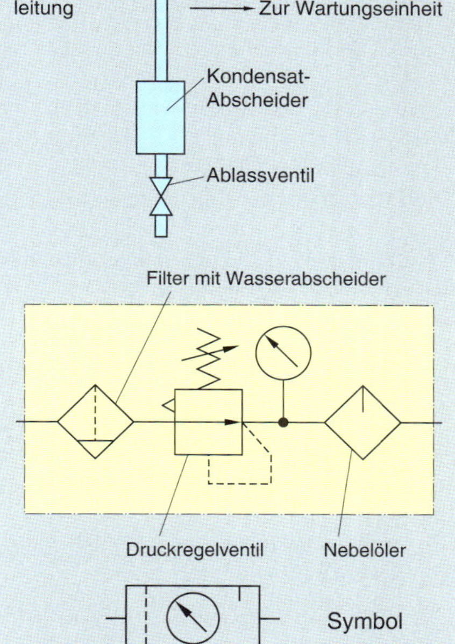

Wartungseinheit

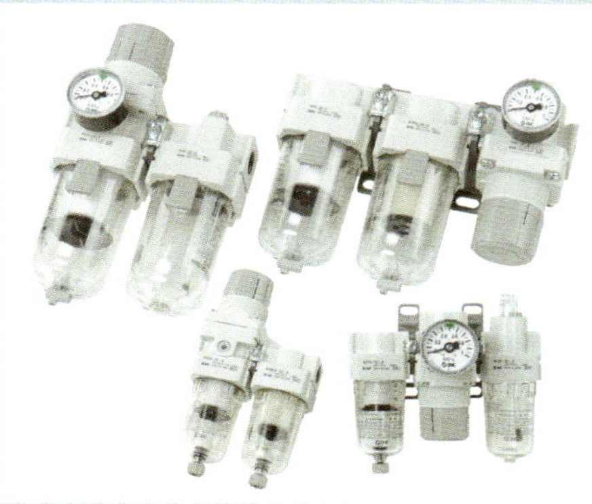

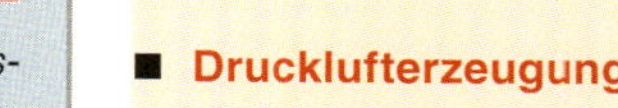

■ **Drucklufterzeugung**
→ 370

■ **Symbol für Drucklufterzeugungsanlagen in Pneumatikplänen**

Verdichter
compressor

Druckluftanlage
compressed air system

Druckspeicher
pressure accumulator

Regelkreis
regulating circuit

Signalverknüpfung
combination of signals

Stellglied
regulating unit

Drucküberwachung
pressure control

Wassergehalt
inherent moisture

Rückschlagventil
check valve

■ **Druckschalter,**
elektromechanisch, einstellbar

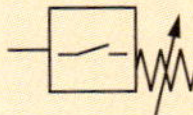

■ **Druckschalter**
elektrisch einstellbar, schaltendes Ausgangssignal

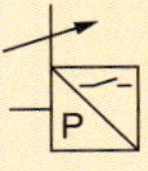

■ **Druckschalter**
analoges Ausgangssignal

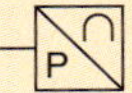

■ **Pneumatikleitungen**
Einbau eines Zwischenspeichers in der Ringleitungshälfte.

Als Leitungsmaterial dünnwandige, nahtlos gezogene Stahlrohre verwenden und durch Schneidringverschraubungen miteinander verbinden.

Für flexible Leitungen Polyethylenschläuche verwenden, Biegeradien beachten.

Druckluftaufbereitung

Zweck: Abscheidung von *Kondenswasser* und *Verunreinigungen*; Konstanthaltung des *Luftdrucks* und eventuell Vermischung mit einem *Ölnebel*.
Wird durch **Wartungseinheiten** vorgenommen, bestehend aus *Filter*, *Regler* und evtl. *Nebelöler* (Seite 383).

Druckluftfilter

Die seitlich in das Filter einströmende Luft wird verwirbelt. Grobe Schmutz- und Flüssigkeitsteilchen werden durch Fliehkräfte an die Behälterwand geschleudert.

Filtereinsätze: Messing-, Bronze- oder Stahlsiebe.

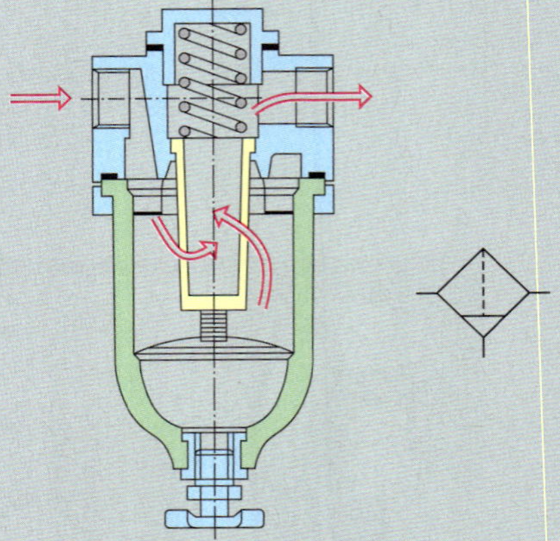

Druckregelventil

Regelung durch den großen Ventilteller.

Eine Seite wird durch eine stellbare Feder, die andere Seite durch den Arbeitsdruck beaufschlagt.

Arbeitsdruck unter Einstellwert:
Feder über dem Ventilteller drückt den Stift nach unten. Ventil wird geöffnet. Druckluft kann bis zum Erreiches des Arbeitsdrucks einströmen. Dann wird das Ventil wieder geschlossen.

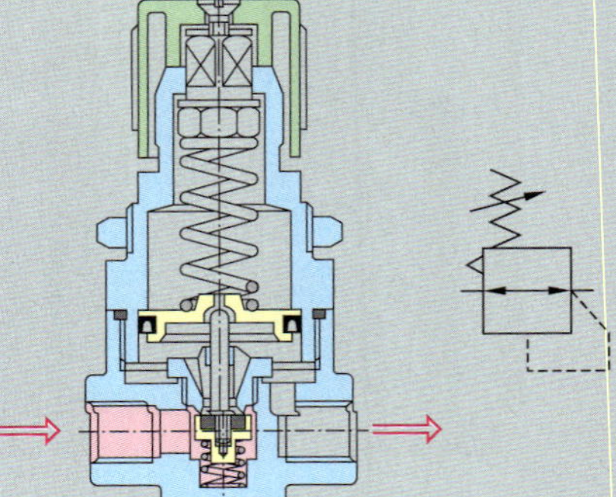

Druckluftöler

Erzeugt wird ein ununterbrochener Ölnebel.

An den Engstellen erhöht sich die Strömungsgeschwindigkeit, wodurch ein Unterdruck hervorgerufen wird.

Dadurch wird aus dem unteren Behälter Öl durch ein Steigrohr nach oben gedrückt, tropft dort in die Strömung und wird vernebelt.

Die Öltropfenanzahl kann gedrosselt werden.

Der Trend geht zu ölfreien Pneumatikkomponenten.

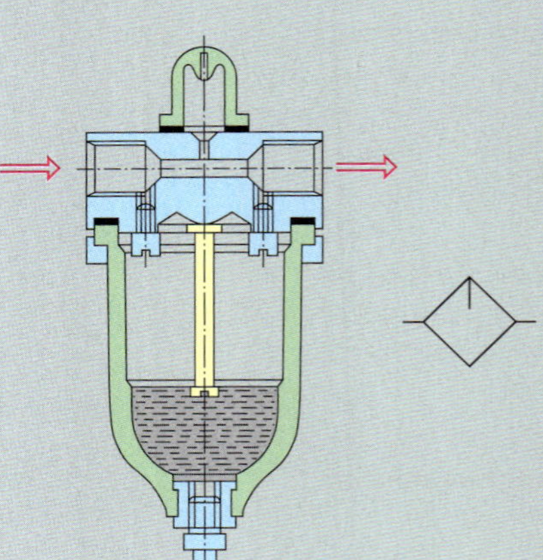

Rohrleitungsverlegung

Druckluftleitungen nicht im Mauerwerk oder engen Rohrkanälen verlegen (Überwachung).

Bei senkrecht hochführenden Leitungen Wasserabscheider an den tiefsten Stellen anbringen.

Abzweige der Hauptleitungen von oben abgehend verlegen; Mindest-Krümmungsradius am Abzweig: $r = 5 \cdot d$.

Hauptleitung als Ringleitung verlegen; Stichleitungen zu den Verbrauchsorten, Verbraucheranschluss durch Schnellkupplungen.

Leitungen mit Gefälle (ca. 1 %) verlegen; am tiefsten Punkt Kondensatableitung ermöglichen.

Einbau eines Druckluftspeichers vor Verbrauchern mit kurzzeitig hohem Luftbedarf.

6.5 Pneumatikzylinder

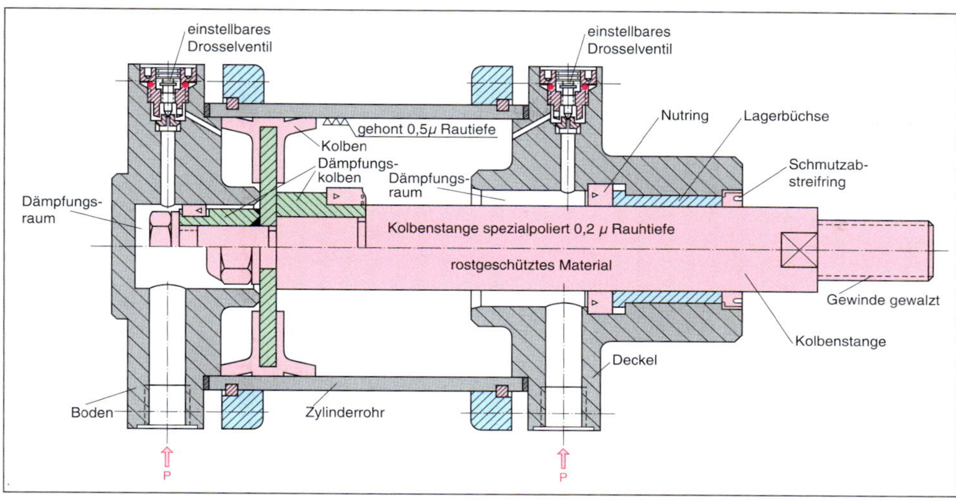

Bild 35 Pneumatikzylinder, doppelt wirkend

Endlagendämpfung

Wenige Millimeter vor Erreichen der Endlage verhindert die **einstellbare Endlagendämpfung** einen harten Anschlag des Kolbens an die Zylinderwand.

Die Luft im Zylinder wird durch eine **einstellbare Drossel** gepresst. Das dadurch hervorgerufene **Luftpolster** bremst die Kolbenbewegung ab.

Bestimmung der Kolbenkraft

Der Druck p_e breitet sich in alle Richtungen gleichmäßig aus. An allen Stellen ist er so groß wie die Kolbenfläche A (Bild 36).

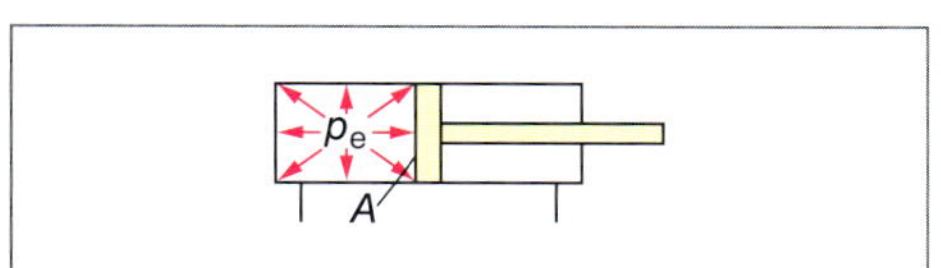

Bild 36 Druckausbreitung im Zylinder

$$p_e = \frac{F}{A}$$

$$F = p_e \cdot A$$

p_e Überdruck in bar
F theoretische Kolbenkraft in N
A Wirksame Kolbenfläche in mm²

$$1 \text{ bar} = 0{,}1 \frac{\text{N}}{\text{mm}^2} = 10 \frac{\text{N}}{\text{cm}^2}$$

Die **Kolbenkraft** F hängt vom *Druck* p_e, der *wirksamen Kolbenfläche* A und dem *Wirkungsgrad* η ab.

Durch den Wirkungsgrad wird die Reibungskraft beim Ein- und Ausfahren der Zylinderstange berücksichtigt.

$$F = p_e \cdot A \cdot \eta$$

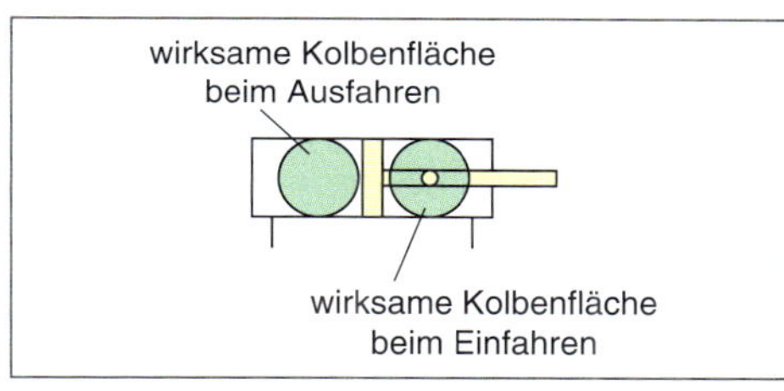

Bild 37 Wirksame Kolbenfläche

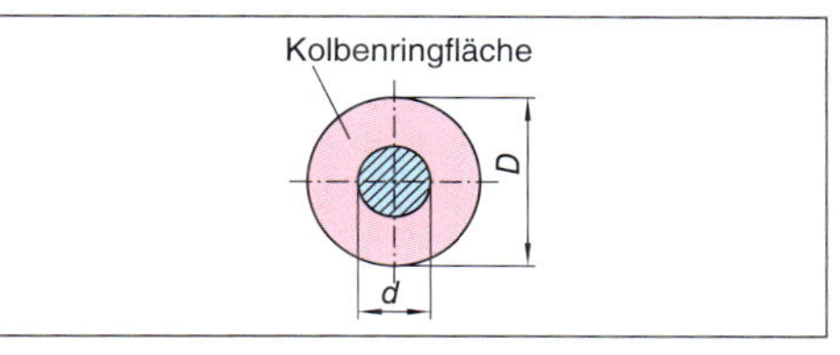

Bild 38 Kreisringfläche

Kreisringfläche

$$A = \frac{D^2 \cdot \pi}{4} - \frac{d^2 \cdot \pi}{4}$$

$$A = (D^2 - d^2) \cdot \frac{\pi}{4}$$

Die **wirksame Kraft** ist beim *Ausfahren* der Zylinderstange *größer* als beim *Einfahren*.

Dies liegt daran, dass die **wirksame Kolbenfläche** unterschiedlich groß ist.

Pneumatikzylinder *pneumatic cylinder*
Kolbenkraft *piston power*
Kolbendurchmesser *piston diameter*
Kolbenhub *piston stroke*
Kolbenstange *piston rod*
Entlüftung *venting*
Druckregelventil *pressure regulator*
Drucktaste *push button*
Tastrolle *roller*

■ **Druck, Überdruck**
→ 390

■ **Fluidtechnik**
→ 390

■ **Doppelt wirkender Zylinder**
mit zweiseitiger Kolbenstange, Durchmesser unterschiedlich, beidseitige Endlagendämpfung, auf der rechten Seite einstellbar.

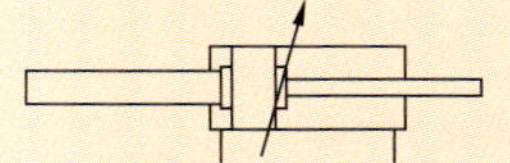

1 bar = $10 \frac{N}{cm^2}$

Zylinder: $D = 30$ mm, $d = 15$ mm, $\eta = 85$ %, $p_e = 6$ bar.
Wie groß ist die Kraft beim Ein- und Ausfahren der Zylinderstange?

Ausfahren der Zylinderstange:

Wirksame Kolbenfläche A_1:

$$A_1 = \frac{D^2 \cdot \pi}{4} = \frac{(3\ \text{cm})^2 \cdot \pi}{4}$$

$$A_1 = 6{,}975\ \text{cm}^2$$

6 bar = $60 \frac{N}{cm^2}$

$$F_1 = p_e \cdot A_1 \cdot \eta$$

$$F_1 = 60\ \frac{\text{N}}{\text{cm}^2} \cdot 6{,}975\ \text{cm}^2 \cdot 0{,}85$$

$$F_1 = 355{,}7\ \text{N}$$

Einfahren der Zylinderstange:

Wirksame Kolbenfläche A_2:

$$A_2 = (D^2 - d^2) \cdot \frac{\pi}{4}$$

$$A_2 = \left[(3\ \text{cm})^2 - (1{,}5\ \text{cm})^2\right] \cdot \frac{\pi}{4}$$

$$A_2 = 5{,}3\ \text{cm}^2$$

$$F_2 = p_e \cdot A_2 \cdot \eta$$

$$F_2 = 60\ \frac{\text{N}}{\text{cm}^2} \cdot 5{,}3\ \text{cm}^2 \cdot 0{,}85$$

$$F_2 = 270{,}3\ \text{N}$$

Bauarten von Pneumatikzylindern

Bauart	Verwendung	Symbol
Einfach wirkender Zylinder	Ausführung als Kolben oder Membranzylinder. Rückhub durch Feder, daher kann der Zylinder nur auf einer Seite Arbeit verrichten. spannen, auswerfen, heben, einpressen	
Doppelt wirkender Zylinder	Der Kolben wird wechselseitig mit Druckluft beaufschlagt. Auf beiden Kolbenseiten ist ein Arbeitshub möglich. Die Kolbengeschwindigkeiten können in beiden Richtungen eingestellt werden (mit Dämpfung). Allerdings entstehen beim Aus- und Einfahren unterschiedlich große Kräfte (mit einstellbarer Dämpfung).	
Zylinder mit beidseitiger Kolbenstange	Gute Führung der Kolbenstange, daher auch seitliche Belastung möglich	
Tandemzylinder	Anwendung bei großen Kräften	
Drehzylinder, Schwenkantrieb	Drehbewegung zum Wenden und Biegen	

Luftverbrauch

Schaltspiel eines Zylinders: Die einmalige, aus Ausfahren und Einfahren bestehende hin- und hergehende Bewegung.
Bei jedem Schaltspiel muss das Hubvolumen *V* des *einfach* wirkenden Zylinders *einmal* und des *doppelt* wirkenden Zylinders *zweimal* gefüllt werden.

Die in der Minute benötigte **Luftmenge** muss auf den Ansaugluftdruck p_o bezogen werden, weil der *Luftbedarf* in erster Linie zur Auslegung der *Verdichterstation* benötigt wird.

Spezifischer Luftverbrauch

Durch die Füllung der Toträume kann der *tatsächliche* Luftverbrauch bis zu 25 % höher sein als der errechnete oder dem Diagramm entnommene Wert.

Toträume können beispielsweise Druckluftleitungen zwischen Zylinder und Wegeventil oder nicht nutzbare Räume in der Kolbenendstellung sein.

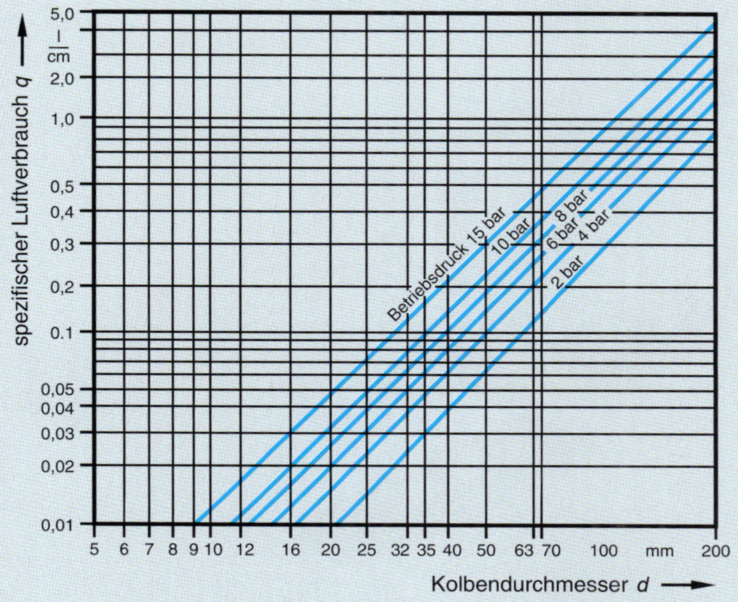

Bestimmung der Kolbenkraft

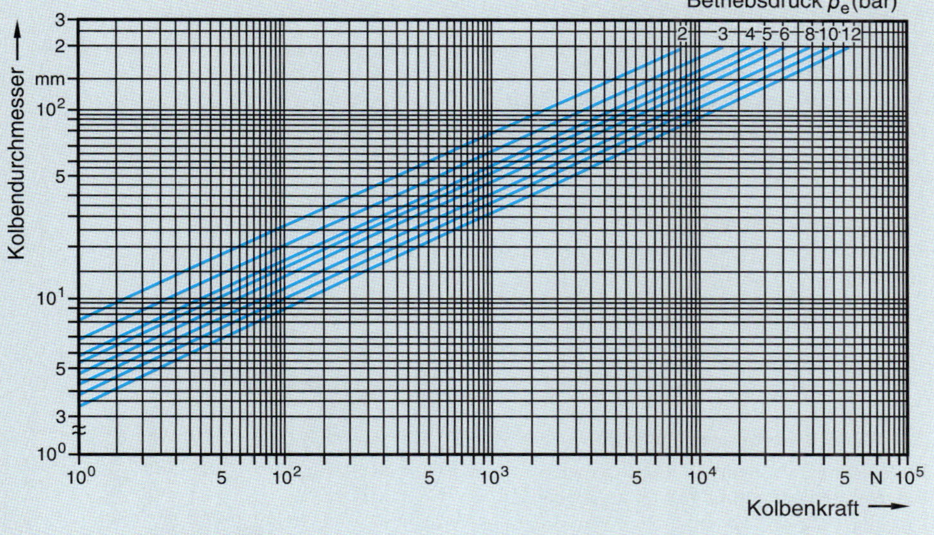

@ Interessante Links

- www.smc.de
- www.festo.de
- www.airtec.de
- www.aventics.com
- www.boschrexroth.com

Lineareinheiten

Lineareinheiten werden in unterschiedlichen *Ausführungen* angeboten.

Pick-and-Place-Systeme

Ihre Aufgabe besteht aus „Greifen", „Bewegen" und „Ablegen" von Teilen, die pneumatisch arbeiten: *Linearportal*, *Ausleger*, *Flächen-* und *Raumportal*.

- **pick up** greifen
- **place at** ablegen

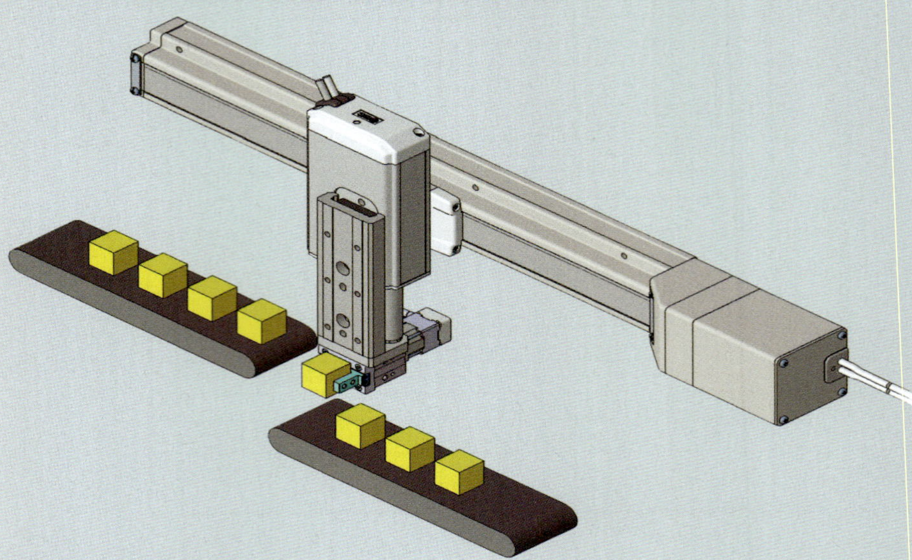

Der wesentliche Vorteil zu „normalen" Pneumatikzylindern besteht darin, dass Lineareinheiten auch *Kräfte quer zur Bewegungsrichtung* aufnehmen können. Kolben und Kolbenstangen müssen *verdrehsicher* sein.

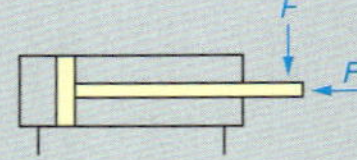

Im Vergleich zu den Normzylindern sind also *konstruktive Veränderungen* notwendig.

Dies können z. B. *externe Führungen* sein. *Kolbenlose Zylinder* finden bei beidseitigen Auflagen, langen Wegen und hohen Lasten quer zur Bewegungsrichtung Anwendung. Bei gleichen Verfahrwegen haben sie nur die *halbe* Einbaulänge.

Da im Allgemeinen mit hohen Geschwindigkeiten gefahren wird, ist eine wirksame *Endlagendämpfung* unerlässlich.

- **Externe Führung** sorgt für Präzision und Stabilität

Zylinder mit externer Führung

Ein Normzylinder bildet mit einer passenden Führung eine Einheit.

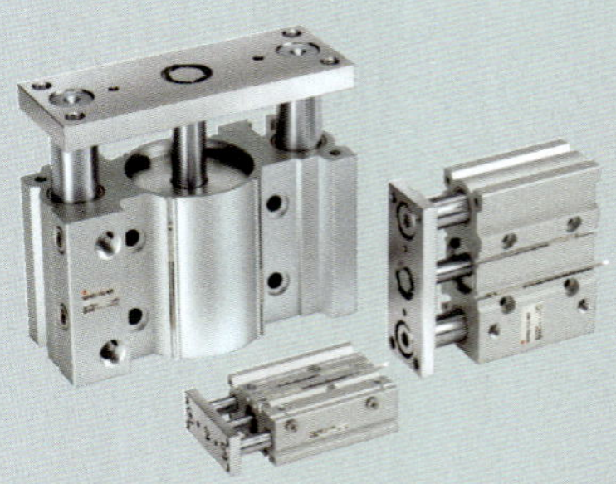

Zylinder mit integrierter Führung

Kugelumlaufführungen ermöglichen auch bei hohen Belastungen eine große Führungsgenauigkeit.

Bei Handhabungsachsen lassen sich kleinere Baugrößen erreichen.

Handhabungsachsen

Zylinder und Führung in einem Gehäuse integriert.

Hohe Führungsgenauigkeit und hohe Aufnahme von Querkräften und Momenten.

Kolbenstangenlose Linearantriebe

Doppelt wirkender Zylinder, gleiche Kräfte auf beiden Kolbenseiten möglich.

Nahezu die gesamte Einbaulänge steht zur Kraftentnahme zur Verfügung; reduzierte Einbaulänge.

Schlitzzylinder

Zylinderrohr durchgehend in Längsrichtung geschlitzt. Aus dem Schlitz ragt ein Mitnehmer, der mit dem Kolben verbunden ist.

Dichtungsmanschetten gewährleisten eine einwandfreie Abdichtung.

Zylinder mit magnetischer Kopplung

Kraftschlüssige Übertragung der Kolbenbewegung durch magnetische Kopplung auf einem Außenläufer. Vollständige Abdichtung des Kolbenraumes möglich, da keine mechanische Verbindung.

Vakuumsauger

Komponenten von Vakuumsaugern sind

- *Vakuumgenerator mit Schalldämpfer*
- *Saugerhalter*
- *Saugnapf*

Der erzeugte Unterdruck wird zu den Saugnäpfen geleitet.

Pneumatische Greifer

Unterschieden wird zwischen

- *2-Finger-Greifer*
- *3-Finger-Greifer*

Das Öffnen oder Schließen der Grundfinger wird durch einen Kolben ermöglicht. Auf die Grundfinger können anwendungsbezogene Greiffinger geschraubt werden.

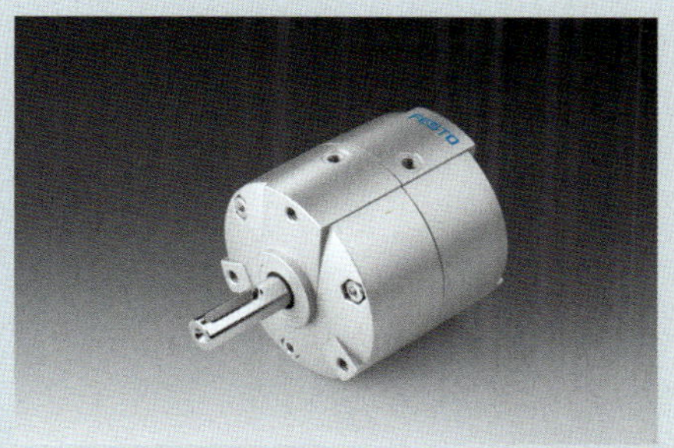

Vorteile pneumatischer Greifer

- *Hohe Greifkräfte und Greifmonente*
- *Einstellbarer Öffnungshub*
- *Sehr hohe Präzision*
- *Gute Abfragemöglichkeit durch Sensoren*

Drehantrieb

Drehantriebe ermöglichen eine einfache Umwandlung einer geradlinigen Kolbenbewegung in die *Drehbewegung* einer Welle.

Möglich sind dabei beispielsweise Drehwinkel von 90°, 180° und 360°. Sie sind in *ungedämpfter* und *gedämpfter* Ausführung mit berührungsloser Signalgabe erhältlich.

- **Kolbenstangenlose Antriebe**
  Direkte Kraftaufnahme am Kolben.

- **Drehantrieb**
  mit begrenztem Schwenkwinkel und zwei Volumenstromrichtungen

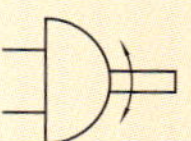

- **Schwenkantrieb**
  einfach wirkend, mit begrenztem Schwenkwinkel

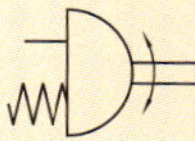

- **Greifer**
  doppelt wirkend, mit Dauermagnet am Kolben

- **Greifer**
  einfach wirkend, mit Dauermagnet am Kolben

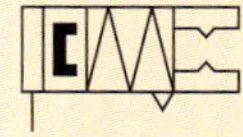

@ Interessante Links

- www.schunk.com

■ **Aufgabenlösungen**

Prüfung

1. Erläutern Sie die Drucklufterzeugung für pneumatische Anlagen.

2. Aus welchen Elementen besteht eine Wartungseinheit und welche Aufgaben haben diese Elemente?

3. Worauf ist bei Verlegung von Pneumatikleitungen besonders zu achten?

4. Erklären Sie das Prinzip der Endlagendämpfung.

5. Was versteht man unter wirksamer Kolbenfläche?

6. Von welchen Größen ist die Kolbenkraft eines Pneumatikzylinders abhängig?

7. Pneumatikzylinder: $D = 80$ mm, $d = 20$ mm, $p_e = 6$ bar, $\eta = 82$ %.
Wie groß ist die Kraft beim Ein- und Ausfahren der Zylinderstange?

8. Nennen Sie Anwendungsbeispiele für Drehantriebe.

@ Interessante Links

- christiani-berufskolleg.de

■ **Fluidtechnik**

Druck
pressure

Überdruck
overinflation, gauge pressure

Kraft
force

Gasdruck
gas pressure

Volumen
volume

Volumenstrom
volume flow

Luftdruck
air pressure

Absolutdruck
absolute pressure

Fluidtechnik

Druck, Überdruck

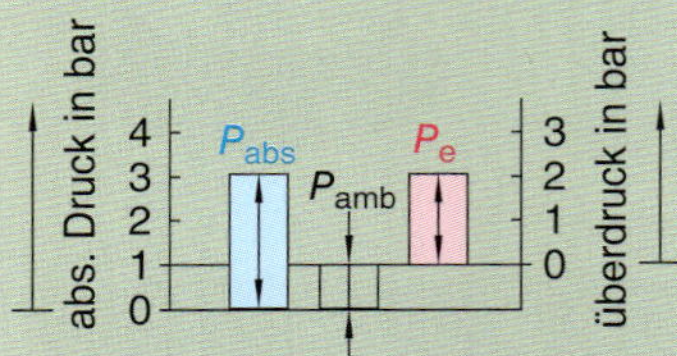

$p = \frac{F}{A}$ Druck = $\frac{\text{Kraft}}{\text{Fläche}}$

$p_e = p_{abs} - p_{amb}$

p Druck in $\frac{\text{N}}{\text{cm}^2}$

F Kraft in N

A Fläche in cm^2

p_e Überdruck in bar

p_{abs} absoluter Druck (auf Vakuum bezogen) in bar

p_{amb} Luftdruck der Atmosphäre in bar

e: exeed (Überschreitung)

amb: ambient (Umgebung)

$1 \text{ mbar} = 100 \text{ Pa} = 0{,}01 \frac{\text{N}}{\text{cm}^2} = 100 \frac{\text{N}}{\text{m}^2}$

$1 \text{ bar} = 100\,000 \text{ Pa} = 10 \frac{\text{N}}{\text{cm}^2} = 100\,000 \frac{\text{N}}{\text{m}^2}$

Gasgesetze

Allgemeine Gasgleichung

$$\frac{p_1 \cdot V_1}{T_1} = \frac{p_2 \cdot V_2}{T_2}$$

p absoluter Druck in bar

V Volumen in m^3

T absolute Temperatur in K

$1 \text{ bar} = 10 \frac{\text{N}}{\text{cm}^2}$

K = Kelvin; 0 K = – 273 °C; 0 °C = 273 K

absoluter Druck =
Überdruck (Betriebsdruck) + Luftdruck

Wenn eine der drei Größen (p, V, T) konstant gehalten wird, vereinfacht sich die allgemeine Gasgleichung.

In der Praxis ist entweder der Druck oder die Temperatur konstant.

Konstante Temperatur – Boyle-Mariotte

Das Volumen einer abgeschlossenen Gasmenge ist umso kleiner, je größer der darauf lastende Druck ist.

$p_1 \cdot V_1 = p_2 \cdot V_2$

Das Produkt von Druck und Volumen bleibt konstant, wenn sich die Temperatur der Luft nicht ändert.

$$\frac{V_2}{V_1} = \frac{p_1}{p_2} = \frac{F_1}{F_2}$$

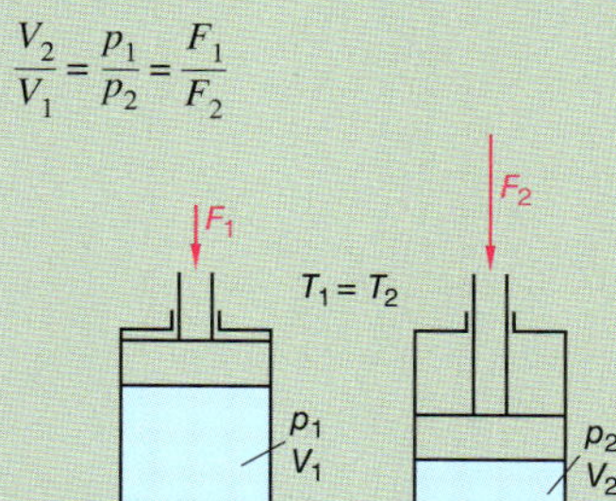

Konstanter Druck – Gay-Lussac

Bei konstantem Druck ist das Volumen einer Gasmenge umso größer, je höher die Temperatur ist.

$$\frac{V_1}{T_1} = \frac{V_2}{T_2} \text{ oder } \frac{V_1}{V_2} = \frac{T_1}{T_2}$$

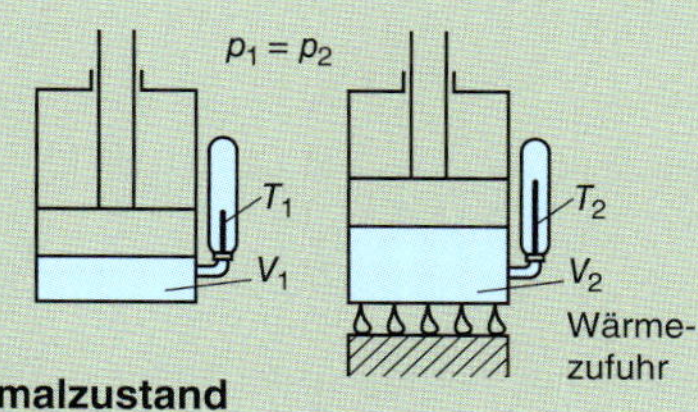

Normalzustand

In der Pneumatik werden die Angaben über die *Luftmenge* auf den *Normalzustand* bezogen:

Normaltemperatur
$T_n = 273 \text{ K} = 0\,°\text{C}$

Normaldruck $p_n = 1{,}01325$ bar (1 bar)

Zur Umrechnung des Gasvolumens auf den Normalzustand werden nacheinander die Gesetze von Boyle-Mariotte und Gay-Lussac angewendet.

1. Schritt: Umrechnung des gegebenen Volumens auf den Normaldruck.

2. Schritt: Umrechnung des neuen Volumens auf die Normaltemperatur.

Siehe Beispiel.

6.6 Pneumatikventile

Pneumatikventile dienen zum *Freigeben* und *Sperren* von Fluiden.

Elektrisch betätigte **Wegeventile** benötigen einen *Elektromagneten* als Stellantrieb, der elektrische Signale in eine Hubbewegung umsetzt.

Direkt gesteuerte Elektromagnetventile sind nur für kleine Nennweiten geeignet.

z.B.

In einem Druckbehälter von 3 m³ Inhalt befindet sich Luft von 27 °C unter 8 bar Überdruck.
Wie groß ist das auf den Normalzustand bezogene Luftvolumen?

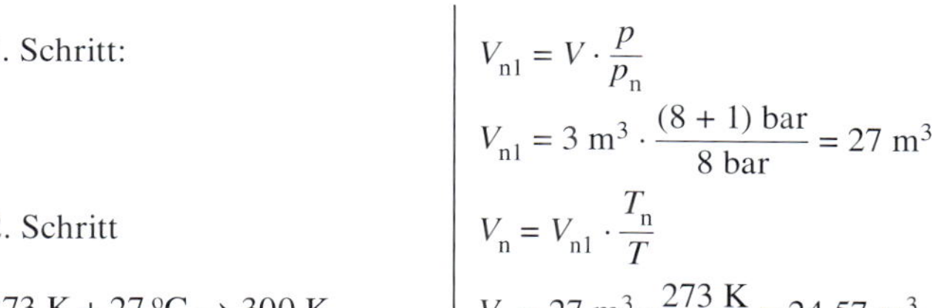

1. Schritt:

$$V_{n1} = V \cdot \frac{p}{p_n}$$

$$V_{n1} = 3 \text{ m}^3 \cdot \frac{(8+1) \text{ bar}}{8 \text{ bar}} = 27 \text{ m}^3$$

2. Schritt

$$V_n = V_{n1} \cdot \frac{T_n}{T}$$

273 K + 27 °C → 300 K

$$V_n = 27 \text{ m}^3 \cdot \frac{273 \text{ K}}{300 \text{ K}} = 24{,}57 \text{ m}^3$$

Mit der Nennweite steigen die *Betätigungskräfte*. Elektromagneten, die diese Betätigungskräfte aufbringen können, sind zu groß.

Größere Ventile werden in **vorgesteuerter Bauweise** hergestellt.

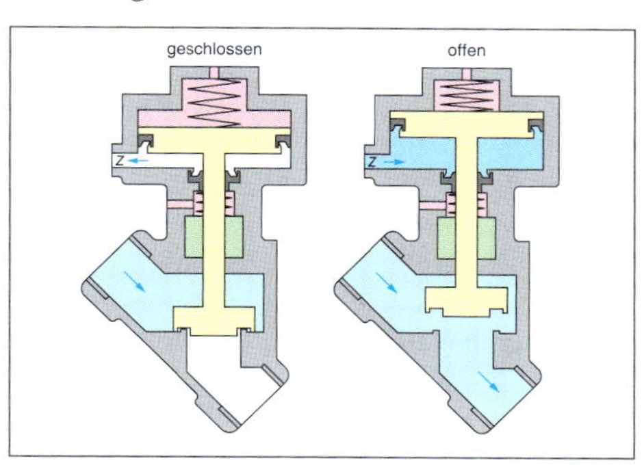

Bild 39 Direkt betätigtes Ventil

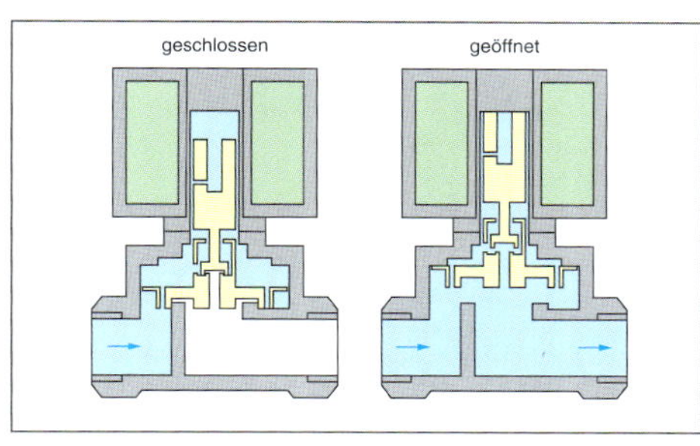

Bild 40 Indirekt betätigtes Ventil

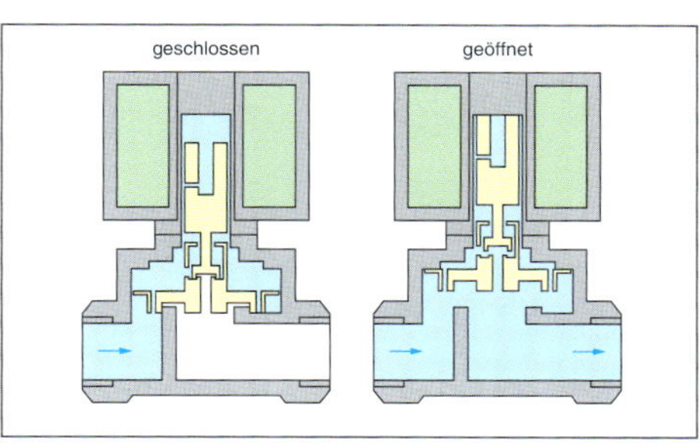

Bild 41 Indirekt betätigt, Zwangsanhebung

- **2/2-Wegeventil**
  zwei Anschlüsse, zwei Schaltstellungen, in Ruhestellung offen, Magnetbetätigung, Federrückstellung

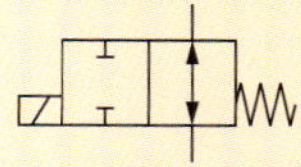

- **3/2-Wegeventil**
  drei Anschlüsse, zwei Schaltstellungen, Ruhestellung geschlossen, Magnetbetätigung, Federrückstellung

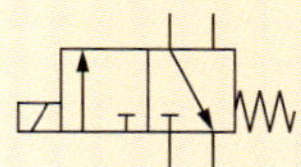

- **4/2-Wegeventil**
  vier Anschlüsse, drei Schaltstellungen, Magnetbetätigung, Federrückstellung

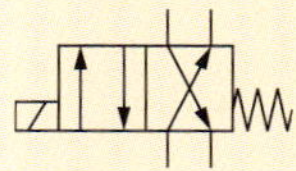

- **4/2-Wegeventil**
  mit einem Magneten, direkt betätigt, Federrückstellung, rastende Handbetätigung

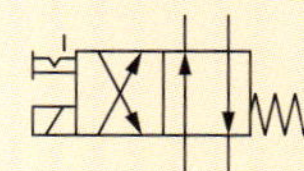

- **Pneumatikventile**
  öffnen und sperren den Druckluftfluss bzw. ändern die Durchflussrichtung

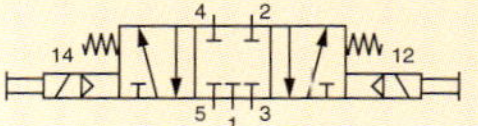

■ **Vorgesteuerte Ventile** ermöglichen geringe Betätigungskräfte, wie sie z. B. durch einen Elektromagneten aufgebracht werden.

Das Symbol für Wegeventile gibt Auskunft über:

- *Anzahl der Schaltstellungen*
- *Strömungsweg der Luft*
- *Betätigungsart*
- *Anschlusskennzeichnung*

■ **5/2-Wegeventil**

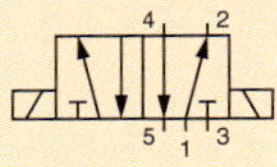

■ **5/3-Wegeventil**

Mittelstellung federzentriert

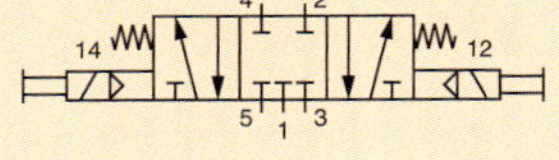

Die **vorgesteuerten Elektromagnetventile** fassen *zwei Wegeventile* zu einer Einheit zusammen (Bild 42).

Der Kolben des Vorsteuerventils wird durch die Federkraft auf den Ventilsitz gedrückt.

Wird der *Magnet erregt*, dann wird der Kolben angezogen, sodass Druckluft von 1 über die Steuerbohrung zu den Steuerkolben des Hauptventils strömen kann.

Durch den Druck bewegen sich die Steuerkolben nach unten und heben den Ventilteller vom Dichtsitz ab. Damit werden die Verbindungen 1 → 4 und 2 → 3 hergestellt.

Wenn der Magnet *nicht erregt* wird, schließt der Kolben des Vorsteuerventils die Luft ab. Die Steuerkolben im Hauptventil erreichen wieder ihr Ausgangslage.

In einem *vorgesteuerten Wegeventil* dient das *Vorsteuerventil* ausschließlich zur *Umsteuerung des Hauptventils*.

Darstellung von Wegeventilen (Bild 43)

- Jede Schaltstellung des Ventils erhält ein Quadrat.
- Pfeile und Querstriche kennzeichnen die Durchflussrichtung und gesperrten Anschlüsse.
- Die Quadrate der Schaltstellungen a, b liegen in der Darstellung aneinander.

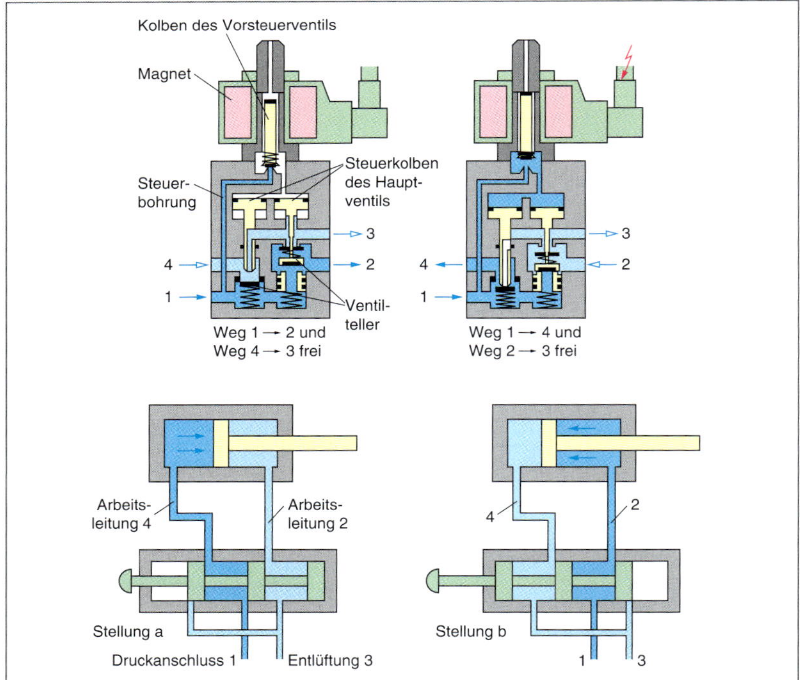

Bild 42 *Vorgesteuertes Wegeventil, Arbeitsweise*

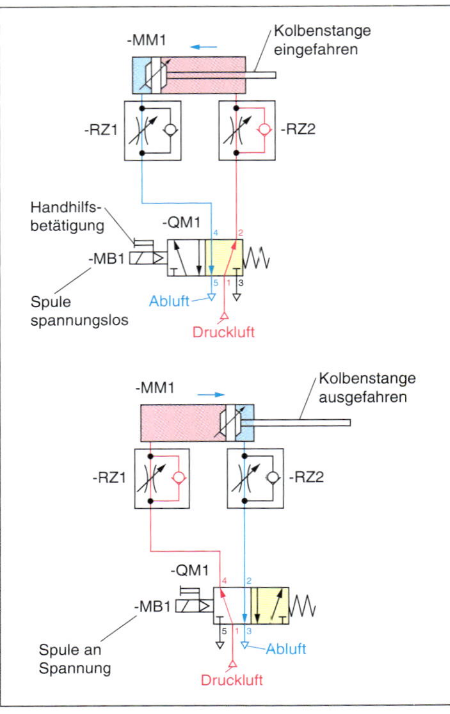

Bild 43 *Einsatz eines Wegeventils*

- Die Anschlussleitungen werden an die Ausgangsstellung des Ventils gezeichnet.
- Wenn ein Ventil geschaltet wird, dann verschiebt man *gedanklich* den Ventilblock so weit waagerecht, bis sich die Leitungen mit den Anschlüssen des Feldes decken, dessen Stellung eingenommen werden soll.

Impulsventil

Wird durch wechselseitige *elektrische* oder *pneumatische Impulse* auf Anschluss 12 oder 14 umgesteuert.

Der *Schaltzustand bleibt* nach Wegnahme des Signals *erhalten*. Das Impulsventil hat **Speicherfunktion**.

Bei Impulsventilen ist die aktuelle Schaltstellung nicht unmittelbar erkennbar. Beim Wiedereinschalten der Druckluft kann also die Kolbenstange des Zylinders sofort ausfahren (Unfallgefahr).

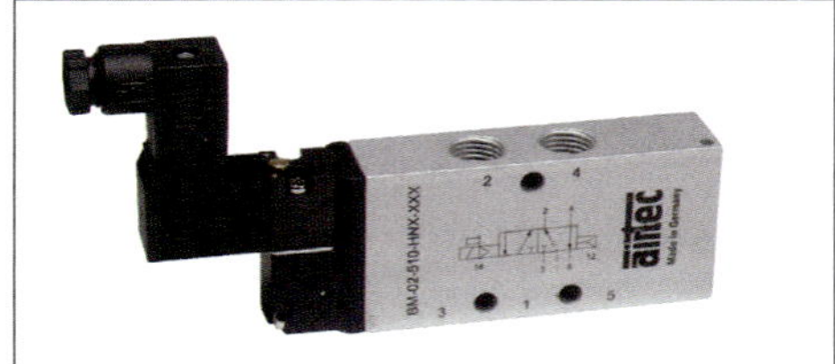

Bild 44 *Wegeventil*

Betätigungsarten			
Manuelle Betätigung		**Elektromagnetische Betätigung**	
durch Muskelkraft allgemein (Hebel, Taster, Knopf usw.)		Durch Elektromagnet direkt betätigt, d. h. Magnetanker und Schaltelement sind formschlüssig miteinander verbunden.	
durch Knopf		Durch Elektromagnet direkt betätigt mit zusätzlicher Handhilfsbetätigung.	
durch Hebel		Druckbeaufschlagung durch Kombination Elektromagnetkraft und anliegender Druckenergie: indirekt betätigt vorgesteuert. Die Druckenergie für die Vorsteuerung wird vom Druckanschluss intern (Eigenfluid) entnommen und muss der Hersteller-Mindestangabe entsprechen.	
durch Hebel mit Raste			
durch Pedal			
Mechanische Betätigung		Durch Druckentlastung des Ventils über ein elektromagnetisch betätigtes Vorsteuerventil: indirekt betätigt. Die Steuerung des Vorsteuerventils erfolgt durch Eigenfluid.	
durch Stößel oder Taster			
durch Feder		Druckbeaufschlagung durch ein indirektes betätigtes Wegeventil. Wegeventile NG 50 und größer werden mit einer doppelten Vorsteuerung ausgerüstet, um mit gleicher elektrischer Eingangsleistung wie bei Wegeventilen kleiner Nenngröße schalten zu können. Hier ist das Verhältnis Eingangsleistung elektrisch zu Ausgangsleistung pneumatisch besonders vorteilhaft groß.	
durch Tastrolle			
durch Tastrolle mit Leerrücklauf			
Pneumatische Betätigung		Durch *Druckbeaufschlagung* des Ventils über ein elektromagnetisch betätigtes Vorsteuerventil. Die Steuerung des Vorsteuerventils erfolgt durch Fremdfluid am Anschluss „Z".	Z
durch Druckbeaufschlagung			
durch Druckentlastung			
durch Differenzdruckbeaufschlagung		Durch *Druckentlastung* des Ventils über ein elektromagnetisch betätigtes Vorsteuerventil. Die Steuerung des Vorsteuerventils erfolgt durch Fremdfluid am Anschluss „Z".	Z
durch Druckbeaufschlagung, federzentrierte Mittelstellung: Ruhestellung			

Sperrventile und Stromventile

Sperrventile:
Die *Richtung* der Druckluft wird beeinflusst.

Stromventile:
Die *Durchflussmenge* der Druckluft wird beeinflusst.

- **Rückschlagventile**
  Sperren in einer Richtung den Durchfluss und geben ihn in der anderen Richtung frei. Dadurch kann ein plötzlicher Druckabfall im Zylinder vermieden werden.

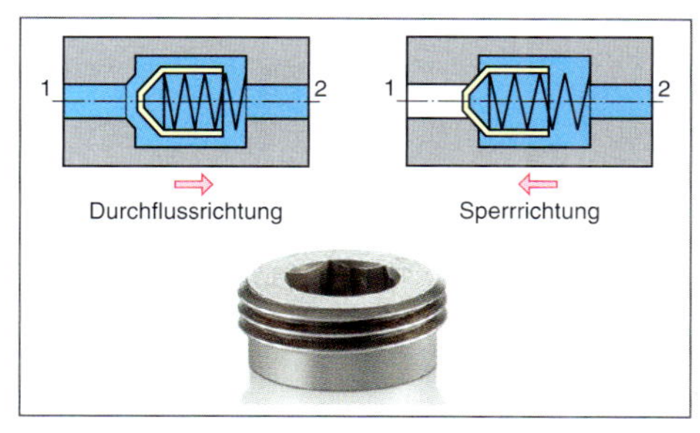

Bild 45 Rückschlagventil, Prinzip

■ **Rückschlagventil**
Durchfluss nur in eine Richtung

■ **Schnellentlüftungsventile**
sollen möglichst nahe am Zylinder montiert werden.

■ **Rückschlagventil**
mit Feder, Durchfluss nur in einer Richtung, Ruhestellung geschlossen

■ **Rückschlagventil**
entsperrbar mit Feder, durch Steuerdruck Durchfluss in beide Richtungen

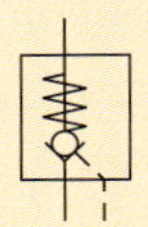

■ **Druckbegrenzungsventil**
direkt gesteuert, Öffnungsdruck über Feder einstellbar

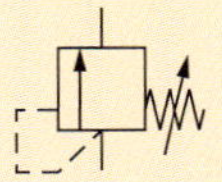

■ **Folgeventil**
eigengesteuert

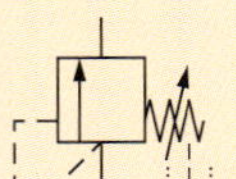

■ **Folgeventil**
eigengesteuert, mit Umgehungsventil

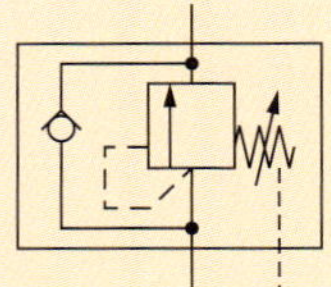

- **Wechselventile**
  Zwei Eingänge und einen Ausgang. Wenn mindestens ein Eingang mit Druckluft beaufschlag wird, strömt die Luft zum Ausgang. Es handelt sich hier um eine ODER-Funktion.

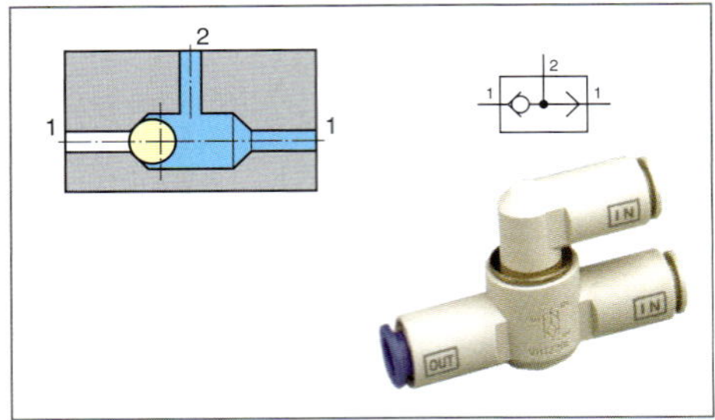

Bild 46 Wechselventil

- **Zweidruckventile**
  Nur wenn beide Steueranschlüsse mit Druckluft beaufschlagt werden, strömt die Luft zum Ausgang. Es handelt sich hier um eine UND-Funktion.

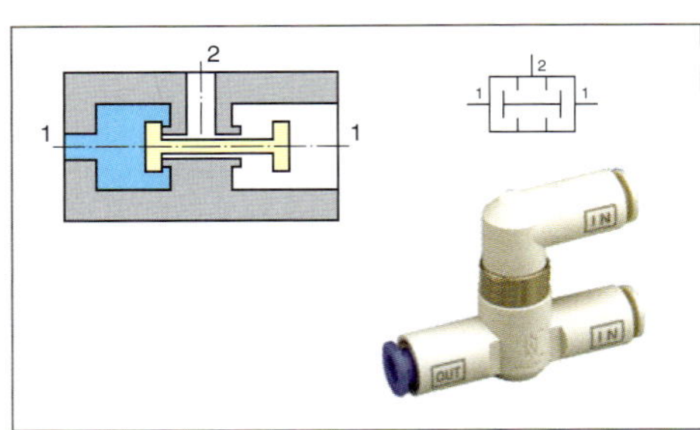

Bild 47 Zweidruckventil

- **Drosselrückschlagventile**
  Kombination von Drossel- und Rückschlagventil. In einer Richtung ist eine stufenlose Einstellung des Volumenstroms möglich (Drosselung), in der anderen Richtung unbehinderte Strömung möglich.

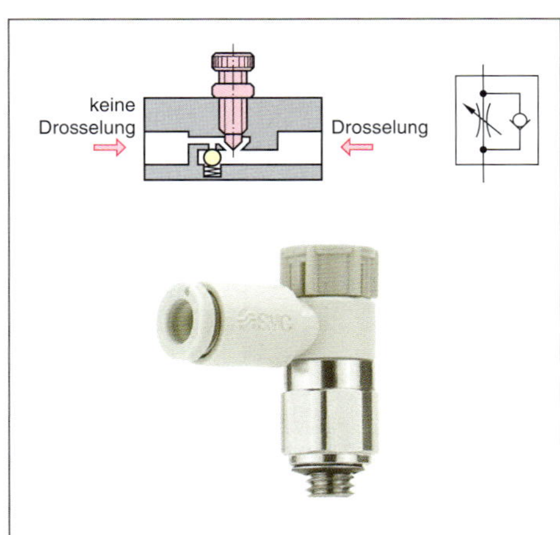

Bild 48 Drosselrückschlagventil

- **Schnellentlüftungsventile**
  ermöglichen eine schnelle Entlüftung von Pneumatikleitungen. Werden direkt am Arbeitsglied angebracht und ermöglichen höhere Kolbengeschwindigkeiten durch schnellere Entlüftung.

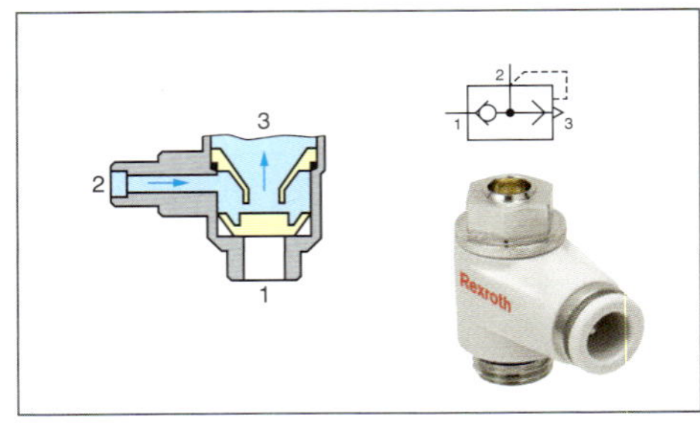

Bild 49 Schnellentlüftungsventil

- **Verzögerungsventile**
  Komponenten: Drosselrückschlagventil, 3/2-Wegeventil, Speicher.
  Steuereingang 12 wird mit Druckluft beaufschlagt.
  Je nach Drosselung wird der Speicher langsam oder schnell gefüllt. Erst nach dem der notwendige Steuerdruck aufgebaut werden konnte, schaltet das Ventil.
  Wenn entlüftet wird, schaltet das Ventil in Ausgangsstellung; der Speicher wird geleert.

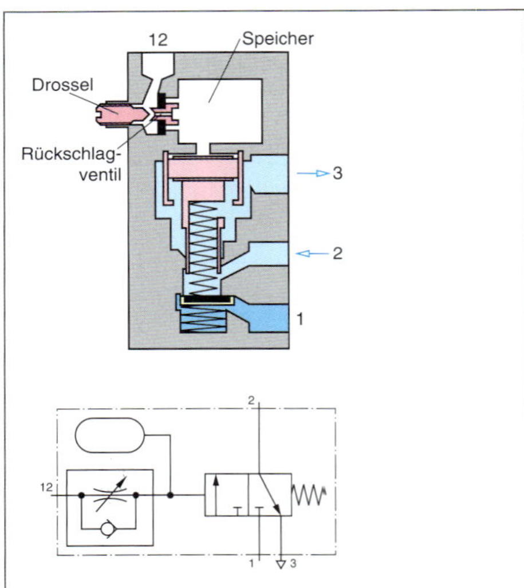

Bild 50 Verzögerungsventil

- **Druckregelventile**
  Druckregelventile ermöglichen die Einstellung eines konstanten Sekundärdrucks, der unabhängig vom Primärdruck ist.
  Eine Membran und eine Feder übernehmen die Regelung. Druckventile sind Bestandteil von Wartungseinheiten und dienen zur Regelung der Kolbenkraft eines Zylinders (Bild 51, Seite 395).

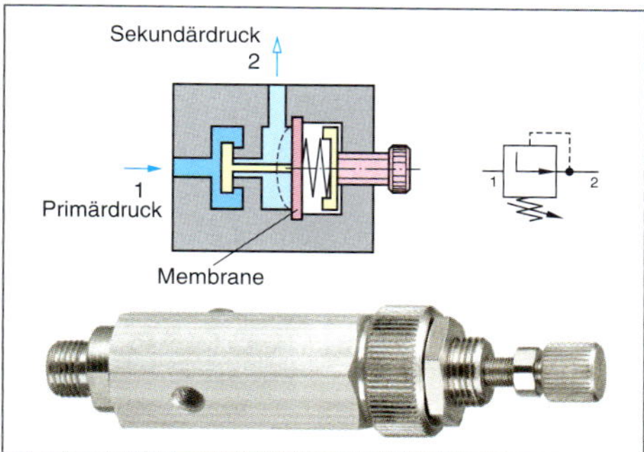

Bild 51 Druckregelventil

- **Folgeventile**
  Druckbegrenzungsventile, Zuschaltventile:
  Bei Überschreitung eines einstellbaren Drucks (Druckseite 1) wird die Kraft auf den Kolben größer als die entgegenwirkende Federkraft.
  Dadurch wird die Entlüftung 3 geöffnet. Wird der eingestellte Druck dabei unterschritten, schließt das Ventil wieder.
  Beim *Folgeventil* (Zuschaltventil) wird nicht entlüftet. Bei Öffnen des Kolbens strömt die Luft in eine Arbeitsleitung.

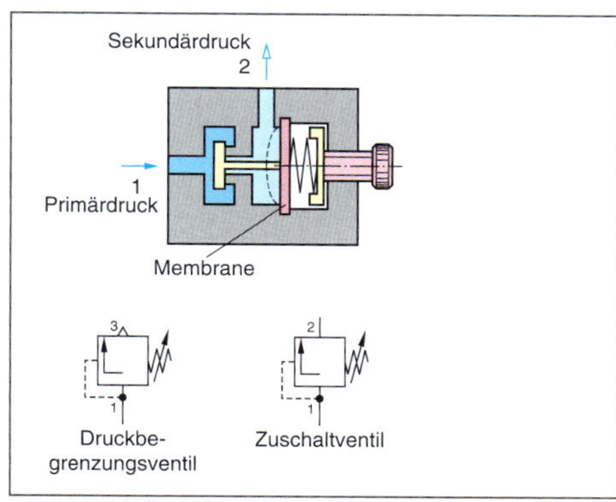

Bild 52 Folgeventil

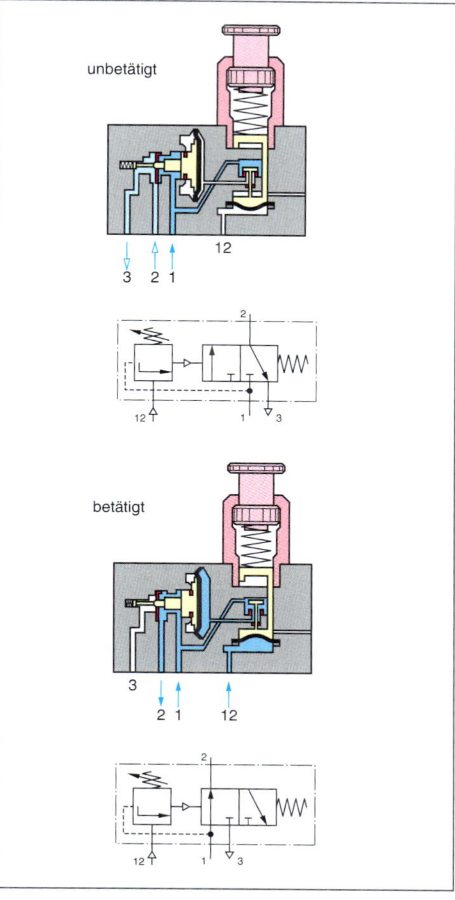

Bild 53 Druckzuschaltventil

Prüfung

1. Unterscheiden Sie zwischen Luftdruck, Überdruck und absolutem Druck.

2. Ein Druck wird mit 450000 $\frac{N}{m^2}$ angegeben.
Wie viel bar sind das?

3. Was versteht man in der Pneumatik unter dem Normalzustand?

4. Wie arbeiten direkt gesteuerte Elektromagnetventile?

Können Sie in der Pneumatik eingesetzt werden?

5. Wie arbeiten vorgesteuerte Ventile?

6. Erklären Sie die Wirkungsweise von Impulsventilen.
Worauf muss beim Einsatz von Impulsventilen besonders geachtet werden?

7. Nennen Sie einen Einsatz für Schnellentlüftungsventile.

- **Proportional-Druckbegrenzungsventil**
  direkt betätigt, Magnet wirkt über Feder auf Ventilkegel

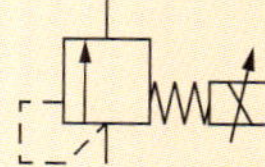

@ Interessante Links
- www.smc.de
- www.festo.de
- www.boschrexroth.com

- **Aufgabenlösungen**

@ Interessante Links
- christiani-berufskolleg.de

■ **Montage**
pneumatischer Baugruppen erfolgt durch Stecken und Schrauben.

■ **Pneumatikleitungen**
- *Schläuche aus Kunststoff oder Gummi.*
- *Rohre aus Stahl, Kupfer, Aluminium.*

Schlauch
hose

Rohr
pipe

Verschlauchung
piping

Montage
assembly

Stecken
plugging

Verschrauben
screwing

Verschraubung
threaded joint, screwed joint

Klemmring
clamp ring

■ **Schlauchleitung**

■ **Schnelltrennkupplung**
ohne Rückschlagventil, entkuppelt

6.7 Pneumatikleitungen

Die Pneumatikkomponenten werden durch **Leitungen** (i. Allg. Kunststoffschläuche) miteinander verbunden. Hierzu wird eine Vielzahl von **Verbindungselementen** angeboten.

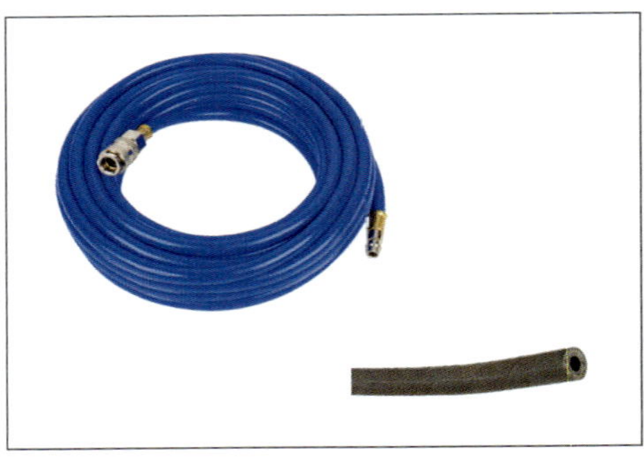

Bild 54 *Pneumatikleitungen*

Schlauchleitungen

Außen Ø in mm	2	4	6	8	10	12	16
Innen Ø in mm	1,2	2,5	4	5	6,5	8	10
mind. Biegeradius in mm	4	10	15	20	27	35	45
Betriebsdruck	0,8 MPa						
Temperaturbereich	– 20 bis + 60 °C						
Material	Polyurethan						

Außen Ø in mm	3,18	4	6	8	10	12	16
Innen Ø in mm	2,18	2,5	4	6	7,5	9	13
Material	Nylon, Weich-Nylon						

Verlegung von Pneumatikschläuchen

- Leitungslängen so kurz wie möglich halten. Aber unbedingt darauf achten, dass im Betrieb keine unzulässigen Zugspannungen auftreten.
- Minimale Biegeradien nicht unterschreiten; unbedingt Herstellerangaben beachten. Niemals unmittelbar hinter einem Schlauchanschluss biegen; niemals knicken. Pneumatikschläuche dürfen niemals scheuern.

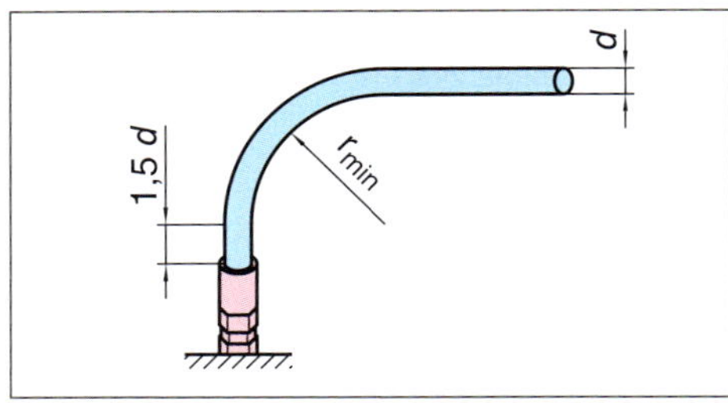

Bild 55 *Biegeradius von Pneumatikschläuchen*

- Leitungen sind vor Beschädigungen zu schützen. Der Maschinenablauf darf durch die Leitungsführung nicht behindert werden.
- Die Servicefreundlichkeit der Maschine darf durch die Leitungsverlegung nicht beeinträchtigt werden.
- Pneumatikleitungen fachgerecht ablängen; Querschnittsverringerungen vermeiden.

Bild 56 *Pneumatikschläuche*

Steckschraubverbindungen

Pneumatikschläuche werden mit **Steckschraubenverbindungen** verbunden.

- Die Steckschraubenverbindung wird in das pneumatische Bauteil eingeschraubt.
- Der Pneumatikschlauch wird in die Steckverbindung geschoben und durch einen elastischen Klemmring gesichert.
- Die Abdichtung erfolgt durch einen innen liegenden O-Ring.

Gerade Steckschraubverbindung mit Außensechskant

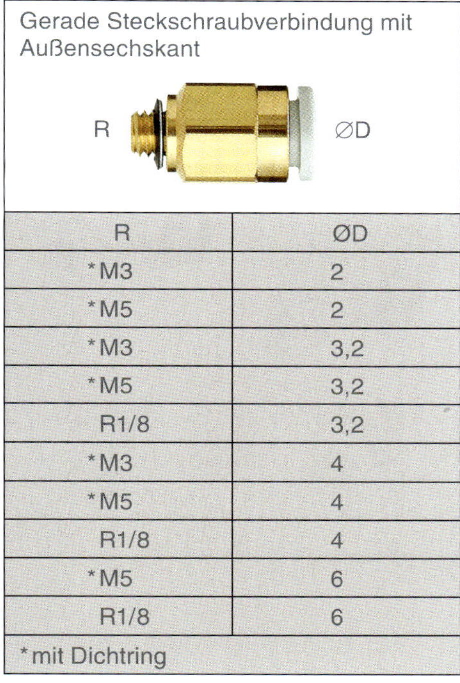

R	ØD
*M3	2
*M5	2
*M3	3,2
*M5	3,2
R1/8	3,2
*M3	4
*M5	4
R1/8	4
*M5	6
R1/8	6

*mit Dichtring

Einschraubwinkel 360° schwenkbar

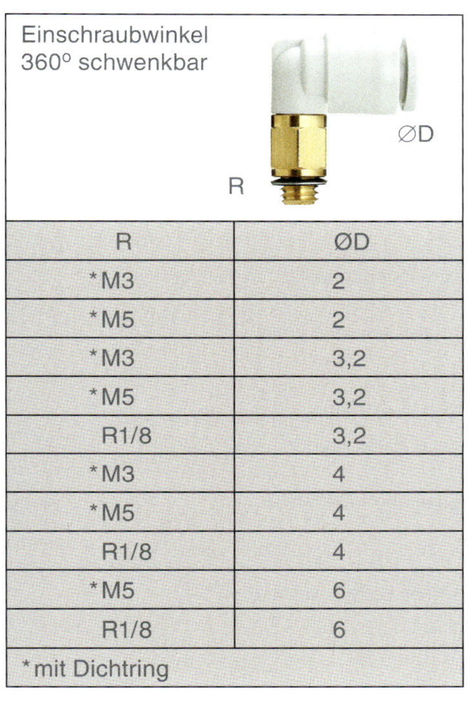

R	ØD
*M3	2
*M5	2
*M3	3,2
*M5	3,2
R1/8	3,2
*M3	4
*M5	4
R1/8	4
*M5	6
R1/8	6

*mit Dichtring

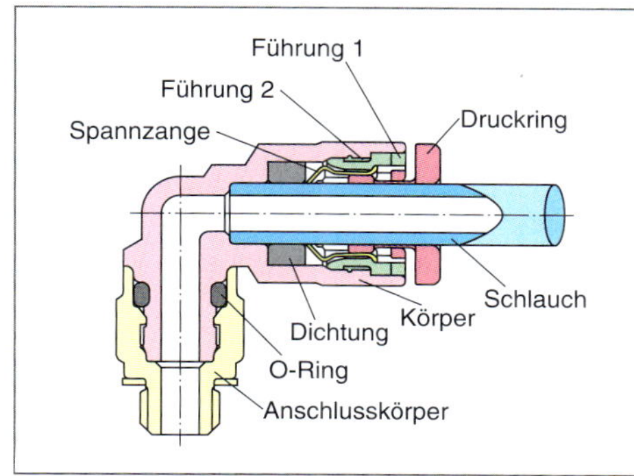

Bild 57 *Steckschraubverbindung*

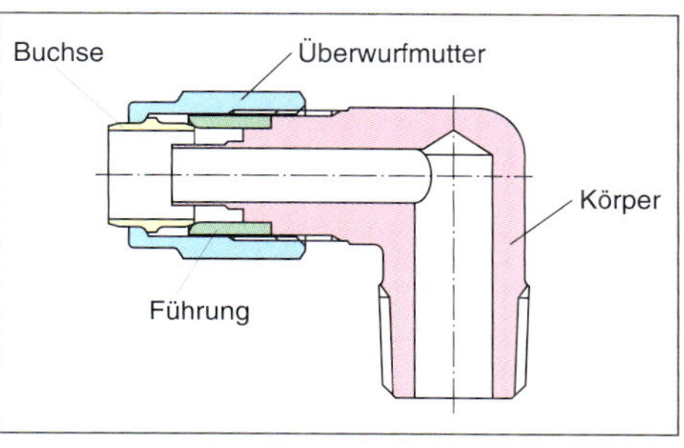

Bild 58 *Klemmringverschraubung*

Klemmringverschraubung: gerade Steckverschraubung mit Außengewinde

R	ØD	ID
R1/8	4	2,5
R1/4	4	2,5
R1/8	6	4
R1/4	6	4
R1/8	8	6
R1/4	8	6
R3/8	8	6
R1/4	10	7,5
R3/8	10	7,5
R1/2	10	7,5
R1/4	12	9
R3/8	12	9
R1/2	12	9

■ Steckverbindung

Montage

- *Rohrende rechtwinklig abschneiden und außen und innen entgraten.*
- *Rohrende bis Anschlag gegen den leichten Widerstand des O-Ringes einschieben.*

Demontage

- *Lösering gegen Armatur drücken und Rohr herausziehen.*

■ Schnelltrennkupplung

mit Rückschlagventil, entkuppelt

■ Dreiwege-Drehverbindung

1
2
3

1
2
3

■ Schnelltrennkupplung

ohne Rückschlagventil, gekuppelt

@ Interessante Links

- www.smc.de

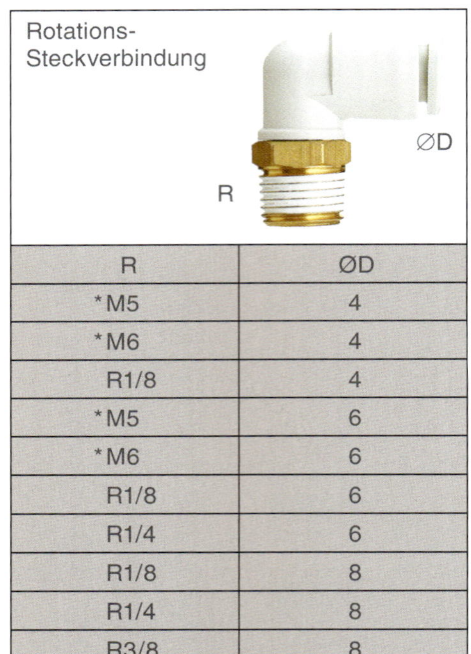

R	ØD
*M5	4
*M6	4
R1/8	4
*M5	6
*M6	6
R1/8	6
R1/4	6
R1/8	8
R1/4	8
R3/8	8
R1/4	10
R3/8	10
R1/2	10
R3/8	12
R1/2	12

*mit Dichtring

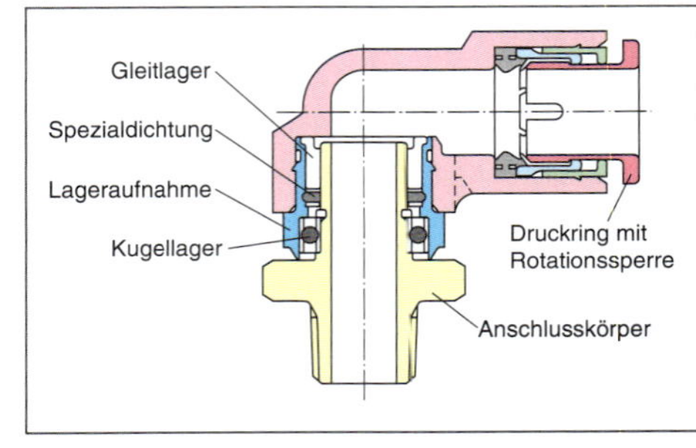

***Bild 59** Rotations-Steckverbindung*

***Bild 60** Verbindungselemente*

■ **Aufgabenlösungen**

@ Interessante Links

- christiani-berufskolleg.de

Prüfung

1. Worauf ist bei der Verschlauchung von Pneumatikbaugruppen zu achten?

2. Warum müssen beim Anschluss von Pneumatikleitungen Querschnittsverringerungen vermieden werden?

3. Beschreiben Sie Ihre Vorgehensweise bei der Verschlauchung genau.

4. Selbstverständlich dürfen Pneumatikleitungen nicht abgeknickt werden. Aber warum sind Mindestbiegeradien einzuhalten?

5. Beim Einschalten der Druckluft sind alle Schlauchverbindungen auf festen Sitz zu prüfen. Beschreiben Sie, wie Sie danach das Einschalten der Druckluft durchführen?

6. Sie sollen einen Abzweig von der Pneumatik-Hauptleitung durchführen. Wie gehen Sie dabei technisch vor?

7. Warum sollen Pneumatikleitungen mit geringem Gefälle verlegt werden?

8. Welchen Vorteil hat eine Pneumatik-Ringleitung?

6.8 Logische Verknüpfungen mit Pneumatikelementen

Funktion	Symbol, Gleichung	Pneumatik	Funktion	Symbol, Gleichung	Pneumatik
UND	E1, E2 – & – A $A = E1 \wedge E2$		**ODER**	E1, E2 – ≥ 1 – A $A = E1 \vee E2$	
NICHT	E – 1 – A $A = \overline{E}$		**Äquivalenz**	E1, E2 – = – A $A = (E1 \wedge E2) \vee (\overline{E1} \wedge \overline{E2})$	
NAND	E1, E2 – & – A $A = \overline{E1 \wedge E2}$		**Antivalenz**	E1, E2 – =1 – A $A = (\overline{E1} \wedge E2) \vee (E1 \wedge \overline{E2})$	
NOR	E1, E2 – ≥ 1 – A $A = \overline{E1 \vee E2}$		**Speicher**	E1 – S, E2 – R – A, $\bar{A}$ S Setzen R Rücksetzen	
Implikation	E1, E2 – ≥ 1 – A $A = \overline{E1} \vee E2$		**Speicher, vorrangiges Rücksetzen**	E1 – S, E2 – R1, 1 – A, $\bar{A}$	

6.9 Kennzeichnung der Schaltplanteile in der Fluidtechnik

Beispiel für einen Kennzeichnungsschlüssel	
Anlage – Medium Schaltkreis . Bauteil	
Anlagenbezeichnung	Wenn ein Fluidplan aus *mehreren* Anlagen besteht, ist die Anlagenbezeichnung (eine Zahl oder ein Buchstabe) zu verwenden. Bei nur einer Anlage kann die Anlagenbezeichnung entfallen.
Bindestrich, wenn mehrere Anlagen bezeichnet werden müssen	Wenn ein Fluidplan aus *mehreren* Anlagen besteht, wird die Anlagenbezeichnung durch einen Bindestrich getrennt vorangestellt.
Medienschlüssel	Wenn in einer Anlage der Fluidtechnik unterschiedliche Medien verwendet werden, ist ein Medienschlüssel zu verwenden. Bei nur *einem* Medium kann der Medienschlüssel entfallen. Es gilt hierbei: **P**: Pneumatik, **H**: Hydraulik, **C**: Kühlung, **K**: Kühlschmiermittel, **L**: Schmierung, **G**: Gas
Schaltkreis	Alle Komponenten, die am Aggregat oder an der Druckluftversorgung angeschlossen sind, erhalten eine Schaltkreisnummer. Es wird vorzugsweise mit der Zahl 0 begonnen und aufsteigend mit nachfolgenden Zahlen gearbeitet (1, 2, 3, usw.).
Bauteil/ Komponente	Die Bauteile (Komponenten) des Schaltkreises werden aufsteigend mit den Zahlen 1, 2, 3 usw. bezeichnet.

Beispiel für einen Kennzeichnungsschlüssel

Anwendungsbeispiele

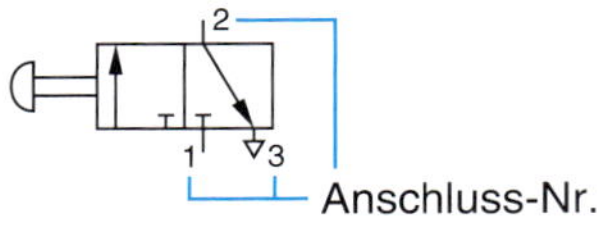

Anschluss-Nr.

Ventilanschlüsse werden mit Ziffern gekennzeichnet	
1	Druckanschlüsse, Zuleitung
2, 4, 6 ...	Arbeitsanschlüsse, Vorlauf
3, 5, 7 ...	Abflüsse, Entlüftungen
12, 14, 16 ...	Steueranschlüsse

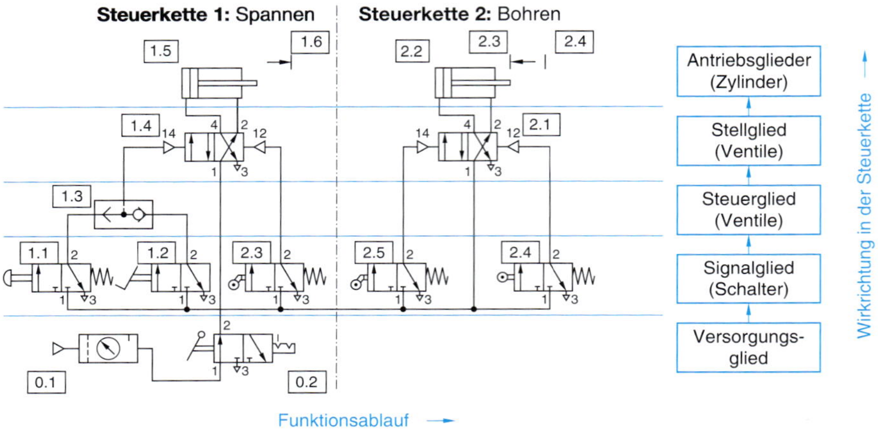

Steuerkette 1: Spannen **Steuerkette 2:** Bohren

Antriebsglieder (Zylinder)
Stellglied (Ventile)
Steuerglied (Ventile)
Signalglied (Schalter)
Versorgungsglied

Wirkrichtung in der Steuerkette

Funktionsablauf

Ein pneumatischer und hydraulischer Schaltplan wird in *Wirkrichtung* von unten nach oben gezeichnet.
Die Anlage wird in *Ausgangsstellung* dargestellt; unter Druck, jedoch vor dem Start.

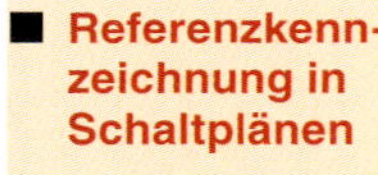

- **Referenzkennzeichnung in Schaltplänen**

→ 405, 410, 423

- **Aufgabenlösung**

@ Interessante Links

- christiani-berufskolleg.de

Prüfung

1. Zeichnung von Pneumatikplänen in alter Norm.
Erläuterung der Funktion und Darstellung in aktueller Norm. Aktualisieren Sie die Zeichnungen.

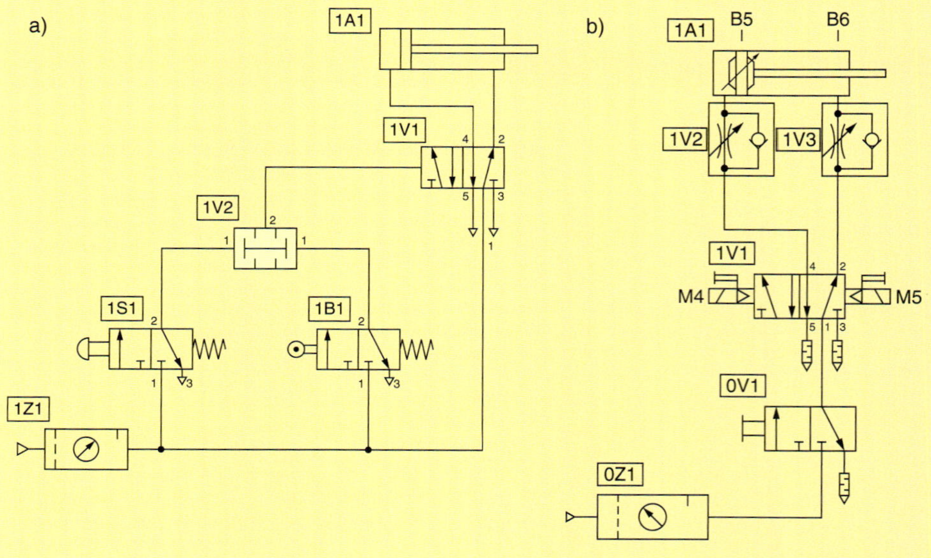

2. Beschreiben Sie den Kennzeichnungsschlüssel der Fluidtechnik.

Pneumatische Grundsteuerungen

Wegabhängige Steuerungen

Einzelbetrieb und Dauerbetrieb

Ventil SJ4 schaltet die Steuerung auf Dauerbetrieb.

Bei Einzelbetrieb muss jedes Schaltspiel durch SJ1 gestartet werden.

Gestartet wird die Steuerung durch SJ1.

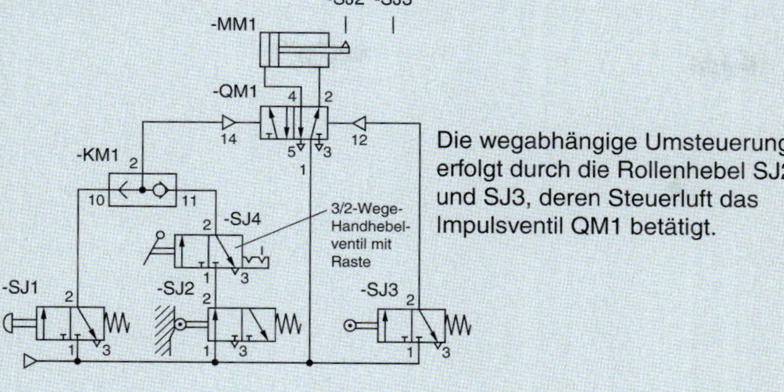

Die wegabhängige Umsteuerung erfolgt durch die Rollenhebel SJ2 und SJ3, deren Steuerluft das Impulsventil QM1 betätigt.

Bei den *wegabhängigen Steuerungen* betätigt das Arbeitselement (z. B. die Kolbenstange) ein oder mehrere *Signalglieder* und führt dadurch eine *Bewegungsänderung* herbei.

Druckabhängige Steuerungen

Wechselsteuerung

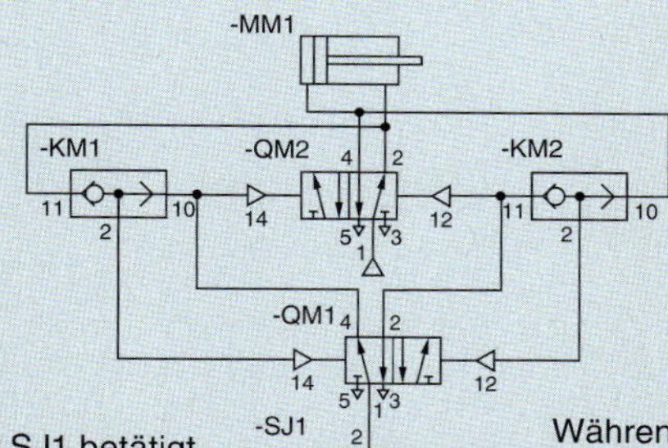

Wird das Signalglied SJ1 betätigt, wechselt die Bewegungsrichtung des Pneumatikzylinders.

Während der Bewegung schiebt der sich aufbauende Druck das Ventil KM1 in die andere Schaltstellung, wodurch bei erneuter Betätigung von SJ1 das Steuerventil QM1 umgeschaltet wird.

Die Betätigung des Steuergliedes wird durch *Druckaufbau* erreicht. Das Steuerglied schaltet nur, wenn ein *bestimmter Steuerdruck* erreicht wird.

Zeitabhängige Steuerungen

Endschalterlose Umschaltsteuerung

Der Vorlauf wird über das 3/2-Wegeventil SJ1 eingeleitet.

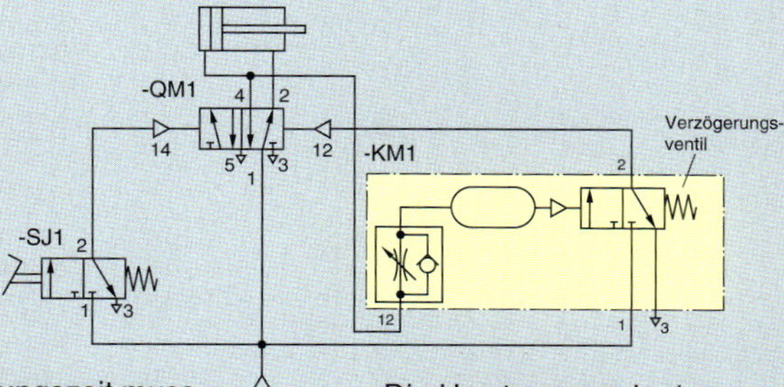

Die Verzögerungszeit muss größer als die Ausfahrzeit des Kolbens sein.

Die Umsteuerung in den Rücklauf erfolgt über das Verzögerungsventil KM1.

Bei zeitabhängigen Steuerungen ist das *Signalglied* ein *Zeitelement*.

- **Wechselventil**
→ 394
- **Refernzkennzeichnung in Schaltplänen**
→ 399, 417

- **Schnellentlüftungsventil**
→ 394
- **Verzögerungsventil**
→ 394

Pneumatische Grundsteuerungen

Geschwindigkeitsteuerungen

Beeinflussung der *Kolbengeschwindigkeit* durch *Luftstromdrosselung*.
Unterschieden wird zwischen **Zuluftdrosselung** (a) und **Abluftdrosselung** (b).

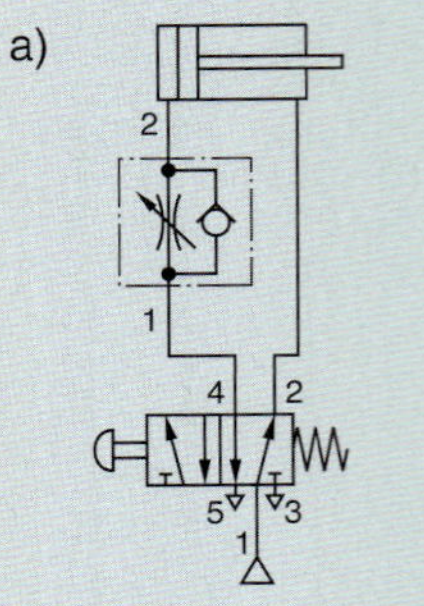

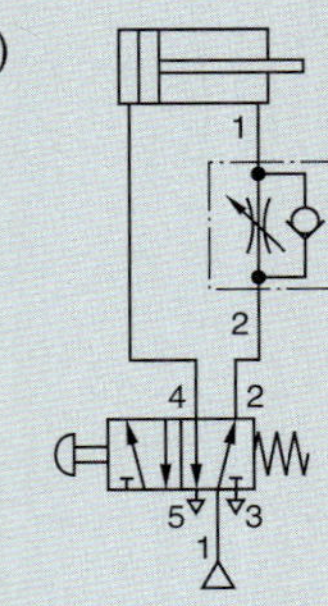

Bevorzugt wird die *Abluftdrosselung* eingesetzt, weil sie eine *gleichmäßigere* Kolbenbewegung ermöglicht (kein slip-stick-Effekt).

Gemeinsam mit der *Endlagendämpfung* bewirkt die *Abluftdrosselung* eine deutliche *Verbesserung* der *Endlagenverzögerung.*

Drosselrückschlagventil zwischen Wegeventil und Zylinder:

Geschwindigkeit entweder für den *Vorlauf* oder den *Rücklauf* einstellbar.

Zur *getrennten* Einstellung von Vor- und Rücklauf sind *zwei* Drosselrückschlagventile notwendig.

Geschwindigkeitssteuerung – Stromventil

Doppelt wirkender Zylinder

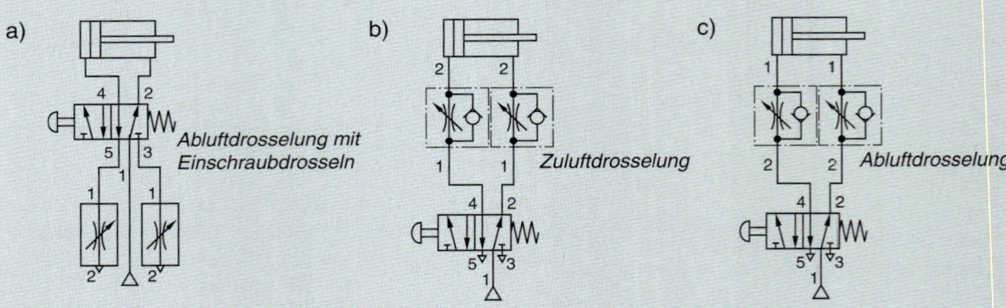

a) *Einschraubdrosseln* an den Arbeitsanschlüssen 3 und 5:
Die Einstellschrauben sind nur in *einer* Richtung durchströmbar.

b) *Drosselrückschlagventile* zwischen Wegeventil und Zylinder:
Geschwindigkeiten beim Aus- und Einfahren sind *unabhängig* voneinander einstellbar.

c) *Mechanisch verstellbares Drosselrückschlagventil:*
Durch Kontur einer *Steuerscheibe* kann die Geschwindigkeit *stufenlos* eingestellt werden.

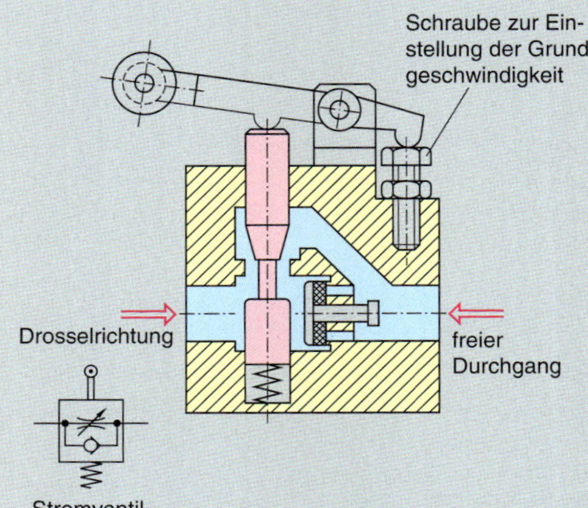

Verdrosselung
Grundgeschwindigkeit der Kolbenbewegung, die nur bei unbetätigtem Ventil vorhanden ist, kann von Hand eingestellt werden.

Ventil arbeitet als Öffner
Bei Betätigung des Ventils wächst die Geschwindigkeit mit zunehmendem Öffnungsweg an.

Ventil arbeitet als Schließer
Geschwindigkeit nimmt mit zunehmendem Schließweg ab.

Funktionsdiagramme

Symbole und Darstellungen

Handbetätigung von Signalgliedern	
	EIN
	AUS
	EIN-AUS
	Automatik-EIN
	Tippen
	Zwei-Hand-EIN
Signale	
	Signale zu einer anderen Maschine
	Signale von einer anderen Maschine
Bewegungen	
	Arbeitsbewegungen

Symbol	Bedeutung
1 2	Wahlschalter
E A	Umschalter, Automatik/ Einzelschaltung
	NOT-AUS
Signalglieder	
	mechanisch betätigt
p 8 bar	durch Druck betätigt
t 2 s	Zeitglied
---	Leerbewegungen
	geradlinie Bewegung
	nicht geradlinie Bewegung
	Schwenken
	Drehen

Signalverknüpfungen	
	Signalverzweigung
	UND-Verknüpfung
	ODER-Verknüpfung
$\bar{S}$	NICHT-Verknüpfung des Signals S
Wegbegrenzungen	
	Wegbegrenzung, allgemein
	Wegbegrenzung über Signalglied
	Wegbegrenzung durch Festanschlag (einstellbar)

Darstellung handbetätigter Signalglieder

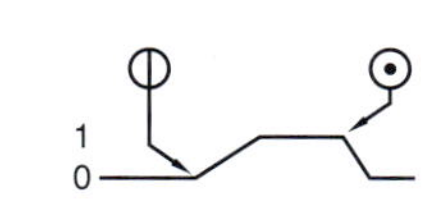

Handbetätigungen werden durch einen Kreis gekennzeichnet.

Die *Richtung des Signalflusses* wird durch Pfeile angegeben.

Darstellung mechanisch betätigter Signalglieder

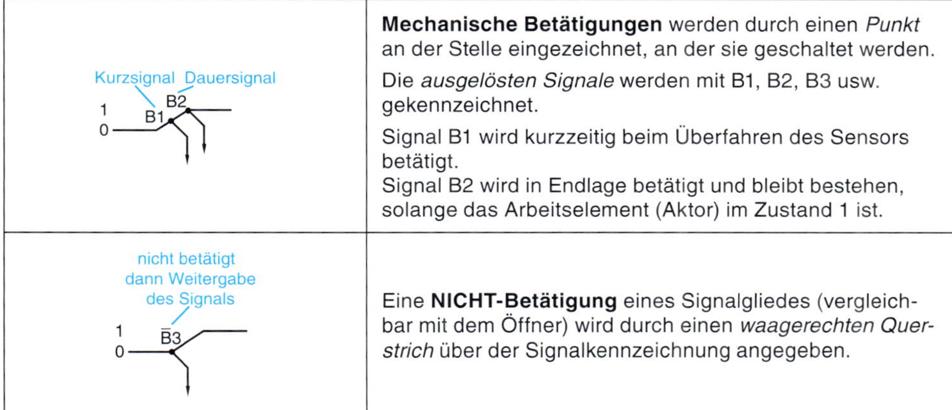

Mechanische Betätigungen werden durch einen *Punkt* an der Stelle eingezeichnet, an der sie geschaltet werden.

Die *ausgelösten Signale* werden mit B1, B2, B3 usw. gekennzeichnet.

Signal B1 wird kurzzeitig beim Überfahren des Sensors betätigt.

Signal B2 wird in Endlage betätigt und bleibt bestehen, solange das Arbeitselement (Aktor) im Zustand 1 ist.

Eine **NICHT-Betätigung** eines Signalgliedes (vergleichbar mit dem Öffner) wird durch einen *waagerechten Querstrich* über der Signalkennzeichnung angegeben.

Darstellung von Verknüpfungen, Verzweigungen und Verzögerungen

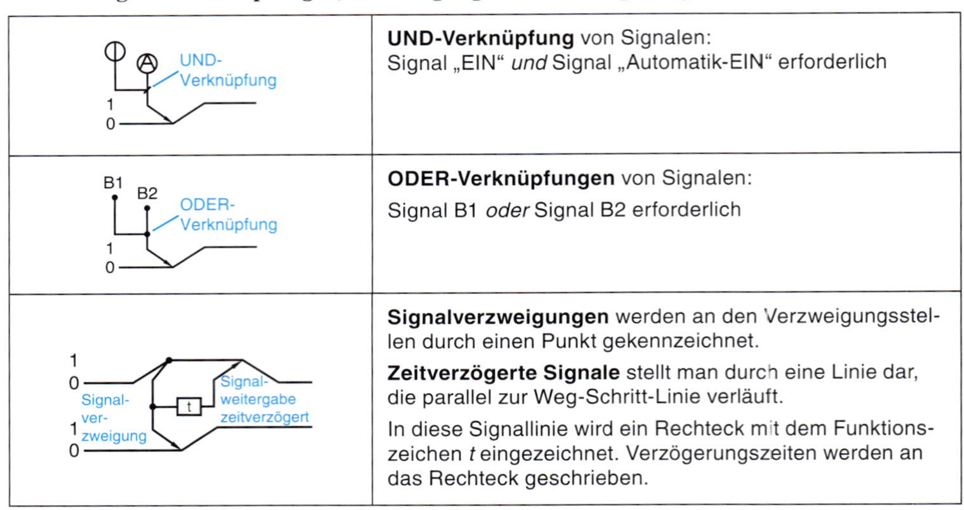

	UND-Verknüpfung von Signalen: Signal „EIN“ *und* Signal „Automatik-EIN“ erforderlich
	ODER-Verknüpfungen von Signalen: Signal B1 *oder* Signal B2 erforderlich
	Signalverzweigungen werden an den Verzweigungsstellen durch einen Punkt gekennzeichnet. **Zeitverzögerte Signale** stellt man durch eine Linie dar, die parallel zur Weg-Schritt-Linie verläuft. In diese Signallinie wird ein Rechteck mit dem Funktionszeichen *t* eingezeichnet. Verzögerungszeiten werden an das Rechteck geschrieben.

Beispiel eines Funktionsdiagramms

Baulieder: Benennung	Kurzzeichen	Zustand	Schritte 0 1 2 3 4 5 = 1
Eintaster	S0	betätigt	
Endtaster	BG1 - BG4	betätigt	
Halttaster	S11	nicht betät.	
Doppelt wirkender Zylinder (Spannen)	MM1	2 1	
Doppelt wirkender Zylinder (Bohren)	MM2	2 1	
4/2-Wege-Ventil (Stellglied)	QM1	MB1 a MB2 b	
4/2-Wege-Ventil (Stellglied)	QM2	MB5 a MB6 b	

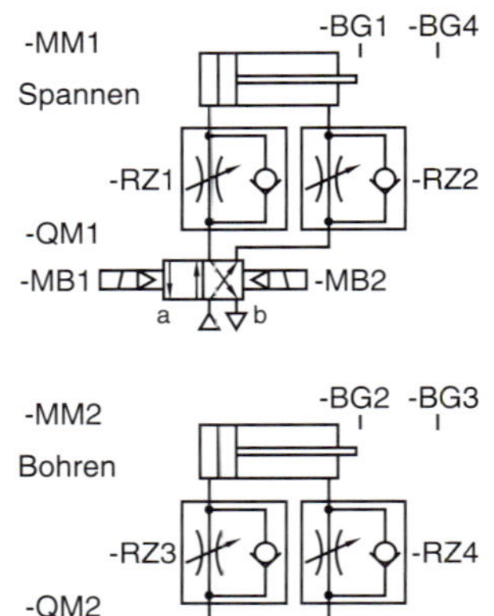

Wegabhängige Ablaufsteuerungen

Steuerung mit *zwangsweise schrittweisem Ablauf*, bei der das *Weiterschalten* (der Übergang) von einem Schritt auf den Folgeschritt vom *zurückgelegten Weg* der Arbeits- oder Stellglieder abhängig ist.

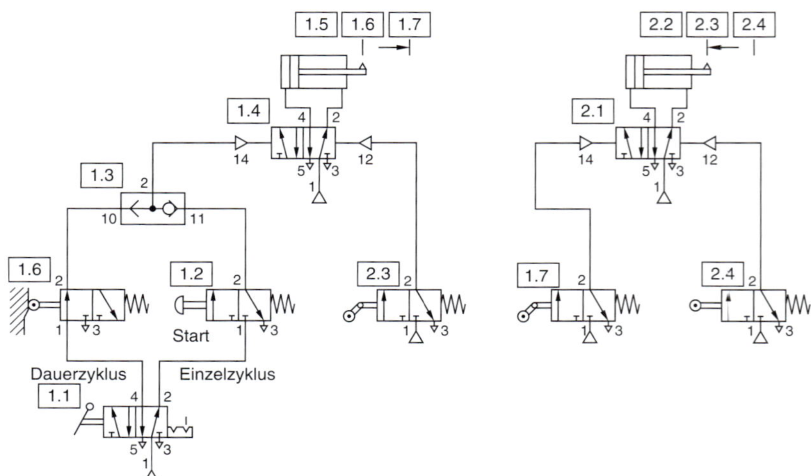

■ **Hinweis**
Bezeichnung der Pneumatikelemente hier nach ISO 1219.

Siehe Seite 399.

■ **Haupt- und Untergruppe**
→ 417

Weg-Schritt-Diagramm

Bauglied				Darstellung
Kenn-zeichen	Bennenung	Funktion	Zu-stand	Schritt 1 2 3 4 5 = 1
				1.2 1.6
1.5	Zylinder	Arbeitsglied	2 1	1.7 1.6
1.4	5/2-Wegeventil	Stellglied steuert 1.5	a b	
2.2	Zylinder	Arbeitsglied	2 1	2.4 2.3
2.1	5/2-Wegeventil	Stellglied steuert 2.2	a b	

Prüfung

1. Pneumatikstanze: Aufgabenbeschreibung siehe Seite 411.

Verwendet werden drei Pneumatikzylinder, die in vorschriebener Reihenfolge (Seite 411) angesteuert werden. Den zugehörigen Pneumatikplan finden Sie ebenfalls auf Seite 411.

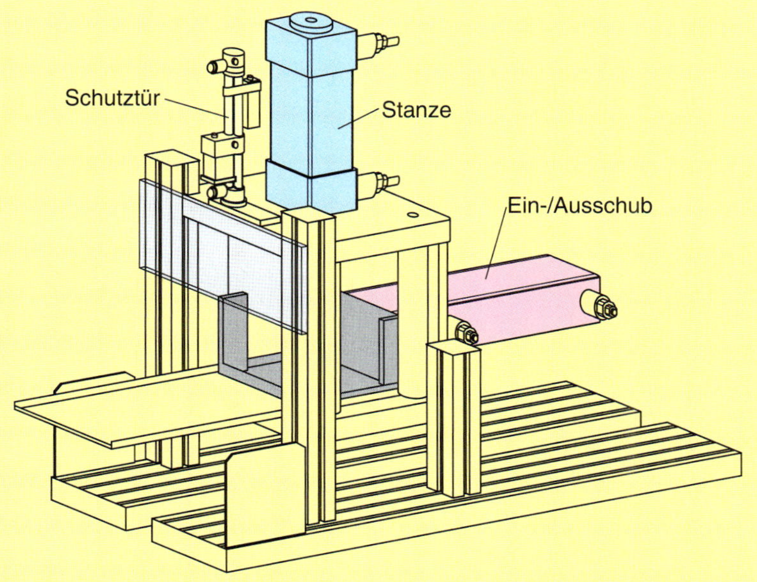

Der Aufgabenbeschreibung ist zu entnehmen, dass die Stanze als wegabhängige Ablaufsteuerung angesehen werden kann.

Erstellen Sie das Weg-Schritt-Diagramm für diese Pneumatikstanze.

■ **Aufgabenlösungen**

@ Interessante Links

- christiani-berufskolleg.de

6.10 Elektropneumatik

Wenn ein Arbeitsglied *pneumatisch bewegt* und *elektrisch gesteuert* wird, spricht man von **Elektropneumatik**.

Besonders durch Einsatz von *speicherprogrammierbaren Steuerungen* lassen sich so leistungsfähige Steuerungen wirtschaftlich aufbauen.

Elektrische Signale können *schnell verarbeitet* werden und lassen sich auch über *große Entfernungen* übertragen.

Bei elektropneumatischen Steuerungen werden **Energieteil** (Bild 62) und **Steuerteil** (Bild 63) *getrennt* dargestellt.

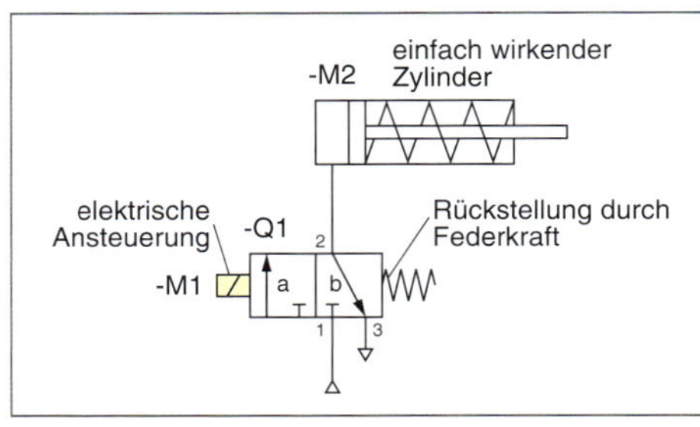

Bild 61 Energieteil

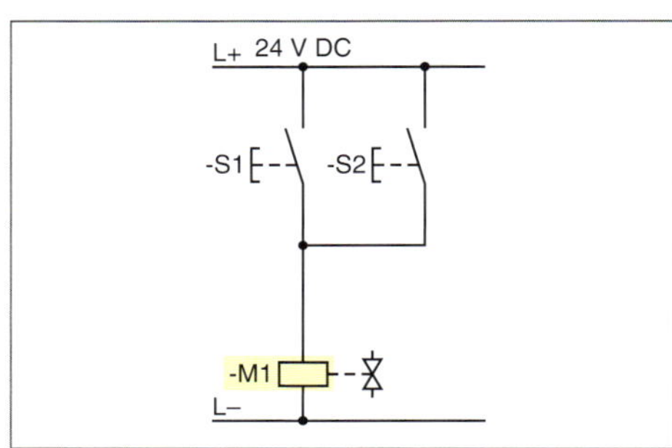
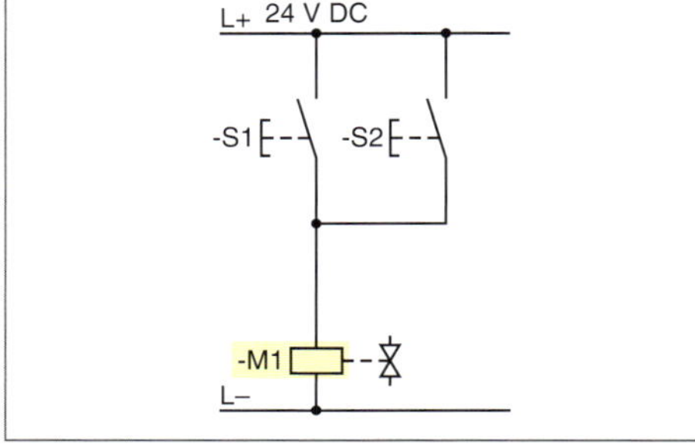

Bild 62 Steuerteil

Zu Bild 61/62:

- S1 oder S2 betätigt → Q1 schaltet in Stellung a → Zylinderstange fährt aus.
- Beide Taster S1, S2 unbetätigt → Rückstellfeder bringt Q1 wieder in Stellung b → Zylinderstange fährt ein.

Im Beispiel wird die Spule M1 des Wegeventils *direkt* angesteuert (Bild 62). Die Steuertaster S1 und S2 wirken *direkt* auf M1 ein.

Indirekte Ansteuerung

Bei der *indirekten Ansteuerung* verwendet man Schütze oder Relais (Bild 63).

Die Kontakte dieser Schütze oder Relais steuern die Magnetventile.

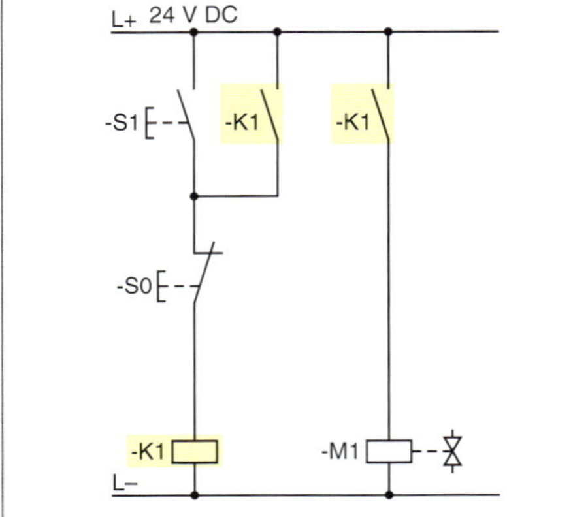

Bild 63 Indirekte Ansteuerung von M1

Zu Bild 64:

- S1 betätigt → K1 fällt ab → M 1 wird dauerhaft erregt und schaltet das Ventil.
- S0 betätigt → K1 fällt ab → M1 spannungslos → Ventil in Ausgangsstellung.

> Ventilspulen haben *keine* Selbsthaltung (außer Impulsventile).
>
> Wird dies gewünscht, muss ein *Hilfsschütz* verwendet werden, das das Steuerventil *indirekt* ansteuert.
>
> Eine Aufgabe der Hilfsschütze ist die *Signalspeicherung.*
>
> Eine weitere Aufgabe ist die *Kontaktvervielfachung*, da mit *einem* Signal häufig unterschiedliche Steuerungsvorgänge auszulösen sind.

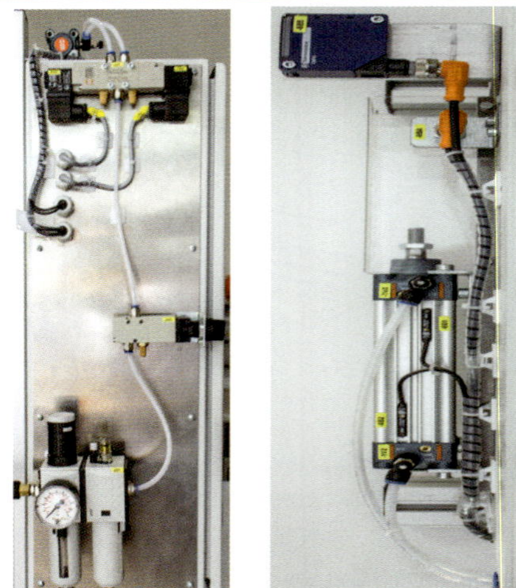

Bild 64 Elektropneumatische Schaltung

■ **Ventile**

elektromagnetisch betätigtes Ventil

Betätigung durch Elektromagnet

In der Elektropneumatik wird häufig die Versorgungsspannung 24 V DC eingesetzt (Schutzkleinspannung).

■ **Kontaktvervielfachung**

Zum Beispiel:
Ein Reed-Kontakt hat einen Schließer. Dieser Schließer wird aber an mehreren Stellen in der Schaltung benötigt. Das ist nur mithilfe eines Hilfsschützes möglich.

■ **5/2-Wegeventil, elektrisch angesteuert**

Grundschaltungen der Elektropneumatik

Steuerung eines einfach wirkenden Zylinders

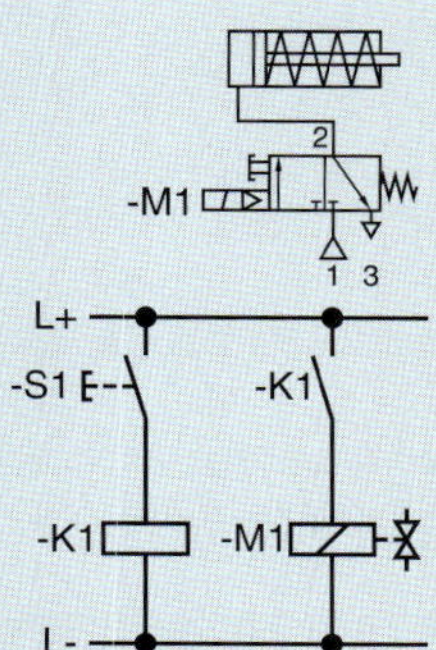

Bei Betätigung des Tasters S1 fährt die Zylinderstange aus.

Wird S1 losgelassen, kehrt dier Zylinderstange durch Federkraft in die hintere Endlage zurück.

Der Zylinder wird über ein 3/2-Wegeventil mit Federrückstellung gesteuert.

Die in der Schaltung dargestellte Position entspricht dem spannungslosen Zustand der Spule M1.

Steuerung eines doppelt wirkenden Zylinders

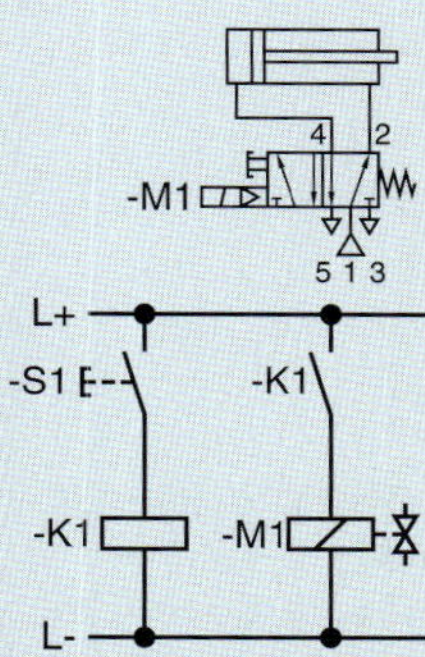

Bei Betätigung des Tasters S1 fährt die Zylinderstange aus. Wird S1 losgelassen, schaltet das 5/2-Wegeventil um und die Zylinderstange kehrt in die hintere Endlage zurück.

Der Zylinder wird über ein 5/2-Wegeventil gesteuert.

Die in der Schaltung dargestellte Position entspricht dem spannungslosen Zustand der Spule M1.

Selbsttätige Rückstellung eines doppelt wirkenden Zylinders

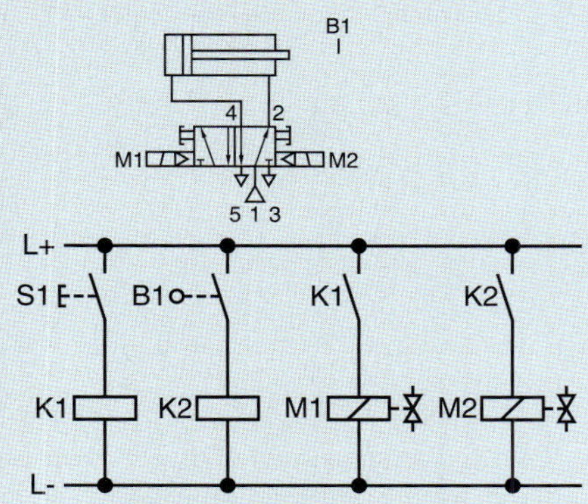

Durch kurze Betätigung des Tasters S1 fährt die Zylinderstange in die vordere Endlage.

Bei Erreichen dieser vorderen Endlage kehrt sie selbsttätig wieder in die hintere Endlage zurück.

Verwendet wird 5/2-Wegeventil (Impulsventil).

Oszillierende Bewegung eines doppelt wirkenden Zylinders

Beim Einschalten des Schalters S3 fährt die Zylinderstange so lange ein und aus, bis der Schalter S3 wieder ausgeschaltet wird.

Dann nimmt der Kolben seine eingefahrene Grundstellung wieder an.

Verwendet wird ein 5/2-Wegeventil.

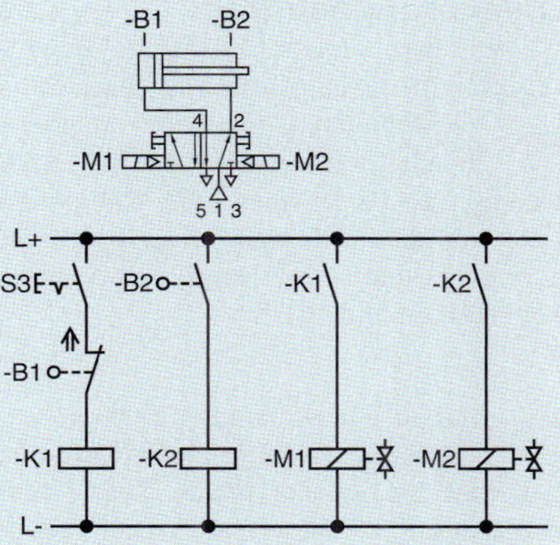

Stromlaufplan
circuit diagramm

Pneumatikplan
pneumatic circuit diagram

Funktionsplan
logic diagram

UND
AND-function

ODER
OR-function

NICHT
NOT-function

Elektrische Steuerung
electric open loop control

Elektrische Kontakte
electric contacts

Schließer
normally open contact, NO

Öffner
normally closed contact, NC

Wechsler
changeover contact

Taster
push-buttons

Näherungssensor
proximity sensor

Reedkontakt
reed contact

Reedschalter
reed switch

■ **Impulsventil**
→ 386

■ **Oszillierend**
sich ständig hin- und herbewegend

Grundschaltungen der Elektropneumatik

Doppelt wirkender Zylinder mit Selbsthaltung

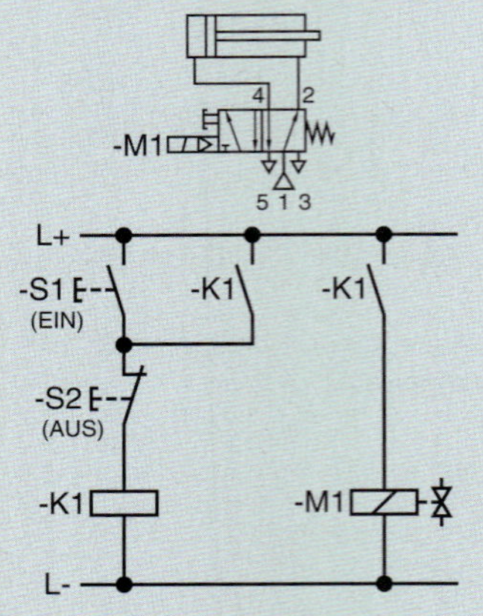

Bei kurzer Betätigung von S1 fährt die Zylinderstange aus.

Sie soll so lange in der vorderen Endlage verbleiben, bis ein zweites Signal (S2) den Kolben wieder in Ausgangsstellung bringt.

Bei Verwendung eines Wegeventils mit Federrückstellung muss die Signalspeicherung elektrisch erfolgen.

■ **Selbsthaltung**
→ 314

Zeitabhängige Zylindersteuerung ohne Selbsthaltung (Anzugsverzögerung)

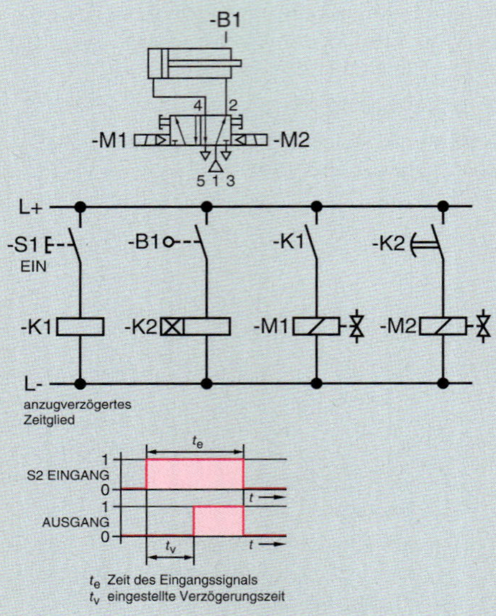

Wenn S1 kurz betätigt wird, fährt die Zylinderstange aus.

Sie verbleibt dann die eingestelle Zeit t_v in der vorderen Endlage und fährt danach wieder ein.

Verwendet wird ein 5/2-Wegeventil (Impulsventil) mit beidseitiger Betätigung.

t_e Zeit des Eingangssignals
t_v eingestellte Verzögerungszeit

■ **Anzugsverzögerung**
→ 314

■ **Impulsventil**
→ 392

Erweiterungsauftrag

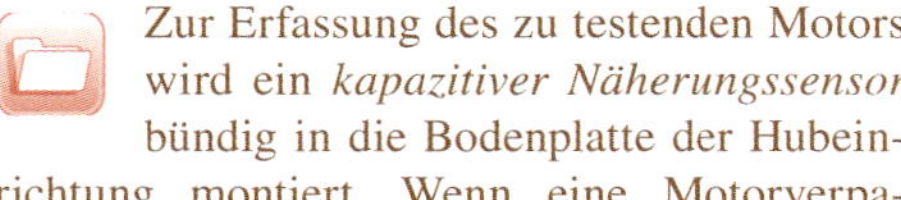

Zur Erfassung des zu testenden Motors wird ein *kapazitiver Näherungssensor* bündig in die Bodenplatte der Hubeinrichtung montiert. Wenn eine Motorverpackung von diesem Sensor erfasst wird, schaltet er durch und liefert 24 V an die Steuerung (Schließerfunktion, NO).

■ **NO**
normaly open

Das Anheben und Absenken des Motors auf dem Transportband erfolgt durch einen *doppelt wirkenden Pneumatikzylinder.* Der Zylinder wird über ein 5/2-Wege-Impulsventil gesteuert (Bild 65, Seite 409).

Die Endstellungen der Zylinderstange werden durch *Reed-Kontakte* (Zylinderschalter) erfasst. Die Reed-Kontakte haben Schließerfunktion (NO).

Das Bedienteil der Steuerung wird durch einen Schalter mit Meldelampe erweitert. Mit diesem Schalter kann die Hubeinheit ein- und ausgeschaltet werden.

- Hubvorrichtung einschalten (S5) → P4 leuchtet.
- Zylinderkolben in hinterer Endlage (eingefahren) und Sensor erkennt Motor → Kolbenstange fährt ein.
- Zylinderkolben in vorderer Endlage (ausgefahren) → Kolbenstange fährt ein.

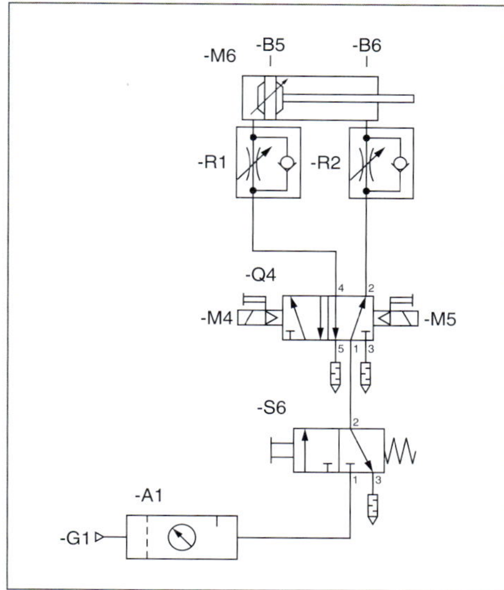

Bild 65 Pneumatikplan der Hubeinrichtung

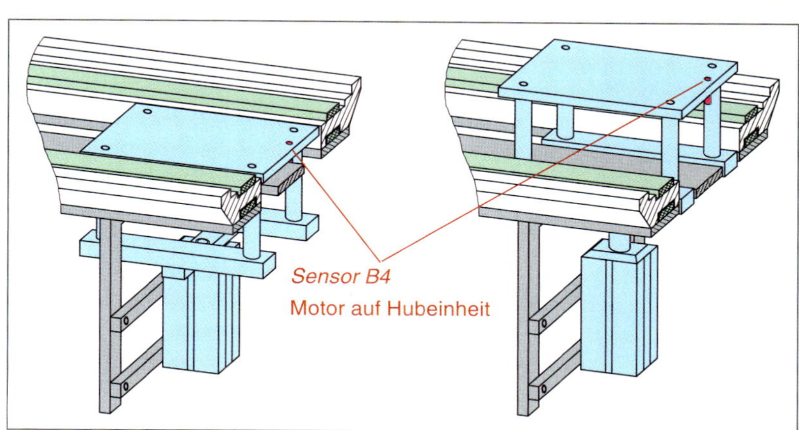

Bild 68 Hubeinheit der Prüfstation

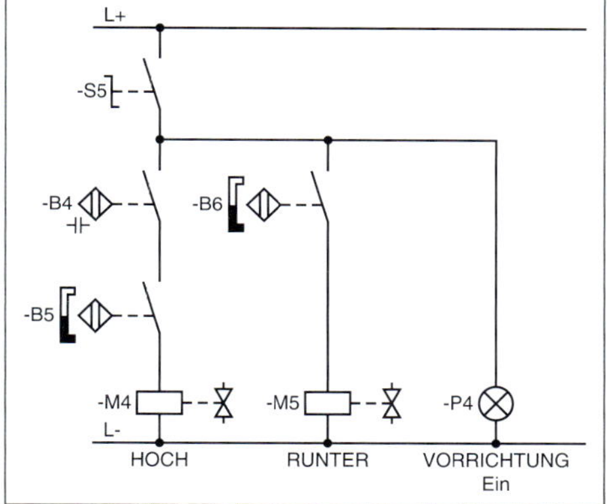

Bild 66 Steuerung der Hubeinrichtung

Fehler in der Schaltung nach Bild 66!
Nach Einfahren der Kolbenstange fährt diese sofort wieder aus. Der Motor würde also erneut angehoben und wieder abgesenkt. Und das ständig.

Fehlerursache: Die Verpackung des Motors verbleibt auf dem kapazitiven Näherungssensor B4. B4 ist also „betätigt"(Bild 68). Sobald die Zylinderstange wieder eingefahren ist (B5 schließt), liegt wieder Spannung an M4.

Abhilfe: Schaltung nach Bild 67:

Zylinderstange eingefahren (Hubeinheit unten) → B5 = „1", B6 = „0".

Kein Motor auf Hubeinheit → B4 = „0".

Schalter S5 = „0", kein Hilfsschütz angezogen.

Schalter S5 betätigen → S5 = „1".

Motor läuft auf Hubeinheit → B4 = „1"

B4 = „1" → K1 zieht an.

■ **Hubeinrichtung**
Siehe auch Seite 33.

■ **Reedkontakt**
Berührungslos wirkender magnetischer Näherungsschalter zur Endlagenabfrage von Zylindern.

- wartungsfrei
- kurze Schaltzeiten (ca 0,2 ms)
- hohe Lebensdauer
- kompakte Bauweise
- begrenzte Ansprechempfindlichkeit

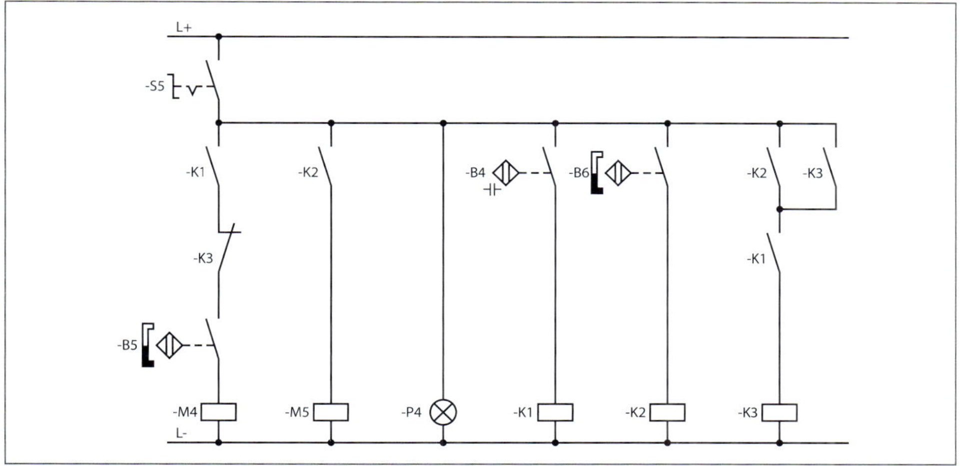

Bild 67 Steuerung der Hubeinrichtung mit Hilfsschützen, Stromlaufplan

■ **Aufgabenlösung**

Da B5 = „1“ (Zylinderstange eingefahren), liegt M4 an Spannung (M4 = „1“). Die Zylinderstange fährt aus.

B5 wird verlassen (B5 = „0“) und B6 wird erreicht (B6 = „1“); die Zylinderstange ist ausgefahren → K2 zieht an → M5 = „1“ → K3 zieht an und geht in Selbsthaltung. Die Zylinderstange fährt ein.

Solange K3 angezogen ist, kann M4 nicht wieder an Spannung gelegt werden (Verriegelung).

Erst wenn der Motor die Hubeinheit verlassen hat (B4 = „0“), fällt das Schütz K1 ab → Schütz K3 fällt ab.

Der Ausgangszustand ist wieder hergestellt, die Hubeinrichtung erwartet den nächsten Motor.

@ Interessante Links

- christiani-berufskolleg.de

Prüfung

1. Unter welcher Voraussetzung spricht man von Elektropneumatik?

2. Welche wesentlichen Aufgaben haben Hilfsschütze bei elektropneumatischen Steuerungen?

3. Beschreiben Sie die Wirkungsweise eines Reed-Kontaktes.

Welche Vorteile hat der Einsatz von Reed-Kontakten als Zylinderschalter?

4. Schaltung nach Bild 67, Seite 409.

a) Unter welcher Voraussetzung leuchtet P4?
b) Welche Aufgabe hat der Öffner von K3 im Stromkreis zur Magnetspule M4?

5. Bild 69: Erläutern Sie die Anschluss des kapazitiven Näherungssensors, der über drei Anschlussleitungen erfolgt.

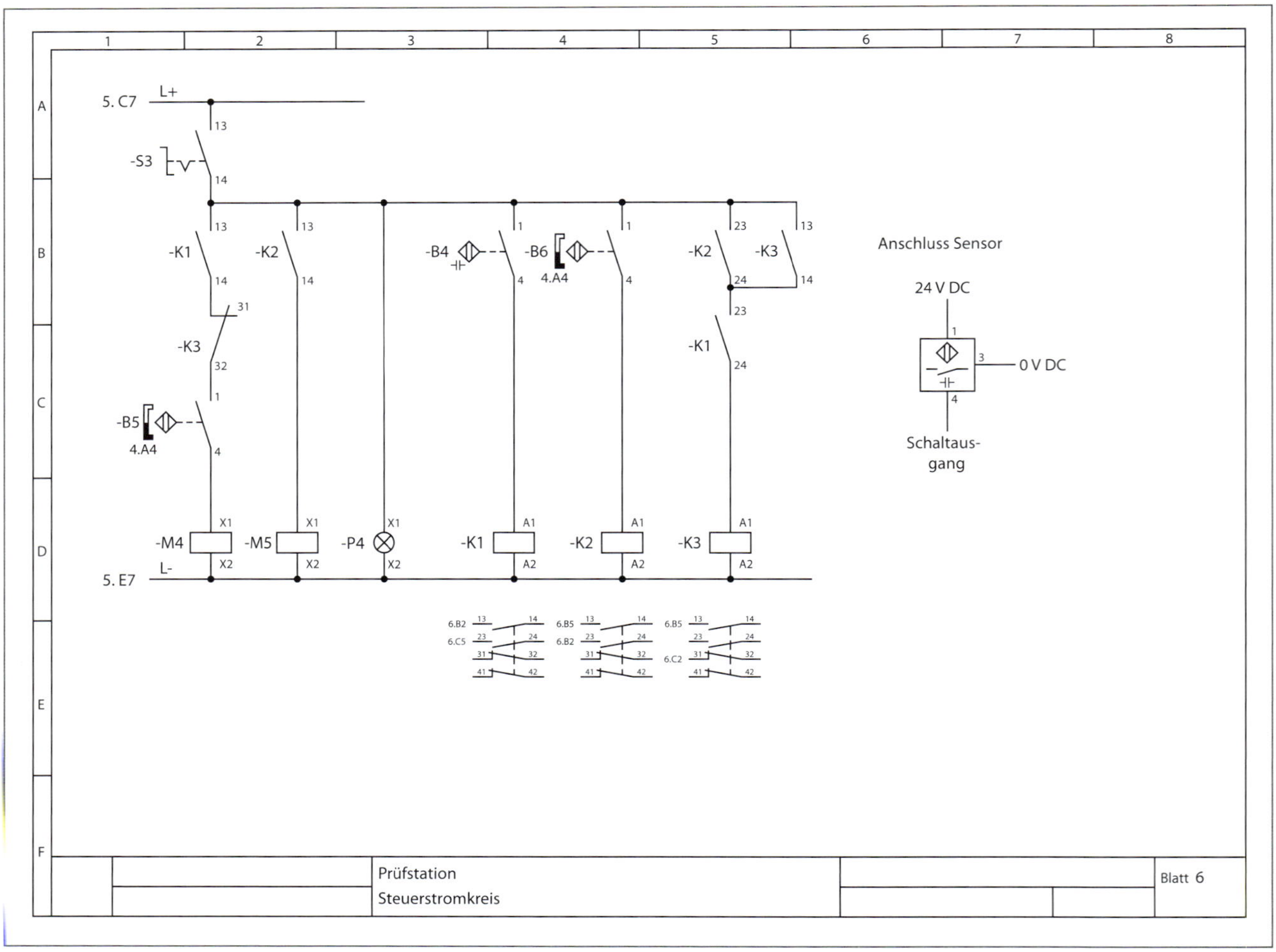

Bild 69 Schaltplandarstellung der Hubeinrichtung der Prüfstation

Projekt Pneumatikstanze

Die *Pneumatikstanze* soll folgende Funktionen erfüllen:

- Grundstellung anfahren

  Die Grundstellung
  – *Ausschub ausgefahren*
  – *Schutztür offen*
  – *Stanze oben*
  soll durch Betätigung des Schlüsseltasters S0 im Tippbetrieb angefahren werden.

  Dabei ist unbedingt folgende Reihenfolge zu beachten:
  – Stanze heben
  – Schutztür öffnen
  – Ausschub ausfahren

  Wenn die Grundstellung dabei erreicht ist, leuchtet die Meldelampe P1.

- Der Starttaster wirkt nur in Grundstellung der Stanze. Dann laufen folgende Vorgänge ab:

  – *Ausschub einfahren*
  – *Schutztür schließen*
  – *Stanze senken*
  – *Stanze heben*
  – *Schutztür öffnen*
  – *Ausschub ausfahren*

  Diese Vorgänge wiederholen sich automatisch, bis der Stopptaster betätigt wird.

  Die Meldelampe P2 signalisiert den Startvorgang nach Betätigung des Starttasters.

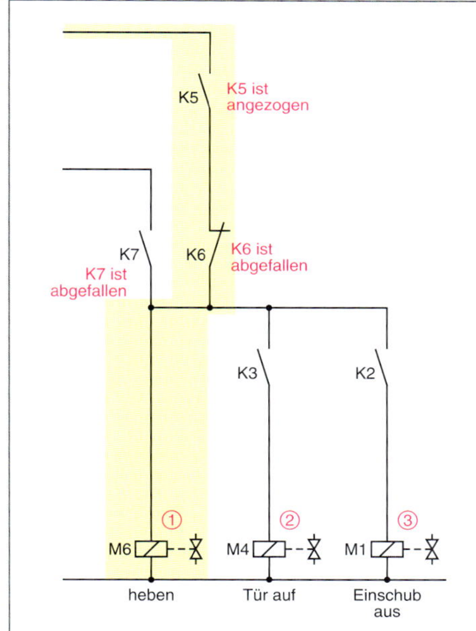

Bild 72 *Grundstellung anfahren*

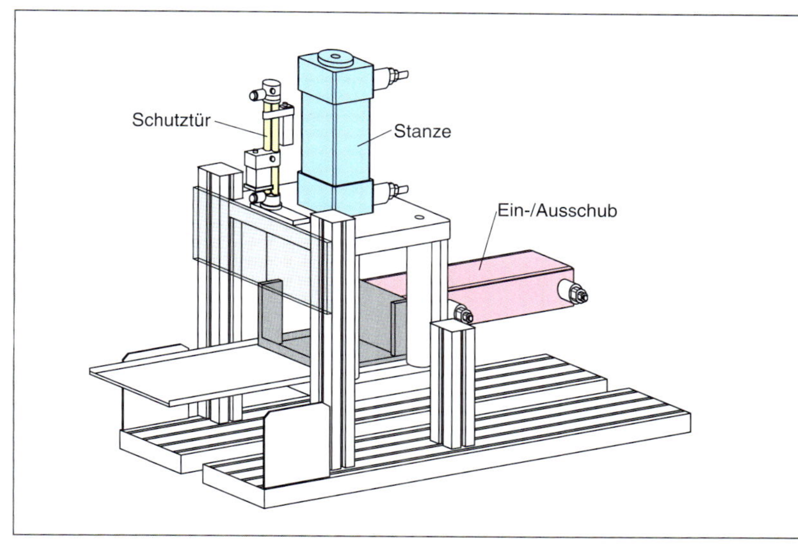

Bild 70 *Schematische Darstellung der Pneumatikstanze*

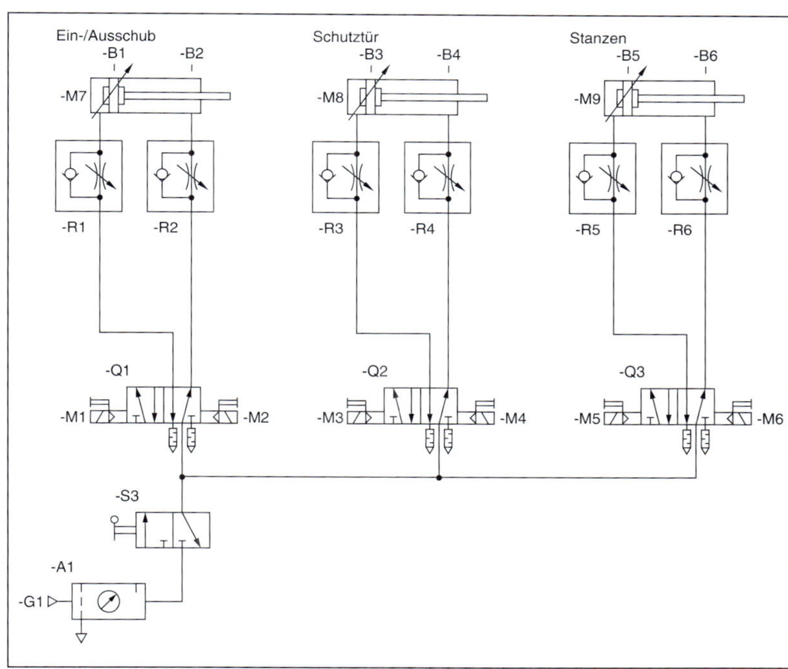

Bild 71 *Pneumatikplan der Stanze, Steuerung siehe Seite 412*

Analyse der Schaltung:
Annahme: Die Stanze steht *nicht* in Grundstellung. Der Schlüsseltaster S0 (Grundstellung) wird betätigt. Das Schütz K5 zieht an (Bild 73, Seite 412).

Stromkreis zu M6 wird aufgebaut → M6 wird erregt → Stanze fährt hoch.

B5 schaltet K3 → M4 wird erregt → Schutztür öffnen sich.

B3 schaltet K2 → M1 wird erregt → Ausschub fährt aus.

Beachten Sie den gesamten Schaltplan auf Seite 412.

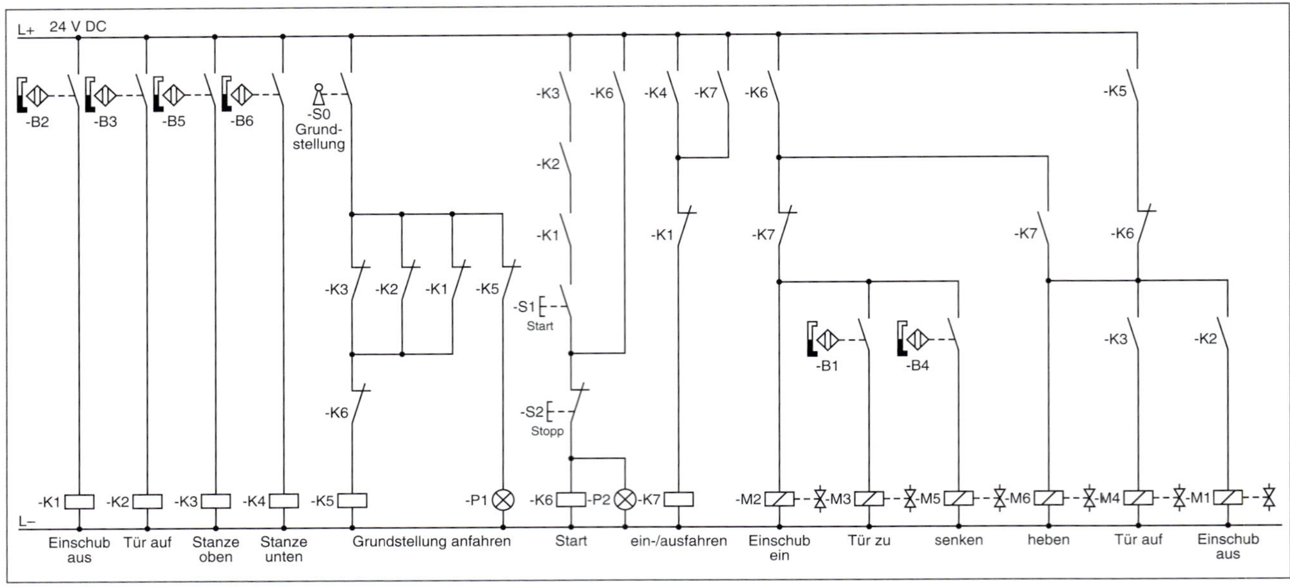

***Bild 73** Schaltplan (Steuerung) der Pneumatikstanze*

■ **Kontaktvervielfachung**
→ 406

Nacheinander werden die Stromkreise ① → ② → ③ aufgebaut (Bild 72, Seite 411).

Wenn die Grundstellung *erreicht* ist:

B5 schaltet K3
B3 schaltet K2
B2 schaltet K1

Dadurch fällt K5 ab und P1 leuchtet (Bild 74).

K6 (Startschütz) hat die Aufgabe, ein *Anfahren der Grundstellung* während des Stanzenbetriebs zu *vermeiden* (Verriegelung).

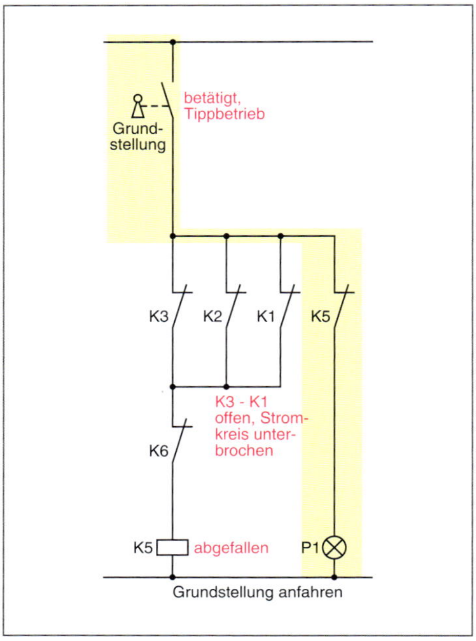

***Bild 74** Grundstellung erreicht*

Die Schütze K1 bis K4 haben die Aufgabe der *Kontaktvervielfachung* (Bild 75). Dies ist notwendig, da die Signalzustände der Reedkontakte B2, B3, B5 und B6 mehrfach, bzw. als Schließer und Öffner verwendet werden müssen.

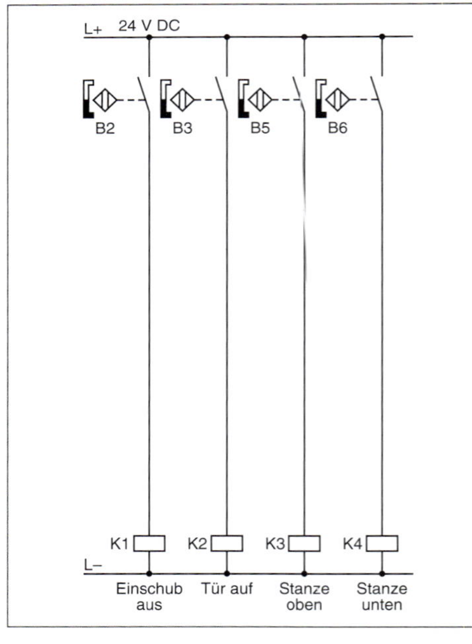

***Bild 75** Schütze zur Kontaktvervielfachung*

Hilfsschütze K1, K2 und K3 (Bild 76):

Diese drei Schütze signalisieren die *Grundstellung*. Nur wenn die Grundstellung angefahren ist (alle drei Schließer geschlossen), darf das Startschütz K6 anziehen.

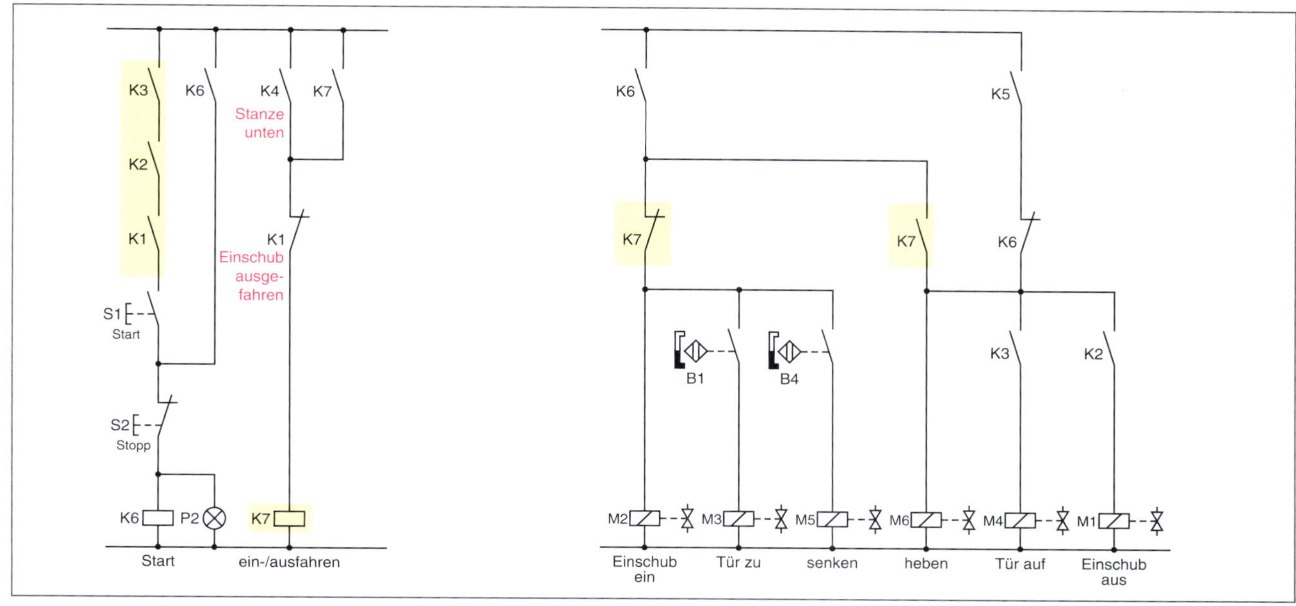

***Bild 76** Startbedingung über Schütz K7*

Das Schütz K7 unterscheidet *zwei Zustände:*

Einschub einfahren, Schutztür schließen, Stanze senken.

Die Elektromagnete der vorgesteuerten Wegeventile werden in der *richtigen Reihenfolge* erregt.

Nach *Abschluss* dieser Vorgänge zieht K7 an. Gesteuert durch B6 und Schütz K4.

Stanze heben, Schutztür öffnen, Einschub ausfahren.

Auch hier werden die Elektromagnete der Wegeventile in der *richtigen Reihenfolge* erregt.

Nach Abschluss dieser Vorgänge fällt K7 ab. Gesteuert durch B2 und K1.

Bei Betätigung des Stopptasters S2 fällt K6 ab. Die Magnetventile sind dann nicht mehr ansteuerbar.

SPS-Programm der Stanze

Das Programm wird hier auf der Grundlage der vorliegenden Schützsteuerung entwickelt.

Dies ist nicht unbedingt professionell, zeigt aber sehr gut die logischen Zusammenhänge auf und ist somit eine sehr gute Übung.

Der **Anschlussplan** der Sensoren und Aktoren an die SPS ist in Bild 77 dargestellt.

Die zugehörige **Symboltabelle** finden Sie auf Seite 414.

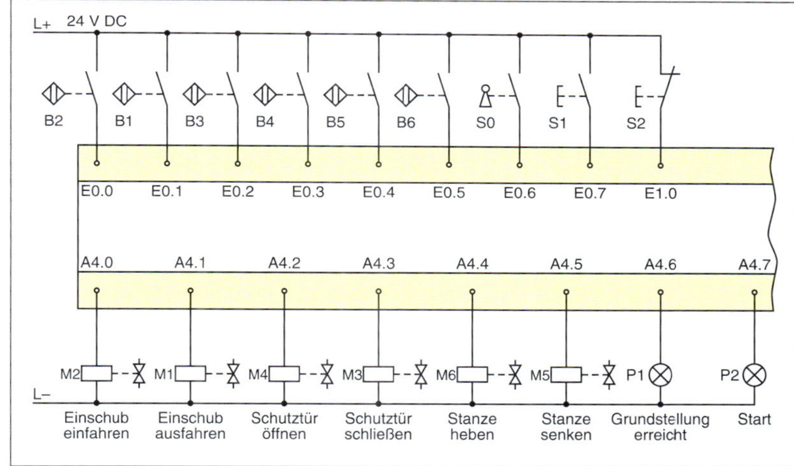

***Bild 77** Anschlussplan der Pneumatikstanze*

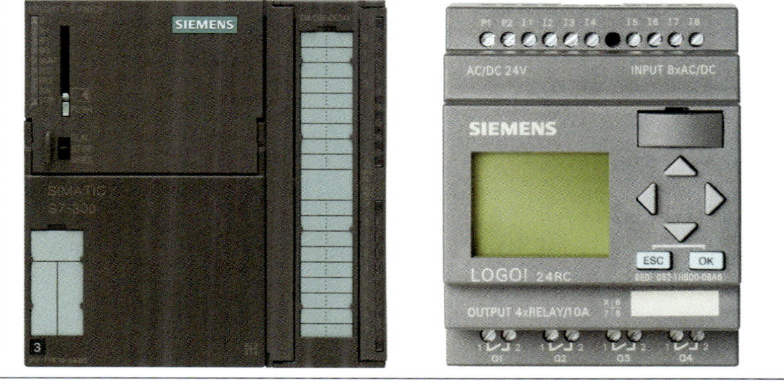

***Bild 78** Speicherprogrammierbare Steuerung (SPS) und Kleinsteuerung*

■ **BOOL**
Datentyp BOOL; dargestellt werden können die Signalzustände „0“ und „1“.

Boolsche Variable benötigen einen 1-Bit-Speicher.

Symboltabelle

Symbol	Adresse	Datentyp	Kommentar
ausschub_ausgef	E0.0	BOOL	Reedkontakt B2, NO
ausschub_eingef	E0.1	BOOL	Reedkontakt B1, NO
schutztuer_offen	E0.2	BOOL	Reedkontakt B3, NO
schutztuer_gschl	E0.3	BOOL	Reedkontakt B4, NO
stanze_oben	E0.4	BOOL	Reedkontakt B5, NO
stanze_unten	E0.5	BOOL	Reedkontakt B6, NO
grundstellung_anfahren	E0.6	BOOL	Schlüsseltaster S0, NO
start_taster	E0.7	BOOL	S1, NO
stopp_taster	E1.0	BOOL	S2, NC
EINSCHUB_EINF	A4.0	BOOL	M2
EINSCHUB_AUSF	A4.1	BOOL	M1
SCHUTZTUER_OEFFNEN	A4.2	BOOL	M4
SCHUTZTUER_SCHLIESSEN	A4.3	BOOL	M3
STANZE_HEBEN	A4.4	BOOL	M6
STANZE_SENKEN	A4.5	BOOL	M5
MELD_GRUNDST	A4.6	BOOL	P1
MELD_START	A4.7	BOOL	P2

Steuerungsprogramm

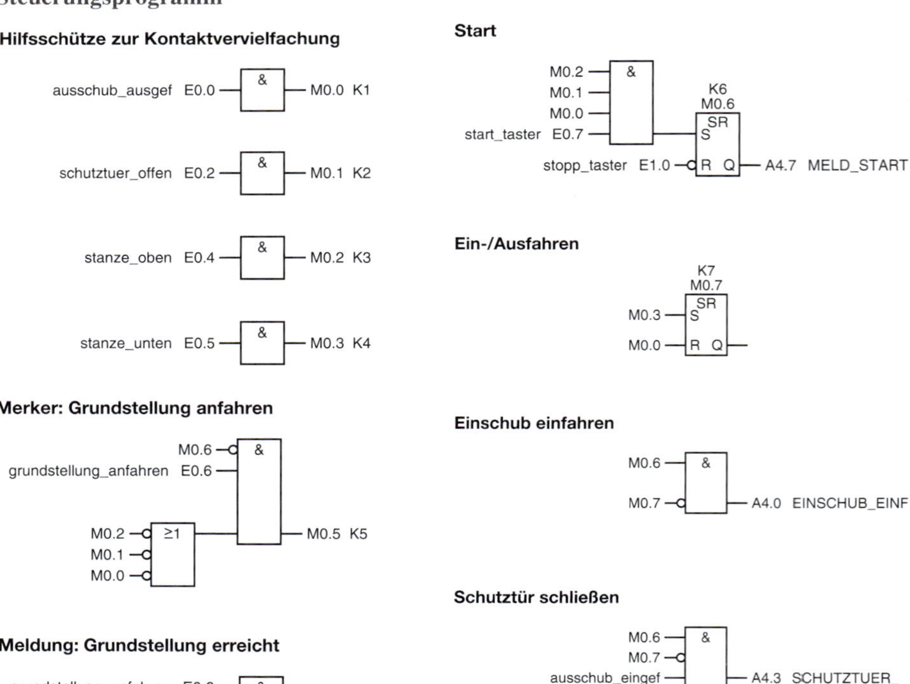

Stanze senken

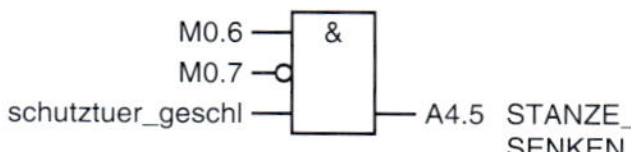

Hilfsmerker

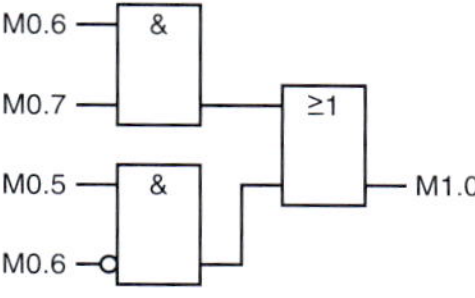

Stanze heben

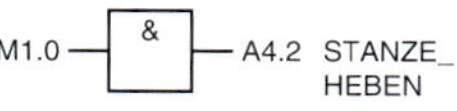

Schutztür öffnen

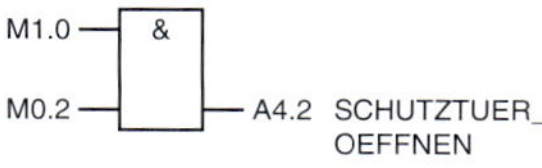

Einschub ausfahren

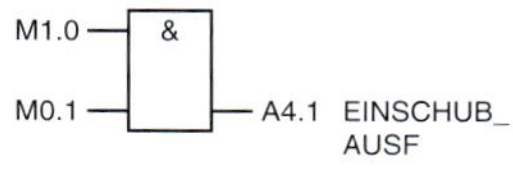

Die **Checkliste** zum Programmtest finden Sie auf Seite 416.

Wie bereits erwähnt, ist das obige Steuerungsprogramm direkt an die elektropneumatische Steuerung angelehnt. Damit ist es sicherlich nicht sehr professionell.

Nachfolgend ist eine andere Variante des Programms dargestellt, die höheren Ansprüchen genügt.

Initialisierung

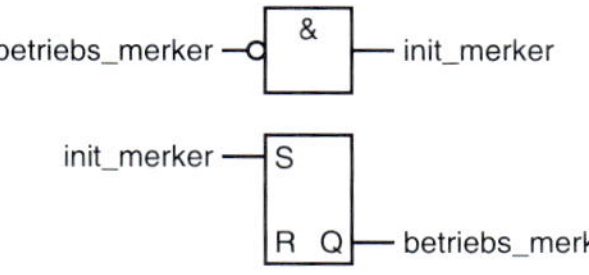

Startmerker

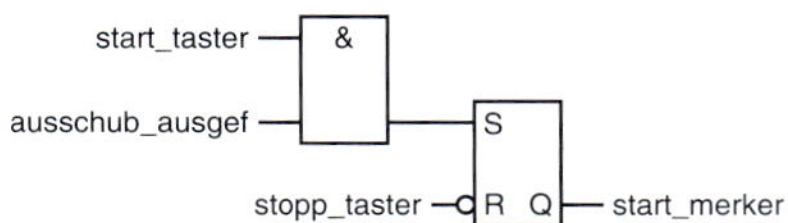

Initialisierungsschritt

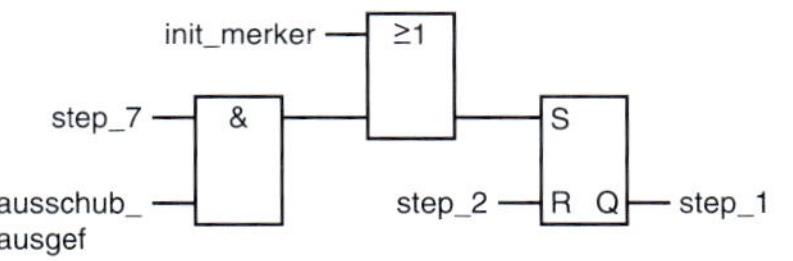

Schritt 2

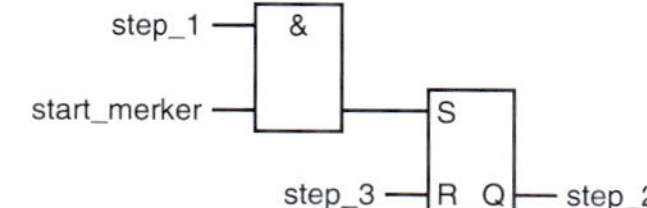

Schritt 3

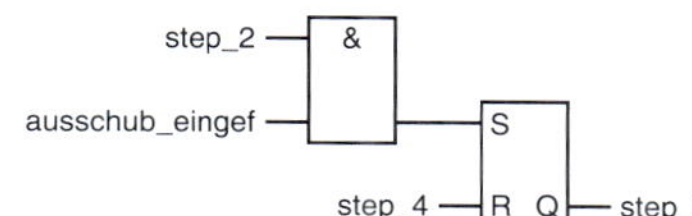

Schritt 4

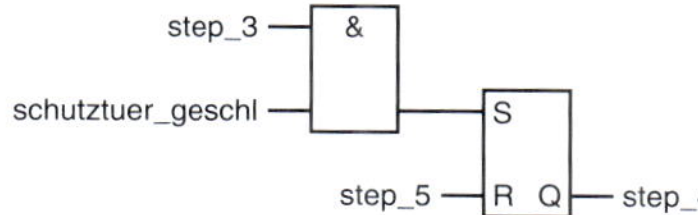

Schritt 5

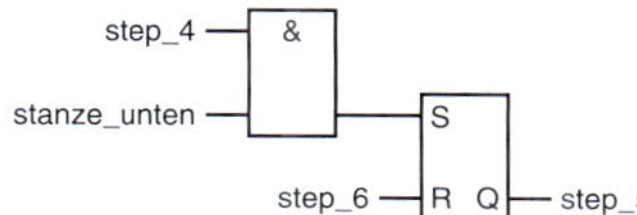

Schritt 6

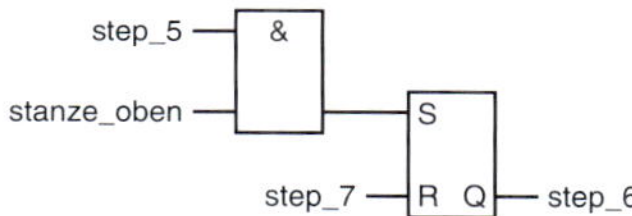

Schritt 7

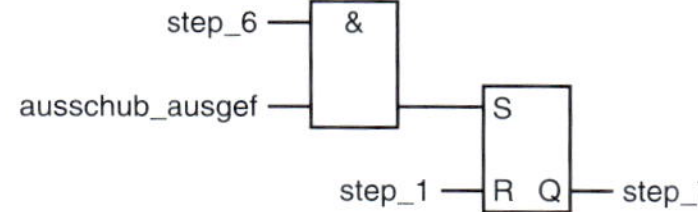

Befehlsausgabe

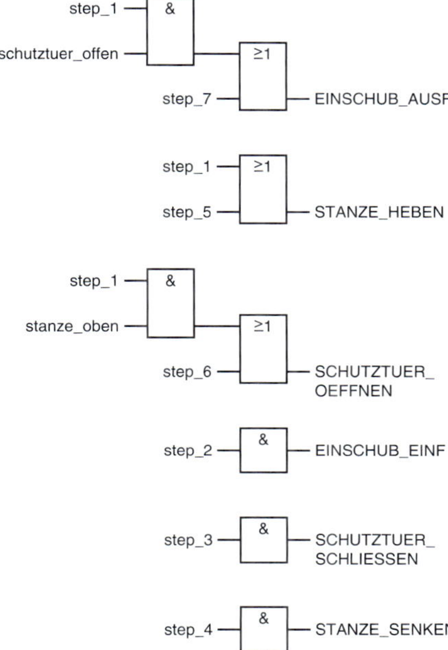

Checkliste zum Programmtest

Annahme: Grundstellung ist nicht angefahren.

Ausgangssituation: E1.0 = „1“ (Stopptaster)		
Nr.	Handlung	Wirkung
1	Starttaster E0.7 : 1 → 0	keine Reaktion, da Grundstellung nicht angefahren
2	Grundstellungstaster E0.6 = 1	A4.4 = 1 Stanze heben
3	Stanze oben E0.4 = 1	A4.2 = 1 Schutztür öffnen
4	Schutztür offen E0.2 = 1	A4.1 = 1 Ausschub ausfahren
5	Ausschub ausgefahren E0.0 = 1	A4.1 = 0, A4.2 = 0, A4.4 = 0 Meldung Grundstellung: A4.6 = 1
Die Grundstellung der Stanze ist erreicht.		
6	Grundstellungstaster E0.6 = 0	A4.6 = 0
7	Starttaster E0.7 : 1 → 0	A4.0 = 1, A4.7 = 1 Einschub einfahren, Meldung Start
8	E0.0 = 0 E0.1 = 1	A4.3 = 1 Schutztür schließt
9	E0.2 = 0 E0.3 = 1	A4.5 = 1 Stanze senken
10	E0.4 = 0 E0.5 = 1	A4.0 = 0, A4.3 = 0, A4.5 = 0 A4.4 = 1 Stanze heben
11	E0.5 = 0 E0.4 = 1	A4.2 = 1 Schütztür öffnet sich
12	E0.3 = 0 E0.2 = 1	A4.1 = 1 Ausschub ausfahren
13	E0.1 = 0 E0.0 = 1	A4.0 = 1 Ausschub einfahren
14	Stopptaster E1.0 : 0 → 1	alle Ausgänge abgeschaltet

■ **Aufgabenlösung**

@ Interessante Links

- christiani-berufskolleg.de

Prüfung

1. Worin besteht der wesentliche Unterschied der beiden Programmvarianten für die Pressensteuerung?

2. Erläutern Sie die Aussage der Darstellung.

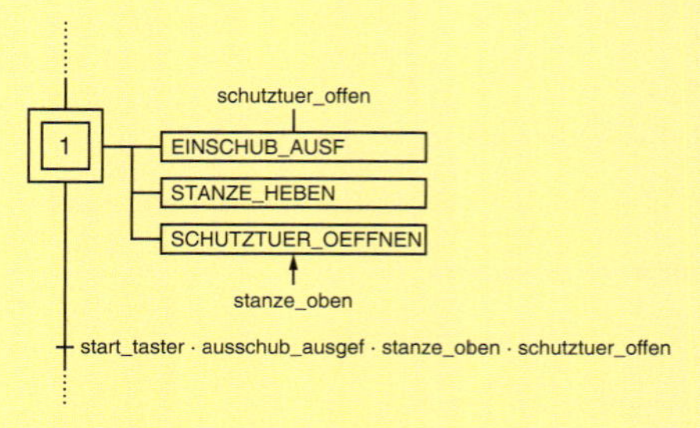

3. Stellen Sie die gesamte Pressensteuerung in GRAFCET dar.

4. Welche Aufgabe hat die Initialisierung einer Ablaufkette?

Referenzkennzeichnung in Schaltplänen der Fluidtechnik

Die Normen *DIN EN 81346-1* und *DIN EN 81346-2* haben die Zielsetzung, in allen Schaltplänen der *Elektrotechnik*, *Mechanik* und *Fluidtechnik* ein *einheitliches Kennzeichnungssystem* zu verwenden. Wegen der engen Verknüpfung der Elektrotechnik und Fluidtechnik ist ein solches Kennzeichnungssystem sehr praxisrelevant.

Die Norm *ISO 1219-2* macht Angaben zum *Bezeichnungsschlüssel für die Symbole der Fluidtechnik*. Die *verkürzte Kennzeichnung* besteht aus *Schaltkreisnummer* und *Bauteilnummer*. Zum Beispiel:

Die Norm *DIN EN 81346-2* beinhaltet auch Angaben in Form von *Kennbuchstaben* für Symbole der Fluidtechnik, zu mechanischen und elektrischen Bauteilen (Objekte genannt).

Diese *Referenzkennzeichnung* gliedert sich in *Haupt-* und *Unterklassen*. Oftmals beschränkt man sich auf die Darstellung der *Hauptklasse*.

Hauptklassen für Objekte aus allen Technologiebereichen

Hauptklasse		Unterklasse		Beispiele
A	Mehrere Zwecke, Hauptzweck nicht bestimmt, Kennzeichnung frei wählbar	**AA–AE** **AF–AK** **AL–AY** **Z**	Elektrotechnik Informationsverarbeitung Maschinenbau Kombinationen	Wartungseinheit, Anlage, PC
B	Eingangsgröße umwandeln in ein zur Weiterverarbeitung verwendetes Signal	G P S T	Eingang: Abstand, Lage Eingang: Druck, Vakuum Eingang: Geschwindigkeit Eingang: Temperatur	Sensor, Tachogenerator, Drehzahlmesser
C	Energiespeicherung	A M	Elektrotechnik Lagerung von Stoffen	Kondensator, Druckspeicher, Hydrotank
E	Strahlung, Wärme, Kälte erzeugen	A Q	Beleuchtung Kälte	Lampe, Wärmeaustauscher
F	Schutz vor unerwünschten Zuständen	B C L	Fehlerströme Überströme Druck	RCD, Überstromschutzeinrichtung, Sicherheitsventil
G	Energieerzeugung, Signal- und Materialfluss	A B L M P Q S T Z	Strom durch mech. Energie Strom aus chem. Umwandlung Fluss fester Stoffe (stetig) Fluss fester Stoffe (unstetig) Fluss fließfähiger Stoffe Fluss gasförmiger Stoffe Fluss durch Treibmedium Fluss durch Schwerkraft Kombinierte Angaben	Generator, galvanische Elemente, Pumpe, Kompressor, Lüfter, Hydraulikaggregat, Lüfter, Drucköler
H	Neue Art von Material oder Produkt erzeugen	L Q W	Zusammenbau Filtern Mischen	Handhabungsautomat, Filter, Rührwerk
K	Verarbeitung von Signalen und Informationen	F H K	Elektrische Signale Fluidtechnische Signale Verknüpf. untersch. Signale	Hilfsschütz, Relais, Zeitrelais, Vorsteuerventil
M	Bereitstellung mechanischer Energie zu Antriebszwecken	A B M S	Elektromagnetismus Magnetismus Fluidische Kraft Chemische Umwandlung	Elektromotor, Ventilspule, Pneumatikmotor, Hydraulikmotor
P	Information darstellen	F G H	Einzelzustände, visuell Einzelvariablen, visuell Text- und Bildform	Leuchtmelder, Anzeigegerät, Manometer, Monitor, Drucker

Hauptklassen für Objekte aus allen Technologiebereichen

R	Begrenzen, Stabilisieren	**M** **N** **P** **Z**	Rückflussverhinderung Durchflussbegrenzung Schalldämmung Kombinierte Angaben	Drossel, Rückschlagventil, Schalldämpfer, Drossel-Rückschlagventil
S	Signalwandlung durch Handbetätigung	**F** **J**	In elektrisches Signal In fluidtechnisches Signal	Schalter, Taster, handbetätigtes Ventil
T	Umwandlung von Energie, Signal oder Form eines Materials	**A** **B** **M**	Energieform beibehalten Energieform ändern Spanabhebung	Transformator, Netzteil, Werkzeugmaschine
U	Objekte in definierter Lage halten	**B** **Q**	Elektrische Leitungen Montage/Fertigung	Leitungskanal, Greifer, Sauger
V	Produktverarbeitung	**L**	Abfüllen von Stoffen	Fülleinrichtung
W	Leiten und Führen	**N**	Ströme	Druckluftschlauch
X	Verbinden	**M**	Flexible Umschließungen	Schlauchkupplung

Beispiele

Bezeichnung	Bedeutung (zum Beispiel)
BG	Näherungsschalter
BP	Druckschalter
KF	Relais
KH	Fluidregler
MB	Betätigungsspule (Elektromagnet)
MM	Fluidzylinder
QA	Schütz, Leistungsschalter
QM	Wegeventil
RN	Drossel
RZ	Drosselrückschlagventil
SJ	Ventil, handbetätigt
CM	Hydrauliktank
GZ	Hydraulikaggregat
MA	Elektromotor
PG	Anzeigeeinheit
PF	Meldelampe
RM	Rückschlagventil
QN	Druckbegrenzungsventil

Aufbau des Referenzkennzeichens

–	R	Z	1
Das **Vorzeichen** definiert den Kennbuchstaben als: – Produkt, Komponente + Einbauort = Funktion	**Hauptklasse:** 1. Kennbuchstabe **R**: Begrenzen	**Unterklasse:** 2. Kennbuchstabe **Z**: Kombinierte Aufgabe	**Zählnummer:** Fortlaufende Nummer für gleichartige Bauteile
–RZ1 bezeichnet ein Drosselrückschlagventil.			

7 Technische Kommunikation

Technische Zeichnungen waren lange Zeit das einzige Hilfsmittel, mit denen der Konstrukteur seine Anforderungen zur Herstellung von Bauteilen in die Werkstatt geben konnte.

Obwohl heutzutage immer mehr Bildschirmarbeitsplätze in den Betrieben vorhanden sind, werden Zeichnungen, gerade in den Werkstätten aber weiterhin benötigt.

Technische Zeichnungen müssen *alle notwendigen* Angaben zur Herstellung eines einzelnen Bauteils, einer Baugruppe oder eines kompletten Produkts enthalten. Dies geschieht in *grafischer* oder auch schriftlicher Form.

7.1 Projektionsmethoden

Da räumliche Ansichten sehr anschaulich sind, aber spätestens bei der Bemaßung sehr schnell unübersichtlich werden, bedient man sich verschiedener *Projektionsmethoden*, bei denen das Bauteil aus verschiedenen Blickrichtungen dargestellt werden kann.

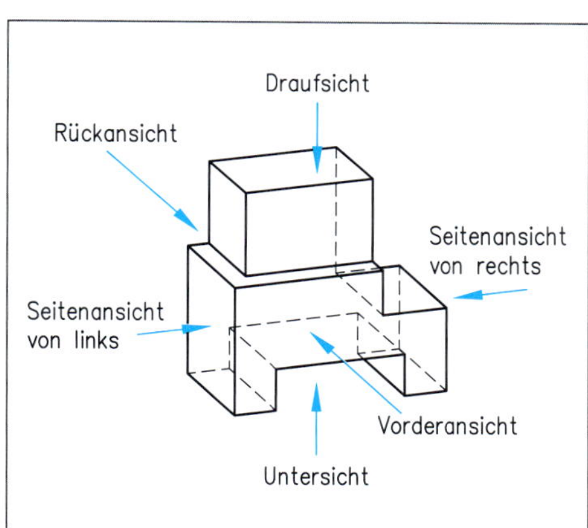

Bild 1 *Ansichten am 3D-Körper*

Projektionsmethode 1

Die Projektionsmethode 1 findet überwiegend Anwendung in Deutschland und in den meisten europäischen Ländern.

Die Projektionsmethode 1 wird im *Schriftfeld* mit folgendem Symbol angegeben.

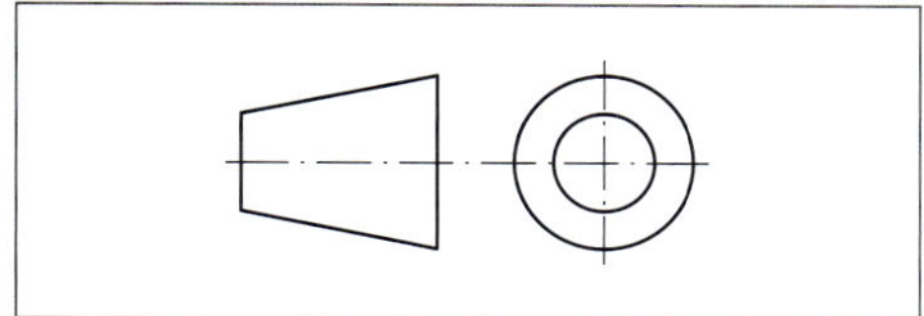

Bild 2 *Symbol Projektionsmethode*

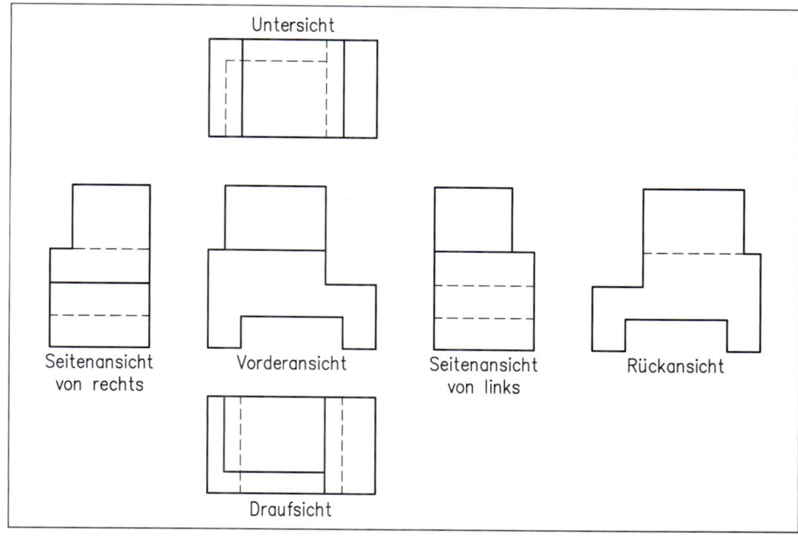

Bild 3 *Ansichten bei Projektionsmethode 1*

Projektionsmethode 3

Die Projektionsmethode 3 findet überwiegend Anwendung in den USA und anderen englischsprachigen Ländern.

Die Projektionsmethode 3 wird im *Schriftfeld* mit folgendem Symbol angegeben.

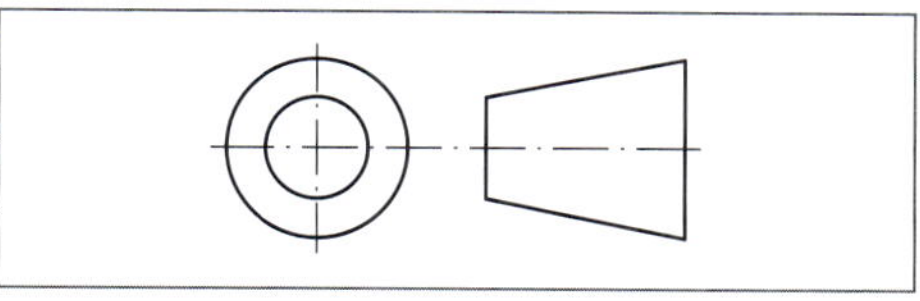

Bild 4 *Symbol Projektionsmethode 3*

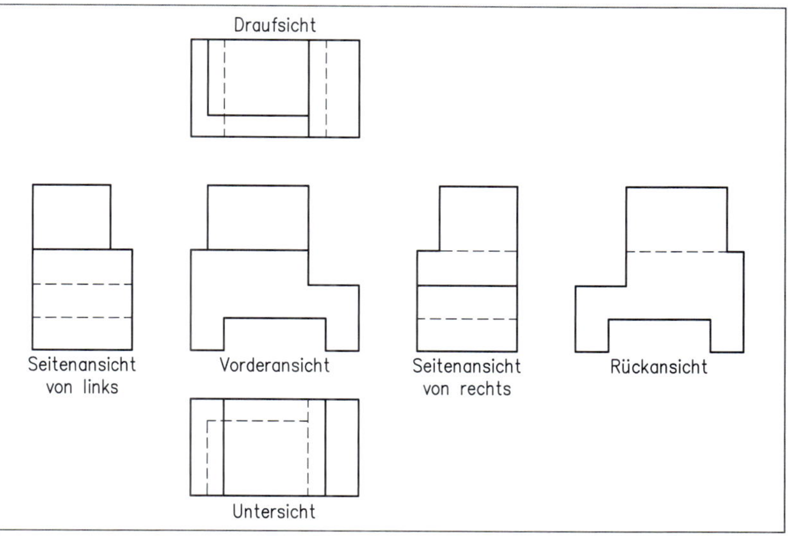

Bild 5 *Ansichten bei Projektionsmethode 3*

In der Praxis werden nur so viele Ansichten gezeichnet, wie zur *eindeutigen Erkennung* des Werkstücks benötigt werden. Bei Drehteilen reicht häufig schon *eine* Ansicht aus.

Die *Vorderansicht* (Hauptansicht) ist so zu wählen, dass möglichst viele Informationen über das Werkstück enthalten sind.

7.2 Linien und Strichstärken

Um die verschiedenen Elemente einer Zeichnung besser unterscheiden zu können (Körperkanten, verdeckte Körperkanten, Bemaßung usw.), bedient man sich verschiedener Linien und *Strichstärken*. Je nach Zeichnungsformat werden unterschiedliche *Liniengruppen* verwendet.

■ **Maßstab**
Verhältnis der Darstellungsgröße zur tatsächlichen Werkstückgröße.
Angabe im Schriftfeld.

■ **Verkleinerungsmaßstab**
Verkleinerte Darstellung des Werkstücks. Zum Beispiel:
1 : 2, 1 : 5, 1 : 10, 1 : 50.

■ **Vergrößerungsmaßstab**
Vergrößerte Darstellung des Werkstücks. Zum Beispiel:
2 : 1, 5 : 1, 10 : 1, 20 : 1.

■ **Natürlicher Maßstab**
Das Werkstück wird in Originalgröße dargestellt.

Linienart	Darstellung	Liniengruppe			Anwendung
		0,35	0,5	0,7	
Volllinie, breit	———————	0,35	0,5	0,7	Sichtbare Kanten
Volllinie, schmal	———————	0,18	0,25	0,35	Maß- und Hilfslinien
Strichlinie	- - - - - - - - - -	0,18	0,25	0,35	Verdeckte Kanten
Strichpunktlinie, breit	-·-·-·-·-·-	0,35	0,5	0,7	Schnittverlauf
Strichpunktlinie, schmal	-·-·-·-·-·-	0,18	0,25	0,35	Mittellinien
Maße und Symbole		0,25	0,35	0,5	Maß-, Toleranzangaben und grafische Symbole
Freihandlinie	~~~~	0,18	0,25	0,35	Bruchlinien

7.3 Projektionen

Um Objekte einfacher und besser zu verstehen, werden in Zeichnungen oft *räumliche Darstellungen* mit eingebracht. Durch diese Darstellungen kann der Betrachter sich schneller ein Bild vom Werkstück machen.

Die am häufigsten verwendeten Projektionsarten sind die *isometrische* und *dimetrische* Projektion sowie die *Kabinett-* und *Kavalier-Projektion*.

Isometrische Projektion

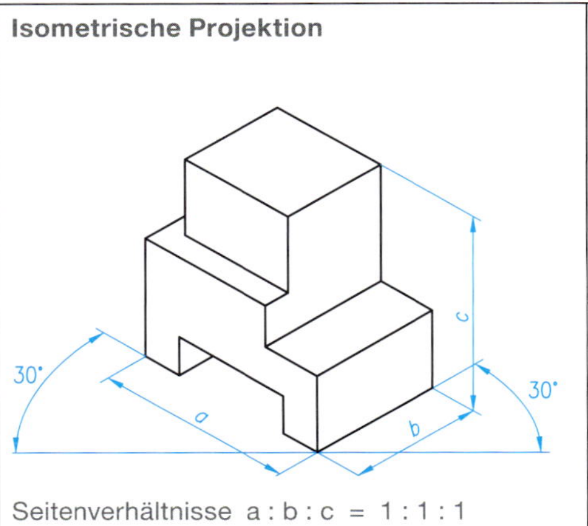

Seitenverhältnisse a : b : c = 1 : 1 : 1

Dimetrische Projektion

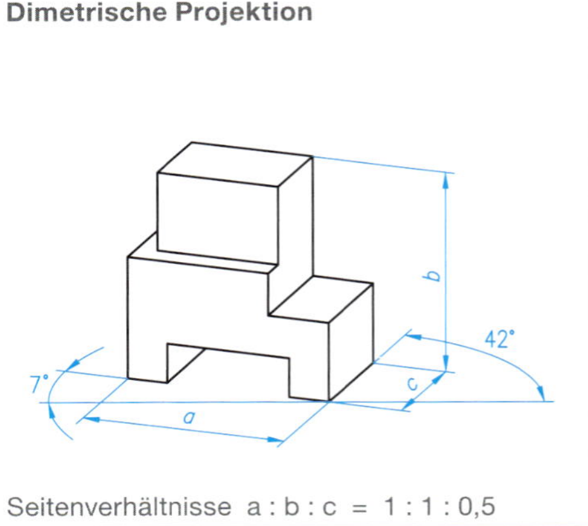

Seitenverhältnisse a : b : c = 1 : 1 : 0,5

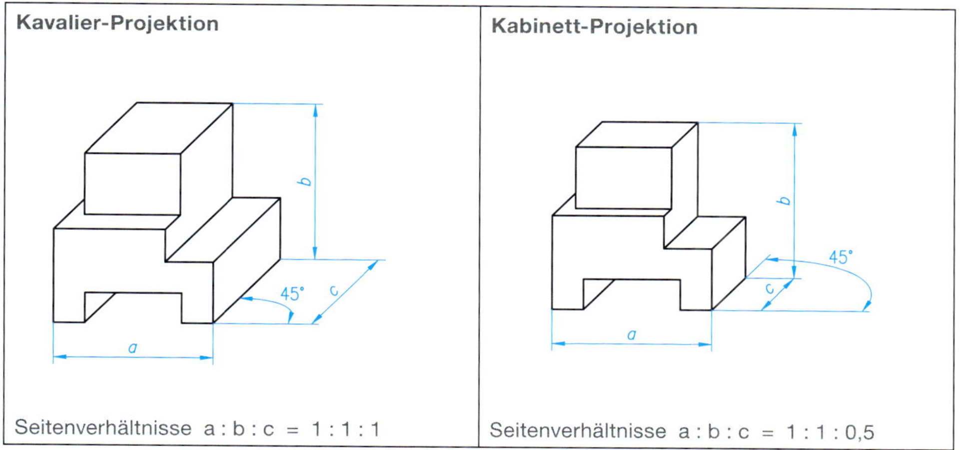

7.4 Schnittdarstellungen

Schnittdarstellungen dienen im Allgemeinen der Darstellung von Konturen und Elementen in *Hohlkörpern*, die normalerweise nicht sichtbar sind.

Zur besseren Veranschaulichung kann man sich vorstellen, dass man mit einer Säge ein Teil durchschneidet und auf die geschnittene Fläche schaut.

Die Schnittkanten werden als breite Volllinie gezeichnet. Die sichtbare Schnittfläche wird mit einer Schraffur unter 45° bzw. 135° dargestellt.

Vollschnitt

Beim *Vollschnitt* wird die vordere Hälfte komplett weggeschnitten.

Der Schnitt verläuft hier *entlang der Achse* des Körpers.

Bild 6 zeigt ein Beispiel für die Darstellung eines Vollschnitts.

Halbschnitt

Beim *Halbschnitt* wird nur *ein Viertel* eines Objektes herausgeschnitten. Bei *Drehteilen* wird die *untere Hälfte* geschnitten dargestellt.

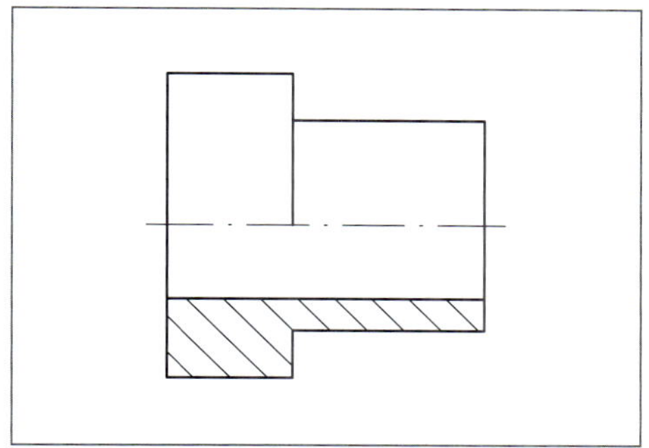

Bild 7 *Beispiel: Halbschnitt*

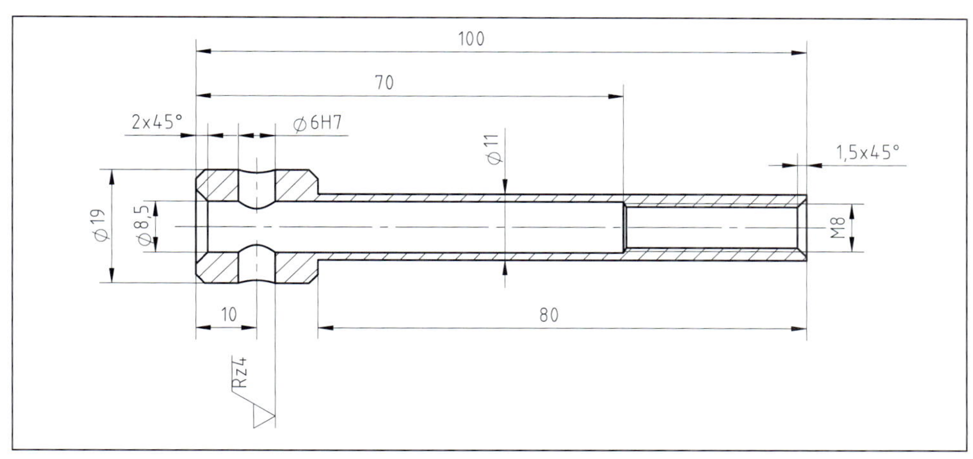

Bild 6 *Beispiel: Vollschnitt*

■ **Schnittdarstellungen** finden Anwendung, wenn das Werkstückinnere dargestellt werden soll.
Der Vorteil besteht darin, verdeckte Kanten zu vermeiden.

Schnittdarstellung
sectional view

Vollschnitt
full cut

Halbschnitt
half cut

Teilschnitt
partial cut

■ **Teilschnitt**
auch als *Ausbruch* oder *Teilausschnitt* bezeichnet.

Nur ein Teilbereich des Werkstücks wird als Schnitt dargestellt.

Teilschnitt

Beim *Teilschnitt* wird nur ein *bestimmter Bereich* eines Objektes geschnitten. Der Schnittverlauf wird mit einer dünnen Freihandlinie dargestellt.

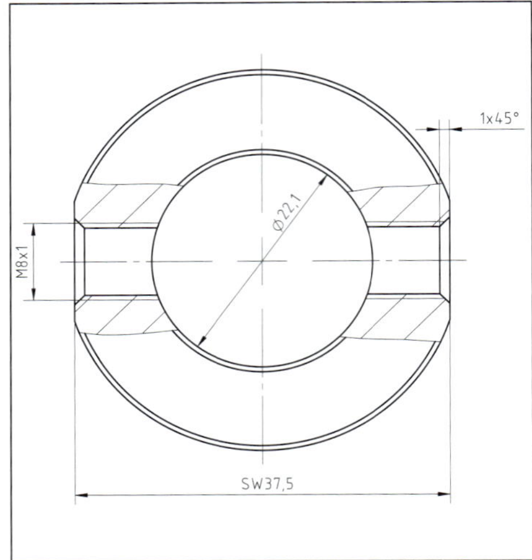

Bild 8 Beispiel für einen Teilschnitt

■ **Bruchkanten**

■ **Bemaßung**

Bruchkanten

Bruchkanten werden vor allem bei verhältnismäßig *langen Objekten* verwendet.

Bei dieser Darstellung kann man die Größe der Zeichnung auf ein Minimum reduzieren. Die Unterbrechung wird mit einer Freihandlinie oder Zickzack-Linie gezeichnet.

Man sollte aber darauf achten, dass in die Unterbrechung keine unvorhersehbaren Geometrien fallen.

7.5 Bemaßung

Bei der *Bemaßung* werden die Abmessungen und die Form von Bauteilen beschrieben. Die Grundregeln von technischen Zeichnungen sind in der DIN 406-10 und DIN 406-11 abgebildet.

Grundsätzliches ist zu beachten:

- Maßlinien und Maßhilfslinien werden als schmale Volllinien gezeichnet.
- Maßhilfslinien stehen parallel zueinander und im Allgemeinen unter 90°.
- Kanten und Mittellinien dürfen nicht als Maßlinien verwendet werden.
- Die Maßlinienbegrenzung an Maßhilfslinien erfolgt in der Regel mit geschwärzten Maßpfeilen. Bei Platzmangel können auch Punkte verwendet werden.
- Maßzahlen werden oberhalb der Maßlinie eingetragen
- An verdeckten Kanten sollen möglichst keine Maße eingetragen werden.
- Die Vorzugsleserichtung ist von unten und von rechts.

Lineare Bemaßung

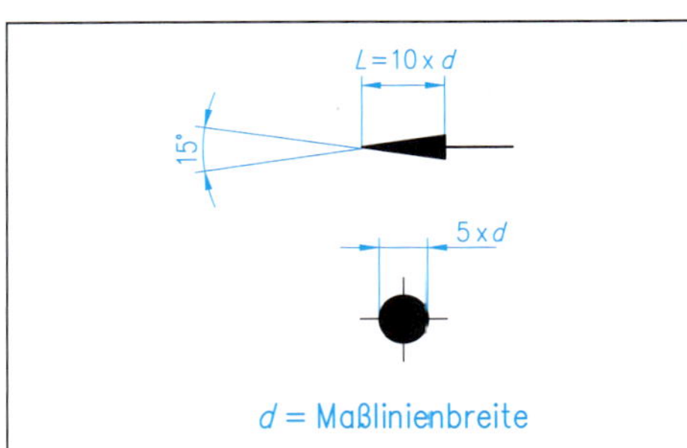

Bild 10 Größenverhältnisse Maßpfeil, Maßendpunkt

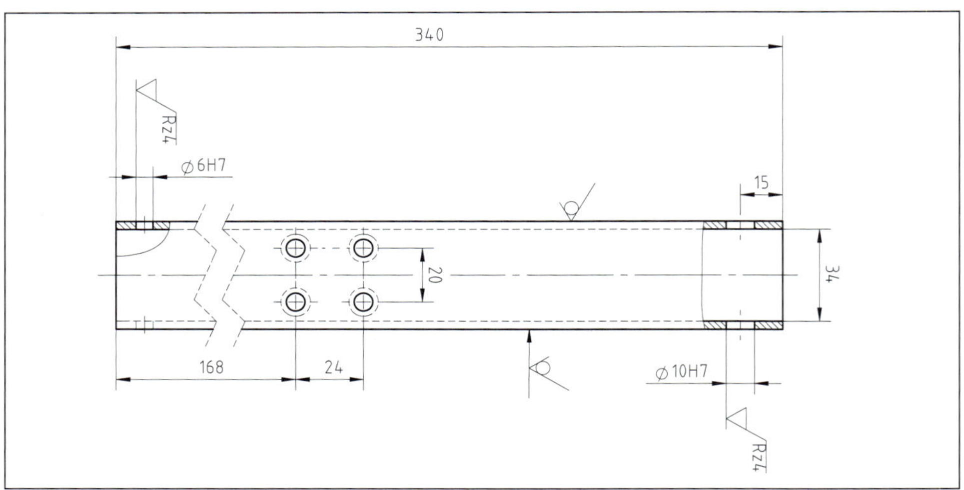

Bild 9 Beispiel einer Darstellung mit Bruchkante

Bemaßung
dimensioning

Maßlinie
dimension line

Maßhilfslinie
extension line

Maßpfeil
arrow

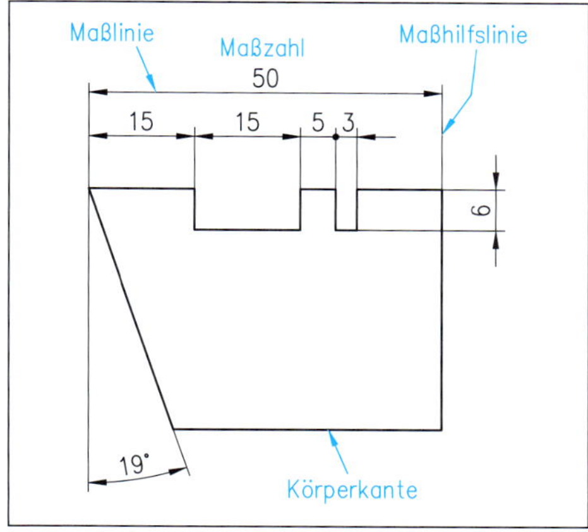

Bild 11 *Linien- und Winkelbemaßung*

Bemaßung von Durchmessern und Radien

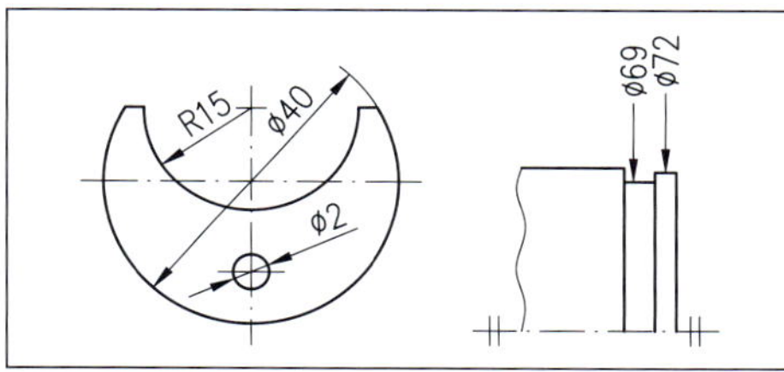

Bild 12 *Bemaßung von Durchmessern*

- Bei Durchmessern wird immer ein Durchmesserzeichen Ø vor die Maßzahl gesetzt.
- Durchmesserangaben dürfen bei Platzmangel von außen an die Formelemente gesetzt werden.
- Bei der Angabe von Radien wird immer ein R vor die Maßzahl geschrieben.

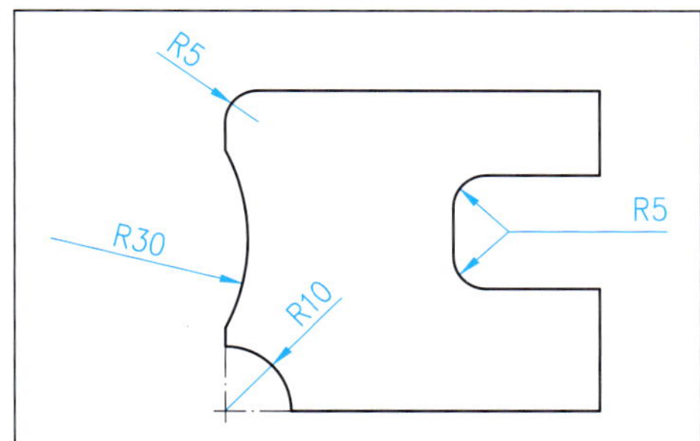

Bild 13 *Beispiel: Bemaßung von Radien*

- Die Maßlinien von Radien sind auf den geometrischen Mittelpunkt bezogen.
- Die Maßlinien haben nur einen Pfeil am Kreisbogen.
- Bei großen Radien werden die Maßlinien geknickt gezeichnet.

Bemaßung von Fasen

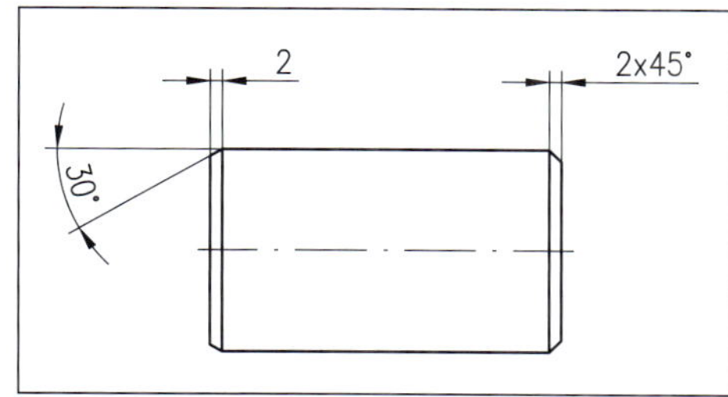

Bild 14 *Bemaßung von Fasen*

- Maße von Fasen mit einem abweichenden Winkel von 45° werden mit Fasenbreite und Winkelangabe angegeben.
- Maße von 45°-Fasen werden vereinfacht durch Fasenbreite × 45° angegeben.

Kantenbruch

■ **Werkstückkanten**

Wie der Zustand einer Werkstückkante nach einer *spanenden Bearbeitung* aussehen soll, kann man in technischen Zeichnungen durch entsprechende Symbole angeben. Diese sind in DIN ISO 13715 festgelegt.

Außenkanten können entweder gratig oder gratfrei sein, bei *Innenkanten* spricht man von Übergang, Abtragung oder scharfkantig.

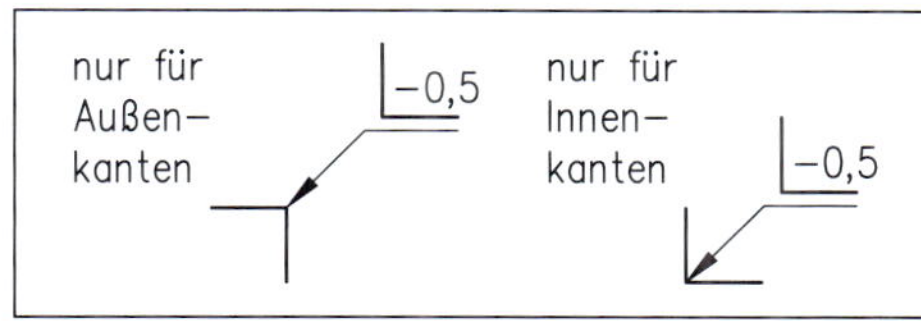

Bild 15 *Kantenzustände*

Genau wie bei Oberflächenangaben können auch bei Kantenbruch *Sammelangaben* gemacht werden. Sammelangaben gelten für alle Kanten, für die kein eigener Kantenzustand eingetragen ist (siehe Bild 16, Seite 424).

Bemaßen und Darstellung von Gewinden

■ **Gewinde**

Im Allgemeinen werden Gewinde *vereinfacht* dargestellt.

Man verzichtet dabei auf die Darstellung von *Gewindeprofil* und *Gewindesteigung*.

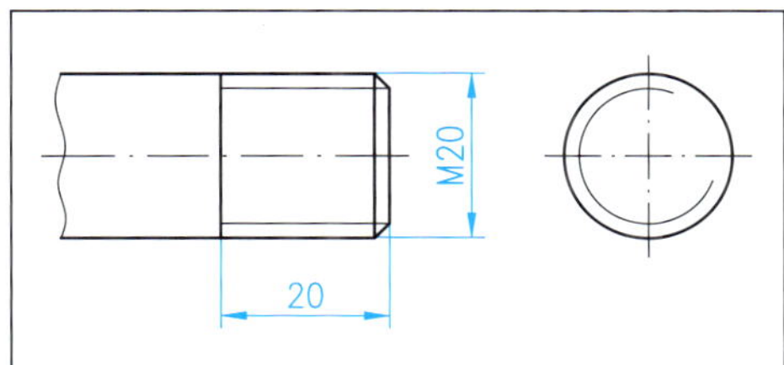

Bild 17 *Außen- oder Bolzengewinde*

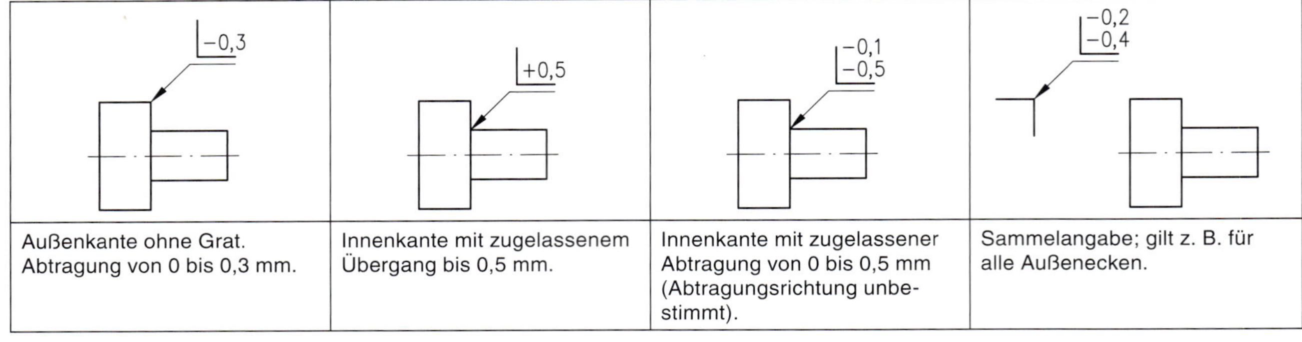

Außenkante ohne Grat. Abtragung von 0 bis 0,3 mm.	Innenkante mit zugelassenem Übergang bis 0,5 mm.	Innenkante mit zugelassener Abtragung von 0 bis 0,5 mm (Abtragungsrichtung unbestimmt).	Sammelangabe; gilt z. B. für alle Außenecken.

Bild 16 *Beispiele für Kantenbruch (siehe Seite 423)*

■ **Darstellung von Schrauben**

Gewinde
thread

Innengewinde
inner thread

Außengewinde
external thread

Normgewinde
standard thread

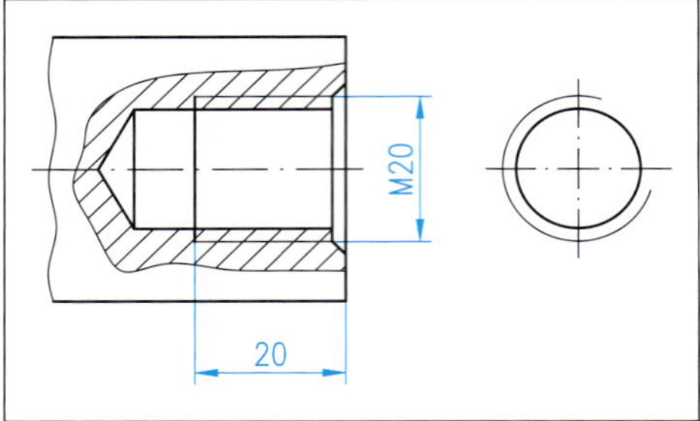

Bild 18 *Innengewinde*

- Die Darstellung verdeckter Körperkanten ist zu vermeiden. Bei Außengewinde wird der Nenndurchmesser, bei Innengewinde der Kerndurchmesser mit dicken Volllinien gezeichnet.
- Für Normgewinde werden Kurzbezeichnungen verwendet, die sich auf den Nenndurchmesser beziehen.
- Linksgewinde werden mit LH gekennzeichnet (z. B. M20-LH).
- Bei Feingewinden wird die Steigungsgröße mit angegeben (z. B. M20 × 1,5).
- Bemaßt wird die nutzbare Gewindelänge. Die Tiefe der Kernlochbohrung bei Innengewinde wird dabei häufig vernachlässigt.

Bemaßen von Nuten

Nuten sind *längliche Vertiefungen* in einem Werkstück.

Sie dienen dazu, längliche Bauteile zu *fixieren*, zu *führen* oder zu *versenken*. Nuten werden *spanend* und *umformend* hergestellt.

Anwendungen im Maschinenbau: Gegenstück von Dichtungen, Klemmringen, als Führungslager sowie als T-Nuten auf Spanntischen.

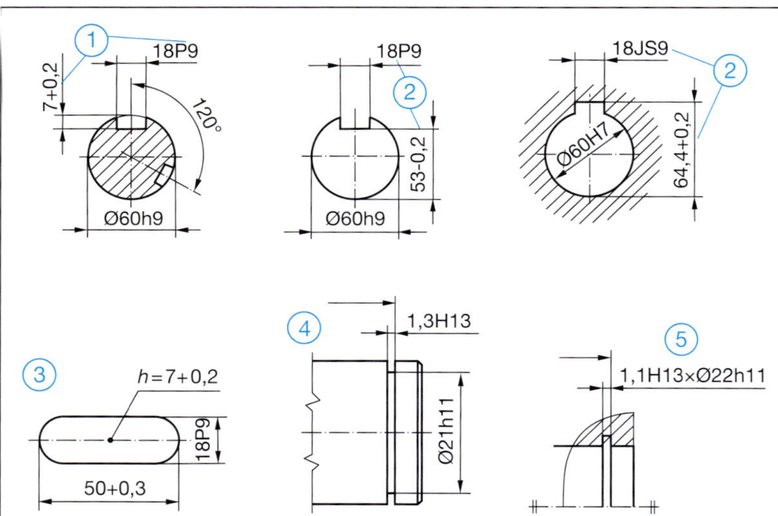

Nuten werden parallel zum Nutgrund bemaßt.

1. Geschlossene Nuten werden durch Angabe von Nutbreite und Nuttiefe bemaßt.
2. Durchgehende bzw. einseitig offene Nuten werden mit der Nutbreite und dem Abstand von der gegenüberliegenden Zylinderfläche (Stichmaß) bemaßt.
3. Die Nuttiefe wird mit dem vorangestellten Buchstaben *h* gekennzeichnet.
4. Bei umlaufenden Nuten bzw. Einstichen werden Nutbreite und Nutengrunddurchmesser bemaßt.
5. Vereinfachte Bemaßung von Nuten bzw. Einstichen für Halteringe, Sicherungsringe usw. Breite (Passung) x Nutgrunddurchmesser (Passung).

Spezielle Maße

Prüfmaße: Sie werden vom Kunden bei der Abnahme zu 100 % geprüft. Die Maßangabe wird in Rahmen mit 2 Halbkreisen gesetzt.

Theoretisch genaue Maße: Sie geben die *geometrisch ideale Lage* der Form eines Formelementes an.

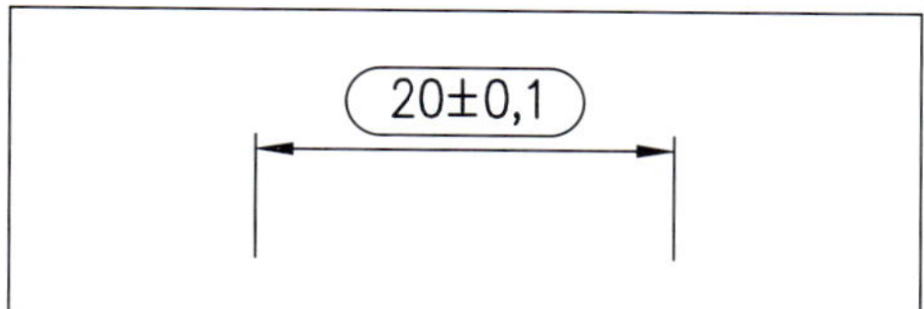

Bild 19 *Prüfmaße*

Bild 20 *Theoretisch genaue Maße*

7.6 Toleranzangaben in Zeichnungen

Ein Werkstück kann *nicht genau* gefertigt werden. In der Regel zeigen die Messergebnisse *Abweichungen* auf, die allerdings in einem bestimmten Rahmen auch toleriert werden. Dieser Rahmen wird *Toleranzfeld* genannt.

Durch Toleranzangaben wird mitgeteilt, in wieweit Bauteil oder Werkstück vom Nennmaß abweichen dürfen, damit die Funktion in einer Baugruppe oder System gegeben ist.

Die gesamte Maßangabe wird auch *Toleranzmaß bzw. toleriertes Maß* genannt.

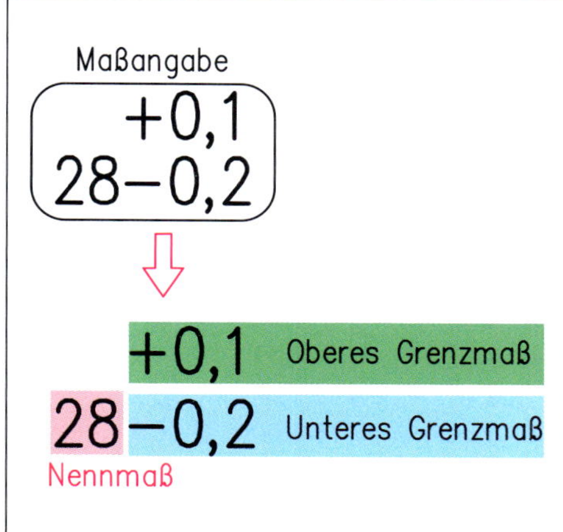

Bild 21 *Toleranzmaß bzw. toleriertes Maß*

Es gibt drei Maßangaben:

1. Maße mit Allgemeintoleranzen, z. B. 30, DIN ISO 2768-1 abhängig vom Maß oder der Toleranzklasse.
2. Maße mit Abmaßen, z. B. 20+0,1/+0,05, ebenfalls nach DIN ISO 2768-1.
3. Passmaße, z. B. 30H7, DIN 7157.

Geometrische Tolerierungen (Form-, Richtungs-, Orts- und Lauftoleranzen), nach DIN EN ISO 1101 genormt.

Nennmaß

ist das in der Zeichnung angegebene Maß, auf das die *Grenzabmaße* bezogen sind.

Die Grenzmaße ergeben sich aus der Differenz (dem Unterschied) von Höchstmaß bzw. Mindestmaß zum Nennmaß.

Man unterscheidet zwischen *oberem Grenzabmaß* und dem *unteren Grenzabmaß*.

Oberes Grenzabmaß

(Bohrung = ES, Welle = es)

ist der zulässige Abstand vom Nennmaß zum Höchstmaß.

Unteres Grenzabmaß

(Bohrung = EI, Welle = ei)

ist der zulässige Abstand vom Nennmaß zum Mindestmaß.

Höchst- und *Mindestmaß* sind im Allgemeinen durch die Konstruktion festgelegt. In der Zeichnung sind sie nicht direkt angegeben. Für die Fertigung müssen sie aus den Maßangaben der Zeichnung *errechnet* werden.

Höchstmaß

(Bohrung = G_{oB}, Welle = G_{oW})

ist das *größte zugelassene Maß*, bei dem das Werkstück noch den Zeichnungsangaben entspricht:

Höchstmaß = Nennmaß + oberes Grenzabmaß (z. B. 28 + 0,1 = 28,1).

Mindestmaß

(Bohrung = G_{uB}, Welle = G_{uW})

ist das *kleinste zugelassene Maß*, bei dem das Werkstück noch den Zeichnungsangaben entspricht:

Mindestmaß = Nennmaß + unteres Grenzabmaß = 28 – 0,2 = 27,8.

■ **Geometrische Produktspezifikation (GPS)**
→ 430

■ **Toleranzen, Toleranzangaben**

Abmaße *deviations*

Höchstmaß *maximum limit of size*

Mindestmaß *minimum limit of size*

oberes Abmaß *upper deviations*

unteres Abmaß *lower deviations*

Fertigmaß *finished size*

Grenzmaß *limit size*

Allgemeintoleranzen *general tolerances*

ISO-Toleranzangaben *ISO-tolerances*

Maßtoleranz oder kurz Toleranz (bei Bohrung $= T_1$ bei Welle $= T_W$)

Toleranz (T)
= Höchstmaß (G_o) – Mindestmaß (G_u)
= 28,1 – 27,8 = 0,3 mm

Istmaß

ist das *tatsächliche Maß* nach der Fertigung. Bei Grenzabmaßen ist es wichtig, das *Vorzeichen* anzugeben. Beim *oberen* Grenzabmaß kann das Vorzeichen auch *negativ* und beim *unteren* Grenzabmaß auch *positiv* sein.

■ **Allgemeintoleranzen**

Allgemeintoleranzen nach DIN ISO 2768-1

Sind bei Maßangaben in Zeichnungen keine Toleranzangaben aufgeführt worden, so verwendet man *Allgemeintoleranzen* nach DIN ISO 2768-1. Diese werden sowohl bei Längen- wie auch bei Winkelangaben, Fasen oder Radien angewendet und sind in *4 Toleranzklassen* eingeteilt.

Im Schriftfeld wird auf eine der 4 Toleranzklassen hingewiesen, wobei die werkstattübliche Genauigkeit berücksichtigt wird.

■ **Toleranzklassen**

■ **Passungen**

Toleriertes Maß mit Toleranzklassen

Ein *toleriertes Maß* besteht entweder aus einem Nennmaß mit Abmaßen oder einer Toleranzklasse.

Das *Kurzzeichen der Toleranzklasse* besteht aus einem Buchstaben z. B. H, der die Lage des Toleranzfeldes zur Null-Linie angibt, gefolgt von einer Zahl, die den Toleranzgrad (Größe des Toleranzfeldes) beschreibt.

Diese Art der Toleranzangabe wird gewählt, wenn das Nennmaß sehr genau (im Bereich 1/1000 mm) zu fertigen ist.

Toleranzangaben durch Toleranzklassen werden nur bei parallelen ebenen Flächen (z. B. Nuten) oder kreiszylindrischen Formen (z. B. Wellen, Bohrungen) angewendet.

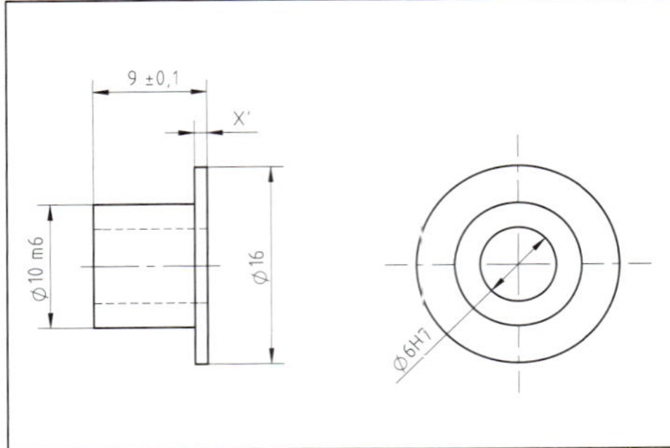

Bild 22 Beispiel für Toleranzangaben

Zum Beispiel:

Die Abmaße sind häufig in der Zeichnung angegeben.

6H7	+ 12 0
6m6	+ 12 + 4

Sind die Abmaße nicht in der Zeichnung angegeben, müssen sie dem Tabellenbuch entnommen werden.

Großbuchstaben verwendet man für Innenmaße (z. B. Bohrungen Ø 6H7).

Kleinbuchstaben verwendet man für Außendurchmesser (z. B. Ø 10m6).

Tabelle der Allgemeintoleranzen bei Längenmaßen (außer Rundungsdurchmesser, Fasenhöhen)

Toleranzklasse	Grenzabmaße für Nennbereiche (mm)							
	ab 0,5 bis 3	über 3 bis 6	über 6 bis 30	über 30 bis 120	über 120 bis 400	über 400 bis 1000	über 1000 bis 2000	über 2000 bis 4000
fein (f)	± 0,05	± 0,05	± 0,1	± 0,15	± 0,2	± 0,3	± 0,5	–
mittel (m)	± 0,1	± 0,1	± 0,2	± 0,3	± 0,5	± 0,8	± 1,2	± 2,0
grob (c)	± 0,2	± 0,3	± 0,5	± 0,8	± 1,2	± 2,0	± 3,0	± 4,0
sehr grob (v)	–	± 0,5	± 1,0	± 1,5	± 2,5	± 4,0	± 6,0	± 8,0

7.7 ISO-System für Grenzmaße und Passungen

Als *Passung* bezeichnet man die Beziehung zwischen zwei Passflächen zueinander.

Damit Bauteile später zueinander passen und austauschbar sind, muss darauf geachtet werden, dass die *Toleranzfelder* eingehalten werden.

Mit den Toleranzklassen bestimmt man, wie die Teile zueinander passen sollen.

Bei den Passungen bezeichnet man das Außenteil als „Welle" und das Innenteil als „Bohrung".

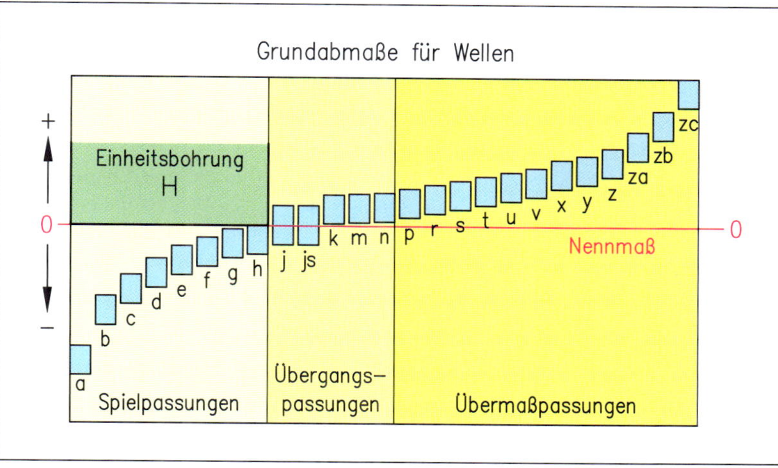

Bild 23 *Passungssystem Einheitsbohrung*

Passungsarten

Spielpassung

Istmaß von Bohrung und Welle haben immer *Spiel:* Die Welle ist durch Handkraft verschiebbar.

Übermaßpassung

Istmaß von Bohrung und Welle haben Übermaß. Das Fügen erfolgt mit hoher Presskraft.

Eine Sicherung ist meistens nicht notwendig.

Übergangspassung

Istmaß von Bohrung und Welle haben Übermaß oder Spiel. Das Fügen erfolgt mit großer Presskraft.

Die Verbindung ist lösbar (z. B. Stiftverbindung).

Um die Kosten bei der Fertigung und der zu benötigten Prüfmittel gering zu halten, verwendet man die Passungssysteme *Einheitsbohrung*, erkennbar durch den Großbuchstaben „H" und dem System *Einheitswelle*, erkennbar durch den Kleinbuchstaben „h".

Im *Maschinenbau* wird vor allem das System *Einheitsbohrung* angewendet. Das bedeutet, einer vorhandenen Bohrung wird je nach gewünschter Passungsart eine Welle mit entsprechendem Durchmesser zugeordnet.

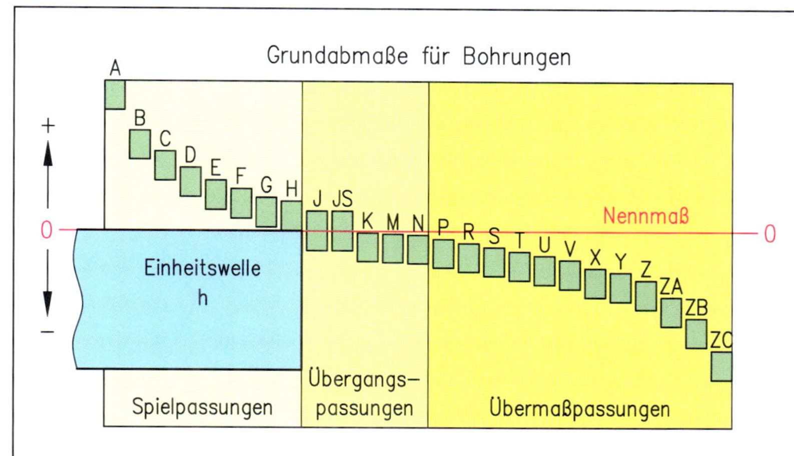

Bild 24 *Passungssystem Einheitswelle*

7.8 Oberflächenangaben

In technischen Zeichnungen werden die *gewünschten Oberflächen* (Rautiefen) durch genormte Symbole nach DIN EN ISO 1302 dargestellt.

Nach diesen Angaben richten sich unter anderem die Fertigungsverfahren.

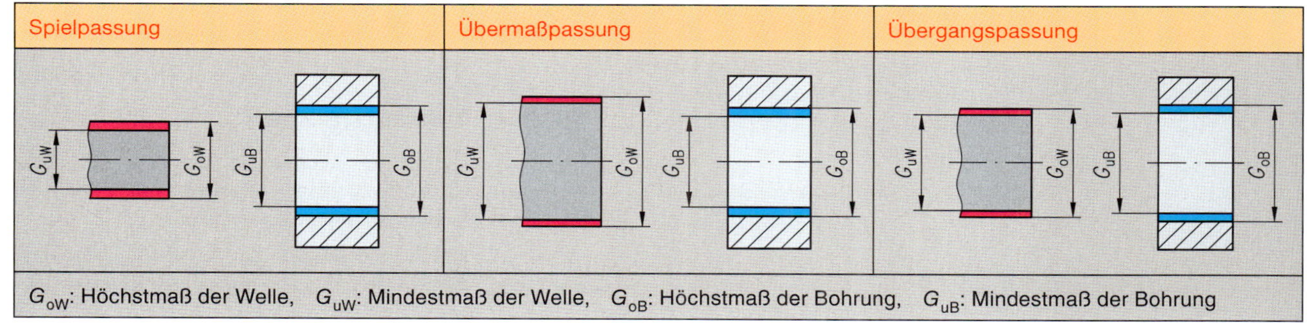

Formtoleranzen
shape tolerances

Lagetoleranzen
tolerances of positions

Toleranzrahmen
tolerance framework

Rundlauf
concentricity

Abweichung
deviation

Oberflächenangaben
surface details

Oberflächenangaben	
	Bei diesem Symbol erfolgt keine materialabtrennende Bearbeitung. Das Material verbleibt im Anlieferungszustand (Rohzustand).
	Alle Fertigungsverfahren sind erlaubt. Dieses Symbol wird nur verwendet, wenn seine Bedeutung durch zusätzliche Angaben in der Zeichnung erklärt wird.
	Werden besondere Oberflächenangaben erforderlich, so wird das Symbol um eine waagerechte Linie erweitert.
	Kennzeichnung für eine materialabtrennend bearbeitete Oberfläche ohne nähere Angabe.
geschliffen	Die Oberflächenbeschaffenheit soll durch ein bestimmtes Fertigungsverfahren hergestellt werden. In diesem Fall durch Schleifen.
b a e d · c	a = Rauheitswert (z. B. gemittelte Rautiefe Rz) in µm b = Fertigungsverfahren, Oberflächenbehandlung oder Überzug c = weitere notwendige Oberflächenanforderungen d = Rillenrichtung e = Bearbeitungszugabe in mm

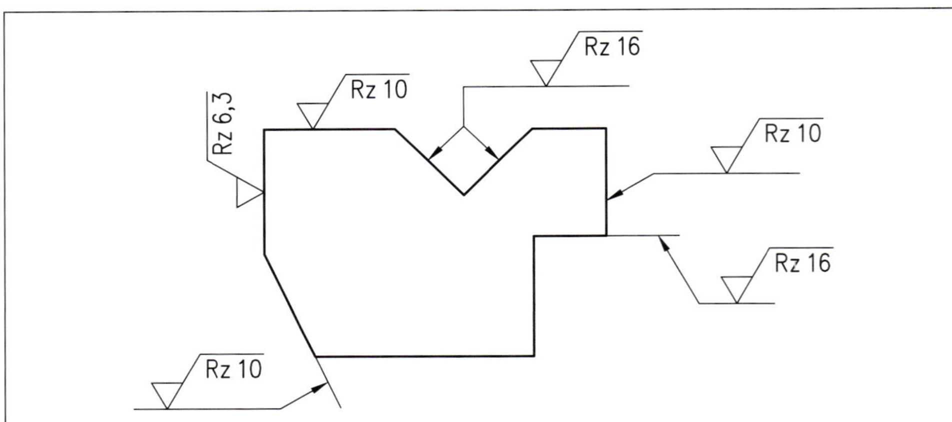

Bild 25 *Beispiele für Oberflächenangaben*

Die Symbole sollen so angeordnet werden, das sie von unten oder rechts lesbar sind. Dazu kann das Symbol mit der Oberfläche durch eine *Bezugs- oder Hinweislinie* verbunden werden.

Sollte eine Oberflächenangabe über der gesamten Zeichnung oder am Schriftfeld stehen, so gilt diese Angabe erst einmal für alle Flächen.

Stehen hinter der Oberflächenangabe noch Angaben in Klammern (in diesem Fall das Grundsymbol), so gibt es Flächen, die davon abweichen. Diese werden in der Zeichnung mit entsprechender *Oberflächenangabe* gekennzeichnet.

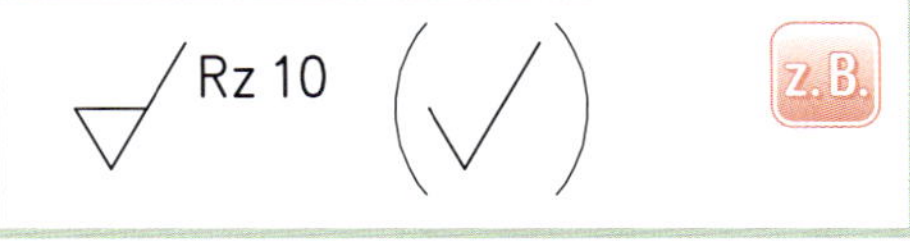

7.9 Form- und Lagetoleranzen

Neben den Oberflächenangaben gibt es noch die *Form- und Lagetoleranzen*. Sie beschreiben die *zulässigen Formabweichungen* von dem *geometrischen Idealzustand* in Form und Lage und dienen der Begrenzung der Lageabweichung.

Toleranzrahmen

Die Form- oder Lagetoleranzen werden in einem rechteckigen Rahmen mit zwei oder mehreren Kästchen angegeben.

Durch eine Bezugslinie mit Bezugspfeil wird der *Toleranzrahmen* mit dem tolerierten Element verbunden.

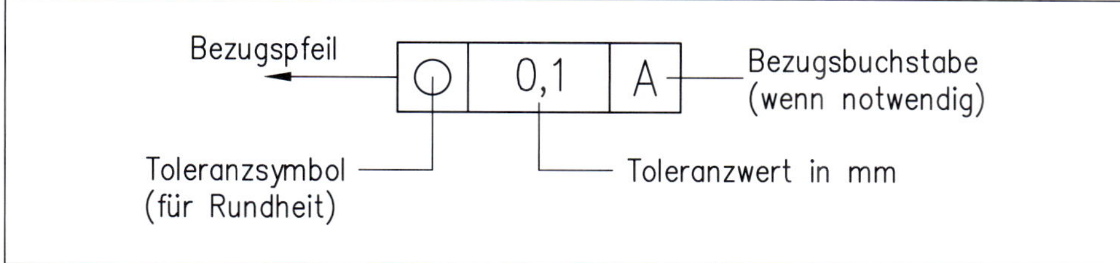

Bild 26 *Beispiel einer Lauftoleranz (Rundlauf)*

Bei *Lagetoleranzen* bezieht sich das tolerierte Element immer auf ein Bezugselement oder eine Bezugsachse.

Daher werden mindestens 3 Kästchen benötigt, bei Formtoleranzen mindestens 2.

Beispiel Formtoleranz:

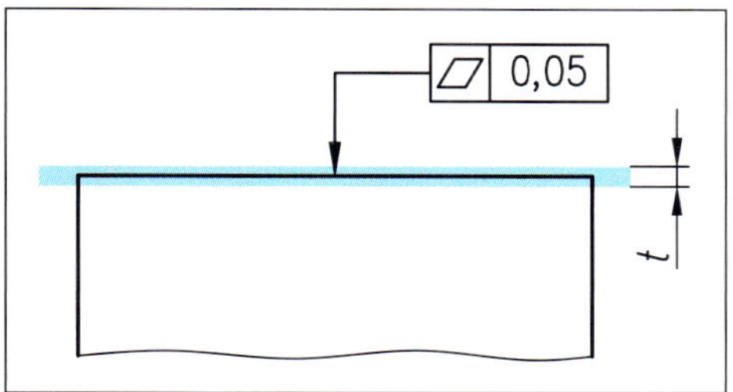

Bild 27 *Beispiel einer Formtoleranz (Ebenheit)*

Die Fläche muss zwischen 2 parallelen Ebenen von 0,05 mm liegen.

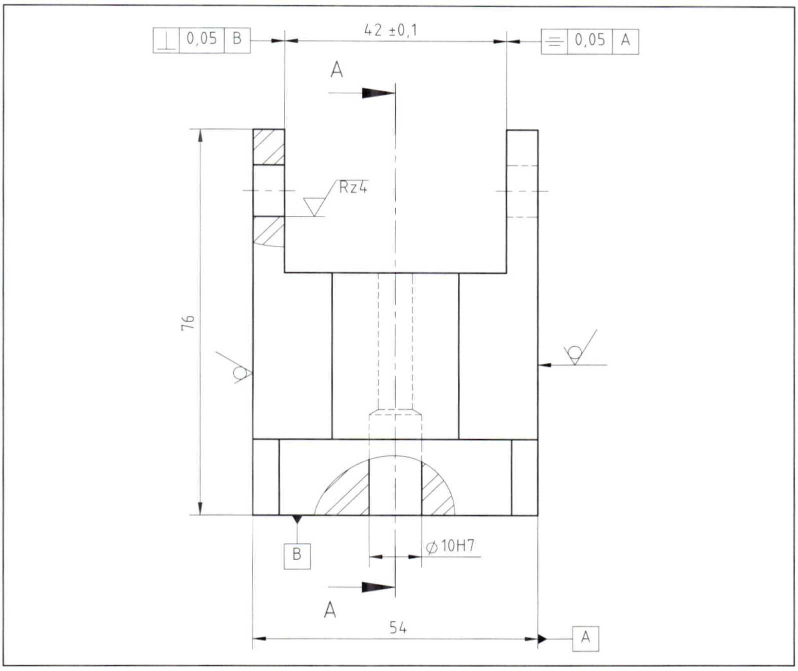

Bild 28 *Beispiel für Ortstoleranz (Symmetrie)*

Beispiel Lagetoleranz:

(Zeichnung aus Baugruppe 2.1, Lagerbock 2.1.04):

Die Mittelebene der Nut 42 ± 0,1 muss zwischen 2 parallelen Ebenen vom Abstand t = 0,05 mm liegen, die symmetrisch zur Bezugsebene A angeordnet sind.

Rundlauf

Bei einer Drehung um die Bezugsachse A darf die *Rundlaufabweichung* in jeder Maßebene senkrecht zur Achse 0,1 mm nicht überschreiten.

■ **Hinweis**

Sind Bezugslinie und Bezugspfeil als Verlängerung der Maßlinie gezeichnet, so bezieht sich die Toleranz auf die Achse oder Mittelebene des tolerierten Elements.

■ **Form- und Lagetoleranzen**

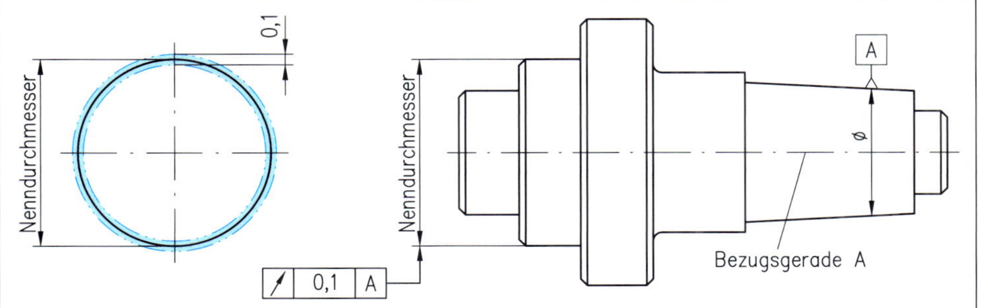

Bild 29 *Beispiel für Lauftoleranz (Rundlauf)*

7.10 Geometrische Produktspezifikation (GPS)

■ ISO
International Standard Organization; Internationaler Normenausschuss

■ ISO-GPS
Zielsetzung: Jedes Produkt soll seine Funktion erfüllen können. Unabhängig davon, wo es mit welchem Verfahren hergestellt wird.

■ GPS-Normung
hat Bedeutung für Fertigung, Messtechnik und Qualitätsmanagement.

■ Produktspezifikation
Die Produktspezifikation beinhaltet eine ausführliche Produktbeschreibung sowie sämtliche Anforderungen an das Produkt bezüglich des Herstellungsprozesses.

Dabei bezieht sich die Produktspezifikation auf technische und funktionale Aspekte des Produkts.

Das *ISO-GPS-System* (DIN EN 14683) ist das umfangreichste Normensystem der ISO.

Beschrieben werden *Produktmerkmale, fertigungstechnische Toleranzen* und *deren Messung* nebst *Kalibrierung* der eingesetzten *Prüfmittel.*

Zunehmende *weltweite Arbeitsteilung* bei *steigenden Qualitätsanforderungen* und Zwang zur *kostengünstigen Produktion* erfordern die Sicherstellung einer *verlässlichen Funktionalität* der eingesetzten Produkte.

Hierbei ist die *Technische Produktspezifikation* (CAD-Daten oder Konstruktionszeichnungen) von zentraler Bedeutung. Ermöglicht sie doch eine wirtschaftliche Fertigung und deren Prüfung.

Unzulässig *hohe Toleranzen* beeinträchtigen die Funktion des Produkts.

Unnötig *enge Toleranzen* ("Angsttoleranzen") bedeuten eine unwirtschaftliche Fertigung und Prüfung, was zu Wettbewerbsnachteilen führen kann.

Hier greifen die wesentlichen *Vorteile* des *ISO-GPS- Systems:*

- Die Anzahl der Prüfmerkmale wird verringert, was zur Senkung der Prüfkosten führt.
- Der Kommunikationsbedarf wird bei eindeutiger und umfassender Beschreibung der Anforderungen verringert.
- Die Produkthaftungsrisken werden verringert (Kunden, Zulieferbetriebe).
- Konformität zum Qualitätsmanagementsystem.
- Steigerung der Produktqualität durch Rückmeldung der Prüfungsergebnisse.

Gründe für die *Maß-, Form- und Lageabweichung* bei Werkstücken:

- **Maßabweichung**
  Verschleiß, Einstellung des Werkzeugs, Schnittkraft, bei der Bearbeitung entstehende Wärme.
- **Formabweichung**
  Schnittkräfte, Schwingungen, Spannkräfte, Einspannung.
- **Lageabweichung**
  Spannkräfte, Positionsabweichungen der Werkzeugmaschine, Abdrängkräfte beim Spanvorgang.

Abmessungen des Toleranzrahmens (Bild 31)

Schrifthöhe h in mm Form B, V	3,5	5	7	10
Linienbreite d in mm 0,1 · Schrifthöhe	0,35	0,5	0,7	1

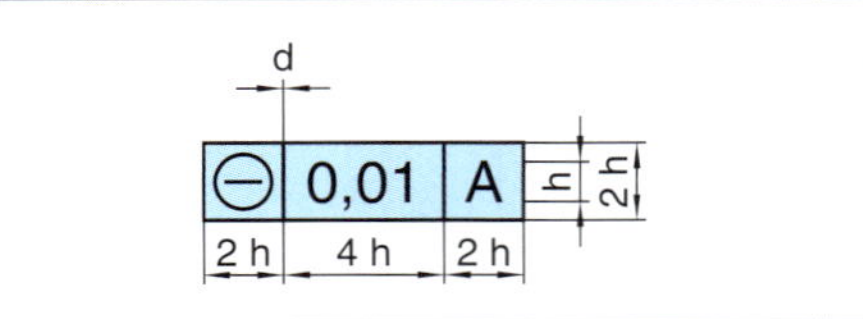

Bild 31 Toleranzrahmen

Bezug
Ein Bezug ist ein ideales geometrisches Element an einem Werkstück, auf das sich die *Form-* und *Lagetoleranzen* beziehen.

Der Bezug wird bei der Messung als Referenz benötigt. Zum Beispiel Bohrungen, Flächen, bearbeitete Kanten.

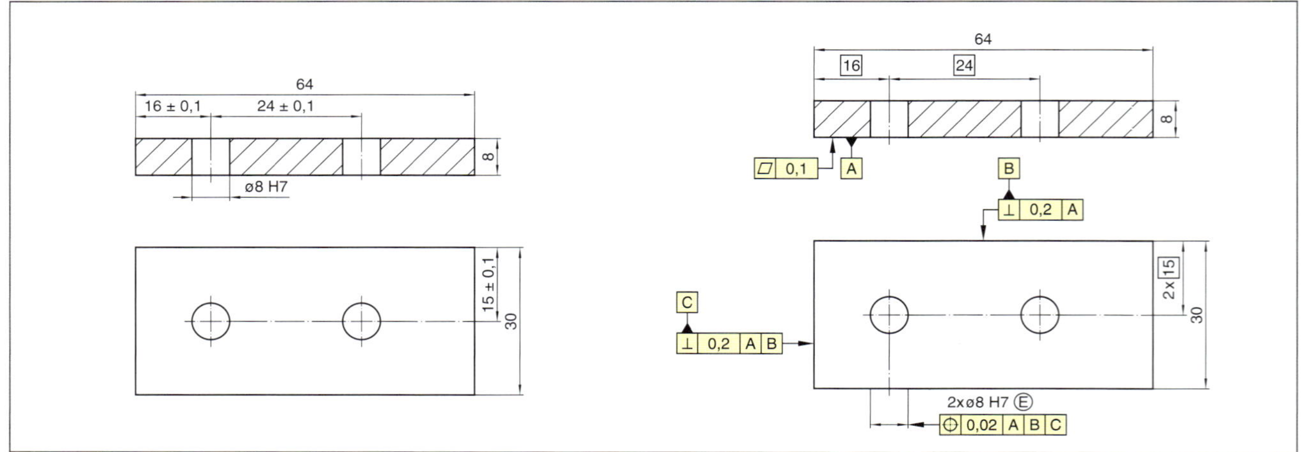

Bild 30 *Zeichnungsdarstellung (links: herkömmliche Darstellung, rechts: Darstellung nach ISO GPS)*

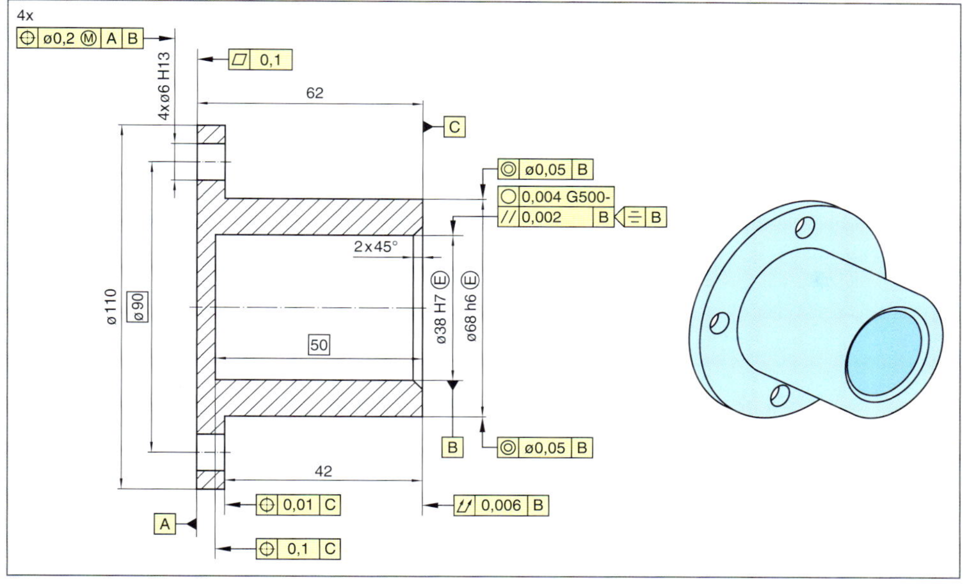

Bild 32 *Darstellung eines Werkstücks nach ISO-GPS*

Toleranzrahmen – einschränkende Festlegungen		
Die Toleranz gilt für die hinter dem Schrägstrich angegebene Länge in beliebiger Richtung, mit Bezug.	Zusätzlich zur Gesamttoleranz wird die Toleranz mit eingeschränkter Länge angegeben, mit Bezug.	Toleranz oder Bezug gelten für einen eingeschränkten Teil des Elements.
⏥ 0,01/100 B	⏥ 0,1 / 0,04/100 B	

Bezugselement	Toleriertes Element mit Toleranzone
Element des Augangsbasis. Bezugsrahmen Bezugsbuchstabe Bezugsdreieck Bezugselement A auch A	Innerhalb der Toleranzzone müssen alle Punkte eines Elements liegen. Bezugslinie Bezugspfeil toleriertes Element Toleranzrahmen Bezugsbuchstabe (bei Bedarf) Toleranzwert *t* Symbol für das tolerierte Merkmal 0,08 A
Bezugselement A Linie, Fläche	**Bezugselement** Linie, Fläche
Bezugselement A Fläche A Achse	**Bezugselement** Fläche Achse

■ **Toleranz**
Abweichung einer Größe vom Normmaß, wodurch die Systemfunktion gerade noch nicht gefährdet wird.

■ **Lagetoleranz**
Zum Beispiel Höchstwert, um den die Achse einer Bohrung von der vorgegebenen Ideallage abweichen darf.

■ **Hinweis**
Im Unterschied zu Maßtoleranzen lassen sich Form- und Lagetoleranzen *nicht* durch Messung an *einer einzelnen* Werkstückposition ermitteln.

■ **spezifizieren**
Zulässige Abweichungen durch Toleranzen und Normen sowie Vorgabe von Messmethoden eindeutig innerhalb der Funktionsgrenzen definieren.

■ **DIN EN ISO 8015**
ist das Fundament der GPS-Normung und beeinflusst alle anderen Normen der GPS-Matrix.

■ **Bezüge**
simulieren im Allgemeinen die Schnittstellen zum angrenzenden als ideal angenommenen Nachbarteil. Sie werden funktionsorientiert in die Zeichnung eingetragen.

■ **Bezugselement**
ist die Ausgangsbasis für die Lage der Toleranzzone; z. B. parallel zur Fläche B.

■ **GPS**
dient der Festlegung der geometrischen Werkstückanforderungen in technischen Spezifikationen sowie den Anforderungen an deren Prüfung.

Bezugselement	Toleriertes Element mit Toleranzone
Bei mehreren Bezügen: Ein durch zwei Bezüge gebildeter gemeinsamer Bezug.  Die Reihenfolge der Bezüge ist von links nach rechts anzugeben (Rangfolge). 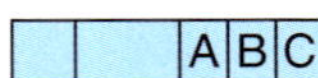 Angabe von mehr als *einem* geometrischen Merkmal. 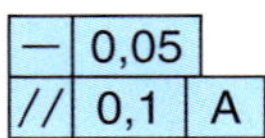	Die Toleranz gilt für die hinter dem Schrägstrich angegebene Länge in beliebiger Richtung, mit Bezug.  Zur Gesamttoleranz wird zusätzlich eine Toleranz mit eingeschränkter Länge angegeben, mit Bezug. 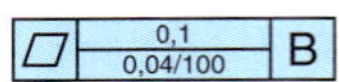 Wenn Toleranz oder Bezug nur für einen eingeschränkten Teil des Elements gelten. 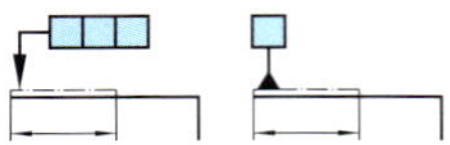

Geometrieelement

Jedes Werkstück besteht aus einer *Anzahl von Geometrieelementen.*

Die *GPS-Spezifikation* gilt *standardmäßig* nur für *ein* Geometrieelement; oder für *eine Beziehung* zwischen Geometrieelementen.

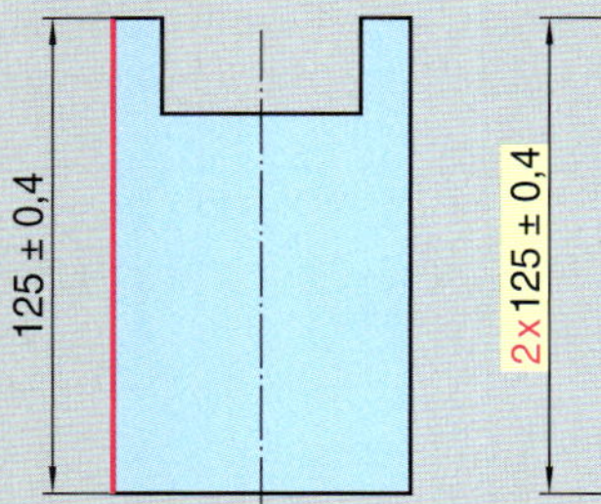

Maß gilt nur für das linke Geometrieelement (rot).

Durch die Angabe 2x vor der Maßzahl gilt die Spezifikation für beide Seiten (rot) des Werkstücks.

ISO-GPS-System (Auszug)

DIN ISO 2768-1 und -2	Allgemeintoleranzen
DIN EN ISO8062-1, -2, -3, -4	Gusstoleranzen
DIN EN ISO 286-1 und -2	Passungen
DIN EN ISO 14405-1	Lineare Größenmaße
DIN EN ISO 14405-2	Andere als lineare Maße
DIN EN ISO 14405-3	Winkelmaße
DIN EN ISO 1101	Tolerierung von Form, Richtung, Ort und Lauf
DIN EN ISO	Oberflächenangaben
DIN EN ISO 5459	Bezüge

TED (Theoretisch exakte Maße)

Wenn Orts-, Richtungs- oder Profiltoleranzen angegeben werden, dürfen die zugehörigen Maße *nicht toleriert* werden.

Diese Maße werden in einem rechteckigen Rahmen geschrieben. [100]

Für sie gelten *keine Allgemeintoleranzen.*

Maximum-Material-Bedingung

Ohne besondere Angaben sind *Form-* und *Lagetoleranzen* unabhängig von den *Maßtoleranzen* einzuhalten.

Die *Maximum-Material-Bedingung* erlaubt, die eingetragenen Form- und Lagetoleranzen um die Differenz zwischen *Passungsmaß* und *Maximal-Material-Maß zu überschreiten.*

Das geometrisch ideale Maß des Gegenstücks, das mit dem Werkstück *gerade noch gepaart* werden kann, nennt man *Passungsmaß.*

Das Maximum-Material-Maß ist das *Grenzmaß*, das ein Maximum an Material ergibt.

Bei der *Bohrung* ist das *Mindestmaß*, bei der *Welle* das *Höchstmaß* zu fertigen.

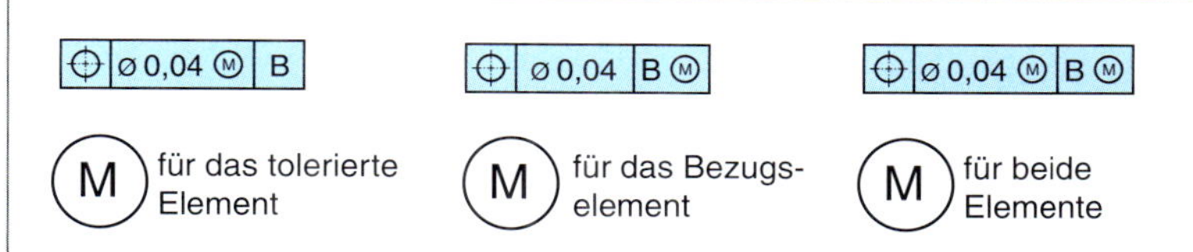

Bild 33 *Maximum-Material-Bedingung*

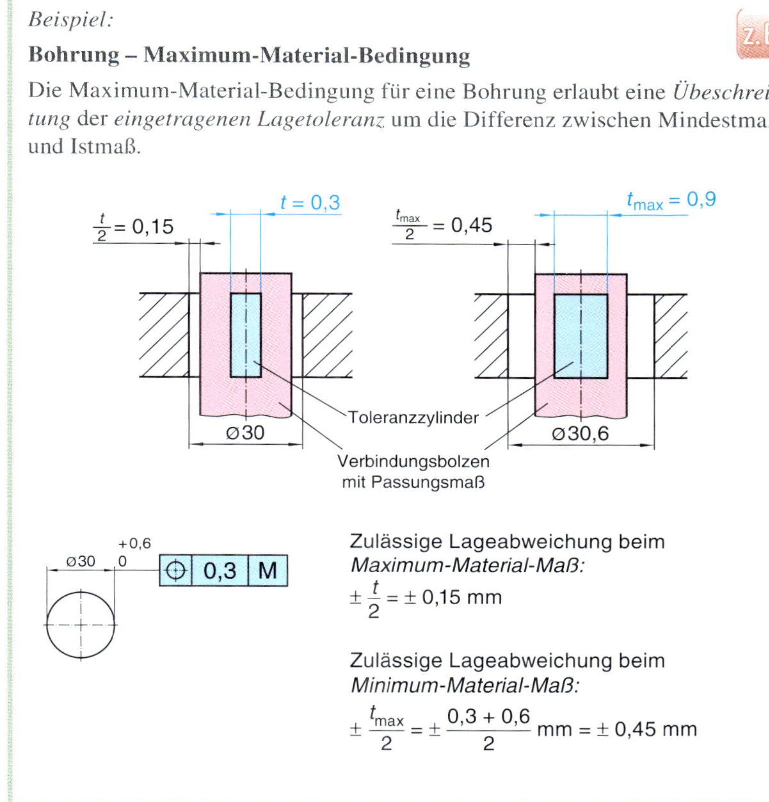

Toleranzindikator

Der *Toleranzindikator* umfasst mindestens 2, höchstens 5 Felder. Die *Hinweislinie* wird mittig angesetzt (bei *Lage* in rechter Richtung).

Die Angabe von *Indikatoren* und *ergänzenden Angaben* ist möglich.

Bei ergänzenden Angaben ist die „Position oben" zu bevorzugen.

Ergänzende Angaben, Reihenfolge:

1. Angabe der Anzahl
2. Maßtoleranzen
3. „Zwischen"-Angaben
4. „UF" mit Anzahl
5. „ACS"
6. Sonstige

Indikatoren, Reihenfolge:

1. Schnittebene
2. Orientierungsebene, Richtungselement
3. Kollektionsebene

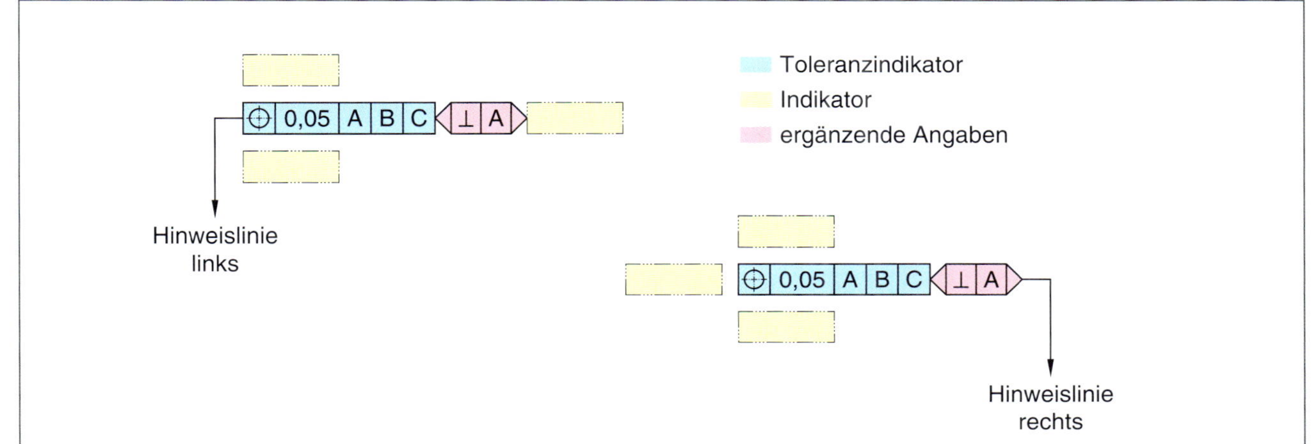

Bild 34 *Toleranzindikator*

Längemaße als (Größen-) Maßelemente

***Bild 35** Maßelemente sind an geometrischen Körpern definiert*

Durch das *Maß des Maßelements* wird dessen Dimension als *kleinster Abstand gegenüberliegender Punkte* des abweichungsfreien, theoretischen Körpers bestimmt.

Stufenmaße gehören *nicht* zu den Maßelementen, ebenso *Achsabstände* oder *Abstände von Mittelebenen* zueinander oder zu Flächen sowie Maße an mit *Radien bemaßten Bogenstücken.*

Maßmerkmale

Unterscheiden wird zwischen *globalen* und *lokalen* Maßen.

- **Mittleres Maß (global Gauß)**
  Das Messergebnis wird nach der *Methode der kleinsten Quadrate* (Gauß) softwaregestützt ermittelt (GG).

  Es ergibt sich ein eindeutiges Messergebnis mit minimaler Messunsicherheit.

  Messverfahren: 3D-Messverfahren mit numerischer Berechnung.

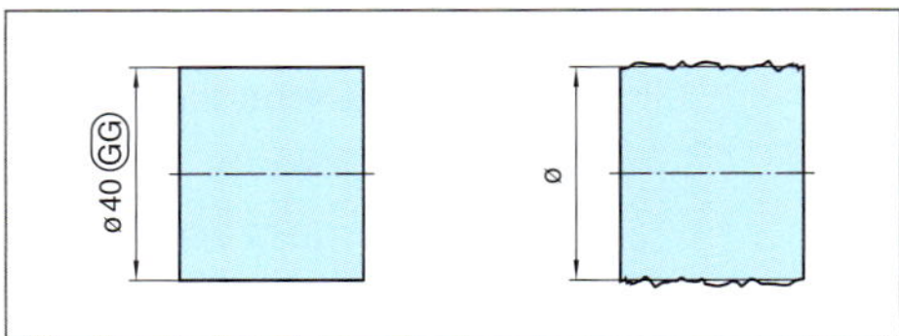

***Bild 36** Mittleres Maß (global Gauß)*

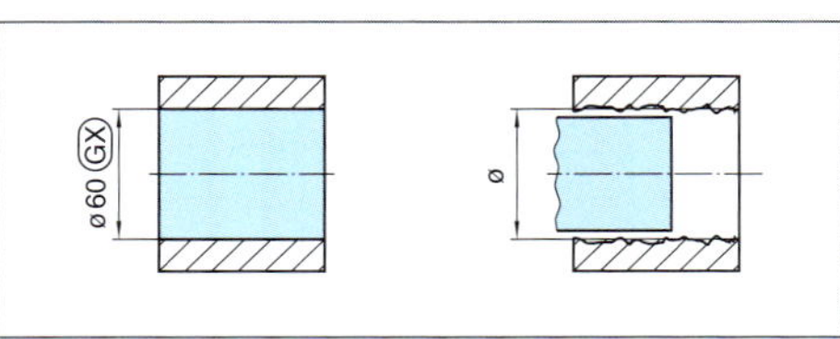

***Bild 37** Kleinstes umschriebenes Maß*

- **Kleinstes umschriebenes Maß (global Mini)**
  Das Messergebnis ist das kleinste umschriebene Geometrieelement (GN).

  Auf äußere Geometrieelemente angewendet; wurde vormals Paarungsmaß für Wellen/Federn genannt.

  Messverfahren: 3D-Messverfahren mit Berechnung des Messelements, mechanische Verkörperung eines zulässigen Grenzwerts (Maßlehre als Hülse).

- **Zweipunktmaß (local point)**
  Die Ermittlung des Messergebnisses erfolgt durch eine mehrdeutige Zweipunktmessung (LP).

  Das Zweipunktmaß ist ein örtliches Längenmaß, das durch den Abstand von zwei gegenüberliegenden Punkten auf einem Maßelement bestimmt wird.

  Maßangaben ohne Modifikationssymbole sind stets örtliche Zweipunktmaße.

  Daher muss das Modifikationssymbol LP nur dann verwendet werden, wenn ein *Grenzmaß eines Toleranzintervalls* als *Zweipunktmaß* gekennzeichnet werden soll.

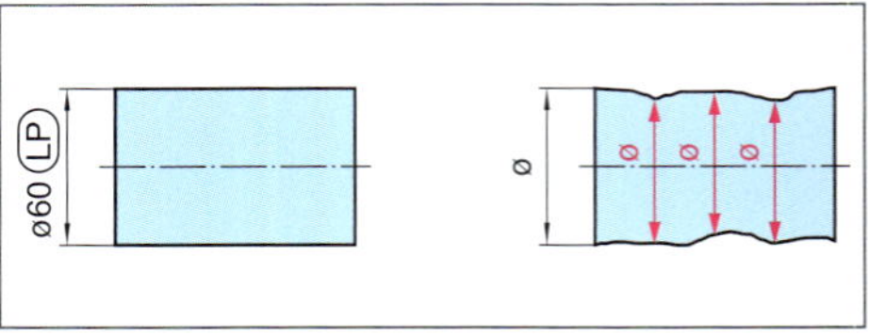

***Bild 38** Zweipunktmaß*

■ **Kleinstes umschriebenes Maß**

ø10 (GN)

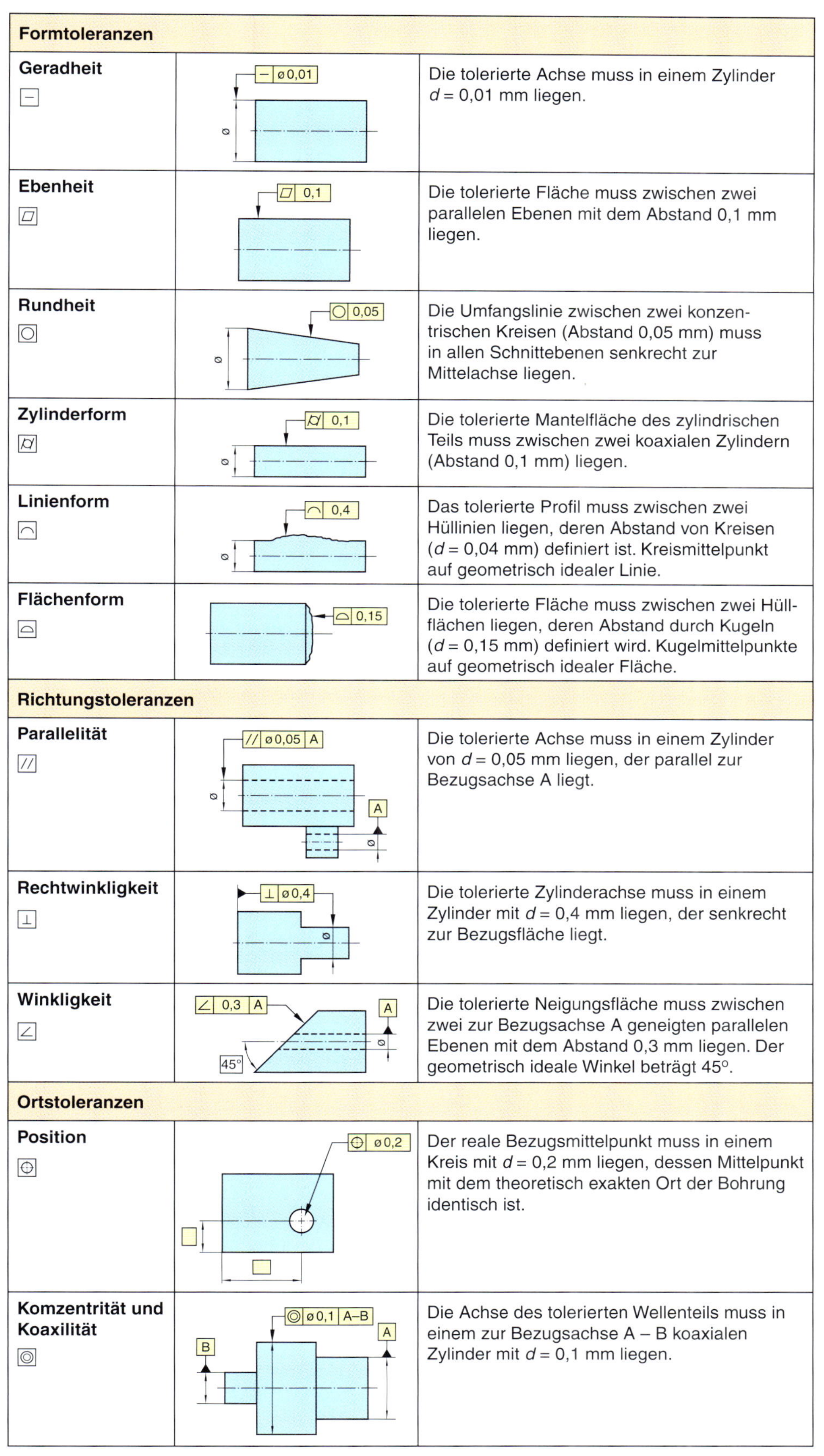

Formtoleranzen		
Geradheit ⏤	⏤ ⌀0,01	Die tolerierte Achse muss in einem Zylinder d = 0,01 mm liegen.
Ebenheit ⏥	⏥ 0,1	Die tolerierte Fläche muss zwischen zwei parallelen Ebenen mit dem Abstand 0,1 mm liegen.
Rundheit ○	○ 0,05	Die Umfangslinie zwischen zwei konzentrischen Kreisen (Abstand 0,05 mm) muss in allen Schnittebenen senkrecht zur Mittelachse liegen.
Zylinderform ⌭	⌭ 0,1	Die tolerierte Mantelfläche des zylindrischen Teils muss zwischen zwei koaxialen Zylindern (Abstand 0,1 mm) liegen.
Linienform ⌒	⌒ 0,4	Das tolerierte Profil muss zwischen zwei Hüllinien liegen, deren Abstand von Kreisen (d = 0,04 mm) definiert ist. Kreismittelpunkt auf geometrisch idealer Linie.
Flächenform ⌓	⌓ 0,15	Die tolerierte Fläche muss zwischen zwei Hüllflächen liegen, deren Abstand durch Kugeln (d = 0,15 mm) definiert wird. Kugelmittelpunkte auf geometrisch idealer Fläche.
Richtungstoleranzen		
Parallelität //	// ⌀0,05 A	Die tolerierte Achse muss in einem Zylinder von d = 0,05 mm liegen, der parallel zur Bezugsachse A liegt.
Rechtwinkligkeit ⊥	⊥ ⌀0,4	Die tolerierte Zylinderachse muss in einem Zylinder mit d = 0,4 mm liegen, der senkrecht zur Bezugsfläche liegt.
Winkligkeit ∠	∠ 0,3 A; A; 45°	Die tolerierte Neigungsfläche muss zwischen zwei zur Bezugsachse A geneigten parallelen Ebenen mit dem Abstand 0,3 mm liegen. Der geometrisch ideale Winkel beträgt 45°.
Ortstoleranzen		
Position ⌖	⌖ ⌀0,2	Der reale Bezugsmittelpunkt muss in einem Kreis mit d = 0,2 mm liegen, dessen Mittelpunkt mit dem theoretisch exakten Ort der Bohrung identisch ist.
Komzentrität und Koaxilität ◎	◎ ⌀0,1 A–B; A; B	Die Achse des tolerierten Wellenteils muss in einem zur Bezugsachse A – B koaxialen Zylinder mit d = 0,1 mm liegen.

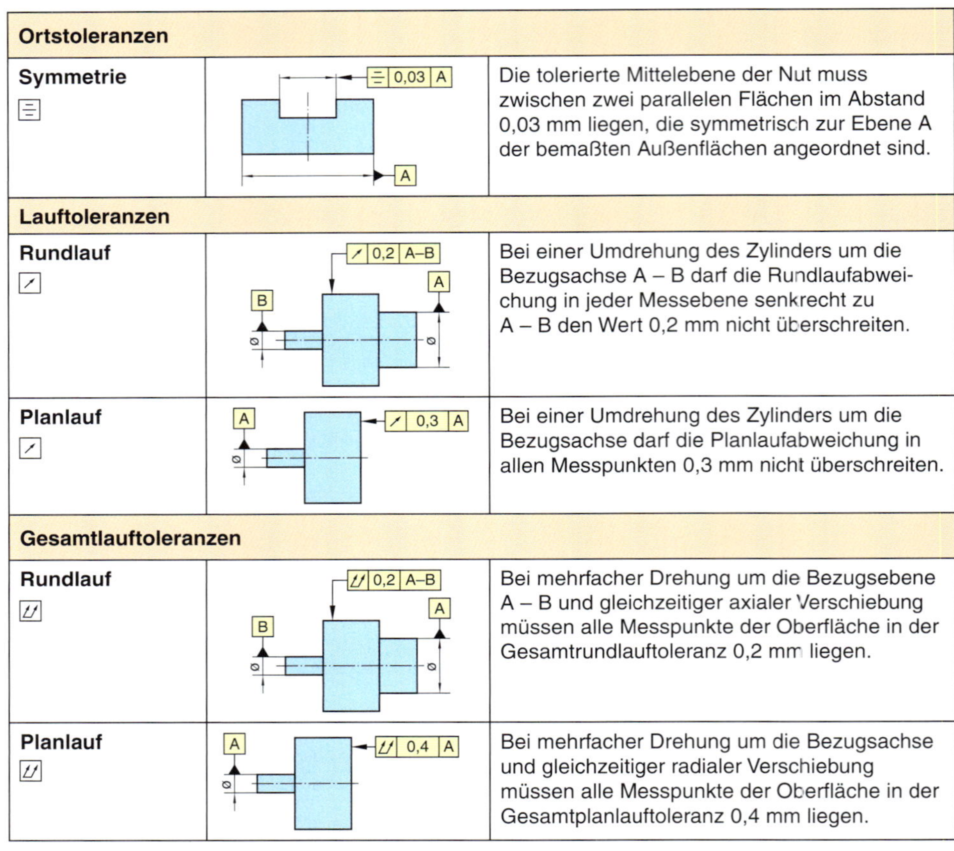

Ortstoleranzen		
Symmetrie ⌯	⌯ 0,03 A; A	Die tolerierte Mittelebene der Nut muss zwischen zwei parallelen Flächen im Abstand 0,03 mm liegen, die symmetrisch zur Ebene A der bemaßten Außenflächen angeordnet sind.
Lauftoleranzen		
Rundlauf ↗	↗ 0,2 A–B; A; B	Bei einer Umdrehung des Zylinders um die Bezugsachse A – B darf die Rundlaufabweichung in jeder Messebene senkrecht zu A – B den Wert 0,2 mm nicht überschreiten.
Planlauf ↗	↗ 0,3 A; A	Bei einer Umdrehung des Zylinders um die Bezugsachse darf die Planlaufabweichung in allen Messpunkten 0,3 mm nicht überschreiten.
Gesamtlauftoleranzen		
Rundlauf ⌰	⌰ 0,2 A–B; A; B	Bei mehrfacher Drehung um die Bezugsebene A – B und gleichzeitiger axialer Verschiebung müssen alle Messpunkte der Oberfläche in der Gesamtrundlauftoleranz 0,2 mm liegen.
Planlauf ⌰	⌰ 0,4 A; A	Bei mehrfacher Drehung um die Bezugsachse und gleichzeitiger radialer Verschiebung müssen alle Messpunkte der Oberfläche in der Gesamtplanlauftoleranz 0,4 mm liegen.

Modifikationssymbole (DIN EN ISO 14405-1)			
Symbol	Bedeutung	Symbol	Bedeutung
Lokale Maße		Rangordnungsmaße	
(LP)	Zweipunktgrößenmaß (local point)	(SX)	Größtes Rangordnungsmaß (statistical maximum)
(LS)	Kugelmaß, spherisches Größenmaß (local sphere)	(SN)	Kleinstes Rangordnungsmaß (statistical minimum)
(CC)	Umfangsbezogener Durchmesser (circle, circumference)	(SA)	Mittelwert Rangordnungsmaß (statistical averange)
(CA)	Flächenbezoger Durchmesser, Kreisdurchmesser (circle area)	(SR)	Spannweite (statistical range)
Globale Maße		(SD)	Spannweitenmitte (statistical deviation)
(GG)	Gauß-Assoziationskriterium für Größenmaße	(SM)	Median Rangordnungsmaß
(GX)	Größtes eingeschriebenes Geometrieelement (Pferchmaß)		Weitere Modifikationssymbole siehe Tabellenbuch.
(GN)	Hüllmaß, global, Minimum		
(CV)	Volumenbezogener Durchmesser		

■ **assoziieren**
vereinigen, verbinden

Symbole	
Ⓜ	Maximum-Materialbedingung
Ⓛ	Minimum-Materialbedingung
Ⓔ	Hüllbedingung
Ⓕ	Freier Zustand für flexible, nicht formstabile Teile
Ⓒ	Minimax-Element
Ⓖ	Kleinste-Quadrate-Element
Ⓝ	Hüllelement
CT	Gemeinsame Toleranz
s	Mehrere tolerierte Geometrieelemente
/	Einschränkung der Tolerierung

Beispiel:

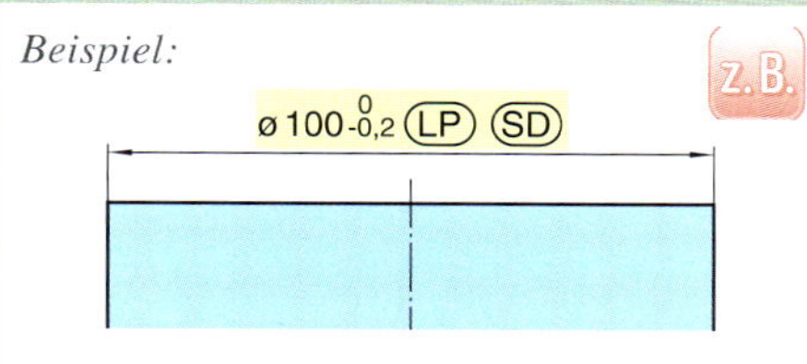

Tolerierter Durchmesser:
Grenzwerte 99,8 mm und 100 mm.

Modifikationssymbol für Längenmaße (LP) (Zweipunktmaß).

Modifikationssymbol für Rangordnungsmaß (SD) (Mittelwert Spannweite).

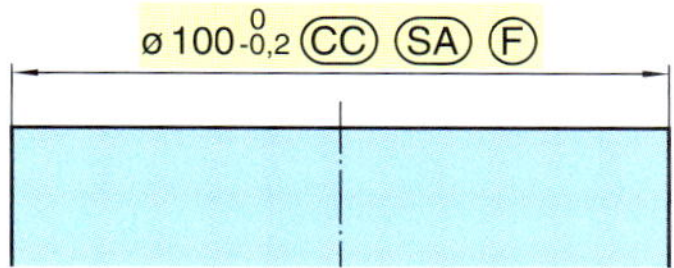

Der Durchmesser wird als lokales Maß aus der Länge der Umfangslinie (CC) berechnet.

Von mehreren Messwerten ist dann der arithmetische Mittelwert zu bilden (SA).

Nicht formstabiles Werkstück Ⓕ.

Hüllbedingung (E)

Die *Hüllbedingung* findet Anwendung, wenn Teile miteinander *gefügt* werden. Die Formalabweichungen werden durch die *Maßtoleranz* begrenzt.

Die Hüllbedingung gewährleistet die *Austauschbarkeit* von Maßelementen (z. B. Welle – Bohrung), die unter Sicherung eines *Mindestspiels* gefügt werden sollen.

Grenzmaße des Toleranzintervalls

– bei Wellen

Das kleinste umschriebene Maß zum Vergleich mit dem Maximum-Grenzmaß (ULS) entspricht dem Modifikationsoperator (GN).

Das Zweipunktmaß (LP) für den Vergleich mit dem Minimum-Grenzmaß (LLS).

– bei Bohrungen

Das größte einbeschrieben Maß zum Vergleich mit dem Minimum-Grenzmaß (LLS) entspricht dem Modifikationsoperator (GX) .

Das Zweipunktmaß (LP) zum Vergleich mit dem Maximum-Grenzmaß (ULS).

Auch die Verwendung des Modifikators Ⓔ hinter der Maßangabe ist möglich.

Tolerierung nach dem Hüllprinzip
(DIN 7167 oder Angabe Ⓔ)

Einzelne Geometrieelemente dürfen die geometrisch ideale Hülle des *Maximum-Material-Maßes* nicht durchbrechen.

Durch die Hüllbedingung werden *Parallelitätsabweichungen gegenüberliegender Flächen* und *Formabweichungen* durch die *Maßtoleranz* begrenzt.

Die *Prüfung* kann mit einer *Paarungslehre*, dem *Rundlaufprüfgerät* oder einer *Koordinatenmessmaschine* durchgeführt werden.

Tolerierung nach dem Unabhängigkeitsprinzip
(ISO 8015, ISO 14405-1)

Maß-, Form- und Lagetoleranzen an *einem* Geometrieelement dürfen *unabhängig voneinander* auftreten.

Die Ermittlung der Maßabweichung kann über eine *Zweipunktmessung* erfolgen, die keine Aussage über die Formabweichung zulässt.

Die Formabweichung ist unter Umständen zusätzlich zu tolerieren und messtechnisch gesondert zu erfassen.

Rangordnungsmaße

Die Norm definiert *indirekte globale Maße*.

Das können *berechnete Maße* oder *berechnete Kennwerte* von *Zweipunktmaßstichproben* sein. Solche Maße nennt die Norm *Rangordnungsmaße*.

Berechnete Maße:

- Durchmesser, die sich aus der Flächenberechnung eines Kreises ergeben.
- Durchmesser, die sich aus der Umfangsmessung eines Kreises ergeben.

■ **Unabhängigkeitsprinzip**
Jedes Formelement ist unabhängig zu betrachten.

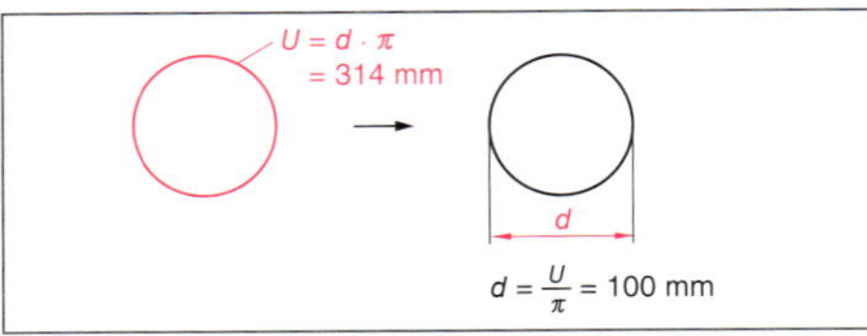

Bild 39 Rangordnungsmaß

- Maß, das sich aus der Volumenermittlung eines Zylinders bestimmen lässt.

Rangordungsmaße werden durch *mathematische Operationen* ermittelt. Ihr *Vorteil* besteht darin, durch *einfache Zweipunktmessung* eine *globale Bewertung* eines Maßelementes vorzunehmen.

Zweipunktmaß

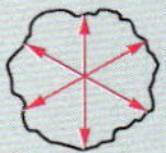

Das Zweipunktmaß (Zweipunkt-Größenmaß) gilt bei Aufruf des ISO-GPS-Normensystems, sofern keine anderen Vereinbarungen getroffen werden.
Es ist definiert als örtlicher Abstand eines gegenüberliegenden Punktepaares des Größenelements.

Gauß-Größenmaß

Direktes Größenmaß, nach dem Kriterium der Gauß-Methode aus der erfassten Punkteschar eines Geometrieelements bestimmt. Dabei wird das gesamte Geometrieelement durch ein einziges Größenmaß beschrieben.

Größtes einbeschriebenes Größenmaß (Pferch)

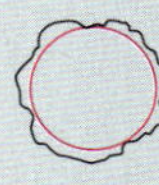

Begrenzung des idealen Geometrieelements durch äußeren Kontakt an das reale extrahierte Geometrieelement.

Kleinstes umschriebenes Größenmaß (Hülle)

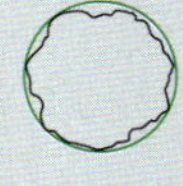

Direktes Größenmaß, das für ein ideales Geometrieelement nach dem Assziationskriterium des kleinsten umschriebenen Elements aus der Punkteschaar eines realen Geometrieelements bestimmt wird.

Abstände

Abstände sind Maße zwischen parallelen, versetzten Flächen oder Geraden. Auch zwischen Mittellinien von Bohrungen bzw. zwischen Bohrungsachsen und Flächen. Radien an Bauteilen zählen ebenfalls zu den Abständen.

Beispiele

1. Die Auswertung für das zulässige Höchstmaß erfolgt durch Auswertung mit dem kleinsten umschriebenen Zylinder, für das zulässige Mindestmaß mit dem Zweipunktmaß.

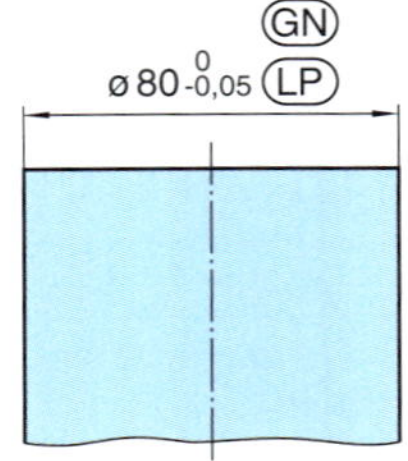

2. Es gilt die Hüllbedingung. Das Maß entspricht der Angabe nach Beispiel 1.

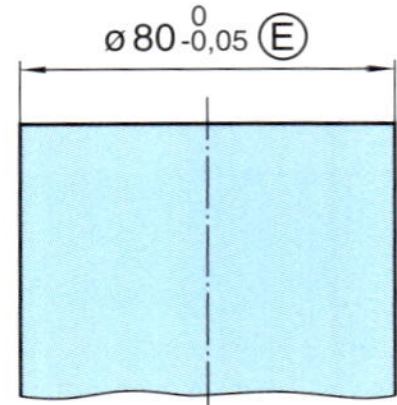

3. Jede Zeichnungsangabe (auch Spezifikation genannt) ist unabhängig von anderen Angaben gültig.

Nicht verwendete Toleranzen dürfen auf andere Merkmale übertragen werden. Standard sind Zweipunktmaße, die zur eindeutigen Definition im Allgemeinen weitere Spezifikationen benötigen.

Die im Beispiel eingetragenen Maße ergeben in Verbindung mit den Formtolernzen eine eindeutige Spezifikation des Geometrieelements Zylinder.

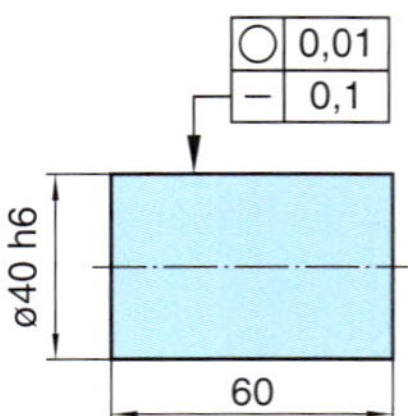

4. Tolerierung der Hüllbedingung durch das Symbol Ⓔ.

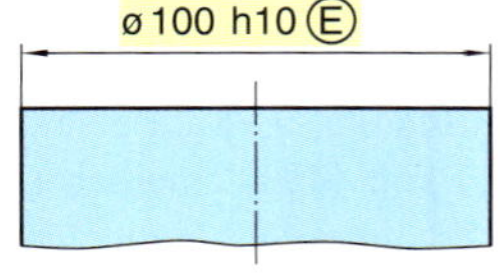

Beispiele

z. B.

5. Tolerierung der Hüllbedingung nach GPS.

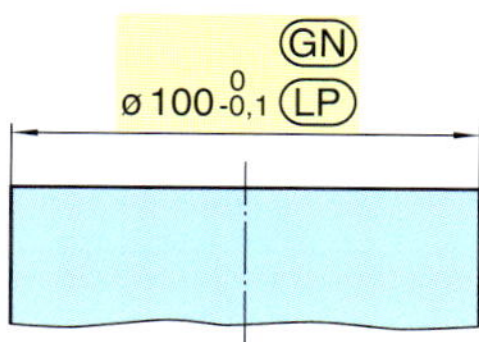

6. Bereichsbezogene Toleranzangabe mit theoretischem Maß. Die Strichpunktlinie gibt den eingeschränkten Bereich an.

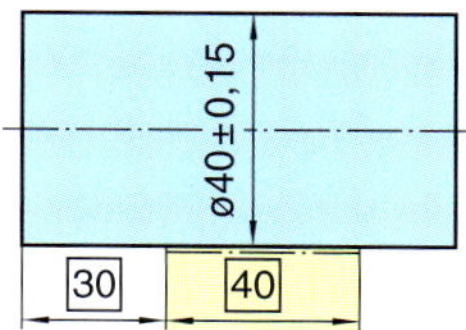

7. Der eingeschränkte Bereich wird durch die Buchstaben A und B gekennzeichnet. Hinter der Maßtoleranz werden diese Buchstaben mit dem Symbol „zwischen" geschrieben.

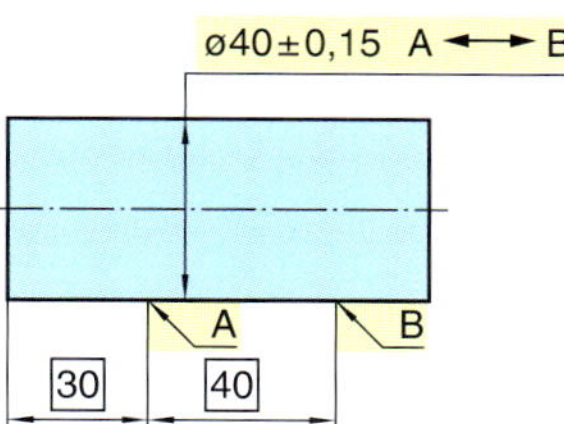

8. SCS: Spezifischer festgelegter Querschnitt. Wenn die Festlegung nur für einen bestimmten Querschnitt des Maßelements gilt, wird die Angabe um das Modifikationssymbol SCS ergänzt.
Wenn keine Verwechselungsgefahr besteht, darf auf das Modifikationssymbol verzichtet werden.

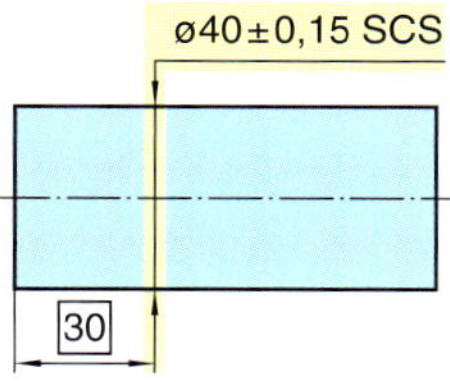

Abstände sind *mehrdeutig*, ein gegenüberliegender Punkt für die Abstandsbildung ist nicht vorhanden (Bild 40 oben). Darunter ist die *eindeutige* Darstellung gezeigt (Bild 40 unten).

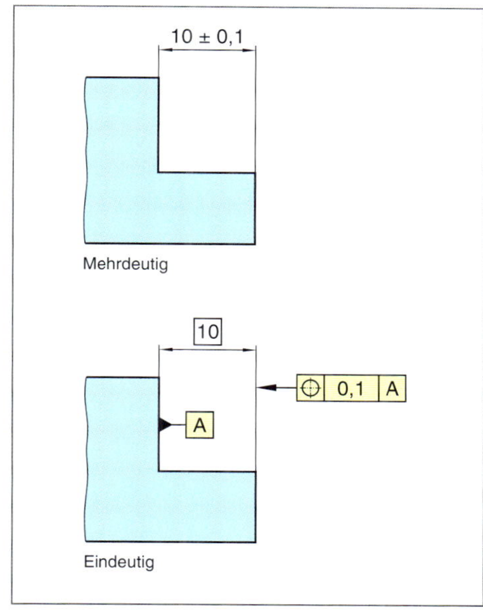

***Bild 40** Abstände (mehrdeutig, eindeutig)*

Versetzte parallele Flächen

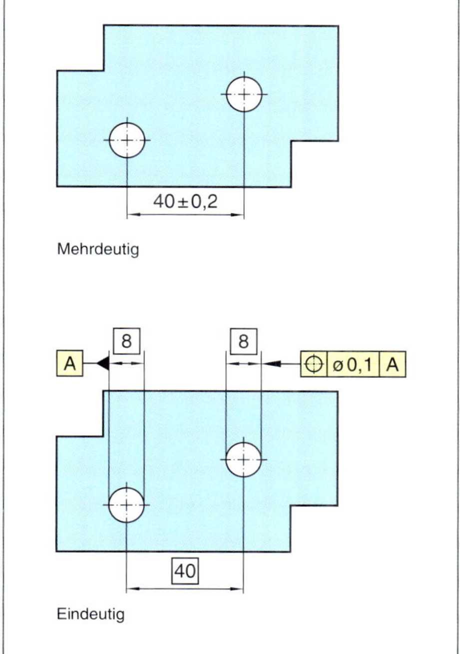

***Bild 41** Versetzte parallele Flächen*

Radien

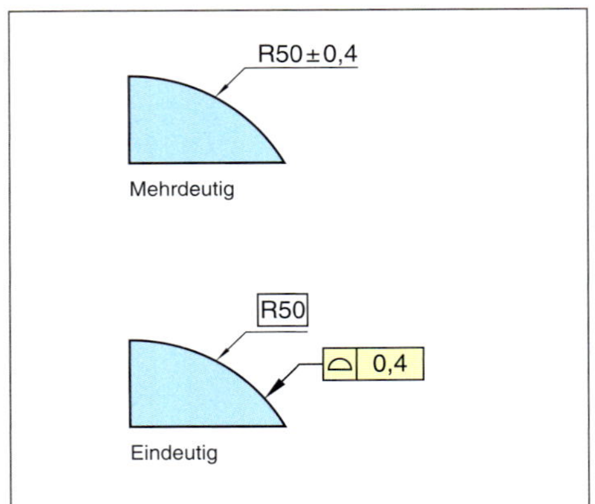

Bild 42 Radien

Winkelabstände

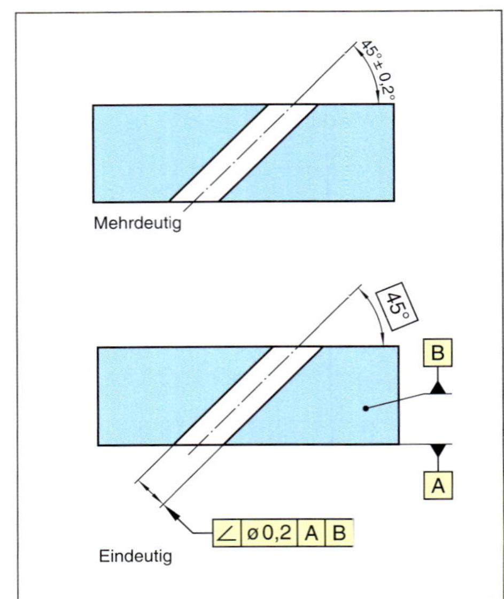

Bild 43 Winkelabstände

8 Übungen

1. Rechnen Sie die Längen in Millimeter um.

a) 110,423 m
b) 0,0023 m
c) 3,621 m
d) 120212 m

2. Geben Sie das Ergebnis in der gewünschten Einheit an.

a) 0,25 cm in mm
b) 12,6 kg in g
c) 0,33 dm in mm
d) 0,12 cm in µm

3. Berechnen Sie folgende Aufgaben.

a) 2,5 % von 37,2 kg
b) 12,4 % von 21470 mm
c) 96 % von 420 N

4. Wandeln Sie um in cm^2.

a) 0,24 m^2
b) 2,6 m^2
c) 16 dm^2
d) 242 mm^2

5. Wandeln Sie um in cm^3.

a) 2,4 dm^3
b) 128 mm^3
c) 0,14 m^3

6. Wandeln Sie um in mm^2.

a) 0,26 m^2
b) 12 dm^2
c) 28,2 cm^2

7. Wandeln Sie um in dm^3.

a) 1276 mm^3
b) 800 cm^3
c) 1,08 m^3

8. In einer Stange aus Flachstahl von 2,6 m Länge sollen in gleichen Abständen 15 Löcher gebohrt werden.
Das erste und das letzte Loch ist jeweils 50 mm vom Ende zu bohren.

Bestimmen Sie den Lochmittenabstand.

9. Von einem 6 m langen Flachstahl sollen Werkstücke der Länge 312 mm abgesägt werden. Bei jedem Sägeschnitt entsteht eine Schnittfuge der Breite 3 mm.

a) Wie viele Werkstücke können vom Flachstahl abgetrennt werden?
b) Wie lang ist das Reststück?

10. Wie groß ist der Umfang der Schablone?

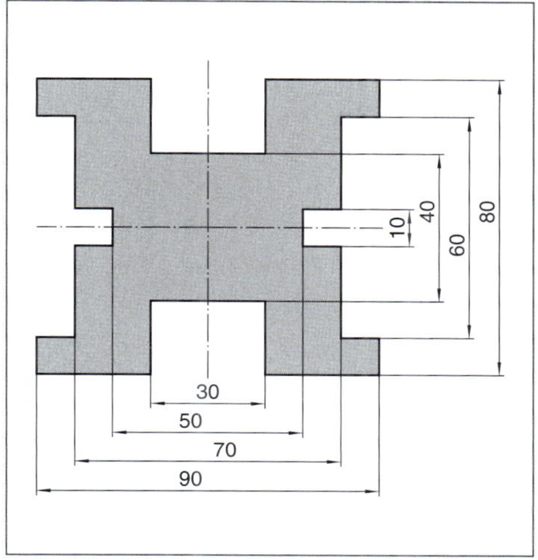

Bild 1 *Schablone*

11. Wie groß ist der Umfang des Winkelhebels?

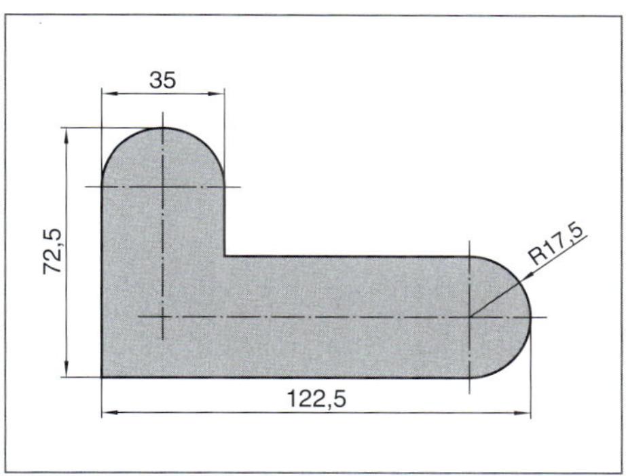

Bild 2 *Winkelhebel*

12. Schlüsselweite 60 mm.

Berechnen Sie das Eckenmaß *e*.

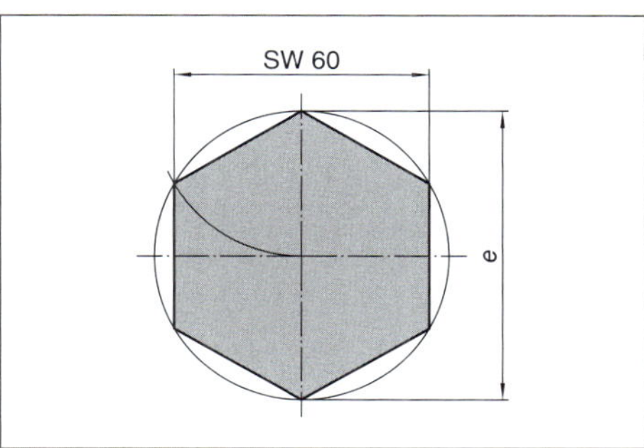

Bild 3 *Schlüsselweite*

■ **Aufgabenlösung**

@ Interessante Links

• christiani-berufskolleg.de

13. Bestimmen Sie den Keilwinkel und den Schneidwinkel.

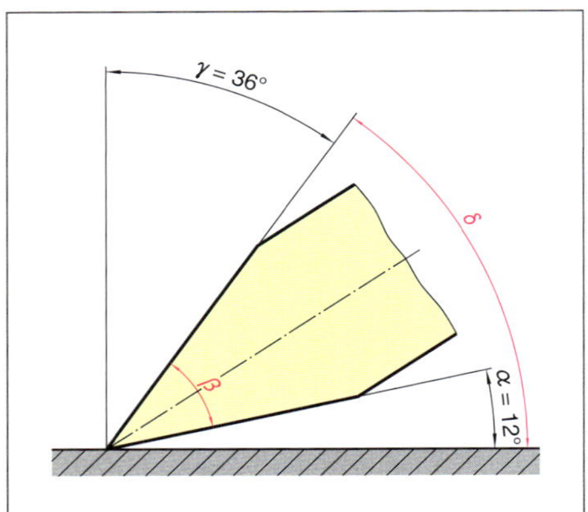

Bild 4 *Keilwinkel und Schneidwinkel*

14. Ein Dichtring wird in gleichmäßigen Abständen mit 25 Bohrungen versehen.

Wie groß ist der Winkel α zwischen zwei Bohrungen?

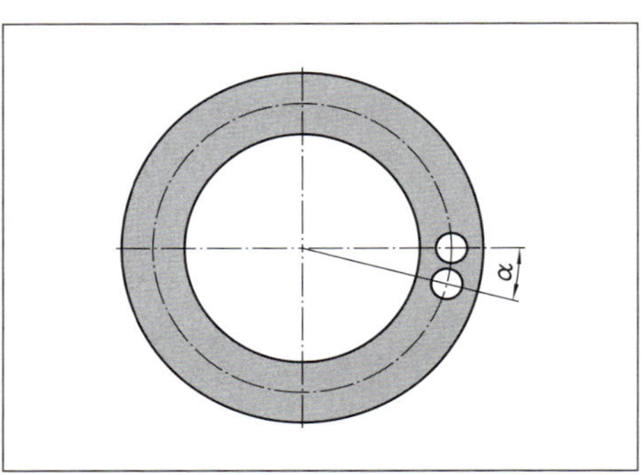

Bild 5 *Dichtring*

15. Berechnen Sie die gestrecke Länge.

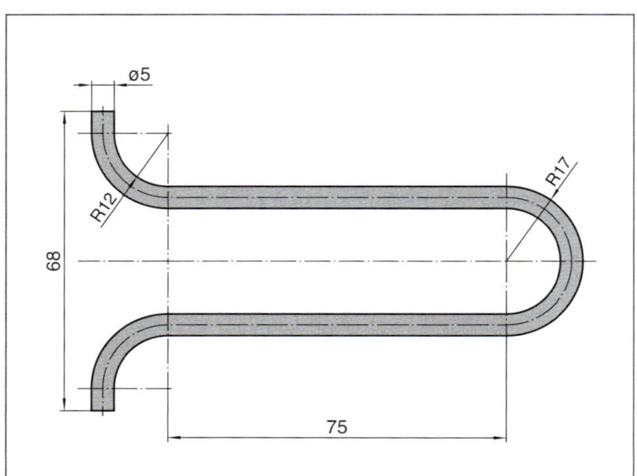

Bild 6 *Gestreckte Länge*

16. Welchen Querschnitt hat die Schwalbenschwanzführung?

l_1 = 90 mm, l_2 = 70 mm, h = 30 mm.

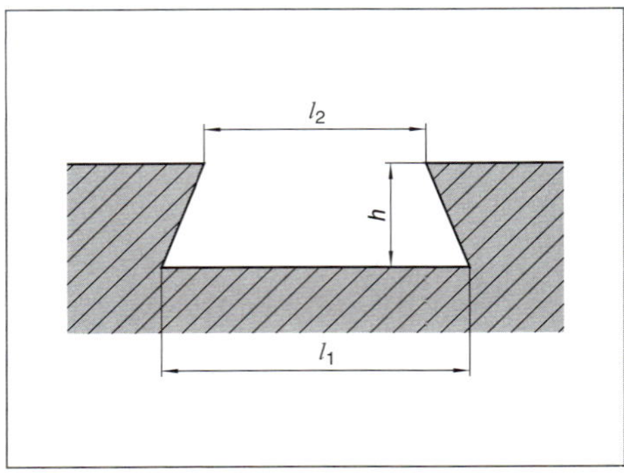

Bild 7 *Schwalbenschwanzführung*

17. An eine Welle von 75 mm Durchmesser wird ein Vierkant angefeilt (Eckenmaß = Wellendurchmesser).

Bestimmen Sie die Kantenlänge und Flächeninhalt des Vierkants.

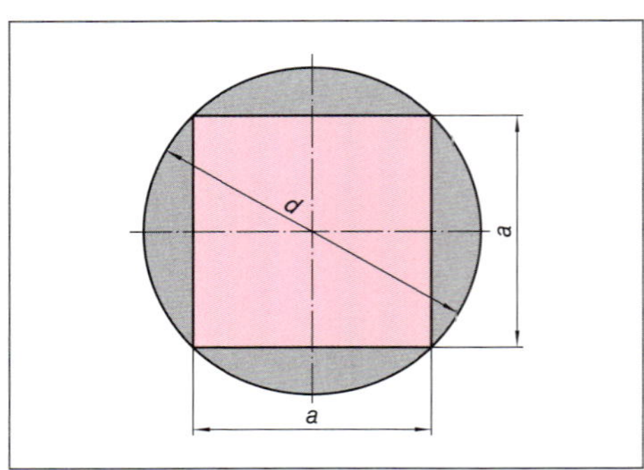

Bild 8 *Vierkant*

18. Berechnen Sie den Flächeninhalt.

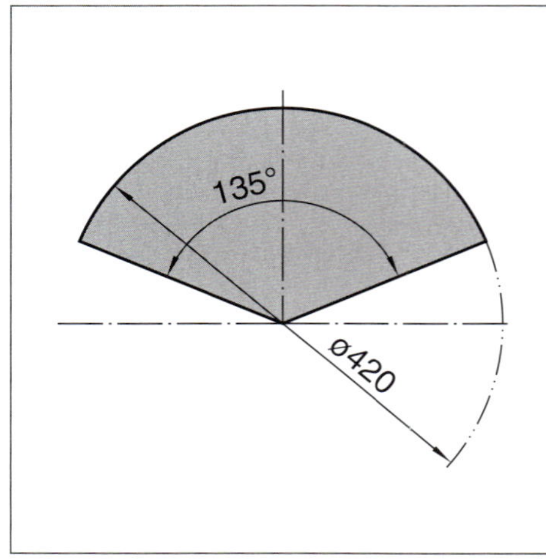

Bild 9 *Flächeninhalt*

■ **Aufgabenlösung**

TB

@ Interessante Links

- christiani-berufskolleg.de

19. Wie groß ist der Flächeninhalt des Führungsblechs?

Darstellung: Bild 10

20. Wie groß ist das Volumen des Formstahls mit der Länge 2 m?

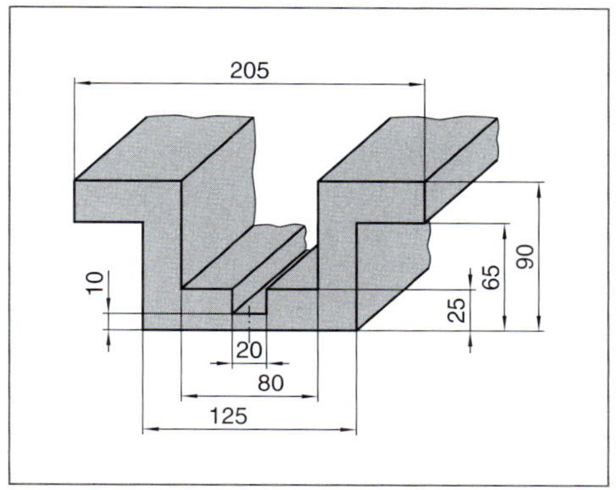

Bild 11 *Formstahl*

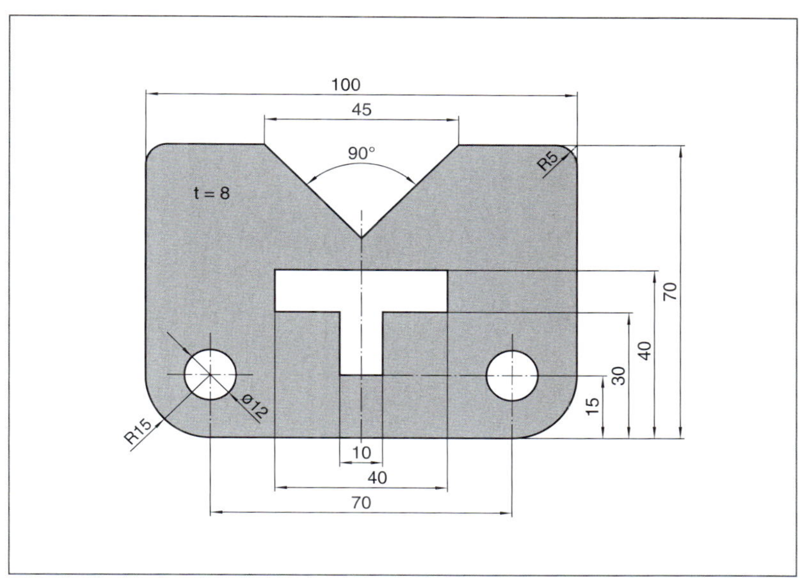

Bild 10 *Führungsblech zu Aufgabe 19*

21. Ein Sechskantprofil wird angespitzt.

Berechnen Sie das Volumen der Spitze.

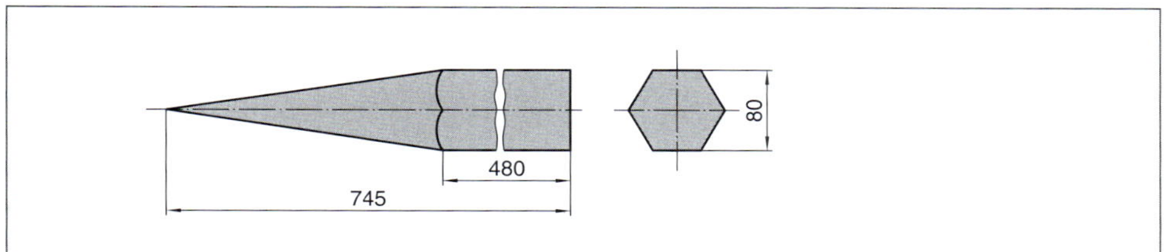

Bild 12 *Sechskantprofil*

22. Berechnen Sie das Volumen.

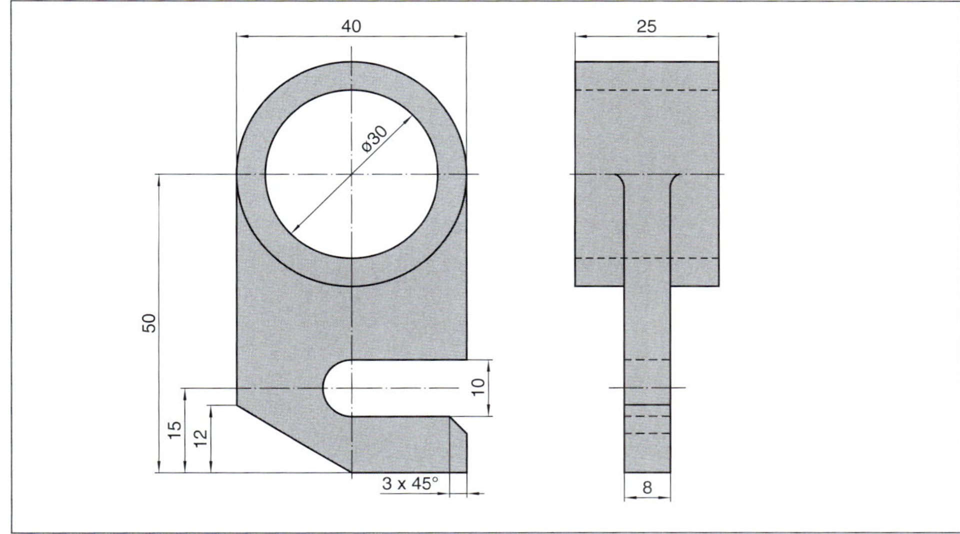

Bild 13 *Werkstück*

■ **Aufgabenlösung**

@ Interessante Links

- christiani-berufskolleg.de

■ **Aufgabenlösung**

TB

@ Interessante Links

- christiani-berufskolleg.de

23. Welche Masse hat das abgebildete Werkstück aus Kupfer?

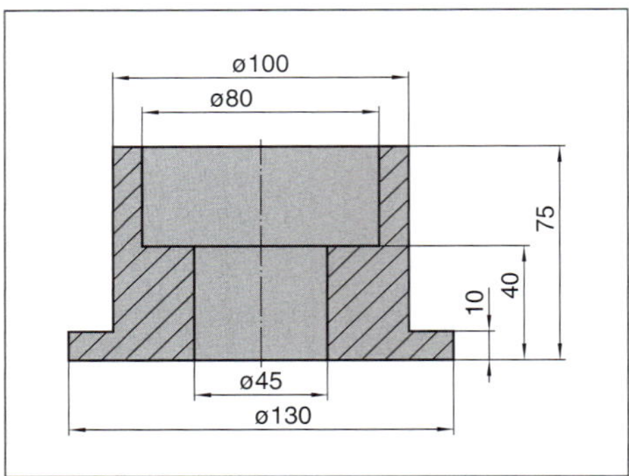

Bild 14 *Werkstück*

24. Eine Welle aus einer Cu-Zn-Legierung hat bei einer Temperatur von 20° C den Durchmesser 60 mm.
Durch Kaltschrumpfen soll die Welle auf 59,8 mm mit einer Nabe (Bohrungsdurchmesser 59,9 mm) gefügt werden.

Auf wie viel Grad muss die Welle mindestens abgekühlt werden.

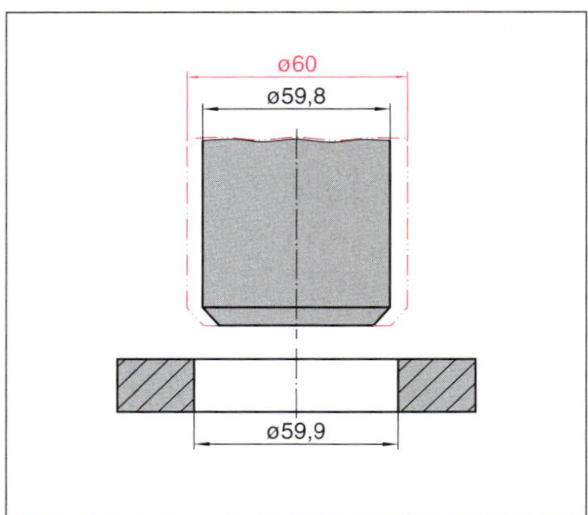

Bild 15 *Welle*

25. Kolbendurchmesser 150 mm, Druck 15 bar.

Welche Kraft F wirkt auf den Zylinderboden?

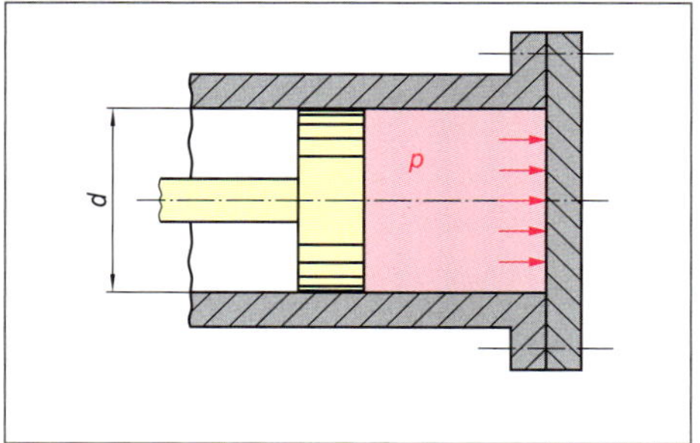

Bild 16 *Zylinder*

26. Ein Behälter ist bis zur Höhe h = 1,4 m mit Wasser gefüllt.

a) Wie groß ist der Druck am Behälterboden?
b) Welche Kraft wirkt auf den Boden des Behälters?

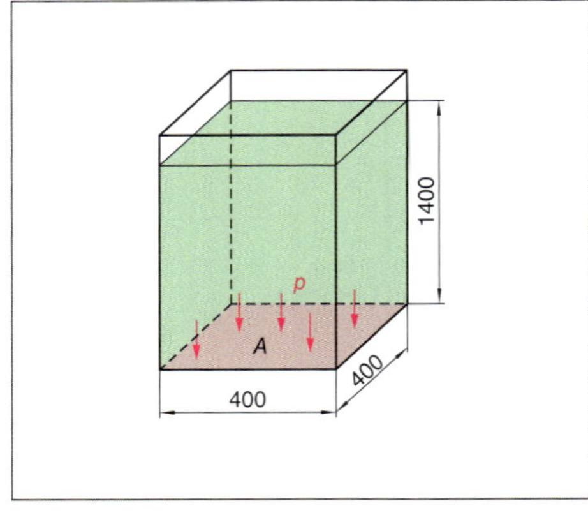

Bild 17 *Behälter*

27. Berechnen Sie den Mindestdurchmesser der 12 Schrauben (5.6) für den Blindflansch bei 8-facher Sicherheit.

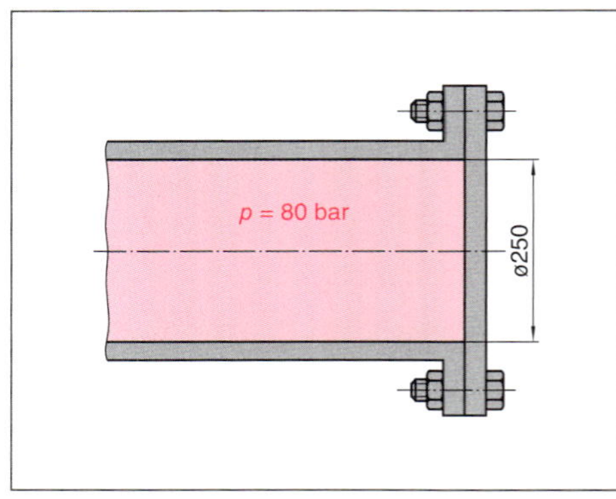

Bild 18 *Blindflansch*

28. Eine Sechskantschraube M16, Festigkeitsklasse 4.6 hat einen Kerndurchmesser von 13,546 mm.

Mit welcher Zugkraft darf die Schraube höchstens belastet werden, wenn die Streckgrenze 75 % der Mindestzugfestigkeit beträgt und die Sicherheitszahl 7 betragen soll?

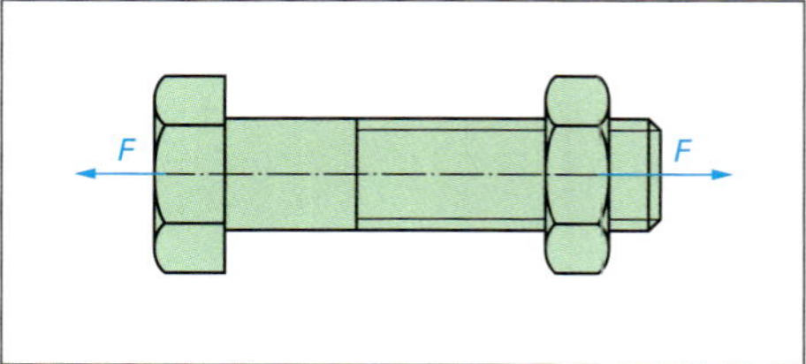

Bild 19 *Sechskantschraube*

29. Durchmesser des Probestabs 10 mm, Zugprobe mit einer Kraft von 26,7 kN.

Bestimmen Sie die Zugfestigkeit des Werkstoffs.

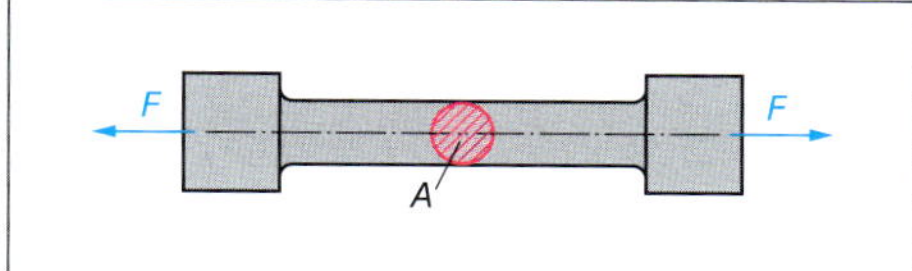

Bild 20 *Probestab*

30. Bestimmen Sie das Höchstmaß, das Mindestmaß und die Maßtoleranz.

a) $20^{+0{,}035}_{-0{,}017}$

b) $40^{+0{,}024}$

c) $140^{+0{,}125}_{+0{,}045}$

d) $60_{-0{,}25}$

31. Allgemeintoleranzen, Toleranzklasse „fein“. Für l_1, l_2 und l_3 sind Höchstmaß, Mindestmaß und Toleranz zu ermitteln.

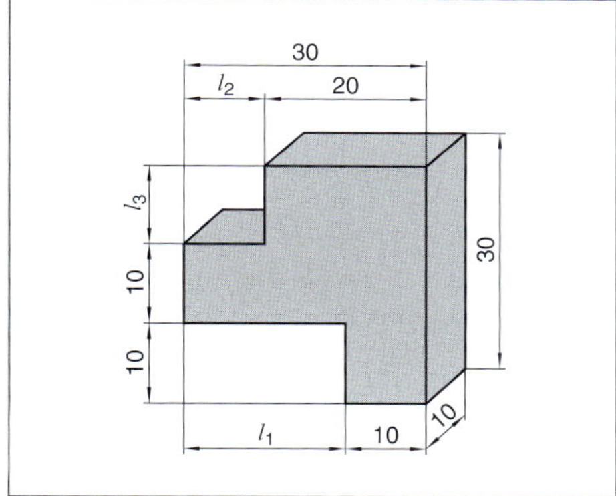

Bild 21 *Allgemeintoleranzen*

32. Allgemeintoleranzen, Genauigkeitsgrad Mittel.

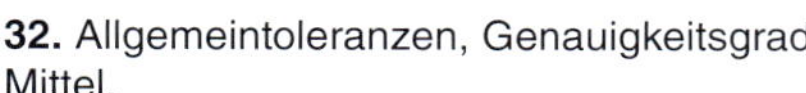

Bestimmen Sie für alle Werkstückmaße das Höchstmaß, das Mindestmaß und die Toleranz.

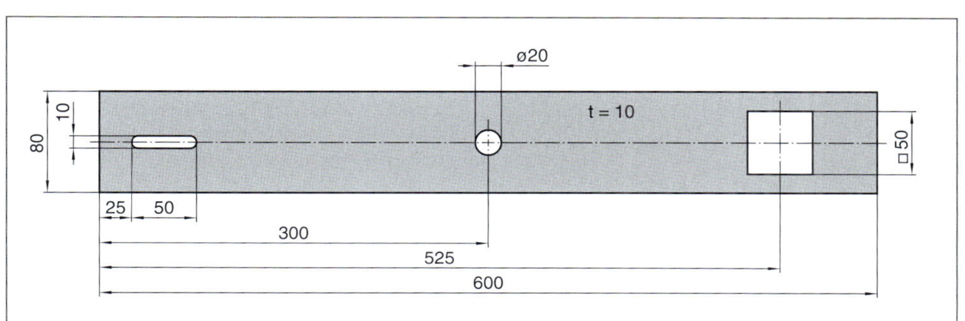

Bild 22 *Werkstück zu Aufgabe 32*

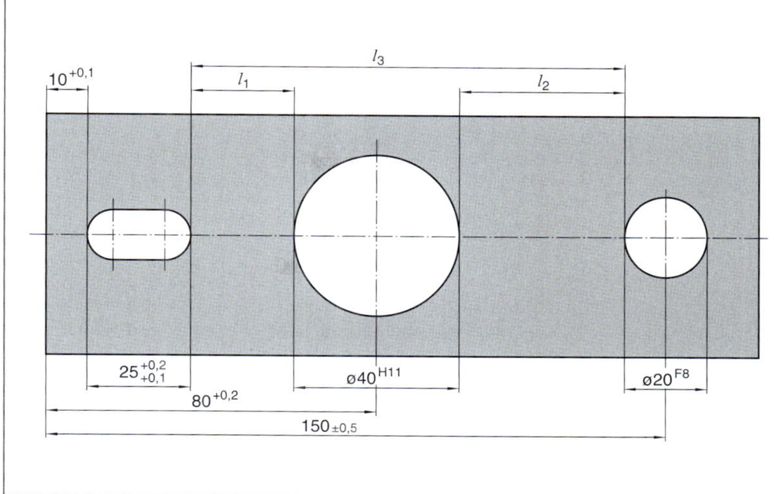

Bild 23 *Werkstück zu Aufgabe 33*

33. Bestimmen Sie das Höchstmaß, das Mindestmaß und die Toleranz der Kontrollmaße l_1, l_2, l_3 (Bild 23).

34. Das Istmaß kann am fertigen Werkstück gemessen werden.

Welche Werte ergeben sich aus der Maßangabe

$73{,}2^{+0{,}2}_{-0{,}3}$

für Nennmaß, oberes Grenzabmaß, unteres Grenzabmaß, Höchstmaß, Mindestmaß und Toleranz?

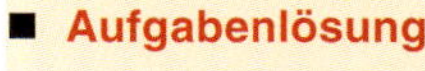

■ **Aufgabenlösung**

@ Interessante Links

- christiani-berufskolleg.de

Englische Aufgaben

Übersetzen Sie die englischen Texte.

1. The CE mark based on European Directives assist the free distribution of goods on the European market.

It is directed to the national standards supervising bodies. When the manufactor applies the CE mark, this states that the legal requirements for the commercial product have been met.

The CE mark is not a quality designation, a safety designation or a designation of conformity to a standard.

2. In conclusion it is noted that high-voltage equipment and installations do not require a CE mark. However, they are subject to the relevant standards and regulations.

3. An ohmic resistance is present if the instantaneous values of the voltage are proportional to the instantaneous values of the current, even in the event of time-depended variation of the voltage or current.

4. Short circuit: the accidential or deliberate connection across a comparatively low resistance or impedance between two or more points of a circuit which usually have different voltage.

5. The effects of electromagnetic fields on human beings have been investigated in numerious studies, and no injurious effects have been found from the field intensities such as occur in practice in the transmission and distribution of electrical energy.

6. Electromagnetic compatibility is the capability of a device or component to function satisfactorily in its electromagnetic environment without introducing intolerable electromagnetic disturbances to other components or devices in that environment.

7. Degrees of protection: The IP-Code is a designation code applied to indicate the degree of protection by enclosures against the access of persons to hazardous parts and against the ingress of solid foreign objects and of water and to give additional information with respect this kind of protection.

8. Low-voltage installations are usually near to the consumer and generally accessible, so they can be particulary dangerous if not installed properly.

9. Low-voltage switching devices:
Low-voltage switchgear is designed for switching and protection of electrical equipment.

The selection of switching devices is based on the specific switching task, e. g. insulation, load switching, short-circuit current breaking, motor switching, protection against overcurrent and personel hazard.

Depending on the typ, switching devices can be used for single or multiple switching tasks. Switching tasks can also be conducted by a combination of several switchgear units.

10. Electromagnetic contactors are mechanical switching devices with only one position of rest, which are not operated manually and are capable of connecting, conducting and disconnecting currents in the circuit under service conditions, including operational overload.

11. Motor starters based on electromechanical switching devices. Motor starters are used to start motors, accelerate them to normal speed, ensure motor operation, disconnect the motor from the power supply and, by means of suitable protection systems, protect the motor and the corresponding circuit in the case of overload.

12. Low voltage fuses are protective devices which open a circuit when one or more fuse elements blow and interrupt the current when it exceeds a given level for a specified duration.

13. RCD is a general term covering fault current protection devices and differential protection devices. Fault current protection devices trip without any auxiliary power source when a fault current arises, whereas differential current protection devices require auxiliary voltage to perform the same function. This distinction is made in German standards, but not by IEC.
RCDs are used for protection of persons against indirect contact, fault protection against fire hazards from electrically ignited fires and protection of against direct contact.

14. Alphanumeric codes and symbols in relation to colour coding of insulated and bare conductors (siehe Tabelle rechts).

Conduktor designation		Coding Alphanu-meric	Symbol	Colour
AC network	phase 1	L1		Black
	phase 2	L2		Brown
	phase 3	L3		Grey
	neutral	N		Blue
DC network	positive	L+	+	[1]
	negative	L–	–	[1]
Protective conductor		PE		Green/Yellow [2]
PEN conductor		PEN		Green/Yellow [2]
PEL conductor		PEL		Green/Yellow [2]
PEM conductor		PEM		Blue

[1] Colour code not specified
[2] This colour code must not be used for any other conductor

15. The VDE standards must always be observed if one does not wish to be accused of not meeting the duty of care in the manufacture and maintenance of electrical installation and devices.

16. Magnetic-inductive proximity switches react to magnetic fields and are especially suited for position detection of pistons of pneumatic cylinders.
Based on the fact that magnetic fields can permeate non-magnetizable metals, this sensor is designed to sense through the aluminium wall of a cylinder by means of a permanent magnet fixed on the piston.

17. Inductive sensors: Inductive proximity sensors serve for wear-free and non-contact detection of metal objects. They operate with a high frequency electro-magnetic AC field which interacts with the target.

With conventional sensors, this field is generated by a LC-resonance circuit with a ferrite core coil.

18. Sensors with analogue output: Inductive sensors with analogue output

Provide a current or voltage signal which is relative to the sensing distance.

They are suited for simple control tasks.

19. Capacitive sensors are designed for non-contact and wear-free sensing of metal (electrically conductive) and non-metal (non-conductive) objects. The switching distances of capacitive sensors can vary considerably.

The largest switching distance are achieved by conductive materials. When sensing metal with capacitive sensors, reduction factors for different metals do not have to be observed as opposed to conventional inductive sensors.

The switching distances for non-conductive materials depend on the dielectric constant. The larger the dielectric constant, the greater the switching distance.

Adjustment of the switching distance: The switching distance of nearly all capacitive sensors is adjustable (by means of a potentiometer) to match the specific application.

20. Ultrasonic sensors serve for a contactless and wear-free detection of a variety of targets by means of sonic waves. It is not important whether the target is transparent or coloured, metallic or non-metallic, firm, liquid or powdery. Environmental conditions such as spray, dust or rain hardly affect their function.

21. Photoelectric sensors operate with visible or infrared light to detect a variety of objects. Detection ranges up to 200 m or reliable sensing with a diameter of 0.25 mm can be attained.

22. Danger! Dangerous electrical voltage!
Before commencing the installation

- Disconnect the power supply of device.
- Ensure relosing interlock that devices cannot be accidentally restarted.
- Verify insulation from the supply.
- Connect to earth and short circuit.
- Cover the fence off neighbouring live parts.
- Follow the installation instructions included with the device.
- Only suitably qualified personnel in accordance with EN 50110-1/-2 may work on this device/system.
- Before installation and before touching the device ensure that you are free of electrostatic charge.
- The rated value of the mains voltage may not fluctuate or derivate by more than the tolerance specified, otherwise malfunction and hazardous states are to be expected.

23. In addition of the degree of protection specified in the standards EN 60079, further provisions have been made to ensure safety from ignition for motors operated in potentially explosive atmospheres.

The measures improve the degree of safety and prevent impermissible high temperature and development of sparking and arcing, which is usually not found when motors are operated under normal conditions.

The motor-protective devices for this that are themselves not located in the Ex area must be certified by an accredited certification body. For motors in explosive dust-air mixtures, standard EN 61214 specifies additional measures.

24. Temperature compensation:

Two parameters influence the deflection of the bimetallic releases. There is for one which is generated in proportion to the current flow, and secondly, the influence of the ambient air temperature. The influence of the ambient air temperature is automatically compensated within a temperature range from – 5 to + 40 °C by means of an additional current-free bimetallic release that continuously corrects the tripping range.

25. Danger! Faulty devices must not be opened and repaired.

They must be replaced by specialist personnel.

26. Piston rod cylinder

Ø16 – 25 mm, Ports: M5-G1/8, double-acting, with magnetic piston, cushioning: elastic, non adjustable, with integrated rear eye, Piston rod: external thread, heat resistant

Working pressure min./max.	1 bar/10 bar
Ambient temperature min./max.	– 20 °C/+ 130 °C
Medium temperature min./max.	– 20 °C/+ 130 °C
Medium	Compressed air
Max. particle size	50 µm
Oil content of compressed air	0 mg/m³ – 5 mg/m³
Pressure for determining piston forces	6,3 bar

- The pressure dew point must be at least 15 oC under ambient and medium temperature and may not exceed 3 °C.
- The oil content of compressed air must remain constant during the life cycle.
- Use only the approved oil.
- Clamping piece for magnetic field sensor necessary.
- Ambient temperature with contact query max. + 120 °C.

27. The spezified data serve only to describe the product. No statements concerning a certain condition or suitability for a certain application can be derived from our information.

The information given does not release the user from the obligation of own judgment and verification. It must be remembered that our products are subject to a natural process of wear and aging.

28. About This Documentation

These instructions contain important information for the safe and appropriate assembly and commissioning of the product.

- Read these indstructions carefully, especially the section „Notes on Safety“, before working with the product.

Additional documentation

- Read and follow the operating instructions for maintenance units AS1/AS2/AS3/AS5.
- Also follow the instructions for the other system components.
- Furthermore, observe general, statutory and other binding rules of the European and national laws, as well as the valid regulations in your country to protect the environment and avoid accidents.

Presentation of information

Safety instructions

In this document, there are safety instructions before the steps whenever there is a danger of personal injury or damage to the equipment. The measures described to avoid these hazards must be followed.

Notes on Safety

The product has been manufactured according to the accepted rules of current technology. Even so there is a risk of injury or damage if the following general safety instructions and the specific warnings given in these instructions are not observed.

- Read these instructions completely before working with the product.
- Keep these instructions in a location where they are accessible to all users at all times.
- Always include the relevant operating instructions when passing the product on to third parties.

Intended use

The product is exclusively intended for installation in a machine or system or combination with other components to form a machine system. The product may only be commissioned after ist has been installed in the machine/system for which it is intended.

Use is permitted only unter the operating conditions an within the performance limits listed in the technical data. Only use compressed air as the medium.

The product is technical equipment and is intended for professional use only.

Intended use includes having completely read and understood these instructions, especially the section „Notes on Safety“.

Personnel qualifications

All tasks associated with the products require basic mechanical, electrical, and pneumatic knowledge, as well as knowledge of the respective technical terms. In order to ensure operational safety, these tasks may only be carried out by qualified personnel or an instructed person under the direction of qualified personnel.

Qualified personnel are those who can recognize possible hazards and institute the appropriate safety measures, due to their professional training, knowledge, and experience, as well as their understanding of the relevant conditions pertaining to the work to be done. Qualified personnel must observe the rules relevant to the subject area.

General safety instructions

- Observe the valid local regulations to protect the environment in the country of use and to avoid workplace accidents.
- Only use products that are in perfect working order.
- Examine the product for obvious defects, such as cracks in the housing or missing screws, caps or seals.
- Do not modify or convert the produkt.

29. 5/3-directional valve, size 1

Q_n = 1100 l/min, plate connection, Pilot valve width: 22 mm, compressed air connection output: Base plate ISO 5599-1, Electr. connection: Plug, Form B, industry, Manual override: with detent, exhausted center

Standards . . . . ISO 5599-1
Version . . . . Spool valve
Sealing principle . . . . Soft sealing
Blocking principle . . . . Single base plate principle
Working pressure min./max. . . . . See table below
Ambient temperature min./max. . . . . – 15 °C/+ 50 °C
Medium temperature min./max. . . . . – 15 °C/+ 50 °C
Medium . . . . Compressed air
Max. particle size . . . . 50 µm
Oil content of compressed air . . . . 0 mg/m³ – 5 mg/m³
Pneumatic ports . . . . Base plate ISO 5599-1

Protection class with electrical connector/plug IP 65
Duty cycle . . . . 100 %
Switch-on time . . . . 15 ms
Switch-off time . . . . 22 ms
Mounting screw . . . . with hexagon socket
Mounting screw tightening torque . . . . 2 Nm

Materials:
Housing . . . . Polyamide, fiber-glass reinforced
Seals . . . . Acrylonitrile Butadiene Rubber

Sachwortverzeichnis